2021 年电子报合订本

（上册）

《电子报》编辑部　编

U0180461

编辑出版委员会名单

顾问委员会

主　任	王有春			
委　员	蒋臣琦	陈家铨	万德超	孙毅方
	高　翔	杨长春	谭滇文	
社　长	姜陈升			
主　编	董　铸			
副主编	叶　涛			
责任编辑	王文果	李　丹	刘桄序	漆陆玖
	贾春伟	王友和	黄　平	孙立群
	陈秋生	谯　巍	杨　杨	周书婷
	李周羲	许小燕		

编　委

谭万洪　姜陈升　王福平　叶　涛
吴玉敏　董　铸　徐惠民　王有志
罗新崇

版式设计、美工、照排、描图、校对

叶　英　张巧丽

广告、发行

罗新崇

编辑出版说明

1. "实用、资料、精选、精练"是《电子报合订本》的编辑原则。由于篇幅容量限制，只能从当年《电子报》的内容中选出实用性和资料性相对较强的技术版面和技术文章，保留并收入当年的《电子报合订本》，供读者长期保存查用。为了方便读者对报纸资料的查阅，报纸版面内容基本按期序编排，各期彩电维修版面相对集中编排，以方便读者使用。

2. 《2021 年电子报合订本》在保持历年电子报合订本"精选（正文）、增补（增刊、附录）、缩印（开本）式"的传统编印特色基础上，附赠约 4.08GB 资料，最大限度地提升报纸的可读性、资料性和收藏性。

图纸及质量规范说明

1. 本书电路图中，因版面原因，部分计量单位未能标出全称，特在此统一说明。其中：p 全称为 pF；n 全称为 nF；μ 全称为 μF；k 全称为 kΩ；M 全称为 MΩ。

2. 本书文中的"英寸"为器件尺寸专业度量单位，不便换算成"厘米"。

3. 凡连载文章的作者署名，均在连载结束后的文尾处。

四川省版权局举报电话：(028)87030858

四川大学出版社
SICHUAN UNIVERSITY PRESS

项目策划：梁　平
责任编辑：梁　平
责任校对：傅　奕
封面设计：王文果
责任印制：王　炜

图书在版编目（CIP）数据

2021 年电子报合订本 /《电子报》编辑部编 . — 成
都 : 四川大学出版社，2021.12
ISBN 978-7-5690-5281-7

Ⅰ . ① 2… Ⅱ . ①电… Ⅲ . ①电子技术－期刊 Ⅳ .
① TN-55

中国版本图书馆 CIP 数据核字 (2021) 第 267865 号

书名	2021 年电子报合订本

2021 NIAN DIANZIBAO HEDINGBEN

编　　者	《电子报》编辑部
出　　版	四川大学出版社
地　　址	成都市一环路南一段 24 号（610065）
发　　行	四川大学出版社
书　　号	ISBN 978-7-5690-5281-7
印前制作	成都完美科技有限责任公司
印　　刷	郫县犀浦印刷厂
成品尺寸	210mm×285mm
印　　张	46
字　　数	3654 千字
版　　次	2022 年 1 月第 1 版
印　　次	2022 年 1 月第 1 次印刷
定　　价	79.00 元

版权所有 ◆ 侵权必究

◆ 读者邮购本书，请与本社发行科联系。
　电话：(028)85408408/(028)85401670/
　(028)85408023　邮政编码：610065
◆ 本社图书如有印装质量问题，请寄回出版社调换。
◆ 网址：http://press.scu.edu.cn

四川大学出版社
微信公众号

目　录

扫码下载附赠资料(约 4.08GB)

一、增刊

二、行业前沿

1.EDA 专栏

2. 综合信息

三、综合维修

1. 维修类

四、职教与技能

五、机电技术

六、制作与开发

七、消费电子

八、影音技术

附 录

GPU、FPGA 和 ASIC 新应用途径(一)

人工智能包括三个要素:算法、计算和数据。对人工智能的实现来说,算法是核心,计算、数据是基础。在算法上来说,主要分为工程学法和模拟法。

工程学方法是采用传统的编程技术,利用大量数据处理经验改进提升算法性能;模拟法则是模仿人类或其他生物所用的方法或者技能,提升算法性能,例如遗传算法和神经网络。而对计算能力来说,目前主要是使用 GPU 并行计算神经网络,同时,FPGA 和 ASIC 也将是未来异军突起的力量。

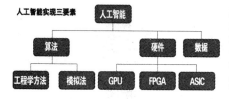

人工智能实现三要素

随着百度、Google、Facebook、微软等企业开始切入人工智能,人工智能可应用的领域非常广泛。可以看到,未来人工智能的应用将呈几何级数的倍增。应用领域包括互联网、金融、娱乐、政府机关、制造业、汽车、游戏等。从产业结构来讲,人工智能生态分为基础、技术、应用三层。应用层包括人工智能+各行业(领域),技术层包括算法、模型及应用开发,基础层包括数据资源和计算能力。

人工智能将在很多领域得到广泛的应用。目前重点部署的应用有:语音识别、人脸识别、无人机、机器人、无人驾驶等。

一、深度学习

人工智能的核心是算法,深度学习是目前最主流的人工智能算法。深度学习在 1958 年就被提出,但直到最近,才真正火起来,主要原因在于:数据量的激增和计算机能力/成本。

深度学习是机器学习领域中对模式(声音、图像等等)进行建模的一种方法,它也是一种基于统计的概率模型。在对各种模式进行建模之后,便可以对各种模式进行识别了,例如待建模的模式是声音的话,那么这种识别便可以理解为语音识别。由此类比来理解,如果说将机器学习算法类比为排序算法,那么深度学习算法便是众多排序算法当中的一种,这种算法在某些应用场景中,会具有优势。

深度学习的学名又叫深层神经网络 (Deep Neural Networks),是从很久以前的人工神经网络(Artificial Neural Networks)模型发展而来。这种模型一般采用计算机科学中的图模型来直观的表达,而深度学习的"深度"便指的是图模型的层数以及每一层的节点数量,相对于之前的神经网络而言,有了很大程度的提升。

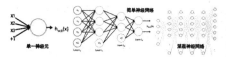

简单神经网络

单一神经元

深层神经网络

从单一的神经元,再到简单的神经网络,到一个用于语音识别的深层神经网络,层次间的复杂度呈几何倍数的递增。

以图像识别为例,图像的原始输入是像素,相邻像素组成线条,多个线条组成纹理,进一步形成图案,图案构成了物体的局部,直至整个物体的样子。不难发现,可以找到原始输入和浅层特征之间的联系,再通过中层特征,一步一步获得和高层特征的联系。想要从原始输入直接跨越到高层特征,无疑是困难的。而整个识别过程,所需要的数据量和运算量是十分巨大的。

深度学习之所以能够在今天得到重要的突破,原因在于海量的数据训练、高性能的计算能力(CPU、GPU、FPGA、A-SIC),两者缺一不可。

二、算力

衡量芯片计算性能的重要指标称为算力。通常而言,将每秒所执行的浮点运算次数(亦称每秒峰值速度)作为指标来衡量算力,简称为 FLOPS。现有的主流芯片运算能力达到了 TFLOPS 级别。一个 TFLOPS(teraFLOPS)等于每秒万亿(=10^{12})次的浮点运算。增加深度学习算力需要多个维度的齐头并进的提升:

1. 系统并行程度;
2. 时钟的速度;
3. 内存的大小(包括 register、cache、memory);

4. 内存带宽(memory bandwidth);
5. 计算芯片同 CPU 之间的带宽;
6. 还有各种微妙的硬件里的算法改进。

我们这篇报告将会主要关注人工智能的芯片领域,着重讨论 GPU、FPGA、ASIC 等几种类型的芯片在人工智能领域的应用和未来的发展。

三、GPU 简介

GPU,又称显示核心、视觉处理器、显示芯片,是一种专门在个人电脑、工作站、游戏机和一些移动设备(如平板电脑、智能手机等)上图像运算工作的微处理器,与 CPU 类似,只不过 GPU 是专为执行复杂的数学和几何计算而设计的,这些计算是图形渲染所必需的。随着人工智能的发展,如今的 GPU 已经不再局限于 3D 图形处理了,GPU 通用计算技术发展已经引起业界不少的关注,事实也证明在浮点运算、并行计算等部分计算方面,GPU 可以提供数十倍乃至于上百倍于 CPU 的性能。

GPU 的特点是有大量的核(多达几千个核)和大量的高速内存,最初被设计用于游戏,计算机图像处理等。GPU 主要擅长做类似图像处理的并行计算,所谓的"粗粒度并行(coarse-grain parallelism)"。这个对于图像处理很适用,因为像素与像素之间相对独立,GPU 提供大量的核,可以同时对很多像素进行并行处理。但这并不能带来延迟的提升(而仅仅是处理吞吐量的提升)。

比如,当一个消息到达时,虽然 GPU 有很多的核,但只能有其中一个核被用来处理当前这个消息,而且 GPU 核通常被设计为支持与图像处理相关的运算,不如 CPU 通用。GPU 主要适用于在数据层呈现高的并行特性(data-parallelism)的应用,比如 GPU 比较适合用于类似蒙特卡罗模拟这样的并行运算。

CPU 和 GPU 本身架构方式和运算目的不同导致了 CPU 和 GPU 之间的不同,主要不同点列举如下。

表 1: CPU VS GPU

	CPU	GPU
架构区别	70%晶体管用来构建 Cache 还有一部分控制单元,负责逻辑算数的部分并不多	整个就是一个庞大的计算网织 包括 alu 和 shader 填充
	非常庞大的 Cache	不如 CPU 的 Cache
	逻辑核心复杂	逻辑核心简单
计算目的	适合串行	适合大规模并行
	运算并发度低	运算并发度高

正是因为 GPU 的特点特别适合于大规模并行运算,GPU 在"深度学习"领域发挥着巨大的作用,因为 GPU 可以平行处理大量琐碎信息。深度学习所依赖的是神经系统网络——与人类大脑神经高度相似的网络——而这种网络出现的目的,就是要在高速的状态下分析海量的数据。例如,如果你想要教会这种网络如何识别出猫的模样,你就要给它提供无数多的猫的图片。而这种工作,正是 GPU 芯片所擅长的事情。而且相比于 CPU,GPU 的另一大优势,就是它对能源的需求远远低于 CPU。GPU 擅长的是海量数据的快速处理。

虽然机器学习已经有数十年的历史,但是两个较为新近的趋势促进了机器学习的广泛应用:海量训练数据的出现以及 GPU 计算所提供的强大而高效的并行计算。人们利用 GPU 来训练这些深度神经网络,所使用的训练集大得多,所耗费的时间大幅缩短,占用的数据中心基础设施也少得多。GPU 还被用于运行这些机器学习训练模型,以便在云端进行分类和预测,从而在耗费功率更低、占用基础设施更少的情况下能够支持远比从前更大的数据量和吞吐量。

将 GPU 加速器用于机器学习的早期用户包括诸多规模的网络和社交媒体公司,另外还有数据科学和机器学习领域中一流的研究机构。与单纯使用 CPU 的做法相比,GPU 具有数以千计的计算核心,可实现 10~100 倍应用吞吐量,因此 GPU 已经成为数据科学家处理大数据的处理器。

综上而言,我们认为人工智能时代的 GPU 已经不再是传统意义上的图形处理器,而更多的应该赋予专用处理器的头衔了,具备强大的并行计算能力。

产品	工艺	外存类型	外存位宽	外存容量	外存带宽
M9(AMD)	150nm	DDR	128bit	64MB	6.4GB/S
JM5400(景嘉微)	65nm	DDR3	128bit	1024MB	9.6GB/S

国内在 GPU 芯片设计方面,还处于起步阶段,与国际主流产品尚有一定的差距。不过星星之火可以燎原。有一些企业,逐渐开始拥有自主研发的能力,比如国内企业景嘉微。景嘉微拥有国内首款自主研发的 GPU 芯片 JM5400,专用于公司的图形显控领域。JM5400 为代表的图形芯片打破外国芯片在我国军用 GPU 领域的垄断,率先实现军用 GPU 国产化。GPU JM5400 主要替代 AMD 的 GPU M9,两者在性能上

的比较如下。相比而言,公司的 JM5400 具有功耗低、性能优的优势。

四、FPGA 简介

FPGA,即现场可编程门阵列,它是在 PAL、GAL、CPLD 等可编程器件的基础上进一步发展的产物。FPGA 芯片主要由 6 部分完成,分别为:可编程输入输出单元、基本可编程逻辑单元、完整的时钟管理、嵌入块式 RAM、丰富的布线资源、内嵌的底层功能单元和内嵌专用硬件模块。

FPGA 还具有静态可重复编程和动态在系统重构的特性,使得硬件的功能可以像软件一样通过编程来修改。FPGA 能完成任何数字器件的功能,甚至是高性能 CPU 都可以用 FPGA 来实现。

FPGA 拥有大量的可编程逻辑单元,可以根据客户定制来做针对性的算法设计。除此以外,在处理海量数据的时候,FPGA 相比于 CPU 和 GPU,独到的优势在于:FPGA 更接近 IO。换句话说,FPGA 是硬件底层的架构。比如,数据采用 GPU 计算,它先要进入内存,并在 CPU 指令下拷入 GPU 内存,在那边执行结束后再拷到内存被 CPU 继续处理,这过程并没有时间优势;而使用 FPGA 的话,数据 I/O 接口进入 FPGA,在里面解帧后进行数据处理或预处理,然后通过 PCIE 接口送入内存让 CPU 处理,一些很底层的工作已经被 FPGA 处理完了(FPGA 扮演协处理器的角色),且积累到一定数量后以 DMA 形式传到内存,以中断通知 CPU 来处理,这样效率就高得多。

虽然 FPGA 的频率一般比 CPU 低,但 CPU 是通用处理器,做某个特定运算(如信号处理,图像处理)可能需要很多个时钟周期,而 FPGA 可以通过编程重组电路,直接生成专用电路,加上电路并行性,可能做这个特定运算只需要一个时钟周期。

比如一般 CPU 每次只能处理 4 到 8 个指令,在 FPGA 上使用数据并行的方法可以每次处理 256 个或者更多的指令,让 FPGA 可以处理比 CPU 多很多的数据量。

举个例子,CPU 主频 3GHz,FPGA 主频 200MHz,若做某个特定运算 CPU 需要 30 个时钟周期,FPGA 只需一个,则耗时情况:CPU:30/3GHz=10ns;FPGA:1/200MHz=5ns。可以看到,FPGA 做这个特定运算速度比 CPU 块,能帮助加速。

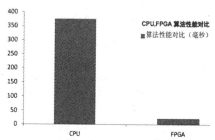

CPU,FPGA 算法性能对比
算法性能对比(毫秒)

北京大学与加州大学的一个关于 FPGA 加速深度学习算法的合作研究。展示了 FPGA 与 CPU 在执行深度学习算法时的耗时对比。在运行一次迭代时,使用 CPU 耗时 375 毫秒,而使用 FPGA 只耗时 21 毫秒,取得了 18 倍左右的加速比。

FPGA 相对于 CPU 与 GPU 有明显的能耗优势,主要有两个原因。首先,在 FPGA 中没有取指令与指令译码操作,在 Intel 的 CPU 里面,由于使用的是 CISC 架构,仅仅译码就占整个芯片能耗的 50%;在 GPU 里面,取指令与译码也消耗了 10%~20% 的能耗。其次,FPGA 的主频比 CPU 与 GPU 低很多,通常 CPU 与 GPU 都在 1GHz 到 3GHz 之间,而 FPGA 的主频一般在 500MHz 以下。如此大的频率差使得 FPGA 消耗的能耗远低于 CPU 与 GPU。

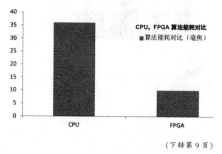

CPU,FPGA 算法能耗对比
算法能耗对比(毫焦)

(下转第 9 页)

"微波与数字通信国家重点实验室 CAD 中心"中 Cadence 的 EDA 环境

20世纪90年代初国家在清华大学建立了"微波与数字通信国家重点实验室",调我到"微波与数字通信国家重点实验室CAD中心"做主任。在清华大学东主楼九区三楼,电子工程系拿出200平方米的实验室面积建"微波与数字通信国家重点实验室CAD中心",我负责了实验室的建设和设备引进。改建后的"微波与数字通信国家重点实验室CAD中心"还是非常有展示度的,最为壮观的是20世纪90年代接待SUN公司的教育副总裁,她一次就赠送了供一个教学班用的30台SUN160工作站和两台SUN260服务器。还提出让我开JAVA语言课,她可以给这些工作站装上JAVA。但我确实只是搞EDA,只好建议她去计算机系找张XX教授。他们进入中国当然是为了赚钱,但他们赚了钱以后,还回馈给学校,帮我们充实了教学实验室。记得一次学校领导带一个美国大学校长的团队到我们实验室参观,他们惊讶地发现,我们当时实验室拥有的设备和软件,连美国参观校长所在学校也没有。

图1 "微波与数字通信国家重点实验室CAD中心"中Cadence的EDA环境

1988年由SDA System和ECAD合并成立Cadence公司,早期Cadence的信号处理工作站(以通信系统的建模仿真和数字信号处理/硬件系统设计/网络分析与验证工具)都很有特色,目前在业内模拟集成电路设计全流程用得较多的还是Cadence的Allegro/Virtuoso/Innovus工具包(含系统级设计、功能验证、IC综合占P&R和硬件仿真)。Cadence每年的营收超过23亿美元,员工在8100名左右。它在EDA行业排名第二。

Cadence的信号处理工作站与模拟电路与集成电路后端的设计能力,在EDA产业中一直是领先的,我们在1990年买了它的两套信号处理仿真系统。于是,就有了20世纪90年代去美国的CadenceEDA软件的培训。1994年我在旧金山机场入境美国,是1985年清华硕士毕业的杨林来接的我(当时他在Cadence公司任职),安排我住在华人曹先生办的小旅馆中。第一次到美国,在机场出口等杨林,看到了一位接站的美国人拿着移动电话,我是好奇,也是有需要(联系杨林),我老美计子借用它电话联系一下杨林,很方便就联系上,讲好了付给老美2美元/次!当时国内还是少数大老板们用"大哥大"(模拟/频分)的时代,我算是用了一次最早的(数字/时分)的移动电话。

图2 1994年去美国Cadence接受EDA软件(SPW)培训

印象中当时Cadence公司的培训地点在旧金山机场到红木城之间(不是现在的Milpitas McCarthy Road南口)。这次培训主要是用Cadence信号处理工作站工具做DSP的设计,基本上是以C语言编程,用信号处理工具仿真、验证,和我们常用计算机编程设计差别还是很明显的。如果我们处理对象的实时性要求很高,用计算机编程处理是来不及的,DSP强项是它带有多位数(bits)的快速数字乘法器(这是DSP和CPU的最大差别),使得数字信号处理的乘加运算非常方便。例如你设计的IIR和FIR的数字滤波器,大量的延时-加权-求和运算,用DSP就非常方便。尤其是用信号处理工作站处理DSP的设计对象(典型的低通、高通和带通),只要输入相应地参数,很快就仿真出你所需的结果!当然,进一步是褶积运算、矩阵的乘法、FFT/IFFT以及各种通信的调制/解调方式(QAM/QPSK/OFDM)在Cadence信号处理工作站上,进行设计和验证都非常方便。这次培训对我从一个从事雷达专业的教师,转行人通信专业,是起了很重要作用的!甚至可以说后来他和杨林一起,发起"中国数字电视标准"的研发,也是和这次培训有关!软件对半导体公司来说是个新挑战,因为他们传统只设计硬件,现在还要设计软件。为此,Cadence在帮助半导体公司解决三个层次的问题:

1、系统设计早期开发的软件能实现系统级的验证和纠错;

2、片上系统(SoC)实现时,帮助客户解决SoC中底层软件和相关器件中的软件开发;

3、实现芯片层次的低功耗等。

Cadence拥有从IC到PCB系统设计一整套平台,但还需要整个产业如IP供应商、IP设计服务、代工厂与硬件相关的软件(EDA同行们的软件)。在多次尝试失败后,EDA终于实现了让系统公司选择云计算中的EDA云平台。从20多年前的虚拟CAD(VCAD)开始,到10年前的托管设计解决方案(HDS),以及在台积电、亚马逊、微软和谷歌作为合作伙伴的2018年Cadence Cloud的发布,Cadence已经涉足云计算领域多年。2019年,他们发布了Cloudburst平台,这是EDA迈向全面云实现的另一个重要步骤。

近年来EDA厂家都在围绕"突破冯诺伊曼架构的瓶颈"做研发,集中在设计软化:

第一个问题:在芯片设计领域AI技术(如深度学习)能不能助力硬件设计软化?目前问题之一是电路设计完成之后,必须要花很多时间去做版图设计(P&R)生成GDS,这就好像要你亲自把你设计的Verilog代码翻译成机器码一样。

第二个问题就是设计复用问题。如果芯片设计像软件开发,很多函数都有现成的函数库,编程时只要调用一下就行。而不像现在这样,芯片领域目前绝大多数模块都必须从头开始设计,很难实现设计复用。

如果这两个问题能得到解决,那么对整个行业的创新和自我迭代效率都能带来深远影响。

EDA工具厂商以每年6%以上的增长率,经历了发展史上最为繁荣的历史。它作为芯片设计生产的必备工具,EDA用不到百亿美金的市场规模,支撑起了几千亿美金集成电路产业的欣欣向荣。

人工智能(AI)、机器学习(ML)成为电子科技深刻变革的主要推动力,它们正在进行更深层次的渗透,AI和ML也在改变电子系统的设计体系,AI、ML与EDA方法学的融合使其不断有所创新,使芯片设计生产力产生质的飞跃。

Cadence发布了基于机器学习引擎的更新版数字全流程工具,用iSpatial支持数字全流程集成。用ML功能的统一布局布线和物理优化引擎使设计容量最高提升3倍,PPA最高提升20%。在已经完成的数百次从16nm到5nm及更小工艺节点的成功设计中,还进一步地优化功耗、性能和面积。Cadence数字全流程包括:

iSpatial技术:iSpatial技术把Innovus设计系统的GigaPlace布线引擎和GigaOpt优化器集成到Genus综合解决方案,支持布线层分配、有效时钟偏移和通孔支柱等特性。客户使用统一的用户界面和数据库完成从Genus物理综合到Innovus设计实现的无缝衔接。

ML功能:用户用现有设计训练iSpatial优化技术,实现传统布局布线流程设计裕度的最小化。

优化签核收敛:数字全流程采用统一的设计实现、时序签核及电压降签核引擎,通过所有物理、时序和可靠性目标设计的同时收敛来增强签核性能,帮助客户降低设计裕度,减少迭代。

Cadence的数字全流程基于机器学习引擎,包括Innovus设计实现系统、Genus综合解决方案、Tempus时序签核解决方案和Voltus IC电源完整性解决方案,覆盖数字设计前端、后端、综合、电源完整性、signoff等。与传统EDA工具使用的设计方法学引擎相比,新版数字全流程通过iSpatial技术、ML等进行了全面优化,从而提升了设计效率和质量,获得3倍的吞吐量提升。

在EDA从自动化走向智能化中,Cadence全球AI研发中心高级AI研发总监丁渭滨从Inside和Outside两方面指出:Inside注重工具本身更智能,为用户提供更快的引擎以获得更好的PPA(测试和诊断);Outside注重于人的设计方法学,机器通过学习积累了经验,设计减少了人工干预,这正是EDA工具对于AI能力的诠释。利用AI极其智能的芯片设计,同时实现以更少的人力、资源、时间投入来设计芯片。

目前看来,市场对于颠覆性的EDA方法学充满了期待。在Cadence发布的数字设计全流程新闻中,MediaTek计算和人工智能技术事业部总经理Dr.SA Hwang指出,通过Cadence的Innovus设计实现系统GigaOpt优化器工具新增的机器学习能力,得以快速完成CPU核心的自动训练,提高最大频率,并将时序总负余量降低80%。签核设计收敛的总周转时间可以缩短2倍。同时,三星电子代工设计平台开发执行副总裁Jaehong Park认为Cadence的iSpatial技术可以精确预测完整布局对PPA的优化幅度,实现了RTL、设计约束和布局布线的快速迭代,使总功耗减少了6%,且设计周转时间缩短了2倍。同时,机器学习能力让三星Foundry的4nm EUV节点训练设计模型上,实现了5%的额外性能提升和5%的漏电功率减少。

Cadence的丁渭滨曾以IC设计中的布线为例谈到,这个关键的步骤需要长时间运算才能得到最终结果。随着从7nm到5nm再到3nm,运行的时间不只是线性增长的问题,还有前端布线前的优化,布线之后看到的东西却截然不同。为充将在布线前多留一些裕量,以减少跳变,进而提高芯片性能,但会浪费资源。如果是局部进行调整,又效率低下。丁渭滨指出:"布线这种由多特征去决定的复杂工作,非常适合引入ML来解决问题。"

EDA拥抱AI、ML成为必然趋势。

随着AI、ML向各个行业的渗透,越来越多的系统厂商受市场的驱动,开始涉足芯片设计,这不仅是对于EDA工具的挑战,也是对设计方法学创新的挑战。长期以来,EDA厂商与晶圆厂保持着紧密的合作,便于根据先进工艺进行迭代演进。但现在,他们还需要打破传统,协助产业链客户完成及时片上时间、复杂计、验证及模拟流程,满足市场对产品功能与功耗的要求,以及更为先进的半导体工艺和封装要求。

架构师不仅是要融入AI、ML的EDA工具感到压力,同时,也为设计芯片过程需要整个设计团队的通力合作,算力、数据和人才的协调调度,尽心尽力才能解决水芯片PPA提升这个挑战。而将ML融入EDA方法学中,机器就可以看到和累积所有人的经验,通过不断的学习变得越来越稳定,逐渐摆脱对人的经验的依赖。丁渭滨指出,如果到了这个阶段,芯片设计就走向了一个新高度,一个崭新的天地。

无人芯片设计,毫无疑问是一种更为快速且经济高效地生成新型芯片设计的方法。在通往这一终极目标的道路上,数字全流程的实现具有里程碑意义。但即便如此,芯片设计对于人的经验的仰赖短期内无法通过机器实现,特别是在模拟设计领域。Cadence在模拟设计领域的绝对领先地位,在于持续推进使用ML进行芯片设计的创新方向。

在通往无人芯片设计的道路绝非一片通途,人类在探索AI提高生产率方面还有相当长的路要走。我们今天所看到机器学习已经开始在EDA领域发挥重要作用了。

◇清华大学电子工程系教授、博导 周祖成

Cadence公司:

Cadence在计算软件领域拥有超过30年的专业经验,是电子设计产业的关键领导者。基于公司的智能系统设计战略,Cadence致力于提供软件、硬件和IP产品,助力电子设计概念成为现实。

致读者

鼠归牛至,自2020年1月5日《电子报》开辟EDA专栏以来,刊发了首期"为自主可控的国产E-DA软件而努力"文章始,到2020年12月27日刊登在第52期"Mentor Graphics和清华的EDA环境(二)"止,过去的一年里,在20多家企业、高校和研究所的近30名位作者的共同努力下,我们在《电子报》上全面地介绍了"工业软件EDA(电子设计自动化)"在国内的推广应用和国内EDA企业自主可控的研究与发展历程。

新的一年,在党的"十四届五中全会"精神和国家"十四五"规划的指导下,在年前ICCAD大型展示与交流的基础上,将迎来"工业软件EDA"研发、推广和应用的新局面。

习近平同志最近在京主持召开科学家座谈会并发表重要讲话指示:"关键是要改善科技创新生态,激发创新创造活力。""要有一批帅才型科学家,……促进产学研深度融合""基础研究是科技创新的源头,……卡脖子技术问题,根子是基础理论研究跟不上。""国家科技创新力的根本源泉在于人,十年树木,百年树人。"从核心层面这么明确地提出改革开放进入到一个新时期,无论是高质量发展现代化经济体系,还是实现人民高品质生活,加快科技创新都是构建新发展格局的需要。

党的十九届五中全会《建议》指出:"创新是引领发展的第一动力,保护知识产权就是保护创新。""坚持开放包容、平衡普惠的原则,深度参与世界知识产权组织框架下的全球知识产权治理,共建"知识产权合作,倡导知识共享。"新的一年怎么干?从党和国家的层面指导得很明确,国家将从过去40年的"刚需拉动",转向对未来几十年的"创新拉动"。

非常感谢广大读者对"EDA专栏"文章的厚爱,新的一年我们还将继续加强对国产"工业软件EDA"的介绍力度,因为它是我们"自主可控"的立足点和突破口;还将集中精力介绍EDA的孪生兄弟IP(intellectual property)产品的国内外状况,了解IP产品在IC和信息产品"上市(time to maketer)"起到的关键作用;以及EDA云平台和开源EDA的发展。我们欢迎国内、外EDA企业和高校、研究所的专家、教授们,踊跃投稿,不吝赐教!

我们愿意像一头孺作的金牛,带着大家丰硕的研发成果,一步一步地圆我们共同的"中国梦"!

◇清华大学电子工程系退休教授、博导 周祖成

编辑:李丹 投稿邮箱:dzbnew@163.com

红米牌空气炸锅常见故障维修二例

空气炸锅是近两年在电商平台上销售得非常好的一种新型厨房电器，它的特点是不用油就可以做出油炸口感的食物。本文以红米牌4.5升机械版空气炸锅为例，介绍一下空气炸锅的内部结构和两种常见的故障修理方法。

先用刀片撬开空气炸锅顶端的装饰盖（如图1所示），露出固定上壳的螺丝钉，拧下螺丝拆开上下外壳就可以看到空气炸锅的内部结构。中间是一个1350W的盘型电加热管和一个金属扇叶的风扇，通电时产生高温气流加热抽屉里的食物，同时吹走食物表面的水分，使做好的食物有一种油炸的口感；控制面板上有一个0~30分钟的定时器和一个80~200℃的温控器，用来控制机器的加热时间和加热温度；底部装有一个微动开关，当空气炸锅的抽屉放到锅里时，抽屉通过塑料杠杆触动开关导通，机器通电工作，拿出抽屉时，开关触点断开机器不通电，防止高温气流喷出烫伤人，起到保护作用。

例1 机器通电后无反应，红绿色指示灯都不亮

在修理通电无反应故障时，先用万用表电阻挡先测量底部的微动开关是否正常，塑料杠杆能否触动开关闭合。若不能闭合，就用螺丝刀拧松开关的2颗固定螺丝，调整好开关的位置后再拧紧螺丝。再用刀削一块8mm×5mm×2mm的木条，塞进开关和塑料外壳的边缝里（如图2所示），用502胶水固定好，防止开关再错位。定时器内部损坏也能引起通电无反应的故障，但是这种情况并不多见。

例2 加热指示灯亮几秒钟就熄灭，食物热不透

先通电，听机器里是否有风扇正常转动的声音。如果风扇转动正常，那就检查温控器，直接更换同型号的温控器就可以了；如果风扇不转，要立即断电，防止锅内高温烤化塑料外壳。因为此时加热管通电而风扇不转，热量不能传递到抽屉里去加热食物，锅内温度会迅速升高使温控器触点断开，所以就会使加热指示灯亮几秒钟后熄灭，抽屉里的食物还热不透。用万用表电阻挡测量风扇电机线圈电阻值，正常的阻值是240Ω，若阻值无穷大，先不要急换电机，用刀片划开电机线圈上的绝缘皮，测量里面的

150℃/2A保险电阻是否开路（如图3所示），然后再测量电机线圈电阻值。如果保险电阻开路电机线圈是好的，用同样的保险电阻或者电饭锅上的165℃保险代换原来的保险电阻就可以了。图4是机械版空气炸锅的电路图。

150℃/2A保险电阻

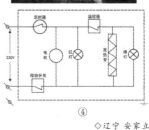

◇辽宁 安家立

快速实现 Word 文档的自动排版

同事前来求助，如图1所示，源文档中包含多个简答题，每道简答题的题目以"简述"两字开始，她希望实现以下需求：

1.给每道简答题的题目加粗并添加序号
2.在题目的后面加上句号
3.每个简答题的答案前加上【参考答案】

我们可以利用 Word 的样式功能完成自动排版的任务，具体步骤如下。

第一步：修改样式

首先对"标题1"样式进行设置，在"样式"功能组右击"标题1"，选择"修改"打开"修改样式"对话框，在这里设置左对齐、加粗、小四、宋体，点击左下角的"格式"选择"编号"（如图2所示），在这里选择相应的项目编号。

第二步：应用样式

按下"Ctrl+H"组合键，打开"查找和替换"对话框，将简答题的题目设置为"标题1"样式，查找"简述"，替换样式为"标题1"。

第三步：在标题后面添加句号

仍然在替换框进行操作，现在需要在标题1的后面添加句号，查找"p"，选择"标题1"样式，替换为"。^p"，样式仍然为"标题1"。

第四步：标记答案

仍然打开替换对话框，在标题一的后面添加1行，查找"^p"，选择"标题1"样式，替换为"^p【参考答案】"，样式为"无样式"，全部替换之后可以看到图3所示的效果。

完成上述替换操作之后，更新标题1，检查并核对全文就可以了。

◇江苏 王志军

打开 Apple Watch 的有氧适能监测功能

有氧适能（Cardio Fitness）又被称为心肺适应能力、心肺耐力等，是身体在锻炼时可以用到的最大氧气量，通常用来表示身体获取、运输、使用氧气的能力，身体在运动的状态下，吸收利用的氧气越多，表示有氧适能越好。一般来说，有氧适能越好，对于氧气的获取、运输和利用效率就越高，与之对应的是肺通气、血液载氧、心脏泵血和肌肉组织等人体机能的健康程度。良好的有氧适能有许多健康益处，例如有助于降低高血压，降低心血管疾病和中风的风险。

如果你拥有 Apple Watch，可以打开有氧适能监测功能：

首先请将 iPhone 的 iOS 更新至 14.3 正式版本，同时将 Apple Watch 的 WatchOS 更新至 7.2 正式版，在 iPhone 上首次打开健康 App 会弹出关于"有氧适能"的功能介绍（如图1所示），选择"打开通知"就可以了，或者也可以在健康 App 中的"呼吸"或"心脏"选项下找到"有氧适能"指数（如图2所示）。

◇江苏 王志军

开栏语

一年很快又过去了，回顾2020年，确实是不寻常的一年：新冠病毒肆虐全球，给人民生命安全和身体健康带来严重威胁，好在我们国家采取有效措施，全国上下团结抗疫，疫情得到有效控制；国内科技井喷爆发：长征五号B运载火箭首次任务取得成功，中国开启火星探测之旅；嫦娥五号成功登月取土；量子计算原型机"九章"问世等，令人振奋。

科技与我们的生活息息相关，各类电子电器设备给我们的工作和生活带来极大的便利，但始终面临一个问题，就是设备的使用、维修和保养。虽然现在设备更新换代快，但从经济和节约资源方面来看，很多设备还是具有维修价值的。本版为综合维修版，稿件涉及各类电器的使用、维修和保养，欢迎新老作者踊跃投稿。

◇本版编辑

（接2020年第51期8版）

25.对于数据中心机房的设计，在考虑后备柴油发电机时，下列哪项说法是不正确的？(C)

(A)B级数据中心发电机组的输出功率可按限时500h运行功率选择

(B)A级数据中心机组应连续和不限时运行

(C)柴油发电机周围设置检修照明和备用电，宜由应急照明系统供电

(D)A级数据中心发电机组的输出功率应满足数据中心最大平均负荷的需要

解答思路：数据中心→《数据中心设计规范》GB50174-2017→后备柴油发电机。

解答过程：依据GB50174-2017《数据中心设计规范》第8.1节，第8.1.14条[P22]。选C。

26.容易被人、畜所触及的裸带电体，当标称电压超过方均根值多少V时，应设置遮栏或外护物？(A)

(A)25V　　　(B)50V

(C)75V　　　(D)86.6V

解答思路：裸带电体、设置遮栏或外护物→《低压配电设计规范》GB50054-2011→标称电压、应设置。

解答过程：依据GB50054-2011《低压配电设计规范》第5.1节，第5.1.2条[P5-12]。选A。

27.笼型电动机采用延边三角形降压启动时，抽头比K=1:1时，启动性能的启动电压与额定电压之比应为下列哪项数值？(C)

(A)0.62　　　(B)0.64

(C)0.68　　　(D)0.75

解答思路：笼型电动机、启动→《钢铁企业电力设计手册（下册）》第24.2节→延边三角形降压。

解答过程：依据《钢铁企业电力设计手册（下册）》第24.2节，第24.2.3节，式24-2[P102]。

$$\frac{U_{U\triangle}}{U_{q\triangle}} = \frac{1+\sqrt{3}\times K}{1+3\times K} = \frac{1+\sqrt{3}\times 1}{1+3\times 1} = 0.683$$ 选C。

28.下列哪个建筑物的电子信息系统的雷电防护等级是错误的？(A)

(A)三级医院电子医疗设备雷电防护等级为B级

(B)五星及更高级宾馆电子信息系统的雷电防护等级为B级

(C)大中型有线电视系统医疗设备的雷电防护等级为C级

(D)大型火车站的雷电防护等级为B级

解答思路：建筑物的电子信息系统、雷电防护→《建筑物电子信息系统防雷技术规范》GB50343-2012→等级。

解答过程：依据GB50343-2012《建筑物电子信息系统防雷技术规范》第4.3节，第4.3.1条、表4.3.1[P57-9]。选A。

29.下列哪一项要求符合人防配电设计规范规定？(C)

(A)人防汽车库内无清洁区，电源配电柜(箱)可设置在染毒区内

(B)人防内、外电源的转换开关应为ATSE应急自动转换开关

(C)人防内防排烟风机等消防设备的供电回路应引自人防电源配电箱

(D)人防单元内消防电源配电箱宜在密闭隔墙上嵌装暗装

解答思路：人防、汽车库→《人民防空地下室设计规范》GB50038-2005、《人民防空工程设计防火规范》GB50098-2009→配电设计。

解答过程：依据GB50038-2005《人民防空地下室设计规范》第7.3节第7.3.2条[P138]、第7.3.1条、第7.3.4条。GB50098-2009《人民防空工程设计防火规范》第8.1节，第8.1.3条[P14-16]。选C。

30.自动焊接机($\varepsilon=100\%$)单相380V，46kW，$\cos\varphi=0.60$，换算其等效的2单相220V有功功率为下列哪项数值？(C)

(A)23kW和23kW

(B)38.64kW和7.36kW

(C)40.94kW和5.06kW

(D)44.16kW和17.48kW

解答思路：等效有功功率→《工业与民用配电设计手册（第四版）》→单相220V。

解答过程：依据《工业与民用供配电设计手册（第四版）》第1.6节，第1.6.3节、式1.6-5和式1.6-6[P20]。

$P_U=P_{uv}\rho_{(UV)U}+P_{wU}\rho_{(WU)U}=46\times0.89+0=40.96kW$

$P_V=P_{uv}\rho_{(UV)V}+P_{vw}\rho_{(VW)V}=46\times0.11+0=5.06kW$

选C。

31.测量住宅进户线处单相电源电压值为236V，计算电压偏差值，并判断是否符合规范规定？(C)

(A)1.07%，符合规定

(B)-7.3%，符合规定

(C)7.3%，不符合规定

(D)16V，不符合规定

解答思路：电压偏差值→《电能质量供电电压偏差》GB/T12325-2008→计算、判断。

解答过程：依据GB/T12325-2008《电能质量供电电压偏差》第5.2节和第4.3节，式(1)[P35-4]。电压偏差值(%)：$\frac{\text{电压测量值}-\text{系统标称电压}}{\text{系统标称电压}}\times100\%$

$\frac{236-220}{220}\times100\%=7.27\%$ 选C。

32.某办公室长10m，宽6.6m，吊顶高2.8m，照度设计标准值为300lx，维护系数0.8，选用单管格栅荧光灯具，光源光通量为3300lm，利用系数为0.62，需要光源数为下列哪项数值？(取数)(C)

(A)6支　　　(B)10支

(C)12支　　　(D)14支

解答思路：利用系数、光源数→《照明设计手册（第三版）》第五章。

解答过程：依据《照明设计手册（第三版）》第五章第四节，式5-48[P148]。

$$N=\frac{E_{av}\times A}{\Phi\times U\times K}=\frac{300\times10\times6.6}{3300\times0.62\times0.8}=12$$

选C。

33.人民防空工程防火电气设计中，下列哪项不符合现行标准的规定？(C)

(A)建筑面积大于5000m²的人防工程，其消用电应按一级负荷要求供电；建筑面积小于或等于5000m²的人防工程科按二级负荷要求供电

(B)消防疏散照明和消防备用照明可用蓄电池作备用电源，其连续供电时间不应少于30min

(C)消防疏散照明等应设置在疏散走道、楼梯间、防烟前室、公共活动场所等部位的墙面上部或顶棚下，地面的最低照度不应大于3lx

(D)消防疏散照明和消防备用照明在工作电源断电后，应能自动投合备用电源

解答思路：人防、汽车库→《人民防空工程设计防火规范》GB50098-2009→防火电气设计[P14-16]。

解答过程：依据GB50098-2009《人民防空工程设计防火规范》第8章，第8.1.1条、第8.2.1条、第8.2.6条。选C。

34.晶闸管整流装置的功率因数与畸变因数有关，忽略换向影响，整流相数q=6的三相整流电路的畸变因数为下列哪一项？(C)

(A)0.64　　　(B)0.83

(C)0.96　　　(D)0.99

解答思路：晶闸管整流装置→《钢铁企业电力设计手册（下册）》→三相整流、畸变因数。

解答过程：依据《钢铁企业电力设计手册（下册）》第26.2.5节，表26-15[P379]。选C。

35.某10kV配电室，采用移开式高压开关柜单排布置，高压开关柜尺寸为800×1500×2300mm(宽×深×高)，手车长度为950mm，则该高压配电室的最小宽度为下列哪项数值？(B)

(A)4150mm　　　(B)4450mm

(C)4650mm　　　(D)5150mm

解答思路：10kV配电室→GB50053-2013→开关柜单排布置、配电室的最小宽度。

解答过程：依据GB50053-2013《20kV及以下配电所设计规范》第4.2节，第4.2.7条、表4.2.7[P4-10]。800+1500+950+1200=4450mm。选B。

36.地下35/0.4kV变电所由两路电源供电，低压侧单母线分段，采用TN-C接地系统，下列有关接地的叙述哪一项是正确的？(C)

(A)两变压器中性点应直接接地

(B)两变压器中性点相互连接的导体可以与用电设备连接

(C)两变压器中性点相互连接的导体与PE线之间，应只一点连接

(D)装置的PE线只能一点接地

解答思路：接地→《交流电气装置的接地设计规范》GB/T50065-2011→地下35/0.4kV变电所、TN-C接地系统。

解答过程：依据GB/T50065-2011《交流电气装置的接地设计规范》第7.1节，第7.1.2条第2款[P31-19]。选C。

37.设计应选用高效率灯具，下列选择哪项不符合规范的规定？(A)

(A)带棱镜保护罩的荧光灯灯具效率应不低于55%

(B)开敞式紧凑型荧光灯筒灯灯具效率不应低于55%

(C)带保护罩的小功率金属卤化物筒灯灯具效率应不低于55%

(D)色温2700K带格栅的LED筒灯灯具效率不应低于55%

解答思路：灯具→《建筑照明设计标准》GB50034-2013→高效率灯具选择。

解答过程：依据GB50034-2013《建筑照明设计标准》第3.3节，第3.3.2条、表3.3.2-1~表3.3.2-5[P2-9]。选A。

38.在下列哪些场所应选用具有耐火性的电缆？

(A)穿管暗敷的应急照明电缆

(B)穿管明敷的备用照明电缆

(C)沿桥架敷设的应急电源电缆

(D)沿电缆沟敷设的断路器操作直流电源

（未完待续）

◇江苏　键谈

新年寄语

刚刚拉上帷幕的2020年，将以"不平凡"的标签载入史册。这一年，新冠病毒肆虐全国席卷世界；这一年，我们见证了伟大的中国力量；这一年，我们克服重重困难坚持出报，一期都没落下。在此，感谢亲爱的读者和作者一如既往的支持与厚爱！

2021年，中国原本将首次迎来的世界技能奥林匹克——第46届世界技能大赛因疫情延期一年举办，这给了我们更加充裕的备战时间。本届世赛的主题口号是"一技之长，能动天下"。"技"从何来？从学习中来，从训练中来，从工作中来。习近平总书记强调：要健全技能人才培养、使用、评价、激励制度，大力发展技工教育，大规模开展职业技能培训，加快培养大批高素质劳动者和技术技能人才。职业教育的使命就是培养掌握"一技之长"的高素质劳动者和技能人才，让他们"能动天下"，而《电子报》职教版的使命，就是要推动中国职业教育迈上新台阶。

今年，本报职教版将开设以下栏目：

1.教学教法。主要刊登职业院校（含技工院校，下同）电类教师在教学方法方面的独到见解，以及各种教学技术在教学中的应用。

2.初学入门。主要刊登电类基础技术，注重系统性，注重理论与实际应用相结合，帮助职业院校的电类学生和初级电子爱好者入

3.技能竞赛。主要刊登技能竞赛电类赛项的竞赛试题或模拟试题及解题思路，以及竞赛指导教师指导学生的经验、竞赛获奖选手的成长心得和经验。

4.备考指南：主要针对职业技能鉴定（如电工初级、中级、高级、技师、高级技师等级考试），以及注册电气工程师等取证类考试的备考知识要点和解题思路。

5.电子制作。主要刊登职业院校学生和电子爱好者的电类毕业设计成果和电子制作产品。

6.电路设计：主要刊登电类电路设计方案、调试仿真，比如继电器-接触器控制电路改造为PLC控制等。

7.经典电路：主要刊登经典电路的原理解析和维修维护方法，要求电路有典型性，对学习其他同类电路有指导意义和帮助作用。

欢迎职业院校师生、职教主管部门工作人员以及电子爱好者赐稿。投稿邮箱：63019541@qq.com或dzbnew@163.com。稿件须原创，请勿一稿多投。投稿时以Word附件形式发送，文内注明作者姓名、单位及联系方式，以便寄奉稿酬。

期待您的支持！

◇本版编辑

编辑：黄丽辉　投稿邮箱：dzbnew@163.com

变频器调整输出频率与输出电压的原理分析(一)

经过几十年的技术发展,变频器的功能已经日趋完善,而其基本功能即对输出频率、输出电压的调整仍然是各种应用功能的基础。变频器的调频与调压机理一直困惑着部分电工师傅们的思维模式。我在给企业电工培训讲课时,就有人问到变频器的调频调压原理,但是大部分电工心里疼痒的是,我只要能学会参数设置的方法,并使电动机按照参数设置的规则运行起来就很好了。至于变频器的调频调压相对关注较少。实际上,电工从业人员学习了解变频器的调频与调压原理,对于变频器的运行、参数设置乃至故障的维修都有至关重要的作用,是一个电工从业人员成长为资深电工和高水平电工应该和必须掌握的基础知识。由于变频器的调频与调压近乎是一个纯理论方面的问题,报刊媒体涉猎这一专题的资料相对较少。本文尝试讨论这一话题,以期对感兴趣的朋友有所帮助。

一、变频器的载波频率

变频器的载波频率是一个非常重要的功能参数,它可以根据需要进行设置。变频器通过对载波频率脉冲占空比的调整实现调频调压。任何一台变频器都有这个参数。各种变频器的载波频率设置范围不尽相同,表1是几种变频器载波频率参数值的举例。

表1 变频器载波频率的参数举例

变频器品牌型号	载波频率参数码	参数名称	参数可设置范围(kHz)	步幅(kHz)
博世力士乐 CVF-3G	L-57	载波频率	1.5~15	0.1
富士 5000G11S	F26	运行噪音 55kW以下载波频率 75kW以上	0.75~15 0.75~10	1 1
森兰 SB12	F24	载波频率设定	2~9	7档可调
普传 PI7000	F15	载波频率	1.0~16.0	1
上海日普 PR3200	01~26	载波频率	1~9	1
杭州海利普 CD035		载波频率	0~20	15档可调
上海格立特	28	载波频率	2.0~16.00	0.01

正确设置变频器的载波频率,可以降低电动机的运行噪声,避免系统的机械共振,减小输出电路配线对地漏电流,从而减小变频器发生的干扰。变频器逆变部分的IGBT开关管在由导通到截止以及由截止到导通的过程中有开关损耗,所以载波频率设置得越高,单位时间内产生的损耗将越大,导致变频器的运行损耗增加,发热量增加,这也是设置变频器载波频率需要考虑的因素之一。

变频器载波频率参数设置对电动机运行的影响可参见表2。

表2 变频器载波频率设置高低对电动机运行效果的影响

对电动机的影响	载波频率设置较高时	载波频率设置较低时
电动机噪声	小	大
输出电流波形	好	差
漏电流	大	小
产生的干扰	大	很小

二、变频器的内部主电路

变频器的内部主电路如图1所示。

图1电路中,交流电源从变频器的R、S、T端输入,经二极管D1~D6的三相桥式整流,给为提高耐压而相互串联电容器C1、C2充电,在电容器两端得到P端为正、N端为负的直流电压UD,图1右边的6只IGBT管V1~V6是变频器的逆变电路,可将直流电压UD逆变成频率与电压均可调的交流电从U、V、W端输出,用于驱动电动机。

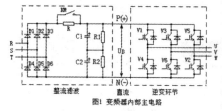

图1 变频器内部主电路

图1中电阻R用于通电瞬间限制充电涌流;接触器KM

的触点稍后延时闭合将电阻R短路;电阻R1和R2是充电电容器的分压电阻。

三、逆变电路如何将直流电压转换成交流电压

变频器发送给电动机的应该是三相交流电,对于负载来说,负载两端的电压和流过负载的电流如果是不断变换极性或流动方向时,这个电压和电流就是交流电压或电流。

1. 单相逆变电路

单相逆变电路的工作情况可参见图2,逆变电路的工作情况如下:

(1)前半周期 令开关V1、V2导通,V3、V4截止,则负载RL中的电流从a流向b,RL两端的电压是a(+)、b(-)。

图2中的V1~V4是IGBT管,在逆变桥中,它们起的就是电子开关的作用。

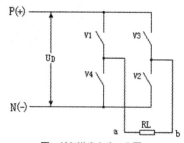

图2 单相逆变电路示意图

(2)后半周期 令开关V1、V2截止,V3、V4导通,则负载RL中的电流从b流向a,RL两端的电压是a(-)、b(+)。

上述两种状态如能不断反复地进行,则在负载RL上所得到的就是交变电压了。这就是由直流电转换为交流电的逆变。

2. 三相逆变电路

三相逆变桥电路结构如图3所示。其中(a)图是三相逆变桥的电路结构,(b)图是三相逆变桥输出电压的波形。其工作过程与单相逆变桥类似,只要使三个桥臂交替工作,互差三分之一周期(T/3,即120°电角度),从而使三相输出电压的相位之间互差120°电角度即可。

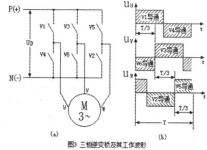

图3 三相逆变桥及其工作波形

四、变频器对输出电压的调整

三相交流电源经变频器输入端的整流桥整流、电容器滤波,变换成P端为正、N端为负的直流电压UD(见图1),之后经过逆变电路中的IGBT开关管的斩波作用,向电动机提供的是矩形波脉冲串。尽管不是理想的正弦波,但这些脉冲串的频率很高,其频率等于载波频率。在电动机感性绕组的作用下,流过电动机绕组的电流已经非常接近正弦波了。

如果载波频率设置为5kHz,则载波频率对应的周期为200μs=0.2ms。这时变频器运行在25Hz的话,其对应的周期为40ms,这样,电动机运行1Hz对应周期的时间段内就包含有40ms/0.2ms=200个载波频率周期。由于40ms中有正半周和负半周,所以,每半个周期各含有100个载波频率周期。由此可见,足够高的载波频率完全可以将变频器输出的波形调整得非常接近正弦波。

如前所述,通过适当安排IGBT管的导通与截止顺序,我们就可以得到交流电,如图4所示。图4中正半周和负半周波形图中各画出了16个脉冲的图形,这只是为了说明变频器调整输出电压的原理,实际上,每半个周期中包含的脉冲数量要多得多。

图4中带有阴影部分的矩形波是IGBT管导通、变频器

向电动机提供电流的波形,可以发现,1.阴影部分脉冲的宽度各不相同,但它们的周期是相同的。2.在接近正半周最大值的位置,矩形波脉冲的宽度最大,即占空比最大;而在正半周从零向最大值变化,以及从最大值逐渐变化为零的过程中,脉冲的占空比先是由小变大,然后由大变小。在脉冲占空比小时,平均电压低;脉冲占空比大时,平均电压大。变频器正是通过调整脉冲的占空比来调整其输出电压的。

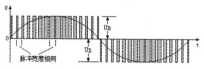

图4 变频器对输出电压的调整示意图

五、变频器对输出频率的调整

变频器对输出频率的调整示意图见图5。

对比图5(a)和图5(b),可以发现它们有如下异同。

相同之处:一是都使用调整脉冲占空比的方法获得正弦交流电的波形;二是脉冲的幅度相等,都是变频器整流滤波后的直流电压UD;三是脉冲的周期相等,这个周期对应的频率就是载波频率。

不同之处:一是每半个周期(正半周或负半周)包含的脉冲个数不同;二是(b)图中脉冲占空比的变化速率较快。

由于脉冲周期相同,所以包含脉冲个数多的半个周期(例如图5(a))持续时间较长,正半周和负半周合成的一个完整周期时间较长,对应的频率较低。而这个较低的频率就是变频器输送给电动机的驱动频率。

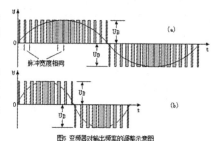

图5 变频器对输出频率的调整示意图

包含脉冲个数少的半个周期(例如图5(b))持续时间较短,正半周和负半周合成的一个完整周期时间较短,对应的频率较高。而这个较高的频率也是变频器输送给电动机的驱动频率。

变频器正是通过调整载波频率脉冲的占空比,以及调整脉冲占空比变化的速率来调整输出电压和输出频率的。

(未完待续) ◇山西 杨电功

新年寄语

当今科学技术的高速发展,已经将电子技术与电工技术,亦即弱电与强电技术高度融合在一起,使用电子技术开发设计生产的电动机软启动器、变频器、PLC装置、单片机控制系统、微机综合保护装置、电源污染治理设备,紧密的嫁接在电力系统的强电产品中,两者相辅相成,使机电产品的性能与工作效率得到极大提高。《电子报》此次在有限的版面安排中,增设了新的"机电技术"版,正是顺应了这一科技发展的新潮流。

为了适应电工电子技术融合发展的大趋势,"机电技术"版拟开设"电工前沿技术""机电技术原理解析""机电设备维修技术""PLC应用技术""企业电工维修技能""经典电路原理剖析""无功补偿新技术""电源污染治理"等栏目,希望《电子报》的读者、作者积极撰稿,将自己的知识积累、经验总结分享给更多的读者朋友。来稿可使用电子邮件发送至《电子报》的投稿邮箱,也可发送到 dyy890@126.com 这个邮箱。

◇本版编辑

泡菜坛给水自动控制三方案

泡菜坛也是人们生活必备品，在重庆、四川等地家家都有泡菜坛。笔者经常外出数月，特别是夏天家里泡菜坛上储水槽用作水密封的"水"蒸发太快，如不及时补水，将导致泡菜坛中的泡菜失去水密封而变味乃至终极损坏。为此笔者增设了泡菜坛自动给水控制器，杜绝了自己外出请人加水的麻烦。下面分别介绍：用万年历定时控制，水位自动控制器，人工智能设备的应用对泡菜坛进行自动加水。

方案1：泡菜坛自动加水离不开电磁阀，首先将FCD-270A1洗衣加水电磁阀接入自来水管中，电磁阀出口用波纹管引入到泡菜坛上，见图1，以下两方案也要用到电磁水阀。

①

再用《电子报》2002年第29期介绍的"实用21位多功能…万年历"进行定时自动加水，利用其本身带有继电器控制，将其设置为周五打铃模式，极其方便改为控制电磁阀开水16秒。缺点是在周五模式下就有五天定时加水，感觉太过，如果能改定为10~15天加水10秒钟就好。有了想法就想从天数个位数字过零着手取出天个位中a,b,g段信号，再经组合逻辑门推动继电器动作，可是因为万年历是扫描方式推动数码管而无法实施信号拾取，这只能是通过改变软件程序才能实现，调出及改动软件程序目前还无从着手，于是有了采用水位控制的想法。

留精读真 制作为王

2021年《电子报》变更为8版发行了，与之相比："1993年由原四开四版增为四开八版"，时隔29年。全国电子信息技术发展突飞猛进，智能化、集成化、集约化都在各个行业、产品中体现。"电子制作"作为《电子报》的经典版面，也是电子爱好者的基本交流阵地之一，虽然浩瀚网络资源丰富、交流形式多样，但依然能为电子爱好者们推送精神"食品"。但从今年的版面调整可以看出，电子信息整个行业变化，特别是面向市场和爱好者对象的受众版面做了调整，仍然希望《电子报》能成为爱好者们的良师益友，也还能成为电子知识"宝典"。也更希望喜欢"电子制作"的广大读者、作者们，顺应智能时代需求，共同"料理"出一份可味"电子制作"大餐。在智能硬件、智能云平台、智能制造等各类制作与革新中，将掀起新的"制作学习高潮"，为"留"下的这份"地"耕耘出更加精彩的内容。

◇本版责编

方案2：水位控制自动加水。

水位检测是用环形织衣针的两根不锈钢空心针作探针电极，一根置泡菜坛储水槽底部，一根垂直放入储水槽水位满度的1/2偏下。制作成型探针结构见

②

水位探测电极示意图

在不锈钢空针中压入一根铜芯线以便焊接引出线，这样就解决了用铜线电极在水中会生铜绿的问题。电路是用一片CD4013双D触发器中一个D触发器通过外围RC元件组成单稳态延时开关电路，电路中4013的①脚Q稳态输出为零（低电平）三极管BG截止，继电器J不动作。当泡菜坛上水密封储水槽的水蒸发致使A电极脱离水接触瞬间，D触发器CP输入端电位上升令Q输出为1（高电平）BG导通J吸合，J的常开触点闭合接通电磁阀，打开供水通路补充进水。同时Q输出高电平经R向C充电，④脚R（复位）端电位逐渐上升，到阈值电平时D触发器翻转复位，Q输出回零，BG截止J释放，切断电磁阀关闭出水口停止加水，从而达到自动加水之目的。电路原理见图3。

电路暂稳态时间约0.7RC=14~28秒。其中电容单位uF，电阻单位MΩ，则时间单位为秒。如果有多个泡菜坛可阶梯放置，让上坛储水槽溢出水流入下坛储水槽即可。本电路制作十分容易，将所有元件装入一块75×45mm多孔（俗称面包板）上，省去制作印刷电路板的麻烦。只要元件焊接无误，即可一次验证成功。图3电路完工后感觉缺少指示灯，于是补加了两个发光二极管，一支正极接正电源，负极串5KΩ电阻接D触发器②脚，用作电磁阀工作指示。一支接正电源，负极串10KΩ接负，用作电源指示。再将其装入Φ90×80mm美多丝滑发膜罐中，在罐中下部开三孔引出电源、控制、探头线，使用时控制线接上电磁阀，探头线置于泡菜坛储水槽中，再将电源线插入电源即可。图4为泡菜坛及探针放置剖面示意图。

④

验证：用吊针塑料管虹吸法引出泡菜坛储水槽的水模拟水蒸发，待上探针脱离水接触瞬间，电磁阀开启加水，反复验证多次后加以固定，开水时间暂定15秒。调R可改变加水时间，通过调节截流控水阀控制适量水流出。

方案3：随着天猫人工智能的出现，两年前笔者便引入"天猫方糖"到家。他是一款支持WI-FI、支持蓝牙、支持无线传输来播放音乐、讲故事和控制家电于一身的智能控制器。见图5。

⑤
天猫方糖

有了天猫方糖要想听音乐、听新闻、听评书，用语音提示天猫就可以了，没有以前手动收音机选台、手动多媒体播放机选曲的麻烦，给人以动口不动手的新感受。为进一步体现出人工智能的优越性，让家庭照明、家庭泡菜坛给水免去手动开灯，手动开关水阀给泡菜坛加水的麻烦，这次给天猫方糖配上新伙伴"天猫智能灯具控制器"，见图6。

⑥
UFM416芯片、双D触发 12V继电器

首先将天猫接上电源，手机进入"天猫精灵APP"添加天猫方糖：通过向天猫发送语音指令"找队友"或手机进入天猫"添加设备"连接智能灯具控制器。笔者手机上连接有6个设备，见手机截屏图7。

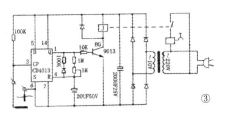
⑦

我家

智能设备 连接设备

全部　客厅　书房　其他

电灯　　吊灯

台灯　　灯

方糖3　　方糖六
在线　　在线

首页　消息　精灵　精灵购　我家

其中方糖3是为朋友在他家用笔者手机和他家网络连接代为设置的，他平时在家可用普通话呼叫"天猫精灵"天猫回答后说"唱，我爱你中国"也可以说"讲故事，西游记"总之你能想到的歌、故事、

③

评书及音乐都能播放，特别方便视力差的人使用，方糖3就是这样一种应用。方糖六为自用设备。"灯"为得邦智能灯是一种集无线电收发、控制与灯组合为一体的新型灯具。对该灯还可发语音指令"亮度增加或减少25,50,75,100%"调整灯的亮度。"电灯吊灯台灯"三灯各受天猫智能灯具控制器控制。这三个控制器内均为继电器推动，但控制器身份编码不同，经过方糖六"找队友"选择出相应灯便是一种组合，三灯则有三种组合。方糖六、控制器和灯接好后即可用语音呼叫"天猫精灵"方糖回答后便说出需要指定开关的灯，如："开吊灯或关吊灯"吊灯则随之点亮或熄灭。由于上述设备是经手机联络WI-FI、蓝牙、移动数据，则可用手机在外进行远程控制，反复验证，如：在外点击手机(需先进入天猫精灵)中电灯方框的蓝色小灯标志，此标志则变成蓝色发光形图案，回家看电灯已被点亮，随即呼叫天猫精灵"关电灯"电灯灭，再观看手机上电灯标志已变成熄灯态(需要提醒：回家期间手机要保持在天猫精灵界面上才可见电灯标志亮熄灭变化)。用手机控制当然要信号好的地方才行。如果选择好设备位置如卧室、走廊等，在手机下方五选项中选"智能"进入还可选"天黑自动开灯"用于走廊灯，"早上定时开灯"用于卧室灯，该灯则会在晚19点自动点亮走廊灯或早上7点自动点亮卧室灯。

回到正题，要完成泡菜坛加水控制可选择相应的控灯器(如电灯)将其输出改接到已接入水路系统的洗衣机电磁阀上即可，经此改动同样可向天猫发出"开电灯"指令，或用手机远程操作打开(电灯)电磁水阀开通加水，根据平时加水时间估计到时再发出"关电灯"指令，完成泡菜坛远程补水工作。细心的读者可能会发现此操作"言行不达界"这是因为天猫精灵设计平台里面没有自定义选项，只能在灯的种类上进行选择所致，这有待天猫将该平台进行深化扩充。另外手机退出天猫平台后，其间如用语音指令天猫操作某设备指令后，再打开手机天猫界面，会发现界面图中某设备图标没有变化，需退出进行二次连接才能看到该设备当前工作状态。这需要引起使用者注意，否则会造成误判，也是该平台需要深化改进的地方。

以上给泡菜坛加水方案是笔者的总结，特别是智能设备通过4G、5G网络将人们生活的方方面面推向灵活实用、便捷、减负等不可估量的应用前景。在此向读者朋友们抛砖引玉，将智能化应用推向自己实际生活当中，给自己减负以此提高生活质量。

◇李元林

台积电 3nm 计划书

2020 年，在我国科技界比较大的影响就是"中国芯"的困扰，这些年我国的经济建设取得了巨大成就，各项基础设施也日趋完善，不过针对 PC 端和移动端的芯片领域，虽然我们能做到研发芯片，但其中最核心的晶圆却是无法迈过的一道坎。刚开始，很多媒体宣传还是知道我们在这一块的差距，可过没多久"风向"就有点"变味"了，尤其是一些自媒体，打着各种"擦边球"来宣传芯片这一块的"弯道超车"——什么"碳基芯片""XXX 芯片研发到 12nm""XXX 芯片 AI 领先国际水平""XXX 研发成功光刻机"等主次不分的宣传。

要知道，首先生产力从理论变为实际还有很长的一段路要走；其次一个工艺制程的代差，在消费级的市场竞争影响是非常明显，军工方面我们允许性能稍微落后的，但一定是安全可靠的产品。但是在民用级市场这一块，绝大多数消费者包括这些天天吹嘘"自主自给"的博主们恐怕会头也不回地选择制程更为先进的产品。很多时候击败自己的是"拿来主义"，大飞机、高铁、盾构机等这些就是例子，我们鼓励更多的人才以及资金投入到芯片的基础研发建设之中，但绝不允许借着芯片建设搞风投，骗取国家资金。"芯片建设"是一个需要十年甚至更久的规划才能看到效益的事情，一步一个脚印，怀着"前人种树后人乘凉"的心态才能取得成就，短时间就要取得巨大成就的这种心态是一种误区。

下面言归正传，看看全球晶圆加工的领头羊——台积电的 3nm 计划。

近来先进制程的战场可谓是波澜起伏，戏称"挤牙膏"的英特尔制程进化再度跳票（这一后果导致英特尔开始在 PC 领域初现危机），三星频传良率不过关，唯有台积电一路喜讯不断，不仅股价持续飙涨，跃居全球第十市值公司，还迎来制出 10 亿颗 7nm 芯片的新里程碑。

从率先搞定 7nm 的那一刻起，除了三星、英特尔这种自带先进制造厂的 IDM 巨头，大部分的头部芯片设计公司都跑到台积电 7nm 的门外排起长队。毕竟制程工艺越先进，芯片性能越高、功耗越低，在市场上越有竞争力。

台积电冲得不仅快，良率还高。2018 年有超过 50 款 7nm 芯片量产，代工方都是台积电。2019 年，台积电代工的 7nm 芯片设计更是超过 100 种。苹果、高通、华为、英伟达、AMD、赛灵思、联发科等芯片巨头都是台积电 7nm 的客户。

同时，台积电的 7nm N7+工艺是全球第一个在大批量生产中采用 EUV 的节点，而向后兼容的 N6 逻辑密度又提高了 18%。据台积电介绍，N6 具有与 N7 相同的缺陷密度。

台积电 2019 年年报显示，这一年，台积电为 499 个客户生产 10761 种不同的芯片，在半导体制造领域市场占有率 52%。

以 2020 年上半年全球前大晶圆代工营收来看，台积电的营收超过 2~9 名代工营收的总和。

作为全球晶圆代工"头号玩家"，从台积电的技术书中，我们可以看到全球先进制程最前沿的芯片制造技术风向。台积电计划 3nm 技术于 2021 年进入风险生产、在 2022 年开始量产，而英特尔的 7nm 预计最早推出也要到 2022 年末。相较于 5nm N5 工艺，相同功耗下，台积电 3nm N3 性能可提高 10~15%；相同性能下，N3 功耗可降低 25~30%；N3 的逻辑密度、SRAM 密度、模拟密度分别是 N5 的 1.7 倍、1.2 倍、1.1 倍。

同时，台积电已整合旗下包括 SoIC、InFO、CoWoS 等 3D 封装技术平台，命名为台积电 3D Fabric。

先看看目前台积电于 2021 年推出的 5nm 制程工艺。

台积电 5nm-3nm 节点 PPA 优化情况

	5nm N5、（vs 7nm N7）	5nm N5P（vs N5）	5nm N4（vs N5）	3nm N3（vs 5nm N5）
相同功耗下性能提高	15%	5%		10-15%
相同性能下功耗降低	30%	10%		25-30%
逻辑密度	1.8X			70%
量产时间	量产中	2021年	2022年	2022年下半年

台积电 5nm N5 工艺广泛采用了 EUV 技术。相较 7nm N7 工艺，台积电 N5 工艺在相同功耗下的性能提高了 15%，在相同性能下的功耗降低了 30%，逻辑密度为 N7 的 1.8 倍。

台积电还提到，N5 的缺陷密度学习曲线比 N7 快，这意味着 5nm 工艺将比其上一节点能更快地达到更高的良率。

而 N5P 和 N4 属于 5nm N5 的增强版本。

N5P 主要面向高性能应用，计划在 2021 年投入使用。与 N5 相比，同等功耗下，N5P 的性能可提高 5%；同等性能下，N5P 的功耗可降低 10%。

由于与 N5 节点在 IP 上兼容，因此台积电的 5nm N4 工艺可提供直接迁移，性能、功耗和密度均有所增强。台积电计划在 2021 年第四季度开始 N4 风险生产，目标是在 2022 年实现大批量生产。

相比 5nm N5 节点，台积电 3nm N3 在相同功耗下的性能可提高 10%~15%，在相同性能下的功耗可降低 25%~30%；逻辑密度提高 70%，SRAM 密度提高 20%，模拟密度提高 10%。

2020 年上半年全球前十大晶圆代工营收排名（单位：亿美元）

No.1	公司	2020年上半年	2020年第二季度	2020年第一季度
1	台积电	203.05	101.05	102.00
2	三星	66.74	36.78	29.96
3	格芯	29.04	14.52	14.52
4	联电	28.37	14.40	13.97
5	中芯国际	17.89	9.41	8.48
6	高塔半导体	6.10	3.10	3.00
7	世界先进	5.56	2.98	2.58
8	力积电	5.16	2.65	2.51
9	华虹半导体	4.20	2.20	2.00
10	东部高科	3.51	1.93	1.58
	前十大合计	369.62	189.02	180.61

备注

此外，台积电还介绍了专为 IoT、移动和边缘设备等低功耗设备而设计的 N12e 工艺，该工艺是台积电 12 nm FinFET 节点的增强版，拥有更低功耗、更高性能，支持超低漏电器件和低至 0.4V 的超低 Vdd 设计。

台积电创始人张忠谋很谦逊，在 2020 年年初接受媒体采访时提到，三星电子是很厉害的对手，目前台积电暂时占优势，但台积电跟三星的战争绝对还没有结束，台积电还没有赢。

台积电相较三星有很多优势，比如它是一个纯粹的晶圆代工厂，相较三星这种有自己芯片设计业务的 IDM 厂商，更易获得客户的信赖；比如它的技术推进顺利，继率先战占 7nm 市场后，又即将迎来 5nm 大规模落地。

台积电总裁魏哲家曾透露，采用台积电 5nm 完成的芯片 tape-out 数量将比 7nm 量产初期的同时期还要高，5nm 也将成为台积电继 7nm 之后，另一个重大且具有长生命周期的制程节点，预估 5nm 在 2020 年营收占比将达到 10%。

而痛失 7nm 市场的三星，已经摆足了架势要在接下来的 5nm 及更先进制程的战局中扳回一城。

接下来的动作就是砸钱、扩产、抢光了。

首先，持续增加研发投入和资本支出。

早在 2017 年，台积电就透露计划为 3nm 工艺芯片工厂投资 200 亿美元。根据财报数据，台积电 2019 年研发投入近 30 亿美元，约占全年营收的 8.5%；其 2020 年资本开支预计将达到 160~170 亿美元。

台积电还在其总部旁边正建设一个拥有 8000 名工程师的新研发中心，该项目的第一阶段将于 2021 年完成，计划研发 2nm 技术。

三星也接连公布巨额支出计划。2019 年 4 月，三星宣布计划在未来十年向 LSI 和代工领域投资总计 133 万亿韩元（约合 1160 亿美元）。同年 10 月，三星花费 25 亿美元向 ASML 采购 15 台 EUV 光刻机。2020 年 1 月，三星斥资 33.8 亿美元向光刻机商下单 20 台 EUV 光刻机（EUV 目前中芯国际订购过一台，但因国际形势原因迟迟未发货，这也是我们最大的痛点）。除了计划用于 7nm、5nm 等逻辑芯片外，还计划用在 DRAM 内存芯片的生产。

其次，稳步扩建生产线。

台积电称其正扩大在首家 5nm 晶圆厂 Fab 18 的 N5 生产。Fab 18 于 2020 年第二季度开始量产 N5，旨在每年加工约 100 万片 12 英寸晶圆。

此前在 2020 年 5 月，台积电和三星分别宣布新的 5nm 晶圆厂建厂计划。

台积电在美国亚利桑那州新建的半导体工厂项目，将从 5nm 技术开始，月产能 20000 片晶圆，计划 2024 年建成投产。

三星将在首尔南部的平泽市建造全新的 5nm 晶圆厂，预计在 2021 年下半年投产，产品主要用于 5G 网络和高性能计算。

抢占 5nm 市场，超越 3nm 研发

2020 年下半年，采用台积电 5nm 技术的华为麒麟 1020 处理器和苹果 A14 处理器即将进入市场。Ampere Computing 亦基于 N5 工艺制造其下一代服务器芯片。其他被报道向台积电 5nm 下订单的还有高通、AMD、联发科、恩智浦等芯片巨头。

2020 年 7 月底，三星电子称，因客户库存准备增长，其芯片代工业务取得了创纪录的季度和半年度营收，还透露已开始大规模量产 5nm 芯片，并且正在研发 4nm 工艺。按三星原定规划，将从 2020 年 8 月开始大规模生产三星 5nm Exynos 芯片。目前宣布采用三星 5nm 工艺制程有高通、谷歌等，但三星在 5nm EUV 工艺良品率方面遇到问题。

而在更先进的 3nm 工艺上，三星率先采用了突破性的 GAA 环绕栅极晶体管技术，以制造出密度更高的芯片。

台积电 3nm 则继续沿用 FinFET 晶体管架构，到第二代 3nm 或 2nm 才会升级到 GAA 技术。

在 2020 年中的台积电技术研讨会上，台积电分享了一些可以超越 3nm 的行业进展，如 nanosheet、nanowire 等技术，以及高迁移率通道、2D 晶体管和碳纳米管等新材料，不过它并未提供关于将采用何种技术的细节。

台积电已深耕 nanosheet 技术超过 15 年，并已证明其可以生产 0.46V 下工作的 32Mb 纳米片 SRAM 器件。台积电还确定了几种适用于 2D 的非硅材料，它们可以将沟道厚度控制在 1nm 以下。另外台积电也在研究碳纳米管这种新型底材。

与此同时，无论台积电还是三星，都在加快研发更先进的封装技术。

后记

7nm、5nm、3nm、2nm...。随着先进制程节点逐渐趋于零值，新的问题正摆在先进芯片制造商们面前。

一方面，一些业内人士开始探讨，是不是有更加科学合理的命名法，来取代现有芯片制程命名逻辑。

另一方面，并非所有芯片都需要追求最先进的制程工艺。芯片缩放固然有助于提高性能，但随着芯片制造工艺不断逼近物理极限，成本越来越高，增益却在减少，综合性价比未必会有竞争力。

当然无论前路存在多少不确定性，先进制程仍将是台积电、三星与英特尔这三大巨头角逐最先进技术的战场，或许，未来的入局者还会有我们的中芯国际。

全息听感的创新 SXFI 技术——SXFI AMP

对于音乐爱好者来说，听音方式不外乎两种，一种是以耳机的形式进行，另一种则是布置多声道音响来打造临场感强的听音体验。但对于大部分狂热音乐发烧友来说，耳机才是主要的听音方式，一方面耳机具有极大的便携性，适用于多场景下，且随着技术及制造工艺进步，耳机也实现了不输于大型音响设备的多声道音响系统的临场感。

以往，耳机产品的音质效果都是通过软件算法来实现的，但在一定程度上会使得音质效果较为不真实。创新科技经过多次技术升级，在 2017 年发布了 Super X-Fi(简称 SXFI)全息音响技术，它能让耳机中播放的声音拥有无限接近真实的全息声场听感。这项技术本身在 2019 年和 2020 年的 CES 大会上获得了多家权威媒体评出的"Best of CES"的奖项。现在，SXFI 技术终于来到国内，搭载于 SXFI AMP 耳机放大器和支持 SXFI 技术的创新耳机与中国音乐发烧友正式见面啦。

SXFI AMP-小身材却有大实力

作为一名音乐轻发烧友，之前也购买过类似的小巧耳机放大器，直接连接在手机上就可以使用，但声音的解析度和中高低频的特色不能完全展现出来。因此，在上手 SXFI AMP 之前小编对小巧的耳机放大器保持着谨慎的态度，但当打开 SXFI AMP 耳机放大器的包装时，真香预警就来了。SXFI AMP 给人的第一观感就是精致，其外壳采用了铝合金材质磨砂处理，上下边缘处采用 CNC 工艺的银色包边，耳机放大器从上到下分别是 SXFI 音效开关、SXFI 状态指示灯、音量+键、播放/暂停、音量键，集成控制按键的设计让你在享受音乐时能够更加随心所欲。

SXFI AMP 可以通过 USB-C 接口连接到外部器材，需要时可以直接连接到手机、PS4 上，又或者是通过 USB-A 转 USB-C 转接口让它作为电脑的音频输出。这款 SXFI AMP 还内置了独立 UltraDSP 芯片，另外解码芯片方面使用的是 32-bit、128dB AKM AK4377 解码芯片，支持 2.0 / 5.1 / 7.1 声道 24 bit / 96kHz，这系列配置让它在普通的解码放大功能上表现得十分优秀。而针对一些阻抗性非常高的耳机，SXFI AMP 也是提供了高达 600 欧姆的推力，几乎可以推动并驾驭任何款式的高端耳机，包括专业级别的监听耳机。

声晰飞-耳机中的全景声体验

要说 SXFI AMP 的最大特色还属 Super X-Fi 技术(声晰飞)，它能够让用户能在耳机上聆听到开阔音场的全景声听感，这是怎么做到的呢？简单来说，绝大多数的音乐都是为外置音箱而制作的，当用耳机进行试听时，声音会直接灌进耳内，导致音效不够自然，而正常的声波是从四面八方的反射中被耳朵收集，再传入耳道，因此声音才会是立体的、有层次的。

声晰飞技术根据用户头部的特征量身定制，采用反向算法，把灰暗音场效应从音频信号中除去，将音响系统播放到人体耳朵三维空间里，让人真切享受到深度、细节、声场、三维环绕、现场感与真实感，宛如进入到一个 7.1 声道的音响现场。所以在使用声晰飞之前需先使用 SXFI APP 采集三张头部以及耳部的照片，以定制专属自己的个性化全息音响体验。

而在实际体验中，更建议在观看电影时开启声晰飞音效，可以感受到沉浸式的音质效果，犹如亲临电影院，声音立体化从四面八方涌过来，可以在空间内感受到声音的源头方向，层次感非常出色。而在日常的音乐鉴赏中开启声晰飞音效，能感受到较多的人声回响音效，可根据个人喜好选择是否开启，享受环绕式音效或是纯粹的人声美感。

创新 AURVANA Live SE 耳机-完美声晰飞体验

正所谓好马配好鞍，声晰飞技术如此优秀，也只有支持声晰飞技术的耳机才能真正完美体验到音效。例如这一款 AURVANA Live SE 耳机，就是创新品牌特别打造支持声晰飞认证的高保真耳机。

Aurvana LiveSE 也是创新旗下的 Auvana Live 耳机的升级版，在外观上由不规则椭圆形耳罩改为现在的常规式椭圆形耳罩，在配色上也由 Auvana Live 的黑红两色改为 SE 的黑色，再加上 SXFI 声晰飞技术，在声音的表现上也更加出色。

让我们先来看看耳机本体，外观采用了整体黑色的设计，单元外壳采用了亮面处理，十分精致，看来之后需要常备一块擦镜布了，有强迫症的我可是要时刻保持亮面的清洁，毕竟美与实用性还是没那么容易兼得的。而耳机的耳罩和头梁都使用了皮革包裹，符合人体工学设计，佩戴起来非常舒适。

在内部硬实力方面，得益于内部调教的钕磁铁驱动单元和超薄生物纤维素膜片，创新 AURVANA Live SE 的听感非常优秀，高频延伸流畅，低频醇厚有

力，无论是瞬间的高音还是高低起伏的节奏都能轻松演绎，动态分明。

创新 AURVANA Live SE 耳机连接到 SXFI AMP 之后观赏电影，传神的音效加之画面的爆炸，把观影氛围烘托起来，每个声源都是有方向的，声晰飞音效会把所有的声音往空间四周拉开相当大的一段距离，其中人声(中频)部分的变化最大，类似于所有人都在一个有回响的环境里，产生坐在电影院中后排的错觉。

总结

SXFI AMP 作为一款耳机放大器来说，小巧的身材有如此优秀的表现绝对是让人十分惊艳的，对比市面上常见的 USB-C 独立解码转换器来说，SXFI AMP 的各方面都是超支的。SXFI AMP 机身只有 14 克左右，在移动设备上使用时完全可以忽略其重量，但却可以极大地提升你听音体验。而在家庭电脑上使用时，戴上创新 AURVANA Live SE 耳机后开启一部电影，震撼的全景声从耳边袭来，让你完全沉浸在电影中，这种革命性的听觉体验也就只有声晰飞能做到了。

几款入门级无线耳机

荣耀 Earbuds X1

荣耀 Earbuds X1 采用蓝牙 5.0+双同步传输技术，保障了更稳定的连接性和低延时的声音表现。耳机内搭载一颗 7mm 复合振膜动圈单元，并且耳机支持 AAC 高清蓝牙编码，可以实现高品质的声音表现。日常使用上，荣耀亲选 EarbudsX1 真无线耳机支持电容触控+双麦通话降噪技术，能够为用户提供远程操控以及背景更加干净、清晰的通话体验。这款耳机具备单次使用 6 小时+18 小时充电盒额外续航。

售价：159 元

1MORE PistonBuds

1MORE PistonBuds 无线蓝牙耳机采用了蓝牙 5.0 芯片，耳机采用了低延迟设计，可以做到高速传输，并且玩游戏时延迟也得到了很好的保证，功能性方面，1MORE PistonBuds 真无线蓝牙耳机支持双重通话降噪，耳机搭载了四个高清麦克风，配合 ENC+DNN 双重通话降噪可以实现无损通话，此外 1MORE PistonBuds 真无线蓝牙耳机还支持 IPX4 防水，可以轻松应对运动时的汗水。续航方面，耳机单次续航为 3.5 小时，搭配充电盒使用的话可以达到 20 小时的综合续航。音频配置方面，1MORE PistonBuds 真无线蓝牙耳机搭载了 7mm 定制发声单元，支持 AAC 高清蓝牙编码。实际听感这款耳机也有着非常不错的表现，低频表现让人记忆深刻。

售价：199 元

漫步者 DreamPods

漫步者 DreamPods 耳机内置 13mm 液晶高分子复合振膜+LHDC 高清音频传输，为用户带来出色解析力和声音表现，做到低频弹性十足，中高频自然通透、清亮动听。漫步者 DreamPods 最大的亮点是采用了 VocplusAI 骨传降噪技术，可以保证在嘈杂环境进行通话时的通话的清晰度。此外耳机还支持 IP54 级防尘防水，这款产品也支持时下主流的蓝牙 5.0，也支持触控操作和入耳监测。另外还支持游戏模式。续航方面，漫步者 DreamPods 单耳机满电状态下可以提供 4 小时续航，耳机结合充电盒使用的话可以达到 24 小时的综合续航。

售价：679 元

①

②

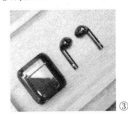
③

Intel 先进封装技术(一)

FOVEROS 技术

未来

面积随着凸点间距微缩

50μm 间距
Lakefield
400 个凸点/mm²

10μm 间距
混合结合(Hybrid Bonding)
10000 个凸点/mm²

更小、更简单的电路；更低的电容；低功耗

intel. **Hybrid Bonding**

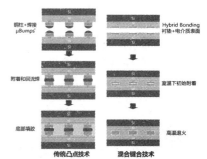

传统凸点技术　　混合键合技术

Intel(英特尔)是半导体行业和创新领域的全球卓越厂商,致力于推动人工智能、5G、高性能计算等技术的创新和应用突破,驱动智能互联世界。56 年前,intel 创始人之一的戈登·摩尔提出了摩尔定律(Moore's Law),推动着集成电路产业一直发展到今天。在先进封装领域,Intel 依然是技术的领导者,创造性地推出了 EMIB、Foveros、Co-EMIB、ODI 等先进封装和互联技术,继续驱动着技术不断向前! 今天,我们有机会连线 Intel 封装研究与系统解决方案总监 Johanna Swan 院士,就先进封装技术进行深入的沟通和交流,学习先进封装最前沿的发展动态。在个人电脑领域,Intel 当之无愧是最具创造力的公司,Intel inside 深入人心,从奔腾到酷睿再到 i3/i5/i7/i9,人们如数家珍,每一款产品都带给人们全新的体验,推动着数字世界不断向前! 异构时代已然到来,Intel 是否进发出了新的创造力,又会带给世界什么样的新技术和产品? 我们还是听听来自 Intel 的声音。

Suny Li~1

首先,我们想请 Swan 院士谈一谈 Intel 在先进封装技术领域的研发规划和最新的研究成果。

Johanna Swan~1

好的,我首先给大家分享 Intel 先进封装技术路线图,图中 X 轴代表功率效率,Y 轴代表互连密度,Z 轴则展示了我们的技术可扩展性。

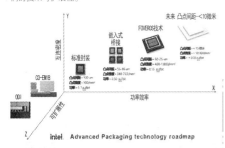

intel. **Advanced Packaging technology roadmap**

从标准封装,到嵌入式多芯片互联桥 EMIB,更多的芯片被包含到封装中,凸点间距也越来越小,从 100um 变为 55～36um。

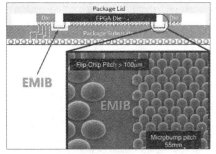

然后,到 Foveros,开始将芯片堆叠在一起,进行横向和纵向之间的互连,凸点间距进一步降为 50～25μm。

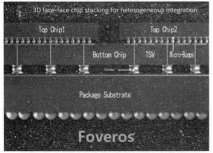

下一步,Intel 要做小于 10um 的凸点间距。达到小于 10 微米的凸点间距意味着什么? 这就要说到 Intel 的混合键合技术 Hybrid Bonding。在今年 ECTC 上 Intel 发表了一篇关于混合键合技术的论文,这是一种在相互堆叠的芯片之间获得更密集互连的方法,并可实现更小的外形尺寸。下图左边的技术,被称为 Foveros,凸点间距是 50 微米,每平方毫米有大约 400 个凸点。对于未来,Intel 要做的是缩减到大约 10 微米的凸点间距,并达到每平方毫米 10,000 个凸点。

Hybrid Bonding 技术可以在芯片之间实现更多的互连,并带来更低的电容,降低每个通道的功耗,并让我们朝着提供最好产品的方向发展。下图是传统凸点焊接技术和 Hybrid Bonding 混合键合技术的比较,混合键合技术需要新的制造、操作、清洁和测试方法。混合键合技术的优势包括:有更高的电流负载能力,可扩展的间距小于 1 微米,并且具有更好的热性能。

从图中我们可以看出,传统凸点焊接技术两个芯片中间是带焊料的铜柱,将它们附着在一起进行回流焊,然后进行底部填充胶。Hybrid Bonding 混合键合技术与传统的凸点焊接技术不同,混合键合技术没有突出的凸点,特别制造的电介质表面非常光滑,实际上还会有一个略微的凹陷。在室温将两个芯片附着在一起,再升高温度并对它们进行退火,这时会膨胀,并牢固地键合在一起,从而形成电气连接。混合键合技术可以将互联间距减小到 10 微米以下,可获得更高的载流能力,更紧密的铜互联密度,并获得比底部填充胶更好的热性能。当然,混合键合技术需要新的制造、清洁和测试方法。为什么更小的间距会更有吸引力? Intel 正在转向 Chiplet 的设计思路,开始将 SoC 分解成 GPU、CPU、IO 芯片,然后通过 SiP 技术将它们集成在一个封装内;然后,通过 Chiplet 技术,更小的区块拥有单独的 IP,并且可以重复使用,这是一种非常优秀的技术,可根据特定客户的独特需求定制产品。

单片集成 SoC
在 SoC 阶段验证
3-4 年的开发验证
芯片中发现数百个缺陷
无法重复使用

多芯片集成 SiP
在 SiP 层面验证
2-3 年的开发时间
芯片中发现数个缺陷
部分可重复使用

单独 IP 集成 Chiplet
在 Chiplet 层面验证
1-2 年的开发时间
芯片中缺陷小于 10 个
大量可重复使用

(下转第 10 页)

GPU、FPGA 和 ASIC 新应用途径(二)

(上期第 1 页)

FPGA 与 CPU 在执行深度学习算法时的耗能对比。在执行一次深度学习运算,使用 CPU 耗能 36 焦,而使用 FPGA 只耗能 10 焦,取得了 3.5 倍左右的节能比。通过用 FPGA 加速与节能,让深度学习实时计算更容易在移动端运行。

相比 CPU 和 GPU,FPGA 凭借比特级细粒度定制的结构、流水线并行计算的能力和高效的能耗,在深度学习应用中展现出独特的优势,在大规模服务器部署或资源受限的嵌入式应用方面有巨大潜力。此外,FPGA 架构灵活,使得研究者能够在诸如 GPU 的固定架构之外进行模型优化探究。

五、ASIC 简介

ASIC(专用集成电路),是指应特定用户要求或特定电子系统的需要而设计、制造的集成电路。严格意义上来讲,ASIC 是一种专用芯片,与传统的通用芯片有一定的差异。是为了某种特定的需求而专门定制的芯片。

ASIC 作为集成电路技术与特定用户的整机或系统技术紧密结合的产物,与通用集成电路相比,具有以下几个方面的优越性:体积更小、功耗更低、可靠性提高、性能提高、保密性增强、成本降低。回到深度学习最重要的指标:算力和功耗。我们对比 NVIDIA 的 GK210 和某 ASIC 芯片规划的指标,如下所示:

GK210 指标 VS ASIC 指标	GK210 指标	某 ASIC 芯片 2017 年规划指标
计算能力(TFLOPS)	4	10
内部存储器带宽(TB/S)	NA	3
内部存储器大小(MB)	10	256
外部 DDR 带宽(GB/S)	240	120
功耗(W)	150	10
成本(美金)	50	5

从算力上来说,ASIC 产品的计算能力是 GK210 的 2.5 倍。第二个指标是功耗,功耗做到了 GK210 的 1/15。第三个指标是内部存储容量的大小及带宽。这个内部 MEMORY 相当于 CPU 上的 CACHE。深度雪地的模型比较大,通常能够到几百 MB 到 1GB 左右,会被频繁地读出来,如果模型放在片外的 DDR 里边,对 DDR 造成的带宽压力通常会到 TB/S 级别。

全定制设计的 ASIC,因为其自身的特性,相较于非定制芯片,拥有以下几个优势:

同样工艺,同样功能,第一次采用全定制设计性能提高 7.6 倍

普通设计,全定制和非全定制的差别可能有 1~2 个数量级的差异

采用全定制方法可以超越非全定制 4 个工艺节点(采用 28nm 做的全定制设计,可能比 5nm 做的非全定制设计还要好)我们认为,ASIC 的优势,在人工智能深度学习领域,具有很大的潜力。

ASIC 在人工智能深度学习方面的应用还不多,但是我们可以拿比特币矿机芯片的发展做类似的推理。比特币挖矿和人工智能深度学习有类似之处,都是依赖于底层的芯片进行大规模的并行计算。而 ASIC 在比特币挖矿领域,展现出了得天独厚的优势。

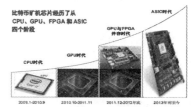

比特币矿机芯片经历了从 CPU、GPU、FPGA 和 ASIC 四个阶段

比特币矿机的芯片经历了四个阶段:CPU、GPU、FPGA 和 ASIC。ASIC 是专为挖矿量身定制的芯片,它将 FPGA 芯片中在挖矿时不会使用的功能去掉,与同等工艺的 FPGA 芯片相比执行速度块,大规模生产后的成本也要低于 FPGA 芯片。

表4: 各种挖矿芯片的性能比较

比较项目	电脑 CPU	独立 GPU	FPGA	早期 ASIC
挖矿速度(MH/S)	20-40	300-400	200	289
矿机功耗(W)	100	130	10	6.6
价格(元/块)	1600	2000-3000	500 左右	60 左右
挖矿门槛	低	低		
主要生产商	Intel、AMD	AMD、Nvidia	Altera、Xilinx、Actel、Lattice、Atmel	Alchip、KnCMiner、Avalon、BITMAIN、ASICMiner、BitFury

从 ASIC 在比特币挖矿机时代的发展历史,可以看出 A-SIC 在专用并行计算领域所具有的得天独厚的优势:算力高,功耗低,价格低,专用性强。谷歌最近曝光的专用于人工智能深度学习计算的 TPU 其实也是一款 ASIC。

综上,人工智能时代逐步临近,GPU、FPGA、ASIC 这几块传统领域的芯片,将在人工智能时代迎来新的爆发。

(全文完)

(上接第9页)

Chiplet 技术改变了芯片到芯片的互联,更多的芯片互联需要更高的互联密度,因此需要从传统的凸点焊接转向混合键合。此外,我们面对另一个挑战,就是如何将这些芯片组装到一起,并保持制造流程以相同的速度进行。现在有更多的芯片需要放置,能否在一次只放置一个芯片的基础上以足够快的速度加工?解决方案是批量组装,我们称之为自组装 Self-Assembly 技术。Intel 正在积极与法国原子能委员会电子与信息技术实验室 CEA-LETI 合作,研究一次能够放置多个芯片,同时进行确定性快速放置,拾取并放置更多芯片。

混合键合、自组装技术研究

- 确定的对齐<200nm
- 针对超小芯片
- 可批次交付
- 实现高速组装

自组装过程中,芯片能够自身恢复到最低能量状态,你只需要让它足够接近,到最低限度的能量状态会自己组装、放置到位,是一种自组装机制。这是 Intel 与 CEA-LETI 一起进行的研究。我们已经将混合键合、自组装技术添加到先进封装技术的 Roadmap 中。

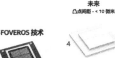

接下来,我将分享可扩展性轴(Z)上的内容,图1的Z轴,代表可扩展性,Co-EMIB 技术就在这一象限内。Co-EMIB 技术通过使用 EMIB 和 Foveros 的组合来融合 2D 和 3D 的技术,我们通过 Co-EMIB 将 40 多个芯片放入一个封装中。Co-EMIB 架构基于与配套晶片和堆叠芯片复合体的高密度连接,实现了更大范围的互联,下图展示了可以将 HBM 与 Foveros 一起放置,或者可以有不同的配套晶片。

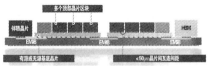

Co-EMIB 技术——混合 2D 和 3D

在可扩展性轴(Z)上还有一项技术,它被称为 ODI(Omni-Directional Interconnect)全方位互连技术,这是先进封装的一个新维度。下图左边是 Intel 的 Foveros 技术,我们在那里堆叠芯片,在芯片和基板之间、芯片和芯片之间通信,一直到顶部芯片。在下图的最右侧,我们添加了金属支柱,允许最右侧的顶部芯片直接连接到封装。

Foveros　　**ODI**

这对我们非常有帮助,因为它可以减少下部芯片 TSV 的数量,这些支柱为我们提供了直接向顶部芯片供电的能力。这是另一种优化,通过添加 ODI 技术为客户进行全方位定制。上面就是我分享的 Intel 在先进封装领域的研发规划和最新研究成果。

Suny Li ~2

非常感谢 Swan 院士的精彩分享,我自己感觉受益匪浅!我想读者一定会有同样的体会。通过 Intel 上面的技术分享,我对 EMIB,Foveros,Chiplet,Co-EMIB,ODI 等技术有了更加深入的认识,同时,进一步学习了 Hybrid Bonding 混合键合、Self-Assembly 自组装技术。下面,我想提出心问题请教 Swan 院士。小芯片 Chiplet 是封装互连重要的应用领域,请问英特尔如何利用先进封装技术和互连技术推进 Chiplet2.0 异构集成的进展?

Johanna Swan ~2

Chiplet 我们也用术语 tile(区块)来描述,Chiplet 很重要,它能够帮助我们获得小的独立的 IP,一旦拥有独立的 IP,就可以混合在众多产品中,重用率非常高,可以根据需要对集成封装中的产品进行深度定制。

我认为定制是实现下一阶段异构集成的真正原因,因此,获得更多不同制程节点的 IP 组合,在不同的制程或节点进行异构集成,可以为客户进行深度定制。

Suny Li ~3

目前来说,晶圆对晶圆 WoW(Wafer-on-Wafer)的键合方式正在发展之中,请问英特尔如何布局这种键合方式?

Johanna Swan ~3

晶圆对晶圆 WoW 的键合技术确实正在发展,当考虑产品的互连时现在有两种方法,我们可以用晶圆对晶圆 WoW 和芯片到晶圆 CoW 的键合技术。我认为晶圆对晶圆 WoW 和芯片到晶圆 CoW 技术都很重要,具体取决于您的产品。例如,对于内存堆叠,我们今天看到业内在进行晶圆到晶圆的键合。芯片到晶圆的键合业界也在进行,这项技术有一些不同于晶圆对晶圆键合技术的独特挑战,但两者都很重要。此外,混合键合 Hybrid Bonding 技术可以应用到晶圆对晶圆 WoW 和芯片到晶圆 CoW 技术中。

Suny Li~ 4

请问 2.5D 和 3D 集成技术目前发展到了什么阶段,目前市场已呈现了 2.5D 与 3D 封装相结合的形式,Intel 是如何看待这种趋势的?

Johanna Swan ~4

2.5D 和 3D 集成技术发展得非常快,并且,我认为这种趋势会继续下去。而且我认为这一趋势带给产品的机会和带来的差异化优势都很重要,Intel 的 Co-EMIB 就是一种类似 2.5D 和 3D 组合的技术,该技术让 Intel 的 Ponte Vecchio 这样的产品成为可能。归根结底,我们拥有的发展机会是在每毫米立方体上提供最多的单元并获得每毫米立方体最多的功能。先进封装将继续小型化和缩小尺寸,以便我们可以获得每毫米立方体的最大功能。

Suny Li ~5

中国封装测试企业也很多,市场占有率也在逐步扩大,但目前技术先进性还达不到英特尔、三星的水平,英特尔封测技术领先的原因是什么?您认为如何提升中国的封测技术研发?

Johanna Swan ~5

总的来说,要认识到封装有一个差异化的区分因素,关键是客户。我们一直在努力服务客户并提供独特的解决方案给客户,这也推动了我们所关注的先进封装技术。所以我认为机会在于,随着我们继续为客户提供服务,他们的产品需求也在不断进化,这是真正推动封装需要转变的原因。我想这个问题的答案是:技术会到来,这些技术进步会随着我们的客户希望的差异化需求而出现,因此,把握这种机会将有利于提升封测技术研发。

Suny Li ~6

在过去半导体制造公司和半导体封装是分开的,现在,很多芯片制造工厂正试着发展半导体封装测试技术,所以我想知道您对于今后半导体制造、半导体封装测试的走向有哪些预判?

两者是否会走向融合或者会发展成为什么样的共存模式?

Johanna Swan ~6

这个问题非常好!这正是先进封装让人兴奋的地方。因为当我们谈到 10 微米间距的混合键合时,我们看到的是这两个世界正在融合,我开始研究我们正在使用的金属层的特征尺寸低于 10 微米,例如 4 微米。现在,晶圆表面金属互联的尺寸和我们正在创建的将这些芯片放在一起作为封装的一部分的特征尺寸已经是相当一致了。所以芯片制造和封装正在融合,因为工艺尺寸相当,这已经成为一个非常重要、有趣的创新场所,这是非常令人兴奋的。传统晶圆厂使用封装测试技术并创造出先进封装的全新领域。我认为半导体制造和封装测试会逐渐走到一起。

Suny Li ~7

在 IDM 2.0 战略当中,先进封装充当了一个什么样的角色? Intel 所具有的先进封装技术,是否会全面开放给未来的代工业务? 在 IDM2.0 之后,Intel 在先进封装上有哪些规划?

(下转第11页)

---

10 个单片机 MCU 常用的基础知识

1. MCU 有串口外设的话,再加上电平转换芯片,如 MAX232、SP3485 就是 RS232 和 RS485 接口了。

2. RS485 采用差分信号负逻辑,+2~+6V 表示 0,-6~-2 表示 1。有两线制和四线制两种接线,四线制是全双工通讯方式,两线制是半双工通讯方式。在 RS485 一般采用主从通讯方式,即一个主机带多个从机。

3. Modbus 是一种协议标准,可以支持多种电气接口,如 RS232,RS485,也可以在各种介质上传输,如双绞线,光纤,无线。

4. 很多 MCU 的串口都开始自带 FIFO,收发 FIFO 主要是为了解决串口收发中断过于频繁而导致 CPU 的效率不高的问题。

如果没有 FIFO,则没收发一个数据都要中断处理一次,有了 FIFO,可以在连续收发若干个数据(根据 FIFO 的深度而定)后才产生一次中断去处理数据,大大提高效率。

5. 有些工程师在调试自己的系统时一出现系统跑飞,就马上引入看门狗来解决问题,而没有思想程序为什么会跑飞?

程序跑飞可能是程序本身的 bug,也可能是硬件电路的问题(本身就是易受干扰或自己就是干扰源)。通常建议在调试自己的系统时,先不加看门狗,等完全调试稳定了,再补上(危机产品安全,人身安全的除外)。

6. 如何区分有源蜂鸣器和无源蜂鸣器?

从外观上看,将两种蜂鸣器的引脚都朝上放置时,可以看出绿色电路板的一种是源蜂鸣器,没有电路板而用黑胶密封的一种是有源蜂鸣器。

有源蜂鸣器直接接上额定电源就可以连续发声,而无源蜂鸣器则和电磁扬声器一样,需要接在音频输出电路上才能发声。

7. 电压比较器的用途主要是波形的产生和变换,模拟电路到数字电路的接口。

8. 低功耗唤醒的常用方式:处理器进入低功耗后就停止了很多活动,当出现一个中断时,可以唤醒处理器,使其从低功耗模式返回到正常运行模式。

因此在进入低功耗模式之前,必须配置片内外设的中断,并允许其在低功耗模式下继续工作。

如果不这样,只有复位和重新上电才能结束低功耗模式。处理器唤醒后首先执行中断服务程序,退出后接着执行主程序中的代码。

9. 注册中断服务函数:中断服务函数已经编写好,但当中断事件发生时,CPU 还是无法找到它,因为我们还缺少最后一步:注册中断服务函数。

注册有两种方法:一是直接利用中断注册函数,优点是操作简单,可移植性好,缺点是由于把中断向量表重新映射到 SRAM 中而导致执行效率下降;还有一种是需要修改启动文件,优点效率很高,确定可移植性不高。

10. 很多的 MCU 提供数字电源 VDD/GND 和模拟电源 VDDA/GNDA。通常建议是采用两路不同的 3.3V 电源供电。但为了节省成本,也可以采用单路 3.3V 电源,但 VDDA/GNDA 要通过电感从 VDD/GND 分离出来。

一般 GNDA 和 GND 最终还是要连接在一起的,建议用一个绕线电感连接并且接点尽可能靠近芯片(电感最好放置在 PCB 背面)。

Intel 先进封装技术(三)

(上接第10页)

Johanna Swan ~7

我认为问题的第一部分是先进封装在 IDM 2.0 中的作用，答案是它将起到非常重要的作用，因为它是一个非常重要的差异化因素。我们会有许多不同类型的客户，而先进封装将帮助我们根据这些需求进行定制，因此先进封装是非常关键的。可以肯定的是，英特尔代工厂的客户将可以使用我们已准备好的前沿技术。我们会提供2D、2.5D 和 3D 等已经开发的先进封装技术，将这些技术提供给我们的代工客户，满足他们独特需求。对客户来说，获得这些技术非常重要，满足他们特定的产品需求，并且这些技术还可以进行扩展，满足更高层次的需求。

Suny Li ~8

现今 Fan-Out 扇出型封装市场有两条技术路线，即 FOWLP 和 FOPLP，我们都知道三星正在发展 FOPLP，我想知道英特尔对 FOPLP 这条道路有什么计划吗？

Johanna Swan ~8

我想说这是因为数量推动了需求。你的问题是，目前有晶圆级封装和面板级封装，英特尔是否计划进行面板级封装。Intel 多年来一直积极参与 Fan-Out 封装计划，我们将继续评估需求数量是否会促使我们考虑 FOPLP 型封装。Intel 目前已经具备了这种能力，主要看市场条件是否希望我们从晶圆转向面板，这是我们必须回答的问题，我相信此类问题会继续出现。Intel 一直会在该领域进行积极的研究和开发，重要的是不论是任何类型的封装技术，都试图在研究中推动特征尺寸的提升。具体以晶圆或面板的方式来做，我认为市场会为我们做出决定。

Suny Li ~9

摩尔定律逐渐式微，当前 SiP 封装技术被作为半导体封装的新突破，服务器内的 CPU 和 FPGA 也需要高端 SiP，请问英特尔怎么看待 SiP 封装技术？是否会在 SiP 这块进行布局？

此外，Intel 的 EMIB、CO-EMIB 和 Foveros 技术可以看作系统级封装吗？

Johanna Swan ~9

我认为 SiP 系统级封装肯定会继续。SiP 技术包括我前面提到的 2D、2.5D 和 3D 架构。有时人们认为系统级封装是 3D 异构集成的一部分，实际上，它不仅仅如此，系统级封装更强调系统的有效性。

EMIB、CO-EMIB 和 Foveros 技术都有助于构成系统级封装的一部分，系统级封装更强调系统在封装内的实现，我们做居里模块(Curie modules)的时候就在封装内实现了系统。

SiP 系统级封装可以包括许多不同的东西，并完成系统的功能。很明显，2D、2.5D 和 3D 都是可以成为系统级封装的实现方式。

Suny Li ~10

在先进封装的布局方面，晶圆代工厂、IDM、Fabless 公司、EDA 工具厂商等都加入了其中。这些不同类型的企业对"先进封装"的理解，是否会存在较大差异？先进封装与传统封装之间有无明确分界点？

Johanna Swan ~10

从传统封装到先进封装，这是一个连续还是有一个明确的界限？我认为"先进封装"的名称就意味着它是技术进步的连续体。

我不确定有明确的分界将先进封装和传统封装区分，之所以会有先进封装这个术语，是因为我们需要堆叠芯片并将其互联，这是对 EDA 工具新的需求，而先进封装上将芯片放在有机封装上，那是传统 EDA 工具需要处理的。

现在，我们有了额外的层，额外的 3D 维度，并需要在此基础上进行优化。

我们面对这样一个事实：随着先进封装的连续性继续下去，我们的 EDA 工具会变得更加复杂，需要整个生态系统来使这一切聚集在一起并优化，并带给我们的更好的性能。

Suny Li ~11

我在新书《基于 SiP 技术的微系统》中提出了新的概念：功能密度定律(Function Density Law)，以单位体积内的功能单位(Function UNITs)的数量来评价电子系统的发展。将评判标准从摩尔定律的晶圆平面变成了电子空间，即从三维空间的角度来评判电子系统的集成度，对此，您如何看待呢？

Johanna Swan ~11

我想如果您问的是从 3D 角度来衡量电子集成水平的概念，我认为这是尝试量化你所提供概念一个非常好的方法。

我认为，我们的机会是对工程师以及新技术来说，提供每毫米立方体更多的功能。

所以，我很喜欢你提出的这个概念，我们知道有一个三维空间，我们可以在三维空间探索更多。我认为这是一种思考方式，我非常欣赏这样的思考方式。

Suny Li ~12

传统封装的功能主要有三点：芯片保护(Chip protection)、尺度放大(Scale Expansion)、电气连接(Electric Connection)。在此基础上先进封装又增加了一些功能和特点，我的

理解是：提升功能密度(Increase Function Density)，缩短互联长度(Shorten Interconnection Length)，进行系统重构(Execute System Restruction)是先进封装重要的三个新特点。对此，你是如何看待的呢？

Johanna Swan ~12

你提到几点的我都能理解，我所感兴趣的是，进行系统重构的术语意味着什么。在这个异构时代，当我们采用不同的工艺流程并将芯片重新组合在一起时，如何重新组合，以最大限度地减少面积的开销、所需的功率，以及良好的热性能。因此，我的理解是，进行系统重构意味着如何将芯片重新组合在一起并获得最佳的性能、最小的成本、最低的功耗。通过系统重构，我们可以更好地将这些不同制程节点的芯片组合在一起，使得所需的开销最小化，并在单位毫米立方体内获得更多的功能。

Suny Li ~13

当我们谈论异构计算时，我们是说异构计算是 CPU、GPU、FPGA 等不同规格的差异化，还是异构计算是采用异构集成的先进封装而构成？

Johanna Swan ~13

我不确定我能否做出明确的区分。正是因为我们将这些不同的制程节点结合在一起来驱动这个连续一体，我们称之为封装。

因此，他们是在一起的，我们并没有真正解耦它们。要实现这一点，所有这些不同的制程优化和协同工作正在推动我们的先进封装并创建这种异构集成。

Suny Li ~14

Intel 的混合键合(Hybrid Bonding)技术等先进集成封装技术目前是否有一些局限性？如何在未来进行解决？

Johanna Swan ~14

有不同的方式来实现混合键合(Hybrid Bonding)，有晶圆对晶圆 WoW，芯片到晶圆 CoW。总的来说，行业仍在努力提高技术成熟度，以实现批量制造。需要行业来推动芯片到晶圆的混合键合，以实现大批量生产，这就是我们行业所处的阶段。

另一个关键是洁净度。毫无疑问，混合键合是一种物理技术，在键合过程中，必须保持高的洁净度。我们在室温下进行，这是混合键合有优势的一点。但是，必须保持非常非常的干净，这和传统封装要达到的清洁度是不同的。当我们采用这些先进封装技术时，必须要关注洁净度问题。

Suny Li ~15

最后一个问题，您认为，在接下来的发展当中，是否会出现新的封装形势？

Johanna Swan ~15

我觉就是极致的异构集成。我认为先进封装技术将继续具有缩小尺寸的特征。正如我前面描述的那样，将小的独立的 IP 以 Chiplet 的形式集合在一起，我认为这就是先进封装发展的方向。极致的异构集成是先进封装技术的未来趋势。

总结

通过和 Intel 院士 Johanna Swan 的深入交流和沟通，我们可以得出以下几点结论：

1) 未来先进封装中，互联的密度会更大，界面间连接的凸点间距会缩小到10um以下，每平方毫米的凸点数量会超过 10,000 个。

2) 混合键合技术 Hybrid Bonding 在高密度先进封装中的普遍应用，在混合键合中，凸点已经不存在，除了金属键合在一起，硅体也会连接在一起，硅片间没有了空隙，无需填充胶，并具有更好的散热性能，因为硅本身就是良好的导热材料。此外，Intel 提出的 Hybrid Bonding 技术和 TSMC-SoIC 技术具有异曲同工之妙。

3) 从 Intel 的技术路线图中，我们看出，先进封装除了向更高密度方向发展，在扩展轴上，同样关注集成的灵活性，Co-EMIB 和 ODI 就体现了这样的特点。

4) 从 SoC 到 SiP 再到 Chiplet，电子集成更关注高时效、低缺陷率、高集成度。

5) Intel 提出的每毫米立方体里的功能，和我在新书中提出的功能密度定律(Function Density Law)里描述的单位体积内的功能单位(Function UNITs)是同样的概念，也从侧面印证了功能密度定律的正确性。Intel 致力于实现每毫米立方体里最大的功能，和功能密度定律的描述一致，真是英雄所见略同。

6) 集成电路制造和封装测试和逐渐融合，这包括生产层面的融合和设计层面的融合，会带来挑战，也带来了更多协同的机会。

7) 先进封装技术的发展需要以客户需求为导向，针对客户的需要研发特定的技术，这也是 Intel 先进封装的发展模式，可供国内的封测厂借鉴。

8) 异构集成依然是先进封装发展的方向和未来的趋势。

(全文完)

游戏电视需要满足的几个标准

家用主机伴随着电视的发展一路走来，为电视显示的进化提供了不少推动力。从 DVD、1080P 到 HDR，显示和输入技术的革新背后都有家用主机升级换代的推波助澜。可以见得无论是影视还是游戏，人们在娱乐方面的追求有着相当程度的共通性。

新世代游戏主机的推出为我们带来更爽快流畅的 3A 游戏体验的同时，对接口和显示功能的需求也给电视设立了一个不低的门槛。想要能够让家用主机功率全开，享受画质拉满的极致效果，能够适配新一代主机的游戏电视是必不可少的。那么需要哪些标准配置的电视才能称为游戏电视？

4K 120Hz 与 HDMI 2.1

2020年下半年，Xbox Series X 与 Play Station 5 的推出，再次掀起主机游戏的热潮。新款游戏机对 4K 120Hz 高清视频的输出支持，让主机用户终于能够在大屏电视上享受到丝滑顺畅的超清游戏画面。

输出画面的画质提升了，相应的与电视连接的接口带宽也要提升。原来的电视常用的 HDMI 2.0 接口带宽为18Gbps，完全无法满足 4K 120Hz 画面约45GBps 的带宽需求，即便连接新一代主机也只能输出 4K 60Hz 的画面。

因此，带宽达到48Gbps 的 HDMI 2.1 接口就成为了适配次时代主机的刚需。现在市面上主流的游戏电视上，4K 120Hz 高刷屏幕以及 HDMI 2.1 接口已经基本成为标配。同时，使用高端显卡的 PC 主机也支持 HDMI 2.1 输出，因此这台的游戏电视无论是连接游戏主机，还是家用电脑都有不错的画面显示表现。

ALLM 自动低延迟

现在的智能电视大都有对输入图像进行预处理的功能部件，但都存在一定的延迟。在游玩游戏时经常会出现画面与动作之间的误差问题，导致操作精度下降。在一些动作游戏中非常影响游戏体验。

不过现在新一代游戏电视有了 ALLM 自动低延迟模式的加入，这种问题被很好地改善。大部分游戏电视在切换到游戏模式后就会自动开启 ALLM，尽量减少电视硬件对画面的干预，提高电视与外接设备之间的协同效率。

VRR 可变刷新率与 Free-Sync

游戏和电视观影的一个非常大的区别是，电视的视频帧数是固定的，而游戏画面帧数会因为场景对资源的占用提代而产生一定的波动，而帧率的大幅波动带来的问题就是画面阴影、撕裂等异常显示情况。

为了适应画面的帧数变化，现在的电视搭载上 VRR 可变刷新率功能，这一功能启用后电视就不再是固定帧数播放，而是跟随输入设备的帧数来变化显示帧数，这样就能够持续提供稳定的画面显示，大大提升游戏时的观赏效果。

另外，帧数大幅波动时导致的画面撕裂问题，在高刷新率屏幕上会尤其明显，为此英伟达和 AMD 相继推出了 G-Sync 与 Free-Sync 两种技术进一步提高输入和输出端的帧数适配，解决画面撕裂拖影等问题。这两种技术中 AMD 的 Free-Sync 是一开源提供的，因此大部分游戏电视以及电竞显示器都采用了后者。

HDR

HDR 这一功能其实上一代家用主机就已经搭载。在游戏作品中，HDR 对光影的表现力能够更加完美地展现出来。现在不少 3A 游戏都支持开启 HDR 效果，也正因如此，让你在游戏中体验到灿烂阳光下的狂野西部、豪华飞驰的乡间田野、战地前线的枪林弹雨。HDR 为游戏玩家展示出更加逼真生动的游戏环境，给人更加强烈的视觉冲击力。

现在 HDR 基本已经是电视的标配，但是其中不少是只能够支持 HDR 视频显示的"假 HDR"。真正能够体现 HDR 画面素质需要显示面板的支持，不仅要有足够的峰值亮度，还需要软件对画质的调教，想要真正体验 HDR 游戏带来的视觉震撼，可能不容着高购买电视的预算成本。

对于只需要日常观看节目的朋友来说，高刷新率、高速接口等等都不会影响到日常的使用，但是对于想要游玩游戏而且对游戏体验有更高要求的"头号玩家"们，上面讲解的四点基本上就是游戏电视的标配需求。

开源在 EDA 领域如何取得成功（一）

EDA（Electronic Design Automation）已经成为集成电路产业中重要的一环，而且目前全球EDA市场主要是被国际巨头所垄断。尤其是在贸易局势多变的情况下，EDA也被视为是我国集成电路产业发展过程当中的一个"卡脖子"环节。

但从我国EDA产业发展的现状上看，我国EDA市场还存在着产品覆盖不全、技术积累薄弱、人才缺口巨大等问题。为了改善这种现状，在2020集成电路EDA设计精英挑战赛的同期，南京集成电路设计服务产业创新中心有限公司（简称：EDA创新中心）举办了"开源EDA助力产学融合论坛"。

EDA创新中心行政副总经理李琳表示："集成电路是高科技领域产品及应用的核心技术之一，EDA则是我国集成电路产业中仍显薄弱的一环。而开源作为一种创新的模式已经在软硬件方面取得了巨大的成功，如何将开源的成功复制到EDA领域，发掘出开源EDA的价值，也成为业界的新课题。"

▲EDA创新中心行政副总经理李琳

开源EDA的必要性

从全球EDA产业发展的情况来看，20世纪90年代，美国在支持超大规模集成电路发展的过程中，推动了一系列EDA工具的发展，奠定了其在全球EDA领域中的优势地位——据相关统计资料显示，目前，除了三大EDA巨头是美国企业，全球中小型EDA企业中的60%也是在美国建立的。

▲DARPA通过IDEA/POSH两个开源项目的实施，使得可供使用的开源EDA数量增加了近一倍

多年来，这些美国企业主导着全球EDA市场。如今，EDA已经发展成为集成电路的核心支柱产业，而我国在EDA领域还与世界先进水平具有一定的差距。因此，国外厂商的发展经历和技术发展方向也能为本土厂商提供思路。

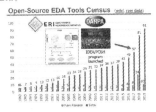

东南大学国家专用集成电路系统工程技术中心教研室主任杨军博士指出，发展国产EDA的目的在于要对集成电路产业起到支撑的作用。从另外一方面看着，集成电路发展的最大动力是创新，EDA则是创新的载体之一，所以，本土EDA的发展不仅要补短板，还要创新来驱动这个产业的持续发展。

▲东南大学国家专用集成电路系统工程技术中心教研室主任杨军博士

开源则是EDA实现创新发展的方向之一。从过去市场的经验来看，以Linux和安卓为代表的开源软件在商业上获得了巨大的成功，此外，还有一些开源软件已经逐渐成为主流工具之一，这说明了开源软件的价值已经被市场所认可。

开源在成本和灵活性上的优势，也同样吸引了很多集成电路企业的注意。尤其是在芯片设计越来越复杂的今天，芯片设计对EDA的要求与依赖也越来越高，这也就意味着，相关厂商要为更先进的EDA工具而负担更高额的成本。因而，EDA也开始向开源方向发展。

从另一个角度来看，开源硬件被越来越多地应用到集成电路领域中，以实现芯片设计重用和设计加速，并开始逐步落实。北京大学高能效计算与应用中心执行主任罗国杰博士曾在其发表的一篇文章中指出，开源EDA工具在开源硬件的设计中扮演着非常重要的角色。若没有开源EDA工具，开源硬件依然需要借助商业EDA软件进行后续设计，而这些商业软件很有可能无法高效地完成开源硬件的后续开发。

▲北京大学高能效计算与应用中心执行主任 罗国杰博士

因此，开发开源EDA不仅能够推动国产EDA产业的创新，在商业价值方面还有着大的发展空间。

开源EDA的发展难点

虽然开源是EDA的一个创新方向，但开源EDA的发展依旧面临很多挑战。

中科院计算所助理研究员解壁伟博士在本次论坛中指出了开源EDA发展的三大难点，其一是开源EDA工具质量相比商业工具还存在着很大差距，这也使得用户数量非常有限；其二，Contributor同时需要具备计算机、数学和电子方面的知识，但这类人才的基数较少，导致了开源EDA的贡献者数量有限；其三，由于开源EDA框架结构不清晰，导致了代码不统一且复用率低，工具与算法绑定，设计新算法通常需要大量重写，使得开源EDA的推广和大规模使用受到了阻碍。

▲中科院计算所助理研究员解壁伟博士

在EDA领域当中，FPGA EDA在开源方向上已经取得了一些进展。据安路科技软件Fellow刘建华博士介绍，由Jason Anderson教授领导开发的LegUp Computing是一款FPGA高层次综合工具，可以使硬件设计人员可以使用C对FPGA器件进行编程，以提高生产率并简化验证；在逻辑映射方面，伯克利实验室所推出的ABC也被多家FPGA企业采用；另外，由Vaughn Betz教授领导研究的FPGA布局布线工具VPR也受到了企业的欢迎。

（未完待续）　　◇半导体行业观察

电子科技博物馆专栏

编前语：或许，当我们使用电子产品时，都没有人记得或知道老一批电子科技工作者们是经过了怎样的努力才奠定了当今时代的小型甚至微型的诸多电子产品及家电；或许，当我们拿起手机上网、看新闻、打游戏、发微信朋友圈时，也没有人记得是乔布斯等人让手机体积变小、功能变强大；或许，有一天我们的子孙后代只知道电子科技的进步而遗忘了老一辈电子科技工作者的艰辛……

成都电子科技博物馆旨在以电子发展历史上有代表性的物品为载体，记录推动电子科技发展特别是中国电子科技发展的重要人物和事件。目前，电子科技博物馆已与102家行业内企事业单位建立了联系，征集到藏品12000件，展出1000件，旨在以"见人见物见精神"的陈展方式，弘扬科学精神，提升公民科学素养。

博物馆传真

深圳知名校友企业向电子科技博物馆捐赠藏品

日前，深圳怡化电脑股份有限公司、深圳金康特智能科技有限公司、深圳梦派科技集团有限公司等3家校友企业向电子科技博物馆捐赠藏品300余件，包括金融电子、智能穿戴和智能触控显示领域的代表性藏品。

怡化是国内最早从事金融科技研发制造的龙头企业，在此之前国内市场和技术被外企垄断，怡化二十一年的成长也是科技企业从追赶到领跑、勇闯"无人区"的缩影。此次向电子科技博物馆捐赠的藏品是怡化具有代表性的产品，记录了中国金融智能设备的发展，也展现了电子科技人在金融科技领域的创新智慧。

深圳金康特智能科技有限公司董事长杜华江表示，金康特作为早期进入可穿戴领域的公司，目前在安全定位、健康医疗、移动信息和运动监测等九大领域均拥有成熟完善的智能穿戴整体解决方案。未来，可穿戴领域会成为主流领域，他表示很乐意将公司发展进程中的产品，包括研发的主机、芯片、整机等藏品定期捐赠给母校博物馆，与母校共同见证可穿戴领域的发展。

深圳梦派科技有限公司董事长刘丹丹表示，作为校友，自己有责任有义务支持学校的发展，很高兴能够通过此次捐赠见证自己与母校的情谊，今后也将持续支持母校与博物馆建设。

此外，在深圳校友会暨藏品专题研讨会上，深圳校友会、珠海校友会、上海校友会代表在会上分别做交流发言，大家围绕如何挖掘校友资源、走访征集单位、创新征集方法、新馆建设等主题发表了自己的意见和建议。

深圳校友会名誉会长李敬和校友表示，母校建设电子科技博物馆非常有意义，电子科技博物馆是行业代表性博物馆，不仅会整理保存记录着中国电子工业发展的设备、仪器，也能激励更多人投身电子技术领域，推动社会进步。作为成电学子，将尽可能做好牵线联络工作，为博物馆建设献出自己的一份力。

深圳校友会会长张家同校友表示，博物馆作为国家、民族、地区历史文化储存的地方，有一股唤起人们记忆的力量。深圳作为中国电子发展的重要城市，自己有责任参与到母校博物馆建设进程中来。深圳校友会将支持博物馆建设的信息传递到更多的校友中去，祝愿母校博物馆发展得越来越好。

上海校友会副会长张东校友以一名博物馆建设文化公司从业者的身份谈到，博物馆新馆建设应更加注重参与性、体验性，引发参观者参与博物馆创作中来。母校博物馆作为保存电子科技发展的研究机构，未来应更加注重自主策展环节，自己也很乐意为博物馆建设添一份力。

为促成本次藏品征集工作，博物馆建设顾问唐新建、深圳校友会刘丹校友积极协助联系当地企事业单位。他们表示，能参与到博物馆藏品征集工作很振奋，母校建设电子科技博物馆，留存了电子工业的发展痕迹，保留了一代代电子工业从业者的记忆，是民族电子工业精神的象征，这是一项十分有使命感的事业。

◇电子科技博物馆

电子科技博物馆"我与电子科技或产品"

本栏目欢迎您讲述科技产品故事、科技人物故事，稿件一旦采用，稿费从优，且将在电子科技博物馆官网发布。欢迎积极赐稿！

电子科技博物馆藏品持续征集：实物、文件、书籍与资料；图像照片、影音资料。包括但不限于下列领域：各类通信设备及其系统；各类雷达、天线设备及系统；各类电子元器件、材料及相关设备；各类电子测量仪器；各类广播电视、设备及系统；各类计算机、软件及系统等。

电子科技博物馆开放时间：每周一至周五9：00--17：00，16：30 停止入馆。

联系方式

联系人：任老师　联系电话/传真：028--61831002

电子邮箱：bwg@uestc.edu.cn　网址：http://www.museum.uestc.edu.cn/

地址：（611731）成都市高新区（西区）西源大道 2006 号
电子科技大学清水河校区图书馆报告厅附楼

甘光 GS-16HX 电影机无法启动故障的修复

甘光 GS-16HX 电影机，是八十年代甘肃光学仪器厂的产品。如今数字电影已淘汰了胶片电影，该机已不再生产，厂家也已不再存在，但该厂生产的多种型号的老式电影机已成为玩家们的收藏品。

该电影机应该是借鉴早期苏联产品而设计，其外表看起来有点笨拙，但总体设计还是不错，经久耐用，一般不太容易坏。

甘光 GS-16HX 电影机突出故障就是启动故障占多，即开启电源后，合上走带开关，只听到机内嗡嗡响，马达无法启动。拆开背壳观察，可见马达无力转动（如图1所示），但用手帮助向下拖动皮带，马达就能正常工作。

该电影机是30年前的产品，时间过长，应加强保养：机械传动处宜点一些润滑油，以减小传动阻力；还要清除各部位积存的灰尘污垢；笨重的马达会因工作震动而下沉，增加皮带阻力，必须要加以向上调整，减小电动马达的负载力，同时也减轻启动电容的压力，这样整机才能活力重现。

甘光 GS-16HX 电影机当出现无法启动故障，但人工参与帮助电动马达启动，就能正常工作，90%的可能就是马达的启动电容坏了。

维修过程如下：打开电影机后背机壳，可见启动开关下面有个白色盒子，盒子里面就装着两个耐压500V、容量2μF的无极性苯稀电容。卸下白色盒子两颗螺丝，焊下三根线，可见白色塑料盒一面或两面都有因高温造成鼓胀变形的情况（如图2所示），取出两个电容可发现有鼓胀状态，已经完全损坏，容量全无。

这个启动电容是1983年的军工产品，现在要找到容量和耐压相同的产品，并非易事，即便在少数玩家手里有卖，也是价格高昂，因为他们视为奇货可居，非得卖个好价钱，目前的老电影机市场就是这样，配件特别贵。

其实大可不必去找原装电容，以市场上常见的风扇电容即可完美替代，2μF/500V的风扇电机启动电容，一般两元一个，买两个也就四元钱。参照原电容的接线方式焊接，用小铁丝捆绑，也可以用热溶胶沾接在一起，在原位置用一颗螺钉固定即可（如图3所示）。

合上整机走带开关，电动马达即速隆隆作响，两根皮带有力地带动电影机

的整机工作，电影机无法启动故障，即告完美修复。

◇江西 易建勇

美的 C21-RT2170 电磁炉进水后多症并发

故障现象：一台美的 C21-RT2170 电磁炉进水后损坏，电源及功率输出部分修复后出现不加热也没有检锅动作，只听机内蜂鸣器间断鸣响，数码显示屏上始终无代码出现，一会儿后自动关机。

该电磁炉用户送修时称：在做卫生时不小心将水从电磁炉侧面的通风孔溢进了机器里面，之后使用就不通电了。

维修过程：开盖检查发现，副电源直流高压滤波电容 EC19（4.7μF/450V）处烧焦严重，其 PCB 焊盘已烧熔化，基板顶层电容底部已烧出一个大窟窿，12A 交流保险也熔断，再测全桥整流完好，IGBT 已光荣殉职。因 IGBT 击穿损坏，遂对 IGBT 的驱动回路进行全面体检，排查是否有短路隐患，进一步查出除 D1201 击穿外，其余元件没有发现有明显短路现象。对损坏元件进行逐一更换（参考电路图如图1所示，电路板如图2所示），其中 D1201（图1中 D9）上丝印 A6，采用了 SOT-23 封装，是一只二极管，其型号为 BAS16，用一只玻封 IN4148 进行代换（其实该件也可以取消不用）。处理好所有损坏元件后，测试各路直流电压输出均正常，上锅通电试机，开机调到合适功率却发现该机不加热也没有检锅动作，只听机内蜂鸣器间断鸣响，数码显示屏上始终无代码出现，一会儿后自动关机。

移开锅具，再次对电路进行检查，该机采用了 CHK-S009 芯片作为检测和驱动控制。根据经验，主要对各大检测电路进行检查。检查 U1 的⑮脚、⑯脚所接的同步检测电路两条取样支路各电阻元件阻值正常，①脚过压检测电路各元件阻值也正常，⑬脚电流检测取样电阻阻值也正常。奇了怪了，难道是 S009 芯片挂了？心有不甘，再次试机仔细观察现象，故障依旧不变！

冷静思考，觉得问题仍然应该出在检测及驱动电路上，于是再一次对电路进行全面仔细检查，彻查检测电路元件，确无异常。再查 IGBT 驱动电路，发现 18V 稳压管 ZD1201（图1中 DW1）丝印 WL 二极管性能不良，有漏电现象，找来一只同型号的稳压管换上后，以为就此排除了故障，于是再次通电试机，故障依旧。仔细想想，现在就剩下 IGBT 的驱动管和控制芯片 U1（S009）了，首先对驱动管进行仔细检查，查到复合管 Q1203（图1中 Q2）处，在测量该管集电极（B和C极）时发现阻值不太正常，有漏电现象。遂卸下该管测量未见异常，再在该管焊盘处测量，阻值仍然偏低，再拆掉使能控制三极管 Q1201（图1中 Q3）后，再次测量 Q1203 的两个 B、C 焊盘间阻值正常。对 Q1201 进行检测，发现该管性能不良，两个 PN 结均有轻微漏电现象，致使 Q1201 的 C 极和 E 极间内阻有所减小。由于 Q1201 的 C、E 极和 Q1203 复合管的 B、C 极并联，于是导致在测量 Q1203 的 B、C 极时就出现了两管并联后等效电阻也减小的现象。出现该故障现象的关键因素在于 Q1201 是使能控制三极管，它受控于 S009 的③脚驱动脉冲输出，通过③脚输出为高、低电平变化给驱动电路来控制 IGBT 导通与截止并通过该脉冲信号的占空比来实现功率调节。当③脚输出为高电平时，使能管 Q1201 导通，其集电极电位下降，使复合管的基极受低电平影响，处于截止状态，IGBT 无触发电压而截止，关断功率输出，整机停止加热；当③脚输出为低电平时，使能管 Q1201 截止，其集电极输出高电平，抬高复合管的基极电平，使之导通，IGBT 得到触发电压而导通，发热盘线圈得到电流实现加热功能。现在由于 Q1201 性能不良，因漏电现象存在，所以不管 S009 的③脚使能脉冲如何变化，复合管的基极电位始终处于低电平状态，IGBT 得不到触发电压也保护截止状态。又因 S009 的电流检测作用，其⑬脚在开机加热过程中始终得不到电流检测信号，于是判定为无锅具，从而关闭 IGBT 驱动波形产生电路，无触发脉冲输出，最终导致无功率输出不加热。更换上述故障元件后，故障排除。

◇重庆铜梁 彭永川

②

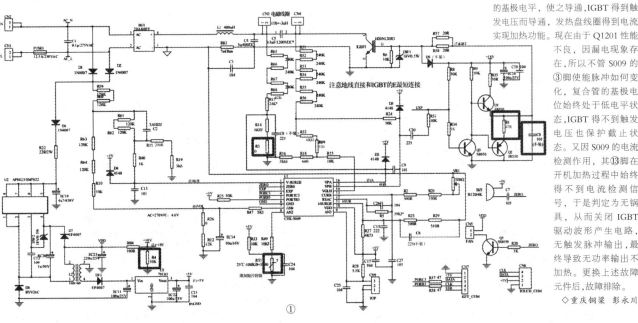

①

（接上期本版）

解答思路：耐火性电缆→《电力工程电缆设计标准》GB50217-2018。

解答过程：依据GB50217-2018《电力工程电缆设计标准》第7章，第7.0.7条[P54]。选D。

39. 建筑内疏散照明的地面最低水平照度，下列描述不正确的是哪一项？（B）

（A）疏散走道，不应低于1lx

（B）避难层，不应低于1lx

（C）人员密集场所，不应低于3lx

（D）楼梯间，不低于5lx

解答思路：建筑内疏散照明→《建筑设计防火规范（2018版）》GB50016-2014→地面最低水平照度。

解答过程：依据GB50016-2014《建筑设计防火规范（2018版）》第10.3节，第10.3.2条[P132]。选B。

40. 在配置电压测量和绝缘监测的测量仪表时，可不监测交流系统绝缘的回路是下列哪一项？（D）

（A）同步发电机的定子回路

（B）中性点经消弧线圈接地系统的母线

（C）同步发电/电动机的定子回路

（D）中性点经小电阻接地系统的母线

解答思路：测量仪表→《电力装置电测仪表装置设计规范》GB/T50063-2017→电压测量和绝缘监测、不监测交流系统绝缘的回路。

解答过程：依据GB/T50063-2017《电力装置电测仪表装置设计规范》第3.3节，第3.3.4条[P9]。选D。

二、多项选择题（共30题，每题2分。每题的备选项中有2个或2个以上符合题意。错选、少选、多选均不得分）

41. 关于3~110kV配电装置的布置，下列哪些描述是正确的？（A、B）

（A）3~35kV配电装置采用金属封闭高压开关设备时，应采用屋内布置

（B）3~110kV配电装置，双母线接线，当采用软母线配普通双柱式或单柱式隔离开关时，屋外敞开式配电装置宜采用中型布置，断路器宜采用单列式布置或双列式布置

（C）110kV配电装置，双母线接线，当采用管型母线配双柱式隔离开关时，屋外敞开式配电装置宜采用半高型布置，断路器不宜采用单列式布置

（D）35~110kV配电装置，单母线接线，当采用软母线配普通双柱式隔离开关时，屋外敞开式配电装置宜采用中型布置，断路器应采用单列式布置或双列式布置

解答思路：3~110kV配电装置→《3~110kV高压配电装置设计规范》GB50060-2008→布置。

解答过程：依据GB50060-2008《3~110kV高压配电装置设计规范》第5.3节，第5.3.2条~第5.3.4条[P10-10]。选A、B。

42. 无换向器电动机变频器按其换流方式分为自然换流型和强迫换流型两种，下述哪些是强迫换流型晶体管逆变器的特点？（A、C、D）

（A）由于可靠进行换流，因而过载能力强

（B）需要强迫换相电路

（C）对元件本身的容量和耐压有要求

（D）适用于小型电动机

解答思路：无换向器电动机、变频器→《钢铁企业电力设计手册（下册）》→强迫换流型晶体管逆变器的特点。

解答过程：依据《钢铁企业电力设计手册(下册)》第25.5.5节，第25.5.5.2节表25-17[P338]。选A、C、D。

43. 学校教学楼照明设计中，下列灯具的选择哪项是正确的？（A、B、C）

（A）普通教室不宜采用无罩的直射灯具及盒式荧光灯具，宜选用有一定保护角、效率不低于75%的开启式配照型灯具

（B）有要求或有条件的教室可采用带格栅（格片）或带漫射罩型灯具，其灯具效率不宜低于65%

（C）具有蝙蝠翼式强光分布特性灯具一般有较大的遮光角，光输出扩散性好，布灯间距大，照度均匀，能有效地控制眩光和光幕反射，有利于改善教室照明质量和节能

（D）宜采用带有高亮或全镜面控光罩（如格片、格栅）类灯具，不宜采用低亮度、漫射或半镜面控光罩（如格片、格栅）类灯具

解答思路：教学楼照明→《照明设计手册（第三版）》→灯具的选择。

解答过程：依据《照明设计手册（第三版）》第七章第二节，"2. 灯具选择"[P190]。选A、B、C。

44. 工程中下述哪些叙述符合电缆敷设要求？（B、C）

（A）电力电缆直埋平行敷设于油管下方0.5m处

（B）电力电缆直埋敷设于排水沟旁1m处

（C）同一部门控制电缆平行紧靠埋敷设

（D）35kV电缆直埋敷设，不同部门之间电缆间距0.25m

解答思路：电缆敷设→《电力工程电缆设计标准》GB50217-2018→直埋要求。

解答过程：依据GB50217-2018《电力工程电缆设计标准》第5.3节，第5.3.5条，表5.3.5[P35]。选B、C。

45. 闪变的术语表述，下列哪些不符合规范规定？（B、C、D）

（A）闪变指灯光照度不稳定造成的视感

（B）闪变指电压的波动

（C）闪变指电压的偏差

（D）闪变指电压的频率变化

解答思路：闪变→《电能质量电压波动和闪变》GB/T12326-2008→术语表述。

解答过程：依据GB/T12326-2008《电能质量电压波动和闪变》第3.7条[P36-4]。选B、C、D。

46. 下列哪些项是选择光源、灯具及其附件的节能指标？（B、C、D）

（A）Ⅰ类灯具

（B）单位功率流明lm/W

（C）IP防护等级

（D）镇流器的流明系数

解答思路：选择光源、灯具及其附件→《建筑照明设计标准》GB50034-2013→节能指标。

解答过程：依据GB50034-2013《建筑照明设计标准》第2.0.29条、第2.0.31节（P2-7）；《照明设计手册（第三版）》"镇流器流明系数"[P5]。选B、D。

47. 平时引接电力系统的两路人防电源同时工作，任一路电源应满足下列哪些项的用电需要？（A、C、D）

（A）平时一级负荷

（B）平时二级负荷

（C）消防负荷

（D）不小于50%正常照明负荷

解答思路：平时、人防电源→《人民防空地下室设计规范》GB50038-2005→用电需要。

解答过程：依据GB50038-2005《人民防空地下室设计规范》第7.2节，第7.2.6条[P135]。选A、C、D。

48. 对于某380V Ⅰ类设备的电击防护措施中，下列哪些式适宜的？（C、D）

（A）把设备置于伸臂范围之外

（B）在设备周围增设阻挡物

（C）在该设备的供电回路设置间接触防护电器

（D）将设备的外露可导电部分与保护导体相连接

解答思路：380V Ⅰ类设备电击防护→《电击防护装置和设备的通用部分》GB/T17045-2008，GB50054-2011→措施。

解答过程：依据GB/T17045-2008《电击防护装置和设备的通用部分》第7.2节。GB50054-2011《低压配电设计规范》第5.2节，第5.2.2条、第5.2.3条[P5-13]。选C、D。

49. 电动机额定功率的选择及需要系数法计算负荷时，下列哪些项是正确的？（注：下列公式中P_e为有功功率，kW；P_r为电动机额定功率，kW；ε_r为电动机额定负载持续率；S_1、S_2、S_3为电动机工作制的分类。）（A、B、D）

（A）S1应按机械的轴功率选择电动机额定功率

（B）S2应按允许过载转矩选择电动机额定功率

（C）S2电动机，$P_e = P_r \times \sqrt{\dfrac{\varepsilon_r}{25\%}} = 2P_r\sqrt{\varepsilon_r}$（kW）

（D）S3电动机，$P_e = P_r\sqrt{\varepsilon_r}$（kW）

解答思路：电动机额定功率的选择及需要系数法计算负荷→《工业与民用供配电设计手册（第四版）》，《钢铁企业电力设计手册（下册）》。

解答过程：依据《工业与民用供配电设计手册(第四版)》1.2.1节。《钢铁企业电力设计手册（下册）》第23.5节、第23.5.1节[P50]，第23.5.3节[P52]。选A、B、D。

50. 影响人体阻抗数值的因素主要取决于下列哪些项？（B、C、D）

（A）人体身高、体重、胖瘦

（B）皮肤的潮湿程度、接触的表面积、施加的压力和温度

（C）电流路径及持续时间、频率

（D）接触电压

解答思路：人体阻抗→《电流对人和家畜的效应第1部分：通用部分》GB/T13870.1-2008→影响因素。

解答过程：依据GB/T13870.1-2008《电流对人和家畜的效应第1部分：通用部分》第4章第1节[P41-6]。选B、C、D。

51.建筑照明设计中，应按相应条件选择光源，下列哪些项符合现行标准的规定？（A、B、C）

（A）灯具安装高度较低的房间宜采用细管直管形三基色荧光灯

（B）商店营业厅的一般照明宜采用细管直管形三基色荧光灯、小功率陶瓷金属卤化物灯；重点照明宜采用小功率陶瓷金属卤化物灯、发光二极管灯

（C）灯具安装高度较高的场所，应按使用要求，采用金属卤化物灯、高压钠灯或高频大功率细管直管荧光灯

（D）旅馆建筑的客房不宜采用发光二极管等或紧凑型荧光灯

解答思路：建筑照明→《建筑照明设计标准》GB50034-2013→选择光源[P2-8]。

解答过程：依据GB50034-2013《建筑照明设计标准》第3.3节，第3.2.2条。选A、B、C。

52. 在会议系统的设计中，其功率放大器的配置，下列哪些项符合规范的规定？（B、D）

（A）功率放大器额定输出功率不应小于所驱动扬声器额定功率的1.25倍

（B）功率放大器输出阻抗及性能参数应与被驱动的扬声器相匹配

（C）功率放大器与扬声器之间连线的功率损耗应小于扬声器功率的20%

（D）功率放大器应根据扬声器系统的数量、功率等因素配置

解答思路：会议系统→《会议电视会场系统工程设计规范》GB50635-2010→功率放大器的配置。

解答过程：依据GB50635-2010《会议电视会场系统工程设计规范》第3.2节，第3.2.5条[P66-7]。选B、D。

53. 在数据机房的等电位联结和接地设计中，有关等电位联结带、接地线和等电位联结导体的材料和最小截面的选择，下列哪些项符合规范的规定？（C、D）

（A）当利用建筑内的钢筋做接地线，其最小截面积为100mm²

（B）当利用铜材独设置的接地线最小截面积我50mm²

（C）当铜做等电位连接带，其最小截面积为50mm²

（D）当从机房内各金属装置至等电位联结带或接地汇集排，从机柜至等电位联结网络采用铜做等电位联结导体，其最小截面积为6mm²

解答思路：数据机房→《数据中心设计规范》GB50174-2017→最小截面的选择。

（未完待续）　◇江苏　健谈

TDYB 型多功能电力仪表应用简介(一)

TDYB 是一款多功能的智能化电力仪表,具有测量、显示、通讯、参数可编程功能。适用于低压三相四线制系统、低压三相三线制系统、高压三相四线制系统、高压三相三线制系统。它可测量的参数有:三相相电压、三相线电压、各相电流、零序电流、各单相有功功率、总有功功率、各单相无功功率、总无功功率、各单相视在功率、总视在功率、各单相功率因数、总功率因数、三相电压不平衡、三相电流不平衡、三相平均电压、三相平均电流、2~31 次谐波、总谐波 THD、频率等,还有 4 开入/2 开出和电能脉冲输出等。

仪表可以通过 RS485 通讯查看所有测量参数,而装置面板上的 LCD 显示屏或 LED 数码管可显示部分测量参数,且因接入的电力系统供电模式的不同,显示参数也不相同。仪表可用于各行各业的供配电场所对所接电源进行智能化管理和网络监控。

一、型号编制方法及技术参数

1. 仪表产品的型号编制方法

TDYB 系列智能化仪表的型号编制方法可参见图1。

2. 智能化仪表的技术参数

参数指标和显示方式见表1。

表1 TDYB 系列智能化仪表的参数指标和显示方式

测量参数		面板显示	通讯传送数据	精度
电压		相电压/线电压/平均值/零序电压	一次测值	二次测值	0.2 级
电流		相电流/零序电流/平均值	一次测值	二次测值	0.2 级
有功功率		单相/总和	一次测值	二次测值	0.5 级
无功功率		单相/总和	一次测值	二次测值	0.5 级
视在功率		单相/总和	一次测值	二次测值	0.5 级
功率因数		单相/总和	一次测值	二次测值	0.5 级
不平衡度		相电压/线电压/电流	一次测值	二次测值	—
有功电度		总和	一次测值	二次测值	0.5 级
无功电度		总和	一次测值	二次测值	1.0 级
谐波		2~31 次分次谐波/THD	THD	2~31 次/THD	1.0 级
开入		4 路开入	报警状态	报警状态	
开出		2 路开出	报警状态	报警状态	
电能脉冲输出		有功/无功	状态	—	
频率			一次测值	一次测值	0.01Hz

各种电参数的测量范围见表2。

表2 电参数的测量范围

参数		测量范围
电压	直接测量	220V(相)/380V(线)
	经 PT 测量	一次侧:0~1000,000V
		二次侧:57.7V(相)/100V(线)
电流	一次侧:0~49,995A	
	二次侧:1A 或 5A	
功率	单相功率测量范围:0~49,990MW/Mvar/MVA	
	总功率测量范围:0~149,970MW/Mvar/MVA	
功率因数	−1.000~+1.000	
THD 谐波	0.0%~40.0%	
电能脉冲输出	3600imp/kWh 3600imp/kvarh	
频率	45Hz~65Hz	

TDYB 系列智能化仪表的性能指标见表3。

表3 TDYB 系列智能化仪表的性能指标

参 数	指 标
工作电源	AC:85V~265V DC:80V~300V
整机功耗	<3VA
过载能力	持续 1.2 倍,瞬间电流 10 倍/1s,电压 2 倍/1s
1min 工频耐压	AC2kV 输入−输出−电源间
绝缘电阻	≥50MΩ
冲击电压	5kV
环境温度	−20℃~+70℃
储存温度	−40℃~+85℃
相对湿度	5%~95%,无凝露

二、TDYB 型仪表的结构与电气接线

1. 仪表的显示屏与按键

TDYB 型仪表的正面样式见图2。中间部位是 LCD 液晶显示屏,可以显示测量得到的电参数值、单位(例如有功功率的单位 W、频率的单位 Hz 等)、电参数值的倍率(例如 LCD 显示屏主显示区显示电参数值的同时,在显示屏右上角显示的 k、M、kM,分别表示 103、106、109,即电参数值须乘以 1000,或者乘以一百万,或者乘以 10 亿)。显示屏左下角显示的图符是开入和开出状态,当相应的开入或开出动作有效时,与之对应的图符会显示,否则不显示。

显示屏下部显示的是有功电度或无功电度,可以用数字右边的单位 kWh 或 kvarh 来判断当前显示的是有功还是无功电度。

LCD 显示屏左上角可以显示谐波和 RS485 通讯的当前状态。

TDYB 型系列仪表正面下部有 4 个按键,这 4 个按键的功能说明如下。

◀ 按键:用来移动光标

②

▲ 按键:用来增加数值或者选择菜单
MENU 按键:进入参数显示模式或进入参数设置模式

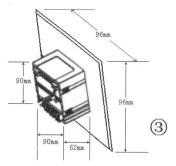
①

↩ 按键:退出参数显示模式或确认并退出参数显示模式
各按键的功能应用将在本文参数设置等章节继续给以介绍。

2. 结构尺寸、安装与端子名称

TDYB 系列智能化仪表的外形尺寸示意图如图3所示。将其安装在已经事先开好孔的屏柜面板上。在屏柜上可见的尺寸是 96mm×96mm。由于仪表实体部分的尺寸为 90mm×90mm,开孔尺寸应为 91mm×91mm 为宜。仪表使用卡具固定在屏柜上。

③

(未完待续) ◇山西省 毕秀娥

型号编制图（图1）:
TDYB-□-□-□
厂家代号
(智能化)仪表
显示器选择
A：LED显示器
H：LCD显示器
开入与开出选择
1：4路开入（常开）/2路开出
2：开入+电能脉冲输出
测量项目选择
A：三相电流I、RS485
B：三相电压V、RS485
H：三相电流I、三相电压V、有功功率P、无功功率Q、视在功率S、功率因数cosφ、频率F、吸收有功电度EPI、释放有功电度EPE、感性无功电度EQL、RS485
J：三相电流I、三相电压V、有功功率P、无功功率Q、视在功率S、功率因数cosφ、频率F、吸收有功电度EPI、释放有功电度EPE、感性无功电度EQL、容性无功电度EQC、RS485、2~31次谐波测量

图3 尺寸标注:96mm, 90mm, 90mm, 62mm

变频器调整输出频率与输出电压的原理分析(二)

(接上期本版)

六、总结

变频器在变频调速过程中,提供给电动机的电压与频率是有一定对应关系的,如图6所示的基本频率给定线所示。变频器的输出频率最高(例如 50Hz)时的频率 fmax,对应输出电压也到最大值(例如 380V)时的电压 Umax。变频器根据运行需求和参数设置,实时调整输出电压和输出频率,当需要升高输出频率时,变频器的控制电路会加快调整脉冲占空比的速率,并提高脉冲的占空比。所谓加快调整脉冲占空比的速率,就是用较短时间使脉冲的占空比从最小调整到最大,波形幅度达到最大值时,又用较短时间使脉冲的占空比从最大调整到最小。这样对应的周期时间较短,频率较高。

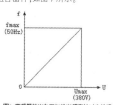
图7 IGBT 的构成

与此同时,为了使输出频率较高时有较大的输出电压,在加快调整脉冲占空比的速率时,加大脉冲的宽度,即提高脉冲的占空比,这就提高了变频器的输出电压。实现输出频率较高时有较大的输出电压。

需要降低输出频率与输出电压时,调整过程与上相反,不再赘述。

七、知识拓展

1. 变频器逆变电路中调频调压使用的 IGBT 管的特点

IGBT 管也叫绝缘栅双极性晶体管,它是晶体管和绝缘栅场效应晶体管的组合器件,如图7所示。

图7(a)是双极性晶体管,它有三个电极,分别是集电极 C、发射极 E 和基极 B。晶体管属于电流控制型器件,特点是集电极电流 Ic 的大小取决于基极电流 IB。

图7(b)是绝缘栅场效应晶体管,它的三个电极分别是漏极 D、源极 S 和栅极 G。栅极和源极之间是绝缘的。它的工作特点是漏极电流 ID 的大小取决于栅极和源极之间的电压 UGS,所以称作电压控制型器件。

图7(c)所示即所谓 IGBT 管。它是双极性晶体管与绝缘栅场效应管的组合器件,三个电极分别是集电极 C、发射极 E 和栅极 G。集电极电流 Ic 的大小取决于栅极和发射极之间的电压 UGE,所以也是电压控制型器件。

IGBT 管兼具晶体管通流容量大和绝缘栅极驱动电流极小的特点,特别适合用作变频器类的大功率电源变换。

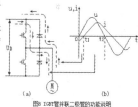
图8 IGBT管并联二极管的功能说明

2. 变频器的逆变管旁边并联二极管的作用

逆变电路的每个逆变管两端,都要反向并联一个二极管,如图8(a)所示。其作用描述如下:异步电动机的定子电路是感性电路,其电流的变化滞后于电压,如图8(b)所示。

0~t1 时间段,电流 i 与电压 u 的方向相反,是绕组的自感电动势克服电源电压在作功(磁场作功)。这时的电流将通过反并联二极管流向直流回路,向滤波电容器充电。如果没有反向并联的二极管,则因为逆变管只能单方向导通,这段时间内的电流无回路可流通,电流的波形将发生畸变。

t1~t2 时间段:电流 i 与电压 u 的方向相同,是电源电压克服绕组的自感电动势在作功(电源作功)。这时的电流通过逆变管流向电动机。

因此,变频器的逆变管旁边各自并联一只二极管,是电路正常工作所必需的。

(全文完) ◇山西 杨电功

条分缕析 巧学妙解
——谈谈 74HC595 的教学方法

集成电路 74HC595 是一个 8 位串行输入、并行输出的位移缓存器，并行输出为三态输出。常用于单片机和 Arduino 扩展 I/O 端口。现实教学中，教师往往很困惑，按照传统的看芯片引脚、看时序图等步骤进行学习，学生理解有困难，更不会应用，是一个教学上的难点。如何突破这一难点呢？笔者分析了学生学习困难的原因。

学习障碍之一：芯片引脚众多，名称容易混淆。

人们的认知是一个由浅入深、由表及里的过程。在学习芯片引脚功能的时候，切忌胡子眉毛一把抓。先抓住常规特征和主要特征，由主到次介绍。在教学中，可以分为三步进行：

第一步：介绍常规引脚：电源和接地脚及主要特征引脚；

一个数据输入端：DS ⑭脚；两个数据输出端：串行数据输出 ⑨脚 QH′ 和八位并行输出端 QA-QH。特别强调两片 74HC595 级联时，第一片的输出引脚接第二片的输入引脚，以完成数据的传递；

第二步：介绍两个时钟引脚⑪脚 SCK、⑫脚 RCK；具体看图 2，发现移位寄存器和存储器分别使用不同的时钟，数据在 SCK（⑪脚）的上升沿输入，在 RCK（⑫脚）的上升沿进入到存储寄存器中并行输出，所以两个时钟脉冲是互相独立的，能做到输入串行移位与输出锁存的控制互不干扰。

第三步：介绍（SCLR）移位寄存器清零端⑩脚和 OE 清零端⑬脚，看图 2 就知在何阶段清零。

（SCLR）为低电平时，移位寄存器的数据清零。通常接到 VCC 防止数据清零。而 OE 输出使能控制脚，它是低电才使能输出，所以接 GND。即两个清零端一正一负：⑩脚接 VCC，⑬脚接 GND。

经过这样有条有理地细致分析，学生就认识了芯片的引脚功能，消除了记忆繁琐困难的心理障碍，为下一步理解打下基础。

学习障碍之二：移位寄存过程抽象，无法理解。

74HC595 移位输出的过程很抽象，需要学生有些想象力。有时教师用语言描述得再多，也是无济于事，所以教师可以画图 3 的 74HC595 数据输入输出的仿真图，模拟数据从⑭脚输入"1111 1110"时 Q0-Q7 输出的情况。具体过程如下：

第一步：选择数据 0 或 1，准备输入⑭脚 DS 端。

第二步：拨开关 SW1，即⑪脚（数据输入时钟）输入一个上升沿，依次把 8 位数据输入 74HC595 的移位寄存器，比如数据 1111 1000；输入一个数据，就拨开关 SW1 一次。

第三步：拨开关 SW2，即⑫脚（输出存储器锁存时钟）输入一个上升沿，把输入的 8 位移入存储寄存器中的数据发送到输出端 Q0-Q7 中。Q7-Q0 所接的 led 被点亮，说明输出数据分别是 1111 1000。

第四步：可以尝试输入其它 8 位数据，观察它的输出，注意输出顺序。

经过学生的仿真和实验，学生理解了这个芯片的移位显示的原理，说明：从 SCK（⑪脚）产生一上升沿（移入数据）和 RCK（⑫脚）产生一上升沿（输出数据）是二个独立过程，实际应用时互不干扰。即可输出的同时移入数据。

学习障碍之三：学习的迁移能力欠缺，表现在如何将几片 74HC595 级联。

在经过一片 595 显示数据之后，我们可以将两片 595 级联（如图 4）：第一块 595 芯片的串行输出口接第二块 595 芯片的数据输入口且两片 595 的⑪脚和⑫脚相连，以保证输入移动和输出同步。图 4 就是两片 595 级联完成⑯位数据输入。顺序方面与单片的一致，数据将会是最后一级级联的输入数据，例如上面的例子是两个级联，第一个写入的是 1111 1000 它将在最后一个 595 上输出，第二个写的 0111 0011 它显示在第一个 595 上。

例如 16*16 点阵电路中列驱动电路采用了两片 74HC595 移位寄存器进行"级联"，构成列驱动电路，用串行移入、并行输出的方式为 16*16 点阵显示电子广告屏提供 16 位列线数据。

这样，我们发现由于只需用到 3 条引线就能实现串行传输数据，我们在 51 单片机上任意使用 3 个引脚，分别把它们与 74HC595 的 ⑪脚 SCK（串行移位时钟）⑫脚 RCK（串行 数据输出）和⑭脚 DS（串行数据输入）相连接就可以了。

学习障碍之四：单片机模拟串行外围设备协议通信程序无法理解。

第一个程序：51 单片机将 8 位数据逐位移入 74HC595 的程序：

```
for (i=0;i<8;i++)      //8 位控制
{      SCK=0;          //给串行移
位时钟送低电平
if((data1&0x80)==0x80) //数据 data
的最高位为 1，则向 SDATA_595 发送 1
SI=1;                  //发出数据的最高位
else                   //数据 data 的最高位
为 0，则向 SDATA_595 发送 0
SI=0;
data1<<=1;             //下一位串行
数据移位到最高位
SCK=1;                 //给串行移位
时钟送高电平，产生上升沿
}
```

程序中 SCK 定义为 74HC595 的⑪脚，为数据输入时钟线，单片机模拟出 0 到 1 的上升沿，将一位位数据挤入 595 的寄存器。其中 data1 是⑭脚输入的数据，data1&0x80 取出数据的最高位。

第二个程序：16 位的数据并行输出到输出锁存器

```
void out_data()
{
RCK=0;          //输出锁存器时钟
置低电平
_nop_();
_nop_();
RCK=1;          //输出锁存器时钟置高电平，产生上升沿锁存数据
}
```

程序中 RCK 定义为 74HC595 的⑫脚，它处于上升沿时移位寄存器的数据进入寄存器储存，处于下降沿时寄存器储存的数据不变。单片机模拟出 0 到 1 的上升沿，将串行数据在 8 个输出口并行输出。理解了 74HC595 芯片的工作原理，这两个输入输出程序也不难理解了。

无论在单片机学习或在 Arduino 技术的学习中，硬件电路同样也很重要，教师只有抓住学习中的难点问题进行钻研和备课，才能达到事半功倍的效果。如果仅仅照着时序图分析数据的移入和输出，学生无法真正了解内部的原理，更谈不上应用了。为了使我们的教学符合学生的认知规律，教师需要开动脑筋，条分缕析进行巧学妙解，这样学生的理解就能由表及里、由浅入深、由主到次、由现象到本质了。

让我们的学生们都爱上学习吧，因为教师的作用不仅仅是教知识，而是培养学生对这门学科的热爱！

◇江苏张家港 周荻缪耀东

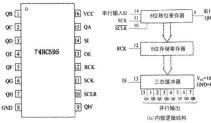

图 1 74HC595 引脚图   图 2 74HC595 内部逻辑图   图 3 单片机 74hc595 移位过程

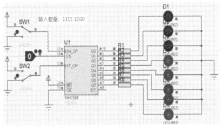

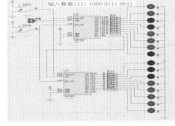

图 4 两片 74hc595 级联完成 16 位数据的并行输出

JYB714 液位继电器供水系统的改进

JYB714 液位继电器广泛应用于民用水塔、高位水箱、地下蓄水池等场合的液位自动控制之用，工作原理不再赘述网上可查。在实际使用中经常用粗铜线做电极插入水箱中（图 1）高（粉红）、中（黄）、低（大红），粗铜线在水中（尤其是酸碱污水池电极会过早腐蚀掉而无法使用）长期浸泡会生成绿色的氧化膜，影响电极导电导致系统不动作停止供水，另外在供水快到位时，由于水面波动，电极与水面似接非接，造成系统动作时断时续，电机时转时停，反复起动，起动电流过大容易烧毁电机。

为消除上述缺点，可改用两个耐酸碱的浮球液位开关（图 2 为一只浮球液位开关原理图），将两个浮球开关一上一下找合适的位置按使用说明书捆绑在水箱上下梯子上，也可在水中设置打过孔的镀锌或不锈钢管捆扎其上，参照图三，其中浮球开关①（低位）的 NC1（黑色线）接液位继电器端子⑦，浮球开关①、②的棕色线搭成过线共用接液位继电器端子⑥，浮球开关②（高位）的 NC2（黑色线）接液位继电器端子⑤，同样可以实现高低水位控制。结合图 1 控制过程为：

当水箱水位过低时，两只浮球均下垂，NC1、NC2 均断开，三极管 T1 基极呈低电平而截止，集电极呈高电平，三极管 T2 基极有足够的电流通过而饱和导通，继电器 K 得电吸合，常开触点②、③闭合，接触器 KM 得电吸合，水泵抽水供水箱。水箱水位逐渐上升，浮球①跟随浮起至上扬，NC1 闭合，但此时继电器 K 呈吸合状态，⑥、⑦脚端导通但⑥、⑤脚端断开，三极管 T1 继续呈截止状态，当水位上升至浮球②上扬，NC2 闭合，⑥、⑤端子经 NC2 接通流过电流到三极管 T1 基极，T1 饱和导通，集电极呈低电平，三极管 T2 基极无电流通过而截止，集电极呈高电平，继电器 k 失电复位切断接触器 KM 电源，水泵停止。只有当水位回落至两只浮球均下垂时再重复上述运行。经过上述一劳永逸的改造，单位的供水系统 5 年内没有出过故障，免去了平时的探头除锈维护，系统工作相当稳定。此改造还可应用于排水系统，使用浮球开关 NO 触点，原理与供水系统大同小异。

◇肖大军 武继民

① 水箱   虚线部分为浪涌继电器

联发科首次超高通，成全球最大手机芯片供应商

据市场研究公司 Counterpoint 数据，联发科在 2020 年第三季度智能手机芯片市场份额从去年同期的 26% 上升至 31%，首次超过高通成为全球最大的智能手机芯片组供应商。高通虽在整体份额上被联发科反超，但是 Q3 最大 5G 智能手机芯片供应商。

与此同时，高通以 29% 的市场份额位居第二，苹果、华为海思和三星的市场份额均为 12%，紫光展锐的市场份额为 4%。

主要原因：中端手机、新兴市场、美国禁令

一、价格在 100 到 250 美元之间的中端智能手机（天玑 1000、天玑 820 等衍生型号）表现强劲。

二、如拉丁美洲和印度等新兴市场的爆发。

三、受美国禁令影响，来自小米、三星和荣耀等 OEM（原始设备制造商）的大额订单。

在接 OEM 订单时，光是小米使用的联发科芯片就比去年同期增长了三倍多。同时，联发科也利用了美国对华为禁令造成的缺口，获得了大量订单。由台积电制造的联发科芯片性价比极高，成为许多 OEM 用来填补芯片空白的首选，华为在禁令实施前也从联发科购买了大量芯片组。

在中端手机市场，联发科最大的竞争对手就是高通。由于华为海思被禁，高通在高端手机市场表现优异。但由于 5G 芯片的巨大需求，两者 2021 年在 5G 芯片领域的竞争也会"火花四溅"，并会在竞争中进一步推广主流 5G SoC 产品。

在 2020 年第三季度，全球智能手机市场对 5G 芯片的需求增长了一倍，在该季度售出的所有手机中，5G 手机比例达到了 17%，其中 39% 的 5G 芯片由高通提供，高通也因此成为第三季度全球最大的 5G 手机芯片组供应商。

随着苹果等厂商也相继推出 5G 手机阵容，5G 手机的市场占比将进一步扩大。在 2020 年第四季度出货的智能手机中，预计将有 1/3 支持 5G，这也会使高通有极大可能在第四季度重夺智能手机芯片组供应商头把交椅。

慎用加湿器

冬季开启空调制热时，虽然温度上去了，但是室内更为干燥，很多朋友喜欢搭配着加湿器进行使用，不过这里需要注意加湿器带来的健康隐患。

现在加湿器非常便宜，几十元就能买到，其中卖得最多的就是"超声波加湿器"。超声波加湿器加湿原理很简单：采用高频振荡（振荡频率为 1.7MHz，超过人的听觉范围），通过陶瓷雾化片的高频谐振，将水抛离水面而产生自然飘逸的水雾。陶瓷雾化片的成本不高，所以卖的也便宜。

在购买加湿器时，要注意几个指标：

加湿量

有些企业为迎合消费者追求大加湿量的心理，随意标大加湿量，所以标准严格规定加湿量不应低于产品额定加湿量的标称值。

加湿效率

加湿器实际加湿量和输入功率的比值，反映了单位功耗能够产生多少加湿量，是衡量加湿器性能优劣的一个重要指标。

噪声

加湿器可能在卧室中使用，如果噪声过大将会对消费者产生一定的影响，所以标准对噪声指标进行了严格的限制。

软化及湿度功能

标准的超声波加湿器都必须配备软化器，纯净水经软水器软化后，水的硬度应不超过 100mg/L。软水器在失效前，软化的总水量也不应少于 100L。对于湿度显示，规定在相对湿度为 30%~70% 的范围内，其湿度显示的误差应在 ±10% 以内，以免误差太大反而对消费者产生误导。此外标准还规定，由于水位会对某些加湿器的性能产生明显的影响，所以加湿器应该具有水位保护功能，以防消费者在不知情的情况下使加湿器长期处于低性能、低效率的工作状态。

由此引出一个问题——陶瓷雾化片在把水雾化的同时，也会将水中残留的其他物质一起带出。

假如往超声波加湿器里倒入自来水，水中含有的大量钙镁离子也会随着水雾一起带出，最终与空气中的二氧化碳反应结合形成白色的粉末。

其至还有人听信个别谣言，添加精油、醋等等进行所谓的理疗，这种颗粒吸入人体后进入血液循环系统，造成的危害不堪设想。

所以我们建议只加纯净水到加湿器，但严格意义上讲，时间累积久了也会多少有微小的颗粒附着在机器里面，这是大多数加湿器不可避免的问题。如果长期使用这类加湿器，建议一年（当年冬季）一换。

M.2 接口显卡

这款显卡需要额外的 12V 供电，但是功耗只有 1.5W。它采用了慧荣提供的主控方案"SM750"，265 针 BGA 封装，PCIe 3.0 x1 通道，可选集成 16MB DDR 内存，最高可以输出 1920×1440 分辨率的 2D 图像，并支持视频加速、2D 加速。

SM750 支持范围广泛的 I/O，包括模拟 RGB 和数字 LCD 面板接口、两个缩放视频接口和脉宽调制，还提供额外的 GPIO 接口用于连接各种外围设备。这种 M.2 2D 显卡有什么用？服务器、工业计算机、医疗设备、测试仪器、工厂自动化等嵌入式市场上就很合适，可提供稳定、可靠、高效的图形输出与显示。

这样的显卡玩游戏估计是不行，但能成功点亮主机还是很不错的。

疑似华为 P50 工程机曝光

近日，疑似华为 P50 工程样机真机曝光。

从华为 P50 工程样机的曝光来看，这将是新一代手机拍摄的王者。大不一定强，但大几乎绝难强悍，尤其是对于摄影这块来讲，P50 拍照值得期待。

P50 将会采用居中单挖孔设计。无论最终是采用居中挖孔，还是左上角挖孔，似乎 P50 将会是华为首款单挖孔的旗舰机型，与如今的 P40 系列、Mate40 系列的挖孔相比，会更为精致。其他配置方面，预计华为 P50 系列将会提供中杯、大杯、超大杯三款机型，分别提供 6.1 英寸、6.6 英寸、6.8 英寸屏幕。性能方面，则将会与 Mate 40 系列一样，搭载麒麟 9000 处理器。华为的 P 系列一直定位于年轻群体，更强调出色的拍照能力。最大的疑问是目前受限于麒麟芯片，光是 Mate 40 系列就已经产能严重不足，一机难求，P50 是否真的如爆料一般采用麒麟 9000 处理器，令人怀疑。

P50
(Slightly
Curved/Flat)

P50 Pro
(Waterfall)

P50 Pro Plus
(Quad Curved
Display)

正确删除 Flash

微软表示将会在未来的更新中，将 Flash 从系统中删除。就连 Flash 的开发商 Adobe 自身也强烈建议用户马上卸载 Flash。

在 Win10 中，Flash 是系统自带的，无法直接通过应用管理来找到 Flash，所以也没法从系统设置或者控制面板中卸载它。Flash 的路径为"C:\Windows\System32\Macromed\Flash"，通过直接删除相应的文件来清理掉 Flash，也太过简单粗暴，可能会引发其他问题，因此并不推荐大家这么做。

方法一通过 Adobe Flash Uninstaller 卸载

这是 Adobe 官方提供的方法。首先，我们需要先开启下方这个 Adobe 官方提供的 Flash 删除工具的页面。

下载界面：https://helpx.adobe.com/flash-player/kb/uninstall-flash-player-windows.html

下载完成后，运行这个卸载器，Flash 就会被卸载掉了。

方法二通过 Windows KB4577586 补丁卸载

这是微软官方提供的补丁，唯一作用就在于从系统中彻底删除 Flash。目前 KB4577586 仍未通过 Windows Update 向用户推送，但我们可以手动下载安装它。

KB4577586 补丁下载界面：https://www.catalog.update.microsoft.com/Search.aspx?q=KB4577586

注意，KB4577586 补丁的下载页面中，列表提供了对应不同系统的版本，而且列表有两页。如果你目前使用最新的 Win10 20H2 系统，那么可以在第二页中找到用于 x86/x64/ARM64（取决用的是 64 位、32 位或者是 ARM 版本系统）的"Windows 10 Version 2004"的版本，这个版本的补丁适用于 Windows 10 1903 之后的系统。

安装补丁后，Flash 就从 Win10 中彻底删除了。

目前还有个别网站仍采用 Flash 作为功能入口，不过 HTML5 能带来更好的用户体验。

2021视频直播新趋势

2021视频直播新趋势之一:虚拟现实演播技术助直播带货上升到更高维度。2020年一场疫情改变了很多行业的命运,也改变了很多人的生活方式,线下购物在较长时间都没恢复到疫情前的水平,线上购物开始火爆。

现在谈论直播人们不再惊奇,专业的直播在网络上也很常见了,而且业余条件下搞搞直播,只需一部智能手机就可实现了。若要追求专业一点的氛围,大多只需布局一个直播间,并配上补光灯、直播混音话筒等设备即可。

淘宝直播、京东直播、拼多多直播、唯品会直播、抖音直播、快手直播、小红书直播、蘑菇街直播、花椒直播、虎牙直播、斗鱼直播、各类微信小程序直播等等各类直播平台让人目不暇接。

当大家都能用手机作直播,通过直播带货,纯专业的直播也就没有多少吸引力了。直播间的背景和环境直接影响前来观看的粉丝停留时间,若直播间视觉不理想,人都留不下来;谁还听你的聊白?谁还看你们产品的品质?谁还购货?于是作直播很多人都着手直播间的装修,考虑怎样与客户互动、怎样留住客户。还记得去年一些观众看了罗永浩与董明珠的直播,觉得他们的直播间布局很前卫,原来直播还可这样玩。他们的直播间只所以吸引人,其原因之一是他们的直播间多采用了交互式虚拟现实演播技术,如图1所示。

交互式虚拟现实演播技术在专业电视台使用较多,交互式虚拟现实演播流程:主播一键抠像后,即可置身于各种绚丽的虚拟现实背景,模拟各种直播应用场景,提升直播视觉效果。如秀场直播、活动直播、游戏直播、生活直播、教育直播等。

为方便抠像,多采用绿幕或蓝幕为背景,扣像的质量主要由摄像头、电脑硬件与绿幕扣像算法决定的。如图2、图3、图4所示。

专业的交互式虚拟现实演播系统需要的硬件较多,需要用到:4K摄像头、专业电脑(GPU计算力较强)、专业色彩级显示器、导播台、直播编码器、音频台、提词器、补光灯以及附加的音视频设备。这些设备软件配置较高,比如4K视频采集、绿幕扣图算法、蓝幕扣图算法、短视频录制、支持使用本地素材、云场景、云场景制作、云特效、三维扫描、背景切换、前景切换、输出画质设定(4K或1080P)、多平台开播、多机位支持。如图5、图6、图7所示。

系统服务器配置也相对较高,如主机主板CPU采用:英特尔Core i9－9900K;内存:DDR4 32GB;显卡:NVIDIA Geforce GTX 1660;采集卡:elgato 4k60 pro。

这类直播设备功能较多,具有以下特点:

1.实时图文特效包装,提供各种前景特效,包括数据图形化展示、图文、字体特效、人名条、字幕条、字幕版、人物卡通化、环境特效等,对视频进行实时包装。

2.适用于多平台,可跨平台使用,各大直播平台、主播都可使用,实时满足多平台并发推流需求。

3.海量场景,海量静特、动特场景,内容丰富,常特更新。

4.三维扫描,通过对商品的精细扫描,使商品能以360°呈现在粉丝观众面前,同时可编辑大小及调整位置。

5.画中画功能,向观众展现商品更多细节。

6.场景智能,智能匹配主播在不同场景下的比例关系,真实度更高。

7.直播特效,针对带货主播的需求,提供自定义主播带货特效、自定义商品图示、价格展板、主播回复表情包等特效模块,能让主播更有时间讲解商品,烘托直播间气氛,增加老客户黏度,吸引新客户关注等目的。

在这里我们可以通过微信视频号"智慧分享001"观看虚拟现实演播视频。这类直播设备整套费用预算在数十万元左右,主要用于大型企事业单位。

由于市场对虚拟现实直播设备的需求量较大,2020年很多公司开发出售价在2-10万元较低成本的直播设备,比如虚拟现实直播一体机,这类设备多采用32-60英寸的液晶屏作直播显示,如图8、图9、图10所示。

这类一体机多为显示器内置X86方案或ARM方案的处理器,部分处理器也可外置,支持1080P的摄像头输入,这类直播设备同样功能强大,比如支持绿幕抠像,如图11、图12所示。

这类一体机甚至不需要专业的摄影,不需要专业的灯光,更不需要花费时间和金钱作专业的装修,一人即可完成全程直播带货。这类智能直播间,用一个遥控器或一个键盘一人即可随时切换任何场景,如图13所示。支持视频、图片、PPT等文件格式。欢迎大家通过搜索微信视频号"智慧分享001"观看虚拟现实演播视频。

此外,还可把虚拟现实演播技术移置于传统的移动式直播房,如图14、图15所示,作产品升级换代。可用于在线教育、会议直播、直播带货等多种场所。相信专业的力量,科技让您直播更简单、更精彩,虚拟现实演播技术助直播带货上升到更高维度。

这个世界一直在"变",必须紧跟或引导潮流才能做得更好。2021我们准备很多,愿与好友一起分享、一起度过!欢迎大家通过搜索微信视频号"智慧分享001"

◇广州 秦福忠

LED 芯片原理知识大全一览

一、LED 简史

50 年前人们已经了解半导体材料可产生光线的基本知识，1962 年，通用电气公司的尼克·何伦亚克(Nick·HolonyakJr.) 开发出第一种实际应用的可见光发光二极管。LED 是英文 light emitting diode(发光二极管) 的缩写，它的基本结构是一块电致发光的半导体材料，置于一个有引线的架子上，然后四周用环氧树脂密封，即固体封装，所以能起到保护内部连线的作用，所以 LED 的抗震性就好。最初 LED 用作仪器仪表的指示光源，后来各种光色的 LED 在交通信号灯和大面积显示屏中得到了广泛应用，产生了很好的经济效益和社会效益。以 12 英寸的红色交通信号灯为例，在美国本来是采用长寿命、低光效的 140 瓦白炽灯作为光源，它产生 2000 流明的白光。经红色滤光片后，光损失 90%，只剩下 200 流明的红光。而在新设计的灯中，Lumileds 公司采用了 18 个红色 LED 光源，包括电路损失在内，共耗电 14 瓦，即可产生同样的红光光效。汽车信号灯也是 LED 光源应用的重要领域。

二、LED 芯片原理

LED(Light Emitting Diode)，发光二极管，是一种固态的半导体器件，它可以直接把电转化为光。LED 的心脏是一个半导体的晶片，晶片的一端附在一个支架上，一端是负极，另一端连接电源的正极，使整个晶片被环氧树脂封装起来。半导体晶片由两部分组成，一部分是 P 型半导体，在它里面空穴占主导地位，另一端是 N 型半导体，在这边主要是电子。但

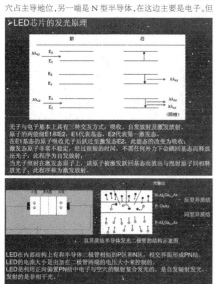

▶LED芯片的发光原理

光子与电子基本上具有三种交互方式：吸收、自发放射与激发放射。原子的两能级E1和E2，E1代表基态，E2代表第一激发态。
在E1基态的原子吸收E2所跃迁能E2，此能态的改变为吸收。激发态原子非常不稳定，经过很短的时间，不需任何外力下会跳回基态而释放出光子，此现象为自发放射。
当光子照射在激发态原子上，该原子被激发跃迁回基态而放出与照射原子相同光子，此程序称为激发放射。

LED 在内部晶体上有和半导体二极管相似的P区和N区，相交界面形成PN结。
LED 的电流大小是由加在二极管两端的电压大小来决定的。
LED 是利用正向偏置PN结中电子与空穴的复合复合发光的，是自发辐射发光，发射的是非相干光。

理论和实验证明，光的峰值波长λ与发光区域的半导体材料禁带宽度Eg有关，即λ=1240/Eg（mm）

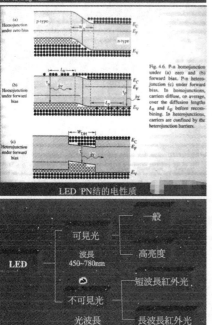

LED PN结的电性质

Fig. 4.6. P-n homojunction under (a) zero and (b) forward bias. A heterojunction (c) under forward bias. In homojunctions, carriers diffuse, on average, over the diffusion lengths L_n and L_p before recombining. In heterojunctions, carriers are confined to the heterojunction barriers.

LED 发光波长：
- LED
  - 可见光
    - 波长 450～780nm
      - 一般
      - 高亮度
  - 不可见光
    - 光波长 850～1550nm
      - 短波长红外光
      - 长波长红外光 850～950nm

LED 芯片发光原理

这两种半导体连接起来的时候，它们之间就形成一个"P-N结"。当电流通过导线作用于这个晶片的时候，电子就会被推向 P 区，在 P 区里电子跟空穴复合，然后就会以光子的形式发出能量，这就是 LED 发光的原理。而光的波长也就是光的颜色，是由形成 P-N 结的材料决定的。

三、LED 芯片的分类

1. MB 定义与特点

定义：Metal Bonding(金属粘着)芯片；该芯片属于 UEC 的专利产品。

特点：(1)采用高散热系数的材料——Si 作为衬底，散热容易。Thermal Conductivity;GaAs:46W/m-K;GaP:77W/m-K;Si:125~150W/m-K;Cupper:300~400W/m-K;SiC:490W/m-K。(2)通过金属层来接合(wafer bonding)磊晶层和衬底，同时反射光子，避免衬底的吸收。(3)导电的 Si 衬底取代 GaAs 衬底，具备良好的热传导能力(导热系数相差 3~4 倍)，更适应于高驱动电流领域。(4)底部金属反射层，有利于光度的提升及散热。(5)尺寸可加大，应用于 High power 领域，eg:42mil MB。

2. GB 定义和特点

定义：Glue Bonding(粘着结合)芯片；该芯片属于 UEC 的专利产品。

特点：(1)透明的蓝宝石衬底取代吸收的 GaAs 衬底，其出光功率是传统 AS(Absorbable Structure)芯片的 2 倍以上，蓝宝石衬底类似 TS 芯片的 GaP 衬底。(2)芯片四面发光，具有出色的 Pattern 图。(3)亮度方面，其整体亮度已超过 TS 芯片的水平(8.6mil)。(4)双电极结构，其耐高电流方面要稍差于 TS 单电极芯片。

3. TS 芯片定义和特点

定义：transparent structure(透明衬底)芯片，该芯片属于 HP 的专利产品。

特点：(1)芯片工艺制作复杂，远高于 AS LED。(2)信赖性卓越。(3)透明的 GaP 衬底，不吸收光，亮度高。(4)应用广泛。

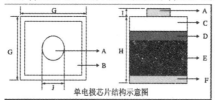

单电极芯片结构示意图

单电极芯片结构代码含义

代码	说明	代码	说明
A	p极金属层	F	n极金属层
B	发光区	G	芯片尺寸（长×宽）
C	p层	H	芯片尺寸
D	n层	I	电极厚度
E	n型结晶基板	J	电极直径

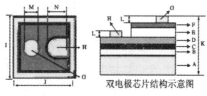

双电极芯片结构示意图

双电极芯片结构代码含义

代码	说明	代码	说明
A	蓝宝石基板	H	n极金属层
B	低温缓冲层	I	芯片尺寸（长）

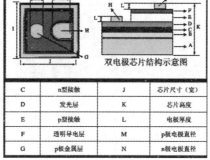

双电极芯片结构示意图

C	n型接触	J	芯片尺寸（宽）
D	发光层	K	芯片高度
E	p型接触	L	电极厚度
F	透明导电层	M	p极电极直径
G	p极金属层	N	n极电极直径

led 芯片内部结构图

---

4. AS 芯片定义与特点

定义：Absorbable structure (吸收衬底)芯片；经过近四十年的发展努力，我国台湾地区 LED 光电业界对于该类型芯片的研发、生产、销售处于成熟的阶段，各大公司在此方面的研发水平基本处于同一水平，差距不大。

大陆芯片制造业起步较晚，其亮度及可靠性与我国台湾地区业界还有一定的差距，在这里我们所谈的 AS 芯片，特指 UEC 的 AS 芯片，eg:712SOL-VR、709SOL-VR、712SYM-VR、709SYM-VR 等。

特点：(1)四元芯片，采用 MOVPE 工艺制备，亮度相对于常规芯片要亮。(2)信赖性优良。(3)应用广泛。

四、LED 芯片材料磊晶种类

1.LPE：Liquid Phase Epitaxy(液相磊晶法) GaP/GaP
2.VPE：Vapor Phase Epitaxy(气相磊晶法) GaAsP/GaAs
3.MOVPE：Metal Organic Vapor Phase Epitaxy (有机金属气相磊晶法) AlGaInP、GaN
4.SH：GaAlAs/GaAs Single Heterostructure (单异型结构) GaAlAs/GaAs
5.DH：GaAlAs/GaAs Double Heterostructure(双异型结构) GaAlAs/GaAs
6.DDH：GaAlAs/GaAlAs Double Heterostructure (双异型结构) GaAlAs/GaAlAs

五、LED 芯片组成及发光

LED 晶片的组成：主要由砷(AS)铝(AL)镓(Ga)铟(IN)磷(P)氮(N)锶(Si)这几种元素中的若干种组成。

LED 晶片的分类：

1. 按发光亮度分：A，一般亮度：R、H、G、Y、E 等 B、高亮：VG、VY、SR 等 C、超高亮度：UG、UY、UR、UYS、URF、UE 等 D、不可见光(红外线)：R、SIR、VIR、HIRE、红外线接收管：PTF、光电管等 D。

2. 按组成元素分：A、二元晶片(磷、镓)；H、G 等 B、三元晶片(磷、镓、砷)：SR、HR、UR 等 C、四元晶片(磷、铝、镓、铟)：SRF、HRF、URF、VY、HY、UY、UYS、UE、HE、UG。

SRAM 与 DRAM 区别(一)

在半导体存储器的发展中，静态存储器(SRAM)由于其广泛的应用成为其中不可或缺的重要一员。

随着微电子技术的迅猛发展，SRAM 逐渐呈现出高集成度、快速及低功耗的发展趋势。近年来 SRAM 在改善系统性能、提高芯片可靠性、降低成本等方面都起到了积极的作用。

今天就带各位详细了解一下到底什么是 SRAM，在了解 SRAM 之前，有必要先说明一下 RAM：RAM 主要的作用就是存储代码和数据供 CPU 在需要的时候调用。

但是这些数据并不是像用袋子盛米那么简单，更像是图书馆中用书架摆放书籍一样，不但要放进去还要能够在需要的时候准确的调用出来，虽然都是书但是每本书是不同的。对于 RAM 等存储器来说也是一样的，虽然存储的都是代表 0 和 1 的代码，但是不同的组合就是不同的数据。

让我们重新回到书和书架上来，如果有一个书架上有 10 行和 10 列格子(每行和每列都有 0-9 的编号)，有 100 本书要存放在里面，那么我们使用一个一行的编号+一个一列的编号就能够确定某一本书的位置。

在 RAM 存储器中也是利用了相似的原理。现在让我们回到 RAM 存储器上，对于 RAM 存储器而言数据总线是用来传入数据或者传出数据的。

因为存储器中的存储空间是如果前面提到的存放图书的书架一样通过一定的规则定义的，所以我们可以通过这个规则来把数据存放到存储器上相应的位置，而进行这种定位的工作就要依靠地址总线来实现了。

对于 CPU 来说，RAM 就像是一条长长的有很多空格的细线，每个空格都有一个唯一的地址与之相对应。如果 CPU 想要在 RAM 中调用数据，它首先需要给地址总线发送编号，请求搜索图书(数据)，然后等待若干个时钟周期之后，数据总线就会把数据传输到 CPU，看图更直观一些：

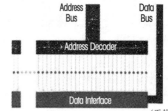

（下转第20页）

MOS 管驱动电路的快速开启和关闭设计

关于 MOS 管驱动电路设计，本文谈一谈如何让 MOS 管快速开启和关闭。

一般认为 MOSFET(MOS 管)是电压驱动的，不需要驱动电流。然而，在 MOS 管的 G 极和 S 极之间有结电容存在，这个电容会让驱动 MOS 变的不那么简单。

下图的 3 个电容为 MOS 管的结电容，电感为电路走线的寄生电感：

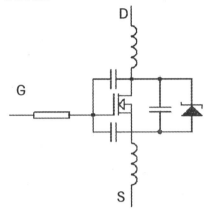

如果不考虑纹波、EMI 和冲击电流等要求的话，MOS 管开关速度越快越好。因为开关时间越短，开关损耗越小，而在开关电源中开关损耗占总损耗的很大一部分，因此 MOS 驱动电路的好坏直接决定了电源的效率。

怎么做到 MOS 管的快速开启和关闭呢？

对于一个 MOS 管，如果把 GS 之间的电压从 0 拉到管子的开启电压所用的时间越短，那么 MOS 管开启的速度就会越快。与此类似，如果把 MOS 管的 GS 电压从开启电压降到 0V 的时间越短，那么 MOS 管关断的速度也就越快。

由此我们可以知道，如果想在更短的时间内把 GS 电压拉高或者拉低，就要给 MOS 管栅极更大的瞬间驱动电流。

大家常用的 PWM 芯片输出直接驱动 MOS 或者用三极管放大后再驱动 MOS 的方法，其实在瞬间驱动电流这块是有很大缺陷的。

比较好的方法是使用专用的 MOSFET 驱动芯片如 TC4420 来驱动 MOS 管，这类芯片一般有很大的瞬间输出电流，而且还兼容 TTL 电平输入，MOSFET 驱动芯片的内部结构如下：

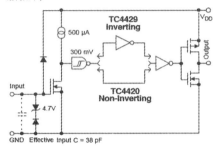

MOS 驱动电路设计需要注意的地方：

因为驱动线路走线会有寄生电感，而寄生电感和 MOS 管的结电容会组成一个 LC 振荡电路，如果直接把驱动芯片的输出端接到 MOS 管栅极的话，在 PWM 波的上升下降沿会产生很大的震荡，导致 MOS 管急剧发热甚至爆炸，一般的解决方法是在栅极串联 10 欧左右的电阻，降低 LC 振荡电路的 Q 值，使震荡迅速衰减掉。

因为 MOS 管栅极高输入阻抗的特性，一点点静电或者干扰都可能导致 MOS 管误导通，所以建议在 MOS 管 G 极和 S 极之间并联一个 10K 的电阻以降低输入阻抗。

如果担心附近功率线路上的干扰耦合过来产生瞬间高压击穿 MOS 管的话，可以在 GS 之间再并联一个 18V 左右的 TVS 瞬态抑制二极管。

TVS 可以认为是一个反应速度很快的稳压管，其瞬间可以承受的功率高达几百至上千瓦，可以用来吸收瞬间的干扰脉冲。

综上，MOS 管驱动电路参考：

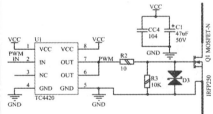

MOS 管驱动电路的布线设计：

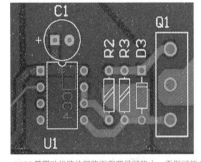

MOS 管驱动线路的环路面积要尽可能小，否则可能会引入外来的电磁干扰。

驱动芯片的旁路电容要尽量靠近驱动芯片的 VCC 和 GND 引脚，否则走线的电感会很大程度上影响芯片的瞬间输出电流。

常见的 MOS 管驱动波形：

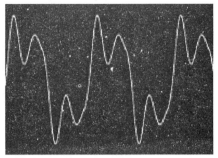

如果出现了这样圆不溜秋的波形就等着核爆吧。有很大一部分时间管子都工作在线性区，损耗极其巨大。

一般这种情况是布线太长电感太大，栅极电阻都救不了你，只能重新画板子。

高频振铃严重的毁容方波：

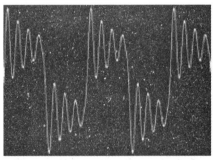

在上升下降沿震荡严重，这种情况管子一般瞬间死掉，跟上一个情况差不多，进线性区。

原因也类似，主要是布线的问题。又胖又圆的肥猪波。

上升下降沿极其缓慢，这是因为阻抗不匹配导致的。

芯片驱动能力太差或者栅极电阻太大。

果断换大电流的驱动芯片，栅极电阻往小调就 OK 了。

打肿脸充正弦的生于方波他们家的三角波：

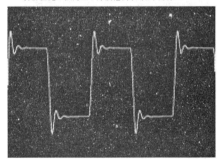

驱动电路阻抗超大发了，此乃管子必杀波，解决方法同上。

大众脸型，人见人爱的方波：

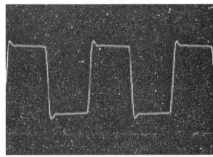

高低电平分明，电平这时候可以叫电平了，因为它平。边沿陡峭，开关速度快，损耗很小，略有震荡，可以接受，管子进不了线性区，强迫症的话可以适当调大栅极电阻。方方正正的帅哥波，无振铃无尖峰无线性损耗的三无产品，这就是最完美的波形了。

SRAM 与 DRAM 区别（二）

（上接第 19 页）

小圆点代表 RAM 中的存储空间，每一个都有一个唯一的地址号同它相连。当地址解码器接收到地址总线的指令："我要这本书"（地址数据）之后，它会根据这个数据定位 CPU 想要调用的数据所在位置，然后数据总线就会把其中的数据传送到 CPU。

下面该介绍一下今天的主角 SRAM：SRAM —— "Static RAM（静态随机存储器）"的简称，所谓"静态"，是指这种存储器只要保持通电，里面储存的数据就可以恒定保持。这里与我们常见的 DRAM 动态随机存储器不同，具体来看看有哪些区别：

SRAM 不需要刷新电路即能保存它内部存储的数据，而 DRAM(Dynamic Random Access Memory)每隔一段时间，要刷新充电一次，否则内部的数据即会消失，因此 SRAM 具有较高的性能，功耗较小。

此外，SRAM 主要用于二级高速缓存(Level2 Cache)，它利用晶体管来存储数据，与 DRAM 相比，SRAM 的速度快，但在相同面积中 SRAM 的容量要比其他类型的内存小。

但是 SRAM 也有它的缺点，集成度较低，相同容量的 DRAM 内存可以设计为较小的体积，但是 SRAM 却需要很大的体积，同样面积的硅片可以做出更大容量的 DRAM，因此 SRAM 显得更贵。

还有，SRAM 的速度快但昂贵，一般用小容量 SRAM 作为更高速 CPU 和较低速 DRAM 之间的缓存。最后总结一下：

BASIS FOR COMPARISON	SRAM	DRAM
Speed	Faster	Slower
Size	Small	Large
Cost	Expensive	Cheap
Used in	Cache memory	Main memory
Density	Less dense	Highly dense
Construction	Complex & uses transistors & latches.	Simple & uses capacitors & very few transistors.
Single block of memory requires	6 transistors	Only one transistor
Charge leakage property	Not present	Present hence require power refresh circuitry
Power consumption	Low	High

- SRAM 成本比较高
- DRAM 成本较低（1 个场效应管加一个电容）
- SRAM 存取速度比较快
- DRAM 存取速度较慢（电容充放电时间）
- SRAM 一般用在高速缓存中 DRAM 一般用在内存条里

（全文完）

OLED 显示驱动 IC (DDI)(一)

这个备受大家关注的 OLED 的 DDIC 到底是什么,为什么这么难?

一、什么是 OLED DDIC

显示驱动芯片 (Display Driver Integrated Circuit,简称 DDIC) 的主要功能是控制 OLED 显示面板。它需要配合 OLED 显示屏实现轻薄、弹性和可折叠,并提供广色域和高保真的显示信号。同时,OLED 要求实现比 LCD 更低的功耗,以实现更高续航。

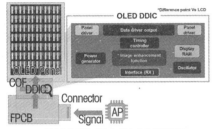

DDIC 通过电信号驱动显示面板,传递视频数据。DDIC 的位置根据 PMOLED 或 AMOLED 有所区分(PM 和 AM 的区分见下文详述):

- 如果是 PMOLED,DDIC 同时向面板的水平端口和垂直端口输入电流,像素点会在电流激励下点亮,且可通过控制电流大小来控制亮度。

- 至于 AMOLED,每一个像素对应着 TFT 层 (Thin Film Transistor)和数据存储电容,其可以控制每一个像素的灰度,这种方式实现了低功耗和延长寿命。DDIC 通过 TFT 来控制每一个像素。每一个像素由多个子像素组成,来代表 RGB 三原色(R 红色,G 绿色,B 蓝色)。这些子像素是直接由 TFT 控制的。所以,TFT 扮演了子像素的"开关"(实现颜色控制),而 DDIC 扮演了"交通灯"指挥"开关"如何运行。

我们之前讲过,现代显示器的像素的变化是靠 TFT 来操纵的,具体说是 TFT 上面的一个一个的像素的电压的值(或者是 On 状态的时间占空比),但是信息不是一下子以二维的形式传送到 TFT 的所有像素上的,而以扫描的方式按照一定的时间节奏一个一个的传输的。负责扫描的些芯片就是 DDIC,有负责横向的,也有负责纵向的。负责横向工作的叫作 Gate IC(也叫 Row IC),负责纵向工作的叫作 Source IC(也叫 Column IC)。具体扫描方式见下文详述。

- Source Driver IC 为实现面板像素的颜色,而控制图像数据
- Gate Driver IC 控制面板像素的打开或关闭

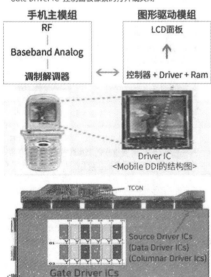

Driver IC
<Mobile DDI的结构图>

下图是三星电视的主 DDI 芯片。

OLED 的 DDI 和 LCD 的还不一样,尤其是大屏电视的 OLED DDIC。因为 LTPS(Low Temperature Poly-Silicon,简称为 p-Si)材质的不均一,屏幕越大,信号到达 TFT 各个角落的时间的差异就越大,那么画面就会出现意想不到的撕裂的现象。所以先进的 OLED DDI 里面可以储存一张自己驱动的 TFT 的不均一性的照片,然后根据具体的不均一性的情况来对信号进行调整。另外还需要有一个负责分配任务给它们的芯片,叫作 Timing Controller,简称 T-CON。一般情况下,T-CON 是显示器里面最复杂的芯片,也可以看作显示器的"CPU"。它主要负责分析从主机传来的信号,并拆解、转化为 Source/Gate IC 可以理解的信号,再分配给 Source/Gate 去执行,T-CON 具有这种功能是因为 T-CON 具有 Source/Gate 没有的控制时间节奏的能力,所以叫 Timing Controller。越来越高的分辨率、刷新率和色深都对 T-CON 的处理能力以及前后各种接口的信息传输能力提出了挑战。

二、PMOLED 和 AMOLED

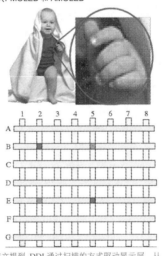

前文提到,DDI 通过扫描的方式驱动显示屏。从上图可以看到,给相应的行和列加上电压就可以点亮相应的像素了。但是问题来了,如果我们想同时点亮 2B 和 5E,给 2 列、5 列以及 B 行、E 行同时加电压的话,会发现连 5B 和 2E 也被无辜点亮。为了防止这种情况的发生,我们必须在时间上给予各条线先后顺序的区分。目前选择的是每次处理一条 X 轴的线,每次只给一条横线加电压,然后再扫描所有 Y 轴上的值,然后再迅速处理下一条线,只要我们切换的速度够快,因为视觉有残留现象,是可以展现出一幅完整的画面的。这种方式叫作 Passive Matrix。然而这样的方式的最大的缺点就是,除非我们每条线切换的速度超级无地块,否则,实际上每条线可以分到的有电压的时间是非常短的,一旦电压移到下一条线上,原来这条线上的像素就全部暗下去了,整体画面给人的感觉是非常暗淡,不明亮的。还有一个问题就是,如果某个像素不该点亮,但是因为它旁边的像素该被点亮,所以相应的 X 轴被加上了电压,这个像素也会受到旁边像素的一丢丢影响,被点亮一丢丢,结果就是图像的清晰度很不好,图像的边缘会模糊。怎么解决这两个问题呢?

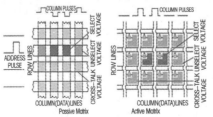

像上图右侧这样,在每一个像素上都加一个开关和一个晶体管电容。一旦加上电压,首先这个电容是可以保存能量的,在电压再次回到这一条线上的像素之前,电容会释放自

己保存的电压来保持像素的亮度。这样,整体的亮度就会得到大幅提升。其次,每个像素的开关起到一个门槛的作用,这样,如果一个像素被加上电压点亮,给相邻的像素带来一丢丢影响,因为门槛的存在,这一点点的影响是不能点亮相邻的像素的。这种方式就叫 Active Matrix(AMOLED 的 AM 就是 Active Matrix 的缩写)。AM 的好处当然是大大的,但是这样的成本就是 TFT 的结构变得更加复杂,1080P 的分辨率就不仅仅是 600 多万个电气元件了,像 OLED 那种每个像素就需要至少五六个晶体管的,岂不是最少也要 3000 多万个晶体管?如果是 4K 分辨率呢?好在我们人类是很聪明的,我们可以用一种类似于洗照片的"光刻"技术来制造出非常精密的电路来,而且我们还能结合一种叫"蒸镀"的方式,在透明的材料上画出这些复杂的电器元件和电路,好像神笔马良一样,神乎其技。

三、DDIC 的封装形式

自从三星在 2013 年首次推出曲面屏 (Curved Display),柔性显示屏技术迅速发展。大体上,显示屏分两类,即硬质显示屏和柔性显示屏。硬质显示屏使用硬质玻璃作为基板,而柔性屏使用一种塑料(polyimide,聚酰亚胺,简称 PI,有机高分子材料)作为基板,具有可弯曲、可折叠、可卷曲的性能。一些高端智能手机在屏幕边缘弯折,提升了质感,就是归功于这种材料。

随着柔性屏发展,为了提高屏占比(screen to body ratio),DDIC 的 COF(chip on film)封装技术应运而生。传统的 LCD 液晶显示模组的结构图如下图所示:

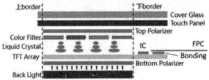

图中,红色虚线之间的区域就是我们所说的显示区域,也就是屏幕发亮的区域,红色虚线之外的部分就是我们常说的上 border(额头)和下 border(下巴)以及左右边框(图中未体现)。其中,上 border 和左右边框的预留宽度主要用于整个液晶显示模组与手机前壳贴合部分的点胶,这个宽度大概在 2-3mm 左右。但是,下 border 部分除了给点胶预留的宽度外,还有我们屏幕的驱动 IC 和 FPC 排线(FPC 排线通过 bonding 和 TFT Array 连接),驱动 IC 主要用于控制液晶层的电压,从而控制屏幕每一个 pixel 的亮度,而 FPC 主要就是将液晶显示模组和手机主板连接起来。这个部分决定了手机的下巴有多厚。上图显示的液晶显示模组采用的封装技术就是我们说的 COG 封装。TFT 薄膜晶体电路是有一个 TFT substrate 作为基材的,在 COG 封装中,这个基材通常是玻璃材料,不可弯折的,这也就是 COG 封装的 LCM 模组下巴厚的原因。那么在 COF 封装中,TFT 薄膜晶体电路的基材也是玻璃,但是与 COG 不一样的是,驱动电路集成到了 FPC 软板上,所以以下 border 部分只需要预留一个 bonding 的区域给 FPC 和 TFT 连接,这样将下 border 的厚度减少 1.5mm 左右,如下图所示。目前,各大厂商的非旗舰安卓机基本都是采用 COF 封装形式。

(下转第 29 页)

开源在 EDA 领域如何取得成功（二）

（接上期本版）

▲安路科技软件Fellow 刘建华博士

作为支持国产开源FPGA EDA发展的企业之一，安路科技的刘建华博士指出了开源FPGA EDA的发展难点。他表示："开源EDA工具社区通常以学校和极客为主，他们具有丰富的创造力但也存在着缺少工程经验和资金支持等问题；而纯商业的大型企业缺乏鼓励外部创新的动力，一旦内部技术达到先进水平，就转向专注于内部改进，而忽视对开源的贡献；另外，在商业工具已经具有竞争力的领域，开源EDA工具难以维持高质量。这都成为开源FPGA EDA的瓶颈。"

如何助力开源EDA的繁荣

为了突破开源EDA的发展瓶颈，我国在近两年中也涌现了一批致力于此的企业。在2019年6月成立的EDA创新中心便是其中之一。据其官网介绍显示，开源EDA平台、EDA产业标准、EDA云平台服务以及先导性技术研究是公司聚焦的四个板块。

针对开源EDA平台方面，EDA创新中心研发副总经理陈刚博士表示："开源EDA对基础组件的需求在于点工具各自独立，需要统一的底层平台，整合成套的工具链。实际上，开源组件是一个开放的科研平台、教育平台，也是一个开放的创新平台。"

▲EDA创新中心研发副总经理 陈刚博士

为此，EDA创新中心研发了一款OpenEDA.com开源平台。今年11月，该开源平台正式上线，该平台首个项目——开源EDA基础构件OpenEDI也于同期正式发布。根据陈刚博士介绍，OpenEDI的建设思路是从数据库入手，聚焦通用、有共性的组件（包括parsers、通用算法以及通用计算架构），再交付到产业当中应用于具体工具产品。

据悉，OpenEDI将围绕着超大规模集成电路设计、制造、封装测试等领域所需EDA技术进行开发与发展，旨在促进EDA领域的开源开放协同创新，构建EDA的技术链、创新链和生态链，推动EDA开源软件技术和产业发展。

从学术角度上看，罗国杰博士认为，打造开源EDA算法平台是发展开源EDA的突破口之一。"开源支撑EDA算法开发，使其成为芯片设计者可掌握的技能"，他指出："通过层次化和

功能重用能够解决软件复杂度的问题。"从流程上，EDA大致可分为应用层、接口层、数据层、算法层和求解器层。通过拆解，框架开发者可专注于增强EDA算法的性能，EDA算法开发者专注于算法设计而不需要过多地考虑性能，而芯片设计者则可以根据自己的需求来实现快速定制。在这其中，开源EDA组件就有机会赋能，实现AI驱动的自动设计流程。

顺应EDA智能化发展趋势，与AI人工智能学院互相合作，不仅是行业趋势，这也是行业专家所提倡的。

这也意味着，开源EDA的发展离不开人才，因此，培养EDA人才也成为业界专家关注的重点。杨军博士指出，集成电路一级学科的建立，如果就此促成EDA二级学科的建立，将会为培养EDA人才提供了机会。在这个过程中，师资力量和课程的设置则是需要考虑的重点。此外，校企合作培养、产、学、研精准协同也在其中发挥着重要的作用。杨军博士表示："EDA英雄不问出处，以赛代练，也可以吸引更多的EDA人才。"

而集成电路EDA设计精英挑战赛便提供了这样一个机会。

作为本次大赛提供特别赞助的EDA创新中心也十分注重EDA人才的培养。据了解，EDA创新中心将大力引进海内外优秀的集成电路人才，同时通过完善的内部培训机制，培养出年轻的后备力量，搭建起完整的人才梯队，并为员工创建完善的职业发展通道。在未来的5至10年，创新中心将打造成为我国乃至全球EDA前沿技术研究中心、技术储备中心、人才培养与集聚中心。

为了落实人才培养计划，2020年11月，EDA创新中心还联合了东南大学和华大九共同打造了联合实验室，旨在加快EDA技术研发和人才培养，推动国内EDA产业整体提升。

结语

开源EDA的发展已经受到了业界的关注，EDA创新中心立足于南京，拥有非常丰富的高校资源，同时，在南京江北新区国家级新区和自贸区双区联动，及"芯片之城"两城一中心的带动下，此地所集聚的大量集成电路企业，也为EDA创新中心的开源项目发展提供了契机。

在政、企、学、研的共同努力下，我们或许可以期待，开源EDA能够为本土EDA产业链的发展打开新的大门。（全文完）

◇半导体行业观察

一些开源的 EDA 工具

PCB/电路设计相关：
- Xcircuit：支持原理图设计；
- Ktechlab：原理图绘制和仿真，以及微控制器的编程开发；
- gnucap：通用电路仿真工具；
- ngspice：混合信号的电路仿真；
- IRSIM：电路仿真
- gEDA Suite：电路板布局布线工具；
- FreePCB：PCB 编辑器
- Fritzing：针对创客等非专业人士的面包板、原理图和PCB 设计；
- KiCad：完整强大的 PCB 设计工具；
- OMNeT++：电子系统层面（尤其是通信网络）的仿真环境

HDL/FPGA 设计相关：
- qucs (Quite Universal Circuit Simulator)：混合信号仿真、Verilog + VHDL
- Icarus Verilog：数字电路的仿真和综合；
- Verilator：Verilog 仿真和综合；
- ghdl：VHDL 仿真工具
- ChipVault：VHDL 和 Verilog RTL 编译和综合
- GTKwave：混合信号的波形查看
- Electric：从 HDL 到布局布线等比较完整的设计工具；

- myHDL：用 Python 学习 HDL
- Edit code：在浏览器里面编辑、综合、仿真 HDL 代码
- EPWave：基于浏览器的免费交互波形查看器
- Yosys：Verilog RTL 综合的框架
- Arachne-pnr：支持 ICE40 系列 FPGA 的布局布线工具
- nextpnr：跟供应商没关，时序驱动的 FPGA 布局布线工具
- IceStorm：针对 iCE40 FPGA 的分析和创建位流的工具
- icestudio：基于 iCEStorm 的用于 FPGA 板的可视化编辑器
- Migen：基于 Python 的 FPGA 硬件设计工具套装

IC 相关：
- Gwave：模拟信号的波形查看
- LabPlot：模拟信号的波形查看
- Alliance：用以设计大规模集成电路的完整的免费工具以及库
- Magic：VLSI 的电路布局布线
- Toped：IC Layout 编辑器
- Netgen：模拟或混合信号的网表比较工具
- Dragon：数字芯片设计的布局工具；
- Fairly Good Router (FGR)：数字电路的布线工具
- Qrouter：数字电路的细节走线工具

- OS-VVM：数字电路验证工具
- Teal：数字电路验证工具
- Jove：基于 Java API 的数字电路验证工具
- SystemC：数字设计的库

◇硬禾学堂

关于硬禾学堂

2019 年成立于苏州工业园区的苏州硬禾信息科技有限公司致力于培养电子类高校学生以及行业工程师的工程实战技能，通过在线教育平台（www.eetree.cn）以及线下实战培训的方式，从行业需要的刚性技能（PCB 设计、FPGA 应用、嵌入式编程等）入手，旨在以实战项目高效掌握理论基础、激发兴趣并将规范化设计意识、电子产品的设计流程贯穿于其中。

苏州硬禾信息科技有限公司旗下拥有在线视频教育平台－"硬禾学堂"；线下实战培训体系－"硬禾实战营"；汇集众筹项目、工程师笔记的在线资源平台网站－"电子森林"；"电子森林"和"硬禾学堂"两个公众号为行业的工程师以及高校师生提供最新、有趣的电子创意产品信息和基础技能专业知识。

苏州硬禾信息科技有限公司已经拥有近5万实名会员，3千多名在线课程付费用户，推出的小脚丫 FPGA 学习平台、简易示波器、元器件测试仪等 DIY 套装已经进入到近百所高校的教学/实验和课程设计、综合实践系统。

家用抽油烟机的使用与维护

1. 厨房油烟和噪声污染治理有招

厨卫抽油烟机已成为现代家庭必购用品，大家每天下厨房可能都要使用厨卫抽油烟机，但在使用过程中，常会碰到由于抽油烟机安装或使用不当而产生的噪音和震动过大，油烟抽不出去，以及滴油等情况。

英国一项研究报告表明，厨房油烟可导致肺癌、肺炎及其他下呼吸道疾病，可能引起的其他疾病还包括哮喘甚至白内障。世界卫生组织和联合国开发计划署发表声明说，厨房烟尘已然成为威胁人类健康的一大祸患。每年，全球发展中国家大约有160万人因此被夺去性命。

厨房油烟和噪声污染作为现代家庭生活的两大主要污染源越来越受到人们的关注，各研究机构和企业一直在研究改善厨房污染现状的设备和产品。一些企业围绕"时尚"、"健康"，致力于成为"厨房污染治理专家"，将技术创新实实在在落实到产品研发上，成功推出各种类型的抽（吸）油烟机，可成功解决厨房油烟、噪声两大健康隐患。

传统吸油烟机只会"吸"。实验表明，一般吸油烟机仅能吸走烹饪油烟的80%，还有约20%的油烟会弥散到空气中，对人身健康造成危害。针对传统吸油烟机油烟外逸、危害身体健康的问题，海尔厨房家电研发出风幕专利技术，该技术能够使抽油烟机前部"呼"出风来，形成科技风幕，能够将从抽油烟机前部逃逸的油烟重新卷进集烟腔排出室外，像一道防护墙有效屏蔽油烟，彻底避免了油烟对人体肌肤、呼吸系统的侵害，人们可以放心享受没有油烟的开放式厨房。

噪声是消费者对抽油烟机产品关心的主要问题之一。针对抽油烟机噪声问题，海尔厨房家电经过艰苦攻关，研发出了基于变频技术的超低静音风道系统，将抽油烟机启动噪声和运转噪声都大大降低，噪声值从一般抽油烟机的60dB左右降低到50.5dB。

作为现代家庭的重要组成部分，厨房不仅是一个制作美味、享受快乐与幸福的地方，更与家居生活健康密切相关。研究显示，厨房油烟含有二十多万种有害物质，不仅会致癌，对肠道、大脑神经等也有很大的危害，厨房油烟已成为人体健康的隐形杀手，而肩负清洁厨房油烟的重任，一款好的抽油烟机将为你的生活增色不少，因此抽油烟机现已成为家庭必购的厨卫电器。

2. 抽油烟机的选择

选择抽油烟机要从品牌、品质、外观三方面进行考量：

一选品牌、挑经典。品牌是消费者的认同和信任的积累，是产品可被信任的标志。比较而言，知名品牌的抽油烟机品质有保证，售后服务也比较周到。不要盲目追求新品新款，尽量买销售量大的经典款式，成熟机型会给您带来安心。比如触摸式开关，虽然美但往往贵也容易坏，而机械式开关维修率低，可替代性也高，坏了还能修。

对于竞争激烈、利润微薄的家电业而言，大品牌体现出的不仅是产品、服务等各方面优势，更是长期以来在该领域所形成的高度专业性和对消费需求的深刻把握。另外，由于肩负着整个集团品牌的声誉和形象，大品牌在任何一款产品的生产和销售中，最先考虑到的是整个品牌的荣誉和责任，这将促使他们更加注重自身技术的提升和产品功能的优化，尤其在消费者关注的服务层面，大品牌的优势更加明显。据不完全统计，市场上的抽油烟机品牌多达400多个，但真正值得信赖的是那些在技术与市场方面都有深厚积累的大品牌，包括专业生产厂商和大家电品牌，趁着它们新春促销的机会出手，非常地实惠。

二选品质、弃概念。抽油烟机的核心价值在于"清除油烟，保障健康"，因此，能快速有效的清除油烟是选择抽油烟机的根本。事实上，目前市场上许多抽油烟机却单靠各种各样的概念吸引消费者眼球，并没有在产品功能这一核心价值上下功夫。这些所谓的概念，就像"永动机"一样看上去很美，并不会为消费者带来实际利益。

抽油烟机的品质不只体现于产品的性能上，更体现于其对用户健康的关怀，为用户生活品质提升带来的价值。因此，产品所追求的不是单纯的吸力、多少重净化，而是实现"清除油烟保障健康"这一核心价值，并在此基础上为消费者提供清洁健康的生活体验。

事实上，一些大的品牌都在品质上下功夫，以品质铸就口碑，如美的DT15推出了一个 "厨房油烟完全解决方案"，从及时集烟、快速吸入、彻底滤油、分离净化、迅速排出等五个方面，实现了抽油烟机除烟性能的全面优化：首先，通过流线型的集烟腔和大口径的进风口，在最短的时间及时地汇集油烟并吸入抽油烟机；其次，通过由安全网和双层滤油网组成的创新性油网，对油滴、油烟颗粒等进行彻底滤清；然后，装有美的电机的强排蜗牛室会对过滤后的油烟进行油烟分离、祛味、净化；最后，净化后的油烟通过160mm的大口径排风管排出室外。这五个步骤环环相扣，吸尽人间烟火，真正让你享受健康厨房生活。

三选外观、重材质。厨房的美观效果在现代家居中越来越重要，然而与漂亮的整体橱柜、高贵的实木地板相比，一款外观不出众的抽油烟机往往成了厨房装修的败笔。抽油烟机要与厨房相映生辉，提升家居的品位，就必须有时尚漂亮的外观。此外，环保的材质，良好的手感，也会使烟机使用更加舒适，便于打理。与此相应，在品质、服务等之外，外观设计成为各大品牌竞争的一大主题，而结合现代家居流行趋势，彰显时尚品位成为外观创新的基本点。以美的DT15为例，其在外观方面融合了许多流行的现代元素；经典的平板造型，时尚简约而又不乏刚毅气度；彰显贵气的天鹅绒面板，令人触之生暖，观之悦目；同时，采用了三重环保真材质，机身经过尖端无缝技术处理，纯净无痕，赋予机身天鹅绒般温润细腻。

选品牌，比品质，看外观，这是选择抽油烟机的三个基本步骤，总体而言，抽油烟机的核心价值是清除油烟，因此一款好的抽油烟机，最重要的是有针对厨房油烟有一个完整的解决方案，能够切实保障用户健康；另一方面，好的品牌在品质、设计、服务上面往往也技高一筹，所以三个方面是相辅相成的。把握好这几个基本点，相信一款好的抽油烟机将为你所有。

在选购抽油烟机时，如果没有掌握一些基本的方法、要点，就很容易进入选购的误区。

产品质量：抽油烟机最重要的部件是带动风轮的电动机，目前国产电机质量完全能够达到抽油烟机的设计要求，在购买时，不要盲目迷信进口电机，造成购买费用增高。轴承是电机的重要部件，选购时注意选择双滚珠轴承的电机，它的寿命较长，噪声较低。另外要选择配置全金属喷塑风轮的抽油烟机，它结实耐用，性能稳定，有利于油烟的分离。选购时，要反复按动电机启动开关，比较一下电机启动及关闭后的运转声音，杂音越小越好，集烟罩应尽可能少接缝和沟槽，不留藏污纳垢的余地。可要求开机试听噪声，用手感觉一下四周是不是漏风。心中有什么疑虑要及时问导购，回答越是语焉不详，越是要详加盘问。

查电机功率：吸力是抽油烟机的重要功能指标，吸力的大小直接影响到抽油烟机的吸烟效果，电机功率越大，吸力越大。如果你对电机功率的技术指标不熟悉，那么在选购时，可以凭个人的直观感觉来判断。有时，商场的导购员会作些演示，如把一张纸放在抽油烟机的下面，开启电机，纸会迅速被紧紧地吸附在吸风口上，其实几乎所有的抽油烟机都能达到这样的效果，因此不容易判断出吸力的大小。最简单的方法是徒手测试，首先开启抽油烟机，把手放在吸风口附近，感觉是否有刮风现象；把手放在出风口处，感觉一下风力的大小；把手放在箱体的接缝处、螺丝口处，检查一下是否有漏风现象，不倒风、不漏风、风力大的抽油烟机产生的负压高而且均匀，排烟效果也相对较好。那些把纸吸住的抽油烟机排烟效果并不一定最好，吸排效果最好的是均衡排烟型的。

看面积选参数：根据厨房的大小和油烟的多少来选择抽油烟机。经国家质量检测部门检定，目前市场上销售的抽油烟机一般工作功率不超过200W，排风量不超过16.5Pa。另外，还要有高于180Pa的风压，才能形成有效的抽吸力。至于噪声，国家标准不准超过68分贝。欧式不常做饭的家庭的选择，酷爱中国饮食文化的人最好还是考虑深罩型抽油烟机。一般来说，电机功率越大，排风量越大，排出的油烟也就越多。

比配件买服务：抽油烟机的主要配件有电机、轴承、叶轮、面板等。电机的好坏直接影响到抽油烟机吸油烟的效果及噪音；轴承的质量直接关系着抽油烟机的寿命和噪音的大小；金属质地的叶轮更耐用，还可以更有效地降低噪音，在油烟分离方面表现也更出色；玻璃和不锈钢面板擦洗起来省力。抽油烟机天天和油烟打交道，迟早要清洗，所以不能只顾眼前，还要计划长远。字斟句酌的问清楚，售后服务有哪些？免费的项目是终身的还是保修期内免费？维修保养的程序和费用如何？口头承诺最不可信，白纸黑字写在服务条款里才最可靠。

3. 抽油烟机的安装、使用与维护

安装时要注意选择适当的高度、角度及排风管走向：抽油烟机的中心应对准灶具中心，左右在同一水平线上，吸量孔以正对下方炉眼为最佳；抽油烟机的高度不宜过高，以不妨碍人活动操作为标准，一般在灶上65cm~75cm即可；为使排放的污油流进集油杯中，安装时前后要有一个仰角，即面对操作者的机体前端上仰3~5℃。当抽油烟机必须安装在窗户上，或其他支撑脚无法发挥作用时，尤其要注意这个问题。

抽油烟机的排气管道走向尽量要短且避免过多转弯，转弯半径要尽可能的大，这样就能出风顺畅，抽烟效果好且噪音减小。安装在带有止回阀的公共烟道时，必须先检查好止回阀是否能够正常打开工作。抽油烟机电源插座必须使用有可靠地线的专用插座，先接通电源，然后打开照明灯，根据情况进行具体操作，灯泡的功率要小于40W，以保证电动机功率稳定。

烹饪前应提前开启抽油烟机，以保证除油烟效果。在使用抽油烟机的时候要保持厨房内的空气流通，这样能防止厨房内的空气形成负压，保证其抽吸能力。抽油烟机要选择适当的转速，如烹煮油烟大的菜肴时，应选用较高转速。烹煮完毕后，保持扇叶继续一会儿，让油烟彻底排除干净，然后再关机。抽油烟机也需不断维护，其中定期清洗更为重要。

◇武汉 刘潇

彻底解决 Apple Watch 的天气显示问题

某些时候，可能会发现 Apple Watch 的天气显示为"--"，或者无法自动刷新，即使是重启也无济于事。我们可以按照下面的方法彻底解决这一问题：

在 iPhone 上选择"天气"App，打开之后手动搜索并添加当地城市；在 iPhone 上打开"Watch"，选择"天气"，单击右侧的">"按钮进入"默认城市"界面，默认城市会自动设置为系统自动定位的当前位置，请选择前面添加的当地城市（见附图所示）。以后，Apple Watch 的天气就不会再存在任何问题了。

◇江苏 大江东去

(接上期本版)

解答过程:依据GB50174-2017《数据中心设计规范》第8.4节,第8.4.8条、表8.4.8[P25]。选C、D。

54.某一微波枢纽站有铁塔、机房、室外10/0.4kV箱式变电站构成,一字排列,之间间隔皆为10m。该站采用联合接地体,下列哪些做法是正确的?(B、C)

(A)铁塔避雷针引下线接地点与微波站信号电路接地点的距离约5m

(B)变电所接地网与机房接地网每隔5m相互焊接连通一次,共有两处连通

(C)变电所低压采用TN系统,低压入机房处PE线重复接地,接地电阻为8Ω

(D)该站采用联合接地网,工频接地电阻为10Ω

解答思路:接地、微波枢纽站→《工业与民用配电设计手册(第三版)》。

解答过程:依据《工业与民用配电设计手册(第三版)》第十四章,第八节"四、微波站接地"[P908]。选A、B。

55.在综合布线系统设计中,对于信道的电缆导体的指标要求,下列哪些项符合规范的规定?(B、C)

(A)在信道每一线对中两个导体之间的不平衡直流电阻对各等级布线系统不应超过5%

(B)在各种温度条件下,布线系统D级信道线对每一导体最小的传送直流电流应为0.175A

(C)在各种温度条件下,布线系统E、F级信道线对每一导体最小的传送直流电流应为0.175A

(D)在各种温度条件下,布线系统D、E、F级信道的任何导体之间应支持200V直流工作电压,每一线对的输入功率应为25W

解答思路:综合布线系统→《综合布线系统工程设计规范》GB50311-2016→信道的电缆导体的指标。

解答过程:依据GB50311-2016《综合布线系统工程设计规范》第6.1节,第6.1.2条[P38]。选B、C。

56.建筑照明设计中,光源颜色的选用场所,下列哪些项符合现行国家标准规定?(C、D)

(A)工业建筑仪表配的照明光源相关色温宜选>5300K,色表特征为冷的光源

(B)长期工作或停留的房间或场所,照明光源的显色指数(Ra)不应大于80

(C)在灯具安装高度大于8m的工业建筑场所,Ra可低于80,但必须能够辨别安全色

(D)当选用发光二极管灯光源时,长期工作或停留的房间或场所,色温不宜高于4000K,特殊显色指数R9应大于零

解答思路:建筑照明→《建筑照明设计标准》GB50034-2013→光源颜色的选用。

解答过程:依据GB50034-2013《建筑照明设计标准》第4.4节,第4.4.1条及4.4.1、4.4.2[P2-11]。选C、D。

57.下列哪些情况,无功补偿装置宜采用手动补偿投切方式?(A、B、C)

(A)补偿低压基本无功功率的电容器组

(B)常年稳定的无功功率

(C)经常投入运行的变压器

(D)每天投切三次的高压电动机及高压电容器组

解答思路:无功补偿装置→《供配电系统设计规范》GB50052-2009→手动补偿投切方式。

解答过程:依据GB50052-2009《供配电系统设计规范》第6章,第6.0.7条[P3-9]。选A、B、C。

58.晶闸管变流器供电的可逆调速系统实现四个象限运动有三种方法,与电枢用一套变流装置,切换主回路开关方向的可逆调速方法,与电枢用两套变流装置可逆运行的可逆调速方法相比,下述哪些是电枢用一套变流装置,磁场反向的可逆调速方法的特点?(A、D)

(A)系统复杂

(B)投资大

(C)有触点开关,维护工作量大

(D)要求有可靠的可逆励磁回路

解答思路:晶闸管变流器供电的可逆调速系统→《钢铁企业电力设计手册(下册)》第26.7节。

解答过程:依据《钢铁企业电力设计手册(下册)》第26.7.3节、表26-33[P430]。选A、D。

59.关于共用电网谐波的检测,下列描述正确的是哪些项?(A、B)

(A)10kV无功补偿装置所连接母线的谐波电压需设置谐波检测点进行检测

(B)一条供电线路上接有两个及以上不同部门的谐波源用户时,谐波源用户受电端需设谐波检测点进行检测

(C)用于谐波测量的电流互感器和电压互感器的准确度不宜低于1.0级

(D)谐波测量的次数为5次/分钟

解答思路:共用电网谐波的检测→《电力装置电测量仪表装置设计规范》GB/T50063-2017→检测。

解答过程:依据GB/T50063-2017《电力装置电测量仪表装置设计规范》第3.6节,第3.6.3条、第3.6.6条[P12]。选A、B。

60.建筑物中的可导电部分,应做总等电位联结,下列描述正确的是哪些项?(A、B、D)

(A)总保护导体(保护导体、保护接地中性导体)

(B)电气装置总接地导体或总接地端子排

(C)建筑物内的水管、燃气管、采暖和通风管道等各种非金属干管

(D)可接用的建筑物金属结构部分

解答思路:建筑物、总等电位联结→《系统接地的型式及安全技术要求》GB14050-2008。或《低压配电设计规范》GB50054-2011。

解答过程:依据GB50054-2011《低压配电设计规范》第5.2节,第5.2.4条第1款[P5-13]。选A、B、D。注:依据GB14050-2008《系统接地的型式及安全技术要求》第5.1节,第5.1.2条B、D。

61.1000V交流/1500V直流系统在爆炸危险环境电力系统接地和保护接地设计时,下列描述正确的是哪些项?(A、B、C)

(A)电源系统接地中的TN系统应采用TN-S系统

(B)电源系统接地中的TT系统应采用剩余电流动作的保护电器

(C)电源系统接地中的IT系统应设置绝缘监测装置

(D)在不良导电地面处,不需要做保护接地

解答思路:爆炸危险环境→《爆炸危险环境电力装置设计规范》GB50058-2014→电力系统接地和保护接地设计。

解答过程:依据GB50058-2014《爆炸危险环境电力装置设计规范》第5.5节,第5.5.1条[P8-15]。选A、B、C。

62.关于自动灭火系统的场所设置,下列描述正确的是哪些项?(A、C、D)

(A)高层乙、丙类厂房

(B)建筑面积>500m²的地下或半地下厂房

(C)单台容量在40MVA及以上的厂矿企业油浸变压器

(D)建筑高度大于100m的住宅建筑

解答思路:自动灭火系统→《建筑设计防火规范(2018版)》GB50016-2014。

解答过程:依据GB50016-2014《建筑设计防火规范(2018版)》第8.3节,第8.3.1条第5款、第8.3.8条第1款、第8.3.3条第4款[P115]。选A、C、D。

63.关于交流单芯电缆接地方式的选择,下列哪些描述是正确的?(A、B、C)

(A)电缆金属层接地方式的选择与电缆长度相关

(B)电缆金属层接地方式的选择与电缆金属层上的感应电势大小相关

(C)电缆金属层接地方式的选择与是否采取防止人员接触金属层的安全措施相关

(D)电缆金属层接地方式的选择与输送容量无关

解答思路:单芯电缆→《电力工程电缆设计标准》GB50217-2018,《导体和电器选择设计技术规定》DL/T5222-2005→接地方式。

解答过程:依据GB50217-2018《电力工程电缆设计标准》第4.1节,第4.1.12条、第4.1.11条[P22]、附录F[P78]。DL/T5222-2005《导体和电器选择设计技术规定》第7.8节,第7.8.12条、第7.8.13条[32-14]。选A、B、C。

64.3~110kV三相供电回路中,关于单芯电缆选择描述下列哪些项是正确的?(A、B、C)

(A)回路工作电流较大时可选用单芯电缆

(B)电缆母线宜选择单芯电缆

(C)35kV电缆水下敷设时,可选用单芯电缆

(D)110kV电缆水下敷设时,宜选用三芯电缆

解答思路:单芯电缆→《电力工程电缆设计标准》GB50217-2018、《导体和电器选择设计技术规定》DL/T5222-2005→选择。

解答过程:依据GB50217-2018《电力工程电缆设计标准》第3.5节,第3.5.3条、第3.5.4条[P10]。DL/T5222-2005《导体和电器选择设计技术规定》第7.8节,第7.6.3条[32-12]。选A、B、C。

65.某直流系统,设一组阀控铅酸蓄电池,容量为100Ah,蓄电池个数104只,单体2V,系统经常负荷为20A,均衡充电时不与直流母线相连,下述关于该直流系统充电装置额定电流描述正确的是哪些项?(A、B)

(A)充电装置的电流需要满足浮充电要求,大于等于20.1A

(B)充电装置额定电流需要满足蓄电池充电要求,充电输出电流为10~12.5A

(C)充电装置额定电流需要满足均衡充电要求,充电输出电流为30~32.5A

(D)充电装置额定电流为15A,可满足要求

解答思路:直流系统→《电力工程直流电源系统设计技术规程》DL/T5044-2014→充电装置额定电流。

解答过程:依据DL/T5044-2014《电力工程直流电源系统设计技术规程》第6.2节,第6.2.2条、附录D。

满足浮充: $I_r \geq 0.01I_{10}+I_{jc}=0.01 \times \frac{100}{10}+20=20.1A$

均衡充脱母线: $I_r=(1.0\sim1.25)I_{10}=(1.0\sim1.25)\times\frac{100}{10}=10\sim12.5A$

选A、B。

66.关于35kV变电站的站区布置,下列哪些描述是正确的?(A、B、C)

(A)屋外变电站的实体围墙不应低于2.2m

(B)变电站的场地设计坡度,应根据设备布置、土质条件、排水方式确定,坡度宜取0.5%~2%,且不应小于0.3%

(C)道路最大坡度不宜大于6%

(D)电缆沟及其他类似沟道的沟底纵坡,不宜小于0.3%

解答思路:35kV变电站的站区布置→《35kV~110kV变电站设计规范》GB50059-2011。

解答过程:依据GB50059-2011《35kV~110kV变电站设计规范》第2章,第2.0.5条、第2.0.7条[P9-6]。选A、B、C。

67.在建筑物引下线附近保护人身安全需要采用防接触电压和跨步电压的措施,下列哪些做法是正确的?(A、B、C)

(A)利用建筑物金属构架好建筑互相连接的钢筋在电气上是通且不小于10根柱子组成的自然引下线,作为自然引下线的柱子包括位于建筑物四周和建筑物内的

(B)引下线3m范围内地表层的电阻率不小于50kΩ·m,或敷设5cm厚沥青层或15cm厚砾石层

(C)用护栏、警告牌使接触引下线的可能性降至最低限度

(D)用网状接地装置对地面做均衡电位处理是防接触电压的措施

(未完待续) ◇江苏 键谈

TDYB 型多功能电力仪表应用简介(二)

(接上期本版)

TDYB 系列仪表通用的接线端子排列样式见图4。由于应用电路不同,在各自的应用方案中,有些端子可能会空闲不接。

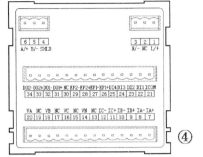

④

TDYB 系列仪表的端子功能说明见表4。

表4 TDYB 系列仪表端子功能说明

序号	标示字母	定义	序号	标示字母	定义
1	L/+	交流电源 L 或直流+	18	VB	B 相电压接入
2	NC	空引脚	19	NC	空引脚
3	N/-	交流电源 N 或直流-	20	VA	A 相电压接入
4	SHLD	RS485 通讯屏蔽地	21	ICOM	开入公共端
5	B/-	RS485 负端	22	DI1	开入 1 端节点
6	A/+	RS485 正端	23	DI2	开入 2 端节点
7	IA+	A 相电流进线	24	DI3	开入 3 端节点
8	IA-	A 相电流出线	25	DI4	开入 4 端节点
9	IB+	B 相电流进线	26	EP1+	有功电度输出+
10	IB-	B 相电流出线	27	EP1-	有功电度输出-
11	IC+	C 相电流进线	28	EP2+	无功电度输出+
12	IC-	C 相电流出线	29	EP2-	无功电度输出-
13	NC	空引脚	30	NC	空引脚
14	VN	零相接入	31	DO1+	继电器开出 1 正
15	NC	空引脚	32	DO1-	继电器开出 1 负
16	VC	C 相电压接入	33	DO2+	继电器开出 2 正
17	NC	空引脚	34	DO2-	继电器开出 2 负

3. 电气接线

TDYB 系列仪表可以应用在三相四线制的低压配电系统,也可应用在三相三线制的低压系统中;同样适用于高压三相四线制电力系统和高压三相三线制电力系统。

(1)在低压电力系统中的接线

仪表在低压电力系统中的应用接线可见图5。

图5(a)是在低压三相四线制系统中使用三只电流互感器(CT)、未使用电压互感器(PT)时的接线情况。仪表可对220V、380V 的系统电压不经电压互感器直接进行测量、显示,并依据测量得到的电压数据计算有功功率、无功功率、有功电度(有功电度,仪表说明书将有功电度描述为有功电度,为了读者对照理解分析,此处沿用有功电度的概念)、无功电度等参数。图5(b)是仪表在低压三相三线制系统中的应用接线。由于该系统中没有零线 N 所以,其电压回路接线与图5(a)略有不同。图5(c)也是仪表在低压三相三线制系统中的应用接线,但系统中只使用了两台电流互感器 CT,同样可以测量三相各自的线电流,测量原理是基于三相电流的矢量和等于零(即

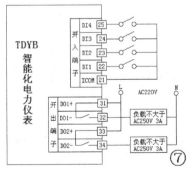

⑤

(a)低压三相四线Y星形连接 3CT 无PT
(b)低压三相三线Δ型连接 3CT 无PT
(c)低压三相三线连接 2CT 无PT
注:CT—电流互感器 PT—电压互感器

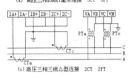

⑥

(a)高压三相四线Y星形连接 3CT 3PT
(b)高压三相三线Δ型连接 3CT 2PT
(c)高压三相三线Δ型连接 2CT 2PT
注:CT—电流互感器 PT—电压互感器

Ia+Ib+Ic=0)的原理进行的。图5(c)中虽然未用 B 相的电流互感器,但是,Ib=-(Ia+Ic),在交流电流有效值的测量过程中,上式中的负号并无意义,所以,B 相电流 Ib=Ia+Ic。

(2)在高压电力系统中的接线

仪表在高压电力系统中的应用接线参见图6。

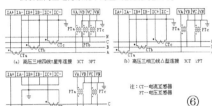

⑥

(a)高压三相四线Y星形连接 3CT 3PT
(b)高压三相三线Δ型连接 3CT 2PT
注:CT—电流互感器 PT—电压互感器

在高压电力系统中,仪表须经电压互感器 PT 将系统电压变换成标准的低电压才能由仪表进行测量和显示等处理。图6(a)中,除了使用三台电流互感器 CT 外,还使用了三台电压互感器 PTa、PTb 和 PTc,由于是星形接法的高压系统,所以,PT 一次的额定电压是系统标称额定电压的 $1/\sqrt{3}$。以额定电压 10kV 的电力系统为例,图6(a)中的三台电压互感器的一次额定电压是 $10kV/\sqrt{3}$ =5.77kV。电压互感器的二次额定电压通常是 100V,由于二次也接成星形,所以其电压是 $100V/\sqrt{3}$ =57.7V。

图6(b)中用两台单相电压互感器接成不完全星形,也称 V-V 接线,用来测量各相间电压即线电压,但不能测相对地电压。

图6(c)中使用两台电流互感器和两台电压互感器的接线方式,接线较简单,工程成本较低。

(3)开入和开出端子接线

仪表有 4 对开入和 2 对开出端子,如图7所示。

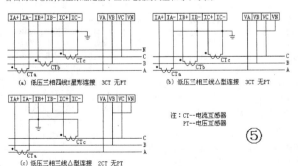

⑦

图7中,DI1~DI4 与 ICOM 之间各有一对外接点,其中 ICOM 是公共端。这些接点必须是无源干接点。当这 4 对接点的任意一对接通时,仪表 LCD 显示屏左下角的相应图符会点亮(可参见图2)。开入接点接通后的功能则由参数设置决定。

仪表的 DO1+、DO1-和 DO2+、DO2-端子,在仪表内部各自对应连接着一对继电器的常开接点,默认状态触点是断开的。当其闭合时,可以驱动外部连接的 AC250V3A 的负载。这两对开出端子的功能可根据参数

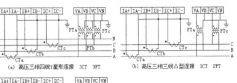

TDYB 智能化电力仪表 电能脉冲输出
有功电能 无功电能

⑧

的设置,当测量得到的 UA、UB、UC、Uab、Ubc、Uca、IA、IB、IC、F 等多个参数中的某参数(该参数须由设置选择确定)超过设定的上限值或下限值时动作(上限值或下限值时动作同样需要参数设置选择确定),用于报警,或实现其他功能。

(4)电能脉冲输出

仪表测量得到的有功电能(电度数)和无功电能(电度数)分别由端子 EP1+、EP1-和 EP2+、EP2-以脉冲形式输出,如图8所示。每 3600 个脉冲对应 1 度电。

当继电器触点断开时,输出脉冲的高电平;当继电器触点闭合时,输出脉冲的低电平。

三、TDYB 仪表参数的设置

1. 密码认证

只有输入正确有效的密码,才能进行各项参数的设置。在未输入密码或输入密码错误的情况下,只能查看各项参数。若在其它参数菜单下按 MENU 菜单键试图修改参数时,LCD 显示屏上也会弹出密码认证菜单,提示输入密码。

密码只要正确输入一次,即可在参数显示和参数设置菜单模式下一直有效,除非退出到数据显示模式再进入参数设置模式,才会再要求输入密码进行认证。

TDYB 的认证密码为 99。

密码认证的程序如下。

(1)在测量数据显示界面时,点按 MENU 菜单键,进入默认的密码认证界面,显示内容如图9(a)所示。图9中的"PASS"表示密码、口令;"SET"表示修改、调整。

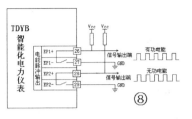

PASS 00	PASS 00 SET	PASS 99 SET	PASS ok
(a)	(b)	(c)	(d)

⑨

(2)点按 MENU 菜单键,进入密码输入模式,这时显示内容如图9(b)所示,且在个位数 0 的旁边有光标闪烁,提示可以修改个位数;用 ▲键增加个位数的数值,使其正确;再用 ◀键移动光标位置,并用 ▲键增加十位数的数值,使其正确。

(3)上述操作后,显示屏的显示内容如图9(c)所示,这时点按◀键,显示内容变换为图9(d)样式,表示密码正确,认证完成。这时即可将界面切换到其他各项页面进行参数的设置修改。

2. 设置仪表接线方式

NET 3d	NET 3d SET	NET 4Y SET	NET 4Y
(a)	(b)	(c)	(d)

⑩

接线方式的设置需与应用现场的实际接线方式相一致,否则会造成测量错误。

接线方式的设置程序如下。

(1)密码输入正确后,点按 ▲键一次,可切换至接线方式设置菜单。如图10所示。图示中的"NET"表示当前设置的是接线方式选项;"3d"表示三相三线制 △形接线,"4Y"表示三相四线制 Y 形接线。

(2)点按 MENU 菜单键,进行参数修改,此时 LCD 显示屏上的显示内容如图10(b)所示。通过点按 ▲键在"3d"和"4Y"两种接线模式中进行切换和选择,并使选择的接线模式与现场的实际接线方式相一致。

(3)点按◀键,确认选择的接线模式。图10(d)显示的是选择了三相四线制 Y 形接线模式。至此,接线方式的参数设置完成。

(未完待续) ◇山西 毕秀娥

学习 STM32 必读懂的 8 个程序案例

1、阅读 flash：芯片内部存储器 flash 操作函数

应理解的——对芯片内部 flash 进行操作的函数，包括读取、状态、擦除、写入等等，可以允许程序去操作 flash 上的数据。

基础应用 1，FLASH 时序延迟几个周期，等待总线同步操作。推荐按照单片机系统运行频率，0~24MHz 时，取 Latency=0；24~48MHz 时，取 Latency=1；48~72MHz 时，取 Latency=2。所有程序中必需的用法：FLASH_SetLatency (FLASH_Latency_2)；位置：RCC 初始化子函数里面，时钟起振之后。

基础应用 2，开启 FLASH 预读缓冲功能，加速 FLASH 的读取。所有程序中必需的用法：FLASH_PrefetchBufferCmd (FLASH_PrefetchBuffer_Enable)；位置：RCC 初始化子函数里面，时钟起振之后。

2、阅读 lib：调试所有外设初始化的函数。

应理解的——不理解，也不需要理解。只要知道所有外设在调试的时候，EWRAM 需要从这个函数里面获得调试所需信息的地址或者指针之类的信息。

基础应用：只有一个函数 debug。所有程序中必须的。

用法：#ifdef DEBUG
debug();
#endif
位置：main 函数开头，声明变量之后。

3、阅读 nvic：系统中断管理。

应理解的——管理系统内部的中断，负责打开和关闭中断。

基础应用：中断的初始化函数，包括设置中断向量表位置，和开启所需的中断两部分。所有程序中必需的。

用法：void NVIC_Configuration(void)
{
NVIC_InitTypeDef NVIC_InitStructure; //中断管理恢复默认参数
#ifdef VECT_TAB_RAM //如 C/C++Compiler\Preprocessor\Defined symbols 中的定义了 VECT_TAB_RAM（见程序库更改内容的表格）
NVIC_SetVectorTable (NVIC_VectTab_RAM, 0x0); //则在 RAM 调试
#else //如果没有定义 VECT_TAB_RAM
NVIC_SetVectorTable (NVIC_VectTab_FLASH, 0x0);//则在 Flash 里调试
#endif
//以下为中断的开启过程，不是所有程序必需的。

//NVIC_PriorityGroupConfig (NVIC_PriorityGroup_2);

//设置 NVIC 优先级分组，方式。

//注：一共 16 个优先级，分为抢占式和响应式。两种优先级所占的数量由此代码确定，NVIC_PriorityGroup_x 可以是 0、1、2、3、4，分别代表抢占优先级有 1、2、4、8、16 个和响应优先级有 16、8、4、2、1 个。规定两种优先级的数量后，所有的中断设置都必须在其中选择，抢占级别高的会打断其他中断优先执行，而响应级别高的会在其他中断执行完优先执行。

//NVIC_InitStructure.NVIC_IRQChannel = 中断通道名; //开中断，中断名称见函数库
//NVIC_InitStructure.NVIC_IRQChannelPreemptionPriority = 0; //抢占优先级

//NVIC_InitStructure.NVIC_IRQChannelSubPriority = 0; //响应优先级
//NVIC_InitStructure.NVIC_IRQChannelCmd = ENABLE; //启动此通道的中断
//NVIC_Init(&NVIC_InitStructure); //中断初始化
}

4、阅读 rcc：单片机时钟管理。

应理解的——管理外部，内部和外设的时钟，设置，打开和关闭这些时钟。

基础应用：时钟的初始化函数过程——

用法：void RCC_Configuration (void) //时钟初始化函数
{
ErrorStatus HSEStartUpStatus; //等待时钟的稳定
RCC_DeInit (); //将时钟重置为缺省值
RCC_HSEConfig(RCC_HSE_ON); //设置外部晶振
HSEStartUpStatus = RCC_WaitForHSEStartUp(); //等待外部晶振就绪
if (HSEStartUpStatus == SUCCESS)
{
FLASH_PrefetchBufferCmd (FLASH_PrefetchBuffer_Enable);//使能预取缓存
FLASH_SetLatency (FLASH_Latency_2); //flash 操作的延时
RCC_HCLKConfig (RCC_SYSCLK_Div1); //AHB 使用系统时钟
RCC_PCLK2Config (RCC_HCLK_Div2); //APB2（高速）为 HCLK 的一半
RCC_PCLK1Config (RCC_HCLK_Div2); //APB1（低速）为 HCLK 的一半
//注：AHB 主要负责外部存储器时钟。APB2 负责 AD，I/O，高级 TIM，串口 1。APB1 负责 DA，USB，SPI，I2C，CAN，串口 2345，普通 TIM。
RCC_PLLConfig (RCC_PLLSource_HSE_Div1, RCC_PLLMul_9); //PLLCLK =8MHz * 9 = 72 MH //设置 PLL 时钟源及倍频系数
RCC_PLLCmd (ENABLE); //启动 PLL
while (RCC_GetFlagStatus (RCC_FLAG_PLLRDY) == RESET)
{} //等待 PLL 启动
RCC_SYSCLKConfig (RCC_SYSCLKSource_PLLCLK); //将 PLL 设置为系统时钟源
while (RCC_GetSYSCLKSource () ! = 0x08)
{} //将 PLL 返回，并作为系统时钟源
}
//RCC_AHBPeriphClockCmd (ABP2 设备 1 | ABP2 设备 2 | ENABLE); //启动 AHP 设备
//RCC_APB2PeriphClockCmd (ABP2 设备 1 | ABP2 设备 2 | ENABLE);//启动 ABP2 设备
//RCC_APB1PeriphClockCmd (ABP2 设备 1 | ABP2 设备 2 | ENABLE); //启动 ABP1 设备
}

5、阅读 exti：外部设备中断函数

应理解的——外部设备通过引脚给出的硬件中断，也可以产生软件中断，19 个上升、下降或都触发。EXTI0~EXTI15 连接到管脚，EXTI 线 16 连接到 PVD (VDD 监视)，EXTI 线 17 连接到 RTC (闹钟)，EXTI 线 18 连接到 USB (唤醒)。

基础应用：设定外部中断初始化函数。按需求，不是必须代码。

用法：void EXTI_Configuration (void)
{
EXTI_InitTypeDef EXTI_InitStructure; //外部设备中断恢复默认参数
EXTI_InitStructure.EXTI_Line = 通道 1|通道 2; //设定所需产生外部中断的通道，一共 19 个。
EXTI_InitStructure.EXTI_Mode = EXTI_Mode_Interrupt; //设置中断模式
EXTI_InitStructure.EXTI_Trigger = EXTI_Trigger_Falling; //下降沿触发
EXTI_InitStructure.EXTI_LineCmd = ENABLE; //启动中断的接收
EXTI_Init (&EXTI_InitStructure); //外部设备中断启动
}

6、阅读 dma：通过总线而越过 CPU 读取外设数据

应理解的——通过 DMA 应用可以加速单片机外设、存储器之间的数据传输，并在传输期间不影响 CPU 进行其他事情。这对于入门开发基本功能来说没有太大必要，这个内容先行跳过。

7、阅读 systic：系统定时器

应理解的——可以输出和利用系统时钟的计数、状态。

基础应用：精确计时的延时子函数。推荐使用的代码。

用法：static vu32 TimingDelay; //全局变量声明
void SysTick_ Configuration (void) //systick 初始化函数
{
SysTick_CounterCmd (SysTick_Counter_Disable); //停止系统定时器
SysTick_ITConfig (Disable); //停止 systick 中断
SysTick_CLKSourceConfig (SysTick_CLKSource_HCLK_Div8); //systick 使用 HCLK 作为时钟源，频率值除以 8。
SysTick_SetReload(9000); //重置时间 1 毫秒(以 72MHz 为基础计算)
SysTick_ITConfig (Enable); //开启 systic 中断
}
void Delay (u32 nTime) //延迟一毫秒的函数
{
SysTick_CounterCmd(SysTick_Counter_Enable); //systic 开始计时
TimingDelay = nTime; //计时长度赋值给递减变量
while(TimingDelay ! = 0); //检测是否计时完成
SysTick_CounterCmd (SysTick_Counter_Disable); //关闭计数器
SysTick_CounterCmd (SysTick_Counter_Clear); //清除计数值
}
void TimingDelay_Decrement (void) //递减变量函数，函数名由 "stm32f10x_it.c"中的中断响应函数定义好了。
{
if (TimingDelay ! = 0x00) //检测计数变量是否达到 0
{ TimingDelay--; //计数变量递减
}
}

注：建议熟练后使用，所涉及知识和设备太多，新手出错的可能性比较大。新手可用简化的延时函数代替：
void Delay (vu32 nCount) //简单延时函数
{
for(; nCount ! = 0; nCount--); //循环变量递减计数
}

当延时较长，又不需要精确计时的时候可以使用嵌套循环：
void Delay (vu32 nCount) //简单的长时间延时函数
{int i; //声明内部递减变量
for(; nCount ! = 0; nCount--) //递减变量计数
{for (i=0; i<0xffff; i++)} //内部循环递减变量计数
}

8、阅读 gpio：I/O 设置函数

应理解的——所有输入输出管脚模式设置，可以是上下拉、浮空、开漏、模拟、推挽模式，频率特性为 2M、10M、50M。也可以向该管脚直接写入数据和读取数据。

基础应用：gpio 初始化函数。所有程序必须。

用法：void GPIO_Configuration(void)
{
GPIO_InitTypeDef GPIO_InitStructure; //GPIO 状态恢复默认参数
GPIO_InitStructure.GPIO_Pin = GPIO_Pin_ 标号 | GPIO_Pin_ 标号; //管脚位置定义，标号可以是 NONE、ALL、0 至 15。
GPIO_InitStructure.GPIO_Speed = GPIO_Speed_2MHz;//输出速度 2MHz
GPIO_InitStructure.GPIO_Mode = GPIO_Mode_AIN; //模拟输入模式
GPIO_Init (GPIOC, &GPIO_InitStructure); //C 组 GPIO 初始化
}
//注：以上四行代码为一组，每组 GPIO 属性必须相同，默认的 GPIO 参数为：ALL，2MHz，FLATING。如果其中任意一行与前一组相应设置相同，那么那一行可以省略，由此推论如果前面已经将此行参数设定为默认参数（包括使用 GPIO_InitTypeDef GPIO_InitStructure 代码），本组应用也是默认参数的话，那么也可以省略。以下重复这个过程直到所有应用的管脚全部被定义完毕。

基础应用 2，向管脚写入 0 或 1
用法：GPIO_WriteBit(GPIOB, GPIO_Pin_2, (BitAction)0x01); //写入 1
基础应用 3，从管脚读取 0 或 1。
用法：GPIO_ReadInputDataBit (GPIOA, GPIO_Pin_6)。

◇四川 刘应慧

编辑：张天红 投稿邮箱：dzbnew@163.com

解读电热水器的节能环保"密码"（一）

我国卫浴企业从无到有，从小到大，走过仿制、研制阶段，已逐渐成熟起来。如今，随着全世界都在热议低碳环保，卫浴洁具的个性也不断凸显，节能环保、智能化成为人们愈发重视的品质，"低碳卫浴"无疑已成为社会的共识。而卫浴中的最大耗能产品——电热水器，应如何合理使用才能达到低碳效果，成为人们关注的焦点。

1. 电热水器对电源配置的要求

电热水器的节能化设计不仅符合环保的要求，也符合我国人均能源较缺乏的国情，因此电热水器生产企业都应行动起来，进行电热水器节能环保、智能化总动员。电热水器产品必须在节能环保的基础上，才能在人们的生活中有更大的应用空间。家庭用户的插座必须用带有220伏电压电源，选用额定电流在10A以上符合国家标准的单相三孔插座，并配以足够截面的导线。对于功率为1500W的电热水器，一般铜芯导线应在1mm2以上，铝芯导线应在2.5mm2以上，插座内必须有三根相应的电源线各尽其职，不能混乱相连。插头与插座接触必须坚固可靠，不能松动；并应在专用线路上配置电流大小合适的保险丝座，以防线路太细而接触不良，导致漏电与着火。热水器在使用中除上述要求外，插座必须有防水保护，以防止在使用时，有水溅淋到插座内，导致漏电。

温控器是保证热水器温度的控制中枢，直接影响热水器的使用性能，温控器的作用是当环境温度高于一定值时自动断开加热电路，环境温度低于一定值时自动接通加热电路。温控器若灵敏度不够，就会使热水器总是处于启动的状态，就会耗电。从目前来看，为电热水器配套的温控器主要分"机械式"和"电子式"两种，电子温控尽管是一种应用非常广泛的控温手段，但用于电热水器的时间并不长。电子温控无疑比机械温控功能强、精度高，但电子温控质量不如机械温控稳定，价格也较昂贵，所以目前仍以机械温控为主。

不管哪种类型的温控器，其对温度的精确感知度是至关重要的，如果温控器所能承受的最大工作电流较小，就会限制电热水器产品的功率，进而限制了电热水器的容量。如果其设计和质量稳定性等方面欠缺，就会引起电热水器无端断电或者启动，不仅影响人们的生活，也会造成一些不必要的电能浪费。不过目前很多热水器生产厂家都注意到这一问题，在温控器上做了相应的改进和提高，据阿里斯顿方面介绍，其温控器已能精确到±1℃。

前面提到了电热水器加热管的热效率转换也是导致其节能与否的一个因素，加热管转换的热效率高低是直接决定住电热水器体积不增大、容积不变大，而热水却增多或减少的原因，所以许多厂家在宣传其电热水器节能的时候，都会提到其热效率转换，以表明电热水器所损耗的电量最大化地转换为热效率，转换为热水。比如阿里斯顿就称其专业生产的加热管，换热效率已达到99%，帅康则称采用的是特种不锈钢英格莱800加热管，加热效率高，也达到99%。实验室测试数据表明，一台普通的1500瓦的电热水器日耗电量最少是1.5度，再加上夏天热水器的使用频率来高，相对于当前日耗电量在0.5度左右的冰箱，电热水器实际上是家庭耗电量较大的家电产品之一。因此对于节能，许多厂家都在寻找差异化的突破。

电热水器一些产品具有夜电模式，在使用分时电价的地区，可将加热时间切换到夜间，专用低价电，有效分解用电时间，节约电费；有些产品有预约洗澡功能，用户只要把自己洗澡的时间设定好，热水器的电脑系统就会根据水温、设定温度和功率自动算出要提前多长时间加热，自动提前加热，而其他时间不加热，最大限度地节约能源；一些产品还采用双加热棒分离结构，可以单独启动内胆上部的加热棒，只加热实际升量一半的热水，利用水的冷热分层原理，巧妙地实现热水器内胆的"变容"，从而避免不必要的浪费。

贮水式热水器自身的重量再加上注满水的重量，对挂浴水器的墙面必须满足一定的要求。当前的建筑开发商为降低成本大量使用空心砖，使得墙体承重大大降低。因此，消费者在选购热水器产品时要将墙体的状况调查清楚，避免出现热水器脱落的隐患。镁棒的作用是保护内胆和加热管，延长内胆和加热管的使用寿命，在热水器的长期使用过程中，镁棒会不断消耗，其消耗程度取决于水质的好坏及使用习惯，一般为2年左右，水质越硬，消耗越快。当镁棒消耗完时，您可与我们专业维人员联系，由他们为您家热水器进行有偿清洗。

（未完待续）

◇刘潇 肖九梅

霾表的选择和使用要点

当今，空气净化器已是不少中国家庭离不开的电器。但在这些使用空气净化器的家庭当中，多数忽视了一个重要的问题：这就是这种电器只有配合霾表使用才行。否则，何时开启、何时关闭就失去了依据。切记：对于大气污染状况的掌握，指望天气预报是靠不住的。这因为，天气预报提供的是大气污染物含量在某一区域、某一时段的平均值，而非你家庭居住地的即时值。指望目测也是靠不住的。这因为，目测只能大体上判断空气中的霾含量，其他污染物的多少根本无从得知。指望空气净化器上的霾表显示也是靠不住的。且不说你家的空气净化器上装的不一定是激光霾表，就是，它所显示的也仅仅是你室内单项PM2.5的数值。别的内容一概没有。

霾表，又称PM2.5检测仪。按其功能分，就是两种。一种是单功能霾表，专门用于空气中微型颗粒物(霾)的检测。另一种是多功能霾表，除了可用于空气中微型颗粒物的检测外，还可以检测AQI(空气质量指数)、TVOC(挥发性有机污染物)、甲醛。档次高一点的，还具备二氧化碳检测功能。如下，以"益杉"单功能霾表和"智乐思"多功能霾表为例，简单介绍霾表的选择和使用要点。"益杉"B5型单功能霾表见附图1，"智乐思"MEF-550型多功能霾表见附图2。

图1　　图2

一、霾表的选择

1.霾表必须选择正规企业生产的产品。正规企业的产品，从元件器的选择到生产工艺，再到质量检测都相对有保证。当今霾表市场鱼龙混杂，真假难辨，网上购物，须谨慎下单。

2.在条件允许的前提下，尽量选用电池容量大一点的霾表。霾表正常工作时，电流消耗较大，可达数百毫安。如此可省去经常充电的麻烦。不过，多少年来，由于生产企业热衷于在"便携"上做文章，多数霾表外壳做的很小，内部元器件安装拥挤，能给电池安装留下的空间极其受限，根本放不下容量大一点可充电池。例如，益杉B5型单功能霾表的电池容量仅为650mAH。因此，购买霾表时一定要问清楚。

3. 选单功能霾表还是多功能霾表。若仅仅是为了检测空气中的微型颗粒物，最好选用单功能霾表。原因是，单功能霾表造价相对低廉，以益杉B5型为例，现在售价尚不到100元；操作简单，多数一键能完成全部功能选项；检测速度快，5秒钟开机，5秒后屏显数字进入稳定状态，全部测量过程仅需十几秒。相比之下，多功能霾表要慢得多。以智乐思MEF-550为例，开机大约十几秒，屏显数字稳定下来大概需要1分钟左右。当然，若要兼测甲醛和其他有机污染物等，就必须选择多功能霾表。

需要指出的是：甲醛是一种强致癌物。在空气中的正常合计值是0.08mg/m³。当空气中甲醛浓度低于0.5mg/m³时，呈无色、无味状态，人们凭直观难以觉察。大于0.5mg/m³时，眼睛、咽喉会明显地感到不适。当能嗅到其特有的酸腐气味时，浓度已到达了使人中毒的水平。故不能依靠嗅觉来判断空气中甲醛是否超标。除外，甲醛的散发量，随气温、光照等环境因素的改变会出现较大的波动。有时甚至是时有时无，踪迹难寻。因此，对这种有害气体的存在，应保持高度的警惕。附近有无化工企业，往往与室外大气中甲醛和其他有机污染物超标有直接的关联。房屋装修、不合格电热器的应用、劣质家具等往往又是室内甲醛和其他有机污染物的源头。通常情况下，游离状态甲醛的散发时间为3-5个月；非游离状态甲醛的散发时间为3-15年，也有长达20年以上案例。4.应选择微型颗粒物采用激光检测的霾表。检测空气中微型颗粒物常用的手段有两种。一种是红外线检测，一种是激光检测。红外线霾表检测到的是空气中微型颗粒物的浓度，而不是微型颗粒物的个数。因而误差很大，读数基本无参考价值。但它也有自己的优点：第一、造价低廉，只有几十元一只；第二、使用寿命长，可与空气净化器主机匹配。故不少低档空气净化器都加装这种霾表，借以增加卖点，忽悠无知的用户。因此，要想测得较为准确的微型颗粒物的含量，必须采用激光检测的霾表。当然，这种霾表的售价也相对高一些。--不知为何，激光霾表的价格自去年开始集体跳水。以"益杉"B5型单功能霾表为例，已由几年前的400元左右，猛降至100元以下。不过这种霾表也有它的缺点，就是传感器使用寿命较短，为8000小时左右。附图3为"攀藤"激光微型颗粒物传感器。

图3　　图4

二、霾表的使用要点

1. 启用前应认真阅读使用说明书。这种产品好像到目前为止还没有国标，各生产厂家执行的都是自己的企标。故不同厂家的产品，在使用要求上可能存在较大的差异。

2.用完及时关机。原因是：一，如上所述，不论单功能霾表还是多功能霾表工作电流都比较大。二，主传感器使用寿命受限。尤其是其中的甲醛传感器，检测用的是电化学原理，故使用寿命更短(确切数字网上无法查到)。记得有淘宝商家说2000小时)。故使用完毕，及时关机，不但可以省去经常充电的麻烦，而且对延长霾表的使用寿命也有益处。

3.多功能霾表，为了省电，平常不用的功能可以通过设置关闭。

4.多功能霾表不宜在空气净化器出风口上检测微型颗粒物的含量，要离开稍远一点。原因是，为了尽可能地得到更加准确的检测结果，必须保证传感器在单位时间内进气量的恒定，故机器内设有主动进风系统。空气净化器出风口的高气压，会对主动进风系统的工作造成干扰。

5.多功能霾表工作时要求环境温度处于稳定状态，不能出现剧烈的变化。因为其中的甲醛传感器内装有数片感应膜片，对温度变化非常敏感。剧烈的温差变化会导致传感器发生压电反应，不但甲醛的检测结果出现较大的偏差，而且还会对甲醛传感器的使用寿命造成严重的影响。附图4为"达特"甲醛传感器。

6. 多功能霾表用于甲醛检测时，要注意气体交叉干扰。香水、酒精、醋酸等挥发性有机溶液，都会导致甲醛检测结果失准。

7.多功能霾表不能在酒精类、化妆品等瓶口上进行检测。以免造成甲醛传感器中毒。

8.应用合适的电流充电。以防过充。以电池容量500mAH的霾表为例，最好使用500mA以下的电流充电。若500mA以下的充电器无法找到，也可以使用1000mA的，但充电时必须注意降温。

9.霾表电池的更换。霾表使用几年后，会出现电池很快充满、使用时间明显变短的问题。这时，只要拆开霾表，拔下旧电池上的插头，取同型号的可充电池换上就可以了。更换电池时，一定要注意新电池插头上的正、负极排列顺序，不要装反。再就是，表内原件拥挤，拆装必须小心，切不可伤及。--尤其是主板去显示屏的连接排线。

◇田连华

打造有韵味的平价发烧音箱
——智慧分享 ZHFX001 音箱

一场疫情，人们的社交少了一些，待在家里的时间多了，很多影音发烧友正好利用在家空余时间做自己想做的事，比如升级影音器材，在家中影音娱乐。笔者也利用空余时间，去年年底终于把自己的音箱升级好了。

笔者的《打造平价的发烧音响系统(1)--浅谈音盆》发表在《电子报》2018年第1期第12版与第2期第12版后，很多读者与客户跟笔者进行了交流，希望能用平价喇叭单元开发一些发烧级的高保真音箱。其实当时已有很多高保真喇叭单元供选择，如"LJAV-GYS01-06--6.5英寸蜂巢盆"的低音与LJAV-H01丝膜高音，两单元的外观图如图1与图2所示。当时为了能进一步降低成本，选用贴PVC皮贴箱体，图3是用LJAV-H02丝膜高音与"LJAV-GYS01-06--6.5英寸蜂巢盆"低音装配的两分频音箱的外观图，两款喇叭单元与音箱的性能参数该文中已作介绍，在此不再重复。

这款成品音箱得到某些音响发烧友好评。人的欲望是无止境的，这箱用了一段时间后一些好友与我交流心得，这箱成本低，声音也比较平衡，但与进口品牌箱相比还有某些差距，比如外观"土"了一些，在音色方面，该箱少了一些韵味。若不与高端进口箱作AB切换对比，可能听不出来，若两款音箱放在一起可能就听出差距。

但该箱成本仅千元左右，用售价千元的国产音箱与售价近万元的音箱作对比，本身就不公平，没有对比就没有伤害，当然这也是我们前进的动力。知道差距，找到问题的所在，多下功夫，也许就能解决问题。

对于音箱，生产厂家给出的多是功率、阻抗、失真与频响曲线这几个参数，单单从音箱的频响曲线只能了解音箱的大致性能；但还有很多影响音箱听感的变量，比如音色等。音质与音色，就像乐器厂的老师傅与乐器演奏高手沟通起来无障碍、心神领会；但是可能与搞技术的人沟通起来、若谈论音质与音色可能费一些力气，就如同为何胆机失真那么大、晶体管功放失真那么低，为何还有那么多人高价玩胆机，为何还有那么多发烧友高价买一些直热式电子管的前级，可能就是为了那一点点音色上的变化，其妙不可言，可谓只可意会不可言传。人们追求高端乐器包括高端音响，不再是质量的追求，是特色和色彩以及人的感情的追求。

通常功放、扬声器单元或音箱多会出一次谐波失真，较少给出二次失真与三次失真。谐波失真：可能谐波失真因为测量方法不太困难，所以它对人听觉的影响有很多结果，有的甚至已经成为口头禅，如电子管扩音机的声音为什么好听，就与偶次谐波失真大有关，但以前我看到的文献，可能与我接触范围有限有关，看到的多是研究二、三次谐波失真或者奇偶次谐波失真，再看到更高次谐波失真影响人耳听感的研究文章不多。

已故王以真先生在其《实用扬声器技术手册》中说：扬声器单元及其扬声器系统的二、三次谐波失真对听感的影响是直接而明显的。

扬声器高次谐波失真对听感有影响。近年来看到的一篇是俞锦元老师翻译的、里面有提到谐波失真的阶次越高、对人的听感影响越大，见《扬声器设计与制作2.0》，对于高次谐波失真与听感的关系，在文献《安装短路环的扬声器综述》中介绍，"听感的灵敏度阈值(闻阈)与非线性有联系是十分明显的，当出现低次谐波(二次、三次)时，对声频信号来说，闻阈为0.1%，对钢琴演奏乐来说为1~2%，而对弹奏乐来说，闻阈为7%。听感灵敏度与谐波的阶次也有联系的，三次谐波的失真的觉察比二次谐波高两倍。而五次及更高阶次的谐波失真觉察度则要比二次谐波失真觉察度高6~10倍。所以因降低了3次谐波失真而对主观听感带来的调节作用是明显的。

知道了影响扬声器单元听感的某些因素，那么就好找解决问题的途径。做好音箱，可以选购高端扬声器单元，比如某些进口品牌的扬声器单元，但这些单元售价较高，另外某些进口品牌的音箱其采用的是扬声器生产厂家的定制品，与市场上销售的通用单元也有一些差异，可以说"好声"是各家的秘密，不轻易外传。

由于"LJAV-GYS01-06--6.5英寸蜂巢盆"的性能不错，这两年着手试验，多次通过换盆及在原蜂巢盆上面多次涂抹多款高分子材料来改善喇叭的性能指标与音色，试验取得了成功，改进后的喇叭如图4所示，暂命名为"LJAV-GYS01-06A--6.5英寸蜂巢盆"。

由于是在原来音箱基础上进行系统升级，前后经历了近三年时间，当然也为了美观，原来的PVC贴皮空箱体也升级为贴木皮的空箱体，成本增加许多，两款箱容积相同。

音箱分频电路如图5所示，分频电路看似简单，不同品牌的电容与电感对音箱的音色有少许影响，并非高价的电容或电感都能带来正面的好音色。这需要对比、试听，或许某些平价器件也可给您较好的听感。笔者看好原装苏伦电容与某些国产MKP电容，如图6与图7所示。

为方便测试对比，作了两款成品箱，两款箱体外观相同，低音单元不同，其他用料相同。"LJAV-GYS01-06--6.5英寸蜂巢盆"低音单元装配的音箱，如图8所示。另一款是利用升级版"LJAV-GYS01-06A-6.5英寸蜂巢盆"低音单元装配的音箱，如图9、图10所示，该箱暂命名为"智慧分享 ZHFX 001 音箱"。

试音器材先锋DVD机、EV P120专业功放，试音CD(欧洲扬声器生产厂家的测试碟)，音箱选用采用"LJAV-GYS01-06--6.5英寸蜂巢盆"低音单元的音箱与"智慧分享 ZHFX 001 音箱"，如图11所示。可以听出，两者音箱声音都很平衡，但改进升级版的音箱声音更干净、低频更厚实一点，音色更具有情感。两款音箱的两段音(用国产手机录制)我放在微信视频号"智慧分享 001"，感兴趣的读者可以试听。

图12是"智慧分享 ZHFX 001 音箱"的频响曲线与谐波失真曲线图，图13是该音箱的低音单元改进前与改进后的4次谐波失真对比，可以看出修改后的低音喇叭其4次谐波失真改进后的比改进前的要低很多，其他参数如多次谐波失真都有所降低。其带来听感的变化是较明显的，其音色圆润，多了一些韵味、听人声有情感或许与某些进口品牌箱的差距逐步缩下，但成品箱的物料成本却低很多，这为打造平价发烧音箱提供了便利条件。

◇广州 秦福忠

①

②

③

④

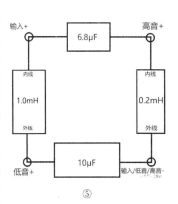

输入+ ── 6.8µF ── 高音+

内线 1.0mH 外线　　内线 0.2mH 外线

低音+ ── 10µF ── 输入/低音/高音-

⑤

⑥

⑦

⑨

⑧　⑩　⑪

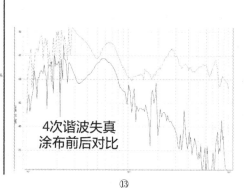

4次谐波失真涂布前后对比

⑫　⑬

OLED 显示驱动 IC (DDI)(二)

(上接第21页)

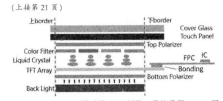

而对于 COP 封装，只能采用 OLED 屏幕，因为在 OLED 屏幕中，ITO 的基材可以是玻璃，也可以是一种可弯折塑料。如果基材是塑料的话，可以连接 FPC 和驱动 IC 的基材部分实现弯折，从而只需要预留出点胶区域的宽度就行，这种情况下，下 border 能做得更薄，这也就是为什么 IPhone X 的下巴可以做到那么窄。COP 封装在 OLED 屏幕中实现的原理如下图所示：

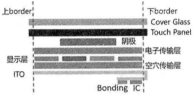

在遥远的未来，随着 TFT 本身半导体密度的增加，有可能实现把 DDI 整体直接做成 TFT 的一部分，而不是使用单独的芯片来完成这个任务，当然，因为 TFT 的物理材质比不上一般 IC 的单晶硅优秀，所以计算能力上肯定有巨大的差距，但是随着 IGZO 等优秀的新型材料的不断产生，甚至未来可能会出现单晶硅 TFT，那么进一步发展在 TFT 里面加入更多的 IC 功能，最终实现以屏幕为中心的计算也是非常有可能的。然而，在那之前，可能更现实的 DDI 中集合更多的 IC 功能，或者反过来说把 DDI 功能集合到其他 IC 中去。目前来说，DDI 与触屏控制之间的融合趋势很明显，所以很多触屏芯片公司和 DDI 公司都在试图通过收购并购来进入对方的领域实现整合。比如触屏芯片与指纹识别芯片厂商 Synaptics 在 2016 年收购了 DDI 厂商 Renesas。这种综合了各种功能的 DDI 叫作 TDDI (Touch and Display Driver IC，或者是 Touch and Display Driver Integration)。

四、国内 OLED 驱动芯片 DDIC 企业概况

国内做显示驱动芯片的企业主要有中颖电子(子公司芯颖)、格科微、集创北方、新相微电子、晶门科技、云英谷、吉迪思、晟合微、奕斯伟等芯片厂商，纷纷开始加紧布局。中颖电子早在 2015 年就与和辉光电合作开发了 AMOLED 驱动芯片，实现了首个 AMOLED 国内量产产业链合作。芯颖科技有限公司于 2016 年由中颖电子投资成立，前身是中颖电子股份有限公司下属的显示屏驱动芯片设计部门，始终专注从事显示屏驱动芯片的研发和设计。从 2000 年开始，就以接受委托研发的方式，开发了多颗 STN 和 TFT 液晶显示屏驱动芯片；2004 至 2016 年间陆续为昆山维信诺、铼宝、智晶、信利设计推出多颗 PM-OLED 显示屏驱动芯片；芯颖科技的研发团队在 2011 年就展开 AMOLED 显示驱动芯片设计，并于 2013 陆续展开 HD、FHD 硬屏 AMOLED 显示驱动芯片，于 2014 年 12 月开始量产。2011 年至 2016 年又与和辉光电、京东方等一线大厂定制化研发了多颗 AMOLED 显示驱动芯片。同时，芯颖科技已实现 AMOLED 手机面板驱动芯片量产，也是全球主要的 PMOLED 驱动芯片供货商之一。格科微的主营业务为 CMOS 图像传感器和显示驱动芯片的研发、设计和销售。根据 Frost&Sullivan 研究数据显示，以 2019 年出货量口径计算，公司在全球市场的 CMOS 图像传感器供应商中排名第二，在中国市场的 LCD 显示驱动芯片供应商中排名第二。除了被业界所熟知的 CIS 业务外，格科微显示动业务也在获得其他助力的发展。而其招股书已经反映了这一点。格科微显示驱动芯片产品采用了自主研发的无外部器件设计、图像压缩算法等一系列核心技术，能够显著减少显示屏模组所用的外部元器件数量，缩小芯片面积，性价比优势突出。同时，发行人独创的 COF-Like 设计以更低的成本实现了帧率和屏占比的同步提升。目前，发行人正在积极进行 TDDI、AMOLED 驱动芯片等产品的研发与相关技术储备，未来将实现产品线的进一步拓展。2016 年 11 月，集创北方并购了 Exar 旗下电源管理 IC 设计公司 iML，与 iML 完成整合之后，集创北方在

面板显示领域的解决方案组合将进一步丰富。十二年来，集创一直围绕显示类 IC 深耕，LED 显示类 IC 集创已经稳居市场第一，显示类电源在国内面板厂位列前茅，从去年开始，TV、Monitor 等大尺寸显示驱动 IC 逐步上量，今年在 TDDI 突破品牌客户，下半年爆发式成长。集创北方围绕显示类的布局已经十分的完整和扎实，过去十二年的长期投入和努力逐步进入收获期。放眼未来，新的技术和方向集创北方也在持续投入和跟进，针对硅基 OLED、Micro LED 等下一代显示方向，公司也提前进行了布局。新相微电子(上海)有限公司 2005 年创建，新相作为液晶驱动芯片行业的本土化龙头设计公司，产品已成功导入国内 G5、G6、G8 面板产线的供应链，目前各品种 IC 出货量已经达到 20KK/月以上。公司的产品包括：TFT-LCD、LTPS、AMOLED 驱动芯片、TCON、指纹识别 IC 等，广泛应用于 TV、MNT、NB、Tabletpad、Smartphone。已建立起完整的从硅片生产到封装、测试的产业链，形成了以京东方、天马、华信、中芯国际、华虹 NEC、台积电、南茂科技为核心的上下游战略合作伙伴。新相微电子将继续致力于建立更加高效和便利的客户服务体系，助力本土高世代线驱动芯片国产化。深圳吉迪思电子科技有限公司成立于 2015 年 7 月，公司专注于下一代显示主控芯片的设计与研发，是柔性智能手机 AMOLED、笔记本 TED、AR(增强现实)眼镜硅基 OLED 光源芯片等智能设备显示主控芯片的领跑者。公司拥有国际领先的智能显示芯片技术，是国内最早研发商业 AMOLED 显示主控芯片的团队。2016 年第二季，国内最早量产 HD 刚性屏 AMOLED 显示主控片；2018 年 9 月联手国内晶圆代工龙头企业中芯国际正式量产 40nm QHD 柔性 AMOLED 智能手机面板驱动芯片，这是国内唯一量产的柔性 AMOLED 显示主控芯片。深圳云英谷科技有限公司成立于 2012 年 5 月。主要以显示技术的研发、IP 授权以及显示驱动芯片/电路板卡的生产与销售作为核心业务。

目前公司的时序控制芯片 (TCON)、AMOLED 驱动芯片、硅基 OLED 均在研发中。重点面向手机、笔记本电脑、电视、AR/VR 等消费类电子市场。公司已获得了多家 VC 及半导体显示领域领军企业的青睐与投资，业务发展迅速，规模正不断扩大。2013 年维信诺与晶门科技研制成功中国大陆首颗 AMOLED 驱动芯片。晶门科技于 2016 年 11 月收购了 Microchip 部分技术加 maXTouch 半导体产品。目前晶门科技的 PMOLED 产品占市场份额超过 50%，是行业细分市场龙头。广东晟合微电子有限公司是一家专业从事 AMOLED 驱动芯片技术研发、咨询与服务的高新技术企业。公司产品主要包括智能穿戴类 AMOLED 驱动芯片、手机类 AMOLED 驱动芯片等。2018 年 3 月正式落户广东肇庆，5 月份首批 25 名专家至肇庆工作，同年 7 月首颗穿戴类驱动芯片在台积电流片成功，并于 11 月份结束了该产品量产可靠性测试 & 品质测试。随后，手机类驱动芯片系列产品相继产出，并得到终端客户的验证。2019 年，晟合微电子实现了 SH880X 系列手机驱动芯片，并取得 ISO9000 和 ISO14000 认证。晟合微电子员工平均拥有超过 19 年的显示行业经验，团队负责过大量 LCD/OLED 产品生产定制工作，实战经验丰富。晟合微电子正以 OLED 驱动这个小切口拓展契合显示产业未来的技术能力，全力推动国内 OLED 驱动芯片行业发展。北京奕斯伟计算技术有限公司成立于 2019 年 9 月 24 日，主要生产 OLED 面板的 DDIC。DDIC 是 OLED 的关键零组件，能控制强化画质的画素。DDIC 广泛用于 OLED 电视、智慧手机、智慧手表、平板电脑等。奕斯伟的法定代表人是中国半导体产业领军人物王东升。王东升在 1993 年创立了京东方 BOE (京东方)，在他的带领下，京东方成为全球半导体显示产业龙头企业，全球有超过四分之一的显示屏来自 BOE (京东方)。在今年 6 月，奕斯伟获得新一轮融资。

(全文完)

差分放大电路四个特点

要想掌握差分放大电路，首先就要知道什么是差分放大电路以及它的作用。差分放大电路是模拟集成运算放大器输入级所采用的电路形式，差分放大电路是由对称的两个基本放大电路，通过射极公共电阻耦合而构成的，对称的意思就是说两个三极管的特性都是一致的，电路参数一致，同时具有两个输入信号。

它的作用是能够有效稳定静态工作点，同时具有抑制共模信号，放大差模信号等显著特点，广泛应用于直接耦合电路和测量电路输入端。

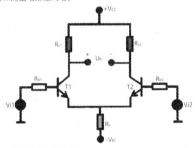

差模放大电路特点

电路两边对称

两个管子公用发射机电阻 Re

具有两个信号输入端

信号既可以双端输出，也可以单端输出

共模信号：大小幅度相等，极性相同的输入信号差模信号：大小幅度相等，极性相反的输入信号

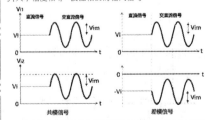

差分放大电路具有抑制零漂移稳定静态工作点，和抑制共模信号等作用，接下来一一分析。

首先我们的电路的工作环境温度并不是一成不变的，也就是说是时刻变化着的，还有直流电源的波动，元器件老化，特性发生变化都会引起零漂和静态工作点变化。通常在阻容耦合放大电路中，前一级的输出的变化的漂移电压都落在耦

合电容上，不会传入下一级放大电路。

但在直接耦合放大电路中，这种漂移电压和有用的信号一起送到下一级被放大，导致电路不能正常工作，所以必要采取措施，抑制温度漂移，虽然耦合电容可以隔离这么温漂电压，但是很多时候我们要接受处理的是很多微弱的、变化缓慢的弱信号，这类信号不足以驱动负载，必须经过放大。又不能通过耦合电容传递，所以必须通过直接耦合放大电路，那么直接耦合典型电路：就是差分放大电路。

通常克服温漂的方法是引入直流负反馈，或者温度补偿。

接下来谈谈直接耦合电路中，差分放大电路如何抑制零漂电压稳定工作点，和抑制共模信号，并放大差分信号的。

抑制零漂的原理

下面以电路双端输出为例：

首先 T1 和 T2 管特性相同，电路两边对称，在输入电压 Vi1=Vi2=0V 当温度 T 一定时，流过 T1 的电极电流与流过 T2 集电极的电流一致 即 ic1=ic2，那么 T1 和 T2 上两个集电极电阻的压降是相等的所以 Uo1=Uo2 那么输出电压 Uo 就等于零即 Uo1-Uo2=Uo=0 所以这个电路可以抑制零漂的。

那么当温度增加 $\triangle T$ 的时候还能抑制零漂吗？答案是能，因为两边对称性能是一样的它们工作在统一环境下，当温度上升 $\triangle T$ 时，流过两个管子集电极的电流也是相等的，即 (ic1+$\triangle$ic1)=(ic2+$\triangle$ic1)。那么加在两个集电极的电压也是相同的，所以输出电压 Uo 仍然为 0。所以在双端输出的情况下，零漂为 0。

那么在单端输出的时候还可以抑制零漂吗？当然可以，在单端输出可以取值 Uo1 或者 Uo2，这里以 Uo1 输出为例，因为射极电阻 Re 的负反馈作用，且且 Re 是 T1 和 T2 射极的共用电阻所以流过 Re 的电流是 2 倍的 ie 所以负反馈作用更好，所以可以稳定静态工作点，抑制零漂。

●共模信号：当 Vi1 与 Vi2 大小相等，极性相同的输入信号时，共模信号的作用，对两管的作用是同向的，将引起两管电流同量的增加，集电极电位也同量的减小，因此两管集电极输出共模电压 Uo=Uo1-Uo2=0，差分放大电路对共模信号有很好的抑制作用。

●差模信号：当 Vi1 与 Vi2 大小相等，极性相反的输入信号时，由于信号的极性相反，因此 T1 管集电极电流增大而 T2 管集电极电流减小，且增大量和减小量相等。另外由于输入差模信号，两管输出端电位变化时，一端上升，另一端降低，且升高量等于降低量，所以 Uo 差分电路对输入信号电压的差值是有用的，因此电路被称为差分放大电路。

常见二十个基础实用模拟电路(一)

电路一、桥式整流电路

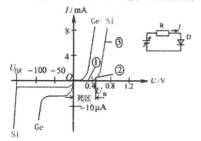

1.桥式整流电路

注意要点:

1.二极管的单向导电性:二极管的 PN 结加正向电压,处于导通状态;加反向电压,处于截止状态。伏安特性曲线:

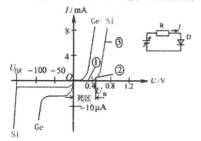

理想开关模型和恒压降模型:

理想模型指的是在二极管正向偏置时,其管压降为0,而当其反向偏置时,认为它的电阻为无穷大,电流为零,就是截止。恒压降模型是说当二极管导通以后,其管压降为恒定值,硅管为0.7V,锗管0.5V。

2.桥式整流电流流向过程:

当u2是正半周期时,二极管Vd1和Vd2导通;而夺极管Vd3和Vd4截止,负载RL的电流是自上而下流过负载,负载上得到了与u2正半周期相同的电压;在u2的负半周,u2的实际极性是下正上负,二极管Vd3和Vd4导通而Vd1和Vd2截止,负载RL上的电流仍是自上而下流过负载,负载上得到了与u2正半周期相同的电压。

3.计算:

Vo, Io,二极管反向电压:

Uo=0.9U2,Io=0.9U 2/RL,URM=√2 U 2

电路二、电源滤波器

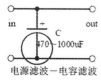

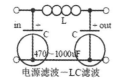

电源滤波—电容滤波   电源滤波—LC滤波

2.电源滤波器

注意要点:

1.电源滤波的过程分析:

电源滤波是在负载 RL 两端并联一只较大容量的电容器。由于电容两端电压不能突变,因而负载两端的电压也不会突变,使输出电压得以平滑,达到滤波的目的。波形形成过程:

输出端接负载 RL 时,当电源供电时,向负载提供电流的同时也向电容 C 充电,充电时间常数为 τ 充=(Ri∥RLC)≈RiC,一般 Ri〈〈RL,忽略 Ri 压降的影响,电容上电压将随 u 2 迅速上升,当ωt=ωt1 时,有 u 2=u0,此后 u 2 低于 u0,所有二极管截止,这时电容 C 通过 RL 放电,放电时间常数为RLC,放电时间慢,u 0 变化平缓。当 ωt=ωt2 时,u 2=u 0,ωt2 后 u 2 又变化到比 u 0 大,又开始充电过程,u0 迅速上升。ωt=ωt3 时有 u 2=u 0,ωt3 后,电容通过 RL 放电。如此反复,周期性充放电。由于电容 C 的储能作用,RL 上的电压波动大大减小了。电容滤波适合于电流变化不大的场合。LC 滤波电路适用于电流较大,要求电压脉动很小的场合。

2.计算:

滤波电容的容量和耐压值选择

电容滤波整流电路输出电压 Uo 在√2U2~0.9 U2 之间,输出电压的平均值取决于放电时间常数的大小。

电容容量RLC≧(3~5)T/2 其中 T 为交流电源电压的周期。实际中,经常进一步似为 Uo≈1.2U2 整流管的最大反向峰值电压 URM=√2 U2,每个二极管的平均电流是负载电流的一半。

电路三、信号滤波器

信号滤波3—带通

信号滤波4—带阻

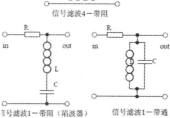

信号滤波1—带阻(陷波器)   信号滤波1—带通

3.信号波滤器

注意要点:

1.信号波滤器的作用:

把输入信号中不需要的信号成分衰减到足够小的程度,但同时必须让有用信号顺利通过。

与电源滤波器的区别和相同点:

两者区别为:信号滤波器用来过滤信号,其通带是一定的频率范围,而电源滤波器则是用来滤除交流成分,使直流通过,从而保持输出电压稳定,交流电源则是只许某一特定的频率通过。

相同点:都是用电路的幅频特性来工作。

2.LC 串联和并联电路的阻抗计算:

串联时,电路阻抗为 Z=R+j(XL-XC)=R+j(ωL-1/ωC);

并联时电路阻抗为 $Z=1/j\omega C // (R+j\omega L)=Z=\dfrac{\dfrac{1}{j\omega C}(R+j\omega L)}{\dfrac{1}{j\omega C}+R+j\omega L}$

考虑到实际中,常有 R≪ωL,所以有 Z ≈Z =

$$\frac{\dfrac{1}{j\omega C}j\omega L}{R+j(\omega L-\dfrac{1}{\omega C})}=\frac{\dfrac{L}{C}}{R+j(\omega L-\dfrac{1}{\omega C})}$$

幅频关系和相频关系曲线:

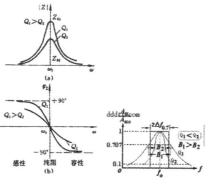

3.画出通频带曲线:

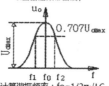

计算谐振频率:fo=1/2π√LC

计算谐振频率:fo=1/2π√LC

电路四、微分和积分电路

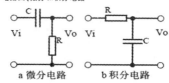

a 微分电路   b 积分电路

4.微分和积分电路

注意要点:

1.电路的作用,与滤波器的区别和相同点;2.微分和积分电路电压变化过程分析,画出电压变化波形图;3.计算:时间常数,电压变化方程,电阻和电容参数的选择

电路五、共射极放大电路

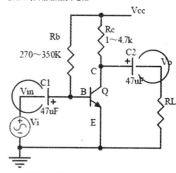

5.共射极放大电路

注意要点:

1.三极管的结构、三极管各极电流关系、特性曲线、放大条件;2.元器件的作用、电路的用途、电压放大倍数、输入和输出的信号电压相位关系、交流和直流等效电路图;3.静态工作点的计算、电压放大倍数的计算。

电路六、分压偏置式共射极放大电路

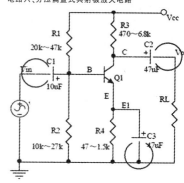

6.分压偏置式共射极放大电路

注意要点:

1.元器件的作用、电路的用途、电压放大倍数、输入和输出的信号电压相位关系、交流和直流等效电路图;2.电流串联负反馈过程的分析、负反馈对电路参数的影响;3.静态工作点的计算、电压放大倍数的计算;4.受控源等效电路分析。

电路七、共集电极放大电路(射极跟随器)

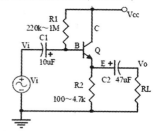

注意要点:

1.元器件的作用、电路的用途、电压放大倍数、输入和输出的信号电压相位关系、交流和直流等效电路图,电路的输入和输出阻抗特点;2.电流串联负反馈过程的分析、负反馈对电路参数的影响;3.静态工作点的计算、电压放大倍数的计算。

电路八、电路反馈框图

注意要点:

1.反馈的概念,正负反馈及其判断方法、并联反馈和串联反馈及其判断方法、电流反馈和电压反馈及其判断方法;2.正负反馈电路的放大增益;3. 负反馈对电路的放大增益、通频带、增益的稳定性、失真、输入和输出电阻的影响。

(下转第31页)

常见二十个基础实用模拟电路(二)

(上接第30页)

电路九、二极管稳压电路

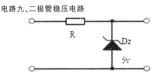

9.二极管稳压电路

注意要点:1.稳压二极管的特性曲线;2.稳压二极管应用注意事项;3.稳压过程分析。

电路十、串联稳压电源

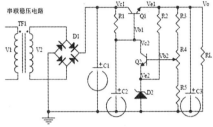

串联稳压电路

注意要点:1.串联稳压电源的组成框图;2.每个元器件的作用,稳压过程分析;3.输出电压计算。

十一、差分放大电路

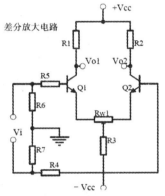

差分放大电路

注意要点:1.电路各元器件的作用,电路的用途,电路的特点;2.电路的工作原理分析。如何放大差模信号而抑制共模信号;3.电路的单端输入和双端输入,单端输出和双端输出工作方式

电路十二、场效应管放大电路

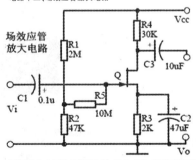

场效应管放大电路

注意要点:1.场效应管的分类,特点,结构,转移特性和输出特性曲线;2.场效应放大电路的特点,场效应放大电路的应用场合

电路十三、选频(带通)放大电路

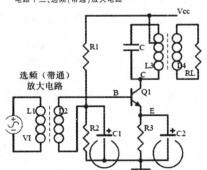

选频(带通)放大电路

注意要点:1.每个元器件的作用,选频放大电路的特点,电路的作用;2.特征频率的计算,选频元件参数的选择;3.幅频特性曲线

电路十四、运算放大电路

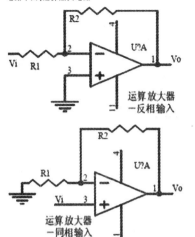

运算放大器一反相输入

运算放大器一同相输入

注意要点:1.理想运算放大器的概念,运放的输入端虚拟短路,运放的输入端的虚拟断路;2.反相输入方式的运放电路的主要用途,输入电压与输出电压信号的相位关系;3.同相输入方式下的增益表达,输入阻抗,输出阻抗。

电路十五、差分输入运算放大电路

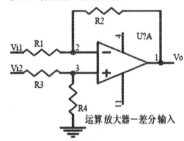

运算放大器一差分输入

注意要点:1.差分输入运算放大电路的特点、用途;2.输出信号电压与输入信号电压的关系式。

电路十六、电压比较电路

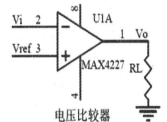

电压比较器

注意要点:1.电压比较器的作用,工作过程;2.比较器的输入一输出特性曲线图;3.如何构成迟滞比较器。

电路十七、RC振荡电路

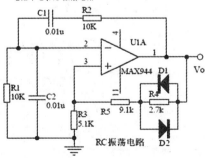

RC振荡电路

注意要点:1.振荡电路的组成,作用,起振的相位条件,起振和平衡幅度条件;2.RC电路阻抗与频率的关系曲线,相位与频率的关系曲线;3.RC振荡电路的相位条件分析,振荡频率,如何选择元件。

电路十八、LC振荡电路

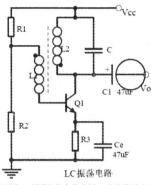

LC振荡电路

注意要点:1.振荡相位条件分析;2.直流等效电路图和交流等效电路图;3.振荡频率计算。

电路十九、石英晶体振荡电路

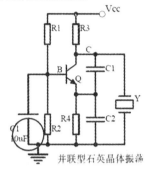

并联型石英晶体振荡

注意要点:1.石英晶体的特点,石英晶体的等效电路,石英晶体的特性曲;2.石英晶体振荡器的特点;3.石英晶体振动器的振荡频率。

电路二十、功率放大电路

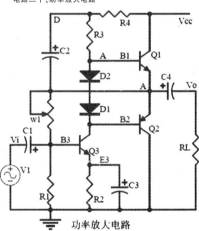

功率放大电路

注意要点:1.乙类功率放大器的工作过程以及交越失真;2.复合三极管的复合规则;3.甲乙类功率放大器的工作原理,自举过程,甲类功率放大器,甲乙类功率放大器的特点。

编后语:

初级层次是熟练记住这二十个电路,清楚这二十个电路的作用。只要是学习自动化、电子等电控类专业的人士都应该且能够记住这二十个基本模拟电路。

中级层次是能分析这二十个电路中的关键元器件的作用,每个元器件出现故障时电路的功能受到什么影响,测量时参数的变化规律,掌握对故障元器件的处理方法;定性分析电路信号的流向,相位变化;定性分析信号波形的变化过程;定性了解电路输入输出阻抗的大小,信号与阻抗的关系。有了这些电路知识,极有可能成长为电子产品和工业控制设备的出色的维修维护师。

高级层次是能定量计算这二十个电路的输入输出阻抗、输出信号与输入信号的比值、电路中信号电流或电压与电路参数的关系、电路中信号的幅度与频率关系特性、相位与频率关系特性、电路中元器件参数的选择等。达到高级层次后,电子产品和工业控制设备的开发设计工程师将是首选职业。

(全文完)

夯实核心技术 国产集成电路IP企业迎全面发展时期(一)

一. 中国集成电路产业发展需夯实基础

(一)集成电路全产业链环环相扣

集成电路是当今信息社会的根本，广泛应用于计算机、消费类电子、网络通信、汽车电子等领域。1958年集成电路发明后，随着硅平面技术及CMOS集成电路的出现和发展，集成电路产业迅速兴起，由IC设计、晶圆制造、封装测试等环节构成的产业链分工日益成熟完善，产业初期大行其道的IDM模式时至今日也广泛转变为Fabless+Foundry+OSAT。

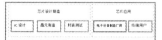

如今，各个产业的发展都伴随着全球产业链的分工合作，各个环节之间的关联性、协同性要求越来越高，产业分工促使综合成本降低，半导体产业亦是如此。半导体行业的发展伴随着不断的产业转移、技术升级与分工精细化，技术的升级使得芯片产品和半导体产业不断复杂化，因而分工也不断细化，分工的细化使得半导体产业链环节更多，这也为不同环节的进一步全球转移和降低成本提供了条件。

(二)IP：产业链上游的核心组成

如果把集成电路产业比喻为一棵大树，那么面向各类应用的集成电路芯片恰似大树繁茂的枝叶，Foundry和封测厂恰似树干，有力支撑着日益成长的树冠，而IP和EDA则是整颗大树提供充沛养分的树根。树根扎得深，长得粗壮，大树才能不畏风雨，向阳而生。而相对于EDA的电子辅助设计功用，IP则毫无疑问的成为整个产业之树汲取技术源泉的技术之根！

IP通常也称作IP核(IP core)，也指知识产权(Intellectual Property)。IP核就是一些可重复

利用的、具有特定功能的集成电路模块。IP由于性能高、功耗低、成本适中、技术密集度高、知识产权集中、商业价值昂贵，已经逐渐成为集成电路设计产业的核心产业要素和竞争力体现。做个形象的比喻，IP核如同元器件，芯片如同电路板，通过在电路板上集成各类功能的元器件，就可以设计出针对不同应用场景的电路系统板，而集成电路顾名思义，就是在片内集成了多个IP核，能完成多种功能的缩微电路。

虽然随着工艺的进步，单个晶体管的生产成本不断下降，但随着复杂度的增加还是使得芯片设计成本逐渐提高。根据IBS报告，以先进工艺节点处于主流应用时期的设计成本为例，工艺节点为28nm时，一项芯片产品设计成本约为0.41亿美元，而工艺节点为7nm时，设计成本则快速升至约2.22亿美元。即使工艺节点达到成熟应用时期，设计成本大幅度下降的前提下，相同同一应用时期的上一代先进工艺节点，仍存在显著提升。复杂程度的增加、设计成本的提高，都给芯片设计公司带来了较大的设计挑战，不同于EDA作为设计工具，芯片设计公司如果没有IP，将难以完成芯片设计，可以说半导体IP的诞生是半导体行业发展的必然。

IP行业是半导体行业分工精细化的结果，随着半导体行业分工继续演进，IP行业的现有业态也将朝着更加专业化和标准化方向发展。在当前的商业模式中，IP产品为了实现某个功能而集成IP，不仅能够缩短设计周期，而且降低了芯片设计的难度与成本。越来越多的IP行业合作，将促使IP在更多产品中得到大量复用，这有益于提炼针对某类功能或针对某类应用的功能和性能特性，从而有机会

在IP优化和演进中形成技术规范和行业标准，从而进一步促使芯片产品提升规格、提高开发效率，降低成本和风险。

二. 国产IP的成长和思考

(一)国内外IP的发展情况

全球前十大供应商：总体格局稳定，市场由通用IP向专用IP转型

一直以来，全球半导体IP行业都主要被海外公司把持。近十多年来，全球前十大IP供应商有所变化，但格局大体保持稳定。

从前十总份额来看，出现先上升后下降的趋势。前一阶段主要是由于智能手机浪潮，推动ARM份额快速上升，硬件生态集中化。而近年来由于物联网、Chiplet、开源指令集等新浪潮的出现，市场集中度下降，新公司进入市场为国产IP供应商提供了新机会。其中最亮眼的是2017～2019年全球前十IP供应商中，中国的IP企业芯原股份成为榜单上势头较为强劲的公司。

国内IP供应商：以锐成芯微为代表的IP研发授权企业稳步发展

经过近年来国内集成电路设计产业的快

速发展，设计产业的上游也涌现出了一批IP公司，如芯原股份、锐成芯微等，这些以IP为核心业务的公司，经过多年发展，通过推出针对特定应用和细分市场的特色IP逐步打开了，并进一步完善自身产品线，稳步发展，逐渐增加着市场份额。

中国大陆地区主要半导体IP供应商

芯原股份：

芯原微电子(上海)股份有限公司是一家依托自主半导体IP，为客户提供平台化、全方位、一站式芯片定制服务和半导体IP授权服务的企业。在芯原独有的芯片设计平台即服务经营模式下，通过基于公司自主半导体IP搭建的技术平台，芯原可在短时间内打造出从定义到测试封装完成的半导体产品，为各种客户提供高效经济的半导体产品替代解决方案。业务范围覆盖消费电子、汽车电子、计算机及周边、工业、数据处理、物联网等行业应用领域。芯原拥有多种芯片定制解决方案，包括高清视频、高清音频及语音、车载娱乐系统处理器、视频监控、物联网连接、数据中心等。

（未完待续）　◇锐成芯微公司市场部

2017-2019年全球前十IP供应商											
2017排名	公司名	2017市占率	国家/地区	2018排名	公司名	2018市占率	国家/地区	2019排名	公司名	2019市占率	国家/地区
1	ARM	46.2%	英国	1	ARM	44.7%	英国	1	ARM	40.8%	英国
2	Synopsys	14.7%	美国	2	Synopsys	17.5%	美国	2	Synopsys	18.2%	美国
3	Broadcom	7.5%	美国	3	Cadence	5.2%	美国	3	Cadence	5.9%	美国
4	Imagination	4.7%	英国	4	Imagination	3.3%	英国	4	SST	2.9%	美国
5	Cadence	4.0%	美国	5	CEVA	2.6%	美国	5	Imagination	2.6%	英国
6	CEVA	2.4%	美国	6	VeriSilicon	2.2%	中国大陆	6	CEVA	2.2%	美国
7	VeriSilicon	1.8%	中国大陆	7	Achronix	1.8%	美国	7	VeriSilicon	1.8%	中国大陆
8	Rambus	1.8%	美国	8	Achronix	1.3%	美国	8	Achronix	1.3%	美国
9	eMemory	1.3%	中国台湾	9	eMemory	1.2%	中国台湾	9	Rambus	1.2%	美国
10	Kilopass	0.9%	美国	10	Waves Computing	1.2%	美国	10	eMemory	1.2%	中国台湾
	前十总份额	84.6%			前十总份额	80.1%			前十总份额	78.1%	

编前语：或许，当我们使用电子产品时，都没有人记得或知道老一批电子科技工作者们是经过了怎样的努力才奠定了当今时代的小型甚至微型的诸多电子产品及家电；或许，当我们拿起手机上网、看新闻、打游戏、发微信朋友圈时，也没有人记得是乔布斯等人让手机体积变小、功能变强大；或许，有一天我们的子孙后代只知电子科技的进步而遗忘了老一辈电子科技工作者的艰辛……

成都电子科技博物馆旨在以电子发展历史上有代表性的物品为载体，记录推动电子科技发展特别是中国电子科技发展的重要人物和事件。目前，电子科技博物馆已与102家行业内企事业单位建立了联系，征集到藏品12000余件，展出1000余件，旨在以"见人见物见精神"的陈展方式，弘扬科学精神，提升公民科学素养。

科学史话

功能强大的北斗卫星导航系统(一)

GPS大家都知道，是导航卫星系统的"老大哥"了。但是你知道我国的北斗吗？其实在中低纬度地区，北斗定位水平不输GPS，而且北斗独有的"短报文通信"功能，让你即使在山区迷路也可以发送位置给周围搜救人员。接下来就让我们来了解一下功能强大的北斗卫星导航系统。

中国北斗卫星导航系统(英名：BeiDou Navigation Satellite System, 缩写为BDS)是由中国坚持独立自主研发的卫星导航系统，也是继美国的GPS、俄国的GLONASS之后的第三个成熟的卫星导航系统。北斗系统由空间段、地面段和用户段三部分组成。

01 空间段

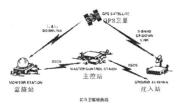

由若干地球静止轨道卫星，倾斜地球同步轨道卫星和中圆地球轨道卫星组成，形成混合星座。同步轨道卫星相对于地球是静止的，且其旋转周期与地球的自转周期一致，约为24h。因为这样的特性，同步轨道卫星被用于提供区域导航服务，即为我国和周边地区提供导航服务。而中圆轨道卫星环绕地球周期与地球自转周期不同，因此适用于全球卫星导航功能。

综合我国国情，北斗卫星导航系统秉承着"先区域再全球"，"先有源再无源"的施工计划，分为三步走。前期的北斗一号、北斗二号都是区域导航系统，主要运用的是地球同步轨道卫星。而更多的地球同步卫星意味着能为我国及周边地区提供更高精度的导航定位。到了北斗三号，需要由区域迈向全球，因此运用更多的是中圆地球轨道卫星。

02 地面段

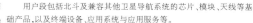

地面段包括主控站、时间同步/注入站和监测站等若干地面站，以及星间链路运行管理设施。其中，主控站用于系统运行管理与控制等。主控站从监测站接收数据并进行处理，而后交由注入站执行信息的发送。同时，主控站还负责管理、协调整个地面控制系统的工作。注入站用于向卫星发送信号，对卫星进行控制管理，在接受主控站的调度后，将特定信息(卫星导航电文和差分完好性信息)向卫星发送。监测

站用于接收卫星的信号，并发送给主控站，实现对卫星的跟踪、监测，为了轨道确定和时间同步提供观测资料。

03 用户段

用户段包括北斗及兼容其他卫星导航系统的芯片、模块、天线等基础产品，以及终端设备、应用系统与应用服务等。

目前北斗卫星已经在社会广泛领域发挥了巨大的作用。在交通运输方面，北斗系统广泛运用于交通监控方面。在气象测报方面，研制一系列气象测报型北斗终端设备，形成系统应用解决方案，提高了国内高空气象探空系统的观测精度、自动化水平和应急观测能力。大众广泛接触的天气预报也会越来越精准，为人们出行提供极大便利。在大众应用方面，智能手机主流芯片厂商均推出兼容北斗的芯片。

（未完待续）　◇电子科技博物馆

电子科技博物馆"我与电子科技或产品"

本栏目欢迎您讲述科技产品故事，科技人物故事，稿件一旦采用，稿费从优，且将在电子科技博物馆官网发布。欢迎积极赐稿！

电子科技博物馆藏品持续征集：实物；文件、书籍与资料；图像照片、影音资料。包括但不限于下列领域：各类通信设备及系统；各类雷达、天线设备及系统；各类电子元器件、材料及相关设备；各类电子测量仪器；各类广播电视、设备及系统；各类计算机、软件及系统等。

电子科技博物馆开放时间：每周一至周五9:00--17:00，16:30停止入馆。

联系方式

联系人：任老师　联系电话/传真：028--61831002

电子邮箱：bwg@uestc.edu.cn　网址：http://www.museum.uestc.edu.cn/

地址：(611731)成都市高新区(西区)西源大道2006号

电子科技大学清水河校区图书馆报告厅楼

编辑：李丹　投稿邮箱：dzbnew@163.com

开源硬件 Python 编程之"选择结构"简析(一)

众所周知,编程语言的程序结构包括顺序结构、选择结构和循环结构。顺序结构是指语句执行顺序是自上而下依次执行,而选择结构则需要根据实际条件去判断并做出这样或那样的选择:当某个条件得到满足时就去做特定的事情,否则就做另外一件事情。Python也不例外,可以使用if、else和elif等语句来实现多种选择结构控制,比如:"if 条件表达式:语句块"是单分支选择结构,"if 条件表达式:语句块1,else:语句块2"是双分支选择结构,而"if 条件表达式1:语句块1,elif 条件表达式2:语句块2……else:语句块n"则是较为复杂的多分支选择结构。下面我们通过树莓派来演示开源硬件Python编程,分别对双分支和多分支选择结构进行实例剖析。

实例一:双分支双色LED灯响应

编程目标:树莓派问用户是否喜欢学习Python,如果回答"是",则亮绿灯并输出"好好学习,天天向上";如果回答"否"(或其他回答),则亮红灯并输出"再想想,Python很强大噢!"。

实验器材包括树莓派、古德微扩展板、红色、绿色LED灯各一支,将两支LED灯分别插至扩展板的12和16号插孔(注意长腿为正极、短腿为负极)。

1. Python程序代码的编写

在 Windows 中使用 Spyder(一种Python编辑器)来编写程序代码:

首先需要使用"import RPi.GPIO as GPIO"语句来导入RPi.GPIO库模块,作用是允许我们通过Python编程来控制树莓派主板上的GPIO引脚;接着再使用"import time"语句导入time库,作用是可以使用其中的time.sleep ()函数来控制LED灯的发光(或熄灭)持续时间;"GPIO.setwarnings(False)"语句的作用是关闭程序运行时的错误回显,"GPIO.setmode(GPIO.BCM)"语句的作用是设置为BCM编码工作模式;"GPIO.setup(12,GPIO.OUT)"和"GPIO.setup(16,GPIO.OUT)"语句的作用是设置12和16号GPIO为输出端,分别对应红色和绿色LED灯。

"choice = input('你喜欢学习Python吗(是/否)?')"语句是创建变量choice,并且通过input语句接收用户从键盘输入的字符串信息;接着进行双分支条件判断:

"if choice == '是':"语句中的"=="双等号是用于判断其两侧的值是否相等,如果用户输入"是",那么就通过print语句来显示输出"好好学习,天天向上","GPIO.output(16,GPIO.HIGH)"语句的作用是设置16号GPIO绿色LED灯为高电平HIGH,发光;"time.sleep(5)"语句的作用是控制发光时间为5秒,"GPIO.output(16,GPIO.LOW)"则是设置为低电平LOW,关闭16号GPIO绿灯。

如果用户输入的并非"是",比如"否"或其他信息,"else:"语句开始执行,同样是通过print语句显示输出提示信息"再想想,Python很强大噢!",然后控制12号GPIO红灯发光,持续5秒钟后熄灭(如图1所示)。

保存程序为TwoLeds.py。

2. 在树莓派中运行测试程序

给树莓派通电启动操作系统,通过Windows的"远程桌面连接"将TwoLeds.py程序复制粘贴到树莓派的Temp目录;然后运行"编程"-"Thonny Python IDE"菜单命令,点击"Load"按钮加载打开TwoLeds.py程序,点击Run按钮运行:

第一次,键盘输入"是",绿灯亮,显示"好好学习,天天向上。";第二次和第三次,分别输入"否"和"我不知道",都是红灯亮,显示"再想想,Python很强大噢!"(如图2所示)。

案例二:多分支四色LED灯响应

编程目标:树莓派询问最喜欢的颜色是什么,要求从"红、黄、绿、蓝"中选择一种,然后根据回答点亮对应颜色的LED灯,并且输出与该颜色相关的提示信息;如果答案不是"红、黄、绿、蓝"中的任意一个,则不亮灯,并且提醒"小朋友真调皮,请配合噢!"

实验器材包括树莓派、古德微扩展板、红色、黄色、绿色和蓝色LED灯各一支,分别将四支LED灯插至扩展板的5、6、12和16号插孔(同样要注意长腿为正极、短腿为负极)。

1. Python程序代码的编写

程序代码的起始部分与"双分支双色LED灯响应"案例类似,同样要先进行RPi.GPIO和time库的导入,还有对应红灯、黄灯、绿灯和蓝灯的5、6、12和16号GPIO的设置等。

同样也是通过变量choice来获取用户从键盘输入的字符串信息,这次共有五个选择分支:如果用户输入了"红/黄/绿/蓝"中的任意一个,程序的第一个if和后面的三个elif语句(四个选择分支)会分别匹配对应的颜色,执行输出该颜色的一个短语(比如"红红火火""炎黄子孙"等),并且点亮该颜色的LED灯,持续5秒后熄灭;第五个选择分支是"else:",用来匹配对应用户输入的其他信息,比如"黑"甚至是"我都喜欢"等,匹配成功则使用print语句输出提示信息"小朋友真调皮,请配合噢!",不亮灯(如图3所示)。

保存程序为FourLeds.py。

2. 在树莓派中运行测试程序

程序的测试与刚才类似,在Python IDE中加载打开FourLeds.py程序,点击Run按钮运行:

第一次,键盘输入"红",亮红灯,输出"红红火火";第二次,输入"绿",亮绿灯,输出"绿水青山";第三次,输入"黄",亮黄灯,输出"炎黄子孙";第四次,输入"蓝",亮蓝灯,输出"蓝天白云";第五和第六次,分别输入"黑"和"我都喜欢",不亮灯,均输出"小朋友真调皮,请配合噢!"(如图4所示)。

案例三:"多分支四色LED灯响应"

的图形化编程

在"多分支四色LED灯响应"的实验器材上加装全向麦克风和音箱,使用语音识别取代键盘输入。在浏览器中登录古德微机器人平台(http://www.gdwrobot.cn/),由于"积木"式的图形化编程已将库的导入和GPIO设置等进行了"封装",不必再使用import和GPIO.setup等进行多余的操作;语句与Python代码的结构与内容基本一致,建立了一个Wakeup函数来响应语音识别,整体是一个"如果…执行"、三个"否则如果…执行"和一个"否则"的五分支选择结构,同样是分别用来匹配响应用户语音指令中是否含有"红/黄/绿/蓝"的关键信息,有的话则输出对应颜色的文字信息并亮灯;均不匹配的话,则不亮灯,输出"小朋友真调皮,请配合噢!"(如图5所示)。

(未完待续) ◇山东 牟晓东 孙菲

管理好 Windows 10 的 Cortana 服务

Windows 10的Cortana服务又称"小娜",不过你可能对其并不"感冒",如果你的 Windows 10 已经是 20H1(Version 2004)或更高版本,那么我们可以按照自己的需要进行管理。

1. 禁止Cortana服务随机启动

打开任务管理器窗口,切换到"启动"选项卡,在窗口列表中找到"Cortana"项目,右击设置"禁用"就可以了。或者右击"开始"按钮,从快捷菜单选择"应用和功能",打开设置界面,在弹出的列表中找到Cortana选项,选择之后点击"高级选项",在设置窗口可以看到"在登录后运行"的开关,直接关闭即可。

当然,如果Cortana没有出现启动列表,那么这一步骤就可以省略了。

2. 彻底删除Cortana服务

右击"开始"按钮,从快捷菜单选择"Windows PowerShell(管理员)",进入PowerShell窗口(如图1所示),在这里手工输入下列命令:

Get-AppxPackage -allusers Microsoft.549981C3F5F10 | Remove-AppxPackage

上述命令执行之后不会有任何提示,但需要重新启动系统对卸载操作进行确认。当然,如果卸载之后忽然又想重新启用Cortana服务,可在打开Microsoft Store界面,搜索"Cortana"之后,点击"获取"命令,按照提示进行安装操作即可。

◇江苏 大江东去

用好 iOS 14 的相机快录、连拍功能

如果你的机型是iPhone 11 或者是更旧机型的 iPhone XS、iPhone XR、iPhone SE2,只要已经是 iOS 14 系列版本,那么都可以使用相机快录和连拍这两个功能。

1. 利用快录功能抓拍视频

利用快录功能,不需要退出照片模式,即可录制视频。打开"相机"App后,可以看到默认的照片模式,轻点快门按钮以拍摄照片,如果需要录制快录视频,只需要按住快门按钮即可,松开这个按钮就可以停止录制。若在设置界面的"相机"下启用"使用调高音量按钮拍摄连拍快照"这一选项,那么也可以使用调低音量按钮来捕捉快录视频。

如果需要持续录制视频但又不想按住快门按钮,只要向右滑动快门按钮,然后松开,即可锁定视频录制(如图1所示),右侧会出现一个快门按钮,在视频录制过程中,轻点这个按钮可拍摄静态照片,停止录制可以轻点录制按钮。

点击屏幕顶部的箭头,还可以调整拍摄选项,例如闪光灯、实况照片、计时器等。

2. 进入连拍模式

向左滑动快门按钮,按住可以连拍多张照片,然后松开以停止。也可以在连拍快照模式下按调高音量按钮来捕捉照片,当然仍需要在"相机"下启用"使用调高音量按钮拍摄连拍快照"这一选项(如图2所示)。

◇江苏 王志军

■编前:

俗话说"百闻不如一见",对技能人才培养来说是"百闻不如一练"。技能实训是职业院校培养技能人才的重要方式,实训内容和实训教学方法的选择,对实训教学效果有很大影响。本版推出电子电工基本技能实训系列内容,包括4个子系列:电路原理实训系列、模拟电路实训系列、数字电路实训系列、电气线路实训系列。

一、实验目的

1. 学会万用表的使用方法。

2. 学会电阻、电压、电位、电流的测量方法。

二、器材准备

1. 天煌KHDL-1A型电路原理实验箱一只

2. MF47型万用表一只

3. 带插头铜芯软导线若干根

三、万用表的使用方法

万用表有模拟式和数字式两种类型。

1. 万用表使用注意事项

①不知是交流电还是直流电时,应先用交流电压的最大量程挡去试测。

②测量未知大小的电压或电流时,或者是不知直流电的正负极时,应首先使用最大量程挡,然后根据实测值再逐步调小量程挡,但请注意:必须在表棒脱离测量点的情况下进行换挡。

③使用模拟式万用表时,指针指在表盘中心线右边的刻度上,说明量程挡选择最合适。表盘读数时,指针在镜面上的投影、指针以及眼睛应三点成一线,这样才能读准数字。

④使用模拟式万用表电阻挡时,必须先

进行欧姆调零,且每换一次电阻量程都必须要调零。调零方法是:将两表棒短接,调节欧姆调零旋钮使指针指在最右边的0刻度线上。

⑤严禁用电阻挡或电流挡去测量电压。

⑥测量过程中手指不允许接触到表棒的金属部分。

⑦万用表使用结束时,必须把量程开关拨至交流电压最高挡。

2. 用万用表测量电路参数

①测量交流电压时,量程开关拨在交流电压挡V,同时选择合适的量程,两表棒并接在被测交流电压的两端,如图1所示。

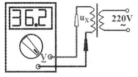

图1 测量交流电压

②测量直流电压时,量程开关拨在直流电压挡V,同时选择合适的量程,红表棒接直流电压的正极,黑表棒接直流电压的负极,如图2所示。

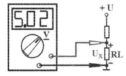

图2 测量直流电压

③测量直流电流时,量程开关拨在直流电流挡mA,同时选择合适的量程,两表棒串接在被测电路中(红表棒接直流电流的正极,黑表棒接直流电流的负极),如图3所示。

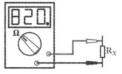

图3 测量直流电流

④测量电阻时,量程开关拨在直流电阻挡Ω,同时选择合适的量程,先进行欧姆调零,再将两表棒并接在被测电阻两端,如图4所示。

图4 测量电阻

3. 表盘读数方法

(1)使用模拟式万用表

①第一道刻度线是直流电阻挡标度尺,量程开关分别拨在×1、×10、×100、×1K、×10K挡时,表针所指读数值需分别×1、×10、×100、×1K、×10K。

读数举例:如图5所示,测电阻时,指针在第一道刻度线上5稍偏左一点点处,当量程开关在×1挡时为5.1×1=5.1Ω,拨在×10挡时为5.1×10=51Ω,拨在×100挡时为5.1×100=510Ω,拨在×1K挡时为5.1×1K=5.1KΩ,拨在×10K挡时为5.1×10K=51KΩ。

在第一道刻度线上读数

图5 测电阻时表盘读数方法

②第二道刻度线是交流电压挡标度尺,量程开关拨在交流电压挡时,按表1计算读数。

表1 测交流电压读数计算

量程开关档位	50V	250V	500V	1000V	2500V
此时应看第二道刻度线的	10,20,30,40,50	50,100,150,200,250	10,20,30,40,50	2,4,6,8,10	50,100,150,200,250
表针所指读数需	×1	×1	×10	×100	×10

读数举例:如图6所示,测交流电压时,指针在第二道刻度线上200/40/8处,当量程开关拨在50V挡时为40×1=40V,拨在250V挡时为200×1=200V,拨在500V挡时为40×10=400V,拨在1000V挡时为8×100=800V,红表棒插2500V插孔时为200×10=2000V。

在第二道刻度线上读数

图6 测交流电压表盘读数方法

当量程开关拨在交流10V挡时,必须在第三道刻度线上直接读数。

读数举例:如图7所示,量程开关拨在交流10V挡时,指针指在第三道刻度线上7处,此时交流电压为7V。

在第三道刻度线上读数

图7 使用交流10V挡时表盘读数方法

③第二道刻度线同时兼作直流电压挡的标度尺,量程开关拨在直流电压挡时,按表2读数。

表2 测直流电压读数计算

量程开关档位	0.25V	1V	2.5V	10V	50V	250V	500V	1000V	2500V
此时应看第二道刻度线的	50,100,150,200,250	2,4,6,8,10	50,100,150,200,250	2,4,6,8,10	10,20,30,40,50	50,100,150,200,250	10,20,30,40,50	2,4,6,8,10	50,100,150,200,250
表针所指读值需	×0.001	×0.1	×0.01	×1	×1	×1	×10	×100	×10

读数举例:如图8所示,测直流电压时,指针指在第二道刻度线上150/30/6处,当量程开关拨在0.25V挡时为150×0.001=0.15V,拨在1V挡时为6×0.1=0.6V,拨在2.5V挡时为150×0.01=1.5V,拨在10V挡时为6×1=6V,拨在50V挡时为30×1=30V,拨在250V挡时为150×1=150V,拨在500V挡时为30×10=300V,拨在1000V挡时为6×100=600V,红表棒插在2500V插孔时为150×10=1500V。

在第二道刻度线上读数

图8 测量直流电压表盘读数方法

④第二道刻度线同时也是直流电流挡的标度尺,量程开关拨在直流电流挡时,按表3读数。

表3 测直流电流读数计算

量程开关档位	0.5mA	5mA	50mA	500mA	5A
此时应看第二道刻度线的			10,20,30,40,50		
表针所指读数需	×0.01	×0.1	×1	×10	×0.1

读数举例:如图9所示,测直流电流时,指针指在第二道刻度线上125/25/5处,当量程开关拨在0.5mA挡时为25×0.01=0.25mA,拨在5mA挡时为25×0.1=2.5mA,拨在50mA挡时为25×1=25mA,拨在500mA挡时为25×10=250mA,红表棒插在5A插孔时为25×0.1=2.5A。

在第二道刻度线上读数

图9 测量直流电流表盘读数方法

(未完待续) ◇无锡 周金富

注册电气工程师供配电专业知识考题解答⑭

(接上期本版)

解答思路:建筑物引下线→《建筑物防雷设计规范》GB50057-2010→保护人身安全。

解答过程:依据GB50057-2010《建筑物防雷设计规范》第4.5.6条[P7-18]。选A、B、C。

68.按年平均雷暴日数划分地区雷暴日等级,下列哪些描述是正确的?(C、D)

(A)少雷区:年平均雷暴日在30d及以下地区

(B)中雷区:年平均雷暴日大于30d,不超过40d的地区

(C)多雷区:年平均雷暴日大于40d,不超过90d的地区

(D)强雷区:年平均雷暴日超过90d的地区

解答思路:地区雷暴日等级→《建筑物电子信息系统防雷技术规范》GB50343-2012。

解答过程:依据GB50343-2012《建筑物电子信息系统防雷技术规范》第3.2节、第3.1.3条[P57-8]。选C、D。

69. 在380/220V配电系统中,某回路采用低压4芯电缆供电,关于截面选择时需要考虑的因素,下列哪些项是正确的?(A、B、C)

(A)导体的材质和相导体的截面

(B)正常工作时,中性导体预期的最大电流(包括谐波电流)

(C)导体应满足热稳定和动稳定的要求

(D)铝保护接地中性导体的截面积不应小于10mm²

解答思路:低压4芯电缆→《低压配电设计规范》GB50054-2011→截面选择;或《电力工程电缆设计标准》GB50217-2018→电缆导体截面。

解答过程:依据GB50054-2011《低压配电设计规范》第3.2节,第3.2.2条、第3.2.9条、第3.2.10。或GB50217-2018《电力工程电缆设计标准》第3.6节、第3.6.8条~第3.6.10条[P14]。选A、B、C。

70.下列哪些高压设备的选择需要进行动稳定性能校验?(A、C、D)

(A)高压真空接触器

(B)避雷器

(C)并联电抗器

(D)穿墙套管

解答思路:高压设备、动稳定性能校验→《导体和电器选择设计技术规定》DL/T5222-2005。或《工业与民用供配电设计手册(第四版)》。

解答过程:依据DL/T5222-2005《导体和电器选择设计技术规定》第10.5.1条[P32-19]、第20.1.1条[P32-29]、第14.3.1条[P32-23]、第21.0.2条[P32-32]。或《工业与民用供配电设计手册(第四版)》第5章,表5.1-1[P311]。选A、C、D。

(全文完) ◇江苏 健读

TDYB 型多功能电力仪表应用简介(三)

3. 设置电压互感器PT变比

(1) 在接线模式菜单显示界面时，点按▲键一次，即可进入PT变比参数设置界面。如图11所示。界面中显示的"PT"表示当前处于PT(PT是电压互感器的英文缩写，仪表说明书中使用这一符号)变比设置界面；中间一行的数字是待改设置的PT变比；第3行的"SET"表示修改、调整。PT变比的设置范围为1~9999。

PT 0001	PT 0001. SET	PT 01.00 SET	PT 0100
(a)	(b)	(c)	(d)

⑪

(2) 点按MENU菜单键，显示界面切换成图11(b)的样式，最后一位数字（个位数）的小数点变亮。如果系统电压是10kV，则PT变比是10kV/100V=100。

(3) 当系统电压为10kV，PT变比是100时，个位数和十位数无须设置，这时点按◀键两次，使小数点移动至百位数的后边，并点按▲键将百位数的0改为1，如图11(c)所示。

(4) 点按↵键，确认并保存修改后的PT变比，显示界面呈图11(d)的样式，此项参数设置完毕。

4. 设置电流互感器CT变比

(1) 在PT变比菜单显示界面时，点按▲键一次，即可进入CT变比参数设置界面。如图12所示。界面中显示的"CT"表示当前处于电流互感器CT变比设置界面；中间一行的数字是待修改设置的CT变比；第3行的"SET"表示修改、调整。CT变比的设置范围为1~9999。

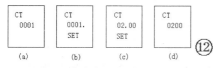

CT 0001	CT 0001. SET	CT 02.00 SET	CT 0200
(a)	(b)	(c)	(d)

⑫

(2) 点按MENU菜单键，显示界面切换成图12(b)的样式，最后一位数字(个位数)的小数点变亮。如果电流互感器一次额定电流为1kA，则CT变比是1kA/5A=200。

(3) 当CT变比是200时，个位数和十位数无须设置，这时点按◀键两次，使小数点移动至百位数的后边，并点按▲键将百位数的0改为2，如图12(c)所示。

(4) 点按↵键，确认并保存修改后的CT变比，显示界面呈图12(d)的样式，此项参数设置完毕。

5. 设置仪表的通信地址

当一个电力系统中使用多台智能化的电力仪表时，须设置仪表的通信地址，以便在上位机或PLC中实现调度、查询等功能。

现将通信地址的设置方法介绍如下。

(1) 在上述CT变比设置菜单时，点按▲键一次，即进入通信地址设置菜单。LCD显示屏上显示的内容与样式见图13。图示中的"ADDR"表示现在处于通信地址设置状态；中间一行的数字是地址编号，其设置范围为1~247，设置超出此范围的数据值时将操作无效。

ADDR 001	ADDR 001. SET	ADDR 03.2 SET	ADDR 032
(a)	(b)	(c)	(d)

⑬

(2) 点按MENU菜单键，显示界面切换成图13(b)的样式，提示可以设置、修改本机的通信地。这时个位数后边的小数点点亮。

(3) 以将地址设置为32为例，可点按▲键一次，将个位数的1改为2。

(4) 点按◀键，移动小数点，使小数点在十位数的后边点亮，然后点按▲键三次，将十位数的0改为3，如图13(C)所示。

(5) 点按↵键，确认并保存修改后的通信地址，如此操作后小数点消失，字符"SET"也同时消失，表示通信地址设置完毕。

6. 设置仪表通讯波特率

(1) 在设置通信地址的显示界面，点按▲键一次，进入通讯波特率设置菜单。此时显示界面如图14(a)所示。图中的"BAUD"表示通讯波特率设置选项；第2行的"4800"表示波特率为4800bps。通讯波特率可设置为4800bps或9600bps。

BAUD 4800	BAUD 9600 SET	BAUD 9600
(a)	(b)	(c)

⑭

(2) 如果4800bps的波特率无须修改，则可直接点按↵键，给以确认和保存。

(3) 若欲将通讯波特率修改为9600bps，须点按MENU菜单键，并点按▲键一次，此时界面显示的波特率更改为9600，如图14(b)所示。

(4) 点按↵键，将修改后的波特率给以确认和保存。

至此，通讯波特率设置完毕。

7. 设置清除已累计的电能电度数值

(1) 在通讯波特率显示菜单时，点按▲键一次，进入清除已累计的电度值的设置菜单。如图15(a)所示。图中的"CLr.E"表示可选择设置清除已累计电度值或不清除已累计电度值。

(2) 如果需要清0当前电度值，可以点按MENU菜单键，此时第2行弹出"n"或者"y"，第3行出现"SET"字样，表示可以修改菜单。显示界面如图15(b)或15(c)所示。图示中的"n"和"y"分别表示"不"和"是"。

CLr.E	CLr.E y SET	CLr.E n SET
(a)	(b)	(c)

⑮

点按▲键，图15(b)或(c)所示的界面会交替出现，当我们需要的界面出现时(清0时选图15b，不清0时选图15c)，点按↵键，即可保存设置，将电度值清0或不清0。

8. 仪表开出继电器的设置

TDYB型系列仪表有两个开出继电器，相应的有两对开出接点，即图7中的31~34号端子对应的DO1和DO2端子。这些端子默认为常开型的。通过参数设置，可以确定这两对端子对应的电参数，当这些确认的电参数值超出设置的高限或低限阈值时，该接点动作，用户可根据需要，将该动作信号用于相关电路。

设置程序介绍如下。

(1) 在设置清除累计电度值的显示界面时，点按▲键，进入继电器RO1设置菜单，界面显示do.1。

(2) 点按MENU菜单键，在弹出的SET界面中，出现可选择的参数，这些参数有UA、UB、UC、Uab、Ubc、Uca、IA、IB、IC、F等，通过点按◀键，选择将对哪个电量进行设置，选择完成后，点按↵键确认并保存。

(3) 选择好电参量后，点按▲键，进入do.1(开出继电器1)的动作选择设置，界面显示如图16(a)。图中的"nonE"是不动作的意思，若确认开出继电器1无须动作，直接点按↵键，则开出继电器do.1的设置结束。

(4) 若需修改开出继电器do.1的动作设置，须点按MENU菜单键，这时显示界面变为图16(b)，之后渐次点按▲键，显示界面在图16的(b)、(c)和(d)之间循环切换，表示开出继电器do.1可以选择不动作(nonE)、低阈值动作(ur.L)或高阈值动作(ur.H)。当所需的动作选择显示在显示屏上时，点按↵键确认并保存。

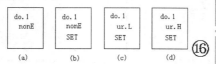

do.1 nonE	do.1 nonE SET	do.1 ur.L SET	do.1 ur.H SET
(a)	(b)	(c)	(d)

⑯

(5) 选择好开出继电器1的动作类型后，点按▲键进入do.1的具体阈值设置，界面显示如图17(a)所示。接着点按MENU菜单键，出现如图17(b)所示的设置界面，通过点按▲键增加数字，配合点按◀键移动小数点，将开出继电器的动作阈值修改成所需数值，并点按↵键确认保存。

do.1 0000	do.1 0000 SET	do.1 0220 SET	do.1 0220
(a)	(b)	(c)	(d)

⑰

图17(d)示出的是低阈值动作的动作值为220V，当电压低于220V时，开出继电器DO1触点闭合，不低于220V时继电器触点复位。

需要说明的是，开出继电器的电压动作阈值，以仪表采集的值为准，如果仪表前端接有电压互感器PT，则开出继电器的实际动作值=设置阈值×PT变比。

另外，开出继电器RO2的动作设置方法与RO1相同，此处不赘述。

(全文完)

变频器的偏置频率和频率增益

什么是变频器的偏置频率和频率增益?其作用功能是怎样的?

部分变频器把与给定信号为0时的对应频率称为偏置频率，用fBI表示，如图1所示。由图可见，给定信号X为0时，变频器的输出频率并不为0，这与我们通常看到的基本频率给定线的形状是不同的。

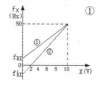

①

偏置频率可以直接用频率值表示，也可以用偏置频率与最大频率比值的百分数表示。

频率增益的示意图可参见图2，当给定信号为最大值Xmax(10V)时，频率增益是变频器的最大给定频率与实际最大输出频率之比的百分数，用G%表示：

$$G\% = \frac{fXM}{fmax} \times 100\%$$

式中，G%——频率增益，%；

fmax——变频器预置的最大频率，Hz；

fXM——虚拟的最大给定频率，Hz。

在这里，当G%<100%时，变频器实际输出的最大频率等于fXM，如图2中的曲线2所示。当G%>100%时，变频器实际输出的最大频率只能与G%=100%时相等，如图2中的曲线3所示。

②

在生产实践中，有时生产机械要求的最低频率和最高频率与基本频率给定线并不一致，所以需要对频率给定线进行适当的调整，使之符合生产实际的要求。所谓调整频率给定线，实际上就是调整频率给定线的起点和终点。偏置频率可以用来调整频率给定线的起点，而频率增益可以用来调整频率给定线的终点。

表1是几种变频器偏置频率和频率增益功能码举例。

◇杨盼红

表1 几种变频器偏置频率和频率增益功能码举例

变频器型号	功能码	功能名称	数据范围	说明
德力西 CDI9100	P00.04	最高频率	50.0~400.0Hz	参见 图 1~2
	P01.14	偏置频率	−50.0~+50.0Hz	
	P01.15	频率设定增益	1~200%	
富士 G11S	F03	最高输出频率	50~400Hz	参见 图 1~2
	F17	频率设定信号增益	0.0~200.0%	
	F18	频率偏置	−400.0~400.0Hz	
海利普 HOLIP-A	CD066	模拟量低端频率	0.00~400.00Hz	参见 图 1~2
	CD067	低端频率偏置方向	0:不能为负 1:可以为负	
	CD068	模拟量高端频率	0.00~400.00Hz	
	CD069	高端频率偏置方向	0:不能为负 1:可以为负	
格立特 VF-10	F22	偏置频率	0.00~400.00Hz	
	F23	频率设定信号增益	0.0~200.0%	
森兰 SB12	F18	频率增益	50~200%	
	F19	偏置频率	0.00~120.00Hz	
	F20	偏置极性	0:正偏 1:负偏	

利用阿里云物联网云平台制作智能电子设备实践(一)
——创建属于自己的产品和设备

一、首先注册并登录阿里云

1. 第一步在阿里云首页面(找不到的直接百度即可),注册并登录后,左上角你会看到有个产品选项。点击阿里云左上方的"产品"——"物联网"——"物联网设备接入"。

2. 如过显示未开通,点击开通即可,是免费的。

3. 第二步进入"物联网设备接入界面"点击"管理控制台",进入管理控制台主界面,设备管理、产品。

二、阿里云物联网云平台创建属于自己的产品

点击设备管理下的"产品"可以看到产品管理的界面,在产品管理界面点击右上角的"创建产品"即可开始创建,接下来按照要求即可填写:

(1)产品名称:自己随意起一个名字即可。

(2)所属分类:里面有一个下拉框可以进行选择,临时选择自定义分类。

(3)节点类型:一般默认(根据自己需求进行更改)。

(4)联网与数据:可以进行选择联网的方式(你的设备通过什么进行接入阿里云),数据有 JSON 格式和自定义透传(两者的区别自己百度一下即可)。

步骤一:

(1)点击左侧栏的"设备管理""–产品"即可看到你的产品界面。

(2)点击"–创建产品",开始创建产品。

步骤二:

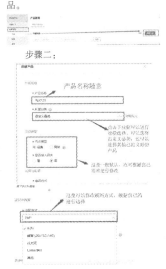

下图是创建产品时填写产品信息的一个完整的界面。

创建完成之后,在你的产品页面你会看到刚才建立的新产品。

以上步骤是如何在自己的阿里云物联网云平台上创建一个属于自己的产品,既然创建了属于自己的产品,产品下的设备肯定是必不可少的了,接下来创建产品下的设备。

三、在产品下创建设备

步骤一:

在上一张图中,点所创建产品的右边的查看可以进入到产品界面,并且在右上方可以看到一个""前往管理"–——进行创建设备。

步骤二:

创建设备界面,你可以看到目前没有任何一个设备,接下来开始创建第一个设备点击右边的"添加设备"。

步骤三:

接下来对设备的信息进行填写

步骤四:

点击创建完成之后会出现以下界面,点任何一个都可以,以后如果想用三元组(产品名、设备名、设备秘钥),去到具体设备界面即可找到。

步骤五:可以看到刚刚创建的设备。

步骤六:

接下来创建第二个设备,也为第二种方法:

如果你之前创建过多个产品和设备,点击设备之后,所有的设备均会进行显示,如果想创建属于某一的产品的设备按照图中先选择产品,在进行新建设备,就创建了你想要的那个产品下的设备了。

同上,第二个设备可以用 MQTT 客户端来虚拟模拟设备,或者接入现实中第二个设备。

同一产品下的多个设备就创建好了,属于你自己的产品和设备建立完毕。

(未完待续)

◇上海 李福赞

三菱编程软件 3 种格式文件的相互读取和写入操作(一)

三菱可编程序控制器 FX 系数可以使用的编程软件有 FXGPWIN、GX Developer 和 GX-works2 等,生成的应用程序或工程分别是 4 个文件、1 个子目录和 3 个文件、单个文件。本文对这 3 个版本的格式文件如何进行后者读取或写入前者格式文件的操作进行了介绍,供初学者参考。文中使用 window XP 系统,分别安装了三菱 FXGPWIN V3.3、GX Developer Ver8.86Q 和 GX-works2 V1.77F 编程软件。读者操作时应按自己电脑上这 3 种格式文件存放的驱动器、路径和目录进行。

1. GX Developer 读取 FXGPWIN 程序

用 GX Developer 编程软件读取由 FXGPWIN 的程序前,已经存在了一个用 FXGPWIN3.3 编写的应用程序,名称为"真石漆",存放在目录"真石漆控制"中,内有"真石漆.COW""真石漆.DMW""真石漆.PMW"和"真石漆.PTW"4 个文件。读取步骤如下:

步骤1,打开 GX Developer 编程软件

点击"开始"菜单下的"GX Developer"软件图标使其运行,并进入初始界面,如图1所示。

图 1　GX Developer 初始界面

步骤2,进入读取方式

点击"工程"下列菜单,在弹出的菜单上选择"读取其他格式的文件(I)",再点击"读取 FXGP(WIN)格式文件(F)…"命令,如图 2 所示。点击后弹出的如图 3 所示的"读取 FXGP(WIN)格式文件"对话框。

步骤3,选择存放路径

在弹出的如图 3 所示的对话框中,点击"浏览"按钮,弹出"打开系统名,机器名"对话框,如图 4 所示。在图 4 中,点击

"选择驱动器"右边下拉列表内的倒三角,在列表中选中存放在由 FXGPWIN33 编写的应用程序驱动器明,如"-d-",如图 5 所示。再在图 5 中,逐级打开目录直到找到"真石漆控制"目录下的应用程序"真石漆",并点击选中,如图 6 所示。再点击"确认"按钮,返回到"读取 FXGP(WIN)格式文件"的对话框。

图 2　选读取方式

图 3　读取对话框

图 4　选择驱动器

图 5　选中驱动器

图 6　确定存放目录

(未完待续) 　　◇键谈

编辑:张天红　投稿邮箱:dzbnew@163.com

解读电热水器的节能环保"密码"(二)

(接上期本版)

安全阀是热水器非常重要的一个保护器件,它安装在热水器的进水管出口处,与热水器进水口相连,当热水器加热或注水时,或外界水压过大时,往往会导致热水器内胆所承受的压力增加,当超过安全阀的设定压力值时(一般为 0.7~0.75MPa)安全阀就动作,并从安全阀的泄压口处排泄管流水,属正常现象。通过将内胆的部分水、气排出使内胆保持在一定的压力范围内,对内胆起到很好的保护作用。注意事项:安全阀的排泄管应保持与大气相通,切勿将其堵塞,可将溢水排至下水道中,排泄管应保持向下倾斜安装。

很多人觉得燃气热水器不安全,而电热水器的使用寿命又相对来说要短一些。其实两种产品各有利弊,怎么选择还是要根据自己的使用环境和现有的条件来决定。燃气热水器不能装在卫生间里,一般装在生活阳台或通道等地方。不用预热也没有洗浴时间的限制,热水器本身贵一些,要注意安全方面。影响热水器耗电的关键是保温性能,应重点考虑。电热水器的寿命问题一直是个难题,其中最为关键的便是热水器的内胆寿命,一台电热水器的内胆漏水便意味着这台热水器的寿命已到尽头。夏季用电量相对比较大,这样电热水器的费用相对会高一些,家中如果人比较多的话,也会延长等待的时间。电热水器是通过加热棒来加热内胆中的水,水受热温度升高,达到设定的温度,热水器就停止加热。在加热的时候,热水器的功率就是热水器的实际功率。停止加热时,热水器处于关闭状态,是不耗电的。节能省电的方法就是要尽量缩短加热时间,增加保温效果,减少不必要的热水损失。

2. 电热水器的节能方法

电热水器的节能主要依靠节能技术的提高,而节能技术又表现在三个方面:一是电热水器的保温效果;二是电热水器加热管的热效率;三是电热水器温控器的质量。而这三方面中,保温效果是至关重要的,保温效果取决于保温层的厚度、密度和保温层的工艺等,可以说保温层保温效果好就省电。对于这一方面,国内知名电热水器品牌都已达成了共识,因此在如何提高保温效果上均使出了看家本领,比如海尔的节能产品率先推出全方位保温技术。一般热水器右端盖没有保温层,是保温的盲区,热水很大一部分的热量是通过该处散发出去的。为解决这一问题,海尔采用了全方位保温技术,保温层对内胆进行全方位覆盖,保温能耗可以减少 30% 左右,24 小时保温能耗可以减少 0.28 千瓦时。目前阿里斯顿电热水器的保温采用了无氟聚氨酯的整体发泡技术,该技术是应用高性能的进口灌注机械,把无氟聚氨酯原料混合后,注入热水器内胆和外壳间的空腔中发泡。发泡成型后,水箱内胆、外壳和端盖形成一个整体,从而形成超厚的无氟聚氨酯保温层。这一技术工艺复杂、用料多、密度高、加工难度大,但具有优良的保温性能。目前无氟聚氨酯材料是保温效果最好的材料,所以许多有经济和技术实力的厂家都在使用这一技术,像帅康电热水器的保温技术也采用了这种整体发泡工艺,使密封性大大加强,达到了优良的节能效果,断电 48 小时温降只有12度。

一般情况下季节不同、室温不同、个人对洗浴温度的要求不同,使用电热水器的加热时间也不相同,40L 容积、1500W 功率、温度上升 1℃约需要 1.87 分钟。容积为 40L 热水器,在夏天水温一般为 20℃,热水器加热到最高温度75℃,人的洗浴温度为 42℃,正常水压下,喷头每分钟的出水量为 5L,则可连续出水 15 分钟。但实际上,我们在搓澡和用沐浴露时水龙头是关闭的,所以一般情况下,整个洗浴过程中水龙头只需要打开 10 分钟左右,所以 40L 的水加热到 75℃足够一个人洗浴。其他容积内胆热水器的洗浴时间依此类推。

电热水器使用时间不长,但热水量少,这种情况在气温低的季节比较明显,并不是热水器存在问题,主要是以下几种因素影响的:室温较低,人体皮肤对环境温度的要求变高,冷的感觉很明显;自来水温度低,虽然热水器内的热水量不变,但混合水的总量变少了;室温较低,热水流出后有大量的热量迅速地散发到空气中,降低了水的热度;年龄、性别的差异:一般来说,老年人、女性用水量较多,造成了感觉的误说;混水流量过大,导致部分热水未得到充分使用即流掉。由于这些原因造成热水、热量的散失,因而觉得热水量少了。

对于不经常使用热水的家庭,这里指至少两天才使用一次热水洗澡,使用的频率不高,这样的家庭可在洗澡前一个小时开始通电加热,洗完澡后关闭,平常的时候使热水器处于关闭状态。这样能使电能消耗处于最少的状态,从而最大程度上节省电费。对于每天都使用热水器,仅仅用来洗澡,热水的使用量不大的家庭,也是在洗澡前一个小时左右打开热水器加热。如果每天相对固定的时间洗澡的话,可以购买电脑控制的热水器产品,利用其定时加热功能来完成。洗澡之后关闭热水器。对于经常使用的情况(一般是厨房和卫生间同时使用一台热水器,煮饭、洗碗、洗澡都用热水)建议保持热水器处于一直开启状态,可以根据使用的频率和热水的使用量来调节热水温度,使用量不大的情况,可以把温度调低一点,使用量大的情况下可以调高一点。对于一直在使用的情况(一般指商业用户)那只能保持热水器常开的状态,但同样可以根据客人的多少来适当调节热水的温度,从而最大程度节省电费。另外根据季节和地域的不同,在夏季和炎热地区可以适当调低温度,冬季和寒冷地区适当调高温度。同样能有效节省电费。

3. 电热水器的安全使用事项

时下,热水器成了家庭中经常使用的产品,为预防使用时发生意外事故,使用热水器时要注意以下注意事项。

家庭的室内布线应可靠接地,且接地电阻值不得大于 4Ω。家用插座,不管单相电源还是三相电源,其接地必须与电源的地线链接,插座的接地极不允许空着。电热水器配备的插座,应为带地线的固定专用插座,不能使用移动式电源接线板。插座的结构、容量和插孔尺寸应与电热水器电源插头相匹配。插座位置于电热水器出水口水平位置上方,要避免被水喷溅而产生短路危险。热水器的供电电源必须具备可靠的接地线,家用供电系统必须具备漏电保护装置;必须使用固定的三眼插座,且相线,零线,地线连接位置正确;电源插座的位置应设置在水流无法溅到的地方,并使用防溅插座;配备漏电保护插头的热水器不得使用带开关的电源插座;使用专用电源插座;禁止用湿手插拔电源插头,否则易发生触电事故。

冬季使用后应放水防冻。当室外气温低于 0℃时,应关闭机器的进水开关阀,打开出水阀门并将喷头放到靠近地面的位置,将机器出水口处的泄压阀拧下,同时拆下进水口处的调水杆,进行放水防冻。在使用后、外出或就寝前,应关闭燃气阀门。

每周要对热水器电源线上的漏电保护开关进行一次漏电测验,若不能正常断开,请立即停止使用热水器,并立刻与专业维修人员联系解决。电热水器的使用寿命不应超过 6 年,如超过年限还继续使用,就会存在安全隐患,需要及时更换。

如果家中的电源不符合上述要求,切勿继续使用热水器。务必对家庭电源系统进行改造,达到以上标准后,才可正常使用为了家人的安全,不怕一万就怕万一,可得小心使用。

在电热水器中一般都会配有镁棒,它的作用是保护热水器的内胆。镁棒属于一种消耗材料,根据各区域水质的不同,镁棒的使用寿命也不同。在热水器使用一段时间(一般在 2~3 年)后镁棒会自然消耗完,这时候便需要更换镁棒。具体情况也可通过咨询厂家售后服务得知。对于同样容积的热水器,加热温度设定的越高,热水产量也就越大。在一次性将热水器中热水用尽后,热水器可能需要一段时间后才能将内部的重新水加热到设定温度。

电热水器在选购时最好选购大品牌厂家生产的品质和安全有较好的保障的产品。另外就要考虑到家中的电源容量是否能满足需要,尤其即热式电热水器对用户电源容量要求较高。

(未完待续) ◇刘潇 肖九梅

首款 120W 快充移动电源

紫米20号移动电源作为紫米10号的升级,拥有2500mAh超大容量,侧面配有一块LED屏幕,可以显示实时自身电量,顶部配有两个Type-C接口和一个USB A接口。

作为目前唯一一款支持小米10Pro至尊纪念版的120W快充移动电源,25分钟可以将小米10至尊纪念版充满。

第一个C口支持单口100W,多口65W。

第二个A口支持单口120W也就是小米10至尊版的那个专用口。

第三个C口支持单口45W,多口18W。

附送了一根C to C线和一根A to C的线。

不过由于拥有2500mAh超大容量,紫米20号板砖一样硕大的体积,高达一斤的重量就能够劝退很多人,日常轻薄出街明显是没办法携带的。但对于经常出差有大容量电池以及快速充电需求,并且有多台笔记本、手环、无人机、小米11、小米10U这些机器需要充电的用户来说,紫米20号就是一个非常重要的电源补给站,25000毫安时电池不到100wh 额定能量刚好可以带上飞机,对比市面上同样200W或者100W大功率充电宝高达千元的售价来说,紫米20号399元的售价也能让人接受。

---

iPhone12 绿屏检测最简单方法

在苹果最新上市的 iPhone12 系列中,由于各种原因,存在部分手机屏幕翻绿的情况,这里教大家一个最简便的检测方法,以便在购买使用后第一时间发现,尽量减少自己的损失。

将手机亮度调至 50% 左右,关灯,尽量确保周边环境没有光线,打开微信的摇一摇界面,或者打开一张纯黑色的图,如果没有泛绿光,OK,说明屏幕没有问题;反之就是绿屏了。

一款优秀的视频录制软件——OBS Studio

如今作为流媒体时代,视频录制太重要了,很多朋友都推荐OBS Studio(以下简称"OBS")视频录制软件,那么OBS有哪些特点呢?

OBS Studio
版本:26.1.1　　类型:录像软件
大小:72.1MB　　更新:2021-01-07
环境:WinAll　　语言:简体中文

立即下载

显卡录制H265

无论是"挖矿"还是"游戏""视频录制"等,GPU的重要性已经不低于CPU了。虽然CPU仍然是一台PC机的核心和大脑,并且具有不可或缺的通用性。但是,随着厂商的努力和SDK的开放,显卡运算涉及游戏以外的越来越多领域,有非常多的软件已经可以享受到不小的实惠。

目前支持显卡录制的软件有不少,但是质量好的只有OBS。其他软件只能通过20M以上的码率来保证画面质量,然而这个码率毫无疑问是过高和溢出的,导致用户需要付出额外的存储、压缩、后期成本,浪费非常多的时间。

OBS是开源项目,发展速度比市面上的共享软件快多了,结合已经做了十几年开源的FFMpeg库,OBS使用显卡编码获得的画面质量高到令人瞪目结舌。

很多时候,一样的码率,有的视频清晰有的视频模糊,这取决于非常多因素,软件所用的编码器关系其大。市面上其他录制软件,用3.5M的显卡编码录H265,其效果只能用惨不忍睹来形容。就连N卡自带的工具都得10M以上才能保证画质。

在OBS里使用显卡录H265的设置其实不难,在"输出"选项页面,输出模式要选高级,如果选的简单,格式只能跟着串流设置走,而目前串流还未支持H265。

接着在录像页面进行详细设置:

1. 容器选择Matroska。

因为FLV格式不支持多音轨,MP4格式损坏救不回。需要支持多音轨,并且遇到意外(比如死机断电)还可以救回视频文件的,只有Matroska,也就是MKV。

2. 视频比特率根据自己实际需求调整。

比如录制1080P的游戏,3.5M基本够用,如果想保持观感原画,就往上加一点到4.5M。如果不是H265,或者别的软件录H265,至少要10M才能保证画质,到时候又得重新压缩,或者后期,还额外占用存储空间和上传时间。

3. 视频编码器选hevc_nvenc,就是显卡用NVENC编H265(hevc)了。如果用其他集显,那就是Intel的QSV(Quick Sync Video)或者AMD的VCE。

4. 视频编码器设置这里其实可以不用填。

这个设置最早是使用CPU压x264时,用来压榨性能的,有人用500K的码率播LOL,或者1.5M的码率播FPS,或者极差的CPU做优化。现在根本用不着。而且显卡编码的库和规范是另一个,大部分参数几乎没有用。

5. 音频比特率选AAC+128K就够了。

除非录演唱会啥的对音质要求很高的场合。而音轨的话,如果有多音轨需求,就要勾上多个。

按照以上几个设置,录制出来的就是一个能满足99%需要的视频文件了。这样的视频文件首先满足了用显卡编码出的质量极高的H265画面;其次拥有多音轨;最后遇到意外视频文件还有救(可能会损失几分钟),如果录制时用MP4格式就没救了。

在OBS里,本地文件选择MP4的时候,OBS会提醒你"MP4文件无法恢复"。

多音轨录制

首先,在混音器界面右击,点高级音频属性。

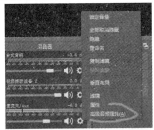

在这个界面里,根据自己的实际需求设置轨道。

举个例子,假如需求是:游戏声音+实况解说,只保留有无人声的游戏声音,不需要后期录制解说。

那么可以这样设置:台式音响(即电脑的声音,或者说游戏的声音)勾上"1"和"2"轨道;麦克风勾上"1"和"3"轨道。

效果就是,台式音响和麦克风都输出到了"1"轨道,这时候轨道"1"就包含游戏声和麦克风录到的实况解说人声。轨道"2"只有游戏声,轨道"3"只有人声。

其实轨道"3"可以不要,理论上来说,轨道"1"减去轨道"2"就能得到人声,但是还需要后期处理,因此多选择一下128K码率,免得后期折腾。

这样的好处是:录制完成的MKV文件可以直接上传到各大视频网站。只需把".MKV"后缀改成".MP4",直接上传即可。传上去的视频默认音轨"1",实况播出时不用后期录解说了,而且码率也低,只有3、4M左右,不用后期二次压缩,省空间,省时间。

几乎所有的主流视频网站都支持MKV格式的视频文件,包括"优酷、AB站、网易、搜狐、头条、知乎、微博"等;目前唯一一个不支持H265的是ZEALER旗下的Zaaap编辑器(一边上传一边由浏览器进行转码,H265传不动)。

防损坏功能

用MKV格式录制,万一断电、死机等,不会导致整个文件损坏,只会丢掉末尾的几分钟。其实如果要尽量减小损坏,FLV的损失是最小的,但是它很多特性不支持,比如多音轨,如果不需求H265和多音轨,比如只是要一份直播串流备份,直接使用直播时的设置输出FLV文件也是个不错的选择。

即时回放

不过美中不足的是当输出模式如果设置为高级,并且录制类型为"自定义输出(FFmpeg)"时,那么回放缓存是不可用的。

解决方法:只有当录制设置为标准时,回放缓存才可用;但是这样一来,只能选择H264编码器。这两者看来只能做一个取舍了。

既然不自定义输出了,输出模式就简单,直接跟着串流走。

即时回放功能是这样的,在按下特定快捷键(自定义)时,会将过去一段时间的画面单独保存为一个文件。比如有精彩击杀时,只需要这个镜头,而不想把整个游玩过程都录下来,就可以使用此功能。

设置好回放缓存的快捷键就行了。

OBS相比N卡驱动自带的ShadowPlay及时回放功能最大区别是,N卡的这个功能是缓存在硬盘上的,类似于监控或者行车记录仪,不停的记录然后删去过时文件。这会导致系统盘SSD读写异常的高,因为这个功能要无时无刻地读写、删除,对于SSD来说还是很致命的。所以如果你要开启此功能,一定要将"临时文件"设置到一个HDD上。

而OBS这个功能是缓存在内存里,按下快捷键再保存到硬盘上,更为合理。此外,ShadowPlay的直播平台在国内已经"404"了,国内还是直接用OBS吧。

总的说来OBS视频录制功能强、画质好、占用小、更新快、免费开源、无水印、众多插件等优点,如果还在用其他视频录制的朋友不妨试试OBS吧。

单片机解密方式

一、什么是单片机解密？

单片机（MCU）一般都有内部程序区和数据区（或者其一）供用户存放程序和工作数据（或者其一）。为了防止未经授权访问或拷贝单片机的机内程序，大部分单片机都带有加密锁定位或者加密字节，以保护片内程序。

如果在编程时加密锁定位被使能（锁定），就无法用普通编程器直接读取单片机内的程序，这叫做单片机加密。

PS：单片机程序基本上都存在于Flash中，大部分能够读取或者识别Flash上的数据就能够获得Firmware文件，从而给复制产品带来了机会。

单片机攻击者借助专用设备或者自制设备，利用单片机芯片设计上的漏洞或软件缺陷，通过多种技术手段，就可以从芯片中提取关键信息，获取单片机内程序这就叫单片机解密。

单片机解密又叫单片机破解、芯片解密、IC解密，但是严格说来这几种称呼都不科学，但已经成了习惯叫法，我们把CPLD解密、DSP解密都习惯称为单片机解密。单片机只是能装载程序芯片的其中一个类。

能烧录程序并能加密的芯片还有DSP、CPLD、PLD、AVR、ARM等。当然具有存储功能的存储器芯片也能加密，比如DS2401、DS2501、AT88S0104、DM2602、AT88SC0104D等，当中也有专门设计有加密算法用于专业加密的芯片或设计验证厂家代码工作等功能芯片，该类芯片也能实现防止电子产品复制的目的。

二、单片机解密方法

1. 软件攻击

该技术通常使用处理器通信接口并利用协议、加密算法或这些算法中的安全漏洞来进行攻击。

比如一个典型事例是对早期XXX系列单片机的攻击。攻击者利用了该系列单片机擦除操作时序设计上的漏洞，使用自编程序在擦除加密锁定位后，停止下一步擦除片内程序存储器数据的操作，从而使加过密的单片机变成没加密的单片机，然后利用编程器读出片内程序。

目前在其他加密方法的基础上，可以研究出一些设备，配合一定的软件，来做软件解密。

还有比如利用某些编程器定位插字节，通过一定的方法查找芯片中是否有连续空位，也就是说查找芯片中连续的FFFF字节，插入的字节能够执行把片内的程序送到片外的指令，然后在片外的设备上进行截获，这样芯片内部的程序就被解密完成了。

2. 电子探测攻击

该技术通常以高时间分辨率来监控处理器在正常操作时所有电源和接口连接的模拟特性，并通过监控它的电磁辐射特性来实施攻击。

因为单片机是一个活动的电子器件，当它执行不同的指令时，对应的电源功率消耗也相应变化。这样通过使用特殊的电子测量仪器和数学统计方法分析和检测这些变化，即可获取单片机中的特定关键信息。

3. 过错产生技术

该技术使用异常工作条件来使处理器出错，然后提供额外的访问来进行攻击。使用最广泛的过错产生攻击手段包括电压冲击和时钟冲击。

低电压和高电压攻击可用来禁止保护电路工作或强制处理器执行错误操作。时钟瞬态跳变也许会复位保护电路而不会破坏受保护信息。电源和时钟瞬态跳变可在某些处理器中影响单条指令的解码和执行。

PS：该办法就是使得单片机异常运行从而使得单片机处于非保护状态。

4. 探针技术

该技术是直接暴露芯片内部连线，然后观察、操控、干扰单片机以达到攻击的目的。

PS：芯片内部都完全暴露了，芯片正在瑟瑟发抖！

三、单片机解密分类

为了方便起见，人们将以上四种攻击技术分成两类，一类是侵入型攻击（物理攻击），这类攻击需要破坏封装，然后借助半导体测试设备、显微镜和微定位器，在专门的实验室花上几小时甚至几周时间才能完成。

所有的微探针技术都属于侵入型攻击。另外三种方法属于非侵入型攻击，被攻击的单片机不会被物理损坏。在某些场合非侵入型攻击是特别危险的，这是因为非侵入型攻击所需设备通常可以自制和升级，因此非常廉价。

大部分非侵入型攻击需要攻击者具备良好的处理器知识和软件知识。与之相反，侵入型的探针攻击则不需要太多的初始知识，而且通常可用一整套相似的技术对付宽范围的产品。

因此，对单片机的攻击往往从侵入型的反向工程开始，积累的经验有助于开发更加廉价和快速的非侵入型攻击技术。

四、侵入式解密过程

侵入型攻击的第一步是揭去芯片封装（简称"开盖"有时候称"开封"，英文为"DECAP"，decapsulation）。有两种方法可以达到这一目的。

第一种是完全溶解掉芯片封装，暴露金属连线。

第二种是只移掉硅核上面的塑料封装。

第一种方法需要将芯片绑定到测试夹具上，借助绑定台来操作。第二种方法除了需要具备攻击者一定的知识和必要的技能外，还需要个人的智慧和耐心，但操作起来相对比较方便，完全实验室可操作。

芯片上面的塑料可以用小刀揭开，芯片周围的环氧树脂可以用浓硝酸蚀掉。热的浓硝酸可溶解掉芯片封装而不会影响芯片及连线。该过程一般在非常干燥的条件下进行，因为水的存在可能会侵蚀已暴露的铝线连接（这就可能造成解密失败）。

接着在超声池里先用丙酮清洗该芯片以除去残余硝酸，并浸泡。

最后一步是寻找保护熔丝的位置并将保护熔丝暴露在紫外光下。一般用一台放大倍数至少100倍的显微镜，从编程电压输入脚的连线跟踪进去，来寻找保护熔丝。若没有显微镜，则采用将芯片的不同部分暴露到紫外光下并观察结果的方式进行简单的搜索。

操作时应用不透明的物体覆盖芯片以保护程序存储器不被紫外光擦除。将保护熔丝暴露在紫外光下5~10分钟就能破坏掉保护位的保护作用，之后，使用简单的编程器就可直接读出程序存储器的内容。

对于使用了防护层来保护EEPROM单元的单片机来说，使用紫外光复位保护电路是不可行的。对于这种类型的单片机，一般使用微探针技术来读取存储器内容。在芯片封装打开后，将芯片置于显微镜下就能够很容易地找到从存储器连到电路其他部分的数据总线。

由于某种原因，芯片锁定位在编程模式下并不锁定对存储器的访问。利用这一缺陷将探针放在数据线上面就能读到所有想要的数据。在编程模式下，重启读过程并连接探针到另外的数据线上，就可以读出程序和数据存储器中的所有信息。还有一种可能的攻击手段是借助显微镜和激光切割机等设备来寻找保护熔丝，从而寻查和这部分电路相联系的信号线。

由于设计有缺陷，因此，只要切断从保护熔丝到其他电路的某一根信号线（或切割掉整个加密电路）或连接1~3根

金线（通常称FIB：focused ion beam），就能禁止整个保护功能，这样使用简单的编程器就能直接读出程序存储器的内容。虽然大多数普通单片机都具有熔丝烧断保护单片机内代码的功能，但由于通用低档的单片机并非定位于制作安全类产品，因此，它们往往没有提供有针对性的防范措施且安全级别较低。

加上单片机应用场合广泛，销售量大，厂商间委托加工与技术转让频繁，大量技术资料外泄，使得利用该类芯片的设计漏洞和厂商的测试接口，并通过修改熔丝保护位等侵入型攻击或非侵入型攻击手段来读取单片机的内部程序变得比较容易。

五、单片机解密几点建议

任何一款单片机从理论上讲，攻击者均可利用足够的投资和时间使用以上方法来解密。这是系统设计者应该始终牢记的基本原则。

因此，作为电子产品的设计工程师非常有必要了解当前单片机攻击的最新技术，做到知己知彼，心中有数，才能有效防止自己花费大量金钱和时间辛辛苦苦设计出来的产品被人家一夜之间仿冒的事情发生。

下面是根据某公司的解密实践提出的建议：

（1）在选定加密芯片前，要充分调研，了解单片机破解技术的新进展，包括哪些单片机是已经确认可以破解的。尽量不选用已可破解或同系列、同型号的芯片选择采用新工艺、新结构、上市时间较短的单片机。

（2）对于安全性要求高的项目，尽量不要使用普及程度最高，被研究得最透的芯片。

（3）产品的原创者，一般具有产量大的特点，所以可以选用比较生僻、偏冷门的单片机来加大仿冒者采购的难度，选用一些生僻的单片机。

（4）在设计成本许可的条件下，应选用具有硬件自毁功能的智能卡芯片，以有效对付物理攻击；另外程序设计的时候，加入时间倒计时功能，比如用到1年，自动停止所有功能的运行，这样会增加破解者的成本。

（5）如果条件许可，可采用两片不同型号单片机互为备份，相互验证，从而增加破解成本。

（6）打磨掉芯片型号等信息或者重新印上其他的型号，以假乱真。

（7）可以利用单片机未公开、未被利用的标志位或单元，作为软件标志位。

（8）你应在程序区写上你的大名单位开发时间及仿制必究的说法，以备获得法律保护；另外写上你的大名的时候，可以是随机的，也就是说，采用某算法，外部不同条件下，你的名字不同，比如 www.XXXXX.com、www.XXXXX.cn、www.XXXXX.com.cn等，这样比较难反汇编修改。

（9）采用高档的编程器，烧断内部的部分管脚，还可以采用自制的设备烧断金线，这个目前国内几乎不能解密，即使解密，也要用上万的费用，需要多个母片。

（10）采用保密硅胶（环氧树脂灌封胶）封住整个电路板，PCB上多一些没有用途的焊盘，在硅胶中还可以掺杂一些没有用途的元件，同时把MCU周围电路的电子元件尽量抹掉型号。

（11）可以用编程器把空白区域中的FF改成00，也就是把一些未使用的空间都填充好，这样一般解密器也就找不到芯片中的空位，也就无法执行以后的解密操作。

当然，要想从根本上防止单片机被解密，那是不可能的，加密技术不断发展，解密技术也不断发展，现在不管哪个单片机，只要有人肯出钱去做，基本都可以做出来，只不过代价高低和周期长短的问题，编程者还可以从法律的途径对自己的开发作出保护（比如专利）。

电子工程师常用的 42 款工具

电子工程师是一个对从事集成电路、电子电气设备等相关产品生产、研发工作的技术人员的统称，一般分为硬件工程师和软件工程师。

硬件工程师主要要了解电路方面的知识，知道常用电子元器件的作用、原理，会使用电子测量工具，会使用电子生产工具，还要会装配、测试、生产工艺、维修等等，是技术与手动操作的结合。

软件工程师则精通电路知识模拟电路，数字电路，会分析电路图，设计电路图，制作PCB，了解各类电子元器件的原理、用途、型号，精通单片机开发技术，会使用编程语言（汇编语言，C语言），能很熟练地用电脑作为辅助设计工具进行工作，能得心应手的使用常用的设计软件。

今天笔者就来给大家介绍一下目前电子工程师常用的硬件/软件工具。

电子工程师常用硬件工具盘点

分类	工具	用途	图片示例
测量工具	万用表	测量电压、电流、电阻、电容、电感、频率等	
	示波器	把电信号变换成可视图像，观察信号的变化	
	频谱仪	测量信号的功率，频率，失真产物等	
	非接触式电压测试仪	简单测量电压的有无	
	PCB尺	进行简单的测量，如线规、电路板走线宽度、晶体管和二极管封图以及引脚排列等	
原型开发工具	面包板	无焊料板，可重复使用，大多使用跳线。	
	跳线	在面包板上进行连接的工具	
焊接工具	电烙铁	焊接元器件	
	焊锡	焊接用的连接剂	
	吸锡器	拆卸零件时，清除焊盘上的焊锡	
	松香	助焊剂，使焊点牢固，光滑、光亮	
切削工具	剥线钳	剥去电线的绝缘层，具有多种形状与尺寸	
	剪线钳	剪断剩余多余的引脚等	

夹持&拧动工具 / 粘接&清洗工具 / 其他

分类	工具	用途	图片示例
夹持&拧动工具	螺丝刀、钳子	螺丝刀用于拧松或拧紧螺丝，钳子用于夹持、拧动一些比较硬的东西	
	镊子、止血钳	夹持元器件或其它物体，止血钳有自顶住功能	
	芯片拔起器	拔起在插座里的芯片，主要用于PLCC封装	
粘接&清洗工具	胶水、胶布	固定、粘接物体，或绝缘用	
	热缩套管	绝缘和包扎电缆	
	热风枪	焊接或摘取元器件	
	酒精、松节油、天那水	很好的有机溶剂，用于清洗元件、电路板等	
	药棉	用于粘起溶液，进行涂抹、清洗等功能	
	毛刷、洗耳球	吹气、清除灰尘等	
其他	静电手环	释放人体所存留的静电以起到保护电子芯片作用的小型设备	
	可变电源	可提供不同的电压和电流	

电子工程师常用软件盘点

功能	软件	优势
电路设计与仿真	MATLAB	◆拥有众多的面向具体应用的工具箱和仿真模块 ◆数据采集、报告生成等功能
	SPICE	◆功能最为强大的模拟和数字电路混合仿真EDA软件，能在同一窗口内同时显示模拟与数字的的仿真结果 ◆仿真结果精确，能自行建立元器件及元器件库
	EWB	◆小巧、只有16M ◆模拟电路的混合仿真功能十分强大、几乎100%地仿真 ◆桌面供万用表、示波器、信号发生器、扫频仪十仪器仪表
	Multisim	◆平面式的仿真分析能力 ◆支持多人交互式绘建电路原理图，并对电路进行仿真
PCB设计	Cadence Allegro	◆高端PCB软件，市场占有率高，高速设计中的实际工业标准 ◆功能强大，是当前高速、高密度、多层的复杂PCB设计布线工具的首选
	Cadence Orcad	◆相比于Allegro功能较弱，但价格低 ◆操作界面友观，世界上使用最广泛的EDA软件
	Mentor EN系列 Mentor WG系列	◆均是高端的PCB软件，专业性强 ◆Mentor Expedition（WG系列）是拉线最顺畅的软件，被誉为拉线王
	Mentor PADS	◆最优秀的低端PCB软件 ◆界面友好，容易上手，功能强大 ◆在中小企业用户中占有很大的市场份额
	Protel/AD	◆完胜的全方位电信设计系统，电原理图绘制，可编程逻辑器件设计等 ◆具有Client/Server客户/服务器体系结构 ◆兼容一些其它设计软件的文件格式，如ORCAD、PSPICE、EXCEL等
IC设计软件	输入工具 / VHDL、Verilog HDL	◆VHDL是ASIC设计和PLD设计的一种主要输入工具 ◆Verilog HDL的用户广，业界公司一般都使用它，在ASIC设计方面它与VHDL语言平分秋色
	仿真工具（数字）/ VCS、VSS、Model Sim等	◆几乎每个公司的EDA产品都有仿真工具，都势是各大EDA公司都逐渐采用HDL仿真器作为电路验证的工具。
	综合工具 / Design Compile	◆Design Compile是综合的工业标准
	FPGA综合工具 / FPGA Express、Synplify Pro、Leonardo	◆这三个FPGA综合软件占了市场的绝大部分
	布局和布线 / Cadence spectra	◆标准单元、门阵列可实现交互布线
	物理验证工具 / Cadence	◆Cadence的Dracula、Virtuso、Vampire等物理工具很强大，有众多的使用者
	模拟电路仿真 / HSPICE	◆模型最多，仿真的精度也最高
PLD设计工具	MAX+PLUS II	◆亚太用户多 ◆提供较多形式的设计输入手段，捆绑第三方VHDL综合工具，如FPGA Express、ModelSim等
	Vertex—II Pro	◆欧洲用户多 ◆器件已达到800万门

经典数字电路最常见的 17 个问题总结（一）

熟悉一下数字电路一些问题，从细节入手，温故而知新。

01 什么是同步逻辑和异步逻辑，同步电路和异步电路的区别是什么？

同步逻辑是时钟之间有固定的因果关系。异步逻辑是各时钟之间没有固定的因果关系。

电路设计可分类为同步电路和异步电路设计。同步电路利用时钟脉冲使其子系统同步运作，而异步电路不使用时钟脉冲使做同步，其子系统是使用特殊的"开始"和"完成"信号使之同步。

由于异步电路具有下列优点——无时钟歪斜问题、低电源消耗、平均效能而非最差效能、模块性、可组合和可复用性——因此近年来对异步电路研究增加快速，论文发表数以倍增，而Intel Pentium 4 处理器设计，也开始采用异步电路设计。

异步电路主要是组合逻辑电路，用于产生地址译码器、FIFO 或 RAM 的读写控制信号脉冲，其逻辑输出与任何时钟信号都没有关系，译码输出产生的毛刺通常是可以监控的。

同步电路是由时序电路（寄存器和各种触发器）和组合逻辑电路构成的电路，其所有操作都是在严格的时钟控制下完成的。这些时序电路共享同一个时钟 CLK，而所有的状态变化都是在时钟的上升沿（或下降沿）完成的。

02 什么是"线与"逻辑，要实现它，在硬件特性上有什么具体要求？

线与逻辑是两个输出信号相连可以实现与的功能。在硬件上，要用 oc 门来实现（漏极或者集电极开路）。

由于不用 oc 门可能使灌电流过大，而烧坏逻辑门，同时在输出端口应加一个上拉电阻（或下拉电阻）。

03 什么是Setup和Holdup 时间,Setup和Holdup 时间区别?

Setup/Hold time 是测试芯片对输入信号与时钟信号之间的时间要求。建立时间是指触发器的时钟信号上升沿到来以前，数据稳定不变的时间。

输入信号应提前时钟上升沿（如上升沿有效）T时间到达芯片，这个 T 就是建立时间–Setup time。

如不满足 Setup time，这个数据就不能被这一时钟打入触发器，只有在下一个时钟上升沿，数据才能被打入触发器。

保持时间是指触发器的时钟信号上升沿到来以后，数据稳定不变的时间。如果 Hold time 不够，数据同样不能被打入触发器。

建立时间(Setup Time)和保持时间(Hold time)。建立时间是指时钟沿前，数据信号需要保持不变的时间。保持时间是指时钟跳变边沿后数据信号需要保持不变的时间。

如果不满足建立和保持时间的话，那么 DFF 将不能正确地采样到数据，将会出现 stability 的情况。

如果数据信号在时钟沿触发前后持续的时间均超过建立和保持时间，那么超过量就分别被称为建立时间裕量和保持时间裕量。

04 什么是竞争与冒险现象？怎样判断？如何消除？

在组合逻辑中，由于门的输入信号通路中经过了不同的延时，导致到达该门的时间不一致叫竞争。产生毛刺叫冒险。如果布尔式中有相反的信号则可能产生竞争和冒险现象。

解决方法：一是添加布尔式的消去项，二是在芯片外部加电容。

05 你知道哪些常用逻辑电平？TTL 与 CMOS 电平可以直接互连吗？

常用逻辑电平：12V,5V,3.3V;TTL 和 CMOS 不可以直接互连，由于 TTL 是在 0.3~3.6V 之间，而 CMOS 则是有在 12V 的有 5V 的。

CMOS 输出接到 TTL 是可以直接互连。TTL 接到 CMOS 需要在输出端口加一上拉电阻接到 5V 或者 12V。

cmos 的高低电平分别为：

Vih >=0.7VDD,Vil <=0.3VDD;Voh >=0.9VDD,Vol <=0.1VDD. TTL 的为:Vih>=2.0V,Vil<=0.8V;Voh>=2.4V,Vol<=0.4V.

用 cmos 可直接驱动 TTL;加上拉后,TTL 可驱动 CMOS.

（下转第41页）

基于74VC1G04电路电压上升图解

+5V_ALWP 电压通过 D32 的①脚对 C710、C722、C715、C719 开始充电，充电完毕后电路状态如下图显示(二极管压降忽略不计)，此时的+15V_ALWP，实际电压为5V

1. 由于电容的两端电压不能突变，此时 C715 两端的电位为左边5V，右边10V(C715 的电压依然是 10V-5V=5V)，然后电流经过 D35 的②引脚，对 C719 电容充电，充电后 C719 电压升到10V。

2. 在上述1发生的同时，Y 输出的第一次高电平 5V 也对 C710 充电。同样电容两端电压不能突变，所以 C710 两端的电位为左边5V，右边10V(C710 的电压依然是 10V-5V=5V)。然后电流经过 D32 的②引脚对 C732D 电容充电(充电前 C722 的电压为5V)，充电后 C722 电压升到10V。

此时的+15V_ALWP 电压为10V。

1. 由于电容的两端电压不能突变，此时 C715 两端的电位为左边0V，右边5V(C715 两端的电压依然是 5V-0V=5V，保持)，当 C715 电压是 5V 后，当 C722 电压 10V>C715 电压 5V，C722 会对 C715 充电。充电后 C715=C722=7.5V。此时 C715 电压依然比 C719 电压低。是由于 D35 的②引脚处的二极管反向截止，所以 C719 不能对 C715 充电，C719 电压保持在10V。

2. 在上述1发生的同时，Y 输出的第一次低电平 0V 也改变了 C710 左端的电压。同样电容两端电压不能突变，所以 C710 两端的电位为左边0V，右边5V (C710 的电压依然是 5V-0V=5V)。此时 C710 电压低，C722 电压高(7.5V)。但是由于 D35 的②引脚处的二极管反向截止，所以 C722 不能对 C710 充电。C722 电压保持在7.5V。

3. 当 Y 再次输出高电平时，C722 又被充电到10V。当 Y 变为低电平是 C722(10V)对 C715(7.5V)充电。C715=8.75V。当 Y 再次输出高电平时，此时 C715 两端的电位为：左边 5V，右边：13.75V(5V+8.75V)，C715 对 C719 充电，C719 电压变为 11.875V，C715 由于对 C719 充电，电压变为 11.875V。此时+15V_ALWP 电压是 11.875V。

4. 经过数次高低电平变化后，C715 两端电压慢慢升高，同时 C715 对 C719 充电，C719 电压也慢慢升高，最终 C715 会被充电到10V，不再升高。当 Y 引脚再次输出高电平 5V 时，C715 的电位为：左边 5V，右边 15V (10V+5V)。最终+15V_ALWP 电压稳定在15V。

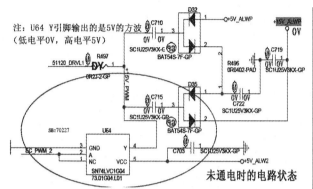

注：U64 Y引脚输出的是5V的方波
(低电平0V，高电平5V)

未通电时的电路状态

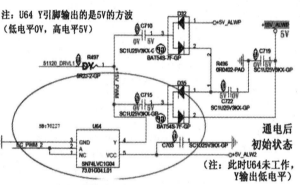

注：U64 Y引脚输出的是5V的方波
(低电平0V，高电平5V)

通电后
初始状态
(注：此时U64未工作，Y输出低电平)

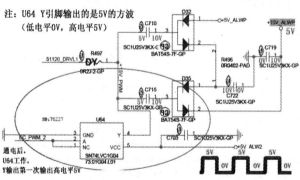

注：U64 Y引脚输出的是5V的方波
(低电平0V，高电平5V)

通电后，
U64工作，
Y输出第一次输出高电平5V

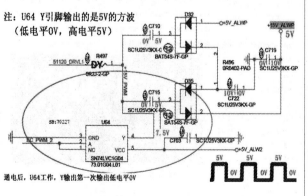

注：U64 Y引脚输出的是5V的方波
(低电平0V，高电平5V)

通电后，U64工作，Y输出第一次输出低电平0V

经典数字电路最常见的17个问题总结(二)

(上接第40页)

06 如何解决亚稳态？

亚稳态是指触发器无法在某个规定时间段内达到一个可确认的状态。当一个触发器进入亚稳态时，既无法预测该单元的输出电平，也无法预测何时输出才能稳定在某个正确的电平上。

在这个稳定期间，触发器输出一些中间级电平，或者可能处于振荡状态，并且这种无用的输出电平可以沿信号通道上的各个触发器级联传播下去。

解决方法：1、降低系统时钟 2、用反应更快的FF3、引入同步机制，防止亚稳态传播 4、改善时钟质量，用边沿变化快速的时钟信号，关键是器件使用比较好的工艺和时钟周期的裕量要大。

07 IC设计中同步复位与异步复位的区别？

同步复位在时钟沿采复位信号，完成复位动作。异步复位不管时钟，只要复位信号满足条件，就完成复位动作。异

步复位对复位信号要求比较高，不能有毛刺，如果其与时钟关系不确定，也可能出亚稳态。

08 MOORE与MEELEY状态机的特征？

Moore 状态机的输出仅与当前状态值有关，且只在时钟边沿到来时才会有状态变化。

Mealy 状态机的输出不仅与当前状态值有关，而且与当前输入值有关。

09 多时域设计中，如何处理信号跨时域？

不同的时钟域之间信号通信时需要进行同步处理，这样可以防止新时钟域中第一级触发器的亚稳态信号对下级逻辑造成影响，其中对于单个控制信号可以用两级同步器，如电平、沿边检测和脉冲，对多位信号可以用FIFO，双口RAM，握手信号等。

跨时域的信号要经过同步器同步，防止亚稳态传播。例如：时钟域1中的一个信号，要送到时钟域2，那么在这个信号送到时钟域2之前，要先经过时钟域2的同步器同步后，才能进入时钟域2。

这个同步器就是两级d触发器，其时钟为时钟域2的时钟。这样做是怕时钟域1中的这个信号，可能满足不了时钟域2中触发器的建立保持时间，而产生亚稳态，因为它们之间没有必然关系，是异步的。

这样做只能防止亚稳态传播，但不能保证采进来的数据的正确性。所以通常同步很少位数的信号。

比如控制信号，或地址。当同步的是地址时，一般该地址应采用格雷码，因为格雷码每次只变一位，相当于每次只有一个同步器在起作用，这样可以降低出错概率，像异步FIFO的设计中，比较读写地址的大小时，就是用这种方法。如果两个时钟域之间传送大量的数据，可以用异步FIFO来解决问题。

10 给了reg的setup,hold时间，求中间组合逻辑的delay范围 $Delay < period - setup - hold$

11 时钟周期为T，触发器D1的寄存器到输出时间最大为T1max，最小为T1min。组合逻辑电路最大延迟为T2max，最小为T2min。问，触发器D2的建立时间T3和保持时间应满足什么条件？ $T3setup>T+T2max, T3hold>T1min+T2min$

12 给出某个一般时序电路的图，有 Tsetup,Tdelay,Tck->q，还有 clock 的 delay，写出决定最大时钟的因素，同时给出表达式 $T+Tclkdealy>Tsetup+Tco+Tdelay; Thold<Tclkdelay+Tco+Tdelay$

13 说说静态、动态时序模拟的优缺点 静态时序分析是采用穷尽分析方法来提取出整个电路存在的所有时序路径，计算信号在这些路径上的传播延时，检查信号的建立和保持时间是否满足时序要求，通过对最大路径延时和最小路径延时的分析，找出违背时序约束的错误。

它不需要输入向量就能穷尽所有的路径，且运行速度很快，占用内存较少，不仅可以对芯片设计进行全面的时序功能检查，而且还可利用时序分析的结果来优化设计，因此静态时序分析已经越来越多地被用到数字集成电路设计的验证中。

动态时序模拟就是通常的仿真，因为不可能产生完备的测试向量，覆盖门级网表中的每一条路径。因此在动态时序分析中，无法暴露一些路径上可能存在的时序问题。

14 一个四级的Mux，其中第二级信号为关键信号，如何改善timing 关键：将第二级信号放到最后输出一级输出，同时注意修改片选信号，保证其优先级未被修改。

15 为什么一个标准的倒相器中P管的宽长比要比N管的宽长比大? 和载流子有关，P管是空穴导电，N管电子导电，电子的迁移率大于空穴，同样的电场下，N管的电流大于P管，因此要增大P管的宽长比，使之对称，这样才能使得两者上升时间下降时间相等、高低电平的噪声容限一样、充电放电的时间相等。

16 latch与register的区别，为什么现在多用register? 行为级描述中latch如何产生的?latch是电平触发，register是沿边触发，register在同一时钟边沿触发下动作，符合同步电路的设计思想，而latch则易导致时序分析困难，不适当的应用latch则会大量浪费芯片资源。

17 BLOCKING NONBLOCKING 赋值的区别。 非阻塞赋值：块内的赋值语句同时赋值，一般用在时序电路描述中。

(全文完)

夯实核心技术 国产集成电路IP企业迎全面发展时期（二）

（接上期本版）

锐成芯微：

成都锐成芯微科技股份有限公司2011年12月于成都成立，专注于集成电路知识产权(IP)研发、授权业务及一站式设计服务，已构建形成模拟IP、存储器IP、接口IP和射频IP的产品格局，并先后与20多家晶圆厂建立了合作伙伴关系，国内外申请专利超200件，累计开发IP 500多项，服务全球数百家集成电路设计企业，产品广泛应用于5G、物联网、智能家居、汽车电子、智慧电源、可穿戴、医疗电子、工业控制等领域。

芯来科技：

芯来科技是中国大陆首家专业RISC-V处理器IP和芯片解决方案公司。自研推出的RISC-V处理器IP已授权多家知名芯片公司进行量产，实测结果达到业界一流指标。

芯来科技专注于RISC-V技术，能够帮助客户快速而专业地掌握RISC-V解决方案，提供全面的RISC-V处理器内核IP、软件工具链和综合解决方案与服务，赋能客户实现产品的差异化与高效的性价比。

（二）国产IP厂商的大平台发展思路

IP行业最大的壁垒就是软硬件生态规模壁垒，当一套软硬件生态体系占据优势地位后，后来者往往无法在同一领域对其构成挑战。硬件行业形成该现象的原因通常是高额研发投入与技术领先性相互作用形成正反馈，因此半导体代工与行业往往只有少数寡头。同时，由于硬件指令集与软件存在兼容性问题，因此硬件垄断特性又受到软件垄断效应的强化，形成了牢不可破的软硬件生态。例如Intel在2001年推出的Itanium处理器由于使用了IA-64指令集，与x86软硬件生态不兼容，因而尽管在抛弃x86历史包袱后性能大幅提升，最终销量还是十分有限。IP行业是半导体产业链的上游，同样适用这一规律，例如ARM IP与Android、iOS操作系统共同形成的软件生态已经占据垄断地位，庞大的应用软件体系及其用户群构成了这一生态体系的护城河。

但同时也并非所有领域都会受到软硬件生态系统的影响，在一些零散且并非必须与全球用户兼容的领域，IP产品线的兼容性、易用性、及服务的周到便捷性、产品性能与稳定性等都将成为影响胜负的因素。这类市场通常分布在to B领域，其共同特征是不与广大用户或应用软件直接接触，例如工控用到的MCU芯片、消费电子中的电源管理芯片、指纹识别芯片、各类民用场景中的DSP芯片、各类接口芯片等。国产IP厂商由这一点作为切入，发展各自的IP平台，提供较为全面的IP种类，并且可以为客户提供一站式解决服务，因而具有强大的竞争力。

例如锐成芯微在2011年开始投入IP技术研发。经过近9年的发展，已经建立起完整的智能物联网(AIoT)芯片IP平台，包括超低功耗模拟IP、超低功耗RF、高可靠性eNVM和高速高性能接口IP四个核心模块。形成了覆盖物联网、工业控制、汽车电子等多个领域应用的IP平台及完整的芯片定制一站式解决方案。通过平台化运营，有效避免了沟通成本消耗和协作风险的问题。

三、中国IP企业发展的机遇和挑战

（一）国产IP的市场格局及机会

国产替代仍旧是2021年的半导体产业发展主线。

2020年尽管受新冠疫情及国际环境等不利因素影响，我国半导体产业还是维持了较高的发展增速，预计全年实现收入超过8000亿元，增长率接近20%，进口情况预计也会超过3000亿美元，而设计业则为发展最为快速的环节。预计国产替代仍旧是2021年国内半导体产业发展主线，并且会加速在重点产品领域和基础环节的上下游产业链协同攻关。此外国内5G、新能源汽车等新基建市场将会进一步提升渗透率，带动国内半导体产业在通信及射频器件、消费电子、功率半导体、汽车半导体等方面加速发展。

单就IP产业来说，由于物联网、5G、人工智能等新兴技术的发展，半导体产品生态将会更加丰富，同时设计规模与设计难度也将进一步加大，使得客户对于IP的种类、功能和性能都提出了更多更个性化的需求。从纵向的应用版图来看，以物联网为例，其核心指标要求超低功耗，这就提出了超低功耗IP的一系列需求。而随着城市、楼宇、家居的智能化和网络化以及可穿戴市场的发展，亦催生了对蓝牙、NB-IoT等一系列射频类协议IP需求。此外，IP在向更专业化的垂直细分领域发展例如存储器IP面向不同的市场和应用，客户会选择不同技术类型的存储器，如汽车电子应用偏好高可靠性，一些电源类产品偏好高耐压，而一些消费类产品倾向于低成本，IP细分大有可为。

IP业的成长离不开设计业蓬勃发展的浇灌，2020年中国IC设计业规模已突破3800亿元，在诸多应用领域全面开花。与之相辅相成的是显著带动了国内芯原、锐成芯微、芯来等众多IP公司的发展。国内IP厂商这些年在技术上已经有了长足的进步，在一些技术方向和细分领域，甚至赶超了国外的厂商。

从IC设计的角度出发，国内IP厂商在低速低工艺IP领域已可比肩。如果国内IP成熟度高、性能好，一般会选择国内IP，因成本更合适。IP应用的好坏直接影响到最终芯片产品的市场竞争力，非常需要本地技术支持及定制化服务，所以本土IP厂商都以芯片产品设计全过程服务作为切入点之一。

客户采用核心IP时很看重量产成功案例。国外IP厂商经营多年已经形成规模效应，全球几大关键IP领域如处理器、DSP、音视频等，目前都以国外厂商为主导，国内新的IP厂商在一些关键IP上需要更长的时间建立知名度，赢得客户的认可。

（二）知识产权保护：尊重智慧的价值

随着芯片需求不断增长，研发技术快速进步，IP设计也变得更加复杂多样。同时，因技术集成度要求严格，知识产权集中，商业价值高，IP在半导体产业链中的地位愈加重要。

由于集成电路布图设计的研究开发成本极高，但易于复制且复制成本极低廉，因而其仿制的现象非常严重，严重损害了开发者的利益和积极性。集成电路的布图设计，已成为一种新型的知识产权，其产权保护不仅是激励技术创新的需要，更是对该产业发展的制度保障。2020年8月，国务院发布了《关于印发新时期促进集成电路产业和软件产业高质量发展的若干政策的通知》，其中明确提出严格落实集成电路和软件知识产权保护制度，加大知识产权侵权违法行为惩治力度。

集成电路作为信息产业的基础和核心，是关系国民经济和社会发展全局的基础性、战略性产业。近年来，我国集成电路产业进入快速发展期，同时国际、国内集成电路企业之间在知识产权主导权上竞争激烈。

中国科学院科技战略咨询研究院研究员、中国科学院大学知识产权学院教授宋河发认为，我国集成电路企业既要继续加大研发，注重专利布局，提升技术竞争实力，也要进一步提升知识产权意识，在频繁的人才流动中完善商业秘密等知识产权管理。

（三）人才培养：供给侧结构性改革

拥有强大的集成电路产业和领先的技术，已成为实现科技强国、产业强国的关键标志。解决核心受制于人的关键在于人才，人才的数量、质量和结构是我国集成电路产业创新和发展的急需解决的问题。

《中国集成电路产业人才白皮书（2019-2020）》显示，到2022年前后全行业人才需求将达到74.45万人左右，其中设计业27.04万人，制造业26.43万人，封装测试为20.98万人。然而，虽然集成电路从业人数逐年增多，2019年就业人数为51.2万人左右，还是差23万左右。

人才质量的核心是培养机制。我国高校现有的教育体制、学科设置在很大程度上制约了集成电路人才的培养，按现有学科划分，微电子与固体电子学只是电子科学与技术下面的二级学科，负责研究电子元器件，而集成电路只是在这个二级学科下面的三级学科，这显然限制了集成电路专业的发展空间。

人才层次是结构问题的核心，行业需要的人才多样化，不仅要顶级人才，同时需要专业的、具有工匠精神的工程师队伍。我国集成电路人才严重短缺，不仅缺少领军人才，也缺乏复合型创新人才和骨干技术人才。

长期来看，完善高校人才培养体制，才是解决问题的根本。我们不仅要引进人才，更重要的还是要培养人才。

2021年伊始，国务院学位委员会、教育部正式发布关于设置"交叉学科"门类、"集成电路科学与工程"和"国家安全学"一级学科的通知，集成电路专业正式被设为一级学科。

集成电路设为一级学科对人才培养有着重大意义，对于将集成电路设为一级学科，电子科技大学电子科学与工程学院副教授黄乐天曾在《浅谈集成电路成为一级学科》中表示：以前集成电路是被分散到各个学科中，因此其建设经费实际上是经过了二次甚至三次分配，很多时候是拿不到建设经费的，尤其对于一些集成电路方向实力偏弱的学校而言，因此对应的师资队伍建设也将受到限制。黄乐天认为，如果集成电路成为一级学科，等于将集成电路学科单列进入了考核和拨款计划中，其发展空间相比于之前大了很多，有利于形成一支较为全面、稳定的专业教师队伍，有利于国家对于集成电路人才培养和研究的资金"专款专用"等。

3.4 IP标准：使IP复用得以便捷实现

由于国内的IP标准还不完善，也没有一个能够统一贯彻的标准，使得挑选一个IP需要从IP的符合性、IP的设计完好性、IP在SoC中的适应性等方面进行评估，使得国内公司在购买IP进行系统设计时，很多公司宁愿高价购买国外的成熟IP核，以便快地设计出产品投放市场。但如果这种情况太多，则使中国自主的IP的发展遭持困境和尴尬，也会造成国外公司在IP核领域的持续垄断，更不利于国产集成电路产业的发展和创新。

制定中国的IP标准，并不仅仅是一家企业的呼吁或者一个协会的提议就能实现，而是需要政府、企业、产业和学界达成共识，共同努力，支撑起中国IP产业的宏伟蓝图。

◇锐成芯微公司市场部

相关链接

锐成芯微公司的IP在市场上的表现亦势如破竹：先后与20家晶圆厂建立了合作伙伴关系，累计交付了500多种IP，拥有190多项专利，并已被300多家客户的数百个产品使用，客户累计出货超过300万片晶圆。

锐成芯微公司的IP在市场上的表现亦势如破竹：先后与20家晶圆厂建立了合作伙伴关系，累计交付了500多种IP，拥有190多项专利，并已被300多家客户的数百个产品使用，客户累计出货超过300万片晶圆。

★锐成芯（ACTT）创始人兼董事长 向建军

SUPOR(苏泊尔)CYSB50YC9-100 全智能压力锅不能加热故障处理一例

该压力锅在通电后,操作面板按键所有功能都能正常,按下任何一个按键都有蜂鸣提示音,但在按下开始键后,出现"滴滴滴"的报警音,数码管上将设定的显示加热时间变换成 CO 并不停闪烁。

打开锅底,取出电路板,按照实物绘出电路图(如图1所示),根据电路图进行逐个测试,测量 a 点供给继电器工作的 12V 正常,b 点供给面板的 5V 电压正常,接面板插座 3 号引脚有 1.36V 电压,按下任何按键都没有变化,4 号引脚没有测到任何信号电压。

根据上述测试故障来分析判断,电源板基本正常,问题可能出在面板上,撕掉面板按键膜(如图2所示),露出按键固定框架(如图3所示),拆掉4个固定螺丝,就可以看到控制电路板(如图4所示),电路板上也没有看到任何器质性元件的损坏,但电路板上除了连接电源板上的4条线以外,还有2个插座,一个来自锅底的温度检测,一个来自锅盖的

安全开关。首先拔出温度检测插头,测量电阻为130kΩ,用电烙铁对锅底中心的小圆盘进行加热,电阻下降,说明该热电阻为负温度系数且性能正常。接着拔掉安全开关插头,盖上锅盖旋转到位后测量结果为断开状态,而且无论如何转动锅盖都没有出现闭合现象,说明问题就出在安全开关上。

打开锅盖上的构件,看到一根黑线由于布线不合理长期旋转锅盖后受力而断开,而且安全开关和锅顶温度传感器电路是串联在一起的(如图5所示),当这两个元件其中有一个出现故障,锅就不能进行正常加热工作,也就保证了使用者的安全性。所以,使用这种智能锅,是不能打开锅盖煮东西的。焊接好断线,通电操作不再有报警声和故障代码,压力锅又恢复了正常加热功能。

◇江苏连云港 庞守军

图2

图3

图1（电路图，含 R115 150、D108 1N4003、D106、F、R108、D107 1N4007、L1 电热盘、K1 DC12、R113 510、C103 102、C104 EC103 0.001、EC103 470uf/25V、白、红、F101 2A/250V、R101 10R、R117 1M、D109 1N4007、a、R109 510、蓝、CF101 33p、RY10 +tc、R118 1M、Q103 2N3702、C102 33p、Q102 78L05L、R150、BR1、R116 820 1M、R104 51R、R151 100k、5k、L101、R102 220K、R103 220K、R100 100R、D105、b、EC104 470uf/10V、C107 33p、R112 2.2k、EC101 47uf/400V、EC102 47uf/400V、PN8024A 8 7 6 5 / 1 2 3 4、接面板 GND +5v 1 2 3 4、C105 0.003、EC105、C106 10uf/50V 0.003p、R110 1k、R107 10k）

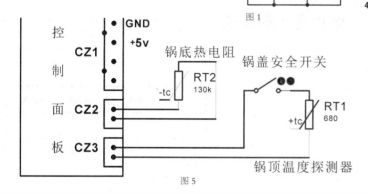

图5（控制面板 CZ1 GND +5v、锅底热电阻 RT2 130k -tc、锅盖安全开关、CZ2、RT1 680 +tc、CZ3、锅顶温度探测器）

图4

开源硬件 Python 编程之"选择结构"简析(二)

(紧接上期本版)

⑤

注意要使用"小度小度"来作为语音识别的"唤醒词",点击"连接设备"按钮出现五个绿色对勾提示后,接着打开LOG显示区并点击"运行"按钮开始测试——

对着全身麦克风说"小度小度,红色",LOG显示区就会显示输出"红红火火",同时红色LED灯亮5秒后熄灭;然后分别测试"小度小度,我喜欢绿色","小度

小度,黄色挺好"和"小度小度,蓝色吧",LOG显示区显示对应颜色的文字信息,同时亮起该颜色的LED灯;接着再测试"小度小度,黑色黑色""小度小度,我都喜欢"和"小度小度,我都不喜欢",不亮灯,只显示"小朋友真调皮,请配合噢!";最后再测试"小度小度,红色的好",仍然输出"红红火火"并且亮红色LED灯(如图6所示)。

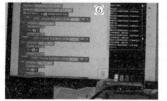

⑥

(全文完)◇山东 牟晓东 孙菲

让 iPhone 的应用不自动显示手机号码

对于已经更新到 iOS 14 的 iPhone 用户来说,在一些应用中提示输入手机号时,键盘上会自动显示当前手机的号码。其实,这个功能可以说是"鸡肋",而且还可能会泄露隐私,此时可以按照下面的步骤关闭这一功能。

在 iPhone 上进入设置界面,依次选择"Siri 与搜索→通讯录"(如附图所示),关闭"从此 App 学习"选项即可。以后,Siri 再也不会跨 App 提供通讯录中的相关内容,键盘上自然也不会自动显示通信录中的电话号码。

补充:在 iOS 14 中,我们还可以在其他地方查看到"Siri"建议,例如在主屏幕上下拉出现搜索栏时的常用应用建议,如果你不需要这些功能,也可以直接在"Siri 与建议界面下关闭所有 Siri 建议。

◇江苏 王志军

电路原理实训2：基尔霍夫定理实验

一、实验目的

1. 验证基尔霍夫定理的正确性。
2. 加深对基尔霍夫定理的理解和记忆。

二、器材准备

1. 天煌KHDL-1A型电路原理实验箱一只
2. MF47型万用表一只
3. 带插头铜芯软导线若干根

三、基尔霍夫定理

基尔霍夫电流定律(KCL)和基尔霍夫电压定律(KVL)合称为基尔霍夫定理。

1. 基尔霍夫电流定律(KCL)

在电路中，任何时刻，流入一个节点的电流之和等于流出该节点的电流之和。

(写此方程式时注意：电流流入节点的写在等号左边，电流流出节点的写在等号右边。)

2. 基尔霍夫电压定律(KVL)

在电路中，任何时刻，沿任意闭合路径，全部电压降之和等于电压升之和。

(写此方程式时注意：对于电阻上的电压，电流方向与绕行方向一致的写在等号左边，方向不一致的写在等号右边；对于电源电压，绕行方向是由+极到-极的写在等号左边，绕行方向是由-极到+极的写在等号右边。)

四、实训操作

1. 验证基尔霍夫电流定律(KCL)

①用一根红色导线把直流稳压电源的+12V插孔与基尔霍夫定理实验电路中E₁的+极插孔连接起来，再用一根黑色导线把直流稳压电源的地插孔与基尔霍夫定理实验电路中E₁的-极插孔连接起来，用三根导线分别把基尔霍夫定理实验电路中I₁两端的插孔、I₂两端的插孔、I₃两端的插孔连接起来，把S₁和S₂均拨向左边，接通交流电源开关和12V直流稳压电源开关。

②我们约定基尔霍夫定理实验电路中各电流的参考方向为：I₁和I₂都是从左到右，I₃是从上到下。

③拔出连接I₁两端的导线，用万用表测出I₁的电流值，重新插好连接I₁两端的导线；拔出连接I₂两端的导线，测出I₂的电流值，重新插好连接I₂两端的导线；拔出连接I₃两端的导线，测出I₃的电流值，重新插好连接I₃两端的导线，把测量结果填入表1。

表1 验证基尔霍夫电流定律实验数据

	I₁(mA)	I₂(mA)	I₃(mA)	KCL方程式	具体数值方程式
单电源电流值					
双电源电流值					

④把直流稳压电源的输出粗调拨向0~10V挡，万用表拨到直流电压10V挡，红黑表棒分别插在0~30V输出的+-插孔中，接通0~30V直流电源开关，慢慢调节输出细调旋钮，使万用表指针指在6.0V刻度线上。

⑤关断交流电源开关，关断0~30V和12V直流稳压电源开关，一根红色导线把直流稳压电源的0~30V+插孔与基尔霍夫定理实验电路中E₂的+极插孔连接起来，再用一根黑色导线把直流稳压电源的0~30V-插孔与基尔霍夫定理实验电路中E₂的-极插孔连接起来，把S₂拨向右边，接通交流电源开关，接通0~30V和12V直流稳压电源开关。

⑥拔出连接I₁两端的导线，用万用表测出I₁的电流值，重新插好连接I₁两端的导线；拔出连接I₂两端的导线，测出I₂的电流值，重新插好连接I₂两端的导线；拔出连接I₃两端的导线，测出I₃的电流值，重新插好连接I₃两端的导线，把测量结果填入表1。

2. 验证基尔霍夫电压定律(KVL)

①我们约定基尔霍夫定理实验电路中左右两个网孔的绕行方向均为顺时针方向。

②用万用表分别测出左网孔中E₁、R₁、R₃两端的直流电压值，把测量结果填入表2。

表2 验证基尔霍夫电压定律实验数据

左网孔	E₁(V)	U_R1(V)	U_R3(V)	KVL方程式	具体数值方程式
电压值					
右网孔	E₂(V)	U_R2(V)	U_R3(V)	KVL方程式	具体数值方程式
电压值					

③用万用表分别测出右网孔中E₂、R₃、R₂两端的直流电压值，把测量结果填入表2。

④关断交流电源开关，关断0~30V和12V直流稳压电源开关，拆除所有连接的导线。

五、归纳与思考

1. 从本次实验的表1中，你能分析出一条什么样的结论？请用你自己的话把结论写在下面。

2. 从本次实验的表2中，你能分析出一条什么样的结论？请用你自己的话把结论写在下面。

参考答案：

1. 在电路中，无论电路是简单还是复杂，无论是单电源还是双电源，流出一个节点的电流之和总是等于流入该节点的电流之和。

2. 在电路中，无论电路是简单还是复杂，无论是单电源还是双电源，任意一个闭合路径中，降低的电压之和总是等于升高的电压之和。

◇无锡 周金富

电路原理实训1：测量常用电参量(二)

(接上期本版)

(2)使用数字式万用表

对于数字万用表来说，读数时不需要换算，直接从液晶显示屏上读出数值和单位即可，如图10所示。

被测电参数名称

被测电参数数值

被测电参数单位

图10 数字式万用表液晶显示屏

四、实训操作

1. 测量直流电阻

①用万用表分别测出实验箱面板右下角的5个色环电阻的阻值，把测量结果填入表4。

②用两根导线把200Ω、100Ω和30Ω三个电阻串联起来，测出串联后总电阻的阻值，把测量结果填入表4。

③用两根导线把750Ω和510Ω两个电阻并联起来，测出并联后总电阻的阻值，把测量结果填入表4。

表4 测量电阻实验数据

	标称值	750Ω	510Ω	200Ω	100Ω	30Ω	串联电阻	并联电阻
计算值		/	/	/	/	/		
实测值								

④拆除所有连接的导线。

2. 测量直流电压和直流电位

①用一根红色导线把直流稳压电源的+12V插孔与戴维南定理实验电路中Us的+极插孔连接起来，再用一根黑色导线把直流稳压电源的地插孔与戴维南定理实验电路中Us的-极插孔连接起来，接通交流电源开关和12V直流稳压电源开关。

②指定Us负极为接地点，用万用表分别测出戴维南定理实验电路中R₁上端与Us负极之间、R₄下端与Us负极之间、R₀右端与Us负极之间的直流电压值，把测量结果填入表5。

③指定Us负极为零电位点，用万用表分别测出戴维南定理实验电路中R₁上端、R₄下端、R₀右端的直流电位值，把测量结果填入表5。

④指定Us正极为零电位点，用万用表分别测出戴维南定理实验电路中R₁上端、R₄下端、R₀右端的直流电位值，把测量结果填入表5。

表5 测量直流电压和电位实验数据

	R₁上端(V)	R₄下端(V)	R₀右端(V)
电压值 (Us负极接地)			
电位值 (Us负极为零电位点)			
电位值 (Us正极为零电位点)			

⑤关断交流电源开关和12V直流稳压电源开关，拆除所有连接的导线。

3. 测量直流电流

①用一根红色导线把直流稳压电源的+12V插孔与基尔霍夫定理实验电路中E₁的+极插孔连接起来，再用一根黑色导线把直流稳压电源的地插孔与基尔霍夫定理实验电路中E₁的-极插孔连接起来，用三根导线分别把基尔霍夫定理实验电路中I₁两端的插孔、I₂两端的插孔、I₃两端的插孔连接起来，把S₁和S₂均拨向左边，接通交流电源开关和12V直流稳压电源开关。

②拔出连接I₁两端的导线，用万用表测出I₁的电流值，重新插好连接I₁两端的导线；拔出连接I₂两端的导线，测出I₂的电流值，重新插好连接I₂两端的导线；拔出连接I₃两端的导线，测出I₃的电流值，把测量结果填入表6。

表6 测量直流电流实验数据

	I₁（mA）	I₂（mA）	I₃（mA）
电流值			

③关断交流电源开关和12V直流稳压电源开关，拆除所有连接的导线。

五、归纳与思考

1. 本次实验的表4中电阻的实测值为何与标称值不同？你是分别用哪两个公式来计算串联电阻阻值和并联电阻阻值的？

2. 本次实验的表5中第三行的电位值为何与第二行的电压值相同？第四行的电位值又为何与第三行的电位值不同？

3. 请分别确定出本次实验的表6中三个电流I₁、I₂和I₃的实际方向。

(组版请注意：以下请用楷体)

参考答案：

1. 电阻器的主要参数除了阻值和功率外，还有一个误差，由于误差的存在，电阻器的实际阻值就必然会与标称值之间存在一定的偏差。

串联电阻的计算公式是R=R₁+R₂，并联电阻的计算公式是$R=\dfrac{R_1R_2}{R_1+R_2}$。

2. 由于这里的接地点与零电位点选的是同一点，所以电路中某点的电位就等于该点到参考点的电压。由于两次测量时选的是两个不同的参考点，所以电路中某一点的电位是随着参考点的改变而改变的。

3. I₁和I₂都是左正右负，I₃是上正下负。

◇无锡 周金富

KYN28-12 中置型高压开关柜的技术性能简介(一)

随着国民经济的高速发展,一批又一批的基础建设项目、工业制造项目、高端科研项目,其投资规模动辄几个亿、几十亿,甚至更大规模的投资项目不断地生根,相应的用电量也大幅增加。用电设备也不再局限于380V的低压电气设备,使用技术含量更高、功率容量更大的10kV电气设备也是层出不穷。鉴于此,学习掌握10kV高压开关柜的相关知识内容已经刻不容缓。本文对当前市场占有量较大的KYN28-12中置型高压开关柜的主要参数、结构与安全防护等技术内容进行简要介绍。

KYN28-12型号高压开关柜的全称为铠装移开中置式金属封闭开关设备,其分三层结构,上层为母线和仪表室(两者相互隔离),中间层为断路器室,下层为电缆室。由于断路器在中间层,所以称为铠装型式移开中置式金属封闭开关设备,简称中置柜。

KYN28-12型中置高压开关柜是断路器可移开的手车式开关柜。

KYN28-12型高压开关柜系三相交流3~10kV、50Hz单母线及单母线分段系统的成套配电装置,主要用于发电厂、中小型发电机组、工矿企事业单位配电以及电力系统的二次变电所的受电、送电及大型高压电动机的启动等。本开关设备满足电力行业标准DL/T404-91《户内交流高压开关柜订货技术条件》、国际电工委员会标准IEC298-1990《交流金属封闭开关设备和控制设备》和国家标准GB3906-2006《3.6kV~40.5kV交流金属封闭开关设备和控制设备》等标准的技术要求,具有防止带负荷推拉断路器手车、防止误分合断路器、防止接地开关处在闭合位置时关合断路器、防止误入带电隔离、以及在带电时误合接地开关的联锁功能,可配用VS1或VD4等真空断路器,是一款性能优越的10kV高压开关柜。

一、KYN28-12型高压开关柜的技术特性

KYN28-12型高压开关柜的主要技术参数见表1。

表1 KYN28-12型高压开关柜的主要技术参数

参数名称	参数值	参数名称	参数值
额定电压/kV	3/6/10	额定热稳定电流/kA 4s	16~50
最高工作电压/kV	3.6/7.2/12	额定动稳定电流/kA	40~125
工频耐受电压/kV 1min	42	额定短路开断电流/kA	16~50
冲击耐受电压/kV	75	额定短路关合电流/kA	40~125
额定频率/Hz	50	分合闸和辅助回路额定电压/V	DC24 30 48 60 110 220 AC110 220
额定电流/A	630~3150	防护等级	IP4X

KYN28-12系列高压开关柜的型号命名方法见图1。

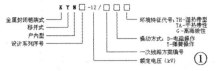

① KYN□-12/□□□
金属封闭铠装式、移开式、户内型、设计系列序号
环境特征代号:TH-湿热带型 TA-干热带型 G-高海拔型
操动方式:D-电磁操作 T-弹簧操作
一次线路方案代号
额定电压(kV)

KYN28-12系列高压开关柜的外形样式见图2。

②

二、KYN28-12型高压开关柜的壳体结构

1. 高压柜的四个隔室

KYN28-12型高压开关柜的壳体结构可参见图3,柜体可分为四个单独的隔室。

隔室A是母线室,三条铜排母线4在柜内被母线套管3固定,使母线从本柜通过,并向左侧柜或右侧柜延伸。

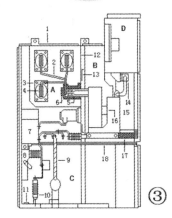

③

A 母线室 B 断路器手车室 C 电缆室 D 继电器仪表室

1.外壳 2.分支小母线 3.母线套管 4.主母线 5.静触头装置 6.静触头盒 7.电流互感器 8.接地开关 9.电缆 10.避雷器 11.接地主母线 12.装卸式隔板 13.隔板(活门) 14.二次插头 15.断路器手车 16.加热装置 17.可抽出式水平隔板 18.接地开关操作机构

隔室B是手车室,其中手车式断路器在此室内可以处于试验位置或工作位置,并可从此隔室中推出柜外检修或更换。除了断路器手车外,KYN28-12型高压开关柜还可配装电压互感器手车、计量手车、隔离手车等。各类手车按模数、积木式变化,同规格手车可以自由互换。各类手车均采用蜗轮、蜗杆摇动推进、退出,操作轻便灵活。

隔室C是电缆室,三相电缆的芯线9连接断路器的出线端,或者通过电流互感器7的一次线圈与断路器连接。每相可并联1~3根单芯电缆,甚至最多可并联6根单芯电缆。高压柜的接地开关8安装在隔室后壁上,避雷器10安装在该隔室后下部。11是接地主母线,贯通本高压系统的所有高压开关柜,并与柜体良好接触。接地主母线使用10×40mm²独立铜排,使整个柜处于良好的接地状态。柜内所有需要接地的元器件均与接地主母线可靠连接。

隔室D是继电器仪表室,继电保护装置、测量仪表与控制操作元件安装在此隔室或隔室前门上。

为了防止在高湿度和温度变化较大的气候环境中产生凝露带来的危险,在断路器手车室和电缆室分别装设加热器16,用在上述环境中使用时防止腐蚀发生。

2. 高压柜的五防联锁

KYN28-12系列高压开关柜的壳体结构具有完善的机械连锁装置,保证满足五防要求。

1)仪表门上装有提示性按钮或者KK型转换开关,可以防止误合、误分断路器。

2)断路器手车在试验或工作位置时,断路器才能进行合分操作,而且断路器合闸后,手车无法移动,可以防止带负荷误拉合断路器。

3)仅当接地开关处在分闸位置时,断路器手车才能从试验/断开位置移至工作位置;仅当断路器手车处于试验/断开位置时,接地开关才能进行合闸操作。这样即可防止负载带电误合接地开关,以及防止接地开关处在闭合位置时关合断路器。

4)接地开关处于分闸位置时,下门及后门都无法打开,可防止误入带电间隔。

5)断路器手车在试验或工作位置,而没有控制电压时,能手动分闸,不能合闸。

6)断路器手车在工作位置时,二次插头被锁定不能拔除。

除了以上机械联锁外,各柜体可装电气联锁。高压柜可在接地开关操作机构上加装电磁铁锁定装置以提高可靠性。

3. 手车式断路器二次回路插头的联锁

手车式断路器的二次控制电路线缆通过一个尼龙波纹伸缩管与高压柜手车隔室右上方的二次线航空插座连接,其插入与拔除都是手动操作的。断路器手车只有在试验、断开位置时,才能插上和解除二次插头。断路器手车处于工作位置时由于机械联锁作用,二次插头被锁定,不能被解除。由于断路器手车的合闸结构被电磁锁锁定,所以,断路器手车在二次插头未接通之前仅能进行分闸,而无法使其合闸。

KYN28-12系列高压开关柜壳体内的其它未述及结构件可参见图3中的标注。

三、真空断路器的操作机构

真空断路器是电动机启动与控制以及电力线路一次回路中不可缺少的关键性一次设备,而真空断路器的合闸与分闸又必须依赖操作机构的支持,因此,断路器应尽可能地配置性能优异的操作机构。

当前可供选用的操作机构有三类,即电磁操作机构,弹簧储能操作机构和永磁操作机构。这三种操作机构中的永磁操作机构技术较为先进,是近些年才逐渐推广开来的一种新型断路器操作机构,以至于开关柜的型号命名中都未列出。为了促进新技术、新产品的推广应用,本文会以较详细介绍。

④

1. 电磁操作机构

电磁操作机构的生产与使用开始比较早,已经有几十年的历史。直流电磁操作机构利用电磁铁将电转变为机械能来实现断路器分闸与合闸,因此称为电磁操作机构。CD10型操作机构是电磁操作机构的一种,型号中的"C"指操作机构,"D"为电磁式,"10"为设计序号。这款操作机构为户内动力式机构,供操作真空断路器和SN10-10系列高压少油断路器用。此机构可以电动合闸,电动分闸和手动分闸,也可以进行自动重合闸,合闸操作时所消耗的能量由辅助的直流电源供应。操作机构装有脱扣电磁铁,能保证电动与手动方式使断路器分闸。CD10型电磁操作机构的外形图见图4。

CD10型电磁操作机构的技术数据见表2。

表2 CD10型电磁操作机构的技术数据

机构名称 名称		CD10 I	CD10 II	CD10 III
DC220V 合闸线圈	电流(A)	98	120	147
	电阻(Ω)	2.22±0.18	1.82±0.15	1.5±0.12
DC110V 合闸线圈	电流(A)	196	240	294
	电阻(Ω)	0.56±0.05	0.46±0.04	0.38±0.03
DC24V 分闸线圈	电流(A)	37		
	电阻(Ω)	0.65±0.03		
DC48V 分闸线圈	电流(A)	18.5		
	电阻(Ω)	2.6±0.13		
DC110V 分闸线圈	电流(A)	5		
	电阻(Ω)	22±1.1		
DC220V 分闸线圈	电流(A)	2.5		
	电阻(Ω)	88±4.4		

由表2可见,电磁操作机构的合闸电流和分闸电流都比较大,可达几十A至几百A为。为了保证在停电时能正常操作断路器,需要配置容量较大的备用直流电源,例如蓄电池组等,维修工作量大,因此,电磁操作机构的应用逐渐减少,有被弹簧储能操作机构、永磁操作机构取而代之的趋势。

2. 弹簧储能操作机构

弹簧储能操作机构是一种较新的断路器操作机构,这种操作机构的出现,对提高断路器的整体性能起到了较大作用。因为传统电磁操作机构在提高合闸速度上受到一定限制,它的合闸功率也较大,对电源要求较高。而弹簧储能操作机构采用的手动或电动操作,都不受电源电压的影响。既有较高的合闸速度,又能实现自动重合闸。

CT19是弹簧储能操作机构的一个系列号。其型号组成及含义见图5(见下期本版)。它可供操作高压开关柜中ZN28型高压真空断路器及其合闸功与之相当的其它类型的真空断路器之用,其性能符合GB1984《交流高压断路器》的要求,其主要指标均达到和超过IEC标准。机构合闸弹簧有电动机储能与手动储能两种;分闸操作有分闸电磁铁、过流脱扣电磁铁与手动按钮操作三种;合闸操作有合闸电磁铁及手动按钮两种。

(未完待续)   ◇山西 杨盼红

在云端建立产品和设备后，云下也要有对应的设备，云下设备和云上设备是一一对应的关系，现在不妨先用 MQTT 客户端模拟云下设备接入阿里云，并向阿里云发送数据，来体验一下设备接入阿里云，以后也可以用 MQTT 客户端辅助实际设备起到调试的作用"

一、获取设备的三元组

步骤一：首先获取设备的三元组(所谓三元组就是产品名，设备名，设备秘钥)

产品名：设备属于哪一个产品

设备名：要接入的远端设备名称

设备秘钥：是要接入设备独有的秘钥

以上三元组主要用来生成 Mqtt 客户端连接阿里云需要填写的各种信息

(1) 打开对应的产品，点击前往管理，并且进入到相应的设备界面查看三元组

(或者直接点左手边产品下面的设备选项卡，进入到需要接入的设备界面，效果一样)

(2)下面就是进入设备界面，所看到的"三元组"，首先把三元组进行复制存放到 txt 文件中，接下来会用来生成信息。

二、生成 MQTT 客户端连接阿里云所需要的信息

(1)打开 MQTT 单片机编程工具，将三元组复制进去，生成所需要的信息(MQTT 单片机编程工具网上也有在线版本)

(2) 然后再打开 MQTT 客户端软件，进行操作，首先点击图中的"设置"选项进行新建。

(3)按照图中要求进行填写，其他的默认即可，填写信息完成之后点击"Apply"，然后再把弹出框关掉即可，不要点 cancel 选项。

(4) 会看到以下界面，看到右面的提示灯是暗的说明还未连接，进行连接即可，连接成功之后指示灯会变亮。

(5)下图表示连接阿里云成功，然后可以去你的云端设备进行查看是否显示在线。

(6) 可以看到云端的设备已经显示在线，表明刚才连接成功。

三、MQTT 客户端向云端发送数据

(1)打开设备的 Topic 列表可以看到很多 Topic，有的可以向云端发送数据，有的可以供云下设备订阅信息使用，我们要用第一个 topic 向云端发布消息，复制图中的 Topic。

(2)粘贴到对应的位置，并且准备好需要发送的消息内容，点击发布，即可在云端接收到。

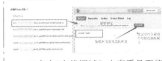

(3)点击"在线调试"，去查看是否接收到云下设备发送的消息。

(4) 选择好产品和设备

(5) 这样就到了调试界面，但是还没有接收到消息，因为刚才把消息给错过了，重新去发一条数据在进行查看：

(6)可以看到接收到了数据，可能会有点小错误，不要着急，一会在进行修改，但这表明已经成功发布到云端消息。

四、建立物模型进行数据显示

(1) 为了查看接收数据的方便性，我们去建立一个物模型，用来显示接收到的数据，我们创建一个温度的物模型还是点到产品界面，功能定义，自定义设备进行创建。

(2)创建物模型如下：创建的时候一定要注意"标志符"和"数据类型"，云下设备发送数据时要和这里的标识符和数据类型一一对应可以正确接收到数据并进行显示，缺一不可。

(3) 创建好物模型之后，打开 MQTT 客户端所对应的云上设备的运行状态进行查看，可以看到我们从云下设备发布的数据已经成功进行显示了。(如果再次发送数据没有更新，请打开右上角的实时显示)。

这样 MQTT 模拟云下设备接入阿里云发送数据并进行显示。

(未完待续) ◇上海 李福贵

(接上期本版)

步骤 4，读取数据

在返回的"读取 FXGP(WIN)格式文件"对话框中的"文件选择"标签页内，点击"PLC 参数"、"程序(MAIN)"和"软元件内存数据"前的小方框，使其内出现红色的"√"，表示选中了这 3 项，如图 7 所示。再点击"执行"按钮，软件进行读取操作，读取完成后弹出对话框，在图 8 所示的对话框内点击"确定"按钮，再在"读取 FXGP(WIN)格式文件"的对话框内点击"关闭"按钮，完成读取。此时 GX Developer 编程软件的界面如图 9 所示。

图 7　选中文件

步骤 5，保存程序

在图 9 所示软件界面上，点击打开下拉菜单"工程"，并选中"另存工程为(A)…"后点击。弹出"另存工程为"对话框，如图 10 所示。与前面类似选择存放工程的驱动器和路径，还有命名个工程名，如"真石漆程序"，如图 11 所示，再点"保存"按钮，点"是"按钮，完成保存操作。此时就能见到在选择的目录中有了"真石漆程序"的目录，内有 1 个目录和 5 个文件，如图 12 所示。

图 8　完成读取

2. GX Developer 写入 FXGPWIN 程序

用 GX Developer 编程软件写入 FXGPWIN 编程软件的程序前，已经存在了一个用 GX Developer 编写的工程，名称为"对绞"，存放在"对绞机"目录中，内有"ProjectDB.mdb""Gppw.gpj""Gppw.gps"和"Project.inf"4 个文件，以及子目录"Resource"。写入步骤如下：

步骤 1，打开 GX Developer 编程软件

点击"开始"菜单下的"GX Developer"软件图标使其运行，并进入初始界面，如图 1 所示。

(未完待续) ◇键谈

图 9　读取后的界面

图 10　另存工程

图 11　确定路径和工程名

图 12　新建工程的文件

解读电热水器的节能环保"密码"(三)

(接上期本版)

在使用电热水器时，不得通过插座上的开关关断电源，因为关断插座电源后漏电保护插头不能工作，一旦发生地线带电等故障时无法提供保护。需要每周检查按动漏电保护插头的"试验"键，确认漏电保护插头能正常工作。电热水器首次开机使用时一定要先将热水器内胆中注满水，具体操作就是将混水阀开启并将阀柄全部打向热水端，直至花洒或出水口处有均匀的水流流出。使用热水器时，先不要将喷头出水口直接朝向人体，并注意调试水温，以免烫伤。电热水器的使用要点是"通水、通电、加热、热水放出"四步。下面介绍封闭式热水器的操作过程：第一次使用要特别注意，先将冷水调节阀的热水阀或热水龙头打开，以便注水时排出空气。再将通向热水器的自来水阀门打开，向热水器注水，不要开得太大产生较大冲击。待热水龙头或喷头有水流出，说明热水器内已注满了水，将热水出水阀门关闭；检查供水正常后，设定好所需水温，再把电源插头插入插座，接通电源；接通电路后，打开热水器的电源开关，加热灯亮表示正常，并开始加热。加热灯熄灭，保温灯亮，表示加热停止，水温达到要求可以使用了；为适合使用，可以调节混合水温，即调整热水和冷水的流量。调好水温时，要用手试温，不要直接冲在身上，以免烫伤。封闭式热水器允许连续工作，可以自动控温，家庭可根据需要选择。如果没有特别需要，温控不易调得太高，以节省能源，延长热水器使用寿命。敞开式热水器不能自动注水，必须手动注水至需要的水位，但水位一定要没过电热管10cm以上，一般地至少要有一半的水。敞开式热水器在使用前，一定要切断电源，以保证安全。

4. 电热水器的日常保养清洁要点

电热水器具有使用安全、卫生、随时可供热水、水温易调节等优点，在发达国家已广泛使用。近年来，在我国使用电热水器的用户也越来越多。特殊家电产品之一的热水器，维护保养至关重要，一方面为确保安全使用；另一方面为达到其预期的使用寿命。人们在日常沐浴时，对于热水器的出水与温度问题较为注重，却往往忽略了最关键的保养与安全问题。

我国各地加热棒结垢一直是电热水器行业中的技术难题，各企业也推出了五花八门的解决方案。我国各地水质差异极大，抗垢方案效果的检测也存在难题，所以国标中对此并未进行要求。因此无论购买了采用何种抗垢技术的产品，都需根据本地水质定期进行维护保养。

家里的电热水器制热效果不如从前了，每次总要加热很长时间，而且同样温度的水需要更高的档位才能加热，水流也变得非常小，但是各项功能检查都很正常，是电热水器内胆结上水垢，需要给他洗洗了。家用电热水器易结水垢，电热水器之所以会出现这样的毛病，是内胆结了水垢。据介绍，绝大多数电热水器的换热器是用铜制成的，但是铜的导热系数比碳酸盐水垢的导热系数高得多，因此当水垢沉积物覆盖在换热器的换热表面时，就会大大降低换热效率。而且，水垢覆盖在换热器表面后，会产生垢下腐蚀，阻止电热水器的有效换热，从而使换热表面长期处于高温高负荷状态，导致金属疲劳，结垢严重时还会引发爆管。正因为这些情况，使用一两年左右的电热水器总是会有制热慢的毛病。

由于我国特别是北方地区自来水水质较差，热水器在加热过程中，水里面钙镁离子受热分解后在温度高的金属加热体表面凝聚，时间久了就结成了厚厚的一层垢。水垢聚集的太多时，会影响电热管的正常发热，轻则加热时间延长、费电，重则造成发热丝热能传导不出使金属加热体表面壳体炸裂，从而水中带电，危及淋浴者的生命安全。为了解决这一问题，目前大部分电热水器都设计安装了镁棒，经过通电，镁棒产生阳极离子，从而在一定程度上减少了水垢的产生和沉淀，但是镁棒只用在通电时才起作用，在使用过程中还会不断消耗，其消耗的程度取决于水质的好坏，一般镁棒的使用寿命为两年。

家用电热水器结水垢不但会造成电耗增加，还容易引发安全事故。特别在一些自来水质量比较差的地区，比如一些地区经常出现黄泥水，则更容易形成水垢。清除水垢最好的办法就是定期清洗，最好半年清洗一次。虽说有些家庭也经常给电热水器做清洁，但是擦洗的大都是外表，真正彻底清洗内胆的家庭很少。定期给电热水器洗澡，不仅能延长电热水器的使用寿命，提高使用效率，而且能更有效地保证使用安全。

针对电热水器的结垢问题，除被普遍采用的镁棒外，各企业还推出不少五花八门的解决方案。如AO史密斯的金圭特护加热棒防腐抗垢能力特别强，再加上金圭内胆和强力阳极棒，彻底解决了电热水器的结垢问题。阿里斯顿热水器的产品使用电子镁棒，不存在消耗问题，可以永久抗垢防腐。其原理用活跃的防腐蚀粒子主动出击，抢先消除腐蚀因子，杜绝遗漏，实现恒久保护。电热水器结垢都是因为水温过高，即敞式热水器就不需要把水温调到那么高，再加上使用非金属发热体，所以这种产品才是真正解决了水垢问题。目前各大品牌都在积极地推出抗垢技术，从原理上说，这些技术都能够起到一定作用。但由于国家标准中对此并未要求，而且对此效果的检测还存在技术难题，因此，这些技术在我国水质差异非常大的情况下能否起到其宣称的作用，则还有待实践的检验。虽然目前国内某品牌的电热水器除垢产品非常热门。电热水器在清除水诟方面还没有永久性的解决方案。结垢不仅影响清洗效率，还会影响电热水器使用寿命。但内胆结垢是看不见的，也不好清洗，因此应定期需要请厂家专业人士清洗。厂家一般在清洗时还要替使用者更换阳极镁棒。对于水质不好的地区，要两年左右清洗一次，水质好一些的地区，清洗间隔的时间可以延长。国内生产的热水器最高温度一般都限定在80℃~85℃，而在一些国家则限定在66℃。较高的温度标准固然可以在同样容积下可以产生更多的热水，但温度越高越容易结垢，也易烫伤人。此外，定期排放存水也是减轻结垢的办法之一。

电热水器的内胆要每半年清洗一次，清洗的方法是：首先切断电源，关闭进水阀，然后开出水阀，将安全阀打开，自然排净热水器内的水和沉淀物，然后再注自来水冲洗，直至冲净，将水排空，再将安全阀关闭。清洗后，按首次使用的方法进行注水。要经常注意观察热水器是否正常，如有异常，应找维修点维修。在热水器使用正常的情况下，每3年到指定维修点更换温控器和加热器，如生产厂家另有规定，按生产厂家要求去办理。热水器出水减少时，可能是管路堵塞，要进行清理。封闭式热水器不能自行拆装。敞开式热水器也要由有经验的人进行维修。绝对禁止无水通电干烧。

在使用喷头时，如果发现喷水不畅或者堵塞现象，可将喷头卸下，用螺丝刀将喷头盖中间的螺丝拧下，取下组装套盖(记住位置)，用废旧牙刷对内表面的杂物进行清理。清理完毕后将组装套盖按顺序安装好，注意要放正，以防影响喷头的使用效果。

为保证电热水器使用安全和内胆寿命，在长期不使用的情况下可通过安全阀将内胆的水放掉，首先关闭自来水进水阀门，然后将热水器混合阀扳至热水处，再将安全阀手柄向上扳至水平位置，此时热水器内胆中的水便通过安全阀的泄压口流出并经排泄管流向下水道。

给电热水器洗澡需要专门的技术，只有专业人员才能操作。日常清洁热水器的简单办法：每半年清洗一次内胆，先切断电源，关闭进水阀，然后开启出水阀，将安全阀上的排水开关逆时针旋转90度，自然排净家用电热水器内的水和沉淀物。然后再用自来水清洗。清洗完毕，再将排水开关恢复原位，注意满水后方可通电。

保养清洁电热水器外部，应先切断电源，不要用水喷淋，需要使用软布擦拭。如果电源线损坏，为避免危险，必须使用有厂家提供的专用电源线，并由维修部或类似部门的专业人员更换。电热水器的使用寿命不应超过6年，如超过年限还继续使用，就会存在安全隐患，需要及时更换。热水器在使用一定时间后内部会形成大量水垢，当水垢增厚到一定程度后，不仅延长加热的时间，而且还会发生崩裂，对内胆有一定损害，使加热时间延长，热水出水量减少。电热水器没有排污阀的，需要专业人员来清洗。

内胆在换季时记得要清洗一次，清洁方法是首先切断电源，关闭进水阀，然后开启出水阀，将安全阀上的塑料排水耳逆时针反转90度，自然排净热水器内的水和沉淀物。然后再灌自来水清洗，清洗完，再将排水耳恢复原位，注意先灌满后方可通电。常年不关热水器电源的用户应该经常关心热水器是否正常，有异常情况应及时送维修点维修。

(全文完)　　◇刘满　肖九梅

一招禁用windows系统升级

Windows系统升级一直是不少用户最不喜欢的地方。即使对于现在很好用的Win10系统同样如此。一般情况下Win10会自动升级，然而经常会出现莫名其妙更新了驱动导致硬件失灵等情况。虽说现在的Win10已经对升级更新流程作了优化，可以一定程度上阻止自动更新，但仍需要手动进行一些调节，对于不熟悉电脑的人来说，仍显得麻烦。

目前也有很多系统工具可以禁用Win10系统升级。这里给大家推荐一款上手简单，只需一键就能禁止Win10所有的更新。

这款工具名为Windows Update Blocker，是一款无需安装也无广告的绿色软件，解压后运行即可。

Windows Update Blocker是绿色软件，无需安装直接解压即可

开启后，即可看到非常显眼的Windows Update控制按钮。选中"禁用服务"，软件会自动勾选上下面"保护服务设置"的选项，最后点击"立即应用"，就可以停止Win10的自动更新了。

开启Windows Update的状态

关闭Windows Update的状态

这款Windows Update Blocker是非常"傻瓜"好用的，因为它可以禁用掉Windows Update的相关服务。

点击"菜单"，在"服务列表选项"中，可以看到各个Windows Update服务的运行状态。

各种Windows Update相关服务的活动状态

如果软件主界面显示服务状态已经停止，服务列表中的各项服务也都不运行，再也无需担心Win10自动重启升级了。

Windows Update Blocker下载地址：

https://www.sordum.org/9470/windows-update-blocker-v1-6/

视频解码或将发生改变——AV1 编码器

在最新公开的 Android 电视指南中，谷歌要求所有 Android 10 系统的电视支持 AV1 视频解码，据了解索尼已经接受建议，并将首先使用。要知道目前智能电视解码以 H.265 为主流，开源、免版权费的 AV1 视频解码不仅是它相对于 H.265 的优势，而且还能提供比 H.265/264/VP9 相同画质下更高的压缩率，也就是同等带宽下可以传输更高清的画质。

诞生于 2018 年 6 月 AV1 视频格式出自 Google 等主导的开放媒体联盟 (AOM)，现已经得到了行业的普遍支持，硬件方面 Intel Tiger Lake 11 代酷睿 (Xe 核显)、AMD RX 6000 系列都支持，移动平台的联发科天玑 1000 系列/电视芯片 MT9602，RTX 30 系也支持。软件厂商方面则有微软（Windows 10）、Google (Chrome)、亚马逊、苹果、Facebook、思科、ARM、Mozilla、Netfix、腾讯、爱奇艺等等，其中爱奇艺是国内第一家支持 AV1 格式的视频网站。

AV1 是一种新兴的开源、版权免费的视频压缩格式，由开放媒体联盟 (AOMedia) 行业联盟于 2018 年初联合开发并最终定稿。AV1 开发的主要目标是在当前的编解码器基础上获得可观的压缩率提升，同时确保解码的复杂性和硬件的实际可行性。

前身与发展

在过去的十年里，智能设备推动着高分辨率、高质量内容消费的高速增长，使得视频应用在互联网上已经变得无处不在。视频点播和视频通话等服务对传输的基础设施提出了严峻的挑战，因此更需要高效的视频压缩技术。另一方面，互联网成功的一个关键因素是它所使用核心技术，例如 HTML、web 浏览器 (Firefox、Chrome 等）和操作系统（如 Android），都是开放和可自由实现的。因此，为了创建一个与主流商用视频格式相当的开源视频编码格式，在 2013 年年中，谷歌推出并部署了 VP9 视频编码器。VP9 的编码效率与最先进的收费 HEVC 编解码器相当，同时大大优于最常用的格式 H.264 及它的前身 VP8。

然而，随着对高压缩视频应用需求的增加和多样化，压缩性能的不断提高很快变得迫在眉睫。为此，在 2015 年底，谷歌成立了开放媒体联盟 (AOMedia)，一个由 30 多家领先的高科技公司共同组成的联盟，致力于下一代开源视频编码格式-AV1。

AV1 开发的着重点包括但不限于以下目标：一致的高质量实时视频传输、对各种带宽的智能设备的兼容性、易处理的计算占用空间、对硬件的优化以及对商业和非商业内容的灵活性。编解码器最初使用的是 VP9 工具和增强功能，然后 AOMedia 的编码器、硬件和测试工作组被提出、测试、讨论和迭代产生新的编码工具。到目前为止，AV1 代码库已经合并了各种新的压缩工具，以及为特定用例设计的高级语法并行化特性。

接下来将介绍 AV1 中的关键编码工具，与同等质量的高性能 libvpx VP9 编码器相比，AV1 的平均比特率降低了近 30%。

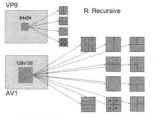

编码块划分

VP9 的分区树有 4 种分块方式，从最大的 64×64 开始，一直到 4×4 层，对于 8×8 及以下的分块则有一些额外的限制，如图 1 的上半部分所示。注意：图中标有为 R 的分块是递归的，因此 R 分块可以重复再分块，直到达到最低的 4×4 级。

AV1 不仅将分区树扩展为如图所示的 10 种结构，还将最大的分块尺寸 (在 VP9/AV1 中称为 superblock) 增大至 128×128。注意：在 VP9 中并不存在这种的 4:1/1:4 矩形分块，而这些分块没有一个可以再细分。此外，AV1 增加了使用 8×8 级以下分区的灵活性，在某种意义上，2×2 的色度帧间预测现在在某些情况下成为可能。

帧内预测

VP9 支持 10 种帧内预测模式，其中 8 种方向模式，角度 45~207 度，2 个非方向预测模式：DC 和 true motion？模式。AV1，潜在的帧内编码进一步探索了不同的方法：方向预测的粒度进一步升级，而非方向性的预测，纳入了梯度和相关性，亮度的一致性和色度信号也得到充分利用，并开发出针对人造视频内容特殊优化的工具。

包括：帧内预测方向的增强、无方向平滑的帧内预测器、基于递归滤波的帧内预测器、从亮度预测色度、调色板作为预测指标、帧内块拷贝等功能

帧间预测运动补偿

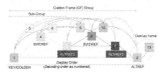

帧间预测运动补偿是视频编码中不可少的模块。在 VP9 中，最多允许 3 个候选参考帧中的 2 个参考，然后预测器将进行基于块平移的运动补偿，或者如果有两个参考信号则取这两次预测的平均值。

AV1 具有更强大的帧间编码器，可大大扩展参考帧和运动矢量的池，它打破了基于块平移预测的局限性，并通过使用高自适应加权算法和源，增强了复合预测。

包括：扩展参考帧、动态空间与时间

运动矢量参考、重叠块运动补偿 (OBMC)、扭曲运动补偿、高级复合预测（复合楔形预测、差异调制的掩盖预测、基于帧距离的复合预测以及复合帧内预测）等功能。

变换编码

变换块分区

AV1 无需像 VP9 中那样强制固定变换单元大小，而是允许亮度间编码块划分为多种大小的变换单元，这些递归分区最多可递减 2 级。为了合并 AV 的扩展编码块分区，支持从 4×4 到 64×64 的正方形，2:1/1:2 和 4:1/1:4 比例也都可以。此外，色度转换单元总是要尽可能地大。

扩展的转换内核

为 AV1 中的帧内和帧间块定义了一组更丰富的转换内核。完整的 2-D 内核集由 DCT、ADST、flipADST 和 IDTX [12] 的 16 个水平/垂直组合组成。除了已在 VP9 中使用的 DCT 和 ADST 之外，flipADST 则以相反的顺序应用 ADST，并且身份变换 (IDTX) 意味着沿某个方向跳过变换编码，因此对于编码锐利边缘特别有用。随着块大小变大，某些内核开始发挥类似作用，因此，随着变换大小的增加，内核集会逐渐减少。

熵编码

多符号熵编码

VP9 使用基于树的布尔非自适应二进制算术编码器对所有语法元素进行编码。AV1 转而使用符号间自适应多符号算术编码器。AV1 中的每个语法元素都是 N 个元素的特定字母，上下文由一组 N 的概率以及一个为前期快速适应的计数之一。概率存储在 15 位累积分布

函数 (CDF)。与二进制算术编码器相比，精度更高，从而可以准确地跟踪字母表中不太常见的元素的概率。

电平图系数编码

在 VP9 中，编码引擎按照扫描顺序依次处理每个量化的变换系数。其中用于每个系数的概率模型，又与先前编码的系数级别、频带及其变换块大小等相关。为了正确捕获广阔基数空间中的系数分布，AV1 改而使用电平图设计以实现可观变换系数建模和压缩，这样使得较低的系数水平通常占据了最主要的费率成本。

环路滤波工具和后处理

AV1 允许将多个环路滤波工具相继应用于解码帧数据的过程。第一级是解码滤波器，它与 VP9 中使用的解码滤波器大致相同，只是做了些微小改动。最长的滤波器从 VP9 中的 15 抽头减少到 13 抽头。此外，在亮度和每个色度平面的水平和垂直信号分量上，单独的信号过滤级别方面，有了更大的灵活性，以及将超级块级别的能力方面。

后记

在 2020 年莫斯科国立大学 (Moscow State University) 举办的 MSU 世界视频编码器大赛中，参赛的编码器有 21 个，其中 10 个 265 编码器，6 个 AV1 编码器，5 个其他标准的编码器。与往年不同，这次 AV1 编码器展现出明显超越 265 编码器的压缩性能，SSIM 指标下调线档次 265 编码性能已经掉出前三。越来越多的终端厂商也开始支持 AV1 硬解，相信也许在不久 AV1 编码器将成为主流视频编码器之一。

耳机功放特点及针对电路

用耳机欣赏音乐较音箱有着一定突出优势：失真小、无分频器、无听音室要求、性价比高。高档耳机只有配用高级耳机放大器才能尽情发挥其效能。耳机功放虽然很像音箱功放，但明显有三大特殊要求：

1. 对信噪比有更高要求。音箱通常离欣赏者较远，而耳机紧贴在耳朵上，对噪声比音箱敏感多了，因此应选用极低噪声的放大电路。

2. 在擦拨耳机时有可能烧毁耳机功放。由于耳机插座紧凑，擦拨插头易与插座瞬间短路，如果此时正在欣赏音乐，相当于大输出时负载瞬间短路易烧毁功率管。

3. 由于耳机放大器所需要的功率极小，可低成本实现最高音质的甲类放大。音箱功放因输出功率大，实现甲类必须有超大的变压器，超大的散热板，超大的机箱。导致成本、体积、重量、功耗都要多得多！

上图是本着简洁至上并针对以上 3 个特点的耳机功放。差分电路 (Q1 和 Q2) +镜像电路 (Q3 到 Q7) 使得共模抑制比极高，噪声信号等效为共模输入，所以该电路具有极强的噪声抑制力。Q1 和 Q2 是美国低噪声结型场效应晶

生对管 NPD5564。Q3 和 Q4 没有采用通常的差分电路，而是对称的共射电路，目的是大幅度的减少本级增益，从而大幅减少开环增益，利于提高瞬态响应。输出级 Q8 和 Q9 采用单级互补射极跟随电路，没采用通常的达林顿电路，大大减少本级的电流放大倍数利于安全。按上图参数 Q8 和 Q9 最大得到的基极电流 6mA，设 Q8 和 Q9 的 β 值=200，则集电极最大电流=6mA×200=1200 mA。而 Q8 和 Q9 采用安森美 MJE15030 和 MJE15031，其最大允许电流高达 8000 mA。所以，即使输出瞬时短路也不会烧坏功率管 Q8 和 Q9。按照本机参数，Q8 和 Q9 的静态电流达到 200mA，完全满足了绝大多数耳机的甲类放音要求。

◇王毅

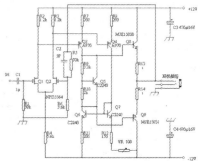

编辑：小进　投稿邮箱：dzbnew@163.com

集成电路七种集成方式区别(一)

当今,如果要评选国人最关注、最热门的词语,我想"集成电路"一定高票当选!由于"卡脖子"事件,集成电路成了悬在中国人头上的"达摩克利斯之剑",一日不解决,就一日不能睡安稳觉。全国人民热情高涨,国家也采取一系列措施来积极应对;首先,集成电路终于成为一级学科,对集成电路领域的投入也日益加大,各大高校相继成立集成电路学院,南京还专门成立了一所集成电路大学……集成电路属于电子集成技术的一种,那么,现在的电子集成技术发展到了什么程度呢? 先进的电子集成技术可以在不到芝麻粒大小的1平方毫米内集成1亿以上的晶体管,一个指甲盖大小的芯片上集成的晶体管数量可轻松超过100亿甚至更多,而目前地球上的总人口才不到80亿。这篇文章对"电子集成技术"进行了全面的解析,读者可以了解到:电子集成(5+2)分类法,2D集成,2D+集成,2.5D集成,3D集成,4D集成,Cavity集成,Planar集成,共七种集成方式。

电子集成(5+2)分类法

电子集成技术分为三个层次,芯片上的集成,封装内的集成,PCB板级集成,其代表技术分别为SoC、SiP和PCB(也可以称为SoP或者SoB)。芯片上的集成主要以2D为主,晶体管以平铺的形式集成为晶圆平面;同样,PCB上的集成也是以2D为主,电子元器件平铺安装在PCB表面,因此,二者都属于2D集成。而针对于封装内的集成,情况就要复杂得多,并且业界目前对电子集成的分类还没有形成统一的共识,这也是作者写这篇文章的原因之一。

理解集成的时候,人们通常通过物理结构来判断,今天,我们提出电子集成技术分类的两个重要判据:1.物理结构,2.电气连接(电气互连)。通过这两个判据,我们将电子集成分为7类:2D集成,2D+集成,2.5D集成,3D集成,4D集成,Cavity集成,Planar集成。其中前面5类是位于基板之上,属于组装(Assembly)范畴,后面2类位于基板之内,属于基板制造(Fabrication)范畴。故此命名为(5+2)分类法。请参看下表:

表 1

位置	Above Substrate（Assembly）					Inside Substrate（Fabrication）	
类型	2D集成	2D+集成	2.5D集成	3D集成	4D集成	Cavity集成	Planar集成
描述	芯片平铺安装在基板之上	芯片堆叠在基板上,通过键合线连接到基板	通过硅转接板的集成方式	芯片直接通过TSV电气连接	通过基板折叠的集成方式	通过将芯片部分或者全部嵌入基板的集成	通过材料生成平面无源器件集成在基板
物理结构	平铺	堆叠	堆叠	堆叠	基板折叠	嵌入基板	嵌入基板
电气互连	通过基板	通过基板	硅转接板	芯片直连	通过基板	通过基板	通过基板

2D集成

2D集成是指在基板的表面水平安装所有芯片和无源器件的集成方式。以基板(Substrate)上表面的左下角为原点,基板上表面所处的平面为XY平面,基板法线为Z轴,创建坐标系。物理结构:所有芯片和无源器件均安装在基板平面,芯片和无源器件与XY平面直接接触,基板上的布线和过孔均位于XY平面下方;电气连接:均需要通过基板(除了极少数通过键合线直接连接的键合点)。我们最常见的2D集成技术应用于MCM、部分SiP以及PCB。MCM(Multi Chip Module)多芯片模块是将多个裸芯片高密度安装在同一基板上构成一个完整的部件。在传统的封装领域,所有的封装都是面向器件的,所有封装为芯片服务,起到保护芯片、尺度放大和电气连接的作用,是没有任何集成的概念。随着MCM兴起,封装中才有了集成的概念,所以封装也发生了本质的变化,MCM将封装的概念由芯片转向模块、部件或者系统。2D集成的SiP,其工艺路线和MCM非常相似,和MCM主要的区别在于2D集成的SiP规模比MCM大,并且能够形成独立的系统。首先制作有机基板或者高密度陶瓷基板,然后在此基础上进行封装和测试。

2D 集成示意图

此外,基于FOWLP的集成,例如INFO,虽然没有基板,也可以归结为2D集成。

2D+集成

2D+集成是指的传统的通过键合线连接的芯片堆叠集成。也许会有人问,芯片堆叠不就是3D吗,为什么要定义为2D+集成呢? 主要基于以下两点原因:1)3D集成目前在很大程度上特指通过3D TSV的集成,为了避免概念混淆,我们

定义这种传统的芯片堆叠为2D+集成;2)虽然物理结构上是3D的,但其电气互连上均需要通过基板,即先通过键合线键合到基板,然后在基板上进行电气互连。这一点和2D集成相同,比2D集成改进的是结构上的堆叠,能够节省封装的空间,因此称之为2D+集成。物理结构:所有芯片和无源器件均位于XY平面上方,部分芯片不直接接触基板,基板上的布线和过孔位于XY平面下方;电气连接:均需要通过基板(除了极少数通过键合线直接连接的键合点)。下图所示几种集成均属于2D+集成。

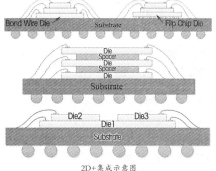

2D+集成示意图

此外,对于PoP (Package on Package)类的集成方式,也可以根据其物理结构和电气连接,将其归纳为2D+集成。

2.5D集成

2.5D顾名思义是介于2D和3D之间,通常是指既有2D的特点,又有部分3D的特点的一种维度,现实中并不存在2.5D这种维度。物理结构:所有芯片和无源器件均位于XY平面上方,至少有部分芯片和无源器件安装在中介层(Interposer),在XY平面的上方有中介层的布线和过孔,在XY平面的下方有基板的布线和过孔。电气连接:中介层(Interposer)可提供位于中介层上的芯片的电气连接。2.5D集成的关键在于中介层Interposer,一般会有几种情况,1)中介层是否采用硅转接板,2)中介层是否采用TSV,3)采用其他类型的材质的转接板;在硅转接板上,我们将穿越中介层的过孔称之为TSV,对于玻璃转接板,我们称之为TGV。硅中介层有TSV的集成是最常见的一种2.5D集成技术,芯片通常通过MicroBump和中介层相连接,作为中介层的硅基板采用Bump和基板相连,硅基板表面通过RDL布线,TSV作为硅基板上下表面电气连接的通道,这种2.5D集成适合芯片规模比较大,引脚密度高的情况,芯片一般以FlipChip形式安装在硅基板上。

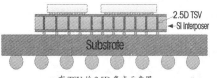

有TSV的2.5D集成示意图

硅中介层无TSV的2.5D集成的结构一般如下图所示,有一颗面积较大的裸芯片直接安装在基板上,该芯片和基板的连接可以采用Bond Wire或者Flip Chip两种方式,大芯片上方由于面积较大,可以安装多个较小的裸芯片,但小芯片无法直接连接到基板,所以需要插入一块中介层(Interposer),在中介层上方安装多个裸芯片,中介层上有RDL布线,可将芯片的信号引出到中介层的边沿,然后通过Bond Wire连接到基板。这类中介层通常不需要TSV,只需要通过Interposer上表面的布线进行电气互连,Interposer采用Bond Wire和封装基板连接。

无TSV的2.5D集成示意图

现在,EDA工具对2.5D集成有了很好的支持,下图所示

为Mentor (Siemens EDA)中实现的2.5D集成设计。

Siemens EDA中实现的2.5D集成设计

3D集成

3D集成和2.5D集成的主要区别在于:2.5D集成是在中介层Interposer上进行布线和打孔(TSV)和布线(RDL),而3D集成是直接在芯片上打孔(TSV)和布线(RDL),电气连接上下层芯片。物理结构:所有芯片和无源器件均位于XY平面上方,芯片堆叠在一起,在XY平面的上方有穿过芯片的TSV,在XY平面的下方有基板的布线和过孔。电气连接:通过TSV和RDL将芯片直接电气连接。3D集成大多数应用在同类芯片堆叠中,多个相同的芯片垂直叠在一起,通过穿越芯片堆叠的TSV互连,如下图所示。同类芯片集成大多应用在存储器集成中,例如DRAM Stack,FLASH Stack等。

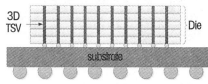

同类芯片的3D集成示意图

不同类芯片的3D集成中,一般是将两种不同的芯片垂直堆叠,并通过TSV电气连接在一起,并和下方的基板互连,有时候需要在芯片表面制作RDL来连接上下层的TSV。

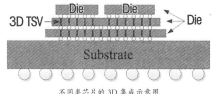

不同类芯片的3D集成示意图

现在,EDA工具对3D集成有了很好的支持,下图所示为Mentor (Siemens EDA)中实现的3D集成设计。

Siemens EDA中实现的3D集成设计

4D集成

前面介绍了2D,2D+、2.5D、3D集成,4D集成又是如何定义的呢? 在前面介绍的几种集成中,所有的芯片(Chip),中介板(interposer)和基板(Substrate),在三维坐标系中,其Z轴均是竖直向上,即所有的基板和芯片都是平行安装的。在4D集成中,这种情况则发生了改变。当不同基板所处的XY平面并不平行,即不同基板的Z轴方向有所偏移,我们则可定义此类集成方式为4D集成。物理结构:多块基板以非平行方式安装,每块基板上都安装有元器件,元器件安装方式多样化。电气连接:基板之间通过柔性电路或者焊接连接,基板与芯片电气连接多样化。

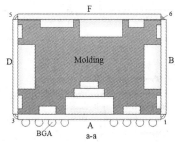

基于刚柔基板的4D集成示意图

(下转第50页)

集成电路七种集成方式区别(二)

(上接第49页)

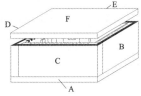

气密性陶瓷 4D 集成示意图

4D 集成定义主要是关于多块基板的方位和相互连接方式，因此在 4D 集成也会包含有 2D、2D+、2.5D、3D 的集成方式。通过 4D 集成技术可以解决平行三维堆叠所无法解决的问题，提供更多、更灵活的芯片安装空间，解决大功率芯片的散热问题，以及航空航天、军工等领域应用中最主要的气密性问题。现在，EDA 工具对 4D 集成也有了很好的支持，如下图所示为 Mentor (Siemens EDA) 中实现的 4D 集成设计。

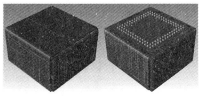

Siemens EDA 中实现的 4D 集成设计

4D 集成技术提升了集成的灵活性和多样化，展望未来，在 SiP 的集成方式中，4D 集成技术必定占有一席之地，并将成为继 2D、2D+、2.5D、3D 集成技术之后重要的集成技术。从严格物理意义上来说，以现有的人类认知出发，所有的物体都是三维的，二向箔并不存在，四维空间更待考证。为了便于区分多种不同的集成方式，我们将其分为 2D、2D+、2.5D、3D、4D 这 5 种集成方式。

Cavity 集成

Cavity 腔体是在基板上开的一个孔槽，通常不会穿越所有的板层。腔体可以是开放式的，也可以是密闭在内层空间的腔体，腔体可以是单级腔体也可以是多级腔体，所谓多级腔体就是在一个腔体的内部再挖腔体，逐级缩小，如同城市中的下沉广场一样。

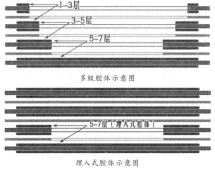

多级腔体示意图

埋入式腔体示意图

通过腔体结构可以提升键合线的稳定性，增强陶瓷封装的气密性，并且可以通过腔体结构双面安装元器件。

通过腔体结构提高键合线稳定性

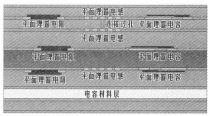

通过腔体结构双面安装元器件

Planar 集成

Planar 集成技术也称为平面埋置技术，是通过特殊的材料制作电阻、电容、电感等平面化无源器件，并印刷在基板表面或者嵌入到基板的板层之间的一种技术。将电阻、电容、电感等无源元件通过设计和工艺的结合，以蚀刻或印刷方法将无源元件做在基板表面或者内层，用来取代基板表面需要焊接的无源元件，从而提高有源芯片的布局空间及布线自由度，这种方法制作的电阻、电容、电感基本没有高度，不会影响基板的厚度。

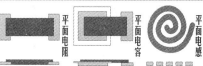

简易实用逻辑电路

有时候我们搭电路时只需要实现一个简单的逻辑，但用一个 4 门的集成电路来设计未免过于昂贵与占面积，而且 IC 里没用到的门电路又必须拉高或拉低，相当烦琐。鉴于简化电路的需要我整理了一套用三极管、二极管、电阻组成的逻辑门电路，可实现 2 输入或 3 输入的 AND,OR,NAND, NOR,EXOR 操作。

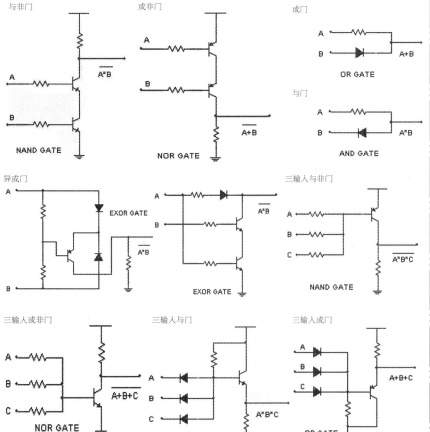

与非门 NAND GATE

或非门 NOR GATE

或门 OR GATE

与门 AND GATE

异或门 EXOR GATE / EXOR GATE

三输入与非门 NAND GATE

三输入或非门 NOR GATE

三输入与门 AND GATE

三输入或门 OR GATE

7 种集成技术汇总

通过下面一个表格，我们将电子集成技术进行汇总，通过物理结构和电气连接两大指标对 7 种集成技术进行分类，并通过图例查看其典型的结构。

序号	名称	物理结构	电气连接	图例
1	2D 集成	所有芯片和无源器件均安装在基板平面，芯片和无源器件和基板直接接触	需要通过基板	
2	2D+集成	有芯片堆叠，部分芯片不直接接触基板	需要通过基板	
3	2.5D 集成	至少有部分芯片安装在中介层上	中介层可提供电气连接	
4	3D 集成	有芯片堆叠，部分芯片不直接接触基板	通过 TSV 直接连接上下层芯片	
5	4D 集成	基板产生折叠，或者多块基板非平行组合安装	需要通过基板	
6	腔体集成	基板上有腔体，包括开放式腔体和埋置腔体	需要通过基板	
7	平面集成	将电阻、电容、电感等元以蚀刻或印刷的方法做在基板表层或者内层	需要通过基板	

在下面一张图中，我们将 7 种集成技术汇聚到了一个设计中，让它们来一个大团圆。在基板的表面从左至右分别是 2D、2D+、2.5D、3D、4D 五种集成，在基板内部则包含了 Cavity 和 Planar 两种集成。

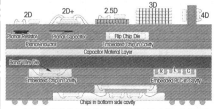

今天，我们从物理结构和电气连接两大判据，总结了七种电子集成技术。写到这里，我突然发现，七竟然是一个神奇的数字，七子之歌，建安七子，竹林七贤，七彩云南，七色光，红橙黄绿青蓝紫……其实"七"是一个相当"武侠"的数字，七种武器，七剑下天山，江南七怪，全真七子……还有，当代的中国高校也有著名的"国防七子"，本人的母校也位列其中。

(全文完)

2021年 1月31日 第5期
投稿邮箱:dzbnew@163.com
电子报

解读嵌入式和单片机区别(一)

凡是从事信息技术相关工作的朋友,一定都听说过嵌入式和单片机。

大家都知道,这两个名词和硬件系统有着非常密切的关系。但是,如果要问具体什么是嵌入式,什么是单片机,它们之间究竟有什么区别,我相信大部分人并不能解释清楚。

今天,就给大家做一个入门科普,揭秘上述问题的答案。与此同时,也顺便解释一下,我们常说的51、STM32,究竟是什么。

■ 什么是嵌入式

首先,我们来看看什么是嵌入式。

嵌入式,一般是指嵌入式系统,英文叫作:embedded system。嵌入式开发,其实就是对嵌入式系统的开发。

IEEE(美国电气和电子工程师协会)对嵌入式系统的定义是:"用于控制、监视或者辅助操作机器和设备的装置"。

国内学界的定义更为具体一些,也更容易理解:

嵌入式系统,是以应用为中心,以计算机技术为基础,软件硬件可裁剪,适用于对功能、可靠性、成本、体积、功耗有严格要求的专用计算机系统。

以应用为中心,说明嵌入式系统是有明确实际用途的。以计算机技术为基础,说明它其实就是一种特殊的计算机。软硬件可裁剪,说明它有很强的灵活性和可定制能力。

专用计算机系统,"专用"所对应的,就是"通用"。我们常用的个人PC、笔记本电脑、数据中心服务器,可以用于多种用途,就是"通用计算机系统"。

嵌入式系统究竟具体应用于哪些"专用"方向呢?举例如下:

- 个人通信与娱乐系统:手机、数码相机、音乐播放器、可穿戴电子产品、PSP游戏机
- 家电类产品:数字电视、扫地机器人、智能家电
- 办公自动化:打印机、复印机、传真机
- 医疗电子类产品:生化分析仪、血液分析仪、CT
- 网络通信类产品:通信类交换设备、网络设备(交换机、路由器、网络安全)
- 汽车电子类产品:引擎控制、安全系统、汽车导航与娱乐系统
- 工业控制类产品:工控机、交互式终端(POS、ATM)、安全监控、数据采集与传输、仪器仪表
- 军事及航天类产品:无人机、雷达、作战机器人

嵌入式系统的应用领域

上述这些领域,都使用了嵌入式系统。这还只是冰山一角。

可以说,嵌入式系统完完全全地包围了我们,时刻影响着我们的工作和生活。

嵌入式系统,既然是一个计算机系统,那么肯定离不开硬件和软件。

一个嵌入式系统的典型架构如下:

注意,最重要的就是嵌入式操作系统和嵌入式微处理器。

从硬件角度来看,嵌入式系统就是以处理器(CPU)为核心,依靠总线(Bus)进行连接的多模块系统:

和个人PC是一样的方式

下面这张图,就是一个嵌入式系统的实物样例:

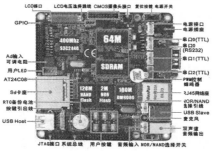

中间偏左上角,S3C2440,是CPU,中间是RAM,然后还有ROM、网卡、串口、电源等等。可以看出,嵌入式系统麻雀虽小,五脏俱全。

■ 什么是"单片机"?

嵌入式系统的核心,就是嵌入式处理器。嵌入式处理器一般分为以下几种典型类型:

嵌入式微控制器MCU(Micro Control Unit)

MCU内部集成ROM/RAM、总线逻辑、定时/计数器、看门狗、I/O、串口、A/D、D/A、FLASH等。典型代表是8051、8096、C8051F等。

嵌入式DSP处理器(Digital Signal Processor)

DSP处理器专门用于信号处理,在系统结构和指令算法进行了特殊设计。在数字滤波、FFT、频谱分析中广泛应用。典型代表是TI(德州仪器)公司的TMS320C2000/C5000系列。

嵌入式微处理器MPU(Micro Processor Unit)

MPU由通用处理器演变而来,具有较高的性能,拥有丰富的外围部件接口。典型代表是AM186/88、386EX、SC-400、PowerPC、MIPS、ARM系列等。

此外,还有嵌入式片上系统SoC(System on Chip)和可编程片上系统SoPC(System on a Programmable Chip)。我们的单片机,就属于上述的第一种——MCU(嵌入式微控制器)。

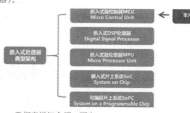

我们来详细介绍一下它。

单片机,又称为单片微控制器,英文叫Single-Chip Microcomputer。它其实就是一种集成电路芯片,是通过超大规模集成电路技术,将CPU、RAM、ROM、输入输出和中断系统、定时器/计数器等功能,塞进一块硅片上,变成一个超小型的计算机。这么说来,单片机不就是一个嵌入式系统?别急,我们往下看。

"单片机"其实是一种古老的叫法。以前半导体工艺技术不成熟,不同的功能无法做进一个芯片(Chip),所以会有多片机。现在半导体技术早已非常发达,所以不存在多片机。但是,"单片机"的叫法却一直沿用至今。

很多高校老师喜欢强调单片机姓"单",除了指单片机只是一个硅片之外,更多是指单片机的功能单一,它是完成运算、逻辑控制、通信等功能的单一模块。即便它性能再强大,功能依然是单一的。

单片机技术从20世纪70年代末诞生,早期的时候是4位,后来发展为8位,16位,32位。它真正崛起,是在8位时代。8位单片机功能很强,被广泛应用于工业控制、仪器仪表、家电汽车等领域。

我们在研究单片机的时候,经常会听到两个词——51单片机、STM32。下面简要介绍一下它们究竟是什么。

51单片机,其实就是一系列单片机的统称。该系列单片机,兼容Intel 8031指令系统。它们的始祖是Intel(英特尔)的8004单片机。

注意,51单片机并不全是英特尔公司的产品。包括ATMEL(艾德梅尔)、Philips(飞利浦)、华邦、Dallas(达拉斯)、Siemens(西门子)、STC(国产宏晶)等公司,也有很多产品属于51单片机系列。

ATMEL公司的51单片机,AT89C51

这是一个51单片机的开发板,中间那个芯片才是51单片机

51单片机曾经在很长时间里都是市面上最主流、应用最广泛的单片机,占据大量的市场份额。

51单片机其实放在现在毫无技术优势,是一种很老的技术。之所以它的生命力顽强,除了它曾经很流行之外,还有一个原因,就是英特尔公司彻底开放了51内核的版权。所以,无论任何单位或个人,都可以毫无顾忌地使用51单片机,不用付费,也不用担心版权风险。

此外,51单片机拥有雄厚的存量基础和群众基础。很多老项目都是用的51单片机,出于成本的考虑,有时候只能继续沿用51单片机的技术进行升级。而且,很多老一辈的工程师,都精通51单片机开发技术。所以,51单片机的生命力得以不断延续。

再来看看STM32。

STM32,是意法半导体公司推出的基于ARM Cortex-M内核的通用型单片机。

STM32单片机

(下转第59页)

IP 技术与市场同步变革（一）

一、全球IP市场：IC设计市场十年复合增长率10.03%，处理器IP占比过半

随着超大规模集成电路设计、制造技术的发展，集成电路设计步入SoC时代，设计变得日益复杂。为了加快产品上市时间，以IP复用、软硬件协同设计和超深亚微米/纳米级设计为技术支撑的SoC已成为当今超大规模集成电路的主流方向，当前国际上绝大部分SoC都是基于多种不同IP组合进行设计的，IP在集成电路设计与开发工作中已是不可或缺的要素。

与此同时，随着先进制程的演进，线宽的缩小使得芯片中晶体管数量大幅提升，使得单颗芯片中可集成的IP数量也大幅增加。根据IBS报告，以28nm工艺节点为例，单颗芯片中已可集成的IP数量是87个。当工艺节点演进至7nm时，可集成的IP数量达到178个。单颗芯片可集成IP数量增多为更多IP在SoC中实现可复用提供新的空间，从而推动半导体IP市场进一步发展。

目前，IP行业规模虽然并不大，但其居于产业链上游，对全产业链创新具有重要作用，能够带动大量下游行业发展。根据ESD Alliance、IPnest等组织的数据，2019年EDA与IP行业规模合计108亿美元，而其下游包括嵌入式软件、半导体代工、电子系统等产业，规模在万亿美元级别。

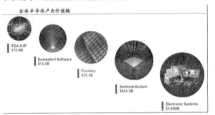

半导体 IP 产业链深度研究报告

IBS数据显示，半导体IP市场将从2018年的46亿美元增长至2027年的101亿美元，年均复合增长率为9.13%。其中处理器

IP市场预计在2027年达到62.55亿美元，2018年为26.20亿美元，年均复合增长率为10.15%；数模混合IP市场预计在2027年达到13.32亿美元，2018年为7.25亿美元，年均复合增长率为6.99%；射频IP市场预计在2027年达到11.24亿美元，2018年为5.42亿美元，年均复合增长率为8.44%。

按照2018全球IP行业市场规模与芯片设计行业规模的比例来看，IP在芯片设计整体营收中占比4.04%。未来随着IP使用量的提高，该比例可能有所提高。

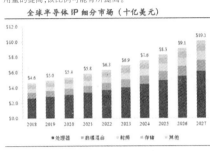

半导体 IP 产业链深度研究报告

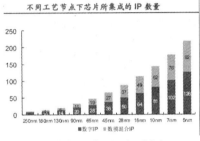

半导体 IP 产业链深度研究报告

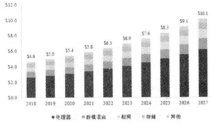

半导体 IP 产业链深度研究报告

未来发展方面，目前，半导体产业已进入继个人电脑和智能手机后的下一个发展周期，其最主要的变革力量源自物联网、云计算、人工智能、大数据和5G通信等新应用的兴起。根据IBS报告，这些应用驱动着半导体市场将在2030年达到10,527.20亿美元，而2019年为4,008.81亿美元，年均复合增长率为9.17%。就具体终端应用而言，无线通信为最大市场，其中智能手机是关键产品；而包括电视、视听设备和虚拟家庭助理在内的消费类应用，为智能家居物联网提供了主要发展机会；此外，汽车电子市场持续增长，并以自动驾驶、下一代信息娱乐系统为主要发展方向。

规划方面，根据IBS统计，全球规划中的芯片设计项目涵盖有从250nm及以上到5nm及以下的各个工艺节点，因此晶圆厂的各产线都仍存在一定的市场需求，使得相关设计资源如半导体IP可复用性持续存在。28nm以上的成熟工艺占 据设计项目的主要份额，含28nm在内的更先进工艺节点占比虽小但呈现出了稳步增长的态势。

（未完待续）

◇锐成芯微公司市场部

编前语： 或许，当我们使用电子产品时，都没有人记得或知道老一批电子科技工作者们是经过了怎样的努力才奠定了当今时代的小型甚至微型的诸多电子产品及家电；或许，当我们拿起手机上网、看新闻、打游戏、发微信朋友圈时，也没有人记得是乔布斯等人让手机体积变小、功能变强大；或许，有一天我们的子孙后代只知电子科技的进步而遗忘了老一辈电子科技工作者的艰辛……

成都电子科技博物馆旨在以电子发展历史上有代表性的物品为载体，记录推动电子科技发展特别是中国电子科技发展的重要人物和事件。目前，电子科技博物馆已与102家行业内企事业单位建立了联系，征集到藏品12000余件，展出1000余件，旨在以"见人见物见精神"的陈展方式，弘扬科学精神，提升公民科学素养。

科学史话

功能强大的北斗卫星导航系统（二）

建设原则与建设历程

北斗导航地位系统秉承着以下四个建设原则：

01 建设原则

(1)自主：始终坚持自主建设、开发、运行北斗系统。

(2)开放：免费提供公开的卫星导航服务，向全球用户独立提供卫星导航服务。

(3)兼容：提倡与其他卫星导航系统开展兼容与互操作，致力于为用户提供更好的服务。

(4)渐进：分步骤推进北斗系统建设，持续提升北斗系统服务性能。

02 建设历程

北斗导航系统的建设历程分为三步走：

第一步，建设北斗一号系统(1994-2003)：1994年启动北斗一号建设工程。从2000年起至2003年，共计发射三颗地球静止轨道卫星并投入使用，采用有源定位体制，为中国用户提供定位等服务、授时、广域差分和短报文通信服务。

第二步，建设北斗二号系统(2004-2012年底)：2012年年底，完成14颗卫星(5颗地球静止轨道卫星、5颗倾斜地球同步轨道卫星和4颗中圆地球轨道卫星)发射组网。在兼容北斗一号系统技术基础上，增加无源定位体制，为亚太地区用户提供定位等服务、测速、授时和短报文通信服务。

第三步，建设北斗三号系统(2009年底-2020年底)：计划2020年年底前，完成30颗卫星发射组网。北斗三号系统继承北斗有源服务和无源服务两种技术体制，能够为全球用户提供基本导航(定位、测速、授时)、全球短报文通信等服务。

补充上文提到的一些名词的定义

有源定位：用户A正在通过智能手机使用定位，定位的过程如下。手机通过卫星向地面的控制中心发出申请定位的信号，控制中心发出测距信号，根据信号传输的时间得到用户距卫星的距离，在地面控制中心(位于北京)进行定位结算，而后再将定位信息发送给用户终端，完成定位。

无源定位：用户设备不需要向导航卫星发射无线电信号，而是直接同时接受4颗卫星的信号，在用户终端直接进行定位结算。

有源定位速度快，精度较差，水平方向只有100米左右。无源定位速度较慢，定位精度较 高，水平方向为10米左右。

短报文通信：短报文功能是北斗特有的，GPS不具备的一项技术突破。所谓的短报文是指终端和北斗卫星或北斗地面服务站之前能够直接通过卫星信号进行双向的信息传递，GPS只能单向传递(终端从卫星接收位置信号)。

短报文意味着更加效率信息传递，比如在普通移动通信信号不能覆盖的情况下(例如地震灾害过后通信基站遭到破坏)，北斗终端就可以通过短报文进行紧急通信等。当然短报文还能有更高级的应用，比如运用到地质监测中，在各个监测点布局好之后通过短报文直接向中心系统传递变化资料，经过计算后及时应对突发自然灾害。

（全文完）

◇电子科技博物馆

基于北斗短报文技术的应急定位通信系统

电子科技博物馆"我与电子科技或产品"

本栏目欢迎您讲述科技产品故事，科技人物故事，稿件一旦采用，稿费从优，且将在电子科技博物馆官网发布。欢迎积极赐稿！

电子科技博物馆藏品持续征集：实物、文件、书籍与资料；图像照片、影音资料。包括但不限于下列领域：各类通信设备及其系统；各类雷达、天线设备及系统；各类电子元器件、材料及相关设备；各类电子测量仪器；各类广播电视、设备及系统；各类计算机、软件及系统等。

电子科技博物馆开放时间：每周一至周五9:00--17:00,16:30 停止入馆。

联系方式

联系人：任老师 联系电话/传真：028--61831002

电子邮箱：bwg@uestc.edu.cn 网址：http://www.museum.uestc.edu.cn/

地址：(611731)成都市高新区(西区)西源大道2006号

电子科技大学清水河校区图书馆报告厅附楼

台电 X16 PLUS 平板电脑不充电不开机维修一例

一台台电 X16 PLUS 型平板电脑，插上充电器电源，充电指示灯不亮。按该机电源键，机器屏幕无法点亮。

试着用充电器给其充电，但是充了半天，充电指示灯仍不亮。拆开机器查看（如图 1 所示），整机的电源管理芯片用的是 AXP288，测量其充电输入脚55脚、61脚有 5V 输入，但是测芯片外围的大多数元件无电压。测69脚充电输出脚的电池端电压为 2.6V，也一直未升高，可见 4.2V 的锂电池已过放电。

电池引线　液晶屏线插座　电源管理芯片

焊下锂电池引线，断电测量 AXP288 各个引脚对地电阻基本正常，无短路现象。插上充电器电源，观察 AXP288 不接电池时的发热量基本正常，估计芯片没有烧坏。想进一步测量接充电器电源得背光与液晶屏（三星 LTL106HL02-003 屏）共用 3.3V 供电，而液晶屏屏线插座供电电压与背光电压的有无是同步变化。根据以往维修液晶电视的经验，液晶屏黑屏与屏幕供电也有关系。故拆下液晶屏屏线，用电子清洁剂对屏线仔细清洁后，再插紧屏线。按电源键开机，屏幕显示已经正常，机器进入安卓系统也正常。开机时，若不作任何操作，机器也是延时二三十秒后黑屏。至此，机器完全修复。

和锂电池时芯片的有关引脚电压，故再次焊上锂电池引线。接通充电器电源后，平板电脑的充电指示灯自动点亮了，69脚充电输出脚的电池端电压有缓慢升高的现象。于是，继续给锂电池充电。

充电数小时后，锂电池端电压有 4V 以上了。试着按电源键，机器能够点亮 LED 背光，而液晶屏屏幕则黑屏无任何显示，过二三十秒后，背光自动熄灭。若再按电源键的话，现象仍一样。怀疑机器固件损坏，想进入 RECOVERY 模式恢复系统。于是，同时按下电源键和音量减键，也听到按键提示音，而屏幕仍黑屏未显示 RECOVERY 模式。回想一下，此时机器曾按电源键开机了，RECOVERY 模式要在关机状态下才能进入，而开机状态下当然不能进入。按音量键有提示音，估计机器的操作系统并未损坏。于是再次按音量减、音量加键，机器的提示音音量有高低变化，再次分析机器操作系统可能没有问题。

而每次按电源键后背光能点亮二三十秒，然后自动熄灭。再测背光供电，测

小结：事后问用户得知，原机器是在使用中突然黑屏，放置几天后，机器不但不开机甚至连充电也不行了。估计当时液晶屏黑屏估计是屏线与主板插座间接触不良引起的，用户未及时关机导致锂电池过放电，而 AXP288 电源管理芯片对锂电池有监测，对过放电的锂电池会拒绝充电。焊下锂电池后给机器接通电源时，AXP288 芯片由于无锂电池可监测，可能对芯片作了复位清零。故再次焊接连上锂电池后，

AXP288 芯片又能重新给锂电池充电了。读者排除类似不充电故障时，可参考此法试一下。

而按电源键后不做任何操作的话，背光及液晶屏供电在开启二三十秒再关闭，是安卓系统的屏保功能，该机当时设置屏幕显示时间为二三十秒。

附该机开机时关键点实测电压值（如图 2 所示），供读者在维修时参考。

◇浙江 方位

飞利浦电动牙刷维修实例

在电器化时代，随着人们生活水平的提高，电动牙刷逐渐走进人们日常生活当中，给人以更好的享受。电动牙刷已进入寻常百姓家，但电动牙刷的维修资料很少，本文就以笔者自用飞利浦 9206 AD-4 电动牙刷为例，谈谈电动牙刷的维修。

飞利浦 9206 AD-4 电动牙刷拆卸分解图如图 1 所示。

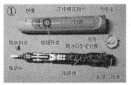

护套　工作模式指示　充电指示
防水封带　按钮开关　防水 O 型密封圈
振动头　　　　　电路板　　　副感应线圈

此处粘 4 层胶带阻止移位
电磁振动线圈
锂电池
充电感应线圈

该牙刷经常出现按键开关不灵的故障，检查发现内部构件与外壳松动造成按键开关径向错位。图 2 给出解决的办法是粘上四层胶带，防止径向移动。因为已经将电动牙刷拆卸开来，便决定测绘印刷板上元件连接走向，再查阅印刷板上 Q1、Q2、U1、U2 的型号标注，然后整理成电路图如图 3 所示。

图 3 中 U1 为 PIC16F726 贴片封装单片机，Q1(TSC6963)、Q2(TSC6866) 为双场效应管，均为贴片引脚封装，引脚排列见图 4 所示。

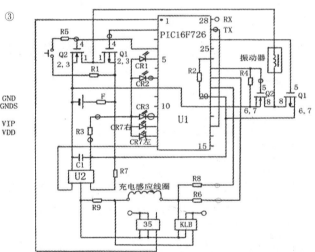

点动按钮瞬间，正电源经 R1、按钮、R5 触发 U1 产生振荡并保持该状态，U1 的②脚、④脚、③脚、26脚输出交替推动 4 个场效应管组成的桥式推挽放大器，推换输出推动振动头产生振动，终端头上套入可拆卸牙刷，令其在牙齿上来回振动摩擦，从而达到清洁牙齿之目的。在电池正极与电路板间用自制"示波万用电源测试仪"（参见《电子报》相关介绍）串入 10mA 档电流表测得整机静态电流为 5mA，重置表为 1A 档后点按开关，测得振动时工作电流为 360mA。锂电充一次可用 7~10 天，为避免锂电过放电，建议每 7 天充电一次为宜。

经实际使用经验得知，电动牙刷要尽可能少接触水，笔者有三个牙刷，一个完好，就说明与使用者有关，其中一个是第三次修理出现机械振动头机械构件串位过度卡死不能振动，但电路板工作正常，充电也正常，能发出工作指示和充电指示。另一个电动牙刷是充不了电，在排除充电器问题后打开该牙刷检查发现锂电池已损坏，换上好电池不按开关测静态电流时表迅速打满，表置 1A 档也是如此，时间稍长就有元件冒烟。显然锂电池是因为有水在印刷元件上短路造成过度放电所致，罪魁祸首就是浸入过多"水"，从这两个牙刷里面弹簧锈蚀严重就能证明。短路板上单片机是四方引脚与图 3 元件不一样，无从查找短路元件，即是找到，其配件、维修均成问题。可见牙刷在振动态下其防水性能会有所下降，建议用后应将牙刷上的水甩干，倒挂墙上让水以牙刷头往下流。

前述及两个电动牙刷，一个振动卡死而电路板完好，一个电路板及锂电池损坏但振动头完好，正好可以组合成一个，至今还在使用。

配套的充电器为 54mm×42mm×22mm（长方向一头以 21mm 为半径做成圆弧型）全封闭式，中心有直径 6mm

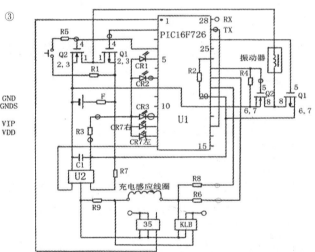

高 8mm 充电定位柱。将牙刷凹面套入充电定位柱，表置 ~50V 档，测牙刷感应线圈两端交流电压约 11V，这里不能用数字表测试，测出结果高达 110V 是不真实的，原因不在这里赘述。用 kΩ 档测电源插头两脚正向瞬间有 70kΩ 偏转再回复于无穷大，而反向为无穷大，说明里面线圈串有电容。

◇重庆 李元林

1：D1　8：D2
2：S1　7：S2
3：S1　6：S2
4：G1　5：G2

利用微信 PC 版批量管理通信录

微信已经是手机一族必不可少的联络工具，我们经常会在 iPhone 上使用微信对某些联系人进行更名、设置标签和权限，但如果联系人一多，逐一手工操作起来相对比较麻烦。其实，我们可以利用 PC 版微信对通讯录进行批量管理：

登录 PC 版微信，切换到"联系人"选项卡，点击顶部的"通讯录管理"按钮，此时会弹出"通讯录管理"窗口，在这里可以对单一联系人进行，例如修改备注、标签、权限。勾选相应的联系人（如附图所示），可以对其批量修改权限、添加标签，也

可以批量删除，操作显然是方便多了。

◇江苏 王志军

电路原理实训3：戴维南定理实验

一、实验目的

1. 验证戴维南定理的正确性。

2. 加深对戴维南定理的理解和记忆。

二、器材准备

1. 天煌KHDL-1A型电路原理实验箱一只

2. MF47型万用表一只

3. 带插头铜芯软导线若干根

三、戴维南定理

任何一个有源线性二端网络，对其外部电路而言，都可以用电压源与电阻串联来等效代替；电压源的电压等于有源线性二端网络的开路电压，电阻等于有源线性二端网络内部所有独立源作用为零时(电压源短路、电流源开路)的等效电阻。

四、实训操作

1. 用计算法求电流I

第一步——画出把待求支路从电路中移走后的有源二端网络 (戴维南定理实验电路中已把待求支路移到了右边)。

第二步——求出有源二端网络的开路电压U_{OC}。

第三步——把电压源U_S短路线代替，求出无源二端网络的等效电阻R_{OC}。

第四步——把开路电压U_{OC}和等效电阻R_{OC}串联起来成为戴维南等效电路，再将第一步中移走的待求支路(本实验中R_L设为100Ω)并联到戴维南等效电路上。

第五步——计算出待求电流I。把上述计算得到的几个数据填入表格第一行。

2. 用实际测量法求电流I

①用一根红导线把直流稳压电源的+12V插孔与戴维南定理实验电路中U_S的+极插孔连接起来，用一根黑色导线把直流稳压电源的地插孔与戴维南定理实验电路中U_S的−极插孔连接起来，再用一根导线把有源两端网络的下引出端插孔与负载电阻R_L的下端插孔连接起来，把负载电阻R_L调成100Ω，再把拨到电流挡的万用表的红黑表棒分别插入待求电流I的+−插孔中，接通交流电源开关和12V直流稳压电源开关，测出待求电流I，把测量结果填入表格第二行。

②用万用表测出戴维南定理实验电路中有源两端网络两个引出端插孔之间的直流电压U_{OC}，把测量结果填入表格第二行。

③关断交流电源开关和12V直流稳压电源开关，拆除连接的红色导线，用黑色导线把戴维南定理实验电路中U_S的+、−极插孔连接起来(即把U_S短路)，然后用万用表测出有源两端网

络两个引出端插孔之间的电阻R_{OC}，把测量结果填入表格第二行。

④关断交流电源开关和12V直流稳压电源开关，拆除所有连接的导线。

验证戴维南定理实验数据

	U_{OC}（V）	R_{OC}（Ω）	待求电流I（mA）
计算值			
实测值			

3. 用戴维南等效电路求电流I

①把直流稳压电源的输出粗调拨向0~10V挡，万用表拨到直流电压10V挡，红黑表棒分别插在0~30V输出的+−插孔中，接通交流电源开关和0~30V直流稳压电源开关，慢慢调节输出细调旋钮，使万用表指针指在与前面计算出的或实际测得的U_{OC}相等的刻度线上(约4.2V)。

②万用表拨到直流电阻×1挡，红黑表棒分别插在戴维南定理实验电路中R_1两端的插孔中，慢慢调节R_1的旋钮，使万用表指针指在与前面计算出的或实际测得的R_{OC}相等的刻度线上(约334Ω)。

③把直流数字毫安表的20mA挡按钮按下，用导线把0~30V直流稳压电源输出的+极插孔与直流数字毫安表的+极插孔连接起来，用导线把直流数字毫安表的−极插孔与100Ω电阻下端插孔连接起来，用导线把100Ω电阻上端插孔与戴维南定理实验电路中R_1上端插孔连接起来，用导线把戴维南定理实验电路中R_1下端插孔与0~30V直流稳压电源输出的−极插孔连接起来，此时直流数字毫安表上显示的数字就是待求电流I值(约10mA)。

④关断交流电源开关和0~30V直流稳压电源开关，拆除所有连接的导线。

五、归纳与思考

1. 本次实验表中，计算值与实测值之间为何存在偏差？

2. 本次实验能否证明可用戴维南等效电路法代替实际测量法来求电路参数？

(组版请注意：以下请用楷体)

参考答案：

1. 由于计算时电阻使用的是标称值，电压电流使用的是近似值，而实测时电阻电压电流都是实际值，这就必然会使计算值与实测值之间存在偏差。

2. 本次实验证明：用戴维南等效电路法完全可以代替实际测量法来求电路参数。

◇无锡 周金富

电路原理实训4：叠加定理实验

一、实验目的

1. 验证叠加定理的正确性。

2. 加深对叠加定理的理解和记忆。

二、器材准备

1. 天煌KHDL-1A型电路原理实验箱一只

2. MF47型万用表一只

3. 带插头铜芯软导线若干根

三、叠加定理

在有几个电源同时作用的线性电路中，任何一个支路的电流(或电压)都等于电路中每一个独立源单独作用下在此支路产生的电流(或电压)的代数和。

所谓每个电源单独作用，就是只留下一个电源起作用，而使其余的独立源的作用为零，也就是说将其他的电压源以短路线代替、电流源作开路处理。

四、实训操作

1. 连接实验线路

①把直流稳压电源的输出粗调拨向0~10V挡，万用表拨到直流电压10V挡，红黑表棒分别插在0~30V输出的+−插孔中，接通交流电源开关和0~30V直流稳压电源开关，慢慢调节输出细调旋钮，使万用表指针指在6.0V的刻度线上。

②关断交流电源开关，关断0~30V和12V直流稳压电源开关，用一根红色导线把直流稳压电源的0~30V+插孔与叠加定理实验电路中E_2的+极插孔连接起来，再用一根黑色导线把直流稳压电源的0~30V−插孔与叠加定理实验电路中E_2的−极插孔连接起来。

③用一根红色导线把直流稳压电源的+12V插孔与叠加定理实验电路中E_1的+极插孔连接起来，再用一根黑色导线把直流稳压电源的地插孔与叠加定理实验电路中E_1的−极插孔连接起来。

④用三根导线分别把叠加定理实验电路中I_1两端的插孔、I_2两端的插孔、I_3两端的插孔连接起来。

2. 测量E_1电源单独作用时的电压和电流

①把S_1和S_2均拨向左边，接通交流电源开关和12V直流稳压电源开关。

②用万用表分别测出叠加定理实验电路中R_1两端、R_2两端、R_3两端的直流电压值，把测量结果填入表格第一行。

③拔出连接I_1两端的导线，用万用表测出I_1的电流值，重新插好连接I_1两端的导线；拔出连接I_2两端导线，测出I_2的电流值，重新插好连接I_2两端的导线；拔出连接I_3两端的导线，测出I_3的电流值，重新插好连接I_3两端的导线，把测量结果填入表格第一行。

④关断12V直流稳压电源开关。

3. 测量E_2电源单独作用时的电压和电流

①把S_1和S_2均拨向右边，接通0~30V直流稳压电源开关。

②用万用表分别测出叠加定理实验电路中R_1两端、R_2两端、R_3两端的直流电压值，把测量结果填入表格第二行。

③拔出连接I_1两端的导线，用万用表测出I_1的电流值，重新插好连接I_1两端的导线；拔出连接I_2两端的导线，测出I_2的电流值，重新插好连接I_2两端的导线；拔出连接I_3两端的导线，测出I_3的电流值，重新插好连接I_3两端的导线，把测量结果填入表格第二行。

④关断0~30V直流稳压电源开关。

4. 测量E_1E_2双电源作用时的电压和电流

①把S_1拨向左边，S_2拨向右边，接通0~30V和12V直流稳压电源开关。

②用万用表分别测出叠加定理实验电路中R_1两端、R_2两端、R_3两端的直流电压值，把测量结果填入表格第三行。

③拔出连接I_1两端的导线，用万用表测出I_1的电流值，重新插好连接I_1两端的导线；拔出连接I_2两端的导线，测出I_2的电流值，重新插好连接I_2两端的导线；拔出连接I_3两端的导线，测出I_3的电流值，把测量结果填入表格第三行。

④关断交流电源开关，关断0~30V和12V直流稳压电源开关，拆除所有连接的导线。

五、归纳与思考

1. 把本次实验的表格中，每一列第2行与第3行的数据加起来后，对照一下，看看是不是刚好等于第4行的数据？ 如果刚好相等，这说明了什么问题？

2. 在用戴维南定理和叠加定理求解电路时，怎样处理才能使电压源或电流源的作用为零？

(组版请注意：以下请用楷体)

参考答案：

1. 每一列第2行与第3行的数据加起来后，刚好等于第4行的数据，这证明了在有几个电源同时作用的线性电路中，任何一个支路的电流(或电压)都等于电路中每一个独立源单独作用下在此支路产生的电流(或电压)的代数和。

2. 将电压源以短路线代替、电流源作开路处理，就能使电压源或电流源的作用为零。

◇无锡 周金富

验证叠加定理实验数据

	E_1（V）	E_2（V）	U_{R1}（V）	U_{R2}（V）	U_{R3}（V）	I_1（mA）	I_2（mA）	I_3（mA）
E_1单电源作用时	12	0						
E_2单电源作用时	0	6						
E_1E_2双电源作用时	12	6						

 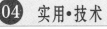

KYN28-12中置型高压开关柜的技术性能简介(二)

(接上期本版)

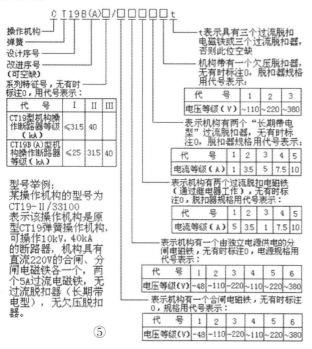

⑤

型号举例:
某操作机构的型号为CT19-II/33100表示该操作机构是原型CT19弹簧操作机构,可操作10kV、40kA的断路器,机构具有直流220V的合闸、分闸电磁铁各一个,两个5A过流电磁铁,无过流脱扣器(长期带电型),无欠压脱扣器。

(1)机械部分原理简介

CT19、CT19B(A)型弹簧储能操作机构由电动机提供储能动力,经两级齿轮减速,带动储能轴转动,给储能弹簧储能。弹簧储能到位时,摇臂推动行程开关,切断电动机电源。

人力储能时,将手人力储能操作手柄插入储能摇臂插孔中,然后上下摆动,通过摇臂上的棘爪驱动棘轮,并带动储能轴转动实现对合闸弹簧储能。

操作机构储能完成后即保持在储能状态,若准备合闸,可使合闸线圈通电,继而电磁铁动作,储能保持状态被解除,合闸弹簧快速释放能量,完成合闸动作。

分闸时,分闸线圈通电使电磁铁动作,连杆机构的平衡状态被解除,在断路器负载力作用下,完成分闸操作。

CT19、CT19B(A)型弹簧储能操作机构外形见图6。

⑥

(2)电气控制原理

图7是CT19弹簧储能操作机构的电气控制原理图。图中两侧的两条竖线是控制电源线。当机构处于分闸未储能状态时,行程开关CK常闭触点接通,此时合上开关K,中间继电器KA1的线圈得电,其常开触点KA1-1闭合,中间继电器KA2随之动作,KA2的常闭触点KA2-2打开,常开触点KA2-1闭合,电动机M与电源接通,合闸弹簧开始储能。如果合闸弹簧未储能到位,即行程开关CK的常闭接点未被打开,则常闭触点KA2-2不会闭合,这时即使将控制开关KK投向合闸位置,合闸线圈YC也不会通电,以产生误动作。

储能完成以后,行程开关CK的常闭接点会打开,中间继电器KA2断电,触点KA2-1断开,电动机M断电停转。此时若将控制开关KK投向合闸位置,合闸线圈YC将通电使电

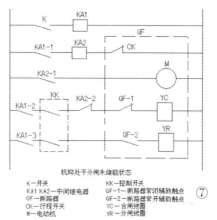

机构处于分闸未储能状态

⑦

K—开关
KA1 KA2—中间继电器
QF—断路器
CK—行程开关
M—电动机
KK—控制开关
QF-1—断路器常闭辅助触点
QF-2—断路器常开辅助触点
YC—合闸线圈
YR—分闸线圈

磁铁动作,机构进行合闸操作。

操作机构使断路器合闸后,安装在操作机构内、被称作断路器辅助触点的QF-1和QF-2同时动作,其中常闭触点QF-1断开,切断合闸线圈的电源;常开触点QF-2闭合,为断路器分闸作好准备。

此时若将控制开关KK投向分闸位置,分闸线圈YR将通电使电磁铁动作,操作机构使断路器实现分闸。分闸后常开触点QF-2断开,分闸线圈YR的电源被切断。

(3)过流保护原理

弹簧操作机构的所谓合闸和分闸,即断路器的合闸和分闸。断路器合闸后,所控制的一次电路中就会有负荷电流。一次电路中负荷电流的过电流保护,是通过CT19型操作机构来实现的。保护原理参见图8。

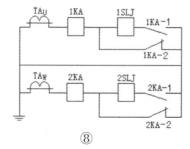

⑧

图8中的TAU和TAW是连接在一次电路中的电流互感器,1KA和2KA是电流保护继电器,1SLJ和2SLJ是弹簧操作机构内部的两个过流脱扣电磁铁。当负荷电流例如电动机运行电流出现过电流并超过电流保护继电器1KA(或2KA)的整定动作电流时,1KA(或2KA)立即或按反时限特性延时后动作(因所选的过流保护继电器型号不同而异),其常开触点1KA-1(或2KA-1)首先动作闭合,稍后常闭触点1KA-2(或2KA-2)断开,这时过流脱扣电磁铁1SLJ(或2SLJ)得电动作,断路器通过操作机构实施跳闸,实现过流保护。电流保护继电器1KA(或2KA)常开、常闭触点的动作顺序可以保证电流互感器二次回路始终不会开路,满足了电流互感器二次不允许开路的技术要求。

3.永磁操作机构

永磁操作机构具有出力大、重量轻、操控方便、动作可靠、所需的电源容量较小等优点。永磁操作机构使用的零件数量比弹簧机构减少了90%以上,结构大为简化。在合闸位置,操作机构永久磁铁利用动、静铁芯提供的低磁阻抗道将动铁

芯保持在合闸位置;在分闸位置,通过分闸弹簧保持;因此机械传动非常简洁。真空灭弧室触头运动平稳,无拒合、误分及误合、误分现象。手动分闸也灵活方便。

国内目前有几十个厂家生产永磁机构,运行实践证明,这种机构是一种简单可靠、性能卓越、免调试、免维护机构,寿命可达10万次以上。永磁机构近期内将与弹簧机构并驾齐驱,以后可能逐渐成为主流产品。

图9是一种永磁操作机构的外形图。

⑨

(1)工作原理

永磁操作机构可以采用一个合闸、分闸公用的所谓合、分闸线圈,这一点与电磁操作机构、弹簧储能操作机构不同,后者的合闸线圈与分闸线圈是各自独立的。合闸时,控制电路向合、分闸线圈提供驱动电流,线圈电流产生的磁场与永久磁铁产生的磁场方向一致,相互叠加,使操作机构驱动力大于断路器的分闸保持力,动铁芯开始运动而使磁隙减小,操作机构的驱动力随着磁隙的减小而急剧增大,最终将动铁芯推到合闸位置。由于合闸后铁芯回路已经闭合,永磁体的磁场力已足以满足断路器维持合闸的需求,从而使断路器处于合闸位置,并保持在合闸状态,因此合闸后无须控制电路继续向合、分闸线圈提供电源,即令即立即切断向合、分闸线圈的电流通路。

分闸时,向合、分闸线圈施加一个与合闸时极性相反的分闸电流,该电流产生的磁场与永磁体产生的磁场方向相反,削弱了铁磁回路的磁场,使剩余磁力小于断路器的合闸保持力,在分闸电磁力、分闸弹簧和触头弹簧的共同作用下,动铁芯回复到分闸位置,并保持在分闸状态。

(未完待续)　　◇山西　杨盼红

征稿启事

当今科学技术的高速发展,已经将电子技术与电工技术,亦即弱电与强电技术高度融合在一起,使用电子技术开发设计生产的电动机软启动器、变频器、PLC装置、单片机控制系统、微机综合保护装置、电源污染治理设备,紧密的嵌接在电力系统的强电产品中,两者相辅相成,使机电产品的性能与工作效率得到极大提高。《电子报》此次在有限的版面安排中,增设了新的"机电技术"版,正是顺应了这一科技发展的新潮流。

为了适应电工电子技术融合发展的大趋势,"机电技术"版拟开设"电工前沿技术""机电技术原理剖析""机电设备维修技术""PLC应用技术""企业电工维修技能""经典电路原理剖析""无功补偿新技术""电源污染治理"等栏目,希望《电子报》的读者、作者积极撰稿,将自己的知识积累、经验总结分享给更多的读者朋友。来稿可使用电子邮件发送至《电子报》的投稿邮箱,也可发送到dyy890@126.com这个邮箱。

◇本版责任编辑

利用阿里云物联网云平台制作智能电子设备实践(三)
——Air800 接入阿里云

一、代码例程下载

air202(air800)例程前往合宙官网下载即可,其他开发板类似

http://www.openluat.com/Product/gnssgprs/Air800M4.html

产品中心,AIR800(或 AIR202),资料下载,二次开发,例程下载。

即可找到二次开发例程。

三菱编程软件 3 种格式文件的相互读取和写入操作(三)

(接上期本版)

步骤 2,读入工程文件

点击"工程"下列菜单,在弹出的菜单上选中"打开工程文件(O)…",并点击。或直接点击那快捷按钮" ",弹出"打开工程"对话框,如图 13 所示。与上面类似查找到存放在驱动器、路径和目录下的工程,并点击选中,如"对绞",如图 14 所示,随后点击"打开"按钮,程序被读入后的界面如图 15 所示。

图 13 打开工程文件

图 14 选中工程

步骤 3,进入写入方式

在图 15 界面上,点击"工程"下列菜单,在弹出的菜单上选择"写入其他格式的文件(E)",再点击"写入 FXGP(WIN)格式文件(F)…"命令,如图 16 所示。点击后弹出的如图 17 所示的"写入 FXGP(WIN)格式文件"对话框。

图 15 读入工程程序

图 16 启动"写入"命令

图 17 选择保存路径和内容

步骤 4,选择保存路径

在图 17 所示"写入 FXGP(WIN)格式文件"界面上的"文件选择"标签页内,点击"选择所有"按钮,使下面对话框内 3 个小方框内出现红色的"√",表示选中了这 3 项。接着确定存放驱动器和路径,点击"驱动器/路径"文本框右面的"浏览"按钮,弹出"打开系统名,机器名"对话框,如图 18 所示。

图 18 保存路径选择

在图 18 所示"打开系统名,机器名"界面上,点击:选择驱动器下拉列表框中的倒三角,选中存放的驱动器,如"-d-"。再在下面框内选择存放的目录,如"对绞机",如图 19 所示。点击"确认"按钮,返回到"写入 FXGP(WIN)格式文件"对话框。

图 19 确定保存路径

步骤 5,保存文件

在上一步返回的"写入 FXGP(WIN)格式文件"对话框内,填写"系统名"和"机械名",如图 20 所示,在点击"执行"按钮。保存完成后,弹出"已完成"对话框,点击"确定"。再点击"写入 FXGP(WIN)格式文件"对话框内的"关闭"按钮结束操作。完成保存操作后可以在目录"对绞机"下看到已存在文件夹"duijiao",打开该文件夹可以看到有 3 个文件"DJJ.COW"、"DJJ.DMW"和"DJJ.PMW",如图 21 所示。

图 20 命名系统名和机械名

图 21 保存 FXGPWIN 格式

(未完待续) ◇键 读

二、编辑代码进行修改

步骤一:打开目标文件

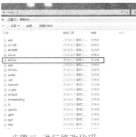

步骤二:进行修改代码

1. 修改产品名,设备名,设备秘钥

1.1 产品名

1.2 设备名

1.3 设备秘钥

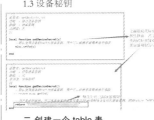

二.创建一个 table 表

手动添加一个 table 表,用来上传数据使用,表中的 hum 对应云端标志符 hum。

```
local basedata=
{
method="thing.event.property.post",
id="1",
params={hum=4},
version="1.0",
}
```

三.修改发布消息的 topic

1. 从对应的设备那里复制发布消息的 topic。

2. 对发布函数进行修改如下。

注释已经写得很明确(图中有两种发布消息的方法:

一种是按照未注释的设置 topic,补头,补尾保持与 topic 一致。

二是直接把复制的 topic 整个替换即可,就是注释掉的那种)。

后面那个 jsondata 是要发送的数据,要和前面的对应起来。

——发布一条 QOS 为 1 的消息

function publishTest()

local huma=7 --添加一个局部变量,当作上传的静态数据

if sConnected then

——注意:在此处自己去控制 payload 的内容编码,aLiYun 库中不会对 payload 的内容做任何编码转换

basedata["params"]["hum"]=huma --这里是对上面手动建立的表的键值对进行赋值(就是给让湿度 hum=7)

jsondata=json.encode(basedata)——进行编码传输(转化为 json 格式)

print("hum_"..jsondata)——这是打印一下转化后的数据

aLiYun.publish ("/sys/"..PRODUCT_KEY.."/"..getDeviceName()..'/thing/event/property/post",jsondata,1,publishTestCb,"publishTest_"..publishCnt)

——aLiYun.publish ("/sys/产品名/设备名/thing/event/property/post",jsondata,1,publishTestCb,"publishTest_"..publishCnt)

end

四. 云端在对应的设备下建立一个物模型进行显示

具体方法上一个博客中已说明,不再赘述,所填写内容为下,注意此处的标志符 hum 是和代码表 table 表中 hum 是对应的,由于代码中对其赋值是一个整数型 7,所以这里数据类型选择整数型。

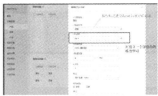

下载程序进行烧录,在设备的运行状态下你会看到上传的数据,湿度为 7,右边的那个温度是上一个博客中用 mqtt 客户端模拟设备上传数据时建立的,云下设备接入阿里云,发布消息到阿里云进行云端显示已经完成,接下来写规则引擎的使用。

(未完待续) ◇上海 李福赞

2021年 2 月 7 日 第 6 期 电子报

编辑:张天红 投稿邮箱:dzbnew@163.com

今年汽车市场某些品牌或将价格上涨

受疫情及其他因素影响，今年车用芯片产量开始减产。继 2020 年 12 月南北大众曝出因芯片短缺而减产的消息之后，近日丰田、福特、菲亚特等车企也纷纷宣布减产。虽然通用汽车、宝马及戴姆勒等车企还没有宣布调整生产，但也在密切关注芯片供应问题。

有专家表示，如果芯片短缺问题得不到解决，部分生产商从今年 2 月份开始，每周产量将减少 10% 至 20%。

同时，作为全球最大晶圆加工商——台积电旗下的台积电汽车芯片子公司先进积体电路 (VIS) 正在考虑最多达 15% 的涨价幅度，同时包括联华电子 (UMC) 在内的代工厂也在衡量类似的涨价事宜。

市场的紧张供需关系导致生产厂商掌握了主动权。对于本次涨价事件，联华电子 (UMC) 首席财务官接受采访时表示，很难讲整个行业的产能短缺何时能

缓解，但对于联电而言至少还需要六个月的时间让产线准备好。

在上一轮涨价中，有报道称代工厂价格提升约 10%~15% 以应对汽车制造商提高产量的需求而追加订单。

业内人士透露，面对无法在短期内解决的缺"芯"问题，车企不得不采取"选择性"减产措施，即优先保证高端车型和利润较大的畅销车型需求。比如，大众在华应对之策就是率先减少低价位车型的产量，优先满足旗下高端品牌以及畅销车型的高配款所需。

汽车芯片大致分为三类：

第一类负责算力，具体为处理器和控制器芯片，比如中控、ADAS (高级驾驶辅助系统) 和自动驾驶系统，以及发动机、底盘和车身控制等；

第二类负责功率转换，用于电源及接口，比如 EV 用的 IGBT (绝缘栅双极型晶体管) 功率芯片；

第三类是传感器，主要用于各种雷达、气囊、胎压检测。

据介绍，此次芯片短缺主要分为两种，一种是应用于 ESP (电子稳定控制系统) 的 MCU (微控制单元)。在中国市场，一般 10 万元以上的车型，特别是中高端车型都会配备 ESP。它是汽车主动安全系统的一部分，能起到防侧滑作用。另一种是 ECU (电子控制单元) 中的 MCU。ECU 广泛应用于汽车各控制系统中，被喻为"行车电脑"。

欧洲和东南亚受新冠肺炎疫情的影

响，主要芯片供应商降低产能或关停工厂的事件陆续发生，进一步加剧了芯片供需失衡，导致部分下游企业出现芯片短缺甚至断供的风险。而中国汽车市场的复苏超预期，也进一步推动了芯片需求增长。

此外，在 5G 技术发展推动之下，消费电子领域对芯片的需求在快速增加，芯片产能遇到挑战，抢占了部分汽车芯片的产能。

伴随汽车电动化、智能化、网联化程度的不断提高，车用芯片的单车价值持续提升，推动全球车用芯片的需求快于整车销量增速，这也直接造成了芯片的供需失衡。

不过好的消息是汽车产业链相对成熟，虽然半导体这块涨价已成定局，但由于激烈的终端市场竞争加上丰富的产品型号，消费者也不用太过担心，购车时选择的余地还是很大的。

小议手机马达

说到手机配置，很多人首先想到的都是 CPU、内存、屏幕材质、摄像头、电池容量甚至是扬声器等。很多人都忽略了其中一个部件——那就是线性马达。

很多人不仅要问，手机里的马达是做什么用的？其实，早在功能机时代，振动功能就存在于各种手机上，原本振动只是用于提醒来电时的辅助功能，虽然是常用的功能但也很容易被大家忽视。直到全面屏时代，消失的实体按键，让人们越来越认识到震动反馈的重要性，但震动反馈的细腻感，在不同价位手机上的体验截然不同，这就是马达的作用。

目前手机常用的振动马达有两种：一种是转子马达，另一种则是线性马达。

转子马达

转子马达结构图

转子马达利用的电磁感应来驱动偏心转子旋转来产生振动，这种马达价格比较便宜，制作工艺简单，体积相对来说还是比较大。并且转子马达的振动启动相对来说慢一点，没有明显的振动方向感。

同时转子马达没办法去实现急启动和停止，会让手机给人的震感显得有一点拖沓，手机震动发出"嗡嗡嗡"的震动效果就是这种扁平转子马达所产生。

线性马达

线性马达结构图

线性马达相对转子马达就复杂很多，其工作原理是将电能转化为机械能，驱动弹簧质量块进行线性运动，从而产生振动。线性马达分为横向线性马达与纵向线性马达两种，纵向线性马达是沿 Z 轴振动，马达振动行程较短，振动力量较弱。触觉反馈相较于横向线性马达较弱，但不管怎么说，纵向线性马达体验依旧要强于转子马达。

转子马达　圆形线性马达　长方形线性马达

横向线性马达振动行程长，启动速度快且方向可控，在结构上更加紧凑，间接降低了机身厚度。相对于转子马达来说，优势十分明显：功耗降低，并且震动反馈方式更加多样，最主要的还是震动起来更加干脆、利落，不会像转子马达那样震动时的感觉不紧凑。横向线性马达伴随软件系统的适配优化，可以大提升用户体验。

不过由于成本问题（横向线性马达模块与转子马达的成本比例为 10 比 1），中低端手机还不会大量使用线性马达，用得最多的还是转子马达。相信在未来几年，不仅仅是高端手机，普通的中低端手机都会配备线性马达。

2G 退网还有多远？

于 1993 年 9 月正式开放业务的 GSM 系统 (2G)，已经陪伴着中国消费者走过了 28 年的时间，由于全国各地的移动通信系统中大多采用 GSM 系统，使得 GSM 系统成为目前我国最普及的一种数字蜂窝系统，随着 5G 的逐渐普及，各种 2G 退网的消息随之而来。

毫无疑问，目前国内 4G 处于成熟期，5G 也将迎来大规模发展时期，聚焦 5G 发展则必须减小 2G/3G 的牵绊束缚。

包括中国联通和中国移动的基础网络是 2G 到 5G 是四世同堂的局面 (GSM/WCDMA/LTE/5G NR)，运营维护的压力很大，这也是联通 2G 退网的主因。其中中国联通已计划 2020 年底 240 个本地网 2G 退网，最快 2021 年底 2G 全面退网；3G 年底首先降至 1 载频，加快 VoLTE 发展替代 3G 语音，推进 3G 逐步退网；最后形成 4G+5G 协同的极简目标网。

而中国移动情况又不一样了，因为 2G 用户数量巨大并且 2G 网络覆盖也是最好的，同时包括一些日常生活缴纳电费的电卡等早期物联网设备都是基于 2G 网络，因此停退 2G 网络绝非一蹴而就那么简单。

如我们现在的电表箱里有一张 2G 的卡，这张卡就是通过 2G 网络，把你的电表数据读取出来，然后再上传到系统里去，这其实就是远程抄表。要让这批用户都迁移成为 4G 用户，需要所有的电表都做一次改造。

那么，多长时间将完成 2G 退网呢？中国移动内部人士在接受央广网采访时

中国移动通信集团有限公司计划建设部
（通知）

计通〔2020〕247 号

关于下达中国移动2020年NB-IoT网络建设规模的通知

各省、自治区、直辖市公司：

党中央、国务院高度重视5G、物联网等新型基础设施建设和应用发展，其对落实networking强国战略、支撑制造强国建设、加速传统产业数字化转型具有重要意义。近期工信部印发了《关于深入推进移动物联网全面发展的通知》，推动2G/3G物联网业务迁移转网，建立NB-IoT、4G、5G协同发展的移动物联网综合生态体系。

为贯彻落实中央决策部署，近期集团公司对物联网技术、业务发展策略以及加强NB-IoT网络建设进行了专题研究，明确由NB-IoT、4G Cat1/1bis技术承接2G物联网业务，决定2020年底前停止新增2G物联网用户；根据集团公

中国移动只是停止新增 2G 物联网用户

透漏，这一时间估计在两到三年。

有通信业观察家表示第一阶段是先不让设备新增，第二阶段是迁移走现有网络上的用户，比如运营商给 2G 用户发消息，建议升级到 4G，然后会有一系列的优惠套餐，所以这个时候还有半年或者一年的提前期。在第三阶段就是要求用户走的时候，还有半年延期。所以这是一个连续的过程，全都走完了以后，才能真正把 2G 网全停掉。

而真正的现实，恐怕 10 年内都还有 2G 网络 (中国移动) 的存在，最为实际的运营操作是：对频率进行重耕，理想的模式是把保留在 2G 和调整到 4G 的频率清晰地界定出来，然后再对频率进行重新的划分和调整：一部分不变，另一部分拿出来作为 4G 甚至 5G 的承载频率，用更高效的技术来实现通信。

这样看来，普通用户其实不必过于担心会突然出现 2G 退网带来的"麻烦"。

屏幕趣谈（一）

大多数消费者在购买电视或者显示器时，屏幕材质肯定是第一位考虑因素，毕竟作为电视的主体，屏幕成本占据了整机的60%以上。

在厂商宣传中，TN屏、VA屏、IPS屏、OLED、QLED、ULED、MicroLED、MiniLED……光是看字母就估计把大多数消费者看花了眼，甚至连一些销售人员可能也不能准确地说出这些屏幕材质的区别。

这里就简单地为大家将一捋市面上常见的屏幕材质的分类。

首先，不管名字取得再花哨，统统归为LCD和OLED两大类。

先说LCD的原理，因为成本和性价比原因，这依旧是目前市场上电视和显示器用得最多的。它在显示内容的时候是需要背光的支持，而且背光要透过玻璃、彩色滤光片、光学膜片、基板和配向膜来产生偏光，在色彩和亮度上难免会有损失。

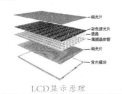
LCD显示原理

而平时说的TFT全称是Thin-Film Transistor(薄膜晶体管)。在LCD中，TFT在玻璃基板上沉积一层薄膜当作通道区来改善成像质量，上层的玻璃基板紧挨着彩色滤光片，下层的玻璃基板则镶嵌着晶体管。

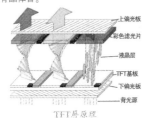
TFT屏原理

当电流通过晶体管产生电位变化时，造成LCD分子偏转，改变光线的偏极性，再利用偏光片决定像素的明暗状态。同时，和上层玻璃贴合的彩色滤光片形成了每个LCD像素中包含的R、G、B三原色，构成了屏幕中所显示的画面。

接下来就按面板分类进行简单的介绍。

TN屏

TN屏全称是Twisted Nematic(扭曲向列型面板)。由于低廉的生产成本使TN成为了应用最广泛的入门级面板，目

前市面上主流的中低端LCD电视或显示器均使用TN，早期的平板和手机也多有使用。很多人将TN原理解为TFT屏，其实是一种概念上的混淆。

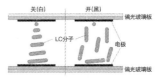
TN屏原理

除了技术成熟、价格低廉的优点外，同时开口率高的TN在相同亮度下更省电，8-15ms的响应速度也比较迅速。因此，即便TN有着颜色失真和窄视角等弊端，却仍未淡出市场。

VA屏

VA屏全称是Vertical Alignment（垂直配向型面板），是高端LCD应用较多的面板类型，优点是广视角面板。

其中VA屏又有富士通的MVA和三星的PVA两种之分，后者是前者的改良和继承。比起TN屏，VA屏的对比度更高，显示文本清晰锐利，还可以提供更广的可视角度和更好的色彩还原，缺点是功耗较高、价格较高，用手轻轻划会出现波纹，因此VA屏又俗称"软屏"。

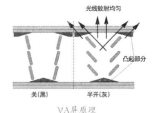
VA屏原理

MVA屏

MVA屏全称是Multi-domain Vertical Alignment(广域垂直队列)，是一种多象限垂直配向技术。MVA屏的特点是可视角度、色彩和色域都有非常不错的表现，要比一般的TN屏好得多，而缺点是响应时间稍差，不过改良后的P-MVA屏可视角度接近178°，并且响应时间可以达到8ms以下。

但是MVA屏市场上现在已经很少看到了，这是因为MVA屏由富士通公司研发，通过技术只授权给奇美电子、友达光电等企业生产。但奇美和友达觉得MVA屏成本高、利润低，所以停止给显示器厂商供货。加上LG与三星用价格和TN差别不大的C-PVA屏和E-IPS屏对MVA屏进行冲击，一举占领了MVA屏的市场。

(未完待续)

老当益壮仍实用的改进型 μPC1342V 功放

μPC1342V 是日本 NEC 公司推出的集成电路+功率管的 OCL 功放专用集成电路。较当今流行的全集成功放有着音质优势：优势一是 μPC1342V 采用大功率 NPN 和 PNP 配对管做推挽，因而具有良好低开环失真，不需要过多的负反馈量，易有较高的速率。而目前集成电路中难以造出大功率的 NPN 和 PNP 对管，所以全集成功放内功率管都采用双 NPN 型晶体管或双 N 型场效应管的不对称方案，开环失真很大！不得不采用深度负反馈，因而转换速率都不高，这正是至今全集成功放上不了层次的重要原因！优势二是 μPC1342V 集成电路与发热严重的末级功率管是分开的，使它们之间无热传导，可轻易提高功率管电流达几千毫安做成纯甲类，明显提升音质。反观全集成功放功率管在集成块内部，热传导严重，为了稳定集成电路的工作，功率管电流只得限制在几十毫安以内避免过热，从而明显影响音质。

由于 OCL 功放早已成熟进步有限，μPC1342V 虽已陈旧但至今仍有极强实用价值和超高性价比。μPC1342V 内部电路见图1，其功放电路见图2。此电路正是《无线电》2017 年 11 期介绍的无失真功放，可见其素质之高！采用音响专用集成电路，安装难度不仅大大减少性能还能确保优良。某宝上 μPC1342V 和配套的印制板很多，不过你输入 μPC1342V 难找，要输入 UPC1342V 能顺利搜到。本功放对标准的 μPC1342V 电路做了少量的改动：一是把 RA5 由标准电路 15K 改为 4.7k 已适应低电压；二是去掉标准电路中的对地的负反馈电容已利音质，实测直流中点电位仍极低仅 30mV。三是省

去音量电位器，用作为音源的电视网络机顶盒遥控音量，这点小特殊可提升音质！

音响易响，但好听难。本文所配的机顶盒属数字音源中的一般品种，易有一定数码声，需要通过校声来尽量减少。VA1 三肯专用功放温度补偿管 2SC4495，安装在散热板上；VA2 和 VA3 是末级功率管，要求配对，通过绝缘又导热的云母片也安装在散热板上，选用安森美 MJE15030 和 MJE15031，主要指标 50W/8A/30MHZ，取其音色娇贵；CA2 对瞬态影响极大，不自激就不用；CA3 和 CA4 选用三洋 OS 的 270μF/16V，取其高频指标优秀；CA7 和 CA8 是主滤波电解电容，采用 3300μF 日本 ELNA 的 FORAUDIO，能减少数码声使听感细腻。

由于使用集成电路，本功放调试简单：确认安装无误后通电，测 A 点的中点直流电压在 ±100 mV 之内即为正常。然后缓缓调小 VR 使 VA2 和 VA3 发射极之间的直流电压为 0.07V，此时 VA2 和 VA3 的静态电流约为 200mA，特别注意的是如果 VA2 和 VA3 发热严重，原因是散热板面积偏小，应加大散热板面积或减少 VA2 和 VA3 的静态电流。

本电路能充分发挥 μPC1342V 的优势：采用较大闭环大倍数而不装上补偿电容 CA2，使整机转换速率大大提升；采用音色出众的安森美功率管并调至 200 mA 的大电流，小音量下实现纯甲类。实际听音能达到很好的平衡，数码声很不明显，声底较为醇暖易上瘾，大大超越了我的松下等离子平板电视直接放出的伴音。

◇王毅

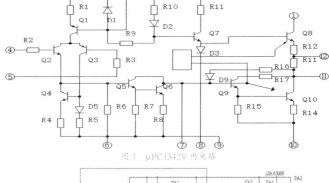
图1 μPC1342V 内电路

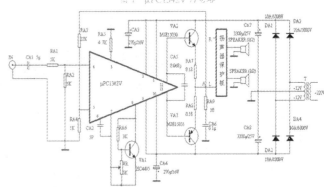
图2 μPC1342V 功放电路电源原理图

安装调试成功的功放板，散热器尺寸 160mm×90mm。

μPC1342V 功放专用于 50 寸松下等离子电视伴音

解读嵌入式和单片机区别(二)

(上接第51页)

意法半导体(STMicroelectronics)是世界最大的半导体公司之一,于1987年6月成立,是由意大利的SGS微电子公司和法国Thomson半导体公司合并而成。1998年5月,SGS-THOMSON Microelectronics将公司名称改为意法半导体有限公司。

ARM公司是目前全球做芯片设计最厉害的公司之一,利用手机芯片的快速发展而崛起,占有物联网市场极大的份额。在单片机领域,ARM的Cortex-M内核拥有压倒性的优势,已经成为绝对的主流。很多半导体公司都放弃了自己原先的架构,转做ARM架构的单片机。

STM32单片机开发板

STM32的硬件配置可以满足大部分的物联网开发需求,开发工具和相关的文档资料齐全,已经成为目前单片机学习的首选对象。

■ 嵌入式和单片机的区别

说到这里,我们来看看,嵌入式和单片机的区别到底是什么。

从前文的介绍来看,嵌入式系统是一个大类,单片机是其中一个重要的子类。嵌入式系统像是一个完整的计算机,而单片机更像是一个没有外设的计算机。以前单片机包括的东西并不算多,两者的硬件区别较为明显。但是,随着半导体技术的突飞猛进,现在各种硬件功能都能被做进单片机之中。所以,嵌入式系统和单片机之间的硬件区别越来越小,分界线也越来越模糊。于是,人们倾向于在软件上进行区分。

从软件上,行业里经常把芯片中不带MMU(memory management unit,内存管理单元)从而不支持虚拟地址、只能裸奔或运行RTOS(实时操作系统,例如ucos、华为LiteOS、RT-Thread、freertos等)的system,叫作单片机(如STM32、NXP LPC系列、NXP imxRT1052系列等)。同时,把芯片自带MMU可以支持虚拟地址、能够跑Linux、Vxworks、WinCE、Android这样的"高级"操作系统的system,叫作嵌入式。

在某些时候,单片机本身已经足够强大,可以作为嵌入式系统使用。它的成本更低,开发和维护的难度相对较小,尤其针对一些针对性更强的应用。而嵌入式系统理论上性能更强,应用更广泛,但复杂度高,开发难度大。

■ 嵌入式和单片机的学习价值

最后我们来说一说嵌入式和单片机的学习价值,到底有没有必要学习嵌入式和单片机。

最近这些年,有一句话被广泛传播,那就是——"软件为王"。人们普遍认为软件知识的价值远远大于硬件,而学习软件,从事软件方向,会更容易找到工作,找到更高收入、更有前途的工作。

而嵌入式和单片机,往往被归为"硬件"方向,遭人"嫌弃"。加上嵌入式和单片机的学习难度较大,学习周期长,需要漫长的"煎熬",所以越来越多的人放弃这条路。

作者认为这种想法是不正确的。

首先,嵌入式和单片机并不是纯"硬件"类方向。前面也说了,它们是软件和硬件的紧密结合。

应用程序	算法 数据结构 C/C++语言/开发工具 相关专业知识
各个接口硬件的软件驱动	微机接口技术、C/汇编语言编程
硬件	计算机体系结构 数字电路 微机接口 Protel

所需知识架构

如果你想学好嵌入式和单片机,只懂数字电路和微机接口这样的硬件知识是不够的,你更需要学习的,是汇编、C/C++语言、数据结构和算法知识。

拥有软硬结合的能力,远远比单纯掌握某种程序开发语言更有价值。

其次,嵌入式和单片机拥有广泛的应用场景,在各个领域都有项目需求和人才需求。根据权威部门统计,目前我们国家每年的嵌入式人才缺口高达50万。尤其是嵌入式软件开发,是未来几年最热门和最受欢迎的职业之一。具有10年工作经验的高级嵌入式工程师,年薪可以达到30-50万元左右。而且我们国家现在正在大力发展芯片产业,也会带动嵌入式人才的就业,提升待遇。

随着5G的建设深入,整个社会正在向"万物互联"的方向发展。物联网技术也将迎来前所未有的历史机遇。嵌入式和单片机技术是物联网技术的重要组成部分,也将进入发展

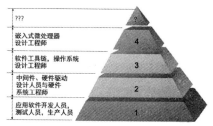

的快车道。

因此,尽管学习过程会比较艰辛,仍然建议有志青年关注这一赛道。技术越难,过程越苦,越有利于构建竞争壁垒。到了后期,个人价值可以得到进一步的体现。

(全文完)

射频连接器种种

射频连接器又称为RF连接器,通常被认为是装接在电缆上或安装在仪器上的一种元件,作为传输线电气连接或分离的元件,主要起桥梁作用。

同其他电子元件相比,RF连接器的发展史较短。1930年,最早的RF连接器——UHF连接器诞生。到了二次世界大战期间,由于战争急需,随着雷达、电台和微波通信的发展,便产生了N、C、BNC、TNC、等中型系列。

1958年后,又出现了SMA、SMB、SMC等小型化产品。1964年,美国军用标准MIL-C-39012《射频同轴连接器总规范》落地。从此,RF连接器开始向标准化、系列化、通用化方向发展。

关于射频连接器的命名方法

一般来说,通用射频连接器的主称代号采用国内、外通用的主称代号。特殊产品的主称代号则由详细规范做出具体规定,以及如何规范的使用符号。

通用射频连接器的型号由主称代号和结构形式代号两部分组成,中间用短横线"-"隔开。其它需说明的情况可在详细轨范中作出规定,并用短横线与结构形式代号隔开。

射频连接器

17种外形代号介绍

N型:外导体内径为7mm(0.276英寸)、特性阻抗50Ω(75Ω)的螺纹式射频同轴连接器。(IEC169-16)

BNC型:外导体内径为6.5mm(0.256英寸)、特性阻抗50Ω的卡口锁定式射频同轴连接器。(IEC169-8)

TNC型:外导体内径为6.5mm(0.256英寸)、特性阻抗50Ω的螺纹式射频同轴连接器。(IEC169-17)

SMA型:外导体内径为4.13㎜(0.163英寸)、特性阻抗50Ω的螺纹式射频同轴连接器。(IEC169-15)

SMB型:外导体内径为3mm(0.12英寸)、特性阻抗50Ω的推入锁定式射频同轴连接器。(IEC169-10)

SMC型:外导体内径为3mm(0.12英寸)、特性阻抗50Ω的螺纹式射频同轴连接器。(IEC169-9)

SSMA型:外导体内径为2.79mm(0.11英寸)、特性阻抗50Ω的螺纹式射频同轴连接器。(IEC169-18)

SSMB型:外导体内径为2.08mm(0.082英寸)、特性阻抗50Ω的推入锁定式射频同轴连接器。(IEC169-19)

SSMC型:外导体内径为2.08mm(0.082英寸)、特性阻抗50Ω的螺纹式射频同轴连接器。(IEC169-20)

SC型(SC-A和SC-B型):外导体内径为9.5mm(0.374英寸)、特性阻抗50Ω的螺纹式(两种型号有不同类型连接螺纹)射频同轴连接器。(IEC169-21)

APC7:外导体内径为7mm(0.276英寸)、特性阻抗50Ω的精密中型射频同轴连接器。(IEC457-2)

APC3.5型:外导体内径为3.5mm(0.138英寸)、特性阻抗50Ω的螺纹式射频同轴连接器。(IEC169-23)

K型:外导体内径为2.92mm(0.115英寸)、特性阻抗50Ω的螺纹式射频同轴连接器。

OS-50型:外导体内径为2.4mm(0.095英寸)、特性阻抗50Ω的螺纹式射频同轴连接器。

F型:特性阻抗75Ω的电缆分配系统中使用的螺纹式射频同轴连接器。(IEC169-24)

E型:特性阻抗75Ω的电缆分配系统中使用的螺纹式射频同轴连接器。(IEC169-27)

L型:公制螺纹式射频同轴连接器,螺纹连接尺寸在"L"后用阿拉伯数字表示。

射频连接器的结构形式代号由下表所示部分组成:

①插头装插针,插座插插孔的系列,结构形式代号中插头和插座代号(表中序号1)不标。插座装插针系列,用括号中的代号。

②注有#号者,仅在面板插头使用。

射频连接器的型号组成示例:

(1)SMA-JW5、TNC-JW5

表示SMA型及TNC型弯式非密封射频插头,插头内导体为插针接触件,配用SYV-50-3电缆。

(2)N-50KFD、SMA-KFD

表示法兰安装,阻抗为50Ω的N和SMA微带射频插座,内导体为插孔接触件。

(3)SMA-KE、75KHD

表示直接焊接在线路板上的阻抗为50Ω的SMA微带插座连接器及阻抗为75Ω的SMB插座连接器。

(4)转接器和阻抗转换器的型号组成方法,以插头或插座型号为基础派生,一般采用下列形式:

①转接器的型号,其类型代号部分用连接器主称代号(系列内转接器)及分数形式(系列间转接受能力器)表示。

如:N-75JK

表示一端为插针接触件,另一端为插孔接触件,阻抗为75Ω的N型系列内转接器。

如:N/BNC-50JK

表示一端为N型插针接触件,另一端为BNC型插孔接触件,阻抗为50Ω的系列间转接器。

②阻抗转换器的型号,其型号或结构形式代号用分数形式表示:

如:N-50J/75K

表示一端为50Ω插头,另一端75Ω插座,两端均为"N"型的阻抗转换器。

表1

标准顺序	分类特性	代号	标志内容		
			插头	插座	
				面板	电缆
1	插头和插座	插头:T 插座:Z	(T)	-	(Z)
2	特性阻抗	50Ω标50不标、75Ω标75	-	50或75	-
3	接触件形式	插针:J 插孔:K	J(K)	K(J)	K(J)
4	外壳形式	直式:不标 弯式:W	W	W	W
5	安装形式	法兰式:F 螺母:Y 焊接:H	F或Y或H	F或Y或H	F或Y或H
6	接线种类	电缆:电缆代号 微带:D 高频带:不标	电缆代号	D	电缆代号

智能电动汽车基本概念

自动驾驶: 用传感器如雷达、摄像头替代人眼,用算法芯片去替代人脑,再用电子控制去替代人的手脚,最终实现由智能电脑来控制汽车,实现自动驾驶。

车联网: 车联网指按照一定的通信协议和数据交互标准,在"人-车-路-云"之间进行信息交换的网络。

智能汽车可理解为"自动驾驶"+"车联网"

智能电动汽车: 智能驾驶与电动车有着天然的关联性,电动车采用电动控制,智能驾驶能够帮助解决电动车的充电、节能等核心问题。

智能汽车这个概念,其实是伴随着新能源车(尤其是电动车)而出现的,以特斯拉为代表的新能源车,重新定义了汽车的概念。

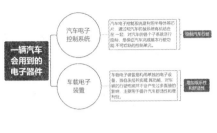

一辆汽车需要哪些半导体器件?

除去车载,只考虑汽车行驶所需芯片

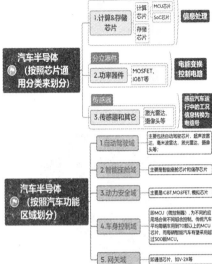

传统汽车和智能电动车核心部件对比

1.1 汽车信息处理:MCU芯片➡SoC芯片

MCU,又称单片机,一般只包含CPU这一个处理器单元;MCU=CPU+存储+接口单元;而SoC是系统级芯片,一般包含多个处理器单元;如SoC可为CPU+GPU+DSP+NPU+存储+接口单元。

MCU芯片示意图

CPU	EEPROM
	RAM
	I/O
	Timers
	ROM
	串行接口

SoC芯片示意图

CPU GPU	EEPROM
	RAM
DSP ASIC	I/O
	Timers
	ROM
	串行接口

汽车智能化趋势,一是智能座舱,二是自动驾驶,传统汽车分布式E/E架构下ECU(Electronic Control Unit)控制单一功能,用MCU芯片即可满足要求。汽车域集中架构下的域控制器(DCU)和中央集中式架构下的中央计算机需要SoC芯片。

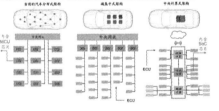

1.2 MCU/SOC芯片的核心组成

自动驾驶汽车

控制器	DCU中央处理器
芯片	SoC芯片
处理器	CPU+GPU / CPU+FPGA / CPU+ASIC / CPU+其他处理器芯片

处理器芯片是MCU/SOC芯片的计算核心:分为CPU、GPU、DSP、ASIC、FPGA等多种。一般MCU芯片中只有CPU,SoC芯片则中除CPU之外还会有其他种类的处理器芯片。

☐ **CPU、GPU、DSP都属于通用处理器芯片:**
①CPU是中央处理器,擅长处理逻辑控制。②善于处理图像信号的GPU。③善于处理数字信号的DSP。

☐ **ASIC是专用处理器芯片,FPGA是"半专用"处理器芯片:**
①EyeQ(Mobileye)、BPU(地平线)、NPU(寒武纪等)等专门用来做AI算法的芯片(又称AI芯片)则属于专用芯片(ASIC)的范畴。②FPGA是指的现场可编程门阵列,是"半专用"芯片,这种特殊的处理器具备硬件可编程的能力。

1.3 自动驾驶芯片

自动驾驶芯片是指可实现高级别自动驾驶的SoC芯片,通常具有"CPU+XPU"的多核架构,用来做AI运算的XPU可选择GPU/FPGA/ASIC等。

目前市场上主流的自动驾驶SoC芯片处理器架构方案有以下三种:

①英伟达、特斯拉为代表的科技公司,所用售卖的自动驾驶SoC芯片采用CPU+GPU+ASIC方案。

②Mobileye、地平线等新兴科技公司,致力于研发售卖自动驾驶专用AI芯片,采用CPU+ASIC方案。

③Waymo、百度为代表的互联网公司采用CPU+FPGA(+GPU)方案做自动驾驶算法研发。

英伟达Xavier的芯片架构:GPU显著

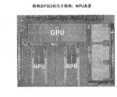

特斯拉FSD的芯片架构:NPU显著

1.4 智能座舱芯片

☐ 智能座舱所代表的"车载信息娱乐系统+流媒体后视镜+抬头显示系统+全液晶仪表+车联网系统+车内乘员监控系统"等融合体验,都将依赖于智能座舱SoC芯片。

☐ 市场主要竞争者有消费电子领域的高通、英特尔、联发科等,主要面向高端市场;此外还有NXP、德州仪器、瑞萨电子等传统汽车芯片厂商,其产品主要面向中低端市场。

☐ 国内新入局的竞争者主要有华为(与比亚迪合作开发麒麟芯片上车)、地平线(长安UNI-T、理想ONE的智能座舱基于征程2芯片)。

智能座舱SoC芯片市场主要竞争者与最新产品

型号	SA8155P	A3960	MT2712	i.mx8QM	Jacinar7	R-CAR H3
工艺制程	7nm	14nm	28nm	28nm	28nm	28nm
芯片级别	AEC-Q100	AEC-Q100	AEC-Q100	AEC-Q100 ASIL-B	AEC-Q100 ASIL-B	AEC-Q100 ASIL-B
代表搭载车	小鹏	特斯拉、蔚来	大众	福特	大众	丰田

(下转第61页)

卡片看车规级芯片分类(二)

(上接第60页)

1.5 汽车芯片供应产业链

传统汽车芯片产业链中芯片厂为Tier2：是由德州仪器、恩智浦、英伟达等做好芯片设计之后，由以台积电为代表的代工厂负责晶圆和芯片的制造，由长电科技等电子公司做封装测试，之后交由芯片设计厂整合成各种不同集成度的MCU、SOC芯片产品等。

芯片产品交到Tier1做成ECU、DCU等控制器产品再装配上车。

2.1 汽车传感器

车用传感器是汽车计算机系统的输入装置，**主要负责车身状态和外界环境的感知和采集，传统汽车主要有8种**：压力传感器、位置传感器、温度传感器、加速度传感器、角度传感器、流感传感器、气体传感器和液位传感器。

智能电动汽车还会新增CIS、激光雷达、毫米波雷达和MEMS等一系列半导体产品。

2.2 汽车传感器

车用传感器是汽车计算机系统的输入装置，主要负责车身状态和外界环境的感知和采集，传统汽车主要有8种：压力传感器、位置传感器、温度传感器、加速度传感器、角度传感器、流感传感器、气体传感器和液位传感器。

智能驾驶最重要的三个技术环节，是环境感知、中央决策和底层控制，中央决策主要是MCU/SoC芯片，环境感知主要是传感器。智能电动汽车会新增CIS、激光雷达、毫米波雷达和MEMS等一系列半导体产品。

分类	类型	工作原理
传统传感器	压力	压阻式、电容式等
	温度	热敏电阻、热电偶
	位置	霍尔效应、磁电阻效应
智能传感器	毫米波雷达	发射接收电磁波，根据相差计算测距离
	激光雷达	发射接收激光束，以此测距离
	超声波雷达	发射接收超声波，根据相差时间计算距离
	车载摄像头	通过摄像头采集图像信息，并进行行算法识别

2.3 智能汽车传感器核心

智能传感器则是自动驾驶的核心。目前用于自动驾驶环境感知的传感器主要包括：毫米波雷达、激光雷达、超声波雷达和车载摄像头等。

(表格)

蓝色背景:代表涉足领域　红色背景:代表未来计划开发相应能力(官方披露)

2.4 智能汽车传感器主要生产商

车载摄像头产业链的企业概况

车载摄像头产业链产品构成	国外代表企业	国内代表企业
镜头组	Sekonix、kantdou、fujifilm	舜宇光学、联创电子
CMOS传感器	索尼、三星、豪威	韦尔股份、格科微、思比科
模组封装及系统集成	松下、法雷奥、富士通、大陆	舜宇光学、欧菲光、德赛西威、均胜电子
软件算法	Mobileye	虹软科技、北京中科慧眼

外企毫米波雷达产品概况

	产品参数	主域
博世	76-77GHz	中远距离
大陆	77GHz和24GHz	近距离和远距离
德尔福	77GHz	近距离和远距离
海拉	24GHz	近距离

国内毫米波雷达主要厂商

公司	产品参数	市场进度
华域汽车	24GHz、77GHz	24GHz雷达已实现量产，77GHz雷达小规模量产
德赛西威	24GHz、77GHz	24GHz雷达已量产批量小规模，考格半年以上，77GHz雷达积累客户打样
华阳集团	\	已有集成毫米波雷达产品
深圳安智	24GHz、77GHz	24GHz雷达具备小批量量产能力，77GHz雷达产品发布
森斯泰克	24GHz、77GHz	24GHz雷达已有多量保供，77GHz雷达样机送测对接，预计在第三季度完成交付
北京行易道	77GHz	77GHz雷达达北京某自动无人驾驶未来展出
杭州智波	24GHz、77GHz	24GHz雷达77GHz样机状态，处于实验阶段中
南京隼眼	77GHz	77GHz雷达比较领先
深圳卓泰达	24GHz、77GHz	77GHz雷达已在苏州九州展发出

3.1 汽车动力系统：电池+电驱

新能源汽车动力系统 = 电池+电驱（电机+电控）。

电控系统在新能源汽车中的应用在新能源汽车中，电池是基础能源与动力来源，驱动电机则将此车载能源转化为行驶动力，而电控系统控制整个车辆的运行与动力输出。

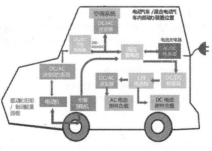

3.2 电控系统核心部件：功率器件模块

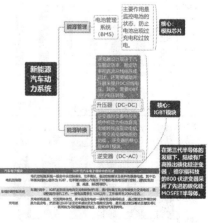

(下转第69页)

IP技术与市场同步变革(二)

(接上期本版)

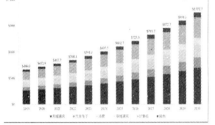

全球半导体市场按应用细分规模（十亿美元）

半导体IP产业链深度研究报告

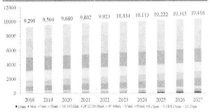

基于技术节点的规划中设计项目数量

半导体IP产业链深度研究报告

二、中国IP市场：超额完成"十三五"规划目标，自给率稳步提升

中国拥有全球最大的电子产品生产及消费市场，因此对集成电路产生了巨大的需求。

当前国内集成电路生态环境不断改善，"十三五"期间，工信部先后在深圳、南京、上海、北京、杭州、无锡、合肥、厦门、西安和成都等10个城市批准建立了10家星火创新基地。目前，已有深圳芯火创新基地通过工信部的验收。研发水平也在持续提升。根据最新消息，在2021年召开的ISSCC会议上，中国包括香港澳门的录用论文超越日本及中国台湾，中国大陆的论文数量达到21篇，比2020年增长40%。虽然与全球排名第一的美国相比，在论文总数、产业界投稿比例和实际录用比例等方面仍存在比较大的差距，但与过去相比有了重大进步。不过挑战依然严峻，比如产业长期可持续发展的根基不牢，2020年设计业取得的耀眼成绩的背后有其特殊性，研发投入严重不足，人才短缺严重。

2020年我们实现了3819.4亿元的销售，已经超额完成了规划纲要为我们确定的发展目标，中国集成电路设计业取得了令世人瞩目的重大进步，到2035年，要实现将中国初步建成

中国大陆集成电路设计产业销售收入（亿元）

半导体IP产业链深度研究报告

中国集成电路产业中游各环节占比

半导体IP产业链深度研究报告

社会主义现代化强国的目标，集成电路产业担负着伟大而艰巨的任务，尤其是芯片设计业，是集成电路产业研发的主力军，责任更是重大。

芯片设计市场方面，我国的集成电路设计产业发展起点较低，但依靠着巨大的市场需求和良好的产业政策环境等有利因素，已成为全球集成电路设计产业的新生力量。从产业规模来看，我国大陆集成电路设计行业销售规模从2013年的809亿元增长至2018年的2,519亿元，年均复合增长率约为25.50%。

从全球地域分布分析，集成电路设计市场供应集中度非常高。根据IC Insights的报告显示，2018年美国集成电路设计产业销售额占全球集成电路设计业的68%，排名全球第一；中国台湾、中国大陆的集成电路设计企业的销售额占比分别为16%和13%，分列二、三位。与2010年时中国大陆本土的芯片设计公司的销售额仅占全球的5%的情况相比，中国大陆的集成电路设计产业已取得较大进步，并正在逐步发展壮大。

从产业链分工角度分析，随着集成电路产业的不断发展，芯片设计、制造和封测三个产业链中游环节的结构也在不断变化。2015年以前，芯片封测环节一直是产业链中规模占比最高的子行业，从2016年起，我国集成电路芯片设计环节规模占比超过芯片封测环节，成为三大环节中占比最高的子行业。

随着中国芯片制造及相关产业的快速发展，本土产业链逐步完善，为中国的初创芯片设计公司提供了国内晶圆制造支持，加上产业资金和政策的支持，以及人才的回流，中国的芯片设计公司数量快速增长。ICCAD公布的数据显示，2020年我国芯片设计企业共计2218家，比去年的1780家增加了438家，数量增长了24.6%。2020年全行业销售预计为3819.4亿元，比去年的3084.9亿元增加了23.8%，增速比上年的19.7%提升了4.1个百分点。按照美元与人民币1:6.8的兑换率，全年销售约为561.7亿美元，预计在全球集成电路产品销售收入中的占比将接近13%。

综合各方面来看，中国IP行业发展速度与成长空间都比较良好。此外结合芯片设计行业IP运用量越来越大的情况，中国半导体IP行业成长空间更加广阔。

三、AIoT时代下，IP的应用范围不断扩张

一个新的行业共识是：AIoT将成为未来二十年全球最重要的科技，并成为工业机器人、无人机、无人驾驶、智能陪伴、智慧建筑及智慧城市等新兴产业的重要基础。在新基建的战略背景下，中国的5G、云计算和AIoT等领域发展迅速，中国客户对AI应用的需求也非常迫切。

市场研究机构IoT Analytics发布的物联网跟踪报告显示，过去10年全球所有设备连接数年复合增长率达到10%，这一增速主要由物联网设备贡献，到2020年全球物联网的连接数首次超过非物联网连接数，物联网发展达到了一个新的历史时刻。

从监测数据来看，2010年物联网连接数为8亿，而当时非物联网设备为80亿。但此后10年，物联网连接数高速增长，而非物联网连接数仅有微小的增长，到2020年物联网连接数达到117亿，而非物联网连接数保持在100亿左右，这是物联网连接数首次超越非物联网连接数。预计到2025年，物联网连接数将增长到309亿，而非物联网连接数仅有103亿，几乎原地踏步。

进入AI+IoT结合的AIoT时代，受数据中心驱动，市场空间持续打开。另外具备开源生态的指令集RISC-V，因具备自由开放、成本低、功耗低等方面的优势，成为IP行业全新际遇，或将重塑行业格局。

四、IP技术与市场同步变革

4.1 低功耗IP撬动物联网万亿市场

芯片作为物联网基础层的核心，是抢占物联网时代的战略制高点。未来，物联网芯片也将超过PC、手机领域，成为最大的芯片市场。然而，随着联网设备的迅速增加，目前被广泛使用的无线连接技术已经不能满足物联网的需求。具备低功耗、长距离、大量连结、低成本特点的低功耗IP应运而生。随着物联网规模化商用元年的到来，哪个技术标准可以占领低功

耗IP制高点，抢滩万亿级物联网市场也成为行业内关注的重点。

国内的低功耗模拟IP经过数年发展，沉淀出一批代表性企业，例如成都锐成芯微，其模拟IP产品结合了独有的超低功耗技术，可为SoC设计提供完整的低功耗IP平台化解决方案。方案包括超低功耗LDO、低功耗DCDC、低功耗RC OSC、低漏电I/O、ADC/DAC、Audio CODEC以及各类传感器IP。电源和时钟类IP的功耗都低至几十nA，可实现SoC低功耗模式下待机功耗低至350nA。广泛应用于IoT、MCU和其他对功耗敏感的应用产品。

4.2 非易失性嵌入式存储器IP推动智能化时代加速到来

2019年，全球嵌入式非易失性存储器市场规模为3.299亿美元。市场增长的原因是，基于IoT的设备和服务在发展中国家的渗透率不断提高。对无处不在的连接的需求使得必须快速部署具有安全通信能力的廉价、低功耗产品。因此，估计基于物联网的设备和服务的激增将在预测期内极大地刺激需求。

嵌入式非易失性存储器是用于满足各种嵌入式系统应用程序的小型芯片。它主要用于智能卡、SIM卡、微控制器、PMIC和显示驱动器IC，用于数据加密、编程、修整、标识、编码和冗余。制造商专注于为基于IoT的设备中使用的MCU提供安全的eNVM。

与eNVM关联的高效率和紧凑设计有望替代相对笨重的传统独立非易失性存储器。它是基于物联网的微控制器设备的关键组件之一。使用低功耗和低成本的嵌入式非易失性存储器可以显著降低消费类电子产品的成本，预计在未来几年中，这也将满足产品需求。

4.3 从物联到智联，蓝牙IP大有可为

随着物联网万物互联时代开启，物联网设备对低功耗连接技术的需求呈现井喷式增长。由于蓝牙已经被整合到几乎所有的智能手机中，相对有优势可允许开发人员在各种应用程序之间构建物联网系统，并以最有效的方式在一个足够灵活的平台上构建物联网系统，以满足各种操作限制。市场对低功耗蓝牙芯片需求量大涨，相关的蓝牙器件IP也随着需求进入新一轮的革新升级，高性能、低功耗、满足市场化需求成为蓝牙IP的首要标准。以成都锐成芯微提供AIoT所需的无线连接方案为例，其开发出建立在成熟55纳米技术平台上的BLE IP，可应用于可穿戴产品、超低功耗人机对接设备以及医疗健康、运动健身、安防、家庭娱乐等多种产品应用。

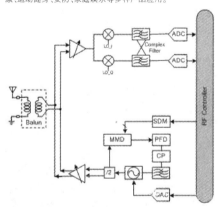

ACTT BLE蓝牙RFIP架构框图

ACTT的低功耗蓝牙IP是一个高集成度、低功耗的完整的PHY IP，符合蓝牙低功耗规范，满足蓝牙5.0标准，使得此IP成为传感器网络、可穿戴设备及人机接口设备等应用的理想选择。为了加速客户的产品上市时间，ACTT可通过多种灵活授权与支持模式提供包含蓝牙软件、媒体访问控制(MAC)层、基带、模拟以及射频前端的完整BLE系统解决方案。与其他方案相比，此款IP的RF部分面积更小，同时功耗更低，且已经过市场大批量产检验。

（未完待续）

◇锐成芯微公司市场部

开源硬件 Python 编程之"循环结构"简析

事物周而复始地运动或变化，称为"循环"。在 Python 编程解决实际问题的过程中，我们经常会遇到一些具有规律性的重复性操作，比如从小到大输出 500 以内的所有整数，程序反复多次执行 print 语句，这就是"循环结构"。Python 主要有 while 循环和 for 循环两种形式的循环结构，while 循环一般用于循环次数无法确定的情况，比如使用"while 1:"——条件永远为真的"死循环"，其中的循环体语句会一直不断地重复执行；for 循环适用于循环次数可以提前确定的情况，最常见的是与 range()函数进行搭配，比如计算 100 以内所有整数之和，在 Python 中使用 for 循环，将循环变量 i 不断自增（加 1）并依次添加到 sum 中，最终求得结果是 5050。

下面我们通过树莓派来演示开源硬件 Python 编程，使用循环结构来控制树莓派上的多支 LED 灯实现多种"流水灯"效果。实验器材包括树莓派和古德微扩展板、红、黄、绿、蓝 LED 灯各一支，分别插至扩展板的 5、6、12 和 16 插孔，注意长腿为正极、短腿为负极。

1. 使用 Python 程序代码实现多种"流水灯"效果

同样还是在 Windows 中使用 Spyder 来写代码，开始仍然需要导入 RPi.GPIO 和 time 库模块："import RPi.GPIO as GPIO"、"import time"，关闭错误回显："GPIO.setwarnings(False)"和设置 BCM 编码工作模式："GPIO.setmode(GPIO.BCM)"；接着设置 5、6、12 和 16 号 GPIO 为输出端："GPIO.setup (5,

GPIO.OUT)"，对应四支 LED 灯。

通过 def 来定义 LED 灯的闪烁函数 led (x)，其中的 for 循环控制执行 10 次："for i in range(10):"，每次循环先控制 x 号灯亮："GPIO.output (x,GPIO.HIGH)"（高电平），接着持续 0.01 秒："time.sleep (0.01)"，最后是熄灭该灯："GPIO.output (x,GPIO.LOW)"（低电平）。

建立存放四支 LED 灯编号的列表："LEDS_list = [5,6,12,16]"，再次通过 for 循环控制执行 20 次："for i in range(20):"，每次先遍历列表 LEDS_list："for x in LEDS_list:"，作用是依次取出 5、6、12 和 16 这四个数据并作为参数传递至函数 led(x)中，LED 灯闪烁；程序存盘为 Water_Leds.py（如图 1 所示）。

运行 Windows 的"远程桌面连接"，登录进入树莓派操作系统，将 Water_Leds.py 复制粘贴到 Temp 目录；接着打开 Python IDE，加载 Water_Leds.py 程序后点击 Run 按钮运行程序，观察四支 LED 灯的闪烁效果：5、6、12 和 16 号插孔上四支 LED

灯会依次循环亮灭，形成"流水灯"效果（如图 2 所示）。

如果尝试修改 led(x)函数中的 sleep 数值，将原来的"0.01"修改为"0.005"，观察"流水灯"的效果，各 LED 灯的"流水"亮灭速度是原来的二倍；如果再将它修改为"0.1"，各 LED 灯的"流水"亮灭速度就会慢下来许多。再去修改列表 LEDS_list，增加 12 和 6 两个元素，现在的 LED 灯亮灭方式已经由刚才的单向重复"流水灯"变成了往返式"流水灯"。同样，再去设置 led(x)函数中 time.sleep (0.01)的数值，"0.005 秒"是快速版的往返"流水灯"，"0.1 秒"则是慢速版的往返"流水灯"。

2. 使用图形化编程实现多种"流水灯"效果

在古德微机器人网站进行"积木"式图形化编程，包括建立列表、编写 led()函数和使用循环结构等，与上一步在 Python 中编写程序是类似的。图形化编程的优点是积木代码进行了高度集成，不需进行"import RPi.GPIO as GPIO"等库模块的导入操作，只要从积木区将相关的语句拖过来进行组合，相关的参数进行自行设置修改即可。

第一部分是建立一个循环执行 20

次的循环结构，建立变量 counter 并赋初值为 1；接着进入内层的 4 次循环，作用是在列表中依次取出 5、6、12 和 16 这四个数据，取一个数据便运行一次 led 函数；第二部分是 led 函数，使用 for 循环执行 10 次，每次均控制 x 号 LED 灯先亮 0.01 秒再熄灭，其中的"设置 GPIO'x'为'1'"表示高电平（对应"亮灯"），为"0"则表示为低电平（对应"灭灯"）（如图 3 所示）。

连接设备后运行程序，检测各种"流水灯"效果，包括同向的"流水灯"分别控制闪烁时间值从 0.01 秒修改为 0.005 秒（快速版）、再到 0.1 秒（慢速版）；接着将列表增加 12 和 6 两个元素，并且将开始的循环次数由 4 修改为 6，再次测试 0.01 秒、0.005 秒和 0.1 秒的三个闪烁数值，同样也会观察到常速、快速和慢速的往返"流水灯"（如图 4 所示）。

◇山东 牟晓东

电冰箱常见季节性"故障"特例

不制冷是电冰箱的常见故障，造成这种故障的原因很多，如：压缩机故障、冰堵、热保护未复位、启动电阻损坏等，本文所述的季节性"故障"很常见，其实并非故障。

一用户告诉笔者冰箱不制冷了，冷冻箱里面的冰都融化了，笔者到用户处才知道他从旧货市场买了台二手电冰箱，入冬后不制冷了，这种冰箱室温低于 10℃以下，应该打开"节电开关"，打开"节电开关"数小时后，电冰箱正常工作。

又有用户告知也是冰箱不制冷故障，笔者认为是相同故障，到用户家开启冷藏室门，发现灯不泡亮，更换灯泡并开启"节电开关"后，"故障"排除。其实，就是同一故障，只是多了灯泡损坏而已。所谓"节电开关"其实就是温度补偿，提醒用户冬季开启，其他季节关闭，节约用电。后又有用户打电话告诉笔者，电冰箱坏了，他还有一定判断能力：打开冷藏室，冷藏室灯亮，说明通电，电源没问题。告诉笔者电冰箱通电，可能压缩机坏了。笔者到用户家后，

打开冷藏室门，按压灯开关，关冷藏室门灯灭，打开"温度补偿开关"后，压门开关，灯依旧熄灭。该冰箱是新飞 BCD-58A118，《冰箱使用说明书》第三页第三条下面有个"注意：冬季环境温度较低是，温度补偿开关将它开启。当环境温度较高时，则把它关闭。"，第 7 页"判定故障"栏，有一条"冬天不开机：1.环境温度过低，应打开温度补偿开关。"，这种冰箱的温度补偿不是靠灯泡的温度执行的，所以关门后灯泡熄灭，无论是哪种补偿方式，最快启动的试验方法是打开"节电开关"或"温度补偿开关"后，倒一盆热水放到冷藏室提温，电冰箱会快速启动。

入冬以来，笔者给用户处理了数台电冰箱不制冷的"故障"，这种"故障"在电冰箱使用说明书的"常见故障排除"里有专栏说明，特别告知里有专项提醒，用户仔细阅读使用说明书，打开冰箱"温度补偿开关"或"节电开关"，就能自己排除"故障"，举手之劳，方便快捷。

◇山东 郑凯文 张洪海

随心选择 iPhone 的截屏方式

对于已经更新至 iOS 14 系统的朋友来说，现在可以随心选择 iPhone 的截屏方式。

方式一：使用按键截图

同时按下侧边电源按钮和调高音量"+"按钮，然后快速松开这两个按钮。在拍摄截屏后，屏幕左下角会短暂地显示一个缩略图。轻点缩略图可以将它打开，或者向左轻扫可将它关闭。

方式二：借助"辅助触控"功能截图

首先请在设置界面依次选择"辅助功能→触控"，在这里启用"辅助触控"功能，随后会在屏幕上看到代表辅助触控功能的小圆点，进入"自定操作"小节，在这里选择需要截屏的方式，例如"轻点两下"，然后在"操作"下选择"截屏"（如图 1 所示），以后需要借助"辅助触控"截屏时，只要轻点两下屏幕上的小圆点就可以了。

方式三：轻点 iPhone 背部截图

只要是 iPhone 8 或更高型号机型，都可以使用"轻点背面"功能进行截图，但需要进行相关的设置。

进入设置界面，依次选择"辅助功能→触控"，向下滑动

屏幕，找到"轻点背面"（如图 2 所示），在这里选择需要截屏的方式，例如"轻点两下"，然后设置为"截屏"就可以了。以后需要截屏时，只要轻点 iPhone 背部两下即可，即使佩戴了手机壳也能实现该操作。

方式四：在 Safari 浏览器中进行截长图

iOS 内置的 Safari 浏览器自带截长图的功能，在打开某个网站页面之后，可以按照上述三种方式进行截图，然后轻点左下角的截屏缩略图（注意这个缩略图很快就会消失），在界面中选择"整页"（如图 3 所示），点击右上角的"发送"按钮，可以储存为 PDF 格式进行保存或分享给好友。

◇江苏 王志军

一、实验目的

1. 验证静态工作点和负反馈对放大器性能的影响。

2. 巩固对常用放大电路原理的理解、区别和记忆。

二、器材准备

1. DZX-2型电子学综合实验装置一台

2. GVT427型交流毫伏表一台

3. TDS1002/1012型双踪数字示波器一台

4. MF47型万用表一只

5. 单管/负反馈两级放大器实验板一块

6. 多种接头铜芯软导线若干根

三、测量仪器使用方法

1. TDS1002/1012双踪数字示波器

(1)测量单踪信号

①将一根接头线的连接器插到CH1信号输入连接插座中并顺时针旋转锁紧；探头的黑鳄鱼夹夹在被测信号的地线上，红鳄鱼夹(或探针)夹在被测信号源上。

②按下示波器顶端的POWER(电源开关)按钮。

③按下CH1 MENU(CH1菜单)按钮，按AUTO SET(自动设置)按钮。

④按MEASURE(测量)按钮，屏幕右侧显示出五个菜单框，菜单框右侧有五个选择按钮，按第一按钮把信源选择为CH1，按第二按钮把类型选择为频率、周期、峰峰值或均方根值(即有效值)，再按第五按钮返回，此时第三菜单框将自动显示出对应的参数值。

(2)测量双踪信号

①将两根探头线的连接器分别插到CH1和CH2信号输入连接插座中并顺时针旋转锁紧；探头的黑鳄鱼夹夹在被测信号的地线上，红鳄鱼夹1(或探针1)夹在被测信号源1(例如输入信号)上，红鳄鱼夹2(或探针2)夹在被测信号源2(例如输出信号)上。

②按下示波器顶端的POWER(电源开关)按钮。

③按下CH1 MENU(CH1菜单)按钮，按AUTO SET(自动设置)按钮。

④按MEASURE(测量)按钮，屏幕右侧显示出五个菜单框，菜单框右侧有五个选择按钮，按第一按钮把信源选择为CH1，按第二按钮把类型选择为频率、周期、峰峰值或均方根值(即有效值)，按第五按钮返回。

⑤按CH2 MENU(CH2菜单)按钮，按AUTO SET(自动设置)按钮。

⑥按MEASURE(测量)按钮，屏幕右侧显示出五个菜单框，菜单框右侧有五个选择按钮，按第一按钮把信源选择为CH2，按第二按钮把类型选择为频率、周期、峰峰值或均方根值(即有效值)，按第五按钮返回，此时屏幕右侧菜单框中自动显示出信源1和信源2的参数值。

(3)示波器调出错误设置的处理

示波器上次关机时，相关设置被调乱，本次开机后就会自动调出这个错误的设置，从而导致无法正确测量，此时可按SAVE/RECALL(储存/调出)按钮，调出以前用过的设置，或者按DEFAULT SETUP(默认设置)按钮，调出厂家的设置。

另外，开机后按UTILTY(辅助)按钮，按语言菜单框右边的选择按钮选择中文，屏幕即可显示中文菜单。

2. 信号发生器

①按下信号发生器上的POWER(电源开关)按钮。

②根据所需信号种类按下WAVEFORM(波形选择开关)中的相应按钮(例如正弦波)。

③根据所需信号频率范围按下RANGE-Hz(频率范围选择开关)中的相应按钮(例如0~10kHz)。

④调节FREQUENCY(频率调节)旋钮至所需信号的频率值(例如1kHz)。

⑤根据所需信号的幅度值按下ATTE(衰减开关)中相应的按钮(例如0dB)。

⑥根据所需信号的幅度值调节AMPLITUDE(幅度调节)旋钮至所需的输出电压值(例如10mV)。

⑦把信号输出线的连接器插到信号发生器上的VOLTAGE OUT(电压输出)插座中并顺时针旋转锁紧；信号输出线的黑鳄鱼夹夹在放大器的地线上，红鳄鱼夹夹在放大器信号输入端上。

四、实训操作

1. 验证基极偏置电阻对静态工作点的影响

①接通交流电源开关，接通直流稳压电源中左边的0~18V电源开关，万用表红黑表棒分别接0~18V的＋、－极插孔，慢慢调节直流稳压电源中左边一个旋钮，使万用表指针指在12V的刻度线上。

②关断交流电源开关，关断直流稳压电源中左边的0~18V电源开关，把单管/负反馈两级放大器实验板插在实训装置面板中间的四个插孔上。

③用导线把直流稳压电源中左边的0~18V的＋插孔与实验板上R_{W2}顶端一个插孔连接起来，用导线把直流稳压电源中左边的0~18V的－插孔与实验板上右下角的接地插孔连接起来，把直流数字电压表连接在实验板上C_1右端与左下角的接地端之间，把直流数字毫安表连接在实验板上R_{W2}左边标有mA的两个插孔之间；按下直流数字电压表上的2V按钮，按下直流数字毫安表上的20mA按钮。

④确认线路连接正确无误后，接通交流电源开关，接通直流稳压电源中左边的0~18V电源开关。

⑤关断实验板顶部的钮子开关，配合使用万用表，分别测出三极管T_1的U_B、U_E、U_C和I_C，把测量结果填入表1。

表1 验证基极偏置电阻对Q点影响的实验数据

Ucc=12V	U_B(V)	U_E(V)	U_C(V)	I_C(mA)
R_{W1}断开时				
R_{W1}为最大值时				
R_{W1}为最小值时				
I_C=2.0mA时				2.0

⑥接通实验板顶部的钮子开关，调节R_{W1}旋钮，使R_{W1}从最大值慢慢变化到最小值，同时配合使用万用表，分别观察三极管T_1的U_B、U_E、U_C和I_C的变化情况，并把其中的R_{W1}最大时、R_{W1}最小时以及I_C=2.0mA时三极管T_1的U_B、U_E、U_C和I_C值填入表1，然后调节R_{W1}使I_C=2.0mA。

⑦关断交流电源开关，关断直流稳压电源中左边的0~18V电源开关。

2. 验证静态工作点和负载对放大器性能的影响

①把信号发生器连接在实验板上u_i两端，把双针交流毫伏表的CH1和双踪示波器的CH1并联连接在实验板上u_i两端，把双针交流毫伏表的CH2和双踪示波器的CH2并联连接在实验板上C_2右端与地之间。

②调节信号发生器输出使u_i为正弦波1kHz 10mV，关断实验板底部的钮子开关，接通实验装置的交流电源开关，接通直流稳压电源中左边的0~18V电源开关。

③读取u_i和u_o(C_2右端与地之间的交流电压)的数值并观察放大器输出信号波形的失真情况，把结果填入表2。

④用带细插针的导线把R_{L1}连接到C_2右端与地之间，这时读取u_i和u_o的数值并观察放大器输出信号波形的失真情况，把结果填入表2。

表2 验证Q点和负载对放大器性能影响的实验数据

Ucc=12V	I_C(mA)	u_i(mV)	u_o(V)	波形情况
R_{L1}断开时	2.0	10		
R_{L1}接入时	2.0	10		
u_o过大时	2.0			
I_C偏大时		10		
I_C偏小时		10		

⑤慢慢增大信号发生器的输出信号电压，直至输出波形顶部和底部同时出现明显的平顶和平底现象(即双向失真)时，读取u_o的数值并观察放大器输出信号波形的失真情况，把结果填入表2。

⑥调节信号发生器输出使u_i为正弦波1kHz 10mV，慢慢将R_{W1}调大，直至输出波形顶部出现明显的平顶现象(即截止失真)时，观察放大器输出信号波形的失真情况，把结果填入表2。

⑦慢慢将R_{W1}调小，直至输出波形底部出现明显的平底现象(即饱和失真)时，观察放大器输出信号波形的失真情况，把结果填入表2。

⑧关断交流电源开关，关断直流稳压电源中左边的0~18V电源开关，拆除所有连接的测量仪器，拆除所有连接的导线。

3. 验证负反馈对放大器性能的影响

①用导线把直流稳压电源中左边的0~18V的＋极插孔与实验板上+12V插孔连接起来，用导线把直流稳压电源中左边的0~18V的－极插孔与实验板上右下角的接地插孔连接起来，用导线把实验板上R_{W2}顶端的两个插孔连接起来，用导线把实验板上T_2左边的两个插孔连接起来，用导线把R_{L1}连接到C_2右端与地之间，用导线把R_L连接到C_3右端与地之间，把直流数字毫安表连接在实验板上R_{W2}左边标有mA的两个插孔之间，把直流数字电压表连接在实验板上R_{C2}的上下两端；按下直流数字电压表上的20V按钮，按下直流数字毫安

表上的20mA按钮，接通实验板顶部的钮子开关。

②确认线路连接正确无误后，接通交流电源开关，接通直流稳压电源中左边的0~18V电源开关。

③调节R_{W1}使直流数字毫安表显示为2.0mA，调节R_{W2}使直流数字电压表显示为6.0V。

④关断交流电源开关，关断直流稳压电源中左边的0~18V电源开关，拆除直流数字电压表的连接导线，拆除直流数字毫安表的连接导线，用导线把实验板上R_{W2}左边标有mA的两个插孔连接起来，把信号发生器连接在实验板上u_i两端，把双针交流毫伏表的CH1和双踪示波器的CH1并联连接在实验板上u_i两端，把双针交流毫伏表的CH2和双踪示波器的CH2并联连接在实验板上u_i两端。

表3 验证负反馈对放大器性能影响的实验数据

Ucc=12V	u_i(mV)	u_o(V)	A_u	输出波形
不加负反馈时	10			
加上负反馈时	10			
输入信号增大时不加负反馈时				
加上负反馈时				

⑤确认线路连接正确无误后，调节信号发生器输出使u_o为正弦波1kHz 10mV，接通实验装置的交流电源开关，接通直流稳压电源中左边的0~18V电源开关。

⑥关断实验板底部的钮子开关(即不加负反馈)，读取u_i和u_o的数值，把结果填入表3；再接通实验板底部的钮子开关(即加上负反馈)，读取u_i和u_o的数值，把结果填入表3。

⑦关断实验板底部的钮子开关(即不加负反馈)，慢慢增大信号发生器的输出电压，使放大器输出电压波形出现轻微的失真，把失真波形填入表3；再接通实验板底部的钮子开关(即加上负反馈)，观察放大器输出电压的波形有什么变化，把此时的波形填入表3。

⑧关断交流电源开关，关断直流稳压电源中左边的0~18V电源开关，拆除所有连接的测量仪器，拆除所有连接的导线。

五、归纳与思考

1.本次实验表1中U_B和I_C的变化情况说明了哪两个问题？

2.请从本次实验表2中总结出不失真放大信号的两个条件。

3.写出负反馈对放大器性能的五大影响。

参考答案：

1. 一是基极电压变化时集电极电流也发生相应的变化，这说明三极管中集电极电流是受基极电压控制的；二是基极电压有较小的变化集电极电流就会有较大的变化，这说明了三极管具有电流"放大"作用。

2.不失真放大信号的两个条件是：一是静态工作点要合适，二是输入信号幅度要合适。

3.①负反馈使放大倍数下降，但使放大倍数的稳定性提高；②负反馈使通频带展宽；③负反馈使非线性失真减小；④负反馈使放大器输入电阻改变；⑤负反馈使放大器输出电阻改变。

◇无锡 周金富

低压电工操作证实操考试真题(一)

特殊工种的电工作业人员考取操作证,须在经过合法机构的培训后进行理论考试和实操考试,成绩合格后才能获证。其中低压电工操作证的实操考试,题目相对固定,有的地方多年来使用相同的一套题目考试,学员只要完成以下四个科目的考试,成绩达到80分或80分以上,即被认为实操考试成绩合格。考试按照动手操作加口述相结合的方式进行。每个科目中有多个题目,学员只需完成其中一个题目即可。当然,学员应对所有题目进行学习准备,以保证考试顺利通过。

低压电工操作证的实操考试采用百分制,其中科目2占40分,其余3个科目各占20分。

1. 科目1:作业现场应急处置

1.1 触电事故现场的应急处理

触电事故现场的应急处理,就是要尽快让触电人员脱离电源,以便采取进一步的救护措施。让触电人员脱离电源的方法如下。

如果触电地点附近有电源开关或电源插销,可立即拉开开关或拔出插销。有熔断器时,移除熔断器中的熔断体。

如果是高压触电,应立即通知上级有关供电部门,进行紧急断电。不能断电则采用绝缘的方法断开电线,设法使触电人员尽快脱离电源。

如果触电地点附近没有电源开关或电源插销,可用带绝缘柄的电工钳或用有干燥木柄的斧头等切断电线。电线应逐根切断,并注意多根电线的断开点相互错开位置。

当电线搭落在触电人身上或被压在身下时,可用干燥的衣服、手套、绳索、木板、木棒等绝缘物件作为工具,拉开触电人、拉开或挑开电线。如果触电人员的衣服是干燥的,电线又没有紧缠在身上时,可以抓住他干燥的衣服,拉动触电人员使其脱离电源。

触电人员脱离电源后,应尽快判断其生理状态,即判断其神志清醒否,当其神志不清时,继续检查判断其心肺功能,并作出相应的救护,对触电人员进行急救时,慎用强心针(肾上腺素)。夜间抢救时应解决临时照明问题。

救护人员施救时应注意自身安全。

1.2 单人徒手心肺复苏操作

触电人员脱离电源后,应立即判断其心肺功能正常与否。判断自主呼吸的方法是采用"看、听、试"的三字法。所谓看,就是用眼睛看伤者的胸腹部有没有随呼吸同步的上下起伏;所谓听就是用耳朵听伤者有没有呼吸时气体流动的声音;所谓试,就是用脸部或手指放在伤者的鼻孔处,试着感觉伤者有无呼吸时气体流动的吹拂感。判断心跳的方法是在颈动脉处单侧触摸,感觉颈动脉有无跳动。

1.2.1 人工呼吸的操作要领

触电人员脱离电源后,若检测判断其心肺功能已经停止,应立即就地开始心肺复苏的抢救。让伤者(以下称触电人员为伤者)仰卧在硬实的木板或地板上,人工呼吸前,应松开伤者的衣扣、裤扣,防止其影响人工呼吸的效果;还要清理伤者口中的异物,包括活动假牙、食物、血块、呕吐物等。清理异物可将伤者的头暂时侧向一边,清理完毕,将头扶正。

人工呼吸时须打开气道,常用仰头抬颏法、托颏法,标准为下颌角与耳垂的连线与地面垂直。

吹气时捏住伤者的鼻子,口对口吹气,吹气时应能看到胸廓起伏,吹气毕,立即松开口部和鼻腔,视伤者胸廓下降后,再吹气,每循环吹气两次。若伤者的牙关紧闭,嘴巴不能打开,可采用口对鼻人工呼吸法。

1.2.2 心脏按压的操作要领

心脏按压首先应选择正确的按压位置,即胸骨剑突上方两指处,或两乳头连线的中点位置。用一只手掌的掌根放在选定的位置,另一只手与其背叠放,手指并拢,以掌根部接触按压部位,双臂上下垂直,利用上身重量垂直下压。按压速率每分钟约100次,成年人按压幅度5cm,每个循环按压30次,时间15~18s。

单人徒手心肺复苏操作时,每进行两次人工呼吸,应立即进行30次心脏按压,这算是一个循环。完成5次循环后应立即判断伤者有无自主呼吸和心跳。经过5个循环抢救后的上述检测判断,对心肺功能中已经恢复的则停止人工急救;对于尚未恢复的心肺功能,则须持之以恒,继续进行抢救。

救护人员不能轻易决定停止抢救,有时抢救几个小时仍有救活的案例。应一直坚持抢救到医生到来。

1.3 灭火器的选择和使用

对于电气火灾的扑救,可选择二氧化碳灭火器和干粉灭火器。

1.3.1 二氧化碳灭火器

可用于600V以下的带电灭火。灭火时,先将灭火器提到起火地点,拔出保险销,一手握住喇叭筒根部的手柄,一手紧握启闭阀的压把。灭火人员应站在火源上风口,离火源3~5m距离。对于没有喷射软管的二氧化碳灭火器,应把喇叭筒上扳70°~90°,侧身对准火源根部由远及近扫射灭火。使用时,不能直接用手抓住喇叭筒外壁或金属连接管,以防手被冻伤。

如果电压超过600V,切记应先切断电源再灭火。在室内窄小空间使用时,灭火后灭火人员应迅速离开,防止窒息。

1.3.2 干粉灭火器

可用于50kV以下的带电灭火,其最常用的开启方法为压把法,即将灭火器提到距火源适当位置后,先上下颠倒几次,使筒内的干粉松动。然后让喷嘴对准燃烧最猛烈处,拔去保险销,压下压把,灭火剂便会喷出灭火。有喷射软管的或储压式灭火器在使用时,手应始终压下压把不能松开,否则会中断喷射。

1.3.3 泡沫灭火器

这种灭火器喷出的灭火剂泡沫中含有大量水分,有导电性,使用时会导致触电,因此不宜用于带电灭火。

(未完待续) ◇山西 木易

KYN28-12 中置型高压开关柜的技术性能简介(三)

(接上期本版)

(2)永磁操作机构的操作电源

断路器操作机构使用的直流电源通常由配电室直流屏提供,且须配置备用电源,例如蓄电池组。正常工作时蓄电池组处于浮充电状态。而永磁机构由于所需的电源容量较小,特别适合配置电容器的直流屏作为合、分闸的直流电源。原因分析如下:第一,永磁操作机构完成一次分——合——分的操作,所需能量在250焦耳以下,电容完全可以满足这一要求。由于电容器容量较小,只需若干秒时间即可充满电,充电电流也在2A范围以内,所以电容容量一般在100VA以下,即便停电24小时仍能进行分闸操作。二是从供电性质来看,合、分闸操作的冲击性负载性质适合由电容器供电,而冲击性负载对蓄电池是很不利的。三是从充电电源来考虑,电容器对滤波、稳压要求不高。四是电容能经受短路的冲击,可放电到任意电压不受损坏,而蓄电池在这些性能上都不及电容器。五是从经济上讲,电容器比蓄电池投资省,重量轻,寿命长,维护简单。因此,只要电容器容量足够大,用作合、分闸备用电源的储能元件是非常理想的。

(3)永磁操作机构控制电路实例

现以ZN139型断路器配置的永磁操作机构为例,介绍其技术参数和控制电路。

这种永磁操作机构主要技术参数见表3。

图10是ZN139型手车式真空断路器的一种推荐控制电路方案。电路中使用配电室提供的直流合闸操作电源+HM、-HM及控制电源+KM、-KM,电压值为DC220V。图中的"BH"是微机保护装置,由于该装置功能强大,随着安全生产意识的提高,使用已日渐普及。它可以实现电压测量、电流测量、过电压保护、欠电压保护、CT(电流互感器)断线检测、PT(电压互感器)断线检测、定时限过流保护、反时限过流保护、速断保护、零序电流保护、负序电流保护、电动机启动过长保护、过热保护、控制回路异常报警、遥信、遥控及遥测、装置自身故障告警等功能。图10中只画出了与真空断路器手动合、分闸控制相关的部分接线。手动合闸时,操作KK开关至合闸位置,其触头5、8接通,微机保护器BH内的相应触点在系统正常时呈闭合状态,合闸继电器HK线圈得电,其触点动作吸合,合、分闸线圈L被接入合闸操作电源+HM、-HM的电路中;线圈L的左端接+HM,右端接-HM,产生的电磁力使真空断路器合闸。手动分闸时,操作KK开关至跳闸位置,其触头6、7接通,微机保护器BH内的相应触点在系统正常时呈闭合状态,跳闸继电器TK线圈得电,其触点动作吸合,合、分闸线圈L也被接入合闸操作电源+HM、-HM的电路中,但跳闸时线圈L接入的电源极性与合闸时相反,即线圈L的左端接-HM,右端接+HM,产生的电磁力使真空断路器分闸。由于分闸需要的电流较小,所以在电路中串入了限流电阻R。

(全文完) ◇山西 杨盼红

项 目	单 位		数 值		
适合短路开断电流	kA	20	25	31.5	40
合闸电流	A	28		32	60
分闸操作电流	A		1.2A		2A
合、分闸额定工作电压	V	DC220			
机械寿命	次	120000	120000	100000	

表3 ZN139型断路器永磁操作机构主要技术参数

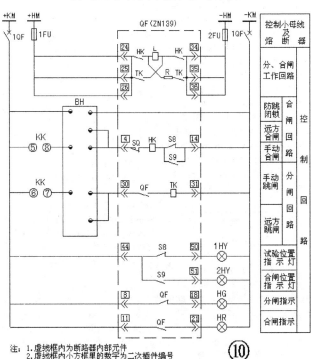

图10

注:1.虚线框内为断路器内部元件
2.虚线框内小方框里的数字为二次插件编号

一、规则引擎简介

通过规则引擎的数据流转功能,物联网平台可将指定 Topic 的数据流转至其他 Topic 和其他阿里云服务中。本文将为您详细讲解如何设置一条完整的数据流转规则。设置过程依次是创建规则、编写处理数据的 SQL、设置数据流转目的地和设置流转失败的数据转发目的地。

https://help.aliyun.com/document_detail/42733.html?spm =a2c4g.11186623.6.591.40122808oyHUsz

二、创建规则引擎

主要功能实现:启用 device_1 设备的虚拟设备发送数据,通过规则引擎设置将数据转发到 mqtt_client 设备上。

1. 创建规则

2. 填写规则引擎的信息

3. 编写 SQL(即确定需要转发的数据来源地—来源于产品下的某一设备的某一个 topic)。

只要是带/sys/开头的都是系统 topc

4. 填写具体信息

(1)字段:就是从目的地发过一条数据,转到另一个目的 topic 时,数据是原封不动的转发过去还是进行过滤,只转发筛选过的数据(如果选为"★",则表示全部转发,如果数据是"temp":10,"hum":30,字段处填写 hum 时,只筛选 hum 的键值对转发到目的地)。

(2)数据的来源地-对应产品下的设备的某一个 topic。

(3)条件选项:此处根据自己需求设置,就是在什么条件下进行数据转发,如果不满足条件数据就不会转发到目的地(如果数据是"temp":10,"hum":30,设置条件为 hum>50,则是当湿度大于 50 时才会进行转发,如果不满足就不会转发)。

5. 设置数据转发的目的地

6. 设置数据目的地

选择转发到另一个 topic 和对应的产品下设备的 topic 即可(也可以转发到其他地方,自己选择并进行设置即可)

7. 规则引擎的信息填写完毕后,记得启动规则引擎,否则以上操作相当于没做,相应的功能不会起作用。

8. 接下来进行转发测试,mqtt 客户端进行订阅 topic(mqtt 客户端还是使用前面介绍的 mqtt_client 的设备信息接入阿里云)。

9. 打开在线调试

10. 启动虚拟设备(如果有真实设备无需启动虚拟设备)。

11. 使用虚拟设备发送数据,并观察右侧发布的信息。

12. 转换到 mqtt 客户端查看是否已经接收到通过规则引擎转发过来的数据(mqtt 客户端连接的云端设备是 mqtt_client,下图可以看到数据的来源是 device_1,规则引擎设置的是 device_1 的数据转发到设备 mqtt_client 上,所以接收到的数据和在线调试的数据是一致的)。

◇上海 李福赞

三菱编程软件 3 种格式文件的相互读取和写入操作(四)

(接上期本版)

3. GX Works2 读取 GX Developer 程序

用 GX Works2 编程软件读取由 GX Developer 软件创建的程序前,已经存在了一个用 GX Develope 编写的应用程序,名称为"对绞",存放在"对绞机"目录中,内有"ProjectDB.mdb""Gppw.gpj""Gppw.gps"和"Project.inf"4 个文件,以及子目录"Resource"。读取步骤如下:

步骤 1,打开 GX Works2 编程软件

点击桌面上图标" ★ "运行"GX Works2"编程软件,界面如图 22 所示。

步骤 2,进入读取方式

点击"工程"下列菜单,在弹出的菜单上选择"打开其他格式数据(R)",再点击"打开其他格式工程(R)…"命令,如图 23 所示。点击后弹出的如图 24 所示的"打开其他格式工程"对话框。

步骤 3,选择文件

根据 GX Developer 生成工程的保存位置,在弹出的"打开其他格式工程"对话框内,查找到存放在"对绞机"目录中名为"对绞"的工程,点击选中"Gppw.gpj"文件,如图 25 所示。需要注意的是工程中的 1 个"Resource"目录和 3 个文件都应存在,否则读取操作会失败。

步骤 4,读取数据

接着上一步,点击"打开"按钮,提示"是否读取其他格式文件?",点击"是"按钮,软件开始读取直到完成后提示"已完成",点击"确定"按钮,软件完成读取后界面如图 26 所示。

图 22　GX Works2 软件界面

图 23　选中打开其他格式工程命令

图 24　打开其他格式工程

图 25　选中工程文件

图 26　完成读取界面

在图 26 所示界面上,点击左侧中间"工程"下面的导航栏内"程序部件"前面的"+"号,再点击"程序"前面的"+"逐渐展开树型目录,就会出现"MAIN"文件。双击"MAIN"前的图标,右侧工作窗口内就会显示读取到的程序,如图 27 所示。

图 27　读取到的程序

步骤 5,保存程序

在图 27 界面上点击"工程",在弹出的下列菜单上选择"工程另存为(A)…",点击后弹出对话框"工程另存为"。在对话框中确定存放文件的驱动器、路径和目录,并给文件名命名,如图 28 所示。再点击"保存"按钮,此时软件会提示"指定工程不存在。是否新建工程?",点击"是"按钮,完成保存操作。GX Works2 编程软件生成的文件为"对绞.gxw",存放在指定的目录中。笔者存放在"对绞机"下的"对绞"工程目录中。GX Works2 生成工程只有一个文件,其后缀是".gxw"。

图 28　保存工程

(未完待续)　　◇键谈

别让石墨烯变为伪科学

2020年的寒潮让全国各地的羽绒服、防寒服大卖；不少商家也顺势推出"石墨烯"发热服，比如发热羽绒服、发热马甲、发热帽子、发热围脖等等。

石墨烯不仅仅运用在服饰发热方面，在车用电池上也能看到不少宣传，这主要是石墨烯在电子学、光学、磁学、生物医学、催化、储能和传感器等领域都有广阔的应用前景，被公认为"未来材料"和"革命性材料"。

量产难度

石墨烯是从天然石墨材料中剥离出来单纯由碳原子组成的只有一层原子厚度的二维晶体，利用每个原子层之间相对微弱的结合力，用透明胶带粘住石墨片层的两面，反复粘贴撕开，直到获得只有一层原子厚度的石墨烯。

看似简单的提取方式虽然可以获得高品质的石墨烯，但石墨烯的大小只能靠运气且很难实现量产，因为1毫米厚的石墨薄片就能剥离出300万层石墨烯。除此之外还有氧化还原法、化学气相沉积法、超声剥离法等，但无论如何，目前石墨烯都不能大规模量产，其成本可想而知。

目前的石墨烯主要有两种形态，一种是石墨烯薄膜，一种是类似炭黑的石墨烯粉体，两者的应用方向也不尽相同。其中薄膜形态的石墨烯已经可以进行小规模生产。但石墨烯粉体则是争议最为集中的领域；一些公司和机构将单层和多层混为一谈，将厚度远远超过10个原子层的石墨烯微片或石墨烯纳米片也称为石墨烯。一些公司甚至号称可以做100吨、500吨甚至上千吨，夸大成分比较大，

且大部分并不是真正的石墨烯，一般消费者很难分辨清楚。

服饰类

石墨烯是目前已知最薄、最坚硬、柔韧性最好、重量最轻的纳米材料；拥有高导热性、导电奇快、阻隔性高、超薄性能、磁性极强、强度甚高、高热稳定、完全透明等特点。拥有最高的导电速度和导热系数，并且比钻石还硬、比银的电阻还低，几乎是完全透明的状态，跟纸一样柔。

由于石墨烯拥有奇快的导电性能，当给石墨烯发热膜两端电极通电之后，电热膜中的碳分子在电阻中产生声子、离子和电子，由产生的碳分子团之间相互摩擦、碰撞「布朗运动」而产生热能。热能又通过控制波长在5~14微米的远红外线以平面方式均匀地辐射出来，能很好地被人体吸收，有效电热能总转换率达99%以上，同时加上特殊的石墨烯材料的超导性，可以保证发热性能稳定。

不过石墨烯目前只能通过电能转化为热能，所以，无论是什么产品形态需要发热的话都需要给它供电。穿在身上，那么必须要随身带着一个移动电源。

另外石墨烯通过远红外线散热的方式被人体吸收，那也就意味着实际穿着在身上的体感温度，并没有红外成像仪中拍摄的那么高。

因为红外线一旦接触人体，就会立马被人体所吸收的。比如直接探测到50℃左右，被人体吸收后，温度就变成了30℃左右。当然，这个温度应用在服饰上也足够了，人体还是由内而外地感受到温暖。

相比传统的电阻发热，石墨烯发热更加安全，不会断电击穿，哪怕部分被破坏了，也不会影响整体的工作。真正的石墨烯发热服饰可以水洗，因为石墨烯材料本身有疏水性，不过

其片层结构，也容易团聚叠层。

但由于石墨烯的成本昂贵，市售很多饰类产品，其加热模块并不一定是纯粹的石墨烯加热片，很可能是碳纤维或者纳米黑，次一点就是传统电式电的加热芯片了。其中碳纤维相对成本低，产品形态也更接近石墨烯，是用得最多的一种加热方案。不过碳纤维有一个致命的缺点，一旦弯折断裂，断裂的位置电阻会相差几十倍，容易局部高温，引起烫伤甚至起火。这一点消费者在购买时一定要注意质量和安全问题。

这种打着"石墨烯"口号的护膝就有点夸张了

家装类

同样打着石墨烯技术保暖的还有地暖、发热墙等，石墨烯发热地板是基于普通木地板的基础上，内置石墨烯发热层制作而成的一款新型地板产品。

石墨烯发热地板的发热原理，也是在电场的驱动作用下，石墨烯产生"布朗运动"，碳分子之间发生剧烈的摩擦和撞击发热，产生的热能以远红外线传播。而且这是一种节能的供暖方式，比传统采暖方式要节约能源20%~30%，98%的电热转换效率。同时，还能采用App远程智能温控系统，保证室内温度的舒适感。

同样和服饰类需要充电宝一样，石墨烯发热地板同样需要通电使用，至于有些商家吹嘘的自发热是不存在的，是通过消耗电能来达到供暖目的。

石墨烯发热地板其独特的石墨烯芯片发热芯片，把电能高效转化为远红外热能，相对于煤炭、天然气等采暖能源，电能采暖没有烟尘，不产生废气、废物等污染物，比较环保干净。

传统供暖方式机械死板，供暖时间受限制、温度不能自主调节，而石墨烯发热地板的采暖时段、采暖空间、采暖温度，都可以自行控制，并且能释放出8~16微米远红外线，对人体有良好的保健功能，特别是失眠、神经衰弱、颈椎炎及微循环等，具有良好的改善作用。

就目前而言，石墨烯发热地板的主要原料依旧是木地板，而大部分实木地板在安装石墨烯发热层后使用都会出现变形，所以不适用，而强化地板虽然稳定性能强，但是由于基材原因，大部分环保性能都达不到保障，安装石墨烯发热层后使用可能会导致甲醛加倍释放影响健康，因此建议选购石墨烯发热地板应当注意，需要特别关注环保以及稳定性能。

石墨烯电池

对于新能源汽车而言，目前最大的障碍主要就是续航里程或者充电速度。除了特斯拉、比亚迪等新能源领域的领头羊外，很多其他汽车厂商为了给自己的新能源汽车造势，不惜夸大了自家的电池技术，这也误导了很多的消费者。

最近比较明显的就是某汽的一款新能源汽车的宣传，其中就提到了石墨烯电池，他们表示自己的技术能够实现8分钟充满80%，并且实现1000公里的续航，甚至比充电还要方便。

而中科院欧阳明高院士也公开表示："如果有人说新能源车能跑1000公里，充电还只要几分钟，还能够保证安全性，就以目前的技术来讲，根本不存在这样的可能。"当然欧阳士对此话进行了解释，他发话点名了石墨烯技术存在的相关"骗局"，其矛头并非指向石墨烯技术，而是很有针对性地指向了石墨烯电池的功效上。

当然也不是说在中科院院士发话之后，就对石墨烯技术抱有怀疑的态度，毕竟在学术研究上存在着很多的不确定性，目前也没有办法很好的分辨虚实，有可能在技术层面有办法达到这样的状态，但是只是目前这样的技术还处于实验论证阶段，滥用石墨烯进行自家的产品宣传在一定程度上误导了消费者。

石墨烯技术带来的是高能效、低成本，这已经是一个不争的事实了，只不过目前还没有成本高效的大规模量产技术，相信在技术成熟之后肯定可以得到很好的推广运用。

精英推出两款迷你 PC

ECS 精英推出了两款 ARM 迷你主机产品——LIVA Q1A 和 LIVA Q1A Plus。这两款新品有着类似电视盒子的作用，其搭载瑞芯微 ARM 芯片，可以用于大屏显示器、电视机顶盒、简单办公等用途。

这两款新品有着相似的外观，但是内核是不一样的。其中 LIVA Q1A 搭载了 RK3288 芯片，采用四个 A17 核心，主频只能达到 1.6GHz。另外，它支持 HDMI 2.0 输出，而且还有 3 个 USB 2.0 接口、1 个 Micro USB 接口和 1 个 MicroSD 卡槽。

而加强版的 LIVA Q1A Plus 主机，其采用的则是 RK3399 芯片，其采用 6 核心设计，分别为 2 个 A72 大核+4 个 A53 小核，其中 A72 的主频达到 1.8GHz，而 A53 的主频为 1.4GHz。输出接口方面，其提供 HDMI2.0 和 DP1.2 接口，另外还有 2 个 USB2.0、1 个 USB3.2 以及 1 个 Micro SD 卡槽。

其他方面，这两款迷你主机均采用被动散热设计，并提供一个千兆网口，支持 2.4GHz WiFi 和蓝牙 4.0，而且可以输出 4K 视频。系统方面，这两款新品支持第三方智能电视系统或 Linux 系统实现基础的 NAS 功能。

屏幕趣谈(二)

(接上期本版)

PVA屏

PVA 屏 全 称 是 Patterned Vertical Alignment(图像垂直调整),也属于 VA 屏范畴,可以看作 MVA 屏的升级版,综合性能已经全面超过 MVA 屏。PVA 屏使用透明的 ITO 电极代替 MVA 屏中的 LCD 凸起物,透明电极可以获得更好的开口率,最大限度减少背光源的浪费,也降低了 LCD 屏"亮点"的可能性,可以理解为 LCD 的"珑管"。其改良后的 S-PVA 屏可以和 P-MVA 屏性能几乎一致,能获得较短的响应时间和极宽的可视角度。

IPS屏

IPS 屏全称是 In-Plane Switching(平面转换),是日立在 1996 年首次推出的广视角技术,可以有效改善视角不佳时,TN 色差和视野狭窄的问题。IPS 可以得到几乎 180°的可视角度,这大大改善了 TN 的不足。因为性价比很高,也是目前市场上显示器最多的屏。IPS 的优势是价格便宜、可视角度高和色彩还原准确,不过缺点是黑色纯度不够,比 PVA 稍差,因此需要依靠光学膜的补偿来实现更纯的黑色。使用 IPS 的屏幕较"硬",用手划一下不易出现波纹,也是我们平时说的"硬屏。"

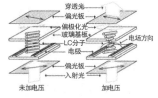

IPS原理

1998 年日立推出了改进型 S-IPS (Super-IPS),除了 IPS 原有的有点外,还对响应速度进行改进。

1999 年 LG-PHIHIPS 以合资厂商的身份加入 IPS 阵营,2006 年宣告破产后,IPS 业务主要交由 LG Display 打理。

在此期间,2002 年日立推出了 AS-IPS,对比度方面做出了非常大的改善。同年日立还推出了 IPS-PRO,并具体划分为 E-IPS、H-IPS 和 S-IPS。

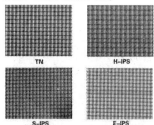

E-IPS 被人们认为是经济版的 H-IPS,对比度和色彩比 H-IPS 稍差一些,但色域达到 72%,开口率的减小使可视角度提高。

H-IPS(Horizontal IPS)最明显的区别是改变了 S-IPS 的鱼鳞状子像素排列,每个像素都呈笔直排列,像素间连成一条从上到下的直线,同时每个像素间都拥有更小的电极宽度。

H-IPS 相比 S-IPS,小幅改进了对比度、色彩表现,属于价格相对较高的产品,而 S-IPS 则凭借较低的价格,拥有不错的性价比。

后来担负起 IPS 大任的 LG Display 又在 2012 年推出 AH-IPS,相较于 E-IPS 在对比度、功耗等方面做出了大幅升级,为显示效果带来更大的提升。

随着技术的不断进步,还出现了一种显示效果更优秀的 AIPS,亮度和清晰度都有了优化。AIPS 和 IPS 的不同之处在于不是预先给 LCD 分子定向成为透光模式,而是定向成为不透光模式,透光的多少通过和 LCD 分子定向方向垂直的电极决定,电压越高,扭转的 LCD 分子越多,从而实现光线的精确控制。

AIPS 只控制 LCD 的一个偏转角度,并且偏转分子的数量可以和电压接近正比,使 LCD 更容易实现层次控制,动态对比度的提高也使运动画面表现更好。

PLS屏

PLS 屏全称是 SuperPLS(Plane-to-Line),单从命名上来看,可以发现和 IPS(In-Plane Switching)存在一定的关联,这是三星独家技术的研发制造的面板,PLS 市场占有率虽然不及 IPS、TN 等面板,但自推出后一直是三星显示器所依赖的面板。

三星的 PLS 在机身外部没有采用任何镜面屏的情况下,其屏幕拥有较强的硬度,与 IPS 面板比较相似,因此我们也可以称 PLS 为三星的"硬屏"。

PLS 面板的驱动方式是所有电极都位于相同平面上,利用垂直、水平电场驱动液晶分子动作。虽然严格意义上不是 IPS 面板的变体,但在性能上与 IPS 非常接近,而其宣称生产成本与 IPS 相比减少了约 15%,所以其实在市场上相当具有竞争力。有些厂商甚至利用 PLS 面板冒充 IPS 面板生产显示器,这在某种程度说明了 PLS 面板与 IPS 的相似程度,但显然这是一种误导消费者的行为。

下表将目前市场上常见的显示器按材质进行区分对比(主流购买区间)。

种类	响应时间	对比度	可视角度	价格
TN屏	短	普通	一般	便宜
IPS屏	普通	好	好	中等
S-PVA屏	较长	优秀	好	贵
PLS屏	普通	好	好	中等

OLED

OLED 全 称 是 Organic Light-Emitting Diode(有机发光二极管),和前面提到的所有 LCD 不同,OLED 无需背光支持。OLED 是先天的面光源技术,发的光可为红、绿、蓝、白等单色,进而达到全彩的效果,属于一种全新的发光原理。等离子技术、OLED 技术甚至早年间的 CRT 技术的画质被称道的原因,主要就是因为它们都具有"自发光"这一特性。

OLED 技术可以关闭独立的像素,让其亮度归零。理论上,OLED 技术的对比度能做到无穷大。所以,OLED 在黑场下不可能出现漏光现象,从而提高对比度和画质表现。

另外,OLED 技术由于不需要背光的支持,所以省去了液晶和背光模组,结构非常简单,机身自然也可以达到极致超薄,大概可以做到传统 LED 屏幕的 1/3 厚度。OLED 还具有柔性可弯曲的特性,不仅可以应用在电视上,未来或许可以让智能设备充满想象空间。结合 OLED 薄的特性,屏幕可以做成一张纸那么薄,可随意弯曲折叠,这在 LCD 时代是不可想象的事情。

中间那个杜比 logo 就是烧屏留下的残影

当然,OLED 最大的缺点就是烧屏,这是因为 OLED 所采用的有机材料的老化速度比 LCD 采用的无机材料更快,而且 OLED 在长时间显示某个静置的画面,就会留下残影,这也就是 OLED 独有的烧屏现象。虽然现在已经有很多的技术可以缓解烧屏的现象,但是仍不能很好地解决。

QLED

QLED 全 称 是 Quantum Dot Light Emitting Diodes(量子点发光二极管),OLED 的优点 QLED 都有,比如自发光、低响应速度、广色域等等。当然,QLED 的优点是 OLED 无法比拟的,那就是 QLED 采用的是无机量子点材料,相比 OLED 的有机材料寿命更长,不会出现烧屏现象。

不过由于量子点发光二极管的量子点因其容易受热量和水分影响的缺点,无法采用和 OLED 一样的制程,需要研发新的制程。QLED 技术刚刚起步没多久,存在可靠性和效率低、元件寿命不稳定、溶液制程研发困难等制约因素,所以目前真正的 QLED 还是只存在于实验室,离商用还有一定的距离。

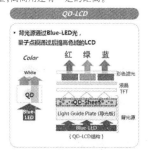

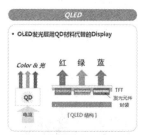

现在市面上的 QLED 电视,并不是真正意义上的 QLED,而是可以看作 LCD 电视的升级版(QD-LCD),通过在 LCD 电视的背光前加一层量子点膜,让电视拥有比传统 LCD 电视更好的画质和色彩表现。所以,现在市面上的 QLED 电视是光致发光,需要依赖背光;而真正的 QLED 是电致发光,可以实现像素自发光。

ULED

ULED 技术全称为 Ultra-LED,寓意为极致的 LED。ULED 是海信研发的中国自主显示技术,通过背光多分区动态控制技术、峰值亮度控制技术和背光扫描控制技术,以较低的成本把液晶屏幕的显示画质效果提升到较高水平,其背光源本质上还是 LED。用户可以简单地将 ULED 理解成是 LED 的升级版本。

MicroLED

MicroLED 简单来说其实和我们在路上看到的 LED 发光广告牌差不多,只不过 MicroLED 把每个小灯珠做到了 μm 微米级别。和 OLED 一样,Micro LED 也是像素级自发光,它将传统的无机 LED 阵列微小化,每个尺寸在 10μm 尺寸的 LED 像素点均可以被独立的定址、点亮。

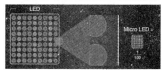

MicroLED 比现有的 OLED 技术亮度更高、发光效率更好,但功耗更低。但是 MicroLED 有一个很大的问题,就是制造工艺难度大,其中最难的就是"巨量转移技术",简单来说如何把千万数量级的像素点光源转移到基板上。

生产难度高、良品率低导致 MicroLED 价格昂贵,目前的大尺寸 MicroLED 电视价格都不是普通人能够承受的。

MiniLED

MiniLED 技术是目前号称最好的 2D 显示技术的 MircoLED,再加着 MiniLED 一直被称为 MicroLED 之前的过渡技术,所以不少人自然就以为 MiniLED 和 MicroLED 一样为像素级自发光的显示技术。实际上,MiniLED 除了可以作为自发光的显示技术,还可以作为 LCD 电视的背光。但是,由于目前 MiniLED 的灯珠尺寸大多在 200μm 左右,这个尺寸对比传统的 LED 灯珠已经十分的小了,但是对比 MicroLED 1-10μm 微米量级的灯珠尺寸还是显得太大了,这就意味着目前 Mini LED 自发光显示技术还无法直接用于电视、平板等设备上,当然用于户外的大型 LED 广告牌还是没有问题的。

(未完待续)

编辑:小进 投稿邮箱:dzbnew@163.com

(上接第61页)

3.3 电机电控的成本结构

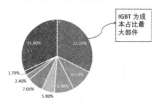

电机电控系统的成本结构

IGBT 为成本占比最大部件

目前电动车各类高压部件所需功率器件价值量统计

系统	功率器件种类	个数	器件成本
主逆变器	IGBT 模块 (每个桥臂2-4个芯片并联)		1000-1500 元
车载 OBC	高压 MOS	单相单向:5-6个 单相双向:12个(包括4个低压) 三相单向:7-14个 三相双向:14-22个(包括4-8个低压)	高压:15-20元/个 低压:2-3元/个
DC/DC	高压 MOS	双向单个(已包含4个低压)	高压60-80元,低压(15-20元)/个
PTC加热	IGBT 分立器件	3	50-100元
空调压缩机	IGBT 分立器件	4/6	100-150元
空调鼓风机	IGBT 分立器件	4/6	100-150元
冷却风机	IGBT 分立器件	4/6	100-150元
水泵	IGBT 分立器件	4/6	100-150元
油泵	IGBT 分立器件	4/6	100-150元

3.4 IGBT 产业链

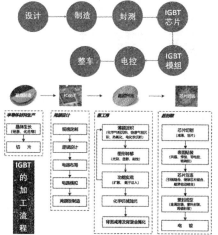

3.5 IGBT 生产流程

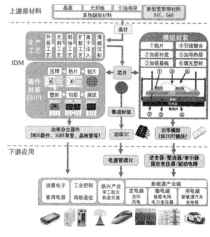

3.6 IGBT芯片结构升级

	技术名称及特点	
正面	Planar Gate平面栅 短路能力强、抗冲击、高鲁棒性	Trench Gate沟槽栅 (目前发展为微沟槽栅)
	CSL:载流子扩展层,提高电流密度,降低导通压降	
背面	PT:穿通型;最早期技术,已淘汰	NPT:非穿通型;降低开关损耗,高鲁棒特性	FS:场截止型;芯片厚度变薄,开关损耗降低

IGBT应用端迭代节奏慢于研发端。目前市场主流水平相当于英飞凌第4代。由于IGBT属于电力电子领域的核心元器件,客户在导入新一代IGBT产品时同样需经过较长的验证周期,且并非所有应用场景都追求极致性能,**因此每一代IGBT芯片都拥有较长的生命周期。**

英飞凌历代IGBT芯片情况梳理

特性	第一代	第二代	第三代	第四代	第五代	第六代	第七代

| 推出时间 | 1988 | 1992 | 2001 | 2007 | 2014 | 2017 | 2019 |

3.7 IGBT制造三大难点

IGBT制造的三大难点:背板减薄、激光退火、离子注入。

IGBT的正面工艺和标准BCD的LDMOS区别不大,但背面工艺要求严苛(为了实现大功率化)。具体来说,背面工艺是在基于已完成正面Device和金属Al层的基础上,将硅片通过机械减薄或特殊减薄工艺(如Taiko、Temporary Bonding技术)进行减薄处理,然后对减薄硅片进行背面离子注入,在此过程中还引入了激光退火技术来精确控制硅片面的能量密度。

特定耐压指标的IGBT器件,芯片厚度需要减薄到100-200μm,对于要求较高的器件,甚至需要减薄到60~80μm,当硅片厚度减到100-200μm的量级,后续的加工处理非常困难,硅片极易破碎和翘曲。

从8寸到12寸有两个关键门槛:
芯片厚度从120微米降低到80微米,翘曲现象更严重;
背面高能离子注入(氢离子注入),容易导致裂片,对设备和工艺要求更高。

3.8 IGBT模块封装难点

IGBT模块重视散热及可靠性,封装环节附加值高,设计优化、材料升级是封装技术进化的两个维度。

设计升级方面主要是:1)采用聚对二甲苯进行封装。聚对二甲苯具有极其优良的导电性能、耐热性、耐候性和化学稳定性。2)采用低温银烧结和瞬态液相扩散焊接。在焊接工艺方面,低温银烧结技术、瞬态液相扩散焊接与传统的锡铅合金焊接相比,导热性、耐热性更好,可靠性更高。

材料升级方面主要是:1)通过使用新的焊材,例如薄膜烧结、金烧结、胶水或甚至草酸银,来提升散热性能;2)通过使用陶瓷散热片来增加散热性能;3)通过球形键合来提升散热性能。

IGBT模块技术路线图

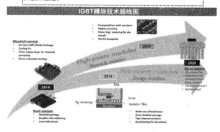

3.9 IGBT 市场现状

全球IGBT市场份额分布

TOP10 IGBT模块 [年度] 2019年

①英飞凌 627,503
②比亚迪微电子 194,293
③三菱电机 56,364
④赛米控 32,717
⑤斯达 17,129
⑥电装 DENSO 16,866
⑦法雷奥 14,250
⑧德尔福 Delphi 10,070
⑨中车时代 CRRC 8,410
⑩东芝 TOSHIBA 3,279
单位:万

发展新趋势 Si-IGBT→SiC-MOFET

4.1 电动汽车采用碳化硅的优势

目前电动车(不包括48VMHEV)系统架构中涉及到功率器件的组件包括:电机驱动系统中的主逆变器、车载充电系统(OBC,On-board charger)、电源转换系统(车载DC-DC)和非车载充电桩。

电动汽车采用碳化硅解决方案可以带来四大大优势:1.可以提高开关频率降低能耗。采用全碳化硅方案逆变器开关损耗下降80%,整车能耗降低5%-10%;2.可以缩小动力系统整体模块尺寸。3.在相同续航情况下,使用更小电池,减少。

电动车不同部位对于SiC器件的要求

应用领域		器件种类	电压	电流
OBC		SiC SBD、SiC MOSFET	650V~1200V	≥20A
DC/DC		SiC SBD、SiC MOSFET	650V~1200V	≥20A
电驱动	乘用车	SiC MOSFET	650V~1200V	≥100A
	商用车	SiC MOSFET	1200V~1700V	≥100A

(上接第70页)

全面解析 FPGA 基础知识(一)

FPGA (Field Programmable Gate Array)即现场可编程门阵列。它是在 PLA、PAL、GAL、CPLD 等可编程器件的基础上进一步发展的产物。它是作为专用集成电路(ASIC)领域中的一种半定制电路,既解决了定制电路的不足,又克服了原有可编程器件门电路数有限的缺点。

1. FPGA 简介

FPGA 普遍用于实现数字电路模块,用户可对 FPGA 内部的逻辑模块和 I/O 模块重新配置,以实现用户的需求。它还具有静态可重复编程和动态在系统重构的特性,使得硬件的功能可以像软件一样通过编程来修改。可以毫不夸张地讲,FPGA 能完成任何数字器件的功能,下至简单的 74 电路,上至高性能 CPU,都可以用 FPGA 来实现。FPGA 如同一张白纸或是一堆积木,工程师可以通过传统的原理图输入法,或是硬件描述语言自由的设计一个数字系统。

2. FPGA 发展史

FPGA 的发展历史如下图所示。相对于 PROM、PAL/GAL、CPLD 而言,FPGA 规模更大性能更高。

FPGA 芯片主流生产厂家包括 Xilinx、Altera、Lattice、Microsemi,其中前两家的市场份额合计达到 88%。目前 FPGA 主流厂商全部为美国厂商。国产 FPGA 由于研发起步较美国晚至少 20 年,目前还处于成长期,仅限于低端,在通信市场还没有成熟应用。

2015 年 12 月,Intel 公司斥资 167 亿美元收购了 Altera 公司。Altera 被收购后不久即制定了英特尔处理器与 FPGA 集成的产品路线图。这两种产品集成的好处是可以提供创新的异构多核架构,适应例如人工智能等新市场的需求,同时能大幅缩减功耗。

FPGA 在航天、军工、电信领域有非常成熟和广泛的应用。以电信领域为例,在电信设备一体机阶段,FPGA 由于其编程的灵活性以及高性能被应用网络协议解析以及接口转换。

- 在 NFV(Neework Function Virtualization)阶段,FPGA 基于通用服务器和 Hypervisor 实现网元数据面 5 倍的性能提升,同时能够被通用 Openstack 框架管理编排。

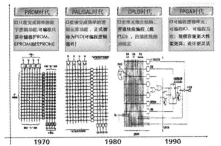

图 1 FPGA 发展史

图 2 FPGA 在电信领域的应用历史

- 在云时代,FPGA 已经被作为基本 IaaS 资源在公有云提供开发服务和加速服务,AWS、华为、BAT 均有类似商用服务提供。
- 截至目前,Intel 的 Stratix 10 器件已被成功应用于微软实时人工智能云平台 Brainwave 项目。

3. 两家主流 FPGA 公司发展近况

Xilinx 聚焦应用领先和丰富的加速解决方案,通过开放策略获得主流云平台支持,确立了其在数据中心的领先地位。其 UltraScale+ 系列 FPGA 领先友商 1 年多,使其在云平台竞争中占领先机,其 VU9P 器件被大量应用于包括 AWS、Baidu、Ali、Tencent 及华为在内的多家公司的云计算平台。

为满足加速器领域对 FPGA 芯片日益递增的性能需求,Xilinx 已发布面向数据中心的下一代 ACAP 芯片架构、推出 7nm Everest 器件。此器件已不属于传统的 FPGA,它集成了 ARM、DSP、Math Engine 处理器阵列等内核,将于 2019 年量产。相较于 VU9P,Everest 支持的 AI 处理性能将能提升 20 倍。

Intel 则提供从硬件到平台到应用的全栈解决方案,不开放硬件和平台设计以避免生态碎片化,投入巨大但进展缓慢。

图 3 Xilinx 产品系列图

器件系列	Stratix	Stratix GX	Stratix II	Stratix II GX	Stratix III	Stratix IV	Stratix V	英特尔 Stratix 10
推出年份	2002	2003	2004	2005	2006	2008	2010	2013
工艺技术	130 纳米	130 纳米	90 纳米	90 纳米	65 纳米	40 纳米	28 纳米	14 纳米 三栅极

图 4 Intel(以 Stratix 系列为例)产品工艺年代

FPGA 在数据中心服务器市场的实际应用中存在一定技术难点,具体包括如下几方面:

- 编程门槛较高:硬件描述语言不同于软件开发语言,需要开发者对底层硬件有着较深刻的认识;因此人才也就成为限制 FPGA 应用的一个重要因素。据了解,目前国内从事 FPGA 开发的人员初步估计大约两万多人。
- 集成难度较大:FPGA 开发与应用需要软硬件的协同,包括使用高级语言的系统建模、硬件代码(电路)设计、硬件代码仿真、底层驱动软件与硬件逻辑的联调等等。
- 开发周期相对软件要长:硬件开发比软件开发过程复杂,调试周期也被拉长。
- 很难获取独立逻辑 IP。

4. FPGA 整体结构

FPGA 架构主要包括可配置逻辑块 CLB (Configurable Logic Block)、输入输出块 IOB(Input Output Block)、内部连线(Interconnect)和其他内嵌单元四个部分。

CLB 是 FPGA 的基本逻辑单元。实际数量和特性会依器件的不同而改变,但是每个 CLB 都包含一个由 4 或 6 个输入,若干选择电路(多路复用器等)和触发器组成的可配置开关矩阵。开关矩阵具有高度的灵活性,经配置可以处理组合型逻辑、移位寄存器或 RAM。

FPGA 可支持许多种 I/O 标准,因而可以为系统设计提供理想的接口桥接。FPGA 内的 I/O 按 bank 分组,每个 bank 能独立支持不同的 I/O 标准。目前最先进的 FPGA 提供了十多个 I/O bank,能够提供灵活的 I/O 支持。

CLB 提供了逻辑性能,灵活的互连布线则负责在 CLB 和 I/O 之间传递信号。布线有几种类型,从设计用于专门实现 CLB 互连(短线资源)、到器件内的高速水平和垂直长线(长线资源)、再到时钟与其他全局信号的全局低 skew 布线(全局性专用布线资源)。一般,各厂家设计软件会将互连布线任务隐藏起来,用户根本看不到,从而大幅降低了设计复杂度。

内嵌硬核单元包括 RAM、DSP、DCM(数字时钟管理模块)及其他特定接口硬核等,FPGA 器件内部结构如下示意图。

(下转第 71 页)

卡片看车规级芯片分类(四)

(上接第 69 页)

4.2 碳化硅器件产业链

目前产业的参与者主要以两类海外厂商为主:

传统功率半导体龙头:英飞凌(欧洲)、意法半导体(欧洲)、三菱电机(日本)、安森美(美国)、瑞萨电子(日本)、罗姆(日本)等。

具备光电子和光通信材料技术的公司:CREE(科锐,美国)、道康宁(美国)、II-VI(贰陆公司,美国)、昭和电工(日本)等。

近年来,国内厂商追赶进度明显,产业链布局趋完善,各个环节也都出现了大量的国内参与者:

衬底环节:天科合达、山东天岳和同光晶体等,已经实现4英寸衬底商业化,逐步向6英寸过渡等;瀚天天成、东莞天域等;器件环节:泰科天润、华润微、基本半导体等。

其中三安集成、世纪金光等也成功实现产业贯通,进行了全流程布局。

4.3 从器件生产流程看各环节难度

制备需要多道工艺,其中衬底和外延生长最关键。衬底制备难度最高,增加外延后构成70%器件成本。SiC衬底的长晶温度要2500℃,高温下的热场控制和均匀度控制难度极高,非平衡合成过程容易产生大量生晶体缺陷,同时其制备过程慢(主流气相法需要3-4天),进而导致衬底的制备困难且高成本,衬底(47%)和外延(23%)占据总价值的70%。

Cree、II-VI与Rohm在SiC衬底领域居于领先地位,我国在SiC衬底领域主要有天科合达、山东天岳等占据一定份额。

4.4 衬底制备——碳化硅器件核心工艺

碳化硅衬底生长难度高,工艺是核心。与传统的单晶硅用提拉法制备不同,碳化硅材料因为一般条件下无法液相生长,需要使用气相生长的方法,如物理气相传输法(PVT)。这也就带来了碳化硅晶体制备的4个难点:

(1)生长条件苛刻,需要在高温下进行。一般而言,碳化硅气相生长温度在2300℃以上,压力约350MPa,而硅仅需1600℃左右。高温对设备和工艺控制带来了极高的要求。

(2)生长速度慢,PVT法生长碳化硅的速度缓慢,7天才能生长2cm左右。而硅棒晶最2-3天即可拉出约2m长的8英寸硅棒。

(3)材料晶型多样,碳化硅有超过200种相似的晶型,需要精确的材料配比、热场控制和经验积累,才能在高温下制备出无缺陷、皆为4H型的可用碳化硅衬底。

(4)材料硬度大,后加工困难。

在上述技术难点的影响下,能够稳定量产大尺寸碳化硅衬底的企业较少,这也使得碳化硅器件成本较高。

4.5 碳化硅功率器件制造与封测难度

碳化硅功率器件制造原理与传统硅基相似,但因为材料性质的改变,所需设备和技术难度有增加。

碳化硅产业链大部分难点在衬底生长环节,不过在器件制造过程中的难度也有所增加,主要体现在部分工艺需要在高温下完成:

(1)掺杂步骤中,传统硅基材料可以用扩散的方式完成掺杂,但由于碳化硅扩散温度远高于硅,无法使用扩散工艺,只能采用高温离子注入的方式。

(2)高温离子注入后,材料原本的晶格结构被破坏,需要用高温退火工艺进行修复。碳化硅退火温度高达1600℃,这对设备和工艺控制都带来了极大的挑战。

除了碳化硅器件自身,与其配套的其他材料的也要围绕着高温进行改变。例如:

(3)碳化硅器件工作温度可达600℃以上,组成模块的其他材料,如绝缘材料、焊料、电极材料、外壳等都无法与硅基器件通用。

(4)器件的引出电极材料也需要同时保证耐高温和低接触电阻,大部分材料必须同时解决这两套要求。

(全文完)

2021年 2月14日 第 7 期
投稿邮箱:dzbnew@163.com
电子报

越来越多的手机都支持 NFC (Near Field Communication,近距离无线通信技术)功能,那么,NFC 和 RFID 具体有哪些区别?一起来看看!

业界周知,NFC 是由非接触式射频识别 (RFID) 演变而来,由飞利浦半导体(现恩智浦半导体公司)、诺基亚和索尼共同研制开发,其基础是 RFID 及互联技术。

NFC 技术的工作原理

NFC 技术能够快速自动地建立无线网络,为蜂窝、蓝牙或 WiFi 设备提供一个"虚拟连接"使设备间在很短距离内通信,适合移动设备,消费电子产品,PC 和智能控件间的通信工作。

NFC 通信在发起设备和目标设备间发生,任何的 NFC 装置都可以为发起设备或目标设备。两者之间是以交流磁场方式相互耦合,并以 ASK 方式或 FSK 方式进行载波调制,传输数字信号。发起设备产生无线射频磁场来初始化 (调制方案、编码、传输速度与 RF 接口的帧格式);目标设备则响应发起设备所发出的命令,并选择由发起设备所发出的或是自行产生的无线射频磁场进行通信。

NFC 有三种工作模式:主动模式、被动模式和双向模式。

主动模式下,每台设备要向另一台设备发送数据时,必须产生自己的射频场。如图所示,发起设备和目标设备都要产生自己的射频场,以便进行通信。

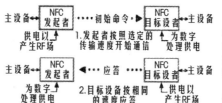

这是点对点通信的标准模式,可以获得非常快速的连接设置。

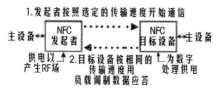

被动通信模式正好与主动模式相反,此时 NFC 终端则被模拟成一张卡,它只在其他设备发出的射频场中被动响应,被读/写信息。

双向模式下 NFC 终端双方都主动发出射频场来建立点对点的通信。相当于两个 NFC 设备都处于主动模式。

手机 NFC 功能有哪些?

其实 NFC 提供了一种简单、触控式的解决方案,可以让消费者简单直观地交换信息、访问内容与服务。NFC 技术允许电子设备之间进行非接触式点对点数据传输,在十厘米 (3.9 英寸)内,交换数据,其传输速度有 106Kbit/秒、212Kbit/秒或者 424Kbit/秒三种。

NFC 工作模式有卡模式 (Card emulation)、点对点模式 (P2P mode)和读卡器模式(Reader/writer mode)。NFC 和蓝牙都是短程通信技术,而且都被集成到移动电话。但 NFC 不需要复杂的设置程序。NFC 也可以简化蓝牙连接。NFC 略胜 Bluetooth 的地方在于设置程序较短,但无法达到 Blutooth 的低功率。NFC 的最大数据传输量是 424 kbit/s 远小于 Bluetooth V2.1(2.1 Mbit/s)。虽然 NFC 在传输速度与距离比不上 BlueTooth,但是 NFC 技术不需要电源,对于移动电话或是行动消费性电子产品来说,NFC 的使用比较方便。

这项技术在日韩被广泛应用,他们的手机可以用作机场登机验证、大厦的门禁钥匙,交通一卡通、信用卡、支付卡等。

如何区分 NFC 与 RFID?

RFID,Radio Frequency Identification,即射频识别,又名电子标签。顾名思义,RFID 的工作原理就是给一件物品上贴上一个包含 RFID 射频部分和天线环路的 RFID 电路。携带该标签的物品进入人为设置的特定磁场后,会发出特定频率的信号,阅读器就可获得之前该物品被录入的信息。

这有点像工作人员脖子上挂的胸牌,而你就是他的主管,当他进入你的视线,你就可以知道他的姓名职业等信息,还可以改写他胸牌的内容。

如果说 RFID 是一个人戴着胸牌方便别人了解他,那么 NFC 就是两个人都戴着胸牌,而且他们可以在看到对方后任意更改胸牌上的内容,改变对方接收到的信息。NFC 与 RFID 在物理层面看上去很相似,但实际上是两个完全不同的领域,因为 RFID 本质上属于识别技术,而 NFC 属于通信技术。

首先,NFC 将非接触读卡器、非接触卡和点对点功能整合进一块单芯片,而 RFID 必须有阅读器和标签组成。RFID 只能实现信息的读取以及判定,而 NFC 技术则强调的是信息交互。通俗地说 NFC 就是 RFID 的演进版本,双方可以近距离交换信息。NFC 手机内置 NFC 芯片,组成 RFID 模块的一部分,可以当作 RFID 无源标签使用进行支付费用;也可以当作 RFID 读写器,用作数据交换与采集,还可以进行 NFC 手机之间的数据通信。

其次,NFC 传输范围比 RFID 小,RFID 的传输范围可以达到几米、甚至几十米,但由于 NFC 采取了独特的信号衰减技术,相对于 RFID 来说 NFC 具有距离近、带宽高、能耗低等特点。

第三,应用方向不同。NFC 看更多的是针对消费类电子设备相互通讯,有源 RFID 则更擅长在长距离识别。

随着互联网的普及,手机作为互联网最直接的智能终端,必将会引起一场技术上的革命,如同以前蓝牙、USB、GPS 等标配,NFC 将成为日后手机最重要的标配,通过 NFC 技术,手机支付、看电影、坐地铁都能实现。

NFC 的技术特征

与 RFID 一样,NFC 信息也是通过频谱中无线频率部分的电磁感应耦合方式传递,但两者之间还是存在很大的区别。首先,NFC 是一种提供轻松、安全、迅速的通信的无线连接技术,其传输范围比 RFID 小。其次,NFC 有非接触智能卡技术兼容,已经成为得到越来越多主要厂商支持的正式标准。再次,NFC 还是一种近距离连接协议,提供各种设备间轻松、安全、迅速而自动的通信。与无线世界中的其他连接方式相比,NFC 是一种近距离的私密通信方式。

NFC,红外线,蓝牙同为非接触传输方式,它们具有各自不同的技术特征,可以用于各种不同的目的,其技术本身没有优劣差别。

NFC 还优于红外和蓝牙传输方式。作为一种面向消费者的交易机制,NFC 比红外更快,更可靠而且简单得多,不用向红外那样必须严格的对齐才能传输数据。与蓝牙相比,NFC 面向近距离交易,适用于交换财务信息或敏感的个人信息等重要数据;蓝牙能够弥补 NFC 通信距离不足的缺点,适用于较长距离数据传输。因此,NFC 和蓝牙互为补充,共同存在。事实上,快捷轻型的 NFC 协议可以用于引导两台设备之间的蓝牙配对过程,促进了蓝牙的使用。

(下转第 79 页)

全面解析 FPGA 基础知识(二)

(上接第 70 页)

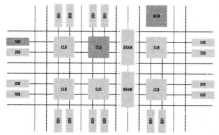

图 5 FPGA 器件内部结构图

一般来说,器件型号数字越大,表示器件能提供的逻辑资源规模越大。在 FPGA 器件选型时,用户需要按照此表格,根据业务对逻辑资源(CLB)、内部 BlockRAM、接口(高速 Serdes 对数)、数字信号处理(DSP 硬核数)以及今后扩展等多方面的需求,综合考虑项目最合适的逻辑器件。

5. FPGA 开发流程

FPGA 的设计流程就是利用 EDA 开发软件和编程工具对 FPGA 芯片进行开发的过程。FPGA 的开发流程一般如下图所示,包括功能定义/器件选型、设计输入、功能仿真、逻辑综合、布局布线与实现、编程调试等主要步骤。

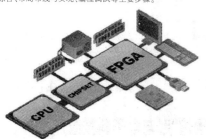

(1)功能定义/器件选型:在 FPGA 设计项目开始之前,必须有系统功能的定义和模块的划分,另外就是要根据任务要求,如系统的功能和复杂度,对工作速度和器件本身的资源、成本、以及连线的可布性等方面进行权衡,选择合适的设计方案和合适的器件类型。

(2)设计输入:设计输入指使用硬件描述语言将所设计的系统或电路用代码表述出来。最常用的硬件描述语言是 Verilog HDL。

(3)功能仿真:功能仿真指在逻辑综合之前对用户所设计的电路进行逻辑功能验证。仿真前,需要搭建好测试平台并准备好测试激励,仿真结果将会生成报告文件和输出信号波形,从中便可以观察各个节点信号的变化。如果发现错误,则返回

设计修改逻辑设计。常用仿真工具有 Model Tech 公司的 ModelSim、Synsopsys 公司的 VCS 等软件。

(4)逻辑综合:所谓综合就是将较高级抽象层次的描述转化成较低层次的描述。综合优化根据目标与要求优化所生成的逻辑连接,使层次设计平面化,供 FPGA 布局布线软件进行实现。从层次来看,综合优化是指将设计输入编译成由门、或门、非门、RAM、触发器等基本逻辑单元组成的逻辑连接网表,而并非真实的门级电路。

真实具体的门级电路需要利用 FPGA 制造商的布局布线功能,根据综合后生成的标准门级结构网表来产生。为了能转换成标准的门级结构网表,HDL 程序的编写必须符合特定综合器所要求的风格。常用的综合工具有 Synplicity 公司的 Synplify/Synplify Pro 软件以及各个 FPGA 厂家自己推出的综合开发工具。

(5)布局布线与实现:布局布线可理解为利用实现工具把逻辑映射到目标器件结构的资源中,决定逻辑的最佳布局,选择逻辑与输入输出功能链接的布线通道进行连线,并产生相应网表文件(如配置文件与相关报告);实现是将综合生成的逻辑网表配置到具体的 FPGA 芯片上。由于各 FPGA 芯片生产商对芯片结构最为了解,所以布局布线必须选择芯片开发商提供的工具。

(6)编程调试:设计的最后一步就是编程调试。芯片编程是指产生使用的数据文件(位数据流文件,Bitstream Generaon),将编程数据加载到 FPGA 芯片中;之后便可进行上板测试。最后将 FPGA 文件(如.bit 文件)从电脑下载到单板上的 FPGA 芯片中。

6. 如何使用 FPGA

FPGA 开发完毕,最终得到验证好的加载文件。输出加载文件后,即可开始正常业务处理和验证(以软件加载方式为例,描述整个过程)

- 逻辑加载;
- 单板软件加载逻辑后,需要复位逻辑;
- 复位完成后,软件需等待等待一段时间至逻辑锁环工作稳定;
- 软件启动对逻辑的外部 RAM、内部 Block RAM、DDRC 的自检操作;
- 软件完成自检以后,对逻辑所有可写 RAM 空间和寄存器进行初始化操作;
- 初始化完毕,软件参考逻辑芯片手册配置表项及寄存器;
- 逻辑准备好,可以开始处理业务。

7. FPGA 适用场景

FPGA 适合非规则性多并发、密集计算及协议解析处理场景,例如人工智能、基因测序、视频编码、数据压缩、图片处理、网络处理等各领域的加速。 (全文完)

(接上期本版)

4.4 高速接口IP,通往智能化未来的主航道

随着工艺进步,集成电路的性能继续沿着摩尔定律划定的轨迹前进,与此同时,芯片设计复杂度增长的速度远比工艺和性能提高的速度快,因此,以IP核重用为标志的SoC设计方法在近些年取得了蓬勃发展,用于手机、数字电视、消费电子等大批量市场的集成电路基本上都是SoC芯片的天下。接口是SoC的基本功能之一,是实现SoC中嵌入式CPU访问外设或与外部设备进行通信、传输数据的必备功能。通过对11600个IP核的统计发现,接口类IP核的数量为1234个,占总数的11%,是紧随模拟和混合信号、物理库、存储器之后,数量第4多的IP核。

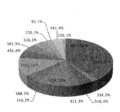

图1 IP核的总体分布

在需求方面,根据CSIP的IP需求调查,IP交易领域主要集中在三个方面,一是开发难度较大和应用复杂的高端CPU和DSP;二是标准的接口IP(例如USB接口、PCI Express等);三是

模拟IP(如PLL,ADC等)。这三类IP需求占到总需求的一半多。而其他的交易类型如标准的内存模块,以及一些面向特殊应用的IP,则占据国内需求的三分之一,参见图2。

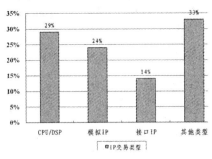

图2 国内SoC设计对IP核的需求

由于PC的广泛使用,以及消费类电子产品的普及,USB已经成为最常用的串行接口,数据传输速率从1.0版的1.5Mbps,到1.1版的12Mbps,再到2.0版的480Mbps,USB 3.0的数据速率已经达到惊人的5Gbps,事实上目前还没有哪个外设在实际使用当中能达到这样高的速度。USB 3.0还挤压了其他总线的市场空间,如IEEE 1394的数据速率也达到3.2Gbps,在以往的数码摄像机中被广泛采用,在一些移动存储设备中也有采用。不过,新推出的设备已经基本不再采用IEEE 1394接口了。如新的数码摄像机普遍采用光盘或硬盘做为存储介质,用USB接口传输视频文件。标准的不断升级推动着IP核的不断升级,图3是USB IP核按标准分布的情况,包括PHY和控制器。

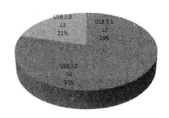

图3 USB IP核的版本分布

新标准和新版本的不断出现,推动着接口IP核的丰富和发展。伴随工艺的进步,PHY等模拟类IP核的开发难度越来越大,SoC设计企业越来越依赖于成熟的高质量IP核。目前,在对国内SoC设计项目的调查中发现,一些高速接口IP核还依赖于国外企业,而且这些IP核的供应商较少,国内企业的选择面较窄,IP核的价格也十分昂贵。国内IP核企业在这方面大有可为,应该利用国内研发成本较低的优势,开发出替代国外IP核的产品,前提是充分保证IP核的质量和稳定性。

五、IP行业:进入以数据为中心推动的时代

IP产业的发展主要分为两个阶段,一个是20世纪80年代中后期至2010年前后,PC兴盛、移动终端逐步发展;另一个阶段则是2010年开始的、以智能终端数据化为驱动力的高速发展阶段。纵观IP产业发展,我们从市场需求和供给两个角度研判,未来IP行业将在5G+物联网对芯片用量和品类需求的持续增长+IP供应商研发实力持续增强的驱动下,产业链进一步专业化,迎来以数据为中心的第三次腾飞。(全文完)

◇锐成芯微公司市场部

编前语:或许,当我们使用电子产品时,都没有人记得或知道老一批电子科技工作者们是经过了怎样的努力才奠定了当今时代的小型甚至微型的诸多电子产品及家电;或许,当我们拿起手机上网、看新闻、打游戏、发微信朋友圈时,也没有人记得是乔布斯等人让手机体积变小、功能变强大;或许,有一天我们的子孙后代只知道电子科技的进步而遗忘了老一辈电子科技工作者的艰辛……

成都电子科技博物馆旨在以电子发展历史上有代表性的物为载体,记录推动电子科技发展特别是中国电子科技发展的重要人物和事件。目前,电子科技博物馆已与102家行业内企事业单位建立了联系,征集到藏品12000余件,展出1000余件,旨在以"见人见物见精神"的陈展方式,弘扬科学精神,提升公民科学素养。

博物馆年终特稿

电子科技博物馆:朝着更国际化的方向发展

回望已过去的2020年,虽受疫情影响,但电子科技博物馆在公共展示、教学、藏品征集与研究、学生管理委员会培养等方面持续推进。

公共展示

(一)"一物一展"微展览

5月18日是"国际博物馆日",主题是"致力于平等的博物馆:多元和包容"。受疫情影响,为了让尚未回校复学的师生能够享受到博物馆的文化盛宴,也为了让更多观众感受走进博物馆、感受博物馆文化。5月8日—18日,电子科技博物馆启动了6场"云活动",邀请大家"云上观展"。据了解,6场活动包括四场云直播、一场云开展和一场云课堂。

6场"云活动",其中就包括了一场云展览——"一物一展"微展览来邀请大家云上观展,其中包括了博物馆多位学生策展人共同策展的860炮瞄雷达、优利德数字存储示波器以及5台代表着收音机发展历史的收音机。

另外,博物馆还策划了"一物一展"微展览的延伸展览,毕业季绿野寻踪"一物一展"微展览室外展。这次毕业季主题活动,通过室外微展览、云合影、书写留言等方式,让毕业生尽情抒发毕业情怀。

(二)上半年疫情期间,博物馆倾力打造了7期云漫游推送

通过图文+音频的形式,讲述藏品故事,以弥补观众无法到馆参观的遗憾。让观众在居家隔离下,也能借助科技之光,在云平台上参观博物馆、听藏品故事,开启一场美妙的电子科学之旅。

藏品征集与研究

(一)藏品征集

2020年,虽受疫情影响,但博物馆藏品征集的脚步仍未停歇。中国工程物理研究院、上海云轴信息科技有限公司、中国电子科技集团第十八研究所、第四十六研究所等多家企业和机构征集到了600多件珍贵藏品。另外,博物馆还收集到由熊景和先生等社会各界人士及校友捐赠的多件藏品。

(二)藏品研究

藏品研究是博物馆的根本,博物馆的各项工作,无论是藏品征集、陈列展览还是宣传教育都是基于藏品研究之上的。操均益、梅鹤飞两位同学在博物馆老师的指导下,对在博物馆中展出的成电自制的第一批波导进行研究学习后,撰写了关于第一代波导元件的研究论文,并且已经成功投稿,尚在审稿中。

◇电子科技博物馆

电子科技博物馆"我与电子科技或产品"

本栏目欢迎您讲述科技产品故事,科技人物故事,稿件一旦采用,稿费从优,且将在电子科技博物馆官网发布。欢迎积极赐稿!

电子科技博物馆藏品持续征集:实物、文件、书籍与资料、图像照片、影音资料。包括但不限于下列领域:各类通信设备及其系统;各类雷达、天线设备及系统;各类电子元器件、材料及相关设备;各类电子测量仪器;各类广播电视、设备及系统;各类计算机、软件及系统等。

电子科技博物馆开放时间:每周一至周五9:00-17:00,16:30停止入馆。

联系方式

联系人:任老师 联系电话/传真:028-61831002

电子邮箱:bwg@uestc.edu.cn 网址:http://www.museum.uestc.edu.cn/

地址:(611731)成都市高新区(西区)西源大道2006号 电子科技大学清水河校区图书馆报告厅附楼

碟机电源故障维修二例

例一、新科 DVP8911吸入式DVD机

该机不能开机，查电源板无电压输出。实测电源板电路如图1所示，测出开关功率管K3567及源极电阻均烧坏，电源主芯片也烧毁。按照原理图分析，主芯片应该是3842芯片，但是前面维修者误换了VIPER12A芯片，这两个芯片差异太大，不应该直接代换。VIPER12A芯片的最大输出功率在13W左右，可以间接替换一般DVD机电源芯片。考虑到肺炎疫情期间购买元器件不方便，而手头也只有DH321芯片，故用最大输出功率在17W左右的DH321芯片间接代换原机的电源开关变压器初级回路。拆除损坏的VIPER12A芯片、K3567及其他不需要的元件，将DH321安装在原焊盘上，通过割断铜箔及改接跳线的办法改为图1虚线框内所示电路。再将光耦P421换新，将开关变压器次级鼓包的5V滤波电容C317、C318换新。

通电试验，电源板5V输出端在机器待机时输出5.55V，正常。按开机键，能出现开机画面，但是放入碟片读碟的话，机器立即关机回复到待机状态。用万用表监测5V输出端电压，发现读碟主轴电机启动瞬间，该电压跌落到2.6V，机器关机回复到待机状态后该电压才升高到5.55V。测量5V回路整流二极管正向电阻略微偏大，故用两个SR360肖特基二极管并联后替换原管子。再试机，故障现象未变。

检查DH321外围元件基本正常，也没有接错。查资料，DH321的⑤脚外接启动电阻，各个机器有不同阻值，尝试改变阻值，故障也没变，只得恢复原电阻。大多数机器的应用中，DH321的④脚空置不接元件。偶见一个卫星接收机顶盒的电路图中，DH321的④脚外接电流设定电阻为4.7kΩ，这引起了笔者的注意。

于是，在DH321的④脚外接一个4.7 kΩ电阻到地，再试机。按开机键，能出现开机画面，但是放入碟片读碟的话，机器的数字显示屏会短时变暗一下，不过机器能读碟并播放了。实测此时电源板5V输出端工作电压为4.8V~4.9V，并略有波动，估计是④脚外接设定电阻没有调到最佳值。故在④脚对地接一个50 kΩ可调电阻试验；在调到50 kΩ时，机器不能读碟；调到30 kΩ时，机器能读碟，但是一分钟后就关机变为待机；再试着调整到25 kΩ、20 kΩ、17 kΩ时，机器能读碟，自动关机变为待机的时间也变长了；调到12.8 kΩ时，机器终于能长时间稳定工作不关机了，读碟瞬间，机器的数字显示屏也不再短时变暗一下，测量此时电源板5V输出端工作电压为稳定的5.45V。于是，在DH321的④脚对地接一个12 kΩ电阻代替试验用电位器。

该机器用的是车载吸入式机芯，机器读碟工作在高倍速状态，具有很好的抗震能力。但是机器功耗也比一般DVD要高，所以，DH321长时间工作芯片会较烫，故又在芯片上用导热胶粘上一个小散热片，以利于芯片长时间稳定工作。

◇江苏 大江东去

例二、实益达 BDP-190D 蓝光DVD机

该机不能开机，查电源板无电压输出。实测电源板电路如图2所示。观察电源板，发现电源芯片FM300N焊盘有焊接过的痕迹，估计芯片已换新。测量芯片各个脚对地阻值，发现③脚对地电阻只有几十欧姆，不正常。拆下该脚外接稳压管ZD5检查，该管子已经击穿损坏。进一步检查稳压管ZD1击穿短路，R12电阻烧坏开路。检查其他元件无明显损坏。

稳压管ZD5是输出电压保护元件，以防次级稳压元件（如SE431，EL817）失效时，FM300N的③脚电压过高，导致FM300过激励，使得开关变压器次级输出电压过高，造成主板元件损坏，而ZD5的作用就是把芯片③脚电压限制在最高18V。稳压管ZD1是电源芯片FM300N的供电电压保护元件，以防该电压异常升高而损坏电源芯片，而ZD1的作用就是把芯片②脚供电电压限制在18V。由于手头没有18V稳压管，故用电压接近的16V稳压管代换这两个稳压管。一般电源芯片击穿会损坏外围元件，故同时把光耦EL817换新。再试机，机器读碟正常。

该机器主芯片用的是联发科MT8555，机器具有快门立体3D功能，配合立体电视或显示器，具有很好三维立体视觉效果。但是机器功耗也比一般蓝光DVD机要高，所以，电源芯片FM300N长时间工作芯片会较热，故也在芯片上用导热胶粘上一个小散热片，以利于芯片长时间稳定工作。

◇浙江 方位

初级回路改后电路

①

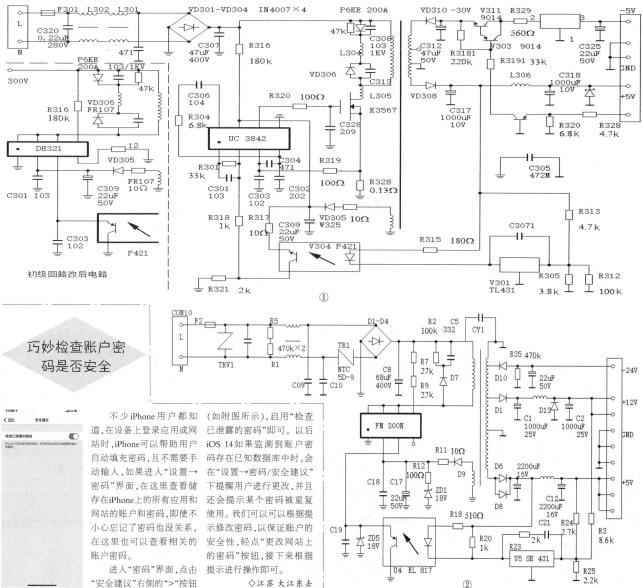

②

巧妙检查账户密码是否安全

不少iPhone用户都知道，在设备上登录应用或网站时，iPhone可以帮助用户自动填充密码，且不需要手动输入，如果进入"设置→密码"界面，在这里查看储存在iPhone上的所有应用和网站的账户和密码，即使不小心忘记了密码也没关系，在这里也可以查看相关的账户密码。

进入"密码"界面，点击"安全建议"右侧的">"按钮（如附图所示），启用"检查已泄露的密码"即可。以后iOS 14如果监测到账户密码存在已知数据库中时，会在"设置→密码/安全建议"下提醒用户进行更改，并且还会提示某个密码被重复使用。我们可以可以根据提示修改密码，以保证账户的安全性，轻点"更改网站上的密码"按钮，接下来根据提示进行操作即可。

◇江苏 大江东去

模拟电路实训2：射极跟随器/差动放大器

一、实验目的

1. 验证射极跟随器/差动放大器的性能特点。

2. 巩固对射极跟随器/差动放大器性能特点的理解、区别和记忆。

二、器材准备

1. DZX-2型电子学综合实验装置一台

2. GVT427型交流毫伏表一台

3. TDS1002/1012型双踪数字示波器一台

4. MF47型万用表一只

5. 射极跟随器/差动放大器实验板各一块

6. 多种接头铜芯软导线若干根

三、性能特点回顾

1. 射极跟随器的性能特点

①电压放大倍数 $A_u = \dfrac{u_o}{u_i}$ 略小于1，即输出电压始终约等于输入电压，或者说输出电压始终跟随着输入电压。

②输入阻抗 $r_i = \beta \dfrac{R_E R_L}{R_E + R_L} // R_B$ 很大。

③输出阻抗 $r_o = \dfrac{r_{be}}{1+\beta}$ 很小。

2. 差动放大器的性能特点

①差模放大倍数 $A_{ud} = \dfrac{u_{od}}{u_{id}}$ 较大。

②共模放大倍数 $A_{uc} = \dfrac{u_{oc}}{u_{ic}}$ 极小。

③共模抑制比 $K_{CMR} = |\dfrac{A_{ud}}{A_{uc}}|$ 非常大。

四、实训操作

1. 验证射极跟随器的性能特点

①接通交流电源开关，接通直流稳压电源中左边的0~18V电源开关，万用表红黑表棒分别接0~18V的＋、－极输出插孔，慢慢调节直流稳压电源中左边一个旋钮，使万用表指针指在12V的刻度线上。

②关断交流电源开关，关断直流稳压电源中左边的0~18V电源开关，把射极跟随器实验板插在实训装置面板中间的四个插孔上。

③用导线把直流稳压电源中左边的0~18V的＋极插孔与实验板上+12V插孔连接起来，用导线把直流稳压电源中左边的0~18V的－极插孔与实验板上右下角的接地插孔连接起来，把直流数字电压表连接在 u_i 两端（上＋下－），按下直流数字电压表上20V按钮，把万用表连接在 R_E 两端（上＋下－）。

④确认线路连接正确无误后，接通实验装置的交流电源开关，接通直流稳压电源中左边的0~18V电源开关，调节实验板上 R_W 旋钮，使 R_W 阻值从最大调到最小，同步观察直流数字电压表显示的数值 U_B 和万用表指示的数值 U_E，看看射极跟随器的输出电压 U_E 是否始终跟随输入电压 U_B（即 U_E 始终约等于 U_B），把结果填入表1，然后调匀 R_W 使 R_E 两端电压为6V。

⑤关断交流电源开关，关断直流稳压电源中左边的0~18V电源开关，移走直流数字电压表和万用表，用导线把 R_L 连接到 C_2 右端与地之间，把信号发生器连接在实验板上 u_S 两端，把双针交流毫伏表的CH1和双踪示波器的CH1并联连接在实验板上 u_i 两端，把双针交流毫伏表的CH2和双踪示波器的CH2并联连接在实验板上 u_o 两端，把信号发生器调为正弦波1kHz,0V。

⑥确认线路连接正确无误后，接通实验装置的交流电源开关，接通直流稳压电源中左边的0~18V电源开关，逐步增大信号发生器的输出幅度，同步观察输入信号 u_i 的数值和输出信号 u_o 的数值，看看射极跟随器的输出电压 u_o 是否始终跟随输入电压 u_i（即 u_o 始终约等于 u_i），把结果填入表1。

表1 验证射极跟随器性能特点的实验数据

$U_{CC}=12V$	U_B (V)	U_E (V)	A_r	u_i (V)	u_o (V)	A_u
放大直流信号时	~	~		/	/	/
放大交流信号时	/	/	0~	0~		

⑦关断交流电源开关，关断直流稳压电源中左边的0~18V电源开关，拆除所有连接的测量仪器，拆除所有连接的导线，取下射极跟随器实验板。

⑧按"性能特点回顾"中的计算公式求出表1中的 A_U 和 A_u。本实验板不便测试射极跟随器的输入电阻 r_i 和输出电阻

r_o，故仅实验到此。

2. 验证差动放大器的性能特点

①接通实验装置的交流电源开关，接通直流稳压电源中右边的0~18V电源开关，万用表红黑表棒分别接0~18V的＋-极输出插孔，慢慢调节直流稳压电源中右边一个旋钮，使万用表指针指在12V的刻度线上。

②关断交流电源开关，关断直流稳压电源中右边的0~18V电源开关，把差动放大器实验板插在实训装置面板中间的四个插孔上，用导线把直流稳压电源中左边的0~18V的＋极插孔与实验板上+12V插孔连接起来，用导线把直流稳压电源中右边的0~18V的－极插孔与实验板上-12V插孔连接起来，用导线把直流稳压电源中左边的0~18V-极插孔与实验板上上边的接地插孔连接起来，用导线把直流稳压电源中右边的0~18V+极插孔与实验板上上边的接地插孔连接起来，用导线把实验板上 u_i 两端的插孔连接起来并与接地插孔连接起来，把钮子开关拨向左边，实验过程中不要再拨向右边，即本次实验中差动放大器的射极电阻为电阻，把直流数字电压表连接在实验板上 u_o 两端（＋接左端、－接右端），按下直流数字电压表上的200mV按钮。

③确认线路连接正确无误后，接通交流电源开关，接通直流稳压电源中左右两个0~18V电源开关，慢慢调节实验板上 R_W 的旋钮，使直流数字电压表显示为0.00V，然后关断交流电源开关。

④把实验板上 u_i 两端的连接导线以及与接地插孔之间连接的导线拆掉，用导线把直流稳压电源中5V的＋极输出插孔与其上方的1kΩ电位器的左端插孔连接起来，用导线把直流稳压电源中5V地插孔与其上方的1kΩ电位器的右端插孔连接起来，用导线把1kΩ电位器的中心端与实验板上 u_i 的A端连接起来，用导线把1kΩ电位器的右端与实验板上 u_i 的B端连接起来，把直流数字电压表改接在实验板上 u_i 两端（＋接A端、－接B端），按下直流数字电压表上的200mV按钮；确认线路连接正确无误后，接通交流电源开关，接通直流稳压电源中5V电源开关，慢慢调节直流稳压电源中5V输出插孔上方的1kΩ电位器旋钮，使直流数字电压表显示为100mV（此电压的一半即为差模输入电压）。

⑤接通直流稳压电源中左右两个0~18V电源开关，用万用表测出 u_o 的数值（此电压即为差模输出电压 u_o），把结果填入表2。

⑥信号发生器调到正弦波100Hz,100mV，然后把信号发生器连接在实验板上 u_i 两端，把双针交流毫伏表的CH1和双踪示波器的CH1并联连接在实验板上 u_i 两端，把双针交流毫伏表的CH2和双踪示波器的CH2并联连接在实验板上 u_o 两端，读出 u_i 和 u_o 数值，把结果填入表2；移走信号发生器、交流毫伏表和示波器。

表2 验证差动放大器性能特点的实验数据

$U_{cc}=\pm12V$ R_E 为电阻	u_i (V)	u_o (V)	A_{ud}	A_{uc}	K_{CMR}
差模放大			/		
差模放大交流信号			/		
共模放大				/	

⑦关断交流电源开关，用导线把实验板上 u_i 两端的插孔连接起来，把1kΩ电位器的右端改接到实验板上左边的接地插孔，把直流数字电压表改接在 u_i 的A端与接地插孔之间。

⑧确认线路连接正确无误后，接通交流电源开关，读取直流数字电压表显示值（此电压即为共模输入电压 u_i），用万用表测出 u_o 的数值（此电压即为共模输出电压 u_o），把结果填入表2。

⑨关断交流电源开关，关断直流稳压电源中左右两个0~18V电源开关，关断直流稳压电源中5V电源开关，拆除所有连接的导线，取下差动放大器实验板。

⑩按"性能特点回顾"中的计算公式求出表2中的 A_{ud}、A_{uc} 和 K_{CMR}。

五、归纳与思考

1. 射极跟随器在实际电路中具体有哪些应用？分别具有什么意义？

2. 差动放大器的电压放大倍数与单管共射放大器的电压放大倍数相同，为何在集成放大电路中却得到了极其广泛的

应用？

参考答案：

1. 由于射极跟随器具有输出电压始终等于输入电压与输入电压同相位，输入阻抗很高和输出阻抗很低的特点，因此常被用于放大电路的中间级、输入级和输出级。射极跟随器用于中间级，不仅可实现前后级电路之间的阻抗匹配，信号得以进行良好的传输，而且可起到良好的隔离作用，消除前后级电路之间的互相影响；射极跟随器用于输入级，可大大减小信号源的输出电流，从而降低了对信号源的性能要求；射极跟随器用于输出级，可大大提高放大电路的带负载能力。

2. 差动放大器的电压放大倍数虽与单管共射放大器的电压放大倍数相同，但由于差动放大器不仅对共模信号具有很强的抑制能力，可很好地解决零点漂移问题，而且对直流差信号和交流差模信号都具有很好的放大作用，同时由于差动放大器具有双端输入双端输出、单端输入双端输出、双端输入单端输出和单端输出四种电路形式，因而可适应多种形式的电路结构和不同电路的不同要求，故在集成放大电路中得到了极其广泛的应用。

◇无锡 周金富

电路板实样测绘技巧

实样测绘就是在没有任何技术资料图纸的情况下，根据现有的电子设备的印制电路板、元器件等实物，正确、规范、完整、合理地绘制出电路原理图，便于进行电路原理分析、设备维修、功能更新等。这是专业电子技术工作者必须掌握的一项基本技能。

一、基本要求

1. 正确性

正确地绘制原理图，做到元器件的数量、规格、型号及它们之间的连接关系都必须准确无误。

2. 规范性

规范地绘制原理图，必须用国家标准的电路符号、文字符号、线条来表示，各种元器件和连接线要排列整齐，做到横平竖直，每个元器件都应标上相应的具体数值。

3. 完整性

完整的原理图必须完整地反映全部元器件及其连接关系。

4. 合理性

合理地绘制原理图，一般应按信号从输入到输出的顺序，清晰地反映三条主线，电源线在上方，信号线在中间，公共地线在下方，尽量减少交叉线。

二、基本方法

1. 根据元器件连接关系、接线端子及线路铜箔宽度大小找出电路板的接地线、电源线、信号线，先用铅笔绘制便于修正，正电源线在上方，信号线在中间，负电源线或公共地线在下方。

2. 确定起始元件，一般以电路板中心元件(如：集成块、晶体管等)为起始元件，确定起点(如：集成块第1引脚、晶体的某一电极等)，以连接这一起点的铜箔作为导线，将铜箔上焊锡点看作电路节点，根据元器件连接关系，可以从上下、左右方向一步步地绘画，注意标出元器件的极性、标号及具体数值。

3. 围绕电路原理图的三条主线展开，以起始元件的一个引脚为起点开始，按先简后繁、先易后难的原则依次绘制。

4. 运用所学过的单元电路的结构形式帮助绘制电路原理图。

5. 绘制完成后，应对电路原理图进行布局上的合理调整，并仔细核对，按信号流程优化电路。

◇广东恩平职教中心郑志宁

低压电工操作证实操考试真题(二)

(接上期本版)

2. 科目2:安全操作技术

2.1 电动机单向连续运转同时具有点动功能的接线

图1是电动机单向连续运转同时具有点动功能的电路图。图中FU是一次电路用于短路保护的熔断器,FU1和FU2是二次回路熔断器;SB1是停止按钮;SB2是电动机正转连续运行的启动按钮,点按之电动机开始正转持续运行。SB3是具有常开、常闭两对触点的点动启动按钮,按下时电动机点动运行,由于SB3的常闭触点断开了接触器KM线圈的自锁电路,所以松开SB3后电动机随即停止运转,实现点动功能。FR是过流保护用热继电器。

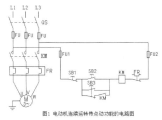

图1 电动机连续运转带点动功能的电路图

2.2 三相异步电动机正反转运行的接线及安全操作

电动机的正反转控制电路有几种,区别在于互锁电路的设计。电动机的正反转需要两台交流接触器分别接通电动机的电源电源,而这两台交流接触器又不能同时通电吸合,否则将造成电源短路。为了防止短路事故的发生,电动机在某一方向运转时,不允许控制电动机相反方向运转的接触器吸合动作,这就要使用互锁功能。互锁可使用按钮的常闭触点,也可使用交流接触器的常闭触点,当然也可将两种常闭触点同时使用,虽然接线稍显复杂,但可靠性更高。

图2是一款具有双重互锁功能的电动机正反转启动控制电路。正转启动时按压按钮SB2,SB2的常闭触点切断接触器KM2线圈电源的同时,常开触点使正转接触器KM1的线圈得电,主触点闭合,电动机开始正转;KM1的辅助触点KM1-1实现自保持,KM1-2触点断开实现互锁。

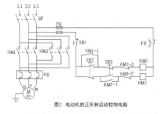

图2 电动机的正反转控制电路

按钮SB3和交流接触器KM2是对电动机进行反转控制用的,同样对正转运行电路实施互锁控制,原理与上类同。

该电路由断路器QF实施短路保护,由热继电器进行过电流保护。

SB1是停机按钮,正转与反转进行状态转换时,应使用SB1使电动机停机断电,并完全停稳后再启动新方向的运转。

2.3 单相电能表带照明灯的安装及接线

单相电能表带照明灯的安装接线见图3。

安装时需注意,电能表(即图3中的kWh表)与电源进户线之间不能安装开关,电能表后安装漏电断路器QF、照明灯HL及其控制开关S。其中漏电断路器的漏电动作电流应≤30mA,动作时间应<0.1s。

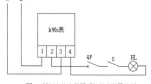

图3 单相电能表带照明灯的安装及接线

2.4 带熔断器(或断路器)、仪表、电流互感器的电动机运行控制电路接线

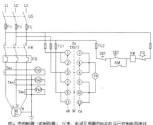

图4 带熔断器(或断路器)、仪表、电流互感器的电动机运行控制电路接线

如图4所示,带熔断器(或断路器)、仪表、电流互感器的电动机运行控制电路包括以下几部分电路:一是电动机持续运转控制电路,按照考题要求,须带有熔断器进行短路保护,也可使用断路器取代熔断器实施短路保护,熔断器和断路器二选一,图4中选用的是熔断器FU;二是电动机的过载保护,图4中使用的是热继电器FR;三是按照考题要求带有电流互感器,图4中选用三只电流互感器TA_U、TA_V及TA_W,配套三只电流表进行电动机运行电流测量;四是选用电压测量换相开关SA以及电压表PV进行电压测量,当换相开关SA的操作手柄处在AB、BC、CA的不同位置时,可分别测量AB两相之间、BC两相之间或CA两相之间的线电压,换相开关处在不同旋转位置时,相应触点的通断情况可参看图4中触点位置旁的小黑点,例如换相开关处在AB档位置时,触点1、2和7、8两组触点旁边有小黑点,表示它们接通,可见此时测量的是AB相间的线电压;换相开关SA处在各档位置时的触点通断情况也可参见表1。

表1 电压测量换相开关SA的触点通断情况

SA所处位置	触点1-2	触点3-4	触点5-6	触点7-8	触点9-10	触点11-12
AB	√			√		
BC			√			√
CA		√			√	

注:标有√号的位置表示相应触点接通,空格表示相应触点断开。

图4中的三只熔断器FU1是电压测量电路中的短路保护元件,熔断器FU2则是电动机启动控制电路中的保护元件。

按钮SB2是电动机启动按钮,SB1是停止按钮,FR是热继电器,用于过载保护。

2.5 导线的连接

本节导线连接的内容改编自网络,介绍了各种导线的多种连接方式供参考。

导线连接的质量直接关系到整个线路能否安全可靠地长期运行。对导线连接的基本要求是:连接牢固可靠、接头电阻小、机械强度高、耐腐蚀抗氧化、电气绝缘性能好。

需连接的导线种类和连接形式不同,其连接的方法也不同。常用的连接方法有绞合连接、压压接连接、焊接等。连接前应小心地剥除导线连接部位的绝缘层,注意不可损伤其芯线。

2.5.1 绞合连接

绞合连接是指将需连接导线的芯线直接紧密绞合在一起。铜导线常用绞合连接。

(1)单股铜导线的直接连接

小截面单股铜导线连接方法如图5所示,先将两导线的芯线线头作X形交叉,见图5(a),再将它们相互缠绕2~3圈后扳直两线头,见图5(b),然后将每个线头在另一线上紧贴缠绕5~6圈后剪去多余线头即可,最终效果如图5(c)所示。

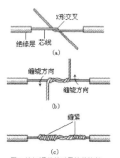

图5 较细铜芯单股导线的连接

大截面单股铜导线连接方法如图6所示,先在两导线的芯线重叠处填入一根相同直径的芯线,再用一根截面约1.5mm²的裸铜线在其上紧密缠绕,缠绕长度为导线直径的10倍左右,然后将被连接导线的芯线线头分别折回,再将两端的缠绕裸铜线继续缠绕5~6圈后剪去多余线头即可。整个连接过程如图6(a)、(b)、(c)所示。

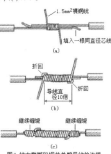

图6 较大截面积铜芯单股导线的连接

不同截面单股铜导线连接方法如图7所示,先将细铜线的芯线在粗铜线的芯线上紧密缠绕5~6圈,然后将粗铜线芯线的线头折回紧压在缠绕层上,再用细铜线芯线在其上继续缠绕3~4圈后剪去多余线头即可。

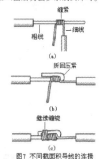

图7 不同截面积导线的连接

(2)单股铜导线的分支连接

单股铜导线的T字分支连接如图8所示,将支路芯线的线头紧密缠绕在干路芯线上5~8圈后剪去多余线头即可。对于较小截面的芯线,可先将支路芯线的线头在干路芯线上打一个环绕结,再紧密缠绕5~8圈后剪去多余线头即可。

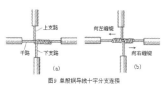

图8 单股铜导线的分支连接

单股铜导线的十字分支连接如图9所示,将上下支路芯线的线头紧密缠绕在干路芯线上5~8圈后剪去多余线头即可。可以将上下支路芯线的线头向同一个方向缠绕如图9(a)所示,也可以向左右两个方向缠绕如图9(b)所示。

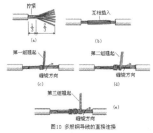

图9 单股铜导线十字分支连接

(3)多股铜导线的直接连接

多股铜导线的直接连接如图10所示,首先将剥去绝缘层的多股芯线拉直,将其靠近绝缘层的约1/3芯线绞合拧紧,而将其余2/3芯线成伞状散开,另一根需连接的导线芯线也如此处理,见图10(a)。接着将两伞状线头相对着互相插入后捏平芯线,见图10(b)。然后将每一边的芯线线头分作3组,先将某一边的第1组线头翘起并紧密缠绕在芯线上,再将第2组线头翘起并紧密缠绕在芯线上,最后将第3组线头翘起并紧密缠绕在芯线上,参见图10(c)、(d)、(e)。以同样方法缠绕另一边的线头。

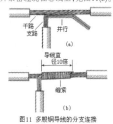

图10 多股铜导线的直接连接

(4)多股铜导线的分支连接

多股铜导线的T字分支连接有两种方法,一种方法如图11所示,将支路芯线90°折弯后与干路芯线并行如图11(a)所示,然后将线头折回并紧密缠绕在芯线上,见图11(b)。

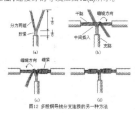

图11 多股铜导线的分支连接

另一种方法如图12所示,将支路芯线靠近绝缘层的约1/8芯线绞合拧紧,其余7/8芯线分为两组,见图12(a),一组插入干路芯线当中,另一组放在干路芯线前面,并朝右边按图12(b)所示方向缠绕4~5圈。再将插入干路芯线当中的那一组朝左边按图12(c)所示方向缠绕4~5圈,连接好的导线如图12(d)所示。

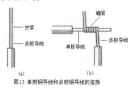

图12 多股铜导线分支连接的另一种方法

(5)单股铜导线与多股铜导线的连接

单股铜导线与多股铜导线的连接方法如图13所示,先将多股导线的芯线绞合拧紧成单股状,再将其紧密缠绕在单股铜导线的芯线上5~8圈,最后将单股芯线线头折回并压紧在缠绕部位即可。

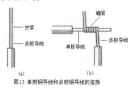

图13 单股铜导线和多股铜导线的连接

(未完待续)　◇山西 木易

利用阿里云物联网云平台制作智能电子设备实践(五)
——air800 订阅云端数据并进行解析

一、设备订阅云端数据

打开(三)中修改过的代码,接着进行起来。

https://blog.csdn.net/qq_37281984/article/details/89945787

(1)打开我们的例程之后,找到订阅函数,进行修改里面的订阅 topic,需要修改的 topic 到对应设备下的 topic 列表查找

(2)需要订阅的 topic 如下

(3)修改如下,修改完这里云下设备可以订阅云端发送的消息了,进行程序烧写

(4)登录到在线调试界面,调试真实设备,发送 temp 的数值是随机数字,任意输入,点击发送指令即可

(5)打开调试软件,可以看到订阅的数据,或者在搜索区输入 receive 进行查找订阅到的消息,可能会有人问,为什么是输入 receive 这个单词呢,因为代码中接收数据打印的日志信息前加了 receive 这个字符串,所以这样会很方便:

aLiYun.on("receive",rcvCbFnc)

(6)或者是复制数据接收处理函数中的字符串进行搜索也是一样的

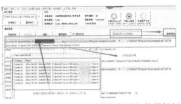

二、设备对订阅到的数据进行数据解析

(1)设备订阅云端数据是完成了,但是不可能接收完数据就结束了,接下来是对订阅到的数据进行处理,进行 json 字符串解析,比如我们需要把一连串的消息中将 temp 的值取出来,来供自己使用,或者进行判断做出更多的处理——修改完之后重新烧写程序,并且打开调试软件,,在云端在线调试的地方多次发送 temp 数据,然后进行查看日志信息。

(2)输入提前设置好的字符串进行搜索,可以看到我们已经把数据提取出来了,数据类型是 number 类型,后面是具体数值,同样假如设置一个开关值,也是如此。

(3)下面这条代码的作用就是我们接收到什么数据,再自动返回给云端,让他对物模型进行显示。

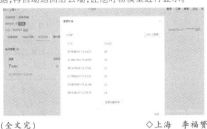

(全文完)　　　　　　◇上海　李福赞

三菱编程软件3种格式文件的相互读取和写入操作(五)

(接上期本版)

4. GX Works2 保存 GX Developer 格式程序

用 GX Works2 编程软件保存 GX Developer 格式程序前,已经存在了一个用 GX Works2 编写的工程,名称为"2020.04.24.gxw",存放在"对绞机"目录中。该工程已由 GX Works2 编程软件打开,如图 29 所示。写入步骤如下:

图 29　2020.04.24 工程

步骤 1,进入写入方式

在图 29 所示界面上点击"工程",在弹出的下列菜单上选择"保存 GX Developer 格式工程(X…)"命令,如图 30 所示。点击后弹出"保存 GX Developer 格式工程"对话框,如图 31 所示。

图 30　选择保存命令

图 31　选择保存路径

步骤 4,确定保存路径

在图 31 所示的"保存 GX Developer 格式工程"对话框内,点击"保存目标"右侧的下拉列表框内的倒三角,选中要保存的驱动器、目录,如图 32 所示。

图 32　选中保存的路径

步骤 5,保存文件

在图 32 所示对话框内,在"工程名"右侧的文本框内填写工程名,如"2020.04.24",如图 33 所示。点击"保存"按钮后弹出提示"是否保存 GX Developer 工程",点击"是"按钮。软件开始保存工程,直到出现提示"工程的保存已完成",点击"确定"按钮,完成保存操作。

图 33　工程命名

保存成功后,GX Works2 编程软件在"程序"目录下生成一个名为"2020.04.24"文件夹的工程,打开该目录可以看到内有文件夹 "Resource" 和文件"GPPW.gpj""Project.inf""ProjectDB.mdb",如图 34 所示。

图 34　生成的 2020.04.24 工程文件

分别用三菱编程软件 FXGPWIN、GX Developer 或 GX-works2 编写得到的应用程序,GX-works2 的版本最高、GX Developer 的次之、FXGPWIN 的最低。程序或工程占用的容量则 FXGPWIN 最少、GX Developer 的次之、GX-works2 的最多。GX Works2 编程软件不能直接读取或保存 FXGPWIN 格式文件,需要逐级转换才能得到。

(全文完)　　　　　　　　　◇键读

编辑:张天红　投稿邮箱:dzbnew@163.com

反无人机系统

现在大众娱乐级别的无人机产品线非常丰富，从小几百元到几大千元都有，因此上到成年人下到几岁的小朋友都可以饶有兴致地根据自己的无人机性能"飞"上几把。不过由此带来的安全隐患也来了。小白菜鸟拥有飞行器后，肆意地在不安全的地方黑飞，给社会造成了极大的危险，为此，无人机的泛滥，监管部门和厂商一起开发了多种的应对措施，将黑飞的无人机控制住，下面就来给大家介绍一下反无人机系统究竟都有哪些。

阻断干扰型

面对无人机黑飞现象的泛滥，反无人机技术应运而生，主要的控制方法多种多样，首先最为广泛使用的就是阻断干扰型的无人机干扰装置，利用声波、射频等方式，干扰无人机的硬件或无线通信的方式，迫使无人机自动返航或自动降落。

信号干扰

固定式信号干扰器

信号干扰主要是针对无人机的GPS信号和惯性导航系统进行干扰，让无人机无法精准定位，从而让影响无人机的控制，行程失控的状况，限制无人机的飞行。目前市面上，大多数的无人机遥控定位方式都是采用GPS卫星定位导航系统与惯性导航系统，控制了信号来源的方式来控制无人机。这种方式下，也算是最温柔的一种控制方式，相比起其他方式来说，不至于坠毁、爆炸等情况发生，是一种通过干扰降低无人机"有害目的性"的方式。

移动便携式型号干扰枪

要想让GPS信号受到干扰，其实并不是什么难事，反无人机系统只需向目标无人机发射一定功率的定向射频信号即可，无人机GPS信号受到干扰后无法获得精确的自身坐标数据，就会导致无人机在一定程度上失控，以至于作业失败。

声波干扰

移动车载式干扰设备

在无人机的构造里面，有一个重要的组件——陀螺仪。通过陀螺仪，计算机能够感知无人机的飞行状态，包括水平、倾斜、旋转等等多角度的方方信息，通过这些数据信息进综合计算，以保证无人机的自身平衡。有科学家实验研究证明，

当声波频率与陀螺仪的固有频率一致的时候，就会产生共振，使无人机上的陀螺仪无法正常工作，失去平衡控制的无人机，就和空中的几个风扇没有区别，直接炸机坠毁。通过干扰硬件的方式虽然更暴力、更直接，但相对信号干扰不足的地方，是声波干扰的瞄准和跟踪性不如GPS干扰稳定，且造价昂贵，目前还不适合投入到大众的反无人机系统使用。

电波干扰

无人机作战蜂群假想图

这种小型的无人机构成的蜂群，在和平时期单纯只是"黑飞"，如果在战时情况下，携带的武器微型化能对战场人员或武器装备构成极大的威胁，因此反无人机蜂群系统也是非常值得研究的项目之一。

说到阻断干扰型的无人机蜂群系统，不得不提一下AUDS系统，这个由英国布莱特监控系统公司（Blighter Surveillance Systems）、切斯动力公司（Chess Dynamics）和恩特普赖斯控制系统公司（Enterprise Control Systems）共同研发的反无人机系统算得上是早期最为著名的反无人机蜂群装置了，该系统主要采用一种高功率射电波来消灭无人机。简单的说，这个射电波能有效阻断无人机通讯，并能够在半空中关闭无人机。该防卫系统的攻击距离也非常远，可以攻击1.6公里以外的威胁无人机，瞄准目标只需10~15秒，还能对无人机发动"蜂群攻击"，一次性击落多架无人机，对黑飞的无人机威胁极大。

暴力击落

除了上述几种信号干扰阻断的控制方式以外，在防无人机系统当中，还有许多干脆直接的方式，将无人机直接击下，虽说无人机在空中直接击下会产生一定的危险性，但对于一些电波与声波等方式，存在一定条件限制，未必能够保证100%的空域安全，因此需要进行暴力方式，才能达到更有效的干预方式。

类似"金属风暴"近程防御系统的反无人机制导作战设备

说到最简单直接暴力摧残方式，在现有的军事基地当中，大量使用来对付入侵的无人机，直接使用武力，用小炮、枪支、激光炮等方式，将无人机进行击落。

猎鹰抓捕

和不少机场驱鸟一样，训练老鹰追捕无人机，将无人机直接抓住。

后记

"黑飞"除了有可能被相关管理部门直接击落造成个人财产损失外，还有可能会因此担负相关的法律责任。

正规的无人机生产厂都会实时联网更新"禁飞区"设置，"禁飞区"就是电子围栏系统，比如市面上常见的大疆无人机，就有自己的GEO地理围栏系统；GEO系统将动态覆盖全球各类飞行受限制的区域，飞行用户将实时获取相关受限资讯，包含但不限于机场、由于一些突发情况（如森林火灾、大

型活动等）造成的临时限飞区域、一些永久禁止飞行的区域（如监狱、核工厂等）。此外，用户在部分区域例如野生保护区、人流密集的城镇等允许飞行的区域也可能收到飞行警示。以上这些无法完全自由飞行的区域，都统称为限飞区，包含了警示区、加强警示区、授权区、限高区、禁飞区等。GEO系统将默认限制无人机在可能引起安全问题区域起飞或飞行。用户如需在该区域执行飞行，可通过已认证的DJI账户，并准备相关材料申请临时解禁。此项解禁功能并不适用于高度敏感的区域。

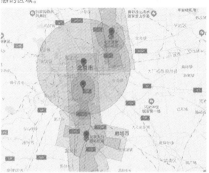

不过GEO系统仅是参考性质，在一些区域，DJI大疆创新系统将采用通用管理，选取一些常规的参数划定限飞区，这与您所预备飞行区域的法律法规未必相符。因此，每位用户都有责任需要在飞行前自行查阅并确认相关法律法规，对自身的飞行安全负责。同时大疆还在底部应相关法律法规要求，部分禁飞区域在本地图中未予显示，请以实际限飞数据为准。

有些朋友会尝试破解软件进行"黑飞"，虽说方法确实是可行的。但也明确告诉大家，这是违法行为，不要轻易在法律的边缘试探。若有特殊需要要在禁飞区进行作业拍摄，一定要向当地的民航局无人驾驶航空器空中交通管理信息服务系统进行提交，审查通过后再在设置里解锁"禁飞区"即可。

联发科推出全新 5G 调制解调器 M80

近日，在5G领域做得顺风顺水的联发科（MediaTek）推出了全新的5G调制解调器——M80，支持毫米波（mmWave）和Sub-6GHz 5G频段。

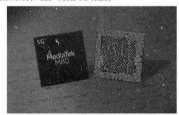

在独立组网（SA）和非独立组网（NSA）下，M80 5G调制解调器支持超高的5G传输速率，最高下行速率可达7.67Gbps，上行速率峰值为3.76Gbps。M80 5G调制解调器还支持双5G SIM卡、双5G NSA和SA网络、以及双VoNR等技术。

MediaTek 5G调制解调器适用于智能手机、个人电脑、MiFi、CPE、工业物联网等各类设备。第一代5G调制解调器M70已整合在高性能、低功耗的天玑系列5G移动芯片中，并广泛应用于5G终端。此外，MediaTek 5G产品T700将应用于2021年上市的5G个人电脑，T750芯片可用于5G固定无线接入路由器（FWA）和移动热点设备。

目前，M80 5G调制解调器已按照行业相关标准进行测试，预计将于2021年向客户送样，为全球运营商提供全方位的无线接入技术支持。

(接上期本版)

MiniLED背光本质上就将传统LED背光进行小型化，而LED灯珠越小意味着相同尺寸下能容纳的灯珠数量就越多。更多的灯珠带来的第一个优势就是更高的画面亮度，更高的亮度意味着亮度的动态范围更广，目前HDR电视的要求是最高亮度至少超过1000nit（OLED目前最高能达到800nit）。当然除了更亮的画面，Mini LED带来的还有更加均匀的画面亮度。LCD电视想要得到更纯粹的黑色，实现更高的对比度，需要依靠分区背光来控制显示黑色画面时背光源的开关状态，分区背光数量越多，控光精度就越高，可实现的对比度也越高，这也是为何近年来越来越多的LCD电视开始选择棋盘式多分区背光。

在MiniLED背光技术的加持下，LCD电视能做到上千的分区背光，但是相比OLED像素级别的控光来说，还是有一定的差距，但是这个差距已经相当小了，如果不是拿来看大面积黑色小范围白色场景(比如电影结束后滚动的字幕)的话，几乎很难看出太大的差距。

目前采用Mini LED技术的电视（显示器）或多或少都还是有一些问题。首先就是功耗的问题。比如将16颗灯珠划分为一个分区，由一个控制IC进行控制，960个背光分区就以为着需要960个控制IC，再加上上万颗的灯珠，带来最直接的影响就是功耗。

成千上万的灯组在带来高功耗的同时也带来了第二个问题，那就是发热。就比如2019年苹果推出的Pro

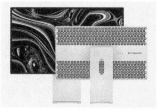

苹果Pro Display XDR

Display XDR，虽说只有576颗灯珠，带就已经带来了极高的发热量，所以整个显示器背面密密麻麻全都是散热孔。而如今采用MiniLED背光的电视拥有的灯珠数量还要更多，带来的发热量可想而知。

现阶段MiniLED背光技术的最大问题还有MiniLED的背光调教，如此多的灯珠和背光分区极其考验各家的算法和芯片的算力。比如小米大师82英寸至尊纪念版就有评测媒体指出在显示快速移动的物体时物体边缘会出现抖动的情况，要知道MiniLED的响应时间可是纳秒级别的，所以问题大概率还是出现在其控制算法上，毕竟要同时控制一万多颗灯珠、总共960个分区。所以未来，各家的MiniLED背光调教可能会成为不同产品间的一个分水岭。

下一代屏幕技术之争

那么OLED、QLED、MicroLED谁才是下一代显示技术呢？如果从性能方面来说，同样都是像素自发光而且还不会烧屏，寿命更长的QLED和MicroLED毫无

疑问是完胜OLED的。但是如果考虑上各项技术目前的发展情况的话，情况就不一样了。QLED还处于实验室阶段，量产遥遥无期；MicroLED良品率低，成本高昂，而且目前也没有真正的民用产品出来；相比之下，OLED已经能够实现大规模量产了，虽然价格普遍要比LCD高上不少，但是也在能够接受的范围内。

从现阶段看，OLED如果能再进一步降低价格，或许有望取代LCD成为下一代显示技术。但是从长远来看，OLED也是一项过渡的技术，QLED和MicroLED才是最终形态。不过，就目前的情况，LCD虽然在手机等小屏领域已经开始被OLED取代，但是在电视领域依旧是绝对的主流。

对于消费者来说，其实并不会去过多的纠结用哪种显示技术，便宜好用才是王道。就算不远以后QLED和MicroLED能够实现商用了，价格下不去的话，也依旧无法撼动LCD的地位。

(全文完)

2021年春晚在全球首次实现8K超高清电视直播

中央广播电视总台8K超高清电视频道2月1日试验开播，这标志着全球首次实现8K超高清电视直播和5G网络下的8K电视播出。同时总台也在今年除夕之夜通过8K超高清电视频道对央视春晚进行直播。

中央广播电视总台8K超高清试验频道的成功开播，是我国超高清领域科技创新成果的集中展示。此次试验首次采用我国自主研发、拥有自主知识产权的AVS3视频编码标准，为我国8K超高清电视传输分发及终端呈现系统设备国产化打下了坚实基础，标志着我国已走在世界超高清电视发展的前列。

目前，总台已研发完成8K超高清电视制播呈

现全链路试验系统。包括：8K演播室系统、8K IP调度分发系统、8K后期制作系统、8K播出系统、8K AVS3编码系统、8K IP电视集成分发系统、8K AVS3机顶盒和8K大屏幕播放系统。

从2月1日起，总台8K超高清电视频道在总台IP网以组播方式进行持续播出试验，用户可通过8K AVS3机顶盒收看。同时，总台联合中国移动、中国电信、中国联通以及中国广电，将8K超高清电视频道播出试验信号传送到北京、上海、广州、深圳、成都、杭州、济南、海口、青岛9个城市公共场所的30多个超高清大屏及首批8K电视机同步播放。

京东方发明新的盲人阅读器

近日京东方公开了一项"盲人阅读器及利用盲人阅读器的方法"专利信息，专利公开号为CN109493694B。

具体内容显示，本发明涉及一种电子显示设备技术领域，尤其涉及一种盲人阅读器及利用盲人阅读器的方法。

据了解，盲人阅读器是一种能使盲人阅读任何文本的装置。现有的盲人阅读器主要有两种，一种是设备拍照后，利用互联网云处理技术识别文字，并转换为语音模式，使盲人可以进行听取。

另一种是将文字信息传递给盲文显示机，设备通过在平坦表面上打孔来形成点阵，盲人可以通过触摸来进行阅读。

对于上述的两类盲人阅读器来说，其信息处理效率低且机械结构过于复杂，不适用于随身佩带；另外其只能够对文字进行显示读取，单次呈现信息内容量小，而复杂的图片或线条等包含信息量大的信息则不能够被转换。

京东方此项发明提供一种盲人阅读器及利用

盲人阅读器的方法，主要目的是解决传统盲人阅读器的信息处理效率低且机械结构过于复杂，不适用于随身佩带；且其只能够对文字进行显示读取，单次呈现信息熔炼小，而复杂的图片或线条等包含信息量大的信息则不能够被转换的问题。

从描述来看，这款"盲人阅读器"含有两部分：触觉传感设备和显示设备，前者佩戴在盲人手指上，后者包括一个触控面板，盲人在触控面板上触摸时，触觉传感设备会将图文信息以凸起或震动刺激大方式传递至人体的第一位置，使得盲人能够真切地感受，同时在脑海中形成逼真的画面，不必再局限于盲文和语音播报的阅读中。

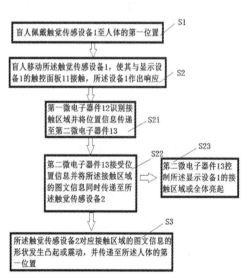

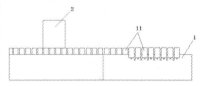

三极管和 MOSFET 选型规范(一)

1. 三极管和 MOSFET 器件选型原则

1.1 三极管及 MOSFET 分类简介

表 1 三极管及 MOSFET 分类

类型	类型细分	应用场景
三极管	射频信号三极管	射频开关及射频小信号放大
三极管	普通小信号三极管	小信号回路开关及信号放大
三极管	功率三极管	功率回路开关,推挽放大
MOSFET	小信号MOSFET	小信号回路开关
MOSFET	功率MOSFET(<=250V)	AC-DC,DC-DC电源模块
MOSFET	功率MOSFET(600V~650V)	AC-DC电源模块
MOSFET	功率MOSFET(800V~1000V)	AC-DC电源模块,UPS,逆变器
MOSFET	功率MOSFET(1000V~1700V)	空调压缩机驱动电路
MOSFET	功率MOSFET(SIC)>=600V	AC-DC电源模块(高效)
MOSFET	功率MOSFET(GAN)(100V~600V)	超高频领域(1Mhz以上),更高Power density的应用领域。

1.1.1 三极管选型原则

行业发展总趋势为:小型化,表贴化,高频化,高效化化,集成化,绿色化。重点突出小型化和表贴化。

近年来,随着 MOSFET 的发展,在低功率高速开关领域,MOSFET 正逐步替代三极管,行业主流厂家对三极管的研发投入也逐年减少,在芯片技术方面基本没有投入,器件的技术发展主要体现在晶圆工艺的升级(6inch wafer 转8inch wafer)和封装小型化及表贴化上。另外,相对普通三极管,RF 三极管的主要发展方向是低压电压供电,低噪声,高频及高效。

选型原则如下:

1)禁选处于生命周期末期的插件封装器件,如 TO92
2)优选行业主流小型化表贴器件,如 SOT23、STO323、SOT523 等,对于多管应用,优先考虑双管封装如 SOT363 及 SOT563
3)对于开关应用场景,优先考虑选用 MOSFET

4)射频三极管优选低电压供电,低噪声,高频及高效器件。

1.1.2 MOSFET 选型原则

行业技术发展趋势为:小型化、表贴化,高频化,高功率密度化,高效率化,高可靠性,集成化,绿色化。重点突出高频化,高功率密度化,高可靠性及集成化。

行业技术发展趋势主要体现在 MOSFET 芯片材料,晶圆技术,芯片技术及封装技术的演进及发展。选型原则如下:

禁止选用处于生命周期末期的插件封装器件(能源用 TO220,TO247 除外)及封装为 SO8,DPAK 的表贴器件。

对于信号 MOSFET 推荐选用栅极集成 TVS 保护的小型化表贴器件。

1)对于 Vds<=250V 的功率 MOSFET

单管优选行业主流无引脚表贴功率封装 POWERPAK 5×6 及 POWERPAK3×3,在散热不满足要求的情况下可考虑翼型带引脚表贴封装 D2PAK

Buck 上下管解决方案优选上管 sourcing down POWERPAK5×6 dual 封装;

电源模块考虑到器件散热问题,可选行业主流插件封装 TO220

对于缓起及热插拔应用,选用器件时请重点评估器件是否工作在其安全工作区域

开关应用需同缓起,热插拔及 ORing 应用区分选型

超高频领域(1MHz以上),可考虑用 GANMOS 替代,从而提高效率降低系统面积。

2)对于 Vds 介于 600~650V 的高压功率 MOSFET,其用于 AC 电源模块优先考虑选用 Vds 为 650V 的器件;

封装根据电源模块散热及结构设计要求推荐选用表贴器件 POWERPAK 8×8 及插件 TO247,未来还可考虑表贴器件 POWERPAK5×6;

在电路中工作频率不高的场景如当前 PFC 电路,优选寄生二极管不带快恢复特性的 MOSFET(如 INFINEON C3,C6,P6 系类),对于电路中工作频率较高的场景如 LLC 电路,优选寄生二极管带恢复特性的 MOSFET(如 INFINEON CFD 系列);

对于电源效率要求不是特别高的场景,部分 MOSFET 可考虑用高速 IGBT 替换,达到降低成本的目的。对于高效模块,可考虑选用 SIC MOSFET 替代传统 Si MOSFET,达到提升电源工作效率的目的;

对于 Vds 高于 800V 的 MOSFET,如果 Id 大于 5A,建议考虑选用 IGBT,如果 Id 小于 5A,建议选用行业主流封装 TO247,TO220 或 D2PAK。

原则上禁止选用耗尽型 JFET,如遇到特殊电流需使用,请在行业主流封装 SOT23Z 中选择。

2. 三极管和 MOSFET 器件选型关键要素

2.1. 三极管选型关键要素

三极管在电路中有放大和开关两种作用,目前在我司的电路中三极管主要起开关作用。在选择三极管的时候,从以下几个方面进行考虑:参数、封装、性能(低压降、低阻抗、高放大倍数、高开关效率)

1)参数的选择:三极管有很多参数,选型对于三极管的参数没有特殊的要求,需要关注的参数有 Vceo、Vcbo、Vebo、Ic(av)、Pd、Hef。比较重要的参数是 Vceo、Ic(av),对于 Vceo 的值有时厂家会给 Vces 的值,不能用 Vces 的值作为 Vceo,因为 Vces=Vcbo>Vceo。如果器件的电压和电流值在降额后满足需求,Pd 可以不用过多地去考虑(三极管做放大用、作电压线性转化以及三极管功率比较大的场合需要考虑 Pd)。

在满足降额规范要求的前提下,考虑输出电流和相应的耗散功率,击穿电压大小,放大倍数等参数。同时,应尽量选用热阻小,允许结温高的器件。

2)封装:三极管的封装的发展趋势是小型化、表贴化、平脚化、无引脚化。

封装质量优劣的是用芯片面积与封装面积的比值来判断的,比值越接近 1 越好。目前三极管最小封装是 sot883(DFN1006 -3),优选封装有 sot883、sot663、sot23、sot89、sot223、sot666。由于三极管的功率需求越来越小,所以小封装三极管是其引进的一个方向,在参数满足规范的前提下尽量选择小封装。

3)性能:选择低 Vce(sat)的、低阻抗的器件。目前 NXP、ON、ZETEX 均推出了低饱和压降的器件,在选型时可以优先考虑。

2.2. MOSFET 选型关键要素

2.2.1 电压极限参数

1)漏源击穿电压 V(BR)DSS:漏源击穿电压 V(BR)DSS 一般是在结温 Tj=25℃下,VGS=0V,ID 为数百 A 下的测试值,由于 V(BR)DSS 和 Rds(on)成反比,因此多数厂家 MOSFET 的上限为 1000V。V(BR)DSS 与温度有关,Tj 上升 100℃,V(BR)DSS 约线性增加 10%。反之,Tj 下降时,V(BR)DSS 以相同比例下降。这一特性可以被 MOSFET 的优点之一,它保证了内部成千上万个元胞在雪崩击穿时,使雪崩电流密集于一点而导致器件损坏(不同于功率三极管)。

2)最大额定栅源电压 VGS

栅源之间的 SiO2 氧化层很薄,因此在二者之间加上过高的电压就会在内部形成很高的电场,而电场超过 SiO2 材料的承受能力便会发生击穿导致器件失效。

最大额定栅源电压 VGS 多数厂家资料为 20V,(对于低驱动电压的低 MOSFET 一般为 10V)目前很多厂于高驱动电压 MOSFET 已将其极限电压提高到 30V。SIC MOSFET 则多为 10V~25V,启动电压不对称,选用时需注意驱动部分的设计。

2.2.2 影响损耗的主要参数

对于 MOSFET,当频率小于 100KHz 时,主要是导通损耗占的比重最大。因此影响损耗的主要参数为通态电阻 Rds(on)。一般厂家给出的 Rds(on)值,是在规定的 VGS(如 10V)ID(一般为标称电流值),Tj(一般为 25℃)条件下的值。

对于 Rds(on),有以下特性:对生产厂家来说,在相同设计及工艺条件下,如果提高 MOSFET 的 Rds(on)值,会导致 Rds(on)升高。Rds(on)随着结温升高而近似线性升高。其结果是导致损耗增加,例如下图 IRF640 的 Rds(on)与 Tj 关系图,如果结温在 120℃时,Rds(on)值将是 25℃时的 1.8 倍。因此导通损耗 I2*Rds(on)也将增加到 1.8 倍;相对于 Si MOSFET,SiC MOSFET 由于其禁带宽度较 Si MOSFET 宽,所以其温度特性明显优于 Si MOSFET。在 150℃的条件下,SIC MOSFET 的 Rds(on)仅仅比在 25℃时增加 20%。

与 VGS 的关系:为了将 Rds(on)降低到最小,至少 VGS 要提高到 10V(4V 驱动的产品外加 5V)才可降到最小。此外,即使将 VGS 提高到 12V~15V 也不会对 Rds(on)的降低起多大作用(如果在占空比小的情况下有接近或超出直流额定电流的运用,另当别论),不必要地增大这种栅压,会加大充电电流,增加驱动损耗,而且容易在栅源间发生尖峰电压。增加栅源击穿的失效概率。因此对于一般的 MOSFET,12V 驱动即可。

(下转第80页)

手机 NFC 与 RFID 区别(二)

(上接第71页)

NFC 手机内置 NFC 芯片,比原先仅作为标签使用的 RFID 更增加了数据双向传送的功能,这个进步使得其更加适合用于电子货币支付;特别是 RFID 所不能实现的,相互认证和动态加密和一次性钥匙(OTP)能够在 NFC 上实现。NFC 技术支持多种应用,包括移动支付与交易、对等式通信及移动中信息访问等。通过 NFC 手机,人们可以在任何地点、任何时间,通过任何设备,与他们希望得到的娱乐服务或交易联系在一起,从而完成付款、获取海报信息等。NFC 设备可以用作非接触式智能卡、智能卡的读写器终端以及设备对设备的数据传输链路,其应用主要可分为以下四个基本类型:用于付款和购买、用于电子票证、用于智能媒体以及用于交换、传输数据。

NFC 的工作应用模式

卡模式

该模式就是将具有 NFC 功能的设备模拟成一张非接触卡,如门禁卡、银行卡等。卡模拟模式主要用于商场、交通等非接触移动支付应用中,用户只要将手机靠近读卡器,并输入密码确认交易或者直接接收交易即可。此种方式下,卡片通过非接触读卡器的 RF 域来供电,即便是 NFC 设备没电也可以工作。在该应用模式中,NFC 识读设备从具备 TAG 能力的 NFC 手机中采集数据,然后将数据传送到应用处理系统进行处理,如图 1 所示。基于该模式的典型应用包括本地支付、门禁控制、电子票应用等等。

在 andriod4.4 之后,可以支持 HCE(host card emulation)的方式,通过手机端软件模拟卡片实现卡模式,而不像以前一样仅仅以 SE 控制卡模式。

读卡模式

即作为非接触读卡器使用,比如从海报或者展览信息电子标签上读取相关信息。在该模式中,具备读写功能的 NFC 手机可从 TAG 中采集数据,然后根据应用的要求进行处理。有些应用可以直接在本地完成,而有些应用则需要通过与网络交互才能完成。基于该模型的典型应用包括电子广告读取和车票、电影院门票售卖等。比如,如果在电影海报或展览信息背后贴有 TAG 标签,用户可以利用支持 NFC 协议的手机获得有关详细信息,或是立即联机使用信用卡购票。读卡器模式还能够用于简单的数据获取应用,比如公交车站站点信息、公园地图等信息的获取等。

点对点模式

即将两个具备 NFC 功能的设备链接,实现点对点数据传输。基于该模式,多个具有 NFC 功能的数字相机、PDA 计算机、手机之间,都可以进行无线互联,实现数据交换,后续的关联应用,既可以是本地应用,也可以是网络应用。该模式的典型应用有协助快速建立蓝牙连接、交换手机名片与数据通信等。

NFC 在手机的应用场景

NFC 设备已被很多手机厂商应用,NFC 技术在手机上应用主要有以下五类。

1. 接触通过(Touch and Go),如门禁管理、车票和门票等,用户将储存着票证或门控密码的设备靠近读卡器即可,也可用于物流管理。

2. 接触支付(Touch and Pay),如非接触式移动支付,用户将设备靠近嵌有 NFC 模块的 POS 机可进行支付,并确认交易。

3. 接触连接(Touch and Connect),如把两个 NFC 设备相连接,进行点对点(Peer-to-Peer)数据传输,例如下载音乐、图片互传和交换通讯录等。

4. 接触浏览(Touch and Explore),用户可将 NFC 手机接靠近街头有 NFC 功能的智能公用电话或海报,来浏览交通信息等。

5. 下载接触(Load and Touch),用户可通过 GPRS 网络接收或下载信息,用于支付或门禁等功能,如前述,用户可发送特定格式的短信给家政服务员的手机来控制家政服务员进出住宅的权限。

(全文完)

三极管和MOSFET选型规范(二)

(上接第79页)

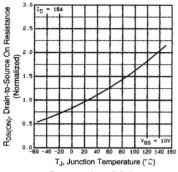

图1 Rds(on)与Tj关系图

相同的结温下,随着ID增大,Rds(on)有轻微增大。计算功耗时,可以忽略该变化。在实际使用中,如果增大ID值,导致发热上升,那是因为散热条件(热阻)不变,功耗P= I2* Rds(on)增加,结温升高,Rds(on)随之升高,进一步加大功耗。

另外,当频率超过100KHz后,开关损耗所占的比例不能忽视,这时就必须注意器件本身的栅极电荷Qg,输出电容Coss,以及栅极驱动电阻对开关损耗的影响。特别是通态电阻越小的MOSFET,通常其元胞密度就越大,因此Qg、Coss就会越大,这就会增大开关损耗。

近来,由于MOSFET的应用频率进一步提高,在低压大电流的MOSFET生产上,还需注意从工艺设计上改善MOSFET内部寄生的Rg,以降低MOSFET的开关损耗,提高应用频率(或提高电流)

2.2.3 电流处理能力参数

限制电流处理能力的最终因素是最大可允许结温(通常厂家规定为150℃)。一般用可持续直流漏极电流ID、额定峰值电流IDM来表征。

1)可持续直流漏极电流ID

实际可允许最大ID值是决定于Rds(on)、结-壳热阻RJC(它决定于器件的芯片封装材料及工艺水平)、最大可允许结温Tj,以及壳温Tc等机构参数。它们满足一下公式:

I2* Rds(on)*Rjc=Tjmax−Tc

其中Rds(on)、Rjc、Tjmax由器件本身的特性决定,Tc则与设计有关,如散热条件、功耗等(注:可允许最大漏极功耗Pd= I2*Rds(on)=(Tjmax−Tc)/Rjc)。一般厂家资料给出的是壳温下的ID值,另外有些厂家还给出了最大ID和Tc之间的关系曲线。

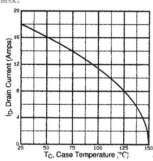

图2 ID与Tc关系图

以IRF640为例,电流标称值为18A(Tc=25℃下),其ID和Tc的关系如上图。由图可见,当壳温有25℃变到125℃时,可见最大直流漏极电流由18A下降到8A。必须注意,Tc=25℃下的ID仅仅具有参考意义(可以进行不同管子之间的比较),因为它是假定散热条件足够的好,外壳温度始终为25℃(在实际应用中,根本不可能),从而根据公式I2* Rds(on)*Rjc=Tjmax−Tc推算出来的。但在实际应用情况下,由于环境温度和实际散热条件的限制,壳温通常远远大于25℃,且最高结温通常需要保持在20℃以上的降额。因此,可允许直流漏极电流必须随温度升高而降额使用。

2)额定峰值电流IDM

如果电流脉冲或占空比较小时,则允许其超过ID值,但其脉冲宽度或占空比需要受到最大可允许结温的限制。一般厂家资料规定25℃下的额定峰值电流IDM值为ID的四倍,并且是在VGS=20V下得到的。

2.2.4 与栅极驱动有关的参数

由于在G、D、S各极之间存在不可避免的寄生电容。因此,在驱动时,该电容器有充放电电流和充放电时间,这便是驱动损耗、开关损耗产生的根本原因。器件的开关特性通常以Qg来衡量。

1)输入电容Ciss、反向传输电容Crss、输出电容Coss

由于在G、D、S各极之间存在不可避免的寄生电容,因此,在驱动时,改电容器有充放电电流和充放电时间,这便是驱动损耗、开关损耗产生的根本原因。器件的开关特性通常以Qg来衡量。

1)输入电容Ciss、反向传输电容Crss、输出电容Coss

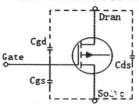

图3 MOSFET寄生电容

如上图,Ciss=Cgd+Cgs,Crss=Cgd,Coss=Cds+Cgd

2)总的栅极电荷Qg

它表示在开通过程中要达到规定的栅极电压所需要的充电电荷。是在规定的VDS、ID及VGS(一般为10V)条件下测得的。

由于弥勒效应的存在,Cgd虽然比Cgs小很多,但在驱动过程中它起的作用最大,因此客观来讲,考察MOSFET的Qg比考察Ciss等来得更为准确一些。

另外还有栅极电荷Qge、栅极电荷(弥勒电荷)Qgd两个参数。

如下图以IRF640为例,示意它们的波形。

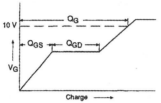

图4 栅极电荷与VG

3)栅极电阻Rg,开通延迟时间td(on)、上升时间tr、关断延迟时间td(off)、下降时间tf

同样描述的是器件的开关性能,同时关系到器件的驱动损耗。其具体值与测试条件密切相关。比较不同的管子时尤其要引起注意。否则容易为厂家所误导。

2.2.5 与可靠性有关的参数

1)最大可允许结温Tjmax

这是可靠性最为重要的参数,对MOSFET,一般厂家都标为150℃,也有125℃和175℃的特殊半导体器件。

2)雪崩额定值

由于漏感和分布电感以及关断时的di/dt,可能会产生电压尖峰从而强制MOSFET进入雪崩击穿区,VDS被钳制在实际的击穿电压点,但如果进入雪崩击穿区的实际很短,能量很小,器件本身则可以将此消耗掉而不至于损坏。

有三个参数能表征这一特性,即可允许单次脉冲雪崩能量EAS、可允许重复脉冲雪崩能量EAS(脉宽受到最大结温限制)、发生雪崩时的初始最大雪崩电流IAR。雪崩能量额定值随结温升高而显著下降,随发生雪崩时起始电流的增加而下降。

如果器件工作时有雪崩情况,注意在老化工程中,由于结温会相应升高,雪崩能力会相应下降,如果下降到一定程度则有可能是器件损坏,并且这种损坏通常只呈现一定的比例。(当然也有可能是其他原因引起MOSFET损坏,如变压器在高温大电流下的磁饱和)

3)栅极漏电流IGSS、漏极断态漏电流IDSS

这两个参数在具体设计时可能用不到,但它限制了器件内部工艺、材料的好坏,其值尽管可能是小到mA级或uA级,但比较器件时,通过测试它随电压变化(尤其是高温下)的情况也可以比较判断器件的优劣。

2.2.6 与寄生源漏二极管有关的参数

在某些电路可能要运用到体内二极管进行续流,此时则需要考察二极管的参数。

1)的dv/dt值

体寄生二极管续流时,少子空穴也参与了导电,并且浓度很高,当二极管导通周期结束,外电路使二极管反转时,如

果D、S之间的电压上升过快,大量少子空穴有一部分来不及复合掉,引起横向流过体区的电流,该电流在P+区和源区N+之间形成的压降可能使寄生的三极管导通,(漏极D相当于寄生NPN三极管的集电极,P+相当于基极,源S极相当于发射极,基极发射极有正向压降时,在dv/dt大,电压上升快,集电极与发射极之间也有正电压,因此寄生三极管导通),电流会密集于第一个导通的元胞,从而使器件热击穿损坏。

2)其他参数

a.反向恢复特性,有反向恢复电荷、反向恢复时间。续流运用时要考虑匹配。

b.电流电压参数,有正向压降VSD,其电流参数IS、ISM与ID、IDM相同,相对于SI MOSFET,SIC MOSFET的寄生二极管的正向压降,这是因为SIC的拐点电压(Knee voltage;point at which diode turn on)是Si的3倍,这非常近似于它们禁带宽度的比值,因此SIC MOSFET的VSD约为2.5V,而Si MOSFET的VSD约为0,8V。

2.2.7 封装

封装选用主要结合系统的结构设计,热设计,单板加工工艺及可靠性考虑,选择具有合适封装形式及热阻的封装。常见功率MOSFET封装为DPAK、D2PAK、PowerPAK 5×6、PowerPAK 3×3、DirectFET、TO220、TO247,小信号MOSFET对应的SOT23、SOT323等,后续引进中主要考虑PowerPAK 8×8,PowerPAK SO8 5×6 Dual,PowerPAK 5×6 dual cool,SO8封装器件在行业属退出器件,选型时禁选,DPAK封装器件在行业属饱和期器件,选型时限选;插件封装在能源场景应用中优选,比如TO220,TO247。

3. 附厂商分析

厂商	国别	简介
INFINEON	德国	1999年从西门子拆分出来,主力提供半导体和系统解决方案,解决在高能效、移动性和安全性方面带来的挑战,其高压功率MOSFET及IGBT技术优势明显,加上收购了IR(IR在LV/MV MOS行业技术领先占有率第一),因此INFINEON可提供功率MOSFET和IGBT全系列产品,目前已收购CREE,后续收SIC功率器件将占主导地位。
三菱电机(VINCOTECH)	日本	1921年成立,综合性企业,2012年收购德国厂家VINCOTECH,非功率MOSFET/厂商,其在IGBT模块领域有完整的产业链,其模块主要用于机车牵引领域、电动汽车、电机控制领域。VINCOTECH为逆变器IGBT模块主流厂家,内部芯片外购。
ST	意法	2000年成立,有SGS和汤姆逊公司合并,其半导体综合类产品,其高压功率MOSFET及IGBT单管技术领先,不提供IGBT模块。
ON	美国	1999年成立,前身为motorala半导体元器件部,其功率MOSFET以中低压为主,现收购了FSC(中高压),虽在中压部分有重合,但已开始进军高压领域,2012年起开发展IGBT单管及IGBT模块业务。
VISHAY	美国	1962年成立,老牌分立器件厂家,其中低压MOSFET行业占有率高,仅提供SOT227封装的少量模块,目前已有部分高压MOS产品。
RENESAS	日本	2003年由三菱、日立及NEC合资成立,半导体综合类厂商,其2013年功率MOSFET退出PC市场,目前重点发展IGBT单管。
TOSHIBA	日本	1939年成立,日本最大半导体厂家,其功率MOSFET产品系列全(从高压到低压),IGBT重点业务在单管,主要市场家电,封装同业界主流不同,以TO3为主,后续会发展模块
FUJI	日本	1923年由日本古河同西门子合资成立,其功率OSFET产品线较窄,仅提供部分高压MOS,IGBT,模块产业链完整有自有芯片。
IXYS	美国	1983年成立,功率半导体行业技术领先公司,产品主要用于工业,其功率MOSFET,IGBT单管较为主,且价格高
MICROSEMI	美国	1995年成立,时一家专注可靠性的功率半导体公司,自收购APT后涉足工业及通信领域,其功率MOSFET/IGBT/模块价格高,性能优势不明显,主要做军品。
NXP	荷兰	2006年成立,前身为飞利浦事业部之一,半导体综合类公司,其功率MOSFET产品聚焦在100V以下,高压MOSFET,IGBT及模块
PANASONIC	日本	1918年成立,是日本最大的电机制造商,分立器件产品线很窄,功率MOSFET以中低压为主,无IGBT/模块,功率GaN FET行业领先
ROHM	日本	1958年成立,综合类半导体大厂,尤其擅长器件小型化,MOSFET以小信号为主,SIC器件行业领先,IGBT芯片产品线较窄。
SEMIKRON	德国	1951年成立,专注于功率半导体模块的封装,其封装技术势明显,无功率MOSFET、IGBT单管,IGBT模块产品线齐全,芯片外购
TI	美国	1951年成立,半导体综合类厂商,行业地位高,功率MOSFET以中低压100V以下为主,无IGBT单管及模块

(全文完)

2021年 2月21日 第8期
投稿邮箱:dzbnew@163.com
电子报

设计开关电源的十八项指标(一)

一、描述输入电压影响输出电压的几个指标形式

1.绝对稳压系数

A.绝对稳压系数:表示负载不变时,稳压电源输出直流电压变化量△U0与输入电网变化量△Ui之比。即:K=U0/Ui。

B.相对稳压系数:表示负载不变时,稳压器输出直流电压Uo的相对变化量△Uo与输出电网Ui的相对变化量△Ui之比。即:S=Uo/Uo/Ui/Ui

2.电网调整率

它表示输入电网电压由额定值变化±10%时,稳压电源输出电压的相对变化量,有时也以绝对值表示。

3.电压稳定度

负载电流保持为额定范围内的任何值,输入电压在规定的范围内变化所引起的输出电压相对变化△Uo/Uo (百分值),称为稳压器的电压稳定度。

二、负载对输出电压影响的几种指标形式

1.负载调整率(也称电流调整率)

在额定电网电压下,负载电流从零变化到最大时,输出电压的最大相对变化量,常用百分数表示,有时也用绝对变化量表示。

2.输出电阻(也称等效内阻或内阻)

在额定电网电压下,由于负载电流变化△IL引起输出电压变化△Uo,则输出电阻为Ro=|Uo/IL|欧。

三、纹波电压的几个指标形式

1.最大纹波电压

在额定输出电压和负载电流下,输出电压的纹波(包括噪声)的绝对值的大小,通常以峰峰值或有效值表示。

2.纹波系数 Y(%)

在额定负载电流下,输出纹波电压的有效值 Urms 与输出直流电压Uo之比,即:y=Umrs/Uo×100%

3.纹波电压抑制比

在规定的纹波频率(例如50Hz)下,输出电压中的纹波电压Ui~与输出电压中的纹波电压Uo~之比,即:纹波电压抑制比=Ui~/Uo~。

这里声明一下:噪声不同于纹波。纹波是出现在输出端子间的一种与输入频率和开关频率同步的成分,用峰—峰(peak to peak)值表示,一般在输出电压的0.5%以下;噪声是出现在输出端子间的纹波以外的一种高频成分,也用峰—峰(peak to peak)值表示,一般在输出电压的1%左右。纹波噪声是二者的合成,用峰—峰(peak to peak)值表示,一般在输出电压的2%以下。

四、冲击电流

如图所示是自控式数字表逆变电源电路。它不需要单独设立电源开关或对表内开关进行改造。该电路具有耗电省、稳定可靠、不影响仪表精度等特点。电路中的变压器 T 是用E3型铁氧体磁芯、各折去一角后加工成口字形,L2在内,L1在外。整个逆变电源工作时,电池工作电流约为70mA。

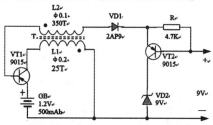

五、稳流保护

下图为仿制电路:输入可低至0.8V,输出电流可达10mA 输出开路,输入电流为零。

T:E3 日字型磁芯 L1=18 匝=125μH L2=180 匝=12mH

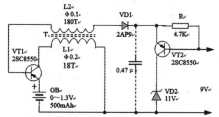

六、过压保护

1.绝对稳压系数

A.绝对稳压系数:表示负载不变时,稳压电源输出直流

变化量△U0 与输入电网变化量△Ui之比。即:K=U0/Ui。

B.相对稳压系数:表示负载不变时,稳压器输出直流电压 Uo 的相对变化量△Uo 与输出电网 Ui 的相对变化量△Ui之比。即:S=Uo/Uo/Ui/Ui

2.电网调整率

它表示输入电网电压由额定值变化±10%时,稳压电源输出电压的相对变化量,有时也以绝对值表示。

3.电压稳定度

负载电流保持为额定范围内的任何值,输入电压在规定的范围内变化所引起的输出电压相对变化△Uo/Uo (百分值),称为稳压器的电压稳定度。

七、输出欠压保护

1.负载调整率(也称电流调整率)

在额定电网电压下,负载电流从零变化到最大时,输出电压的最大相对变化量,常用百分数表示,有时也用绝对变化量表示。

2.输出电阻(也称等效内阻或内阻)

在额定电网电压下,由于负载电流变化△IL 引起输出电压变化△Uo,则输出电阻为 Ro=|Uo/IL|欧。

八、过热保护

1.最大纹波电压

在额定输出电压和负载电流下,输出电压的纹波(包括噪声)的绝对值的大小,通常以峰峰值或有效值表示。

2.纹波系数 Y(%)

在额定负载电流下,输出纹波电压的有效值 Urms 与输出直流电压 Uo 之比,即:y=Umrs/Uox100%

3.纹波电压抑制比

在规定的纹波频率(例如50Hz)下,输出电压中的纹波电压 Ui~与输出电压中的纹波电压 Uo~之比,即:纹波电压抑制比=Ui~/Uo~。

这里声明一下:噪声不同于纹波。纹波是出现在输出端子间的一种与输入频率和开关频率同步的成分,用峰—峰(peak to peak)值表示,一般在输出电压的0.5%以下;噪声是出现在输出端子间的纹波以外的一种高频成分,也用峰—峰(peak to peak)值表示,一般在输出电压的1%左右。纹波噪声是二者的合成,用峰—峰(peak to peak)值表示,一般在输出电压的2%以下。

九、温度漂移和温度系数

如图所示是自控式数字表逆变电源电路。它不需要单独设立电源开关或对表内开关进行改造。该电路具有耗电省、稳定可靠、不影响仪表精度等特点。电路中的变压器 T 是用E3 型铁氧体磁芯,各折去一角后加工成口字形,L2 在内,L1 在外。整个逆变电源工作时,电池工作电流约为70mA。

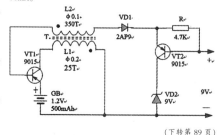

(下转第89页)

联电模式未来趋势与发展

联电再度公布令人惊艳的业绩,今年第二季不仅营收年增14.7%至509亿台币,毛利率更突破三成,达到31.3%,且第三季更可望持续上升至35%上下。

同样令人瞩目的是,联电产能利用率继第一季达100%后,第二季更超越100%,意味联电产能极为吃紧,接单量已经超过目前产能规模。

随着全球晶圆代工市场供不应求,联电之前已经调升第三季售价,共同总经理王石认为,市场需求强劲的状况可望一路延续至2022年,将有利联电获利进一步提升。

5G、电动车及数字转型是联电需求主力

王石下午在在线法说会说:"来自 5G 运用与数字转型的强劲需求,为第二季营运奠定坚实基础。晶圆制造产能利用率超过100%,整体出货量较上一季成长了3.0%,达到244万片约当8英寸晶圆。"

"在 4G、5G 智能手机、固态硬盘、和数字电视等整合应用的推动下,28nm 产品的营收持续增长。这一季我们持续优化整体产品组合并降低成本,以提升毛利率。我们预期结构性的需求仍将持续,并且继续支撑整体平均售价(ASP)的上升。"

联电看 Q3:8 吋、12 吋晶圆供给 预期持续吃紧

展望第三季,王石认为在 5G 和电动车大趋势下,需求仍然强劲,包括 8 英寸及 12 英寸整体供给吃紧,预期将持续下去。透过产品组合进一步优化、降低成本与生产效率提升,毛利成长动能将可持续到第三季"

其次,随着客户对整合连接装置和显示应用产品的22nm 设计定案(tape out)数量的增长,他预期未来有更多客户将采用联电 22nm 制程。

王石也对第三季提出以下几个量化财测:

1. 晶圆出货量可望再成长 1~2%
2. ASP(美元计价)大约再增 6%
3. 毛利率可望在 30%区间的中段(mid-30s)
4. 产能利用率持续在 100%

法人问 Q4 王石"这么说"

在 QA 时间第一个发问的欧系外资分析师,想知道联电对于第四季展望及未来新增产能的看法。

对此王石仅提到,"一般来说,我们相信对于(市场)结构性需求的定位,不太会改变,我相信客户开始认识到联电的价值及贡献。我们确实也预期,目前结构性需求的强劲动能,会持续到2021年第四季之后。"

对于联电扩产及晶圆代工业恐在 2023 年开始供给于求

的可能性,王石则表示,业界研究显示在 5G、电动车、物联网及数字转型的推动下,全球半导体市场从2020年至2025年将加速成长,"所以多头循环还会持续好一阵子,但从财务角度来说,为了维持良好的毛利,我们会保持(财务)弹性,才有能力在市场往下走的时候渡过难关"。联电股价 4 月冲上62.7 元新高 但已盘整两个月。

今年联电股价累计上扬近 10%,今天以 51.8 元收盘

上半年联电股价大幅震荡,4 月一度攻上 62.7 元的20多年最高价后,就一路盘整至今,过去两个月大多在 50~55元之间徘徊,不如 2020 下半年的大涨表现。

不过,一些业界人士仍呆观看待联电的竞争力,甚至认为不可轻忽。

多家 IC 设计业者找联电签六年约"这招很聪明"

力积电董事长黄崇仁 6 月接受《今周刊》专访时就提到,联电决定和多家 IC 设计公司签六年长约,这招很聪明。

他分析,联电这么做有几个目的,第一,未来几年的代工价格已经确定,不用再和台积电杀来杀去。

第二,这几家 IC 设计公司预付资金 1000 亿元,等于确保联电未来每个月 3 万片的产能。

第三,联电有固定的生意,万一哪天市场不用 28nm 了,联电在这块产能也不用担心空转。

黄崇仁:台积是法国大餐、联电是鼎泰丰"别小看联电"

黄崇仁也说:"我常用一个比喻,台积电在制程上的领先地位,就像是世界级米其林三星的法国大餐,而联电就是鼎泰丰。"

"但法国大餐不能天天吃,鼎泰丰卖小笼包、水饺,虽然便宜但毛利也不低,而且每个人都要吃。你吃米其林的法国大餐好几千元,但鼎泰丰多几个人吃也要上千元,重点是,做包子你绝对做不赢它。"

"所以啊,别小看联电。"

陆行之:联电模式是未来趋势

前巴克莱/花旗证券亚洲首席半导体分析师陆行之,本月上财信传媒董事长谢金河的电视节目《老谢看世界》时表示,即使 2023 年全球半导体产业的需求减缓,仍难挡"半导体通膨时代"的长期趋势。

他分析,以往晶圆代工厂毛利低、设备昂贵又容易折旧,没人愿意设厂;反观 IC 设计公司一本万利,不需设厂、有人忠诚代工,毛利又高。

现在设厂成本成长,有议价权的设备商就能涨价,产业链生产模式将会改变,例如"晶圆代工涨价、IC 设计叫苦,日前八家 IC 设计厂联合集资希望联电扩产,风险由所有人共同承担,'联电模式'是未来趋势"。

蛰伏三十年，芯片机遇中的 EDA 如何铺路？

EDA专栏

当技术发展或市场趋势来到新旧时代交替之际，总是会蕴藏着无数机会。数字化时代已经全面开启，芯片作为数字化时代的基础建设，在国家政策扶持以及市场应用带动下高速增长。中国半导体行业协会的最新报告指出，截至2020年底，全国集成电路设计业年销售收入将达到3819亿元，较2019年增长23.8%，而这一数字预计将在2026年突破10000亿元大关。

EDA（电子设计自动化）是工业设计软件，是这一庞大产业链的底层关键技术。早期的集成电路设计是纯手动描绘版图，这一突破发生三十年前左右，EDA的诞生让工程师可以用计算机语言描述设计，可以透过仿真在流片前提前验证，这不仅提高了芯片设计效率，更大大地减少其在制造环节的风险，EDA的发展在过去30年间支撑集成电路设计从几千颗晶体管的规模，达到现在百亿级晶体管的集成度。

在过去大半个世纪里，中国在EDA领域上始终在不断追赶，然而，全球前三大的EDA公司占据了中国市场的90%，可以说如果没有一场技术革命，后发选手想要变道超车的可能性微乎其微，但是在数字化时代下，当中国已在人工智能、云等前沿技术屡屡突破，中国EDA正迎来百年一遇的好机会。

新赛道的出现给予了中国EDA变道超车的机会。EDA作为芯片设计必不可少的工具，在过去三十年诞生了不少打遍天下无敌手的主流工具。但在数字化时代下，传统的EDA技术已经渐渐满足不了复杂的系统芯片设计所需要的验证效率，而人工智能、云、智能汽车、5G等不同应用细分领域，也在向EDA提出全新的挑战。过去30年间作为主流的EDA技术，是根据十几二十年前的数据结构和计算结构，基于当时的技术做开发的，其多年来积累的不仅是对不同需求的支持，更多的是难以剔除的淘汰技术框架和冗余代码。

当然，主流的传统EDA公司也正尝试在现有的框架上继续叠加全新的技术，比如AI和云，但由于底层数据架构没有改变和适配新的软硬件框架，基于传统软硬件框架上进行优化得到的效果非常有限。市场呼唤效率更高的、面向未来的EDA，电子设计从自动化向智能化发展正在行业内紧锣密鼓地进行。

如同新能源为汽车行业带来的革命性变革——当发动机已不再是巨头的差异化优势时，原有的技术壁垒就不再是难以破除的障碍。现在，人工智能、云、语言等技术的发展，将EDA技术拉到了一条新赛道上，以后发优势实现突破已经有非常多的案例，比如中国的5G超越世界4G水平，新能源汽车正在渐渐颠覆传统汽车的商业模式等等。

面向未来的创新，需要从建设生态开始开辟一条全新赛道离不开基础设施的完善。在这一新机遇中，人才是摆脱路径依赖的关键力量，EDA作为一门跨学科的专业领域，其技术是以计算机为工具，集数据库、图形学、图论与拓扑逻辑、编译原理、数字电路等多学科最新理论于一体。国内目前从事EDA研发的人才总数不到两千人，学院里也尚未开设EDA专业课程，而EDA技术的创新，需要具备多学科的知识并积累一定的实践经验，EDA工具实际应用在项目当中，也需要一定的技术支持以解决使用过程中遇到的挑战，对于软件工程的背景相对偏弱的IC设计工程师而言，他们大部分没有能力可以直接修改或修复EDA软件代码。而且新一代EDA还要融入底层架构的新兴技术，更多跨AI、云和各种代码的跨界人才是成为破壁现有EDA技术的关键因素。

因此，为加速EDA技术创新，培养人才、发展生态，芯华章在2020年8月率先对外发布开源EDA生态项目，并陆续推出高性能开源EDA仿真器EpicSim，以及全球率先推出的开源形式验证工具"灵验"（EpicFV），是国内首家推出开源EDA工具的EDA公司。

开源EDA独特的价值在于能有效加速创新、降低门槛、培养生态，从其技术特点看：

技术共享，研发EDA不用从0开始做起：作为未来数字经济的核心驱动力，EDA技术正在经历其从自动化到智能转变的关键发展时期。开源EDA因为将源代码完全敞开，在开放的构架上，使用人员可以根据自己所长，站在前人的肩膀上融入自己的技术理解，在已有的基础上形成合力对技术进行"再创新"，特别是在一门新兴技术的发展初期，最新的例子就是其对于机器学习的开发的作用，一定数量级别的创新和合作能够快速促进一门技术的成熟。

吸引人才，汇聚生态：开源EDA可以让更多有志于该领域的人才，得以看到EDA工具最深层的架构和逻辑，对EDA技术积累一定的认识，并通过开源EDA进行实践，

从而吸引并培养更多的EDA人才，为EDA的发展和再创新提供更多的思想，也是我国产学研实践的有力补充。

降低EDA使用门槛，助力创芯梦想启航：蓬勃的市场需求下无数怀有技术理想的企业和研究项目应运而生，2020年最新中国IC设计总体发展报告中显示，IC设计企业的数量较去年增长了24.6%达到2218家，从产业实际情况出发，其中有许多并不是在开发使用最先进节点的芯片，或是尚在初期验证其设计实现，需要对外展示其技术实力的阶段，这也就意味着他们可能并不需要最先进的设计工具，也无法投入太多的研发费用在商用EDA工具上，开源EDA作为完全开放的资源，可以是院校项目、初创企业等怀有技术理想的工程师试航的源动力。

打通产业环节壁垒，充分发挥数据价值：集成电路产业在过去数十年的发展过程中，逐渐走向精细化的分工模式，各自领域的专精为各环节筑起壁垒，彼此之间互不连通。除了对人才的培养之外，开源可以让产业链上的各个环节能够敞开自己的胸怀，围绕产业数据构建起新的合作模式，开放的心态带来的不仅仅是更多技术创新的可能，更可作为合作模式创新的试验田，从实际产业链来定义数据，量化需求与参数，从而完成资源的灵活调配并提高集成电路设计效率。

通过开源EDA构建集成电路设计社区的生态圈是一个行之有效的路径，芯华章认为这不仅需要开放开源EDA技术和开源标准，具备实用性与易用性的开源EDA产品的重要性和迫切性也不言而喻。因此，芯华章拥抱开源，以多年积累的行业经验以及技术实力，开创性地提供使用手册、案例文档、技术支持，让开源EDA产品真正能应用在研究项目当中。芯华章目前推出的两款产品，已率先应用于院校研究项目，其开创性

与易用性获得了一致肯定，更双双获得了来自开源中国（Gitee）的最有价值开源项目计划的荣誉。

芯华章于2020年9月推出的开源EDA技术社区EDAGit，已吸引了超过3000位IC设计圈的伙伴成为社区的常驻粉丝，逐渐兴起生态圈内对于EDA的技术讨论与使用交流的热忱。

开源加速创新是一条经过验证的路径，我们认为，要实现开源EDA能为产业带来的价值，必要有人抛砖引玉，并且真正做到与用户相互促进。高手在民间，我们透过技术切磋交流和运营社区也收获良多，也有算法、数据结构等方面具备独特思考的人才，通过这样的形式对EDA和芯华章产生兴趣，这也坚定了我们团队继续透过开源构建生态的初心，中国要打造自主创新的全流程EDA，必须构建起良好的生态土壤形成正向循环。

让面向未来的EDA技术诞生在中国。为了突破当前EDA技术壁垒，芯华章正在研究全新的芯片设计和验证方法学，从打造全流程验证EDA系统出发，通过融合人工智能算法、机器学习、云计算与高性能硬件系统等前沿科学，打造与未来接轨的新一代EDA软件和系统。与此同时，基于EDA技术突破的理想，芯华章推出了开源EDA社区EDAGit，并发布了基于经典EDA方法学强化、创新的开源EDA产品。在芯华章的抛砖引玉下，也有行业同仁看到开源能为产业带来的价值，并加入开源生态的探索行列中，这对于人才的引入、培养和技术的突破会很有帮助。芯华章希望能够与行业同仁一起，运用我们自身的技术优势，共同加快完善中国集成电路产业链的完善，突破现有技术壁垒。

◇芯华章科技市场部

2021 年楼宇和园区网络的发展趋势前瞻

2020 年，我们工作和生活的方式都发生了巨大的变化。COVID-19疫情影响了生活的方方面面，如今全球都开始注重隔离，逆境求生的各场所和园区也不得不采取措施，以灵活应对这些变化。对于许多楼宇业主而言，在疫情之下，从前"锦上添花"的技术如今已成为必需，加速技术革新也被提上了议程。我们预计，以下几项重要趋势将会影响 2021 年的楼宇和园区网络发展。

网络重要性提升

疫情改变了business优先级，也改变了网络在楼宇和园区中的作用。在 2021 年，我们预计一些公司将大力采用远程联网的方式，让员工能够长期进行远程办公，还有一些公司将对其办公室进行调整，以满足社交距离方面的要求，这也意味着回到办公室办公的员工人数将减少。远程办公人员与公司的网络连接，也比以往任何时候都更加重要。楼宇所有者将着眼于员工和客户的健康与安全，持续推出安全的 VPN 连接，并以不同的方式对网络进行管理。

楼宇 IT 和运营技术（OT）团队将更加紧密地合作，以确保楼宇运营效率的最大化以及成本的最小化。这点至关重要，因为每家企业都希望在网络和智能楼宇设备方面的投资能够带来回报。如今，前来办公室办公的员工所占的空间与以前不同了，办公空间正在缩小，从而导致对 Wi-Fi 网络的需求增加。

OT 团队将持续采用免接触式门禁技术，并将热敏仪置于关键位置，对员工和访客的体温进行检测。同时，还利用系统对室内每一个定点的人流量进行测量，以监控人员规模。此外，更多的 IP 安防摄像头、LED 灯和 4K/HD 数字标牌等设备也将被安装。

OT 和 IT 的界线日益模糊

随着 IT 和 OT 团队间的合作愈发紧密，我们预计 OT（暖通空调、门禁和照明等运营技术）与 IT（网络和计算机）之间的传统界限将日益模糊。OT 团队与企业用户一样需要接入网络，除 Wi-Fi 外，OT 团队还需要包含 Zigbee 和 LTE-M 等物联网协议的接入。以太网供电（PoE）作为远程 IoT 设备供电的一种方式，也变得愈加重要。OT 团队如今也需要知晓网络中的可用带宽，以及哪些用户正在使用。反之，IT 团队必须支持更广泛的设备和用户方案，因此他们也正在采用 CBRS 和私有 LTE 等新的连接

技术，以提供相应的支持。在康普看来，这些发展预示着 OT 和 IT 团队将互相融合，以实现统一网络管理。

云计算日益强大

2021 年，随着 IT 和 OT 团队致力于控制并管理不同的用户群体和应用程序，他们将转而采用云计算。云是存储信息的中央通用资源，有助于更轻松地聚合并管理在家以及办公室办公的人员。网络管理员无论身在何处，都能了解谁在使用网络，使用的是什么网络，以及发现潜在的故障点。无论是 IT 部门还是中立的主机运营商，都能通过云，更轻松且灵活地管理整个网络。

数据网络是所有这些变化的核心。需求驱动发明，严峻的疫情之下，各场馆和园区的 IT 和 OT 网络迅速发展，且发展方式也是几年前我们所不曾预料的。如今，新技术和采用这些新技术的应用需要足够的带宽来支持，这一需求正在推动网络的全面发展。新的边缘设备将成为后端基础设施升级的催化剂，包括全新千兆以太网交换机和支持 90 瓦 PoE 的光纤布线。需进行周期性升级的 IT 部门也正在部署 CAT6A 电缆，该电缆可支持高达 10 Gbps 的数据速率，以防出现网络瓶颈，并完全支持全新的 PoE 需求。

网络复杂性不断提高

这一如都意味着，网络变得愈加复杂了，且随着更多新技术的出现，网络的复杂度将在 2021 年持续提升。如今，楼宇所有者必须综合采用楼宇内移动无线、Wi-Fi、CBRS、固定无线接入（FWA）和专用 LTE 网络。随着温度管理、门禁和人流量调控应用程序的推出，这些团队必须将网络连接延伸到更多地点。在许多公司和学校中，视频直播功能将愈加重要，这意味着网络必须前所未有地支持上行链路功能。传统网络通常不支持视频上行链路，因此针对此的网络升级是从今年开始，预计将持续到明年。此外，智能建筑也将担负起更多物联网的接入任务。

随着办公室中人员的减少和远程办公人数的增加，楼宇和园区网络的重要性将在 2021 年进一步提升，这也将模糊 IT 和 OT 部门的界线，推动云计算的增长。尽管随着新技术和新应用的增加，网络复杂性仍是一大课题，但随着网络变得更加强大且灵活，我们也看到了网络大放异彩的机会，这将助力 IT 和 OT 团队面向未来做好准备。

◇康普企业网络北亚区副总裁 陈岚

DP-5005I 型 DLP 投影单元 4V9 电源工作原理及故障检修(一)

某大屏幕投影屏由36个GQY公司生产的DP-5005I型DLP投影单元拼接而成,近期部分投影单元陆续出现黑屏故障,主要是由于电源模块故障引起。通过分析该型投影单元电源模块,发现电源模块由PFC电路、4V9电源电路和6V5电源电路3个单元构成。其中PFC电路将220V市电整流后,经UC3854N为核心的PFC控制电路调整后,产生约380V的直流高压,为4V9、6V5电源电路和UHP灯泡的点灯电路供电;4V9电源电路是以TOP245YN单片开关集成电路为核心的开关电源,对外提供4V9(4.9V)和12V供电;6V5电源电路是以TOP234单片开关集成电路为核心的开关电源,对外提供6V5(6.5V)、5Vs(+5V)以及12Vs(+12V)供电。

实际检修中发现,该型投影单元黑屏故障,大多由电源模块的4V9电源电路故障引起,为便于故障分析和今后的快速维修,笔者按实物绘制了其原理图,并分析了其工作原理。

一、4V9电源电路工作原理

该电源电路是一个以TOP245YN(IC101)单片开关集成电路为核心的开关电源,由线性光电耦合器SFH617A、精密三端稳压器431、开关变压器、初级反激电压保护电路以及输出整流滤波和稳压等电路构成(如附图所示)。

1.TOP245YN简介

TOP245YN单片开关电源集成电路是美国PI公司生产的产品,它内含电流控制脉宽调制电路(PWM)、高耐压场效应功率开关管(MOSFET)、软启动电路以及环路补偿等电路。具有过欠压、过流和高温保护(140°C)以及轻负载时降频等功能,可选择132kHz或66kHz工作频率,最大占空比78%,输入电压为100~450V之间的直流电压。

该集成电路有6个引脚(控制端C、漏极D、源极S、线路电压检测端L、电流设定引脚X和频率选择端F),各引脚的功能和作用如下:

控制端C:1)为芯片提供工作电能;2)利用控制电流I_c的大小来调节功率开关管工作频率的占空比;3)通过外接旁路电容来决定自动重启动的延迟时间;4)对控制回路进行补偿。

漏极D:与片内MOSFET的漏极相连,1)用于驱动外部开关变压器的初级线圈;2)通过片内与漏极相连的高压恒流源,为芯片提供工作所需要的启动电流;3)通过与漏极相连的过电流比较电路,实现芯片的过流保护功能。

源极S:与片内MOSFET的源极以及散热器相连,接地。

线路电压检测端L:通过外接电阻与线路电压相连,用于设定电路的过压和欠压值。

电流设定引脚X:通过外接电阻与源极(S)连接,用于设定漏极的极限电流值,还可用于遥控开关和同步输入。

频率选择端F:用于选择芯片的工作频率。连接到源极S时,工作于132kHz,连接到C脚时,工作于66kHz。

2.4V9电源电路工作原理

本电路为单端反激式开关电源,工作频率66kHz。工作过程如下:加电后,电源模块PFC电路产生的V0(380V)电压,经T102的初级加到芯片IC101(TOP245YN)的D引脚,芯片内部的高压恒流源向控制C引脚所接电容C112充电,当C引脚的电压达到5.8V时,IC101开始进入软启动阶段,在10ms时间内,芯片内部的MOSFET功率效应管以66kHz的频率通断工作。MOSFET的导通占空比从0逐渐提高到最大值(78%),芯片D脚驱动高频开关变压器T102的初级以脉冲宽度逐渐增大的方式逆变工作。变压器T102的各个次级绕组分别产生感应电压,其中,8-7绕组产生的

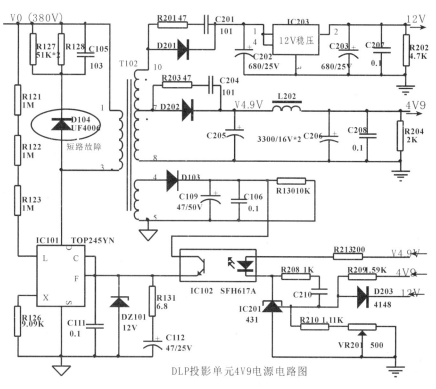

DLP投影单元4V9电源电路图

感应电压经D202整流、C205滤波,再经由电感L202、C206及C208组成的滤波网络进一步滤波,产生4V9(4.9V)直流输出;8-10绕组产生的感应电压经D201整流、C202滤波,再经过一个12V稳压器(IC203)稳压,由电容C203、C207进一步滤波,产生12V直流输出。变压器T102的副边4-5绕组产生的感应电压,经D103整流、C109、C106滤波,产生一个直流电压,该电压经光耦

IC102内的光敏三极管为芯片IC101供电。同时IC101自动切断内部的高压恒流源,结束软启动过程,进入正常工作阶段。如果外部稳压反馈电路或供电电路出现异常,使得IC101的C引脚的电压跌落到4.8V以下时,芯片将进入保护状态,并重新开始软启动过程。

(未完待续)

◇青岛 孙海善 蒋海燕 林鹏

爱之美 RFCD-A3 型理发剪不充电、不开机维修一例

一台爱之美RFCD-A3型理发剪无法充电及使用,而插上电源,机内有电火花产生。拆机检查电路(如图1所示),发现1μF降压电容一端与电路板之间虚焊,有放电烧灼痕迹。测量电容器正常,将其补焊后通电,充电指示灯点亮。充电数小时后开机试验,发现原机2节5号1.2V/1000mAh镍镉电池不耐用,估计已经老化,故用2节5号1.2V/2500mAh全新镍氢电池代换。代换后充电数小时,理发剪充电及使用恢复正常,故障排除。

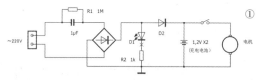

该机维修很简单,但对初次维修、不熟悉该机的读者来说,如何拆机不一定清楚。故图示简要说明拆卸方法。

1.剪头方向所示,用手用力推刀头,即可拆下刀头(如图2所示)。

2.拆下螺丝2个,即可分离塑料部件(如图3所示)。

3.把旋圈转到2.0位置,可以看到里面的白色塑料块,在其对面,有黑色塑料块,用尖细的小工具压黑色塑料块,再把旋圈向外推,即可拆下旋圈(如图4所示)。

4.拆下箭头所示充电口的一个小螺丝,再用尖细的小工具撬剪头所示外壳边缘,即可分离外壳(如图5所示)。

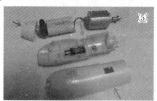

5.安装,就是逆过程,不多赘言。注意的是,拆卸安装时不要遗漏小部件就可以了。

◇浙江 方位

一、实验目的

1. 验证RC串并联选频网络振荡器的性能特点。

2. 巩固对RC串并联选频网络振荡器性能特点的理解、区别和记忆。

二、器材准备

1. DZX-2型电子学综合实验装置一台

2. GVT427型交流毫伏表一台

3. TDS1002/1012型双踪数字示波器一台

4. MF47型万用表一只

5. RC串并联选频网络振荡器实验板一块

6. 多种接头铜芯软导线若干根

三、性能特点回顾

1. RC串并联选频网络及其性能特点如图1所示。

①具有选频特性，谐振频率$f_o=\dfrac{1}{2\pi RC}$。

②谐振时输出电压最大，输出电压$U_o=\dfrac{u_2}{u_1}=\dfrac{1}{3}u_1$。

③谐振时输出电压与输入电压同相位，即输入电压与输出电压的相位差。

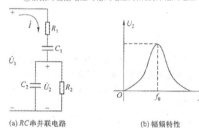

(a)RC串并联电路　　(b)幅频特性　　(c)相频特性

RC串并联选频网络及其性能特点

2. RC串并联选频网络振荡器的性能特点

①振荡频率等于选频网络的谐振频率，即$f_o=\dfrac{1}{2\pi RC}$。

②产生振荡的相位平衡条件是反馈信号与输入信号同相位。

③产生振荡的幅值平衡条件是反馈信号与输入信号大小相等，对于RC串并联选频网络振荡器来说，只要放大器的电压放大倍数略大于3即可满足幅值平衡条件。

四、训练操作

1. 验证RC串并联选频网络的性能特点

①把RC串并联选频网络振荡器实验板插在训练装置面板中间的四个插孔上，把信号发生器调到正弦波1kHz3V，然后把信号发生器连接在实验板上u_1两端，把双针交流毫伏表的CH1和双踪示波器的CH1并联连接在实验板上u_1两端，把双针交流毫伏表的CH2和双踪示波器的CH2并联连接在实验板上最左边的插孔与右下角的接地插孔之间，把频率计的钮子开关拨向外测、电源开关拨向开，把频率计连接在实验板上最左边的插孔与右下角的接地插孔之间，读出交流毫伏表上CH1指针指示的u_1数值（这就是RC串并联选频网络的输入电压值u_1）以及交流毫伏表上CH2指针指示的电压值（这就是RC串并联选频网络的输出电压值u_2），把结果填入表1。

表1 验证RC串并联选频网络性能特点的实验数据

输入信号			输出信号
频率 f	电压 u_1 (V)	电压 u_2 (V)	波形相位
$f_o=1KH_Z$			
从 f_o 起逐渐变低			
从 f_o 起逐渐变高			

②把信号发生器输出的正弦波频率慢慢调低，同步观察频率计上指示的频率值的变化趋势、交流毫伏表上CH2指针指示的电压值（即RC串并联选频网络的输出电压u_2）的变化趋势、示波器上CH2显示波形的相位变化趋势，把观察结果填入表1。

③把信号发生器输出的正弦波频率调回1kHz，然后再慢慢调高，同步观察频率计上指示的频率值的变化趋势、交流毫伏表上CH2指针指示的电压值（即RC串并联选频网络的输出电压u_2）的变化趋势、示波器上CH2显示波形的相位变化趋势，把观察结果填入表1。

④拆除所有的测量仪器。

2. 验证RC串并联选频网络振荡器的性能特点

①接通交流电源开关，接通直流稳压电源中左边的0~18V电源开关，万用表红黑表棒分别接0~18V的+－极输出插孔，慢慢调节直流稳压电源中左边一个旋钮，使万用表指针指在12V的刻度线上。

②关断交流电源开关，关断直流稳压电源中左边的0~18V电源开关，用导线把直流稳压电源中左边的0~18V的+极插孔与实验板上+12V插孔连接起来，用导线把直流稳压电源中左边的0~18V的-极插孔与实验板上右下角的接地插孔连接起来，把信号发生器连接在实验板上电位器R_W下方的插孔与接地插孔之间，把双针交流毫伏表的CH1和双踪示波器的CH1并联连接在实验板上电位器R_W下方的插孔与接地插孔之间，把双针交流毫伏表的CH2和双踪示波器的CH2并联连接在实验板上u_o两端，把频率计的钮子开关拨向外测、电源开关拨向开，把频率计连接在实验板上u_o两端。

③确认线路连接正确无误后，接通实验装置的交流电源开关，接通直流稳压电源中左边的0~18V电源开关，把信号发生器调为正弦波1kHz1V（这就是放大器的输入电压u_1），然后仔细调节实验板上R_W旋钮，使RC串并联选频网络振荡器的输出电压u_o为3V，同步观察此时的u_1和u_o值、示波器显示的CH2波形、频率计显示的频率值，把结果填入表2。

④移走信号发生器，用导线把实验板上电位器R_W下方的两个插孔连接起来，同步观察交流毫伏表上CH1指针指示的数值（这就是RC串并联选频网络反馈给放大器的输入电压u_1）以及交流毫伏表上CH2指针指示的电压值（这就是放大器的输出电压也就是振荡器的输出电压u_o）、示波器显示的CH2波形、频率计显示的频率值，把结果填入表2。

⑤找到频率计左边的两个100kΩ电位器，用导线把左边一个100kΩ电位器的左右两端分别连接到RC串并联选频网络的上边一个16k电阻R上，用导线把右边一个100kΩ电位器的左右两端分别连接到RC串并联选频网络的下边一个16k电阻R上（注意这里的接线方法是：先用带粗插头的导线把电位器与训练装置面板上的一个插孔连接起来，再用带细插针的导线把该插孔与实验板上的电阻连接起来），同步观察交流毫伏表上CH1指针指示的数值（这就是RC串并联选频网络反馈给放大器的输入电压u_1）以及交流毫伏表上CH2指针指示的电压值（这就是放大器的输出电压也就是振荡器的输出电压u_o）、示波器显示的CH2波形、频率计显示的频率值，把结果填入表2。

表2 验证RC串并联选频网络振荡器性能特点的实验数据

$U_{CC}=12V$	u_1 (V)	u_o (V)	A_u	输出频率	输出波形
放大器					
振荡器					
改变选频网络参数的振荡器					
不满足相位平衡条件	/	/	/	/	
不满足幅值平衡条件	/	/	/	/	

⑥拆除上一步中两个100kΩ电位器的连接导线，把双针交流毫伏表的CH1和双踪示波器的CH1并联连接到实验板上最左边的一个插孔上，拔出实验板上电位器R_W下方的插头改接在三极管T_1的集电极上（等效于改变了反馈到放大器输入端的相位，也就是不满足相位平衡条件），同步观察交流毫伏表上CH1指针指示的电压值以及交流毫伏表上CH2指针指示的电压值的变化情况、示波器显示的CH2波形的变化情况、频率计显示的频率值的变化情况，把结果填入表2。

⑦把放在三极管T_1的集电极上的插头重新插回电位器R_W下方的插孔，慢慢调节实验板上R_W旋钮使R_W阻值逐渐减小（等效于减小了放大器的放大倍数，也就是不满足幅值平衡条件），同步观察交流毫伏表上CH1指针指示的电压值以及交流毫伏表上CH2指针指示的电压值的变化情况、示波器显示的CH2波形的变化情况、频率计显示的频率值的变化情况，把结果填入表2。

⑧关断交流电源开关，关断直流稳压电源中左边的0~18V电源开关，拆除所有连接的测试仪器，拆除所有连接的导线，取下RC串并联选频网络振荡器实验板。

五、归纳与思考

1. 请从本次实验的表1中总结出RC串并联选频网络的输出电压与输入电压的关系、幅频特性和相位特性。

2. 本次实验中，当RC串并联选频网络中的16kΩ电阻并联上100kΩ电位器后，振荡器的振荡频率理论计算值应为多少？请写出计算过程。

参考答案：

1. ①输出电压等于输入电压的三分之一，即$u_o=u_2=\dfrac{1}{3}u_1$。②谐振时输出电压最大；输入频率逐渐高于或逐渐低于谐振频率时输出电压均逐渐减小。③谐振时输出电压与输入电压同相位，电路呈纯阻性；输入频率逐渐高于谐振频率时输出电压相位逐渐滞后，电路呈容性；输入频率逐渐低于谐振频率时输出电压相位逐渐超前，电路呈感性。

2. $R=\dfrac{16000\times100000}{16000+100000}\approx13793\Omega$

$f_o=\dfrac{1}{2\pi RC}=\dfrac{1}{2\times3.14\times13793\times0.00000001}\approx1155Hz$

◇无锡 周金富

低压电工操作证实操考试真题(三)

(接上期本版)

当需要连接的导线来自同一方向时,可以采用图14(a)~(f)所示的方法。对于单股导线,可将一根导线的芯线紧密缠绕在其他导线的芯线上,再将其他芯线的线头折回压紧即可。对于多股导线,可将两根导线的芯线互相交叉,然后绞合拧紧即可。对于单股导线与多股导线的连接,可将多股导线的芯线紧密绕在单股导线的芯线上,再将单股芯线的线头折回压紧即可。

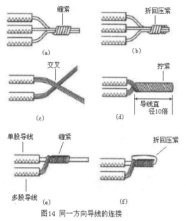

图14 同一方向导线的连接

(7)双芯或多芯电线电缆的连接

双芯护套线、三芯护套线或电缆、多芯电缆在连接时,应注意尽可能将各芯线的连接点互相错开位置,可以更好地防止芯线间漏电或短路。图15(a)所示为双芯护套线的连接情况,图15(b)所示为三芯护套线的连接情况,图15(c)所示为四芯电力电缆的连接情况。

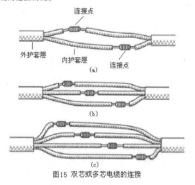

图15 双芯或多芯电缆的连接

铝导线虽然也可采用绞合连接,但铝芯线的表面极易氧化,日久将造成线路故障,因此铝导线通常采用紧压连接。

2.5.2紧压连接

紧压连接是指将铜或铝套管套在被连接的芯线上,再用压钳或压接模具压紧套管使芯线保持连接。铜导线(一般是较粗的铜导线)和铝导线都可以采用紧压连接。铜导线的连接应采用铜套管,铝导线的连接应采用铝套管。紧压连接前应先清除芯线线线表面和压接套管内壁上的氧化层和粘污物,以确保接触良好。

(1)铜导线或铝导线的紧压连接

压接套管截面有圆形和椭圆形两种,圆截面套管内可以穿入一根导线,椭圆截面套管内可以并排穿入两根导线。

圆截面套管使用时,将需要连接的两根导线的芯线分别从左右两端插入套管相等长度,使连接两根芯线的线头的连接点位于套管内的中间,如图16所示。然后用压接钳或压接模具压紧套管,一般情况下只要在每端压一个坑即可满足接触电阻的要求。在对机械强度有要求的场合,可在每端压两个坑。对于较粗的导线或机械强度要求较高的场合,可适当增加压坑的数目。

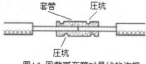

图16 圆截面套管对导线的连接

椭圆截面套管使用时,将需要连接的两根导线的芯线分别从左右两端相对插入并穿出套管少许,如图17(a)所示,然后压紧套管即可,如图17(b)所示。椭圆截面套管不仅可用于导线的直线压接,而且可用于同一方向导线的压接,如图17(c)所示;还可用于导线的T字分支压接或十字分支压接,如图17(d)和图17(e)所示。

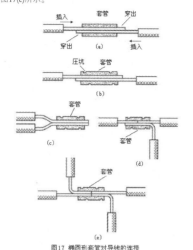

图17 椭圆形套管对导线的连接

(2)铜导线与铝导线之间的紧压连接

当需要将铜导线与铝导线进行连接时,必须采取防止电化腐蚀的措施。因为铜和铝的标准电极电位不一样,如果将铜导线与铝导线直接铰接或压接,在其接触面将发生电化腐蚀,引起接触电阻增大而过热,造成线路故障。常用的防止电化腐蚀的连接方法有两种。

一种方法是采用铜铝连接套管。铜铝连接套管的一端是铜质,另一端是铝质,如图18(a)所示。使用时将铜导线的芯线插入套管的铜端,将铝导线的芯线插入套管的铝端,然后压套管即可,如图18(b)所示。

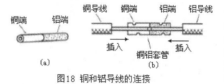

图18 铜和铝导线的连接

另一种方法是将铜导线镀锡后采用铝套管连接。由于锡与铝的标准电极电位相差较小,在铜与铝之间夹垫一层锡也可以防止电化腐蚀。具体做法是先在铜导线的芯线上镀上一层锡,再将镀锡铜芯线插入铝套管的一端,铝导线的芯线插入该套管的另一端,最后压紧套管即可。

2.5.3焊接

焊接是指将金属(焊锡等焊料或导线本身)熔化融合而使导线连接。电工技术中导线连接的焊接种类有锡焊、电阻焊、电弧焊、气焊、钎焊等。

(1)铜导线接头的锡焊

较细的铜导线接头可用大功率(例如150W)电烙铁进行焊接。焊接前应先清除铜芯线接头部位的氧化层和黏污物。为增加连接可靠性和机械强度,可将待连接的两根芯线先行绞合,再涂上无酸助焊剂,用电烙铁蘸焊锡进行焊接即可。焊接中应使焊锡充分熔融渗入导线接头缝隙中,焊接完成的接点应牢固光滑。

较粗(一般指截面积在16mm²以上)的铜导线接头可用浇焊法连接。浇焊前同样应先清除铜芯线接头部位的氧化层和黏污物,涂上无酸助焊剂,并将线头绞合。将焊锡放在化锡锅

图19 铜导线的锡焊连接

内加热熔化,当熔化的焊锡表面呈磷黄色说明锡液已达符合要求的高温,即可进行浇焊。浇焊时将导线接头置于化锡锅上方,用耐高温勺子盛上锡液从导线接头上面浇下,如图19所示。刚开始浇焊时因导线接头温度较低,锡液在接头部位不会很好渗入,应反复浇焊,直至完全焊牢为止。浇焊的接头表面应光洁平滑。

(2)铝导线接头的焊接

铝导线接头的焊接一般采用电阻焊或气焊。电阻焊是指用低电压大电流通过导线的连接处,利用其接触电阻产生的高温热将导线的铝芯线熔接在一起。电阻焊应使用特殊的降压变压器(1kVA、初级220V、次级6~12V),配以专用焊钳和碳棒电极,如图20所示。

气焊是指利用气焊枪的高温火焰,对铝芯线的连接点加热,使连接的铝芯线相互熔融连接。气焊前应将待连接的铝芯线绞合,或用铝丝或铁丝绑扎固定,如图21所示。

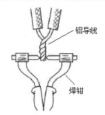

图20 铝导线线头的电阻焊连接

3. 科目3:作业现场安全隐患排除

3.1 判断作业现场存在的安全风险、职业危害

作为电工行业的工作人员,在具有配电柜的作业场所,应检查配电柜的柜门须连接可靠的接地线,防止柜门意外带电,引发触电事故。柜门的保护接地线PE线应使用截面积不小于2.5mm²专用黄绿双色多股铜芯线。成排安装的配电柜,柜前、柜后应有符合操作、维修要求的空间宽度。配电室内应有消防设施,并在安全有效期内。配电室内不得存放影响正常操作、运行、维护的杂物。

对于车间的电气设施,要求对多路保护线采用PE汇流排压接,而多路接地线在一点压接易产生接触不良的状况,使故障查找的难度增加。压接导线的螺栓,应露出2~3扣螺纹。车间配电箱应分别安装PE、N汇流排。

3.2 结合实际工作任务,排除作业现场存在的安全风险、职业危害

这个实操考试题目,要求学员结合自己的工作实际,对照可能发生的安全事故,采取相应的排除措施。例如,消防材料、消防工具是否充足,灭火器状态是否经过定期检验处在合格的有效期内。对于过期失效的灭火器及时淘汰更新。对于摆放不整、杂乱无章的安全工具按规程要求进行检验和保存保管。配电室及生产车间的规章制度应上墙悬挂,对于安全标志不完整的进行补充完善。

学员根据工作现场的实际情况针对性的回答排除作业现场存在的安全风险、职业危害的有效措施。

4. 科目4:安全用具使用

所谓安全用具的使用,包括人身安全和仪表、用具的安全两个层面。以下科目4中两个题目的答案中仅涉及与安全有关的内容,而正常使用操作的内容未予介绍。

4.1 电工仪表安全使用

常用电工仪表有万用表、钳形表、兆欧表、接地电阻测试仪、电能表等。

4.1.1 万用表

万用表在使用前应检查其外观完好无损,测试导线及测试棒绝缘良好。

不得用万用表的电流挡或欧姆挡测量电压。

测量电阻时应先断开电路的电源,防止电阻两端有电压损坏万用表。

指针式万用表测量直流电压或直流电流时应注意表棒的正负极,不应用错。

测量电容器时应切断其电源,并对电容器进行充分放电。

万用表使用完毕,应将其转换开关旋转至OFF挡或交流电压最高挡。

4.1.2 钳形电流表

使用钳形表测量电流时,若发现所选挡位不合适,应将钳形表从导线中退出,才可另选电流挡位,不得在卡住导线的情况下转换挡位。因为量程开关转换挡瞬间,铁芯上的次级绕组被瞬间切断,会在二次绕组上产生一个很高的脉冲电压,进而导致钳形表内的测量电路损坏,甚至危及操作人员的人身安全。

使用钳形表测量电流时,要选择好合适的测量位置和角度,避免读数时身体过于靠近或接触带电体而造成触电的危险。

测量完毕,应将钳形表的转换开关旋转至最大电流挡位,以免下次贸然使用时损坏表头。

(未完待续) ◇山西 木易

客厅吸顶灯改造记

某住宅客厅吸顶灯内装有10盏25W白炽灯（80cm×60cm）和一圈3W LED装饰灯，因灯泡环逐步换用5W的LED灯泡（因空间限制）。但还是感到灯光暗淡想对其进行改造。打算采用LED成品灯盘装设5盏，中间一盏功率最大采用36W灯盘，选用三色变光（23.9元），两边各装设两盏12W灯盘共4只，其中两只选用白色（3.80元），两只选用暖黄色（6.80元）。考虑到要求有几种照度，还选用一只4路无线遥控开关可以分别控制中间大灯、两侧的单色灯和原来的装饰灯。灯的电路原理如图1所示，灯盘和遥控器从网上购买。

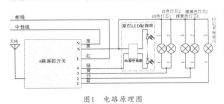

图1 电路原理图

材料备齐后便开始动手改装。第1步，切断电源取下活动的装饰杆、透光玻璃和卸下灯泡，将灯座从安装位置卸下。第2步，拆除灯头和接线。第3步，取出新灯盘在灯座上确定安装位置。第4步，拆除灯盘安装位置处的装饰挂件。第5步，固定盘灯盘，灯盘有磁座一般不需要钻孔，但因灯座有层镜面不锈钢使磁性吸力降低，故增加了一条双面胶粘贴。第5步，按图1接线。第6步，上电试灯，通电后，①蓝线组亮，即三色变光灯盘亮；→关再开，①蓝线和②白线组亮，即三色变光

灯盘和暖黄灯盘点亮；→关再开，①蓝线、②白线和③黄线组亮，即三色变光灯盘、暖黄灯盘和白色灯盘点亮；→再关再开，①蓝线、②白线、③黄线和④绿线组全亮，即三色变光灯盘、暖黄灯盘、白色灯盘亮和装设LED串亮点亮。遥控功能是，1#按键开关①蓝组，2#按键开关②白组，3#按键开关③黄组，4#按键开关④绿组，ON按键全亮，OFF按键全关。确认正常后进入最后一步，安装就位，恢复前面取下的装饰件。

该吸顶灯在改造前用LX-1010B照度计测得灯侧正下方茶几面（距地面高度41.5cm）上的照度约为20lx（部分灯泡坏），一般书上的字体不能看清。改造后，在同一测量点测得的照度见表1所示，这些值已高出原值许多，但与照度标准值（距地面0.75m处的维持平均照度值为100lx）还有点差距。安装该吸顶灯的客梯面积（4.0m×4.75m）为19m²，以原灯具功率为250W+3W计算，其照明功率密度值为：$\frac{25\times10+50\%\times3}{19}=$ 13.2W/m²。改造后的照明功率密度值为：$\frac{36+12\times4+50\%\times3}{19}=$ 4.5W/m²。依据《建筑照明设计标准》第6.3.1条，现照明功率密度值超出现行值（6.00W/m²），改造后的低于目标值（5.0 W/m²），虽然照度尚未达标，但感觉比以前明亮得多了，在沙发上可以看《电子报合订本》了。

改造，购买材料共花费约72.1元。该灯具的耗电功率从原来为253W降低到87W。若以电价为1.0元/kWh，每天点灯时间为2h计，需要218天能收回费用。改造后的吸顶灯照明效果如图2所示。

表1 改造后照度

①蓝线组	②白线组	③黄线组	④绿线组	照度值(lx)
开白光	关	关	关	60
开暖光	关	关	关	48
开白光和暖光	关	关	关	63
关	开暖黄光	关	关	25
关	关	开白光	关	33
关	关	关	开装设串	3
开白光和暖光	开暖黄光	开白光	开装设串	131

图2 改造后效果图

◇键谈

机械式自动电码发送装置

爱好CW的朋友，特别是自己DIY的收发报机，需要测试收发报机的发射距离，一般都要两个人，两台机器来进行。一台机器发射信号，另一台机器接收信号，先是近距离，几米，几十米，之后再拉开距离，从几十米到数百米，甚至到千米。如果只有一个人，那就很难进行了。其实，只要利用身边的物品，通过简单的制作，就可以实现 单人进行发射距离测试。

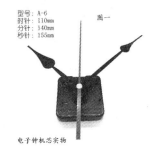

型号：A-6
时针：110mm
分针：140mm
秒针：155mm

图一

电子钟机芯实物

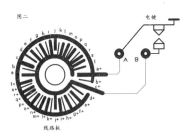

图二

线路板

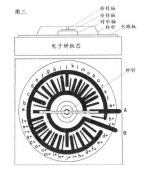

图三

秒针针轴
分针针轴
时针针轴
秒针 电路板

电子钟机芯

秒针

附图一是常见的静音型石英电子钟机芯。秒针、分针、时针都是金属质的；附图二是 电路；附图三是安装示意。

原理很简单：电子手表机芯通电后，时针秒针依次转动，因指针是金属的而且经过改制（后述），会短路印刷电路板上的某两个对称点，比如a+/a、b+/b、c+/c以此类推，等同于我们在按下电键，当秒针转到对应的两处空白处时，等同于松开电键，如此周而复始，达到发码目的。

线路板用一块5厘米见方的单面覆铜板制作，不能用洞洞板，因为秒针运动的力矩小，洞洞板上会有焊锡层，形成阻力。电路板蚀刻或者刀刻成型后，表面打磨干净，在板子中心开一个圆通孔，直径比电子钟机芯的安装孔稍微大一点即可；用胶粘在机芯表面，覆铜板线路朝上；时针和分针可不用；秒针先按照图示，弯折成倒"凵"字形状，两边长度基本对称一致，针两头的绝缘物一定要清除干净，打磨带一点圆弧形，并能同时接触到覆铜板上的线路；A、B引线头接发报机电键位置。

给机芯装上电池，观察秒针运行是否平稳，并用万用表欧姆挡，两表笔分别接在A/B两端，可见表针会断续摇摆即可。将A/B接在发报机电键位置（电键保持常开），就可以使用了。打开你需要测试发射距离的发报机，接上本装置，你可以手持续与你的发报机匹配的接收装置或者收音机即可进行测试。发码的节奏由线路板铜箔线的宽窄、间距而定。大家可以自己再琢磨改进。

图四

XII
XI
X
IX
VIII
VII
VI
V
IV
III
II
I
cococa

分针
时针
秒针
秒针运动轨迹
lushenzuopin

电子钟机芯最好不用步进型的。动手能力强的朋友可以参考图示意，自制秒针、分针和时针，再绘制一张合适的表盘（确切说是两个环状表盘，本例中小环外圈直径不大于24毫米，内圈稍微大于安装孔直径；大环的内圈直径不小于32毫米，外圈直径以适合刻度即可）。表盘的直径大小，分针、时针的长短不要影响秒针的运行即可（本例中，秒针的运动轨迹半径在13-15毫米）。让这个装置平时当钟，用时发码，更会合心意。

◇路神

家用老式电焊机输出接口的改装

到目前为止，老式电焊机基本上被新式电子式电焊机所取代。与新式电焊机相比，老式电焊机主要问题是初级线圈的电流大，容易烧电源线，整机重量偏大，携带不方便。再者电流也不能像新式电焊机那样，连续可调。但也有优点，皮实耐用，这也是老式电焊机当前仍旧在使用，而没有被立即淘汰的主要原因。

老式电焊机的输出接口是螺栓螺母连接输出的。以本人的老式电焊机为例，焊接电流分为弱、中、强三档输出，每次换挡时都要反复拆装螺母，不胜其烦。而新式电焊机的输出接口采用插拔式结构，使用起来很是方便。是否可以将老式电焊机的输出接口改为新式电焊机的结构样式呢？答案是肯定的。

首先购买与老式电焊机最大输出电流对应的插头与插座，找一块厚度为2mm的铁板或铝板，宽度与原接线板相仿。长度根据个人电焊机的具体结构而定。确定好插座的安装位置后，进行钻孔作业。钻孔位置一般与原来的螺栓螺母的安装位置对应即可。值得注意的是，插座上有一个定位小凸起，它的位置最好不要随意确定。选定原则是，插座固定后，电缆插头插入锁后，在自然状态下的锁紧力最大为宜。将对应插座安装完成后，原引出线采用对应规格的接线端子引出，固定于对应插座上，用插座上自带的螺栓紧固。

因增加接线端子后引出线本身很硬且长度加长，接线板只能固定于原输出接线板的下方。改装工作完成后，将焊机通电测试，工作正常。附图就是本人的老式电焊机改造后的实物图。电流挡位切换是很方便，插拔之间就可完成。电焊机使用完后，还可以将电缆拔出来单独存放，不至于拖泥带水，方便收纳。

至此，老式电焊机输出接口的改造工作才完成。老式电焊机又重新焕发了青春活力。

在电焊机改造的过程中还有个意外发现，原来以为是铜线电焊机，实际上是铜包铝线电焊机，家用也足够了，将就着用吧。

◇姜文军

手机陀螺仪的作用

从UWB技术中我们知道其中一项作用是用于手机导航，不过在UWB技术大规模应用前手机导航除了卫星定位系统外还得借助陀螺仪。本文就为大家简单介绍一下手机陀螺仪的作用。

如今很多手机都内置有陀螺仪，但也有一些入门手机受限于成本会取消陀螺仪或者使用虚拟陀螺仪。

陀螺仪

英文名：gyroscope，又叫角速度传感器，是不同于加速度计（G-sensor）的，其测量物理量是偏转、倾斜时的转动角速度。陀螺仪是一种用来感受与维持方向的装置，基于角动量守恒的理论设计出来的。陀螺仪主要是由一个位于轴心且可旋转的转子构成。陀螺仪一旦开始旋转，由于转子的角动量，陀螺仪有抗拒方向改变的趋向。

在智能手机中，陀螺仪是测量物体旋转时的角速度，经手机中的处理器对角速度积分后就得到了手机在某一段时间内旋转的角度。手机里的重力传感器就可以获得手机的相对水平面的转角，让手机绕垂直与地面的轴旋转，相比之下，有陀螺仪的则能感应到这个旋转，而只有重力传感器的就不行。通俗的讲，以前的手机只能感应相对水平面的转角，而陀螺仪可以感应任何方向的转角。

陀螺仪器最早是用于导航，可能第一时间想到的是高德地图、百度地图等等手机导航软件。实际上从航空航天的激光陀螺仪，到焊接行业的激光导航焊接系统；从船舶激光导航，到自动导航车激光引导技术；从激光导航无人机……导航技术正在逐步普及、逐渐从高精尖行业转化到越来越多的领域。

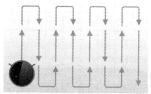

如今陀螺仪甚至被整合到了小小的智能扫地机器人中以及智能手机当中了。

经过多年的发展，陀螺仪已经无处不在，除了我们熟悉智能手机以外，导航、扫地机器人指纹，汽车上也用了很多微机电陀螺仪，在高档汽车，大约采用25到40只MEMS传感器，用来检测汽车不同部位的工作状态，给车电脑提供信息，让用户更好的控制汽车。而在游戏机里面，各种体感操作功能的背后都是微机电陀螺仪（MEMS）。

手机陀螺仪

在智能手机中，陀螺仪是一种传感器，它主要是用来来检测手机姿态的，玩体感游戏少不了它，一些手机拍照时候的防抖也要

用到它；另外手机导航有时候也会需要用到它，可以实现更好的定位。

最早的陀螺仪都是机械式的，体积比较大，里面真有高速旋转的陀螺，而机械的东西对加工精度有很高的要求，还怕震动，因此机械陀螺仪为基础的导航系统精度一直都不太高。

在如今智能手机中，陀螺仪传感器已经进化成一块小小的芯片了，它属于一种传感器，是加速度传感器的升级版。加速度传感器能监测和感应某一轴向的线性动作，而陀螺仪能检测和感应3D空间的线性和动作。从而能够辨认方向，确定姿态，计算角速度。

手机中的陀螺仪芯片

手机陀螺仪的主要作用有：

1. 导航

陀螺仪自被发明开始，就用于导航，先是德国人将其应用在V1、V2火箭上，因此，如果配合GPS，手机的导航能力将达到前所未有的水准。实际上，目前很多专业手持式GPS上也装有陀螺仪，如果手机上安装了相应的软件，其导航能力绝不亚于目前很多船舶、飞机上用的导航仪。

2. 相片防抖

陀螺仪可以和手机上的摄像头配合使用，比如防抖，这会让手机的拍照摄像能力得到很大的提升。

Pitch:俯仰角
Yaw:偏航角
Roll:翻滚角

Yaw&Pitch　X&Y　Roll

手机摄像平衡仪也可以看作大号的陀螺仪

3.提升游戏体验

各类手机游戏的传感器，比如飞行游戏、体育类游戏，甚至包括一些第一视角类射击游戏，陀螺仪完整监测游戏者手的位移，从而实现各种游戏操作效果，如横屏改竖屏、赛车游戏拐弯等等。

另外时下流行的"吃鸡"游戏，陀螺仪也发挥出了比较大的用处，比如打开陀螺仪玩"吃鸡"，可以不用碰屏幕就开枪射击对方。

4. 作为输入设备

陀螺仪还可以作输入设备，它相当于一个立体的鼠标，这个功能和第三大用途中的游戏传感器很类似，甚至可以认为是一种类型。

5. 其他用途

陀螺仪未来还有更多作用可以挖掘，比如帮助手机实现很多增强现实的功能。

增强现实是最近几年才冒出的概念，和虚拟现实一样，是计算机的处理应用。大意是通过手机或者电脑的处理能力，让人们对现实中的一些物体有跟深入的了解。

举个例子：前面有一个大楼，用手机摄像头对准它，马上就可以在屏幕上得到这座大楼的相关参数，比如楼的高度、宽度、海拔，如果连接到数据库，甚至可以得到这座大厦的物主、建设时间、现在的用途、可容纳的人数等等。

以上就是陀螺仪相关小知识，在手机中的作用还是不少的，小伙伴们值得关注下。最后简单说下，如何看手机是否有陀螺仪，这个可以在手机参数中的感应器一栏查看，另外像安兔兔跑分软件也可以检测到手机是否有陀螺仪传感器。总的来说，小小的陀螺仪，功能还是不少的。当然，陀螺仪说起来给人很高端，但在手机中也属于小部件，只是大家关注度并不高。

UWB 芯片技术

早在2019年苹果11发布时，其中就有一个不是引人瞩目但却象征着未来射频宽带技术的潮流之一——名为"U1"的UWB芯片。

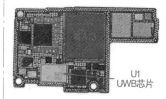

U1 UWB芯片

随后三星的Galaxy Note20系列旗舰手机和国内的小米10都紧随其后加入了UWB超宽带技术。下面就简单为大家介绍一下UWB技术。

UWB，就是Ultra Wideband，超宽带技术。UWB技术起源于20世纪60年代，美国军方开发UWB技术用于雷达系统等系统。随着冷战的结束，UWB技术逐渐转向民用发展，较熟悉的就是无线电脑沟通信。

UWB不同于传统的通信技术，它通过发送和接收，具有纳秒或微秒级以下的极窄脉冲来实现无线传输的。由于脉冲时间宽度极短，因此，它可以实现频谱上的超宽带（带宽在500MHz以上）。

这项技术通过超大带宽和低发射功率，可以在维持低功耗水平上，实现快速的数据传输。同时，因为UWB脉冲的时间宽度极短，所以能够实现高精度定位的距离测算。

现在的手机主要就是依靠卫星定位，包括美国的全球定位系统（GPS）、中国的北斗（BDS）、欧洲的伽利略、俄罗斯的格洛纳斯等，都属于卫星定位系统。

平时使用的高德、百度地图等软件，就是依托卫星定位，但是复杂的室内环境，遮挡物较多，卫星信号就可能出现较大的定位误差，无法精确定位。就目前导航来讲，当卫星信号弱时，会借助手机里的陀螺仪进行"校对性"导航（此为后话）。考虑到室内定位的需求越来越重要，UWB技术的特性优势就体现出来了。

1. 抗干扰能力强，定位精度高： UWB的

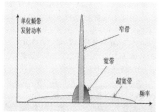

带宽很宽，这意味着它能够更好的排除干扰信号的影响，获得更高精度的定位信息。

2. 同样发射功率下，覆盖范围比传统技术大得多，能效高于传统技术。 UWB具有500MHz以上的射频带宽，这使得UWB通信系统比Wi-Fi、蓝牙等传统系统能效更高。

因此，可以简单地理解为采用UWB技术就能实现高精度的室内定位。

比如搭载UWB技术的手机其定位功能进一步提高，它不仅可以感知自己手机的位置，还可以更快的锁定其他手机的具体位置。以苹果11为例，当一个设备向其他设备传送文件之时，用户只需将装有U1芯片的iPhone指向其中一台同样装有U1的设备，就可以让后者优先获取用户所传递的文件。这就有点像是老师总是从第一排发试卷一样，而U1芯片就是通过空间感知来为其他接收设备进行排序。

UWB可以看成是一种空间定位技术，主要应用于相对封闭的环境之中。比如说在智能家居领域，我们可以依托这种技术假设一种灯光随人动的场景。家里的灯具可以通过手机上的UWB芯片来确定人的位置。当人从客厅走向卧室之时，由于感知到了UWB信号的位置转换，客厅的灯自动关闭，卧室的灯自动开启。这就是UWB未来可能的应用场景之一。

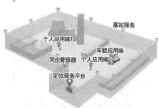

像智能电视投屏、智能音箱播放歌曲、汽车、门锁等搭载5G技术的物联网设备都可以借助UWB技术实现一指操控，省去了打开App操作的麻烦、交互逻辑也更加简单。将来手机作为随身携带的产品，将成为家用智能物联网设备的"万能钥匙"。

殿堂级 HiFi 蓝光旗舰海缔力 BDP-H650 NEW(封神版)

十余年来，海缔力影音孜孜不倦地追求着纯粹观影听音体验，力求还原自然的画质和声音。BDP-H650 NEW的问世，对于每位爱好影音的发烧友而言，无疑是值得称道的好消息。这款殿堂级高端HiFi蓝光影音播放机，不仅保持了一如既往高水准的清晰解像能力，还实现了音质上的进一步超越。它采用了搭载支持MQA硬解的旗舰数模转换芯片ESS9068 DAC来保驾护航，XMOS+高精度双时钟设计，大环牛线性电源独立供电等，细节表现丰富，如临其境，大幅度提升了观影听音体验。海缔力BDP-H650 NEW的问世，代表着4K高端HiFi蓝光进化，至此完成。

海缔力BDP-H650 NEW

聚焦高端影音领域多年，海缔力拥有自研的炫彩影像动态处理技术，视像更惊艳。BDP-H650 NEW采用了定制级研发的专业级六核A-55架构系统芯片，它搭载了先进的图像解码和处理技术，可以轻松硬驾HEVCH/H.265编码的4K HDR影像，支持3840×2160@60Hz的真4K分辨率输出，内置更先进的DOLBY VISION VS10画质处理引擎，支持DOLBY VISION LLDV完整处理，即使普通影像也能够处理提升到更佳画质表现，并配合专业测试和精准调校可支持多种格式的媒体文件播放，输出更为清晰、自然的的画质。

BDP-H650 NEW不仅支持4K HDR/HDR10功能，更支持HDR10+、DOLBY VISION以及HLG(Hybrid Log-Gamma)。先进的DOLBY VISION动态元数据处理技术，加上DOLBY VISION VS10优化引擎，可为每一个画面逐帧提供亮度和色彩信息输出，画面成像暗部更暗，亮部更亮，即使身处弱光与背光环境，同样能呈现深邃夺目的视觉效果，不论何种格式和显示设备，都能带来出色体验，不论是输出HDR还是转换SDR都能保留色彩精度，普通电视和投影，也能体验到更惊艳画质。

BDP-H650 NEW支持更高阶的HDR10+视像技术，HDR10+是一种开放的动态元数据平台，适用于20世纪福克斯，三星和松下创建的高动态范围(HDR)。HDR10+技术不仅可以提供高达4000尼特的峰值亮度，支持精准到帧的动态元数据获取与处理。它还支持更高的12Bit(约680亿)色彩输出，12Bit在色彩表现上更均衡，动态过渡更自然，具备更丰富的色彩表现力。

BDP-H650 NEW是目前市面上为数不多的真正践行HiFi标准供电方案的高端影音播放机。它的数字电路与模拟音频电路均配备独立电源，以消除干扰，大型环牛形线性电源为音频部件提供强劲、纯净的动力源泉，具

有出色效率并能显著降低外部磁场干扰；另一组开关电源专为数字电路量身设计，提供高效纯净的直流供电。独立供电让音场层次、瞬态反应和细节解析力表现更出色。

大环牛线性电、双独立电源，提供纯净强劲动力

BDP-H650 NEW采用全新一代监听级数模转换芯片ESS9068 DAC，除了支持峰值DSD512和768kHz@32Bit PCM解码外，还支持三层八倍扩展的MQA编码格式硬件解码，是行业少见能够支持MQA硬件解码的高端影音播放机。

监听级数模转换芯片ESS 9068 DAC+MQA硬解

BDP-H650 NEW搭载了一枚八核心XMOS专业音频核芯，可处理超高采样的高级母带无损音频格式，又能做到无损将原始数据1:1传送给高指标DAC进行硬解输出，配合两枚高精度晶振（45.1584MHz和49.152MHz），分别对应44.1kHz和48kHz倍频采样进行管理，有效降低抖动，做到更精准的音频解码。BDP-H650 NEW具备USB DAC输入功能端口，高度扩展了音频可玩性，只需搭配具备USB输出的外部音乐转盘，BDP-H650 NEW便可化身一台高性能纯音频解码器，通过ESS9068 DAC芯片解码，获得更纯粹的高解析度声音输出。

USB DAC+XMOS+高精度双时钟晶振

BDP-H650 NEW从音频DAC解码芯片到XLR接口的音频输出通道都采用全平衡设计，甚至RCA立体声输出信号都是引自平衡输出，全平衡输出的设计提供了更好的抗噪性，通过消除共用的回路，改善了信道分离度，使信号质量更稳定强大，充分满足专业玩家的发烧需求。

HiFi级XLR平衡输出及RCA输出

BDP-H650 NEW模拟输出为呈现发烧监听级音质，电路设计与用料十分考究，沉金工艺主板，搭载四颗发烧级运放，以及精选进口发烧辅助器件。同时采取了核心减震处理，包括屏蔽和抗干扰处理，增加了电源处理模块和高性能滤波器，每一处细节倾力打造，音频密度和控制力大幅优化，从而赋予声音触及灵魂的生命力，带来令人陶醉的HiFi音乐体验。

精选优质HiFi音频器件

BDP-H650 NEW搭载国际专业级更高阶芯片与顶配4GB DDR4+32GB eMMC超大存储，六核中央处理器加持，如虎添翼。更大运行空间，播放响应而流畅，观影和娱乐畅享无忧；超大存储，满足海量应用安装，创造无线影音娱乐可能。基于Android9.0系统架构进行了深度开发，系统性能比上一代有显著的提升，操控更自由更顺滑流畅，也具有高度的兼容性和稳定性，支持各类海量应用安装，扩展无限可能。

双硬盘仓配置

BDP-H650 NEW配备双硬盘仓，双独立通道STAT3.0数据接口，支持30TB以上超大容量硬盘存储，满足海量影音收藏需求，双HDMI输出端口，支持音画分离输出。

双HDMI输出接口

BDP-H650 NEW设计了全新海报墙影片管理系统，简约风格的分类导航管理界面，大数据个性化的分类，观看记录，类型题材分类，智能推荐与高度可自定义分类展示一目了然，美轮美奂的全新视觉体验，高度可自定义的模块化管理，从此心怡佳作触手可及，大幅提高了收藏的便利性，充分满足玩家对海量影片的管理效率。

BDP-H650 NEW支持BD和UHD蓝光原版导航菜单，原汁原味的蓝光播放体验，让您更深层次挖掘电影幕后花絮的乐趣。同时优化了视频播放算法，对有些特殊文件也可以支持无缝衔接播放，告别播放卡顿问题。

BDP-H650 NEW支持在线智能下载字幕匹配，快速精准匹配中文，英文和中英文多种组合随手拈来，支持PGS/ASS/SSA/SUB/SRT等多种字幕格式，还支持对字幕进行全方位的个性化设置，包括字幕字体、颜色、特效、位置的设置以及图形字幕(内嵌PGS和外挂ASS特效字幕)的亮度自定义调节。

智能字幕下载匹配，个性化字幕设置

BDP-H650 NEW支持添加管理来自网络驱动器和本地硬盘的音乐资源，可以网络匹配歌词等，并生成具有强大信息量的专属音乐资料库，以全新的方式进行音乐收藏，管理及高级母带无损音乐播放。

BDP-H650 NEW专属音乐中心，除支持普通无损格式FLAC/WAV/APE/DTS外，还支持更先进的高级母带音乐格式MQA/DSD512(SACD,ISO/DFF/DSF/DSD)，并支持各种采样格式的播放，CD光盘播放与抓轨功能(需外接光驱)。

更先进音乐格式、高级母带无损音乐

BDP-H650 NEW不仅可以播放本地储存设备中的音频文件，带来传统的DAC的纯甄音质体验，还是一台流媒体音乐播放器，不论是DLNA推送还是其他第三方音乐库的串流和管理，都能尽情适配，陶醉于自己喜欢的音乐世界。

拥有千兆网络传输，可支持NFS/SMB 1.0/2.0/3.0网络协议，对局域网内自动扫描所有可用的网络驱动器，并提供迅速稳定，安全可靠的网络媒体读取，支持NAS、电脑等服务器，同时，播放器本身也可以共享SMB服务，局域网共享本机硬盘存储的媒体文件。

家庭组网及智能互联MIMO 2T2R高速无线传输技术

使用海缔力手机App，可对局域网内播放器无缝全局播控，手机App端可同步播放器电影海报墙，音乐专辑分类封面等数据并显示，系统后台静默设定，一手掌控，支持纯音乐模式，即无需打开显示设备也能畅享高清无损音乐，高端数据体验，可控制开关机，彻底解放找遥控器的烦恼，操作简单方便。

安卓+苹果手机App智控

海缔力潜心耕耘高端影音十余载，产品遍布全国，拥有更多场景应用，比如电影院、别墅私人影音室、智能家居、现代客厅等。BDP-H650 NEW支持TCPIP网络协议控制（支持标准WOL唤醒开机），RS232智能中控，HDMI CEC联动，蓝牙&红外全方位的操控方式。跟市面上主流智能家居操作系统Control 4、快思聪、思美特、SAVANT等都有深度无缝对接。

长：430mm 宽：325mm 高：82mm

海缔力殿堂级HiFi蓝光旗舰BDP-H650 NEW封神版已经全球上市，影音玩家可以在海缔力京东旗舰店、天猫官方旗舰店、苏宁官方旗舰店和全国经销商咨询购买，经销商加盟可以咨询海缔力全国渠道销售人员。

设计开关电源的十八项指标(二)

(上接第81页)

十、漂移稳压器

下图为仿制电路：输入可低至0.8V，输出电流可达10mA输出开路，输入电流为零。

T:E3日字型磁芯 L1=18匝=125μH L2=180匝=12mH

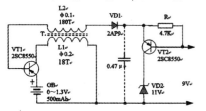

十一、响应时间

1. 绝对稳压系数

A.绝对稳压系数：表示负载不变时，稳压电源输出直流变化量△U0与输入电网变化量△Ui之比。即：K=U0/Ui。

B.相对稳压系数：表示负载不变时，稳压器输出直流电压的相对变化量△Uo与输出电网Ui的相对变化量△Ui之比。即：S=Uo/Uo/Ui/Ui

2. 电网调整率

它表示输入电网电压由额定值变化±10%时，稳压电源输出电压的相对变化量，有时也以绝对值表示。

3. 电压稳定度

负载电流保持为额定范围内的任何值，输入电压在规定的范围内变化所引起的输出电压相对变化△Uo/Uo（百分值），称为稳压器的电压稳定度。

十二、失真

1. 负载调整率(也称电流调整率)

在额定电网电压下，负载电流从零变化到最大时，输出电压的最大相对变化量，常用百分数表示，有时也用绝对变化量表示。

2. 输出电阻(也称等效内阻或内阻)

在额定电网电压下，由于负载电流变化△IL引输出电压变化△Uo，则输出电阻为Ro=|Uo/IL|欧。

十三、噪声

1. 最大纹波电压

在额定输出电压和负载电流下，输出电压的纹波(包括噪声)的绝对值的大小，通常用峰峰值或有效值表示。

2. 纹波系数Y(%)

在额定负载电流下，输出纹波电压的有效值Urms与输出直流电压Uo之比，即：y=Umrs/Uo×100%

3. 纹波电压抑制比

在规定的纹波频率(例如50Hz)下，输出电压中的纹波电压Ui~与输出电压中的纹波电压Uo~之比，即：纹波电压抑制比=Ui~/Uo~。

这里声明一下：噪声不同于纹波。纹波是出现在输出端子间的一种与输入频率和开关频率同步的成分，用峰—峰(peak to peak)值表示，一般在输出电压的0.5%以下；噪声是出现在输出端子间的纹波以外的一种高频成分，也用峰—峰(peak to peak)值表示，一般在输出电压的1%左右。纹波噪声是二者的合成，用峰—峰(peak to peak)值表示，一般在输出电压的2%以下。

十四、输入噪声

如图所示是自控式数字表逆变电源电路。它不需要单独设立电源开关或对表内开关进行改造。该电路具有耗省能、稳定可靠，不影响仪表精度等特点。电路中的变压器T是用E3型铁氧体磁芯、各折去一角后加工成口字形，L2在内，L1在外。整个逆变电源工作时，电池工作电流约为70mA。

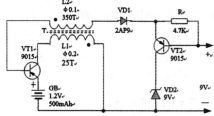

十五、浪涌

下图为仿制电路：输入可低至0.8V，输出电流可达10mA输出开路，输入电流为零。

T:E3日字型磁芯 L1=18匝=125μH L2=180匝=12mH

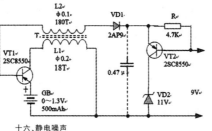

十六、静电噪声

如图所示是自控式数字表逆变电源电路。它不需要单独设立电源开关或对表内开关进行改造。该电路具有耗省能、稳定可靠、不影响仪表精度等特点。电路中的变压器T是用E3型铁氧体磁芯、各折去一角后加工成口字形，L2在内，L1在外。整个逆变电源工作时，电池工作电流约为70mA。

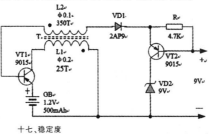

十七、稳定度

下图为仿制电路：输入可低至0.8V，输出电流可达

10mA输出开路，输入电流为零。

T:E3日字型磁芯 L1=18匝=125μH L2=180匝=12mH

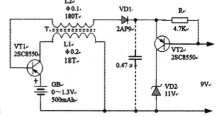

十八、电气安全要求

下图为仿制电路：输入可低至0.8V，输出电流可达10mA输出开路，输入电流为零。

T:E3日字型磁芯 L1=18匝=125μH L2=180匝=12mH

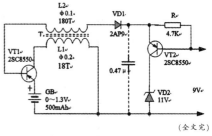

(全文完)

硬件原理图中的"英文缩写"大全

设计原理图时，网络标号要尽量简洁明了。本文总结了一下基本的表示方法，供大家参考。

常用控制接口

EN：Enable，使能。使芯片能够工作。要用的时候，就打开EN脚，不用的时候就关闭。有些芯片是高使能，有些是低使能，要看规格书才知道。CS：Chip Select，片选。芯片的选择。通常用于发数据的时候选择哪个芯片接收。例如一根SPI总线可以挂载多个设备，DDR总线上也会挂载多颗DDR内存芯片，此时就需要CS来控制把数据发给哪个设备。RST：Reset，重启。有些时候简称为R或者全称RESET。也有些时候标注RST_N，表示Reset信号是拉低生效。INT：Interrupt，中断。前面的文章提到过，中断的意思，就是你正睡觉的时候有人把你摇醒了，或者你正看电影的时候女朋友来给你个电话。PD：Power Down，断电。断电不一定非要把芯片的外部供电给断掉，如果芯片自带PD脚，直接拉一下PD脚，就相当于断电了。摄像头上会用到这根线，因为一般的摄像头有3组供电，要控制三个电源直接断电，不如直接操作PD脚来得简单。(在USB Type-C接口中有一个Power Delivery也叫PD，跟这个完全不一样，不要搞错了)CLK：Clock，时钟。时钟线容易干扰别人也容易被别人干扰，Layout的时候需要保护好。对于数字传输总线的时钟，一般都标称为xxx_xCLK，如 SPI_CLK、SDIO_CLK、I2S_MCLK (Main Clock)等。对于系统时钟，往往会用标注频率。如SYS_26M、32K等。标了数字而不标CLK三个字，也是无所谓的，因为只有时钟才会这么标。CTRL：control，控制。写CONTROL太长了，所以都简写为CTRL，或者有时候用CMD(Command)。SW：Switch，开关。信号线开关，按键开关等都可以用SW。PWM：PWM，这个已经很清晰了。REF：Reference，参考。例如I_REF、V_REF等。参考电流、参考电压。FB：Feedback。反馈。升压、降压电路上都会有反馈信号，意义和Reference是类似的，芯片根据外部采集来的电压高低，动态调整输出。外部电压偏低了，就加大输出，外部电压偏高了，就减小输出。A/D：Analog/Digital，模拟和数字。如DBB=Digital Baseband，AGND=Analog Ground。D/DATA：数据。I2C上叫作SDA (Serial DATA)，SPI上叫作SPI_DI、SPI_DO(Data In，Data Out)，DDR数据线上叫作D0、D1、D32等。A/Address：地址线。用法同数据线。主要用在DDR等地址和数据分开的传输接口上。其他的接口，慢的像I2C、SPI，快的像MIPI、RJ45，都是地址和数据放在一组线上传输的，就没

有地址线了。

常用方向的标识

TX/RX：Transmit，Receive。发送和接收。这个概念用在串口(UART)上是最多的，一根线负责发送，一根线负责接收。这里要特别注意，一台设备的发送，对应另一台设备就是接收，TX要接到RX上去。如果TX接TX，两个都发送，就收不到数据了。为了防止出错，可以标注为：UART1_MRST、UART1_MTSR。MasterRX Slave TX的意思。Master就是主控芯片，Slave就是从设备。TX、RX很容易标错的，尤其原理图有几十页的情况下。P/N：Positive、Negative。正和负。用于差分信号线。现在除了DDR和SDIO之外，其他很少有并行数据传输接口了。USB、LAN、MIPI的LCD和Camera、SATA等等，高速总线几乎都变成了串行传输数据了。串行信号线速度很高，随便就上GHz，电压很低只有几百毫伏，因此很容易被干扰。要做成差分信号，即用两根线传一个数据，一个正信号一个负信号。传到另外一边，数据相减，干扰信号被减掉，数据信号负得正被加倍。对于RESET_N这样的信号来讲，只起到重点标注的作用，表示这个RESET信号是拉低才生效的。大部分设备都是低有效的RESET，偶尔会有一些设备拉高RESET。L/R：Left、Right。通常用于音频线，区分左右。有些时候如喇叭的信号是通过差分来传输的，就是SPK_L_N、SPK_L_P这样的标识。

常用设备缩写

BB：Baseband，基带处理器。十几年前的手机芯片只有通信功能，没有这么强大的AP(跑系统的CPU)，手机里的主芯片都叫作Baseband基带芯片。后来手机性能强大了，还是有很多老工程师习惯把主芯片叫作BB，而不是叫CPU。P(GPIO)：很多小芯片，例如单片机，接口通用比较高，大部分是GPIO口，做什么用都行，就不在管脚上标那么清楚了，直接用P1，P2，P1_3这样的方式来标明。P多少就是第多少个GPIO。P1_3就是第1组的第3个GPIO。(不同组的GPIO可能电压域不一样)BAT：Battery，电池。所有的电池电压都可以叫作VBAT。CHG：Charge，充电。CAM：Camera，摄像头。LCD：显示器 TP：Touch Panel，触摸屏。(注意不要和Test Point测试点搞混了)DC：Direct Current，直流电。用在设备上通常用作外部直流输入接口，而不是指供电方式或者供电电压什么的。例如VCC_DC_IN的含义，就是外部DC接口供电。

谈谈 dB, dBd, dBm, dBi（一）

dB 应该是无线通信中最基本、最习以为常的一个概念了。我们常说"传播损耗是×× dB""发射功率是×× dBm""天线增益是×× dBi"……有时，这些长得很像的 dB 们可能被弄混，甚至造成计算失误。它们究竟有什么区别呢？

这事不得不先从 dB 说起。而说到 dB，最常见的就是 3dB 啦！

3dB 在功率图或误码率图中经常出现。其实，没什么神秘的，下降 3dB 就是指功率下降一半，3 dB 点指的就是半功率点。

+3dB 表示增大为两倍，-3dB 表示下降为 1/2。这是怎么来的呢？其实很简单，让我们一起看下 dB 的计算公式：

$$dB = 10 \lg\left(\frac{P_1}{P_0}\right)$$

dB 表示功率 P1 相对于参考功率 P0 的大小关系。如果 P1 是 P0 的 2 倍，那么：

$$10 \lg\left(\frac{P_1}{P_0}\right) = 10 \lg 2 = \boxed{3\ dB}$$

如果 P1 是 P0 的一半，那么：

$$10 \lg\left(\frac{P_1}{P_0}\right) = 10 \lg\frac{1}{2} = 10 \lg 2^{-1} = \boxed{-3\ dB}$$

关于对数的基本概念及运算性质，大家可以自行回顾下高一数学。。。

4.3.1 对数的概念

上述问题实际上就是从 2=1.11^x，3=1.11^y，4=1.11^z，…中分别求出 x。即已知底数和幂的值，求指数。这是本节要学习的对数。

一般地，如果 $a^x = N(a>0$，且 $a \neq 1)$，那么这个数 x 叫做以 a 为底 N 的对数（logarithm），记作
$$x = \log_a N$$
其中 a 叫做对数的底数，N 叫做真数。

例如，由于 2=1.11^x，那么 x 就是以 1.11 为底 2 的对数，记作 x=log₁.₁₁2；再如，由于 4²=16，所以以 4 为底 16 的对数等于 2，记作 log₄16=2。

通常，我们将以 10 为底的对数叫做常用对数（common logarithm），并把 log₁₀N 记为 lg N。另外，在科技、经济以及社会生活中经常使用以无理数 e=2.718 28…为底的对数，以 e 为底的对数称为自然对数（natural logarithm），并把 log_e N 记为 ln N。

根据对数的定义，可以得到对数与指数间的关系：
当 a>0，a≠1 时，$a^x = N \Leftrightarrow x = \log_a N$。
由指数与对数这个关系，可以得到关于对数的如下结论：
负数和 0 没有对数；
$\log_a 1 = 0$，$\log_a a = 1$。

请你利用对数与指数间的关系证明这两个结论。

现在出道题来检验下你的理解程度。
【问】功率增大为 10 倍，用 dB 表示？
答案：

$$10 \lg\left(\frac{P_1}{P_0}\right) = 10 \lg 10 = 10\ dB$$

这里请大家记住一个口诀。记住了这个口诀，你基本就可以横着走路了。

加3乘2
加10乘10
减3除2
减10除10

+3dB，表示功率增加为 2 倍；+10dB，表示功率增加为 10 倍。
-3dB，表示功率减小为 1/2；-10dB，表示功率减小为 1/10。

可见 dB 是个相对值，它的使命就是把一个很大或者很小的数，用一个简短的形式表达出来。

功率变化	dB 表示
增大到 100000000 倍（8个0）	$10 \lg 10^8 = 80\ dB$
减小到 0.00000001 倍	$10 \lg 10^{-8} = -80\ dB$

这可以极大的方便我们计算和描述。尤其是绘制表格的时候，大家可以自行脑补下，没换算成 dB 前，这么多的 0，坐标轴得拉到外太空去了吧。。。

理解了 dB，你只能横着走，理解了 dB 家族的其他成员，你就可以躺赢了。

我们还是从最常用的 dBm、dBw 来说。dBm、dBw 就是把 dB 公式中的参考功率 P0 分别换成 1 mW、1 W：

$$dBm = 10 \lg\left(\frac{P_1}{1\ mW}\right)$$

$$dB = 10 \lg\left(\frac{P_1}{P_0}\right)$$

$$dBw = 10 \lg\left(\frac{P_1}{1\ W}\right)$$

1 mW、1 W 都是确定的值，因此 dBm、dBw 都可以表示功率的绝对值。

直接上个功率换算表供大家参考。

watt	dBm	dBw
0.1 pW	-100 dBm	-130 dBW
1 pW	-90 dBm	-120 dBW
10 pW	-80 dBm	-110 dBW
100 pW	-70 dBm	-100 dBW
1 nW	-60 dBm	-90 dBW
10 nW	-50 dBm	-80 dBW
100 nW	-40 dBm	-70 dBW
1 µW	-30 dBm	-60 dBW
10 µW	-20 dBm	-50 dBW
100 µW	-10 dBm	-40 dBW
794 µW	-1 dBm	-31 dBW
1.000 mW	0 dBm	-30 dBW
1.259 mW	1 dBm	-29 dBW
10 mW	10 dBm	-20 dBW
100 mW	20 dBm	-10 dBW
1 W	30 dBm	0 dBW
10 W	40 dBm	10 dBW
100 W	50 dBm	20 dBW
1 kW	60 dBm	30 dBW
10 kW	70 dBm	40 dBW
100 kW	80 dBm	50 dBW
1 MW	90 dBm	60 dBW
10 MW	100 dBm	70 dBW

这里，我们要记住：

加3乘2
加10乘10
减3除2
减10除10

30是基准
等于1W整

---

1 W = 30 dBm。
简化口诀是"30 是基准，等于 1 W 整"。
记住了这条，再结合前面的"加 3 乘 2，加 10 乘 10；减 3 除 2，减 10 除 10"，你就可以进行很多口算了。
赶紧出道题来检验下。
【问】44 dBm=？ W
答案：

$$44\ dBm = ?\ W$$

$$44\ dBm = \underset{30是基准}{30\ dBm} + \underset{加10乘10}{10\ dB + 10\ dB} \underset{减3除2}{- 3\ dB - 3\ dB}$$

$$= 1\ W \times 10 \times 10 \times \frac{1}{2} \times \frac{1}{2} = \boxed{25\ W}$$

你算对了吗？ 这里我们需要注意，等式右侧除了 30 dBm，其余的拆分项都要用 dB 表示。也就是说，用一个 dBx 减另一个 dBx 时，得到的结果用 dB 表示。

[例] 如果 A 的功率为 46 dBm，B 的功率为 40 dBm，可以说 A 比 B 大 6 dB。[例] 如果 A 天线为 12 dBd，B 天线为 14 dBd，可以说 A 比 B 小 2 dB。

dB ⟹ 相对值

dBm、dBw ⟹ 绝对值

例如，46 dB 表示 P1 为 P0 的 4 万倍，46 dBm 则表示 P1 的值为 40 W。符号中仅仅差了一个 m，代表的含义可完全不同。

dB 家族中常见的还有 dBi、dBd、dBc。它们的计算方法与 dB 的计算方法完全一样，表示的还是功率的相对值。

不同的是，它们的参考基准不同，即分母上的参考功率 P0 所代表的含义不同。

dBx	参考基准
dBi (Decibe-Isotropic)	全方向性天线 (isotropic antenna)
dBd (Decibe-Dipole)	偶极子天线 (dipole antenna)
dBc (Decibe-Carrier)	载波 (carrier)

一般认为，表示同一个增益，用 dBi 表示出来比用 dBd 表示出来要大 2.15。这个差值是两种天线的不同方向性导致的，这里咱们就不展开说了。

此外，dB 家族不仅可以表示功率的增益和损耗，还可以表示电压、电流、音频等，大家要具体场景具体应用。

需要注意的是，对于功率的增益，我们用 10lg(Po/Pi)，对于电压和电流的增益，要用 20lg(Vo/Vi)、20lg(Io/Ii)。

$$功率增益：A(P)(dB) = 10 \lg\left(\frac{P_o}{P_i}\right)$$

$$电压增益：A(V)(dB) = 20 \lg\left(\frac{V_o}{V_i}\right)$$

$$电流增益：A(I)(dB) = 20 \lg\left(\frac{I_o}{I_i}\right)$$

多的这个 2 倍是怎么来的呢？
这个 2 源于电功率转换公式的平方上。对数里面的 n 次方，计算后对应的就是 n 倍啦。

$$P = UI = I^2 R = \frac{U^2}{R}$$

关于功率和电压、电流的转换关系，大家可以自行温习下初中物理。。。

（下转第 91 页）

谈谈 dB,dBd,dBm,dBi(二)

(上接第90页)

用电器的电功率

天河一号巨型计算机	4.04×10⁶ W	液晶电视机	约100 W
家用空调	约1000 W	排风扇	约20 W
吸尘器	约800 W	手电筒	约0.5 W
电吹风机	约500 W	计算器	约0.5 mW
台式计算机	约200 W	电子表	约0.01 mW

作为表示电流做功快慢的物理量，电功率等于电功与时间之比。如果电功用 W 表示，完成这些电功所用的时间用 t 表示，电功率用 P 表示，则

$$P = \frac{W}{t}$$

将上节电功 $W = UIt$ 代入上式得

$$P = UI$$

作者整理了一些主要的 dB 家庭成员，供大家参考。相对值：

符号	全称	参考基准
dB	decibel	-
dBc	decibel carrier	载波功率
dBd	decibe dipole	偶极子功率密度
dBi	decibel isotropic	全向天线功率密度
dBFS	decibel full scale	满刻度的量值
dBrn	decibel reference noise	基准噪声

绝对值：

符号	全称	参考基准
dBm	decibel milliwatt	1mW
dBW	decibel watt	1W
dBμV	decibel microvolt	1μVRMS
dBmV	decibel millivolt	1mVRMS
dBV	decibel volt	1VRMS
dBu	decibel unloaded	0.775VRMS
dBμA	decibel microampere	1μA
dBmA	decibel milliampere	1mA
dBohm	decibel ohms	1Ω
dBHz	decibel hertz	1Hz
dBSPL	decibel sound pressure level	20μPa

最后，我们再来出两道题检验下大家的成果。

1. 30 dBm 的功率是（ ）

A. 1 W

B. 10 W

C. 1 mW

D. 10 mW

答案：记住口诀"减3除2"，两个天线是 46 dBm，单天线就是功率减少一半，就是减 3 dB 哦；46 dBm −3 dB=43 dBm。或者，你也可以先计算出 46 dBm 对应 40W，那么单天线功率是 20W，即10lg(20W/1mW)=43 dBm。

以上文章来源：中兴文档

纯计数单位

首先，dB 是一个纯计数单位：对于功率，dB = 10*lg(A/B)。对于电压或电流，dB = 20*lg(A/B)。dB 的意义其实再简单不过了，它就是把一个很大（后面跟着一长串 0 的）或者很小（前面一长串 0 的）的数比较简短地表示出来。

X=1000000000000000 （共 15 个 0）10lgX =150dBX 0.000000000000001 10lgX=−150 dBdBm 定义的是 miliwatt。0 dBm =10lg1mw；dBw 定 义 watt。0 dBw = 10lg1 W = 10lg1000 mw = 30 dBm。

dB 在缺省情况下总是定义功率单位，以 10lg 为计。当然某些情况下可以用信号强度（Amplitude）来描述功和功率，这时候就用 20lg 为计。不管是控制领域还是信号处理领域都是这样。比如有时候大家可以看到 dBmV 的表达。

注意基本概念

在 dB,dBm 计算中，要注意基本概念。比如前面说的 0dBw = 10lg1W = 10lg1000mw = 30dBm；又比如，用一个 dBm 减另外一个 dBm 时，得到的结果是 dB。如：30dBm − 0dBm = 30dB。

dB 和 dB 之间只有加减

一般讲来，在工程中，dB 和 dB 之间只有加减，没有乘除。而用得最多的是减法：dBm 减 dBm 实际上是两个功率相除，信号功率和噪声功率相除就是信噪比（SNR）。dBm 加 dBm 实际上是两个功率相乘，这个已经不多见（我只知道在功率谱卷积中有一种样的应用）。dBm 乘 dBm 是什么，1mW 的 1mW 次方？除了同学们老是给我写这样几乎也只见过哥德巴赫猜想并驾齐驱的表达式外，我活了这么多年也没见过哪个工程领域玩这个。

dB 是功率增益的单位

dB，表示一个相对值。当计算 A 的功率相比于 B 大或小多少个 dB 时，可按公式 10 lg A/B 计算。例如：A 功率比 B 功率大一倍，那么 10 lg A/B = 10 lg 2 = 3dB。也就是说，A 的功率比 B 的功率大 3dB；如果 A 的功率为 46dBm，B 的功率为 40dBm，则可以说，A 比 B 大 6dB；如果 A 天线为 12dBd，B 天线为 14dBd，可以说 A 比 B 小 2dB。dBm 是一个表示功率绝对值的单位，计算公式为：10lg 功率值/1mW。例如：如果发射功率为 1mW，按 dBm 单位进行折算后的值应为：10 lg 1mW/1mW = 0dBm；对于 40W 的功率，则 10 lg (40W/1mW)=46dBm。

1.dBm

dBm 是一个表示功率绝对值的值，计算公式为：10lg（功率值/1mw）

[例 1] 如果发射功率 P 为 1mw，折算为 dBm 后为 0dBm。

[例 2] 对于 40W 的功率，按 dBm 单位进行折算后的值应为：

10lg(40W/1mw)=10lg(40000)=10lg(4*10⁴)=40+10*lg4=46dBm。

2.dBi 和 dBd

dBi 和 dBd 是表示增益的值（功率增益），两者都是一个相对值，但参考基准不一样。dBi 的参考基准为全方向性天线，dBd 的参考基准为偶极子，所以两者略有不同。一般认为，表示同一个增益，用 dBi 表示出来比用 dBd 表示出来要大 2.15。

[例 3] 对于一面增益为 16dBd 的天线，其增益折算成单位为 dBi 时，则为 18.15dBi（一般忽略小数位，为 18dBi）。

[例 4] 0dBd=2.15dBi。

[例 5] GSM900 天线增益可以为 13dBd（15dBi），GSM1800 天线增益可以为 15dBd（17dBi）。

3.dB

dB 是一个表征相对值的值，当考虑甲的功率相比于乙功率大或小多少个 dB 时，按下面计算公式：10lg(甲功率/乙功率)

[例 6] 甲功率比乙功率大一倍，那么 10lg(甲功率/乙功率)=10lg2=3dB。

也就是说，甲的功率比乙的功率大 3 dB。

[例 7]7/8 英寸 GSM900 馈线的 100 米传输损耗约为 3.9dB。

[例 8] 如果甲的功率为 46dBm，乙的功率为 40dBm，则可以说，甲比乙大 6 dB。

[例 9] 如果甲天线为 12dBd，乙天线为 14dBd，可以说甲比乙小 2 dB。

4.dBc

有时也会看到 dBc，它也是一个表示功率相对值的单位，与 dB 的计算方法完全一样。一般来说，dBc 是相对于载波（Carrier）功率而言，在许多情况下，用来度量与载波功率的相对值，如用来度量干扰（同频干扰、互调干扰、交调干扰、带外干扰）以及耦合、杂散等的相对量值。在采用 dBc 的地方，原则上也可以使用 dB 替代。

搞无线和通信经常会碰到的 dBm, dBi, dBd, dB, dBc 经验算法：

有个简便公式：0dBm=0.001W 左边加 10=右边乘 10

所以 0+10dBm=0.001*10W 即 10dBm=0.01W

故得 20dBm=0.1W 30dBm=1W 40dBm=10W

还有左边加 3 = 右边乘 2，如 40 +3dBm=10*2W，即 43dBm=20W，这些是经验公式，蛮好用的。

所以 −50dBm=0dBm −10 −10 −10 −10 = 1mW/10/10/ 10/10/10=0.00001mW。

dBm 的计算方法:(dBm 与 mW)

一般坊间贩售的 802.11x 无线网络 AP 上头，常会有规格说明，里头总会有一项说明到这个 AP（或是无线网络卡），它的传输功率（transmission POWER）有 20dBm，或者有些产品，是以 mW（milliWatts）为单位，例如很有名的神脑长距离网卡，就说他们的网卡具有高达 100mW 的发射功率。

这些单位是怎么回事呢？

dBm 是 dB-milliWatt，即是这个读数是在与一个 milliWatt 作比较而得出的数字。在仪器中如果显示着 0dBm 的意思即表示这个讯号与 1mW 的讯号没有分别，也就是说这个讯号的强度是 1mW 了。至于 Watt（瓦特）是功率的单位我想大家都知道，就不赘述了。

所以我们必须先从 dB 讲起，dB 到底是什么呢？dB 的全写是 decibel，英文（其实是拉丁语文）中 deci 即十分之一的意思。这个单位原本是 bel。但因为要达到一个 bel 的数值比较所需之能量差通常都较为大而在电路学上并不常用，故此才比较常用十分之一 bel，亦即 decibel 这个单位了。

那么 decibel（或者 bel）又指什么呢？

其实它是指当你遇上有两个能量（讯号）的时候，dB 就是我们用来表示这两个能量之间的差别的一种表示单位。它本身并不是一个独立的（如伏特 Volt、安培 Ampere 等）绝对单位，dB 这个单位一出现即意味着是有两个同样性质的能量（或讯号）正在被比较之中而获得的单位。

至此或许大家会有疑问，"既然 dB 只是表示两个讯号间的能量差别的话，为何不干脆用'倍数'来做表示呢？是否为了要故作高深而造出这个单位来呢？"

当然不是啦！不过这个问题倒也问得相当好。不是吗？干脆用"倍数"不是来得简单易懂而不至于有这么多的人搞错了观念吗？某程度上作者也相当同意这个说法。譬如当你制作一部高频线性放大器（LINEAR Amp.）时，它的输入所需功率是 10Watts 而输出则可达 40Watts 的话，为何不干脆说有四倍的增益而要说成是 6dB 的增益呢？在这个例子之中，其实的确是用"四倍"这个说法来得干脆利落，但试看看另一个同类例子……

今天我们试想象一套发射设备由初级振荡的能量以致最后级的输出功率之间的增益…，假设在初级振荡时的功率是 0.5mW（注意是假设，真的当然会远低于此数）而在最后的 LINEAR Amp.输出是 2kW，现在试算一算它们之间的倍数差别……，2kW 就是 2000Watts 亦即 2,000,000mW 将 2,000,000mW 除以 0.5mW 便得出倍数，即 4,000,000 倍了。试想一想，我只假设了振荡级是 0.5mW 那么大都还得出了四百万倍这个如此惊人的数字，一旦用上真实的数字的话那倍数势必比四百万来得更大更多位数了。至此大家或许已经明白在各类电子及无线电路中（尤其是接收方面）这类倍数之差别比比皆是（即如一部厂制的发射机的抗干扰能力是优于一百万倍则标示成better than 60dB）。如果每次都要在各个层面（例如说明书，规格表）内都标示出这数百万以至千万甚至亿倍的数字将会是何等的不方便啊！

那么 dB 又是如何运算出来的呢？

bel = lg（P2 / P1）上面公式里头，P1 就是第一个被比较的能量（讯号），P2 就是第二个作比较的能量（讯号），P1 与 P2 的单位要大家相同。dB = 10 * bel = 10 * lg（P2 / P1）例：第一个讯号功率是 4Watts，第二个讯号功率是 24Watts，那增益就是：10 * lg（24 / 4）= 10 * lg6 = 7.78 dBOK，我们回到 dBm 来看，因此换算 dBm 与 mW 的公式就应该是长成这样：dBm = 10 * lg(mW)或 mW = 10^（dBm / 10）

所以底下这些例子大家可以验算一下：0 dBm = 1 mW10 dBm = 10 mW14 dBm = 25 mW15 dBm = 32 mW16 dBm = 40 mW17 dBm = 50 mW20 dBm = 100 mW30 dBm = 1000 mW = 1W

如果大家都很聪明，一定可以从 log 的基本性质中，发现到底下的 rule：dB 增加 3dB = mW 乘 2 倍；dB 减少 3dB = mW 变成 1/2；增加 10dB = 乘 10 倍这样一来，你便可以用你的脑海进行快速运算来求得概略值：

+3dBm= *2

+6dBm= *4 (2*2)

+7dBm= *5 (+10dB−3dB= 10/2)

+4dBm= *2.5 (+10dB−6dB= 10/4)

+1dBm= *1.25 (+4dB−3dB= 2.5/2)

+2dBm= *1.6(+6dBm−4dBm=4/2.5=1.6)

(未完待续)

万物智联 推动"IP+"成为产业新形态

智联网时代到来

现代微电子技术的快速发展极大地改变了人们日常的工作和互动方式，伴随5G通信技术的兴起，势必将开启一个全新的智能时代。5G不只是网速提升，而是让万物智联成为可能，5G通过结合感知、人工智能等技术，让设备从简单的网络互联进化为网络智联，进入一个万物感知、自我决策的智联社会。

今后，专业细分领域的高性能定制芯片将成为智联的"集成内核+行业IP"核心单元，投入巨额资金的谷歌、苹果、阿里巴巴和华为已显露出集成电路行业去"去中心化"的趋势。

全球物联网市场和AI芯片市场保持高速增长

根据全球移动通信系统协会（GSMA）统计数据显示，2010-2020年全球物联网设备数量高速增长，复合增长率达19%；2020年，全球物联网设备连接数量高达126亿个。据GSMA预测，2025年全球物联网设备（包括蜂窝及非蜂窝）联网数量将达到约246亿个。从数字信息互联的"互联网+"到物理信号互联的"智联网+"的产业体系的建立和完善，未来全球物联网市场规模将出现快速增长，IDC数据显示，2020年全球物联网市场规模约达1.36万亿美元。

据艾媒咨询的数据显示，2019年全球AI芯片市场规模为110亿美元，随着AI技术商业化应用场景的落地，将推动"集成内核+AI IP"的AI芯片市场高速增长，预计2025年全球AI芯片市场规模将达726亿美元。许多公司都在致力于开发AI芯片，尽管该市场可能还在经历与CPU、GPU和基带处理器市场相似的发展周期，但最终还是曾经主导知识产权（专利）的大型厂商（英特尔、高通和ARM）可能被AI芯片领域扮演类似的重要角色的行业新锐所替代！

2019-2025年全球人工智能芯片市场规模及预测（亿美元）
2019-2025 Global artificial intelligence chip market size and forecast(100 million USD)

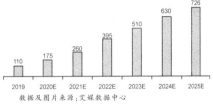

数据及图片来源：艾媒数据中心

对于"集成内核+AI IP"国内AI芯片市场，赛迪顾问于2019年发布的《中国AI芯片产业发展白皮书》指出，2018年中国AI芯片市场继续保持高速增长，整体市场规模达到80.8亿元，同比增长50.2%。在未来发展趋势上，白皮书称未来三年AI芯片市场规模年均复合增长率将超50%。

如今"无AI不智能"的"AI+"，实质是垂直行业集成电路（"集成内核+AI IP"）专业化的进一步精细化发展。各类传统产品纷纷通过无线网络和有线网络接入来完成联网，通过AI芯片的加持完成智能化。

许多公司都在尝试开发用于垂直行业专业化的AI芯片。例如，特斯拉就在开发定制化芯片，用于先进的计算机视觉和机器智能，以实现无人驾驶汽车的目标；谷歌推出的用于AI的TPU芯片和英伟达推出用于AI的GPU都是定制化的例子。AI的定制化应用场景涉及交通和物流、工业和制造业、医疗保健、公共安全等等。如智能交通提高通行效率和道路安全，并智能地调节交通流量。而在物流领域，智能物提高货物交付的效率和灵活性，从而降低成本。以当前颇受关注的汽车芯片来说，5G和AI将带来安全可靠的自动驾驶汽车，是基于车载的"AI IP+集成内核"的AI芯片，它收集车载传感器的数据、路边基站和其他车辆通过5G网络提供的数据，对大量数据的快速计算，感知车辆周围的环境，选择智能地驾驶和提供新的移动服务模式（无人驾驶公共交通），类似于我们今天使用的滴滴或Uber等服务。

那么物联网芯片和AI芯片的本质是什么？是满足各行各业的需求（生产效率、社会和商业价值）。因此，芯片的研发，从一开始就要考虑对全场景智能需求（AI IP）的覆盖，无论是云、边缘还是终端；无论是深度学习训练，还是推理，或者两者兼具，而不是一种芯片包打天下。

芯片产业模式"AI IP+集成内核"成为主流

集成电路的发展推动着整个行业的发展，从智能手机到电动汽车，都是集成电路技术与市场趋势紧密结合，推动全产业链发展的成果。从互联网到物联网再到智联网，对芯片的要求将越来越专业化、多元化，这为分工明确的集成电路产业提出了全新模式与形态的需求。

对于各类应用行业，集成电路已经成为产品革新的引领者。从前是集成电路企业为厂家定制方案，在消费需求升级和市场快速发展后，消费者对功能和技术含量的需求越来越高，厂商对更高更新的技术需求越来越大，特别是在万物智联、无AI不智能的当下，在谋划产品时，也会更多的请集成电路企业或专家了解"市场窗口"，参与进产品的研发中，以获得更适合市场、更具市场引领性的产品设计方案。行业模式逐步形成

"集成电路+行业IP"的趋势，国内IP提供商成都锐成芯微便是这一模式的践行者，近年来协助多家客户完成面向物联网、汽车电子、医疗电子等细分领域的芯片设计，在研发之初就采用了"IP设计专家+芯片设计专家+行业应用专家"的协同研发方式，各自发挥自己在本领域的领先技术和丰富经验，将产品规划、规格定义、开发定制、应用实现等各环节，都有机地统一到这一开发协同中来，最终达成兼具其先进性能和功能的产品目标。早在2017年，锐成芯微就尝试采用这一模式协同客户开发出低功耗特性领先的NB-IoT整体解决方案。通过深入结合NB-IoT的应用场景，目前最新迭代推出的方案实现业界领先的面积尺寸，可以进一步满足物联网终端对于体积微型化的要求。2019年协同客户开发的面向车载系统的USB Auto Hub桥接芯片，通过采用这一模式，将集成电路设计、车联网车载系统的前沿功能需求规划设计、嵌入式系统设计进行整合，开发出具有市场特色的、高性能、低功耗、小面积的芯片产品；在2020年疫情期间，锐成芯微助力某医疗设备企业，通过其蓝牙芯片匹配医疗器材的实际功能需求，快速完成该器材的芯片设计与测试，加速该医疗器材的上市，抗击疫情；2020年底与客户联合推出的110nm MCU全平台解决方案，采用的锐成芯微 LogicFlash® (MTP)IP，通过前期对市场化研究，契合工业和家电类产品应用需求，已在锂电池供电的物联网、智能家居、智能穿戴等细分市场中得到广泛应用。

对于实现芯片中各种功能的IP模块来说，其灵活高效的集成方式正好恰如其分地满足了这种全新模式需求。一方面，"AI IP+集成内核"的模式下，将能够更灵活快速的帮助行业领军企业推出"市场窗口"契合应用的产品，而不需投入大量的开发资源和时间。另一方面，IP核将包含硬件、软件算法、系统方案的一揽子解决方案，降低芯片系统开发的复杂度。同时IP核的模块化和标准化将有利于碎片化市场在系统和网络层面的兼容性，在兼顾各细分领域芯片个性化需求的同时，仍可保证整个系统和网络的一致性，降低网络建设和维护成本。最后集成电路的专家实现算法的结构化映射、优化和工艺实现！

展望未来，"行业IP+集成内核"这一产业未来的新形态，将通过立足技术发展、紧跟市场脉搏，有力推动全产业链发展。"IP核专家+AI算法专家+映射到架构的集成电路专家"的组合，将推动各行各业朝向万物智联时代持续迈进。

◇锐成芯微公司市场部

电子科技博物馆专栏

编前语：或许，当我们使用电子产品时，都没有人记得或知道老一批电子科技工作者们是经过了怎样的努力才奠定了当今时代的小型甚至微型的诸多电子产品及家电；或许，当我们拿起手机上网、看新闻、打游戏、发微信朋友圈时，也没有人记得是乔布斯等人让手机体积变小、功能变强大；或许，有一天我们的子孙后代只知道电子科技的进步而遗忘了老一辈电子科技工作者的艰辛……

成都电子科技博物馆旨在以电子发展历史上有代表性的物品为载体，记录推动电子科技发展特别是中国电子科技发展的重要人物和事件。目前，电子科技博物馆已与102家行业内企事业单位建立了联系，征集到藏品12000余件，展出1000余件，旨在以"见人见物见精神"的陈展方式，弘扬科学精神，提升公民科学素养。

科学史话

迷你电视机

1977年，在英国发明家辛克莱（Clive Sinclair）所创办的辛克莱公司，诞生了一台电视机领域里的世界之最——世界上最小的电视机。

这台微型电视机屏幕仅有5平方厘米，整部电视机宽10厘米，高度8.5厘米，厚度为15厘米。据辛克莱公司透露，这台微型电视机是专门为美国的汽车市场而设计的。这款体积小巧、信号良好、图像清晰的微型电视机一经推出，迅速得到了广大电视观众的青睐，成为电视机领域一个迅速崛起的新兴产品。

而在不久后八十年代初的日本，松下电器与索尼公司都在角逐最小的电视机，以此来证明自身电子产品具备的技术能力与高度的集成化。开发出来的小型电视机在显示影音信息的同时还可以当作收音机，有的甚至可以显示时间，随身携带十分方便。

在当时，松下最小的电视机产品是1.5寸的CRT黑白电视机和CRT彩色电视机，其中，彩电是NTSC制式的，销往欧美。松下采用的CRT(Cathode Ray Tube，阴极射线管)出自西铁城(citizen)。相比之下，索尼则在八十年代初开发出了2寸扁平CRT，甚至有了相应的电视机产品。因此，在整机的厚度上面索尼拥有绝对的优势。

但是，索尼的2寸小电视都是黑白的，后期同样尺寸的彩色电视机就是TFT、LCD了。

值得一提的是，在八九十年代，电视机生产公司都在角逐最小电视机产品，希望凭此来证明技术能力，然而现在完全反了过来，又尽可能把电视机屏幕做大以获得更好的观影体验。三寸的，甚至更小的电视机因为屏幕实在是太小

了，以至于影响了观看，所以人们有的时候会在屏幕前面加一个类似放大镜的装置，来等比例放大画面。可能我们现在所追求的一切，在不久后的未来，也将被未来人们弃如尘土、不屑一顾。

◇电子科技博物馆

辛克莱迷你电视机

电子科技博物馆"我与电子科技或产品"

本栏目欢迎您讲述科技产品故事，科技人物故事，稿件一旦采用，稿费从优，且将在电子科技博物馆官网发布。欢迎积极赐稿！

电子科技博物馆藏品持续征集：实物；文件、书籍与资料；图像照片、影音资料。包括但不限于下列领域：各类通信设备及其系统；各类雷达、天线设备及系统；各类电子元器件、材料及相关设备；各类电子测量仪器；各类广播电视、设备及系统；各类计算机、软件及系统等。

电子科技博物馆开放时间：每周一至周五9:00-17:00，16:30停止入馆。

联系方式

联系人：任老师 联系电话/传真：028-61831002

电子邮箱：bwg@uestc.edu.cn 网址：http://www.museum.uestc.edu.cn/

地址：(611731)成都市高新区（西区）西源大道2006号

电子科技大学清水河校区图书馆报告厅附楼

DP-5005I 型 DLP 投影单元 4V9 电源工作原理及故障检修（二）

（紧接上期本版）

稳压过程：当4V9输出因某种原因升高（高于4.9V）时，由R209、R210和VR201组成的分压电路，使精密三端稳压器IC201（431）的调整端电压随之升高（大于2.5V），IC201输出端的电压随之降低，使流过光耦合器IC102内发光二极管的电流增大，发光二极管的亮度增强，使流过IC102内光敏三极管的电流增大，流入IC101（TOP245YN）控制端C引脚的电流也增大，经IC101内部脉宽调制（PWM）电路的控制，使IC101的工作脉冲占空比（即D-S引脚的导通时间）下降，从而使得4V9输出降低；反之，当4V9输出因某种原因变低时，经过与上述相反的控制过程，使4V9输出提高。如此不断动态调整，使4V9输出保持稳定。调节可变电阻VR201可调整4V9的电压值。

保护与自启动：IC101（TOP245YN）芯片具有过压/欠电压和过流保护功能，当输入的线路电压V0（380V）超出L引脚所接电阻设定的UV/OV（150V/450V）范围，或流过S引脚的电流大于X引脚电阻设定的允许最大电流（1.44A）时，IC101芯片将进入保护状态，芯片内的MOSFET截止。同时，由于IC101芯片内部逻辑电路的电流损耗，C引脚所接电容C112开始放电，C引脚的电压也随C112的放电缓慢下降，当C引脚的电压下降到4.8V时，IC101芯片将再次开始软启动过程。

二、故障检修

打开故障投影单元控制箱外壳并加电，发现控制箱后的电源指示灯微亮，散热风扇转动但转速很慢，这可能是电源为风扇提供的电压（12V）较低所致。关电，从控制箱内拆下电源模块，然后空载加电，用万用表测得电源输出插头各路电压值如下：PFC输出为375V，4V9输出在1.7V~1.8V之间变化，12V输出在1.8V~3V之间变化，6V5输出为6.5V，5Vs和12Vs输出分别为4.9V和11.5V。从上面测量的数据看出：PFC电路和6V5电源电路正常，而提供4.9V和12V两路输出电压的4V9电源电路不正常，从4V9和12V输出电压不断跳动变化的情况看，很可能该电源电路处于间歇工作状态。

从附图所示电路中看出，4V9和12V两路输出，分别由变压器T102的两个次级绕组经过各自的整流滤波及稳压电路产生。根据经验，两路整流滤波电路同时发生故障的可能性很小。因此，暂且排除这两路整流滤波电路故障的可能，先将故障范围限定在稳压控制电路和IC101（TOP245YN）的外围元件中，查找故障点的工作也从检测这两部分电路的相关元件开始。第一步，检测稳压控制电路的元件，光耦IC102（SFH617A）和精密三端稳压器IC201（431）均正常；电阻R208~R210、R213以及微调电位器VR201均正常；稳压控制电路无损坏的元件。第二步，测IC101的外围元件，开关电源集成芯片IC101控制端C脚所接元件，C111、C112、R131及稳压管DZ101均正常，R121~R123及R126也正常。当测量变压器T102初级反激电压保护电路的C105、R127、R128及D104时，发现高耐压恢复复二极管D104（UF4006）正反向均呈现短路状态，见附图中圆圈所示。用同型号的二极管代换D104，空载加电试机，4V9和12V两路输出恢复正常。恢复并安装好电源模块，将控制箱还原到投影单元内，加电并连续工作，投影单元工作正常，故障排除。

故障现象及原因分析：单片开关集成电路IC101（TOP245YN）以PWM方式直接驱动开关变压器T102的初级绕组，工作频率为66kHz（因为F脚与C脚相连接）。IC101的X脚所接电阻R126（9.09k）所设定的MOSFET漏极最大电流为1.44A，超过此值芯片将进入保护状态。芯片IC101进入保护状态后，随着其C脚所接电容C112的放电，当C脚电压低于4.8V时，输入线路高压V0（380V）将通过片内的高压恒流源再次对C112充电，芯片重新开始软启动过程。据此，如果二极管D104被击穿短路，电容C105和R127、R128相当于直接并联到了T102的初级线圈上，一旦芯片IC101内的MOSFET导通，输入线路高压V0（380V）将经过C105、R127、R128以及T102的初级同时流入IC101片内的MOSFET功率场效应管，瞬时电流将远大于最大允许电流1.44A，从而使芯片IC101迅速进入保护状态，同时IC101的C脚所接电容C112也开始放电，经过一定时间，当C脚电压低于4.8V时，芯片IC101又开始软启动。所以IC101始终处于启动→保护→再启动→再保护的间歇工作状态，使该电源电路的4V9和12V输出变为脉动电压，表现为电源指示灯发暗，风扇转速变慢，用数字万用表测电压时显示数值不断变化。

（全文完）

◇青岛 孙海善 蒋海燕 林鹏

木之林牌暖手宝连接供电器不通电检修一例

故障现象：暖手宝无法充电。

首先用万用表欧姆档测暖手宝袋指针偏转，说明暖手宝袋正常，故障在连接供电器。

连接供电器工作原理是：暖手宝受凉时变瘪，加热时膨胀，加热到一定温度时，撑起上臂旋转，将温控器开关断开，充电自动结束。

连接供电器拆卸稍微费力一点，采用卡扣结构（如图1所示），用大拇指甲嵌入上部缝隙，再用小一字螺丝刀随即跟进，边撬动边移动，可插入多把一字撑住防止回位，如此转一圈后即可拆开两个侧盖（如图2所示），露出内部的温控器（如图3所示），用欧姆挡测常常闭触点电阻无穷大，接触不良。取出触点，细砂纸轻轻打磨黑色氧化物，露出红铜，装回测电阻为零即可。此类开关以修理为主，更换新件为辅。

◇山东 侯金叶

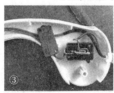

依米康精密空调维修一例

本文和大家分享精密空调维修一例，这次维修的是依米康机房精密空调，型号为SCA402U，使用冷媒是R22，故障现象为压缩机二低压保护。初步检查，发现外机冷凝器泄漏，补焊后保压又发现内机压缩机高压排气管处加液单向阀泄漏，更换了加液单向阀顶针，并保压2MPa压力两小时，压力未下降，继续保压。

结果问题来了，隔天去看，压力只剩0.6 MPa。因为前期都基本排查过，认为这个漏点比较麻烦。所以，采用分区保压法，分了外机、管路、内机三个区，同时怕漏点小延长保压查看时间，12小时后去查看，结果不漏了，压力正常。刚开始也想不通，后来，仔细分析，动过的地方是加液单向阀。

仔细检查加液单向阀，发现问题关键，更换的顶针不是原装的（如图1所示），有1mm的距离误差。不装防尘帽是不漏的，当拧紧防尘帽，刚好顶针被顶到一点，它会慢慢泄漏。所以最后装干脆不拧上防尘帽（如图2所示），氮气保压24小时后正常，故障排除。

◇浙江衢州 童长江

对顶上集成吊顶用黄金管取暖器的改进

近日邻友拿来一只开启发光约3分钟即熄灭的黄金管取暖器，说是已用了5年，昨天晚上取暖器工作不久，突然黯然失色，不能取暖。

笔者当即打开取暖器，用万用电表R×10档分别测出两只黄金管的电阻均为6Ω（冷阻），因每只黄金管的功率是900W，根据R=U²/P，则R=220²/900=53.8Ω（热阻），热阻约是冷阻的9倍，说明黄金管完好，从中可以看出黄金管确实耐用、寿命较长（8000小时以上）。笔者估计造成黄金管瞬间熄灭的原因可能是温控器作的"祟"！遂想立即找出温控器，检测它的电阻是否为零。但发现在黄金管后面的不锈钢凹镜外面一块涂白漆的金属板上，安装的不是温控器，而是一只"无铅温度保险丝"，用万用电表一测，该丝的电阻为无穷大（∞），已烧毁。即用放大镜一看，该丝安装在外面打有"镇江东方制冷"字样的黑色长方形小盒内，且印有红色字样：ROHS（检测），LEBAO（电流保险丝，检测温度异常时切断电路功能的小型、结实的熔断式热保护器），RYD142（无铅温度保险丝），Tf142℃(保险丝动作温度是142℃)。

笔者见后感到：该丝用动作温度是142℃的"无铅温度保险丝"，在盒内温度到达142℃保险丝即熔断保护电路，但需将取暖器从集成吊顶上取下，要换上新的"保险丝"后方能正常工作，小有麻烦。且装有该丝的小盒放在不锈钢凹镜外面的金属板上，而此处正是发热黄金管的上方，由于热空气密度较小容易上浮，致使金属板上的温度很高，待时间一久保险丝就容易熔断。

鉴于此情，笔者进行了一些改进：

1. 将动作温度是142℃的"无铅温度保险丝"用控制温度为90℃的温控器取而代之，

2.将该温控器放在取暖器一侧的接线盒散热孔旁。温控器放在接线盒散热孔旁，既可以避免高温的锋芒，又可以就地取材，充分利用散热孔的现有小孔，恰到好处地对温控器进行安装，无需用电钻另外钻孔，甚是方便。

3.用温控器取代保险丝：可以自动控制电路的通断，确保电路的安全，且无需繁琐地将取暖器取下和重新装上。

试用了二个月感觉经过改进的"黄金管取暖器"，每天均能发出熠熠生辉的远红外线正常工作。

这真是：黄金双管取暖仪，骤暗有差查仔细，熔丝熔断不便换，改进可用温控器。

◇浯浦高级中学 徐振新

模拟电路实训4：低频OTL功率放大器

一、实验目的

1.验证低频 OTL 功率放大器的性能特点。

2. 巩固对低频 OTL 功率放大器性能特点的理解、区别和记忆。

二、器材准备

1.DZX-2 型电子学综合实验装置一台

2.GVT427 型交流毫伏表一台

3.TDS1002/1012 型双踪数字示波器一台

4.MF47 型万用表一只

5.低频 OTL 功率放大器实验板一块

6.多种接头铜芯软导线若干根

三、性能特点回顾

1.低频功率放大器的种类

实用的低频功率放大器有变压器倒相推挽功率放大器、OTL 功率放大器、OCL 功率放大器、BTL 功率放大器等几种。目前应用最为广泛的是 OTL 功率放大器和 OCL 功率放大器。

2.低频 OTL 功率放大器的性能特点

①单电源，电路较简单，体积小，重量轻，不易烧扬声器。

②保真度较高。

③最大不失真功率 $P_{om}=\dfrac{U_{CC}^2}{8R_L}$，效率可达78%。

④线路易于集成化。

四、实训操作

1.验证静态工作点对功率放大器性能的影响

①把低频 OTL 功率放大器实验插在实训装置面板中间的四个插孔上，用导线把直流稳压电源中+5V 插孔与实验板上+5V 插孔连接起来，用导线把直流稳压电源中的 5V 地插孔与实验板上 GND 插孔连接起来，用导线把实训装置面板右上角的扬声器插孔与实验板上扬声器插孔对应连接起来，用导线把直流数字电流表连接在实验板上标有 mA 的两个插孔之间(+接右端、-接左端)，按下直流数字电流表上的 200mA 按钮，把信号发生器调到正弦波 1kHz0V，然后把信号发生器连接在实验板上 u_i 两端，把双针交流毫伏表的 CH1 和双踪示波器的 CH1 并联连接在实验板上 u_i 两端，把双针交流毫伏表的 CH2 和双踪示波器的 CH2 并联连接在实验板上 u_o 两端，分别调节电位器 R_{W1} 和 R_{W2} 的旋钮，使 R_{W1} 阻值最大 R_{W2} 阻值最小。

②确认线路连接正确无误后，接通交流电源开关，接通直流稳压电源中 5V 电源开关，用万用表分别测出 T_1、T_2、T_3 的 U_B、U_E、U_C 和中点电压(T_2 发射极和 T_3 发射极的连接点也就是 C_0 左边一个端点的电压称为中点电压)，读取直流数字电流表显示的数值，然后慢慢调大信号发生器的输出电压幅度，注意辨听扬声器声音的变化情况，尤其要注意有无那种很不舒服的"打嗝"

现象，同步观察示波器 CH2 波形的变化情况，尤其要注意波形有什么样的失真，把静态工作点偏小时的相关结果填入表 1。

③移走信号发生器，用导线把实验板上 u_i 两端的插孔连接起来，慢慢调节 R_{W1} 使中点电压等于二分之一电源电压即 2.5V，再慢慢调节 R_{W2} 使直流数字电流表显示为 6mA 左右，用万用表分别测出 T_1、T_2、T_3 的 U_B、U_E、U_C 和中点电压；然后拆掉 u_i 两端的连接导线，把信号发生器输出电压幅度调到最小后连接到实验板上 u_i 两端，慢慢调大信号发生器的输出电压幅度，注意辨听扬声器声音的变化情况，尤其要注意有无那种很不舒服的"打嗝"现象，同步观察示波器 CH2 波形的变化情况，尤其要注意波形有什么样的失真，把静态工作点合适时的相关结果填入表 1。

④调节信号发生器的输出电压幅度，使示波器 CH2 波形幅度最大但没有失真现象，然后用左手同时触摸三极管 T_2 和 T_3 的外壳，慢慢调大(这里特别要注意是缓缓调节，切不可猛调，更不允许调至另一端)R_{W2} 阻值，当三极管外壳温度明显上升时读取直流数字电流表显示的数值，读完数值后立即将 R_{W2} 回调，把静态工作点偏大时的相关结果填入表 1。

2.验证最大不失真功率和效率

①移走信号发生器，用导线把实验板上 u_i 两端的插孔连接起来，慢慢调节 R_{W1} 使中点电压等于二分之一电源电压即 2.5V，再慢慢调节 R_{W2} 使直流数字电流表显示为 6mA 左右。

②拆掉 u_i 两端的连接导线，把信号发生器输出幅度调到最小后连接到实验板上 u_i 两端，慢慢调大信号发生器的输出电压幅度，使示波器 CH2 波形幅度最大但不失真，读出交流毫伏表 CH2 指针所指的数值(这就是输出信号的最大电压值 u_{om})，把结果填入表 2，并根据公式 $i_{om}=\dfrac{u_{om}}{R_L}$ 求出 i_{om}，再根据公式求出 P_{om}。

③读出直流数字毫安表显示的数值(这就是直流电源提供的电流值 I_{om})，把结果填入表 2，并根据公式

$P=U_{CC}I_{om}$ 求出 P，再根据公式 $\eta=\dfrac{P_{om}}{P}$ 求出 η。

④关断交流电源开关，关断直流稳压电源中 5V 电源开关，拆除所有连接的测试仪器，拆除所有连接的导线，取下低频 OTL 功率放大器实验板。

五、归纳与思考

1.本次实验的表 1 中，静态工作点偏小时为什么会出现交越失真？

2.本次实验的表 1 中，如果静态工作点偏大会导致什么样的结果？

参考答案：

1.当信号电压小于三极管的死区电压时，功放管截止，故使小于 0.7V 的信号未得到放大，从而出现交越失真。

2.功放管的温度会越来越高，最后因热击穿而损坏。

◇无锡 周金富

表1 验证静态工作点对功率放大器性能影响的实验数据

	T_1			T_2			T_3		
	$U_B(V)$	$U_E(V)$	$U_C(V)$	$U_B(V)$	$U_E(V)$	$U_C(V)$	$U_B(V)$	$U_E(V)$	$U_C(V)$
静态工作点偏小时									
静态工作点偏大时	三极管温度								
静态工作点合适时									

	中点电压(V)	总电流(mA)	声音情况	波形情况
静态工作点偏小时				
静态工作点偏大时				
静态工作点合适时				

表2 验证最大不失真功率和效率的实验数据

$u_{om}(V)$	$i_{om}(A)$	Pom(W)	$U_{CC}(V)$	$I_{om}(A)$	P(W)	η

约稿函

《电子报》创办于 1977 年，一直是电子爱好者、技术开发人员的案头宝典，具有实用性、启发性、资料性、信息性。国内统一刊号：CN51-0091，邮局订阅代号：61-75。

职业教育是教育的重要组成部分，培养掌握一技之长的高素质劳动者和技术技能人才是职业教育的重要使命。职业院校是大规模开展职业技能教育和培训的重要基地，是培养大国工匠的摇篮。《电子报》开设"职业教育"版面，就是为了助力职业技能人才培养，助推中国职业教育迈上新台阶。

职教版诚邀职业院校、技工院校、职业教育机构师生，以及职教主管部门工作人员赐稿。稿酬从优。

一、栏目和内容

1.教学教法。主要刊登职业院校(含技工院校，下同)电类教师在教学方法方面的独到见解，以及各种教学技术在教学中的应用。

2.初学入门。主要刊登电类基础技术，注重系统性，注重理论与实际应用相结合，帮助职业院校的电类学生和初级电子爱好者入门。

3.技能竞赛。主要刊登技能竞赛电类赛项的竞赛试题或模拟试题及解题思路，以及竞赛指导教师指导选手的经验、竞赛获奖选手的成长心得和经验。

4.备考指南。主要针对职业技能鉴定(如电工初级、中级、高级、技师、高级技师等级考试)、注册电气工程师等取证类考试的知识要点和解题思路，以及职业院校学生升学考试中电工电子专业的备考方法、知识要点和解题思路。

5.电子制作。主要刊登职业院校学生和电子爱好者的电类毕业设计成果和电子制作产品。

6.电路设计。主要刊登强电类电路设计方案、调试仿真，比如继电器-接触器控制方式改造为 PLC 控制等。

7.经典电路。主要刊登经典电路的原理解析和维修维护方法，要求电路有典型性，对学习其他同类电路有指导意义和帮助作用。

另外，世界技能奥林匹克——第 46 届世界技能大赛将于明年在中国上海举办，欢迎广大作者和读者提供与世赛电类赛项相关的稿件。

二、投稿要求

1.所有投稿于《电子报》的稿件，已视其版权交付电子报社。电子报社可对文章进行删改。文章可以用于电子报期刊、合订本和网站。

2.原创首发，一稿一投，以 Word 附件形式发送。稿件内文请注明作者姓名、单位及联系方式，以便奉寄稿费。

3.除从权威报刊摘录的文章(必须明确标注出处)之外，其他稿件须为原创，严禁剽窃。

三、联系方式

投稿邮箱：63019541@qq.com 或 dzbnew@163.com

联系人：黄丽辉

本约稿函长期有效，欢迎投稿！

《电子报》编辑部

(接上期本版)

4.1.3 兆欧表

兆欧表俗称摇表。测量前一定要将设备断开电源,对内有储能元件(电容器)的设备,还要进行放电。

读数完毕后,不要立即停止摇动摇把,应逐渐减速使手柄慢慢停转,以便通过被测设备的线路电阻和表内的阻尼将摇表发出的电能消耗掉。

测量电容器的绝缘电阻或内部有电容器的设备时,要注意电容器的耐压必须大于摇表发出的电压;读数完毕后,应先取下摇表的红色(L)测试线,再停止摇动摇把,防止已充电的电容器将电流反灌入摇表导致仪表的损坏。

禁止在雷电或邻近带高压导体设备的环境下使用摇表,只有在不带电又不可能受其他电源感应而带电的场合,才能使用摇表。

4.1.4 接地电阻测试仪

接地电阻测试仪主要由手摇发电机、电流互感器、电位器以及检流计组成。

使用接地电阻测试仪测量接地电阻时,要将被测接地极与受接地极保护的设备断开,以便得到准确的测量结果。

当接地电阻测试仪的检流计灵敏度过高时,可将电位探测针插入土壤中浅一些。当检流计的灵敏度不够时,可沿电位探测针和电流探测针注水,依使土壤湿润些。

不可在雷雨天气测量防雷设备接地体的接地电阻。

被测接地体与接地电阻测试仪的两个测试接地极的连线不应与地下的金属管道或者地上的高压架空线路平行走向。

4.1.5 电能表

选择电能表应注意其额定电压与供电电压相一致,额定电流应大于预期的负荷电流,防止运行中导致电能表的损坏。

电能表应安装在干燥、清洁、无振动、无腐蚀性气体、不受强磁场影响以及便于安装和抄表的地方。

电能表应垂直安装,安装时表箱底部对地面的垂直距离一般为1.7~1.9m。

三相电能表应按正相序接线;经电流互感器接线时极性必须正确;电压线圈接线可采用1.5mm²铜芯绝缘导线,电流线圈若是直接接入,应选择与线路电流相适应的导线;若经电流互感器接入,应采用2.5mm²铜芯绝缘导线。电流互感器的二次线圈一端和外壳应当接地。

4.2 电工安全用具使用

电工安全用具包括绝缘安全用具、登高安全用具,以及检修工作中使用的临时接地线等安全用具。

绝缘安全用具分为基本安全用具和辅助安全用具。前者的绝缘强度能长时间承受电气设备的工作电压,能直接用来操作电气设备;后者的绝缘强度不足以承受电气设备的工作电压,只能加强基本安全用具的作用。

4.2.1 基本绝缘安全用具

基本绝缘安全用具包括绝缘棒和绝缘夹钳等。

(1)绝缘棒

绝缘棒的安全使用须注意以下事项。

绝缘棒必须具有合格的绝缘性能和机械强度。

操作前,绝缘棒表面应用干净的干布擦净,使棒表面干燥、清洁。

操作时应戴绝缘手套、穿绝缘靴或站在绝缘垫上。

操作者手握部位不得越过护环。

在雨雪或潮湿的天气,室外使用绝缘棒时,棒上应装有防雨的伞形罩,没有伞形罩的绝缘棒不宜在上述天气中使用。

绝缘棒使用完毕后必须放在通风干燥的地方,并宜悬挂或垂直放在特制的木架上。

绝缘棒应按规定定期进行绝缘试验。

(2)绝缘夹钳

绝缘夹钳的安全使用须注意以下事项。

绝缘夹钳必须具备合格的绝缘性能。

操作时的绝缘夹钳应清洁、干燥。

操作绝缘夹钳时应戴绝缘手套、穿绝缘靴或站在绝缘垫上,戴护目眼睛,必须在切断负载的情况下进行操作。

绝缘夹钳应按规定进行定期试验。

4.2.2 辅助绝缘安全用具

辅助安全用具包括绝缘手套、绝缘靴、绝缘台、绝缘垫等。

绝缘手套使用前必须检查外观无有破损、脏污。每只绝缘手套均应贴有耐压试验合格证,并在有效期内。穿戴时衣服袖口应进入手套。绝缘手套应存放在密闭的橱内,与其他工具仪表分别存放。

绝缘靴是辅助安全用具,无论穿低压或高压绝缘靴,均不得直接用手接触电器设备。布面绝缘鞋只能在干燥环境下使用,不得有破损。穿用绝缘靴时,应将裤管套入靴筒内。非耐酸碱油的橡胶底,不可与酸碱油类物质接触,并应防止尖锐物刺伤。低压绝缘鞋若底花纹磨光,露出内部颜色时则不能作为绝缘鞋使用。

绝缘台和绝缘垫也是辅助安全用具。一般铺在配电室的地面上,防止接触电压与跨步电压对人体的伤害。

4.2.3 携带型接地线

装设临时接地线时,应先接接地端,后接线路或设备端。拆除时顺序相反。应先验明线路或设备无电时才可装设临时接地线。

4.2.4 登高安全用具

登高安全用具包括梯子、登高板、脚扣、安全带等。

(1)梯子 竹梯放置与地面的夹角以60°左右为宜,并要由人扶持或绑牢。人字梯使用时应将中间搭钩扣好,或在中间绑扎拉绳以防自动拉开造成工伤事故。在人字梯上作业时,切不可采取骑马的方式站立。梯顶不得放置工具、材料。高处工作传递物件不得上下抛掷。梯顶一般不应低于工作人员的腰部,切忌在梯子的最高处或一、二级横档上工作。

(2)登高板 登高板的踏板使用前,要检查踏板有无裂纹或腐朽,绳索有无断股。踏板挂钩时必须正钩,钩口向外、向上,切忌反钩,以免造成脱钩事故。登杆前,应先将踏板钩挂好,使踏板离地面15~20cm,用人体做冲击荷载试验,检查踏板有无下滑,是否可靠。

(3)脚扣 脚扣使用前必须仔细检查脚扣各部分有无裂纹、腐朽现象,脚扣皮带是否牢固可靠。脚扣皮带若有损坏,不得用绳子或电线代替。要按电杆粗细选择大小合适的脚扣。水泥杆脚扣可用于木杆,但木杆脚扣不能用于水泥杆。登杆前,应对脚扣进行人体荷载冲击试验。上、下杆的每一步,必须使脚扣完全套入并可靠地扣住电杆,才能移动身体,否则会造成事故。

(4)安全带 安全带由腰带、腰绳和保险绳组成。安全带的保险绳一端要可靠地系结在腰带上,另一端用保险钩勾在横担、抱箍或其他固定物上。要高挂低用。安全带使用前必须仔细检查,长短要调节适中,作业时保险扣一定要扣好。

4.3 电工安全标示的辨识

所谓安全标示,就是在有触电危险的处所或容易产生误判断、误操作的地方,以及存在不安全因素的现场设置的醒目文字或图形标志。安全标示可以提示人们识别、警惕危险因素,对防止人们偶然触及或过分接近带电体而触电具有重要意义。

对于文字形式的安全标示,要求文字简明扼要,图形清晰,色彩醒目,使标示牌的警告作用更加强烈。

安全标示由文字、图形、编号、颜色等方式构成。其中裸母线与电缆芯线的相序或极性标志如表2所示。

安全标示牌是由干燥的木材或绝缘材料制作的牌子。其内容包括文字、图形和安全色,悬挂于规定的处所,起安全标志作用。安全牌按其用途分为允许、警告、禁止和提示等类型。常用的标示牌规格及其悬挂处所如表3所示。

标示牌在使用过程中,严禁拆除、更换和移动。

常用的电工标示牌样式见图22。图中的字体颜色、边框颜色和底色与表3中的相应要求相一致。

表2 导体色标

	交流电路				直流电路		接地线
	L1	L2	L3	N	正极	负极	
新	黄	绿	红	淡蓝	棕	蓝	黄绿双色线
旧	黄	绿	红	黑	红	蓝	黑

表3 常用标示牌规格及其悬挂处所

类型	名称	尺寸/mm	式样	悬挂处所
禁止类	禁止合闸,有人工作!	200×100 或 80×50	白底红字	一经合闸即可送电到施工设备的开关和刀闸的操作把手上
	禁止合闸,线路有人工作!	200×100 或 80×50	红底白字	线路开关和刀闸的把手上
	禁止攀登,高压危险!	250×200	白底红边黑字	工作人员上下的铁架,邻近可能上下的另外铁架上,运行中变压器的梯子上
允许类	在此工作!	250×250	绿底,中有直径210mm的白圆圈,圈内写黑字	室外和室内工作地点或施工设备上
提示类	从此上下!	250×250	绿底,中有直径210mm的白圆圈,圈内写黑字	工作人员上下的铁架、梯子上
警告类	止步,高压危险!	250×200	白底红边,黑字,有红色箭头	施工地点邻近带电设备的遮栏上;室外工作地点的围栏上;禁止通行的过道上,工作地点邻近带电设备的横梁上

图22 常用的电工标示牌样式

(全文完)

◇山西 木易

谈谈继电器–接触器控制线路——一用一备排水泵自动轮换电路解读(一)

民用建筑中通常有生活用水泵、排水泵以及空调系统的冷却水泵、冷冻水泵和热水循环泵,消防系统的消火栓水泵、喷淋泵、稳压泵等。这些泵类电动机的拖动控制还是以传统的继电器–接触器控制方式,本文将对某一种排水泵一用一备自动轮换控制电路进行解读,与读者分享。

1. 原理图简介

两台排水泵一用一备自动轮换工作的继电器–接触器控制电路如图1、图2和图3所示。图1为主回路,图2为水位监测、轮换和信号试验等控制,图3为水泵电动机启动运转等控制。该线路采用TN–S(三相五线)供电,其中L1、L2和L3为三相动力电源,控制线路采用单相220V供电、即相线L1和中性线N为电源,还有保护线PE。

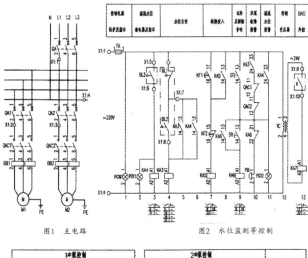

图1 主电路

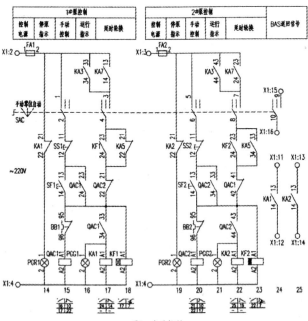

图2 水位监测等控制

图3 水泵控制

图1所示主回路中,QA为控制箱总电源低压断路器。QA1和QA2分别是水泵电动机M1和M2电源断路器,用于短路保护。接触器QAC1和QAC2分别控制电动机M1和M2停止或运转,接触器释放电动机停止,接触器吸合电动机得电运转。BB1和BB2是热继电器,分别用作电动机M1和M2的过载保护用。

图2和图3两图中表格用于说明该栏对应下方电路的功能,如栏目"溢流水位继电器及指示",表示下方电路完成该功能,其中BL3为溢流液位器、KA4为溢流中间继电器、PGY为溢流指示。电路图下方的一串数字,

某个数字代表数字上方电器的位置号,如继电器KA3的位置号为"4"。数字下面是该位置上的继电器或接触器其辅助触头被使用的位置,如位置4的中间继电器KA3的常开触头分别在图上位置5、10、16和21处被用到,共有4付触头,而常闭触头则没有被使用。

图1、图2和图3中,SAC为运行方式选择开关,液位器BL1/BL2/BL3为低水位/高水位/溢流位,KA1~KA7为中间继电器,KF1为通电延时时间继电器,KF2为失电延时时间继电器,SS1和SS2为水泵停止按钮,ST为声光报警试验按钮,SR为声响复位按钮,SF1和SF2为水泵电动机启动按钮,BB1和BB2为热保护继电器或其辅助常闭触头,PGW为电源指示灯,PGG1和PGG2为水泵电动机运转指示灯,PGR1和PGR2为水泵电动机停止指示灯。

图1所示主回路中,QA为控制箱总电源灯。

当运行方式选择开关SAC打在一侧,其触头1和2、触头5和6接通状态下,两排水泵处在"手动"方式,此时水泵的起动运转或停止靠人工按钮操作。只要按下按钮SF1或SF2,1#泵或2#泵便起动投入运行。按下SS1或SS2,泵即停止。

当运行方式选择开关SAC打在另一侧,其触头3和4、触头7和8接通状态下,两排水泵处在"自动"方式,此时排水泵由液位器或远控开关来起动运转和停止。触头KA3:[33]与KA3:[34]或KA7:[13]与KA7:[14]闭合则1#泵

起动运转,触头KA3:[33]与KA3:[34]或KA7:[13]与KA7:[14]断开则1#泵停止运转。

当运行方式选择开关SAC打在中间位置为"零位",即控制电路处于切除状态。

排水泵自动轮换的功能是,水位第1次达到"高水位"时1#泵起动进入运行状态,2#泵备用,直到水位降低到低水位,1#泵停止运转;第2次达到"高水位"时2#泵起动进入运行状态,1#泵备用,直到水位降低到"低水位",2#泵停止运转;第3次水位上升到"高水位"时1#泵再次起动进入运行状态,2#泵备用,直到水位降到"低水位",1#泵停止运转。如此循环,1#或2#水泵轮流工作。

2. 水位变化过程

在图2中,当水位逐渐升高至高于"高水位"时,图中位置4的液位器BL2动作,其常开触头闭合,控制回路X1:1→FA→BL1→X1:→X1:→KA3:→KA3:→X1:形成闭合回路,位置4的中间继电器KA3线圈得电吸合,常开触头KA3:[13]与KA3:[14]闭合,使KA3自保持。

若水位继续上升,直到图中位置3的液位器BL3动作,其常开触头闭合,控制回路X1:1→FA→X1:→X1:→PGY1:和KA4:→PGY1:和KA4:→X1:形成闭合回路,使指示灯PGY1点亮,继电器KA4线圈得电吸合。KA4的常开触头KA4:[13]与KA4:[14]同时闭合用于保持继电器KA3的状态;KA4的另一常开触头KA4:[23]与KA4:[24]也同时闭合,使指示灯PGY1点亮、警铃PB鸣响,用于溢流声光报警。随着水位下降水位低于"溢流位"后,液位器BL3复位,其触头恢复常态断开,继电器KA4释放,KA4的触头也恢复常态。注:溢流状态是异常状态。

水位下降降低至"高水位"下后液位器BL2复位,其触头恢复常态断开,此时有触头KA3:[13]与KA3:[14]闭合自保。当水位低于"低水位"时,图中位置4的液位器BL1动作,其常闭触头断开,控制回路断裂,继电器KA3线圈失电释放,其常开触头KA3:[13]与KA3:[14]也断开。

水位控制回路随水位升降变化的过程如图4所示。

3. 水泵起动过程

水泵起动根据方式选择开关SAC所处位置不同,有手动起动和自动起动两种。手动由

按钮SF1或SF2控制。自动则由液位器通过中间继电器KA3或BAS外控。

3.1 手动起动

运行方式选择开关SAC打在图中左侧选择手动,即图3中位置15的SAC的与接通、与断开。手动方式时1#泵和2#泵的控制线路类似,下面以1#水泵为例进行解读。

按下图3中位置15的1#泵起动按钮SF1,触头SF1:[13]与SF1:[14]闭合接通,回路X1:2→FA1:→SAC:→SS1:[11]→SS1:[12]→SF1:[13]→SF1:[14]→BB1:−[95]→BB1:[96]→QAC1:→QAC1:→X1:4形成闭合,接触器QAC1线圈得电吸合。同时接触器QAC1的辅助触头QAC1:[23]与QAC1:[24]闭合接通,自保回路形成,即X1:2→FA1:→SAC:→SAC:→SS1:[11]→SS1:[12]→QAC1:[23]→QAC1:[24]→BB:−[95]→BB1:[96]→QAC1:→QAC1:→X1:4。1#水泵起动进入运行状态,操作过程中控制回路的变化过程如图5所示。还有接触器QAC1的辅助触头QAC1:[33]与QAC1:[34]闭合接通,指示灯PGG1点亮、继电器KA1吸合→指示灯PGR1熄灭。

3.2 自动起动

运行方式选择开关SAC打在图中右侧选择自动,此时图3中位置17的SAC的与接通、与断开。图3中位置16的触头KA3:[33]与KA3:[34]为液位控制,图3中位置17的触头KA7:[13]与KA7:[14]为BAS外控。2#泵为图3中位置21的触头KA3:[43]与KA3:[44]为液位控制,图3中位置22的触头KA7:[23]与KA7:[24]为BAS外控。自动方式时1#泵和2#泵的控制线路也类似,下面以1#水泵液位控制为例进行解读。

当水位逐渐上升升至"高水位"使图2中位置4的中间继电器KA3动作,图3位置16的触头KA3:[33]与KA3:[34]闭合接通,回路X1:2→FA1:→KA3:[33]→KA3:[34]→SAC:→SAC:→KA5:[21]→KA5:[22]→QAC2:[21]→QAC2:[22]→BB1:−[95]→BB1:[96]→QAC1:→QAC1:→X1:4形成闭合,接触器QAC1线圈得电吸合。接触器QAC1的辅助触头图3中位置17的QAC1:[33]与QAC1:[34]闭合接通,指示灯PGG1点亮、继电器KA1吸合→指示灯PGR1熄灭。

（未完待续）◇键谈

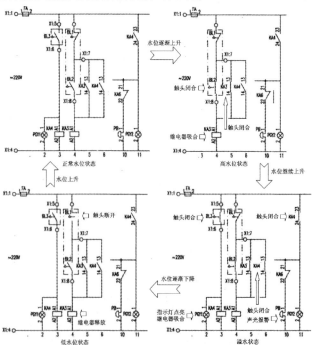

图4 水位控制回路随水位变化过程

编辑:张天红 投稿邮箱:dzbnew@163.com 电子报

5G 网络切片技术

"网络切片"技术对于很多朋友来说都是一个陌生的词汇，它是 5G 应用的热门技术，能够更好地利用 5G 网络。5G 网络的一个重要特点，就是速度快。单就个人应用场景而言，4G 网络的速度虽没有 5G 那么快，但满足刷剧、直播已经足够了。不过在一些特殊环境下，一旦聚集的人数较多，4G 网络就会变得非常慢，比如演唱会、体育赛事、大型展会现场，目前的解决方案是运营商在现场提供移动基站解决这样的问题。

中国移动在珠海航展首次开通 5G 移动式基站服务

出现这种情况的原因是，假设一个基站相当于一个路由器，而附近的用户全部连接到该基站上。基站所提供的带宽是有上限的，一旦连接的人数过多，就如同太多的用户连接同一个路由器一样，速度会变得特别慢，也就是大家常说的"抢网速"。而网络切片技术的作用就是针对这个问题。

网络切片就是把 5G 网络分成"很多片"，每一片满足不同用户需求。目前 4G 并没有对用户需求进行细分，只要购买了 4G 套餐，无论是何种需求，网络能力已经固定了。不过在应用场景上，不同用户对于网络的需求是不同的，比如直播用户对上传要求更高，游戏用户则要求延迟低。网络切片技术则可以针对性的为不同用户提供不同的网络能力，从而满足不同业务场景对于网络的需求。

网络切片技术对于 5G 特别是物联网来说意义重大，除了消费者日常上网，自动驾驶、智慧城市等新技术更是会受益于此。无论是运营商、行业客户还是消费者，都将会通过网络切片技术体验到更出色的 5G 体验，而我国的紫光展锐则提出了全球首例 5G 终端网络切片选择方案。

紫光展锐选择了基于调制解调器实现切片的方案，该方案的优势在于无需操作系统和应用进行修改，技术落地和部署的速度更快，毕竟软件生态的更改需要依赖每一个软件开发商，同步速度会慢很多。

5G 终端切片打通商用最后一公里

首先，将切片和网络之间切片选择的动作放进了调制解调器中，这样终端连接调制解调器的时候，调制解调器就自动做好了切片匹配。

其次，针对智能手机操作系统进行了扩展，打通操作系统和 App 之间切片网络连接。

最后，联合运营商开发切片管理器，保证应用程序无需修改即可使用网络切片技术。

全球首例 5G 终端切片选择方案

因此无需更改操作系统和 App，也不会对终端有特别严苛的要求，即可连接到切片网络上，而且运营商制定规则的时候也更加方便、灵活。

目前在紫光展锐与联通共同发布的全球首例 5G 网络切片选择方案中，使用的是紫光展锐旗下的虎贲 T7510 5G 芯片。中国联通 5G CPE VN007+ 是全球首款完整 3GPP 标准化网络切片的 5G CPE，搭载的则是展锐 V510 芯片。

虎贲 T7510 5G 芯片

中国联通 5G CPE VN007+

后记

5G 网络切片技术通过以上设置可以降低 5G 套餐，在未来 5G 套餐也许不再单纯以流量多少定价，比如用于直播，那么对于时延、上行带宽和安全性有高要求，可以选择专门用于直播的 5G 套餐，套餐中可能会对时间、直播画质进行限制，而非对流量上限进行限制，用户可以根据自己直播时长进行选择。如此一来用户选择就更加灵活，其价格也可能会比目前网络套餐要便宜一些。

苹果 M1 Mac 挖矿

早在去年 12 月，XMRig 开发者们就用 M1 Mac 挖门罗币了。不过 M1 MBA 挖矿效率很一般，只有 2MH/s，功耗大约 17~20 挖。比起 NVIDIA 的 CMP 专用矿芯，那完全不是一个量级，只适合新手尝鲜，日收益 0.14 美元左右，也就是到 1 元人民币。

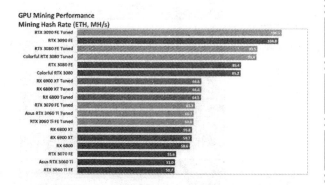

	Ethereum Hash Rate	Rated Power
Apple M1	2 MH/s	~17W to 20W (GPU only)
Nvidia 30HX	26 MH/s	125W
Nvidia 40HX	36 MH/s	185W
Nvidia 50HX	45 MH/s	250W
Nvidia 90HX	86 MH/s	320W

索尼 PS5 破解后也能挖矿

近日，比特币最高价格达到了 5.8 万美元/币，在这种"疯狂的虚拟货币"热潮带动下，即便近几日比特币、以太坊等虚拟货币价格跌了，但依旧有大量的"矿工"在"辛勤"地挖矿，各种各样的人都想尽办法去"挖矿"，比如韩国就有不少网吧直接关闭营业进行专业的"挖矿"行为(一家拥有 200 台电脑的韩国网吧为例，每天挖矿 15 个小时可获利至少 100 万韩元左右，约合人民币 5800 元，远高于很多网吧平时的营业收益，当然前提是不错的配置和优秀的专业挖矿算法软件)。

甚至还有人打起了索尼游戏机 PlayStation(以下简称 PS)的主意，以往的 PS 被破解，往往都是为了玩单人游戏，而这次索尼最新的 PS5 被破解后居然可以挖矿了。

PS5 被破解解除系统限制可以运行各种挖矿程序，并公布了主机挖 ETH 以太坊的界面截图。

图中显示 PS5 主机的算力达到 99.76MH/s，挖矿性能相当强大。而功耗仅有 211W 左右，能效比也相当不错。

没想到矿工们不仅抢显卡，比如直接导致新推出的 RTX30 系列显卡被炒成天价，AMD 的 RX5000 系列也不能幸免。抢不到高端显卡，就抢配置了高端显卡的游戏本，这次居然还将魔爪伸向了游戏主机。

毕竟索尼 PS5、微软 Xbox 主机搭载了 AMD 高端显卡，浮点性能高达 10TFLOPS 以上，自然成为矿工们新的目标了。假如索尼 PS5 被破解，微软 Xbox Series X 距离被攻克还会远吗？

"挖矿热潮"也许对于硬件厂家是件好事，但对于只想安安心心玩游戏的朋友来说，就要付出更多的财力去购买、更多的精力去抢购这些搭载高性能 GPU 的设备了。

分享"智慧分享"001 HiFi 娱乐音响系统(一)

市场上影音产品较多,存在几个特点:数码影音产品大多采用薄利多销、及时换代的策略。数码影音产品也有很多精品受到大众的喜爱,但也有一些低价的数码影音产品为了抢占市场设计简陋,低成本本生产,不考虑产品的生命力,很多产品用一两年就淘汰或保修期过后某些厂家因产品升级换代不提供售后服务或售后收费过高导致客户主动放弃维修,如市场上出现的部分拉杆音箱、电瓶音箱、各种插卡移动音响、唱';戏机等。

虽然发烧级音响在国内有近四十年的历程,发烧级的影音产品质量与售后也都有保障,但销量少且综合成本本过高,绝大多售价也偏高,老百姓的消费水平所限导致最终发烧级影音产品与平民大众也越来越远,可以说曲高和寡。

还有一些专业音响器材质量可靠,但很多厂家与销售商只讲技术指标不谈音质与音色,这类器材多需要专业技术人员调试维护,可以说专业的产品又太专业了,也较难进入普通用户家庭。我们能否多学习各家的优点,用发烧的理念来设计、生产专业影音器材,用数码音响厂家的薄利多销的主导思想来销售专业影音器材,让每个家庭都能买得起、用得起、用得好专业影音器材,这要考验产品设计者与产品生产厂家的智慧,或许有办法解决!

笔者多年前就帮助朋友与客户组建发烧音响系统与多声道 K 系统,通常组建一套发烧音响系统多需 3 大件:CD 机、发烧功放、发烧音箱等,费用预算少则数千元,多则需数万甚至数十万元。一台国产平价 CD 机售价多在 2000~4000 元左右,由于时代的变迁,部份音响发烧友用数字音频播放机作音源,然而国产的数字音频播放机售价也不便宜,很多产品报价 3000~20000 元。

组建 1 套全景声影院影 K 系统需数万元的费用,少则二、三万元,多则二、三十万元也很正常,这样的娱乐系统其配套器材有:蓝光光盘播放机、4K 超高清硬盘播放机、卡拉 OK 点歌机、卡拉 OK 混响处理器、无线话筒、全景声多声道解码器、功放、电源时序器等。

再者配套的影 K 器材较多,很多用户看着这一堆器材与联接线很迷茫,就怕某一部份出现故障或某一条联接线搞错。说真的,即使一些音响专业人士在器材安装时也是小心操作,安装完后也是检查多遍,在后期系统调试阶段更是需多次调试后才把各种参数固化。

笔者也多次参与一些影 K 系统的设计与施工,收获很多,也有很多感悟,更有很多新想法。不是老百姓不喜欢音乐,看看广场舞的普及就知道音响市场有多大,其实很多家庭都希望拥有一套高品质的影 K 系统,但总觉得其预算费用超出其预算。

为何很多人愿花四、五千元买一部手机?一些人过生日时愿花数百元、数千元到 KTV 与朋友唱几曲?当国内的音响厂家、音响公司都把眼光盯着豪宅别墅时,到底国内有多少豪宅别墅需安装音响?国内的音响厂家、音响公司能否开发、生产一些普通家庭能消费得起、乐意购买的音响器材?

由于疫情的影响,很多电影院、音乐厅、KTV 都经历了关门停止营业,复业能正常营业的也只是少数商

家,加上疫情的反复,不可能像以前那样火爆,疫情的影响会持续一段时间。在这样的大环境下,家庭娱乐会逐步复苏兴旺。由于大屏幕液晶电视、智能手机、网络宽带的普及,家用影音器材也必须作相应的升级换代,以满足时代的需要。在这样的大环境下,广州蓝舰电子科技有限公司推出的智慧分享 001 娱乐套装响于 2021 年初与广大影音爱好者见面,智慧分享 001 娱乐套装音响主要包括:1 台智慧分享 001 娱乐功放与 1 对智慧分享 001 娱乐音箱,如图 1 所示。

智慧分享 001 HiFi 娱乐功放功能强大,系统化模块化设计,集发烧数字音频播放机,华为海思方案 4K 超高清播放机、卡拉 OK 点歌机、无线话筒、混响器、发烧功放等多方案为一体。其特点如下:

一、功能多

智慧分享 001 HiFi 娱乐功放外观图如图 2、图 3 所示。前面板有 1 路 USB 接口可插卡播放音乐,也可蓝牙音频接收,面板底部有 2 组有线话筒插口,音乐信号可以高、低音各±10dB 调节,话筒信号每路信号可以独立调节,还有总音量调节,可以高、中、低音各±6dB 调节,话筒信号还可实现双混响功能,比如左延时、延时、重复次数、混响大小等功能。左右两个大旋钮主要用于话筒总音量调节与音乐音量调节。

该机有后板,该主板仍保留有一个 HDMI 2.0 输出接口、一个千兆 RJ45 网络口、一组 RCA 复合视频输出接口,配备 2 个 USB 接口。这部分主要用于高清播放、卡拉 OK 点歌与网络娱乐等,如图 4 所示。

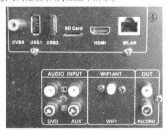

后板还有 2 组外接模拟音频输入接口、有 1 组录音信号输出接口、有一组功放输出端子与两组无线话筒天线与 1 组 WiFi 接收天线与两组无线话筒接收天线。

二、内部真材实料

智慧分享 001 HiFi 娱乐功放内部如图 5 所示,可

以看出该机有大小 7 个板卡组成,如 64 位 ARM 处理器主板、插卡数字音频播放板、无线话筒主板、卡拉 OK 信号处理前级板、信号选择多功能显示控制板、防啸叫处理板、电源功放一体化大板等大小 7 个板卡组成。

2019 年笔者在本报发表了多篇文章,如 2019 年第 4、5 期第 12 版《一套实用、平价的 HiFi 数字影 K 系统》一文的(一)、(二);第 13、14 期第 12 版《两套实用的商业娱乐用音响系统方案》一文的(一)、(二);第 20、21、22 期第 12 版《两套实用的商业娱乐用音响系统方案》一文的(三)、(四)、(五)。智慧分享 001 HiFi 娱乐功放借鉴上述影音器材的优点与特点,有时直接利用上述某些器材的设计方案即移植这些器材内部成熟的电路或板卡,从而快速开发新产品且降低生产成本。

智慧分享 001 HiFi 娱乐功放内置的就是本报2019 年第 20 期介绍的 LJAV-HDR-008 4K 双系统HIFI 影 K 娱乐点播机的主板,如图 6 所示,该板卡采用华为海思 Hi3798 最新解码方案,该处理器为 64 位ARM CoreX A53 架构,支持 4K UHD 媒体文件播放。智慧分享 001 HiFi 娱乐功放板卡为双系统点播设计:"Linux 点歌系统"+"安卓网络娱乐系统",安卓 6.0,用户可自行安装各类 APK 软件,在原板卡基础上升级了软件,如图 7、图 8、图 9 所示。

(未完待续)   ◇广州 秦福忠

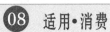
2021年 3 月 7 日 第 10 期
编辑:小进 投稿邮箱:dzbnew@163.com
电子报

五大SMT常见工艺缺陷及解决方法(一)

现在，工程师做SMT贴片已经越来越方便，但是，对SMT中的各项工艺，作为工程师的你真的了解"透"了吗？本文整理了《五大SMT常见工艺缺陷》，下面就一起来了解下。

缺陷一：
"立碑"现象

即片式元器件发生"竖立"。

立碑现象发生主要原因是元件两端的湿润力不平衡，引发元件两端的力矩也不平衡，导致"立碑"。

回流焊"立碑"现象

什么情况会导致回流焊时元件两端湿润力不平衡，导致"立碑"

因素A：焊盘设计与布局不合理

①元件的两边焊盘之一与地线相连接或有一侧焊盘面积过大，焊盘两端热容量不均匀；②PCB表面各处的温差过大以致元件焊盘两边吸热不均匀；③大型器件QFP、BGA、散热器周围的小型片式元件焊盘两端会出现温度不均匀。

解决办法：工程师调整焊盘设计和布局。

因素B：焊锡膏与焊锡膏印刷存在问题

①焊锡膏的活性不高或元件的可焊性差，焊锡膏熔化后，表面张力不一样，将引起焊盘湿润力不平衡。

②两焊盘的焊锡膏印刷量不均匀，一侧锡厚，拉力大，另一侧锡薄拉力小，以致使元件一端被拉向一侧形成空焊，一端被拉起就形成立碑。

解决办法：需要工厂选用活性较高的焊锡膏，改善焊锡膏印刷参数，特别是钢网的窗口尺寸。

因素C：贴片移位Z轴方向受力不均匀

会导致元件浸入到焊锡膏中的深度不均匀，熔化时会因时间差而导致两边的湿润力不平衡，如果元件贴片移位会直接导致立碑。

解决办法：需要工厂调节贴片机工艺参数。

因素D：炉温曲线不正确

如果再流焊炉炉体过短和温区太少就会造成对PCB加热的工作曲线不正确，以致板面上湿差过大，从而造成湿润力不平衡。

解决办法：需要工厂根据每种不同产品调节好适当的温度曲线。

缺陷二：
锡珠

锡珠是回流焊中常见的缺陷之一，它不仅影响外观而且会引起桥接。锡珠可分为两类：一类出现在片式元器件一侧，常为一个独立的大球状（如下图）；另一类出现在IC引脚四周，呈分散的小珠状。

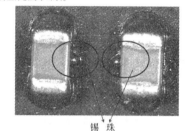

锡 珠
Solder beads
位于元器件腰部一侧

锡珠产生的原因主要有以下几点：

因素A：温度曲线不正确

回流焊曲线可以分为预热、保温、回流和冷却4个区段。预热、保温的目的是使PCB表面温度在60~90s内升到150℃，并保温约90s，这不仅可以降低PCB及元件的热冲击，更主要是确保焊锡膏的溶剂部分挥发，避免回流焊时因溶剂太多引起飞溅，造成焊锡膏冲出焊盘而形成锡珠。

解决办法：工厂需注意升温速率，并采取适中的预热，使溶剂充分挥发。

因素B：焊锡膏的质量

①焊锡膏中金属含量通常在(90±0.5)%，金属含量过低会导致助焊剂成分过多，因此过多的助焊剂会因预热阶段不易挥发而引起飞溅；②焊锡膏中水蒸气和氧含量增加也会引起飞溅。由于焊锡膏通常冷藏，当从冰箱中取出时，如果没有充分回温解冻并搅拌均匀，将会导致水蒸气进入；此外焊锡膏瓶的盖子每次使用后要盖紧，若没有及时盖严，也会导致水蒸气的进入；③放在钢网上印制的焊锡膏在完工后，剩余的部分应另行处理，若再放回原来瓶中，会引起瓶中焊锡膏变质，也会产生锡珠。

解决办法：要求工厂选择优质的焊锡膏，注意焊锡膏的保管与使用要求。

其他因素还有：

①印刷太厚，元件下压后多余锡膏溢流；②贴片压力太大，下压使锡膏塌陷到油墨上；③焊盘开口外形不好，未做防锡珠处理；④锡膏活性不好，干得太快，或有太多颗粒小的锡粉；⑤印刷偏移，使部分锡膏沾到PCB上；⑥刮刀速度过快，刮不彻底，回流后导致产生锡球……

缺陷三：
桥连

桥连也是SMT生产中常见的缺陷之一，它会引起元件之间的短路，遇到桥连必须返修。

BGA桥连示意图（来源网络）

（下转100页）

谈谈dB,dBd,dBm,dBi(三)

（上接第91页）

举个例子，假设你已经知道0dBm = 1mW，那么3dBm当然就等于2mW啰。那么，47dBm呢？40dBm→10^4mW，再多7dBm→5 * 10^4mW = 50W。

dBc

有时也会看到dBc，它也是一个表示功率相对值的单位，与dB的计算方法完全一样。一般来说，dBc是相对于载波(Carrier)功率而言，在许多情况下，用来度量与载波功率的相对值，如用来度量干扰(同频干扰、互调干扰、交调干扰、带外干扰等)以及耦合、杂散等的相对量值。在采用dBc的地方，原则上也可以使用dB替代。

dBuV

根据功率与电平之间的基本公式 $V^2=P*R$，可知dBuV=90+dBm+10*log(R)，R为电阻值。在PHS系统中正确应该是dBm=dBuv-107，因为其天馈阻抗为50欧。

dBuVemf和dBuV

emf:electromotive force (电动势) 对于一个信号源来讲，dBuVemf是指开路时的端口电压，dBuV是接匹配负载时的端口电压。

问：请问dBi、dBd、dB、dBm、dBc之间的区别？

答：它们都是功率增益的单位，不同之处如下：

dBi和dBd是功率增益的单位，两者都是相对值，但参考基准不一样。dBi的参考基准为全方向性天线；dBd的参考基准为偶极子。一般认为dBi和dBd表示同一个增益，用dBi表示的值比用dBd表示的要大2.15 dBi。例如：对于一增益为16 dBd的天线，其增益折算成单位为dBi时，则为18.15dBi，一般忽略小数位，为18dBi。

dB也是功率增益的单位，表示一个相对值。当计算A的功率相比于B大或小多少个dB时，可按公式 10 lg A/B 计算。例如：A功率比B功率大一倍，那么 10 lg A/B = 10 lg 2 = 3dB。也就是说，A的功率比B的功率大3dB；如果A功率为40dBm，B功率为16dBm，则可以说，A比B大6dB；如果A天线为12dBd，B天线为14dBd，可以说A比B小2dB。

dBm是一个表示功率绝对值的单位，计算公式为:10lg功率值/1mW。例如:如果发射功率为1mW，按dBm单位进行折算后的值应为:10 lg 1mW/1mW = 0dBm；对于40W的功率，则 10 lg(40W/1mW)=46dBm。

dBc也是一个表示功率相对值的单位，与dB的计算方法完全一样。一般来说，dBc相对于载波(Carrier)功率而言。在许多情况下，用来度量载波功率的相对值，如度量干扰(同频干扰、互调干扰、交调干扰、带外干扰等)以及耦合、杂散等的相对量值。在采用dBc的地方，原则上也可以使用dB替代。

实用资料——关于天线增益及其运用

在无线通讯的实际应用中，为有效提高通讯效果，减少天线输入功率，天线会做成各种带有辐射方向性的结构以集中辐射功率，由此就引出了"天线增益"的概念。简单说，天线增益就是指一个天线把输入的射频功率集中辐射的程度，显然，天线的增益与其方向图的关系很大，主瓣越窄、副瓣越小的天线其增益就越高，而不同结构的天线，其方向图的差别是很大的。

在通讯技术领域，与其它衡量功率、电平等参数的量值同样，天线增益也采用相对比较并取对数的简化法来表示，具体计算方法为：在某一方向某一位置产生相同辐射场强的时，对无损耗理想基准天线的输入功率与待考量天线的输入功率

的比值取对数后乘以10 (G=10lg(基准 Pin/考量 Pin))，即称为该天线在该点方向的增益。常用衡量天线增益的单位是dBi和dBd。对于dBi，其基准为理想的点源天线，即一个真正意义上的"点"来作天线增益的对比基准。理想点源天线的辐射是全向的，其方向图是个理想的球，同一球面上所有点的电磁波辐射强度均相同；对于dBd，其基准则为理想的偶子天线。因偶极子天线是带有方向性的，故二者有个固定的恒差2.15 即0dBd="2".15dBi。

需要说明的是，通常所说的"全向天线"不是严格的说法，全向天线应指在三维立体空间的全向，但工程界也往往把某个平面内方向图为圆周的天线称为全向天线，如鞭状天线，它在径向的主瓣是圆，但仍有轴向的副瓣。

常见天线的增益：鞭状天线 6-9dBi、GSM 基站用八木天线 15-17dBi，抛物面定向天线则很容易做到24dBi。

无线电发射机输出的射频信号，通过馈线(电缆)输送到天线，由天线以电磁波形式辐射出去。电磁波到达接收地点后，由天线接收下来(仅仅接收很小很小一部分功率)，并通过馈线送到无线电接收机。因此在无线网络的工程中，计算发射装置的发射功率与天线的辐射能力非常重要。

Tx 是发射 (Transmits) 的简称。无线电波的发射功率是指在给定频段范围内的能量，通常有两种衡量或测量标准：

1.功率(W)：相对 1 瓦(Watts)的线性水准。例如，WiFi无线网卡的发射功率通常为 0.036W，或者说 36mW。

2.增益(dBm)：相对 1 毫瓦(milliwatt)的比例水准。例如WiFi无线网卡的发射 增益 为 15.56dBm。

两种表达方式可以互相转换。

1.dBm = 10 × log[功率 mW]

2.mW = 10[增益 dBm / 10 dBm]

在无线系统中，天线被用来把电流波转换成电磁波，在转换过程中还可以对发射和接收的信号进行"放大"，这种能量放大的度量成为"增益(Gain)"。天线增益的度量单位为"dBi"。由于无线系统中的电磁波能量是由发射设备的发射能量和天线的放大叠加作用而产生，因此度量发射能量最好同一度量-增益(dB)，例如，发射设备的功率为100mW，或20dBm；天线的增益为10dBi，则：

发射总能量=发射功率(dBm)+天线增益(dBi)

=20dBm +10dBi

=30dBm

或者：=1000mW

=1W

在"小功率"系统中(例如无线局域网络设备)每个 dB 都非常重要，特别要记住"3 dB 法则"。每增加或降低 3 dB，意味着增加一倍或降低一半的功率：

−3 dB = 1/2 功率 −6 dB = 1/4 功率 +3 dB = 2x 功率 +6 dB = 4x 功率

例如，100mW 的无线发射功率为 20dBm，而 50mW 的无线发射功率为 17dBm，而 200mW 的发射功率为 23dBm。

功率/电平(dBm)：放大器的输出能力，一般单位为 W、mW、dBm。dBm 是取 1mW 作基准值，以分贝表示的绝对功率电平。

换算公式：电平 (dBm)=10lgW 5W →10lg5000 = 37dBm 10W →10lg10000 = 40dBm 20W →10lg20000 = 43dBm

从上不难看出，功率每增加一倍，电平值增加 3dBm

(全文完)

五大 SMT 常见工艺缺陷及解决方法(二)

(上接第 99 页)

造成桥连的原因主要有：

因素 A：焊锡膏的质量问题

①焊锡膏中金属含量偏高，特别是印刷时间过久，易出现金属含量增高，导致 IC 引脚桥连；②焊锡膏黏度低，预热后漫流到焊盘外；③焊锡膏塌落速度过快，预热后漫流到焊盘外。

解决办法：需要工厂调整焊锡膏配比或改用质量好的焊锡膏。

因素 B：印刷系统

①印刷机重复精度差，对位不齐(钢网对位不准、PCB 对位不准)，导致焊锡膏印刷到焊盘外，尤其是细间距 QFP 焊盘；②钢网窗口尺寸与厚度设计失准以及 PCB 焊盘设计 Sn-pb 合金镀层不均匀，导致焊锡膏偏多。

解决方法：需要工厂调整印刷机，改善 PCB 焊盘涂覆层。

因素 C：贴放压力过大

焊锡膏受压后满流是生产中多见的原因，另外贴片精度不够会使元件出现移位、IC 引脚变形等。

因素 D：再流焊炉升温速度过快，焊锡膏中溶剂来不及挥发

解决办法：需要工厂调整贴片机 Z 轴高度及再流焊炉升温速度。

缺陷四：

芯吸现象

芯吸现象，也称吸料现象、抽芯现象，是 SMT 常见的焊接缺陷之一，多见于气相回流焊中。焊料脱离焊盘沿引脚上行到引脚与芯片本体之间，导致严重的虚焊现象。

产生原因：

通常是因引脚导热率过大，升温迅速，以致焊料优先湿润引脚，焊料与引脚之间的润湿力远大于焊料与焊盘之间的润湿力，引脚的上翘回更会加剧芯吸现象的发生。

解决办法：需要工厂先对 SMA（表面贴装组件）充分预热后在放炉中焊接，应认真的检测和保证 PCB 焊盘的可焊性，元件的共面性不可忽视，对共面性不好的器件不应用于生产。

注意：

在红外回流焊中，PCB 基材与焊料中的有机助焊剂是红外线良好的吸收介质，而引脚却能部分反射红外线，故相比而言焊料优先熔化，焊料与焊盘的湿润力就会大于焊料与引脚之间的湿润力，故焊料不会沿引脚上升，从而发生芯吸现象的概率就小得多。

缺陷五：

BGA 焊接不良

BGA：即 Ball Grid Array(球栅阵列封装)

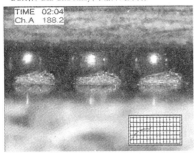

正常的 BGA 焊接

不良症状①：连锡

连锡也被称为"短路"，即锡球与锡球在焊接过程中发生连接，导致两个焊盘相连，造成短路。

解决办法：工厂调整温度曲线，减小回流气压，提高印刷品质。

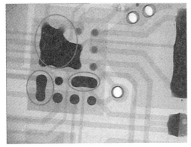

红圈部分为连锡

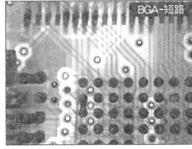

BGA-短路

不良症状②：假焊

假焊也被称为"枕头效应(Head-in-Pillow,HIP)"，导致假焊的原因很多(锡球或 PAD 氧化、炉内温度不足、PCB 变形、锡膏活性较差等)。BGA 假焊特点是"不易发现""难识别"。

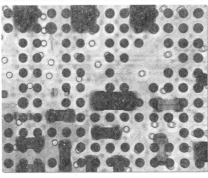

BGA 假焊示意图

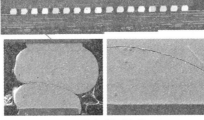

BGA"枕头效应"侧视图

不良症状③：冷焊

冷焊不完全等同于假焊，冷焊是由于回流焊温度异常导致锡膏没有熔化完整，可能是温度没有达到锡膏的熔点或者回流区的回流时间不足导致。解决办法：工厂调整温度曲线，冷却过程中，减少振动。

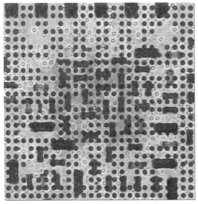

BGA 冷焊示意图

不良症状④：气泡

气泡(或称气孔)并非绝对的不良现象，但如果气泡过大，易导致品质问题，气泡的允收都有 IPC 标准。气泡主要是由盲孔内藏的空气在焊接过程中没有及时排出导致。

解决方法：要求工厂用 X-Ray 检查原材料内部有无孔隙，调整温度曲线。

总气孔直径：0.1d+0.2d=0.3d=30%

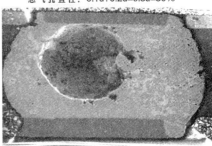

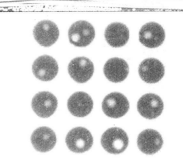

BGA 气泡示意图

VOID

一般说来，气泡大小不能超过球体 20%

不良症状⑤：锡球开裂

BGA-Crack

不良症状⑥：脏污

焊盘脏污或者有残留异物，可能因生产过程中环境保护不力导致焊盘上有异物或者焊盘脏污导致焊接不良。

除上面几点外，还有：①结晶破裂(焊点表面呈玻璃裂痕状态)；②偏移（BGA 焊点与 PCB 焊盘错位）；③溅锡（在 PCB 表面有微小的锡球靠近或介于两焊盘间）等。

(全文完)

2021 年 3 月 7 日 第 10 期
投稿邮箱：dzbnew@163.com
电子报

芯片中的"层","层层"全解析

集成电路(芯片)是用光刻为特征的制造工艺,一层一层制造而成。所以,芯片技术中就有了"层"的概念。那么,芯片技术中有多少关于"层"的概念?媒体报道说美光公司推出了176层的3D NAND闪存芯片,这里的"层"又是什么意思?本文从科普的视角,来个"层层"全解析。

要说明芯片技术中"层"的概念,要先大致了解一下芯片的设计和制造过程。该文介绍了光刻工艺如何按照芯片设计布图(Layout),一层一层把不同的半导体材料制作在硅上,最后形成了一个有结构的电路元器件层的过程。本文不再展开论述,仅引用了这篇文章中如下两张图加以说明。

图1是光刻工艺过程的示意图。图2a是芯片布图上一个晶体管的设计布图,芯片布图在制造准备过程中被分离成多个掩膜图案,并制成一套多张的掩膜版图(图2b)。芯片制造厂按照工艺顺序安排,逐层把掩膜版上的图案制作在硅上,形成了一个立体的晶体管(图2c)。

一个芯片上可以包含数亿~数百亿个晶体管,并经过互连实现了芯片的整体电路功能。经过制造工艺的各道工序后,这些晶体管将被同时加工出来。而且,在硅晶圆上整齐排满了数量巨大的相同芯片,经过制造工艺的各道工序后,这些芯片也将被同时加工出来。

一、材料介质层 vs 电路层

参见图3,芯片布图上的每一层图案用不同颜色标示。对应每一层的图案,制造过程会在硅晶圆上制作出一层由半导体材料或介质构成的图形。本文把这些图形层称之为材料介质层。例如P型衬底层、N型扩散区层、氧化膜绝缘层、多晶硅层、金属连线层等。芯片布图有多少层,制造完成后的硅晶圆上基本就有多少材料介质层。根据工艺安排,材料介质层的层数也许还会有增加。

芯片制造就是按照芯片布图,在硅晶圆上逐层制作材料介质层的过程。材料介质层在硅晶圆上叠加在一起,就形成了整个芯片上,乃至整个硅晶圆上所有的电路。它们主要包括晶体管(三极管)、存储单元、二极管、电阻、连线、引脚等。

这些电路元器件从材料介质层的角度上看是有结构的、立体的。但是,电路元器件是平面分布在硅片上,乃至整个硅晶圆上,它们是二维(2D)分布的,是一个平面层。本文把硅晶圆上的电路元器件层称之为电路层。这样的芯片裸片封装起来就是早期传统的平面芯片(2D芯片)。

二、平面结构器件 vs 侧向结构器件

电路层中,早期电路元器件的结构是平面摆放的,称为平面(Planar)结构器件。为了提高芯片集成度,电路元器件特别是晶体管尺寸一直在按照摩尔定律缩小,当器件尺寸缩小到不能再缩小的时候,业界发明了把电路元器件竖起来的结构形式,以缩小芯片面积。有人把这种竖起来的器件称为三维(3D)、立体的结构器件。笔者觉得将其称为侧向(Sideways)结构器件更为准确。因为无论平面结构器件还是侧向结构器件,虽然从材料介质角度看都是立体的,但是从元器件整体来看,它们平面分布在硅晶圆上,只是一层电路元器件,并没有立体的概念。

早期的芯片制造工艺比较传统,在硅晶圆上只能制造一个电路层。以图5所示的晶体管和图6所示的闪存单元举例,电路元器件的结构不管是平面的(图5a、图6a),或者是侧向的(图5b、图6b),元器件上面不再有元器件的堆叠。经过电路层制造、划片、封装和测试,就完成了芯片制造的全过程。这种单个电路层的芯片就是早期传统的平面芯片(2D芯片)。

三、多层芯片堆叠封装,形成伪3D芯片

随着芯片封装工艺进步,为了缩小芯片尺寸,业界发明了多层芯片堆叠封装技术。开始时,堆叠封装是把多个芯片裸片堆叠放置在一起,把芯片之间的信号通过邦定(bonding)技术连接,组成内部的完整系统,再把外部信号通过封装引脚外连,最后封装成为一个完整芯片(图7a)。后来,业界发明了硅通孔(TSV)技术,堆叠的芯片裸片之间的信号是通过TSV连接,形成了更加紧凑的多芯片堆叠封装芯片(图7b)。

这种芯片内部有多个电路层,它们可以称为立体芯片,或者称为3D芯片。但是,这种3D芯片是在封装阶段通过多层芯片裸片堆叠形成的,从芯片制造角度看,这种3D芯片只能看作是伪3D芯片。

四、多层电路层堆叠制造,形成真3D芯片

目前,芯片制造工艺已发展到炉火纯青的地步。为了节省硅片面积,在下面的电路层制作完成之后,可以继续在其上制作另一层电路层,形成两个、甚至多个电路层在硅晶圆上的堆叠,在芯片制造阶段就完成了3D芯片的制造。这样就实现了真正意义上的立体芯片,也简称为3D芯片。

这种技术目前主要应用在3D NAND闪存等很规则的芯片制造领域。存储单元(Memory Cell)采用侧向结构。一般地,闪存单元如果号称是N层的芯片,就至少有N个电路层。目前,三星的3D V-NAND存储单元的层数已由2009年的2层逐渐提升至24层、64层,再到2018年的96层,2019年8月完成128层V-NAND闪存的开发,并实现量产。三星计划2021年下半年则会量产第7代V-NAND闪存,堆叠层数提升到176层。美光已发布了采用最新技术的第五代176层3D NAND闪存芯片。

在国内,长江存储2017年7月研制成功了国内首颗3D NAND闪存芯片;2018年三季度32层产品实现量产;2019年三季度64层产品实现量产。目前已宣布成功研发出128层3D NAND闪存芯片系列。长江存储3D NAND闪存技术的快速发展,得益于其独创的"把存储阵列(Cell Array)和外围控制电路(Periphery)分开制造,再合并封装在一起"的Xtacking™技术。

据报道,美光最新一代的176层3D NAND将直接取代96层的版本。目前已知的是,美光首批176层3D NAND采用了将双88层融合到一起的设计(堆叠512Gbit TLC闪存)。该芯片技术换用了电荷陷阱存储单元的方案,似乎也极大地降低了每一层的厚度。目前176层的裸片仅为45μm,与美光的64层浮栅3D NAND相同。16层裸片堆叠式封装的厚度不到1.5 mm,适用于大多数移动/存储卡使用场景。

后记:本文通过光刻技术和芯片制造技术介绍,理清了芯片技术中的材料介质层与电路层的概念,从而更清楚知道什么是2D芯片,什么是3D芯片?也了解到目前的3D闪存芯片,在制造时就可以堆叠集成多达176层的电路层。更甚者,这种3D芯片在封装时还可以进行多达16层裸片的堆叠封装。在一块厚度不到1.5mm的闪存卡中,竟然有多达2816层的电路层在工作,芯片技术的精妙之处可见一斑。

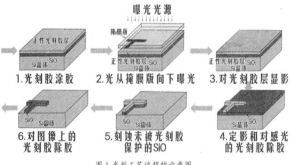

图1 光刻工艺过程的示意图

（1.光刻胶涂胶 2.光从掩膜版向下曝光 3.对光刻胶层显影 4.定影和对感光的光刻胶除胶 5.刻蚀未被光刻胶保护的SiO₂ 6.对图像上的光刻胶除胶）

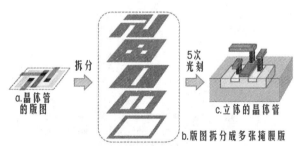

图2 多次光刻工序"堆叠"形成立体的电路结构

（a.晶体管的版图 拆分 b.版图拆分成多张掩膜版 5次光刻 c.立体的晶体管）

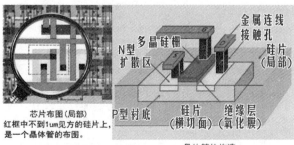

图3 芯片布图中的晶体管与硅片上制作而成的立体的晶体管的对应示意图

芯片布图(局部)
红框中不到1um见方的硅片上,是一个晶体管的布图。

晶体管的构造

图4 芯片微观示意图(从材料介质层角度看是纵横交错的线条,从电路层角度看是平铺在硅片上的一层电路元器件)

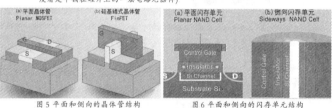

图5 平面和侧向的晶体管结构

图6 平面和侧向的闪存单元结构

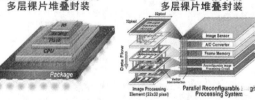

(a)通过bonding技术的多层裸片堆叠封装　(b)通过TSV技术的多层裸片堆叠封装

图7 多芯片堆叠封装示意图(来源:Jin-Fu Li,EE,NCU)

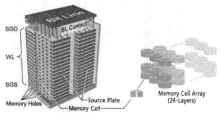

图8 3D NAND闪存芯片的多电路层堆叠结构示意图

继续推进国产EDA产业的发展
——盘点国内EDA企业(一)

01 华大九天

北京华大九天科技股份有限公司(简称"华大九天")成立于2009年，致力于面向半导体行业提供一站式EDA及相关服务，是目前国内规模最大、技术实力最强的EDA龙头全流程。在EDA方面，华大九天可提供模拟/数模混合IC设计全流程解决方案、数字SoC IC设计与优化解决方案、晶圆制造专用EDA工具和平板显示(FPD)设计全流程解决方案，拥有多项全球独创的领先技术。围绕EDA提供的相关服务包括晶圆制造工程服务及设计支持服务，其中晶圆制造工程服务包括PDK开发、模型提取以及良率提升大数据分析等。华大九天总部位于北京，在南京、上海、成都和深圳设有全资子公司，并在日本、韩国、东南亚等地设有分支机构。

02 芯华章

芯华章科技股份有限公司成立于2020年3月，总部设于南京，是一家立足中国、面向全球的国产集成电路电子自动化(EDA)智能软件和系统公司。仅成立数月，芯华章已完成亿元融资，这离不开芯华章团队的实力。据了解，芯华章核心成员均来自国际领先的EDA、集成电路设计、软件以及人工智能企业，平均有20多年从业经验。并且，团队可基于经典验证经验和技术，启用全新的路径对EDA进行研发和创新，在当前最先进的软件工程方法学及高性能硬件架构的基础上，融入最新的人工智能、机器学习和云计算等前沿技术，设计全新的软件系统架构和算法，打造面向未来的新一代EDA软件和系统。

周玉梅委员：希望更多优秀人才投身集成电路产业

3月7日上午，全国政协十三届四次会议大会发言前举行了"委员通道"采访活动，部分全国政协委员通过网络视频形式接受了媒体采访。

近年来，芯片极大改变了现代社会，但技术"卡脖子"问题也成为关注热点。在回答有关"卡脖子"问题时，全国政协委员、中国科学院微电子研究所研究员周玉梅解释了芯片的概念，她说，大家日常银行卡、优盘、计算机等电子产品中都有芯片。自从2006年，我们国家开始部署重大科技专项以来，有三个专项和芯片相关。在政府的驱动和牵引下，我们集成电路在基础研究、应用技术、产品研发都得到快速推进。我们的自主芯片已经开始在北斗卫星、超级计算机等领域得到广泛应用。芯片设计企业已经采用全球最先进的5纳米工艺设计出麒麟芯片，芯片制造企业和封装企业已经进入全球同行业的前十。她说，集成电路是我们科技工作者的长征路，这条路上，科技工作者正在与时间赛跑。我们的芯片从无到有、从有到成，不断前进。集成电路产业对我们国家至关重要，关乎现在，也影响未来，希望更多目光关注集成电路产业，有更多优秀人才投身到集成电路产业。集成电路科学与工程专业去年已经提升为一级学科，希望广大优秀人才报考。"相信在新型举国体制优势下，我们在关键'卡脖子'问题上将大力攻气，一定会有更大突破。"

《电子报》从2020年第一期开始办辟了"EDA"专栏，EDA产业是电子设计产业的最上游，也是整个电子信息产业的基石之一。具体到集成电路产业，则更是如此。一家集成电路企业如果不用EDA工具的话，那是一点事情都做不了的。

周玉梅委员积极支持《电子报》的专栏，在2020年的第28、29、30、31期，周玉梅委员与她的团队特地撰文《高端芯片制造工艺中的EDA工具-计算光刻》给本报。本报用了4个版面从光学模型、光刻胶曝光与显影模型、模型标定、基于规则(经验)的光学邻近效应校正、基于模型的光学邻近效应校正、曝光辅助图形的介绍以及大量图片向业界和读者介绍了计算光刻这一高端芯片制造工艺中的EDA工具。

周玉梅，现担任中国科学院微电子研究所副所长、中国科学院大学微电子学院副院长、示范性微电子学院产学融合发展联盟首批秘书长，博士生导师。一直从事集成电路设计技术、器件技术研究。长期以来主管研究生培养工作，关注集成电路行业发展，热心集成电路人才培养事业。1998年获国务院政府特殊津贴，1999年、2014年被中国科学院授予"巾帼建功"先进个人称号，是第十一届、第十二届、第十三届全国政协委员。完成多项02、03专项等重大课题研究，担任《半导体学报》编委、《微纳电子与智能制造》副主编。

◇徐惠民

03 全芯智造

全芯智造成立于2019年9月，由国际领先的EDA公司Synopsys、国内知名创投武岳峰资本与中电华大、中科院微电子所等联合注资成立。公司注册资本1亿元人民币，总部位于合肥，在上海和北京设有分公司。全芯智造汇集了一批EDA、晶圆制造和人工智能等领域的领军人才，平均从业年限20年以上，具备覆盖制造产业链的专家知识，以及智能制造等落地经验。全芯智造致力于通过人工智能等新兴技术改造制造业，实现由专家知识到人工智能的进化。从制程器件仿真和计算光刻技术等EDA点工具出发，未来将布局打造大数据+人工智能驱动的集成电路智能制造平台。全芯智造公司已经与中科院微电子所等科研院所建立了良好的合作关系。

04 概伦电子

概伦电子成立于2010年，该公司能够提供高端半导体器件建模、大规模高精度集成电路仿真和优化、低噪声测试和一体化半导体参数测试解决方案，客户群体覆盖绝大多数国际知名的集成电路设计与制造公司。概伦电子致力于提升先进半导体工艺下高端芯片设计工具的效能，属于在国产EDA公司中少数在"点工具"上达到国际一流水准的公司。公司拥有众多全自主知识产权的EDA技术和产品，致力于打造存储器设计全流程EDA，实现DTCO(设计工艺协同优化)真正落地的从数据到仿真的创新EDA解决方案。公司于2019年底并购北京博达微科技，并于2020年初完成由兴橙资本和Intel资本共同领投的A轮融资。

05 国微集团

国微集团起源于1993年，是一家半导体控股集团，其业务主要覆盖安全芯片设计及应用、集成电路电子设计自动化("EDA")系统研发及应用、FPGA快速原型验证及仿真系统研发及应用以及第三代半导体产品研发和生产等。2018年，国微集团开始专注于芯片设计全流程EDA系统开发与应用，研究内容是面向先进工艺和国产高端芯片的需求，开发一套数字芯片设计含硬件仿真的全流程EDA系统。国微集团旗下上海国微芯芯半导体有限公司，专注于EDA的研发和设计服务。上海国微思尔芯技术股份有限公司("国微思尔芯")是业内领先的快速原型验证及仿真系统的EDA工具研发、销售及设计服务提供商，目前服务于全球超过500家客户，其中不少为全球知名企业。国微思尔芯在中国上海、深圳、北京、杭州、新竹以及日本东京、韩国首尔和美国圣何塞均建立了分支机构或办事处。

06 阿卡思微电子

上海阿卡思微电子有限公司是由硅谷回国的资深芯片设计自动化(EDA)专家于2020年5月在上海张江创立，旗下全资子公司奥卡思微电科技有限公司位于成都高新区。公司核心人员来自Cadence、Synopsys、Xilinx等国际知名EDA公司和芯片设计公司，具有平均超过15年的全球EDA行业经验，是多项业内知名软件工具的主研或管理者。公司主要业务为集成电路设计自动化系统(EDA)的研发和咨询。公司立足于最新的EDA技术，结合本土用户需求，竭诚服务中国芯片自主设计产业。目前，公司已成功推出两款形式验证工具。公司自成立以来，已获得首轮融资，目前成功推出了两款逻辑验证产品(AveMC自动化验证工具软件和AveCEC等价验证工具软件)，其他多项正在预研中。未来，公司会持续研发后续产品，推出面向整个亚太地区的培训和咨询服务，开发中国/亚洲及北美市场。

07 若贝电子

若贝电子成立于2014年1月，是青岛唯一的EDA公司，其创始人曾就职于国际著名FPGA芯片公司，多年前辞职回国后创立若贝。若贝电子打造出中国唯一一款数字前端EDA工具，一种全新的面向对象的可视化芯片设计软件，可以支持基于Verilog语言的集成电路前端设计与验证。Robei EDA工具具备可视化架构设计、核心算法编程、自动代码生成、语法检查、编译仿真与波形查看等功能。设计完成后可以自动生成Verilog代码，可以应用于FPGA和ASIC设计流程。可视化分层架构可以让工程师边搭建边编程，具备例化直观，减少错误，节约代码量等优势。

芯片设计不同于软件编程，比较抽象，Robei EDA工具将芯片设计变得简单直观，同时配备教材与实验指导书以及大量的案例与视频教程，可以极大地降低学习芯片设计的入门门槛，加速设计过程。公司于2015年和2017年分别在

03 全芯智造 (continued)

130nm和40nm工艺上实现了基于Robei EDA工具开发的完全自主的高速动态可重构自适应芯片的验证。Robei EDA软件已经拥有全球40多个国家的用户，工具小巧精悍。

08 行芯科技

杭州行芯科技有限公司是国产高起点、具有国际竞争力的EDA和IP高科技民营企业，具有完全自主的国产知识产权，致力于从传统工艺到先进工艺，为IC设计企业提供领先的Signoff工具链和解决方案。公司在上海、杭州设有研发中心。核心团队由知名海归科学家领衔，团队在EDA和芯片设计领域拥有平均超过二十年的丰富经验，曾领导过多款业界主流EDA工具、高性能计算芯片和低功耗通信芯片的研发工作。行芯Signoff解决方案面向最前沿的芯片设计和工艺节点，着力解决5G、人工智能、大数据、自动驾驶、物联网时代下集成电路瓶颈问题，帮助工程师尽早发现设计漏洞与缺陷，改进"PPAR"，即Power-Performance-Area-Reliability，提高芯片设计效率和加快产品上市时间。

09 超逸达科技

北京超逸达科技有限公司于2019年底注册成立，是由清华大学孵化出的一家高新技术企业，公司团队方面，核心成员与清华系有关，并且有深厚的EDA技术背景。公司定位于全球领先的寄生参数提取和无源电路仿真为核心的EDA工具提供商。超逸达科技的第一大股东为北京牛马达科技中心，持股50%以上，其他三大股东分别是喻文健、天津蓝海微科技有限公司和华控技术转移公司。其中，天津蓝海微科技有限公司从事专业化的EDA软件服务与EDA工具定制化开发业务；华控技术由清华大学100%股控。目前公司的主力产品SuperCap于2020年10月发布，可用于28nm以上工艺结构的寄生参数提取。

10 蓝海微科技

天津蓝海微科技有限公司，从事专业化的EDA软件服务与EDA工具定制化开发业务。公司团队具有深厚的EDA技术背景，深刻理解IC设计当前存在的难点问题，提供强有力的技术解决方案。公司创始团队具有近20年的EDA开发、市场和运营经验，在寄生参数提取、版图验证、OpenAccess平台软件开发、PDK开发与自动生成等多个领域具有独到的技术优势。公司的宗旨是，当大部分EDA公司都在开发竞争激烈的工具产品，决战"大众"市场的时候，蓝海微公司力求寻找"小众"客户群体，通过软件服务提升EDA工具的价值，避开"红海"，寻找"蓝海"(公司名的含义)。公司的理想是，为中国IC产业的关键技术发展提供良好的技术解决方案，促进中国IC产业整体水平的提高；为国内外EDA公司、IC设计公司、Foundry提供专业化的EDA软件定制开发和技术服务，帮助其提高开发效率，降低开发成本。

11 芯禾科技

芯禾科技成立于2010年，专注电子设计自动化EDA软件、集成无源器件IPD和系统级封装SiP微系统的研发。芯禾主要为半导体芯片设计公司和系统厂商提供差异化的软件产品和芯片小型化解决方案，包括高速数字设计、IC封装设计、射频模拟混合信号设计等。其中，芯禾的EDA产品以仿真为主，包括高速仿真解决方案、芯片仿真解决方案、高级封装仿真解决方案、云平台仿真解决方案等。芯禾科技总部位于苏州。2019年10月9日，芯禾宣布在上海张江成立"芯和半导体科技(上海)有限公司"，并将芯禾科技纳入芯和半导体旗下，同时正式启用全新的EDA软件品牌名称"芯和"。

12 九同方微电子

湖北九同方微电子有限公司创立于2011年，源自硅谷，集聚一流人才，掌握EDA核心技术，形成海内外研发梯队，围绕射频集成电路设计全流程的主要环节，规划了9款EDA点工具，致力于研发完整的"射频EDA系列软件"。产品的完整性全国领先，技术指标达到国际水平。公司将加速集聚全球EDA人才，与产业龙头公司紧密合作，打造高质量的、完整的射频EDA工具链，填补国内空白，参与国际竞争。

2020年12月，九同方微电子获得华为旗下的哈勃投资。据企查查显示，当前哈勃科技投资持股15%。九同方微电子，成立于2011年，是一家专注IC设计服务的国际化软件公司。公司拥有16名留美博士核心研发团队，涵盖全球EDA领域资深架构师和领先的IC设计专家。

本文由清华大学教授、博导周祖成供稿，并由《电子报》编辑部综合整理。

(未完待续)

编辑：李丹 投稿邮箱：dzbnew@163.com

电脑"蓝屏"故障排除六例

所谓"蓝屏"故障,是指计算机执行的指令代码发生错误或计算机程序发生紊乱引起了灾难性的错误,或者由于计算机的内部条件阻止了系统继续运行或者计算机无法从一个系统错误中恢复过来时,为保护系统和数据文件不被进一步破坏,操作系统强行终止系统运行的一种保护机制。具体表现为:操作系统给用户呈现出一个蓝色背景的显示画面,显示一系列包括停机码的提示信息。导致计算机"蓝屏"故障的原因,主要是那些与程序指令相关的硬件出现了故障,或软件存在问题。

引起电脑"蓝屏"故障的原因多种多样,有CPU、南北桥、显卡散热不良、内存条损坏或金手指接触不良、主板供电电路故障或电源模块故障、硬盘出现坏道等硬件原因;也有新安装的软件与系统不兼容、驱动程序与硬件不兼容引起资源冲突、冲击波、震荡波、"温柔杀手"等病毒以及木马间谍软件破坏了系统文件,以及CMOS中有关硬盘工作模式的配置参数发生了变化等软件原因。普通用户对此往往束手无策,为此,笔者整理了近年处理过的六例典型"蓝屏"故障,借《电子报》奉献给读者。

例一:一台联想台式电脑,开机成功后立即自动重启,偶尔出现"蓝屏"。

排除过程:打开机箱观察主板,未发现鼓包、漏液的电解电容,测量电源插头各路电压均正常;清除CPU散热器灰尘,清洁内存条金手指、更换内存条,均无效果;更换电源模块,故障不变;试重装系统后,故障消失。估计是系统文件被破坏导致的故障。

例二:一台联想台式电脑(XP系统),开机后系统运行到桌面图标出现时,发生"蓝屏"故障。

排除过程:开机先进入BIOS设置,检查CMOS硬盘工作模式,正确;观察主板,未发现鼓包、漏液的电解电容;清理内存条和显卡的金手指,更换内存条和显卡,故障不变。于是怀疑硬盘存在坏道或系统文件被损坏,决定重新安装系统,安装过程中机器再次出现蓝屏。至此,怀疑电源模块异常,测电源+5Vsb输出只有4.4V。取下电源模块,将电源输出插头绿线和黑线短路,空载加电,测电源的各路电压正常。打开电源外壳发现+12V、+5V的滤波电解电容均已鼓包,测量+5Vsb的两个输出滤波电解虽未鼓包但已失去容量(只有14μF和1μF)。更换这几只滤波电容后,重装系统,"蓝屏"故障消失。

例三:某监视频控系统计算机出现"蓝屏"死机故障。

排除过程:清除机箱内部和CPU散热器灰尘,清洁内存条、显卡的金手指,均无效果;测量主板各路电源电压均正常;用360杀毒软件扫描硬盘,未发现病毒;逐个将2个CPI插槽的视频采集卡拔出,发现拔出主板外侧PCI插槽的视频采集卡时,"蓝屏"故障消失,怀疑该视频采集卡插头与PCI插槽接触不良。清除该视频采集卡金手指后重新插入PCI插槽,重新开机后系统恢复正常。

例四:某视频会议系统主机(联想1136-A69工作站,64位Win7系统)近期出现"蓝屏"且自动重启动故障,每次开机后约15分钟左右,蓝屏死机(停机代码为F4),约3分钟后,机器自动重启动。

根据停机故障代码(F4)分析,可能的故障原因有:内存存取出现错误;CPU或显卡过热;电源供电不良;硬盘出现坏道或磁盘中系统文件被破坏;系统出现中断风暴,即可能某设备的驱动程序没有完全释放中断;存在与操作系统不兼容的软件等。由于该机专门用于某视频系统,已经运行了2年多,从未出现过"蓝屏"故障,因此,首先排除操作系统和视频会议应用软件异常的可能。

打开机盖,发现机内灰尘积累严重,CPU散热器被灰尘堵死、温度较高,于是先用吸尘器清除主板和CPU散热器的灰尘,拔出内存条和显卡,清除金手指上的氧化层,拔出各个连接线插头,用专用电子清洁剂清洁,试开机,故障现象不变;观察主板上的大容量电解电容,没有鼓包、漏液情况,测量主板上各路供电电压均正常。重新启动系统后,先退出360天擎系统,再运行视频系统软件,这时系统不再出现"蓝屏"自动重启动故障。故障原因可能是360天擎系统近期升级后,有程序与Win7系统发生了冲突。卸载360天擎系统,至今连续运行三个多月未出现故障。

例五:一台戴尔笔记本,有时开机就出现"蓝屏",有时运行过程中出现"蓝屏"死机故障。

分析引起故障的原因可能是:一是内存条存储单元存在问题,二是病毒破坏引起"蓝屏",三是硬盘出现坏道。首先清理内存条金手指、更换内存条,故障不变;重装系统后系统运行正常,但使用一天后故障重现。怀疑硬盘存在坏道,于是对硬盘进行低级格式化,并重新分区,重装系统,但使用几天后故障再现。于是,使用"老毛桃"装机工具中的"HD Tune硬盘检测工具"对硬盘进行错误扫描检查,结果发现硬盘在1904MB、2083MB、10752MB、10754MB、12984MB、16376MB、16936MB、16937MB、17685MB、112640MB等十多个地方存在坏块。显然硬盘坏道严重,而且有扩散的现象。果断更换硬盘,重装系统后故障消失。

例六:一台联想台式电脑(主板型号L-IG41M),故障现象为:开机启动过程中,屏幕显示"Windows XP"启动画面时出现凝屏,从光驱运行PE时屏幕显示"Windows PE"启动画面时出现凝屏,选择安全模式时会出现蓝屏死机。

排除过程:观察主板未发现有鼓包失效的电解电容,散热风扇正常,测电源模块各路输出电压正常;清理机内灰尘、清除内存条金手指氧化层、更换内存条(DDR3-1333),均无效果;拆下硬盘,到另一机器上进行坏道扫描检查,未发现坏道。于是怀疑主板上的供电系统或南北桥发生了故障。网购一块同型号主板并更换,重新安装系统后,"蓝屏"故障消失。

◇青岛 孙海善 张戈 唐卓凡

美的电磁炉故障检修二例

例一

故障现象:一台美的牌SK2105型电磁炉,通电时显示正常,操作正常,也能加热,但是加热功率大大不足,调到火力最大(2100W)时,在电力监测仪上显示比1000W还低。

分析与检修:功率不足是美的电磁炉经常遇到的故障,通常是功率调整电路出了问题,也偶尔有费时费力都查不出问题的顽固性故障,对于顽固性故障只能采取应急方法解决,现在还是照先易后难的方法,先查功率调整电路(电路参见图1)。测量贴片电阻R2、R42阻值正常;贴片电容C3与C26在路是难以判断好坏的,但一般是不会坏的,旋动VR1(501),阻值变化也正常;至于单片机出问题概率也比较少。那么到底是哪里有问题呢?翻起电路板并用放大镜仔细观察发现,电流检测电阻即IGBT管对地连接的康铜线下端有脱焊的嫌疑,如果没用放大镜是难以发现的(如图1所示)。于是重新焊脱焊康铜线,把两端清理干净,并认真重焊牢固,然后装机试电,功率立马回升。

因为康铜线是电流检测信号取样的重要元件,电磁炉工作时,通过康铜线的电流很大,容易导致两端焊锡脱焊,一旦虚脱焊便使接触电阻变大,两端电压降变大,反馈给单片机的取样信号发生根本性变化,致使单片机发出降低加热指令而出现功率不足的故障,如果康铜线两端开焊,单片机就会发出停止工作指令,使电磁炉彻底不加热。

随后保守一些把功率调到约比额定功率稍低一些的2050W,显示稳定不变,故障排除。说明本次故障不是功率调整电路问题,而是电流检测电路的故障。

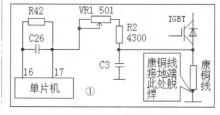

① 单片机 R42 VR1 501 R2 4300 IGBT C26 C3 康铜线接地端此处脱焊 康铜线

例二

故障现象:一台美的SK2103电磁炉,数码管缺划(缺划示意图如图2阴影所示),其他功能都正常。

分析与检修:根据其他功能正常而数码管缺划现象分析,故障部位重点应在面板上。拆下面板查看发现,IC1(AIP1668ED)已被别的师傅更换过。经过细心测量,数码管各个引脚与IC1相关的引脚的连接都正常畅通;又重焊数码管各引脚后试电,不但无效反而出现增加一画不显示了(如图3阴影所示)。由此受到启发:既然线路畅通,又因数码管引脚重焊而扩大故障,说明该数码管性能变得很脆弱,原本的缺划故障也就是性能变差所致,属于数码管内在故障而不是外围电路引起的缺划故障,直言之就是数码管内部个别LED已损坏。于是从旧板上拆下一只二位半数码管(E1-4503AHR2),尺寸与缺划的相同(如图4a所示),替换缺划的数码管(ULT-4352CS-R,如图4b所示),查看安装和焊接无误后通电试机,新换上的数码管显示正常,故障排除。

◇福建 谢振翼

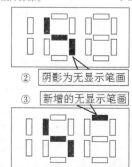

② 阴影为无显示笔画
③ 新增的无显示笔画

④a 已拆下缺划的数码管

④b 已装上拆机的数码管

一、实验目的

1. 验证与门电路、或门电路、非门电路、与非电路、或非门电路的逻辑功能。

2. 巩固对与门电路、或门电路、非门电路、与非电路、或非门电路逻辑功能的理解、区别和记忆。

二、器材准备

1. DZX-2 型电子学综合实验装置一台

2. MF47 型万用表一只

3. 带插头铜芯软导线若干根

4. 集成块 CD4081、CD4071、CD4069、CD4011、CD4001 各一块

三、认识集成块

1. CD4081

CD4081 是 CMOS 四 2 输入与门集成电路，它的内部集成了四个完全相同的 2 输入端与门电路，与门的逻辑表达式为 $Y=AB$。CD4081 的内部逻辑电路图和引脚功能图如图 1 所示。

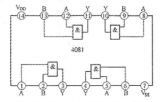

图 1 CD4081 内部逻辑和引脚功能

2.CD4071

CD4071 是 CMOS 四 2 输入或门集成电路，它的内部集成了四个完全相同的 2 输入端或门电路，或门的逻辑表达式为 $Y=A+B$。CD4071 的内部逻辑电路图和引脚功能图如图 2 所示。

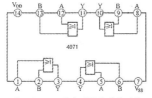

图 2 CD4071 内部逻辑和引脚功能

3.CD4069

CD4069 是 CMOS 六非门集成电路，它的内部集成了六个完全相同的非门电路，非门的逻辑表达式为 $Y=\bar{A}$。CD4069 的内部逻辑电路图和引脚功能图如图 3 所示。

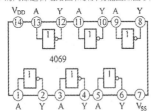

图 3 CD4069 内部逻辑和引脚功能

4.CD4011

CD4011 是 CMOS 四 2 输入与非门集成电路，它的内部集成了四个完全相同的 2 输入端与非门电路，与非门的逻辑表达式为 $Y=\overline{AB}$。CD4011 的内部逻辑电路图和引脚功能图如图 4 所示。

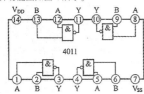

图 4 CD4011 内部逻辑和引脚功能

5.CD4001

CD4001 是 CMOS 四 2 输入或非门集成电路，它的内部集成了四个完全相同的 2 输入端或非门电路，或非门的逻辑表达式为 $Y=\overline{A+B}$。CD4001 的内部逻辑电路图和引脚功能图如图 5 所示。

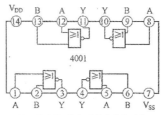

图 5 CD4001 内部逻辑和引脚功能

四、实训操作

1. 验证与门电路的逻辑功能

①关断交流电源开关，关断直流稳压电源的 5V 电源开关。

②把 CD4081 集成块插入实验装置上的一个 14 脚集成块插座中，然后按图 6 所示的实验电路进行线路连接。

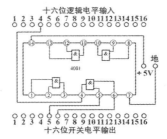

图 6 验证与门电路逻辑功能实验电路一

③对照图 6，逐一检查每根导线连接是否正确无误且没有遗漏。

④确认线路连接正确无误后，接通交流电源开关，接通直流稳压电源的 5V 电源开关。

⑤把十六位开关电平输出中的第 5 位和第 6 位开关依次拨向低低、低高、高低和高高，使与门的 5 端和 6 端依次为 00、01、10 和 11，同时分步观察十六位逻辑电平输入中的第 4 只发光管的亮灭情况，把实验结果填入表 1 中。

表 1 验证与门电路逻辑功能实验数据一

A（5 脚）	B（6 脚）	发光管	Y（4 脚）
0	0		
0	1		
1	0		
1	1		

⑥关断交流电源开关，关断直流稳压电源的 5V 电源开关。

⑦如图 7 所示，把十六位开关电平输出中第 5 孔的插头拔出改插到连续脉冲输出的 Q_1 孔中，把频率范围开关拨向 1Hz，其余导线保持原样不动。

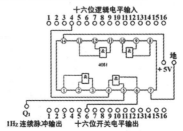

图 7 验证与门电路逻辑功能实验电路二

⑧确认线路连接正确无误后，接通交流电源开关，接通直流稳压电源的 5V 电源开关。

⑨把十六位开关电平输出中的第 6 位开关依次拨向低和高，使与门的 6 端依次为 0 和 1，同时分步观察十六位逻辑电平输入中的第 4 只发光管的亮灭情况，要特别注意第 4 只发光管的亮灭与连续脉冲输出 Q_1 孔下方的发光管的亮灭是否同步，把实验结果填入表 2 中。

表 2 验证与门电路逻辑功能实验数据二

A（5 脚）	B（6 脚）	发光管	Y（4 脚）
⊓⊔⊓⊔	0		
⊓⊔⊓⊔	1		

⑩关断交流电源开关和直流稳压电源的 5V 电源开关，拔下 CD4081 集成块。

2. 验证或门电路的逻辑功能

把 CD4081 集成块换成 CD4071 集成块，再把连续脉冲输出的 Q_1 孔的插头拔出改插到十六位开关电平输出中的第 5 孔中，然后重复第一个实验的④~⑩步操作，即可完成或门电路逻辑功能的验证。电路见图 8 和图 9，实验结果填入表 3 和表 4。

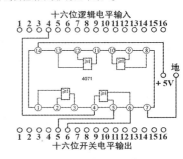

图 8 验证或门电路逻辑功能实验电路一

表 3 验证或门电路逻辑功能实验数据一

A（5 脚）	B（6 脚）	发光管	Y（4 脚）
0	0		
0	1		
1	0		
1	1		

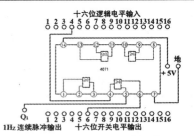

图 9 验证或门电路逻辑功能实验电路二

表 4 验证或门电路逻辑功能实验数据二

A（5 脚）	B（6 脚）	发光管	Y（4 脚）
⊓⊔⊓⊔	0		
⊓⊔⊓⊔	1		

（未完待续）

◇无锡 周金富

制药公司电渗析系统涡旋气泵频繁跳闸故障维修

为了提高公司制药设备的技术水平，近期经过技术改造，增加了一套电渗析系统，在设备运行初期出现了一些异常情况，现将出现的故障现象、检修经过给以介绍，希望能对相关企业提供参考。

故障现象：车间报修电渗析系统(见图1)中的涡旋气泵(见图2)频繁跳闸，导致系统报警无法正常使用。到现场检查气泵，并用钳型电流表测试电机电流，测量电流值为0.7A左右，较正常值明显偏大；同时发现气泵有卡阻现象，拆开风罩用扳手盘动气泵电机风叶轴后，气泵转动灵活，可以正常使用，用钳型电流表测试运行中的气泵电机电流为0.5A左右，趋于正常。可是到了第二天又出现相同的问题。此设备是公司的技改项目，刚安装调试结束不久，处于试运行阶段，公司还没有进行完全验证，于是联系设备厂家到我司现场解决问题。

检修过程：设备提供商到我司现场盘过气泵轴后，故障还是时有出现，用钳型电流表对气泵电机电流进行测试，数值显示为0.9A，此涡旋气泵的电机是单相120W的，按照1kW约为4.5A电流计算，最大电流应为0.54A。设备供应商当时也没有啥好办法，就索性把气泵保护热继电器电流旋钮调到最大值1A，但问题还是时有发生，最终认为气泵性能不良，让气泵厂家发新泵过来，卡阻气泵拆下发回原泵厂。新气泵到货安装后，系统运行正常。

可是时间刚过半个月，相同的问题再次出现！用钳型电流表测试气泵电机电流又为0.9A左右。因为疫情的原因，设备商到我现场处理问题不方便，加之车间急着试用，电话联系并征得设备商同意后，遂将气泵从系统中拆下拿到设备部拆开检查，想弄清楚到底是啥问题。当拆开气泵时，看到涡轮和壳体上黏附有大量的黏稠果冻状物质(涡轮和壳体局部见图3)，这些黏附的物质使气泵出现严重的卡阻问题。

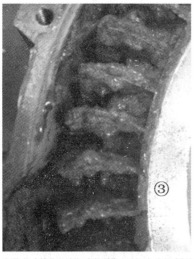

继续分析故障原因。气泵吸入的是空气，那气泵涡轮里的果冻状东西又是啥物质？设备部同事百思不得其解！将果冻状物质送到公司化验室进行检测，化验室同事反馈：果冻状物质主要是氢氧化铝和氯化铝，这时大家才恍然大悟：因为此系统是技改添加设备，安装位置处于车间原有的钢平台上，设备的旁边还有两个反应釜，釜内水温达到80度左右时要人工加入片碱，在投料时有片碱的粉末随着加料口的蒸汽飞出，气泵也在平台上，离投料口不远，所以气泵在运行时将带有水汽的碱粉末吸入，气泵的涡轮和壳体是铝合金的，碱液和铝发生反应生成氢氧化铝，所以有果冻状的物质产生！那氯化铝又是咋产生的？检查发现：极水罐是密封的，当气泵停止运行后，有部分氯气通过气泵出风管倒窜回气泵涡轮和壳体处，氯气与泵体铝材质反应，从而生成氯化铝。

弄清了问题产生的原因解决起来就好办了，旁边反应釜增加负压管路，加片碱时把负压打开，可有效阻止大量的水汽和片碱粉末飞出加料口，将气泵从反应釜旁边的钢平台上移到地面，使其远离反应釜加料金；再在气泵出口管路上加装球阀，停泵后及时关闭此球阀，开泵前打开此阀，不让极水罐里的氯气在气泵停止运行气压低时倒窜回气泵的涡轮和壳体处。用钳型电流表测试气泵正常运行时的电机电流为0.5A左右，把气泵的保护热继电器重新调回0.7A左右的位置，用热水把气泵涡轮和壳体上黏附的杂物去除干净、烘干并重新安装好。经过上述处理后，此问题再未出现。

为了使参加维修的员工能够通过这一故障的维修，举一反三，提高维修能力与素质，组织大家对设备工作原理再次进行分析。

电渗析系统的核心部件是膜堆(进口件)，价格占设备成本几乎2/3，膜堆由相互隔开的

许多腔室构成，膜堆两端加有直流电源(供电模块：300V/200A)，在直流电场的作用下，溶液中的带电粒子定向迁移，选择性透过粒子交换膜，使绝大部分粒子得以去除的一种膜分离技术。膜堆两端极板通过直流电源以电位差为推动力，利用阴阳离子交换膜对氯离子和钠离子的选择性透过性，使氯化钠从一部分原料中迁移到浓水中的化学过程，从而实现物料的脱盐精制。因为有氯化钠溶液电离，所以会产生氯气，气泵的作用就是把极水箱上方聚集的氯气通过管道吹到室外的净化设备里吸收掉。

维修感悟：在处理设备问题时，思路要放开些，有些问题在经验不足时解决起来可能会遇到困惑，特别是新添加设备，在添加设备之前，要对原先的环境对新添加设备有无影响、影响是否容易处理，并做完整仔细的评估，不要因为考虑不周，给新添加设备的正常使用造成影响。

◇陕西省咸阳市 党创吉

变频器的加速时间与减速时间

加速时间和减速时间几乎是每一个变频器应用项目必须设置的功能参数，正确设置可使系统快速平稳地完成启动过程和安全地完成减速停机过程，加速时间过短可能导致启动失败，减速时间过短可能使电动机进入发电状态。同样，加速时间、减速时间过长也会产生一些相应的弊端。因此，电气技术人员应能驾轻就熟地准确设置这两个参数。下面对这两个参数的定义及设置注意事项给以说明。

1. 什么是加速时间？设置加速时间这个参数时应考虑那些因素？

加速时间是变频器的工作频率从0Hz上升到基本频率(50Hz)所需的时间。这一规定同时适用于加速终止频率为任意值的情况。例如，多段速运行中，某一转速档次的运转频率设定为30Hz，加速时间设定为30秒，则这一转速档次的实际加速时间(加速到30Hz的时间)是(30Hz/50Hz)×30秒=18秒，而不能理解为加速到30Hz需要30秒。

设定加速时间时应考虑如下问题：加速过程需要时间，过长的加速时间会降低工作效率，尤其是频繁起停的设备，但加速时间过短会使起动电流变大，因此，应在起动电流和生产效率之间寻求一个平衡点，在起动电流允许的前提下，尽量缩短加速时间。另外，负载设备的惯性较大时加速时间应适当加长，负载设备的惯性较小时加速时间可适当缩短。

2. 什么是减速时间？设置减速时间这个参数时应考虑那些因素？

减速时间是变频器的工作频率从基本频率(50Hz)降低到0Hz所需的时间。这一规定同时适用于减速从任意频率值开始的情况。例如，多段速运行中，某一时段的运转频率为40Hz，减速时间设定为45秒，则这一转速档次运转结束时的实际减速时间(减速到0Hz的时间)是(40Hz/50Hz)×45秒=36秒，而不是45秒。

设定减速时间的原则类同于设定加速时间，同时还要考虑如下问题：如果减速时间设置过短，会使变频器直流环节电压升高，形成泵升电压，这时需要采取相应技术措施吸收这种再生电能，使设备复杂化，且投资会有增加。原因是：减速时间设置过短，将使旋转磁场转速下降过快，而电动机转子因负载惯性的作用，不能快速下降，导致电动机转子转速高于旋转磁场转速，电动机处于发电状态，所以变频器直流环节电压升高。因此，减速时间的设定应在生产效率、泵升电压和设备投资之间寻求平衡点。

3. 变频器最多可设置15个段速的所谓多段速运行，是否每个段速都可设置自己的加速时间和减速时间？

变频器通常使用3位或4位二进制数来选择决定可设置的多段速数量。3位二进制数从000开始，最大到111，对应的十进制数分别是0~7，共8个数字；而4位二进制数从0000开始，最大到1111，对应的十进制数分别是0~15，共16个数字。这些二进制数可以由继电器的触点体现出来，例如，PLC设备控制3个继电器触点全部断开时，表示二进制数中的000；3个继电器触点全部闭合时，表示二进制数中的111。如果PLC没有下达多段速指令时，3个继电器的触点均在断开状态，属于二进制数中的000，所以，PLC不使用000作为选择段速的指令。如此，使用3位二进制数来选择决定可设置的多段速数量时，最多可选择决定7个段速，而不是8个。

同样的道理，变频器使用4位二进制数来选择决定可设置的多段速数量时，最多可选择决定15个段速，而不是16个。

变频器在多段速运行时，可供设置的加、减速时间数量通常少于多段速运行的个数，例如使用4位二进制数最多选择15个段速时，可供设置的加速时间和减速时间可能有4个，它们被称作加速时间1~加速时间4，以及减速时间1~减速时间4。变频器的操作人员可根据运行现场的需要，将一个加速时间或减速时间适用于2个或多个段速。

◇山西 毕秀城

(接上期本版)

4. 自动轮换过程

两台水泵自动轮换工作过程只能在"自动"方式下进行。其核心是图3位置18的通电延时时间继电器KF1、图3位置23的失电延时时间继电器KF2和图2位置7的中间继电器KA5。

4.1 1#泵工作过程

水位低于"高水位"两台泵处于备用状态，随着水位上升达到"高水位"时，图2位置4中间继电器KA3动作，图3位置16的触头KA3:[33]与KA3:[34]闭合接通，图3位置15的接触器QAC1线圈得电吸合，1#水泵起动工作。同时图3位置18的通电延时时间继电器KF1线圈得电吸合开始计时。计时到达设定值时，图2位置7的触头KF1:[17]与KF1:[18]闭合接通，图2位置7的中间继电器KA5线圈得电吸合，且图2位置8的触头KA5:[13]与KA5:[14]闭合保持KA5的吸合状态。图3位置18的触头KA5:[21]与KA5:[22]由闭合变成断开；图3位置23的触头KA5:[33]与KA5:[34]由断开变成闭合，为下一次让2#起动作好了准备。

随着水泵的运转水位逐渐下降，到水位低于"低水位"时，图2位置4中间继电器KA3释放，图3位置16的触头KA3:[33]与KA3:[34]断开，图3位置15的接触器QAC1线圈失电释放，1#水泵停止工作。自动方式下1#水泵起动停止过程有关电器动作过程如图6所示。

4.2 2#泵工作过程

当水位再次上升达到"高水位"时，图2位置4中间继电器KA3动作，图3位置21的触头KA3:[43]与KA3:[44]闭合接通，因图3位置23的触头KA5:[33]与KA5:[34]处在闭合状态→图3位置20的接触器QAC2线圈得电吸合，2#水泵起动工作。同时图3位置23的失电延时时间继电器KF2线圈得电吸合。

随着水泵的运转水位逐渐下降，到水位低于"低水位"时，图2位置4中间继电器KA3释放，图3位置21的触头KA3:[43]与KA3:[44]断开，图3位置20的接触器QAC2线圈失电释放，2#水泵停止工作。同时图3位置23的失电延时时间继电器KF2线圈失电释放开始计时，计时到达设定值时，图2位置7的触头KF2:[15]与KF1:[16]由闭合成断开，图2位置7的中间继电器KA5线圈失电释放。使其触头图3位置18的触头KA5:[21]与KA5:[22]变成闭合，→图3位置23的触头KA5:[33]与KA5:[34]变成断开，为下一次1#起动作好了准备。自动方式下2#水泵起动停止过程有关电器动作过程如图7所示。

由上面分析可知，中间继电器KA5处于释放状态，1#水泵可以起动；中间继电器KA5处于吸合状态，2#水泵可以起动。

5. 停止过程

不管在手动还是自动方式下，只要将运行方式开关SAC打到中间位置，泵即可停止运行。

5.1 手动方式

1#水泵运转过程中，若按下按钮SS1，则其触头SS1:[11]与SS1:[12]断开，图3中控制回路断裂，接触器QAC1失电释放，1#水泵停止。

2#水泵运转过程中，若按下按钮SS2，则其触头SS2:[11]与SS2:[12]断开，图3中控制回路断裂，接触器QAC2失电释放，1#水泵停止。

5.2 自动方式

该方式下，水泵的停止由"低水位"液位器控制，也就是中间继电器释放即使泵停止工作。图3位置16的触头KA3:[33]与KA3:[34]或图3位置17的KA7:[13]与KA7:[14]断开，控制回路断裂，接触器QAC1失电释放，1#水泵停止。图3位置21的触头KA3:[43]与KA3:[44]或图3位置22的KA7:[23]与KA7:[24]断开，控制回路断裂，接触器QAC2失电释放，2#水泵停止。

综上所述，在手动方式下，水泵只能通过按钮起动运行或停止。在自动方式下，可以由水位或BAS外控。当中间继电器KA5处在释放状态时，高水位BL2或BAS起动1#水泵，且将KA5吸合；低水位BL1停止1#水泵。当中间继电器KA5处在吸合状态时，高水位BL2或BAS起动2#水泵，且将KA5释放；低水位BL1停止2#水泵。

(全文完)

◇健谈

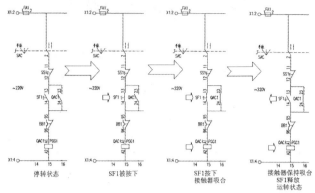

图5 手动起动1#泵控制回路变化

停转状态　　SF1被按下　　SF1按下接触器吸合　　接触器保持吸合 SF1释放运转状态

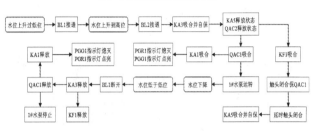

图6 1#泵工作过程电器动作过程

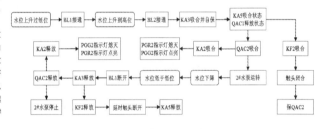

图7 2#泵工作过程电器动作过程

巧改控制电路实现全面联锁功能

某化工厂的一台大型离心式压缩机，采用蒸汽汽轮机驱动。该汽轮机有一运一备两台凝结水泵。凝结水泵将凝结水输往凝结水储罐。原设计是，当工作凝结水泵因故跳闸后，致使储罐的水位低于设定值时，其电接点水位计接通中间继电器KA，KA的常开触点接通处于自动状态下备用凝结水泵的控制回路，备用水泵投入运行。当储存罐的水位高于设定值时，继电器KA断开，备用泵停运。由于凝结水储存罐容积不大，此时水位变化就较为剧烈，造成备用的水泵频繁启动。时间一长，会使水泵的电动机烧毁。为解决此问题，设计部门对控制回路进行了改进。改进前、后的电路图如图1、2。

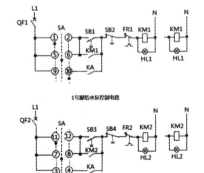

图1 改进前的电路图

笔者前往该厂参观，发现该改进后的电路还存在有较大缺陷，即：备用泵只能在水罐水位低于设定值时，实现自动并连续运行。而当运行泵故障跳闸时，不能立即自启动运行，只能等待水罐水位低到设定值时，才能投入运行，这无疑给

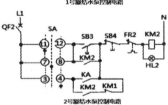

图2 改进后的电路图

安全生产带来一定隐患。例如电接点水位计失灵或中间继电器KA故障，备用泵都可能失去备用的功能。如在图2中，即使备用的2号泵的控制开关的③④在接通位置，当KA不接通，接触器KM2是无法励磁的，备用泵无法启动。故笔者又提出巧改的再改进意见，如图3。

电路动作原理：如1号泵为运行泵，2号泵为备用泵。

(1)当凝结水罐水位低于设定值时，中间继电器KA接通，处于联锁、自动状态备用的2号泵，其SA2⑨⑩在接通状态，KM2接通并自保持，2号泵运行。

(2)当1号泵故障跳闸时，接触器KM1在2号泵控制回路中的常闭触点接通，处于联锁、自动状态的2号泵，其SA2⑨⑩在接通状态，KM2接通并自保持，2号泵投入运行。

这样，备用泵既能在水罐水位低于设定值时自动投入

运行，也能在运行泵故障跳闸时，立即投入运行，实现了一开一备互为备用全面的联锁功能。同时，这巧改也十分简便，把原来互相串联的KM1、KM2的常闭、常开触点，改为并联的即可。

另外，对改进前的电路标识也提出了修改，两台泵的控制开关用同一文字符号SA，是不正确的。会被误认为是一台SA在两台泵的控制电路中。应各有各的，如SA1、SA2。两台控制开关的接点也应相同，以便于检修、储存备品。同时，断路器QF1、QF2改用2极的，以在检修电路时，完全断电，保证安全。

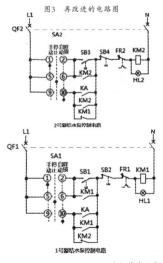

图3 再改进的电路图

◇江苏连云港 宗成徽

首批 5G 手机部分进入淘汰期

科技的发展速度往往快得出乎我们意料，两年前(2019年)还被称作 5G 元年。据工信部数据统计，2020 年我国大概新增 58 万个 5G 基站，推动共建共享 5G 基站 33 万个，2020 年初制定的所有地市都有 5G 覆盖的目标已经实现。终端方面，2020 年 1 月—11 月，国内市场 5G 手机出货量 1.44 亿部、上市新机型累计 199 款，分别占国内手机市场 51.4%、47.7%；5G 的终端连接数已经超过 2 亿。

早在 5G 网络发展初期，鉴于基带的技术有限，NSA 和 SA 组网模式的话题就一直存在，并爆出"真假 5G"的争议。只是没想到国内的 5G 网络发展如此之快，目前国内部分地区早期仅支持 NSA 组网的 5G 手机已经面临着"被淘汰"的命运。

以四川某地手机用户为例，2020 年在中国电信购买了一部小米 9Pro 5G 手机，其处理器为高通骁龙 855+，外挂基带 X50 5G 基带，由于是高通第一代 5G 芯片，仅支持 NSA 组网(后续升级版骁龙 X55 才支持 SA/NSA 5G 双模，消费者一定要注意)，使用半年后因当地基站升级的问题，导致自己手机无法使用新 5G 网络。

这是因为从 2020 年 12 月 25 日起，四川省开始陆续从 NSA 网络全面切换为 SA 网络。对于用户因基站升级无法使用 5G 网络的情况，电信工作人员表示，只能购买最新的 SA 网络 5G 手机或提供充值话费送话费的补偿；由此带来的损失也只有该用户自行承担了。

很多手机厂商在首次推出 5G 手机时，由于成本等各种各样的问题，很多都选择高通的外挂基带方案，以小米 9 Pro 为例，官方根基带参数仅仅做了如下说明："小米 9Pro 为双卡三频全网通，支持中国移动 n41(2515~2675Mhz)频段、中国联通和中国电信 n78 (3400~3600Mhz) 频段、中国移动 n79 (4800~4900Mhz)频段。"

此外，基带的下载速率也有区别，以韩版三星的 S10 5G 为例，采用的是自研的 Exynos Modem 5100 基带。这颗 5G 基带虽然能够支持 2G 到 5G 网络的全频段全网通，但在 Sub-6GHz 频段仅可实现最高 2Gbps 的下载速率，mmWave 毫米波频段可以达到 6Gbps 的下载速率。

作为比较，华为此前发布的巴龙 5000 基带在 Sub-6GHz 频段的下载速率为 4.6Gbps，而在 mmWave 毫米波频段可以达到 6.5Gbps 的下载速率。虽然都叫 5G 手机，但因为基带的不同，Sub-6GHz 频段峰值速率足足会有两倍以上的差距。

由于 5G 网络将会采用 Sub-6GHz 频段和 mmWave 毫米波频段，您就简单把他们理解成不同的波形即可。Sub-6GHz 传输距离长、覆盖广、速度慢；mmWave 毫米波距离短、覆盖小、但速度快。因此两者形成互补，共同构成 5G 网络。

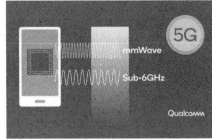

Sub-6GHz 频段和 mmWave 毫米波频段

而基带的作用就好像家里宽带的"猫"，负责把光电信号转换成能和电脑交互的数据。而手机的"猫"叫作基带，它转换的是无线的电磁波信号。打个比方，就算你家拉了光纤，如果"猫"仍旧是百兆出口而非千兆，那么实际网速也会打折扣。

5G 网络的建设成本很高，因此 5G 最终成网也不会一蹴而就。据悉，全球很多国家的 5G 网络初期建设将主要由 Sub-6GHz 频段为主，而恰好韩版三星 S10 5G 手机的基带又是在这个频段存在速率的硬伤，而厂商为了抢占 5G 领域的高地，在过渡时期推出一些过渡产品自然也顺理成章。而再到后来为了销库存，"不良"商家就会以各种优惠打折、避重就轻等宣传手段让消费者购买这些"淘汰"的第一代只支持 NSA 模式的 5G 手机。

SA/NSA 双模式

我们说到 5G 网络建设成本很高，所以早期建设也出现了 SA/NSA 这两种模式并存的现象。SA 就是"独立组网"的意思，就是运营商不差钱，直接上 5G 的核心网+5G 基站。但是这么搞几乎等于从零开始，虽然是最纯正的 5G 网络，但投入巨大而且周期较长。

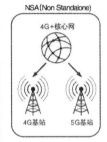 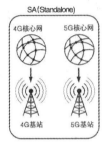

NSA 和 SA 组网模式的比较

而 NSA 就是"非独立组网"的意思，就是基于现有的 4G 网络升级而改造而来，核心网还是 4G 核心网，但是通过提速和搭配 5G 基站而实现 5G 网络，优势是投资少见效快，缺点就是速率和技术特性达不到理想的 5G 状态。

我国幅员辽阔，如果全部直接上 SA 独立组网，其难度确实有点大；不过随着时间的推移，各地的 5G 建设如果速度加快，真心不建议再购买目前各种折扣力度最大的初代仅支持 NSA 模式的 5G 手机。

PS：目前骁龙 855 平台的 5G 手机都不建议入手，这些 5G 手机只支持 NSA 组网模式，风险很大。

当心大数据"杀熟"

随着大数据的广泛应用，人手一部的智能机几乎成了大众群体在网络上的"身份 ID"。大数据的应用确实方便了很多东西，比如"记忆搜索"，当用户使用某些 App 进行购物、资料查阅时，App 会根据用户喜好进行相应的"智能扩展"，让用户和商家得到意想不到的结果。

不过有时候大数据也会起到破坏隐私的作用，甚至是侵犯权利的后果。

举个例子，有团队通过数百次上千次的调查，发现很多"打车软件"存在一些"猫腻"。苹果手机更容易被专车、优享这类更贵车型接单。如果不是苹果手机，则手机越贵，越容易被更贵车型接单。调研当中还发现实际车费比预估费高，而这样的情况占比高达 80%。

随着大数据的积累应用，"杀熟"早就根植在互联网大平台的基因里，从注册开始就被这些 App 不断打上各种标签，消费不透明已经成为行业潜规则，通过数据记录，个人的消费能力和消费习惯各大互联网商家和平台了如指掌，对各种消费层次进行"针对性"的消费推送，有时候虽然看起来方便用户，不过在选择权上却进一步缩小了选择范围，进而侵犯了消费者的利益。

锐龙平台主板 USB 断连解决方法

最近 AMD 锐龙平台对应的 500 系、400 系主板均被曝出 USB 断连问题，也包括锐龙 3000、锐龙 5000 系列处理器在内的用户都有可能中招。断连问题主要发生在高负载应用过程当中，特别是在连接 VR 头盔时，这种情况很容易发生。

虽然目前 AMD 确认了问题的存在，并表示正在搜集资料调查问题原因，但官方还没有给出解决方案。

不过一些 DIY 爱好者找出了解决方案：

首先是更新 BIOS，将主板已经升级到最新版 BIOS，加载厂商最佳或者默认设置，这个需要用户自行访问厂商官网下载最新 BIOS。

然后检查用户的 Win 10 系统是否为最新版本，并更新。有关 Win10 更新的方法，请参阅微软官方资料。

最后确保电脑已经安装 AMD Ryzen 主板芯片组的最新驱动，目前最新版本为 2.13.27.501。

如果还会出现 USB 断连的问题，那么就需要以下两个操作步骤：

在 BIOS 中将 PCIe 模式由 Gen 4/Auto 改为 Gen 3。
在 BIOS 中禁用 Global C-State 选项。

从目前给出的解决方法来看，这次 USB 断连问题可能与 PCIe 或节能技术有关，如果是非物理问题导致，那么只需要更新 BIOS 等固件即可修复，如果是硬件问题，那么可能一个或几个批次的主板都要进行召回才可能解决问题了。

高通全新 5G 骁龙 SoC 曝光

继骁龙 888 后，高通的第二款 5nm 5G SoC 据说要来了。

最新消息称，这颗芯片定名为骁龙 788 移动平台，并非先前的骁龙 777 或者骁龙 775/775G。

工艺方面采用三星的 5nm EUV 工艺来打造这款 SoC，其内建 Kryo 600 系列 CPU，支持 LPDDR5-3200 内存或 LPDDR4X-2400 内存，UFS 3.1 闪存等。

相机方面集成 Spectra 570 ISP，最多支持三颗 2800 万像素镜头、4K 60FPS 视频拍摄等。无线部分包括 2x2 MIMO 的 Wi-Fi 6E、蓝牙 5.2 等。

5G 频段方面仅包含 Sub 6GHz，4G 则满足 Cat.18，支持 5G 双卡双待等。

第一款 5nm 5G SoC 是骁龙 888，其 888 的命名也说明高通十分看重中国市场，寓意"一路发发发"，相信这也是骁龙 788 存在的原因，毕竟它将会是国产智能机中端机销量的主力。

分享"智慧分享"001 HiFi 娱乐音响系统(二)

(接上期本版)

智慧分享 001 HiFi 娱乐功放可实现 UHD-HDR 4K 3D 高清播放、高清卡拉 OK 点播、高码流数字音频播放、电视直播、网络娱乐等功能。为降低成本，该机没有内置硬盘，歌库存储在云端，本机内置的存储卡可存储常用的歌曲，如图 10 所示，本机演示节目库内有一百多首常用的卡拉 OK 歌与 2 部 5.1 与 7.1 演示电影片段、云端歌库 44 万首用户可免费下载播放，如图 11 所示。

智慧分享 001 HiFi 娱乐功放虽然偏向于娱乐，但是按发烧理念来设计影音线路，比如采用金典、成熟的音响电路，在选料上按高保真的要求优选器件，如发烧运放、HiFi 器件等，作为功放的重点，为了好听与好声特意定制 HiFi 类大功率变压器，每个声道都优选东芝 TT5200、TT1943 2 对大功率管，配套专业散热器，变压器输出电压为交流双 52V 为功放后级供电，2 只 10000μF/80V 音频专用电解滤波，保证了整机输出 2× 200W，如图 12、图 13、图 14 所示。

同理，该机移置了本报以前笔者介绍的 AVHD-100 专业 KTV 无线麦克风的音频处理电路，红外线自动对频，快速锁定频率。配置专业动圈音圈咪芯，音质纯正，保真度高。由于是系统化模块化设计，也可以理解为智慧分享 001 HiFi 娱乐功放把 6 台机拆掉外壳重新设计装一机箱内。

三、操作简单

智慧分享 001 HiFi 娱乐功放该机虽然功能多，但操作较简单，用随机配套的 2.0 版 HDMI 高清线连接大屏幕液晶电视机，用随机附带的两条音箱线对应连接功放与音箱即可。功放接通 220V 电源，功放即可自动播放存储的影音歌曲。这时功放需联网设置，可以用有线网络连接或 WiFi 连接宽带。网络连接成功后，即可在线点播歌曲，操作与众多点歌机类似。

由于出厂时该机众多功能与参数已预置好，客户使用时很多功能可不必再调，如左延时、延时、重复次数、混响大小等功能，用户常操作的可能就是音乐音量、话筒音量这两个控制大旋钮。

若打开无线话筒开关，话筒自动对频，就可跟着画面 K 歌。其中点歌与网络娱乐功能可以用配套的遥控器操作，也可用鼠标操作、也可以智能手机或平板电脑安装相应的客户端软件 App 来点歌，这时手机或平板电脑当作一个触摸屏来进行相应的操作。还可对着话筒用语音点歌，比如对着话筒说"下一曲"，功放点歌便可切换到下一曲。

点击主界面，进入"文件管理"，比如 USB 存储设备，选择存储硬盘，打开硬盘存储文件，然后分级打开相应的文件夹，找到所需的文件，电影、歌曲或图片，在此不再多谈，以图示意，如图 15、图 16 所示，选择播放即可。

点击主界面，在主界面下部的功能选项，如 QQ 音乐、电视家 3.0、HiFi 音乐、云视听小电视、乐播投屏等。还可进入"应用"，可实现网络娱乐等功能，该机可电视直播，也可在线点播其他影音节目，当然用户也可使用其他网站的免费节目，如爱奇艺、优酷、腾讯视频等等网络娱乐等功能，如图 17、图 18 所示。

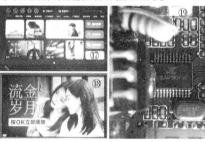

智慧分享 001 HiFi 娱乐功放有两套音频播放系统，一套是纯音频插卡播放，主要是插 U 盘播放 WAV、WMA、MP3 格式的音频文件，如图 19 所示。前面板插卡播放时智慧分享 001 HiFi 娱乐功放可以不用外接液晶显示器。另一种方法是通过华为海思 Hi3798 处理器来播放在线音乐与外置存储设备的音频文件，这时智慧分享 001 HiFi 娱乐功放需要外接液晶显示器。

四、用途广

1. 卡拉 OK 娱乐

智慧分享 HiFi001 娱乐功放配套的音箱如图 20 所示，该箱是在传统卡包音箱的基础上改进升级而成，箱体尺寸：280mm×303mm×500mm，采用 1 只 10 英寸高保真低音与 2 两只 3 英寸高音，虽然该箱使用纸盆高音，但有别于市场上高频上限仅为 14kHz、15kHz 的卡包高音。该箱使用定制开发的产品，按 HiFi 的标准设计与生产，高频上限可达 20kHz，装箱前用扫频仪对

每一只单元都复测，如图 21 所示，也可参考微信视频号"智慧分享 001"了解相关视频。分频电容选用本尼克电容，听感耐听音乐味浓，智慧分享 001 娱乐音箱阻抗为 4Ω、功率为 140W、频响 38Hz~20kHz，其强劲的低频带给您低音炮加盟的感觉，能满足多种场所高保真娱乐需求。该箱可以吊装使用，箱体有固定螺丝孔位，也可固定于音箱架，如图 22 所示是配套的音箱架，音箱架中部有定位杆，智慧分享 001 娱乐音箱低部孔位插入定位杆即可。

经典的更永恒！智慧分享 001 娱乐功放其卡拉 OK 部分借鉴传统成熟的经典卡拉 OK 双混响电路，如图 23 所示。考虑到很多使用者经验所限可能调试各种混响参数不方便，智慧分享 001 HiFi 娱乐套装安装在公司的卡拉 OK 娱乐厅，如图 24 所示，各项参数调试好后保存，达到量贩式 KTV 卡拉 OK 听感。所有调试好的机器面板底部旋钮卡拉 OK 功能参数预置，仅保留话筒音量与音量可调。用户把机器搬回家，即使没有任何调试经验，唱歌也有歌星的感觉，在家也有量贩式 KTV 的氛围。

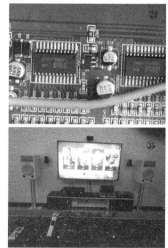

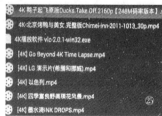

2. 双声道影院系统

部分家庭由于居住环境所限或经费预算有限可能暂没考虑组建 7.1 声道或 11.1 声道全景声影院系统。由于疫情的影响，减少了户外娱乐，但娱乐不可少！在有限的空间与有限的经费预算内也可搞一套低成本影 K 系统。

智慧分享 001 HiFi 娱乐功放内置 4K 电影播放器，可以播放 4K 超高清电影，接上大屏幕液晶电视机或高清投影机就可快速搭建一套双声道影 K 系统，同样能满足工薪阶层的追求高品质娱乐的需求，如图 25 所示。

3. 网络娱乐

如今 4K、8K 大屏幕电视机功能众多也很超前，比如内置网络娱乐等，然而其内部的音频已跟不上画质的升级，部分音响厂家推出了声霸等一些电视伴侣为电视机配套，这是一个折中方案，我们也可用智慧分享 001 HiFi 娱乐套装音响与 4K、8K 大屏幕电视机搭配使用，通过外置扩音来改善电视机的音质，与电视机一起配合即可组建一套高品质网络娱乐影音系统。

(未完待续)　　◇广州　秦福忠

一款创新性 Arm 处理器(一)

大约 50 年前，英特尔创造了世界上第一个商业生产的微处理器，一个普通的 4 位 CPU(中央处理器)，2300 个晶体管，使用 $10\mu m$ 工艺技术在硅中制造，只能进行简单的算术计算。自这项突破性的成就以来，技术不断发展，越来越复杂，目前最先进的 64 位硅微处理器已经拥有 300 亿个晶体管(例如，AWS Graviton2 微处理器，使用 7 纳米工艺技术制造)。

微处理器现在已经深入到我们的文化中，已经成为一项元发明——也就是说，它是一种可以让其他发明得以实现的工具，最近的一项发明使 COVID-19 疫苗在创纪录的时间内开发所需的大数据分析成为可能。

本文报道了一种 32 位 Arm 架构的微处理器，采用金属氧化物薄膜晶体管技术在柔性衬底(PlasticARM)上开发。与主流半导体行业不同，柔性电子产品通过超薄的外形、整合性、极低的成本和大规模生产的潜力，与日常用品无缝集成。PlasticARM 是将数十亿个低成本超薄微处理器嵌入日常用品的先驱。

与传统半导体器件不同，柔性电子器件建立在诸如纸张、塑料或金属箔等基底上，并使用有机或金属氧化物或非晶硅等活性薄膜半导体材料。与晶体硅相比，它们有许多优点，包括薄、一致性和低制造成本。在柔性衬底上制备薄膜晶体管(TFTs)比在晶硅薄片上制备金属-氧化物-半导体场效应晶体管(MOSFET)的加工成本低得多。

TFT 技术的目的不是要取代硅。随着这两种技术的不断发展，硅很可能在性能、密度和功率效率方面保持优势。然而，TFTs 使电子产品具有新颖的外形因素和硅无法达到的成本点，从而极大地扩大了潜在应用的范围。

微处理器是每一个电子设备的核心，包括智能手机、平板电脑、笔记本电脑、路由器、服务器、汽车，以及最近组成物联网的智能物品。虽然传统的芯片技术已经在地球上的每一个"智能"设备中嵌入了至少一个微处理器，但它面临着让日常物品更智能的关键挑战，比如瓶子、食品包装、服装、可穿戴贴片、绷带等等。成本是阻碍传统硅技术在这些日常用品中可行的最重要因素。虽然芯片制造的规模经济有助于大幅降低单位成本，但微处理器的单位成本仍然高得令人望而却步。此外，硅芯片并不是天然的薄，柔韧性和一致性，而这些都是这些日常用品中嵌入电子产品的非常理想的特性。

另一方面，柔性电子产品确实提供了这些令人满意的特性。在过去的 20 年里，柔性电子产品已经发展到提供成熟的低成本、薄的、柔性和兼容的设备，包括传感器、存储器、电池、发光二极管、能量采集器、近场通信/射频识别和打印电路，如天线。这些是构建任何智能集成电子设备的基本电子元件。缺失的部分是柔性微处理器，目前还不存在可行的柔性微处理器。这是执行有意义的计算，需要将相对大量的 TFT 集成在柔性衬底上，这在以前的 TFT 技术中是不可能的。在这种技术中，在进行大规模集成之前需要一定程度的技术成熟度。

中间方法是将基于硅的微处理器芯片集成到柔性衬底上，也称为混合集成，其中硅片变薄，芯片集成到柔性衬底上。虽然薄硅芯片集成提供了一个短期的解决方案，但该方法仍然依赖于传统的高成本制造过程。因此，要在未来 10 年乃至更长的时间内生产数十亿日常智能物品，这不是一个可行的长期解决方案。

我们的方法是利用柔性电子制造技术开发微处理器，也称为柔性加工引擎。我们用柔性电子技术在聚酰亚胺基板上构建本机柔性微处理器。金属氧化物晶体管成本低，而且可扩展到大规模集成所需的较小几何尺寸。

早期的原生灵活处理器工作是基于使用低温多晶硅 TFT 技术开发 8 位 CPU，具有较高的制造成本和较差的横向可伸缩性。最近，二维材料晶体管被用于开发处理器，如使用二硫化钼(MoS_2)晶体管的 1 位 CPU 13 和使用互补碳纳米管晶体管构建的 16 位 RISC-V CPU。然而，这两项工作都是在传统的硅片而不是柔性衬底上进行的。

第一次尝试构建基于金属氧化物 TFT 的处理元件是一个 8 位算术逻辑单元，它是 CPU 的一部分，与在聚酰亚胺上制造的打印可编程 ROM 相结合。最近，Ozer 等人在金属氧化物 TFTs 中提出了天生灵活的专用机器学习硬件。尽管机器学习硬件拥有最复杂的柔性集成电路(FlexIC)，它由 1400 个门的金属氧化物 TFT 组成，但 FlexIC 不是一个微处理器。可编程处理器方法比机器学习硬件更通用，并支持丰富的指令集，可用于从控制代码到数据密集型应用程序(包括机器学习算法)的各种应用程序进行编程。

原生柔性微处理器有三个主要部件:(1)32 位 CPU，(2)包含 CPU 和 CPU 外设的 32 位处理器，(3)包含处理器、存储器和总线接口的片上系统(SoC)，所有这些部件都是用金属氧化物 TFT 在柔性基板上制造的。本机灵活的 32 位处理器源自支持 Armv6-M 架构的 Arm Cortex-M0+处理器(一组 80 多条指令)和现有的软件开发工具链(例如，编译器、调试器、连接器、集成开发环境等)。整个灵活的 SoC 被称为 PlasticARM，能够从其内部内存运行程序。PlasticARM 包含 18334 个 NAND2 等效栅极，这使其成为迄今为止在柔性基片上使用金属氧化物 tft 制造的最复杂的 FlexIC(至少比以前的集成电路复杂 12 倍)。

PlasticARM 系统架构

PlasticARM 的芯片架构如下图所示。它是一种 SoC，包括源自 32 位 Arm Cortex-M0+处理器产品的 32 位处理器、存储器、系统互连结构和接口块以及外部总线接口。

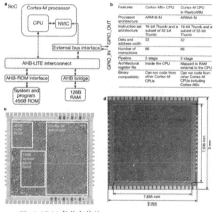

PlasticARM 架构和特性

a. SoC 架构，显示了内部结构、处理器和系统外设。处理器包含一个 32 位的 Arm Cortex-M CPU 和一个嵌套向量中断控制器(NVIC)，并通过互连结构(AHB-LITE)连接到它的内存。最后，外部总线接口提供了通用输入输出(GPIO)接口，用于芯片外与测试框架通信。

b. 与 Arm Cortex-M0+CPU 相比，PlasticARM 使用CPU 的特点。这两个 cpu 都完全支持 Armv6-M 架构，32 位地址和数据能力，以及来自整个 16 位 Thumb 和 32 位 Thumb 指令集架构的一个子集的 86 条指令。CPU 微架构具有两级流水线。寄存器在 Cortex-M0+的 CPU 中，但在PlasticARM 中，寄存器被移动到 SoC 中的基于锁存的 RAM 以节省 Cortex-M 的 CPU 区域。最后，两个 CPU 之间以及与同一体系结构家族中的其他 CPU 之间都是二进制兼容的。

c. PlasticARM 的模具布局，表示 Cortex-M 处理器、ROM 和 RAM 等白框中的关键块。

d. PlasticARM 的模具显微图，显示模具和核心区域的尺寸。

该处理器完全支持 Armv6-M 指令集架构，这意味着为 Cortex-M0+处理器生成的代码也将在其派生的处理器上运行。处理器包括 CPU 和一个与 CPU 紧密耦合的嵌套向量中断控制器(NVIC)，处理来自外部设备的中断。

SoC 的其余部分包括存储器(ROM/RAM)、AHB-LITE 互连结构(高级高性能总线(AHB)规范的一个子集)和将存储器连接到处理器的接口逻辑，以及控制两个通用输入输出(GPIO)引脚进行片外通信的外部总线接口。ROM 包含 456 字节的系统代码和测试程序，并已实现为组合逻辑。128 字节的 RAM 已实现为一个基于锁存的寄存器文件，主要用作堆栈。

上图 b 显示了 PlasticARM 中使用的 Cortex-M 与 Arm Cortex-M0+的比较。虽然 PlasticARM 中的 Cortex-M 处理器不是一个标准产品，但它实现了支持 16 位 Thumb 和 32 位 Thumb 指令集架构的一个子集的 Armv6-M 架构，因此与同一架构家族中的所有 Cortex-M 类处理器(包括 Cortex-M0+)都是二进制兼容的。

PlasticARM 中的 Cortex-M 和 Cortex-M0+之间的关键区别在于，我们将 SoC 中 RAM 的特定部分分配给 CPU 寄存器(约 64 字节)，并将它们从 CPU 移动到 PlasticARM 中

Cortex-M 中的 RAM，而 Cortex-M0+中的寄存器仍保留在其 CPU 中。通过消除 CPU 中的寄存器，并使用现有 RAM 作为寄存器空间，以较慢的寄存器访问为代价，实现了 CPU 面积的大幅缩减(约 3 倍)。

结果

PlasticARM 采用 PragmatIC 的 $0.8\mu m$ 工艺，采用工业标准芯片实现工具。为了实现 PlasticARM FlexIC，我们开发了工艺设计工具包、标准单元库和器件/电路模拟。上图 c 显示了 FlexIC 布局，其中划分了 Cortex-M 处理器、RAM 和ROM。实现方法的细节可以在 Methods 中找到。

PlasticARM 是使用商业的"fab-in-a-box"生产线 FlexLogIC 制作的，其芯片显微照片如上图 d 所示。该工艺使用基于 IGZO 的 n 型金属氧化物 TFT 技术，并在直径为 200 mm 的聚酰亚胺晶圆上生成 FlexIC 设计。IGZO TFT 电路是使用传统的半导体加工设备制造的，该设备适用于在厚度小于 $30\mu m$ 的柔性(聚酰亚胺)衬底上生产器件。其通道长度为 $0.8\mu m$，最小供电电压为 3v。

n 型金属氧化物薄膜技术的设计面临着许多相同的挑战，这些挑战影响了 20 世纪 70 年代和 80 年代初第一代硅(负沟道金属氧化物半导体，NMOS)技术的复杂性和产量，特别是低噪声容限、高功耗和大的工艺变化。制造方法的细节可以在"方法"中找到。

此前有一种功能齐全的弹性塑料臂，这已经通过在制造之前运行预编译(硬连线)到 ROM 中的三个测试程序来证明。尽管测试程序是从 ROM 执行的，但这不是系统的要求；它简化了 PlasticARM 的测试设置。当前的 ROM 实现不允许在制造之后改变或更新程序代码，尽管这在将来的实现中是可能的(例如，通过可编程 ROM)。

测试程序的编写方式使得指令执行 CPU 内部的所有功能单元，如算术逻辑单元、加载/存储单元和分支单元，并使用设置为"cortex-m0plus"的 CPU 标志，使用 armcc 编译器进行编译。测试程序的流程图和详细描述如图 2 所示。当每个测试程序完成其执行时，测试程序的结果通过输出 GPIO pin-off 芯片传输到测试框架。

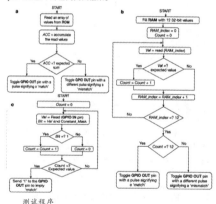

测试程序

a. 一个简单的累加程序从 ROM 中读取值并将它们相加。如果总和与预期值匹配，则会向测试仪读取的 GPIO 输出引脚发送确认信号。该测试使用加载、添加、比较和分支指令。

b. 一组 32 位整数值被即时写入 RAM 并在检查读取值与预期值的同时将它们读回。如果所有写入的值被正确读取，则会向 GPIO 输出引脚发送确认信号。该测试使用加载、添加、移位、比较和分支指令。

c. 从测试仪通过 GPIO 输入引脚连续读取一个值。该值被一个常量值屏蔽。如果屏蔽结果为 1，则计数器递增。如果为 0，则计数器复位。如果计数器值等于预期值，则会向 GPIO 输出引脚发送确认信号。该测试使用加载、存储、添加、逻辑、比较和分支指令。斜体字表示测试程序中的变量；粗体和大写的术语是引脚和存储。

众所周知，IGZO TFT 可以弯曲到 3 毫米的曲率半径而不会损坏，PragmatIC 还通过将其自己的电路反复弯曲到这个曲率半径来验证这一点。然而，所有 PlasticARM 测量都是在柔性晶圆保留在其玻璃载体上的情况下进行的，使用位于 Arm Ltd 的标准晶圆测试设备，在室温下进行。PlasticARM 的测量结果与其模拟进行了验证。测量设置、结果及其对模拟的验证的详细信息可以在方法中找到。(下转第 110 页)

一款创新性 Arm 处理器(二)

(上接第 109 页)

表 1 显示了 PlasticARM 的实现和测量的电路特性,并与以前使用金属氧化物 TFTs 构建的最佳天然柔性集成电路进行了比较。PlasticARM 的面积为 59.2 mm²(无焊盘),并包含 56340 个器件(n 型 TFT 加电阻)或 18334 个 NAND2 等效门,至少比之前最好的集成电路(即二进制神经网络(BNN)FlexIC)高出 12 倍。微处理器的时钟频率最高可达 29 kHz,功耗仅为 21 mW,主要是(>99%)静态功耗,其中处理器占 45%,存储器占 33%,外设占 22%。SoC 使用 28 个引脚,包括时钟、复位、GPIO、电源和其他调试引脚。此设计中没有使用专门的静电放电缓解技术。相反,所有输入都包含 140pF 电容器,而所有输出都由带有有源上拉晶体管的输出驱动器驱动。

任何电阻负载技术的一个关键挑战是功耗。我们预计正在开发的低功耗单元库将支持更高的复杂性,高达 100000 个门。迁移到超过 1000000 个门可能需要互补金属氧化物半导体(CMOS)技术。

结论

我们报道了一种柔性 32 位微处理器 PlasticARM,采用 0.8μm 金属氧化物 TFT 技术制作。我们已经演示了一个 SoC 的功能,它有一个 32 位 Arm 处理器制作在一个灵活的衬底上。它可以利用现有的软件/工具支持(比如编译器),因为它与 Armv6-M 架构中的 Arm Cortex-M 类处理器兼容,所以不需要开发软件工具链。最后,据我们所知,它是目前为止用金属氧化物 tft 制作的最复杂的柔性集成电路,包含超过 18000 个栅极,至少比以前最好的集成电路高 12 倍。

我们设想,PlasticARM 将率先开发低成本、完全灵活的智能集成系统,使"万物互联"成为可能,包括在未来 10 年将超过一万亿无生命物体集成到数字世界中。为日常用品提供超薄、兼容、低成本、天生灵活的微处理器将带来创新,从而带来各种研究和商业机会。

方法

● 执行

为了充分利用现代集成电路设计流程提供的高度自动化、快速周转实现和验证,我们开发了一个小型标准单元库。标准单元库是一些小的预先验证构建块的集合,使用复杂的电子设计自动化工具,如合成、放置和布线,可以快速而轻松地构建更大更复杂的设计。

在开始实施标准单元库之前,先进行了一些初步调查,以便在目标技术的限制下确定最适合该库的标准单元架构。单元架构是库中每个单元共有的一组特征,例如单元高度、电源带尺寸、布线网格等,它们允许单元以标准方式咬合在一起以形成更大的结构。这些共同特征主要受制造过程的设计规则支配,但也受最终设计的性能和面积要求的影响。

一旦建立了单元架构,下一步就是确定单元库的内容,不仅要考虑各种逻辑功能,还要确定每个逻辑功能的驱动强度变体的数量。由于设计、实施和表征每个标准单元所涉及的工作量很大,因此决定使用小型原型库进行一些试验,然后根据需要扩展库。为了评估这个小型原型标准单元库的性能,实施、制造和测试了一些简单的代表性电路(例如环形振荡器、计数器和移位阵列)。

我们从 1.0-μm 设计规则迁移到新的 FlexIC 0.8-μm 设计规则以减少面积,从而提高产量。由于这意味着更小的晶体管重新绘制库中的每个单元,我们也借此机会更改了标准单元架构,以包括 MT1(金属跟踪 1)引脚,以便路由更容易连接单元。电阻材料的改进(更高的薄层电阻,R s)也使电阻器的尺寸减小了 3 倍。

晶体管和电阻器尺寸的显著减小使大多数单元的面积减少了约 50%(参见扩展数据图 1),这反过来又通过降低设计的整体尺寸提高了制造率。但是,由于仍然存在制造良率问题,我们可以通过更改标准单元架构来进一步缓解这些问题,因此重新绘制了该库。这一次,我们专注于可以提高最终设计整体良率的事情,例如包含冗余过孔和触点、减少源极-漏极多边形中的顶点数量(如果可能)以及将堆叠晶体管的尺寸保持在最低限度。此外,我们恢复到较低的薄层电阻以改善工艺扩展,但我们能够通过使用更窄的电阻器来保持面积节省。为了提高逻辑综合的整体质量,库中添加了许多复杂的 AND-OR-INVERT 和 OR-AND-INVERT 逻辑门以及一些高驱动强度的简单逻辑门,例如 NAND2_×2 和 NOR2_×2。

这个简单的标准单元库随后被成功用作目标技术,使用基于行业标准电子设计自动化工具的典型集成电路设计流程来实现 PlasticARM SoC。扩展数据表 1 显示了标准单元库内容和单元使用信息。

由于还没有专用的静态随机存取存储器 FlexIC,我们通过将一些修改过的标准单元小心地放置在一个平铺的阵列中,通过邻接连接形成一个 32×32 位的存储器(这个块可以在图 1c 中的芯片布局)。

FlexLogIC 技术(见扩展数据表 2)有四个可布路的金属层,其中只有较低的两层在标准单元内使用。这使得最上面的两层金属层可以用于标准电池之间的互连,然后可以在相邻电池的顶部进行路由,从而大大提高了总体栅极密度,约为每平方毫米 300 个栅极。

● 制造

扩展数据表 2 中总结了工艺参数和 TFT 参数的统计变化.FlexLogIC 是一种专有的 200 毫米晶圆半导体制造工艺,可创建金属氧化物薄膜晶体管和电阻器的图案层,根据 FlexIC 设计将四个布线(无金)金属层沉积在柔性聚酰亚胺基板上。FlexIC 设计的重复实例是通过运行多个薄膜材料沉积、图案化和蚀刻序列来实现的。为了便于操作并允许使用行业标准工艺工具并实现亚微米图案化特征(低至 0.8μm),柔性聚酰亚胺基板在生产开始时按涂到玻璃上。该工艺已经过优化,以确保在 20 毫米的横向距离内厚度变化基本上小于 3%。薄膜材料沉积是通过物理气相沉积、原子层沉积和溶液处理(例如旋涂)的组合实现的。基板处理条件已经过精心优化,以最大限度地减少薄膜应力和基板弯曲。使用光刻 5 倍步进器工具实现特征图案化,该工具对在 200 毫米直径晶圆上的多个实例重复的镜头进行成像。每个镜头都是单独聚焦的,这进一步补偿了旋铸薄膜内的任何厚度变化。技术测量是使用过程控制监控结构进行的。使用光刻 5 倍步进器工具实现特征图案化,该工具对在 200 毫米直径晶圆上的多个实例重复的镜头进行成像。每个镜头都是单独聚焦的,这进一步补偿了旋铸薄膜内的任何厚度变化。技术测量是使用过程控制监控结构进行的。使用光刻 5 倍步进器工具实现特征图案化,该工具对在 200 毫米直径晶圆上的多个实例重复的镜头进行成像。每个镜头都是单独聚焦的,这进

一步补偿了旋铸薄膜内的任何厚度变化。技术测量是使用过程控制监控结构进行的。

● 模拟、测试和验证

我们使用测试测量设置捕获了功能性 PlasticARM Flex-IC 的时序特性,并将测量结果与其寄存器传输级(RTL)仿真的结果进行比较,以验证功能。

RTL 仿真。它首先将 RESET 输入设置为"0",将 PlasticARM 重置为已知状态。然后 RESET 设为'1',处理器从重置状态释放,开始从 ROM 执行代码。首先,GPIO 输出引脚被切换一次,然后执行如图 2 所示的三个测试。在第一个测试中,从 ROM 中读取数据并将其添加到累加器中,并与期望值进行比较(见图 2a)。如果值匹配,则两个脉冲的短脉冲被发送到 GPIO。如果值不同,扩展数据图 GPIO 上脉冲的周期和占空比会增加。在第二个测试中(图 2b),将数据写入 RAM,读回并进行比较。如果数据在从 RAM 中写入或读取时没有损坏,则 3 个脉冲的短脉冲被发送到 GPIO,如果数据被破坏,GPIO 上脉冲的周期和占空比会像以前一样增加。在最后的测试中(图 2c),处理器进入一个无限循环并测量 GPIO 输入引脚上应用'1'的时间。如果 GPIO 保持为'1'而没有任何故障,GPIO 从'0'变为'1'。PlasticARM 的时钟频率为 20khz。由于它不使用任何计时器,软件中选择了一个值来表示 GPIO 信号在 20khz 工作时保持在'1'约 1 秒。在扩展数据的仿真中,该值对应于 20,459 个时钟周期,在 20 kHz 时产生 1.02295 s。

制造完成后,PlasticARM 在晶圆探针台上进行测试,同时仍连接到玻璃载体上。包括时钟信号在内的输入信号是使用 Xilinx 的 ZC702 FPGA 评估板在外部生成的。输入和输出信号是使用 Saleae Logic Pro 16 逻辑分析仪捕获的。测量在 3 V 和 4.5 V 进行,具有不同的时钟频率。扩展数据图 4 显示了电源设置为 3 V 和时钟频率为 20 kHz 的实验。ZC702 I/O 电压将输入和输出限制为 2.5 V。测量数据波形显示在扩展数据中,与扩展数据中所有三个测试的 RTL 仿真中的波形都匹配.PlasticARM 在 3 V 时最高可达 29 kHz,在 4.5 V 时最高可达 40 kHz。

数据可用性

在测试和验证中生成波形的数据可根据要求从相应的作者处获得。

代码可用性

三个验证 PlasticARM 的测试程序的代码可在网络上查询下载测试。

(全文完)

表 1:用金属氧化物 TFT 构建的柔性集成电路的优点

Feature	PlasticARM (this work)	Flexible 8-bit ALU[16]	Dedicated machine learning FlexIC[7]	BNN FlexIC[18]
Area (mm²)	59.2	225.6	5.6	5.86
Technology	0.8-μm metal-oxide TFT	5-μm dual-gate organic + metal-oxide TFTs	0.8-μm metal-oxide TFT	0.8-μm metal-oxide TFT
Logic type	Unipolar n-type resistive load	Complementary n-type oxide and p-type organic	Unipolar n-type resistive load	Unipolar n-type resistive load
Supply voltage (V)	3	6.5	4.5	3
Chip pin count	28	30	23	23
Processor	32-bit Arm Cortex-M-based SoC	8-bit ALU + P²ROM	Custom hardware	Custom hardware
Number of devices	56,340 (39,157 TFTs plus 17,183 resistors)	3,504	3,132 (2,084 TFTs + 1,048 resistors)	4,489 (3,028 TFTs + 1,461 resistors)
NAND2-equivalent gate count	18,334	876	1,024	1,421
Max circuit clock frequency (kHz)	29	2.1	104	22
Power consumption (mW)	21	Not reported	7.2	1.1
Power density (mW mm⁻²)	0.4	Not reported	1.3	0.2

贴片电阻器故障实例(一)

浪涌引起的厚膜贴片电阻器损坏

浪涌是指施加于电路的瞬态大电压或瞬态大电流。可以举人们平时熟知的例子,如雷击或静电等。电阻被施加这种浪涌电压或浪涌电流时,过度的电应力会使电阻特性受到影响,最坏的情况,可能导致芯片损坏。

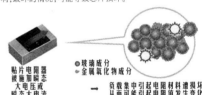

> 贴片电阻器被施加瞬态大电压或瞬态大电流
>
> ● 玻璃成分 ● 金属氧化物成分
>
> 负载集中引起电阻材料遭损坏从而可能引起电阻值发生变化

如何才能增强抗浪涌特性?

> 抗浪涌产品电位下降更平缓
>
> 电压(V)
>
> — 通用产品 — 抗浪涌产品
>
> 导通速度

作为增强抗浪涌特性的方法,可举以下例子。

● 使用抗浪涌性强的材料

● 拉长电极间距,使电位梯度平缓,从而减少对芯片的损坏。

● 扩大芯片尺寸则电极间距离变大,抗浪涌性能变强,但使用大尺寸芯片需要更多的电路板空间。

电路板没有多余空间,希望小型化的同时能确保浪涌耐量尽管是抗浪涌贴片电阻器,但以小型尺寸确保了优异的抗浪涌特性。

(下转第 111 页)

硬件工程师 PCB 基本常识(一)

一、线路板简介

1. 挠性印制电路板

挠性印制电路板(FlexPrintCircuit,简称"FPC"),是使用挠性的基材制作的单层、双层或多层线路的印制电路板。它具有轻、薄、短、小、高密度、高稳定性、结构灵活的特点,除可静态弯曲外,还能作动态弯曲、卷曲和折叠等。

电脑主板用 FPC

2. 刚性印制电路板

刚性印制电路板(PrintedCircuieBoard,简称"PCB"),是由不易变形的刚性基板材料组成的印制电路板,在使用时处于平展状态。它具有强度高不易翘曲,贴片元件安装牢固等优点。

3. 软硬结合板

软硬结合板(RigidFlex),是由刚挠和挠性基板有选择的层压在一起组成,结构紧密,以金属化孔形成电气连接的特殊挠性印制电路板。它具有高密度、细线、小孔径、体积小、重量轻、可靠性高的特点,在震动、冲击、潮湿环境下其性能仍很稳定。可柔曲,立体安装,有效利用安装空间,被广泛应用于手机、数码相机、数字摄像机等便携式数码产品中。刚一柔

贴片电阻器故障实例(二)

(上接第110页)

静电破坏测试(遵循 EIAJ 标准)人体模式

类型	尺寸(英寸)	抗浪涌保证值
ESR01	1005mm(0402)	2KV
ESR03	1608mm(0603)	3KV
ESR10	2012mm(0805)	3KV
ESR18	3216mm(1206)	3KV
ESR25	3225mm(1210)	5KV
LTR10	2012mm(0805)	3KV
LTR18	3216(1206)	3KV
LTR50	5025mm(2010)	3KV
LTR100	6432(2512)	3KV

ROHM 的抗浪涌贴片电阻

1. 采用抗浪涌特性优异的材料

2. 采用独有的电阻体元件设计,使电位梯度平缓,减轻对芯片的损坏

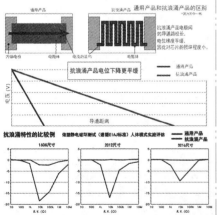

ROHM 的抗浪涌贴片电阻器,通过提高耐压特性、调整元件形状,与通用产品相比,确保了大额定功率。

尺寸	ESR系列	MCR系列
1005	0.2W	0.063W
1608	0.25W	0.1W
2012	0.4W	0.125W
3216	0.33W	0.25W
3225	0.5W	0.25W
5025		0.5W

ROHM 的 ESR 系列、LTR 系列,在不改变其尺寸的基础上增强了抗浪涌特性,提高了额定功率。 (全文完)

结合板会更多地用于减少封装的领域,尤其是消费领域。

二、线路板材料介绍

1. 导电介质:铜(CU) - 铜箔:压延铜(RA)、电解铜(ED)、高延展性电解铜(HTE) - 厚度:1/4OZ、1/3OZ、1/2OZ、1OZ、2OZ,此为较常见的厚度 - OZ(盎司);铜箔厚度单位;1OZ = 1.4 mil

2. 绝缘层:聚酰亚胺(Polyimide)、聚酯(Polyester)、聚乙烯萘(PEN) - 较常用的为聚酰亚胺(简称"PI") - PI 厚度:1/2mil、1mil、2mil,此为较常见的厚度 - 1 mil = 0.0254mm = 25.4um = 1/1000 inch

3. 接着剂(Adhesive):环氧树脂系、压克力系。- 较为常用的是环氧树脂系,厚度根据不同生产厂家的不同而不定

4. 覆铜板(Cucladlaminates,简称"CCL"): - 单面覆铜板:3LCCL(有胶)、2LCCL(无胶),以下为图解。 - 双面覆铜板:3LCCL(有胶)、2LCCL(无胶),以下为图解。

3L单面覆铜板

2L单面覆铜板

5. 覆盖膜(Coverlay,简称"CVL"):由绝缘层和接着剂构成,覆盖于导线上,起到保护和绝缘的作用。具体的叠层结构如下

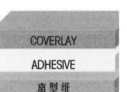

辅材料:

1. 补强板(Stiffener):包括 FR4、PI、SUS……

图片			
※厚度(mm)	0.1、0.2、0.3、0.4、0.6、0.8、1.0、1.6、2.0、2.4、2.6	0.025、0.075、0.10、0.125、0.15、0.20、0.225、0.25	0.1、0.15、0.2、0.25、0.3、0.35
机械强度	高	低	高
主要用途	承载有接脚的SMT零件	增加插接手指强度	承载SMT零件
成本	中	高	高

※ 厚度系标准品。※ 补强板材料型式繁多,本表所示仅为一般特性。

2. 导电银箔:电磁波防护膜 - 类型:SF-PC6000(黑色,16um) - 优越性:超薄、滑动性能与挠曲性能佳、适应高温回流焊、良好的尺寸稳定性。常用的为 SF-PC6000,叠层结构如下

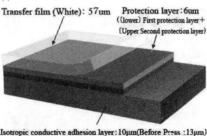

Transfer film (White): 57um
Protection layer: 6um (lower) First protection layer + (Upper Second protection layer)
Isotropic conductive adhesion layer: 10μm(Before Press: 13μm)

三、Rigid-Flex 叠构展示

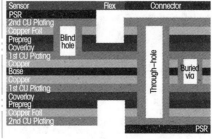

Sensor / PSR / 2nd CU Plating / Copper Foil / Prepreg / Coverlay / 1st CU Plating / Copper / Base / 1st CU Plating / Coverlay / Prepreg / Copper Foil / 2nd CU Plating / Flex / Connector / Blind hole / Through-hole / Buried via / PSR

四、线路板制作流程

裁剪 Cutting/Shearing	机械钻孔 CNC Drilling	镀通孔 Plating Through Hole
显影 Devleop	露光 Exposure	贴膜 Dry Film Lamination
蚀刻 Pattern etching	剥膜 Dry Film Stripping	压膜 Pre Lamination
加工组合 Assembly	表面处理 Surface Finish	热压合 Hot PressLamination
测试 O/S Testing	冲剪 Punching	检验 Inspection
		包装 Packing

双面FPC板制作流程图

1. 开料:裁剪 Cutting/Shearing

取材料   开包装   送料裁切

2. 机械钻孔 CNCDrilling

3. 镀通孔 PlatingThroughHole

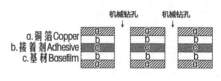

a.铜箔 Copper
b.接着剂 Adhesive
c.基材 Basefilm

选镀 Selecting Plating

整板镀 Panel Plating

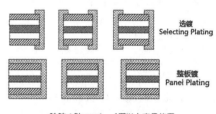

除胶(Plasma)---4层以上产品使用

CF4、O2、N2气体

铜箔

PI

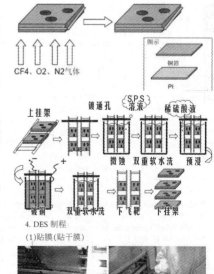

上挂架   镀通孔   稀硫酸液
S.P.S 溶液
微蚀   双重软水洗   预浸
镀铜   双重软水洗   下飞靶   下挂架

4. DES 制程
(1)贴膜(贴干膜)

贴膜   割膜

(下转第119页)

继续推进国产EDA产业的发展
——盘点国内EDA企业（二）

（接上期本版）

13 广立微

杭州广立微成立于2003年，是大陆较早期进入芯片成品率与良率分析EDA工具领域的国产EDA公司。公司提供EDA软件、电路IP、WAT电性测试设备以及与芯片成品率提升技术相结合的整套解决方案，在集成电路设计到量产的整个产品周期内实现芯片性能、成品率、稳定性的提升，成功案例覆盖多个集成电路先进工艺节点。

广立微电子总部位于杭州，在长沙、上海（张江）设立了分支机构，拥有一支高素质的产品开发团队和良好的科研环境，保持在EDA软件、测试芯片设计、电学性能测试等方向的研发投入，目前已授权国内外专利四十余项，待审国内外专利申请超过四十项。

14 苏州珂晶达

苏州珂晶达是国内提供器件工艺仿真与分析的国产EDA公司，也就是我们俗称的TCAD工具，属于制造阶段的工艺仿真EDA工具，主要针对国产工艺，提供半导体器件仿真、辐射传输和效应仿真等技术领域的数值计算软件和服务，针对太空、宇航以及对辐射有特殊要求的相关科研单位，提供器件级辐射解决方案。

15 芯愿景

北京芯愿景软件技术股份有限公司（简称"芯愿景"）创立于2002年，号称"中国EDA第一股"，是一家以IP核、EDA软件和集成电路分析设计平台为核心的高技术服务公司。向全球客户提供集成电路分析、集成电路设计、集成电路EDA软件授权服务。芯愿景自创立起就坚持自主研发集成电路EDA软件，累计研发了6套EDA系统，共30多个软件。覆盖了集成电路设计、电路分析和知识产权鉴定的全流程。累计发放授权认证超过40,000个，EDA软件用户群包括国内外芯片设计公司、研究所、高校和知识产权服务机构等。芯愿景依托于自主IP平台和EDA软件的集成电路设计服务，成功实现了工业控制、汽车电子、安防监控、网络设备、物联网和智能硬件等领域多款芯片的一站式设计服务。

16 鸿芯微纳

深圳鸿芯微纳技术有限公司成立于2018年，是一家致力于国产数字集成电路电子设计自动化（EDA）研发、生产和销售的高科技公司。公司旨在通过自主研发、技术引进、合作开发等模式，完成数字集成电路EDA平台关键节点的技术部署，打造完整的集成电路设计国产数字EDA平台，实现国有半导体产业链在这一关键环节的技术突破。

17 图元软件

上海图元软件技术有限公司，领先的电子设计服务提供商，长期致力于在国防和集成电路行业为客户提供先进的设计与仿真解决方案。公司的产品和服务包括了Cadence EDA软件、设计验证管理系统、高速PCB设计服务、电磁热仿真服务、SOC/FPGA验证服务、集成电路教育等。

18 巨霖微电子

巨霖创立于2019年3月，专注电路设计辅助软件开发，致力于为用户打造全流程系统级EDA产品，为中国制造2025涵盖的工业领域提供具备足够精度、速度、容量的模拟仿真平台支持。巨霖以"品质铸就成功"为核心价值观，旨在打破国外供商在电路仿真领域的垄断与技术封锁，延缓国际贸易争端对中国半导体产业的负面影响，为民族集成电路产业发展作出应有的贡献。巨霖现有产品线包括：TJSPICE、TJUSP-SIDesigner、TJUSP-PowerDesigner、TJUSP-AMI等。

19 法动科技

是一家集成电路电磁设计平台，致力于为集成电路设计提供快速、准确、完整的电磁设计平台，着力解决芯片设计中复杂的高效大容量电磁仿真、建模、分析及优化设计等关键性问题，提高集成电路产业的高频高速设计水平。此外，还为高速PCB设计、射频系统、微带天线等设计问题提供解决方案。

20 速石科技

为有高算力需求的用户提供一站式多云算力运营解决方案。基于本地+公有混合云环境的灵活部署及交付，帮助用户提升10~20倍以上业务运算效率，降低成本达到75%以上，加快市场响应速度。还提供HPC优化的一站式交付平台，Serverless框架屏蔽底层IT技术细节，实现用户对本地和公有云资源无差别访问，以及云上的SaaS平台、多云PaaS平台、软硬一体算力解决方案。

21 锐立芯微

锐立芯微科技股份有限公司是一家专注于集成电路IP核技术研发及集成电路设计服务的国家高新技术企业，在上海、深圳等地建有分支机构。"锐立芯微"是国内领先的同时拥有超低功耗模拟IP技术、高可靠性嵌入式存储IP技术、高性能RF技术和高速数据传输IP技术的企业，目前已与国内外20多家晶圆代工厂开展合作，产品覆盖从14/16nm到180nm的CMOS、BiCMOS、BCD、SiGe、HV、FinFET、FD-SOI等几十个工艺制程，拥有国内专利超超200件，累计开发IP 500多项，服务全球300多家集成电路设计企业。

22 伴芯科技

伴芯科技成立于2020年10月，是一家全球领先的科技公司，是国内新兴具有国际竞争力的EDA企业。致力于创新改变世界，为人工智能、云计算、物联网、智能汽车和信息安全等领域科技创新赋能，提供从芯片设计到最终流片量产的自动化软件平台。

23 凯鼎电子

凯鼎电子成立于2017年11月，总部位于南京，是一家EDA和IP设计服务提供商，隶属于美国Cadence旗下，致力于发展以IP设计开发和系统实现为中心的整体芯片设计解决方案和方法学解决方案，为用户提供IP研发和系统设计服务。

24 深维科技

深维科技创立于2016年，总部位于北京。这里汇集了中国顶尖的FPGA软件、硬件开发人员。深维科技的核心技术成员又覆盖图像视频应用算法和FPGA核心技术，团队分别来自Cadence、IBM、微软研究院、京微雅格、中科院、复旦微电子等，对行业的理解以及产品工程能力较有优势，在FPGA芯片架构设计与评估技术、FPGA EDA工具算法、高性能算法等方面具有深厚的积累。深维科技基于FPGA+CPU异构计算技术，为各类数据中心应用提供超高性能的图像、视频处理方案和赛灵思Alveo加速卡，数据中心用户可轻松将图像处理性能提高20倍，与此同时，将处理时延缩减5倍以上、整体使用成本缩减5倍。除此之外，深维科技还提供专业级HPC（高性能计算）产品。

以上对国产EDA公司的"盘点"，我们可以发现我国现在的EDA软件产业依然有非常多的短板亟待弥补。但好在很多点工具上，我们已经实现了从0到1的突破。而且在极少数点工具上我们还在进行从1到10的发展。

《电子报》在2020年上撰稿的国内EDA公司，还有几个国内EDA公司（青岛唯一的EDA公司"若贝电子"，其创始人曾就职于国际著名FPGA芯片公司；苏州的"晶柯达"是国内提供器件工艺仿真与分析（TCAD）的国产EDA公司；总部位于杭州的"行芯科技"由几位归国博士创立，设上海研发中心，致力于集成电路设计后端功耗分析EDA工具的研发和国产迭代；有近20年历史的北京"芯愿景"软件技术股份，为客户提供集成电路分析；2019年底注册于北京海淀区的北京"超逸达"科技有限公司，在寄生参数提取方面很有特色的），今年我们会再继续介绍。

观察和研究所的EDA研发火种一直延绵，今年撰稿的清华、浙大、西电、成电、国科大、广东工业大学和西南交大的教授和学者，一方面孜孜以求，另一方面又诲人不倦，薪火相传的艰辛地探索着。当然，我们仍期待在集成电路的研发上的更多高校（北大、复旦、上海交大和东南大学……）为来年的讲座撰写高质量的论文。

从20世纪80年代Mentor Graphics在北京设"明导"公司开始，到90年代中期"国外三大EDA厂商"占领了国内EDA市场。同时，我们也在国外三大EDA厂商的引导下，完成了集成电路的EDA"入门""入行"和"入市"。我们不提倡"拒EDA三大厂于国门之外"，而是要"师夷之长"，走国内EDA产业自主创新之路。

近日，随着美国对华为禁令的进一步升级，EDA软件的重要性更进一步的凸显了。但研究和开发EDA软件绝非一日之功，我们依然需要以极大的定力和饱满的热情，以更为坚定的信念和更加稳健的步伐推进国产EDA软件产业的发展。

本文由清华大学教授、博导周祖成供稿，并由《电子报》编辑部综合整理。

（全文完）

电子科技博物馆专栏

编前语：或许，当我们使用电子产品时，都没有人记得或知道老一批电子科技工作者们是经过了怎样的努力才奠定了当今时代的小型甚至微型的诸多电子产品及家电；或许，当我们拿起手机上网、看新闻、打游戏、发微信朋友圈时，也没有人记得是乔布斯等人让手机体积变小、功能变强大；或许，有一天我们的子孙后代只知道电子科技的进步而遗忘了老一辈电子科技工作者的辛苦……

成都电子科技博物馆旨在以电子发展历史上有代表性的物品为载体，记录推动电子科技发展特别是中国电子科技发展的重要人物和事件。目前，电子科技博物馆已与102家行业内企事业单位建立了联系，征集到藏品12000余件，展出1000余件，旨在以"见人见物见精神"的陈展方式，弘扬科学精神，提升公民科学素养。

科学史话

穿磁芯的姑娘背后的故事（一）

无论对于我国工业发展还是世界电子行业发展，磁芯的出现都起着非常重要的作用。

千百年来，我们都在千方百计地想办法寻找给予记忆以承载的载体。计算机出现后，磁芯存储器出现之前，人们相继发明并使用了打孔卡、磁带、胶片、威廉姆斯管、磁鼓存储器、PROM等。但是上述存储器大都是只读存储器，也就是说只能在出厂前输入数据且不能再次修改，并且它们的可靠性都较差。如果将它们装配在导弹中则无法在发射前临时写入目标参数；如果装配在火箭中则还没进入太空可能就已经损坏了。

人们需要一种可靠的可以读写的存储装置，所以1948年由华人王安博士发明的磁芯存储器就在计算机的历史境遇下迅速发展并被广泛应用。

磁环中有两条相互垂直的导线，磁环是否具有磁性代表存储的是0还是1。如果都通过电流，就能够改变磁环的磁场，达到写入的目的；如果在一根导线上施加电流，在另一根导线上检测脉冲就可以读取存储的数据。但在磁芯读取的过程中会对磁环消磁，为此王安博士发明了读后即写技术（write-after-read cycle），使磁芯成了真正意义上的随机存取存储器。磁芯存储器的高光时刻，莫过于参与构成阿波罗计划飞船飞行控制器。

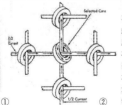

①
②

其中磁芯在中国的故事，要从20世纪60年代说起。1958年，中科院计算机所存储器室在苏联BT-1存储器的基础上仿制了自己的磁芯存储器，将其安装在了104型国产电子管计算机上，后来，中国陆续研制的各类计算机中都有磁芯存储器的踪迹。

磁芯存储器不仅仅在计算机领域，与雷达、电台等电子相关的物件上都会安装磁芯存储器。直到1978年，中国相继研制了151机并在慈云桂教授的带领下开始着手研发"银河一号"大型计算。由于历史资料的缺乏，这些计算机是否运用了磁芯存储器已经不可考。

（未完待续）

◇电子科技博物馆

电子科技博物馆"我与电子科技或产品"

本栏目欢迎您讲述科技产品故事、科技人物故事，稿件一旦采用，稿费从优，且将在电子科技博物馆官网发布。欢迎积极赐稿！

电子科技博物馆藏品持续征集：实物、文件、书籍与资料；图像照片、影音资料。包括但不限于下列领域：各类通信设备及其系统；各类雷达、天线设备及系统；各类电子元器件、材料及相关设备；各类电子测量仪器；各类广播电视、设备及系统；各类计算机、软件及系统等。

电子科技博物馆开放时间：每周一至周五9:00—17:00（16:30 停止入馆）

联系方式

联系人：任老师　联系电话/传真：028-61831002

电子邮箱：bwg@uestc.edu.cn　　网址：http://www.museum.uestc.edu.cn/

地址：（611731）成都市高新区（西区）西源大道2006号 电子科技大学清水河校区图书馆报告厅附楼

编辑：李丹　投稿邮箱：dzbnew@163.com

BOSTON HPS 8WI 有源低音炮电路原理分析及维修实例(一)

BOSTON(波士顿)是欧美中高端音箱品牌,2005年后被D&M(天龙·马兰士)集团公司收购。HPS 8WI就是一款由波士顿负责设计,天龙·马兰士在中国代工工厂生产的无线有源低音炮。本文介绍该型号有源低音炮整机电路原理(含实测电路图)及维修实例,由于波士顿系列低音炮的电路设计具有通用性,故本低音炮的电路分析也适用于波士顿其他多个型号的低音炮,其内部结构如图1所示。

① 前级板
压限板
功放板　电源及保护板

一、前置板

适用于 BOSTON 音箱型号有:HPS 8WI、HPS 10SE、HPS10HO、HPS12HO。实测电路图如图2所示。

线路输入:信号由L、R端口输入后经过R216、R217混合后输入运放U201(B)缓冲。

无线输入:无线音频模块解码后的音频信号分全频或低音2路由P1A插座输入,1路全频信号经过运放U201(C)缓冲后经过 R256 后输入运放 U201(B)缓冲;另1路低音信号经过运放U201 (D) 缓冲后经过R258输入。

低音输入:信号由LFE端口经过R230输入。

低音转折频率选择电路:由运放U201(B)缓冲后的全频信号输入运放U202(A)缓冲。信号由运放U202(B)与外围元件组成的低通电路滤除中高频信号,再经过由运放U202(D)与外围元件(包括电位器VR200)组成频率可调的低通电路选择低音信号的转折频率(40Hz~180Hz)。

均衡电路:由经过运放U202(B)与运放U202(D)低通电路滤波后的低音信号和由R258过来的纯低音信号或R230过来的纯低音信号输入运放U203(A)缓

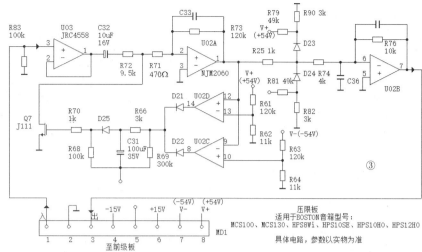

③

压限板
适用于BOSTON音箱型号:
MCS100、MCS130、HPS8Wi、HPS10SE、HPS10HO、HPS12HO
具体电路,参数以实物为准

冲,信号由运放 U203(B)与外围元件组成的高通电路滤除超低频信号(滤除喇叭不能出声的信号,以防功放及喇叭过载失真),信号再经过由运放 U202(C)与外围元件组成的低通电路滤波(本低通电路通带内频响曲线不平坦,用于调整低音炮音色音质),信号再由运放U203(C)缓冲输出。

相位选择电路:由运放U203(C)缓冲输出的信号输入运放U204(D)与外围元件(包括开关S203)组成的相位选择电路选择低音信号的相位(开关S203合上时,运放U204(D)反向放大,开关S203断开时,运放U204(D)正向放大),信号再经过音量电位器VR201调整音量后输入压限板。

自动静噪电路:有信号输入时,由R249过来的全频信号或R250过来的低音信号输入运放U204(A)放大,放大后的信号经过D216整流后驱动Q204及Q205饱和导通,C233被充电为高电位。运放U204(B)的正输入端由R260及D215限制电压在0.6V,运放U204(B)的负输入端接静噪选择开关S204。S204开关有3个位置:S204打在MUTE位置时,运放U204(B)的负输入端经过R266接低电平,而正输入端由R260及D215限制电压在0.6V,运放输出端输出正电压,指示灯D209指示待机 (红灯),MUTE 输出端有高电平

输出;S204 打在 ON 位置时,运放U204(B)的负输入端R267接高电平,而正输入端由R260及D215限制电压在0.6V,运放输出端输出负电压,指示灯D209指示开机(绿灯),MUTE 输出端无电压输出;S204 打在AUTO(自动)位置时,运放U204(B)的负输入端电压由C233的电压决定,而正输入端由R260及D215限制电压在0.6V,在有音频信号输入而C233有高电平时,运放输出端输出负电压,指示灯D209指示开机(绿灯),MUTE 输出端无电压输出。无音频信号输入故C233无高电平时,则反之。

二、压限板

适用于 BOSTON 音箱型号有:MCS100、MCS130、HPS 8WI、HPS 10SE、HPS10HO、HPS12HO。实测电路图如图3所示。

音量电位器过来的低音信号输入运放 U03 缓冲,低音信号再经过运放 U02(A)放大。运放 U02(A)放大后的低音信号:一路经过运放 U02(B)缓冲放大后输出低压限板;一路输入运放 U02(C)的负输入端、运放 U02(D)的正输入端。而运放 U02(C)的正输入端接有偏压(−54V经R63与R64的分压值),运放U02(D)的负输入端接有偏压(+54V经R61与R62的分压值)。输入运放U02(C)的负输入端的音频电压与运放U02(C)的正输入端接有的负偏压比较,若输入运放U02(C)的负输入端的音频电压低于运放U02(C)的正输入端接有的负偏压时,U02(C)的输出端输出高电平。输入运放U02(D)的正输入端的音频电压与运放U02(D)的负输入端接有的正偏压比较,若输入运放U02(D)的正输入端的音频电压高于运放U02(D)的负输入端接有的正偏压时,U02(D)的输出端输出高电平。U02(C)、U02 (D) 的输出端输出的高电平经 D21、D22、R66、D25、R70后驱动Q7的G极,使得Q7的D、S极间等效电阻降低。以此降低输入运放U02(A)的负输入端的信号电平。所以,U02 (A) 输出端输出的低音电平越高,则U02(C)、U02(D)的输出的控制电平越高,使得Q7的D、S极间等效电阻越低,结果使得输入运放U02(A)的负输入端的信号电平越低,达到压缩限制低音最大电平的目的。而R69、C31、R68接有−15V,其取值与R63与R64及R61与R62的取值决定音箱的最大不削波电平。而D23、R79、R80及D24、R81、R82也是起到限幅的作用。压限板使低音炮在小音量时低音充足,在大音量时则可减少低音的削波失真。

(未完待续)

◇浙江 方位

(接上期本版)

3. 验证与门电路的逻辑功能

把 CD4071 集成块换成 CD4011 集成块,再把连续脉冲输出的 Q_1 孔的插头拔出改插到十六位开关电平输出中的第 5 孔中,然后重复第一个实验的④~⑩步操作,即可完成与非门电路逻辑功能的验证。电路见图10 和图11,实验结果填入表5 和表6。

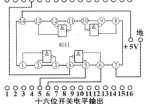

图10 验证与门电路逻辑功能实验电路一

表5 验证与门电路逻辑功能实验数据一

A（5脚）	B（6脚）	发光管	Y（4脚）
0	0		
0	1		
1	0		
1	1		

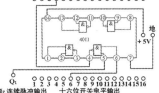

图11 验证与门电路逻辑功能实验电路二

表6 验证与门电路逻辑功能实验数据二

A（5脚）	B（6脚）	发光管	Y（4脚）
⊓⊓⊓	0		
⊓⊓⊓	1		

4. 验证或非门电路的逻辑功能

把 CD4011 集成块换成 CD4001 集成块,再把连续脉冲输出的 Q_1 孔的插头拔出改插到十六位开关电平输出中的第 5 孔中,然后重复第一个实验的④~⑩步操作,即可完成或非门电路逻辑功能的验证。电路见图12 和图13,实验结果填入表7 和表8。

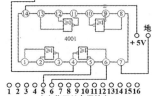

图12 验证或非门电路逻辑功能实验电路一

表9 验证非门电路逻辑功能实验数据(一)

A（5脚）	发光管	Y（6脚）
0		
1		

表7 验证或非门电路逻辑功能实验数据一

A（5脚）	B（6脚）	发光管	Y（4脚）
0	0		
0	1		
1	0		
1	1		

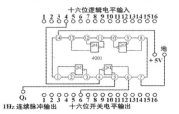

图13 验证或非门电路逻辑功能实验电路二

表8 验证或非门电路逻辑功能实验数据二

A（5脚）	B（6脚）	发光管	Y（4脚）
⊓⊓⊓	0		
⊓⊓⊓	1		

本实验完成后,关断交流电源开关和直流稳压电源的 5V 电源开关,拆除所有的连接导线,拔下 CD4001 集成块。

5. 验证非门电路的逻辑功能

①关断交流电源开关,关断直流稳压电源的 5V 电源开关。

②把 CD4069 集成块插入实验装置上的一个 14 脚集成块插座中,然后按图14 所示的实验电路进行线路连接。

③对照图14,逐一检查每根导线连接是否正确无误且没有遗漏。

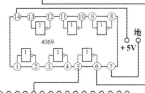

图14 验证非门电路逻辑功能实验电路(一)

④确认线路连接正确无误后,接通交流电源开关,接通直流稳压电源的 5V 电源开关。

⑤把十六位开关电平输出中的第 5 位开关依次拨向低和高,使非门的 5 端依次为 0 和 1,同时分步观察十六位逻辑电平输入中的第 6 只发光管的亮灭情况,把实验结果填入表9 中。

⑥关断交流电源开关,关断直流稳压电源的 5V 电源开关。

⑦如图15 所示,把十六位开关电平输出中第 5 孔的插头拔出,改插到连续脉冲输出的 Q_1 孔中,把频率范围开关拨向 1Hz,其余导线保持原样不动。

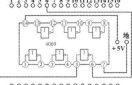

图15 验证非门电路逻辑功能实验电路(二)

⑧确认线路连接正确无误后,接通交流电源开关,接通直流稳压电源的 5V 电源开关。

⑨观察十六位逻辑电平输入中的第 6 只发光管的亮灭与连续脉冲输出 Q_1 孔下方的发光管的亮灭是否同步,把实验结果填入表10 中。

表10 验证非门电路逻辑功能实验数据(二)

A（5脚）	发光管	Y（6脚）
⊓⊓⊓		

⑩关断交流电源开关,关断直流稳压电源的 5V 电源开关,拆除所有的连接导线,拔下 CD4069 集成块。

五、归纳与思考

1.仔细观察和比较表1、表3、表5、表7 和表9,完成下表的填写。

思考题 1 表格

电路符号	逻辑表达式	逻辑功能
与门		
或门		
与非门		
或非门		
非门		

2.从逻辑真值表写出逻辑表达式的方法是怎样的?

3.表2、表4、表6 和表8 中,B 输入端在门电路中起了一个什么样的作用或功能?Y 端端出现波形或不出现波形由什么来决定?

参考答案:

1.思考题 1 表格参考答案

电路符号	逻辑表达式	逻辑功能
与门	$Y = A \cdot B$	有 0 出 0, 全 1 出 1
或门	$Y = A + B$	有 1 出 1, 全 0 出 0
与非门	$Y = \overline{A \cdot B}$	有 0 出 1, 全 1 出 0
或非门	$Y = \overline{A + B}$	有 1 出 0, 全 0 出 1
非门	$Y = \overline{A}$	有 1 出 0, 有 0 出 1

2.由逻辑真值表写出逻辑表达式的方法:先将逻辑真值表中每个使逻辑函数值为 1 的输入变量组合写成一个乘积项(变量值为 1 的写成原变量,变量值为 0 的写成反变量),再将这些乘积项相加,就可写出该逻辑真值表的逻辑表达式了。

3.B 输入端在门电路中是一个门控端,起到了一个门控开关的作用:门控信号为某种电平时,门电路被关闭,A 输入端的信号不能被传送到输出端;门控信号为另一种电平时,门电路被开通,A 输入端的信号可以被传送到输出端。因此,输出端能否出现输入端的信号完全由门控端的电平来决定。

(全文完)

◇无锡 周金富

防尘卷帘门的电气控制及制作(一)

在钢管生产企业中，为了提高钢管的使用寿命，须对钢管内壁进行防腐处理，处理工艺是用充满压缩气体的喷枪将防腐粉末均匀地喷洒在已经预热好的钢管内壁上。随后随着钢管的旋转，再一次穿过中频线圈进行加热，最后将粉末彻底的固化在钢管内壁，这样就完成了钢管的内防腐作业。工艺虽然简单，但从喷枪里喷出来的粉末有一部分会悬浮在空气中，粉末最高能散落到车间顶上。根据这个问题，厂领导决定做一个防尘棚来将防腐粉末区域进行封闭改造以解决这个问题。做卷帘门的目的在于做防腐的时候要求帘子拉下来防止粉末蔓延出去，完成防腐后卷帘门拉上去把防腐管送出来。特别提出另外要求卷帘门要有2段速度，即35Hz、15Hz。为保证安全，控制系统里必须有上、下限位。

一、控制要求

1. 控制电动机的功率为4kW，转速为1480r/min，电压380V，型号为YE2-132M。速度的控制采用变频器2段速功能，即开启上升动作时，电机先以35Hz的速度快速上行，当上升至需要调慢转速的限位开关时，速度降为15Hz，至上行位时停止。执行下降动作时，电机先以35Hz的速度快速下行，当下降至需要调慢转速的限位开关时，速度降为15Hz，至下限位时，下行停止。

2. 上限位、上快转慢限位、下快转慢限位、下限位要有指示灯指示。

3. 当电机执行上升、下降动作时要有单独的按钮操作。

二、一次主电路及变频器相关控制端子接线

本技改项目的一次主电路及变频器相关控制电路接线见图1。

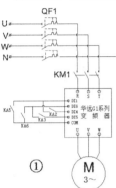

图1中QF1为小型4P断路器，型号为DZ47-63 D60，在主线路中起短路及过载保护作用。变频器采用国产深圳华远G1系列矢量变频器，其中DI1为变频器正转(上升)启动接线端子，DI6为变频器反转(下降)启动接线端子，DI4为正转(上升)由快变慢的多速指令1接线端子，DI5为反转(下降)由快变慢的多速指令2接线

端子。其变频器的工作原理为：当KA5触点动作时执行上升指令，且按照预设的频率(35Hz)运行，假如此时KA2触点动作吸合，那么变频器将执行多速命令，执行快变慢的多速指令1，运行频率将从当前的35Hz降至15Hz，使电机上升速度减慢。同理，当KA6触点动作吸合时执行下降指令且按照预设的频率(35Hz)执行，KA3触点动作后，下行电机将减速下降，使之达到降速的目的。防止电机速度过快而冲过上、下限位而酿成事故。接触器KM1的触点是接通变频器的供电电源的。

三、关于华远G1系列变频器

由于本技改项目使用了华远G1系列变频器，所以在此对该变频器的相关技术及其按键操作、参数设置等问题给以介绍。

1. 变频器的外形样式与操作面板

钢管内壁处理工艺中使用的变频器是华远G1-4T0055G/0075P系列产品，该产品的外形样式见图2。由图2可见，变频器正面上部有一块操作面板，布置有5位组合在一体的数码管显示器，4个指示灯，8个按键，和1个旋转电位器。用户可以通过操作键盘完成对变频器的启动、停止、功能参数的查看与修改，状态参数的监控等。操作面板较清晰样式见图3。

操作面板上的按键、指示灯等构件的功能说明见表1。

2. 变频器的型号含义

华远G1系列变频器的型号含义见图4。

图中的功率等级由4位阿拉伯数字表示。具体的功率数值是将小数点由右向左移动一位，所得的数值即为功率的kW数值。

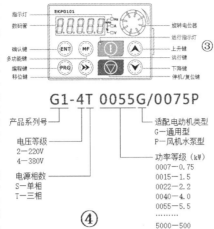

③

G1-4T 0055G/0075P

产品系列号 ——
电压等级 ——
  2—220V
  4—380V
电源相数 ——
  S—单相
  T—三相

适配电动机类型
  G—通用型
  P—风机水泵型
功率等级(kW)
  0007—0.75
  0015—1.5
  0022—2.2
  0040—4.0
  0055—5.5
  ....
  5000—500

④

3. 华远G1系列变频器的参数查询与修改

G1系列变频器采用三级菜单结构进行参数设置、状态监视等操作。三级菜单分别为一级菜单功能参数组、二级菜单功能码和三级菜单参数设定值。功能参数的查询与修改设置可通过操作键盘来实现。具体的操作流程见图5。

由图5可见，在"初始界面"显示50.00(Hz)时，点按PRG键可使显示内容转换为一级菜单功能组。图中的箭头表示点按箭头旁边的按键后，显示界面变化的方向。

在三级菜单操作时，可按

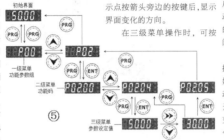

⑤

PRG键或ENT键返回二级菜单，两者的区别是：按ENT键将保存当前设定数值；返回二级菜单后，会自动跳转至下一个功能码；而按PRG键则不会保存当前设置数值，直接返回当前功能码所在的二级菜单。

四、防尘卷帘门的二次控制电路

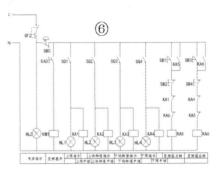

⑥

二次控制线路主要分为3部分，第一部分为控制变频器的供电电源，第二部分为上行和下行各个限位的指示灯指示，第三部分为单独控制变频器正转和反转的控制电路。控制电路见图6。

图6中，旋钮开关SA0控制KM1接触器的线圈，使其给变频器提供380V电源。SQ1-SQ4为DXZ型多功能限位器的4个微动开关，其工作原理为电机旋转带动多功能限位器的输入轴，该输入轴以1:76的变速比带动涡轮杆，涡轮杆上套着4组凸轮，每个凸轮与微动开关的微动杆相接触。这4组凸轮的接触面有高有低，当高的接触面与微动开关凸轮微动杆接触时，其微动触点动作带动相应的中间继电器动作。这样就完成了4个限位开关的位置检测。

按钮SB1(常开触点)用作电动机、变频器的正转(上升)启动；SB2(常闭触点)用作停止电动机、变频器的正转(上升)动作。变频器的启动、正反转控制采用启动、保持、停止和双互锁的控制方式，并在各自控制支路里串联上、下限中间继电器常闭触点。

为方便操作，SB1和SB2共同安装在一个按钮盒中，按下按钮盒中的绿色启动按钮SB1时，其常开触点闭合，电动机开始正转上升动作；按下红色按钮SB2时，其常闭触点断开，电动机的正转上升动作停止。以上介绍的动作机理是：当SB1常开触点闭合时，中间继电器KA5线圈得电，其常开触点接通变频器的控制端子DI1和COM，向变频器发送正转启动指令，变频器驱动电动机开始正转上升。

若想停止电动机的正转上升，可点按停止按钮SB2，这时中间继电器KA5线圈失电，变频器停止输出。

同理，按钮SB3和SB4通过中间继电器KA6控制变频器的反转启动和停止。

(未完待续)　　　　　　◇许崇斌 崔靖

表1 变频器操作面板上的按键功能说明

项目		名称	功能说明
显示功能	数码管显示	显示输出频率、电流，各参数设定值及异常
	指示灯	Hz：常亮时表示当前显示为频率，单位Hz
		A：常亮时表示当前显示为电流，单位为A
		V：常亮时表示当前显示为电压，单位为V
		Hz/A：均常亮表示当前显示为转速，单位RPM
		A/V：均常亮表示当前显示为百分数，单位%
键盘功能	旋转电位器	改变数值设定，顺时针旋转数值增加，逆时针旋转数值减小
	多功能键	可设置成无效、点动或正反转功能
	编程键	一级菜单进入或退出
	确认键	进入参数菜单、当前修改值确认
	移位键	运行状态监控数据切换，参数修改移位
键盘功能	运行键	键盘运行命令按键(指示灯亮时正转，灭时停机，闪时反转)
	停机/复位键	键盘停止命令按键，或故障复位
	上升键	功能码或数值增加
	下降键	功能码或数值减小

基于 ATtiny84A 的创意手表设计(一)

春节期间，受疫情影响大多时间无法外出，就浏览一些国外的科技创客网站，发现一款适合学生设计制作的手表制作，现将具体的制作设计介绍如下。

提及电子手表，其实大家已经没有了多少兴趣，一是因为目前的石英表便宜的也就几个钱能购买到，二是老早的电子制作中，也有好多款电子手表的设计制作电路，特别是早期的纯数字电路芯片制作，比较复杂。后期也有不少爱好者利用单片机制作时钟，电路较多。而早期的电路制作中，一是电路较为复杂，不容易使时钟精度提高，失去了制作的意义，二是制作出来体积大，包括学生实训课程中的时钟电路设计，也都是制作出来验证原理和电路的可行性，无法真正地达到适用化。当然，本处缩介绍的电路虽然较小，自己制作后可以在手腕上秀秀，但真要达到市面出售的石英表那么精致，在工艺上还需要更多的改良，但可以找到更多的功能实现，不失为居家生活和学习电子技术的一款好实训作品。

一、概述

设计制作手表的关键是将时钟元件插在一块面包板上。面包板对于电子爱好者来说并不陌生，特别是在中高职院校的电子实训室内都备置，面包板通常用于电子电路的原型设计，对搭建简易电路及验证电路原理特别方便，现在更多的创新电子功能电路原始模型建立都采用面包板进行。将基于 ATtiny84A 单片机实现的时钟功能电路搭建于面包板后，也即我们可以在手腕上随时拥有一个电子原型平台了。

本电路的面包板下面，有一个可充电的 PSU，提供 3.1V 电压。PSU 通过侧面的 USB-Micro 接口充电。这在市面上的一般石英钟是不具备的，3.1V 电源非常容易活动，也即找一块小型的 3.2V 锂电池，用一只二极管降压即可获得。如要小型化，则需要挑选小型锂离子电池即可。

本项目选用的 MCU 是 14 引脚的 ATtiny84A 单片机。该 MCU 采用 32768Hz 晶振，同时用于 CPU 时钟和 RTC 定时器(使用 timer0)。当只有 RTC 在运行时，它的耗电量约为 10uA，而在 LED 显示激活时，它的耗电量约为 24mA。这样的选择主要是节省能耗、减小提及，使得创意手表获得真的使用价值。设计制作完成后的成品见图 1 所示。

①

二、材料清单：

QDSP-6064 LED 显示屏一张，ATtiny84A 单片机一块，小型面包板一片，电路原理图中电阻若干。另需要准备一只用于系到手腕稳固的表带一支。

三、电路原理

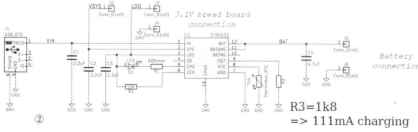
②

1. 电源电路

本处电源采用意法半导体的 STNS01 锂电池充电器 IC，该电路集成了锂电池充电器和 3.1V LDO。STNS01 是一款单电池锂离子电池线性充电器，集成了 LDO 调节器和多种电池保护功能。STNS01 使用 CC/CV 算法为电池充电；快速充电电流可使用外部电阻器编程。预充电电流和终止电流相应地进行缩放。浮动电压值为 4.2V。电路可实现输入电源电压通常用于电池充电并由 LDO 调节器供电。当不存在有效输入电压且电池不为空时，设备会自动切换到电池电源。STNS01 集成了过充电、过放电和过电流保护电路，以防止在故障条件下损坏电池。它还具有充电器使能输入停止充电过程时，电池过热是由外部电路检测到。当关闭模式被激活时，电池功耗将降低到 500 毫安以下，以最大限度地延长电池在保质期或装运期间的使用寿命。该设备采用 DFN12L(3x0.75 mm) 封装。本处应用电路见图 2 所示。应用实物见图 3 所示。

③

STNS01 应用在低功耗嵌入式设备中，电源管理 IC 是很必要的，因为需要给锂电池充电，以及给板子供电。选择 STNS01 是由于其集成电源芯片集成了供电电路，电池保护电路，电池温度监测和 3.1V 100mA 的 LDO。使用中注意以下事项：

(1)相关操作流程

当有外部充电线接入时，此时 IC 会执行安全检查，检查过后会使用"恒流/恒压"算法进行充电。外部接入的电压也有范围的，需要比 Vuvlo(一般 4.18V)高且比 Vinovp(一般 5.9V)低才能进行检查，进行充电。充电时，会同时从外部 USB 取电供系统使用。当输入电压正常，而 CHG 不停翻转时，这种状态表示有错误发生了。

(2)供电上电

在电源管理 IC 关闭之后，整个系统也是掉电的，此时用符合范围的外部电源 Vin 去激活，即可使系统重新上电。

(3)应用充电

通过使用"恒流/恒压"充电算法，STNS01 可以将电池电压充到 4.2V。正常充电时，CHG 从高阻态切换到低电平。如果充电电压高于 Vbatmin，充电开始。如果电压是 deeply discharged(电压比较低，即高于 Vbatmin 且低于 Vpre)，将进入 pre-charge(预充电)阶段，此时使用较低电流(Ipre=20% Ifast)进行恒流充电，这个阶段内如果电压在 tPRE(一般是 1800s)时间内未达到 Vpre(一般是 3V)，充电过程将会停止且产生 fault 信号。当前面的预充电阶段到达 Vpre 了，"恒流快速充电阶段"将会启动，此时的恒流充电电流会提高到 Ifast，Ifast 可通过外部的电阻控制在 15mA 到 200mA。

如果"恒流快速充电阶段"启动，此时电压又掉到 Vpre 以下的话，充电过程也会停止且产生 fault 信号。"恒流快速充电阶段"，当 Vbat 到达 Vfloat(一般 4.2V)，充电算法将会切换到"恒压充电模式"。

在"恒压充电模式"，电压将被规整到 Vfloat(此时恒压为 Vfloat)，充电电流将会下降，当充电电流达到 Iend(Iend=10% Ifast)，充电过程最终停止，此时 CHG 引脚恢复高阻态。如果"恒压充电模式"下载 tFAST(一般是 36000s)内没有结束，充电过程将会停止且产生 fault 信号。出于安全考虑，在充电过程中电池温度将持续被监测。

(4)电池温度监测

STNS01 集成了比较器，偏置电路和控制逻辑，通过外部的 NTS 电阻配合监测电池温度。电池温度只在充电过程中监测，其他时间不监测，是为功耗方面的考量。电池温度正常范围在 0 到 45 摄氏度，若充电过程中超出了这个范围，充电过程将会被挂起。

(5)电池过充保护

当可用电源输入进行充电时，电池过充保护将保护电池超过 Vochg(一般是 4.275V)，当电压超过 Vochg 时，电源到电池的电流将被阻断，充电错误信号(CHG toggle)将会产生。当电池又恢复到 Vochg 以下时，此时必须要插拔充电电源才能使充电 IC 复位，再进行正常的充电操作。

(6)电池电压过度消耗(discharge)保护

当没有电源充电时，电池电量将会被消耗，电池电量也会被监测以避免"电压过度消耗"。如果电池电量掉到 Vodc(一般是 2.8V)以下持续 tODD(一般是 400ms)的时间，设备就会掉电，电流消耗会降到 500nA，此时的状态就称为 overdischarge"电压过度消耗"状态。

在"电压过度消耗"状态下，如果有外部合法供电电源接入，充电过程被激活，LDO 也立即会正常工作。如果外部供电电源拔掉，此时因为已经被激活，所以此时又会再监测电池电量看是否调到 Vodc 以下 tODD 时间，如果是则又进入"电压过度消耗"状态，不是则继续正常工作。

(7)电池电流过度消耗保护

当 STNS01 从 BAT 引脚取电时(此时应该没有外部电源在充电，因此电源管理 IC 需要从电池来取电了)，有此保护机制，当设备电流超出 Ibatocp(一般在 400 到 650mA)持续 tDOD(一般在 14ms)时间时，设备将会掉电，需要通过外部电源来重新激活。

(8)输入电流过载保护

当 STNS01 直接从 IN 引脚供电(外部供电)，当 Vsys 低于 Vilimscth(一般为 2V)时，输入电流将被限制在 Iinlimsc(一般为 400mA)以避免短路发生。

(9)SYS 和 LDO 短路保护

当 SYS 和 LDO 短路时，设备立即掉电。

(10)输入电压过载保护

当 STNS01 直接从 IN 引脚供电(外部供电)，Vuvlo

(11)Shutdown 模式

SD 引脚给高电平，且没有外部供电接入，设备会进入 Shutdown 模式，电流 500nA，需要重新激活才能正常使用了。

(12)热 Shutdown

当温度超过 TSD，设备掉电。

(13)电流反转保护

当外部输入电压很低时，且低于 Vbat 时，从 BAT 到 IN 引脚将被阻断，以避免不必要的电量消耗。

(未完待续) ◇宜宾职业技术学院 朱兴文

编辑：张天红 投稿邮箱:dzbnew@163.com

换一种思维看汽车发动机——比亚迪 DM-i 混动技术详解(一)

随着油价回归"7元大关",在满足人员、里程、动力的条件下,省油是绝大多数普通家庭考虑的首要因素。在2020年,日系车的省油制造就了"两田"的销量逆市增长,追求极致的油耗也是今后众多汽车厂商专研的主要目标之一。

在汽车充电网络建设还没这渐成熟前,混动是一个兼容油耗和里程的折中方案,抛开仍需要充电的插电混动(PHEV)不谈,目前市场上较为成熟的不需要单独充电的油电混动(HEV)主要是丰田的THS系统和本田的i-MMD混动系统。

先简单说下两者的特点,丰田的THS(Toyota Hybrid System)系统目前已经发展到第四代。主要是1个发动机、1个发电机、1个电动机,再加1套行星齿轮组。整个混动系统的工作流程:发动机带动发电机,发电机给电池充电,电池给电动机供电,然后驱动车轮。同时,电机还带了能量回收功能,也可以对电池反向充电。

实际的运行过程中,如果电池快没电了,发动机就用最省油的转速,给电池充一点电,一旦充得差不多了,发动机就直接休息,所以油耗就低了。

刚才说的这些,全部都是建立在行星齿轮组的基础上,它起到一个调配作用,动力的传递、油和电的转化,都要靠这个齿轮组来完成。

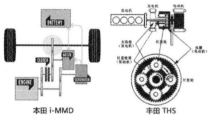

本田 i-MMD　　　丰田 THS

本田i-MMD技术翻译成中文就叫做"智能多模式驱动技术",包括用于小型车的单电机i-DCD、用于大型车的三电机SportsHybridSH-AWD,以及用于中型车的i-MMD。采用E-CVT变速箱,油耗更低。

首先,由于要绕开已经被丰田注册专利的行星齿轮组,本田开发了一个E-CVT变速箱,来完成动力分配的工作。这个E-CVT不是我们传统概念上的CVT,它是"电动耦合无级变速器",包含2个电机和1个"超越离合器"。通过这个E-CVT,本田i-MMD的效能表现比丰田THS还要好。

其次,本田的动力输出模式会更多。

本田E-CVT里面有个离合器,所以它可以只依靠发动机来驱动。要知道电动车在高速条件下(>80码),其实是相当费电的,反而还没有传统烧油的车来的省。

对于丰田的混动来说,它的行星齿轮组是1个机械耦合结构,只要发动机用于驱动车轮,就会有部分能量被用来发电。它不可能只油,不发电,那就造成一些不必要的能量转化损失了,本田就没有这个顾虑,它可以根据工况分为三个模式。

第一个模式是BEV Driving mode,就是由电池供电的纯电动驾驶模式,它适用于从静止起步与低速行驶的情况。

第二个模式叫作Hybrid Driving mode,即混合驱动模式,是由发动机发电,直接为电动机供电驱动车轮,适合高负载急加速的工况。

第三个模式是发动机驱动模式,阿特金森循环的发动机直接驱动车轮,适用于高速巡航的相对低负载工况。此时发动机工作恰好是在最经济的模式下。本田也让这款发动机的VTC电控气门控制更加精准,其节油效能比普通本田2.0L发动机更高。

接下来就是今天的主角,比亚迪DMi混动技术出场了,在介绍DMi之前先了解一下DM混动技术。

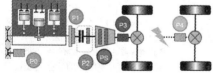

插电混动结构图

P0:一般称之为BSG电机,安装在发动机前端,通过皮带与发动机连接,一般功率较小,不能独立驱动车辆,通常作为发电机。

P1:一般称之为ISG电机,安装在发动机后端,与发动机

刚性连接(集成在飞轮上或通过齿轮与飞轮结合)。一般替代起动机并作为发电机,功率更大。

P2:位于变速箱离合器之后,变速器之前,有些会在电机和变速箱之间放置第二个离合器以断开电机和变速箱的连接。电机功率可以做得比较大,可以通过变速器直接驱动车辆实现纯电行驶。

P3:位于变速箱之后,通常与变速箱输出轴或主减速器直接连接,功率较大,可以直接驱动车辆纯电行驶。

P4:位于后桥上,功率较大,可以驱动车辆纯电行驶。

比亚迪 DM 系统发展史

比亚迪DM混动从2003年开始研发,当时还是插电式混动,并于2008年12月推出第一代混动技术(简称DM1),用于F3DM上,也是最早上市的插电式混动量产汽车。

发动机　　M1 发电机　　减速齿轮与差速器　　M2 电动机

比亚迪DM1的设计理念就是完全以节能为技术导向,通过双电机与单速减速器的结构搭配1.0升自吸三缸发动机,实现了纯电、增程、混动(包括直驱)三种驱动方式。DM1系统中,与发动机直连的M1发电机(P1)同时具有驱动电机的功能;而通过离合器与M1发电机相连,同时与主减速器相连的M2驱动电机(P2)也同时具有发电机的功能。通过对电动机、发电机、电动机的匹配实现了纯电百公里电耗16kWh/100km,综合工况油耗2.7L/100km的成绩。同时,DM1虽然是插电式混动,但是它有快充接口,可以在10分钟内充电50%。

发动机　　G 发电机　　驱动电机　　差速器　　MG　　车轮

从图中可以看到发动机(最大功率50kW)直接与发电机M1(峰值功率25kW)连接,通过离合器与主减速器相连,同时驱动电机M2(峰值功率50kW)也从另一边与主减速器相连。整个系统的驱动模式有:

纯电模式
发动机不启动,离合器分离,M2电机单独工作驱动车辆。

增程模式
发动机启动,M1发电,离合器分离,M2驱动车辆。

混动模式
混动模式又可以细分为几个状态:
巡航模式,发动机启动,M1不发电,离合器结合驱动车辆,M2不做功。
巡航发电模式,发动机启动,M1发电给电池充电,离合器结合驱动车辆,M2不做功。
加速模式,发动机启动,离合器结合,M1、M2电机做功,共同驱动车辆。

左侧尾灯下的唐和4.9s的标示体现出了比亚迪·唐的加速自信

回收模式,离合器断开,M2驱动电机回收动能。

第二代DM技术于2013年发布(简称DM2),第一款搭载在2013年12月上市的秦2014款上。DM2从DM1的节能取向变成性能取向,通过1.5Ti缸内直喷发动机(最大功率113kW)、P3位置的峰值功率110kW的电机以及6速干式双离合变速箱做到了百公里加速5秒9的成绩并因此名声大振。

随后比亚迪对DM2进行了改进,搭载在2015年6月上市的唐2015款上。通过发动机升级为2.0T缸内直喷(最大功率151kW),变速箱改为6速湿式双离合,增加了110kW的后驱动电机实现了SUV百公里加速4秒9。随后,比亚迪又适配了1.5Ti发动机+双电机的宋DM所用的DM2等动力组合。

这里用DM2里最经典的,搭载在唐DM2015款的三擎四驱DM2为例来介绍一下DM2系统。

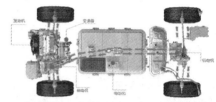

发动机　　变速箱

比亚迪唐2015款所搭载的DM2的两个电机分别位于P3、P4位置,两个电机的峰值功率均为110kW,扭矩250N·m。发动机为比亚迪151kW/320N·m的2.0升涡轮增压缸内直喷发动机,配合6速湿式双离合变速箱,综合功率接近400kW,综合扭矩达到800N·m。

基于DM2的架构,整个系统的驱动模式有:
纯电模式:发动机不工作。P3、P4电机驱动。
混动模式:混动模式根据电量及SOC设置,会动态的在以下工况进行切换。

行驶发电:发动机工作,通过变速箱驱动前轮并带动P3电机发电,P4电机根据工况调整输出功率使整车工作在无比接近全时四驱的适时四驱状态。

行驶不发电:发动机工作,通过变速箱驱动前轮,P3、P4电机根据工况调整输出功率使整车工作在无比接近全时四驱的适时四驱状态。

驻车发电:发动机通过变速箱发电档驱动P3电机发电。

增程模式:隐藏模式,进入条件极其苛刻(电量下降到5%且车速低于15km/h并保持5秒时触发且车速不能超过20),发动机通过变速箱发电档驱动P3电机发电,后电机驱动车辆,多于电量储存到动力电池中。

第三代DM技术发布于2018年,首先搭载到2018年上市的全新一代唐上。DM3相较DM2最大的特点是增加了位于P0位置的BSG电机,最大功率25kW,主要作用是发电\启动发动机和在变速箱换挡的时候迅速调整发动机转速,大幅度减少了混动行驶时的顿挫感。同时,P4电机提升为180kW/380N·m,极大地提升了后轴的动力,让搭载DM3的全新一代唐拥有了几乎逆天的动力和脱困额能力。

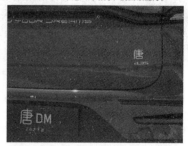

在车身加大配置提升纯电续航100公里的前提下,百公里加速提升至4.3秒!之后DM3还出了双擎四驱(P0+P4)、两驱(P0+P3)等组合,搭载在宋MAXDM等车型上,有BSG电机的加持驾驶感受比DM2的两驱强太多了。

DM3系统不仅仅是电机的升级和BSG电机的引入,电控系统的升级同样引人注目。新的33111平台得益于比亚迪强大的研发能力,通过对电机电控等设备高度整合,创造出高压3合1和驱动3合1技术,在大幅提高性能的同时将重量减少40公斤,体积也相应大幅缩减。

(未完待续)　　◇四川 李运西

分享"智慧分享"001 HiFi 娱乐音响系统(三)

（接上期本版）

4. HiFi 音乐欣赏

智慧分享 001 HiFi 娱乐功放已内置专业的音频播放软件，我们可以把该机当作一台高品质 HiFi 音乐播放器，可以通过 TF 卡、U 盘、USB 移动硬盘来播放数字音乐，如图26、图27所示，也可安装某些专业音频播放软件如国产海贝播放器来播放 DSD 格式的音频文件。若把智慧分享 001 HiFi 娱乐功放搭配本报今年第 3 期介绍的智慧分享 ZHFX001 音箱，如图28所示，一套最简组合的高品质音乐欣赏系统也可满足那些对音质与音色较讲究的音响发烧友。

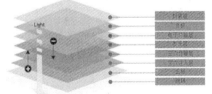

5. 会议音响系统

由于智慧分享 001 HiFi 娱乐功放内置投屏功能，可以把手机画面投射到大屏幕电视机上同步显示。该机的 USB 插卡播放与蓝牙音频功能配合无线话筒在小型会议系统、视频会议等方面用途较广。

6. 小型影音工程用音响系统

智慧分享 001 HiFi 娱乐套装音响由于功能众多，可用于多种场所，如卡拉 OK 厅、小型音乐厅、家用娱乐、健身房、音乐茶座、小型会议室、各类培训教育场所、各类娱乐场所，也可用于改制各类房车等。

五、"会员制"+"分享模式"销售与升级产品

美国 Costco 在上海开店吸引当地民众前去抢购、去年我们见证了社区团购模式卖菜的强大。农户生产的蔬菜、水果通过平台直接到用户手中，减少流通环节，用户买到平价的蔬菜、水果。农户把自己的产品销售出去获得收益，避免积压滞销。

网络时代市场不缺好产品，各种各样的商业模式涌现，或许传统的代理制销售模式已适应不了网络时代的发展需求。传统的音响产品销售，多采用的是代理制的销售模式，国内发烧音响历经三十多年的发展，现在发烧音响生产厂家越来越少，发烧音响器材的售价也越来越高，消费者越来越高攀不起。这有多方面的因素，我们的生产厂家能否学习其他行业的销售经验，也打造几款音响爆品通过新的商业模式来销售，需要我们探讨与学习。

这么多年笔者也在探索一种能适应影音器材生产与销售的新模式。或许创造一些让用户满意的产品、让用户买得起还要用得起的好产品，或许全套售价在 3000~5000 元的发烧影音器材是国内多数用户近期的选购目标，"智慧分享"系列 001 HiFi 娱乐音响系统正是朝这个方向奋斗。或许智慧分享 001 HiFi 娱乐套装音响也可成为音响中的爆品，或许"会员制"+"分享模式"销售模式能最大让利消费者，会员制又可为用户提供高品质的产品体验服务与给用户提供定制化的升级服务。"分享模式"后期或许我们每个人都可以参与影音器材的宣传、推广、分享、销售等工作。作到自用省钱、分享获得佣金、销售获得提成。

《电子报》的老读者，很多都有一定的技能，在各行各业作服务，然而在网络时代我们很多人落伍了，总认为有技术就能领先市场、就能占领市场，市场是复杂的，我们很多人都经历过挫折但都不愿放弃包括笔者自己。我们能否打破固有思维，充分利用"互联网+"的便利，利用 AR、VR 虚拟直播技术，利用分享模式学会使用倍增学，把各自行业的爆款产品推向市场、迅速占领当地市场，这是值得谈讨的话题，欢迎各位读者交流学习。

（全文完）

◇广州 秦福忠

三星 E4 屏幕

在今年红米发布上半年旗舰级手机 K40 系列（K40、K40 Pro、K40 Pro+三个版本）时，厂家宣传特别提到"三个版本手机均采用三星 E4 OLED 屏"。加上之前的小米 11 旗舰手机也在采用，那么这款三星 E4 OLED 屏有何特别之处？

首先了解一下 OLED 屏幕的构成及原理：OLED 本身由阴极、发射层、导电层、阳极和底基组成，从生产工艺上来说就是由两层薄膜和塑料（玻璃）基板打造而成。其原理是通过有机半导体的发光材料在电场等的作用下形成激子并最终导致发光的现象。

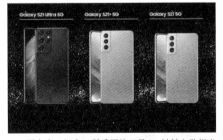

小米 11 和红米 K40 系列所采用的三星 E4 屏是三星研发的最新发光材料，其显示效果自然也比前几代效果更好。作为首发三星 E4 屏的手机，小米 11 的屏幕也获得权威屏幕评价机构 DisplayMate 给予的最高的 A+级别。在 E4 屏的加持下，小米 11 的屏幕也曾经刷新了包括最高屏幕分辨率、最高 OLED 峰值亮度、最低屏幕反射率在内的 13 项纪录。

三星 E4 屏与上一代 E3 屏在峰值亮度、功耗等层面均有较大提升：前者峰值亮度为 1500 尼特，强光下也可达到 900 尼特，对比度也高达 5000000:1，功耗相对而言却降低了 15%。

但是 E 系列屏还不算目前三星旗下最好的屏；目前三星显示的产品线大致可被分为以下三类：

M 系列：最高端定位，专供三星自家旗舰机使用。

LTPO 系列：苹果专供，功耗低。

E 系列：外销。

今年三星最新发布的 Galaxy S21 系列所使用的 AMOLED 屏幕就是由高端的 M 系列基材打造：Galaxy S21/S21+使用的是 M10 基材，而 Galaxy S21 Ultra 更是使用了 M11 基材，后者比前者的功耗还要低一些。

而小米（红米）所采用的三星 E4 材料大致相当于 M10 的外销版本。小米 11 的 E4 材料功耗比上一代降低 15%，三星 M11 则比上一代降低了 16%以上，二者采用了不同系列的材料，其比较标准也有所差异。

小米 11/K40 Pro 的 E4 屏与三星自家的 M10 屏差距并不太大，可以看作 M10 屏的外销版本。

从市场的角度来看红米 K40 系列基本上也是目前除苹果、索尼之外其他手机厂商能从三星方面获得的最好材料，这也给"米粉"带来一定的惊喜，而且小米 11 率先采用在前，后期无论是生产成本还是技术难度也会相应降低，因此此次 Redmi K40 系列采用 E4 屏也在情理之中。

(上接第 111 页)

(2)曝光作业环境:黄光作业目的:通过 UV 光照射和菲林遮挡,菲林透明的地方和干膜发生光学聚合反应,菲林是棕色的地方,UV 光无法穿透,菲林不能和其对应的干膜发生光学聚合反应。

(3)显影作业溶液:Na₂CO₃(K₂CO₃)弱碱性溶液作业目的:用弱碱性溶液作用,将未发生聚合反应之干膜部分清洗掉

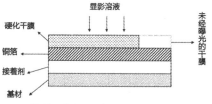

(4)蚀刻作业溶液:酸氧水:HCl+H₂O₂ 作业目的:利用药液将显影后露出的铜蚀刻掉,形成图形转移。

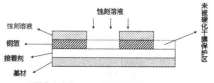

(5)剥膜作业溶液:NaOH 强碱性溶液

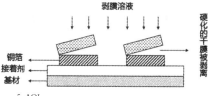

5. AOI

主要设备:AOI、VRS 系统。

已形成线路的铜箔要经过 AOI 系统扫描检测线路缺失。标准线路图像信息以数据形式存储于 AOI 主机中,通过 CCD 光学取像头将铜箔上线路信息扫描进入主机与存储之标准数据比较,有异常时异常点位置会被编号记录传输到 VRS 主机上。VRS 上会对铜箔进行 300 倍放大,依照事先记录的缺点位置依次显示,通过操作人员判断其是否为真缺点,对于真缺点会在缺点位置用水性笔做记号。以方便后续作业人员对缺点分类统计以及修补。作业人员利用 150 倍放大镜判断缺点类型,分类统计形成品质报告,并反馈到前制程以方便改善措施之及时执行。由于单面板缺点较少,成本较低,难于使用 AOI 判读,所以使用人工肉眼直接检查。

6. 假贴

保护膜作用:1)绝缘、抗焊锡作用;2)保护线路;3)增加软板的可挠性等作用。

7. 热压合

作业条件:高温高压

8. 表面处理

热压完后,需对铜箔裸露的位置进行表面处理。方式依据客户要求而定

生产工艺	产品类型		表面处理方式	镀层规格
CSP	PCB		ENIG	Ni:>2.5um；Au:>0.05um
	Rigid-flex/FPC	双排手指	ENIG	Ni:1.2~2.5um；Au:>0.05um
		其它	ENIG	Ni:2~3.8um；Au:>0.05um
COB	PCB	W/B处	ENEPIG	Ni:5~10um；Pd:0.03~0.2um；Au:0.05um
	Rigid-flex/FPC	双排手指	金手指处	ENIG	Ni:1.2~2.5um；Au:>0.05um
			Electro Hard	Ni:2~5um；Au:>0.05um
		其它	ENEPIG	Ni:5~10um；Pd:0.03~0.2um；Au:0.05um

9. 丝印

主要设备:网印机,烤箱,UV 干燥机。网版制版设备通过网印原理将油墨转到产品上。主要印刷产品批号,生产周期,文字,黑色遮蔽,简单线路等内容。通过定位 PIN 将产品与网版定位,通过刮刀压力将油墨挤压到产品上。网版为文字和图案部分开通,无文字或图案部分被感光乳剂封死油墨无法漏下。印刷完毕后,进入烤箱烘干,文字或图案油刷层就紧密结合在产品表面。一些特殊产品要求有部分特殊线路,如单面板上增加少许线路实现双面板功能,或是双面板增加一层遮蔽层都必须通过印刷实现。如油墨为 UV 干燥型油墨,则必须使用 UV 干燥机干燥。常见问题:漏印、污染、缺口、突起、脱落等。

10.测试(O/S 检测)

测试治具+测试软件对线路板进行功能全检

11. 冲制

相应的外形模具:刀膜、激光切割、蚀刻膜、简易钢模、钢模

12. 加工组合

加工组合即根据客户要求组装配料,如要求供应商组合的有:A. 不锈钢补强;B. 铍铜片/磷铜片/镀镍钢片补强;C. FR4 补强;D.PI 补强。

13. 检验

检验项目:外观、尺寸、可靠性检测工具:二次元、千分尺、卡尺、放大镜、锡炉、拉力

14. 包装

作业方式:(1)塑胶袋+纸板(2)低粘着包材(3)制式真空盒(4)专用真空盒(抗静电等级)

真空包装机

双面 PCB 板制作流程图

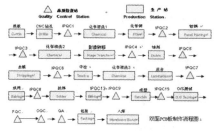

双面 PCB 板制作流程图

软硬结合板制作流程图

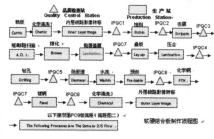

软硬结合板制作流程图

五、线路板案例分享

1.设计方案

(1)方案说明:

● 新型 COF 方案,是补强与芯片贴附区域在一体式钢片上,见 FPC 示意图。

● 主要的用途:

1)让 sensor 尽量减少与不平整的线路板的表面贴合,直接将 sensor 与平整的钢片表面贴合,使 sensor 与光学镜头的光轴垂直,减少像糊不良。

2)在≤0.3mm 的方案上,新型 COF 平整度优于软硬结合板,在保证平整度的前提下,达到降低模组高度的目的。

3)sensor 与钢片直接接触,增强导热效果。

FPC 示意图:

(2)设计方案

1)P8V12G-621-00 线路板(结构图如下;)线路板设计厚度 0.3mm,钢片凸台高度 0.02mm。

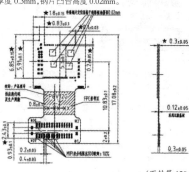

(下转第 120 页)

真假芯片辨别(一)

在 IC 采购过程中，最让采购员担心的其实不是价格，而是产品质量。市面上的 IC 芯片林林总总，各式各样，不注意区分，有时很难看出各种料有何不同，到底是真是假、是全新还是翻新。下面教你如何区分原装与散新芯片。

假芯片如何产生

一个晶圆上有成百上千个芯片，晶圆生产好后要经过测试并把不好的标记上；通过测试的晶圆被切割并封装，封装好后就是我们看到的带管脚的芯片了。在封装阶段标记为不好的芯片同样会被丢弃。未通过测试的晶片由买晶片的厂家回收，自己切割、绑定，但标记为不好的芯片也会被丢弃。

通常正规的测试流程费时、成本高，所以有些晶圆厂会把未经过测试的晶圆卖给需要晶片的厂家，并由后者自己测试。但后者通常没有好的测试设备，同时为省钱减少测试项目，致使一些在半导体厂不能通过的芯片用在了最终的产品中，造成产品质量的不稳定。

有心人便利用这些空子并发展出专业造假公司，赚得盆满钵满，害的一些中小公司赔光了利润。不可否认，假元器件已经成为供应链的毒瘤。

真假芯片外观、尺寸几乎一模一样

最近几年来，许多承包商一旦确定了授权供应商名单，就不再添加新供应商。现在，公司的采购部门有一个共识，就是，生产线不得停止生产情况确实发生；但是，当 OEM、OCM 和授权经销商无法提供零件时，采购人员面临的选择很少。他们可以不采购元件，让生产放缓，甚至停止生产；或者，通过没有经过自己的组织审计或者没有得到任何授权的第三方评估的供应商购买。

于是，独立分销商、代理商、贸易商向他们提供的元件可能是原装、散新、翻新和旧货。而按 BOM 一站式交齐现货的，业内叫做配货商，常见的是自身会代理几条产品线，对于自身没有的产品线，会从其他供应商那里买买/或者调货。

在华强北的几乎都清楚，有部分人长期在国外收购一些电器废品(俗称电子垃圾)，运回后拆解、分类、整理、翻新、包装、再到电子市场销售一条龙运作。

造假形式五花八门

初级造假者是翻新，以广东某地为典型代表。就是把旧片子(一般是拆机片)翻新，管脚全歪了都能翻得跟新的一样，而且打成管装(tube)，贴上标签。高水平一点的造假是打磨，把功能、尺寸差不多的打成更值钱的片子，重新打上 logo，于是商业级变工业级、工业级变军级、军级变 883 级，低速率变高速率，低频率变高频率等等。

托小型激光打标机的售价越来越低的福，翻新 IC 很容易采用激光打标，有些贸易商会自己打磨，也有些会委托专业打磨的"造假流水线"。

还有一种造假登峰造极，个人怀疑有封装厂直接参与其中，这就不只是打磨掉 logo 那么简单了，会直接把不同大小的 die 搞成另一个封装。

最后一种造假，做到极点似乎就接近洗白了。举个例子，有的时候去华强北买款 MCU，对方会问你要原厂还是要台版的，台版就存在两种情况，一种就是直接仿冒产品，另一种就有可能是我国台湾地区产的，但是也经过了原厂的检测和授权，可能会在某些指标上还差一点，这类也就不能算假货了。

在华强北购买芯片的人如此之多

一般系统厂商来料检测的关注点，就是检查供货、标签等，对于假芯片的分辨能力还真不够。真要测芯片性能，可能需要原厂的专业夹具。

另外，通常物料部门和研发部门是分开管理的，一般情况下，对于样品工程师可能还会在调试过程中发现问题，但设计好之后，到批量阶段就都不会再测了。

再加上现在造假水平这么高，就连原厂的工程师，也表示很多情况下，靠肉眼是无法在外形上分辨出来的，有经验的原厂工程师可能会通过熟悉的包装方式，条形码等看出来诡异，但真正要判定是假芯片，还得依赖实验室先进仪器。

假芯片种类繁多

我们买进的类芯片，主要包括以下几种：

原厂原包装

具备原厂原包装的产品。

● 国产封装货冒充：很难辨认，只能通过比较，在外盒、标签、包装上还是有些区别。

● 假原包装：比较标签是否和原装的标签有区别，标签上的批号和芯片上的批号要一致。

原厂的包装都很规整，有的会有防静电袋包裹，但不是所有厂家的产品都会有防静电袋。如果是未开封的防静电包装，打开后里面的管子或盘应该是很洁净。如果有塑料泡沫或者防震塑料袋，国外大厂的这些配件国内很难模仿，比较就能看出差异。

从一个管或者盘中拿出几个片子，并排放在一起，原装产品打字的内容肯定是一致的，打字、定位孔、脚的位置是比较整齐的，定位孔中的内容也一致。当然也不排除一些厂家在定位孔和打字位置上并不固定，比如 AVAGO。

原装

原包装已经拆开或者已经没有原包装，但是是原厂原装货，现在电子市场上很多的货都是这样的原装货，这类产品按原装来划分是无可厚非的，但是从严格意义上来说是属于散新货。

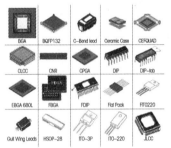

(下转第 121 页)

硬件工程师 PCB 基本常识(三)

(上接第 119 页)

2)P8V12G-621-00 线路板(布线图如下)

TOP   MidLayer1   Bottom

3)P8V12G-621-00 线路板(叠构图如下)

层别	BODY SIDE	厚度 (Thickness)	TYPE1 Thickness (μm)	TYPE 2 Thickness (μm)	TYPE 3 Thickness (μm)
绿油	Soldermask	20um	20		20
镀铜层	Cu Plating	20um	20		20
导铜	Conductor (AA)	12um	7		7
铜箔		10um	10		10
覆盖膜	Coverlay Polyimide	7.5um	7.5	7.5	7.5
	Coverlay Adhesive	15um	15	15	15
	Conductor (BA)	12um	12	12	12
CU基材	Pt base Film	25um	25	25	25
	Conductor (BA)	12um	7	7	7
镀铜层	Cu Plating	20um	20	20	20
覆盖膜	Coverlay Adhesive	20um	20	20	20
	Coverlay Polyimide	7.5um	7.5	7.5	7.5
A/D	Adhesive	25			10
导电胶		20um	10		
背胶		150um			150
背胶		300um	125 (手撕背胶)		
总厚度	Total Thickness		306	114	331
	客户要求(mm)		0.3±0.05	0.12±0.05	0.3±0.05

Sensor 0.02mm
FPC 0.3mm
SUS

4)线路板方案设计局限性评估：

①图中紫色小框为钢片支撑区域；②支撑区域以 SENSOR 对角线分布；③支撑区域最小开窗面积 0.5*0.5，面积越大对平整度越佳；④模组头部尺寸都≥8.5*8.5；⑤SENSOR 管脚数量都≤80；⑥MIPI2Lane 输出相比 4Lane 输出，更有利走线；⑦MIPI 位于连接器近端时更有利走线(如右图

MIPI 走线位下方焊盘)；

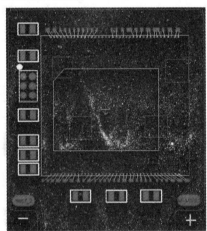

3.优劣势对比分析

	常规软硬结合板	SCOF线路板(钢片处)
来料/reflow后平整度	30~35um/50~60um	≤2um/≤5um
厚度(平整度要求高)	≥0.3mm	≤0.3mm
布线空间	充足	局限 A：模组头部尺寸 ≥8.5*8.5；B：SENSOR管脚数量 ≤80；
散热效果	一般(35~37℃)	好(33~34℃)
成本	高	比较低约低10%

4.平整度数据对比：P8V12G 不同类型下平整度对比：

三层COF-钢片 (来料)	三层COF-钢片 (SMT后)	三层COF-FPC (来料)	三层COF-FPC (SMT后)	软硬板 (来料)	软硬板 (SMT后)
5.15	4.0900	32.8600	32.9600	30.99	87.37
1.69	1.6200	42.7800	43.8400	40.87	99.19
1.69	1.6200	35.6500	36.1300	39.84	93.37
0.54	0.4700	41.4700	39.4100	36.98	94.95
2.04	1.9700	40.2000	39.9300	25.92	60.99
1.63	1.5600	33.0700	33.1400	25.14	54.7
1.2	1.1300	38.9800	42.5300	21.67	68.67
0.22	0.1500	50.0000	49.3300	32.04	50.36
0.3	0.1300	49.2100	49.8600	39.33	78.87
0.2	0.1300	43.9800	39.0800	21.6	53.19

平整度对比曲线图

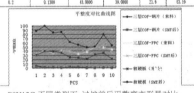

P8V12G 不同类型下，过炉前后平整度变形量对比：

三层COF-钢片	三层COF-FPC	软硬板
1.07	0.0900	56.38
0.07	0.8600	58.52
0.07	0.6800	43.53
0.07	(2.0600)	48.39
0.07	(0.2700)	35.07
0.93	5.0700	29.56
1.07	3.5500	27
0.07	(0.6800)	18.32
0.07	3.8000	43.54
0.07	(4.9000)	31.59

从曲线图上看，平整度及过炉前后的变形量，钢片代于FPC优于软硬板。

变形量对比曲线

(全文完)

真假芯片辨别(二)

(上接第121页)

散新

散新按照市场的情况可以分为下列几种情况:

1. 真正意义上的散新

• 客户需求量低于一个整包装,由于价格驱使,供应商把原来的整包装拆开,以高价出售部分数量的芯片,而剩下的一部分的没有原包装的片子。

• 供应商由于运输的原因,将原封包装的货物拆开,方便运输。像香港的原装货,要运到深圳等地,为了进关减少关税把原包装拆了,分开多人带出关。

• 年份老的全新货:这类货大多是一些置放时间久了,外观不好的货,只能用作散新处理。

• 还有一部分封装厂的。因为往往IC的设计单位并不具有自己的晶圆制造厂和封装厂。当一大批晶圆被送到封装厂去进行封装,完成以后IC设计单位可能会因为资金问题,收不回所有封装好的片子,那么这一部分货封装厂会自己拿去卖,因为他也不需要打上自己的标也不会再做包装来加高成本,所以他们就会散卖。

• 由于封装厂管理的问题,其员工通过非正常途径运出公司,转手卖掉的片子,流入国内的。这类片子因为没有进行最后的包装过程,所以没有外包装,但价格比较优惠有时候比国家级代理的价格还好。

• IC设计是针对唯一的生产线,具有绝对的唯一性的,而有些封装厂在实际生产销售中并没有如此大的生长量和需求量去不停地让生产线生产片子。而工厂方面为了保障生产线的性能,不能完全弃用,所以为了保障生产出来的片子,厂家就会低价卖出给专门收此类货的人。还有一种情况就是封装厂封装之后,超过了一定时限,厂家一直都没有付钱买走的。封装厂也会低价卖出给收货的人。

2. 以次充好的散新

以次充好的散新片以IC流水线上下来因内部质量等问题,而未通过设计厂商的测试而被淘汰下来的芯片。或者由于封装不当造成片子外观有破损,而同样被淘汰下来的芯片。

• 流水线上下来的片子。就是在厂家检验的时候,被拉下来的片子,那些片子不是说一定有质量问题,而是一些参数的误差比较大。因为往往厂家对片子的精确度要求很高,例如电压电流等东西,这些片子被挑出来,就成了所谓的散新了。因为片子的脆弱,旧片在加工的过程中,可能会导致参数的误差也有小的变化,这就是为什么有时候同一个货,有些客户用的没问题,有的客户用的有问题。

• 质检的过程中,因为人工加电脑的检测中,流水线从电脑中过,有时候片子并不是真的有问题,而只是卡住了的时候,工作人员宁可错杀一千也不愿意放过一个坏的,所以就丢了一大把,那么这些就成为所谓的散新。

特点:在很高的质量要求下,反映效果不好,只能满足一般性的需求,货有一定的失败率。但是处理品,价格上有一定的优势。购买时要有清楚的分析,看他对片子的要求如何。另批号较杂。主要从代理和经销商手中获得。这种货一般不需要加工。

3. 假的散新

假的散新(即翻新货)电子市场很多商家经常把翻新货说成散新货。

总结:市场上散新货种类繁杂,第一类散新货(真正的散新货)在质量上还可以放心,第二类散新货(残次品)在报废率和稳定性上就会与散装货有区别,这两类产品由于都是新货,非常难鉴别。第三类翻新货危害就更大了,可谓是挂羊头卖狗肉,外型一样,其实功能都完全不一样。所以散新货大家最好是避而远之,除非是在一定保证的基础上购买。

翻新

• 真正意义上的翻新货一种是旧货翻新。产品从原厂生产出来以后,经过使用,有了一定的磨损,性能各方面跟原厂刚生产出来的时候有差别,经过特殊的加工,是它的外表或者性能恢复到接近原厂刚生产出来的状态。

• 另一种是由于管脚长期未使用氧化或者管脚磕碰而导致歪脚,进行重新整脚或者镀脚等对片子的外观进行修复。很多年份老的散新货其实都是经过了此类的加工处理,只是市场习惯性地也定义为"散新"。

总结:真的是旧货翻新,质量肯定要比所谓的散新的要好,甚至比原厂的质量还好。当然也有些一次性的片子,比如一次性编写程序的芯片,有不可擦除的程序,就几乎不能再次使用。年份老的散新货因为出现氧化或者歪脚等问题可能会出现焊接的问题,导致产生报废率和稳定性上的问题。

如何鉴别真假芯片

看芯片表面是否有打磨过的痕迹

凡打磨过的芯片表面会有细纹甚至以前印字的微痕,有

的为掩盖还在芯片表面涂有一层薄涂料,看起来有点发亮,无塑胶的质感。

简单打磨,野蛮处理

精细打磨,再次印刷,激光印字

看印字

现在的芯片绝大多数采用激光打标或用专用芯片印刷机印字,字迹清晰,既不显眼,又不模糊且很难擦除。翻新的芯片要么字迹边沿受清洗剂腐蚀而有"锯齿"感,要么印字模糊、深浅不一,位置不正,容易擦除或过于显眼。

另外,丝印工艺现在的IC大厂早已淘汰,但很多芯片翻新因成本原因仍用丝印工艺,这也是判断依据之一,丝印的字会略微高于芯片表面,用手摸可以感觉到细微的不平或有发涩的感觉。

不过需留意的是,因近来小型激光打标机的价大幅降低,翻新IC越来越多地采用激光打标,其些新片也会用此方法改变字标或干脆重打以"提高"芯片的档次,这需要格外留意,且区分方法比较困难,需练就"火眼金睛"。

主要的方法是看整体的协调性,字迹与背景,引脚的新旧程度不符合字标过新,过清有问题的可能性也较大,但不少小厂特别是国内的某些小IC公司的芯片却生来如此,这为鉴定增添了不少麻烦,但对主流大厂芯片的判断此法还是很有意义的。

另外,近来用激光打标机修改芯片标记的现象越来越多,特别是在内存及一些高端芯片方面,一旦发现激光印字的位置存在个别字母不齐、笔画粗细不一的,可以认定是Remark的。

看引脚

凡光亮如"新"的镀锡引脚必为翻新货,正货IC的引脚绝大多数应是所谓"银粉脚",色泽较暗且成色均匀,表面不应有氧化痕迹或"助焊剂",另外DIP等插件的引脚不应有镀花的痕迹,即使有(再次包装才会有)擦痕也应是整齐、同方向的且金属暴露处光洁无氧化。

光亮如"新"

"银粉脚"

看器件生产日期和封装厂标号

正货的标号包括芯片底面的标号应一致且生产时间与器件品相相符,而未Remark的翻新片标号混乱,生产时间不一。Remark的芯片虽然正面标号等一致,但有时数值不合常理(如标什么"吉利数")或生产日期与器件品相不符,器件底面的标号若很混乱也说明器件是Remark的。

测器件厚度和看器件边沿

不少原激光印字的打磨翻新片(功率器件居多)因要去除原标记,必须打磨较深,如此器件的整体厚度会明显小于正常尺寸,但不对比或用卡尺测量,一般经验不足的人还是很难分辨的,但有一变通认识破法,即看器件正面边沿。因塑好器件注塑成型后须"脱模",故器件边沿角呈圆形(R角),但尺寸不大,打磨加工时很容易将此圆角磨成直角,故器件正面边沿一旦是直角的,可以判断为打磨货。

卡尺测厚度

除此之外,再有一法就是看商家是否有大量的原外包装物,包括标识内外一致的纸盒、防静电塑胶袋等,实际辨识中应多法齐用,有一处存在问题则可认定器件的真假。

辨真伪有几个要点

• 看打字,一般翻新的重新打字的(白字)用"天那水"(化学稀释剂)可以把字擦除的一般为翻新货,原装货是擦不掉的。

• 看引脚,原装货的引脚非常整齐且像一条直线,而翻新处理过的则有的脚不整齐且有些歪。

• 看定位孔,观察原装货的定位孔都比较一致,翻新的有的深浅不一或者根本就真个打磨平了,有的如果仔细看可一看到原有定位孔的痕迹。

对于供应商的鉴别方式

• 是否签订正规合同。

• 在当地工商网站上核实公司名称是否为真。

• 是否有座机固定电话,固定电话是否能接通。

• 办公地点是否为真,是否有工厂,以及电话联系方式。

• 是否有网站,网站信息是否跟提供的信息一致。

• 是否有验货检验芯片的方式,是否先打款再发货,打款是否为公司账号。发货陷阱最多可能收到一堆砖头。

• 如何提供产品的质保。出现问题是否方便解决。

• 最终还是建议和本地的供应商联系,可以上门来看样品及签订合同,或者提供样品上门服务。

结语:假货防不胜防,只能帮到这啦!建议大家尽量从正规渠道购买元器件,以降低买到假货的风险。(全文完)

大道至简——RISC-V 架构之魂

简单就是美——RISC-V 架构的设计哲学

RISC-V 架构作为一种指令集架构，我们先得了解其设计的哲学。所谓设计的"哲学"便是其推崇的一种策略，譬如我们熟知的日本车的设计哲学是经济省油，美国车的设计哲学是霸气外露。RISC-V 架构的设计哲学是什么呢？是"大道至简"。

RISC-V 设计团队最为推崇的一种设计哲学便是：简单就是美，简单便意味着可靠。无数的实际案例已经佐证了"简单即意味着可靠"的真理，反之越复杂的机器则越容易出错。一个最好的例子便是著名的 AK47 冲锋枪，正是由于简单可靠的设计哲学，使其性价比和可靠性极其出众，成为世界上应用最广泛的单兵武器。

在格斗界，初学者往往容易陷入追求花式繁复技巧的泥淖，迷信于花拳绣腿。然而顶级的格斗高手，最终使用的都是简单、直接的招式。所谓大道至简，在 IC 设计的实际工作中，也许你曾见过简洁的设计实现其安全可靠，也曾见过繁复的设计长时间无法稳定收敛。简洁的设计往往是可靠的，在大多数的项目实践中一次次得到检验。IC 设计的工作性质非常特殊，其最终的产出是芯片，而一款芯片的设计和制造周期均很长，无法像软件代码那样轻易地进行升级和打补丁，每一次芯片的改版到交付都需要几个月的周期。不仅如此，芯片的制造成本费用高昂，从几十万美金到成百上千万美金不等。这些特性都决定了 IC 设计的试错成本极为高昂，因此能够有效地降低错误的发生就显得非常重要。现代的芯片设计规模越来越大，复杂度也越来越高，并不是要求设计者一味地逃避使用复杂的技术，而是应该将好钢用在刀刃上，将最复杂的设计用在最为关键的场景，在大多数有选择的情况下，尽量选择简洁的实现方案。

当你在第一次阅读 RISC-V 架构文档之时，会不禁赞叹。因为 RISC-V 架构在其文档中不断地明确强调其设计哲学是"大道至简"，力图通过架构的定义使硬件的实现足够简单。而简单就是美的哲学。

无病一身轻——架构的篇幅

目前主流的架构为 x86 与 ARM 架构。如果你曾经参与设计 x86 或 ARM 架构的应用处理器，会发现需要阅读架构文档。如果对架构文档熟悉的读者应该了解其篇幅。经过几十年的发展，现在的 x86 与 ARM 架构的架构文档多达数千页，打印出来能有半个桌子高，可真是"著作等身"。

想必 x86 与 ARM 架构在诞生之初，其篇幅也不至于像现在这般长篇累牍。之所以架构文档长达数千页，且版本众多，一个主要的原因是其架构发展的过程也伴随着现代处理器架构技术的不断发展成熟，并且作为商用的架构，为了能够保持架构的向后兼容性，不得不保留许多过时的定义，或者在定义新的架构部分时为了能够兼容已经存在的技术部分而显得非常的别扭。久而久之就变成了老太婆的裹脚布——极为冗长，可以说是积重难返。

那么现代成熟的架构是否能够选择重新开始，重新定义一个简洁的架构呢？可以说是几乎不可能。Intel 也曾经在推出 Itanium 架构之时另起炉灶，放弃了向前兼容性，最终 Intel 的 Itanium 遭遇惨败，其中一个重要的原因便是其无法向前兼容，从而无法得到用户的接受。试想一下，如果我们买了一款具有新的处理器的计算机或者手机，之前所有的软件都无法运行，那肯定是无法让人接受的。

现在推出的 RISC-V 架构，则具备了后发优势。由于计算机体系结构经过多年的发展已经是一个比较成熟的技术，多年来在不断成熟的过程中暴露的问题已经被研究透彻了，因此新的 RISC-V 架构能够加以规避，并且没有背负向后兼容的历史包袱，可以说是无病一身轻。

目前的"RISC-V 架构文档"分为"指令集文档"和"特权架构文档"。"指令集文档"的篇幅为 200 多页，而"特权架构文档"的篇幅也仅为 100 页左右。熟悉体系结构的工程师仅需一两天便可将其通读，虽然"RISC-V 的架构文档"还在不断地丰富，但是相比"x86 的架构文档"与"ARM 的架构文档"，RISC-V 的篇幅可以说是极其短小精悍。

大家可以访问 RISC-V 基金会的网站，无须注册便可免费下载文档，如图所示。

浓缩的都是精华——指令的数量

短小精悍的架构和模块化的哲学，使得 RISC-V 架构的指令数目非常简洁。基本的 RISC-V 指令数目仅有 40 多条，加上其他的模块化扩展指令总共几十条指令。

能屈能伸——模块化的指令集

RISC-V 架构相比其他成熟的商业架构，最大的不同在于它是一个模块化的架构。因此 RISC-V 架构不仅短小精悍，而且其不同的部分还能以模块化的方式组织在一起，从而试图通过一套统一的架构满足各种不同的应用。

这种模块化是 x86 与 ARM 架构所不具备的。以 ARM 的架构为例，ARM 的架构分为 A、R 和 M，共 3 个系列，分别针对应用操作系统（Application）、实时（Real-Time）和嵌入式（Embedded）3 个领域，彼此之间并不兼容。但是模块化的 RISC-V 架构能够使得用户灵活地选择不同的模块进行组合，以满足不同的应用场景，可以说是"老少咸宜"。例如针对小面积、低功耗的嵌入式场景，用户可以选择 RV32IC 组合的指令集，仅使用机器模式（Machine Mode）；而针对高性能应用操作系统场景，则可以选择例如 RV32IMFDC 的指令集，使用机器模式（Machine Mode）与用户模式（User Mode）两种模式。

综上所述，简单就是美的设计哲学，无病一身轻的架构篇

幅，浓缩精华的指令数量，能屈能伸的模块化组合，为 RISC-V 的开放生态带来了无限可能。随着 AIoT 应用的迭代，对处理器的差异化定制需求的爆发式需求，RISC-V 的"大道至简"必将顺其潮流而蓬勃生长。

◇芯来科技市场部供稿

疫情之下如何通过"技术"保障公共安全？

COVID-19 疫情已对全球各地人们的生活造成了巨大影响，尤其是对各类场所经营方、场所访客、员工等，各类场地的所有者和各企业都渴望能在某种程度上回归到正常状态。如今，"技术"就可以帮助我们重拾返回大型场所的信心。实际上，疫情之下，全球都面临着一种紧迫感，急需开发新的系统对公共场地进行监控，保障公共安全。当务之急，就是推动这一变革。

基本安全和技术要求

国内已有完备的 COVID-19 防护机制，包括佩戴口罩，保持社交距离，测量体温，设定人员容量/拥挤阈值，以及暴露后的接触者追踪等。场所管理者需要积极配合相关规定的执行，并对合规性进行监控，而技术就是解决之道。"技术"是一个相对宽泛的概念。具体而言，相关技术解决方案需要生态系统中的各大厂商齐心协力，共同为各类场所开发解决方案。其中，有四项关键技术：

网络连接——无线和有线技术至关重要，能够为防护措施的实施和监控信息提供传输管道。网络必须足够灵活，以覆盖场地多处，还必须足够稳定，能够以低延迟提供高性能，且必须足够可靠，以避免停机。

定位和分析系统——借助嵌入在 WLAN 接入点中的 BLE 无线信标和 ZigBee 等互补性的无线技术，并结合本地机器学习和基于云的人工智能，支持 Wi-Fi/IoT 的场所现可将其无线基础设施转化为室内定位引擎，以进一步确保访客群体的安全。并且，无线网络可通过接收来自移动设备或跟踪设备（如腕带）的信标来跟踪位置，并将这些信息传输到可理解接收内容的分析系统。目前许多商业 Wi-Fi 系统都已涵盖了该系统。

传感器——从红外温度传感器到免接触式支付系统和摄像头，对大量人群的监控需要一系列能够看到、听到并感知人群和个体活动的设备。除利用 Wi-Fi 来定位之外，场所管理方还希望整合智能设备和 IoT 的使用，以辅助部署。这些设备包括用于测温的前视红外（FLIR）摄像头、智能传感器和 BLE 信标等。

软件应用程序——专用于特定应用程序的软件，可从网络分析系统中获取原始数据，并根据预设标准库（例如场地密度或温度阈值）对其进行评估，并将问题区域通知管理者。

定位技术的挑战和解决方案

定位信息是许多健康和安全应用的关键一环，但由于 GPS 卫星的工作频率难以穿透建筑结构，室内 GPS 一直面临考验，尤其是针对穿行于建筑物或场馆内的访客。通常情况下，由于分布式天线系统（DAS）和宏蜂窝基站也会支持紧急情况下的定位服务，室内 GPS 若无法在关键时刻提供精准定位，可能会存在安全风险。

针对此问题，Wi-Fi 定位技术就有了用武之地。使用信号三角测量（signal triangulation）和 RF 指纹技术，定位技术可记录 X、Y、Z 坐标，并将其传递给定位引擎进行映射。通过一组强大的应用程序编程接口（API），该信息可提供给专门从事室内及场所定位应用程序的生态系统合作伙伴使用。此外，许多公司不仅利用 Wi-Fi 接入点的内置 API 和网关功能实现了位置和 IoT 的集成，而且还定制了专用的仪表板，以管理 COVID-19 风险事件和触发事件，例如社交距离、人员容量阈值、接触者跟踪等。

Wi-Fi 辅助 DAS 部署，保障公共安全

除提供宽带连接之外，在场地中部署 Wi-Fi 的另一益处在于，在 Wi-Fi 区域部署分布式天线解决方案（DAS）时，无需额外的 Wi-Fi 硬件，就能补足 GPS 的技术缺陷。当用户通过移动设备报警时，设备将扫描附近的 Wi-Fi 接入点和蓝牙信标，以确定其室内位置。如果这些 Wi-Fi 接入点已存储于国家或相关部门的应急数据库中，且该数据库包括街道地址、楼层等可调度地址信息，该接入点可直接将这些信息从呼叫中心发送给急救人员。而这些都是在移动设备上拨打紧急号码时自动进行的，无需在现有 Wi-Fi 或蓝牙信标网络基础上重复铺设网络。

这些技术的使用意味着我们可以对基础设施进行编程，以查看其趋势并对潜在问题进行预测，从而使警report系统可主动监控场所和每位访客的传播风险。本质上，通过集、分析数据，系统可进行实时风险评估。更进一步的话，系统可针对网络或场地环境建议具体的逻辑或物理更改并实施，以帮助维护公共安全。例如，Wi-Fi 定位分析系统不仅有助于判断是否存在人员拥挤情况，还可计算目标停留时间以判断暴露程度。此类数据可用于判断场地的某些区域是否对 COVID-19 传播构成更高的风险，或者新的人流配置能否更有效地将特定区域中的访客或员工隔开。

连接至关重要

无线技术和定位信息可以帮助我们更安全地重返体育、旅游、酒店、交通运输和商业场所，为公共卫生和安全带来改变，以上只是简单举例。当设备、距离和位置等相关数据恰当地被关联起来，才能够在融合的智能网络基础设施上实时传输、接收并共享时，关于提供健康和安全的服务有了更多可能性。

网络连接已成为数十亿互联网用户的便利设施，通过提供连接和服务帮助人们回归正常生活。在过去十年中，网络系统提供商及其生态系统合作伙伴一直致力于完善用户体验和商业运营。疫情的当下，我们必须共同投身到公共健康和安全服务的实际应用中去。

◇康普企业网络北亚区副总裁 陈岚

BOSTON HPS 8WI 有源低音炮电路原理分析及维修实例(二)

(紧接上期本版)

三、功放板

本音箱功放采用D类功放电路，工作于开关状态，具有150W(RMS)输出功率。功放电路没有采用常见的D类功放集成电路，采用的是分立元件构成的电路，实测电路图如图4所示。

运放IC1(B)与外围元件组成方波发生电路，产生100kHz频率的方波信号，输入到功放板的低音音频信号以及运放IC1(B)产生的方波信号在运放IC1(A)的负输入端混合，运放IC1(A)的输出端输出调制后的开关方波信号给对称互补功放电路。

Q2、Q4、Q5、Q6、Q10与Q3、Q7、Q8、Q9、Q11组成对称互补功放电路。与一般功放电路不同的是，功放管不是工作在AB类线性状态下，而是工作在D类开关状态下。Q2、Q4、Q5、Q6、Q10输出开关方波的正半波，Q3、Q7、Q8、Q9、Q11输出开关方波的负半波。功放管Q10、Q11输出的开关方波电压经C18、L、C19滤波后，输出音频电压给喇叭。

四、电源及保护板

适用于 BOSTON 音箱型号有：MCS130、PS8、PS10、PS12，实测电路图如图5所示。

电源：变压器的高压侧绕组为110V，低压侧2个绕组为交流双40V和双20V。双40V经D1整流、C3、C4滤波后输出正负54V供应功放电路；双20V经D2整流、C5、C6滤波后输出正负28V。正负28V经Q1、Q2稳后输出正负15V供应运放电路，正28V还供应喇叭保护继电器电路。

过流保护：供应功放的正负54V线路中串有R14、R15检测电阻。当功放电路过流时，R14、R15电阻上的电压降也变大，使得Q9、Q7的BE极之间电流也增大。当Q9的BE极之间电流大到使得Q9的CE极之间饱和导通时，Q9的C极输出高电平，Q8的B极变为高电平，使得Q8的CE极饱和导通，将Q16的B极下拉为低电平，又使得Q16的CE极饱和导通，Q16的C极输出高电平。当Q7的BE极之间电流大到使得Q7的CE极之间饱和导通时，Q7的C极输出负电压，将Q16的B极下拉为低电平，又使得Q16的CE极饱和导通，Q16的C极输出高电平。

中点保护：功放输出的电压经R31、C15、C16滤波后加到Q12、Q13的B极。一般正常情况下，功放输出的中点电压为0V。当功放异常，输出的中点电压为正电压时，高电平加到Q12的B极，使得Q12的CE极之间饱和导通，将Q16的B极下拉为低电平，又使得Q16的CE极饱和导通，Q16的C极输出高电平。当功放异常，输出的中点电压为负电压时，负电压加到Q13的B极，使得Q13的CE极之间饱和导通，将Q14的B极下拉到地，又使得Q14的CE极饱和导

通，Q14的C极变为为负电压，也将Q16的B极下拉为低电平，又使得Q16的CE极饱和导通，Q16的C极输出高电平。

温度保护：在功放散热片上紧贴有三极管Q11，正常温度下Q11的CE极截至，当温度过高时，热量使得Q11的CE极饱和压降变小，CE极之间等效电阻变低。当Q11的CE极之间等效电阻小到使得Q10的BE极之间电压大于0.6V，Q10的BE极电流使得Q10的CE极饱和导通，也将Q16的B极下拉为低电平，又使得Q16的CE极饱和导通，Q16的C极输出高电平。

开关机防冲击保护：接通电源开机时，由于R09和C11的取值较大，+28V电压经R09和C11充电延时后，才使得Q4、Q3的CE极饱和导通后给喇叭保护

继电器供电，使喇叭避开开机时的冲击。而变压器低压绕组经D08、R12给C12充电后，C12有19V电压。工作时，C11电压是5.6V+0.6V，C12电压比C11高，所以C11的电荷不会经D07、R11放掉，工作时继电器不会失电。断电关机时，由于C12容量很小，C12的电荷立即放掉，C11电压比C12高，C11存的电荷就通过D07、R11放掉。C11为低电平使得Q4、Q3的CE极立即截至，停止给喇叭保护继电器供电，使喇叭避开关机时的冲击。

共用部分：过流保护、中点保护、温度保护，均是在保护动作时使得Q16的C极输出高电平。此高电平经过D11使得Q17的DS极导通，使得压限板、前级板过来输往功放板的低音信号下拉到地而静噪；经过D15使得功放板静噪输入端也为高电平，功放板也为静噪状态。此高电平也使得Q15、Q5的CE极饱和导通，C11变为低电平使得Q4、Q3的CE极立即截至，停止给喇叭保护继电器供电，在上述保护动作时断开喇叭与功放电路的连接。

直流伺服：功放板的中点直流电压值经R51输入运放U01，经过U01与外围元件组成的直流伺服电路放大后的，重新输入功放板低音信号输入端，由于功放板是纯直流电路，输入端是反向输入端，所以直流伺服电路起的是反向校正作用，稳定功放的中点电压接近0V。

静噪控制：自动静噪电路在静噪状态时，过来的静噪信号加到Q18的B极，使得Q18的CE极饱和导通，将直流伺服电路的信号下拉到地，关闭直流伺服的工作；静噪信号还经过D12加到功放静噪输入端，使功放板也处于静噪状态。

(未完待续)

◇浙江 方位

⑤

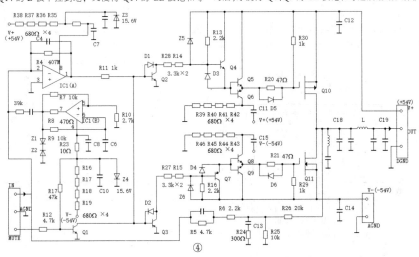

④

一、实验目的

1. 验证 RS 触发器、JK 触发器、D 触发器、通用计数器的逻辑功能。

2. 巩固对 RS 触发器、JK 触发器、D 触发器、通用计数器逻辑功能的理解、区别和记忆。

二、器材准备

1. DZX-2 型电子学综合实验装置一台

2. MF47 型万用表一只

3. 带插头铜芯软导线若干根

4. 集成块 CD4043、CD4027、CD40175、CD4029 各一块

三、认识集成块

1. CD4043

CD4043 是 CMOS 四 RS 触发器集成电路，它的内部集成了四个完全相同的 RS 触发器电路。CD4043 的内部逻辑电路图和引脚功能图如图 1 所示。

2. CD4027

CD4027 是 CMOS 双 JK 触发器集成电路，它的内部集成了两个完全相同的 JK 触发器电路。CD4027 功能齐全，J=K=1 时可作为 T 触发器使用，J=K=0 时又可作为 RS 触发器使用。其内部逻辑电路图和引脚功能图如图 2 所示。

3. CD40175

CD40175 是 CMOS 四 D 锁存触发器集成电路，它的内部集成了四个完全相同的 D 锁存触发器电路。CD40175 具有锁存 D 输入端信息的功能，其内部逻辑电路图和引脚功能图如图 3 所示。

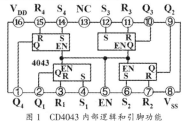

图 1 CD4043 内部逻辑和引脚功能

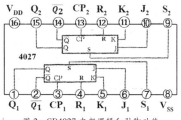

图 2 CD4027 内部逻辑和引脚功能

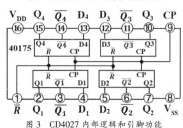

图 3 CD4027 内部逻辑和引脚功能

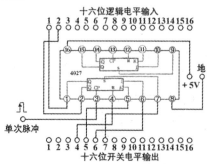（位于左下）

图 4 CD4029 内部逻辑和引脚功能

4. CD4029

CD4029 是 CMOS 通用计数器集成电路，它的内部集成了一个可预置可加/减可二/十进制计数的计数器电路，数块 CD4029 级联(低级的与高一级的相连)可构成任意进制计数器。其内部逻辑电路图和引脚功能图如图 4 所示。

四、实训操作

1. 验证 RS 触发器的逻辑功能

①关断交流电源开关，关断直流稳压电源的 5V 电源开关。

②把 CD4043 集成块插入实验装置上的一个⑯脚集成块插座中，然后按图 5 所示的实验电路进行线路连接。

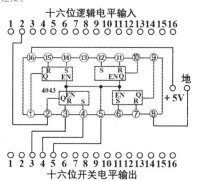

图 5 验证 RS 触发器逻辑功能实验电路

③对照图 5，逐一检查每根导线连接是否正确无误且没有遗漏。

④确认线路连接正确无误后，接通交流电源开关，接通直流稳压电源的 5V 电源开关。

⑤按表 1 的顺序把十六位开关电平输出中的第 3 位、第 4 位和第 5 位开关依次拨到相应位置，同时分步观察十六位逻辑电平输入中的第 2 只发光管的亮灭情况，把实验结果填入表 1 中。

表 1 验证 RS 触发器逻辑功能实验数据

R(3脚)	S(4脚)	EN(5脚)	Q(2脚)	功能
1	0	1		
×	1	1		
0	0	1	/	
×	×	0	/	高阻

高电平触发，S 置 1 有优先权

⑥关断交流电源开关，关断直流稳压电源的 5V 电源开关，拆除所有的连接导线，拔下 CD4043 集成块。

2. 验证 JK 触发器的逻辑功能

①关断交流电源开关，关断直流稳压电源的 5V 电源开关。

②把 CD4027 集成块插入实验装置上的一个⑯脚集成块插座中，然后按图 6 所示的实验电路进行线路连接。

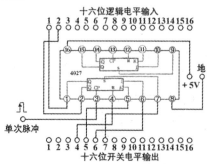

图 6 验证 JK 触发器逻辑功能实验电路

③对照图 6，逐一检查每根导线连接是否正确无误且没有遗漏。

④确认线路连接正确无误后，接通交流电源开关，接通直流稳压电源的 5V 电源开关。

⑤按表 2 的顺序把十六位开关电平输出中的第 4 位、第 5 位、第 6 位和第 7 位开关依次拨到相应位置，并按一下单次脉冲按钮开关，同时分步观察十六位逻辑电平输入中的第 1 只和第 2 只发光管的亮灭情况，把实验结果填入表 2 中。

表 2 验证 JK 触发器逻辑功能实验数据

CP (3脚)	R (4脚)	K (5脚)	J (6脚)	S (7脚)	Q (1脚)	$\overline{Q}$ (2脚)	功能
⬆	0	1	0	0			
⬆	0	0	1	0			
⬆	0	1	1	0			
⬆	0	0	0	0			/
×	0	×	×	1			
×	1	×	×	0			

⑥关断交流电源开关，关断直流稳压电源的 5V 电源开关，拆除所有的连接导线，拔下 CD4027 集成块。

3. 验证 D 锁存触发器的逻辑功能

①关断交流电源开关，关断直流稳压电源的 5V 电源开关。

②把 CD40175 集成块插入实验装置上的一个⑯脚集成块插座中，然后按图 7 所示的实验电路进行线路连接。

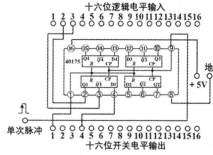

图 7 验证 D 锁存触发器逻辑功能实验电路

③对照图 7，逐一检查每根导线连接是否正确无误且没有遗漏。

④确认线路连接正确无误后，接通交流电源开关，接通直流稳压电源的 5V 电源开关。

⑤按表 3 的顺序把十六位开关电平输出中的第 1 位和第 4 位开关依次拨到相应位置，并按一下单次脉冲按钮开关，同时分步观察十六位逻辑电平输入中的第 2 只和第 3 只发光管的亮灭情况，把实验结果填入表 3 中。

表 3 验证 D 锁存触发器逻辑功能实验数据

CP (9脚)	$\overline{R}$ (1脚)	D (4脚)	Q (2脚)	$\overline{Q}$ (3脚)	功能
⬆	1	0			
⬆	1	1			
0	1	×			/
×	0	×			

⑥关断交流电源开关，关断直流稳压电源的 5V 电源开关，拆除所有的连接导线，拔下 CD40175 集成块。

(未完待续)

◇无锡 周金富

SIMOVERT 控制驱动器及其应用(一)

随着驱动技术的不断发展,调速装置正逐渐从直流调速系统向交流调速系统过渡。现代工业控制中,变频器得到了广泛的应用,而工业控制网的出现,越来越多的场合需要对驱动装置进行网络通信和监控。西门子公司的 SIMOVERT 系列控制驱动器便是其中之一。

1. 控制驱动器的功能

SIMOVERT MASTERDRIVES 是由西门子公司生产的电机控制装置。它是一种集频率变换、矢量控制为一体,将直流电源变换成电机所需的三相交流电源(DC→AC),或将交流电源变换成电机所需的三相电源(AC→AC)的高性能变换器(inverter)。该变换器是一种更好地提供动态三相驱动的功率电子部件,具有如下功能:①输出功率范围从 0.75 到 18.5kW;②部件工作所需的直流系统电压从 510V 到 650V;③直流电压通过脉冲编码调制产生三相系统,其输出频率在 0Hz 到最大 500Hz 之间可调;④控制由内部微处理器系统组成的控制电路完成,功能由部件的软件实现;⑤通过 PMU 操作控制面板、友好的 OP1S 操作控制面板、端子排、或总线系统对部件操作;⑥提供多个接口和 Slot A、Slot B 两个供可选卡使用的插槽;⑦脉冲编码器能用作电机专用编码器。其直流总线型 DC/AC 电路结构框图如图 1 所示。

2. 驱动器的控制连接

紧凑型控制驱动器按其宽度不同有 90mm、135mm、180mm 等几种,其面板上都有一个 PMU(parameterizing unit),端子排 X100、X101、X102、X103、X104 和开关 S1;两侧有端子 X2、X3、X533。下面分别作介绍。

PMU 面板上有四位 7 段数码管,用作显示控制驱动器的当前状态或选定参数的当前值;三个操作按钮"P"、"△"和"▽"。

端子 X100:外接 DC24V 电源,USS 总线。X100 有四针,其中两针作电源输入,另两针可连接 USS 总线。连接 USS 总线的两针与控制电路和 9 芯 D 型串口插座 X103 相连。推荐使用 2.5mm²(AWG 12)导线。

端子 X101:控制端子。提供如下功能:①四位数字信号输入或输出。②2 位附加的数字信号输入。③1 位模拟信号输入。(未完待续)④1 位模拟信号输出。⑤为输入信号提供 24V 辅助电源(最大 60mA,仅供输出)。信号电压低于 3V 为低电平,高于 13V 为高电平。推荐使用 0.14 mm² 到 1.5mm²(AWG 16)导线。

端子 X102:控制端子。功能如下:①提供外部分压用的 10V 辅助电压。②模拟量输出,适用于作电流或电压输出。③1 位模拟量输入,适用于作电流或电压输入。④1 位附加的数字信号输入。⑤一对悬浮无触点。推荐使用 0.14 mm² 到 1.5mm²(AWG 16)导线。

端子 X103:串行接口。通过 9 芯 D 型插头用 RS232 或 RS485 方式与 OP1S 或 PC 相连。RS485 接口可通过 X100 或 X103 端子操作。

端子 X104:本端子包含一个与脉冲发生器(HTL 型)连接和 KTY 或 PTC 型的电机温度传感器连接的接口。推荐使用 0.14 mm² 到 1.5mm²(AWG 16)导线。

开关 S1:总线的终端电阻。ON 启用,OFF 不用。
端子 X2:电机连接 PE2、U2、V2、W2。
端子 X3:连接直流总线 L+、L−、PE3。
各端子的标准连接见图 2。

◇江苏 健谈

防尘卷帘门的电气控制及制作(二)

(接上期本版)

控制装置电气元器件的选型见表2。

五、变频器的参数设置

变频器进入参数设置的步骤为:按下PRG键后,显示出P00,进入1级菜单选项,再按方向键"↓"后,会依次出现P01、P02等参数码;按下"↑"键会相反的顺序依次出现P01、P00等参数码。若欲设置修改参数,则须在按压"↑"键或"↓"键后显示该参数码时按下"ENT"键,就可以修改参数了。修改完成后,按"ENT"键保存。要想返回主菜单,按2次PRG键即可。

变频器参数的设置修改如表3所示。

六、系统调试

系统调试时,需注意限位开关的位置设定,尤其是上下限位的调试。根据DXZ多功能限位器的使用说明,结合蜗杆运行方向及与微动开关动作接触面大小的特点,将4组微动开关进行分配。最上面的凸轮与下面的凸轮对应的微动开关作为本控制系统的上下限位(微动开关动作接触面小),中间两个凸轮对应的微动开关作为本控制的上行快转慢、下行快转慢限位(与微动开关的接触面大)。使快转慢有时间使速度减下来,最后慢慢地碰到上、下限位后,电机停下来。从而让卷帘门上升下降的过程得到了极大的保护。其次是变频器参数的调试,对参数P11.01的修改时,当时查看说明书解释,实在不能理解,后来通过厂家售后的解释,最终渐渐理解。

安装调试完成后,卷帘门通过多日的使用,简单易用,故障率低。对提高生产效率起到了很好的促进作用,同时也收到了领导及车间操作人员的一致好评!作为技术人员,也收获了一份来之不易的成就感。

(全文完)

◇许崇斌 崔靖

表2 控制装置电气元器件的选型表

器件编号	器件名称	型号	数量	备注及用途
QF1	4P 断路器	DZ47-63 D60	1	进线电源
QF2	1P 断路器	DZ47-63 D5	1	控制电源
KM1	交流接触器	CJX2-3201(220V)	1	变频器电源接通
	交流变频器	华远 G1-4T0055G/0075P	1	P5.5/P7.5kW
SB0	急停开关	LAY37-11ZS 系列	1	控制线路
SA0	旋钮开关	LAY37-11X 系列	1	控制线路
	多功能限位器	DXZ 系列 1:76	1	4组凸轮触点
KA1~KA4	中间继电器	HH52P(220V)	4	限位指示
HL0~HL4	指示灯	AD16(220V)	5	电源指示及限位状态
SB1~SB4	组合按钮开关	APBB-22&25N	4	变频器正反转启停控制
KA5~KA6	中间继电器	HH53P(220V)	2	变频器运行方向控制
	接线端子	TD3010/TD1510	1	电源进线、变频器输出

表3 变频器参数的设置

参数	设置参数	参数意义
P00.01	1	设定命令源为端子控制命令
P00.02	4	设定主频率源为多段指令
P00.08	35	设定预置频率为35Hz
P00.17	5	设定加速时间
P00.18	5	设定减速时间
P02.01	4(kW)	设定电机额定功率
P05.00	1	DI1 端子功能选择:正转运行 FWD
P05.03	12	多段端子指令1:选择后DI4运行该频率
P05.04	13	多段端子指令2:选择后DI5运行该频率
P05.05	2	DI6 端子功能选择:反转运行 REV
P11.01	30(%)	多段速指令1,频率由最高频率(出厂默认为50Hz)的百分数确定为15Hz
P11.02	30(%)	多段速指令2,频率由最高频率(出厂默认为50Hz)的百分数确定为15Hz
P11.51	4	多段指令0给定方式,选择参数P00.08预置频率

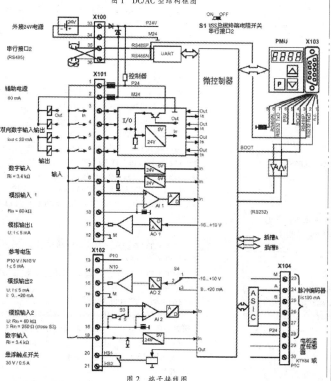

图 1 DC/AC 型结构框图

图 2 端子接线图

基于 ATtiny84A 的创意手表设计(二)

(接上期本版)

2. 时钟控制电路

本电路核心采用 ATtiny84A 单片机设计完成,其电路原理见图 4 所示。ATtiny84A 的低 I/O 数意味着段驱动引脚也用于每个数字的阴极引脚。这是通过让二极管与单片机输出端串联,使其中两个段的 OR-ing 电路来实现的。shcottky 二极管还可以将电压降到适合 LED 段的电压。

针对单片机电路设计来讲,硬件电路原理图相对简单些,而主要是程序设计。本例设计的程序设计思想如下:

(1)主-main.c

在正常操作过程中,手表会显示小时和分钟,并每两秒钟播放一次动画。如果未按下按钮,则手表将在两分钟后进入睡眠模式。在睡眠模式下按此按钮可再次激活手表。短按该按钮可激活分钟和秒显示。再次单击将显示以毫伏为单位的电池(VCC)电压。显示在 20 秒内返回到小时和分钟显示。主程序部见如下代码。

```
static void init_mcu(void) {
//功率降低寄存器。关闭 USI 和 ADC
PRR=0b0011; // 禁用模拟比较器
sbi(ACSR, ACD);
// Start RTC
rtc_start();
led_str("v1.0");
//Enaqble LED 驱动器
led_drive_enable();
// Enable 中断
sei();
}
static void sleep_mcu(void) {
cli();
led_drive_disable();
DDRA = 0;
DDRB = 0;
PORTA = 0;
#if 1
PCMSK0 |= _BV(PCINT0);
GIMSK |= _BV(PCIE0);
GIFR |= _BV(PCIF0);
GIFR |= _BV(PCIF0);
GIFR |= _BV(PCIF0);
GIFR |= _BV(PCIF0);
GIFR |= _BV(PCIF0);
btn_pcint = 0;
#endif
sei();
while (btn_pcint == 0) {
```

```
set_sleep_mode(SLEEP_MODE_IDLE);
sleep_enable();
sleep_cpu();
}
#if 1
GIMSK &= ~(_BV(PCIE0));
#endif
led_drive_enable();
}
int main(void) {
init_mcu();
batt_adc_enable();
uint16_t tout, tout_anim;
uint8_t bs;
timeout_start(&tout);
uint8_t state = 0;
while(1) {
if (state == 0) {
// 小时和分钟
led_uint_h(rtc_hour);
led_uint_l(rtc_min);
//显示动画
if (timeout_check_s(&tout_anim, 2)) {
animation2(100);
timeout_start(&tout_anim);
}
}
// 分钟和秒
if (state == 1) {
led_uint_l(rtc_sec);
led_uint_h(rtc_min);
}
// voltage
if (state == 2) {
led_uint(batt_v());
}
//获取按钮状态
if (btn_timeout(&bs, &tout, 120)) {
batt_adc_disable();
animation1(100);
sleep_mcu();
animation1(30);
batt_adc_enable();
state = 0;
timeout_start(&tout);
}
//长按进入菜单
if (bs & BTN_LONG_PRESS) {
menu();
state = 0;
}
// 如果未按任何键,则进入状态 0
if (timeout_check_s(&tout, 30)) {
```

```
state = 0;
}
if (bs & BTN_SHORT_CLICK) {
state = (state+1)%3;
switch (state) {
case 0:
animation2(50);
timeout_start(&tout_anim);
break;
case 1:
led_str("SEC ");
break;
case 2:
led_str("BAt ");
break;
}
delay_ms(200);
}
};
}
```

(2)菜单-menu.c

手表的用户界面通过单个按钮进行操作。通过使用菜单系统,可以设置时间和校准。在时间显示模式下,按住按钮 2 秒钟即可进入菜单。如果未按任何按钮,菜单将在 20 秒后退出。

主菜单中有五个选项。短按以循环浏览,长按(超过两秒钟)进入子菜单。

1)"SEt"-设置时间。显示在选项名称"SEt"和当前时间之间切换。

2)"SEC"-显示菜单选项重置秒。显示在选项名称"SEC"和当前分钟和秒之间切换。

3)"CALI"-显示菜单选项 RTC 校准。

4)"P"-当此选项激活时,PA3 上的 PPS 脉冲,此菜单项上的 timout 禁用。

5)"结束"-退出菜单。

(3)选项:"SEt"-设置时间

此选项用于设置小时和分钟。首先,通过短按钮来查询分钟。然后长按以选择小时调整。也可以通过短按调整小时数。长按一下即可保存更改。在此设置期间,秒数设置为零。

(4)选项:"SEC"-重置秒

此选项用于重置秒。这对于将手表同步到准确的时间源很有用。短按一下按钮,可将秒重置为零。如果按下按钮时秒数已超过 30,则分钟数也会增加。这有效地将时间舍入到最接近的分钟。长按按钮退出此设置。

(5)选项:"CALI"-RTC 校准

可以将 RTC 校准设置为 0.1sec / day 的分辨率。首先通过短按按钮选择校准的符号。如果手表运行缓慢,请选择一个负号(-)。如果手表运行快,请选择正号(空白)。长按以选择校准的后三位数字,短按以进行更改。长按最后一位数字可将校准值保存到 EEP-ROM。

例子:

如果 RTC 在一天之内以 7.2 秒的速度运行,请将校准值设置为"072"。

如果 RTC 在一天之内以 2.8 秒的速度运行,请将校准值设置为"-028"。

(6)选项:"P"-PPS 脉冲

当此主菜单选项处于活动/显示状态时,PA3 端口上可以使用 PPS 脉冲。在此菜单项上禁用了超时。

(7)选项:"结束"-退出

长按此主菜单选项可退出菜单。

(未完待续)

④

◇宜宾职业技术学院 朱兴文

换一种思维看汽车发动机——比亚迪 DM-i 混动技术详解(二)

(接上期本版)

DM 双平台战略

2020 年 6 月,比亚迪发布了双模(DM)技术双平台战略,即 DM-p 平台和 DM-i 平台。DM-p 平台的 p 即 powerful,是指动力强劲、极速,满足"追求更好驾驶乐趣"的用户。DM-i 的 i 即 intelligent,指智慧、节能、高效,满足"追求极致的行车能耗"的用户。

DM-p 是对 DM3 代强劲动力的延续,而本文的主角 DM-i 则是对 DM1 代的传承。从 2008 年的 DM1 代到 2021 年,比亚迪用 2000 名工程师创造出颠覆世界的超级混动。DM-i,不仅是节能、高效,同时,i 也是对 1 的致敬,DM-i 通过对 DM1 的重新打磨,获得几百项新能源方面的专利技术,也可以看作目前量产车无论是混动还是纯燃油车中颠覆性的设计。

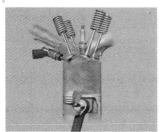

说到油耗,再次回到纯内燃机,从一百多年前被发明以来,原理层面一直没有什么变化。其基本原理大家应该都懂:简单说,就是吸气、喷油,然后在缸内点燃油气混合物,推动活塞做功,之后排气、吸气,周而复始。

为什么现在尤其是国内车企推出新的发动机时都爱提到一个词语——热效率,首先说我们无法让发动机的转数和车速完全同步。发动机转得慢点,车速就慢点,转得快一点车速就快一点——这是无法实现的,因为发动机转的太慢,根本就带不动车辆!

为了解决这个问题,汽车工程师不得不通过齿轮来放大发动机的扭矩,简单说就是发动机这边是小齿轮,车轮那边是个大齿轮,这边倒腾好几圈,车轮才动一下。其实就是很简单的杠杆原理。

然而,发动机的转数越高,喷油次数越多,自然而然地也就越费油。而且发动机转数也不能无限增加,仪表盘上基本上大于 6000 转就进入红线区了。可是搭配那样的小齿轮来驱动车辆,哪怕发动机最高转数,车速也不过 40Km 而已,也就是说汽车开不快。

于是工程师又加了几组齿轮,这就是变速箱的档位,实质就是改变齿比来提升速度。起步的时候发动机动力输出轴

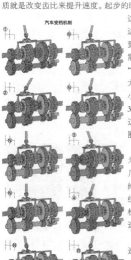

这边用小齿轮,车轮那边连接的是大齿轮,而到了高速,有了惯性,不需要那么大的"劲儿"了,输出轴这边的齿轮大一点,车轮那边齿轮小一点,原来是这边转 30 圈车轮转一圈,现在这边转 5 圈车轮转一圈,车速就起来了。

这也是目前为止,为什么除了纯电汽车,几乎所有的混动汽车和纯燃油汽车都离不开传统的三大件——发动机、变速箱、底盘中的变速箱。

刚开始是手动挡变速箱(MT),后来发明了自动变速箱,即 AT(手自一体变速箱)、CVT(无级变速箱)和 DCT(双离合变速箱),先比较这几款变速箱的特点和优缺点。

AT

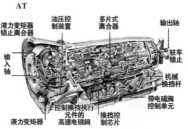

AT 变速器算得上是自动变速器的始祖了,主要是由液力变矩器、行星齿轮机构、液压控制系统等构成的,结构相对复杂,而且体积比较大。

优点

蠕动起步,因为有液力变矩器这个液力缓冲调速装置,所以 AT 可以轻松做到柔顺起步,跟着平顺蠕行。同时因为有液力缓冲器的作用,所以车辆熄火的时候可以直接让变速箱挂在 1 档而非空挡,保持 1 档制动离合器油压,启停系统再次工作的时候,车子可以马上冲出去,同时也有较好的爬坡能力,起步动力强。在坡道起步中,车子即使溜动也因有阻尼的存在缓慢倒退,踩下油门缓慢转变车态再前冲。

挡位结合的舒适度较好,升挡速度上的过程中确实某些工况不如 DCT,但在大油门降档的过程中,挡位结合上也要比 DCT 舒适,缓冲过程更好表现。从结构上来讲,AT 对于扭矩误差的容忍度更高,所以换挡的感觉比较一致,性格上比较稳定。

还有动力传递的"直接感"上,差于 DCT,DCT 会尽可能地锁止离合器防止升温,而用 AT 的车辆在追求舒适性上,可以做到更极致,液力变矩器可以长时间滑劳,动力响应的直接感在山区开车和赛道开车轻点油门的时候尤其明显。

因为 AT 不存在拨叉,所以低速行驶车辆,车子也不会发出机械碰撞的咔嗒声。

相对 CVT 来说,AT 自带"换挡感",AT、DCT 往往都比 CVT 响应上要快,AT 和 DCT 有些时候都会在中间档短暂停留来及时响应驾驶员,然后再准备降到目标位位。

8AT、9AT 变速箱主要匹配的是 2.0T 发动机,而扭矩更小的 1.5T、1.5L 发动机根本不需要这么多挡位,挡位太多反而会降低耐用性,所以 6AT 变速箱就足够了。

CVT

无级变速器又叫无段变速,和普通自动变速器的最大区别,是它省去了复杂而又笨重的齿轮组合变速传动,变速机构的核心组件是两组带轮,通过改变驱动轮与从动轮金属带的接触半径进行变速。无级变速器的传动效率高且稳定,变速范围可达 5~6,传动效率高达 95%,而采用液力变矩器的自动变速器传动效率只有 87% 左右,因为无级变速只需要 1 组两个带轮及金属带(链)便可改变传动比,而不像 4 挡或 5 挡的变速器需要有 4~5 组齿轮。

当前常用的无级变速器的传动构件主要由轮带驱动,它

有两种形式,分别是金属带 V 轮式和金属链带 V 轮式,金属带 V 轮式采用一根非常坚韧的金属带与一对可作轴向移动、宽度可变的 V 型带轮配合 6 金属带紧压在 V 型带轮上,通过改变带轮槽的宽度来改变金属带与带轮接触的直径,从而改变传动比。

CVT 的优缺点更为明显,一直是很多汽车爱好者讨论点之一。

优点

1. 变速平顺无顿挫。由于 CVT 变速箱速比连续可变,再也没有了顿挫的烦恼。

2. 省油车必备的选择。发动机可保持在经济转速区间,由于 CVT 变速箱速比连续可变且可和车速联动,因此发动机转速区间不再受车速变化的限制。这一点是 CVT 变速箱与 AT 和 DCT 等齿轮传动变速箱的最大区别。

3. 更好的爬坡性能。CVT 变速箱在爬坡过程中不会出现其他类型变速箱由于换挡出现的动力中断问题,整个爬坡过程中发动机都能够很好的输出动力。

缺点

1. 需要限制在一定重量的车辆中使用。由于 CVT 变速箱采用的是钢带摩擦传动,因此对动力输出必须进行限制;否则可能超出静摩擦力而出现相对摩擦,从而磨损钢带。

2. 需要限制发动机的输出功率和扭矩。同样由于上述原因,过大的发动机输出功率或扭矩会损坏钢带。这两大缺点也是相比于 AT 或 DCT 等齿轮传动变速箱的最大弱点。

由于如上提到的优点和缺点,注定 CVT 变速箱和目前德系车型推行注重动力的涡轮增压车型不和,而却与注重舒适和节油的日系车型理念配合得更好,这也是 CVT 变速箱德系遇冷日系渐热的主要原因。

DCT

即双离合变速器(Double-Clutch Transmission),是以德国大众为代表的欧州车系主推的自动变速器。在大众车系中称为直接换挡自动变速器 (Double-Cluth Gearbox,简称 DSG)。

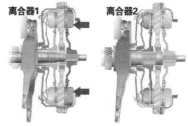

DTC 算是四大变速器里面难度技术最高的,可以看作两台变速器合二为一,并在单一的系统下运作。DSG 内含两台自动控制的离合器,由电子控制和液压推动同时控制两台离合器运行。工作时,一组齿轮啮合;当接近换挡时,下一挡位的齿轮已被预选,但离合器仍处于分离状态。换挡时,一台离合器将使用中的齿轮分离,同时另一台离合器啮合已被预选的齿轮,整个换挡期间确保最少有一组齿轮在输出动力,因此动力不会出现间断的状况。

(未完待续)　　　　　◇四川 李运西

WalKMan 的回忆(一)

说到听随身听音乐，笔者一直念念不忘学生时代的"随身听"磁带机，相信在不少音乐爱好者的脑海里也是满满的"记忆杀"。笔者当时用的 SONY Walk-ManFX615 虽说只是印度尼西亚的代工生产，不过售价也就将近 1000 元了，在当时好多同学还用的是几十、百元左右的其他品牌，纷纷投来羡慕的眼光。

当然说到磁带机，首先要感谢飞利浦。1963 年，飞利浦在柏林电子展上推出了第一盘磁带，同年还推出了第一款小型盒式录音机，对当时只能放在家里的黑胶唱片来说，无疑开启了"随身听"的新时代。

一年后，这款由荷兰工程师奥滕斯(Lou Ottens)发明的"卡式录音带"被注册为商标。在与索尼公司达成协议后，奥滕斯的设计最终成为了全球磁带的行业标准。从那之后，磁带已经卖出了超过 1 亿盘。

1979 年，世界第一台磁带随身听在索尼公司诞生，其型号为 TPS--L2。在随后的 40 年里，索尼推出了很多经典的 Walkman 型号(以下简称 WK)，而且都深受音乐爱好者的喜爱。在电影《银河护卫队》系列中，主角星爵最爱的磁带随身听就是"TPS-L2"，也算是作为索尼粉丝的导演向经典致敬。

虽然随身听后来被苹果公司的 iPod 数字音乐播放器赶下神坛，但是对于全球的音乐爱好者来说，WK 依然是"伟大的产品"，甚至现在还有一些玩家偶尔仍在使用 WK 听音乐。

作为一个忠实的磁带粉，笔者列出了部分索尼 Walkman 的经典机型和产品特点，送给大家欣赏。

WM-2(1981 年)
索尼于 1981 年推出的 WM-2，这款 Walkman 采用了轻量化设计，重量只有约 280g，成为当时世界上最小巧和轻薄的磁带随身听之一。

WM-R2(1982 年)

针对消费者对于"录制音乐并聆听"需求的不断增长，索尼于 1982 年推出了这款 WM-R2。在保持小巧便携的基础上加入了可以实现高性能录音的内置立体声麦克风。同时改良了马达、机芯等各部件并降低了底噪，以纯净而具有现场感的立体声录音功能拓展了人们享受音乐的方式。

WM-F5(1983 年)

这款 WM-F5 于 1983 年正式推出，一上市就受到了全球消费者的追捧，在当年也算是一款现象级磁带随身听产品了。

WM-30(1984 年)
WM-30 发布于 1984 年，是在 WM-20 基础上改进了电池仓盖并优化了前面板设计。相对于 1 年前发布的首款伸缩机 WM-20，机器做了一些设计上的改善。其中最明显的就是内部电池舱盖，不像 20 那样复杂容易损坏。无疑 WM-20、30 是 sony 的一个创造，将机器做的和一个完整磁带盒等高，短短的几年时间已经将随身听从 380g 笨拙 L2 往前推了整整一大步。其首次使用了超博电机和相应的机芯，为后续随身听的超博超小化开辟了道路，84 年推出的 F15 就是使用的和 20 相同的机芯(PS:当时 Walkman 机芯结构有 3 个方向,DD 轴传动、WA 绞轮结构、Wm-20 这样的双铜飞简化结构)。

当然受制于当时材料加工工艺的限制，使用的铝合金材料偏软，导致 20、30、40 这一系列的机器都不坚固，稍有不慎就会导致机器凹陷或者瘪角。电路方面 WM-30 类似于早期的 L2，属于老砖音质，已搭载 DOLBY NR；1.5V 机器，推力要强于后期机型。

WM-GX202(1986 年)

1986 年，支持录音功能的磁带随身听 WM-GX202 上市。同年，Walkman 的全球累计销量突破 2000 万台；与此同时，"Walkman"一词被正式载入牛津英语词典。

WM-102(1988 年)

1988 年，索尼推出深受音乐爱好者和发烧友喜爱的高端磁带随身听——WM-102。作为 WM-101 的改进型，WM-102 不仅体积小巧，还拥有高端 Walkman 机型所具有的所有功能，例如杜比 B NR，超薄金属机身、自动反向播放功能等。像 WM-51 一样，暗盒门也可以锁紧。

此外，WM-102还配有一对优质的入耳式耳机和一个紧密贴合的外壳，以保护耳机。

WM-703C(1989 年)
1989 年，索尼发布 WM-703C，是旗舰机型 701C 的升级版。WM-703C 集合了索尼当时最先进的技术于一身，升级了口香糖电池充电器，10 分钟充电可播放 1.5 小时，30 分钟充满可播放与 WM-701C 完全相同的时间。

该机机身尺寸小巧，采用了先进的电子系统以及触摸式按键；还配备了非晶磁头、杜比 C 降噪和全新的 Megabass 系统。出色的工业设计即使放在今天也是一流品质，也为之后 90 年代的随身听产品设计树立了新的榜样。

WM-SXF30(1991 年)

1991 年，索尼推出适合户外运动使用的磁带随身听——WM-SXF30。这款产品的外观主打年轻时尚风，支持 FM/AM 调频，另外还支持自动反向播放功能，拥有很好的便携和易用性。

WM-EQ2(1996 年)
1996 年，一款看上去像是专为女性消费者设计的磁带随身听 WM-EQ2 发布，虽说性能非常低级，但外观设计非常可爱吸引人，半透明外壳，可爱的"豌豆"形机身，5 种时尚靓丽的颜色可选，再一次俘获了众多年轻消费者的心。

顺带说一下，该型号销售途径不是电器商场或者音响店，而是以时尚家居为主的杂货商店，设计师也是首次请女设计师设计的。

WM-WE01(1999 年)
1999 年推出的 WM-WE01 对索尼来说有着重要的历史意义，因为这是一款为了致敬索尼第一款随身听 TPS--L2 而精心设计的 20 周年纪念版机型。它是由耳机、遥控器、机身 3 个独立部分组成的 Walkman，配色也采用了与 20 年前第一款机型 TPS-L2 相同的颜色。

(未完待续)

◇四川 小菲

图解MOSFET的特性参数(一)

01绝对最大额定值

任何情况下都不允许超过的最大值

绝对最大额定值 (Tj=25℃)

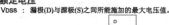

	项目	略号	条件	定格	单位
额定电压	Drain to Source Voltage	V(DSS)	VGS=0	900	V
	Gate to Source Voltage	V(GSS)	VDS=0	±30	V
额定电流	Drain Current (DC)	ID(DC)	Tc=25℃	±6.0	A
	Drain Current (Pulse)	ID(Pulse)	PW≤10μs,Duty≤1%	±12	A
额定功率	Total Power Dissipation	PT	Tc=25℃	100	W
额定温度	Channel Temperature	Tch		150	℃
	Storage Temperature	Tstg		-55～+150	℃
额定雪崩	Single Avalanche Current	IAS	Starting T =25℃	6.0	A
	Single Avalanche Energy	EAS	RG=25Ω VGS=20V →0	42.3	mJ

1.1 额定电压

VDSS ：漏极(D)与源极(S)之间所能施加的最大电压值。

栅极·源极之间短路

VGSS ：栅极(G)与源极(S)之间所能施加的最大电压值。

漏极·源极之间短路

1.2 额定电流

ID(DC)：漏极允许通过的最大直流电流值
此值受到导通阻抗、封装和内部连线等的制约
TC=25℃（假定封装贴无限大散热板）

ID(Pulse)：漏极允许通过的最大脉冲电流值
此值还受到脉冲宽度和占空比等的制约

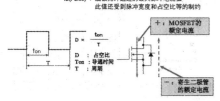

ton
T

D：占空比
Ton：导通时间
T：周期

+：MOSFET的额定电流

-：寄生二极管的额定电流

1.3 额定功耗

PT：芯片所能承受的最大功耗。其测定条件有以下两种

TC=25℃的条件 ··· 紧接无限大放热板，封装背面温度为25℃（图1）
TA=25℃的条件 ··· 直立安装不接散热板 环境温度为25℃（图2）
A : Ambient 的简写

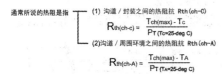

封装 散热板 环境温度 TA=25℃

封装背面温度Tc=25℃ 印刷电路板

（图1） （图2）

1.4 额定温度

Tch ：MOSFET的沟道的上限温度
一般 Tch≦150℃ （例）

Tstg ：MOSFET器件本身或者使用了MOSFET的产品，其保存温度范围为

最低 -55℃，最高150℃ （例）

1.5 热阻

表示热传导的难易程度。热阻值越小，散热性能越好。如果使用手册上没有注明热阻值时，可根据额定功耗PT及Tch将其算出。

通常所说的热阻是指

(1)沟道/封装之间的热阻抗 Rth(ch-c)

$$R_{th(ch-c)} = \frac{T_{ch(max)} - T_c}{P_T \, (T_{c=25-deg \, C})}$$

(2)沟道/周围环境之间的热阻抗 Rth(ch-A)

$$R_{th(ch-A)} = \frac{T_{ch(max)} - T_A}{P_T \, (T_{A=25-deg \, C})}$$

沟道/封装之间的热阻
（有散热板的条件）

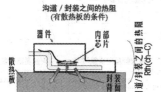

器件 内部芯片
散热板 封装背面 沟道到封装之间的热阻Rth(c-c)

热阻Rth的计算

例1：计算2SK3740沟道/封装之间的热阻
2SK3740的额定功耗PT （Tc= 25℃）

PT = [100] (W)

因此

$$R_{th(ch-c)} = \frac{T_{ch(max)} - T_c}{P_T \, (T_{c=25-deg \, C})}$$

$$= \frac{[150] - [25]}{[100]} = [1.25] \; (℃/W)$$

例2：计算2SK3740沟道/环境之间的热阻
2SK3740的额定功耗PT (Ta= 25℃)

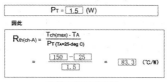

PT = [1.5] (W)

因此

$$R_{th(ch-A)} = \frac{T_{ch(max)} - T_A}{P_T \, (T_{A=25-deg \, C})}$$

$$= \frac{[150] - [25]}{[1.5]} = [83.3] \; (℃/W)$$

沟道温度Tch的计算

利用热阻抗计算沟道温度

有散热板的条件下

Tch = Tc + Rth(ch-c) x Pt

沟道/封装之间的温度差
封装背面中央部或漏极的根部温度

直立安装无散热板的条件下

Tch = TA + Rth(ch-A) x Pt

沟道/周围之间的温度差
环境温度

例：计算2SK3740在以下条件下的沟道温度Tch

条件:有散热板，且封装背面温度Tc=50℃,现在功耗 Pt = 2W
（额定功耗PT(Tc=25℃) =100W）

计算如下

$$T_{ch} = T_c + R_{th(ch-c)} \cdot P_T$$

$$= [50](℃) + \boxed{} \times [2](W)$$

$$R_{th(ch-c)} = \frac{T_{ch(max)} - T_c}{P_T \, (T_{c=25℃})} = [1.25] \; (℃/W)$$

$$T_{ch} = [52.5] (℃)$$

1.5 安全动作区SOA

SOA = Safe Operating Area 或 AOS = Area of Safe Operating

正偏压时的安全动作区

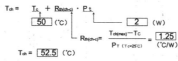

安全动作区由5个限制区构成
A线 ··· 导通阻抗限制
B线 ··· 额定电流限制
C线 ··· 额定功耗限制
D线 ··· 额定电压限制
E线 ··· 二次击穿限制

※有的产品有二次击穿，有些产品无二次击穿。

1.7 抗雪崩能力保证

对马达、线圈等电感性负载进行开关动作时，关断的瞬间会有感生电动势产生。

1：开路 → 2：接通 → 3：关断 感生电动势

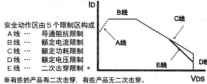

开关两端的电压：Vsw

SW两端施加的电压

电路比较

(1) 以往产品(无抗雪崩保证)的电路必须有吸收电路
以保证瞬间峰值电压不超过VDSS。

吸收电路

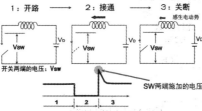

VD:电源电压

稳压二极管

VDSS额定值

漏极电流波形
漏极·源极之间电压波形

导通期间 关断期间

(2) 有抗雪崩能力保证的产品，MOSFET自身可以吸收瞬间峰值电压而无需附加吸收电路

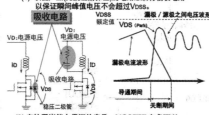

VD:电源电压

VGS=0V
(=SW OFF)

MOSFET的耐压(BVDSS)
漏·源间电压波形 VDSS钳位线

漏极电流波形

导通期间 关断期间

实际应用例

额定电压VDSS为600V的MOSFET的雪崩波形(开关电源)

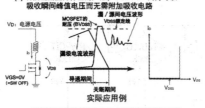

雪崩发生 600V

开启波形 关断波形

抗雪崩能力保证定义

单发雪崩电流IAS：下图中的峰值漏极电流
单发雪崩能量EAS：一次性雪崩期间所能承受的能量，以Tch ≦ 150℃为极限
连续雪崩能量EAR：能承受的反复出现的雪崩能量，以Tch ≦ 150℃为极限

抗雪崩能力测试电路

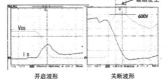

VGS=20+0V
Single

怎样选择MOSFET的额定值

器件的额定 电压值 应高于实际最大电压值20%
电流值 应高于实际最大电流值20%
功耗值 应高于实际最大功耗的50%

而实际沟道温度不应超过 -125℃

上述为推荐值。实际设计时应考虑最坏的条件。如沟道温度Tch从50℃提高到100℃时，推算故障率降低20倍。

02电参数

ELECTRICAL CHARACTERISTICS (TA = 25℃)

CHARACTERISTICS	SYMBOL	TEST CONDITIONS	MIN.	TYP.	MAX.	UNIT
Zero gate Voltage Drain Current	I(DSS)	VDS = 60V , VGS = 0 V			10	μA
Gate Leakage Current	I(GSS)	VGS = ±20 V, VDS = 0V			±10	μA
Gate Cut-off Voltage	V(GSoff)	VDS = 10 V , ID = 1 mA	1.5	2.0	2.5	V
Forward Transfer Admittance	|yfs|	VDS = 10 V , ID = 40 A	21	43		S
Drain to Source On-state Resistance	R(DSon)	VGS = 10 V , ID = 40 A		11	14	mΩ
	R(DSon)	VGS = 4.5V, ID = 40 A		16	22	mΩ
Input Capacitance	C(iss)	VDS = 10 V		3200		pF
Output Capacitance	C(oss)	VGS = 0 V		520		pF
Reverse Transfer Capacitance	C(rss)	f = 1 MHz		260		pF
Turn-on Delay Time	t(don)	VDS = 30 V, ID = 40 A		80		ns
Rise Time	t(r)	VGS = 10V		1200		ns
Turn-off Delay Time	t(doff)	RG = 10 Ω		200		ns
Fall Time	t(f)			350		ns
Total Gate Charge	Q(g)	VDS = 48V		60		nC
Gate to Source Charge	Q(gs)	VGS = 10 V		10		nC
Gate to Drain Charge	Q(gd)	ID = 80A		15		nC
Body Diode Forward Voltage	V(SD)	IF = 80 A, VGS = 0 V		1.0		V
Reverse Recovery Time	t(rr)	IF = 80 A, VGS = 6 V		46		ns
Reverse Recovery Charge	Q(rr)	dI/dt = 100 A/μs		66		nC

2.1 漏电流

IDSS:漏极与源极之间的漏电流。 IGSS：栅极与源极之间的漏电流。
VGS = 0时, D与S之间加VDSS VDS = 0时, G与S之间加VGSS

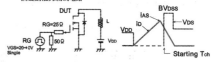

VDSS VGSS

2.2 栅极阈值电压 VGS(off) 或 VGS(th)

MOSFET的VDS = 10V, ID = 1mA时的栅极电压VGS

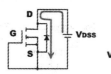

1mA

VDS=10V

VGS(off)

阈值电压的温度特性

MOSFET具有负的温度特性，而且变化率比双极型晶体管大。
如：双极型晶体管约为-2.2mV /℃，MOSFET约为-5mV /℃

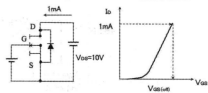

VDS=10V
ID=1mA

Vgs(off)/Gate to Source Cutoff Voltage[V]
Tch-Channel Temperature[℃]

在使用温度范围内栅极的噪音必须控制在阈值以下，如果超过阈值电压，则误动作就会发生。

2.3 正向传到系数 yfs

单位VGS的变化所引起的漏极电流ID的变化。单位为S。

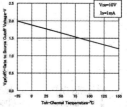

$$y_{fs} = \frac{\Delta I_D}{\Delta V_{GS}}$$

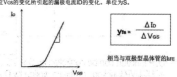

VGS

相当与双极型晶体管的hFE

例如：3S时，VGS变化1V，那么漏极电流会增加3A。
在作为高速开关用时，若是电容性负载，则进入ON状态时，因为给电容充电需要过渡电流，如果yfs太小，则有时会出现开关不动作的现象。

12 输出车用 PMIC 控制寄存器初探(一)

　　RTQ5115-QA 是一颗通过了 AEC-Q100 Grade 2 认证的车用 PMIC 即电源管理集成电路,其主体为 4 路 Buck 转换器和 8 路线性稳压器,各 Buck 转换器的负载能力分别为 2.4A/2A/1.6A/2A,线性稳压器的负载能力每个都是 300mA,应用电路特别简单(图1)。

　　RTQ5115-QA 的集成度很高,下面是它的内部电路框图(图2)。

　　将各个转换器和系统控制部分连接起来的是中间的一大块逻辑控制电路和左下角的 State Machine,它们是各个转换器与系统控制器之间的桥梁,也是整个芯片的控制中心。

　　RTQ5115-QA 支持直接加电启动或按键启动,能在系统需要时自主启动关机过程,遇到故障或收到按键信号时可主动关机,还能实施自动重启操作,将各种情况下的需要都考虑到了(图3)。

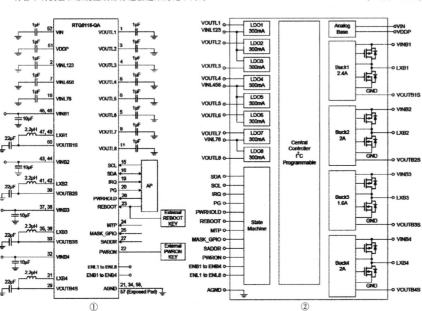

①

②

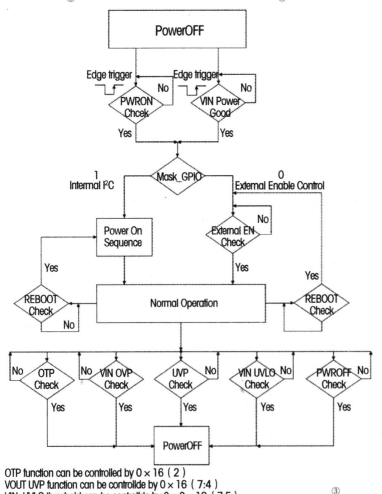

OTP function can be controlled by 0×16 (2)
VOUT UVP function can be controllde by 0×16 (7:4)
VIN_UVLO threshold can be controllde by 0×0×12 (7:5)

③

Figure 1. Power ON/OFF Flow Chart

图解 MOSFET 的特性参数(二)

(上接第 129 页)

2.4 漏极 / 源极间的导通阻抗 R_DS(on)

　　MOSFET 处于导通状态下的阻抗。导通阻抗越大,则开启状态时的损耗越大。因此,要尽量减小 MOSFET 的导通阻抗。

$$R_{DS(on)} = \frac{V_{DS}}{I_D}$$

导通时的功耗

$$P_T = I_D \cdot V_{DS(on)} = I_D^2 \cdot R_{DS(on)}$$

　　功耗与电流的平方成比例。越是大电流的产品,就越是需要具有低的导通阻抗。

导通阻抗的各种相关性

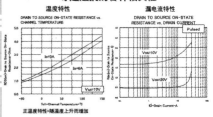

温度特性　　　　　　　漏电流特性

正温度特性:随温度上升而增加

2.5 内部容量

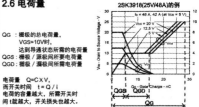

$C_{iss} = C_{gs} + C_{gd}$
$C_{oss} = C_{gd} + C_{ds}$
$C_{rss} = C_{gd}$

　　容量值越小,开关通度越快,开关损耗就越小。开关电源、DC/DC 变换器等应用,要求较小的 Qg 值。

2.6 电荷量

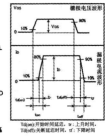

　　QG:栅极的总电荷量,VGS=10V时,达到导通状态所需的电荷量
　　QGS:栅极/源极间所要电荷量
　　QGD:栅极/漏极间所需电荷量

　　电荷量 Q=C×V,而开关时间 t=Q/i。电荷的容量越大,所需开关时间就越大,开关损失也越大。

2.7 开关时间

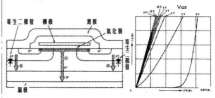

开关时间测定电路　　　　栅极电压波形

γ=1μs
Duty Cycle≤1%

Td(on):开始时间延迟,tr:上升时间。
Td(off):关断延迟时间,tf:下降时间。

2.8 内部二极管

·栅极/源极电压VGS=0时,内部二极管的正向电压-电流特性。
·栅极/源极间加正向偏压时,即MOSFET导通状态时,与导通阻抗时的特性一致。

2.9 内部二极管的反向恢复时间trr、反向恢复电荷量Qrr

　　二极管可视为一种电容。积累的电荷Qrr完全放掉需要时间为trr。另外,由于反向恢复时,处于短路状态,损耗很大。因此内部寄生二极管的电容特性使MOSFET开关频率受到限制。

　　寄生二极管通过电流IF后,让电压反向以进行测试。

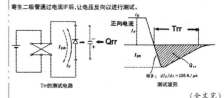

Trr的测试电路　　　　　测试波形

(全文完)

(下转第 131 页)

12 输出车用 PMIC 控制寄存器初探(二)

(上接第 130 页)

　　RTQ5115-QA 具有 I²C 接口,它在 I²C 总线上的角色属于 Slave,其开关机时序、各个转换器的输出电压、工作频率、工作模式、是否进行频谱扩展以及电压动态调整和电压改变的速度等等都可以在来自 Master 即系统控制器的指令控制下进行调整,其内部挂在 I²C 总线上的各个寄存器便是各种控制指令的存储位置。已经调试成熟的寄存器参数可以备份保存于其内部集成的可擦写存储器即 EEPROM 中,它们在需要时又可以自动重载进入寄存器,将用户设计好的工作状态重现出来。(见图 4)

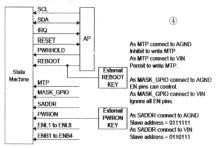

④

　　系统控制器将一个字节的数据写入 RTQ5115-QA 内部地址为 m 的寄存器或将 N 个字节的数据写入其内部地址从 m 开始的 N 个寄存器的通讯过程如图 5 所示。

　　图中的 Slave Address 是 RTQ5115-QA 在 I2C 总线上的地址,它可由 SADDR 引脚选择为 0110111(SADDR=1)或 0111111(SADDR=0),此地址将 RTQ5115-QA 与同时挂在 I2C 总线上的其它器件区别开来,使其不会对不相关的指令做出响应。Register Address 和后面跟着的 Data 分别代表

Write single byte of data to Register

Write N bytes of data to Registers

⑤

Read single byte of data from Register

Read N bytes of data from Registers

⑥

　　RTQ5115-QA 内部寄存器的地址和将要写入其中的数据。假如需要读出 RTQ5115-QA 内部寄存器的数据,相关的时序如图 6 所示。

　　对 RTQ5115-QA 来说,它的寄存器实在是太重要,是调节其性能、控制其工作的关键所在,所以下面就对其部分寄存器的参数进行解读,重点将会放在与 Buck 转换器相关的部分,了解了它们,我们对器件特性的理解就可以得到深入,如何控制它的方法也明确了。(表 1)

　　每个寄存器都有自己的地址,这是地址为 00(十六进制)的寄存器信息,它有 8 个二进制位,分别以 7~0 的 8 个数字进行位置标识,其前半字节的 4 个位[7:4]存储的数据是只能读的固定数 1000,这是供应商编码,代表立锜。后半字节[3:0]的数据是 0111,为 RTQ5115-QA 的版本编号,我不知道它将来还会有多少个版本,也不知道改版时会不会改变这个数据,所以暂且把它当作是一个固定数来看待,如果你在未来的应用中读到了新的数据也用不着惊奇,因为有很多器件都是会不断更新的。(表 2)

　　寄存器 01、02 分别定义了 Buck1 和 Buck2 的两个特性,一是输出电压,二是输出电压发生改变时的变化速度。从对可写入参数的描述可以看出这两路转换器的输出电压范围都是 0.7V~1.8V,步进值为 25mV,所以在应用中可以得到非常精细的输出电压设定。

　　当把新的数据写入 RTQ5115-QA 的寄存器以改变其输出电压时,其输出从原有电压改变到新的电压的速度是可调的,此速度由上表中的 VRC 决定,其变化过程如图 7 所示。

　　对于 Buck1 和 Buck2 而言,上图所示的每一个小台阶的上升/下降幅度可以是上表所示的 25mV、50mV、100mV

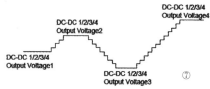

⑦

　　或 200mV,水平方向的一段线所代表的时长则为 10μs,两者合起来就表达了电压变化的速度,但是这种逐渐变化的设定是可以被禁止的,这在下图所示的寄存器 05 的内容里被呈现了出来(表 3)。

　　当写入数据使寄存器 05 的[7:4]中的某个位被设定为 0 时,与之对应的 Buck 转换器的电压渐变功能便被取消了,若写入数据为 1 则是使能该功能。禁止了电压渐变功能的转换器能以最快的速度从原有电压改变到新的电压,这样做的坏处是可能会形成比较大的输入端电流冲击,所以你在选择时要仔细权衡一下。

　　寄存器 03、04 分别定义了 Buck3 和 Buck4 的输出电压及其变化速度,它们的规格是一样的,所以这里只展示其中一个的定义(表 4)。

　　Buck3/4 的最高输出电压为 3.6V,最低输出电压与 Buck1/2 一样都是 0.7V。由于 Buck3/4 扩大了输出电压范围,相应的电压步进值扩大到 50mV,电压变化速度也加大了一倍(表 5)。

(下转第 139 页)

表 1

Address	00	Device ID		
Bit	Name	Description	Read/Write	Reset Value
[7:4]	VENDOR_ID		R	1000
[3:0]	CHIP_REV	Chip Revision	R	0111

表 2

Address	01	BUCKcontrol1		
Bit	Name	Description	R/W	Reset Value
[7:2]	Buck1Output[5:0]	Buck1 output voltage regulation 000000 : 0.7V, 25mV per step 000001 : 0.725V ... 101100 : 1.8V ... 111111 : 1.8V	R/W	Option
[1:0]	Buck1VRC	VRC setting 00 : 25mV/10μs, 01 : 50mV/10μs, 10 : 100mV/10μs, 11 : 200mV/10μs	R/W	Option
Address	02	BUCKcontrol2		
Bit	Name	Description	R/W	Reset Value
[7:2]	Buck2Output[5:0]	Buck2 output voltage regulation 000000 : 0.7V, 25mV per step 000001 : 0.725V ... 101100 : 1.8V ... 111111 : 1.8V	R/W	Option
[1:0]	Buck2VRC	VRC setting 00 : 25mV/10μs, 01 : 50mV/10μs, 10 : 100mV/10μs, 11 : 200mV/10μs	R/W	Option

表 3

Address	05	VRC Control		
Bit	Name	Description	R/W	Reset Value
7	Buck1VRC_EN	Buck1 VRC 0 : Disable - voltage ramps up to target voltage with one time 1 : Enable - voltage ramps up to target voltage with slope control	R/W	Option
6	Buck2VRC_EN	Buck2 VRC 0 : Disable - voltage ramps up to target voltage with one time 1 : Enable - voltage ramps up to target voltage with slope control	R/W	Option
5	Buck3VRC_EN	Buck3 VRC 0 : Disable - voltage ramps up to target voltage with one time 1 : Enable - voltage ramps up to target voltage with slope control	R/W	Option
4	Buck4VRC_EN	Buck4 VRC 0 : Disable - voltage ramps up to target voltage with one time 1 : Enable - voltage ramps up to target voltage with slope control	R/W	Option
[3:0]	Reserved		R/W	0000

表 4

Address	03	BUCKcontrol3		
Bit	Name	Description	R/W	Reset Value
[7:2]	Buck3Output[5:0]	Buck3 output voltage regulation 000000 : 0.7V, 50mV per step 000001 : 0.75V ... 111010 : 3.6V ... 111111 : 3.6V	R/W	Option
[1:0]	Buck3VRC	VRC setting 00 : 50mV/10μs, 01 : 100mV/10μs, 10 : 200mV/10μs, 11 : 400mV/10μs	R/W	Option

表 5

Address	06	BUCK Mode		
Bit	Name	Description	R/W	Reset Value
7	Buck1mode	Buck1 mode 0 : Force PWM 1 : Auto Mode (PSM/PWM)	R/W	Option
6	Buck2mode	Buck2 mode 0 : Force PWM 1 : Auto Mode (PSM/PWM)	R/W	Option
5	Buck3mode	Buck3 mode 0 : Force PWM 1 : Auto Mode (PSM/PWM)	R/W	Option
4	Buck4mode	Buck4 mode 0 : Force PWM 1 : Auto Mode (PSM/PWM)	R/W	Option
3	Buck1oms	Buck1 output off mode state 0 : Floating 1 : Ground-discharged	R/W	Option
2	Buck2oms	Buck2 output off mode state 0 : Floating 1 : Ground-discharged	R/W	Option
1	Buck3oms	Buck3 output off mode state 0 : Floating 1 : Ground-discharged	R/W	Option
0	Buck4oms	Buck4 output off mode state 0 : Floating 1 : Ground-discharged	R/W	Option

RISC-V 发展研究报告(一)

开放:RISC-V 的天然基因

RISC-V 并不是一种处理器或芯片,也不是一种 IP,而是一套指令集架构规范(Specification)。所谓指令集,是存储在处理器(芯片)内部指导它如何进行运算的一系列规范语言。它是软件和硬件之间的接口,向上定义任何软件程序员需要了解的硬件信息,向上指导应用系统的运转,可以说指令集架构决定了一个处理器的"灵魂"。

PC 时代,开放的是基于某个指令集架构制造的芯片产品(如 Intel 公司按照 x86 架构生产的各种 CPU 芯片);移动互联网时代,开放的是基于某个指令集架构微处理器内核授权(如 Arm 公司按照 Arm 架构研发的各种内核 IP);AIoT 时代,直接开放的是指令集架构 ISA(如 RISC-V 基金会定义的 RISC-V 指令集架构)——"开放"的主体在不断变换,但"开放"的程度却在越发加深,从芯片公司到 IP 公司再到标准组织,从产品销售到授权再到架构共享,谁以开放的心态拥抱新时代,谁就能够引领产业而获取更大的发展空间。

源于加州大学伯克利分校(UC-Berkeley)的 RISC-V 指令集架构,从诞生之初,就一直拥有开放的基因。它吸取了近十年来计算机发展过程中各种指令集架构的经验与教训,从设计理念上摒弃历史包袱,从技术性能上看相比其他计算机指令架构(ISA),显示出了极简、统一、模块化、可扩展的属性,具备了天然的后发优势。

RISC-V 作为学术界和产业界合作的结晶,最有希望成为新时代的主导架构,其遵从 BSD(Berkeley Software Distribution license)协议,可以为任何组织机构和商业组织所使用,这意味着基于 RISC-V 指令集架构开发的内核 IP,相关芯片以及开发工具既可以免费开源,也可以专有收费,具体产品实现可以包括:自行开发版本、开源无质保免费版本、开源加服务费版本、商用闭源收费版本。因此,为产业的发展提供了更为开放的选择。

据统计,RISC-V 基金会如今已经吸引了全球 28 个国家 327 多家会员加入,其中不乏 IBM、NXP、西部数据英伟达、高通、三星、谷歌、华为、阿里、Red Hat 与特斯拉巨头的身影。这个由其成员主导的非营利性机构,指导 RISC-V 未来的发展,并推动 RISC-V ISA 更大范围的应用。RISC-V 基金会的成员可以访问和参与 RISC-V ISA 规范和相关的 HW/SW 生态系统的开发。伴随着 RISC-V 应用生态的发展,RISC-V 基金会注册地从美国迁往中立国家瑞士,RISC-V 指令集架构正逐渐成为一个产业界共同遵循的指令集的标准。其开放的特性,也让 RISC-V 的使用并不会受到单一公司的绑定,因此也被认为是我国实现芯片自主的希望路径之一。

如今,在全球范围内,RISC-V 赛道上也涌现出了一批具有代表性的技术企业,如 RISC-V 发明团队创办的美国 SiFive 公司,捷克的 Codasip 公司,中国台湾的晶心科技,以及中国本土的平头哥半导体、芯来科技等。

繁荣:从 AIoT 赛道起跑

RISC-V 与 AIoT

据 Gartner 预测,到 2020 年将有超过 200 亿个 AIoT 设备联网。台湾工研院研究报告也指出,AIoT 芯片市场预计到 2025 年将达 390 亿美元,年复合成长率高达 20%。AIoT 的发展需要四大要素,即 AI 算法、IoT 安全、处理器,以及服务平台。其中,处理器是智能联网设备的核心硬件基础,大多数 IoT 设备都需要使用低功耗、支持无线连接的嵌入式处理器芯片,而 AI 相关应用也需要嵌入式处理器进行边缘计算,才能建构完整的 AIoT 应用,面对高性能、低功耗、无线连接等方面的挑战,基于 RISC-V 的微处理器内核(包含 DSP 扩展及矢量扩展)加上 AI 运算协处理器 IP,将成为细分市场 AIoT 应用的很好机会。RISC-V 从 AIoT 赛道起跑,是由于该领域内的绝对生态壁垒并不存在,嵌入式设备的软硬件一体性和源代码重编译特性决定了其只存在生态相对壁垒。这种相对的生态壁垒随着软硬件厂商的共享繁荣的设计目标,以及差异化产品的旺盛需求,对新兴的 RISC-V 架构有天然的友好性。

我们看到 RISC-V 目前应用的市场还主要聚焦于 AIoT 领域,这是由生态壁垒所决定的。RISC-V 指令集架构的标准和技术本身并不局限于 AIoT 领域,只是定义了要遵循的一种模式而已。而具体的性能表现,则要落实到具体的微结构设计中,不管是低功耗的设计还是高性能的设计,都依赖于 CPU 微结构设计的水平。近期采用 Arm 架构的苹果 M1 处理器超越 x86 架构的处理器芯片,就证明了 RISC 架构在 PC 及服务器领域的巨大潜力。

RISC-V 与软生态

无论 PC 还是智能手机,都需要密集的人机交互和通用应用软件生态。而未来的 AIoT 应用将进入一种"无人"的物联应用场景。要随时随地实现这样的应用,单靠硬件是不行的。RISC-V 硬件架构要想在 AIoT 赛道实现突破,还需要操作系统和软件的配合才行。RISC-V 基金会与 Linux 基金会达成合作协议,借助后者积累多年的开源生态建设经验和全球庞大的 Linux 开源社区,得到了 Linux 的软件平台支持,同时,各种针对或兼容 RISC-V 架构的 Linux 基础工具和平台也在加紧开发和测试中,开源的 Linux 与开放的 RISC-V 的软硬结合将发挥出无限潜能。从开发工具上看,除了 Eclipse 的 IDE 工具,有芯来科技的 NucleiStudio、晶心科技的 AndeSight 和 Codasip 的 CodasipStudio 等,而国际上专业的开发工具企业 SEGGER、IAR、Lauterbach 也在最近一年为多家厂商的 RISC-V MCU 和 FPGA 提供了支持和更新。

RISC-V 应用领域的拓展

RISC-V 的市场也在持续扩张,Semico 预计 2025 年全球市场的 RISC-V 核心数将达到 624 亿,其中工业应用将占据 167 亿颗核心。而根据 Tractica 预测,RISC-V 的 IP 和软件工具市场也将在 2025 年达到 10.7 亿美元。从 RISC-V 基金会官网获悉,目前全球范围内,RISC-V 芯片(SoC、IP 和 FPGA)已经推出 84 款,覆盖了云端、移动、高性能运算和机器学习等 31 个产业,而越来越多的芯片企业和终端企业正在加速布局 RISC-V 产品。

RISC-V 的生态已经能够很好地支撑垂直应用。在存储控制市场希捷、西部数据这样的头部厂商都已将 RISC-V 内核应用于自身的产品当中;在 AI 领域英伟达也公开了其在 RISC-V 方面的研究,指出了在深度神经网络中应用 RISC-V 指令集的可能性;三星也披露了将推出多款采用 RISC-V 内核架构的芯片;另外,Google、三星和高通在内的约 80 家公司将联合为自动驾驶汽车等应用开发新的 RISC-V 芯片设计;GreenWaves 推出了基于 RISC-V 的低功率 AI 物联网(IoT)应用处理器;晶晨半导体推出具有 RISC-V 安全内核的 SoC 芯片;华米发布了用于生物识别可穿戴设备的新型 AI 芯片。

RISC-V 在通用类的产品应用生态也在逐步打通,越来越完整的可选开发工具链将助力通用产品的大范围面世。RISC-V 的编译、验证和分析等流程都在逐步扩大软件与硬件支持。兆易创新在 2019 年时就推出了 RISC-V 内核的 MCU 产品、乐鑫在 2020 年发布了搭载 RISC-V 处理器的 WiFi+蓝牙模组、GreenWaves 发布了其超低功耗 GAP9 音频芯片、中科蓝讯有多款 RISC-V 芯片、沁恒推出了三款 RISC-V MCU、中微半导体正式发布首款集成 RISC-V 内核的 32 位 MCU,瑞萨电子也预计于 2021 年推出通用 RISC-V 芯片产品。

(未完待续)

◇芯来科技市场部供稿

电子科技博物馆专栏

编前语:或许,当我们使用电子产品时,都没有人记得或知道老一批电子科技工作者们是经过了怎样的努力才奠定了当今时代的小型甚至微型的诸多电子产品及家电;或许,当我们拿起手机上网、看新闻、打游戏、发微信朋友圈时,也没有人记得是乔布斯等人让手机体积变小、功能变强大;或许,有一天我们的子孙后代只知道电子科技的进步而遗忘了老一辈电子科技工作者的艰辛……

成都电子科技博物馆旨在以电子发展历史上有代表性的物品为载体,记录推动电子科技发展特别是中国电子科技发展的重要人物和事件。目前,电子科技博物馆已与 102 家行业内企事业单位建立了联系,征集到藏品 12000 余件,展出 1000 余件,旨在以"见人见物见精神"的陈展方式,弘扬科学精神,提升公民科学素养。

科学史话

穿磁芯的姑娘背后的故事(二)

一个放大镜,一盒磁芯,是电子科技博物馆里的展品。讲解词中有说,由于磁芯很小,穿磁芯的女工常常会因此损伤视力,我不禁试着去想象穿磁芯,究竟是一件怎样的工作。

最初投入使用时,磁芯板中的磁环还有手指粗细,然而随着计算机的小型化和集成化的提高,磁环最终只有铅笔尖粗细,并且要用放大镜才看得清。

磁芯最初的生产方式是用粉末烧结,这种方式受温度波动影响,一致性差,生产速度也慢。后来将磁性材料沉积在树脂带上,碾片冲压,从整块的磁板上批量生产出磁芯。

最初磁芯板的组装完全依赖手工,但当磁芯已经无法再依靠手工穿制,出现了半自动机械组装,最后发展为模板自动排列磁芯比矩阵,金属模板粘接定位磁性,机械化穿孔。

电子科技博物馆中磁芯的铭牌上写着,磁芯来自"金川无线电器材厂"。实际上,"金川无线电器材厂"就是位于宜宾市的"国营八九九厂"。

八九九厂始建于 1965 年,是一家以民为主,军民结合型企业,下设工厂和研究所,主要生产磁性材料及相关元器件。作为"三线建设"的重点企业,八九九厂有着辉煌的过去,在成功改制为"金川无线电器材厂"后,八九九厂一直在最初的道路上越走越远。

八九九厂老厂落成于 1970 年,于 2000 年后拆除。

1978,是时代的春天,是计算机科学的春天,也是每一个人的春天。电子科技博物馆里展示的磁芯的生产年代正是 1977 年。磁芯在我国活跃的年代横跨十年动乱,直至改革开放,它见证了我国历史的一段重要历程。

◇电子科技博物馆

电子科技博物馆中
展出的磁芯

制作磁芯存储器的姑娘们

八九九老厂全景

电子科技博物馆"我与电子科技或产品"

本栏目欢迎您讲述科技产品故事,科技人物故事,稿件一旦采用,稿费从优,且将在电子科技博物馆官网发布。欢迎积极赐稿。

电子科技博物馆藏品持续征集:实物;文件、书籍与资料;图像照片、影音资料。包括但不限于下列领域:各类通信设备及系统;各类雷达、天线设备及系统;各类电子元器件、材料及相关设备;各类电子测量仪器;各类广播电视、设备及系统;各类计算机、软件及系统等。

电子科技博物馆开放时间:每周一至周五 9:00-17:00,节假日闭馆。

联系方式

联系人:任老师 联系电话/传真:028-61831002

电子邮箱:bwg@uestc.edu.cn 网址:http://www.museum.uestc.edu.cn/

地址:(611731)成都市高新区(西区)西源大道 2006 号

电子科技大学清水河校区图书馆报告厅钟楼

BOSTON HPS 8WI 有源低音炮电路原理分析及维修实例(三)

(接上期本版)

五、维修实例

例1,一台该型号低音炮,由于误接 220V 电源,导致不开机。

将烧断的保险丝换新后,把音箱接在 110V 电源上,保险丝仍旧烧断。看来,电路有严重短路故障。

拔下变压器到线路板的连线,单独给变压器供电,测得变压器输出电压均正常。测量电源板,发现功放主电压−54V 对地短路。测量功放管正常,仔细排查,发现−54V 主电压的 C2(0.1μF)瓷片滤波电容击穿短路,用耐压 100V 的 0.1μF 瓷片电容代换后,音箱恢复正常工作。

例2,一台该型号低音炮,与一台回音壁主音箱配合使用,由于回音壁功放喇叭灵敏度较高,觉得本低音炮的低音效果不明显。

在低音炮的前置板返放的各个耦合电容并联上正常好的电解电容做试验,结果是原机各路返放及耦合电容均正常。看电路可知,前级板各级返放都无增益,只有压限板的返放和功放板的运放才有增益。增加低音炮音量的办法可以改变压限板和功放板的增益。由于功放板是 D 类功放,改动后担心不稳定,所以决定改压限板的增益。

具体做法是:将 R72 由 9.5kΩ 改为 1.5kΩ,这样 U02(A)的增益是原来的 5 倍(原来 120k/10k=12 倍,改后 120k/2k=60 倍)。另外,由于 U02(A)的增益由 U02(C)U02(D)及 Q7 动态控制,所以,改后实际效果较好。

(全文完)

◇浙江 方位

通过 Apple Watch 检测睡眠质量

"睡眠监测"是不少 Apple Watch 用户期待已久的功能,通过记录晚上的睡眠时间,可以帮助大家衡量自己的睡眠质量和精神状态,督促大家关注自己的睡眠习惯。如果你的 Watch OS 已经是 7.0 版本,那么可以通过设置更好改善睡眠质量。

在 iPhone 上打开"Watch",选择"睡眠"(如附图所示),在这里预先设定自己的睡眠目标时长,以及入眠和起床时间,之后 Apple Watch 就会根据你的设定,在入眠时间前打开"助眠"模式,此时 Apple Watch 和 iPhone 会提醒你准备上床睡觉,并会自动打开"勿扰模式",以免收到通知干扰,屏幕亮度也会降低,还可以通过快捷指令调暗室内灯光,或通过制定播放舒缓音乐。

入眠之后,Apple Watch 会通过自带的加速感应器检测呼吸时的细微动作,以此来分辨睡眠和苏醒状态。早上到设定的起床时间时,Apple Watch 会用舒缓的铃声和震动唤醒你,并显示睡眠时长、今日天气等简报信息,还可以在"健康"App 查看更加详细的睡眠信息。

为了保证 Apple Watch 的续航能力,"睡眠"还带有充电提醒功能,如果临睡前 Apple Watch 电量低于 30%,Apple Watch 会提醒你充电。如果你起床后给手表充电,充满时 iPhone 也会作出提醒。

◇江苏 大江东去

不让 iPhone 自动关闭应用使用蜂窝移动网络的权限

当我们在 iPhone 下载新的应用之后,如果需要在使用流量的情况下也能正常使用应用,则需要为其开启蜂窝网络权限。但会发现,在给予应用蜂窝移动网络的权限之后,iOS 系统会将权限自动关闭,而且这个问题可能会重复出现,比较影响使用,此时可以按照下面的途径进行解决。

方法一:还原网络设置

这一方法并不会抹掉 iPhone 中的数据,但会清除 iPhone 中储存的 WiFi 账号和密码、DNS 设置等信息,进入设置界面之后,依次选择"通用→还原→还原网络设置"进行还原(见图 1 所示)。

方法二:还原所有设置

这一方法不会抹掉数据,但会清除 iPhone 中所有的设置,包括所有软件网络权限、定位权限、通知权限、铃声、文字大小、Apple Pay、壁纸等,还原之后需要手动再重新设置。进入设置界面之后,依次选择"通用→还原→还原所有设置"进行还原。

如果是 Apple Watch 用户,在进入 iPhone 的设置界面之后,请在"蜂窝网络"列表下允许"设置"使用"WLAN 与蜂窝网络",并允许"Watch"应用使用"WLAN 与蜂窝网络"(如图 2 所示)。如果使用的是蜂窝版 Apple Watch,请在手表设置中打开蜂窝数据,并为列表中的应用开启蜂窝移动数据权限。

当然,如果经上述操作之后仍无法解决,那么可以考虑将 i-Phone 和 Apple Watch 都更新到最新系统。需要注意的是,在解决问题之后,建议考虑关闭"Watch"应用中的"自动安装 App"选项(如图 3 所示),因为当再次安装新的 Apple Watch 软件时,极大概率会再次触发此类问题。

◇江苏 王志军

佰通 LINK−2008 肠内营养泵检修实例

该型营养泵常用于医疗机构为不能正常饮食的患者输送营养液,以利于患者尽早恢复肠胃功能。由于近期天气渐冷,随着使用频次增多,一些上了年份的泵,故障逐渐暴露出来。笔者现将维修情况汇总如下,供同行参考及交流。

一、按启动键转盘不动或运行后滴量与设置值偏差大

对此种情况,通常只需拆开机壳,将电池与连线拔出数分钟插回。再清洁泵转轴,滴一滴缝纫机油,用小内六角扳手旋紧机壳外转盘处螺丝,此举可以削减滴量和设置值之间的偏差。例如使用无锡某公司产的瓶装肠内营养悬混液(TPF)在设置 36ml/h 时,间隔约 40sec 电机启动一次,每次 5~6 滴,旋紧处理后每次 7 滴,较为恒定。红外线传感器对每颗营养液滴均会计数,当时室内温度 18~21℃。

二、屏幕一直显示请连接泵管,营养泵无法工作

这种情况是磁力传感器没有检测到泵管导致,兼容厂家的泵管有的没有磁环,或没有固定好位置。除此之外是传感器相关电路主要是那个 95A 型霍尔元件有问题,用数字表二极管档对比测量,发现参数变化了,更换该元件即可。

三、经常滴滴响,报营养袋已空或管路堵塞

多因红外传感器失效导致,用纯酒精棉签清洁机壳滴斗凹槽两侧(红外光电槽)及里面,如无效,则要更换红外对管。因原管型号功率等参数难以知晓,手上正好有一对 3mm 的(TSAL4400 红外发射二极管 TEFT4300 红外接收二极管)装上,然而十几分钟内又报警,考虑到此对管功率且接收角度都不大,于是将红外光电槽两侧用电钻钻穿,让管壳微微露出,之后可正常滴注。为确保维修质量,再将 46W 的卤素白炽台灯靠近照射(距约 60cm),并让茂菲氏滴斗内壁沾满营养液,特意营造一个复杂的环境,持续滴注 24 小时以上烤机,仍能正常工作,确定已修复,于是送回临床科室使用。

小结: 以上故障尤其以第三种居多,需强调的是,机内电池明显老化时,也会导致此报警声。拆开电池外层见到里面是两对 4 节 18650 锂电池,满电时电压约为 8.4V,感兴趣的可购买自制。在个别情况下甚至还可观察到在滴注时,当茂菲氏滴斗内没有存液时,亦会出现此报警声,所以必须引起注意。

◇鹰潭 万军

电功夫 DCF−3200 电吹风维修一则

故障现象: 通电加热丝发红,但风扇不转

分析检修: 拆机检查发现风扇电机由四个 1N4007 二极管提供电源,检查四个二极管完好,便判断是直流电机损坏,于是测量出直流电机的外形尺寸,在网上拍下一个,准备用来更换。当接下来查看评论时,有一条评论说电机质量很好,原来的电机可能没有坏,顿时心里一惊,赶紧查看电吹风的线路,原来其加热丝分为两组,其中一组加热丝在一个隐蔽的拐弯处有断裂,看来真正的故障点在这里。于是赶紧在网上订购的电机退订!然后小心地将断裂的电热丝拉长拧在一起,又将四个二极管重新焊好,装好后通电试机,果然电机风扇起死回生,再次恢复了活力!

电吹风线路原理如图所示:

风扇电机电源通过小功率电热丝 R2 接通,并非直接接在电源上,而电热丝 R2 的断裂处非常隐蔽,不易察觉,所以很容易误判断认为是直流电机的故障,因此差点走了弯路!

◇贵州 吴兆辉

(接上期本版)

4. 验证通用计数器的逻辑功能

①关断交流电源开关，关断直流稳压电源的5V电源开关。

②把CD4029集成块插入实验装置上的一个⑯脚集成块插座中，然后按图8所示的实验电路进行线路连接(集成块③脚、⑬脚、⑫脚和④脚与十六位开关电平输出中第1孔、第2孔、第3孔和第4孔之间的连线暂不连接)。

③对照图8，逐一检查每根导线连接是否正确无误且没有遗漏。

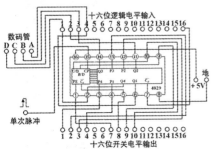

图8 验证通用计数器逻辑功能实验电路

④确认线路连接正确无误后，接通交流电源开关，接通直流稳压电源的5V电源开关。

⑤按表4的前五行顺序把十六位开关电平输出中的第7位、第8位、第9位和第10位开关依次拨到相

应位置，并慢速按动单次脉冲按钮开关，同时分步观察十六位逻辑电平输入中的第1只、第2只、第3只和第4只发光管的亮灭情况以及数码管的显示数字，把实验结果填入表4中；再用导线把集成块的③脚、⑬脚、⑫脚和④脚与十六位开关电平输出中的第1孔、第2孔、第3孔和第4孔分别连接起来，并把十六位开关电平输出中的第1位、第2位、第3位和第4位开关拨成0101，然后按表4的第六行把十六位开关电平输出中的第7位、第8位、第9位和第10位开关依次拨到相应位置，同时观察十六位逻辑电平输入中的第1只、第2只、第3只和第4只发光管的亮灭情况以及数码管的显示数字与十六位开关电平输出中的第1只、第2只、第3只和第4只发光管亮灭情况是否完全一致，把实验结果填入表4中。

表4 验证通用计数器逻辑功能实验数据

PE (7孔)	$\overline{C}_1$ (8孔)	B/D (9孔)	U/D (10孔)	CP (15脚)	功能
0	1	×	×	⌐⌐	
0	0	1	1	⌐⌐	
0	0	1	0	⌐⌐	
0	0	0	0	⌐⌐	
0	0	0	0	⌐⌐	
1	×	×	×	/	

⑥关断交流电源开关，关断直流稳压电源的5V电源开关，拆除所有的连接导线，拔下CD4029集成块。

五、归纳与思考

1. 仔细观察表1、表2、表3和表4，分别写出RS触发器、JK触发器、D触发器和通用计数器的主要功能。

2. 分别画出用JK触发器构成RS触发器和T触发器的逻辑电路图。

参考答案：

1. RS触发器的主要功能是能把输出端置成1或置成0，即具有置位功能；JK触发器的主要功能是翻转功能，即具有计数功能；D触发器的主要功能是锁存输入端数据的功能；通用计数器的主要功能是能进行任意进制的二/十进制加/减计数。

2.

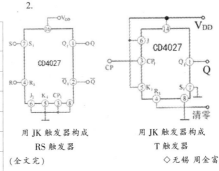

用JK触发器构成
RS触发器

用JK触发器构成
T触发器

(全文完)

◇无锡 周金富

层进式教法在电子技术教学中的应用

技能水平是衡量中等职业技术学校技能教学质量的主要标准。如何切实提高学生的电子技能水平呢？本人紧密联系学生实际，紧扣专业特点和教学内容，侧重采用示范性教学、应用性教学和创新性教学方法，层进式开展电子技能教学，取得了显著成效。

一、示范性教学

示范性教学就是教师通过当众亲自动手操作实物，使学生通过观察、思考而准确掌握实物特征、工作原理的教学方法。

示范教学是"示—教—学"的辩证统一，其过程是教师、学生、客体三者交互作用的动态发展过程。一年级学生的专业理论知识薄弱，技能水平较低，但好奇心强，采用示范教学最适合学生实际。在示教中，教师必须熟练使用教学器具(如示波器、扫频仪、信号发生器、万用表等)，要熟悉相关电子产品(如收音机、DVD机、音响、彩电等)的结构和工作原理，并能有条理地拆卸、组装、测试、检修，能从不同侧面、不同层次展示实物的特征、规律，使学生看、听、摸、想并举，口、眼、手、脑并用，直观、具体、形象地学习，且借助观察示范操作所产生的印象进行模仿练习。

例如，在教学"黑白电视的调试"时，教师可一边操作示范，一边引导学生观察如何选取测试点，如何选择万用表挡位，如何使用万用表表笔，调试时该调整哪个元件，如何判断、确定调试的最佳点等等。学生通过细心观察掌握要领后，能很快完成第一个项目的调整。如果教师没有进行这样的示范和引导，只是"纸上谈兵"，就要求学生进行操作，学生要么无从下手，要么错误百出，甚至可能发生损坏设备等安全事故。

示范性教学的恰当运用，有利于学生理解和接受，能起到举一反三、触类旁通的作用，既能培养学生的观察能力和思维能力，又能大大缩短教与学之间的距离。

二、应用性教学

应用性教学就是在学生有一定专业理论知识和技能的基础上，紧扣教学内容，通过实物组装、调试和故障检修来运用、验证、加深理解所学理论知识，并着重提高技能的教学方法。

应用性教学应注重"应用"，围绕教学重点和关键，着眼于培养学生动手解决实际问题的技能。二年级学生有了一定的专业基础，希望亲自动手解决实际问题的心情很迫切，采用应用性教学非常适宜。应用性教学的主要内容是故障检修。故障检修就是应用所学电子理论知识，从故障现象入手，通过电路分析、电路测试、参数校调、现象反馈等判定故障部位，经过更换元件等处理后，再进行调整、验证，从而排除故障。

例如，检修彩电"三无"(即无光栅、无图像、无声)故障时，引导学生根据所学彩电基础知识判断，故障可能出在电源电路或行扫描电路等部位。为了进一步判断故障部位，引导学生先验证电源电路是否正常。拆开行输出管的集电极管脚，把一只60W/220V的灯泡并接在主电压与地线之间。若灯泡不亮，应重点检查电源电路；若灯泡亮，用万用表测其两端有130V直流电压，说明电源电路正常，应依次检查行扫描电路的行输出级、推动级和振荡级。先查行输出级，查得行输出管集电极与发射极之间击穿短路，更换该元件后通电，电视恢复正常工作。

开展应用性教学，不能拘泥于课堂教学，要把思路拓宽一些。比如，可以采用方法和途径来提高学生的实例检修水平：一是带学生到电子厂、家电维修部参观实习，让他们接触更多的故障实例，了解特殊故障(软性故障、隐性故障、怪故障)的检修方法；二是积极开展第二课堂活动，成立"家电义务维修服务小组"，免费为群众维修电器，让学生有更多机会学习各类电器的故障检修，丰富检修经验，提高综合检修能力；三是在班级开展检修经验交流会，组织学生定期将全班同学完成的实例检修记录进行整理，编制《故障检修集》，供大家学习借鉴，从总体上提高全班学生的实例检修水平。

应用性教学的重要任务是教会学生学以致用，巩固所学理论知识，强化技能，提高学生解决实际问题的综合能力。应用性教学可以使学生从学习的旁观者变

成实践者，领悟到实践是最好的学习方法的真谛，真正做学习的主人。

三、创新性教学

创新性教学就是在学生具有较高专业理论水平和较强技能水平的基础上，经教师引导、点拨而产生创新思维，促使知识升华的教学方法。

创新性教学着力于培养学生的创新能力。教师在技能教学中要善于利用知识触发学生的新思维，精心点燃学生微小的创造性火花，并创造条件让其闪烁、发光。三年级，部分优秀学生不仅满足于会检修电器，而且热衷于利用所学知识和技能进行创新。教师应因势利导，有意识地培养学生的创新能力。教学中，在讲完一章或一节后，可以紧扣本章节的内容，选择适当的题材，出一道制作思考题，让学生在课余或第二课堂上思考、创作。

例如，在讲完"振荡器原理"这一章后，要求学生联系相关知识，制作一个FM无线咪。也可以联系生活实际，要求学生制作一件电器帮助解决问题。比如，为防小偷入屋行窃，设计制作一个自动拨码报警器，通过电话自动CALL主人进行报警。通过经常性训练，学生的学习既能紧扣课本知识，又能突破课本知识而创新，把技能创新学习推向更高层次。

创新是体现学生的学习日趋成熟和系统的一种标志。学生学习上的创新成就，能点燃学生追求新知识的热情，产生无穷的推动力量，激励学生继续攀登新的知识高峰。

示范性教学、应用性教学和创新性教学三者是层层递进的。示范性教学是前提基础，应用性教学是应用提高，创新性教学是升华飞跃。在电子技能教学中，三者的综合运用，能大大提高教学质量。

以上三种教学方法的成功运用，使我在教学实践中取得了显著的成效。多年来培养的学生，如今许多已成长为学校、工厂、企业、商场、维修点的电子技能骨干。

◇广东恩平 郑志宁

SIMOVERT 控制驱动器及其应用(二)

(接上期本版)

以上各端子每个极的详细功能说明请见表1。

3. 驱动器的参数设置

一台 SIMOVERT 控制驱动器通过参数设置,实现控制驱动器的功能,达到用户应用的目的。每一个参数通过其参数名和参数号表明其单一的意义。除参数名和参数号外,许多参数还有参数标号。同一个参数号或参数号下,不同的参数标号可有不同的参数值。参数号由一个字母和三位数组成。其中大写字母 P、U、H 和 L 代表可变参数,小写字母 r、n、d 和 c 代表不可变的只读参数。基本参数见表2。

有三种参数输入方式可以为 SIMOVERT 控制驱动器进行参数设置:用驱动器监视器(Drive-Monitor)软件、PMU 面板、或 OP1S 面板操作。通常情况下直接在装置的 PMU 面板上操作。其方法如下:先按"P"键;→后按"△"或"▽"键,选择所要设置的参数号;→再按"P"键后,按"△"或"▽"键选择

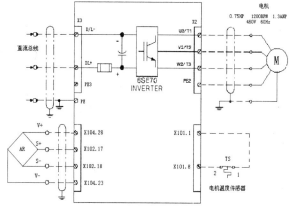

图 3 张力控制图

参数标号;→再按"P"键后,按"△"或"▽"键设定参数值;→最后同时按"P"和"△"键,退出设置。例如在当前状态[0009]下,需将参数"P060"中的值由原来的"7"设定为"5",其操作步骤如下:(符号( )中的是数码管显示值,符号{ }中的是操作员按的按钮。)

[0009]→{P}→[r001]→{△}→→{P}→→{▽}→{P}+{△}

任何时候我们可以通过复位参数到工厂设置状态,恢复其初始值。这样就可以删除部件自出厂以来参数值的改变。其操作过程如下:

[P053 = 27H] → [P060 = 2] → [P366 = 0] → [P970 = 0]

4. 应用实例

在电线电缆生产行业中,大量使用着张力控制驱动。张力控制放线机构有主动放线和被动放线两种。控制张力的精确程度,直接影响到所生产线缆的质量。

图 3 是控制驱动器 6SE7012—OTP60 在某笼绞式成缆机摆动放线架上作张力控制放线的应用实例。该设备的控制系统由 S7—300PLC、控制驱动器和 profibus 现场总线等组成。整个系统采用 SIEMENS 产品整合而成,操作简便,张力控制稳定。图 3 中采用开环控制方式,直流总线电压为 640V;控制电源为 24VDC;AR 是张力传感器,其输出信号为 0~20mA 的电流信号;TS 是电机温度传感器。另外,在设备安装和使用中应注意以下几点:①驱动器与电机间连接应使用屏蔽电缆,且与电机安装板的接触面积尽可能最大;②电机电缆的屏蔽不允许由于输出电抗、熔断器,或接触器而断开;③所有信号电缆必须按屏蔽,信号电缆按信号组隔离。非屏蔽的数字信号电缆不能与模拟信号电缆捆扎在一起。如果使用一根总的信号电缆传输数字、模拟信号,则各个信号之间必须相互屏蔽。

(全文完)　　　　　　　　　　　◇江苏 陈法

继电器触点扩容电路的小改进(一)

某技术人员设计的延边三角形启动的电机控制电路见图1,主回路见图2。

控制时序为:按下 SB2 使 KM1 电磁线圈得电,KM1 的辅助触头接通时间继电器 KT 电磁线圈,KT 开始计时。常闭触头 KT1-2 接通 KM3,电机作延边星—三角形启动。

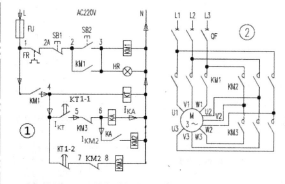

延时时间到,KT1-2 断开,接触器 KM3 断开。同时常开触点 KT1-1 接通,KM3 常闭辅助触头接通,中间继电器 KA 线圈得电,其常开触头 KA 使接触器 KM2 电磁线圈得电,KM2 主触头接通,电机进入三角形接法运转。

图 1 中采用了中间继电器 KA 对时间继电器 KT 的触点容量扩容,说明设计人员考虑到时间继电器 KT 的接点容量不足,但图 1 中的接点 KT1-1 串联在 KM2 电磁线圈的电流回路中,实际流过 KT1-1 触头的电流 I_{KT} 为 KM2 电磁线圈的电流 I_{KM2} 与中间继电器 KA 电磁线圈电流 I_{KA} 的总和,时间继电器接点 KT1-1 中电流比没有 KA 时的电流还要大,中间继电器根本没有起到扩容作用,形同虚设。

(未完待续)　　　◇江西省吉安县现代教育技术中心 尹石荪

表 1 端子功能说明

端子排号	端子号	名称	含义	范围	备注
X100	33	+24V	24V 直流电源	+24V	导线截面积:2.5 mm²
	34	0V	参考地	0v	
	35	RS485P	USS 总线连接	RS485	
	36	RS485N	USS 总线连接	RS485	
X101	1	P24	辅助电源输出	DC24V/60mA	导线截面积:0.14-1.5 mm²
	2	M24	参考地		
	3	DIO1	数字输入/输出 1	24V,10mA/20mA	
	4	DIO2	数字输入/输出 2	24V,10mA/20mA	
	5	DIO3	数字输入/输出 3	24V,10mA/20mA	
	6	DIO4	数字输入/输出 4	24V,10mA/20mA	
	7	DI5	数字输入 5	24V,10mA	
	8	DI6	数字输入 6	24V,10mA	
	9	AI+	模拟输入+	差动输入:	
	10	AI-	模拟输入-	±10V/Ri=40KΩ	
	11	AO	模拟输出	±10V/5mA	
	12	MAO	模拟输出地		
X102	13	P10V	外部电位计+10V 电源	10V±1.3%	导线截面积:0.14-1.5 mm²
	14	N10V	外部电位计-10V 电源	Imax=5mA	
	15	AO2	模拟输出 2	电压:±10V/Imax=5mA	
	16	M AO2	模拟输出 2 地	电流:0—20mA R≤500Ω	
	17	AI2	模拟输入 2	电压:±10V/Ri=60 KΩ	
	18	MAI2	模拟输入 2 地	电流:Rin=250KΩ	
	19	DI7	数字输入 7	24V,10mA	
	20	HS1	悬浮无触点	DC 30V/max.0.5A	
	21	HS2		最小负载 7mA	
X104	23	-Vpp	电源地		导线截面积:0.14-1.5 mm²
	24	通道 A	通道 A 连线		
	25	通道 B	通道 B 连线	HTL 单极	
	26	零脉冲		L≤3V,H≥8V	
	27	控制	控制通道连线		
	28	+ Vpp	脉冲编码器电源	24V,Imax=190mA	
	29	-Temp	KTY84/ PTC 负端	KTY84:0…200℃	
	30	+Temp	KTY84/ PTC 正端	PTC:Rcold≤1.5kΩ	
X2		PE2	保护接地		导线截面积:4 mm²
		U2	相线 U2/T1	3AC 0V — 480V	
		V2	相线 V2/T2	3AC 0V — 480V	
		W2	相线 W2/T3	3AC 0V — 480V	
X3	1	C/L+	接直流总线+	直流 510 — 650V	
	2	CL-	接直流总线-	直流 510 — 650V	
	3	PE2	保护接地		

表 2 基本参数

参数号	参数名	例值	参数号	参数名	例值
r001	驱动器状态	9	P071	线电压	620
r002	速度实际值 Hz	0.000	P072	额定电流	2.0
r003	输出电压	0.0	P073	额定功率	0.8
r004	输出电流	0.0	P095	电机类型	10
r005	输出功率	0.0	P100	控制模式	1
r006	直流总线电压	620	P107	电机额定频率	60
r007	电机转矩	0.0	P108	电机额定速度	1140
r008	电机利用	0	P109	电机极对数	3
r009	电机温度	210	P366	选择工厂设置	0
P053	参数访问	27H	P375	接地故障测试	0
P060	菜单选择	7	P918	CB 总线地址	23
P070	定货号	2	P970	工厂设置	1

(接上期本版)

(8)实时时钟-rtc.c

8 位定时器/计数器 0 用作 RTC。通过使用 1024 分频预分频器,计数器以 32Hz 的频率运行。当计数器达到 31 时,计数器将重置为零,并产生中断。这为 RTC IRQ 提供了 1Hz 的中断率。小时,分钟和秒计数器在此中断例程(TIM0_OVF_vect)中递增。RTC 还具有校准功能。这可以补偿 32kHz 晶振的快慢运行。由于 RTC 计数器以 32Hz 运行,因此最小的调整单位为 1 / 32Hz = 31.25ms。根据快慢晶体的不同,将计数器的最大值设置为 30 或 32,以使 RTC 放松或分别获得 31.25ms。通过选择进行 31.25ms 调整的间隔,可以改变校准率。例如,每 300 个周期将 31.25ms 添加到单个中断周期中,使 RTC 的运行速度每天变慢 9 秒。通过在菜单中选择 PPS 模式,可以从 PA3 上的手表获取 PPS 脉冲。只要选择此菜单选项,PPS 脉冲将可用。与 GPS PPS 相比,可用于检查 32kHz 晶体的漂移。时钟相关程序代码如下。

```
// RTC 时钟计数器
volatile uint16_t rtc_hour=0;
volatile uint8_t rtc_min=0;
volatile uint8_t rtc_sec=0;
volatile uint32_t rtc_tick=0;
// RTC calib
#define EEADDR_RTC_CALIB 0x000
#define RTC_CALIB_INTERVAL_MAX 65535
volatile static uint16_t calib_count=0;
volatile static int16_t rtc_calib_interval = RTC_CALIB_INTERVAL_MAX;
volatile static uint8_t rtc_calib_interval_neg=0;
volatile static int16_t rtc_calib = 0;
volatile static uint8_t rtc_pps = 0;
static void rtc_update_calib_interval(void) {
uint16_t rc;
if (rtc_calib < 0) {
rtc_calib_interval_neg=1;
rc = -rtc_calib;
} else {
rtc_calib_interval_neg=0;
rc = rtc_calib;
}
if (rc == 0) {
rtc_calib_interval = RTC_CALIB_INTER-
VAL_MAX;
return;
}
rtc_calib_interval = 27000 / rc;
}
int16_t rtc_get_caib(void) {
return rtc_calib;
}
void rtc_set_calib(int16_t cal) {
rtc_calib = cal;
rtc_update_calib_interval();
eeprom_update_word ((uint16_t *)EEAD-
DR_RTC_CALIB, rtc_calib);
}
void rtc_pps_set(uint8_t pps) {
rtc_pps = pps;
}
// c: calib interval
// h:一天十分之一秒
// h = (((c + 1/32) / c) - 1) * 60 * 60 * 24 * 10
// c = (60 * 60 * 24 * 10) / (32 * h)
// c = 27000 / h
// RTC 时钟溢出中断程序 @ 1Hz
ISR(TIM0_OVF_vect) {
```

```
if (rtc_pps) {
PORTA = 0;
DDRA = _BV(3);
PORTA = _BV(3);
PORTA = 0;
}
calib_count++;
if (calib_count == 1) {
// Normal speed
OCR0A = 31;
}
if (calib_count >= rtc_calib_interval) {
if (rtc_calib_interval_neg) {
// -31.25 ms
OCR0A = 30;
} else {
// +31.25 ms
OCR0A = 32;
```

```
}
calib_count = 0;
}
```

(9)LED 显示驱动器-led_disp.c

LED 显示在 256Hz 中断例程中更新。使用四个多路复用数字,可以提供 64Hz 的刷新率。为了使中断路由尽可能快,需要预先计算端口值。该例程仅需将这些值复制到端口寄存器中。由于该按钮与 LED 显示器共享一个 GPIO,因此它的状态也将在 ISR 中进行采样。LED 显示的相关代码如下所示。

```
#endif
volatile static uint8_t active_digit = 0;
// LED segment look-up-table
#define SEGMENT_LUT_SIZE 95
static uint16_t segment_lut = {
0, //
```

◇宜宾职业技术学院 朱兴文

傲胜 OS-102 型暖暖按摩枕电路工原理及故障检修

傲胜 OS-102 型暖暖按摩枕具有操作简单、正反揉捏按摩、自动定时(20 分钟)、红光加热等功能,深受用户的喜爱。其按摩主要是利用机械的滚动力作用和机械力挤压来进行按摩,疏通人体经络,使气血循环,保持机体阴阳平衡,从而达到缓解身体部位疲劳、疼痛、保健的作用。

其简单工作原理是:

按摩枕插上电源后,交流 12V 电压通过电阻 R1、二极管 D1 整流,稳压二极管 ZD1 稳压,电容 E2、C2 滤波后给单片机(PIC12F510)U1 提供一个平滑稳定直流 5V 工作电压。单片机(PIC12F510)U1 的①、⑧脚有了工作电压后,按摩枕整机内部电路开始处于待机状态。单片机(PIC12F510)U1 在路实测数据见附表。

1. 当按下按键 K1 时,单片机(PIC12F510)U1 的⑦脚输出高电平 5V、⑥脚输出低电平 0V。高电平 5V 经电阻 R2 输入到三极管 Q1 的基极 B,此时三极管 Q1 的基极有正向电压而导通,直流+12 电压通过继电器 J1 的线圈,三极管的集电极 C、三极管的发射极 E 到电源负极形成环路,继电器 J1 的线圈中有电流通过,其动臂接点 J1-1 吸合。直流+12 电压通过继电器 J1-1 动臂接点、温控开关 TK2、振动电机 M、继电器 J2-1 常闭接点入电源负极,形成环路,振动电机 M 得电开始正向旋转,带动四个大型滚轮旋转按摩。当正向设置时间到后,单片机(PIC12F510)U1 的⑥脚输出高电平 5V、⑦脚输出低电平 0V,高电平 5V 经电阻 R3 输入到三极管 Q2 的基极 B,此时三极管 Q2 的基极有正向电压而导通,直流+12 电压通过继电器 J2 的线圈,三极管的集电极 C、E 到电源负极形成环路,继电器 J2 的线圈中有电流通过,其动臂接点 J2-1 吸合。直流+12 电压通过继电器 J2-1 动臂接点、振动电机 M、温控开关 TK2、继电器 J1-1 常闭接点入电源负极,形成环路,振动电机 M 得电开始反向旋转按摩。

在电机 M 旋转按摩的同时,单片机(PIC12F510)U1 的⑤脚也输出高电平 5V,通过电阻 R4、加到三极管 Q3 的基极 B,三极管 Q3 开始导通,直流+12 电压通过加热灯泡 L1、温控开关 TK1、指示灯 L2、L3、L4

傲胜 OS-102 型暖暖按摩枕工作原理图

到三极管的 C 极、E 极到电源负极。4 个加热灯泡 L1、L2、L3、L4 开始发光发热。

2. 当不需要温热功能时,再按下开关键 K1,4 个加热灯泡 L1、L2、L3、L4 熄灭。

3. 常按开关键 K1,约 10 秒钟电机停止旋转按摩。当按摩时间达到 20 分钟后,电路停止工作。

常见故障现象:

1. 按摩枕插上电源后,电机不旋转,温热指示灯不亮。这种故障一般都是电源插头线断或接触不良造成。经检查是电源插头根部线断,把插头塑料拔开,电源线重新焊接好,故障排除。

2. 按摩枕插上电源后,电机旋转正常,但不加热,温热指示灯不亮。这种故障主要是加热控制回路元件损坏所致。拆开按摩枕取出电路板,根据其工作原理,先用表测三极管 Q3 的各极电阻、发现其 BE 结呈短路状态,随用一个 8050 管子焊上后,接通电源后试机,温热指示灯亮,故障排除。

附表 1 单片机(PIC12F510)U1 在路实测数据

管脚		1	2	3	4	5	6	7	8
工作电压		5V	1.5V	1.5V	5V	0\5V	0\5V	0\5V	0
在路电阻	正测	2.8K	3.2K	3.2K	4K	3.2K	3.2K	3.2K	
	负测	25K	1M	1M	70K	1K	7K	3.5K	

◇河南 韩军春

换一种思维看汽车发动机——比亚迪 DM-i 混动技术详解(三)

(接上期本版)

DCT结构非常复杂,虽然和AT一样,DCT与手动变速器共通的零部件是齿轮、轴、箱体等机械部分;但是核心部件双离合器模块和液压控制系统就是技术难点了。DCT看似和MT一样,由众多的齿轮、同步器、液压控制单元、电子控制单元和各轴等部件组成,速比变化靠计算机控制来实现,且各挡速比是固定不变的,理论上与MT最相近的是AMT(电控机械式自动变速器,也称为ASG),可以看出MT加了一套自动换挡的电控系统,三者关系为:MT→AMT→DCT。

DCT传动轴工作时分为两部分,一轴为实心的传动轴,连接了1、3、5和R挡;另一轴为空心的传动轴,连接了2、4、6挡,两台离合器各自负责一根传动轴的啮齿动作,发动机输出的动力便由其中一根传动轴做出无间断的传送。

无论是6挡还是7挡DSG,其原理基本一致,都是由智能电子液压换挡控制系统、双离合器、双输入轴和三个驱动轴等核心部件完成复杂的换挡过程。

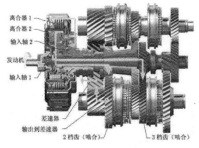

由于双离合变速器是基于手动挡变速箱研发而来的,所以也就没有液力变矩器,传动方式与手动变速箱一样是硬直接,这样一来传动效率就很高了,大大提升了燃油经济性。不过,也正是由于这样的结构,双离合变速器的换挡平顺性通常不如AT和CVT变速箱。如果是干式双离合的话,在比较拥堵的市区行驶,离合器片频繁的压紧、摩擦,还有可能会出现变速箱过热的情况,稳定性要差一些,湿式双离合要好很多,不过会损失部分动力。

燃油车各行驶阶段的动力消耗

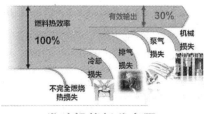

发动机能耗分布图

说完各变速器工作原理,再来看目前纯燃油车和非DM-i混动汽车的特别耗油的几个行驶阶段:

起步阶段

因为内燃机天生缺陷,低扭不足,为了提供足够的扭矩,在起步阶段不得不拉升转速,造成油耗的升高。比如技术难度相对较低的48V轻混技术,的确可以省油,而原理无非是在起步阶段辅助提供扭矩而已。说白了就是发动机起步时太费油,电机帮忙给推一把。

停车怠速

为了让车辆保持动力,在等红灯时,大部分车辆都会怠速工作,发动机以低速运转,同时为车内的蓄电池补电。为了解决这个问题,部分车企弄了一个自动启停功能,当然好不好用想必各位经常开自动挡的朋友心里也很清楚。

低速行驶

想要保持低速行驶,发动机低扭不足,无法把转数转到很低,哪怕只有5Km的时速,发动机也要以一千多转/分的速度工作(丰田最新的2.0L发动机算是做得很好了,怠速也在600~700转/分区间),输出功率不高,燃油燃烧也不充分,存在极大的浪费。

高转速

一般发动机的最大马力对应的转数都较高,想要爆发出强劲的动力,必须拉升发动机转数。然而高转数意味着高油耗,很多时候一脚地板油下去,油箱里就是一个小漩涡。有的朋友老是觉得自然吸气动力比较"肉",就是这个原因。

动力损失

汽车在减速踩刹车的时候,只能通过摩擦刹车片来抵消车辆的动能,而这一部分能量也被浪费了。

DM-i 架构组成

DM-i的研发核心是以电为主的混动技术,以高效为目标。为此,比亚迪研发了高效的汽油机、高效且高功的电动机、高效的电控以及高效的电池。

骁云-插混专用 1.5L 高效发动机

骁云-插混专用1.5L高效发动机是专门为DM-i超级混动技术打造的,热效率高达43%。要知道以目前的全球主流车企发动机的热效率水准来看,能突破40%已是凤毛麟角,达到43%属实让人有些吃惊。一系列创新型的技术应用,使得这款发动机不仅轻松满足"国六B"标准,还十分省油,并且具有出色的NVH性能。

这款发动机拥有15.5的超高压缩比,增大了冲程-缸径比,采用阿特金森循环,配备EGR废气再循环系统,采取一系列减摩擦措施,并针对高热效率目标优化了发动机控制系统。

压缩比较高时,混合气被压缩后所能达到的温度也较高,火花塞点燃混合气时能在较短的瞬间完成燃烧过程,释放出较大的爆发能量,因此发动机输出的有用功增加,热效率上升。

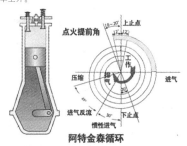

阿特金森循环

而阿特金森循环对大家来说并不陌生,前面介绍的日系车企(两田)的混动技术,使用的发动机也应用了这一技术。阿特金森循环是指压缩行程进气门晚关,使得膨胀行程大于压缩行程(做功行程),使发动机的膨胀比高于压缩比因此可以设计更高的几何压缩比;因而做功行程比压缩行程长,燃料能量的利用率更高,可以有效地提高发动机热效率,降低油耗。

比亚迪的骁云发动机的结构设计还是传统的活塞连杆设计,但是通过延后进气门的关闭时间,让活塞上升一段距离后再关闭,这个时候气缸内的气体又从进气门排出去一部分,减少了整体进气量,实际压缩行程变短。这种设计可以使压缩比变相的减少,让真实的压缩比还保持在正常范围内,而且能减少压缩行程的能量消耗,使膨胀行程保持不变,使得燃气做功更充分,提高燃气能量的利用率,减少排气损失。其实这种工作模式更应该称之为米勒循环,不过大家更熟知阿特金森循环,所以在宣传上比亚迪就"机灵"地称为阿特金森循环了。

低温废气再循环高 EGR 率

冷却EGR,英文名Exhaust Gas Re-circulation,即废气再循环系统的简称。

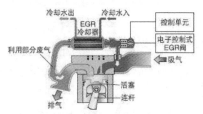

废气再循环是指把发动机排出的部分废气回送到进气

歧管,并与新鲜混合气一起再次进入气缸的技术。首先废气中的二氧化碳和水蒸气等提高了混合气的比热容,同时也稀释了氧气的浓度,使燃烧速度变慢,燃烧的最高温度和平均温度下降,极大地减少了氮氧化物的生成提高环保性,也使得发动机的冷却负荷略有下降,减少在冷却上的消耗,这是EGR最初的目的。另外EGR会增加发动机的进气量,降低进气歧管的真空度,高EGR率可以有效减少发动机在低负荷工况下的进气损失。另外发动机在高负荷工况下缸内温度过高的时候会通过多喷油的方式来降低缸内温度,而利用EGR降低发动机燃烧室温度来替代多喷油可以大大降低燃油消耗,同时降低缸内温度也可以尝试更高的缸压来进一步提高压缩比,而越高的压缩比热效率也越高。

因此,比亚迪把EGR率提高到业内领先的25%可以从多个方面极大地提高热效率。

分体冷却技术

此外,在这款发动机上比亚迪首次启用了发动机分体冷却技术,通过对缸盖和缸体的温度控制,按需为缸盖和缸体精准地提供冷却,使缸盖和缸体都能处在最佳工作温度,提升了冷却效率,冷启动暖机过程缩短15~20%的时间,降低了暖机过程的油耗和排放。

无轮系设计

这款发动机还充分利用插电混动车型的电动化优势,将附件电器化,取消了传统发动机前端轮系,进一步降低了损耗,提升了效率。而在中国用户关心的NVH性能方面,针对插电混动系统的工作特点,对曲轴、轴承、缸体、进气歧管、油底壳、正时罩盖、缸盖罩盖等零部件也进行了特殊的优化设计。

另外比亚迪自家研发的控控制模块也可以给予这款发动机更高效燃烧和排放的控制方法。

EHS 电混系统

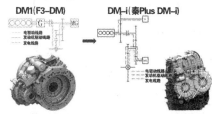

DM-i超级混动的核心系统比亚迪称之为EHS电混系统,是串并联架构的双电机结构,工作原理传承自DM1代,以电驱动为中心重新设计并进行了全面的优化,并根据驱动电机的功率分为EHS132、EHS145和EHS160三款,适配A级至C级的全部车型,其中EHS132和EHS145采用骁云1.5L高效发动机,EHS160采用骁云1.5Ti高效发动机。

为了说明比亚迪的EHS做了哪些改进,先介绍一下目前新能源汽车采用在励磁电机和永磁电机上的两种电机绕线方式。

(未完待续)　　◇四川 李运西

WalkMan 的回忆(二)

(接上期本版)

MZ-N1(2001 年)

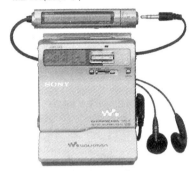

2001 年,索尼 MZ-N1 正式发布,这款产品支持从 PC 高速传输音频数据到 MD 的"Net MD"规格的机型。此外,还附带可以连接 PC 进行数据传输和充电的扩展底座。

由于时间和精力关系,笔者也只能找出部分经典的机械详解和图片,不过笔者还是搜集整理了一下整个 WlakMan 绝大多数机型及其发布上市时间和个别特点,以下就按时间顺序一一给大家列了出来:

1979 年 7 月:索尼 TPS-L2 正式上市。390 克! 原配耳机 MDR-3L2。这也是 WalkMan 的原型概念;

1981 年 5 月:索尼推出 WM-2 和 TPS-L2 改进版 WM-3 原配耳机 MDR-4L2,输出功率 20mW+20mW,使用 A 型电池使用时间近 60 小时;

1982 年 1 月:索尼 WM-F2,看上去像 WM-2 的加长版;

1982 年 2 月:索尼录放机 WM-R2;

1982 年 2 月:索尼 WM-D6。这是一款传奇的随身听,作为索尼公司第一台专业随身听第一台运用了杜比降噪-B 的以及第一台走带精度达到 0.04% WRMS(抖晃率)的随身听;

1982 年 10 月:索尼 WM-7,第一台自动翻带和运用了轻触式按键的随身听;索尼 WM-DD,走带率达 0.08%;

1983 年 2 月:索尼推出运动机型 WM-F5,看上去像 WM-F2 的防水改进版;

1983 年 3 月:索尼伸缩机型 WM-20 和 WM-F20,其中 WM-F20 是 WM-20 的收音型号;

1984 年 1 月:索尼 WM-F15,收录版 WM-F65 同期发售;

1984 年 2 月:索尼 WM-D6 改进版 WM-D6C 上市,第一次运用杜比-C 的随身听 WM-DC2 及其简化版 WM-DD2 推出;

1984 年 6 月:索尼 WM-30 上市,以及增加 TV 伴音/FM/AM 的 WM-F30 上市。索尼 WM-R15 上市,其收音版 WM-F85 在 1985 年 2 月上市。同年,索尼 WalkMan 销售 1000 万台;

1984 年 10 月:索尼 WM-40,它是伸缩系列里唯一一款自动翻带机型;

1985 年 3 月:索尼 WM-55;

1985 年 5 月:索尼 WM-F55;在 WM-55 上内置了三波段收音机,附带了 Nude Turbo 耳机,具有自动翻转、杜比降噪 B、磁带选择器等丰富的功能;

1985 年 10 月:索尼 WM-101 及 WM-F101(收音版),第一批使用口香糖电池的机器;(同年,爱华推出 HS-R8,第一款运用线控的随身听——线控和耳机是分开使用的)

1986 年 4 月:索尼推出采用太阳能充电的 WM-F107,在晴天时阳光照射 4 小时就能够充满电;

1986 年 6 月:索尼 WM-101 录音版 WM-R202 上市。同年 WalkMan 累计销售 2000 万台。而"WalkMan"一词被载入牛津英语词典;

1986 年 10 月:索尼 WM-202 收音版 WM-F202 上市。索尼推出 WM-101 的改进版 WM-102/WM-104;

1986 年 11 月:索尼推出女用机型 WM-109 也是第一台带遥控器的随身听;

1987 年 2 月:索尼推出 WM-51,它与之后的 F51/51/F52 等一系列被称为内藏耳机式随身听;

1987 年 3 月:索尼推出 WM-F109(109 的收音版);

1987 年 5 月:索尼推出 WM-F203(102 的收放版);

1987 年 7 月:WalkMan 累计销售 3000 万台;

1987 年 10 月:索尼推出 WM-F51(51 的电视伴音/FM/AM 版);

1987 年 11 月:索尼推出 WM-F502(501 的电视伴音版);

1988 年 3 月:索尼推出 WM-52(51 的改进版);

1988 年 3 月:索尼推出无线耳机的开山之作 WM-505,实际上它是 501 使用无线耳机的改进型。由于信号采用无线传输,因此其音质并不理想;

1986 年 6 月:索尼推出 WM-F52;

1988 年 7 月:索尼推出具有杜比 B/C 的 WM-550C 以及收音版 WM-F550C,还有其 WM-550C 的杜比 B 缩水版本 WM-150;同期 WalkMan 累计销量 4000 万台;

1988 年 11 月:索尼推出具有 DBB 和杜比 B/C 的 WM-701C,一个月之后推出收音版 WM-F701C,7 系随身听采被完备的线控系统,其中 701C 有一款采用纯银机壳版本,为索尼 WalKMan10 周年纪念版产量仅 200 台,是 WM 粉丝的终极收藏追求之一;

1989 年 6 月,索尼推出传奇单放机 WM-DD9,该型号被认为是高性能、高音质、高品质的首选机。搭载改进 DBB-EX DBB,原配耳机是索尼 5 系的旗舰型号 MDR-E575。其后简化版 WM-DX100 推出。同年,WalkMan 销量达 5000 万台;

1990 年:索尼推出 EX 系列的开山之作 WM-EX80。它是第一次在磁带随身听上使用液晶线控,AB 自动翻带。EX 并不是单放的意思,而是 EXTRA(特别的,非常的)字根的缩写,此后凡收放用 FX,收录放用 GX;

1990 年 7 月:索尼推出 WM-805,这是第一台带液晶遥控的无线 WalkMan;

1990 年 11 月:索尼推出 EM-EX90,其造型非常怪异;

1992 年:WalkMan 全球累计销量 1 亿台;

1992 年 11 月:索尼推出 WM-EX909,它是第一台使用空白自动跳过功能的随身听;

1993 年 2 月:索尼推出 WM-EX808,第一次引入 ALVS。机体厚度 20.3mm,号称"薄丈夫"。其后又推出

了其不锈钢版本 WM-EX808HG;

1993 年 11 月:索尼推出 WM-EX909;

1994 年 7 月:索尼推出其 15 周年纪念版 WM-EX1,采用带仓顶部开门,创造了历史上销量最大的随身听,次年推出改进版 WM-EX2/WM-EX3;

1995 年 11 月:索尼第二款纪念机型 WM-FX2(16 周年纪念)发布,其收音效果非常优秀。同年累计销售 1.5 亿台;

1996 年 11 月:索尼推出 WM-EX5;也是很多粉丝认为的经典产品之一;

1997 年 2 月:索尼推出与 WN-EX5 造型和功能类似的 WM-FX5;

1997 年 5 月:索尼推出 WM-EX7,架构又重新回到了侧开门的设计上来了,做工扎实,非常省电;

1998 年 10 月:索尼推出长时播放的 WM-EX9,号称时间是 100H,一年后推出廉价版 WM-EX900,其播放时间缩短到 78H。毕竟 EX9 的长时播放是牺牲了音质为代价的;

1999 年 3 月:累计销量 1.86 亿台;

1999 年 7 月:索尼推出 20 周年纪念版 EM-WE01;

1999 年 9 月:索尼推出 WM-EK3 和 WM-FK5;

1999 年 10 月:索尼推出 WM-EX20,厚度为 16.9mm(最薄的)播放时间 100H,音质同样不理想。同期推出 WM-EX600,WM-EX900,WM-GX323;

2000 年 9 月:索尼推出 WM-GX200;

2000 年 10 月:索尼推出 WM-EX2000,WM-EX610,WM-EX615,WM-EX910。
(全文完)

◇四川 小菲

编者按:磁带最初的雏形是由 1888 年美国工程师奥伯林·史密斯在实验室用含有钢粉的纤维记录和回放声音,但是效果却不是很理想,总是出现暂停情况。当时也有很多的科学家对此进行了研究,但最终都没有一个解决办法。

直到 1934 年,荷兰飞利浦公司研发出全球首盘盒式磁带,每一面可容纳 30~40 分钟的立体音乐,再经过了 30 多年的发展,才由本文提到的荷兰工程师奥滕斯发明出卡式磁带也就是我们后来我们熟知的庞大的收音机里方方正正的磁带。

如今磁带更多的是一种收藏价值,很多收藏家为了找到一个自己喜爱录音带会花上重金来购买,当作一种珍藏品,珍藏。

但我们不能说磁带就此消亡了。除了录音这个功效,磁带最突出的便是能大量地储存信息,别看其外观很小,但是它却能储存大量的信息,使用磁带不仅成本低,能耗低,最关键的是它安全系数特别的高(比机械式硬盘安全系数还高),可以自动化备份,大大减少了人们对信息丢失的担心,可以说是储存的不二选择。

全球最大比特币矿厂购买 NVIDIA 60%矿卡——散户玩家购买显卡难度进一步加大

回到十年前,差不多 1500 元人民币就可以购买到入门级的中端级别显卡(GTX X60),而如今 RTX3060 级别的显卡已经到了 5500 元人民币的价位,有时候还抢不到;真的是苦了真正热爱游戏的 DIY 玩家们。

一"卡"难求成了当下显卡市场的通病,此外疫情造成的全球芯片减产也影响到了显卡的生产;而这个消息更是让显卡市场火上浇油。

虽然 NVIDIA 也重新进入矿卡市场,推出了专用的矿卡,但矿卡也影响到正常的芯片产能,现在有比特币矿厂入手了,而且一下子就买了 60%的矿卡。

全球最大的比特币矿厂 Hut 8 Mining Corp 宣布他们已购买了价值 3000 万美元的 NVIDIA CMP 矿卡,定

于 5 月下旬开始交付,预计将于夏季完成全面部署。

这个新的挖矿系统可提供约 1600 GH/s 的算力。此外,该公司将使用 GPU 扩展其以太币和备用区块链挖矿工作,同时以比特币形式发放支出。

今年 2 月底,包括四款不同型号 30HX、40HX、50HX、90HX,授权经销商包括华硕、七彩虹、EVGA、技嘉、微星、同德、栢能,两款低端型号本季度末上市,两款高端型号下季度跟进。

算力方面,30HX、40HX、50HX、90HX 的以太坊挖矿哈希算力分别为 26MH/s、36MH/s、45MH/s、96MH/s,功耗分别为 125W、185W、250W、320W。

这些矿卡取消了视频输出接口,也不能运行 3D 游戏,只为挖矿而生。

12 输出车用 PMIC 控制寄存器初探(三)

(上接第 131 页)

寄存器 06 定义了每个 Buck 转换器的工作模式。如果你要得到比较高的输出电压调节精度，选择 Force PWM 就是对的；如果需要得到比较高的轻载效率，选择 Auto Mode 以实现自动的 PSM/PWM 切换就是对的。该寄存器的低半字节定义了每个 Buck 转换器在关断后对输出端储能的处理方式，一种是浮空模式 Floating，输出电容里储存的电能会自然变化，就看负载是如何吸收它的。另一种是主动放电的模式，规格书没有告诉我们这是如何实现的，但实际上就是在与输出端连接的某个地方对地设置一个可控的 MOSFET 开关，它的导通电阻可以比较大，因为放电电流也不能太大，只要能够在一段不太长的时间里把输出端电压释放到接近地电位的水平就可以了(表 6)。

寄存器 12 用半个字节的空间作为各路 Buck 转换器的使能控制位，只要将相应控制位置为 1 或 0 便可容许或禁止它对应的转换器进入工作状态，但在 MASK_GPIO 端子处于低电平时，外部使能控制端 ENB1/2/3/4 的优先级就更高了，是否容许对应的转换器进入工作状态将由它们来决定(参见前面的开关机流程图)(表 7)。

寄存器 16 的内容与欠压保护有关，你可以用这里设定的数据来决定各个位的欠压状况可否引起关机动作，其中的[7:4] 这 4 个位对应的是 Buck1~4 的输出欠压事件，只要将某位设定为 1 便可在它对应的 Buck 输出端欠压时容许启动关机进程。

那么这些 Buck 转换器的输出欠压的判断标准是什么呢？规格书没有明确说明，但在下述寄存器的描述中可以找到这个指标(表 8、表 9)：

当某个 Buck 的输出电压低到额定电压的 66% 时能否发出中断信号？这个选择的控制开关在寄存器 28 里。如果中断已经发生了，你可以在中断服务程序里读取寄存器 29 里的数据，只要其中的某个位为 1，与其对应的事件就发生了(表 10)。

寄存器 2C、2D 定义了整个芯片开机过程中各个 Buck 转换器所处的开机顺序，每个转换器都使用了半个字节，数据 0000 代表不启动，0001 代表最先启动，1100 代表最后启动。由于 0001 和 1100 分别是十进制数 1 和 12 的二进制表达，而 4 个 Buck 再加 8 个线性稳压器就是 12 个调节器，而那 8 个线性稳压器的启动顺序也是用同样方法来定义的，所以我们知道数字越小则越先启动，数字越大则越晚启动，到了关机的时候其顺序就颠倒过来了，图 8 便是我们可以看到的一个开/关机过程，请注意各个通道之间的时间顺序关系。

上图所示的开关机过程其实你完全可以根据自己的需要来做设定。时序设定中也有时间参数，但是本文不想写得太长，所以就暂时不涉及了，剩余的部分我们可以在以后再去解剖，喜欢自研的读者可以自己去探索，这里所用的方法可供你参考(表 10)。

寄存器 33 提示我们 RTQ5115-QA 调整工作频率的方法大概是这样的：它使用了一个电压控制振荡器 VCO 作为 Buck 转换器的时钟源，其输入很可能是来自一个数字-模拟转换器 DAC，这个 DAC 的输出电压范围为 0.375V~1.8V，这个电压范围对应的 VCO 输出频率范围为 500kHz~2MHz，而这个 VCO 的输入电压即与之对应的 DAC 的输出电压从一个值变化到另一个值的速度是可调的，你可以从 25mV/10μs、25mV/20μs、25mV/40μs 和 25mV/80μs 共 4 个选项中去选择。这里提到的 DAC 应该是不需要提及的，因为规格书在很多情况下都不需要告诉读者它的实现方式，所以在规格书中被隐藏了，我为了自圆其说而假设了它的存在，你只需要把相关的数据写入寄存器 33 便可实现以一定的频率变化速度修改 Buck 工作频率的目的(表 11)。

RTQ5115-QA 的 Buck 转换器是否需要工作在频谱扩展模式呢？这对于车载设备来说是很有意义的，而寄存器 33 便是用来做选择的地方。如果选择是，Buck 转换器在工作时的频率就是不断变化的，这样便可将它们工作时辐射出去的能量扩散到一个频段里而不是集中在单个频点集中，为降低电磁兼容处理难度带来好处，到这里，RTQ5115-QA 内部与 Buck 转换器相关的寄存器就已经介绍完了。

(全文完)

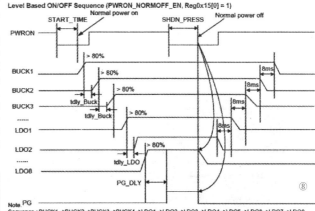

Level Based ON/OFF Sequence (PWRON_NORMOFF_EN, Reg0x15[0] = 1)

Note:PG
Sequence : BUCK1→BUCK2→BUCK3→BUCK4→LDO1→LDO2→LDO3→LDO4→LDO5→LDO6→LDO7→LDO8
tdly_Buck : 192 x (1/fsw) + 40μs ±35%
tdly_LDO : 110μs ±20% (If previous one channel is Buck, additional delay time 32 x (1/fsw) need to be added to tdly_LDO.)

⑧

表 6

Address	12	VIN UVLO/Buck On/Off		
Bit	Name	Description	R/W	Reset Value
[7:5]	VOFF setting	VIN UVLO 2.8V to 3.5V per 0.1V to power off PMIC (Hysteresis = VOFF setting + 0.35V) 000 : 2.8V 001 : 2.9V 010 : 3V 011 : 3.1V 100 : 3.2V 101 : 3.3V 110 : 3.4V 111 : 3.5V	R/W	Option
4	Reserved		R/W	0
3	Buck4	Buck4 control (0 : Disable Buck4/1 : Enable Buck4)	R/W	Option
2	Buck3	Buck3 control (0 : Disable Buck3/1 : Enable Buck3)	R/W	Option
1	Buck2	Buck2 control (0 : Disable Buck2/1 : Enable Buck2)	R/W	Option
0	Buck1	Buck1 control (0 : Disable Buck1/1 : Enable Buck1)	R/W	Option

表 7

Address	16	Powered off conditions enable setting		
Bit	Name	Description	Read/Write	Reset Value
7	BCK1LV_ENSHDN	Buck1 output voltage low SHDN 0 : Disable this event. 1 : Enable this event	R/W	0
6	BCK2LV_ENSHDN	Buck2 output voltage low SHDN 0 : Disable this event. 1 : Enable this event	R/W	0
5	BCK3LV_ENSHDN	Buck3 output voltage low SHDN 0 : Disable this event. 1 : Enable this event	R/W	0
4	BCK4LV_ENSHDN	Buck4 output voltage low SHDN 0 : Disable this event. 1 : Enable this event	R/W	0
3	PWRON_ENSHDN	PWRON key-pressed forced SHDN 0 : Disable this event. 1 : Enable this event	R/W	1
2	OT_ENSHDN	Over temperature SHDN 0 : Disable this event. 1 : enable this event	R/W	1
1	VINLV_ENSHDN	VIN voltage low (VOFF) SHDN 0 : Disable this event. 1 : Enable this event	R/W	Option
0	VINLV_SEQ_EN	Off sequence after VIN voltage low (VOFF) 0 : Disable this event. 1 : Enable this event	R/W	Option

表 8

Address	28	IRQ Enable1		
Bit	Name	Description	Read/Write	Reset Value
7	OT_IRQ	Internal over-temperature was triggered, IRQ enable	R/W	1
6	Bck1LV_IRQ	Buck1 output voltage equal 66% x V$_{Target}$, IRQ enable	R/W	1
5	Bck2LV_IRQ	Buck2 output voltage equal 66% x V$_{Target}$, IRQ enable	R/W	1
4	Bck3LV_IRQ	Buck3 output voltage equal 66% x V$_{Target}$, IRQ enable	R/W	1
3	Bck4LV_IRQ	Buck4 output voltage equal 66% x V$_{Target}$, IRQ enable	R/W	1
2	PWRONSP_IRQ	PWRON short press, IRQ enable (32μs deglitch time)	R/W	0
1	PWRONLP_IRQ	PWRON long press, IRQ enable (32μs deglitch time)	R/W	0
0	SYSLV_IRQ	VIN voltage is lower than VOFF, IRQ enable	R/W	0

表 9

Address	29	IRQ Status1		
Bit	Name	Description	Read/Write	Reset Value
7	OT	Internal over-temperature	R	0
6	Bck1LV	Buck1 output voltage equal 66% x V$_{Target}$	R	0
5	Bck2LV	Buck2 output voltage equal 66% x V$_{Target}$	R	0
4	Bck3LV	Buck3 output voltage equal 66% x V$_{Target}$	R	0
3	Bck4LV	Buck4 output voltage equal 66% x V$_{Target}$	R	0
2	PWRONSP	PWRON short press (32μs deglitch time)	R	0
1	PWRONLP	PWRON long press (32μs deglitch time)	R	0
0	VINLV	VIN voltage is lower than VOFF	R	0

表 10

Address	2C	PMU On/Off Sequence1		
Bit	Name	Description (Setting on/off sequence priority) (0000 : off, 0001 : first on, 1100 : last on) (The sequence is planed by first on last off)	Read/Write	Reset Value
[7:4]	Buck2_Seq[3:0]	Setting Buck2 on/off sequence priority	R/W	Option
[3:0]	Buck1_Seq[3:0]	Setting Buck1 on/off sequence priority	R/W	Option
Address	2D	PMU On/Off Sequence2		
Bit	Name	Description (Setting on/off sequence priority) (0000 : off, 0001 : first on, 1100 : last on) (The sequence is planed by first on last off)	Read/Write	Reset Value
[7:4]	Buck4_Seq[3:0]	Setting Buck4 on/off sequence priority	R/W	Option
[3:0]	Buck3_Seq[3:0]	Setting Buck3 on/off sequence priority	R/W	Option

表 11

Address	33	Buck Syn-Clock Control		
Bit	Name	Description	Read/Write	Reset Value
[7:6]	VCO_VRC	VCO input voltage slop. 00 : 25mV/10μs, 01 : 25mV/20μs 10 : 25mV/40μs, 11 : 25mV/80μs Note : The VCO's voltage input range is 0.375V to 1.8V and the output frequency is 500kHz to 2.18MHz.	R/W	Option
[5:0]	VCO_DVS	VCO input voltage DVS control 000000 : 0.375V (500kHz) ... 111001 : 1.8V (2MHz) ... 111111 : 1.8V (2MHz)	R/W	Option

表 12

Address	34	Buck Syn-Clock Spread Spectrum Control		
Bit	Name	Description	Read/Write	Reset Value
[7:1]	Reserved		R/W	0000000
0	SSOSC	Buck Clock Spread Spectrum Control 0 : Disable spread spectrum function. 1 : Turn on spread spectrum function.	R/W	Option

带计算器的新 PCB 手表

本文通过为手表更换带有 ARM 芯片的 PCB 达到若干学习目的。

学习目的
1. 保留 LCD 并找出如何与之连接的方法；
2. 使 PCB 尽可能大，以最大限度地利用内部空间；
3. 让它在 24 小时模式下显示时间；
4. 多用开源软件，了解 ARM 芯片；

准备工作
液晶显示器×1
仅有一个 LCD 控制器的 SAML22 芯片×1
手表×1

ATSAML22｜硬件选择

ATSAML22 有很多版本，本文选择了 ATSAML22G18A，它的引脚数最少，说明它的体积是最小的，同时还有 256KB 的程序 SRAM。SRAM 的数量最终可能不是必需的，但是对于开发者来说，有足够的空间并且可以降级以降低 BOM 成本。

该芯片有一个集成的 LCD 控制器，有很多选项和 23 个高度可配置的专用引脚，非常适合手表 LCD 的㉒引脚。

另一种控制 LCD 的方法可能是使用支持良好的 Holtek HT1621 和选择的控制器，例如 ESP32 或北欧芯片。

Atmega169 中也有集成 LCD 控制器，但它是 EoL 产品，2006 年的数据表上写着"不推荐在新设计中使用"。

印刷电路板尺寸
要更换 PCB，首先必须了解有关旧 PCB 的所有信息。在寻找扫描仪时，找到了另一台。将它插入我的计算机并扫描而不安装任何 ubuntu 驱动程序非常容易。在 GIMP 中进行了一些调整后，方便使用。

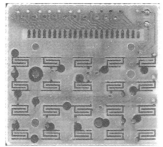

下一步，将 PNG 导入 inkscape，主要是用来绘制 PCB 的新形状并获取所有钻孔和按钮位置和 LCD 焊盘；焊盘彼此间隔 0.9 毫米。通过测量从第一个引脚到最后一个引脚的 18.9 毫米，除以 21 就是我们需要的距离，测算出距离接下来就可以进行焊接了。

PCB 上有 1.1mm、1.2mm 和大约 1.4mm 大小的钻孔，用于螺钉或塑料外壳的安装杆。

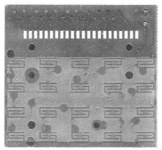

继续导入外壳内部的照片，这样就可以绘制具有更多空间的新 PCB 形状。可以添加一个侧面发光的 LED，并且有一些可以使用的免费螺丝孔。为了测试 PCB 尺寸和安装孔位置，只需要将所有元件的轮廓打印到透明的高架投影仪箔上。它有助于周围有小钻头工作，以探测孔的大小。

LCD 的引脚排列

通过触摸显示器的垫子或引脚即可显示某些内容。可以看到 LCD 的"22 个引脚"是"18"个引脚，用于四段组，还有 4 个用于激活的段。

PCB 上的 blob 芯片位于 PCB_LCD 触点的另一侧，这里可以打磨和焊接 22 个通孔。先切断芯片的连接，最终得到了一个用于 LCD 的分线板。由于它的"电容"性质，显示器仅通过将电源的正极引脚连接到段引脚来显示一些东西。

正在处理的 KiCad 符号的屏幕截图。

对 LCD 控制器进行逆向工程
有一个阈值电压差实现，显示器变暗。例如，手表中的 LCD 需要 3V 或 -3V 并激活。

偏置需要为 0V。在 0V 和 3V 之间切换一个引脚上的段时，显示器保持在 1.5V 的偏置-显示器不喜欢的东西。将偏置保持在 0V：

PN1	PN2	电压
0V	3V	3V
3V	0V	-3V

第一次打开它时，如果不小心将电源设置为 2V，会导致认为显示器只能在 1.5V 下运行，任何高于此电压的电压都会导致显示器显示所有内容。所以在这里 SAML22 是不可能的，因为它的 LCD 最低电压为 2.4V；但实际上比它要复杂一点！

正确运行单个段意味着可以使用一个很好的旧 555 计时器，将其设置为 60~90Hz（需要检查正确的频率）并使用反相器作为第二个引脚的正确方式来保持液晶显示器正常运转。

液晶显示屏

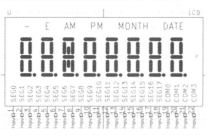

看看显示器是否以 1.5V 或 3V 的电压运行，从板上的通孔上打磨掉阻焊层，并焊接在一些 LED 腿上以连接探针。

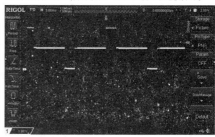

在这个示波器的屏幕截图中，显示的是公共段引脚之一和电池负号之间的电压差。显而易见的，这是在 0V 和 3V 之间，这对于使用 SAML22 来说是个好消息！不过，这里看到的是 1/4 占空比，偏置步长为 1/2。

LCD 有 4 个通用引脚和 18 个用于分段四元组的引脚。可能会发现将长线分成 3 个区域的小缩进，这些基本上是其他常见引脚的"时间段"。

在这张公共引脚之一和段引脚之一之间的电压的屏幕截图中，可以看到遵循偏置规则并使其在 0V 附近振荡。所有波浪形的东西都非常令人困惑，对此来说重要的信息是这段被激活，因为这里有 6V 的峰峰值电压，这意味着该段是由手表由 3V 差异触发的。

那么波浪形的东西到底是怎么回事呢？

SAML22 数据表说"1/3 的偏差"是 1/4 的首选。进一步阅读数据表，这意味着会生成 1/3、2/3 和完整 VLCD 的步进波来与 LCD 对话。手表控制器似乎使用 1/2 的偏差来生成"波"，这就是在第一个示波器屏幕截图中看到 1.5V 的步进。

使用 ESP8266 WiFi 模块注意事项(一)

ESP8266 是一款 3V WiFi 模块,因其物联网应用而广受欢迎。ESP 8266 最大工作电压为 3.6V。本文将简单的介绍如何为其供电、如何安全地将其与 Arduino 串行连接。

ESP 8266 引脚排列

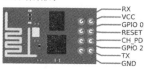

- RX
- VCC
- GPIO 0
- RESET
- CH_PD
- GPIO 2
- TX
- GND

ESP8266 有 8 个引脚,分别是:
- 接收
- 电压互感器
- 通用输入输出口 0
- 重启
- CH_PD
- 通用输入输出口 2
- TX
- 接地

VCC 和 GND 是电源引脚,RX 和 TX 用于通信。
(ESP8266 数据表)

ESP8266 Module (WRL-13678)

为 ESP 8266 供电

ESP8266 WiFi 模块有多种供电方式:
- 可以使用 2 节 AA 电池供电
- 可以使用 LIPO 电池为 ESP Dev Thing 板供电
- 可以使用 LM117 3.3V 稳压器

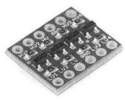

(逻辑电平控制器)

ESP8266 的最大电压为 3.6V,因此该器件具有板载 3.3V 稳压器,可为 IC 提供安全、一致的电压。这意味着 ESP8266 的 I/O 引脚也以 3.3V 运行,需要将 5V 信号运行到 IC 中的逻辑电平控制器。

或者,如果想直接向 ESP8266 提供外部稳压电源,则可以通过 3V3 引脚(在 I2C 接头上)提供该电压。虽然这个电压不一定是 3.3V,但它必须在 1.7~3.6V 的范围内。

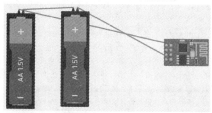

可以使用两节 AA 电池为 ESP 供电。正极从电池到 ESP 的 VCC 和 GND 到 ESP 8266 的 GND。

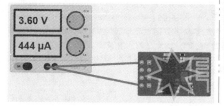

使用逻辑电平控制器

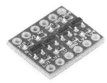

电平转换器易于使用。电路板需要由系统使用的两个电压源(高压和低压)供电。高电压(例如 5V)连接到"HV"引脚,低电压(例如 3.3V)连接到"LV",从系统接地到"GND"引脚。

通过 Arduino UNO 与 ESP 8266 通信

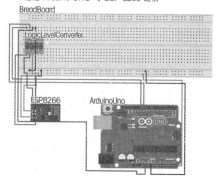

要通过 Arduino UNO 与 ESP8266 通信,需要在两者之间使用逻辑电平控制器来安全地与 ESP8266 一起工作。

连接:
- 将 ESP 连接到 Arduino,将 ESP8266 RX 连接到逻辑电平控制器 Level 1
- 将 ESP TX 连接到 2 级逻辑电平控制器
- ESP VCC 至 Arduino UNO 3.3V
- 逻辑电平控制器电平到 Arduino 3.3V
- 逻辑电平控制器 GND 到 Arduino GND
- ESP GND 到 Arduino GND
- ESP CH_PD 至 Arduino 5V
- 逻辑电平控制器 HV 到 Arduino 5V
- 逻辑电平控制器 HV1 至 Arduino 第⑪ 引脚
- 逻辑电平控制器 HV2 到 Arduino 第⑩个引脚

与 ESP 8266 模块通信

(下转第 149 页)

基于树莓派的简易照片相框

本教程将教你如何制作一个时尚、简单、运行很快的数码相框。

需要设备:
1. 树莓派 4
2. 树莓派 7 英寸触摸屏
3. SD 卡
4. 适用于 RPi 4 的 NeeGo 框架
5. USB-C 电源线和电源
6. pyxian 操作系统

第 1 步 下载 Pyxian 操作系统并将其下载进入 SD 卡
下载 Pyxian 操作系统后,要将 OS 卡中的内容送到 SD 卡。

第 2 步 修复官方 Raspberry Pi 显示器上的轻微画面弯曲
可以通过访问 SD 卡上的文件或通过 ssh 连接到 Raspberry Pi 从计算机执行修正弯曲的操作。或者按原样保留配置,画面弯曲对最终效果的呈现影响不是很大。

第 3 步 将 SD 卡插入树莓派
第 4 步 将白带电缆连接到 Pi 上的 DSI 端口

第 5 步 通过 Pi 的 GPIO 连接电源

引脚图分布
第 6 步 使用 USB-C 电源为其供电

在最终组装之前确保一切正常。
第 7 步 组装相框

将所有东西组装到相框中。
第 8 步 连接到 WiFi
在设置→网络→输入网络名称和密码→点击确定。
第 9 步 在设置应用程序中选择数码相框应用程序

‹ Digital photo frame

Version: 0.1

Shows random nature images from unsplash.com every 30 seconds. Internet connection required.

REMOVE

☐ Start on boot

START

转至设置→演示应用程序→数码相框。

注意,如果选择在启动时启动它并且在某个时候想要更改应用程序,则需要要将 U 盘插入 Raspberry Pi。或者重置启动时启动的应用程序。

第 10 步 更改要显示的图像
数码相框应用程序从 Unsplash 获取其图像,可以在此处找到源代码。有很多 Unsplash API 可以用来修改显示的图片。例如,只显示带有特定关键字的图片,如狗、猫、自然等,或只显示自定义的图片。

要修改显示的图片:
在这一行签出源代码并更改基本 URL 变量;
将带有更新代码的目录"photo-frame"复制到闪存棒并将其插入树莓派;
转到设置→USB 驱动器。应用程序将被自动检测到,这里将看到"安装"按钮。

RISC-V 发展研究报告（二）

（接上期本版）

自主：生态平台赋能本土应用

RISC-V 自主可控的机遇

开放的基因，繁荣的生态为自主的应用提供了前所未有的发展良机。长期以来，我国集成电路产业普遍注重应用层面SoC 的开发，在底层技术上投入有限。虽然国内集成电路产业得益于国内市场的迅速膨胀而积累了大量的发展资金，但在核心技术链，关键供应链上仍然存在不少断点，忽视底层技术特别是以处理器 IP 为代表的关键核心环节，将有可能成为产业发展的致命罩门。Arm 公司对华为的技术断供有可能对海思麒麟芯片未来的技术和服务升级形成巨大障碍，就是一次对产业敲响的警钟。

RISC-V 的出现，为中国处理器 IP 发展提供了一个千载难逢的机会。让我们欣喜的是，在此领域也出现了深耕于开放指令架构标准中不同层次的国内本土公司，在自主可控与共享繁荣中，找到了一条奋起直追的道路。本土 RISC-V 处理器 IP 厂商，在不同领域发力，保持我国的 RISC-V 处理器 IP 与世界先进厂商同步演进，完成"突破"与"并跑"，并依靠国内市场强劲的创新需求向"引领"迈进。

RISC-V 的中国力量

产业链自主可控生态的关键由三个因素组成：指令集的发展权，研发团队的本土化以及微架构的自主开发。RISC-V 指令集架构的标准化为我们解决了指令集发展权的问题。而本土公司和团队的自主开发为我们带来真正的产业链供应安全。经过几十年的国内产业发展，我国在处理器领域人才培养上已经初具规模，形成了一批能够根据指令集架构标准进行微架构研发的团队与软生态研发团队，基于开放架构的指令集标准，更是为优秀的团队提供了打造自主可控产品的良机，伴随着国内 AIoT 市场的蓬勃发展，为产业提供了从硬到软各个层次自主可控生态打造的应用基础。国内集成电路产业以 ICT 产业链各个环节，应抓住开放架构指令集生态打带来的自主可控的处理器 IP 共性技术平台建设良机，从应用需求入手，彻底解决处理器领域"穿马甲"问题。

阿里巴巴旗下的平头哥半导体，以及其处理器团队的前身中天微团队，作为出身于高校的本土化研究团队，具备多年的内核开发经验，其发布的 RISC-V 处理器玄铁 910 针对云和边缘服务器，更多地依靠阿里生态推动应用与芯片的联动。

芯来科技的技术演进不同于国外引进或开源吸收模式，其技术团队具备长期的一线巨头企业处理器研发经验，在 RISC-V 架构产品的打造上从零开始，结构设计和源代码实现完全由本土团队完成，真正的产品自主可控，输出了具有自主知识产权的核心产品。芯来科技目前拥有近 100 名员工，拥有 3 个研发中心。

RISC-V 自主生态与应用结合

芯来科技作为本土 RISC-V 的领军企业，启动建设了基于 RISC-V 处理器内核的开放创新全栈式 SoC 方案平台建设，该平台能缩减基于 RISC-V 架构的 SoC 设计周期，降低设计成本。以模块化形式呈现的全栈式 RISC-V SoC 方案平台则是芯来科技未来业务布局的一个重要方向。芯来 SoC 方案平台包含了用户在使用 RISC-V 处理器进行系统级设计流程中的共性需求模块和通用解决方案。通过预制模板和流程，为用户提供自有、第三方、客供等多种数核 IP 与 CPU 内核 IP 的快速集成，并同步为用户生成硬件层次适配以及配套软件方案和开发操作工具。

芯来科技的 RISC-V 架构处理器有超过 200 个客户的评估和使用，全国前 10 大集成电路设计企业中已有 5 家成为该公司合作伙伴。在不到三年的发展进程中，收获了不同领域的大量典型客户，协助客户在汽车、工业控制、通信、智能家居、区块链、航空航天、能源、金融、人工智能等领域输出基于芯来内核的产品。

基于处理器内核的自主可控，是实现 SoC 平台化的前提，将周边通用 IP 与内核的全自动化耦合集成，能为客户一站式解决基于 RISC-V 架构的 SoC 集成问题，能够推动 RISC-V 应用生态的更快落地，帮助客户节省大量的各种 IP 的集成、验证和应用成本。

我国作为全球最大的 AIoT 市场，将出现海量的差异化应用需求，并且随着市场的迭代加速，对处理器一体化定制化解决方案的需求，将远远超越对 CPU 芯片和内核 IP 的单一需求。RISC-V 开放架构和自主 IP 可以让产业界进一步提升相关应用领域的效能，也借此为厂商创造利基与更多商机。

（全文完）

◇芯来科技市场部供稿

5G 时代下运营商的网络效率变革

对于运营商而言，5G 技术本身虽然并不能完全解决其长期以来存在的业务"被管道化"及"同质竞争"的问题，但 5G 却给运营商带来了一个可以从各方面提升网络效率的新契机。通过规划不同的频谱，对不同解决方案进行组合，运营商可以打造一张高效的 5G 网络，从而通过提升效率来解决传统运营模式所面临的难题。具体而言，运营商可以实现 4G/5G 天线的平滑融合演进，引入开放式 RAN 及动态频谱共享三个方面来着手提升网络效率。

4G 向 5G 天线演进，平滑融合是关键

作为第五代移动通信技术，5G 融合了有线、无线、核心网和光传输网络，而其中任一节点的建设都影响着全网 5G 的运行效率。然而 5G 的部署并非一蹴而就，确保 4G/5G 的平滑融合演进是关键。

相较于 4G，5G 作为一个融合网络，其高速率、高容量的特点主要受三个因素驱动：高效的 NR（New Radio）信道、大规模 MIMO 和更宽的信道带宽。5G NR 由于采用了新的编码方案，同样频段、设备和配置的情况下，5G 编码可以将效率提升 15%~20%；而大规模 MIMO 相比 4G 可将容量提升 2~3 倍，能够实现更多小区的覆盖；在带宽方面，5G 使用了 60M~100MHz 的带宽，而 4G 仅有 20MHz 的带宽。

在 5G 部署过程中，所使用的天线形态和组网方式决定了网络的容量和覆盖。就天线形态的演进而言，运营商可针对 FDD 和 TDD 两个系统进行升级。目前在亚太地区，几乎常见的演进形态包括：对于 FDD 系统的低频段（700/850/900M）、中频段（1800/2100/2600M），运营商可分别依据所在区域的带宽、生态系统的具体条件，考虑升级为 4T4R 或双波束。对于 TDD 系统中现有的 4G 频段（2300/2600M），运营商可根据具体覆盖和容量的要求，考虑 8/32/64TR 波束赋形，以进行 5G 重耕或者单纯地提升 4G 容量；在 TDD 系统中 3500~5000MHz 的新频段上，则可考虑 8TR 或 32/64TR 波束赋形作为标配。

众所周知，5G 有非独立组网（NSA）和独立组网（SA）两种组网方式。在 NSA 中，由于 5G 的上下行采用了 3.5/2.6 GHz 频段的波束赋形，其与 3GHz 以下 4G 下行覆盖基本相同，但 5G 的上行覆盖有较 4G 一定不足。这种情况下，5G 移动台可采用与 4G 的上行以双连接来进行上行覆盖的补偿，使得 5G 的移动台行能够达到 4G 下 5G 下行的覆盖范围。而对于 5GSA，则可以通过 5G 的 3GHz 以下频段和 5G 的 3.5GHz 频段进行载波聚合，以实现上行的补偿，从而使得上下行的覆盖范围相同，进而保证 5G 3.5GHz 覆盖与 4G 的覆盖范围相匹配。

5G 的部署将是一个基于 4G 网络进行的长期替换、升级、迭代的过程。运营商在进行射频配置的时候，需要根据所采用的不同频谱、用户分布模式，以及成本投资来综合考虑演进方式，达到相应的配置。康普作为天线解决方案的专家，能够提供一系列有源/无源天线解决方案的工具以，为运营商面临的多种升级情况提供简化、可靠的部署方案，保证网络演进过程中 4G/5G 天线的平滑融合。

开放式 RAN 接口，实现网络灵活部署

为实现更多 5G 创新及催生更多创新型服务，移动产业正在朝着开放 RAN 接口的方向发展。随着今年 O-RAN 联盟与 GSMA 正式建立合作，相信这一趋势在今后将越发凸显。

开放式无线接入网（O-RAN）相当于移动行业中的开源，它需要采用芯片组构建大量不同的设备，这与开放 RAN 接口构建模块以创建多个网络的方式是相同的。业界驱动开放式接口的因素有很多，包括与 4G 网络在 X2 信令上的互操作性、虚拟化使小基站更容易商品化、可引入更多供应商并灵活使用不同供应商内库存、使 5G 能够进入专网及企业网、改善总体拥有成本等。

为实现更灵活的网络部署及结构的多样化，5G 技术引入了切片的概念。从 RAN 的角度来说，基于 3GPP R15，BBU（基带处理单元）的功能被切成三块：无线单元（RU）、分布单元（DU）和中心单元（CU）。此前，BBU 和 RU 由于是专用接口，需由同一个供应商来供应，而在引入 O-RAN 后，各个功能块的接口可以公开化、标准化，能够让不同的供应商参与进来，促进产业链向广度及纵深发展，在实现灵活网络部署的同时，降低使用者的成本，从而能够更快地引入新服务。

作为 O-RAN 联盟中开放式前传接口工作组（WG4）的重要成员，康普将与联盟及整个 O-RAN 生态系统的合作伙伴一道，致力于更加开放、创新的 5G 未来。

动态频谱共享，网络使用效率最大化

对无线行业来说，频谱是所有运营商业务运营的基础资源，而频谱共享技术可以提高整个频谱使用的效率。包括大型企业工厂、无线运营商、OTT 公司以及其他新兴市场，都对高效的频谱共享技术有着广泛需求。以工业物联网为例，5G 技术解锁了包括垂直工业领域在内的许多 IoT 应用。企业工厂内百万、千万级别的机器到机器（M2M）连接可以通过智能化的管理，有效降低管理成本。然而，这些机器的连接并不会产生其他的附加价值，随着这些连接不断使用频率等相应的资源，对企业来说也成为了亟待优化的成本。相比之下，继续购买频率显然不如采用按时、按需租用的动态频谱共享机制来得有效。

频谱共享并非新兴名词，其实从无线技术出现起，我们就一直在使用无线频谱的共享。例如，不同终端在同一个地点，通过时分的方式去共享相同的无线频点。频谱共享不只是在用户之间共享相同的频点资源，还能在同一个区域、同一个时间里让不同的网元、不同的网络在同一个区域内共享一个公共的频谱，通过有效地分配，提高整个频谱的使用效率，进而提高整体网络效率。

通过频谱共享来提升网络效率的一个实际例子就是北美市场在 3.5GHz 频段上引入的 CBRS（公民宽带无线服务）频谱共享方案。CBRS 可以通过完全自动的机制完成使用权的管理、分配、终结、再分配，来实现频谱的动态分配进而提升网络使用效率。该方案能够根据用户的优先级、申请服务的类别、支付的服务费用，为其提供相应的无线频谱使用权。

CBRS 网络的核心是 SAS（频谱接入系统），其相当于 CBRS 的"大脑"，拥有强大的动态分配管理的功能。SAS 服务器能够主动地分析相应区域内各个网元的优先级及业务进展情况，同时动态地调节各个网元的发射功率，从而消除干扰，保障高优先级用户的服务。康普在 CBRS 网络领域有多年的积累，积极参与并推动全球 CBRS 的各论坛、标准化组织相关工作。作为全球领先的 SAS 服务器提供商，康普也是目前唯一被美国两大运营商授权的 SAS 厂商。

把握"弯道超车"机遇

综上所述，5G 技术将给运营商带来了一个可以从多方面提升网络效率的契机，通过最大限度地优化网络效率，实现网络收益率的提升。因此，在网络建设初期，运营商就应根据自身网络的特点和业务目标，合理地规划如何高效地实施、建设 5G 网络。唯有如此，才能在新一代技术演进的关键时刻，把握"弯道超车"的机遇。

◇康普 林海峰 王占军

长新牌多功能电子定时器、微电脑时控开关电路分析及故障排除

由于手头有五六个长新电子生产的电子定时器陆续出现了故障而无法使用,故而拆解其电路分析故障原因,在拆解中发现长新牌的多功能电子定时器 CX-T02、微电脑时控开关 CX-TGK01 模拟控制电路部分全部相同,其功能区别在微电脑的编程设计部分和键盘布局部分,笔者所遇到的故障均在模拟控制电路部分,都是通病。主要有两个故障现象:一是液晶显示屏不亮,所有控制键均不起作用;另一个故障是显示屏及按键功能均正常信号,LED 灯也随着设定程序灯点亮,但是内部继电器不动作。为了分析故障原因测绘了电路原理图(如图 1 所示)。

本电路没有采用常用的变压器降压电路,而是采用了比较简单的阻容降压电路,R1 和 C1 是阻容降压电路供电的核心,R2 为泄放电阻,D1~D4 组成桥式整流电路,C2 为滤波电容,所驱动的负载主要是继电器。继电器采用了 48V、触点容量 30A/250VAC 的密封继电器。其参数是:电压 48V、电阻 2560Ω,电流为 18.75mA。这个负载电流的准确值是设计的重要目标参数,图 2 是松乐 SLA-48VDC-SL-A 继电器参数表,画圈部分是 48V 型号的主要参数。

本电路中继电器的驱动电路设计也很特别,没有采用常用的三极管集电极或发射极串联为继电器线圈供电,而是采用与继电器线圈并联的方式形成线圈两端的旁路开关。图中三极管 BG1 和 BG2 组成控制开关控制电路,当微电脑程序处于断开状态时(高电平)BG2 通过 R7 得到的偏置电压使 BG1 处于导通状态,由于导通电阻很小继电器线圈两端相当于短路,电流均通过三极管 BG1 流走,继电器线圈由于没有电压和电流继电器处于断开状态;当微电脑的控制端接通状态(低电平)时,图中的 CONTROL 相当于开关闭合短路,D8 的负极对地导通使三极管 BG2 的偏置电压改变 BG1 处于截止状态 CE 端相当于很大的电阻,继电器线圈两端则得到启动电压和电流,从而继电器吸合达到控制负载的作用。由于 BG2 采用 Ic=500mA,耐压 300V 的 MPS-A92 PNP 三极管,300V 的耐压充分保证在电路中不会被击穿。

采用阻容降压电路目的是降低成本,由于产品采用全封闭设计并没有触电隐患,设计核心是电容容抗的选择,利用电容在 50Hz 交流频率下产生的容抗限制以满足负载所需最大电流来控制继电器的动作,其电路分析及计算公式如下:

电路中 C1 的容抗决定着负载的电流,其容抗为 Xc,市电频率 f 为 50Hz,本机电容 C 为 0.33μF,π 为圆周率 3.14。根据继电器的规格表得到继电器的电压为 48V,电流为 18.75mA,达到 75% 即能吸合,其计算过程如下:

$$Xc=\frac{1}{2\pi fc}=\frac{1}{2\times3.14\times50\times0.33\times10^{-6}}=9651\Omega$$

$$Uc=U1-\frac{U2}{\sqrt{2}}-0.7\times2=U1-\frac{U2+U3}{\sqrt{2}}-0.7\times2$$

$$=220-\frac{48+2}{\sqrt{2}}-0.7\times2=220-35.36-1.4=183V$$

当 C 选用 0.33u 时,$I=\frac{Uc}{Xc}=\frac{183}{9651+300}=18.4$ mA

根据电路分析原设计 Xc=C1=0.33μF 这个电容的选值非常重要,不能偏小也不能过大,过大会造成 C2 两端电压过高和稳压管 D6 承受过大的电流,造成成本提高或其他问题,由于微电脑部分的耗电量非常小可以忽略不计,所以电路中容抗以刚刚能满足继电器所需的电流为佳,查参数得知继电器的启动电流为 18.4mA,实际吸合大于 75% 为 14mA 就能启动,经过计算可以看出得到的电流正好与继电器的启动电流相符范围内,因而本电路中 C1 选用 0.33μF 是最佳选择。

下面分析一下两种故障原因和维修过程。

故障一: 显示屏及按键功能正常,信号 LED 灯也随着设定程序灯点亮但是内部继电器并不动作。

按照顺序检查微电脑、BG2、BG1 控制电路并没有发现问题,继电器两端也有 26V 左右的电压,最初怀疑继电器本身故障造成不吸合,用外加电源测试并没有发现继电器本身有问题,后来切断继电器线圈电路板串入电流表发现启动时实测电流只有 9mA 左右偏小不足以启动继电器,因而怀疑 C1 的容抗变小,拆下的 0.33μF/250V 电容实际测量容量只有 0.21μF,估计是电容质量问题,随后拆下几个故障机器的 C1 电容发现都存在容量减小的毛病。

实际在排除故障中发现因而电容的变小造成了微电脑指令正确而继电器不吸合是一个通病,另外还有一台滤波电容 C2 容量变小,造成继电器接到指令时都无法吸合。C1 因而电容变小后会造成输出电流不能满足继电器工作,更换新的 0.33μF 的电容后继电器正常吸合,吸合时实测电流(继电器吸合状态)为 14.6mA,另外原设计的整流滤波电容 C2 容量为 22μF 耐压为 50V,负载继电器的电压就是 48V 加上 2.1V 的稳压管,启动时 C2 两端的电压就是 50V 左右,显然电容耐压 50V 有些偏小,存在隐患,这次维修一起更换了耐压 100V 的 22μF 的电容。

故障二: 液晶屏不显示、按键不起作用。

怀疑内部镍氢充电电池损坏,打开盖后发现确实是镍氢电池损坏。损坏电池的基本现象都是电池漏液,

用万用表测量电池两端几乎都是没有电压,有几台电池附近的两个瓷片电容 C5、C6 也会被电池液腐蚀而损坏,这部分供电电路如图 4 所示。

微电脑程序和液晶显示电路的供电是由 1.2V 的 40mAH 镍氢纽扣充电电池直接供给的,在没有接市电的时候,电池也会始终供电给微电脑和液晶显示屏,由于电脑版工作电流很小,实测只有 2μA 左右,因而不通电的状态也可以进行程序编辑且放电时间会很久,当插入市电时阻容降压电路会通过整流降压以及 D6 的 2.1V 稳压保护电路给电池浮充充电。电路中的 R8 为镍氢电池充电和微电脑供电两个作用,D7 为充电保护二极管,当电池电压超过 1.4V 时 D7 由导通转为截止,从而防止电池过充。虽然微电脑和液晶耗电很小,但是长时间不通电也会有电池耗尽的情况出现,由于原电路设计 R8 的阻值较大,给镍氢电池的充电电流很小,在电池亏电的情况下一周左右时间才可以给内部电池充满,因而建议定期充电不应让机器长时间不接电。

总结:

1. 若故障现象为显示屏不显示,故障一般为镍氢电池漏液损坏,注意电容 C5、C6 是否被电池液腐蚀而损坏,建议几个月不用也要定期充电。

2. 如果显示器正常,而继电器不动作,一般为 C1 的容量变小,直接更换 C1,建议耐压选用 300V 以上的,最好顺便更换滤波电解电容 C2,耐压选用 100V 的。

◇周泉

特性参数

特性参数		
绝缘等级	B / F	
绝缘电阻	100MΩ (500VDC)	
介质耐压	线圈与触点间	2000/4000VAC 1分钟
(漏电流1mA)	断开触点间	1000VAC 1分钟
吸合电压 (额定电压下)	≤10ms	
释放时间 (额定电压下)	≤10ms	
湿度	45 %~85% RH(20℃)	
环境温度	-40℃~85℃/-40℃~105℃	
抗冲击	稳定性	98m/s²
	强度	980m/s²
抗振动 (双振幅)	10Hz~55Hz 1.5mm	
重量	约23g	
封装形式	密封型	

线圈规格表 常温(20℃)

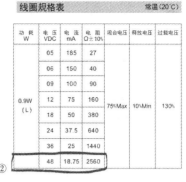

功耗 W	电压 VDC	电流 mA	电阻 Ω±10%	吸合电压	释放电压	过载电压
0.9W (L)	05	185	27	75%Max	10%Min	130%
	06	150	40			
	09	100	90			
	12	75	160			
	18	50	380			
	24	37.5	640			
	36	25	1440			
	48	18.75	2560			

注:1)以上数据均以初始值

②

阻容降压电路分析

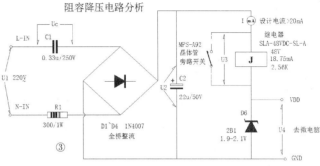

③

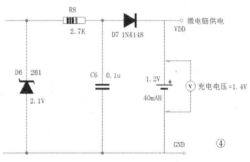

④

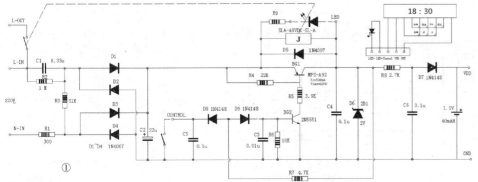

①

一、实验目的

1. 学习逻辑门电路和触发器在电子产品中的综合应用方法。

2. 巩固对逻辑门电路和触发器逻辑功能的理解、区别和记忆。

二、器材准备

1. DZX-2型电子学综合实验装置一台

2. MF47型万用表一只

3. 带插头铜芯软导线若干根

4. 集成块CD4043、CD40175各一块,CD4012两块

三、认识集成块

CD4012是CMOS二4输入与非门集成电路,它的内部集成了两个完全相同的4输入端与非门电路。4输入与非门的逻辑表达式为Y=$\overline{ABCD}$,与非门不用的输入端应接高电平或将输入端并联使用。CD4012的内部逻辑电路图和引脚功能图如图1所示。

四、实训操作

(一)四循环流水式LED灯控制器

1. 电路原理

本次实验中四循环流水式LED灯控制器的逻辑原理图如图2所示。CD40175中的四个D触发器

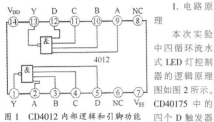

图1 CD4012内部逻辑和引脚功能

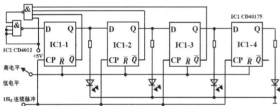

图2 四循环流水灯控制器逻辑原理图

构成一个环形计数器,CD4012构成一个3输入与门(由两个4输入与非门构成)。D触发器的逻辑功能是在CP脉冲上升沿作用时D端的电平传递到Q端;与门的逻辑功能是有0出0、全1出1。

当$\overline{R}$端为低电平0时,四个D触发器的Q端全为低电平0,四只LED灯全部不亮,此时四个D触发器的$\overline{Q}$端全为高电平1,故与门输出高电平1,这样第一个D触发器的D端也就为高电平1。

当$\overline{R}$端为高电平1时,在第一个CP脉冲上升沿作用下,第一个D触发器D端的高电平1传递到Q端,第一只LED灯点亮。此时,第一个D触发器的$\overline{Q}$端为低电平0,与门输出0,第一个D触发器的D端变为0。

在第二个CP脉冲上升沿作用下,第二个D触发器D端的高电平1传递到Q端,第二只LED灯点亮。第一个D触发器D端的低电平0传递到Q端,第一只LED灯熄灭。此时,第二个D触发器的$\overline{Q}$端为低电平0,与门输出0,第一个D触发器的D端仍为0。

在第三个CP脉冲上升沿作用下,第三个D触发器D端的高电平1传递到Q端,第三只LED灯点亮。第一个D触发器D端的低电平0传递到Q端,第一只LED灯保持熄灭状态;第二个D触发器D端(即第一个D触发器Q端)的低电平0传递到Q端,第二只LED灯熄灭。此时,第三个D触发器的$\overline{Q}$端为低电平0,与门输出0,第一个D触发器的D端仍为0。

在第四个CP脉冲上升沿作用下,第四个D触发器D端的高电平1传递到Q端,第四只LED灯点亮。第一个D触发器D端的低电平0传递到Q端,第一只LED灯保持熄灭状态;第二个D触发器D端(即第一个D触发器Q端)的低电平0传递到Q端,第二只LED灯保持熄灭状态;第三个D触发器D端(即第二个D触发器Q端)的低电平0传递到Q端,第三只LED灯熄灭。此时,与门的三个输入端又全为高

电平1,故第一个D触发器的D端又变为高电平1。

在第五个CP脉冲上升沿作用下,第一个D触发器D端的高电平1又传递到Q端,第一只LED灯又被点亮……

这样,在CP脉冲的连续作用下,四只LED灯被依次轮流点亮,并一直循环下去。

2. 实训过程

①关断交流电源开关,关断直流稳压电源的5V电源开关。

②把CD4012集成块和CD40175集成块分别插入实验装置上的一个14脚集成块插座中和一个16脚集成块插座中,然后按图2所示的实验电路进行线路连接。

③对照图2,检查每根导线连接是否正确无误且没有遗漏。

④确认线路连接正确无误后,接通交流电源开关,接通直流稳压电源的5V电源开关。

⑤把十六位开关电平输出中的第1位开关拨向低,这时可看到十六位逻辑电平输入中的第2只、第7只、第10只和第15只发光管均不亮,此时流水LED灯控制器处于停止状态;再把十六位开关电平输出中的第1位开关拨向高,这时可看到十六位逻辑电平输入中的第2只、第7只、第10只和第15只发光管按照第2只→第7只→第10只→第15只→第2只……的顺序依次点亮并一直循环下去,此时流水LED灯控制器处于运行状态。

⑥关断交流电源开关,关断直流稳压电源的5V电源开关,拆除所有的连接导线,拔下CD4012集成块和CD40175集成块。

(二)四路抢答器实验

1. 电路原理

本次实验中四路抢答器的逻辑原理如图4所示。两块CD4012构成四个4输入与非门,CD4043则构成四个RS锁存触发器。与非门的逻辑功能是有0出1、全1出0;RS锁存触发器的逻辑功能是当S端为高电平1时,无论R端为何种电平,Q端都被强制输出高电平1。

按一下复位开关S后,4个锁存触发器的Q端均为低电平0,4个与非门的Q端均为高电平1;当某一输入端(例如IN2)第一个变为高电平1时,第二个RS锁存触发器的Q端强制变为高电平1并一直保持为高电平1,则第二个与非门的Q端(即Q₂)变为低电平0并一直保持为低电平0,从而准确指示出第二只抢答开关是第一个按下的。至于其余任一抢答开关再按下却无法抢答成功的原理,则是本文"五、归纳与思考"的思考题,这里不再介绍。

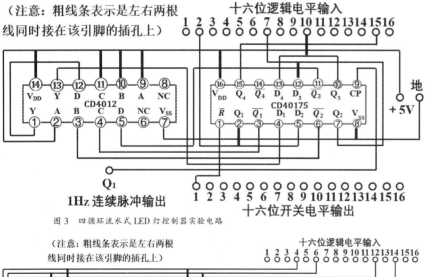

图3 四循环流水式LED灯控制器实验电路

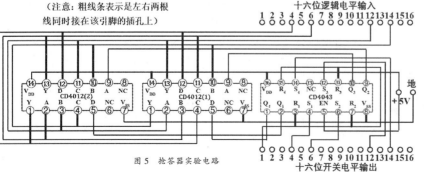

图5 抢答器实验电路

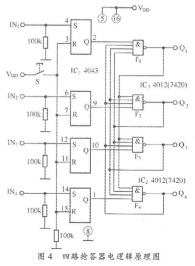

图4 四路抢答器电逻辑原理图

(未完待续)   ◇无锡 周金富

变频器控制面板操作改造为触摸屏控制操作实战技巧

前言

在工业控制领域，对变频器控制主要分为直接控制与间接控制。直接控制分面板控制和外部控制。面板控制很简单，直接在变频器面板上控制运行及调整频率；外部控制为变频器外部I/O接线端子上接旋钮开关、按钮开关等，模拟量端子上接电位器等。这些都是比较普通的控制方式，还有一种是间接控制，即通讯控制(RS485方式)。通信控制时使用触摸屏作为上位机，变频器作为下位机组成。通信方式采用RS485完成通信需要Modbus通信协议支持。RS485方式接法简单，只需要2根带屏蔽的信号线将触摸屏与变频器完成连接即可。通信原理是在触摸屏(上位机)上写入变频器(下位机)功能码对应的访问地址，在触摸屏读出变频器(下位机)功能码对应的访问地址并转换，最终显示出来。

1. 设备选型

触摸屏采用市场占有率较高的威纶通 TK6071iP 触摸屏(DC24V)。变频器采用深圳华远G1系列变频器(380V)。该触摸屏有 RS232 接口(COM1)、RS485 接口(COM2)、USB编程调试口。搭配的编程软件画面丰富。所选的变频器功能强大，价格低廉，为使用及开发提供了很好的条件。实现RS485通信时，其功能码对应的访问地址易理解，接线简单。

2. 硬件接线图

接线图见图1。将变频器通过断路器接入380V电源使其通电，便于调试。触摸屏接入24V直流电源。RS485通信接法为九针母头1#针脚为RS-、2#针脚为RS+分别接与触摸屏的B和A。

3. 变频器功能码转换与触摸屏地址识别说明

变频器功能码参数地址的表示规则：首要将访问的功能码转化为十六进制形式。例如：将P00.17(变频器加速时间设定)转化为十六进制为0x0011,P00.18(变频器减速时间设定)转化为十六进制为0x0012。当然，表1中参数地址直接为十六进制，只需按照要求进行转换即可。

维纶通触摸屏的Modbus协议规则是只识别十进制数据，根据十进制数内部转换成十六进制进行外部控制。其规则为需要把变频器接收十六进制的数据转换为十进制后加1并写入触摸屏软件里。

4. 编程软件的使用

触摸屏软件使用威纶通EB8000，该软件支持TK6070i系列触摸屏，软件里面有很多功能键可以使用。

第一步首先做好通信参数端口的设置，参见图2。

第二步根据控制的动作及监控项目进行触摸屏画面组态。见图3。

第三步开始对各个参数写入数值并进行地址的配置。现对第一个"设定频率"参数进行设置，打开"数值元件属性"，勾选"启用输入功能"，对"读取地址"中的"地址"进行填写。这里"6x"表示对参数地址做写入，"1#53505"中，"1"表示"变频台数"，这是第一台变频器。"53505"是参数"设定频率"的十进制表示法，代表把频率数值写在这个地址为53505的寄存器里。其设置格式见图4。

这里还有一个"数字格式"问题，在原说明书中对0-50Hz是以0-10000为比例设计的，所以要使输入的数值与变频器显示的数值一致。就要对"数字格式"进行设置，其设置格式见图5。

第四步对操作参数的软件设置。以"正转运行"为例，打开"多状态设置元件属性"，在"写入地址"选项中依次填入"6x"，"1#53761"。因为这里是多状态，且控制输入的地址与"53761"这一个，所以在下面的"属性"框中按照控制动作依次填入"1"，"2"等。这是编程过程中最重要的一点。见图6。

第五步对监控参数的软件设置。在这里以"运行频率"为例，打开"数值元件属性"，在"读取位置"选项中的"地址"中依次填入"6x"，"1#53506"。这里的"6x"表示可读可写的设备类型，当读取数据时，发出的功能码为"03H"，当写入数据时，发出的功能码为"06H"。在这里用"6x"也有读取的意思。具体操作见图7。

第六步对整个文件进行保存、编译。编译成功后进行下载。见图8。

最后对变频器的参数进行修改、设置与调试，见表2。

修改完成后，对触摸屏进行调试。由于通信采用了屏蔽线，发现操作起来非常流畅，受到的干扰几乎没有。很容易地实现了变频器的远距离的操作，现场的操作显得轻松自如。而我，为独立完成这个任务，广泛的在网络和其他资源里寻找参考资料学习着。学习的过程虽然身心疲惫，但功夫不负有心人，最终收获了成功。每日勤奋，定当厚积薄发。

◇山东 许崇斌

表1 其他功能说明及转换十六进制值

停机/运行参数	参数地址	转换为十进制数	转换十进制数+1	R/W
通信设定值	D100H	(D100)H=(53504)D	(53505)D	W
运行频率	D101H	(D101)H=(53505)D	(53506)D	R
母线电压	D102H	(D102)H=(53506)D	(53507)D	R
输出电压	D103H	(D103)H=(53507)D	(53508)D	R
输出电流	D104H	(D104)H=(53508)D	(53509)D	R
输出功率	D105H	(D105)H=(53509)D	(53510)D	R
运行时间	D115H	(D115)H=(53526)D	(53527)D	R
变频加速时间	12H	(11)H=(17)D	(18)D	W
变频减速时间	13H	(12)H=(18)D	(19)D	W
正转运行	D200H (53760)D	Bit 0001	(1)D	R
反转运行		Bit 0002	(2)D	R
自由停机		Bit 0005	(5)D	R
减速停机		Bit 0006	(6)D	R
正转点动		Bit 0003	(3)D	R

表2 变频器参数修改

功能码	名称	参数名称	更改值
P00.01	命令源选择	2.通讯命令通道	2
P00.02	主频率源X选择	7.通讯给定	7
P13.00	通信波特率	5.9600BPS	5
P13.01	Modbus数据校验格式	3.无校验(8-N-1)	3
P13.02	本机地址	1~247	1

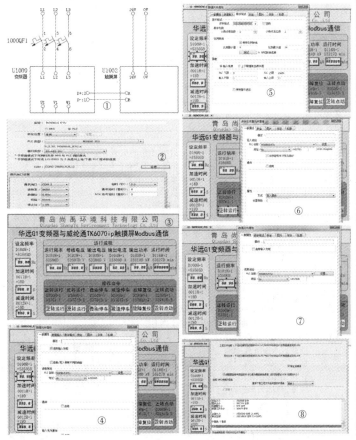

① ② ③ ④ ⑤ ⑥ ⑦ ⑧

继电器触点扩容电路的小改进(二)

(接上期本版)

鄙人认为，若KT1的触头容量足够，就可以取消中间继电器KA，改进后的电路见图3；若KT1的触头容量不够，必须采用中间继电器KA扩容，则改进后的电路应该如图4。

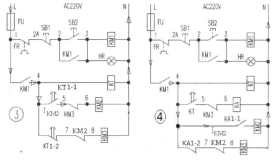

③ ④

顺便要指出，若资料给出了继电器触点"阻性负载"条件下的电流、电压额定值，则对于电感性负载(如接触器电磁线圈)，触点的容量必须"降额"，一般应降至"阻性负载"额定容量的二分之一至三分之一，否则继电器接点的工作寿命将大大缩短。

还必须强调，非纯阻性负载在接通与断开时的电流或电压远高于稳定接通期间的值，选择继电器的接点容量时必须注意。

电动机延边三角形降压启动简介采用延边三角形降压启动的电动机，其定子绕组有九个接线端子(即每相绕组有一个中间抽头)，是在既不增加专用启动设备，还可适当提高启动转矩的一种降压启动方法。

三相鼠笼式异步电动机的延边三角形启动，是在启动过程中将定子绕组的一部分Y联结，而另一部分△联结，使整个绕组成为延边三角形联结，从图形上看，就好像把一个三角形的三条边延长，因此叫作延边三角形。待启动结束后，再将绕组接成△联结。其原始、启动、运行状态的接线情况如图5所示。

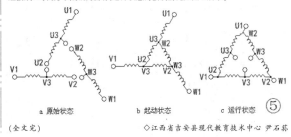

a 原始状态　　b 起动状态　　c 运行状态 ⑤

(全文完) ◇江西省吉安县现代教育技术中心 尹石荪

多功能台灯设计与制作

——2020年江苏省普高通用技术学业水平考试技术实践能力评定设计项目

"多功能台灯设计与制作"是2020年江苏省普通高中通用技术学业水平考试技术实践能力评定设计项目。项目需求：贫困山区的儿童迫切需要台灯提供书写照明，并可以折叠携带以照亮上学走的夜路。请用你的聪明才智，奉献你的爱心，为贫困偏远地区小学生设计一盏多功能的便携式木质台灯。

具体设计要求如下：

（1）采用木头为材料制作台灯支架、底座，台灯可以稳定摆放在桌上；

（2）可以作为停电时的应急灯（装充电电池的空间约为70mm×55mm×20mm）；

（3）能折叠，可收纳在书包里；携带方便，可以作为外出时照明使用。

对此进行了设计分析：要适合山区孩子的使用需要，其制作的重点是：材料选取便捷，结构设计巧妙可折叠、便携式双电源设计。台灯的设计主要有木制外壳与电气两大部分。第一是：木制外壳的结构设计：要考虑台灯的外形要大方实用，结构要稳固耐用，折叠尺寸小而规则，重量轻，便于携带。关键要解决灯座、灯柱与灯头的折叠方式，三者铰接转动部分的可靠性。同时还要考虑制作的经济性，加工简单，方便实施。

电气部分的设计：台灯电路主要有光源、充电池、台灯光亮度调节电路、充电电路、充电电池的保护电路组成。主要考虑使用常用的电路器材，购买方便，所设计的电路安全可靠与经济。

一、设计方案

1. 木制外壳设计方案

1）灯头外壳设计（见图①—图④）

2）底座外壳设计（见图⑤—图⑧）

3）灯柱设计（见图⑨）

灯柱两端的缺口间隙为32mm，小灯头与灯座转动小块的长度33mm，这样做的优点是：灯头与灯座安装在灯柱上时增加了一个夹紧力量，有利于提高灯头与灯座的定位性能，提高台灯的机械稳定性能。

2. 电路部分设计

1）光源选择与灯板设计：光源使用多颗F5草帽高亮度暖白光LED，小功率LED具有发光效率高、省电，寿命长，经济等优点，配上直流电驱动，发光稳定，无频闪，能有效保护视力；灯板设计上打破传统照明灯板无反光层的缺陷，利用废弃的易拉罐铝皮贴于电路板上，经过定位打孔与扩孔处理，安装上LED后，能够有效提高照明亮度，同时改善LED的散热效果，提高电路使用寿命，美观上也会有较大的进步。

2）控制电路设计：电路框图见图⑩所示，电路使用了无极调光技术，能满足不同场景需要。LED光源有两种供电方式：第一种由外部输入5V直流电源供电，第二种由台灯内置1.6AH/3.8V聚合物锂电池供电，使台灯的使用更加方便，适用范围更广。外部电源有两个作用，一是给照明电路提供电能，二是给锂电池充电。

台灯内部锂电池采用淘汰手机的旧电板，废物利用，性能优良，电路对锂电池做了四重保护（见图⑪）

a.锂电池输入或输出过外过电流保护，由保险丝FU实现；

b.锂电池过充电保护，由输出调整电路、采样电路、基准电源、比较放大器1完成，严格限制最高充电电压，本台灯使用了3.7V聚合物锂电池，最高充电电压设为4.2V；

c.充电电路最高充电电流设为800mA，机内锂电池为1650mAh，最大充电电流小于0.5C，在实现快充功能的同时，又能有效保证电池的使用寿命；

d.电路属原创设计，与传统电路比较具有更小的自损耗电流，台灯无外输入电源和关机状态下，电路损耗电流小于0.3mA，有效保护了电池的使用寿命。

二、制作结果和功能测试

1. 多功能台灯使用说明（见图⑫）

1灯头，2灯柱，3灯座，4开关、调光旋钮，5外部电源指示红灯，6内部电池充满指示绿灯，7电源适配器输入接口，8灯头铰链转轴，9灯座铰链转轴

2. 主要规格参数

光源额定功率：1W、外部输入最大功率：5W、台灯调节亮度：0—60cd、色温：3000K、显色指数：80、灯头、灯座旋转角度：0-180°、供电方式：a：内置1.6AH/3.8V聚合物锂电池供电，最高亮度下连续工作8小时，低亮度下使用时间更长；b：台灯用适配器供电，适配器输入100—240VAC，输出5VDC/1A，带φ5.5mm输出插头。折叠尺寸：260mm×62mm×33mm、净重：242克。

3. 台灯的功能功能测试

1）台灯折叠性能：灯头与灯座能够顺畅地绕灯柱旋转，旋转角大于180°，旋转中无卡滞、侧偏、松动现象，旋转时的摩擦力稳定，定位准确。

2）分别使用机内电池与外输入电源试验照明性能：无极调光柔顺，调光旋钮与电源开关为一体，操作简单方便，光照柔和，不刺眼，亮度高，16颗LED光源发光均匀，无色差，无频闪。

3）充电性能：内置电池放完电后，使用外置DC5V/1A电源充电，2小时完成充电，外部电源指示灯与充电指示灯工作正常。

4）续航测试：使用内置电池供电，台灯调至最高亮度，连续照明时间为7小时。

4. 测试木制多功能台灯的机械稳定性能

1）定位性能测试：将台灯水平放置于桌面上，灯柱于桌面垂直，灯头水平，调节灯柱角度，灯柱的稳定角超过±10°，调节灯头角度，灯头的稳定角为±90°，1米内用电风扇从不同角度，以最大风力吹过，台灯不晃动。

2）折叠功能耐久性试验：频繁折叠台灯7天后，折叠时的摩擦力没有明显变化，台灯无任何损伤。

3）暴力试验：台灯折叠后水平放置于地板上，70KG的成年人踩在上面，保持3分钟后，台灯无损伤，一切功能正常。

5. 测试台灯的电气安全性能

1）工作温度测试：分别使用机内电池与外输入电源开机试验，台灯调至最大亮度，在长时间照明和充电过程中，任意部位无高温产生。

2）检查充电电池的安全使用情况：电池安装牢固，空间充足，电池四周无危险物品；测量到最高充电电压为4.18V；带有安全保险丝；使用内置电池时，关灯后电路的损耗电流小于0.3mA，电池电压低于3V时亮灯电路停止工作，符合锂电池安全使用要求。

3）低温试验：将台灯放入零下20℃的冰箱内，12小时后台灯工作正常。

4）高温试验：将台灯放入50℃的高温试验箱内，台灯插上外部电源，亮度调至最大，8小时后台灯工作正常。

三、收获研究结论

1. 项目价值体现：

取材便捷，适合自制；结构紧凑，便捷照明；电路稳定，无极调光；光色柔和，续航力强。

2. 我的收获：

1）通过绘制模型草图，绘制了灯座、灯柱还有灯头的折叠方式，理解了台灯的构造和工程力学中的稳定性原理；

2）通过对电源、电路板、电池的大小体积的规划，使自己对整体性设计有个全面的理解；

3）通过对木质灯柱立柱的制作，熟悉了木器工具的使用方法，如弓锯、推刨、锉刀、砂纸、手枪钻、不锈钢自攻螺丝的使用；

4）焊接电路板时，首先要分清元器件，由低到高、先小后大顺序焊接，再按照电路安装图进行焊接安装。

5）本台灯使用了3.7V 1650mAh聚合物锂电池，最高充电电压设为4.2V，需要严格限制最高充电电压，内含锂电板的充电电路原理和锂电池过充电保护电路。

6）进一步测试台灯的机械、电气性能，完成整机装配任务，经过几轮改进，使台灯便携、续航能力强，更好地服务山区孩子。

总之，经过对多功能台灯的制作，使我理解了一个项目的完整性要求，不仅要有机械构图绘制的能力，还要有机械加工能力。要使产品具有实用性，必须对电路的设计有很高的要求，感谢指导教师缪耀东对我的精心指导，经过此项任务的制作，使我增强了学习科学知识的信心，技术以人为本，希望我们的科技之光能让山区的孩子在一片光明中走向成功。

◇指导教师 缪耀东

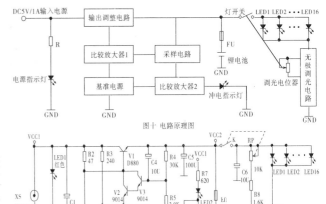

图十 电路原理图

图十一 聚合物锂电池充放电台灯电路

图十二 结构图

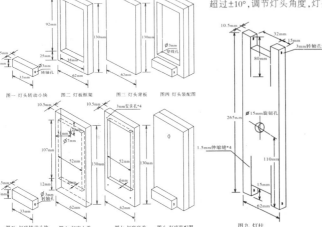

图一 灯头转动小块　图二 灯板背架　图三 灯头背板　图四 灯头装配图

图五 灯座转动小块　图六 灯座上盖　图七 灯座底盖　图八 灯座装配图

图九 灯柱

换一种思维看汽车发动机——比亚迪 DM-i 混动技术详解(四)

这是采用传统的铜线绕组,因为铜线为圆形截面,多股线并行缠绕,所以槽满率(即固定铜线的开槽中铜线的比例)比较低,空间浪费多。另外,因为缠绕结构的问题,散热较难,发热量较大,功率密度很难进一步提升。

这是比亚迪自己独立生产的扁线电机(又称发卡电机),DM-i 系统就采用的是这种电机。其优点是槽满率高,比传统电机高 50%以上,可以达到 70%甚至更高。散热性能好,一方面是表面积加大,散热面积大;另一方面是绕组之间接触面积大,空隙小,导热能力更好。绕组端部短,也就是绕组两头接线所需要的空间更小,节省更多的空间。体积更小,可以有效减小电机的体积,提升功率密度。另外就是 NVH 更好,因为开槽形状不一样,电磁噪音更低。缺点是制造加工难度较大,加工精度要求高,必须采用自动化设备进行生产,因此成本很高。

比亚迪 EHS 电混系统的驱动电机有三种不同的峰值功率,分别是 132kW、145kW 和 160kW。其中 132kW 和 145kW 版本所搭载的发电机的峰值功率是 75kW,160kW 版本所搭载的发电机的峰值功率为 90kW。三款电机转速都高达 16000 转,扭矩都超过了 300N·m,单纯从数据上来说至少是秦 ProEV 的级别。另外它继承了双电机双电控,没有外部线路,降低线路损耗提高了可靠性。与第一代 DM 相同的串并联结构,单挡直驱,大大提升了传动效率。

发电机　驱动电机

其中 EHS 系统的两个超高转速电机为并列式设计,发电机直连发动机,通过离合器与减速器通过减速齿轮相连。驱动电机直接通过减速齿轮与减速器相连。简单的单速减速器架构极大地提高了传动效率,湿式离合器确保了离合器的寿命和稳定性,而且可以在急加速时传递更高的扭矩,进一步提高系统性能降低能量损失。

双电机控制器高度集成,并且采用电动与电机三相直连技术,极大地减少了连接线缆带来的能量损耗。同时,采用比亚迪现阶段最成熟的第四代 IGBT 技术,电控的综合效率高达 98.5%,并且使得电控高效区(即电控效率超过 90%的区域)占比高达 93%,极大地降低了电控损耗,提高效率。

DM-i 超级混动专用功率型刀片电池

继 2020 年 7 月推出首款搭载纯电版的刀片电池比亚迪汉 EV 之后,又针对混动平台开发出混动专用的功率型刀片电池。通过内部串联芯的设计,在一节刀片电池内串联了 6 节电包卷绕式电芯,通过改造老的生产设备可以快速上马功率型刀片电池的生产。单节 20V 的设计也保证了低电池容量的混动电池包可以有足够的电压来保证驱动效率。

电池包电量从 8.3kWh 到 21.5kWh 不等,功率型刀片电池单节容量最高可达 1.53kWh,单节电压 20 伏这三个数据可以看出,功率型刀片电池的电芯容量可能会根据车型的不同而不同。

上图所示的电池包的刀片电池是纵向排列,这样做最大的好处是比横向排列更进一步的节省电池包的空间,提高电池包的功率密度。而且可以大幅降低结构复杂度,电芯采样线、电线、数据线等只需要布置在车头这一侧即可。根据车型的不同,电池包的主要变化是在长度上,也就是电芯长度会有变化,为了保证单节 20V 的设计,电芯的容量会有变化,考虑到比亚迪传统的锂电池电芯容量有很多,串联到刀片电池生产难度提高有限,不会对生产产生太大的影响。

耐久性考验

而对于使用如此之多发动机技术的使用耐久性问题,比亚迪方面表示,这款发动机已经过完整的台架、整车耐久及"三高"环境测试。并完成交变循环负荷试验等 6 项,28 台次的发动机台架耐久试验,应该说是一款具有高可靠性的发动机。

重点来了,除了 43%的发动机热效率以外,比亚迪 DM-i 系统用电来弥补了发动机那些不经济工况,只要发动机启动,就是 43%热效率的最佳工况区间,如果速度允许,可以直驱车辆,那就直接驱动,避免能量转换过程中的浪费。如果是低速蠕行的话,那就以 43%的热效率来给电池充电,之后再用电来驱动车辆。这个过程可以用一句话来解释,1~4 挡,通过发动机转换为电能,进行电驱驱动;上了 5 挡发油发动机直接介入驱动。

毕竟电能的转化效率要比内燃机高得多,基本上都可以达到 95%左右。而且电不存在低扭不足的问题,动力平顺,油门响应迅速,而且没有发动机的噪音和震动。

起步阶段用电,停车也没有怠速,低速慢行的时候,如果电量充足就直接以纯电形式行驶,如果电量不足,则启用增程模式,让发动机以 43%的热效率给电池充电,同时用电来驱动车辆。你在市区内开 50Km,可能发动机只有 20~30Km 左右在工作,其余时间都是零油耗。因此我们完全可以将比亚迪 DM-i 车型理解为能上绿牌(因政策原因,北京除外)的燃油车。

换一种思维来看比亚迪 DM-i 系统,该系统没有变速箱,颠覆式的创新直接取消了变速箱,这一下子绕过了很多专利,真正实现了国产车科技创新的弯道超车。当然,虽然没有变速箱,不过差速器是肯定有的;或者说是仅有两挡变速:即传统的 1~4 挡为一个挡,5 挡为一个挡,变速器更为简单可靠,DM-i 系统在变速箱这一块真的做到了革新性的创新,也是纯油行驶下油耗更低的主要原因。

写在最后

早在比亚迪的二代混动 B 端也很明显,就是变速箱容易坏,车速和怠速不匹配,强行转化动力,导致变速箱比较容易坏,但三代混动不存在这个问题了,现在 DM-i 直接取消了变速箱,就更没有这个问题了,只有技术的创新才能真正地推动汽车的发展。

而今年 3 月-4 月陆陆续续上市的全新的三款搭载 DM-i 系统的车型,作者也在这里列了出来,其中第一排"xxKMxx 型"是指纯电状态下续航里程,"亏电油耗"则是指完全不插电情况下,纯油驾驶油耗,相信一定会惊艳到你,性价比非常高。

秦PLUS DM-i			
	55KM尊贵型	55KM旗舰型	120KM尊贵型	120KM旗舰型

	55KM尊贵型	55KM旗舰型	120KM尊贵型	120KM旗舰型
补贴后预售价	107,800元	123,800元	133,800元	147,800元
亏电油耗	3.8L/百公里		3.8L/百公里	
电混系统	EHS132		EHS145	
百公里加速	7.9s		7.3s	
纯电续航里程	55km		120km	
可油可电 综合续航里程	1180km		1245km	

宋PLUS DM-i			
全球 超级智能旗舰SUV			
			预计上市时间:2021年3月中旬

	51KM尊贵型	51KM旗舰型	110KM旗舰型	110KM旗舰PLUS
补贴后预售价	153,800元	162,800元	165,800元	175,800元
亏电油耗	4.4L/百公里		4.5L/百公里	
电混系统	EHS132		EHS145	
百公里加速	8.5s		7.9s	
纯电续航里程	51km		110km	
可油可电 综合续航里程	1150km		1200km	

唐 DM-i		
中大型 旗舰智能旗舰SUV		
		预计上市时间:2021年3月下旬

	52KM豪华型	112KM尊贵型	112KM尊荣型
补贴后预售价	197,800元	207,800元	224,800元
亏电油耗	5.3L/百公里	5.5L/百公里	
电混系统	EHS145	EHS160	
百公里加速	8.7s	8.5s	
纯电续航里程	52km	112km	
可油可电 综合续航里程	1010km	1050km	

(全文完)

◇四川　李运西

MacBook M1 第三方成功破解扩容 16G 内存、1TB 硬盘

对于 2020 年第三季度发布的 Mac M1 是苹果非常有纪念意义的产品(意味着手里有闲钱的朋友可以多买一台不开包装以便收藏升值,现在已经停止生产了),苹果首次将处理器、显卡、内存全部封装在了一个 M1 芯片里面,也造就了新 Mac 电脑功耗低,续航最多可达 20 小时的成绩。

不过 M1 默认配置对于办公室还勉强能应付,要是想玩点小游戏或者多存储一些资料就显得捉襟见肘了,毕竟 7999 元的价格只能默认 8+256GB 的组合确实不大够用。

在苹果官网上可以看到想要升级内存需要 1500 元,固态硬盘甚至更多。最关键的是要想升级内存或者硬盘存储的话只能在购买的时候升级,后面再想升级硬盘也只能买新的,浪费极大。

不过近日已经有玩家破解了第三方渠道升级内存和硬盘(16GB+1TB)。

图中红色框内的就是苹果用于桌面端的 M1 芯片,右侧就是两块内存条,可以看到完全集成到了一起。

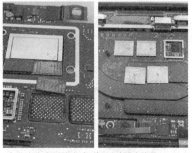

加装成功后的系统信息,使用完全没有障碍。

当然最后我们还是提醒各位,扩容有风险,请提前做好备份,扩容会改造硬件,失去保修。

早在 2017 年 11 月就已发布了 HDMI 2.1 标准接口，在当时电视使用领域，4K 高刷新率的使用需求并不多（几乎没有），HDMI 2.0 足以应对 4K 使用需求，没有必要增加成本来使用更高端的 HDMI 2.1 标准接口，甚至大部分 1080p 分辨率的电视还使用了 HDMI 1.4 标准的接口，直至 4K 视频的逐渐普及，HDMI 2.0 才逐渐崭露头角。而随着新款 XBOX，PS5 的发布才让 4K120Hz 高刷游戏电视得到进一步的普及，逐渐开始大热，HDMI 2.1 版与目前主流的 2.0 版相比，每秒能传输更多的视频、音频内容，因此才能负荷 4K 超清分辨率下，高达 120 帧的画面刷新率。

不过对于 PC 玩家来说 4K120Hz 在 PC 领域早已不是什么新鲜事，使用 DP1.4 标准端口的显卡和显示器，可以轻松达到 4K120Hz。那既然 4K120HzDP 接口的 DP 协议既然免费无需缴纳专利费，而电视厂商却很少采用，一直坚持使用 HDMI 接口呢？

这就要从各自的历史说起了。

DisplayPort(简称 DP)是一个由 PC 及芯片制造商联盟开发，视频电子标准协会(VESA)标准化的数位式视讯接口标准。该接口免认证、免授权金，主要用于视频源与显示器等设备的连接，并也支持携带音频、USB 和其他形式的数据。

High Definition Multimedia Interface(简称 HDMI)是一种全数位化影像和声音传送媒介，可以传送未压缩的音讯及视讯信号。HDMI 可用于机顶盒、DVD 播放机、个人电脑、电视游乐器、综合扩大机、数位音响与电视机等设备。

DP 和 HDMI 接口在功能上非常相似，都能用于视频和音频信号的传输，当然方便之余，决定两种接口强弱的还要看硬件参数：

DP1.4：主链路最大总带宽 32.40Gbps，最大总数据率 25.92Gbps

HDMI2.1：传输带宽 48.0Gbps，最大数据率 42.6Gbps

其他性能方面的对比：两者均支持 1080p30-240Hz、1440p/2K @ 30-240Hz、4K 30-144Hz/240HzDSC、5K 30-60Hz/120HzDSC、8K @ 30Hz/60HzDSC，色彩格式、色彩深度、色彩空间的支持上基本相同，唯一的区别就是 DP1.4 还支持 DCI-P3 色彩空间，HDMI2.1 则额外支持 8K120Hz。

不过 DP1.4 比 HDMI2.1 带宽稍小一些，但是目前主流应用中绝对是绰绰有余，而且新升级的 DP2.0 标准还将能达到 80GB/s 的带宽。

从技术层面分析，DP1.4 接口和 HDMI2.1 接口在参数上相差无几，一些极限"性能"差距也仅仅是针对超级影音发烧友而言，而对于普通用户日常娱乐使用而言，两者并没有什么区别。那么为什么电视厂商不改用免费的 DP 接口？

究其原因还是产业链的问题，DP 接口是 PC 与显示器厂商主导的协议，HDMI 接口是则是电视厂商主导的协议。现阶段在电视领域，HDMI 的普及率已经非常高，同时与电视相关的各种"衍生产品"——家里所配套的电视盒子、游戏主机、播放器、音箱功放等等也都以 HDMI 接口为主。

如果抛弃 HDMI 接口采用 DP 接口，就会面临向下兼容问题——家里一堆老设备不能连电视了！所以如果电视厂商准备过度 DP 接口，为了基础市场，仍然

要保留 HDMI 接口，这样 HDMI+DP 的双接口设计，无疑是增加了销售成本，但又不会增加太多销量，毕竟 PC 玩家依然被显示器厂商牢牢把持。

另外对于一些有特殊需求的少数人群——PC 主机连接电视，显卡大多也会配有 HDMI 接口，而且 DP 接口也很容易通过转接的方式支持 HDMI 连接。而 HDMI 转接支持 DP，则非常不方便，而且价格昂贵！因此综合之下，电视厂商根据市场需求，升级 HDMI 接口至 2.1 标准，是最符合成本利益考量的方向。

不过，随着人们对于画面分辨率和刷新率的要求越来越高，DP 的普及是充满希望的。

PS：HDMI 2.1 标准诞生于 2017 年，是面向未来超高质量音视频传输的技术标准。它和 HDMI 2.0 的最大区别就是带宽。HDMI 2.0 的传输带宽为 18Gbps，而 HDMI2.1 的带宽则升级到了 48Gbps，带宽的提升直接带来了传输数据量的提升。

其次，HDMI 2.0 并不能支持 8K 视频的传输，而 HDMI 2.1 不仅可以支持到 4K 120Hz，还能支持 8K 60Hz。

此外，HDMI 2.1 还支持 VRR(可变刷新频率)。用于游戏，减少或消除画面延迟、卡顿、撕裂，保证游戏更流畅、细节更完整。

同时，HDMI 2.1 还支持 ALLM（自动低延迟模式）。在自动低延迟模式下，智能电视用户不需要手动来切换低延迟模式，而会根据电视播放的内容自动启用或者禁用低延迟模式。实现流畅、无卡顿、无中断的观看与交互。

HDMI 2.1 还支持动态 HDR，而 HDMI 2.0 只支持静态 HDR。

在 HDMI 2.1 技术的加持下，电视所呈现的画面更清晰逼真，色彩更丰富，视听效果更佳，画面延迟、卡顿现象减少。

顺便再说下 DP：

DP 1.0 标准在 2006 年 5 月发布，带宽 10.8Gbps。DisplayPort 1.0 的最大传输速度是 8.64Gbit/s，长度是 2 米，已废弃。之后 VESA 协会（Video Electronics Standards Association，即视频电子标准协会，简称"VESA"，是制定计算机和小型工作站视频设备标准的国际组织，1989 年由 NEC 及其他 8 家显卡制造商赞助成立。）又相继发布了 1.1a、1.2、1.2a、1.3、1.4，直到现在的 DP 2.0。

除了大家熟知的 DP 协议外，VESA 协会还认证了 DisplayHDR。

DP 的物理层设计于十多年前，最开始的目的只是为了取代 VGA 和 DVI，当时完全没有想到要扩展到如今这样的带宽。

VESA 采用了一个很聪明的办法——参考了 Intel 近期开放的雷电 3 标准。基于 USB Type-C 介质面的雷电 3 最早的应用可以追溯到 2015 年，它共有 4 个 20Gbps 的数据传输通道，一共能提供 80Gbps 的最大带宽，在默认的双向全双工工作状态下，带宽为 40Gbps。

到底是 VESA 这些年是在等待 Intel 开放雷电 3，还是雷电 3 的开放给 VESA 指明了道路，我们无从得知。总之 Intel 的雷电 3 为 USB 4 和 DP 2.0 两大标准"指明了道路"。

鉴于雷电 3、DP 2.0、USB Type-C 在物理结构上是

USB Type-C

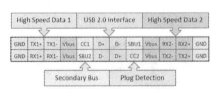

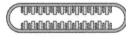

USB Type-C
采用雷电 3 的物理层设计

一样的，这使得 USB Type-C 也成了 DP 官方接口标准之一。VESA 综合考虑成本、技术、市场等多方面因素后，最终决定 DP 2.0 采用了两个物理接口：一是继续利用原有 DP 接口并向下兼容，二是利用 USB Type-C 接口(工作在 DP alt 模式)。

DP 标准的物理层几乎使用了超过十年的时间，已经跟不上大数据传输的时代发展了，在面对高分辨率带来的带宽挑战时力不从心。于是 VESA 组织在制定 DP 2.0 标准时参考了 Intel 近期开放出来的雷电 3 标准，它一共有 4 个数据传输通道，正巧 DP 也是设计了 4 个通道。雷电 3 标准一共能够提供 80Gbps 的带宽，在默认的双向全双工工作状态下，带宽为 40Gbps，而视频信号传输为单向，并不需要全双工，所以可以利用上雷电 3 的最大带宽——80Gbps

DisplayPort Signaling Standards			
Standard	Raw Bandwidth (4 Lanes)	Effective Bandwidth (4 Lanes)	Target Monitor Resolutions
DP 1.0/1.1 (HBR1)	10.8 Gbps	8.64 Gbps	1440p@60Hz
DP 1.2 (HBR 2)	21.6 Gbps	17.28 Gbps	4K@60Hz
DP 1.3/1.4 (HBR3)	32.4 Gbps	25.92 Gbps	4K@60Hz 8K@60Hz (w/DSC)
DP 2.0 (UHBR 20)	80 Gbps	77.37 Gbps	8K@60Hz HDR >8K@60Hz SDR 4K@144Hz HDR 4K@60Hz

对于原有的 DP 接口，因为物理层的改变，老版本的线材无法兼容 2.0 标准，因此 VESA 一并制定了符合 2.0 标准的 DP 线材标准——UHBR（Ultra High Bit Rate 超高比特率）标准，分为三档，以每通道带宽为名，分别命名为 UHBR 10、13.5、20。里面的数字实际上就是各自的每通道带宽。UHBR 10 作为最低标准的拥有 10×4=40Gbps 的理论带宽，单纯传输 8K 视频已经足够了，关键是它对线缆要求很低，普通的无源铜线缆已经足够，并且传输距离可以达到 2~3 米，而更高级的 UHBR 13.5 和 UHBR 20 就不一样了，高带宽带来的副作用就是传输距离的问题，为解决长距离通信信号衰减的问题，线材中需要加入相应的放大和控制芯片，成本自然也会上升。UHBR 10 也符合 VESA 曾经推出的 DP 8K 线缆认证项目，也就是说，通过了 8K 认证的 DP 线缆就符合 UHBR 10 的信号传输要求。

Thunderbolt 3 vs. DisplayPort 2.0		
	Thunderbolt 3	DisplayPort 2.0
Max Cable Bandwidth	80Gbps	80Gbps
Max Channel Bandwidth	40Gbps (Full Duplex, Bidirectional)	80Gbps (Simplex, Unidirectional)
Physical Layer	Thunderbolt 3	Thunderbolt 3
DisplayPort	2x DP 1.4 Streams	1x DP 2.0 Streams
Passive Cable Option	Yes (20Gbps)	Yes (40Gbps)
Interface Port	USB Type-C	DisplayPort USB Type-C

数据压缩

DP 1.4 引入的 DSC 在新版本中加强成为核心标准，任何支持 DP 2.0 标准的设备都必须同时支持对 DSC 数据流的编解码与传输，不过并不会强制使用 DSC 技术进行视频流的传输。

电源效率改进

在节能方面，DP 2.0 同样支持 VESA 新的"面板重放(Panel Replay)"技术，这项技术允许系统只传输有图像更新部分的数据来达到节能的目的。对于小型电子设备，面板重放技术的节能效果可以延长续航时间，并且因为特性内置于 DP 2.0 标准中，不再需要额外的控制芯片来达成目的，变相达到了更加节能的目的。

多显示流支持改进

DP 1.X 时代的多显示流特性需要显示设备同时支持解码 DP 数据流，对于一个超高带宽的数据流来说，要去解码它并不容易。而 DP 2.0 改进了这一点，现在只要求显示设备支持 DP 数据流的传递即可使用多显示流特性。

DisplayPort 2.0: UHBR Modes			
Standard	Raw	Effective	Cable
UHBR 10	40 Gbps	38.69 Gbps	Passive Copper
UHBR 13.5	54 Gbps	52.22 Gbps	Tethered
UHBR 20	80 Gbps	77.37 Gbps	Tethered

展望

DP 2.0 带宽的最大理论带宽从 32.4Gbps 进步了 2.47 倍达到了 80Gbps，而最大有效带宽从 25.92Gbps 提升到了 77.4Gbps，接近提升了 3 倍之多。

使用 ESP8266 WiFi 模块注意事项(二)

(上接第 141 页)

单击开始,运行,然后键入 CMD 并按 Enter。输入 IP-CONFIG,然后按回车。输入 PING 和模块的 IP 地址。成功的 PING 请求将始终返回一组数字。如果收到"请求超时"消息,则表示某些内容未在通信。

然后将 IP 地址写入网络浏览器,就可以与 ESP8266 模块进行通信。

在 Circuito.io 中

使用 Circuito.io 在现实中安全地运行项目,该软件还指导接线并提供测试代码。

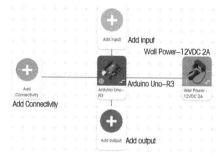

Circuito.io 提供了构建项目的选择,添加连接作为 ESP8266 WiFi 模块,还可以添加输入和输出。

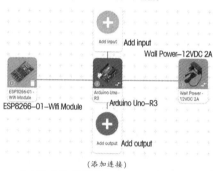

（添加连接）

单击添加连接,然后选择 ESP8266 WiFi 模块。然后点击预览按钮,得到如下的原理图:

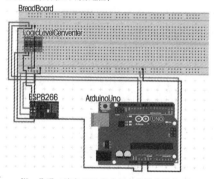

附:代码（请在 2021 年合订本资料库搜索"ESP8266 WiFi 模块代码-test_code.c"进行下载）

```
// 库
#include "Arduino.h"
#include "ESP8266.h"
#include "dweet.h"
// 引脚定义
#define ESP8266_PIN_RX 10
#define ESP8266_PIN_TX 11
// 全局变量和定义
// ================================
// vvvvvvvvvvvvvvvvv WI-FI 设置 vvvvvvvvvvvvvvvvv
//
const char *SSID = "WIFI-SSID"; // 输入 Wi-Fi 名
const char *PASSWORD = "PASSWORD"; // 输入 Wi-Fi 密码
//
// ^^^^^^^^^^^^^^^^^^^^^^^^^^^^^^^^^

//
// ================================
// Dweet 令牌已为您自动生成
char* const inputToken = "59a7c547b7e19d001f7002d0_input";
char* const outputToken = "59a7c547b7e19d001f7002d0_output";
//对象初始化
ESP8266 wifi(ESP8266_PIN_RX,ESP8266_PIN_TX);
Dweet dweet( &wifi, inputToken, outputToken);
// 定义用于测试菜单的变量
const int timeout = 10000; //定义 10 秒超时
char menuOption = 0;
long time0;
//设置电路工作的基本要素。每次您的电路通电时,它首先运行
void setup()
{
// 设置串口,这对调试很有用
// 使用串行监视器查看打印的消息
Serial.begin(9600);
while (! Serial) ; // 等待串口连接。本机 USB 需要
Serial.println("start");
wifi.init(SSID, PASSWORD);
menuOption = menu();
}
// 电路的主要逻辑。它定义了您选择的组件之间的交互。设置后,它一遍又一遍地运行,在一个永恒的循环中。
void loop()
{
else if (menuOption == '1') {
//设置 DWEETS
dweet.setDweet ("DemoKey", "DemoValue"); //用你自己的 (key, value) 对替换你的数据
dweet.sendDweetKeys();
//获取 DWEETS
dweet.receiveDweetEvents();
if(! strcmp(dweet.getValue() , "DemoEventName"))
{
Serial.println("DemoEventName received! ");
}
}
if (millis() - time0 > timeout)
{
menuOption = menu();
}
}
//用于选择要测试的组件的菜单功能
//按照串行监视器获取指令
char menu()
{
Serial.println (F ("\nWhich component would you like to test?"));
Serial.println(F("(1) IOT"));
Serial.println (F ("(menu) send anything else or press on board reset button\n"));
while (! Serial.available());
// 如果收到,则从串行监视器读取数据
while (Serial.available())
{
char c = Serial.read();
if (isAlphaNumeric(c))
{
else if(c == '1')
Serial.println(F("Now Testing IOT"));
else
Serial.println(F("illegal input! "));
return 0;
}
time0 = millis();
return c;
}
}
}
```

（全文完）

冰箱电动机(压缩机)及其启动电路

电气系统是电冰箱中驱动和控制电冰箱制冷系统正常工作的关键部分。随着电子技术的不断发展,电冰箱电气系统已经由过去的简单控制电路,发展到了目前由单片机控制的智能控制电路。

电冰箱压缩机大多采用单相电动机。它的电路部分主要由转子绕组、定子绕组组成,本身没有机壳,和压缩机一起被密封在压缩机壳内。电动机定子绕组由主、副两个绕组组成。

当电动机定子的主、副绕组同时通入单相交流电流后,由于主、副绕组的阻抗不一样,主、副绕组中会各自产生不同相位的交流电流。不同相位的两个电流会在电动机定子空间内产生一个旋转磁场,转子就会在旋转磁场的作用下,开始旋转。转子旋转起来后,即使断开定子的副绕组,只留下主绕组继续通电,转子仍然不会停止旋转。

一个单相交流电流经过不同的绕组后,变成了两个相位不同的交流电流,也就是变成了两相交流电,这个过程称为分相。单相电动机必须把单相交流电分相为两相交流电后,才能启动和旋转。

单相电动机启动旋转的方式有很多种,不同的启动方式对应不同的启动电路。主要有阻抗分相启动型电路、电容分相启动型电路、电容运转型电路、电容启动电容运转型电路等。

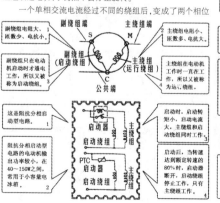

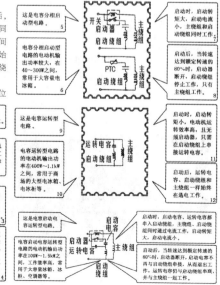

0.2 秒居然复制了 100G 文件方法详解(一)

背景是这样的:用 cp 拷贝了一个 100 G 的文件,竟然一秒不到就拷贝完成了! 用 ls 看一把文件,显示文件确实是 100 G。

```
sh-4.4# ls -lh
-rw-r--r-- 1 root root 100G Mar 6 12:22 test.txt
```

但是 copy 起来为什么会这么快呢?

```
sh-4.4# time cp ./test.txt ./test.txt.cp
real 0m0.107s
user 0m0.008s
sys 0m0.085s
```

一个 SATA 机械盘的写能力能到 150 M/s(大部分的机械盘都是到不了这个值的)就算非常不错了,正常情况下,copy 一个 100G 的文件至少要 682 秒(100 G/150 M/s),也就是 11 分钟。实际情况却是 cp 一秒没到就完成了工作,惊呆了,为啥呢? 更诡异的是:该文件系统只有 40 G,为啥里面会有一个 100 G 的文件呢? 一起来看看这个诡异的问题。

分析文件

先用 du 命令看一下,却只有 2M,根本不是 100G,这是怎么回事?

```
sh-4.4# du -sh ./test.txt
2.0M ./test.txt
```

再看 stat 命令显示的信息:

```
sh-4.4# stat ./test.txt
File: ./test.txt
Size: 107374182400 Blocks: 4096 IO Block: 4096
regular file
Device: 78h/120d Inode: 3148347 Links: 1
Access: (0644/-rw-r--r--) Uid: ( 0/ root) Gid: ( 0/ root)
Access: 2021-03-13 12:22:00.888871000 +0000
Modify: 2021-03-13 12:22:46.562243000 +0000
Change: 2021-03-13 12:22:46.562243000 +0000
Birth: -
```

stat 命令输出解释:

1. Size 为 107374182400(知识点:单位是字节),也就是 100G;

2. Blocks 这个指标显示为 4096(知识点:一个 Block 的单位固定是 512 字节,也就是一个扇区的大小),这里表示为 2M;

划重点:

● Size 表示的是文件大小,这个也是大多数人看到的大小;

● Blocks 表示的是物理实际占用空间;

文件大小和实际物理占用,这两个竟然不是相同的概念! 为什么是这样? 看来,必须得深入文件系统才能理解了。文件系统文件系统听起来很高大上,通俗话就用来存数据的一个容器而已,本质和你的行李箱、仓库没有啥区别,只不过文件系统存储的是数字产品而已。我有一个视频文件,我把这个视频放到这个文件系统里,下次来拿,要能拿到我完整的视频文件数据,这就是文件系统,对外提供的就是存取服务。

现实的存取场景

例如你火车站使用寄存服务:存行李的时候,是不是要登记一些个人信息? 对吧,至少自己名字要写上。可能还会给你一个牌子,让你挂手上,这个东西就是为了标示每一个唯一的行李。

取行李的时候,要报自己名字,有牌子的给他牌子,然后工作人员才能去特定的位置找到你的行李

划重点:存的时候必须记录一些关键信息(记录 ID、给身份牌),取的时候才能正确定位到。

文件系统

回到我们的文件系统,对比上面的行李存取行为,可以做个简单的类比:

1. 登记名字就是在文件系统记录文件名;
2. 生成的牌子就是元数据索引;
3. 你的行李就是文件;
4. 寄存室就是磁盘(容纳东西的物理空间);
5. 管理员整套运行机制就是文件系统;

上面的对应并不是非常严谨,仅仅是帮助大家理解文件系统而已,让大家知道其实文件系统是非常朴实的一个东西,思想都来源于生活。

空间管理

现在思考文件系统是怎么管理空间的?

如果,一个连续的大磁盘空间给你使用,你会怎么使用这段空间呢? 直观的一个想法,我把进来的数据就完整的放进去。

文件系统

空间管理:管理不善

这种方式非常容易实现,属于眼前最简单,以后最麻烦的方式。因为会造成很多空洞,明明还有很多空间位置,但是由于整个太大,形状不合适(数据大小),哪里都放不下。因为你要放一个完整的空间。怎么改进? 有人会想,既然整个放不进去,那就剁碎了呗。这里塞一点,那里塞一点,塞进去了。对,思路完全正确。改进的方式就是切分,把空间按照一定粒度切分。每一个小粒度的物理块命名为 Block,每个 Block 一般是 4K 大小,用户数据存到文件系统里来自然也是要切分,存储到磁盘上各个角落。

文件系统

空间管理:小粒度的方式

图示标号表示这个完整对象的 Block 的序号,用来复原对象用的。随之而来又有一个问题:你光会切成块还不行,取文件数据的时候,还得把它们给组合起来才行。所以,要有一个表记录文件对应所有 Block 的位置,这个表被文件系统称为 inode。写文件的流程是这样的:

1. 先写数据:数据先按照 Block 粒度存储到磁盘的各个位置;

2. 再写元数据:然后把 Block 所在的各个位置保存起来,即 inode(我用一本书来表示);

读文件流程则是:

1. 先读 inode,找到各个 Block 的位置;

2. 然后读数据,构造一个完整的文件,给到用户;

文件系统

Read

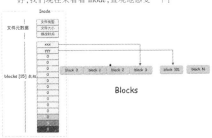

inode/block 概念

好,我们现在来看看 inode,直观地感受一下:

Blocks

这个 inode 有文件元数据和 Block 数组(长度是 15),数组中前两项指向 Block 3 和 Block 11,表示数据在这两个块中存着。你肯定会意识到:Block 数组只有 15 个元素,每个 Block 是 4K,难道一个文件最大只能是 15*4K=60 K?这是绝对不行的! 最简单的办法就是:把这个 Block 数组长度给扩大! 比如我们想让文件系统最大支持 100G 的文件,Block 数组需要这么长:(100*1024*1024)/4=26214400Block 数组中每一项是 4 个字节,那就需要 (26214400*4)/1024/1024=100M 为了支持 100G 的文件,我们的 Block 数组本身得有 100M! 并且对每个文件都是如此! 即使这个文件只有 1K! 这将是巨大浪费! 肯定不能这么干,解决方案就是间接索引,按照约定,把这 15 个槽位分作 4 个不同类别来用:

1. 前 12 个槽位(也就是 0-11)我们成为直接索引;
2. 第 13 个位置,我们称为 1 级索引;
3. 第 14 个位置,我们称为 2 级索引;
4. 第 15 个位置,我们称为 3 级索引;

直接索引:能存 12 个 block 编号,每个 block 4K,就是 48K,也就是说,48K 以内的文件,前 12 个槽位存储编号就能完全 hold 住。一级索引:也就是说这里存储的编号指向的 block 里面存储的也是 block 编号,里面的编号指向用户数据。一个 block 4K,每个元素 4 字节,也就是有 1024 个编号位置可以存储。所以,一级索引寻址能寻址 4M(1024*4K)空间。

一级索引:
可寻址 1024 个 block

(下转第 151 页)

10 个奇妙的 Python 库(一)

Python 有着很多很酷的第三方库,可以使任务变得更容易。

今天就给大家分享 10 个有趣的 Python 库,每个都非常实用!

分别是 speedtest、socket、textblob、pygame、pyqrcode、pyshorteners、googletrans、pendulum、fabulous、pywebview。

下面就给大家介绍一下~

①speedtest(网速测试)

Speedtest 模块可以测试电脑的网络带宽大小。

使用百度源安装库。

```
# 安装 speedtest
pip install speedtest -i https://mirror.baidu.com/pypi/simple/
```

使用时,需要取消证书验证。

```
import speedtest
# 全局取消证书验证
import ssl
ssl._create_default_https_context = ssl._create_unverified_context
test = speedtest.Speedtest()
down = test.download()
upload = test.upload()
print (f" 上传速度:{round (upload/(1024 * 1024),2)} Mbps")
print(f"下载速度:{round(down/(1024 * 1024),2)} Mbps")
```

得到结果如下。

上传速度:31.3 Mbps
下载速度:86.34 Mbps

看起来,小 F 的网速还挺快的。

②socket(获取本机 ip 地址)

使用 socket,先获取电脑的主机名后,再获取本机的 IP 地址。

其中 socket 是 Python 内置标准库,无需安装。

```
import socket as f
hostn = f.gethostname()
Laptop = f.gethostbyname(hostn)
print("你的电脑本地 IP 地址是:" + Laptop)
```

得到结果如下,此 IP 为局域网内 IP。

你的电脑本地 IP 地址是:192.168.2.101

如若想获取电脑的公网 IP 地址,可以借助一些第三方网站,比如下面这个。

```
# 浏览器访问,返回公网 IP 地址
https://jsonip.com
```

代码如下,同样取消证书验证。

```
import json
from urllib.request import urlopen
# 全局取消证书验证
import ssl
ssl._create_default_https_context=ssl._create_unverified_context
with urlopen(r´https://jsonip.com´) as fp:
    content = fp.read().decode()
ip = json.loads(content)['ip']
print("你的电脑公网 IP 地址是:" + ip)
```

对网站发起请求,解析返回的结果。

最后成功得到公网 IP 地址。

```
# 这里随便写了一个~
你的电脑公网 IP 地址是:120.236.128.201
```

③textblob(文本处理)

TextBlob 是一个用于处理文本数据的 Python 库,仅对英文分析。

中文则可以使用 SnowNLP,能够方便的处理中文文本内容,是受到了 TextBlob 的启发而写的。

下面就给英文做一个拼写检查。

```
from textblob import TextBlob
a = TextBlob("I dream about workin with goof company")
a = a.correct()
print(a)
```

结果如下。

I dream about working with good company

可以看到,句子中的单词被更正了。

④pygame(制作游戏)

pygame,一个制作游戏的 Python 库。

不仅给开发人员提供了制作游戏的图形、声音库,还可以使用内置的模块来实现复杂的游戏逻辑。

下面我们使用 pygame 来制作一个小型的音乐播放器。

```
from pygame import mixer
import pygame
import sys
pygame.display.set_mode([300, 300])
music = "my_dream.mp3"
mixer.init()
mixer.music.load(music)
mixer.music.play()
# 点击×可以关闭界面的代码
while 1:
    for event in pygame.event.get():
        if event.type == pygame.QUIT:
            sys.exit()
```

运行上面的代码,电脑就会播放音乐。

必须给 pygame 添加图形化界面,要不然没声音。

⑤pyqrcode(生成二维码)

二维码简称 QR Code(Quick Response Code),学名为快速响应矩阵码,是二维条码的一种。由日本的 Denso Wave 公司于 1994 年发明。

现随着智能手机的普及,已广泛应用于平常生活中,例如商品信息查询、社交好友互动、网络地址访问等等。

pyqrcode 模块则是一个 QR 码生成器,使用简单,用纯 python 编写。

安装。

```
# 安装 pyqrcode
pip install pyqrcode -i https://mirror.baidu.com/pypi/simple/
```

下面就将「百度一下」生成一个二维码。

```
import pyqrcode
import png
from pyqrcode import QRCode
inpStr = "www.baidu.com"
qrc = pyqrcode.create(inpStr)
qrc.png("baidu.png", scale=6)
```

得到二维码图片如下。

微信扫描出来是文本内容,为百度网址,应该是有所操作。

用手机的浏览器扫描,则可以正常跳转网页。

使用文档:

https://pythonhosted.org/PyQRCode/

(下转第 159 页)

0.2 秒居然复制了 100G 文件方法详解(二)

(上接第 150 页)

二级索引:二级索引是在一级索引的基础上多了一级而已,换算下来,有了 4M 的空间用来存储用户数据的编号。所以二级索引能寻址 4G(4M/4*4K)的空间。

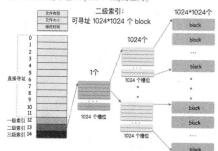

三级索引:二级索引是在二级索引的基础上又多了一级,也就是说,有了 4G 的空间来存储用户数据的 block 编号。所以二级索引能寻址 4T(4G/4*4K)的空间。

所以,在这种文件系统(如 ext2 时),通过这种间接块索引的方式,最大能支撑的文件大小=48K+4M+4G+4T,约等于 4T。这种多级索引寻址性能表现怎么样?在不超过 12 个数据块的小文件的寻址是最快的,访问文件中的任意数据理论只需要两次读盘,一次读 inode,一次读数据块。访问大文件中的数据则需要最多五次读盘操作:inode、一级间接寻址块、二级间接寻址块、三级间接寻址块、数据块。

为什么 cp 那么快?

接下来我们要写入一个奇怪的文件,这个文件很大,但是真正的数据只有 8K;在[0,4K]这位置有 4K 的数据在[1T,1T+4K]处也有 4K 数据中间没有数据,这样的文件该如何写入硬盘?

1. 创建一个文件,这个时候分配一个 inode;

2. 在[0,4K]的位置写入 4K 数据,这个时候只需要一个 block,把这个编号写到 block 这个位置保存起来;

3. 在[1T,1T+4K]的位置写入 4K 数据,这个时候需要分配一个 block,因为这个位置已经经到三级索引才能表现的空间了,所以需要还需要分配出 3 个索引块;

4. 写入完成,close 文件;

实际存储如图:

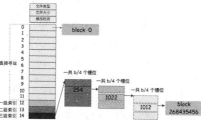

这个时候,我们的文件看起来是超大文件,size 等于 1T+4K,但里面实际的数据只有 8 K,位置分别是[0,4K]、[1T,1T+4K]。由于没写数据的地方不用分配物理 block 块,所以实际占用的物理空间只有 8K。

重点:文件 size 只是 inode 里面的一个属性,实际物理空间占用则是要看用户数据放了多少个 block,没写数据的地方不用分配物理 block 块。这样的文件其实就是稀疏文件,它的逻辑大小和实际物理空间是不相等的。所以当我们用 cp 命令去复制一个这样的文件时,那肯定迅速就完成了。

总结

好,我们再深入思考下,文件系统为什么能做到这一点?

1. 首先,最关键的是把磁盘空间切成离散的、定长的 block 来管理;

2. 然后,通过 inode 能查找到所有离散的数据(保存了所有的索引);

3. 最后,实现索引块和数据块空间的后分配。（全文完)

RISC-V 生态促国产 CPU IP 开放自主之路

RISC-V 新赛道出现给国产 CPU 提供变道超车良机

国内集成电路产业得益于国内市场的迅速膨胀而积累了大量的发展资金，但在核心技术链、关键供应链上仍然存在不少断点，我国集成电路产业普遍注重应用层面 SoC 的开发，忽视底层 IP 设计技术，特别是以 CPU IP 为代表的关键核心环节，将有可能成为产业发展的致命罩门。

根据 IPnest 数据显示，2019 年全球半导体 IP 市场总价值约为 39.4 亿美元，其中 CPU IP 在整个 IP 市场中所占比例超过 57%。中国 IP 市场约占全球的 13%，而 CPU IP 的国产化率几乎为 0，近 3 亿美元的国内 CPU IP 市场被国外公司完全占有。传统指令集架构的高度中心化使得生态发展带来的交叉合作需求难以推进，领域专用市场带来的碎片化需求无法满足，加之国际形势不确定性带来了极大的安全隐患。目前，国内 CPU 厂商已经投入在 x86、Arm、POWER、MIPS 等不同处理器架构的研发之中，但绝大多数指令集架构受制于国外公司，分散的态势严重制约了产业合力发展和软生态的标准化建设。

直到新兴的开放指令集架构 RISC-V 的出现，为我国处理器领域的技术创新带来了一个前所未有的机会。在技术演进的同时，中国作为万物互联时代的主应用需求市场，激起了在端侧和云侧对处理器的海量需求，中国 CPU IP 领域迎来了一次千载难逢的由生态和市场切换带来的突破良机。

芯来科技加速 RISC-V 生态本土化落地进程

从 RISC-V 开放生态在中国的发展历程来看，芯来科技创始人胡振波先生在中国大陆率先对外发布了开源 RISC-V CPU 内核项目蜂鸟 E203，并同时推出了相关中文教学书籍，

积极地推动了 RISC-V 生态在中国的生根发芽。2018 年 6 月芯来科技成立，成为国内首家推出自研商用 RISC-V CPU IP 的本土厂商。

自主可控的内核，芯来科技在不到三年的时间完成了 AIoT 全系列 RISC-V CPU IP 产品拼图，N100、N200、N300、N/NX/UX600、N/NX/UX900 产品覆盖了从低功耗到高性能的各种应用场景需求。同时完成了自有软件体系搭建，提供完善的驱动、工具链、SDK 和操作系统支持。作为 RISC-V 生态的核心驱动力，芯来的 CPU IP 内核正在经历从嵌入式处理器向应用处理器升级的关键发展时期。在开放的构架上，为广大的中国集成电路设计企业提供了可靠自主可控内核。一定数量级别的评估和合作能够快速促进一门技术的成熟。超过 200 家客户的评估和使用，全国前 10 大集成电路设计企业中已有 5 家成为公司合作伙伴；协助客户在汽车、工控制、通信、智能家居、区块链、航空航天、能源、金融、人工智能等领域输出基于芯来内核的产品，丰富了国内的芯片产业生态。

模块搭建的方案，我国作为全球最大的 AIoT 市场，将出现海量的差异化应用需求，并且随着市场的迭代加速，对处理器一体化定制解决方案的需求，将远远超越对 CPU 芯片和内核 IP 的单一需求。芯来科技顺势而为启动了基于 RISC-V 处理器内核的开放创新全栈式 SoC 方案平台建设，以 RISC-V 模块化扩展的思维，推动外围 IP 的模块化改造，不断为 RISC-V 方案平台引入新的创新元素。该平台有效缩减了基于 RISC-V 架构的 SoC 设计周期，降低设计成本。RISC-V 方案平台包含了用户在使用 RISC-V 处理器进行系统级设计流程中的共性需求模块和通用解决方案。通过预制模板和

流程，为用户提供自有、第三方、客供等多种数模 IP 与 CPU 内核 IP 的快速集成，并同步为用户生成硬件层次适配以及配套软件方案和开发操作工具。

产业协同的生态，芯来科技继续透过构建开放生态的初心，帮助本土产业换道超车，打通产业环节壁垒。通过"一分钱计划"持续降低 RISC-V 应用门槛，围绕行业领域应用构建起新的合作模式，实现了客户的 RISC-V 芯片量产；大力推进"RISC-V+"示范应用，与各类集成电路设计领域深度融合，促进产业向开放方向升级，打造了一批适配与产业发展的深度应用场景。与相关行业重点企业和专业机构建了面向特定行业领域、典型应用场景的资源库，通过 RISC-V 核心资源对于示范应用增强、产业带动效果好的项目给予了完备的技术支持；通过"大学计划"输出全套开源教学平台，助力 RISC-V 产学研生态发展，利用开源内核在产业链上的各个环节激发更多技术创新的可能。

匠"芯"智造，引领未"来"

让面向未来的 RISC-V 技术在中国开花结果。为了突破当前 RISC-V 应用的生态壁垒，芯来科技正在研究全新的基于 RISC-V 方案的设计和验证方法学，从打造全流程完备的 RISC-V 设计系统出发，通过融合智能算法、机器学习、云计算与高性能硬件系统等前沿科学，打造与未来应用接轨的模块化软硬件和系统。在芯来科技的引领下，也有行业同仁看到开放架构能为产业带来的价值，并加入 RISC-V 生态的探索行列，芯来科技希望能够与行业同仁一起，发挥自身的技术优势，不断为国内集成电路行业及电子信息产业提供自主可控的基础部件和先进算力模块。　◇芯来科技市场部供稿

电子科技博物馆专栏

编前语：或许，当我们使用电子产品时，都没有人记得或知道老一批电子科技工作者们是经过了怎样的努力才奠定了当今时代的小型甚至微型的诸多电子产品及家电；或许，当我们拿起手机上网、看新闻、打游戏、发微信朋友圈时，也没有人记得是乔布斯等人让手机体积变小、功能变强大；或许，有一天我们的子孙后代只知道电子科技的进步而遗忘了老一辈电子科技工作者的艰辛……

成都电子科技博物馆旨在以电子发展历史上有代表性的物品为载体，记录推动电子科技发展特别是中国电子科技发展的重要人物和事件。目前，电子科技博物馆已与 102 家行业内企事业单位建立了联系，征集到藏品 12000 余件，展出 1000 余件，旨在以"见人见物见精神"的陈展方式，弘扬科学精神，提升公民科学素养。

科学史话

云存储不是存储，而是一种服务（一）

在 12 期和 14 期，我们介绍了早期制作存储器所使用的磁芯，随着科学技术的进步，存储器的种类及功能也在不断革新，从早期的磁带、磁盘、光盘、U 盘一步一步发展，到现在出现的云存储，这一期我们就来了解一下云存储（cloud storage）。

01 云存储是一种服务？

如今云存储被越来越多人熟知，其实我们所说的云存储不只是设备，还是一种服务。如同云状的广域网和互联网一样，云存储对使用者来讲，不是指某一个具体的设备，而是指由许许多多个存储设备和服务器所构成的一个集合体。使用者使用云存储，并不是使用某一个存储设备，而是使用整个云存储系统带来的一种数据访问服务。严格来讲，云存储不是存储，而是一种服务。云存储的核心是应用软件与存储设备相结合，通过应用软件来实现存储设备向存储服务的转变。

02 云存储是如何实现的？

云存储是在云计算（cloud computing）概念上延伸和衍生发展出来的一个新的概念，是一种网上在线存储的模式，即通常把数据存放在由第三方托管的多台虚拟服务器，而非专属的服务器上。

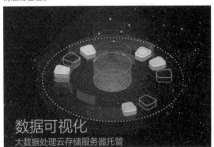
数据可视化
大数据处理云存储服务器托管

需要数据存储托管服务的人则透过向托管（hosting）公司运营大型的数据中心购买或租赁存储空间的方式，来满足数据存储的需求。使用者可以在任何时间、任何地方，透过任何

可联网的装置连接到云上方便地存取数据。简单来说，云存储就是将储存资源放到云上供人存取的一种新兴方案。

如果这样解释还是难以理解，那我们可以借用广域网和互联网的结构来解释。参考云状的网络结构，创建一个新型的云状结构的存储系统。这个存储系统由多个存储设备组成，通过集群功能、分布式文件系统或类似网格计算等功能联结起来协同工作，并通过一定的应用软件或应用接口，对用户提供一定类型的存储服务和访问服务。当我们使用某一个独立的存储设备时，我们必须非常清楚这个存储设备的型号、接口和传输协议，必须清楚地知道存储系统中的磁盘数量、型号、容量，必须清楚存储设备和服务器之间采用什么样的连接线缆。

为了保证数据安全和业务的连续性，我们还需要建立相应的数据备份系统。除此之外，对存储设备进行定期的状态监

控、维护、软硬件更新和升级也是必需的。

如果采用云存储，那么上面所提到的一切对使用者来讲

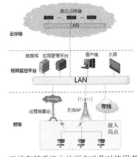

都不需要了。云状存储系统中的所有设备对使用者来讲都是完全透明的，任何地方的任何一个经过授权的使用者都可以通过一根接入线缆与云存储连接，对云存储进行数据访问。

（未完待续）（电子科技博物馆）

云存储的主要结构模型及其功能

访问层	个人空间服务运营高容量租赁等	企事业单位实现数据备份、数据归档、集中存储、远程共享	视频监控、IPTV集中存储、网站大容量在线存储等
应用接口层	网络接入、用户认证、权限管理公用API接口、应用软件、Web Service等		
基础管理层	集群系统分布式文件系统网络计算	内容分发、P2P重复数据删除数据压缩	数据加密数据备份数据容灾
存储层	存储虚拟化、存储集中管理、状态监控、维护升级、存储...		

电子科技博物馆"我与电子科技或产品"

本栏目欢迎您讲述科技产品故事，科技人物故事，稿件一旦采用，稿费从优，且将在电子科技博物馆官网发布。欢迎积极赐稿！

电子科技博物馆藏品持续征集：实物；文件、书籍与资料；图像照片、影音资料。包括但不限于下列领域：各类通信设备及系统；各类雷达、天线设备及系统；各类电子元器件、材料及相关设备；各类电子测量仪器；各类广播电视、设备及系统；各类计算机、软件及系统等。

电子科技博物馆开放时间：每周一至周五9:00-17:00（节假日除外）

联系方式

联系人：任老师　联系电话/传真：028-61831002

电子邮箱：bwg@uestc.edu.cn　网址：http://www.museum.uestc.edu.cn/

地址：(611731)成都市高新区(西区)西源大道2006号

电子科技大学清水河校区图书馆报告厅附楼

iPhone省电技巧集合

无论是哪一代的 iPhone，省电几乎是每个用户心头的痛，按照下面的方法，我们可以在一定程度上提高省电级别。

1. 关闭"从此 App 学习"

进入设置界面，每个 App 的设置清单下都有一项"Siri 与搜索"，进入之后的第一个选项就是"从此 App 学习"，这个选项是默认启用的（如图 1 所示），请手工关闭这一选项，我们可以将设置界面下的每个 App 都进行类似的操作。

2. 微信推送不亮屏

从设置界面选择"微信"，进入"通知"界面（如图 2 所示），如果取消选择"锁定屏幕"，那么在锁屏状态下，如果有微信消息到来，屏幕就不会再亮起来，当然声音和震动的通知功能仍然是提供的。

3. 关闭后台刷新

从设置界面选择"通用"，选择"后台 App 刷新"（如图 3 所示），在这里可以根据需要关闭相应 App 的后台刷新服务。当然，最省事的办法是进入省电模式，此时就相当于一键关闭全部 App 的后台刷新服务了。

4. 关闭定位和广告服务

从设置界面选择"隐私"，进入隐私界面之后选择"定位服务"（如图 4 所示），在这里可以直接关闭定位服务，当然建议还是将大部分项目设置为"永不"或"使用期间"；再切换到"分析与改进"界面，在这里可以关闭"分析与改进"和"Apple 广告"两项服务。

5. 关闭隔空投送 Airdrop 和个人热点

向上滑动屏幕，进入控制中心，在这里可以关闭隔空投送放接收服务，也可以关闭个人热点。

6. 仅手工更新

从设置界面选择"App Store"（如图 5 所示），在这可以关闭"App 更新"，这样有推送更新时，我们会看到红色的气球，以后自己在家里或单位里通过 Wi-Fi 手工更新就可以了。

◇江苏 王志军

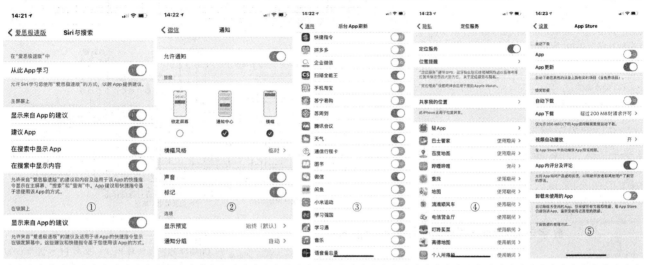

甘光 GS-16HX 电影机灯泡灯芯的更换

甘光 GS-16HX 型电影机是电源功放一体机，小巧轻便，是曾经那个激情燃烧岁月时期的电影流动放映设备。该机结构紧凑，设置合理，性能稳定，唯一易损件就是灯泡。投影灯使用的是较为廉价的 24V250W 卤素灯泡，虽然不够亮但也基本够用，该灯泡使用寿命理论上是 600 小时，实践中也就是 300 小时左右就会因灯芯老化而报废，因此刚入门的电影机爱好者，必须熟练掌握其更换技巧，才能玩好电影放映机。

电影机在放映中，如果发现电影画面亮度突变暗淡，就表明灯泡已快寿终正寝了，也可能突发暗淡后，灯丝立即熔化，亮度全灭，此时灯泡已经完全损坏。

更换灯泡时拆机，要拆正面机壳，而不是拆后面，新手玩家不要想当然盲目乱拆，后面有联程马达、间歇机构等，一旦误拆，恢复费工费时的，一定要注意。

笔者这里所指更换灯泡，是指灯泡总成灯碗内的灯芯，当然不差钱的话，更换灯碗整体更省事。24V250W 的卤素灯泡，国产的价格大致是每只 15 元～30 元左右，多数是江苏、上海、深圳等地的产品，其质量也还可以；质量性能更好的飞利浦或欧司朗灯泡，价格要贵 1 倍以上，每只近百元。如果是要节俭玩机，就买灯芯吧，6 元～10 元一只，一盒十只，正确熟练操作电影机，这盒灯芯可以用很久了。

闲话少说，进入主题。老电影机整体架构，全都是清一色的一字螺钉，也真是奇观，好用的梅花十字螺钉几乎没有，因此拥有一支质量过硬的一字起子，这是非常重要的，工欲善其事，必先利其器啊！甘光 GS-16HX 正面蓝色机壳，就机顶散热孔上两个一字螺钉，

卸出两个螺钉，取下前机壳，就可以看到正中的卤素灯泡总成了（如图 1 所示）。扣压灯泡总成钢丝卡子，卸松固定螺杆螺帽，灯泡碗就可以拔出来了。这时就可发现灯芯变黑，灯丝已溶化掉落，甚至于灯芯玻璃壳因高温涨大而变形（如图 2 所示）。

拆下损坏的灯芯，换以新灯芯，尾巴接口以灯泥密封，隔日即可使用了。拆旧灯芯时，小心别拆坏灯碗，用小刀轻挖尾巴封泥，几分钟你就可以拆卸下坏灯芯。

灯碗只要没有破裂，就可以反复利用，使用同规格的灯芯置换即可（如图 3 所示）。建议购买灯泡总成时买一盒同规格的灯芯备用，另外购买一些封泥灯泥，如果没有灯泥，用白水泥粉拌水也行。

新灯芯装配进灯碗，无须焦点调整，灯芯灯座到位后，加以泥封，再把灯泡总成装配进灯座。灯座有活动间隙，装配必须安全可靠，而且必须接触良好，卡片弹簧如有生锈失效则要换新。安装技巧就是，先把灯座往外拉，灯泡两金属针朝内推，直到两金属针接触紧实，就可以固定螺杆、螺帽让灯泡总成进入定位即可。

灯泡的损坏，有多个原因：一是日久灯芯自然老化；二是生手操作不当；三是胶片问题，因跳片卡带造成频繁开关机；四是老机器电气性能不佳，造成 24V 电压不够稳定，以至灯泡过早夭折。拆卸灯泡后，记得应通电测试下灯座的供电电压（如图 4 所示），即 24V 交流电压是否稳定，如不稳定，则要查变压器交流绕组是否有短路故障。

另外，请注意，灯芯是交流 24V，两金属针没有正负极性之分，安装随便。

◇江西 易建勇

美的 THS15BB-PW 面包机检修一例

故障现象：加电听到正常的一声长响，然后按正常程序加入面粉和水，选择"自动和面"功能后，按启动按钮，面包桶内的搅拌棒不能进行转动搅拌，但是能听到电动机转动的声音（似乎不很正常），断电后，取出面包桶，再次启动面包机，查看面包机内胆底部的搅拌轴，搅拌轴也不转，怀疑面包机的传动皮带有问题。

拆卸过程：拆卸掉面包机下部外壳的 6 个螺丝钉（其中包括 2 个 U 型凹槽螺丝钉），用平口螺丝刀稍用力撬动面包机上部外壳与下部外壳的结合部，使二者分离，然后小心拨下电源板与电脑控制板的排线，这样即可将面包机上部外壳完整取下。接着拆卸掉面包机内胆底部的 4 个螺丝钉，将面包机内胆从面包机底座上取下，再拆卸掉面包机底座的 7 个螺丝钉，这样就可以将面包机底座从面包机下部外壳上取下。

故障排除：查看面包机底座下面，发现传动皮带已断裂，并紧紧地缠绕在电动机的主动轮上，将损坏的皮带从主动轮上取下，更换新的皮带（如附图所示）。然后依次安装面包机底座、内胆，并连接好排线（空间较小，需仔细认真连接排线），把面包机上部外壳与下部外壳先紧密结合，加电试机，搅拌轴工作正常，故障排除。试机成功后安装好面包机下部外壳的 6 个螺丝钉，即可交付使用。

◇山东 房玉锋 闫振霞

一、实验目的

1. 学习逻辑门电路和计数器在电子产品中的综合应用方法。
2. 巩固对逻辑门电路和计数器逻辑功能的理解、区别和记忆。

二、器材准备

1. DZX-2型电子学综合实验装置一台
2. MF47型万用表一只
3. 带插头铜芯软导线若干根
4. 集成块CD4001、CD4012各一块,CD4029两块

三、知识储备

在设计计数器时,经常要把十进制数转换为8421码。十进制数转换为8421码的方法:十进制数中的每一位数都用4位二进制数表示。例如十进制数365,由于百位数3的8421码是0011、十位数6的8421码是0110、个位数5的8421码是0101,按从高位到低位的顺序依次写出即可,所以,十进制数365的8421码是0011 0110 0101。

四、实训操作

(一)60秒计时电路实验

1. 电路原理

本次实验中60秒计时电路的逻辑原理图如图1,两块CD4029构成一个加法计数器,CD4012则构成一个2输入与门(由两个4输入与非门构成)。加法计数器的逻辑功能是每输入一个秒脉冲(CP脉冲),计数器就加1,计到60后再从0开始加计数;与门的逻辑功能是有0出0、全1出1。

当CD4029的B/D端为低电平0、U/D端为高电平1时,

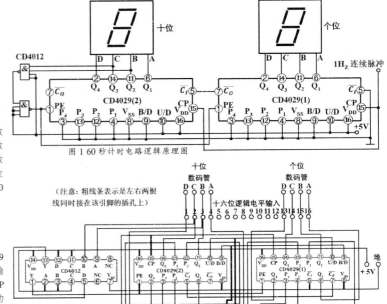

图1 60秒计时电路逻辑原理图

(注意:粗线条表示是左右两根线同时接在该引脚的插孔上)

图2 60秒计时电路实验电路

CD4029便构成一个十进制加法计数器。由于两块CD4029的预置数端P4、P3、P2和P1预置为0000 0000,故每输入一个秒脉冲,计数器就从0000 0000开始加1。当计到0110 0000(即十进制数60)时,与门输出高电平1,CD4029的置数允许端PE把预置数0000 0000送到两块CD4029的Q4、Q3、Q2和Q1端。这样,当第61个秒脉冲输入时,计数器就又从0000 0000开始加1,从而实现了60秒循环计时的功能。

2. 实训过程

①关断交流电源开关,关断直流稳压电源的5V电源开关。

②把一个CD4012集成块插入实验装置上的一个⑭脚集成块插座中,再把两块CD4029集成块分别插入实验装置上的两个⑯脚集成块插座中,然后按图2所示的实验电路进行线路连接。

③对照图2,逐一检查每根导线连接是否正确无误且没有遗漏。

④确认线路连接正确无误后,把十六位开关电平输出中的第9位开关和第10位开关分别拨向低和高,即把CD4029设置成十进制加法计数器;再把十六位开关电平输出中的第1位、第2位、第3位、第13位、第14位、第15位和第16位开关全部拨向低,即把预置数设置为0000 0000。

⑤接通交流电源开关,接通直流稳压电源的5V电源开关,这时可看到十六位逻辑电平输入中的第1只、第2只、第3只、第4只、第13只、第14只、第15只、第16只发光管一直按灭、灭、灭、灭、灭、灭、灭、灭→灭、灭、灭、灭、灭、灭、灭、亮→……→灭、亮、亮、灭、灭、灭、灭、灭→灭、灭、灭、灭、灭、灭、灭、灭的顺序循环重复,即按0000 0000→0000 0001→……→0110 0000→0000 0000的顺序循环重复,同时可看到两只数码管一直按00→01→02→……→58→59→60→00的顺序循环重复,说明该电路是一个60进制加法计数器。

⑥关断交流电源开关,关断直流稳压电源的5V电源开关,保持本电路连接导线不动,留着进行下一个实验。

(未完待续)

◇无锡 周金富

数字电路实训3:循环流水灯和抢答器(二)

(接上期本版)

2. 实训过程

①关断交流电源开关,关断直流稳压电源的5V电源开关。

②把两块CD4012集成块分别插入实验装置上的两个14脚集成块插座中,再把一块CD4043集成块插入实验装置上的一个16脚集成块插座中,然后按图5所示的实验电路进行线路连接。

③对照图5,逐一检查每根导线连接是否正确无误且没有遗漏。

④确认线路连接正确无误后,接通交流电源开关,接通直流稳压电源的5V电源开关。

⑤把十六位开关电平输出中的第1位、第4位、第6位、第12位和第14位开关全部拨向低。当老师把十六位开关电平输出中的第1位开关(本实验中作为复位开关使用)拨向高又拨向低后,这时可看到十六位逻辑电平输入中的第4只、第6只、第12只和第14只发光管全部点亮,此时抢答器处于复位状态。当老师说出"抢答开始"后,四位同学分别把十六位开关电平输出中的第4位、第6位、第12位和第14位开关(本实验中作为抢答开关使用)拨向高后又拨向低,这时可看到十六位逻辑电平输入中的第4只、第6只、第12只和第14只发光管中有一只(例如第6只)发光管熄灭,表明6号同学抢答成功。

⑥多次重复第⑤步操作,让四位同学放慢拨动开

关的速度并轮流第一个拨动开关,可以非常清楚地看出:谁先拨动开关,总是与谁对应的发光管熄灭,因此可准确无误地判定并锁定住第一个拨动开关的同学。

⑦关断交流电源开关,关断直流稳压电源的5V电源开关,拆除所有的连接导线,拔下CD4012集成块和CD4043集成块。

五、归纳与思考

1. 根据四循环流水式LED灯的亮灭规律,把CD40175集成块2脚、7脚、10脚和15脚的逻辑电平填入下表。

2. 根据本次实验中四路抢答器的逻辑原理图(图3),假设14号同学(即IN4)第一个按下抢答开关,此时CD4012集成块的F4输出低电平(即Q4为低电平0),试分析出为什么后按下抢答开关的4号(即IN1)、6号(即IN2)和12号(即IN3)同学无法抢答成功?

参考答案:

1. 思考题1表格参考答案

	2脚 (2号灯)	7脚 (7号灯)	10脚 (10号灯)	15脚 (15号灯)
清零脉冲	0	0	0	0
第1个脉冲	1	0	0	0
第2个脉冲	0	1	0	0
第3个脉冲	0	0	1	0
第4个脉冲	0	0	0	1
第5个脉冲	1	0	0	0
第6个脉冲	0	1	0	0
第7个脉冲	0	0	1	0
第8个脉冲	0	0	0	1
第9个脉冲	1	0	0	0

2. 当14号同学抢答成功时,CD4012集成块的F4输出低电平(即Q4为低电平0),该低电平0同时被加到了其他三个与非门F1、F2和F3的输入端,根据与非门"有0出1、全1出0"的逻辑功能,此时F1、F2和F3三个与非门输出始终为1,换句话说,就是F1、F2和F3三个与非门均被封锁,故后按下抢答开关的4号、6号和12号同学无法抢答成功。

(全文完)

◇无锡 周金富

思考题1表格

	2脚 (2号灯)	7脚 (7号灯)	10脚 (10号灯)	15脚 (15号灯)
清零脉冲	0	0	0	0
第1个脉冲				
第2个脉冲				
第3个脉冲				
第4个脉冲				
第5个脉冲				
第6个脉冲				
第7个脉冲				
第8个脉冲				
第9个脉冲				

继电器−接触器控制的星三角降压单向起动电路解读(一)

在工农业生产和民用建筑中大量使用着交流三相笼型异步电动机,笼型电动机应优先采用全压起动,但需要满足一些条件,否则就要采用降压起动。降压起动分为星形−三角形降压起动、延边三角形降压起动、电阻降压起动、电抗器降压起动、自耦变压器降压起动和晶闸管降压起动6种。本文对经典的星形−三角形降压单向起动继电器−接触器控制电路进行解读。

1. 原理图简介

笼形电动机星三角降压单向起动的主电路如图1所示,图中 QF 为电源总空气开关,用于电动机的短路保护。FR 为热继电器,用于电动机的过载保护。接触器 KM1 用于运转控制,接触器 KM2 和 KM3 用于改变电动机定子线圈的接线形式,KM3 释放状态下 KM2 吸合电动机 M 的定子线圈为 Δ 形接法,KM2 释放状态下 KM3 吸合电动机 M 的定子线圈为 Y 形接法。因此该电路中接触器分为两组,一组负责供电控制,即接触器 KM1,另一组负责电动机绕组的接线形式,即接触器 KM2 和 KM3。必须注意的是负责切换接线形式的接触器 KM2 与 KM3 不能同时吸合。

按照两组接触器在电动机启动过程中动作的先后次序,继电器−接触器控制电路的形式就有三种。其一是供电接触器和绕组接线形式接触器同时动作,如图2所示。其二是绕组接线形式接触器先动作,供电接触器后动作,如图3所示。其三是供电接触器先动作、绕组接线形式接触器后动作。

图2或图3控制电路中,指示灯 HL1、HL2 和 HL3 用于指示电动机的所处状态。变压器 TC 为指示灯提供隔离电源。FR 为热继电器常闭触点,当电动机出现过载时,该触点断开。SB1 为停止电动机运转操作按钮。SB2 为起动电动机运转操作按钮。时间继电器 KT 的设定值是电动机开始星形起动到进入三角形运转切换所需时间,KT 为通电延时型时间继电器。需要注意的是星形、三角形连接的接触器不能同时吸合,通常采用带机械联锁的接触器对,也可以采用接触器的辅助常闭触头进行联锁,避免两接触器同时吸合。如图2或图3中的 KM2:[21]和 KM2:[22]与 KM3:[21]和 KM3:[22]。

2. 供电和接线形式同时动作控制

电动机供电接触器和接线形式接触器同时动作的控制电路见图2所示。

(1)停止状态

热继电器 FR 常闭触点 FR:[95]与 FR:[96]闭合,停止按钮 SB1 常闭触点 SB1:[1]与 SB1:[2]闭合,起动按钮 SB2 常开触头 SB2:[3]与 SB2:[4]断开。接触器 KM1 线圈未得电处在释放状态。

时间继电器 KT 的辅助常开触头 KT:[17]与 KT:[18],接触器 KM2 常开辅助触头 KM2:[13]与 KM2:[14]处于断开状态,因起动按钮 SB2 常开触头断开,所以接触器 KM2 线圈未得电处在释放状态。

起动按钮 SB2 常开触头断开,接触器 KM2 常闭辅助触头 KM2:[21]与 KM2:[22]闭合,时间继电器 KT 线圈未得电都处于释放状态;时间继电器常闭触头 KT:[15]与 KT:[16]闭合,接触器 KM3 线圈未得电处于释放状态。

接触器 KM1 辅助常闭触头 KM1:[31]与 KM1:[32]闭合,指示灯 HL1 点亮标示电动机处在停止状态。

(2)起动过程

当操作人员按下起动按钮 SB2 时,其常开触头 SB2:[3]与 SB2:[4]闭合,回路 L1→FR:[95]→FR:[96]→SB1:[1]→SB1:[2]→SB2:[3]→SB2:[4]→KM2:[21]→KM2:[22]→KT:[A1]→KT:[A2]→L3 构成,接触器 KM1 线圈得电吸合。KM1 吸合后其辅助触头 KM1:[13]与 KM1:[14]闭合进行自保。

回路 L1→FR:[95]→FR:[96]→SB1:[1]→SB1:[2]→SB2:[3](KM1:[13])→SB2:[4](KM1:[14])→KM2:[21]→KM2:[22]→KT:[A1]→KT:[A2]→L3 构成,时间继电器 KT 线圈得电吸合,开始计时。

回路 L1→FR:[95]→FR:[96]→SB1:[1]→SB1:[2]→SB2:[3](KM1:[13])→SB2:[4](KM1:[14])→KM2:[21]→KM2:[22]→KT:[15]→KT:[16]→KM3:[A1]→KM3:[A2]→L3 构成,接触器 KM3 线圈得电、接触器 KM3 动作吸合。此时电动机 M 定子线圈接成 Y 形,电路状态如图4所示。

(3)切换过程

随着电动机 M 运转的进行,电动机起动电流逐渐下降。达到定时设定值时时间继电器 KT 动作,其常闭触头 KT:[15]与 KT:[16]断开,回路 L1→FR:[95]→FR:[96]→SB1:[1]→SB1:[2]→KM1:[13]→KM1:[14]→KM2:[21]→

KM2:[22]→KT:[15]‖KT:[16]→KM3:[A1]→KM3:[A2]→L3 断裂,接触器 KM3 线圈失电释放。KM3 的常闭触头 KM3:[21]与 KM3:[22]闭合,为切换到三角形运行作好准备。

时间继电器 KT 动作,其常开触头 KT:[17]与 KT:[18]闭合,回路 L1→FR:[95]→FR:[96]→SB1:[1]→SB1:[2]→KM1:[13]→KM1:[14]→KT:[17]→KT:[18]→KM3:[21]→KM3:[22]→KM2:[A1]→KM2:[A2]→L3 构成,接触器 KM2 线圈得电吸合。其辅助常开触头 KM2:[13]与 KM2:[14]闭合,进行自保。

接触器 KM2 线圈得电吸合,其常闭触头 KM2:[21]与 KM2:[22]断开,回路 L1→FR:[95]→FR:[96]→SB1:[1]→SB1:[2]→KM1:[13]→KM1:[14]→KM2:[21]‖KM2:[22]→KT:[A1]→KT:[A2]→L3 断裂,时间继电器和接触器 KM3 线圈失电释放,完成切换过程。

(4)三角形运行

接触器 KM1 线圈得电吸合后,回路 L1→FR:[95]→FR:[96]→SB1:[1]→SB1:[2]→KM1:[13]→KM1:[14]→KM1:[A1]→KM1:[A2]→L3 构成,接触器 KM1 自保。

接触器 KM2 线圈得电吸合后,回路 L1→FR:[95]→FR:[96]→SB1:[1]→SB1:[2]→KM1:[13]→KM1:[14]→KM2:[13]→KM2:[14]→KM3:[21]→KM3:[22]→KM2:[A1]→KM2:[A2]→L3 构成,接触器 KM2 自保。

接触器 KM3 释放,其辅助常开触头 KM3:[43]与 KM3:[44]断开,指示灯 HL2 熄灭。接触器 KM2 吸合,其辅助常开触头 KM2:[33]与 KM2:[34]闭合,指示灯 HL3 点亮,标示电动机处在三角形接线的运行状态。

完成切换后电动机 M 进入三角形接线的运行状态,此时控制电路状态如图5所示。

(未完待续) ◇键谈 绪恺

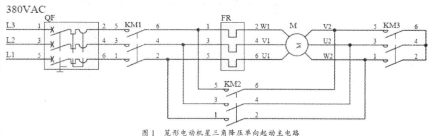

图1 笼形电动机星三角降压单向起动主电路

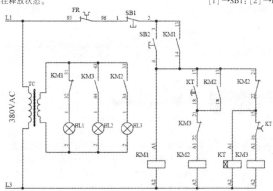

图2 星三角降压单向起动供电和绕组接线同时动作控制电路

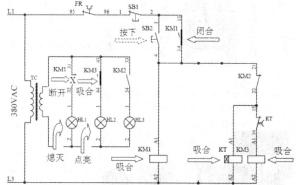

图4 供电和接线形式同时动作电路星形起动状态

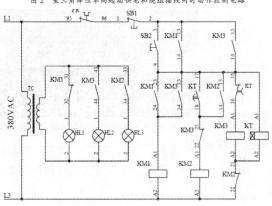

图3 星三角降压单向绕组接线先动作起动控制电路

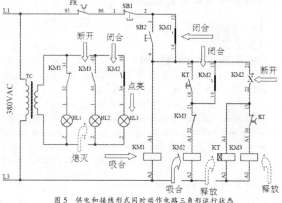

图5 供电和接线形式同时动作电路三角形运行状态

编辑:杨德印 投稿邮箱:dzbnew@163.com

基于 ATSAMD21G18 M0 的音乐相册设计

制作的音乐相册主要是在现有的普通相册上，通过 Firebeetle M0 实现照片的音乐控制，实现本文的音乐相册制作。Firebeetle M0 主板的主芯片使用了一款 ATSAMD21G18 ARM Cortex M0+ 高性能 32 位处理器，而且还带一路数模转换 DAC，可以通过 MCU 软件解析音频文件，并播放出声音。在主板上还集成了 16MB SPI Flash，可以虚拟出一个 12MB 的 U 盘用于存储数据。可以通过 USB 将音频文件直接存储到 Flash 中，加上必要的 GPIO 作为按钮的输入，一个 Firebeetle M0 主板可以完成我的这个作品。根据存储量计算，按单声道音乐存储 WAV 文件大概可以存储 5 分钟，对于一个相册放入 5 张左右的照片，即可完美地搭配在一起。

一、Firebeetle M0 主板简介

DFRobot FireBeetle 是 DFRobot 小巧开发板系列，既可单独使用也可以堆叠使用，拥有不同的主控板与扩展板，多样的功能堆叠，简单的模块组合。FireBeetle M0，与 arduino M0 一样使用了 ATSAMD21G18 ARM Cortex M0+ 高性能低功耗芯片，主频高达 48MHz，拥有 32KB RAM 和 256KB Flash，分别是 Atmega328 的 8 倍和 16 倍。FireBeetle M0 搭载了 16MB SPI Flash，其中内置了 12MB U 盘，大大简化用户的桌面系统与开发板的数据交互操作，并且支持基于 SPI Flash 的 easy flash 数据库，内置基于 SPI Flash 的字模，用户使用屏幕可直接显示中英日韩多国语言文字。使用了更方便的 Type-C 接口，更舒适的卧式按钮，板载了 WS2812 RGB 灯，并且板载了 FPC 插座用于连接屏幕，使用屏幕从未如此简单。Firebeetle M0 主板功能及引脚描述见图 1 所示。

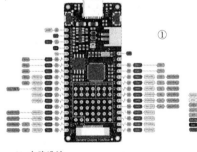

①

二、电路设计

基于模块化的设计，主要是对引脚功能辨别和外围元件的连接。本文按照图 2 所示进行电路设计和连接，以期达到预设功能的目的。

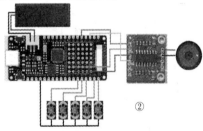

②

三、Firebeetle M0 主板 SDK 功能配置

使用 Firebeetle M0 主板之前，首先需要下载并安装 Arduino IDE 开发环境，测试 Firebeetle M0 主板。在 Arduino 官方下载最新版本的 IDE 开发环境。IDE 安装好以后，打开 IDE，然后下载安装 Firebeetle M0 主板的 SDK。具体步骤如下图 3.

1.在 Preferences 界面点击 Additional Boards Manager URLs 最左边的窗口图标，将弹出输入 URL 的窗口。

2. 将下面的链接地址复制到新弹出的对话框中：http://download.dfrobot.top/firebeetle/package firebee-tle index.json。

3. 点击 OK 将保存 Firebeetle M0 主板 SDK 的 URL 地址

4. 点击 Preferences 界面的 OK 按钮保存配置

③

5. 点击 Tools -> Board -> Boards Manager(见图 4)

④

6. 此时可以看到 Firebeetle SAMD Board 这个 SDK，点击 Install 安装 SDK。

7. 安装好以后我们就可以在 Board 界面看到 Firebeetle M0 主板的选项，我们选择 Firebeetle M0，见图 5。

⑤

8. 通过 USB 线将 Firebeetle M0 主板连接到电脑，此时可看到操作系统发现了一个新的 COM 口，我们在 Port 菜单选择新的这个 COM 口。

四、下载语音相册的代码到 Firebeetle M0 主板

此时打开 Arduino IDE，点击 Sketch -> Include Library -> Add .ZIP Librar 选择附件代码文件中的 AudioZero.zip 音频库，此时成功加入了音频库。操作如图 6 所示。

⑥

点击 Arduino IDE 的 File -> Open，打开 voice_album.ino，点击 Ipload 按钮将语音相册的程序下载到 Firebeetle M0 主板。

五、音频和照片文件准备

挑选出照片，准备好想讲的故事。用手机录制 5 个故事的音频文件，需要注意的是声音需要大声一些，这样可以提高信噪比。如果检查没有问题，将这些文件传输到 PC 上，它们一般是.m4a 文件，对文件进行重命名。因为 5 个按键在程序里面的编号是从按键 0 到按键 4，所以文件的命名也是从 0 到 4。这些文件是压缩后的双声道，需要转换为 Firebeetle M0 主板能够软件音频解码的 WAV 单声道文件。可使用 Audacity 这个开源免费的音频软件将 m4a 文件转换为单声道 WAV 文件。Audacity 软件安装完成后，还需要去下载一个免费的 ffmpeg-win-2.2.2.exe 插件 https://lame.buanzo.org/#lamewindl；ffmpeg-win-2.2.2.exe 安装好后，在 Audacity 软件点击菜单 Edit ->Preferences。点击 Libraries ->FFmpegLibrary -> Location，选择 FFmpeg 安装的路径点击 OK。操作见图 7 所示。

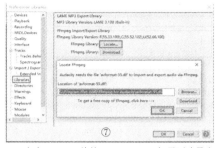

⑦

点击 Audacity 软件 File -> Open 打开刚才录音的 0.m4a 文件，点击音轨上方的下拉按钮，选择 Split Stereoto Mono 分离出单声道，操作见图 8 所示。

点击一个声道的 Mute 按钮对这个声道进行静音，Project Rate 选择 44100Hz，见图 9 操作示意。

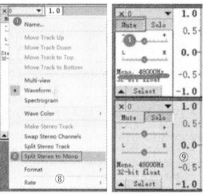

⑧

⑨

点击 File -> Export ->Export as WAV，导出 WAV 文件，操作见图 10 所示。

⑩

Encoding 选择 Unsigned 8-bit PCM 格式，保存 0.wav 文件，按照以上方法将其他 4 个.m4a 文件转换为.wav 文件。将 Firebeetle M0 主板通过 USB 线连接到电脑，双击侧面的 RST 按钮，此时主板上的 RGB 灯变成绿色(见图 11)，电脑也将弹出一个 U 盘，将准备好的 5 个.wav 文件拷贝到这个 U 盘。拷贝的速度比通常的 U 盘慢，需要耐心等待。

⑪

拷贝完成后，我们单击 RST 按钮，进入到编程模式。

最后，将电路装配到相册里。根据自己的相册安装位置，将电路植入到相册中。到此即完成了音乐相册的制作。

(如需本文程序，请与编辑部联系。)

◇宜宾职业技术学院 朱兴文

编辑：张天红 投稿邮箱：dzbnew@163.com

自制能看到原子的显微镜

首先这个名词会让普通人觉得很高端——扫描隧道显微镜(Scanning Tunneling Microscope,简称 STM),简单地说它是一种能实时观察物质表面单个原子的排列状态和电子行为的显微镜。曾经被科学家认为是 20 世纪 80 年代十大科技成就之一。

就目前而言,专业的 STM 售价在 3 万~15 万美元之间。不过近日,加拿大一位博士生 Berard 花费了不到 1000 美元,就自制了一台"STM",还成功地拍下了石墨碳原子的图像。

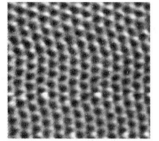

工作原理

当电子遇到绝缘体会被阻挡,就像人遇到了一面墙。但是当绝缘体足够薄以后,量子力学的作用开始突显。

台积电 2000 亿布局 3nm 工艺

2021 年初,台积电就宣布将投入 250~280 亿美元,解决芯片产能日益紧张的问题,并计划在未来 3 年内投入 1000 亿美元。4 月 12 日,由于产能供应压力不断加剧,台积电将上调今年的资本支出,达到 300~310 亿美元,约合人民币约 2000 亿。

根据台积电的生产计划,这 2000 亿人民币将会主要运用于先进产能的开发,其中针对已经量产的 7nm、5nm 制程工艺将扩大产能,并且提高制造精度,这一举措将会主要缓解目前的显卡、移动端处理器和 AMD 处理器的芯片紧张问题。同时台积电也会投入部分资金到已经成熟的 28nm、40nm 产线中,以缓解当下的除了 PC 市场的芯片紧张问题。

对于未来的 3nm、2nm 技术,台积电也在加快建设步伐,3nm 工艺预计今年上半年开始装机,并于下半年开始风险试产。3nm 技术目前已知的应该是会首批运用在 2022 年 iPhone 中的 A16 芯片上,同时还有苹果自研的 M2、M3 芯片之中。2nm 技术,台积电计划也将于明年开始兴建,地点还是位于新竹宝山的晶圆厂中。

随着"墙"越来越薄,电子开始能"穿过"绝缘体,到达另一侧的导体上,就好像在绝缘体上开了一个隧道,因此叫作隧道效应。

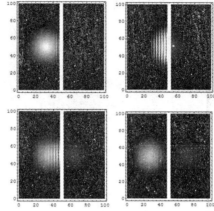

量子隧道效应示意图,有一部分电子穿过墙达到右边。

扫描隧道显微镜正是利用了这一原理,在探针和样品之间加上电压,二者之间的空气就是一堵墙,如果探针和样品之间足够近,电子就能跳过空气到达样品上,电路中将会产生电流。

这股电流的大小和探针样品之间距离有关,根据电流大小可以反推出距离,从而得出样品表面的高度数据,绘制出一张显微图像。

难点

虽然 STM 原理并不复杂,不过要自己 DIY,还是有不少技术难点。

首先,为了达到原子级的分辨率,探针针尖必须足够细,最好尖端只有一个原子。

其次,探针和样品之间距离很近,不到 1nm,极其微弱的热膨胀或者外界振动,也有可能使二者接触,导致针尖被撞毁。

最后一个难题是,如何精准控制探针在平面上扫描。

关键点

取一根铂铑合金丝或钨丝,用剪线钳斜着剪断,并且轻轻拉动,获得尽可能细的尖端。

接下来是制作减震台。探针被固定在三块钢板上,钢板之间用橡胶粘连,然后挂载三根长弹簧上,尽量降低系统的共振频率。

钢板的底部还安装了一个磁铁,当钢板摆动时,磁铁将

在下方的铝块上感应出涡流,涡流又会产生反向的磁场抑制振动。

控制探针的方法是使用压电陶瓷,给这种材料两端加上电压便会伸缩,伸缩量与电压大小和方向有关。

压电陶瓷被夹在金属电极之间,给 4 片区域加上不同的电压就能控制探针在平面上来回移动。由于隧道电流非常小,通常为 1nA 级量级,因此还要对获取的电流信号进行放大。

最后技术大神 Berard 还编写了一个 Windows 软件,来控制扫描,并根据电流数据输出显微镜图像。

有高等物理基础感兴趣的朋友,不妨试一试,如果遇上困难可以通过下面的网址与大神进行技术交流:

https://dberard.com/home－built－stm/https://news.ycombinator.com/item?id=26740968http://e－basteln.de/other/stm/applications/

题外话:扫描隧道显微镜的诞生

20 世纪 30 年代,出现了一种借助电子来显示物体表面结构的显微镜,那就是场－发射显微镜。1937 年,埃尔温·穆勒发明了场－发射显微镜,直接把发射表面的图像投射到荧光屏上。因为是"直接投射",这种显微镜的放大倍数,大约等于荧光屏半径除以发射体半径,可以达到 100 万。场－发射显微镜和场－离子显微镜,是迄今最得力的显微镜之一。场－发射显微镜的分辨率可以达到 2 纳米。场－离子显微镜的分辨率更高,可以达到 0.2 纳米。0.2 纳米的分辨率是什么意思呢?就是说,荧光屏上能够显示出样品(针尖)表面上的单个原子。在场－离子显微镜中,样品尖端要承受强大的电场力作用。因此,场－离子显微镜仅用于研究金属材料,无法进行生物分子的研究。

电子显微镜观察的物体要放在真空中,要接受脱水处理,而且要接受高速电子的打击。因此,能放进电子显微镜观察的试样受到限制,观察结果也受到影响。科学技术的发展,需要基于新原理的显微镜;而显微镜要在理论上有所突破,必须依赖基础科学的革命性的进展。1958 年,日本科学家江崎玲於奈在研究重掺杂 PN 结时发现了隧道效应,揭示了固体中电子隧道效应的物理原理。江崎玲於奈与贾埃弗、约基夫森分享 1973 年诺贝尔物理学奖。

1978 年,一种新型显微镜的灵感,在一次谈话中产生了。一天,IBM 公司苏黎世实验室的科学家罗雷尔向德国研究生宾尼希介绍他们实验室的表面物理研究计划。31 岁的宾尼希提出,可以用隧道效应来研究表面现象啊!罗雷尔对他的想法很有兴趣。于是,1978 年底,罗雷尔就邀请宾尼希来到苏黎世,一起研制利用隧道效应的显微镜。宾尼希和罗雷尔克服了重重困难,终于在 1981 年研制出扫描隧道显微镜。它是显微技术的又一个革命性的进展,放大倍数达到数千万倍。这种新型显微镜的革命性表现在,它是借助隧道效应研究材料表面。因此,它不使用透镜,对样品无破坏性,而且可以获得三维图像。

扫描隧道显微镜的研制成功,展示的是综合性成果和谐美。最早利用隧道效应来研究表面现象的不是宾尼希和罗雷尔,而是美国物理学家贾埃弗。我们可以想见,观察样品表面原子尺度,必定要求仪器具有极高的稳定性。贾埃弗未能克服这个巨大的障碍。宾尼希和罗雷尔却在 3 年时间里,实现了理论上、实验技术上和机械工艺上三大方面的突破,解决了仪器的稳定性难题,取得了最后的成功。没有机械工艺上的突破,扫描隧道显微镜是无法成功的。

扫描隧道显微镜分辨率极高,水平方向达到 0.2 纳米,垂直方向更达到 0.001 纳米,可以给出样品表面原子尺度的信息。我们知道,一个原子的典型线度是 0.3 纳米。对于单个原子成像来说,这样的分辨率已经是足够了。扫描隧道显微镜的发明,促进了生物科学、表面物理、半导体材料和工艺、化学作用的研究。扫描隧道显微镜技术还在继续发展。例如,为了弥补扫描隧道显微镜只能对导体和半导体进行成像和加工这个缺陷,研制出能在纳米尺度对绝缘体进行成像和加工的原子力显微镜。

一款颜值很高的桌面音箱——中道 OLA 蓝牙复古音箱

这是一款造型的蓝牙音箱——中道 OLA 蓝牙复古音箱，独特的真空胆管，是 Nakamichi 中道 70 多年经验积累的厚积薄发，也是 Nakamichi 中道注重先进设计和关心粉丝追求的最佳展现。内外兼修铸造卓越品质。"外功"冷艳高贵，独特的定制真空电子管，米白色的简约搭配，让人耳目一新。

Nakamichi 中道 OLA 蓝牙复古音箱的胆机高音平滑，有足够空气感，声音更加温暖耐听不刺耳，增强氛围感，在当下晶体管功放播放器的江山中，电子管功放鹤立鸡群，现在高端专业播放器普遍还是采用包含电子管功放的组件，这就是 Nakamichi 中道 OLA 蓝牙复古音箱。

作为一款蓝牙音响，它把科技与艺术完美交融，最新蓝牙 5.0 无线传输技术，高效传输低延昩的特点，保证稳定播放不停歇，让你露营时方圆十米内自由自在，方圆 15 米时依然可以放心的"如听仙乐耳暂明"感受音乐的魅力。同时，Nakamichi 中道 OLA 蓝牙复古音箱采用 DSP 声音处理技术和 E.A.I 声电一体化技术，匹配扬声器结构，释放圆润饱满原声，再配上 E.A.I BASS BOOST 低音加强技术和运用高分子扬声材料，提高灵敏度，提取完整音频信号频谱的定制双全频扬声器，完美的搭配让你在野外依然可以随心所放！

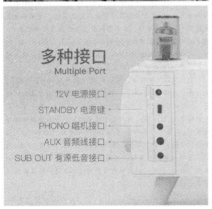

多种接口
Multiple Port

12V 电源接口
STANDBY 电源键
PHONO 唱机接口
AUX 音频线接口
SUB OUT 有源低音接口

当然，Nakamichi 中道 OLA 蓝牙复古音箱不会忘记小伙伴们的怀旧格调，专门设计标准 PHONO 唱机接口，可以直接连接唱盘机，让大家瞬间开启黑胶慢生活。

定制真空管　蓝牙5.0　E.A.I技术　NFC技术　30W功率

唱机接口　低音输出接口　AUX接口　DSP处理

Nakamichi 中道 OLA 蓝牙复古音箱用定制电子管、E.A.I 声电一体化技术、低音加强等技术把传统与现代融为一体，打造出独具魅力的醇厚音质。

目前该产品京东售价为：1249 元，有兴趣的朋友可以考虑一下。

产品名称：	有源音响
产品型号：	Nakamichi OLA
放大器输出功率：	15W x 2 (RMS)
放大器输入灵敏度：	≤ 1%
放大器输入灵敏度：	≤ 775mV
信噪比：	≥ 80dB
频率响应范围：	70Hz – 20KHz
输入电压：	DC 12V – 3A
适配器电压范围：	AC100–240V 50/60Hz
蓝牙：	V5.0 + EDR
蓝牙通讯频率：	2.4GHz
蓝牙通讯距离：	约 10 米

100%国产 PC——台电 C24 Air 一体机

面对消费市场，台电推出了"C24 Air"一体机，采用 x86 架构的兆芯开先 KX-6000 系列处理器，配合国产操作系统，价格只有 2699 元，现在已经上架。

台电C24
全新国产芯力量
国产统信UOS / 8G / 256G / 前置500W摄像头

台电 C24 Air 搭载兆芯开先 KX-6640MA 处理器，该处理器基于 x86 通用架构，四核心四线程，主频 2.2GHz，搭配 8GB DDR4 内存、256GB SSD，主流配置，不过内存、SSD 应该不是国产芯片。

台电 C24 Air 采用碳素黑机身设计，外形精致，同时配备一块 23.8 英寸 IPS 显示屏，3mm 超窄边框，1080p 分辨率，178 度超广角，99% sRGB 色域，100%无坏点，内置强劲散热系统。

双系统支持
Linux & Windows

系统	银河麒麟 KYLIN　中标麒麟 NeoKylin	*默认安装Win10
屏幕	TPV 冠捷科技	处理器　兆芯

在接口方面，台电 C24 Air 一应俱全，提供 HD-MI、VGA、两个 USB 3.0、两个 USB 2.0、两个 3.5mm 音频口，正面也有两个 USB 2.0。此外，该机还有快拆式后盖，仅需拆卸 2 颗螺丝即可取下后盖，方便升级维护内存、硬盘等关键部件。

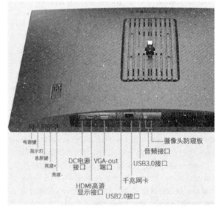

电源键
指示灯
急开键
亮度+
亮度-

DC电源接口
HDMI高清显示接口

VGA-out端口

USB3.0接口
千兆网卡
USB2.0接口

摄像头防窥板
音频接口

操作系统默认安装 Windows 10，兼容市面上绝大多数应用软件、键鼠等外设硬件，同时也支持可选统信 UOS、中标麒麟、银河麒麟等国产 OS，以及 Ubuntu 等主流 Linux 发行版。

售后服务方面，台电 C24 Air 一体机享受 3 年质保、3 年免费上门服务，支持专业客服电话支、远程协助服务。

10 个奇妙的 Python 库(二)

(上接第 151 页)

⑥pyshorteners(短网址)

pyshorteners 是一个简单的 URL 缩短 Python 库。
提供了 18 种短链根域名供使用。

- Adf.ly
- Bit.ly
- Chilp.it
- Clck.ru
- Cutt.ly
- Da.gd
- Git.io
- Is.gd
- NullPointer
- Os.db
- Ow.ly
- Po.st
- Qps.ru
- Short.cm
- Tiny.cc
- TinyURL.com
- Git.io
- Tiny.cc

安装。

```
# 安装 pyshorteners
pip install pyshorteners -i https://mirror.baidu.com/pypi/simple/
```

以 clck.ru 格式为例。

```
import pyshorteners as psn
url = "http://www.shuhai.com/"
u = psn.Shortener().clckru.short(url)
print(u)
```

得到结果如下。

```
# 结果
https://clck.ru/WPJgg
```

是可以正常访问的。

使用文档:
https://pyshorteners.readthedocs.io/en/latest/

⑦googletrans(翻译)

Googletrans 是一个免费且无限制的 Python 翻译库,可以用来自动侦测语言种类、翻译之类。

安装 3.1.0a0 版本,最新版无法使用。

```
# 安装 googletrans
pip install googletrans ==3.1.0a0 -i https://mirror.baidu.com/pypi/simple/
```

查看所有支持的语言。

```
import googletrans
from googletrans import Translator
print(googletrans.LANGUAGES)
```

结果如下,其中中文有简体和繁体两种。

```
LANGUAGES = {
'af': 'afrikaans',
'sq': 'albanian',
'am': 'amharic',
'ar': 'arabic',
'hy': 'armenian',
'az': 'azerbaijani',
'eu': 'basque',
'be': 'belarusian',
'bn': 'bengali',
'bs': 'bosnian',
'bg': 'bulgarian',
'ca': 'catalan',
'ceb': 'cebuano',
'ny': 'chichewa',
'zh-cn': 'chinese (simplified)',
'zh-tw': 'chinese (traditional)',
'co': 'corsican',
'hr': 'croatian',
'cs': 'czech',
'da': 'danish',
'nl': 'dutch',
'en': 'english',
'eo': 'esperanto',
'et': 'estonian',
'tl': 'filipino',
'fi': 'finnish',
'fr': 'french',
'fy': 'frisian',
'gl': 'galician',
'ka': 'georgian',
'de': 'german',
'el': 'greek',
'gu': 'gujarati',
'ht': 'haitian creole',
'ha': 'hausa',
'haw': 'hawaiian',
'iw': 'hebrew',
'he': 'hebrew',
'hi': 'hindi',
'hmn': 'hmong',
'hu': 'hungarian',
'is': 'icelandic',
'ig': 'igbo',
'id': 'indonesian',
'ga': 'irish',
'it': 'italian',
'ja': 'japanese',
'jw': 'javanese',
'kn': 'kannada',
'kk': 'kazakh',
'km': 'khmer',
'ko': 'korean',
'ku': 'kurdish (kurmanji)',
'ky': 'kyrgyz',
'lo': 'lao',
'la': 'latin',
'lv': 'latvian',
'lt': 'lithuanian',
'lb': 'luxembourgish',
'mk': 'macedonian',
'mg': 'malagasy',
'ms': 'malay',
'ml': 'malayalam',
'mt': 'maltese',
'mi': 'maori',
'mr': 'marathi',
'mn': 'mongolian',
'my': 'myanmar (burmese)',
'ne': 'nepali',
'no': 'norwegian',
'or': 'odia',
'ps': 'pashto',
'fa': 'persian',
'pl': 'polish',
'pt': 'portuguese',
'pa': 'punjabi',
'ro': 'romanian',
'ru': 'russian',
'sm': 'samoan',
'gd': 'scots gaelic',
'sr': 'serbian',
'st': 'sesotho',
'sn': 'shona',
'sd': 'sindhi',
'si': 'sinhala',
'sk': 'slovak',
'sl': 'slovenian',
'so': 'somali',
'es': 'spanish',
'su': 'sundanese',
'sw': 'swahili',
'sv': 'swedish',
'tg': 'tajik',
'ta': 'tamil',
'te': 'telugu',
'th': 'thai',
'tr': 'turkish',
'uk': 'ukrainian',
'ur': 'urdu',
'ug': 'uyghur',
'uz': 'uzbek',
'vi': 'vietnamese',
'cy': 'welsh',
'xh': 'xhosa',
'yi': 'yiddish',
'yo': 'yoruba',
'zu': 'zulu',}
```

翻译一句「你好」试一下。

```
translater = Translator()
out = translater.translate("你好", dest='en', src='auto')
print(out)
```

结果如下。

```
# 翻译结果
Translated (src=zh-CN, dest=en, text=Hello, pronunciation=None, extra_data="{'translat...")
```

src:源文本的语言。
dest:将源文本转换为的语言。
text:翻译的结果

使用文档:
https://py-googletrans.readthedocs.io/en/latest/

⑧pendulum(时间)

Pendulum 是一个处理日期和时间的 Python 库,该库在涉及时区的情况下非常有用。

安装。

```
# 安装 pendulum
pip install pendulum -i https://mirror.baidu.com/pypi/simple/
```

来看一下 2 分钟前的时间。

```
import pendulum
past = pendulum.now().subtract(minutes=2)
print(past.diff_for_humans())
print(past)
```

结果如下。

```
2 minutes ago
2021-07-25T19:10:09.222953+08:00
```

还有很多方便使用的地方,可以查看使用文档。

使用文档地址:
https://pendulum.eustace.io/

⑨fabulous(添加文本颜色)

如果你是在命令行上运行 Python 程序,那么输出都是相同颜色,不方便观察。

使用 Fabulous,则可以添加图像、彩色文本来凸显输出。

安装。

```
# 安装 fabulous
pip install fabulous -i https://mirror.baidu.com/pypi/simple/
```

下面来看一个示例吧!

```
from fabulous.color import bold, magenta, highlight_red
print(bold(magenta(
""
hello world
this is some new line
and here is the last line. :)
""
)))
```

结果如下,输出字体加粗且有颜色。

```
hello world
this is some new line
and here is the last line. :)
```

更多配置,可以访问使用文档:
https://jart.github.io/fabulous/

(下转第 160 页)

13 个好用到起飞的 Python 技巧(一)

Python 是当今广泛使用的编程语言之一，在数据科学、科学计算、Web 开发、游戏开发和构建桌面图形界面等各个领域都有应用。Python 因其在各个领域的实用性、与 Java、C 和 C++ 等其他编程语言相比的生产力以及与英语类似的命令而广受欢迎。

假如你也是 Python 学习爱好者，那么今天讲述的 13 个技巧!

列表

与列表相关的 6 个操作，介绍如下；

1. 将两个列表合并到一个字典中

假设我们在 Python 中有两个列表，我们希望将它们合并为字典形式，其中一个列表的项目作为字典的键，另一个作为值。这是在用 Python 编写代码时经常遇到的一个非常常见的问题。但是为了解决这个问题，我们需要考虑几个限制，比如两个列表的大小，两个列表中项目的类型，以及其中是否有重复的项目，尤其是我们将使用的项目作为钥匙。我们可以通过使用像 zip 这样的内置函数来克服这个问题。

```
keys_list = ['A', 'B', 'C']
values_list = ['blue', 'red', 'bold']
# 有 3 种方法可以将这两个列表转换为字典
# 1.使用 Python zip, dict 函数
dict_method_1 = dict(zip(keys_list, values_list))
# 2. 使用带有字典推导式的 zip 函数
dict_method_2 = {key:value for key, value in zip(keys_list, values_list)}
# 3.循环使用 zip 函数
items_tuples = zip(keys_list, values_list)
dict_method_3 = {}
for key, value in items_tuples:
if key in dict_method_3:
pass
else:
dict_method_3[key] = value
print(dict_method_1)
```

10 个奇妙的 Python 库(三)

(上接第 159 页)

⑩pywebview(GUI 浏览器)

pywebview 是一个 Python 库，用于以 GUI 形式显示 HTML、CSS、和 JavaScript 内容。

这意味着使用这个库，你可以在桌面应用程序中显示网页。
安装。

```
# 安装 pywebview
pip install pywebview -i https://mirror.baidu.com/pypi/simple/
```

启动一个给定网站的窗口，运行下面的代码。

```
import webview
window = webview.create_window(
title='百度一下,全是广告',
url='http://www.baidu.com',
width=850,
height=600,
resizable=False, # 固定窗口大小
text_select=False, # 禁止选择文字内容
confirm_close=True # 关闭时提示
)
webview.start()
```

结果如下。

总的来说，这些小众的 Python 库，还是挺有用的。

本书有关"Python"类及其他代码较多的文章代码均可在配套光盘里输入文章题目，即可搜索。

(全文完)

```
print(dict_method_2)
print(dict_method_3)
```

结果如下：

```
{'A':'blue','B':'red','C':'bold'}
{'A':'blue','B':'red','C':'bold'}
{'A':'blue','B':'red','C':'bold'}
```

2. 将两个或多个列表合并为一个列表

当我们有两个或更多列表时，我们希望将它们全部收集到一个大列表中，其中较小列表的所有第一项构成较大列表中的第一个列表。例如，如果我有 4 个列表 [1,2,3]、['a','b','c']、['h','e','y']，和 [4,5,6]，我们想为这四个列表创建一个新列表；它将是：[[1,'a','h',4], [2,'b','e',5], [3,'c','y',6]]。

```
def merge(*args, missing_val = None):
max_length = max([len(lst) for lst in args])
outList =
for i in range(max_length):
outList.append([args[k][i] if i < len(args[k]) else missing_val for k in range(len(args))])
return outList
merge([1,2,3],['a','b','c'],['h','e','y'],[4,5,6])
```

结果如下：[[1,'a','h',4],[2,'b','e',5],[3,'c','y',6]]

3. 对字典列表进行排序

下一组日常列表任务是排序任务。根据列表中包含的项目的数据类型，我们将采用稍微不同的方式对它们进行排序。让我们首先从对字典列表进行排序开始。

```
dicts_lists = [
{
"Name": "James",
"Age": 20,
},
{
"Name": "May",
"Age": 14,
},
{ "Name": "Katy",
"Age": 23,
}
]
# 方法一
dicts_lists.sort(key=lambda item: item.get("Age"))
# 方法二
from operator import itemgetter
f = itemgetter('Name')
dicts_lists.sort(key=f)
```

结果如下：

```
[{'Name':'James','Age':20},    {'Name':'Katy','Age':23},
{'Name':'May','Age':14}]
```

4. 对字符串列表进行排序

我们经常面临包含字符串的列表，我们需要按字母顺序、长度或我们想要或我们的应用程序需要的任何其他因素对这些列表进行排序。现在，我应该提到这些是对字符串列表进行排序的直接方法，但有时您可能需要实现排序算法来解决该问题。

```
my_list = ["blue", "red", "green"]
# 方法一
my_list.sort()
my_list = sorted(my_list, key=len)
# 方法二
import locale
from functools import cmp_to_key
my_list = sorted(my_list, key=cmp_to_key(locale.strcoll))
```

结果如下：['blue','green','red']

5. 根据另一个列表对列表进行排序

有时，我们可能想要/需要使用一个列表来对另一个列表进行排序。因此，我们将有一个数字列表(索引)和一个我想使用这些索引进行排序的列表。

```
a = ['blue', 'green', 'orange', 'purple', 'yellow']
b = [3, 2, 5, 4, 1]
sortedList = [val for (_, val) in sorted(zip(b, a), key=lambda x: x)]
print(sortedList)
```

结果如下：['yellow','green','blue','purple','orange']

---

6. 将列表映射到字典

如果给定一个列表并将其映射到字典中。也就是说，我想将我的列表转换为带有数字键的字典，应该怎么做呢？

```
mylist = ['blue', 'orange', 'green']
#Map the list into a dict using the map, zip and dict functions
mapped_dict = dict(zip(itr, map(fn, itr)))
```

字典

与字典相关的 2 个操作，介绍如下：

7. 合并两个或多个字典

假设我们有两个或多个字典，并且我们希望将它们全部合并为一个具有唯一一键的字典。

```
from collections import defaultdict
def merge_dicts(*dicts):
mdict = defaultdict(list)
for dict in dicts:
for key in dict:
res[key].append(d[key])
return dict(mdict)
```

8. 反转字典

一个非常常见的字典任务是如果我们有一个字典并且想要反转它的键和值。因此，键将成为值，而值将成为键。当我们这样做时，我们需要确保我没有重复的键，值可以重复，但键不能，并确保所有新键都是可散列的。

```
my_dict = {
"brand": "Ford",
"model": "Mustang",
"year": 1964
}
# 方法一
my_inverted_dict_1 = dict(map(reversed, my_dict.items()))
# 方法二
from collections import defaultdict
my_inverted_dict_2 = defaultdict(list)
{my_inverted_dict_2 [v].append (k) for k, v in my_dict.items()}
print(my_inverted_dict_1)
print(my_inverted_dict_2)
```

结果如下：

```
{'Ford':'brand',Mustang':'model',1964:'year'}
defaultdict(<class 'list'>,{'Ford':['brand'],'Mustang':['model'],1964:['year']})
```

字符串

与字符串相关的 3 个操作，介绍如下：

9. 使用 f 字符串

格式化字符串可能是您几乎每天都需要完成的第一项任务。在 Python 中有多种方法可以格式化字符串；我最喜欢的是使用 f 字符串。

```
str_val = 'books'
num_val = 15
print(f'{num_val} {str_val}')
print(f'{num_val % 2 = }')
print(f'{str_val! r}')
price_val = 5.18362
print(f'{price_val:.2f}')
from datetime import datetime;
date_val = datetime.utcnow()
print(f'{date_val=:%Y-%m-%d}')
```

结果如下：

```
In [25]: str_val = 'books'
         num_val = 15
         print(f'{num_val} {str_val}')
         print(f'{num_val % 2 = }')
         print(f'{str_val!r}')

15 books
num_val % 2 = 1
'books'

In [26]: price_val = 5.18362
         print(f'{price_val:.2f}')

5.18

In [27]: from datetime import datetime;
         date_val = datetime.utcnow()
         print(f'{date_val=:%Y-%m-%d}')

date_val=2021-09-27
```

(下转第 161 页)

22 个 Python 值得学习练手的迷你程序(一)

Python 丰富的开发生态是它的一大优势，各种第三方库、框架和代码，都是前人造好的"轮子"，能够完成很多操作，让你的开发事半功倍。

下面就给大家介绍 22 个通过 Python 构建的项目，以此来学习 Python 编程。

这些例子都很简单实用，非常适合初学者用来练习。大家也可尝试根据项目的目的及提示，自己构建解决方法，提高编程水平。

①骰子模拟器

目的：创建一个程序来模拟掷骰子。

提示：当用户询问时，使用 random 模块生成一个 1 到 6 之间的数字。

②石头剪刀布游戏

目标：创建一个命令行游戏，游戏者可以在石头、剪刀和布之间进行选择，与计算机 PK。如果游戏者赢了，得分就会添加，直到结束游戏时，最终的分数会展示给游戏者。

提示：接收游戏者的选择，并且与计算机的选择进行比较。计算机的选择是从选择列表中随机选取的。如果游戏者获胜，则增加 1 分。

```python
import random
choices = ["Rock", "Paper", "Scissors"]
computer = random.choice(choices)
player = False
cpu_score = 0
player_score = 0
while True:
    player = input("Rock, Paper or Scissors?").capitalize()
    # 判断游戏者和电脑的选择
    if player == computer:
        print("Tie! ")
    elif player == "Rock":
        if computer == "Paper":
            print("You lose! ", computer, "covers", player)
            cpu_score+=1
        else:
            print("You win! ", player, "smashes", computer)
            player_score+=1
    elif player == "Paper":
        if computer == "Scissors":
            print("You lose! ", computer, "cut", player)
            cpu_score+=1
        else:
            print("You win! ", player, "covers", computer)
            player_score+=1
    elif player == "Scissors":
        if computer == "Rock":
            print("You lose...", computer, "smashes", player)
            cpu_score+=1
        else:
            print("You win! ", player, "cut", computer)
            player_score+=1
    elif player=='E':
        print("Final Scores:")
        print(f"CPU:{cpu_score}")
        print(f"Plaer:{player_score}")
        break
    else:
        print("That's not a valid play. Check your spelling! ")
        computer = random.choice(choices)
```

③随机密码生成器

目标：创建一个程序，可指定密码长度，生成一串随机密码。

提示：创建一个数字+大写字母+小写字母+特殊字符的字符串。根据设定的密码长度随机生成一串密码。

④句子生成器

目的：通过用户提供的输入，来生成随机且唯一的句子。

提示：以用户输入的名词、代词、形容词等作为输入，然后将所有数据添加到句子中，并将其组合返回。

⑤猜数字游戏

目的：在这个游戏中，任务是创建一个脚本，能够在一个范围内生成一个随机数。如果用户在三次机会中猜对了数字，那么则用户赢得游戏，否则用户失败。

提示：生成一个随机数，然后使用循环给用户三次猜测机会，根据用户的猜测打印最终的结果。

⑥故事生成器

目的：每次用户运行程序时，都会生成一个随机的故事。

提示：random 模块可以用来选择故事的随机部分，内容来自每个列表里。

⑦邮件地址切片器

目的：编写一个 Python 脚本，可以从邮件地址中获取用户名和域名。

提示：使用 @ 作为分隔符，将地址分为两个字符串。

⑧自动发送邮件

目的：编写一个 Python 脚本，可以使用这个脚本发送电子邮件。

提示：email 库可用于发送电子邮件。

```python
import smtplib
from email.message import EmailMessage
email = EmailMessage () ## Creating a object for E-mailMessage
email['from'] = 'xyz name' ## Person who is sending
email['to'] = 'xyz id' ## Whom we are sending
email['subject'] = 'xyz subject' ## Subject of email
email.set_content ("Xyz content of email") ## content of email
with  smtplib.SMTP  (host='smtp.gmail.com',port =587)as smtp:
    ## sending request to server
    smtp.ehlo() ## server object
```

(下转第169页)

---

13 个好用到起飞的 Python 技巧(二)

(接第 160 页)

10. 检查子串

我之前需要多次执行的一项非常常见的任务是，检查字符串是否在字符串列表中。

```python
addresses = ["123 Elm Street", "531 Oak Street", "678 Maple Street"]
street = "Elm Street"
# 方法一
for address in addresses:
    if address.find(street) >= 0:
        print(address)
# 方法二
for address in addresses:
    if street in address:
        print(address)
```

结果如下：

```
In [28]: addresses = ["123 Elm Street", "531 Oak Street", "678 Maple Street"]
         street = "Elm Street"
         # 方法一
         for address in addresses:
             if address.find(street) >= 0:
                 print(address)
123 Elm Street
```

```
In [29]: # 方法二
         for address in addresses:
             if street in address:
                 print(address)
123 Elm Street
```

11. 以字节为单位获取字符串的大小

有时，尤其是在构建内存相关关键应用程序时，我们需要知道我们的字符串使用了多少内存。幸运的是，这可以通过一行代码快速完成。

```python
str1 = "hello"
str2 = ''
def str_size(s):
    return len(s.encode('utf-8'))
print(str_size(str1))
print(str_size(str2))
```

结果如下：

```
In [30]: str1 = "hello"
         str2 = '😀'
         def str_size(s):
             return len(s.encode('utf-8'))
         print(str_size(str1))
         print(str_size(str2))
5
4
```

输入/输出操作

与输入/输出操作相关的 2 个操作，介绍如下：

12. 检查文件是否存在

在数据科学和许多其他应用程序中，我们经常需要从文件中读取数据或向其中写入数据。但要做到这一点，我们需要检查文件是否存在。因此，我们的代码不会因错误而终止。

```python
# 方法一
import os
exists = os.path.isfile('/path/to/file')
# 方法二
from pathlib import Path
config = Path('/path/to/file')
if config.is_file():
    pass
```

解析电子表格

另一种非常常见的文件交互是从电子表格中解析数据。幸运的是，我们用有 CSV 模块来帮助我们有效地执行该任务。

```python
import csv
csv_mapping_list =
with open("/path/to/data.csv") as my_data:
    csv_reader = csv.reader(my_data, delimiter=",")
    line_count = 0
    for line in csv_reader:
        if line_count == 0:
            header = line
        else:
            row_dict = {key: value for key, value in zip(header, line)}
            csv_mapping_list.append(row_dict)
        line_count += 1
```

(全文完)

为什么工程师一定要学会用 FPGA？

对当今的硬件工程师来讲，FPGA 的应用是同 PCB 设计一样必须掌握的技能，因此在过去三年里我们摩尔吧的硬禾实战营最重要的技能培训就是融合了 PCB 设计的 FPGA 编程和系统应用，因为在数字化逻辑支撑整个现代科技的今天，不会用 FPGA 也就意味着无法用数字逻辑的思维方式来解决问题，也就很难成为一个优秀的系统工程师，也会错失掉蓬勃发展的物联网、工业 4.0、人工智能等浪潮。

我们先来看看 FPGA 的重要性：

FPGA 的技术已经发展了 30 多年了，到了今天它和 CPU 架构一样，玩家越来越少、技术越来越高端、应用越来越深入到各个领域，成了支撑当今各项高科技领域(物联网、大数据、云计算、无人驾驶、智能制造、人工智能)的基础。

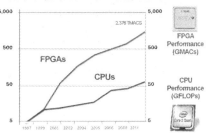

这张图看得出 FPGA 和 CPU 并驾齐驱，不断刷新性能指标，由于 FPGA 的可并行利用资源的特点，其计算能力要远超已经采用多核技术的 CPU 架构。

经过 30 年的发展，FPGA 已经不再是当初简单的"可编程逻辑器件(PLD)"了，在器件内部集成了更多需要灵活配置的可半定制化的功能，在两个大佬 Xilinx 和 Altera/Intel 内部集成了硬核化的 CPU 之后，现在的 FPGA 更像是芯片领域的"变形金刚"-五脏俱全并可变化万千。

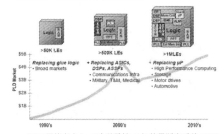

CPU 届的老大 Intel 嗅觉灵敏，3 年前果断出手将 FPGA 的两巨头之一的 Altera 收入囊中，高度整合 CPU/FPGA，为大数据、云计算以及人工智能大时代做足了准备

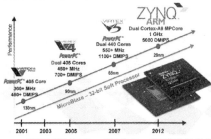

一路高歌猛进的 Xilinx，在兄弟 Altera 被招安以后，独步江湖成为了数字世界的"擎天柱"。

如果是说 Xilinx 和 Altera 是飞机、高铁的话，还有两位低调的小兄弟"Lattice"和"Actel"(先被 Microsemi 收编，又到了

MCU 大佬 Microchip 的麾下)，他们不放弃、不抛弃，就像滴滴、摩拜一样用自己精挑细琢的服务支撑着从简单的逻辑变换、协议接口到图像处理、深度学习等几乎所有的领域。

从 FPGA 无处不在-这张图可以看出来，几乎你能想象到的所有技术领域都会用到 FPGA。

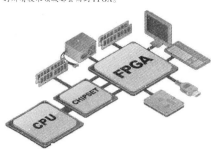

最简单的是做接口/协议连接的功能，通过各种逻辑组合，以灵活、高速、资源丰富的优势帮助 ASIC(专用集成电路)实现系统所需要的一切功能，也就是说在数字域，凡是你选用的 ASIC 不能实现的功能，都可以用 FPGA 来协助。

在人工智能时代，虽然 GPU 炙手可热，但在灵活性和高性能之间最佳的平衡绝对离不开 FPGA。这就是为什么 Xilinx 的股票持续走涨、美国总统亲自否决中国对 Lattice 的收购的原因，因为这玩意儿太重要了，未来会越来越重要-具有高度杀伤力的核心技术。

FPGA fabric is great for irregular (and regular) computation

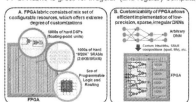

这张图简单地展示了 FPGA 在人工智能领域应用的优势所在。

微软的云服务当然缺少不了 FPGA 了，无数颗的 CPU、GPU，仍旧离不开 FPGA，从这个图中隐约觉得 FPGA 就是云中的带头大哥"擎天柱"。

是不"不明觉历"？我们不能只是停留在"不明"的阶段，对这么厉害的技术一定要"明"，一定要知道它是什么？它应该怎么用？先通过一张图简单看一下 FPGA 是如何构成的。

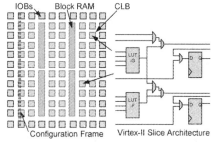

以 Xilinx 的 Virtex II 为例的 FPGA 内部结构

FPGA 是一种可编程的数字逻辑芯片，我们可以通过对其编程实现几乎任何的数字功能，最简单的如：

• 丰富的可编程逻辑资源(CLB)-各种组合逻辑、时序逻辑，门"阵列"；

• 丰富的内部存储资源(Block RAM)-可以组成 ROM、双口 RAM、FIFO 等等各种需要的存储结构

• 可编程的 IO-每一个输入输出管脚都可以单独定义、配置，支持同其他器件的灵活连接

看到这里是不是就觉得它很强大了？这只是 FPGA 冰山的一个小角而已，即便掌握了这些基本功能的使用，就足以让我们硬件工程师的技能得到大大的提升，在产品设计中上一个大的台阶，哪些提升呢？

• FPGA 在数字世界里它无所不能，就像乐高的积木一样可以搭建各种不同的功能模块，实现你所希望的各种功能，这是你产品中非常重要的一块，可以大大加速你产品的开发时间，可以大大降低系统的成本及设计风险，可以为你产品的升级、调整带来大大的灵活性；

• 数字逻辑的思想：首先你必须掌握最基本的数字逻辑知识，学会一种用来构建各种功能的工具语言(在这里我们推荐广受欢迎的 Verilog)，再次你要动脑(考验的是你的逻辑思维是否清晰)，一个优秀的建筑师的作品是在脑子里勾画出来的，而不是拿积木碰运气拼凑出来的；

• 并行设计的理念：同 CPU 不同的是 FPGA 是并行处理的，如果要处理很多的多个任务，CPU 必须经过非常复杂的任务调度，有时候不得不联合多核一起，而多数情况下一颗小小的 FPGA 就能搞定所有的任务，从设计理念上这是截然不同的；

• 资源的合理利用-各个厂商的各种型号的 FPGA 可供你选用，有啥呢？就像你出行是选择乘飞机、高铁、出租还是骑自行车一样，每种方式都要付出不同的成本，而根据需要选择最合适的资源配置在使用 FPGA 的过程中能够得到最充分的体验；

• 哪怕你做一个小小的项目，你会惊奇地发现它很有趣，你任何天马行空的想法都可以通过 FPGA 来快速实现，在乐趣中找到爆棚的自信感

所以，你有必要像对待 PCB 设计一样也来学习 FPGA，甚至投入更高的热情。

"硬禾学堂"专栏来了！

本报与苏州硬禾信息科技有限公司达成战略合作，将开辟"硬禾学堂"专栏，硬禾信息科技将独家为读者传递富有知识性、技术性、趣味性以及 DIY 的信息与相关文章。

硬禾信息科技旗下拥有在线视频教育平台-"硬禾学堂"；线下实战培训体系-"硬禾实战营"；汇集众筹项目、工程师笔记的在线资源平台网站-"电子森林"；"电子森林"和"硬禾学堂"两个公众号为行业的工程师以及高校师生提供最新、有趣的电子创意产品信息和基础技能专业知识。还致力于培养电子类高校学生以及工程师的工程实战技能，通过在线教育平台(www.eetree.cn)以及线下实战培训的方式，从行业需要的刚性技能(PCB 设计、FPGA 应用、嵌入式编程等)入手，旨在以实战项目高效掌握理论基础、激发兴趣并将规范化设计意识、电子产品的设计流程贯穿于其中。目前，已经拥有近 5 万实名会员，3 千多在线课程付费用户，推出的小脚丫 FPGA 学习平台、简易示波器、元器件测试仪等 DIY 套装已经进入到近百所高校的教学/实验和课程设计、综合实践系统。

联想一体机B540背光灯条电源电路分析与故障排查(一)

联想B540一体机液晶显示器的背光灯使用了4个LED灯条,由一个专门的电源电路板驱动。该电源电路由一体机的+12V电源供电,背光灯的开关和亮度调节由主板控制,其核心器件为OZ9998AGN芯片。

一、OZ9998AGN简介

OZ9998AGN是由凹凸科技有限公司(O2 Micro)生产的一种用于驱动液晶电视机、显示器背光LED灯条的DC/DC升压恒流电源控制芯片,采用SOP 24脚封装。芯片内部含有高频振荡模块、HFOSC高频振荡模块、脉宽调制(RS触发器)模块、输出驱动单元、LED电流平衡模块以及保护电路等(内部框图如图1所示)。它有两个功能,一是产生驱动外部MOSFET功率管开关工作的脉冲信号,使MOSFET配合电感、电容、高频整流二极管等器件工作,将输入的低电压提升到能点亮LED灯条的较高电压(Vout);二是对外提供最多8路LED灯条的驱动电流。芯片的电源电压(VIN)范围为4.5V~33V,工作频率100kHz~1MHz。

各引脚功能:

①脚(PWM):亮度控制端。接收外部输入的100Hz~20kHz脉冲信号,通过调节该脉冲信号的占空比(0%~100%)来调节流过各路LED灯串的电流大小,实现液晶显示器的亮度调节。

②脚、③脚、④脚、⑤脚、⑮脚、⑧脚、⑨脚、⑦脚(IS1~IS8):1~8路LED灯串的电流驱动端,每个引脚可为LED灯串提供最大60mA的吸入电流。

⑥脚(GNDA):信号地。

⑩脚(OVP):过欠压保护检测端。当该引脚电压低于0.1V或于2V时,禁止芯片的LDR引脚输出脉冲驱动信号,使外部MOSFET功率管停止工作。

⑪脚(ISET):通过外接电阻来设定每路LED灯串的电流,ILED(毫安)=600/RISET(kΩ)。

⑫脚(RT):通过外接电阻设定芯片的工作频率,fop(MHz)=50/RT(KΩ)。

⑬脚(ENA):芯片的使能控制端。当该引脚电压高于2.4V时(最大7V),芯片工作,低于0.7V时芯片停止工作。

⑭脚(ISW):外部MOSFET功率管的漏极电流监测端。电压高于0.5V时,禁止LDR引脚的脉冲驱动信号输出。

⑯脚(LDR):外部MOSFET管的脉冲驱动信号输出端,连接到MOSFET管的栅极。

⑰脚(VREF):参考电压输出端。芯片内部的参考电压电路产生约5V的参考电压,为芯片内逻辑电路和外部电路提供工作电源。最大可提供30mA电流,电压高于3.8V时芯片工作,低于3.6V时芯片停止工作。

⑱脚(GNDP):电源地。

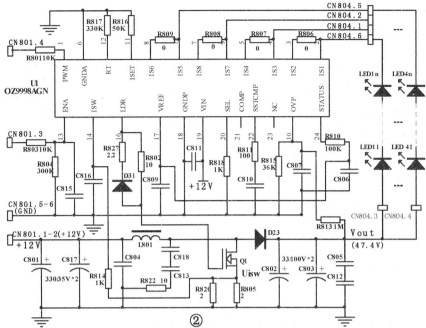

②

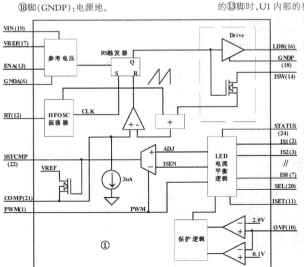

①

⑲脚(VIN):芯片的电源输入端。电压范围4.5V~33V。

⑳脚(SEL):用于设定LED灯串的输出路数。接地时,IS1~IS8驱动8路LED灯串;接VREF时,IS1~IS6驱动6路;悬空时,IS1~IS4驱动4路。

㉑脚(COMP):多片并行工作控制端。多片并行工作时,需将各片芯片的该引脚接到一起。

㉒脚(SSTCMP):软启动控制和补偿电路接入端。

㉓脚(NC)。

㉔脚(STATUS):工作状态输出端。正常时输出逻辑电平高(+5V),当发生过欠压保护、过温度保护以及LED灯串短路或开路保护时,输出低电平。

二、电路工作原理

图2是根据实物绘制的联想B540一体机显示背光灯条电源电路原理图。左侧CN801插头用于和主板连接,右侧CN804插头用于和4路LED灯条相连接。

1. DC/DC升压原理

从主板来的+12V电经插座CN801的①脚、②脚加到电感L801、C801、C817以及OZ9998AGN(U1)的电源端(⑲脚)。当主板来的"开机"控制信号ENA(高电平有效)经CN801的③脚、电阻R803加到U1的⑬脚时,U1内部的参考电压电路工作,⑫脚输出参考电压VREF(正常时为+5V),当VREF达到+3.8V以上时,U1内部各逻辑电路开始工作,片内HFOSC模块产生一定频率(fsoc)的时钟和锯齿波信号。其中,时钟信号作为触发信号将片内RS触发器的Q端置高,经输出驱动器单元使U1的⑯脚(LDR)输出高电平,该高电平经R802控制Q1(MOSFET)导通,电感L1经Q1的漏源极、电阻R805和R820接地,使+12V电源给电感L1充磁;同时,锯齿波信号和Q1的漏极电流检测信号Uisw经U1的⑭脚(ISW)共同作用于RS触发器的复位端,当达到条件(即Uisw高于0.5V)时,将片内RS触发器的Q端清零(置低),使U1

的⑯脚(LDR)输出低电平,该低电平通过R827和D31控制Q1截止,电感L1中已储存的磁能转换为电能经整流二极管D23对电容C802和C803充电。这样,随着U1的LDR引脚以fsoc频率输出脉冲信号,功率管Q1不断地交替导通和截止,电感L1被不断地充磁和放电,电路将+12V电压升压到能点亮LED灯串所需的电压Vout。Vout的电压值由LED灯串的发光二极管数量及其流过的电流大小决定(正常时实测为47.5V)。

U1的工作频率fsoc由U1的⑫脚所接电阻R817决定,本电路中fsoc=50/R817≈151kHz。

Q1(MOSFET)漏极最大电流=0.5V/(R805//R820)=0.5A。

2. LED灯串驱动电路

如图2所示,U1的⑳脚(SEL)经R818接地,因此U1提供了8路LED灯串驱动电流;U1的⑪脚所接电阻R816为50kΩ,因此U1的IS1~IS8引脚每路最大可提供600/50=12mA的吸入电流。4个LED灯串的正极经插座CN804的③脚、④脚一起接在电源Vout上,负极分别经插座CN804的⑥脚、①脚、②脚、⑤脚接在U1的②脚、③脚)、④脚、⑤脚)、⑦脚、⑨脚)和⑧脚、⑮脚)上,每路LED灯串由2个IS引脚驱动,所以流过每个LED灯串的最大电流为24mA。

亮度控制:由主板产生的PWM亮度控制信号经插座CN804的④脚、电阻R801接到U1的①脚,经U1内部的LED电流平衡模块作用,控制每路(IS1~IS8引脚)的吸入电流的大小,如果PWM的占空比增大,则流过LED灯串的电流增加,所有LED灯串的亮度提高。反之,如果PWM的占空比降低,所有LED灯串的亮度下降。

3. 软启动功能

U1的㉒脚(SSTCMP)经电阻R811和电容C810串联后接地,+12V电源开始对U1供电时,片内参考电压模块产生高于3.8V的VREF后,首要先对C810充电,使得SSTCMP引脚在一定时间内保持低电平,在片内逻辑电路的作用下,RS触发器在此期间始终处于复位状态,U1的⑯脚(LDR)输出保持低电平,MOSFET管Q1保持截止。一定时间后,当C810充满电时,㉒脚变为高电平,RS触发器的复位端开始只受HFOSC模块产生的锯齿波和Q1漏极电流检测信号Uisw的共同控制,U1开始正常工作。

(未完待续)

◇青岛 孙海善 陈巍 丛涛

(接上期本版)

(二)35秒倒计时电路实验

1. 电路原理

本次实验中35秒倒计时电路的逻辑原理图如图3所示。两块CD4029构成一个减法计数器，CD4001则构成一个2输入或非门。减法计数器的逻辑功能是每输入一个秒脉冲(CP脉冲)，计数器就从预置数开始减1，计到00后再从预置数开始减数；或非门的逻辑功能是有1出0、全0出1。

当CD4029的B/D端为高电平1、U/D端为低电平0时，CD4029便构成一个二进制减法计数器。由于两块CD4029的预置数端 P_4、P_3、P_2 和 P_1 预置为 0011 0101，故每输入一个秒脉冲，计数器就从 0011 0101(即十进制数35)开始减1。当计到 0000 0000 时，或非门输出高电平1，CD4029的置数允许端PE把预置数 0011 0101 送到两块CD4029的 Q_4、Q_3、Q_2 和 Q_1 端，这样当第 36 个秒脉冲输入时，计数器就又从 0011 0101 开始减1，从而实现了35秒循环倒计时的功能。

2. 实训过程

①关断交流电源开关，关断直流稳压电源的5V电源开关。

②把一个 CD4001 集成块插入实验装置上的一个 14 脚集成块插座中，再把两块 CD4029 集成块分别插入实验装置上的两个 16 脚集成块插座中，然后按图4所示的实验电路进行线路连接。

③对照图4，逐一检查每根导线连接是否正确无误且没有遗漏。

④确认线路连接正确无误后，把十六位开关电平输出中的第9位开关和第10位开关分别拨向高和低，即把CD4029设置成二进制减法计数器，再把十六位开关电平输出中的第1位、第2位、第3位、第4位、第13位、第14位、第15位和第16位开关分别拨向低、低、高、高、低、高、低，即把预置数设置为 0011 0101。

⑤接通交流电源开关，接通直流稳压电源的5V电源开关，这时可看到十六位逻辑电平输入中的第1只、第2只、第3只、第4只、第13只、第14只、第15只、第16只发光管一直按灭、灭、亮、亮、灭、亮、灭、亮→

灭、灭、亮、亮、灭、亮、灭、亮→……→灭、灭、灭、灭、灭、灭、灭、亮→灭、灭、亮、亮、灭、亮、灭、亮的顺序循环重复，即按0011 0101→0011 0100→……→0000 0000→0011 0101的顺序循环重复，同时可看到两只数码管一直在按35→34→33→……→02→01→00→35的顺序循环重复，这说明该电路是一个35进制减法计数器。

⑥关断交流电源开关，关断直流稳压电源的5V电源开关，拆除所有的连接导线，拔下 CD4001 集成块和 CD4029 集成块。

五、归纳与思考

1. 仔细回顾 60 秒计时电路的实验过程，把CD4029(2)和CD4029(1)的计数过程填入下表。

思考题 1 表一

CD4029(2)十位	Q4 (1号灯)	Q3 (2号灯)	Q2 (3号灯)	Q1 (4号灯)
预置脉冲	0	0	0	0
第1个脉冲				
第2个脉冲				
第3个脉冲				
第4个脉冲				
第5个脉冲				
第6个脉冲				

思考题 1 表二

CD4029(1)个位	Q4 (13号灯)	Q3 (14号灯)	Q2 (15号灯)	Q1 (16号灯)
预置脉冲				
第1个脉冲				
第2个脉冲				
第3个脉冲				
第4个脉冲				
第5个脉冲				
第6个脉冲				
第7个脉冲				
第8个脉冲				
第9个脉冲				
第10个脉冲	0	0	0	0

2. 仔细回顾35秒倒计时电路的实验过程，把CD4029(2)和CD4029(1)的计数过程填入下表。

思考题 2 表一

CD4029(2)十位	Q4 (1号灯)	Q3 (2号灯)	Q2 (3号灯)	Q1 (4号灯)
预置脉冲	0	0	1	1
第1个脉冲				
第2个脉冲				
第3个脉冲				

思考题 2 表二

CD4029(1)个位	Q4 (13号灯)	Q3 (14号灯)	Q2 (15号灯)	Q1 (16号灯)
预置脉冲	0	1	0	1
第1个脉冲				
第2个脉冲				
第3个脉冲				
第4个脉冲				
第5个脉冲				

参考答案：

思考题 1 表一参考答案

CD4029(2)十位	Q4 (1号灯)	Q3 (2号灯)	Q2 (3号灯)	Q1 (4号灯)
预置脉冲	0	0	0	0
第1个脉冲	0	0	0	0
第2个脉冲	0	0	1	0
第3个脉冲	0	0	1	0
第4个脉冲	0	1	0	0
第5个脉冲	0	1	0	0
第6个脉冲	0	1	1	0

思考题 1 表二参考答案

CD4029(1)个位	Q4 (13号灯)	Q3 (14号灯)	Q2 (15号灯)	Q1 (16号灯)
预置脉冲	0	0	0	0
第1个脉冲	0	0	0	1
第2个脉冲	0	0	1	0
第3个脉冲	0	0	1	1
第4个脉冲	0	1	0	0
第5个脉冲	0	1	0	1
第6个脉冲	0	1	1	0
第7个脉冲	0	1	1	1
第8个脉冲	1	0	0	0
第9个脉冲	1	0	0	1
第10个脉冲	0	0	0	0

思考题 2 表一参考答案

CD4029(2)十位	Q4 (1号灯)	Q3 (2号灯)	Q2 (3号灯)	Q1 (4号灯)
预置脉冲	0	0	1	1
第1个脉冲	0	0	1	0
第2个脉冲	0	0	0	1
第3个脉冲	0	0	0	0

思考题 2 表二参考答案

CD4029(1)个位	Q4 (13号灯)	Q3 (14号灯)	Q2 (15号灯)	Q1 (16号灯)
预置脉冲	0	1	0	1
第1个脉冲	0	1	0	0
第2个脉冲	0	0	1	1
第3个脉冲	0	0	1	0
第4个脉冲	0	0	0	1
第5个脉冲	0	0	0	0

(全文完)

◇无锡 周金富

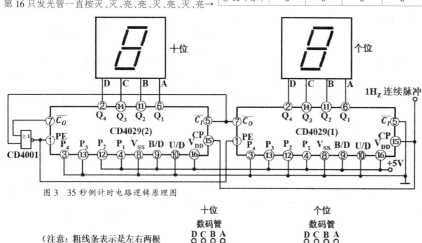

图 3　35 秒倒计时电路逻辑原理图

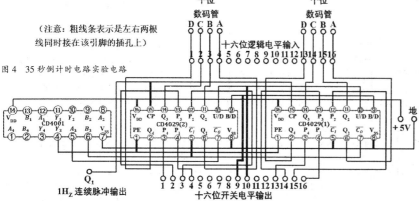

(注意：粗线条表示是左右两根线同时接在该引脚的插孔上)

图 4　35 秒倒计时电路实验电路

编辑：黄丽辉　投稿邮箱：dzbnew@163.com

继电器-接触器控制的星三角降压单向起动电路解读(二)

(接上期本版)

(5)过载保护

在运行过程中若电动机出现过载,则热继电器 FR 动作。其辅助常闭触头 FR:[95]与 FR:[96]断开,回路 L1→FR:[95] ‖ FR:[96]→SB1:[1]→SB1:[2]→KM1:[13]→KM1:[14]→KM1:[A1]→KM1:[A2]→L3 断裂,接触器 KM1 线圈失电释放。

回路 L1→FR:[95] ‖ FR:[96]→SB1:[1]→SB1:[2]→KM1:[13]→KM1:[14]→KM2:[13]→KM2:[14]→KM3:[21]→KM3:[22]→KM2:[A1]→KM2:[A2]→L3 断裂,接触器 KM2 线圈失电释放。

电动机定子绕组失电停转。

(6)停止操作

若按下停止按钮 SB1,其常闭触头 SB1:[1]与 SB1:[2]断开,L1→FR:[95]→FR:[96]→SB1:[1] ‖ SB1:[2]→KM1:[13]→KM1:[14]→KM1:[A1]→KM1:[A2]→L3,和回路 L1→FR:[95]→FR:[96]→SB1:[1] ‖ SB1:[2]→KM1:[13]→KM1:[14]→KM3:[21]→KM3:[22]→KM2:[A1]→KM2:[A2]→L3 断裂,接触器 KM1 和 KM2 线圈失电释放,电动机定子绕组失电停转。

3.接线形式先动作控制

电动机接线形式接触器先动作、供电接触器后动作的控制电路见图3所示。

(1)停止状态

热继电器 FR 常闭触点 FR:[95]与 FR:[96]闭合,停止按钮 SB1 常闭触点 SB1:[1]与 SB1:[2]闭合,起动按钮 SB2 常开触头 SB2:[3]与 SB2:[4]断开。接触器 KM2 常闭辅助触头 KM2:[21]与 KM2:[22]闭合,时间继电器常闭触头 KT:[15]与 KT:[16]闭合。时间继电器 KT 和接触器 KM3 线圈都处于释放状态。

接触器 KM3 和时间继电器 KT 的辅助常开触头处于断开状态。接触器 KM1 和 KM2 处于释放状态。

接触器 KM1 辅助常闭触头 KM1:[31]与 KM1:[32]闭合,指示灯 HL1 点亮标示电动机处在停止状态。

(2)起动过程

当操作人员按下起动按钮 SB2 时,其常开触头 SB2:[3]与 SB2:[4]闭合,回路 L1→FR:[95]→FR:[96]→SB1:[1]→SB1:[2]→SB2:[3]→SB2:[4]→KT:[A1]→KT:[A2]→KM2:[21]→KM2:[22]→L3 构成,时间继电器 KT 线圈得电吸合,进入计时状态。

回路 L1→FR:[95]→FR:[96]→SB1:[1]→SB1:[2]→SB2:[3]→SB2:[4]→KT:[15]→KT:[16]→KM3:[A1]→KM3:[A2]→KM2:[21]→KM2:[22]→L3 构成,接触器 KM3 的线圈得电吸合。接触器 KM3 动作吸合,此时电动机 M 定子线圈接成 Y 形。

因接触器 KM3 吸合,其辅助常开触头 KM3:[13]与 KM3:[14]闭合,回路 L1→FR:[95]→FR:[96]→SB1:[1]→SB1:[2]→KM3:[13]→KM3:[14]→KT:[A1]→KT:[A2]→KM2:[21]→KM2:[22]→L3 构成,及回路 L1→FR:[95]→FR:[96]→SB1:[1]→SB1:[2]→KM3:[13]→KM3:[14]→KT:[15]→KT:[16]→KM3:[A1]→KM3:[A2]→KM2:[21]→KM2:[22]→L3 构成,时间继电器 KT 和接触器 KM3 在松开按钮 SB2 下也保持吸合。

因接触器 KM3 吸合,其辅助常开触头 KM3:[33]与 KM3:[34]闭合,回路 L1→FR:[95]→FR:[96]→SB1:[1]→SB1:[2]→KM3:[13]→KM3:[14]→KM3:[33]→KM3:[34]→KM1:[A1]→KM1:[A2]→L3 构成,接触器 KM1 线圈得电吸合。电动机定子绕组得电,进入 Y 形起动状态。

接触器 KM1 吸合,其辅助常开触头 KM1:[13]与 KM1:[14]、KM1:[23]与 KM1:[24]闭合,回路 L1→FR:[95]→FR:[96]→SB1:[1]→SB1:[2]→KM1:[13]→KM1:[14]→KM1:[23]→KM1:[24]→KM1:[A1]→KM1:[A2]→L3 构成,接触器 KM1 自保。

接触器 KM3 吸合,其辅助常开触头 KM3:[43]与 KM3:[44]闭合,指示灯 HL2 点亮,标示电动机处在起动状态。接触器 KM1 吸合,其辅助常闭触头 KM1:[31]与 KM1:[32]断开,指示灯 HL1 熄灭。

实际操作中,操作人员按下与松开按钮 SB2 的时间可能会大于 KM3 和 KM1 先后动作的时间间隔,可以考虑省去接触器 KM3 用于自保的辅助常开触头 KM3:[13]与 KM3:[14]]。

电动机 Y 形起动过程中控制电路的状态如图6所示。

(3)切换过程

随着时间继电器 KT 计时的进行,电动机起动电流逐渐下降。达到定时设定值时时间继电器 KT 动作,其常闭触头 KT:[15]与 KT:[16]断开,回路 L1→FR:[95]→FR:[96]→SB1:[1]→SB1:[2]→KM1:[13]→KM1:[14]→KT:[15] ‖ KT:[16]→KM3:[A1]→KM3:[A2]→KM2:[21]→KM2:[22]→L3 断裂,接触器 KM3 线圈失电释放。KM3 的常闭触头 KM3:[21]与 KM3:[22]闭合,为切换到三角形运行作好准备。

时间继电器常开触头 KT:[17]与 KT:[18]闭合,回路 L1→FR:[95]→FR:[96]→SB1:[1]→SB1:[2]→KM1:[13]→KM1:[14]→KT:[17]→KT:[18]→KM3:[21]→KM3:[22]→KM2:[A1]→KM2:[A2]→L3 构成,接触器 KM2 线圈得电吸合。

接触器 KM2 线圈得电吸合,其常闭触头 KM2:[21]与 KM2:[22]断开,回路 L1→FR:[95]→FR:[96]→SB1:[1]→SB1:[2]→KM1:[13]→KM1:[14]→KT:[A1]→KT:[A2]→KM2:[21] ‖ KM2:[22]→L3 断裂,时间继电器线圈失电释放。

(4)三角形运行

接触器 KM1 线圈得电吸合后,回路 L1→FR:[95]→FR:[96]→SB1:[1]→SB1:[2]→KM1:[13]→KM1:[14]→KM1:[23]→KM1:[24]→KM1:[A1]→KM1:[A2]→L3 构成,接触器 KM1 自保。

接触器 KM2 线圈得电吸合后,回路 L1→FR:[95]→FR:[96]→SB1:[1]→SB1:[2]→KM1:[13]→KM1:[14]→KM2:[13]→KM2:[14]→KM3:[21]→KM3:[22]→KM2:[A1]→KM2:[A2]→L3 构成,接触器 KM2 自保。

接触器 KM3 释放,其辅助常开触头 KM3:[43]与 KM3:[44]断开,指示灯 HL2 熄灭。接触器 KM2 吸合,其辅助常开触头 KM2:[33]与 KM2:[34]闭合,指示灯 HL3 点亮,标示电动机处在三角形接线的运行状态。

完成切换电动机 M 进入三角形接线的运行状态,此时控制电路状态如图7所示。

(未完待续)

◇键读 绪恺

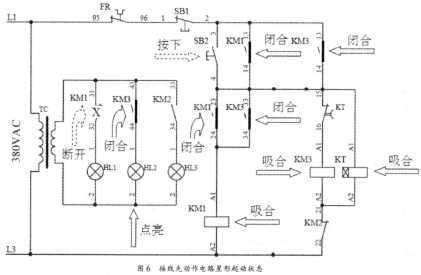

图6 接线先动作电路星形起动状态

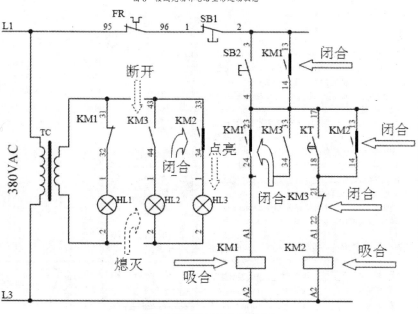

图7 接线先动作电路三角形运行状态

一次回路与二次回路知识简介

在发电厂、变电所、配电系统和电动机起动控制电路中,通常将电气部分分为一次接线和二次接线两部分,属于一次接线的设备有:发电机、变压器、断路器、隔离开关、电抗器、电力电缆以及母线、输电线路等,在电动机起动控制装置中,则有隔离开关、断路器、交流接触器、热继电器及负载设备等。这些设备是电能由发电厂输送给用户所经过的设备,或者是电力系统将电能输送给用电负载的导线或设备;由这些设备相互连接构成的电路称为一次接线、主接线或一次回路。同时,为了保证主接线系统的安全运行,实现控制、测量、信号、保护等功能的设备称为二次设备,由二次设备相互连接构成的电路称为二次接线或二次回路。根据二次回路接线绘制的电路图称作二次接线图。二次接线的图纸常见的有三种形式:一是原理接线图;二是展开接线图;三是安装接线图。

作为电气工作者,应该对一次回路与二次回路的相关知识充分了解,才能得心应手地完成相应的电气工作任务。

◇山西 毕秀娥

电动汽车中电气隔离的应用

对于熟悉传统发动机的人来说，纯电动汽车(EV)的引擎盖下面是一番神奇的景象。当然，主要区别在于纯电动汽车没有内燃机（ICE, Internal Combustion Engine），而是可能装有电力牵引逆变器。逆变器通常具有相同的尺寸，并且其安装方式类似于传统的发动机。其他系统看起来就不那么熟悉了，但是你很可能辨识出 12V 电池这个变化不大的组件。

在非电动汽车(non-EV)中，需要 12V 系统以启动马达供电，该启动马达提供内燃机的初始旋转以启动四冲程燃烧循环。鉴于电动汽车不需要启动马达，因此如果发现电动汽车装有 12V 电池会让人大为惊讶。但是，大多数电动汽车的电气系统仍以 12V 电压运行。在没有内燃机或交流发电机的情况下，必须使用高压牵引电池为 12V 系统完全供电。

这提出了一个有趣的设计要求。牵引逆变器系统很可能在 800V 左右的 DC 电压下运行。这个高 DC 电压会转换为 AC，以驱动牵引电机。但是，电动汽车中的牵引电池并不是通过简单地串联多个 12V 电池去产生 800V 电压，它是一个密封的单元。该高压系统的加入及其在车辆中的作用意味着 12V 系统现在通常被当作辅助系统。它为牵引系统（包括牵引控制系统）的所有辅助设备提供动力。

现在，主高压电池负责为 12V 辅助系统供电，以使电池保持荷电状态。出于安全考虑，操作时需要在两个电压域之间保持电气隔离。

一、隔离至关重要

典型的电动汽车有许多功能单位，包括牵引逆变器、温度控制和加热系统以及车载充电器。这些系统在完全不同的电压水平下运行，必须进行电气隔离。电气隔离可防止电流在不同电压域之间流动，同时仍支持数据传输和电能流动。

从历史上看，用于数据传输的电气隔离是通过光学技术，借助 LED 源和光电二极管接收器实现的。但是，汽车市场尤其是电动汽车市场的需求，刺激了数字隔离技术的开发和应用。

二、辅助电源

辅助电源系统通常由专用模块控制，该模块称为辅助电源模块（APM, Auxiliary Power Module）。这实际上是一个 DC-DC 转换器，它将牵引电池和转换器的高压(HV)转换为低压(LV)。该低压总线为辅助系统供电并为 12V 电池充电。最初，这似乎是一个相对简单的功能，但是对电气隔离的需求却带来了额外的复杂性。

许多 DC-DC 转换器拓扑都使用变压器在同一步骤中提供降压和电气隔离。虽然这是隔离高压和低压电路的有效方法，但确实需要额外的转换步骤才能利用变压器。具体而言，需要将高压从 DC 转换为 AC，然后将低压从 AC 转换回 DC。下图中的电路图显示了通用的全桥实现。

全桥将 DC 电压转换为 AC 电压，因此它可以激励绝缘变压器的初级侧，并在次级侧感应出电流。然后需要将次级侧 AC 电压转换回 DC 电压。为了使用较小的磁性元件并减小最终解决方案的尺寸和重量，许多系统使用 100kHz 或更高的开关频率。

图 1 的示例在变压器的初级(HV)侧使用一个全桥，在次级(LV)侧使用一个全桥同步整流器。高压侧

开关的选择将基于成本与效率之间的关系，通常会使用 IGBT，但较新的 APM 可能会使用碳化硅(SiC)MOSFET 来实现最高效率。

无论采用哪种开关技术，隔离栅极驱动器都起着至关重要的作用。数字隔离栅极驱动器利用 CMOS 技术来创建器件本身和隔离栅。图 3 显示了 Si8239x 隔离栅极驱动器中单个通道的框图，该驱动器使用射频载波穿过隔离栅传递信息。这种数字隔离技术提供了强大的隔离数据路径，该路径易于和其他 CMOS 技术（如栅极驱动器）集成。

图 2 所示的电路由 APM 控制器管理，该控制器生成 PWM 信号以控制电源开关的栅极驱动器。为了获得最高效率，控制器需要检测所产生的电压，该过程还需要一个隔离解决方案，例如电隔离模拟放大器。将 APM 连接到更大的汽车控制系统的系统总线也需要隔离。许多设计使用 CAN 总线，并且 APM 包含用于 CAN 总线信号的数字隔离器。具有 5kVrms 隔离度的多通道数字隔离器，例如 Silicon Labs 的 Si86xx，已针对该应用进行了优化。就像隔离栅极驱动器一样，

图 2 Silicon Labs 的汽车级 Si8239x 隔离栅驱动器系列的单向状态

CMOS 隔离栅允许集成高性能模拟和数字 I/O 功能。

向电动汽车发展给整车厂(OEM)和一级供应商带来了重大的设计挑战。至少到目前为止，保持 12V 电源作为辅助电源可通过配套的原有系统简化任务。但是，取消主电源的 12V 电池电源（由发动机驱动的交流发电机）会增加辅助电源模块的复杂性。CMOS 隔离技术带来的集成方面的进步简化了 APM 的设计，同时可以在车辆的全生命周期中提供安全可靠的操作。

◇宜宾职业技术学院 何杨

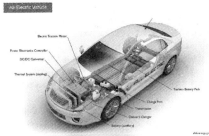

图 1 APM 的电路图

教学笔记及文档整理中好用的工具(一)

作为教师这个职业，随着电子信息技术及软件技术的发展，越来越多的时候都离不开电脑系统辅助教学相关工作，不论是教研还是教学，都会遇到需要撰写教学笔记及文档的时候，使用合适的工具，可以让你的书籍撰写更加高效。本文从书籍制作软件、少儿编程编类书籍中的截图绘图、流程图绘制、装配图制作、文本代码高亮等各个环节的需求出发，推荐对应的工具。

一、OpenOffice

全称：Apache OpenOffice
地址：http://www.openoffice.org/download/

(一) 简介

OpenOffice 是一套跨平台的办公室软件套件，功能非常强大，能在多个操作系统上执行，不仅可完成 WORD 的基本操作，EXCEL 的图表操作，还增加了编写网页及数学方程等特色功能。OpenOffice 是一款跨平台的办公室软件套件，能在 Windows、Linux、MacOS X（X11）、和 Solaris 等操作系统上执行。OpenOffice 这款软件的操作步骤是非常简单的，而且非常快速，

1. 所有的包有类似的外观，易于使用，如"样式"等"一次学会到处使用"的工具。OpenOffice.org 保持与您的电脑类似的外观，一旦改变桌面，OpenOffice.org 也会相应改变。

2. 组件间的相同工具用法相同，例如，Writer 里面使用的绘图工具在 Impress 和 Draw 里面也能用到。

3. 不必知道哪个应用程序用于创建哪个特殊文件，使用"文件"就可以"打开"任何 openOffice.org 文件，正确的应用程序将会运行。

4. 所有的包共享一个拼写检查工具，如果改变一个组件包里面的"选项"，在其他组件包也会同时改变。

5. 所有组件间资料可以轻松转移。

6. 所有的组件文件可储存为 OpenDocument 格式（新的办公文档国际标准），这种基于 XML 的格式相比同类产品的格式，磁盘存储更合理，任何兼容 OpenDocument 标准的软件均可以

访问您的数据。（注：Google 的网上办公软件使用 OpenDocument 格式。）

7. 使用安装程序，所有组件可以一次性安装。

8. 所有发布的版本都基于相同的开放许可证——没有隐性费用。

(二) 使用方法

1. 打开 OpenOffice，可看到如下图，在这里有文本文档(word 功能)、电子表格(excel 功能)、演示文稿(ppt)，还有绘图、数据库、公式等多个选项，功能比较全面。大家可根据自己的需求选择一项功能进入使用。

2. 点击上图的"文本文档"选项，之后就会打开如下图。从图中来看界面与常用的 office 办公软件中的 word 大体是相同的，并在右侧还展示一些常用的功能属性，人性化的设计使用更方便。

3. 下面我们再来看看 openoffice 中的公式新功能，如下图。

4. 点击后会进入到公式编辑区，在弹出的面板中选择合适的数学符号就可键入公式了，非常方便。如下图。

5. 之后就会进入到表格的编辑区，界面和功能都类似于 office 工具中的 excel。左侧还会为大家罗列出常用的功能，可根据自己的需求进行编辑修改。

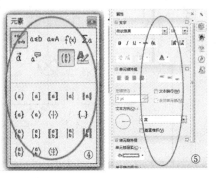

（未完待续）　◇宜宾职业技术学院 朱兴文

编辑：张天红　投稿邮箱：dzbnew@163.com

老年代步车终于更名了　　监管或将加强

老年代步车因为方便和便宜以及无需上牌不要驾照，因此几乎在国内城市都能看到身影。不过方便由此也带来了一系列的安全隐患，治理起来也存在极大的难度。老年代步车该如何定性，该如何管理，该不该一刀切的封禁，成为民众关切的话题。

近日，天津中汽中心就《GB/T 28382 纯电动乘用车技术条件》修订组织相关讨论会。据悉，针对老年代步车增加微型低速纯电动乘用车定义，不再单独出标准，此次修订 GB/T 28382 标准，将微型低速纯电动乘用车内容添加进去。

也就是说"老年代步车"如今有了国家标准层面的新定义，即"微型低速纯电动乘用车"，可以简称"微电"。根据标准修订进程，预计低速车标准或最快将于今年 9 月份发布。这标志着困扰人们多年的老年代步车如何定义，执行何种标准的问题终于有了明确答案。

工信部、装备中心、汽车工业协会、交通运输部、公安部、中汽研标准所及政研中心针对 GB/T 28382 标准修订（主要添加微型低速纯电动乘用车内容），对标准修订背景、标准修订草案及下一步工作计划等内容讨论如下：

1. 针对低速电动车不再单独出标准，此次修订 GB/T 28382 标准，将微型低速纯电动乘用车内容添加进去。

2. 该标准依然坚持三个不变原则

一是国务院"规范一批、淘汰一批、升级一批"三个一批的思路不变。二是安全要求不变，在安全标准不降低的前提下，针对"低速化、小型化"提出要求。三是整体框架不变，依然是工信部、装备中心、汽车工业协会、公安部和交通运输部管控。

3. 标准修订原则

紧跟新能源汽车技术发展，更新技术要求；替换不适用的老标准，更新引用新标准；针对微型纯电动乘用车：低速化、小型化、轻量化。

4. 标准修订主要内容

（1）增加微型低速纯电动乘用车定义：驱动能量由动力蓄电池提供，座位在 4 座及以下，最高车速 40~70km/h。

（2）增加微型低速纯电动乘用车外廓尺寸、整备质量的要求：长度不大于 3500mm，宽度不大于 1500mm，高度不大于 1700mm，整备质量不大于 750kg。

（3）取消原标准中行李箱的容积要求。

（4）增加碰撞后安全要求：微型低速纯电动乘用车正碰试验速度要求为 40km/h，侧碰和后碰的要求跟传统车的要求一致。

（5）增加微型低速电动乘用车低速提示音要求：车速低于 20km/h 时，能够给车外人员发出适当的提示声响。

（6）增加微型低速纯电动乘用车限速装置，制动性能要求：微型低速纯电动乘用车应具有限速功能或配备有限速装置（限速至 70km/h），制动性能方面应配备符合规定的防抱死制动系统（ABS 为强制要求）。

（7）提高对纯电动乘用车 30 分钟最高车速、续驶里程要求：

纯电动乘用车 30 分钟最高车速、续驶里程都提高到 100。微型低速纯电动乘用车 30 分钟最高车速要求为 40~70km/h，对续航里程（续航里程测试方法为等速法），速度要求为 30km/h 没作要求，由企业根据市场情况自行控制。

（8）增加微型低速电动乘用车比功率的要求：10~20kW/t。

（9）更新纯电动乘用车动力蓄电池要求

这次重点明确更新了电池的相关要求，具体增加了电池能量密度的要求：微型低速纯电动乘用车电池能量密度要求不小于 70wh/kg。

针对微型低速纯电动乘用车特点，提出了有针对性的模拟碰撞试验和循环寿命要求：电性能要求应满足 GB/T 31486，电池模拟碰撞试验在 X 方向加速度为 GB 38031 要求的 80%（由于整体车速降低），Y 方向加速度不变；电池循环寿命要求为循环 500 次后不低于原始状态的 90%。

（10）增加整车标志和标识要求：增加"微电"的标识要求（在车身前侧及后侧明显易见部位，最高车速也要求体现）。

5. 标准草案中对低速车其他方面要求也作了补充

（1）轮胎，应满足 GB 9743，必须为汽车用轮胎。

（2）稳定性，应满足 GB/T 14172，向左侧和右侧倾斜的侧倾稳定角相应大于等于 35°（强制要求）。

（3）起步加速性能，车辆在 0~30km/h 的加速时间，应小于 10s。

（4）爬坡性能，通过 4% 坡度的爬坡车速不低于 20km/h。通过 12% 坡度的爬坡车速不低于 10km/h。

（5）低温起动性能，在 -20℃±1℃ 静置 8h 后应正常起动行驶。

（6）可靠性要求，总里程 8000km（强化坏路 2000km，平

坦公路 6000km）。

6. 讨论会特别提到

（1）该标准草案中对低速车提出的要求按照该标准执行，未提到的要求全部按照传统车的标准执行；特别提到胎压报警，本标准未提到胎压报警的要求，但需要根据传统车要求来做。

（2）针对侧碰试验，参考五菱宏光 Mini，R 点超过 700mm，可做侧碰。

（3）铅酸电池，部委不接受铅酸电池，低速车只能使用磷酸铁锂或三元锂电。

（4）补贴、双积分，对于低速车，国家是想规范，不是鼓励，低速车不可能拿到补贴和双积分；但碳指标低，企业未来会更有竞争力，是未来发展的趋势。

（5）空调系统，对于低速车空调系统没作要求，但是除霜除雾功能必须要有。

（6）公告政策，低速车的公告要求需等待政策发布。

7. 标准修订进程

（1）2021 年 4~5 月，征求意见。

（2）2021 年 6 月，标准审查。

（3）2021 年 7 月，标准报批。

（4）2021 年 9 月，标准发布。

如果该标准真的执行，出于成本因素，新标准的"微电"价格应该会上涨，不过消费群体可能会变得年轻化，就像戏称"大号老年乐"的五菱宏光 Mini 一样，非常受年轻人的喜欢。

酷睿 11 代特点

近日，使用 14nm 工艺的酷睿 11 代处理器已经上市了，主要竞争对手为 AMD Zen 3 架构 R5 级以上的处理器，定价范围从 1499 元到 4699 元不等，基本跟上一代酷睿首发价相同。

S/N	Package	Cores	Thread	TDP	All Core Boost	single boost	TVB	Graphics	OC
i9-11900K	LGA1200	8	16	125W	4.8	5.3	Y	Intel UHD 750	Y
i9-11900KF	LGA1200	8	16	125W	4.8	5.3	Y		Y
i9-11900	LGA1200	8	16	65W	4.7	5.2	Y	Intel UHD 750	Y
i9-11900F	LGA1200	8	16	65W	4.7	5.2	Y		Y
i7-11700K	LGA1200	8	16	125W	4.6	5.0	N	Intel UHD 750	Y
i7-11700KF	LGA1200	8	16	125W	4.6	5.0	N		Y
i7-11700	LGA1200	8	16	65W	4.4	4.9	N	Intel UHD 750	Y
i7-11700F	LGA1200	8	16	65W	4.4	4.9	N		Y
i5-11600K	LGA1200	6	12	125W	4.6	4.9	N	Intel UHD 750	Y
i5-11600KF	LGA1200	6	12	125W	4.6	4.9	N		Y
i5-11600	LGA1200	6	12	65W	4.4	4.8	N	Intel UHD 750	Y
i5-11400	LGA1200	6	12	65W	4.2	4.3	N	Intel UHD 750	Y

酷睿 11 代在主频、核显规格、支持的内存频率、PCIe 通道规格等方面有所提升，理论上全新的 Rocket Lake-S 架构能够带来两位数的 IPC 性能提升。最高支持 20 个 PCIe 4.0 通道，非"F"版内置英特尔超核芯显卡 750，最高支持 3200MHz 的内存。

很多朋友对此次 11 代酷睿的频率有不少疑问，特别是 TVB 是什么？i9 默认频率比 i7 高比 200MHz，并且只有 i9 支持 TVB 与 ABT 两大频率提升技术。下面以 i9-11900K 和 i7-11700K 为例进行比较，讲解一下具体特点。

基础频率

处理器在预设下运行的最低频率即为基础频率，其功耗将不高于宣称的 TDP 值。i9-11900K 基础频率为 3.5GHz。一般情况下，只有在极端的散热条件以及超高负荷时处理器才会运行在基础频率。若处理器温度超高，频率只有基础频率，则需要动手解决散热问题。

Turbo Boost 2.0

即睿频加速技术 2.0（简称 TB2），会让处理器运行在比基础频率更高的频率之上，是处理器在采用睿频加速技术时所能达到的最大单核频率。i9-11900K 在 TB2 下，其频率可达到双核最高 5.1GHz，多核 4.7GHz。当然实际的运行频率比基础频率高不少，频率增加则是以使用核心数量、功耗及以核心温度决定（最高 100℃）。

Turbo Boost MAX 3.0

即睿频加速 Max 技术 3.0（简称 TB3），是识别处理器的最快内核并让其处理最关键的工作负载，使轻量级线程性能得到优化。在 TB2 的基础上，可大幅提高最快内核的频率，从而让用户能够获得更强劲的处理器性能。i9-11900K 在 TB3 下，会让处理器中的 1~2 个核心运行在 5.2GHz 频率下。

Thermally Velocity Boost

即热速度加速（简称 TVB），根据处理器在低于其最大温度多少运作，以及是否有睿频加速预算可用等因素机会性地自动将时钟频率增至高于单核和多核英特尔睿频加速技术的频率。所得频率和时长因工作负载、处理器功能和处理器冷却解决方案而异。

假设在 70℃ 的情况下，i9-11900K 有 TVB 技术加持，在条件允许的散热情况下，其 1~2 核心运行在 5.3GHz 频率下，而 4 核负载能运行在 5.1GHz，6 核负载运行在 4.9GHz，8 核全负载运行在 4.8GHz 下。

Adaptive Boost Technology

这是一种新的频率增强功能（简称 ABT），在配有增强型电源输出和散热解决方案的系统中，ABT 能够进一步提升多核睿频频率，同时仍保持在规范的电流和温度限值内。目前只在 11900K 与 11900KF 两个处理器上应用，但是此技术能让处理器全核频率运行在 5.1GHz 频率之上，当然主板 BIOS 也得更新驱动支持才行，也对主板供电要求更高（12+X 相），散热更强才行。

处理器型号	基础频率 （GHz）	核心/线程数	睿频加速 频率（GHz）	睿频加速 Max频率	全核睿频 （GHz）	核芯显卡 （750）	支持的 PCIe 4.0 通道数
i9-11900	2.5	8/16	5.2	5.3		有	20
i9-11900K	3.5	8/16	5.3	未锁定		有	20
i9-11900F	2.5	8/16	5.2	5.3			20
i9-11900KF	3.5	8/16	5.3	未锁定			20
i7-11700	2.5	8/16	4.9			有	20
i7-11700K	3.6	8/16	5.0	未锁定		有	20
i7-11700F	2.5	8/16	4.9				20
i7-11700KF	3.6	8/16	5.0	未锁定			20
i5-11600	2.8	6/12	4.8			有	20
i5-11600K	3.9	6/12	4.9	未锁定		有	20
i5-11600KF	3.9	6/12	4.9	未锁定			20
i5-11500	2.7	6/12	4.6			有	20
i5-11400	2.6	6/12	4.4			有	20
i5-11400F	2.6	6/12	4.4				20

首款 5nmRISC-V 架构芯片成功流片

近日，RISC-V 架构芯片设计公司 SiFive 宣布，其首款基于台积电 5nm 工艺的 RISC-V 架构的 SoC 芯片成功流片。

这颗芯片基于 SiFive E76 32 位核心，该核心专为不需要全量精度的 AI、微控制器、边缘计算等场景设计，同时 SiFive 也提供按需定制功能的服务。SoC 采用 2.5D 封装并集成了 HBM3 存储单元，带宽 7.2Gbps。

该 SoC 包含 32 位的 CPU 内核 SiFive E76，能够用于 AI、微控制器、边缘计算以及其他不需要全精度的相对简单的应用。它使用适用于 2.5D 封装的 OpenFive 的 D2D（die-to-die）接口以及 OpenFive 的高带宽内存（HBM3）IP 子系统，该子系统也提供高达 7.2 Gbps 的数据传输速率，允许高吞吐量的存储器为计算密集型应用（包括 HPC、AI、网络和存储）中的 DSA 加速器提供数据。OpenFive 的低功耗，低延迟和高度可扩展的 D2D 接口技术可通过使用 2.5D 封装中的有机基板或硅中介层来将多个 die 连接在一起来扩展计算性能。

该 SoC 是业内首款使用 5nm 节点制造的 RISC-V 芯片，过十年再看极有可能是 RISC-V 芯片史上有着里程碑意义的一款。该 SoC 对构建于 AI 或 HPC 应用的高性能 5nm RISC-V SoC 感兴趣的各方可以将其作为基础设计，并为其配备自己的或第三方的产品 IP（例如，定制加速器，具有 FP64 的高性能内核等）。

另外，该 SoC 的另一个重要意义就是我们可以使用台积电的 N5 节点实现 SoC 的所有三个关键组件——E76 内核、D2D 接口及其物理实现（包括内置 PLL，可编程输出驱动和链路训练状态机），以及 HBM3 内存解决方案（控制器，I/O，PHY）——这些都可单独获得许可。

RISC-V 架构是一个是一个基于精简指令集原则的开源指令集架构。随着物联网的应用，可以肯定未来将是 RISC-V 与 ARM 和 X86 架构三分天下。最关键一点的是，RISC-V 是开放的源代码芯片体系结构，允许公司开发兼容的芯片，而无需像开发 ARM 芯片一样，预付各种费用。

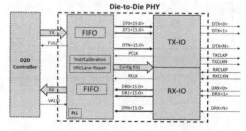

OpenFive's Die-to-Die Parallel IO Interface

显卡接口发展史

在矿难面前，不说显卡，就连硬盘都开始疯涨(硬盘币 chia——奇亚币)，抢完显卡抢硬盘，这几年真的是苦了 DIY 玩家们了；既然买不起新的显卡——RTX 2080Ti 基本破万 (还抢不到)，更不要说即将上市的 RTX 3X 系列了；那么今天就来回忆一下旧的显卡，简单地聊一聊显卡的发展史。

本质上显卡的视频输出接口的发展主要就是为了匹配显卡输出性能的提升，从最开始的 240P 和灰度输出到如今的 8K 和 HDR(专业的矿卡是没有视频输出的接口)，视频输出接口也见证着显示技术的发展。

模拟时代

DB13W3(13W3)可以算是 VGA 接口的前辈，出现时间比独立显卡还早，是用作模拟视频接口的特殊 D-sub 端子，在独立显卡出现前主要使用在 Sun 微系统、硅图(SGI)和 IBM RISC 的工作站上，由于没有遵循具体的技术规范，该接口在不同设备上拥有不同的运作模式，图 1 为显卡端，图 2 为连接线。

①　②

这个接口包含 10 个标准信号插针和 3 个较大的插口，可以与带有两个同心触点(同轴电缆)的特殊插针或特殊大电流插针配合使用 (这接口也曾用于供电)，三个大插口的同轴连接器分别承载红 (A1)、绿(A2)和蓝(A3)三种视频信号，其他针脚承担垂直同步，水平同步和复合同步信号，运作原理跟 VGA 基本一致，详见图 3。

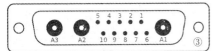

③

DB13W3 跟 VGA 接口最大的不同是，该接口并没有一套行业的标准规范，每个厂商在使用该接口时都有一套自己的定义标准，三个颜色信号外的针脚在不同设备上会有不同的功能，导致该接口缺乏通用性，在 NVDIA 早期的独立显卡上只能搭配苹果的显示器使用，并逐渐被通用性更强的 VGA 接口所替代。

VGA 接口也被称为 D-Sub 接口，是显卡模拟输出时代最具代表性的接口，最早出现在 IBM 于 1987 年推出的 PS/2 (Personal System 2) 电脑上，采用的 VGA(Video Graphics Array 视频图形阵列)标准也被同时推出，跟我们熟知的 PS/2 (老式鼠标键盘接口)同属 IBM 在当时提出的 PC 新标准，见图 4。

④

VGA 标准的提出同时也是显卡从主板上独立出来的重要基础，该接口自然也成为独立显卡在很长一段时间内的标配，往后的十多年里这个接口几乎成为电脑视频接口的代名词，NVIDIA 直到 GTX1000 系列显卡才彻底取消了对模拟信号的支持，不过仍有不少非公版显卡保留该接口或附送 DVI 转 VGA 线。

该接口共有 15 针，分成 3 排，每排 5 个孔，分别传输红、绿、蓝的模拟颜色信号和同步信号(水平和垂直信号)，最大支持的分辨达到 2048*1536(60Hz)，能在较低分辨率下最高提供 100Hz 的刷新率(1600*1200)，这个参数放到现在也足以满足 90%用户的日常使用需求，见图 5。

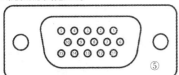

⑤

不过受限于线材和使用采用模拟信号进行传输，这种接口除了容易受到干扰，物理上限已经不能满足当前市场的需求，由于使用模拟输出，VGA 接口在分辨率高于 1280x1024 时的显示精度就会受到影响，同一显示器下，使用 VGA 接口的显示效果远不如"点对点"的数字接口(当时以 DVI 为主)。

这个问题在显示器全面进入 1080P 时代后被进一步扩大，当时很多用户出现的显示内容边缘模糊、字体

发虚和颜色偏移就是受 VGA 接口的限制所致，NVIDIA 也早在 2005 年的 GeForce 7800 系列(G70 架构)时即开始在公版显卡上取消这一接口，现在该接口主要是入门平台搭配一些低分辨率显示设备一起使用。

S 端子接口也有二分量视频接口，英文全称为 SeparateVideo，简称为 S-Video，在独立显卡上出现的时间略晚于 VGA，该接口的连接规格由日本在 AV 端子接口的基础上改进而来，最大的特点就是将模拟视频的亮度和色度进行分离传输，拥有比 AV 端子接口更出色的显示效果，最大分辨率达到 1024×768，在进入 1080P 时代后基本被淘汰，见图 6。

⑥

S 端子接口拥有多个不同版本，最常见的是 7PIN 和 4PIN 版本。4PIN 是 S 端子接口最原始的版本，广泛兼容各类显示设备，作为独立显卡的输出接口只出现在早期的几款产品上，见图 7。

7PIN　　　　4PIN

⑦

而 7PIN 版本在独立显卡上则更加常见，它是在 4PIN 版本的基础上多出了一路复合信号 (但仍兼容 4PIN 线材)，该信号还可以单独分离输出一路 RCA 信号(分离出一路 AV 端子视频线)，意味着独立显卡可以通过该接口直接跟绝大部电视机进行连接，因此该接口也被许多显卡厂商和用户列为 TV 输出口。

该接口的传输性能虽然比 VGA 接口弱，但是凭借着简单的结构和更出色的兼容性，它在公版独立显卡(包括 NVIDIA 和 AMD/ATI)上的使用周期甚至比 VGA 还长，它跟 DVI 接口一起完成了显卡输出从模拟输出向数字输出的过渡，因为兼顾着跟电视进行连接的任务，直到 HDMI 接口出现后才被完全取代。

DVI 时期

DVI 接口遵循的是 DVI (数字视频接口 Digital Visual Interface)标准，该标准由 Silicon Image、intel(英特尔)、Compaq(康柏)、IBM、HP(惠普)、NEC、Fujitsu (富士通)等公司于 1999 年共同推出的，目的是推动个人电脑的视频输出从模拟转向数字，见图 8。

⑧

⑨

作为从模拟输出过渡到数字输出时代的接口，DVI 拥有 5 种不同规范，最早的是 DVI-A (A 后缀意为 Analog 模拟信号)，该接口实际上是一种 DVI 形态的 VGA 规范接口，只支持模拟信号输出，性能表现跟普通 VGA 接口没有本质区别，使用周期较短，很快被更新的 DVI-D 和 DVI-I 接口所取代。

其他的规格中，DVI-D(D 后缀为 Digital 数字信号)只支持数字信号，是最纯粹的数字接口，而 DVI-I (I 后缀为 Integrated 混合式)则是在 DVI-D 的基础

上演化而来，兼容数字和模拟信号，而 DVI-I 和 DVI-D 又分为"双通道"和"单通道"两种类型，见图 9。

性能表现方面，DVI-A 跟 VGA 接口完全一致外，单通道 DVI 接口 (18+5) 支持的最大分辨率为 1920×1200@60Hz，双通道 DVI 接口(24+5)支持的最大分辨率为 2560×1600@60Hz 或 1920×1200@120Hz，能充分满足 1080P 时代的使用需求，由于使用数字模式进行传输，该接口在高分辨率下的画面比使用 VGA 接口更加细腻。

不过 DVI 接口作为初代数字接口，它身上还存在不少问题，首先就是它的兼容性，DVI 接口跟 VGA 接口一样都是专门为电脑设计的，对于电视的兼容性较差(也给 S 端子接口留足了使用空间)，本身的标准较多，又导致了对线材的兼容性远不如 VGA，此外它还有体积较大、不支持数字音频和不支持热插拔等问题，注定了它只能作为一种过渡性的接口，它的影响力远不如 VGA 或后来的 HDMI 和 DP。

数字时代

图 10 是七彩虹 RTX 2070 的背部接口图，主要是 DP、HDMI 接口。

⑩

HDMI(High Definition Multimedia Interface)是由日立、松下、飞利浦、Silicon Image、索尼、汤姆逊、东芝七家公司共同制定一种符合高清时代标准的全新数字化音视频接口技术，随着 HDMI 1.0 版本标准在 2002 年 12 月 9 日被正式发布，HDMI 技术也正式进入历史舞台。

跟 DVI 接口相比，HDMI 在初期最大的优势就是可以同时支持音视频同时传输，不过初代接口最高只支持 1920×1080@60Hz，跟 DVI 接口相比也不算突出，因此该接口前期主要应用在蓝光播放机和高端平板电视上，并没有在 PC 市场上开展大规模应用。

该标准的技术规范也随着硬件性能的发展不断提高，目前最新的 HDMI 2.1 标准已经能够支持 4K@120Hz 及 8K@60Hz，并且支持高动态范围成像 (HDR)，可以针对场景或帧数进行优化，并且向下兼容 HDMI 2.0、HDMI 1.4 技术，见图 11。

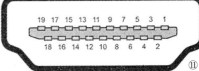

⑪

HDMI 在物理接口上，有几种类型。除了标准的 HDMI 接口，还有 mini HDMI 和 Micro HDMI 两种规格的接口，可以分别适应不同形态的设备，随着技术规格的升级完善和应用实践，HDMI 已经成为目前最应用范围最广的视频输出接口。

DP 接口即 DisplayPort 接口，跟 HDMI 一样可以同时传输音频和视频信号，1.0 版的标准由视频电子标准协会(VESA)在 2006 年 5 月制定，是目前主流独立显卡视频输出接口中最新的，见图 12。

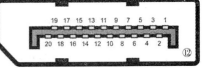

⑫

DP 接口规范是作为 HDMI 的竞争对手和 DVI 的潜在继任者而制定的，获得了 Intel、NVIDIA、AMD、戴尔、惠普、联想、飞利浦、三星等行业巨头的支持，该接口在前期相对 HDMI 最大的优势就是免认证和免授权费，后续也增加了 HDR、FreeSync、G-Sync 等技术的支持。

而到了现在，DP 规范跟 HDMI 相比最大的优势就是在传输视频信号外还能兼顾数据传输，而且在 DP1.4 规范就加入了对 Type-C 接口的支持，在移动设备上拥有更广的使用范围。

目前最新的标准是 DP2.0，拥有提供最大 77.4Gbps 的带宽，是 DP1.4 的近三倍，它可以传输 16K(15360 x 8640)@60Hz、30 色深(bpp)的视频资源，传输带宽也远超竞争对手 HDMI2.1(48 Gbps)，相比 HDMI 在接口形态和传输速率上都有一定优势，不过是在跟平板电视和投影仪等设备的连接上表现要差一些。

◇运西

22 个 Python 值得学习练手的迷你程序(二)

（上接第 161 页）

smtp.starttls () ## used to send data between server and client

smtp.login ("email_id","Password") ## login id and password of gmail

smtp.send_message(email) ## Sending email

print("email send") ## Printing success message

⑨缩写词

目的:编写一个 Python 脚本,从给定的句子生成一个缩写词。

提示:你可以通过拆分和索引来获取第一个单词,然后将其组合。

⑩文字冒险游戏

目的:编写一个有趣的 Python 脚本,通过为路径选择不同的选项让用户进行有趣的冒险。

⑪Hangman

目的:创建一个简单的命令行 hangman 游戏。

提示:创建一个密码词的列表并随机选择一个单词。现在将每个单词用下划线"_"表示,给用户提供猜单词的机会,如果用户猜对了单词,则将"_"用单词替换。

```python
import time
import random
name = input("What is your name? ")
print ("Hello, " + name, "Time to play hangman! ")
time.sleep(1)
print ("Start guessing...\n")
time.sleep(0.5)
## A List Of Secret Words
words = ['python','programming','treasure','creative','medium','horror']
word = random.choice(words)
guesses = ''
turns = 5
while turns > 0:
    failed = 0
    for char in word:
        if char in guesses:
            print (char,end=" ")
        else:
            print ("_",end=" "),
            failed += 1
    if failed == 0:
        print ("\nYou won")
        break
    guess = input("\nguess a character:")
    guesses += guess
    if guess not in word:
        turns -= 1
        print("\nWrong")
        print("\nYou have", + turns, 'more guesses')
        if turns == 0:
            print ("\nYou Lose")
```

⑫闹钟

目的:编写一个创建闹钟的 Python 脚本。

提示:你可以使用 date-time 模块创建闹钟,以及 playsound 库播放声音。

from datetime import datetime

---

from playsound import playsound

alarm_time = input("Enter the time of alarm to be set:HH:MM:SS\n")

alarm_hour=alarm_time[0:2]

alarm_minute=alarm_time[3:5]

alarm_seconds=alarm_time[6:8]

alarm_period = alarm_time[9:11].upper()

print("Setting up alarm..")

while True:

now = datetime.now()

current_hour = now.strftime("%I")

current_minute = now.strftime("%M")

current_seconds = now.strftime("%S")

current_period = now.strftime("%p")

if(alarm_period==current_period):

if(alarm_hour==current_hour):

if(alarm_minute==current_minute):

if(alarm_seconds==current_seconds):

print("Wake Up! ")

playsound ('audio.mp3') ## download the alarm sound from link

break

⑬有声读物

目的:编写一个 Python 脚本,用于将 Pdf 文件转换为有声读物。

提示:借助 pyttsx3 库将文本转换为语音。

安装:pyttsx3,PyPDF2

⑭天气应用

目的:编写一个 Python 脚本,接收城市名称并使用爬虫获取该城市的天气信息。

提示:你可以使用 Beautifulsoup 和 requests 库直接从谷歌主页爬取数据。

安装:requests,BeautifulSoup

```python
from bs4 import BeautifulSoup
import requests
headers = {'User-Agent': 'Mozilla/5.0 (Windows NT 10.0; Win64; x64) AppleWebKit/537.36 (KHTML, like Gecko) Chrome/58.0.3029.110 Safari/537.3'}
def weather(city):
    city=city.replace(" ","+")
    res = requests.get(f'https://www.google.com/search?q={city}&oq={city}&aqs=chrome.0.35i39l2j0l4j46j69i60.6128j1j7&sourceid=chrome&ie=UTF-8',headers=headers)
    print("Searching in google......\n")
    soup = BeautifulSoup(res.text,'html.parser')
    location = soup.select('#wob_loc').getText().strip()
    time = soup.select('#wob_dts').getText().strip()
    info = soup.select('#wob_dc').getText().strip()
    weather = soup.select('#wob_tm').getText().strip()
    print(location)
    print(time)
    print(info)
    print(weather+"°C")
print("enter the city name")
city=input()
city=city+" weather"
weather(city)
```

⑮人脸检测

目的:编写一个 Python 脚本,可以检测图像中的人脸,并将所有的人脸保存在一个文件夹中。

提示:可以使用 haar 级联分类器对人脸进行检测。它返回的人脸坐标信息,可以保存在一个文件中。

安装:OpenCV。

下载:haarcascade_frontalface_default.xml

https://raw.githubusercontent.com/opencv/opencv/master/data/haarcascades/haarcascade_frontalface_default.xml

---

```python
import cv2
# Load the cascade
face_cascade = cv2.CascadeClassifier('haarcascade_frontalface_default.xml')
# Read the input image
img = cv2.imread('images/img0.jpg')
# Convert into grayscale
gray = cv2.cvtColor(img, cv2.COLOR_BGR2GRAY)
# Detect faces
faces = face_cascade.detectMultiScale(gray, 1.3, 4)
# Draw rectangle around the faces
for (x, y, w, h) in faces:
    cv2.rectangle(img, (x, y), (x+w, y+h), (255, 0, 0), 2)
    crop_face = img[y:y + h, x:x + w]
    cv2.imwrite(str(w) + str(h) + '_faces.jpg', crop_face)
# Display the output
cv2.imshow('img', img)
cv2.imshow('imgcropped',crop_face)
cv2.waitKey()
```

⑯提醒应用

目的:创建一个提醒应用程序,在特定的时间提醒你做一些事情(桌面通知)。

提示:Time 模块可以用来跟踪提醒时间,toastnotifier 库可以用来显示桌面通知。

安装:win10toast

```python
from win10toast import ToastNotifier
import time
toaster = ToastNotifier()
try:
    print("Title of reminder")
    header = input()
    print("Message of reminder")
    text = input()
    print("In how many minutes?")
    time_min = input()
    time_min = float(time_min)
except:
    header = input("Title of reminder\n")
    text = input("Message of remindar\n")
    time_min=float(input("In how many minutes?\n"))
time_min = time_min * 60
print("Setting up reminder..")
time.sleep(2)
print("all set! ")
time.sleep(time_min)
toaster.show_toast(f"{header}",
f"{text}",
duration=10,
threaded=True)
while toaster.notification_active(): time.sleep(0.005)
```

⑰维基百科文章摘要

目的:使用一种简单的方法从用户提供的文章链接中生成摘要。

提示:你可以使用爬虫获取文章数据,通过提取生成摘要。

```python
from bs4 import BeautifulSoup
import re
import requests
import heapq
from nltk.tokenize import sent_tokenize,word_tokenize
from nltk.corpus import stopwords
url = str(input("Paste the url\n"))
num = int(input("Enter the Number of Sentence you want in the summary"))
num = int(num)
headers = {'User-Agent': 'Mozilla/5.0 (Windows NT 10.0; Win64; x64) AppleWebKit/537.36 (KHTML, like Gecko) Chrome/58.0.3029.110 Safari/537.3'}
#url = str(input("Paste the url......."))
res = requests.get(url,headers=headers)
summary = " "
```

（下转第 170 页）

22 个 Python 值得学习练手的迷你程序(三)

(上接第 169 页)

```python
soup = BeautifulSoup(res.text,´html.parser´)
content = soup.findAll("p")
for text in content:
summary +=text.text
def clean(text):
text = re.sub(r"\[[0-9]*\]"," ",text)
text = text.lower()
text = re.sub(r´\s+´," ",text)
text = re.sub(r","," ",text)
return text
summary = clean(summary)
print("Getting the data......\n")
##Tokenixing
sent_tokens = sent_tokenize(summary)
summary = re.sub(r"[^a-zA-z]"," ",summary)
word_tokens = word_tokenize(summary)
## Removing Stop words
word_frequency = {}
stopwords = set(stopwords.words("english"))
for word in word_tokens:
if word not in stopwords:
if word not in word_frequency.keys():
word_frequency[word]=1
else:
word_frequency[word] +=1
maximum_frequency = max(word_frequency.values())
print(maximum_frequency)
for word in word_frequency.keys():
word_frequency[word] = (word_frequency[word]/maxi-
mum_frequency)
print(word_frequency)
sentences_score = {}
for sentence in sent_tokens:
for word in word_tokenize(sentence):
if word in word_frequency.keys():
if (len(sentence.split(" ")) <30:
if sentence not in sentences_score.keys():
sentences_score[sentence] = word_frequency[word]
else:
sentences_score[sentence] += word_frequency[word]
print(max(sentences_score.values()))
def get_key(val):
for key, value in sentences_score.items():
if val == value:
return key
key = get_key(max(sentences_score.values()))
print(key+"\n")
print(sentences_score)
summary = heapq.nlargest (num,sentences_score,key=sen-
tences_score.get)
print(" ".join(summary))
summary = " ".join(summary)
```

⑱获取谷歌搜索结果

目的:创建一个脚本,可以根据查询条件从谷歌搜索获取数据。

```python
from bs4 import BeautifulSoup
import requests
headers = {´User-Agent´: ´Mozilla/5.0 (Windows NT
10.0; Win64; x64) AppleWebKit/537.36 (KHTML, like Geck-
o) Chrome/58.0.3029.110 Safari/537.3´}
def google(query):
query = query.replace(" ","+")
try:
url = f´https://www.google.com/search?q={query}&oq =
```

```python
{query}&aqs =chrome..69i57j46j69i59j35i39j0j46j0l2.4948j0j7&
sourceid=chrome&ie=UTF-8´
res = requests.get(url,headers=headers)
soup = BeautifulSoup(res.text,´html.parser´)
except:
print("Make sure you have a internet connection")
try:
try:
ans = soup.select(´.RqBzHd´).getText().strip()
except:
try:
title=soup.select(´.AZCkJd´).getText().strip()
try:
ans=soup.select(´.e24Kjd´).getText().strip()
except:
ans=" "
ans=f´{title}\n{ans}´
except:
try:
ans=soup.select(´.hgKElc´).getText().strip()
except:
ans=soup.select(´.kno-rdesc span´).getText().strip()
except:
ans = "can´t find on google"
return ans
result = google(str(input("Query\n")))
print(result)
```

获取结果如下。

⑲货币换算器

目的:编写一个 Python 脚本,可以将一种货币转换为其他用户选择的货币。

提示:使用 Python 中的 API,或者通过 forex-python 模块来获取实时的货币汇率。

安装:forex-python

⑳键盘记录器

目的:编写一个 Python 脚本,将用户按下的所有键保存在一个文本文件中。

提示:pynput 是 Python 中的一个库,用于控制键盘和鼠标的移动,它也可以用于制作键盘记录器。简单地读取用户按下的键,并在一定数量的键后将它们保存在一个文本文件中。

```python
from pynput.keyboard import Key, Controller,Listener
import time
keyboard = Controller()
keys=
def on_press(key):
global keys
#keys.append(str(key).replace(" ´"," ")
string = str(key).replace(" ´"," ")
keys.append(string)
main_string = "".join(keys)
print(main_string)
if len(main_string)>15:
with open(´keys.txt´, ´a´) as f:
f.write(main_string)
keys=
def on_release(key):
```

```python
if key == Key.esc:
return False
with listener (on_press=on_press,on_release=on_release) as
listener:
listener.join()
```

㉑文章朗读器

目的:编写一个 Python 脚本,自动从提供的链接读取文章。

```python
import pyttsx3
import requests
from bs4 import BeautifulSoup
url = str(input("Paste article url\n"))
def content(url):
res = requests.get(url)
soup = BeautifulSoup(res.text,´html.parser´)
articles =
for i in range(len(soup.select(´.p´))):
article = soup.select(´.p´)[i].getText().strip()
articles.append(article)
contents = " ".join(articles)
return contents
engine = pyttsx3.init(´sapi5´)
voices = engine.getProperty(´voices´)
engine.setProperty(´voice´, voices.id)
def speak(audio):
engine.say(audio)
engine.runAndWait()
contents = content(url)
## print(contents) ## In case you want to see the content
#engine.save_to_file
#engine.runAndWait () ## In case if you want to save the
article as a audio file
```

㉒短网址生成器

目的:编写一个 Python 脚本,使用 API 缩短给定的 URL。

```python
from __future__ import with_statement
import contextlib
try:
from urllib.parse import urlencode
except ImportError:
from urllib import urlencode
try:
from urllib.request import urlopen
except ImportError:
from urllib2 import urlopen
import sys
def make_tiny(url):
request_url = (´http://tinyurl.com/api-create.php?´ +
urlencode({´url´:url}))
with contextlib.closing(urlopen(request_url)) as response:
return response.read().decode(´utf-8´)
def main():
for tinyurl in map(make_tiny, sys.argv[1:]):
print(tinyurl)
if __name__ == ´__main__´:
main()
```

```
------------------OUTPUT------------
python url_shortener.py https://www.wikipedia.org/
https://tinyurl.com/buf3qt3
```

总结:

项目中有些需要适当调整。比如自动发送邮件,可以选择使用 QQ 邮箱;查询天气信息也可使用国内一些免费的 API;维基百科可以对应百度百科;谷歌搜索可以对应百度搜索等等。

这些都是大家在运行过程中需要注意的。　　(全文完)

37 个 Python 入门小程序(一)

有不少同学学完 Python 后仍然很难将其灵活运用。我整理 37 个 Python 入门的小程序。在实践中应用 Python 会有事半功倍的效果。

例子 1：华氏温度转换为摄氏温度

华氏温度转摄氏温度的公式：C=(F−32)/1.8。本例考察 Python 的加减乘除运算符。

```
"""
将华氏温度转换为摄氏温度
"""
f = float(input('输入华氏度: '))
c = (f - 32) / 1.8
print('%.1f 华氏度 = %.1f 摄氏度 ' % (f, c))
```

例子 2：计算圆的周长和面积

输入半径，计算圆的半径和面积，圆周长公式：2*π*r，面试公式：π*r^2

```
"""
半径计算圆的周长和面积
"""
radius = float(input('输入圆的半径: '))
perimeter = 2 * 3.1416 * radius
area = 3.1416 * radius * radius
print('周长: %.2f' % perimeter)
print('面积: %.2f' % area)
```

例子 3：实现一元一次函数

实现数学里的一元一次函数：f(x) = 2x + 1

```
"""
一元一次函数
"""
x = int(input('输入 x: '))
y = 2 * x + 1
print('f(%d) = %d' % (x, y))
```

例子 4：实现二元二次函数

实现数学里的二元二次函数：f (x, y) = 2x^2 + 3y^2 + 4xy，需要用到指数运算符 **

```
"""
二元二次函数
"""
x = int(input('输入 x: '))
y = int(input('输入 y: '))
z = 2 * x ** 2 + 3 * y ** 2 + 4 * x * y
print('f(%d, %d) = %d' % (x, y, z))
```

例子 5：分离整数的个位数

将一个正整数的个位数，以及除个位数外的部分分离。需要用到横(取余数)运算符%，和整除运算符//

```
"""
分离整数个位数
"""
x = int(input('输入整数: '))
single_dig = x % 10
exp_single_dig = x // 10
print('个位数: %d' % single_dig)
print('除个位数外: %d' % exp_single_dig)
```

例子 6：实现一个累加器

实现一个简单的累加器，可以接受用户输入 3 个数字，并将其累加。需要用到复合赋值运算符:+=

```
"""
累加器 v1.0
"""
s = 0
x = int(input('输入整数: '))
s += x
x = int(input('输入整数: '))
s += x
x = int(input('输入整数: '))
s += x
print('总和: %d' % s)
```

例子 7：判断闰年

输入年份，判断是否是闰年。闰年判断方法：能被 4 整除，但不能被 100 整除；或者能被 400 整除。需要用到算术运算符和逻辑运算符

```
"""
判断闰年
"""
year = int(input('输入年份: '))
is_leap = year % 4 == 0 and year % 100 ! = 0 or year % 400 == 0
print(is_leap)
```

例子 8：判断奇偶数

输入一个数字，判断基数还是偶数，需要模运算和 if … else 结构

```
"""
判断奇偶数
"""
in_x = int(input('输入整数: '))
if in_x % 2 == 0:
    print('偶数')
else:
    print('奇数')
```

例子 9：猜大小

用户输入一个 1–6 之间的整数，与程序随机生成的数字作比较。需要用到 if … elif … else 结构

```
"""
猜大小
"""
import random
in_x = int(input('输入整数: '))
rand_x = random.randint(1, 6)
print('程序随机数: %d' % rand_x)
if in_x > rand_x:
    print('用户赢')
elif in_x < rand_x:
    print('程序赢')
else:
    print('打平')
```

说明：random 是 Python 的随机数模块，调用 random. randint 可以生成一个随机数，类型为 int。randint(1, 6) 表示生成 [1, 6] 之间的随机数。

例子 10：判断闰年

之前判断闰年是输出 True 或 False，这次需要输出文字版闰年或平年

```
"""
判断闰年
"""
year = int(input('输入年份: '))
if year % 4 == 0 and year % 100 ! = 0 or year % 400 == 0:
    print('闰年')
else:
    print('平年')
```

例子 11：摄氏度与华氏度互转

之前做过华氏度转摄氏度，现在通过分支结构实现二者互转。

```
"""
摄氏度与华氏度互换
"""
trans_type = input('输入转摄氏度还是华氏度: ')
if trans_type == '摄氏度': # 执行华氏度转摄氏度的逻辑
    f = float(input('输入华氏温度: '))
    c = (f - 32) / 1.8
    print('摄氏温度为:%.2f' % c)
elif trans_type == '华氏度': # 执行摄氏度转华氏度的逻辑
    c = float(input('输入摄氏温度: '))
    f = c * 1.8 + 32
    print('华氏温度为:%.2f' % f)
else:
    print('请输入 华氏度 或 摄氏度')
```

例子 12：是否构成三角形

输入三个边长度，判断是否构成三角形。构成三角形的条件：两边之和大于第三边。

```
"""
是否构成三角形
"""
a = float(input('输入三角形三条边: \n a = '))
b = float(input(' b = '))
c = float(input(' c = '))
if a + b > c and a + c > b and b + c > a:
    print('能够构成三角形')
else:
    print('不能构成三角形')
```

例子 13：输出成绩等级

输入成绩分数，输出分数对应的等级。>=90 分得 A，[80, 90) 得 B，[70, 80)得 C，[60, 70)得 D，< 60 得 E

```
"""
输出成绩等级
"""
score = float(input('请输入成绩: '))
if score >= 90:
    grade = 'A'
elif score >= 80:
    grade = 'B'
elif score >= 70:
    grade = 'C'
elif score >= 60:
    grade = 'D'
else:
    grade = 'E'
print('成绩等级是:', grade)
```

例子 14：计算提成

某企业的奖金根据销售利润按照如下规则计算提成。输入销售利润，计算奖金。

利润 <= 10 万，奖金可提 10%
10 万 < 利润 <= 20 万，高出 10 万的部分提 7.5%
20 万 < 利润 <= 40 万，高出 20 万元的部分提 5%
40 万 < 利润 <= 60 万，高出 40 万元的部分提 3%
利润 > 60 万，超过 60 万的部分提 1%

```
"""
计算提成 v1.0
"""
profit = float(input('输入销售利润(元)：'))
if profit <= 100000:
    bonus = profit * 0.1
elif profit <= 200000:
    bonus = 100000 * 0.1 + (profit - 100000) * 0.075
elif profit <= 400000:
    bonus = 100000 * 0.1 + 200000 * 0.075 + (profit - 200000) * 0.05
elif profit <= 600000:
    bonus = 100000 * 0.1 + 200000 * 0.075 + 400000 * 0.05 + (profit - 400000) * 0.03
    bonus = 100000 * 0.1 + 200000 * 0.075 + 400000 * 0.05 + 600000 * 0.03 + (profit - 600000) * 0.01
    print('奖金:%.2f' % bonus)
```

(下转第 179 页)

基于FPGA的数字电路实验1：实现门电路（一）

学习电子工程的过程中离不开大量的实验和动手练习，就如同开车一样，学习理论数载，如果从来没有打几把方向盘，踩几脚油门然后再被教练紧急刹车几次，仍然不会开车。正所谓，看别人做一百次，不如自己练一次。

在数字电路中，门电路是最基本的构成单位，可以说，任何复杂的数字电路系统都可以通过我们耳熟能详的与门、非门、或门、与非门、异或门等等组合实现。对于各种门电路的逻辑特征，想必同学们都掌握得炉火纯青，脑海里对以毫无压力地随时浮现着各种0和1的组合。

然而，搭建一个门电路实验却并不容易！我们以下面的非门电路为例。

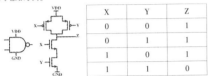

X	Y	Z
0	0	1
0	1	1
1	0	1
1	1	0

传说中，如果想做一个与非门的数字电路实验，可以通过以下两种方法：

1. 热爱模电的朋友们可以通过MOS管+面包板+电源+跳线以及若干小时的反复调试。

2. 土豪朋友们对此不屑一顾，直接拍几千块买一台数字电路实验仪。

当然，既没有那么热爱模电，也没有那么多人民币的朋友们仍然有更合适的办法，那就是通过逻辑芯片。比如大家熟悉的7400系列的逻辑芯片，只需要接上电源，再配上开关、LED等器件，就可以通过实验方式对与非门的逻辑和电气特性进行直观地学习，比如采用7400 Quad2的与非门逻辑芯片。

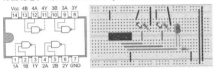

因为我们要观察实验现象，因此需要配上开关和LED

灯，使得实验可以可视化。当然，作为习惯了课上学习1+1=2，考试见到$\nabla \cdot \nabla \psi = \frac{1}{r^2\sin\theta}\left[\sin\theta\frac{\partial}{\partial r}\left(r^2\frac{\partial\psi}{\partial r}\right) + \frac{\partial}{\partial\theta}\left(\sin\theta\frac{\partial\psi}{\partial\theta}\right) + \frac{1}{\sin\theta}\frac{\partial^2\psi}{\partial\varphi^2}\right]$的同学，肯定不能满足于这个简单的实验。现在，在上一个练习的基础上，我们来尝试构建以下门电路组合。

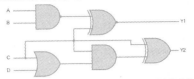

以下是收到了某位同学的胜利成果，从电路连接的独特方式中，我们可以迎面感受到该同学在完成实验后的喜悦与收获。

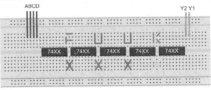

虽然我们还通过软件仿真的方式构建上述电路并观察波形，然而和电路上进行实打实的操作相比终究是有质的差别。毕竟靠着模拟飞行驾龄20年资历上路还是要被警察叔叔带走的。

不难看出，画门电路容易，对门电路进行实验很难，对各式各样奇葩组合的门电路进行实验更是难上加难。然而这一切在FPGA面前都只是谈笑风生。

FPGA，英文全称Field Programmable Gate Array，是一种可以通过某百科或搜索引擎查找到并且看了之后不明觉厉的东西。在此，我们主要介绍一下FPGA的部分特点，以及如何使其与数字电路实验进行结合。

首先向大家一个问题：我们在计算3x7=21或者5x8=40的时候，有谁是通过最原始的乘法原理推导并计算出来的，如

果有，请在底部留言并获得所有人的膜拜。相信大部分人都可以在半秒内给出准确答案，为什么？因为我们都背过九九乘法表，只要是在这个范围内的任意乘法我们的大脑都可以瞬间对应出计算结果。相信大家对当年的$11^2=121$，$12^2=144$，$13^2=169\cdots$还历历在目。

之所以我们可以在一定范围内进行准确和快速的计算，是因为我们的大脑里储存了一个拥有大量数据的查找表，在一定范围内的输入数据我们都可以迅速在表中找到对应答案。其实，FPGA的运算处理方式就类似于我们的大脑。它拥有一个可以储存大量数据的查找表，只要我们通过程序定义出输入与输出之间的逻辑关系，FPGA就可以按照该逻辑关系自行对其内部结构进行重定义，直白地说，就是我们可以随时给FPGA进行洗脑，而后者可以永远不计任回报，心甘情愿地被洗脑。

接下来我们就快速展示一下如何通过FPGA展示图3所示的门电路。既然要对FPGA进行洗脑，肯定需要语言。在这里我们采用简单通俗的Verilog语言，通过描述门电路的方式，以16行代码轻松在FPGA上搭建上述门电路。

```
module custblock
(
input wire A, //定义输入 A
input wire B, //定义输入 B
input wire C, //定义输入 C
input wire D, //定义输入 D
output wire Y1, //定义输出 Y1
output wire Y2, //定义输出 Y2
);
wire s1,s2,s3; //定义中间变量
nand (s1,A,B); //(输出,输入,输入)
or (s2,C,D); // 调用基本门电路
xnor (Y1,s1,C);
and (s3,C,s2);
xor (Y2,C,s3);
endmodule
```

（未完待续）

编前语：或许，当我们使用电子产品时，都没有人记得或知道老一批电子科技工作者们是经过了怎样的努力才奠定了当今时代的小型甚至微型的诸多电子产品及家电；或许，当我们拿起手机上网、看新闻、打游戏、发微信朋友圈时，也没有人记得是乔布斯等人让手机体积变小、功能变强大；或许，有一天我们的子孙后代只知道电子科技的进步而遗忘了老一辈电子科技工作者的艰辛……

成都电子科技博物馆旨在以电子发展历史上有代表性的物品为载体，记录推动电子科技发展特别是中国电子科技发展的重要人物和事件。目前，电子科技博物馆已与102家行业内企事业单位建立了联系，征集到藏品12000余件，展出1000余件，旨在以"见人见物见精神"的陈展方式，弘扬科学精神，提升公民科学素养。

科学史话

云存储不是存储，而是一种服务（二）

03 云存储有哪些种类？

1. 公共云存储

国内比较突出的代表有百度云盘、华为网盘、360云盘、新浪微盘、腾讯微云等。公共云存储可以划出一部分用作私有云存储。一个公司可以拥有或控制基础架构，以及应用的部署，私有云存储可以部署在企业数据中心或相同地点的设施上。私有云可以由公司自己的IT部门管理，也可以由服务供应商管理。

2. 内部云存储

这种云存储和私有云存储比较类似，唯一的不同点是它仍然位于企业防火墙内部。至2014年可以提供私有云的平台有：Eucalyptus、3A Cloud、联想网盘等。

3. 混合云存储

这种云存储把公共云和私有云（内部云）结合在一起。主要用于按客户要求的访问，特别是需要临时配置容量的时候。从公共云上划出一部分容量配置一种私有或内部云可以帮助公司面对迅速增长的负载波动或高峰时很有帮助。尽管如此，混合存储带来了跨公共云和私有云分配应用的复杂性。

04 云存储中的利与弊

云存储从短期和长期来看，最大的特点就是可以为小企业减少成本。因为如果小企业想要放在他们自己的服务器上存储，那就必须购买其硬件和软件，要知道它是多么昂贵的。接着，企业还要聘请专业的IT人士，管理这些硬件和软件的维护工作，并且还要更新这些设备和软件。另外云存储还可以更好的备份本地数据、异地处理日常数据。

虽然云存储发展非常迅速，云存储安全技术也面临着前所未有的挑战，例如用户数据被损害、泄露、丢失等安全问题。但云存储安全不仅仅是技术问题，还涉及标准化、管理模式、法律法规等诸多方面。因此进行云存储下用户数据存储安全策略研究就很有必要了。

云存储已经成为未来存储发展的一种趋势。但随着云存储技术的发展，各类搜索、应用技术和云存储相结合的应用，还需从安全性、便携性及数据访问等角度进行改进。

（电子科技博物馆）

电子科技博物馆"我与电子科技或产品"

本栏目欢迎您讲述科技产品故事，科技人物故事，稿件一旦采用，稿费从优，且将在电子科技博物馆官网发布。欢迎积极赐稿！

电子科技博物馆藏品持续征集：实物、文件、书籍与资料；图像照片、影音资料。包括但不限于下列领域：各类通信设备及其系统；各类雷达、天线设备及系统；各类电子元器件、材料及相关设备；各类电子测量仪器；各类广播电视、设备及系统；各类计算机、软件及系统等。

电子科技博物馆开放时间：每周一至周五9：00-17：00，节假日闭馆。

联系方式

联系人：任老师　联系电话/传真：028-61831002

电子邮箱：bwg@uestc.edu.cn　网址：http://www.museum.uestc.edu.cn/

地址：(611731)成都市高新区（西区）西源大道 2006 号

电子科技大学清水河校区图书馆报告厅附楼

编辑：李 丹　投稿邮箱：dzbnew@163.com

一颗电阻救活一台电视机

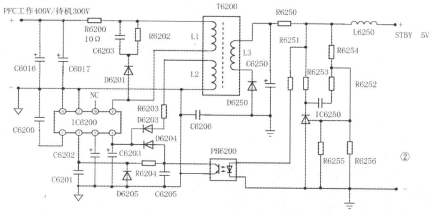

朋友送来一台索尼 KLV-46W300A 液晶电视机,说插上电源,按开机键,电视机什么反应都没有。看机子成色是有些老旧,朋友说用了十几个年头还是头一次出现毛病,这机子买时花了一万多元呢。还有修理价值吗?笔者估计是电源故障,花销不会太大,在百元内尽力吧,他听了很乐意。

上电试机确实是开不了机,指示灯都不亮,判断可能毛病出在开关电源部分。拆开机器后盖,查看电源板上保险丝完好,电解电容也没发现鼓包或漏液,无明显损坏烧毁的元器件,几块电路板上都没有过流过热引起板子变色烧坏等现象。

用万用表的蜂鸣档,分别测电源线插头上 L、N 两端到整流桥堆 D6000 中间的两只交流输入脚,万用表发出蜂鸣声,说明交流输入电路中无断开现象,保险丝完好证明无严重短路故障。

再接入 AC 220V 电源试机,测滤波电容 C6016、

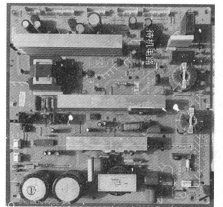

C6017 正负极 DC 电压为+300V,正常,说明交流整流电路已经工作。测待机电源的电压,输出端对地电压为零(正常值是 STBY+5V),故障部位基本确定在待机电路中。为方便检修,将开关电源组件板(GF1)拆下,并拍了照片(如图 1 所示),再按实物测绘了待机电源部分的电路图(如图 2 所示)。

工作原理:市电从插座 CN6000 的 L 脚、N 脚输入,经过保险丝、安规电容、电感器、整流桥,到滤波电容完成对交流电的整流,将 AC 220V 交流电变为 DC 300V 直流电压。DC 300V 电压分两路输出:一路经保险限流电阻 R6200,给待机电路提供电能;另一路由功率因素校正电路 PFC,将 300V 电压提升到 400V 为整机工作提供电能,并改善整机用电的功率因素。

正常情况下,电视机只要接通交流电源,待机电源便开始工作,输出 STBY+5V 电压,此 5V 电压是给主板 CPU 电路、遥控电路、复位电路和按键板电路、指

示灯电路等供电。红色指示灯亮,说明电视机已经工作在待机状态。由于 CPU 没有收到开机指令,这时功率因素校正电路(PFC)、逻辑电路、伴音电路、背光逆变电路等都在休眠状态,电容 C6016 上电压为 300V,绿色指示灯不亮。

当按下开机键,CPU 接收到开机指令后,便给主开关电源发出高电平的开机信号,电源振荡电路起振,PFC 电路工作,使电容 C6016、C6017 正极电压升至 400V 左右,主电源工作,在开关变压器的次级绕组输出多路高频电压,再经过整流滤波,产生整机工作所需的(6V、12V、24V)等几路直流电压,使电视机正常工作,指示灯由红变绿。

待机电源是主开关电源中的一部分(见电路图),由电源管理芯片 IC6200(MIP2H2 内含功率场效应管)、开关变压器 T6200、整流、滤波、调压等元件组成。滤波电容 C6016、C6017 正极上的 300V 电压分成二路,其中一路电压经限流电阻 R6200,变压器 T6200 的 L1 绕组,到电源管理芯片 IC6200 的⑤脚,⑤脚内部接着 MOSFET 开关管的 D 极,同时在芯片内部还向①脚上接的电容 C6200 充电,使芯片启动,流过开关变压器 L1 的电流在绕组中产生感应电动势,使 L2、L3 绕组感应出电压。L2 中电流经电阻 R6203 整流管 D6203、电容 6203 整流滤波从④脚 Vcc 输入,为芯片 IC6200 供电。②脚是待机电压控制信号的输入脚,⑦脚、⑧脚接热地。

本机的不开机故障,应出在待机电路,先测电源芯片 IC6200 供电,④脚的电压为 0V,高压输入⑤脚,也测不到电压。顺着供电线路查找,在限流电阻 R6200 的一侧有 300V 电压,而另一端电压为 0V,关机测在路阻值很大,焊下再测发现已开路坏掉了。这个电阻三道色环(棕黑黑),阻值是 10Ω,功率 2W。换上一支同规格电阻,再测电源芯片④脚、⑤脚电压已恢复正常,电感 L6250 上有+5V 电压输出。

单将 GF1 板通电测试,在 STBY+5V 输出端和地之间接一只 12V 小灯泡作假负载,从 CN6000 插座 L、N 上接入 220V 交流电,小灯亮起,测量电压有+5V输出。数分钟后拆去电线和假负载,将电源组件板 GF1 装上整机,检查所有接线正确无误后再通电试机,红色指示灯亮,按开机键红灯转为绿灯,测量线排 CN6150 上的④脚、⑤脚对地 6V 正常,⑩脚至⑭脚 12V 电压正常,+5V 待机电压稳定,背光灯亮。将电视机全部复原再次开机,热机一个多钟头图像清晰,伴音始终正常,故障排除。

本例不开机故障的检修过程,只是换了颗一元左右的电阻,就救活了这台万元的电视机,感到修理电子设备,要从整台机子的数百上千个电子元器件中尽快找出损坏的元件,靠的是平时对电子技术的深入学习和经验的日积月累,只有对电路工作原理的理解,才能得心应手,顺藤摸瓜查找到"害群之马",使老机重放异彩。

联想一体机 B540 背光灯条电源电路分析与故障排查(二)

(接上期本版)

4.保护功能

1)MOSFET 功率管 Q1 的过流保护。U1 通过⑭脚(ISW)监视 Q1 的漏极电流,该引脚电压 Uisw 为 Q1 漏极电流在 R805//R820 上产生的压降,当 Uisw 高于 0.5V 时,即 Q1 的漏极电流大于 0.5A 时,U1 从 LDR 引脚输出置低,使外部 MOSFET 功率管 Q1 截止。

2)Vout 过压保护:该过压保护电路由 R813、R815、C807 及 U1 构成。其电压值为(R815/(R813+R815))*Vout≈0.03475*Vout,当该值大于 2.0V,即 Vout 大于 57.5V 时 U1 保护,使 MOSFET 保持截止。

3)外接 LED 灯串短路保护。当流过任一外接 LED 灯串的电流增大,使得其所在 U1 引脚(IS1~IS8 中任意)的电压超过门限值(7.0V)时,相应的 LED 灯串被关断且被锁死。

4)外接 LED 灯串开路保护。如果任意外接 LED 灯串开路,LED 灯串的电流电压(Vout)会有所上升,但只要 U1 的 OVP 引脚电压不高于 2.0V 这个门限,芯片照常工作;当所有外接 LED 灯串开路时,Vout 升高使得芯片 U1 的 OVP 引脚电压高于 2.0V 时,U1 的⑯脚(LDR)被禁止输出脉冲信号(且锁死),外部 MOSFET 功率管停止工作。

5)外部电源(Vout)短路保护。当 LED 灯串的供电(Vout)发生短路或其整流二极管 D23 开路,使得 U1 的 OVP 引脚的电压低于 0.1V 时,芯片 U1 会禁止⑯脚(LDR)输出脉冲信号,以保护芯片不被热击穿。

6)过温保护。当芯片的温度高于 140℃时,芯片停止工作,当温度下降到 110℃以下时,芯片恢复工作。

三、典型故障及排查

故障现象:开机后一体机面板下方指示灯正常,喇叭能发出操作系统正常启动后的声响,但显示器不亮。

分析与检修:从上述现象看,一体机主板与操作系统能正常工作,故障很可能发生在显示器上。引起显示器不显示的可能原因有电源故障、屏故障、视频控制板故障、背光灯不亮故障等,其中背光灯不亮的故障较为常见。而背光等不亮的原因又分为背光 LED 灯条损坏和灯条供电异常两种情况。

打开机器外壳,可以看到主板固定在一体机后背板上,背光灯条电源电路板固定在显示器后面支架上,CN801 插头经扁平电缆和主板相连,CN804 插头经扁平电缆和 4 个 LED 背光灯串连接。拔出 CN804 插头,在一外部 60V 电源的正极引线串接一只 510Ω 功率电阻,将电阻的另一端点接触 CN804 插头的③④脚上,地线依次接触①脚、②脚、⑤脚、⑥脚,分别检测 4 路 LED 灯串是否正常,发现 4 路 LED 灯串均能正常点亮,因此判定 LED 灯条电源板异常。

恢复 CN804 插头,将一体机加电开机,分别测量 CN801 插座①脚、②脚、③脚、④脚对地电压,测得①脚、②脚对地为+12V(VIN)正常,③脚对地为+5V(ENA)正常,④脚(PWM)对地为+2.6V 左右正常;测量 CH804 插座各引脚对地电压,结果为③④脚(Vout)对地为+12V 不正常,其他各引脚均为 0V 异常;测量 U1(OZ9998AGN)⑲脚(VIN)为+12V 供电正常,U1 的⑰脚(VREF)为 0V 不正常,显然 U1 未正常工作。考虑到集成电路一般不易损坏,且 U1 的外部元件数量不多,于是断电后重点对 U1 的外围元件逐个检测,最终发现电阻 R803(10kΩ)开路。R803 开路使得从主板来的用于开启 LED 灯串电源的控制信号 ENA 不能到达 U1 的⑬脚(ENA),电路无法工作。由于手头没有 10kΩ 的贴片电阻,试用一只 5.6kΩ 贴片电阻代换 R803。加电开机,显示器恢复正常,故障排除。

(全文完)

◇青岛 孙海善 陈巍 丛涛　　　　　　　　　　　　◇浙江 潘仁康

电气线路实训1:认识实训装置及接线预练

一、实验目的

1. 熟悉实训装置面板上的元器件以及各元件引出端与接线座之间的对应关系。

2. 初步掌握接线方法。

二、器材准备

1. 亚龙 YL-102A 型维修电工实训考核装置一台

2. MF47 型万用表一只

3. 带插头铜芯软导线若干根

4. 常用电工工具一套

三、认识实训装置面板

实训装置面板总体图如图 1 所示,从左到右依次是电源模块,SW010 模块和 SW012 模块。

图 1 实训装置面板总体图

1. 电源模块

第三行是交流电源总开关,第五行右边是启动按钮,第六行右边是停止按钮,第七行是 380V 三相电源 U、V、W 接线孔,第八行是 220V 单相电源 L、N 以及保护地 PE 接线孔,第八行右边是复位按钮。

2. SW010 模块

第一排从左到右依次是电源开关 QS、三相熔断器 FU1 和单相熔断器 FU2,上边是输入接线座,下边是输出接线座;第二排的左边是三只按钮开关 SB1,SB2 和 SB3,中间是三只交流接触器 KM1、KM2 和 KM3,右边是热继电器 FR,上下两边是它们的接线座,具体对应关系见下图;第三排是 SW010 模块与电源模块以及电动机的桥接接线座(或称为过渡接线座)。

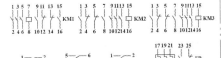

图 2 实训装置对应关系

3. SW012 模块

第一排从左到右依次是电度表、启辉器和灯管上管座;中间一排左边是四个开关 K1、K2、K3 和 K4,中间是镇流器,右边是灯管下管座,开关下边的接线座中,1 是刀,2 和 3 是位;第三排是 SW012 模块与电源模块的桥接接线座(或称为过渡接线座)。

四、接线方法预练

1. 一根导线连接两个元器件的接线方法

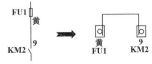

图 3 一根导线连接两个元器件

如图 3 所示,FU1 与 KM2 这两个元器件之间有一根连接导线,怎么连接呢?我们必须先搞清楚:这根线的一端是在哪个元器件的哪个接线座上,另一端又是接到哪个元器件的哪个接线座上?从图上可以看出,该导线是从 FU1 的黄接线座接到 KM2 的 9 号接线座,因此我们把一根导线的一端插在 FU1 的黄接线座里并拧紧螺钉,然后把导线的另一端插在 KM2 的 9 号接线座里并拧紧螺钉,这样,这根导线就接好了。

2. 一根导线连接多个元器件的接线方法

如图 4 所示,SB3、SB1、KM2、SB2、KM3 这五个元

器件间要用一根导线连接起来,怎么连接呢?我们可采用逐段桥接的办法进行连接,即先把第一根导线的一端连接在 SB3 的 3 号接线座上,再把第一根导线的另一端与第二根导线的一端同时接在 SB1 的 1 号接线座上,再把第二根导线的另一端与第三根导线的一端同时接在 KM2 的 1 号接线座上,再把第三根导线的另一端与第四根导线的一端同时接在 SB2 的 5 号接线座上,最后把第四根导线的另一端接在 KM3 的 1 号接线座上,这样,就把 SB3、SB1、KM2、SB2、KM3 这五个元器件连接起来了。

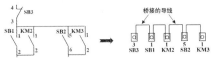

图 4 一根导线连接多个元器件

3. 预练连接导线的质量检查

①检查有无漏接:以图 4 为例,这里应有 4 根导线。

②检查是否错接:以图 4 为例,这里应是从 SB3 的 3 号接线座到 SB1 的 1 号接线座,再从 SB1 的 1 号接线座到 KM2 的 1 号接线座,再从 KM2 的 1 号接线座到 SB2 的 5 号接线座,再从 SB2 的 5 号接线座到 KM3 的 1 号接线座。

③检查是否接牢:轻轻向上拉拽导线,线头不应有松动的感觉。

④检查是否接通:用万用表蜂鸣挡(或电阻挡)测连接导线两端的接线座螺钉,应发出蜂鸣声(或电阻阻值应很小)。

无漏接、无错接、不松动、保接通,这是线路连接的这四个关键点,应紧紧把握住。

4. 电动机试运转线路的连接

按图 5 进行线路连接,接入 △形接法的电动机。

图 5 电动机试运转线路

确认线路连接正确无误后,接通交流电源总开关,按下启动按钮,电动机开始运转,按下停止按钮,电动机停止运转。

关断 380V 电源,拆除所有的连接导线。

五、归纳与思考

画出电动机引出线联接图。

参考答案:

如图 6 所示。

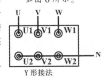

图 6 电动机引出线联接图

◇无锡 周金富

提高电工课堂教学效率的方法

《学记》中提出"道而弗牵,强而弗抑,开而弗达"的教学要求,阐明了教师的作用在于引导、激励、启发,而不是牵着学生走,强迫和代替学生学习。学生的兴趣和求知欲是学生能否积极思维的动力。要激发学生学习电工学的兴趣和求知欲, 行之有效的方法是教师应想方设法提高课堂教学效率。

一、精心创设问题情境

在课堂上教师要创设合适的问题情境,引导学生通过形成清晰的表象和鲜明的观点, 为理解基本概念提供感性知识和基础,并发展学生相应的能力,最后形成科学概念。

在电工学中,实际应用是教学的目标,也是学生学习的动力。例如:在讲解电路的构成时,我先说灯,它不仅可以照明,而且可以使我们的生活变得绚丽多彩。那么灯是怎样亮起来的呢?我拿出课前准备的电灯泡、电池、电线、开关,让学生说说如何使电灯泡亮起来。可以让学生动手做一下,从而引出本次课的电路基本知识的讲解。这样,学生结合实际,很快就能掌握本节课的内容。

二、多种教学方法相结合

在教学实践中流行着这样一句话:"教学有法,但无定法。"在教学中,可以灵活地运用和创新教学方法,并将多种教学方法结合起来。经常用到的教学方法有:讲授法、问答法、讨论法、演示法、练习法、实验法等。在讲授知识时,要注意启发,通过提问、答题,引导学生分析和思考问题,使学生的认识积极开展,自觉地领悟知识。讲解要条理清楚、通俗易懂,提问要明确,对学生的回答要做好归纳、小结,及时纠正学生一些不正确的认识,帮助他们准确地掌握知识。通过演示,使学生能清楚、准确地感知演示对象,并引导他们在感知过程中进行综合分析。通过练习和动手实验,有效地对学生进行强化训练,并能增强学生学习的自信心。

在讲解电路的构成时,我先让学生讲讲如何使小灯泡亮起来,我认真听他们讲的连接方法,鼓励他们给出不同的答案。接着,请学生画出电路图,再进行总结、评价,然后让学生动手连接电路。由于电有一定的危险性,所以在动手之前要对一些不允许的连接方式进行强调。操作之后,组织学生学习电路的三种状态:开路、短路、断路。最后要总结归纳重点知识,帮助学生加深记忆。

三、课堂教学手段尽量多样化

教学手段是实现教学目标的主要措施。要提高课

堂教学效率,必须注意教学手段的多样化。多媒体教学体现了教学手段的多样化。它合理继承了传统的教学媒体(如课本、教师课堂语言、板书、卡片、小黑板等),恰当地引进了现代化教学媒体(如幻灯、投影、录音、电视、磁性黑板、电脑图像等),使二者综合设计、有机结合,既能准确地传导信息,又能及时地反馈调节,构成优化组合的媒体群。

例如:在讲解电流的物理量时,组织学生观看课件中关于电流的形成和流向的视频,这段视频生动形象地展示了这个物理量的定义、方向,可以帮助学生加深理解和记忆。

四、注重小组合作

小组合作是营造宽松、民主、和谐的课堂学习环境的举措之一。教师要保证学生有充足的自主探究的时间和空间,让学生积极参与,自主探究,合作学习,在参与中表现。

例如:在进行电路连接时,我把学生分成几个组,每组选出一位学习能力较强的学生担任组长,带领同学进行实际操作,并努力营造合作、友爱的学习氛围。这样做的成功带动了他们,让学生在合作中感受到成功的喜悦,增强自信心。我让各组学生按要求进行电路接线,并完成分组讨论任务:1. 讨论电源和开关在电路中的作用;2. 讨论电路中产生使灯持续发光的电流的条件。经过讨论得出电源和开关的作用后,我引导学生总结出用电器和导线的作用。

五、科学设计作业

由于本课的特点是操作性、实践性很强,而课堂教学时间有限,要按照大纲要求实现教学目标有一定难度,所以必须科学地设计作业,让学生利用课外时间进行动手实验,以进一步激发学生热爱科学、参与社会实践活动的兴趣,以发展学生的创造能力,促进学生综合素质尽快提高。

六、将优秀个性融入教学

教师的优秀个性和人格魅力能提高教师在学生心目中的地位,能激发学生的求知欲和对学习的热爱,学生"亲其师,信其道",会全身心地投入和参与到教学活动中,从而有效地提高课堂的教学效率。因此,教师要有意识地把自己的优秀个性通过各种教学行为融入课堂教学的每个细节。此举还有利于形成教师自己的教学风格,促进专业水平和教学能力的提高。

◇山东省枣庄市山亭区职业中专 于莉

电能表异常转动和中线电流

工厂和科研单位的机械设备,大都采用电力拖动。有时,为了记录其耗电量,往往要配装电能表。但由于一般机械设备的功率较大,电能表不能承受其电流,故必须再添加电流互感器。例如当用电设备的运行电流略小于300A时,则电流互感器的规格可以选用300A:5A。

笔者所在单位的某个工段,所有用电设备全部配置了电能表,其接线方式见图1。笔者所在单位的用电设备全部具有电感性质,由两条相线构成的380V电源或220V的单相电源供电,并且,它们在工作时还不规则地接通或断开,所以三相的电流极不平衡。在安装时考虑到这一现象,选用了能承受140安电流的50平方毫米裸铜线作为连接配电站的中性线。另外,为了减小开关瞬间的谐波辐射对精密仪器仪表的干扰,将该裸线接到现场的接地极上,这样,大家以为中性线已接地。

在安装电能表时,把电流互感器的S2端就近接到控制内的中线上面;而电能表上的"中线端",则接在电能表附近的中线(零线)上面。电工师傅认为,这两个端子连接在同一根中线上而且该中线电阻又极小,这样连接应该是没有问题的。但奇怪的是,机械设备在运行时,各电能表的转盘(机械式电能表)却不与设备的用量成比例地旋转。而是时快、时慢、时停甚至倒转。这一现象,让人百思不得其解。实际上,图1只是简单的原理示意图,在实际施工接线时,电流互感器的S2端子并不是通过导线连接到电能表上,而是接在控制柜的零线母排上的a点上,而电能表上应与电流互感器S2连接的端子则

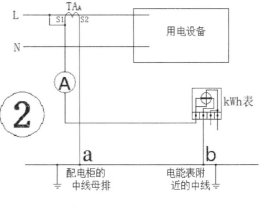

接在电能表附近的中线b点处,见图2。

为了解决这一问题,研究了三相电的相电流特点和电能表驱动的原理之后,才明白产生这一现象的原因并顺利给予解决。

我们知道,交流电能表,是利用它的电流线圈和电压线圈所产生的相位上相差90度的交流旋转磁场,并由带轴的铝圆盘转子在磁场的空气隙中感应涡流而转动的。由于两磁通均穿过圆盘与驱动轴平行,其产生的转矩M=KUIcosφ 正比于有功功率。在制动电磁铁的作用下,圆盘转动的速度即代表用电设备当时消耗功率的大小。由此从计数器读出用电的累计数即度数(千瓦小时)。由于两线圈取自同一电源,故在负载为纯电阻时,二者所产生的磁场将严格保持90°的相位角。圆盘转子就始终能够正常运转。但若负载中带有电感或电容的成分,则其磁场的相位差就会偏离90°(大于或小于)。若相位差为0°或180°时,则转动力矩为零。

同样,若电流互感器的S2端和电能表的"中线端"分别接于中线的不同部位,则当三相电流严重不平衡时,中线即有强大的回路电流,又因该中线存在一定电阻而产生电压降。故某一电流表对应的用电设备即使已经关闭,但由于邻近设备仍在运行的缘故,中线在较远距离的两点之间的电位差(即图中的Uab)会通过电流互感器和电流表而产生电流,使电能表转动。并且,这一电流是和电流互感器的电流叠加的,即Uab极性的变化会使输入到电能表的电流增大或减小。因此,电能表的转盘就出现了时快、时慢、时停甚至倒走的怪现象。

另外,特别应该指出的是,在带有电感或电容成分的多台设备"无序运行或停机"的运行方式中,这一电位差所形成的电流相位也是随机的,它会随着邻近各设备各相电流的"此起彼落"而不断变化。因而也参与了促使电能表转盘的变化。更大的产生了附加误差,降低了计量的准确性。

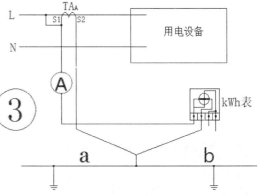

明白了以上道理,解决问题的方法就十分简单了。只要消除a、b两点间的电位差即可。但中线上的电流是客观存在的,唯一的办法是把互感器和电能表的"中线端"接到中线的同一点上,即是把图中的a点和b点合二为一即成,如图3所示。

另外,考虑到这些设备有不小的电感成分,无功电流也不容忽视。为了解中线电流情况,用36伏低压灯泡接在中线与接地极之间,灯泡发出较亮的灯光。测电压,最高时竟达到30伏左右。上述现象仍给一些控制仪表产生不小的电干扰,影响其正常工作。原来干扰源确实来自中线。这说明一根接地极是远远不够的。于是沿中线一带又打了若干地桩并一一和中线相连,即现场中线多点接地,干扰随即消失。

这一点很重要,但有些电气工作人员却对此并不知情,或虽然知道却并不关心。这一现象在机械行业的热处理车间尤为常见,严重时甚至不能正常生产。必须引起重视。

◇上海 王良

继电器-接触器控制的星三角降压单向起动电路解读(三)

(接上期本版)

(5)过载保护

在运行过程中若电动机出现过载,则热继电器FR动作。其辅助常闭触头FR:[95]与FR:[96]断开,回路L1→FR:[95] ‖ FR:[96] →SB1:[1]→SB1:[2]→KM1:[13]→KM1:[14]→KM1:[23]→KM1:[24]→KM1:[A1]→KM1:[A2]→L3断裂,接触器KM1线圈失电释放。

回路L1→FR:[95] ‖ FR:[96]→SB1:[1]→SB1:[2]→KM1:[13]→KM1:[14]→KM2:[13]→KM2:[14]→KM2:[21]→KM2:[22]→KM2:[A1]→KM2:[A2]→L3断裂,接触器KM2线圈失电释放。

电动机定子绕组失电停转。

(6)停止操作

按下停止按钮SB1,其常闭触头SB1:[1]与SB1:[2]断开。回路L1→FR:[95]→FR:[96] →SB1:[1] ‖ SB1:[2]→KM1:[13]→KM1:[14]→KM1:[23]→KM1:[24]→KM1:[A1]→KM1:[A2]→L3断裂,接触器KM1线圈失电释放。回路L1→FR:[95]→FR:[96] →SB1:[1] ‖ SB1:[2]→KM1:[13]→KM1:[14]→KM2:[13]→KM2:[14]→KM3:[21]→KM3:[22]→KM2:[A1]→KM2:[A2]→L3断裂,接触器KM2线圈失电释放。电动机M定子绕组失

电停止运转。

接触器KM1释放,其辅助常闭触头 KM1:[31] 与KM1:[32]闭合,指示灯HL1点亮标示电动机处于停止状态。

接触器KM2释放,其辅助常开触头KM1:[33] 与KM1:[34]断开,指示灯HL3熄灭。

通过上面的解读可以知道,完成笼型电动机星-三角降压起动电路因接触器动作的次序要求不同就有不同的电路来实现,所以电路中承担起动电流的接触器就不同。图2中承担起动电流的是接触器KM3,图3中承担起动电流的是接触器KM1。

虽然降压起动使电动机的起动电流降低到全压起动的1/3,相应地起动转矩也降低到全压起动的1/3。假如全压起动的电流是额定电流的6~7倍,那么星形降压起动的电流还是有额定电流的2~4倍,故通常在选用接触器时把承载起动电流的那台接触器要比其他的大一个级。图1中用于电动机过载保护的热继电器中正常运行流过的电流是额定电流的0.58倍,其额定电流的不宜小于整定电流的1.1倍,整定电流应接近但不小于电动机额定电流的0.58倍。

(全文完)

◇江苏 健读 绪恺

电动机的星三角起动知识点滴

直接起动适用于较小容量的电动机,对于较大容量的电动机通常采用降压起动方式。除了软起动和变频起动以外,传统的降压起动的方式也有很多,例如星三角起动,自耦降压起动,串联电抗器降压起动,延边三角形起动等。星三角起动可写成Y-△起动。所谓Y-△起动,是指起动时电动机绕组接成星形,起动结束进入运行状态时电动机绕组接成三角形。这种起动方式只适用于定子绕组在正常工作时为三角形接法的三相异步电动机。

Y-△起动方式可使每相定子绕组承受的电压在起动时降低到电源电压的$1/\sqrt{3}$(57.7%),起动电流则只有直接起动时的1/3。由于起动电流的减小,起动转矩也同时减小到直接起动的1/3,所以这种起动方式只能工作在空载或轻载起动的场合。例如轴流风机应将出风阀门打开,离心水泵应将出水阀门关闭,使设备处于轻载状态,才能用这种起动方式。

星三角起动也不适合应用于特大功率电动机的起动。

教学笔记及文档整理中好用的工具(二)

(未完待续)

二、Adobe indesign

全称：Adobe indesign

地址：https://www.adobe.com/cn/product ... trial-download.html

(一)简介

Adobe InDesign CS5 是一个定位于专业排版领域的全新软件，虽然出道较晚，但在功能上反而更加完美与成熟。InDesign 博众家之长，从多种桌面排版技术汲取精华，如将 QuarkXPress 和 Corel-Ventura(著名的 Corel 公司的一款排版软件)等高度结构化程序方式与较自然化的 PageMaker 方式相结合，为杂志、书籍、广告等灵活多变、复杂的设计工作提供了一系列更完善的排版功能。尤其该软件是基于一个创新的、面向对象的开放体系(允许第三方进行二次开发扩充加入功能)，大大增加了专业设计人员用排版工具软件表达创意和观点的能力，功能强劲不逊于 QuarkXPress，比之 PageMaker 则更是性能卓越;此外 Adobe 与高术集团、启旋科技合作共同开发了中文 InDesign，全面扩展了 InDesign 适应中文排版习惯的要求，功能直逼北大方正集团(FOUNDER)的集成排版软件飞腾(FIT)，可见，InDesign 的确是同一一般。

(二)使用方法

制作一份新文件

1. 当 InDesign 中没有文档打开时，将出现【开始】屏幕。

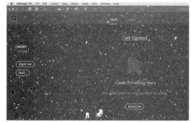

2. 选择文件>新建>文档。

3. 在新建文档对话框中，从选择预设开始。

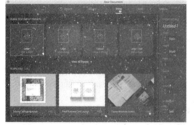

所谓版面编排设计就是把已处理好的文字、图像图形通过赏心悦目的安排，以达到突出主题为目的。因此在编排期间，文字处理是影响创作发挥和工作效率的重要环节，是否能够灵活处理文字显得非常关键，InDesign 在这方面的优越性则表现得淋漓尽致，下面通过在版面编排设计时的一些典型的例子加以说明。

文字块具有灵活的分栏功能，一般在报纸、杂志等编排时，文字块的放置非常灵活，经常要破栏(即不一定非要按版面栏辅助线排文)，这时如果此独立文字块不能分栏，就会影响编排思路和效率。而 PageMaker 却偏偏不具有这一简单实用的功能，而是要靠一系列非常烦琐步骤去实现:文字块先依据版面栏辅助线分栏，然后再用增效工具中的"均衡栏位"齐平，最后再成组以便更改文字块的大小时不影响等同的各栏宽等等。而 InDesign 就具有灵活的分栏功能，单这点上就与一直强于 PageMaker 的 QuarkXPress 和 FIT 站在了同一水平线上。

文字块和文字块中的文字具有神奇的填色和勾边功能，InDesign 可给文字块中的文字填充实地色或渐变色，而且可给此文字勾任意粗的实地色或渐变色的边。同时，对此文字块也可给予实地色或渐变色的背景，文字块边框可勾任意粗的实地色或渐变色的边框，这样烦琐的步骤，InDesign 用其快捷的功能可一气呵成，而 PageMaker 单靠其"文字背景"功能是完不成的，甚至得借助其他软件来实现，就连 QuarkX-Press 也只能望其项背。特别是文字块和文字块中的文字的渐变色勾边这一功能，也只有 FIT 可与其抗衡。

文字块内的文字大小变化灵活，当我们进行编排时，往往会遇到想对某段文字中的某些文字作一些特别强调，如大小、长短变化等等，InDesign 就为您提供了这一方便功能。InDe-sign 可让文字块内的文字在 XY 轴方向改变大小且可任意倾斜，而 PageMaker 文字块中的文字却只能在 X 轴方向改变，更不能倾斜。更神奇的是 InDesign 中整个文字块可用"缩放键"放大和缩小(其中文字也相应放大和缩小)，这项绘图软件特有优秀的功能被 InDesign 引进，从而大大减少了由于版面变化而改变版式的工作量，提高了工作效率。而 PageMaker 却只能望尘莫及，老老实实地从改变字号大小开始重新安排版面，费时费力。

文字块的文字在间距控制上更自由，一般在排文时常常会遇到文字块最后一栏的最后一行不能与前面栏的最后一行平齐等等问题，这时可能就需要调整字距(Tracking)来实现了。InDesign 的文字字距可简单的通过设定任意的数值来调整，非常快捷方便。不知是不是因为其具有这灵活的字距功能，而使 InDesign 没有加入在 PageMaker 中特有的"专业字距编辑"功能? 而 PageMaker 则只有五个级别来控制，显得笨拙。另外在字偶距(Kerning)、词间距(Word spacing)和字母间距(Letter Spacing) 等方面的控制，InDesign 也表现不俗，而且创新了保证文字排列美观的"单行/多行构成"功能。

文字块常规的矩形外框可自由改变，若我们在编排时需要文字块的形状特殊一些，那么 InDesign 除了为您预设了几种圆角、倒角矩形外，还允许您用"直接选择工具"和"贝塞尔(Bezier)工具"在默认矩形文字块基础上再进行更富创意的形状变化，真正使您"所想即所得"。而这一功能在 PageMaker 中想都别想，连 QuarkXPress 都没那么方便。

拥有绘图软件中的艺术效果文字——沿路径排字，为配合版面需要想为文字变个花样，InDesign 只要用"贝塞尔(Bezier)工具"画出您喜欢的曲线，那么沿曲线排列文字在 InDesign 中可轻易实现。而 Page-Maker 必须去另外软件中去实现，若修改则十分麻烦，实在影响工作效率。

文字块中的文字可转图形，完成编排后送到输出中心输出时，若知输出中心无相应的 TrueType 字或 PS 字，这时 InDesign 的文字转图形的功能可就派上用场了，这种绘图软件特有的功能再一次被用于排版软件真令人叫绝。而 PageMaker 只能又要借助别的软件去完成这一任务了。通过以上几例，可见在文字处理方面的比较，InDesign 表现得老到成熟，而 PageMaker 则有些老态龙钟了。

(全文完)　　◇宜宾职业技术学院 朱兴文

纯电动汽车电池续航热冷关系(一)

凛冬已至，随着气温逐渐降低到零下，电动汽车在冬季的行驶能耗不断上升，直接导致掉电极快。此前中汽研发布的一组数据显示，当室外温度为-7℃、车内22℃时，纯电动汽车的平均续航里程将下降39%之多，而如果是不具备电池温控系统的微型电动车，电量则会下降60%之多。

一、冷天为何掉电快

纯电动车型在冬季续航里程打折确实是一大通病，其中很大一部分的原因是锂电池内部的电化学特性所导致的。

电池的充放电原理为:电池在充电时正极的 Li 离子和电解液中的 Li 离子向负极聚集，得到电子，被还原成 Li 镶嵌在负极的碳素材料中。放电时镶嵌在负极碳素材料中的 Li 失去电子，进入电解液，电解液内的 Li 离子向正极移动。然而在低温条件下，电池内部的电解液会变得更加黏稠，Li 离子迁移的速率、材料本身的导电性都会降低，电解液的活性会下降，最终影响电池充放电效率降低以及容量下降，尤其是磷酸铁锂电池本身耐低温效果就比较差。

其次，随着冬季气温下降，汽车的传动系统阻力也会产生变化。比如-7℃的空气密度是 25℃空气密度的1.12 倍，车辆行进时的空气阻力自然变大，风阻系数成为耗电的关键因素。并且，传动系统里的润滑油脂在气温降低后会变得更加黏稠，效率也会发生变化，从而增加驱动电耗，导致电动汽车在冬天用同样的动力行驶，消耗的电量比其他季节更多。

除此之外，空调暖风也是一大"罪魁祸首"。一项试验表明，电动汽车以-7℃标准进行测试时，空调耗电比例一般占整车电耗的 20%~25%。燃油车空调系统的热源来自发动机余热，发动机的转化效率用在动力上仅占 40%左右，剩余 60%的热量转换完全可以满足驾乘人员空调采暖需求。然而电动汽车没有发动机，所有加热所需能量都要从动力电池处额外获取，因此空调系统的使用也成为电动汽车冬季电耗的主要来源。

二、为电池穿衣

就像人们到了冬天要穿棉袄羽绒服御寒，电动汽车动力电池在冬天同样需要做保暖措施，要将电池温度保持在 10℃以上，才能正常存放电。增加电池的保温性能、提升空调热泵效率、加强动力回收效能、优化电池系统的热管理设计等，成为各大车厂、电池厂商持续优化冬季续航里程的主要措施。

为了减弱电池在低温环境下的影响，行业内普遍的做法是采用 PTC 加热系统(正温度系数很大的元器件)来给电池加热，让电池能够处于正常的工作状态。换句话说也就是车端通过 PTC 加热系统来对冷却液进行加热，加热后的冷却液流入电池热管理流道，起到对电池进行升温加热的作用。

不过，PTC 加热技术对车辆的电控系统提出了更高要求。因为加热技术会带来一些安全上的风险，比如 PTC 加热到一定温度后不能及时停下，继续加热可能会引发电池的热失控。

除了采用 PTC 加热方式外，超低温冷启动以及全气候电池，以提升加热效率。据报道，超低温冷启动的技术原理是利用低温下电芯内阻增大的特性，通过高频大电流脉冲充/放电实现快速加热效果。与传统 PTC 加热方式比，由于电芯内自发热，这项技术温度一致性更好。

全气候电池技术则是通过给电芯间镍片通电生热的方式，快速向电芯传热使其升温。

为解决充电效率的问题，现在不少车辆都增加了低温充电预热电池的功能，即在充电的过程中多分出一部分电量用于发热来保障电池处于合适工况。例如特斯拉推出过的"沿途电池预热"功能，当车主通过手机向车辆发出寻找超级充电桩的指令时，系统就会自动给电池进行加热，保证了电池在充电前就已经达到了最佳的充电温度。

(未完待续)

编辑：张天红　投稿邮箱：dzbnew@163.com

上海车展透露重大信息——智能驾驶与新能源汽车纷纷布局(一)

虽说全球新冠疫情引发的全球贸易战影响了不少传统型的生产企业,不过凡事都有两面性,针对国内5G物联网的加速建设,各种软、硬件的终端应用纷纷开始展现头角,与10年前的戏称"骗补"的新能源政策不一样,各种相对成熟的新能源汽车与其他巨头都把目光投向智能汽车这一块,中国汽车真正要实现弯道超车和未来10年内中国经济发展的重头戏之一,必然会体现在以混动和纯电为主的新能源汽车和相关的软、硬件产业上。

在参观完2021年上海车展后,作者就部分进军智能汽车的企业进行介绍(按字母顺序,排名不分先后)。

百度

四年前,在2017年上海车展,百度正式宣布Apollo计划,向汽车行业及自动驾驶领域的合作伙伴提供一个开放、完整、安全的软件平台。

四年期间,百度Apollo从自动驾驶拓荒者成为全球自动驾驶第一梯队,也是国内自动驾驶平台级领军者之一。

由L4级自动驾驶技术打造的车型已经在北京、上海、广州三城,开启量产自动驾驶真体验"城市任我行"征程。年内,智驾区域将覆盖20个城市的城市道路与高速道路,2023年完成100城覆盖。

目前搭载Apollo自主泊车(AVP)的车型威马W6已量产上市。2021下半年百度Apollo智驾产品将迎来量产高峰,平均每月会有1款自动驾驶新车上市。未来3~5年内,预计Apollo智驾产品前装量产搭载量达到100万台。

比亚迪

此次上海车展,除了传统燃油车的搅局者——DMi唐亮相外(另外两款是3月初发布的秦DMi和3月中旬的宋DMi),还有一款前所未闻的重磅纯电车型——EA1。

先看三大卖点:破百2.9秒;续航里程突破400~500km;充电五分钟恢复150km续航,售价低于"王朝"系列(10~12万)。

这是"e3.0平台"打造的电动汽车,通过SIC电控系统,实现了功率密度30%的提升,最高效率高达99.7%!比亚迪本就是三电领域的技术标杆,具备的不仅是电机、电池和电控的研发,还能自研自产车用芯片,这在近两年受疫情影响的全球芯片危机中,不得不说在经济上节省了一大笔费用。

比亚迪EA1未来将在e网进行销售。e网系列将在未来推出轿车、SUV、跨界车、皮卡等多种车型,涵盖A、A+、B、B+等多个级别。动力类型将从现在以EV车型为主(搭载磷酸铁锂刀片电池),逐步拓展到燃油车型和DM-i/DM-p插混车型。

大疆

作为民用级无人机领域的王者——大疆旗下智能驾驶业务品牌大疆车载提出了"为所有人,提供安全、轻松的出行体验"理念,展出了智能驾驶解决方案及核心零部件,大疆有深厚的智能系统研发积累,能够高效整合供应链,并具备相当的智能制造经验,这些积累让大疆车载能全力协助车企轻松造出好用买得起的智能车,加速全行业的智能化进程。

大疆车载团队起步于2016年;2018年获得深圳第一批智能网联汽车测试牌照;2019年大疆车载品牌正式启用,同年12月首座车规级智能制造中心建成。据悉,五年来,大疆车载针对中国特色场景下的智能驾驶系统在各种道路场景的大规模常态化测试,2021年上海车展是大疆首次全方位展示全套成熟的解决方案。

大疆车载此次发布了大疆智能驾驶D80/D80+、大疆智能驾驶D130/D130+、大疆智能泊车等驾驶场景下的智能解决方案。大疆车载智能驾驶解决方案的空间智能技术可应对各类复杂路况,降低了对GNSS、高精度地图及V2X的依赖。通过大疆双目立体视觉技术,无需前期训练学习即可准确检测任意障碍物,即使在车道线新旧线同时存在及无车道线等道路状况下,也能精准融合环境动静态信息,实现稳定驾驶。

大疆智能驾驶D80系列覆盖0~80 km/h速度区间,适用于城市快速路等场景。大疆智能驾驶D130系列覆盖0~130 km/h速度区间,适用于高速路等场景。D80+、D130+在安全性和用户体验上进一步升级。对于城区等非结构化道路场景,D80系列和D130系列还提供了城区辅助驾驶功能,该功能除涵盖自适应巡航、车道保持辅助、自动紧急制动、盲区监测预警与前向碰撞预警等高级辅助驾驶功能外,同时支持十字路口驾驶辅助功能。

针对差异化的停车环境,大疆智能泊车系统包含辅助泊车、记忆泊车、自主泊车及智能召唤四类应用场景,可在室内、室外、露天、封闭停车场实现360°全景影像、泊车辅助、出库辅助、室外召唤辅助等基础功能,以及中远距离全自主泊车、中远距离全自主召唤、后向碰撞预警与后向紧急刹车等高级功能。该系统还可与D80系列和D130系列智能驾驶系统共用域控制器,并复用大部分传感器,能够有效降低硬件成本。

在智能驾驶核心零部件业务方面,大疆车载可提供包括单目相机、双目相机在内的各类视觉感知系统及智能驾驶域控制器、驾驶行为识别预警系统等自研核心零部件,并可根据系统需求灵活配置。

据透露,搭载大疆智能驾驶解决方案的量产车型将于年内落地。

滴滴

作为网约车巨头的滴滴,虽然滴滴与其他跨界造车的新势力又有所不同,因为它并不是单纯为了造车而造车,其多半会以当下滴滴主要业务网约车共享出行作为突破点,期待其能在共享出行上带了更多不一样的新产品。

早在2019年,滴滴自动驾驶团队升级成为独立公司。此后,滴滴在自动驾驶上的发展正式迈入快车道。2021年2月,滴滴自动驾驶公司再完成3亿美元融资,累计融资超过8亿美元。前不久,滴滴自动驾驶公司还和广州市花都区达成了合作协议,这是继上海之后,滴滴自动驾驶再次成功向国内一线城市进军。

本次车展上滴滴出行发布全新硬件平台——滴滴双子星,在电子元件、整车和体验等多重维度全面升级焕新。

一场关于未来出行的畅想

基于海量网约车数据以及真实路测数据,研发团队对自动驾驶行驶区域进行多维度场景构建分析,推出全新一代更符合无人驾驶运营需求的硬件平台。相较上一代,滴滴双子星自动驾驶硬件平台在传感器数量级和种类,以及性能算力方面都大幅提升,全车传感器数量增至50个,算力超过700TOPS,每秒超千万级点云成像,同时整体造价保持不变。

除推出全新硬件平台,滴滴自动驾驶近期也升级了软件版本。并于今年4月初发布全球首支自动驾驶连续5小时无接管视频,在连续逆光行驶、狭窄路段超车、无保护左转,以及大型路口掉头等复杂场景表现稳定。

比亚迪专为滴滴生产的网约车D1,长宽高分别为4390×1850×1650mm,轴距约2800mm,续航约400km,主打后排大空间。售价15.18万元,目前仅对滴滴注册网约车司机开放销售。

据悉,滴滴已经正式启动了它的造车项目,该项目将由滴滴副总裁、小桔车服总经理杨峻负责,目前滴滴为了进一步扩大造车团队,已经开始从各家新能源车企挖人。值得一提的是,杨峻也是此前滴滴与比亚迪联合发布的网约定制车D1的首席产品官。

曾经担任蔚来汽车用户发展副总裁的朱江也可能会加入滴滴。他有多年车企经验,先后在华晨宝马、雷克萨斯、蔚来、福特中国等车企工作。不过,目前尚不清楚滴滴造车的具体形式、规划。

华为

在此次车展前,华为就先发布了全套新能源车、智能汽车技术和关键零部件。新能源车、智能汽车所需技术主要是以激光雷达、毫米波雷达为代表的新型传感器,三电(电池、电驱、电控),成百上千芯片打造的强大车载计算能力,以及一个包括智能驾驶算法在内的强大车载软件系统。这也是继手机市场后,华为又准备放开手脚大干一场的准备。

华为一口气连续发布了DriveONE三合一电驱动系统、MDC 810智能驾驶计算平台、车载鸿蒙操作系统、八爪鱼自动驾驶开放平台,包括激光雷达、毫米波雷达、各种视频摄像头在内的全套高中低搭配的传感器,甚至连先进的一体化热管理系统TMS都给配好了。

对于新能源汽车,由于电池特性决定了其冬天续航里程的大打折扣,即使是三元锂电池都掉电很快,更不要说磷酸铁锂电池了。目前业界普遍采用的PTC制热方案对电池进行加热,但是这种简单粗暴的方案能耗效率低,而且对续航的改善十分有限。

历经四年时间研究与开发,华为推出了业界集成度最高的智能汽车热管理解决方案(TMS),通过一体化设计的极简机构、部件和热控制集成等创新技术,可以在满足舒适性前提下,将热泵的工作温度降低至-18度,使得新能源车续航能力提升20%。

同时,华为TMS将传统热管理系统中12个部件集成为一体,采用基板替代原有的互通管路,实现热管理系统管路数量降低40%。压缩机、水泵等关键部件的控制系统全部集成至EDU,大幅降低部件电控故障率,同时便于系统智能化及全生命周期诊断维护。

通过极简的水源架构以及高度集成,来降低流体流阻和控制复杂度,华为TMS相比传统非热泵方案能效比提升至2倍,并且热泵系统最低工作温度,由业界的-10℃降至-18℃。

有了华为提供的新能源车、智能汽车方案,所有传统车厂都可以给自己量身做一个切换到新赛道的路线。针对这些方案,造车新势力单靠"PPT造车"的方法越来越难"骗"到补贴,也给困境中的传统车厂带来了真正的反击机会;当然面对造车新势力同样可以采用华为的全套方案,可谓"一箭双雕"。

(未完待续)

◇四川 宁楚睿

电子科技让我们更健康(一)
——智慧分享"视频医生"

未来什么最重要?健康!没有健康就没有一切!全国从上到下都很注重健康,把健康作为大事来办。

在2020年8月8日的全国第十二个"全民健身日",国家领导人提出:"没有全民健康,就没有全面小康。要把人民健康放在优先发展的战略地位,以普及健康生活、优化健康服务、完善健康保障、建设健康环境、发展健康产业为重点,加快推进健康中国建设,努力全方位、全周期保障人民健康。"实施健康中国行动,提升全民健康素质,功在日常,利国利民。进一步落实大卫生、大健康理念和预防为主方针,加强政策统筹和部门协同,推动健康中国行动不断取得新成效。要大力倡导每个人是自己健康第一责任人,广泛普及健康知识,鼓励个人、家庭积极参与健康行动,促进"以治病为中心"向"以人民健康为中心"转变,有效提升健康素养,在全社会加快形成更健康的生活方式,不断提升人民群众的健康获得感、幸福感和生活质量。今年北京两会期间健康方面最经典几句话:1.我很健康,2.我能让别人健康,3.我正在传播健康的路上。这些正能量的话语在微信圈被大量转发。

养生重点在于,预防大于治疗。从我们身边发生的事也可以看出,健康越来越重要了,如经常听到某位朋友看病住院花费了数万甚至数十万元,某位朋友在微信圈替其亲朋好友转发了"水滴筹"信息,某位朋友走了,年纪轻轻,想不到其会得病,平时其身体看起来很好。你的健康由你自己决定。未来的医生一定是自己,而不是医院。养生不仅限于中老年人,而是一家老小都应该养生。健康不是第一,而是唯一!

科技改变我们的生活!回顾近二十年,许多曾经看似不相关的事都已经发生了转变:写信、电报、电话、短信、BB机、手机、智能手机、微信。下一个热点会是什么?百度、淘宝、京东、拼多多、微信、支付宝、美团、滴滴等新互联网企业吗?

手机确实是目前大众人群进行网络互动、交易的最好工具:从购物到卖货、从出行到点餐、从预约到办证……

看病难、看病贵,这是老生常谈的话题,当用手机能看病时我们还会经常去医院吗?笔者这3年只去过一次银行,只为挂失补办新银行卡,今年3个多月只去过一次菜市场,能在网上办理的业务就在网上办理。今天就为大家一款功能强大的客户与互联网医生交流的新型网络平台——"视频医生"。

"视频医生"分为门店版视频医生终端机与手机版视频医生客户端,如图1所示。门店版视频医生终端机采用21~60寸液晶屏作显示一体化软硬件设计,客户可通过屏幕与互联网医生进行问诊,健康工程使用,如各门店客源引流。手机版视频医生主要利用手机安装客户端软件,客户可通过手机屏幕与互联网医生进行问诊。

1. 其特点如下:

A. 全国范围内7×24小时呼叫视频医生

7×24小时全年无休,随时随地,一键呼叫,居家旅行,为您守护。

B. 疑难重病可咨询

医生判定患者属疑难重病,可免费享全国知名专家咨询。

C. 足不出户,送药上门

医生开具的药单,可送货上门,极速送达。

D. 不限次呼叫,10秒应答。

咨询次数无上限,10秒钟接通您的呼叫,享受关爱无需等待。

E. 全国领先的全职全科医生团队。

具备执业医师资格,并接受过专业全科医生体系培训,服务贴心有保障。

F. 终身免费专业电子病例存储。

为您提供医院级专业电子病例存储,终身存储,永久免费。

可以看出"视频医生"功能强大,能够满足广大普通居民的日常生活需求,特别是在农村与边远山区,其医疗条件差,"视频医生"可作为传统实体医院的补充。

2. 操作简单

如图2所示,用户通过手机扫描专属二维码安装软件健康管家,安装成功后即可使用。软件功能强大,部分功能免费,如科普知识、健康学习等,如图3、图4所示。

其中"视频医生"模块功能仅向"会员"开放,加入会员需收费,采用邀请制,如图5所示。

会员享有更多权限,有专家级医疗团队为会员服务,如图6、图7、图8所示。

"视频医生"团队技术支持功能较为强大。如图9所示,会使用智能手机,会使用微信相关功能就能使用"视频医生",您可与医生面对面视频交流,还可通过拍照方式把病例与症状现象用高清图片发给医生,让医生参考作诊断,将不可能的事逐步变为可能。

此前进一次医院非常麻烦,看病要提前预约,即便有的医院开通了网上挂号功能有时当天可能还排不上号,还需要提前数日预约;假如路程较远,从家里出发到医院,再到排队等号看病需要好几个小时,最后医生大多时候问诊寥寥几分钟就结束了,要问诊下一个病人。现在有了"视频医生",在家就可咨询,咨询次数无上限,10秒钟接通您的呼叫,贴心服务。

再者,半夜家人突感不适,除了拨打120求救电话外,等待救护车的过程中需要专业知识进行紧急救护又怎么办?又或者疫情期间,身体出现发热、咳嗽但又敢肯定非新冠病毒的症状(前提是在100%肯定非新冠病毒情况下,若有疑问还是事先联系好相关的医院进行确认,对人对己都有必要),担心去医院被隔离,不方便看病和取药,怎么办?全国大健康24小时手机"视频医生",全国几十家三甲医院全科医生,10秒钟内接通视频联系,每次还有问诊记录保存。具体操作视频可搜寻微信视频号"智慧分享001"进行了解。

3. 使用费用低:

365元能做什么?买一套好衣服、买一双好鞋、出去玩一天、与朋友吃一次晚餐、买条香烟、买瓶好酒等,或许随便一样的开支都有可能超过365元。开通手机版视频医生会员仅需年费365元,相当于平均一天一元钱,就可拥有一个私家医生团队为您24小时贴心服务。

部分平台专家

廖硅波 厦门省卫生厅 原厅长
张楠 广东省现代健康产业研究院 院长
刘焕兰 广州中医药大学 教授
林华庆 广东药学院 教授
冯新伟 广州中医药大学 校长
潘捷 广东省人口发展研究院 副院长
蒋彦鹏 中山大学公共卫生学院研究所 所长
邓阿平 暨南大学附属第一医院疑难病科主任
吴希和 暨南大学食品研究院 教授
温永坤 昆明医科大学儿科 教授
胡卫东 国家执业中医师,国家级健康管理师

美国暂有一平台有类似功能,如American Well——美国远程医疗平台,患者可在平台上通过实时视频进行问诊治疗。每次49美元,时长约10分钟。目前融资总金额已达4.41亿美元,如图所示。

相比之下,"视频医生"每天仅需1元的服务费用,这么低的费用得益于祖国强大的基建与强大民生工程,我们可享受宽带网络普及带给我们的红利、享受资本运作带给我们的便利,享受以"为人民服务"为指导思想的社会主义企业的红利。

4. 商业模式特色的推广方式

传统的销售模式消费者与商家互黏性不强,消费者只有付出没有收益。这几年社交电商兴起,如会员模式、拼团模式等,消费者加入会员享受更多实惠与便利,比如购物自用可省钱、推广可获得奖励或佣金,若建立团队购货还可获得更大的收益。"视频医生"采用会员制的推广模式,每个会员有自己的专属二维码,可通过分享模式获得收益。

前期的"视频医生"推广员还可享受额外的红利。为何好处这么多,因互联网红利,更多商业巨头在背后"烧钱",补贴大战、抢夺新型市场,让我们参与者也能喝上"头啖汤"。

一场雨,知道了雨伞的重要;一场病,知道了健康的重要。下雨——伞不好借,生病——钱不好借;雨太大——有伞也没用,病太重——有钱也没用。最好是:趁雨小的时候找到安全的地方避雨;趁没病的时候用合适的方法养生防病!预防永远大于治疗,提前养生就是帮你续命,并防止你美好的生活被破坏!

调理是续命,而治疗是保命!治疗:是在下游打捞垃圾,调理:是在上游控制污染源。治病是:亡羊补牢,调理是:未雨绸缪。养生重在,未病先防,只治不防,越治越忙,花钱心慌!"视频医生"是用科技为全民健康服务的具体表现,"视频医生"让我们随时关注自己与家人的身体状况,及时防病、调理、治疗,早一步享受高端服务。

前沿电子科技可以做到重大疾病早期预警:用数字化、可视化的方式收集更多的望闻问切所不能收到的信息,及早期进行干预调理,以达到"未病先防,已病防变"。未来理疗室、理疗房一定会向社区、家庭普及,"视频医生"作为可落地的电子科技可让我们更健康!
(未完待续)

◇广州 秦福忠

① ② ③ ④ ⑤ ⑧ ⑨

37 个 Python 入门小程序(二)

(上接第 171 页)

例子 15:实现分段函数

数学中经常会见到分段函数,用程序实现如下分段函数

```
"""
分段函数
"""
x = int(input('输入:'))
if x > 0:
    y = 3 * x ** 2 + 4
else:
    y = 2 * x + 2
print('f(%d) = %d' % (x, y))
```

例子 16:1-n 求和

输入正整数 n,计算 1 + 2 + ... + n 的结果。

```
"""
1-n 求和
"""
n = int(input('输入 n:'))
s = 0
while n >= 1:
    s += n
    n -= 1
print('1-%d 求和结果:%d' % (n, s))
```

例子 17:累加器 v2.0

之前实现的累加器只能支持 3 个数相加,现在需要去掉该限制,可以无限相加。

```
"""
累加器 v1.0
"""
s = 0
while True:
    in_str = input('输入整数(输入 q,则退出):')
    if in_str == 'q':
        break
    x = int(in_str)
    s += x
print('加和:%d' % s)
```

例子 18:猜数游戏

程序随机生成一个正整数,用户来猜,程序根据猜的大小给出相应的提示。最后,输出用户猜了多少次才猜中。

```
"""
猜数游戏
"""
import random
answer = random.randint(1, 100)
counter = 0
while True:
    counter += 1
    number = int(input('猜一个数字(1-100):'))
    if number < answer:
        print('再大一点')
    elif number > answer:
        print('再小一点')
    else:
        print('猜对了')
        break
print(f'共猜了{counter}次')
```

例子 19:打印乘法口诀表

```
"""
打印乘法口诀表
"""
for i in range(1, 10):
    for j in range(1, i + 1):
        print(f'{i}*{j}={i * j}', end='\t')
```

例子 20:是否是素数

输入一个正整数,判断是否是素数。素数定义:大于 1 的自然数中,只能被 1 和它本身整除的自然数。如:3,5,7

```
"""
判断是否是素数
"""
num = int(input('请输入一个正整数:'))
```

end = int(num // 2) + 1 # 只判断前半部分是否能整除即可,前半部分没有能整除的因此,后半部分肯定也没有

```
is_prime = True
for x in range(2, end):
    if num % x == 0:
        is_prime = False
        break
if is_prime and num != 1:
    print('素数')
else:
    print('不是素数')
```

range(2, end) 可以生成 2, 3, ... end 序列,并依次赋值给 x 执行循环。range 还有如下用法:

range(10):生成 0, 1, 2, ... 9 序列
range(1, 10, 2):生成 1, 3, 5, ... 9 序列

例子 21:斐波那契数列

输入正整数 n,计算第 n 位的斐波那契数。斐波那契数列当前位置的数字等于前两个数字之和,1 1 2 3 5 8 ...

```
"""
斐波那契数列 v1.0
"""
n = int(input('输入 n:'))
a, b = 0, 1
for _ in range(n):
    a, b = b, a + b
print(f'第 {n} 位斐波那契数是:{a}')
```

例子 22:水仙花数

水仙花数是一个 3 位数,该数字每个位上数字的立方和正好等于它本身,例如:

```
"""
水仙花数
"""
for num in range(100, 1000):
    low = num % 10
    mid = num // 10 % 10
    high = num // 100
    if num == low ** 3 + mid ** 3 + high ** 3:
        print(num)
```

例子 23:猴子吃桃

猴子第一天摘了 n 个桃子,当天吃了一半,还不癮,又多吃了一个
第二天早上又将剩下的桃子吃掉一半,又多吃了一个
以后每天早上都吃了前一天剩下的一半零一个。
到第 10 天早上想再吃时,剩下一个桃子。求第一天共摘了多少。

反向思考:第 n-1 天的桃子 = (第 n 天桃子 + 1) * 2,从第 10 天循环计算道第一天即可

```
"""
猴子吃桃
"""
peach = 1
for i in range(9):
    peach = (peach + 1) * 2
print(peach)
```

例子 24:打印菱形

输出如下菱形图案

```
    *
   ***
  *****
 *******
  *****
   ***
    *
```

```
"""
输出菱形
"""
for star_num in range(1, 7, 2):
    blank_num = 7 - star_num
    for _ in range(blank_num // 2):
        print(' ', end='')
    for _ in range(star_num):
        print('*', end='')
    for _ in range(blank_num // 2):
        print(' ', end='')
    print()
for _ in range(7):
    print('*', end='')
    print()
for star_num in range(5, 0, -2):
    blank_num = 7 - star_num
    for _ in range(blank_num // 2):
        print(' ', end='')
    for _ in range(star_num):
        print('*', end='')
    for _ in range(blank_num // 2):
        print(' ', end='')
    print()
```

例子 25:计算提成 v2.0

将例子 14:计算提成改用列表+循环的方式,代码更简洁,并且可以处理更灵活。

```
"""
计算提成 v2.0
"""
profit = int(input('输入销售利润(元):'))
bonus = 0
thresholds = [100000, 200000, 400000, 600000]
rates = [0.1, 0.075, 0.05, 0.03, 0.01]
for i in range(len(thresholds)):
    if profit <= thresholds[i]:
        bonus += profit * rates[i]
        break
    else:
        bonus += thresholds[i] * rates[i]
bonus += (profit - thresholds[-1]) * rates[-1]
print('奖金:%.2f' % bonus)
```

例子 26:某天是一年中的第几天

输入某个日期,计算当天是一年中的第几天

```
"""
计算某天是一年中的第几天
"""
months = [0, 31, 28, 31, 30, 31, 30, 31, 31, 30, 31, 30, 31]
res = 0
year = int(input('年份:'))
month = int(input('月份:'))
day = int(input('几号:'))
if year % 4 == 0 and year % 100 != 0 or year % 400 == 0: # 闰年二月 29 天
    months += 1
for i in range(month):
    res += months[i]
print(res+day)
```

例子 27:回文字符串

判断一个字符串是否是回文串,回文串是一个正读和反读都一样的字符串,如:level

```
"""
判断是否是回文串
"""
s = input('输入字符串:')
i = 0
j = -1
s_len = len(s)
flag = True
while i != s_len + j:
    if s[i] != s[j]:
        flag = False
        break
    i += 1
    j -= 1
print('是回文串' if flag else '不是回文串')
```

(下转第 180 页)

Django 入门设计疫情数据报告(一)

Django 是 Python web 框架,发音['dʒæŋgo],翻译成中文叫"姜狗"。为什么要学框架?其实我们自己完全可以用 Python 代码从 0 到 1 写一个 web 网站,但那样就要写网络服务、数据库读写等底层代码。而框架的作用是把这些底层基建已经搭建好了,我们只写业务逻辑即可。举个例子,楼房是框架,我们不关心底层的脚手架、钢筋水泥是如何搭建的,只要有了这样的框架我们就可以住进去,而里面的房间要怎么设计,装饰才是我们关心的。

1. 初识 Django

我使用的 Python 版本是 3.8,先执行下面语句先安装 Django

pip install Django

安装完成后,执行下面语句创建 Django 项目

django-admin startproject duma

项目的名称可以自定义,我创建的项目名是 duma。

命令执行完毕后,在当前目录会生成 duma 目录,该目录包含以下源文件。

duma/
manage.py
duma/
init.py
settings.py
urls.py
asgi.py
wsgi.py

简单介绍下这几个文件的作用:

● manage.py:管理 Django 项目的命令行工具,就像一个工具箱,后面会经常用到

● mysite/settings.py:Django 项目的配置文件,如:配置该项目使用什么数据库、包含哪些应用等

● mysite/urls.py:Django 项目的 URL 声明

● mysite/asgi.py:作为你的项目的运行在 ASGI 兼容的 Web 服务器上的入口。暂时用不到

● mysite/wsgi.py:作为你的项目的运行在 WSGI 兼容的 Web 服务器上的入口。暂时用不到

● 后面的学习中,我们会使用、修改这上面的文件,那时候对他们的作用会有更深的体会。

运行下面命令,启动 web 服务,验证 duma 项目是否创建成功。

python manage.py runserver

执行命令,会看到有以下信息输出

Starting development server at http://127.0.0.1:8000/

在浏览器访问 http://127.0.0.1:8000/

The install worked successfully! Congratulations!

You are seeing this page because DEBUG=True is in your settings file and you have not configured any URLs.

看到上面的页面,说明项目创建成功。

接下来我们要在 duma 项目中创建一个应用(app)。一个项目里可以有多个应用,如电商项目里可以有商城应用、支付应用和会员应用等等。

执行这行命令,创建一个应用

python manage.py startapp ncov

这里创建了一个名为 ncov 的应用,用它来做一个疫情数据报告。项目根目录会发现有个 ncov 目录,包含以下文件

ncov/
init.py
admin.py
apps.py
migrations/
init.py
models.py
tests.py
views.py

先不介绍它们的作用,这些文件后面基本都会用到,到时候会详细介绍。

2. Hello, World

"Hello,World"是学习任何编程语言的演示程序,现在我们用 Django 实现一个 "Hello,World"web 应用。首先,在 "nocv/views.py"文件中创建 index 函数

from django.http import HttpResponse

def index(request):

return HttpResponse('Hello, World! ') (下转第 181 页)

---

37 个 Python 入门小程序(三)

(上接第 179 页)

例子 28:个人信息输入输出

不定义类的情况下,可以将个人信息保存在元祖中

students =

while True:

input_s = input('输入学生信息(学号 姓名 性别),空格分隔(输入 q,则退出):')

if input_s == 'q':

break

input_cols = input_s.split(' ')

students.append((input_cols, input_cols, input_cols))

print(students)

例子 29:个人信息排序

个人信息保存在元组中,并按照学号、姓名或者性别排序。

"""

个人信息排序

"""

students =

cols_name = ['学号', '姓名', '性别']

while True:

input_s = input('输入学生信息(学号 姓名 性别),空格分隔(输入 q,则退出):')

if input_s == 'q':

break

input_cols = input_s.split(' ')

students.append((input_cols, input_cols, input_cols))

sorted_col = input('输入排序属性:')

sorted_idx = cols_name.index (sorted_col) # 根据输入的属性获取元组的索引

print(sorted(students, key=lambda x: x[sorted_idx]))

例子 30:对输入的内容去重

对输入的内容去重,直接用 Python 中 Set 集合实现

"""

去重

"""

input_set = set()

while True:

s = input('输入内容(输入 q,则退出):')

if s == 'q':

break

input_set.add(s)

print(input_set)

例子 31:输出集合交集

给定 Python web 工程师和算法工程师需要的技能,计算二者交集。

"""

集合交集

"""

python_web_programmer = set()

python_web_programmer.add('python 基础')

python_web_programmer.add('web 知识')

ai_programmer = set()

ai_programmer.add('python 基础')

ai_programmer.add('机器学习')

inter_set = python_web_programmer.intersection (ai_programmer)

print('技能交集:', end='')

print(inter_set)

Python set 集合除了能计算交集,还可以计算并集、补集

例子 32:猜拳游戏

用程序实现石头剪刀布游戏。

"""

猜拳游戏

"""

0 代表布,1 代表剪刀,2 代表石头

import random

rule = {'布': 0, '剪刀': 1, '石头': 2}

rand_res = random.randint(0, 2)

input_s = input('输入石头、剪刀、布:')

input_res = rule[input_s]

win = True

if abs (rand_res - input_res) == 2: # 相差 2 说明是布和石头相遇,出布一方胜

if rand_res == 0:

win = False

elif rand_res > input_res: # 相差 1 的情况谁大谁赢

win = False

print(f' 程序出 : {list(rule.keys ()) [rand_res]},输入 : {input_res}')

if rand_res == input_res:

print('平')

else:

print('赢' if win else '输')

例子 33:字典排序

字典的 key 是姓名,value 是身高,现在需要按照身高对

字典重新排序。

"""

字典排序

"""

hs = {'张三': 178, '李四': 185, '王麻子': 175}

print(dict(sorted(hs.items(), key=lambda item: item)))

例子 34:二元二次函数 v2.0

将二元二次函数封装在函数中,方便调用

"""

二元二次函数 v2.0

"""

def f(x, y):

return 2 * x ** 2 + 3 * y ** 2 + 4 * x * y

print(f'f(1, 2) = {f(1, 2)}')

例子 35:斐波那契数列 v2.0

使用递归函数的形式生成斐波那契数列

"""

递归版斐波那契数列

"""

def fib(n):

return 1 if n <= 2 else fib(n-1) + fib(n-2)

print(f' 第 10 个斐波那契数是:{fib(10)}')

例子 36:阶乘

定义一个函数,实现阶乘。n 的阶乘定义 :n! = 1*2*3* ... n

"""

阶乘函数

"""

def fact(n):

return 1 if n == 1 else fact(n-1) * n

print(f'10! = {fact(10)}')

例子 37:实现 range 函数

编写一个类似于 Python 中的 range 功能的函数

"""

range 函数

"""

def range_x(start, stop, step):

res =

while start < stop:

res.append(start)

start += step

return res

(全文完)

2021年 5月 2 日 第 18 期
投稿邮箱:dzbnew@163.com
电子报

Django 入门设计疫情数据报告(二)

(上接第 180 页)

然后,在 ncov 目录中创建 urls.py 文件,它用来定义 ncov 应用包含的 url。如:在电商商城应用中,会有商城首页 url 和商品详情的 url。在 urls.py 文件中添加一个 url,使之与 index 函数对应起来。

```
from django.urls import path
from . import views
urlpatterns = [ path('', views.index, name='index'),
```

第一个参数是 url 的路径,这里是空字符串代表 ncov 应用的根路径;第二个参数是该 url 对应的视图;第三个参数是该 url 的名称,可自定义。最后,在"duma/urls.py"添加代码,将 ncov 应用的 url 注册到 duma 项目中,添加后的代码如下

```
from django.contrib import admin
from django.urls import path, include
urlpatterns = [
path('admin/', admin.site.urls),
path('ncov/', include('ncov.urls')),
]
```

在浏览器访问 ncov 应用根路径 http://127.0.0.1:8000/ncov/

← → C ① 127.0.0.1:8000/ncov/

Hello, World!

如果看到如上图的页面就代表成功了。如果启动的服务关闭了,需要在 duma 目录执行 python manager.py runserver 命令重新启动 web 服务。

当访问 ncov 应用根路径的时候,浏览器会产生一个 http 请求,duma 项目的 web 服务接到该请求后,根据 urls.py 中的配置,调用"ncov/views.py"文件的 index 函数来处理该请求,index 函数中用 HttpResponse 将字符串"Hello,World"构造为一个 http 响应结果并返回给浏览器,浏览器接到该响应结果后,在页面上显示"Hello,World"字符串。

细心的话,你会发现 HttpResponse ('Hello, World! ')与 print('Hello, World')很像,后者是我们学习 Python 语言时第一个演示程序。它俩都是输出"Hello,World"字符串,前者输出在浏览器上,后者输出在控制台(命令行)上。这就是框架的威力,我们只关注业务逻辑,底层的 http 如何请求、如何响应以及如何返回给浏览器都是框架帮我们做好了。

3. 连接数据库

一个电商网站会展现很多商品,这些商品信息都存储在数据库中。同样的,ncov 应用也需要把疫情统计数据存储在数据库中。

打开"duma/settings.py"文件,找到 DATABASES 配置,如下

```
DATABASES = {
'default': {
'ENGINE': 'django.db.backends.sqlite3',
'NAME': BASE_DIR / 'db.sqlite3',
}
}
```

这里有一些默认的配置。"default.ENGINE"代表数据库引擎是 sqlite3,是一个轻量数据库。你也可以将数据库引擎改成 MySQL、MongoDB 等。

"default.NAME"是数据库名称,对于 sqlite 数据库来说这里填数据库的路径,BASE_DIR 代表项目根目录,此时再看下项目根目录可以发现有 db.sqlite3 文件,它是 Django 创建的,后面我们就用它来存储数据。不知道你会不会有这样的疑问,说好的数据库,怎么是个文件? 实际上数据库的底层就是文件,只不过在文件之上建立了一套引擎可以将文件中的内容以表格展示,并提供增加、删除、修改、查找的功能。就好比程序员的本质也是人,只不过从事编程工作所以被称为程序员。有了数据库,还需要在数据库里创建表。一般来说,可以用数据库命令直接建表。但由于我们用的是框架,所以就可以用 Django 来操作。

在"ncov/models.py"文件中创建一个 Django 模型

```
from django.db import models
class CyStat(models.Model):
stat_dt = models.CharField(max_length=10) # 日期
cy_name = models.CharField(max_length=50) # 国家名称
confirm = models.IntegerField() # 累计确诊
dead = models.IntegerField() # 累计死亡
heal = models.IntegerField() # 累计治愈
```

```
today_confirm = models.IntegerField() # 现有确诊
today_new_confirm = models.IntegerField() # 新增确诊
```

这里定义 CyStat 类来表示每个国家每天的疫情统计数据。包括 7 个属性,用 models 中的类对象来初始化。stat_dt 和 cy_name 定义为 models.CharField 类型,代表字符串类型。日期是 2021-11-01 这样的格式,占用 10 个字符,所以 max_length=10;对国家名称来说一般不超过 50 个字符,所以它的 max_length=50。其他几个字段都是统计数字,用整型即可。

有了数据模型只是第一步,我们要怎么获取数据呢? 这时候就需要将模型与数据库中的表关联起来。

首先,将 ncov 应用注册到 duma 项目里,在"duma/settings.py"文件中找到 INSTALLED_APPS 配置,并在数组中添加 ncov 应用,添加后 INSTALLED_APPS 数组如下

```
INSTALLED_APPS = [
'django.contrib.admin',
'django.contrib.auth',
'django.contrib.contenttypes',
'django.contrib.sessions',
'django.contrib.messages',
'django.contrib.staticfiles',
'ncov.apps.NcovConfig' # 注册 ncov 应用
```

接着,运行下面命令

```
python manage.py makemigrations ncov
```

执行后,可以看到输出以下信息

```
Migrations for 'ncov':
ncov/migrations/0001_initial.py
- Create model CyStat
```

该命令会在"ncov/migration"目录下创建 0001_initial.py 文件,如果看源码可能看不出它的功能,我们可以执行下面语句将其转成 sql 就容易理解了。

```
python manage.py sqlmigrate ncov 0001
```

执行后,输出

```
BEGIN;
--
-- Create model CyStat
--
CREATE TABLE "ncov_cystat" ("id" integer NOT NULL
PRIMARY KEY AUTOINCREMENT, "stat_dt" varchar (10)
NOT NULL, "cy_name" varchar (50) NOT NULL, "confirm"
integer NOT NULL, "dead" integer NOT NULL, "heal" integer NOT NULL, "today_confirm" integer NOT NULL, "today_new_confirm" integer NOT NULL);
COMMIT;
```

可以发现实际上就是一条建表 sql,表名是应用名和模型类名的组合,用下划线连接。除了 id 自动添加外,其他字段名称和定义与模型类属性一致。最后,执行下面命令来完成建表操作

```
python manage.py migrate
```

我们可以打开 db.sqlite3 数据库来看看是否成功。Mac 电脑自带 sqlite3 命令直接打开,Windows 电脑可以安装 SQLite Administrator 客户端。在项目根目录执行,打开数据库文件

```
sqlite3 db.sqlite3
```

执行.tables 查看数据库中的表

```
sqlite> .tables
auth_group          django_admin_log
auth_group_permissions  django_content_type
auth_permission     django_migrations
auth_user           django_session
auth_user_groups    ncov_cystat
auth_user_user_permissions
```

可以发现名为 ncov_cystat 的表,它就是按照 CyStat 类建的表。除此之外还有很多其他表,它们是 Django 框架自带的,我们可以先忽略。这样我们将模型 CyStat 类与数据库中的 ncov_cystat 表对应的,后续我们需要查询或者修改数据直接操作 CyStat 类就可以了,而不用写 sql。

这里我们又可以发现使用 Django 框架的一个优势——将模型类与数据库隔离(行话叫解耦)。带来的好处是,如果未来我们的项目上线后想把 sqlite 数据库换成 MySQL,我们只需要在 settings.py 文件中修改 DATABASES 的数据库引擎和数据库名称,重新执行建表命令即可。表的定义以及对表的查询、更新逻辑完全不用改。

4. 编写 web 页面

最后一节,我们来编写 web 页面展现数据。有了上面的基础我们知道,应该在 views.py 文件中查询 ncov_cystat 表的数据,然后将数据返回给浏览器。首先需要向 ncov_cystat 表中导入一些数据,可以参考之前的文章《用 Python 绘制全球疫情变化地图》自己抓取。我也准备了一部分数据放在"ncov/sql/插入疫情数据.sql"源码包里,复制 1~60 行 sql 在 sqlite 客户端执行即可。

```
sqlite> insert into ncov_cystat (stat_dt, cy_name, confirm, dead, heal, today_confirm, today_new_confirm) VALUES ("2021-09-03", "cn", 123169, 5685, 115024, 2460, 33);
sqlite> insert into ncov_cystat (stat_dt, cy_name, confirm, dead, heal, today_confirm, today_new_confirm) VALUES ("2021-09-04", "cn", 123199, 5685, 115105, 2409, 30);
...
```

读取数据,返回给浏览器。修改"ncov/views.py"文件中的 index 函数

```
from django.shortcuts import render
from .models import CyStat
def index(request):
cy_stats = CyStat.objects.filter (cy_name='cn').order_by ('-stat_dt')[:7]
context = {
'cy_stats': cy_stats
}
return render(request, 'ncov/index.html', context)
```

CyStat.objects 会返回 ncov_cystat 表里所有记录,filter 用来按照字段过滤表中的数据,'cn'代表中国,cy_name='cn' 表示我们只保留国内数据,order_by 用来按照某字段(列)对返回的结果排序,字段名前加'-'代表降序,这里我们只取最近 7 天的数据。

现在我们不能像"Hello,World"那样直接返回,因为那种方式返回的是一个字符串,没有任何样式。我们返回的应该是一个 HTML 文件,所以需要调用 reder 函数,返回"ncov/index.html"。

在 ncov 目录里创建"templates/ncov/index.html"文件,编写以下代码

```
<h3>国内疫情数据</h3>
<table border="1">
  <tr>
  <td>日期</td>
  <td>现有确诊</td>
  <td>新增确诊</td>
  </tr>
{% for stat in cy_stats %}
  <tr>
  <td> {{ stat.stat_dt }} </td>
  <td> {{ stat.today_confirm }} </td>
  <td> {{ stat.today_new_confirm }} </td>
  </tr>
{% endfor %}
</table>
```

该文件中使用表格来展示数据,你会发现这并不是一个纯 HTML 文件。准确来说 index.html 是 Django 定义的一种模板语言,它支持按照一定的语法写 Python 代码,比如说里面的 for 循环、stat 对象的使用。render 函数可以执行解析模板语言,生成纯 HTML 文件,返回给浏览器。

在浏览器访问 http://127.0.0.1:8000/ncov/,可以看到如下页面

← → C ① 127.0.0.1:8000/ncov/

国内疫情数据

日期	现有确诊	新增确诊
2021-11-01	2844	77
2021-10-31	2795	99
2021-10-30	2733	81
2021-10-29	2674	88
2021-10-28	2602	72
2021-10-27	2558	58
2021-10-26	2533	70

(下转第 189 页)

（接上期本版）

将上述代码导入 FPGA 之后，就等于在 FPGA 上构建出了一个模块，输入端端分别是 A、B、C、D，输出端分别是 Y2、Y1，且内部结构和图 1 中所示的功能完全一样。

不过，对于实验来说，仅仅在 FPGA 上搭建出该门电路模块还是不够的，我们还需要允许实验者对该电路进行调试并观察现象，因此还需要有相应的可操作/观察元件与 FPGA 配合使用。接下来就是我们备受欢迎的小脚丫 FPGA 登场的时

候了。

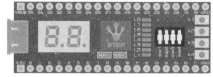

从示意图中可以看出，小脚丫 FPGA 带有多个板载外设，如开关、LED 和数码管等，可以对绝大部分数字电路进行生动的实验操作。小脚丫配有 USB 下载器，可以通过一根 USB 线实现供电和程序下载。板上的 36 多功能 I/O 接口可以进行项目扩展，且封装采用 DIP40 尺寸，因此可以与面包板完美结合。

以下是通过我们小脚丫 FPGA 对该电路进行的实验。我们采用板载的 4 个拨码开关和 2 个 LED 分别作为模块的 4

路输入和 2 路输出，并且通过调节输入来观察输出结果。左右两图分别所对应的输入分别为：0001 和 0101，我们也观察到了在两种情况下的 LED 状态。

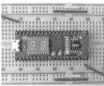

通过小脚丫 FPGA 进行数字电路实验，可以快速对实验结果进行观察，验证以及调试，且实验过程完全不受时间、空间以及各种周围环境的干扰因素所影响。

（全文完）

基于 FPGA 的数字电路实验 2：比较器的实现

前一篇文章我们介绍了通过小脚丫 FPGA 来进行门电路的实验过程。当然，我们还可以画出更多复杂的门电路组合，并且通过小脚丫 FPGA 轻松实现对应的输入/输出特性的定义。现在，我们利用小脚丫来学习更多具有特定功能的实用组合逻辑电路。

本文中，我们希望设计一个二进制比较器，通过小脚丫 FPGA 搭建实验电路并验证结果。

顾名思义，二进制比较器就是比较两个二进制数的大小，因此对于一个两位输入的比较器来说，其输出结果不外乎有小于、大于和等于三种可能。因此我们列出这个电路的真值表。

A	B	Y2(A<B)	Y1(A>B)	Y0(A=B)
0	0	0	0	1
0	1	1	0	0
1	0	0	1	0
1	1	0	0	1

相信学习上过数字电路课程的同学都知道如何将该电路进行逻辑运算，化简并画出对应的门电路组合，因此该步骤我们不在此过多赘述，直接上图。

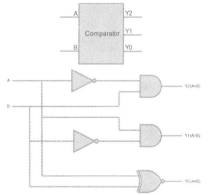

通过 Verilog 代码，我们对该电路进行硬件描述。这次我们采用 Data-flow 的写法，代码中出现的 !、&、^ 等符号，实际上就是等同于直接对数据进行逻辑运算，并分别对应 NOT、AND、OR。希望大家之后对这些符号的熟悉程度就如同看 Y$ 等符号一样亲切。

```verilog
module comparer1
(
input wire A, //定义输入的两个数 a、b
input wire B,
output wire Y2, //定义三种输出结果对应的 led
output wire Y0,
output wire Y1
);
assign Y2 = (! A) & B; //对应 A<B
assign Y1 = A & (! B); //对应 A>B
assign Y0 = ! (A^B); //对应 A=B
endmodule
```

在完成代码编译后，我们将输入变量 A 和 B 以及输出变量 Y2,Y1,Y0 分别对应至小脚丫的板载外设上。

这样，我们就在小脚丫上构建了一个二进制比较器，我们可以通过调节输入编码开关，并观察 LED 灯的现象来验证我们的设计。

变量	小脚丫
A	SW1
B	SW2
Y2	L1
Y1	L2
Y0	L3

全套 5G 解决方案
为运营商现场网络保驾护航

2020 年，在广州保利会展中心举办了中国主要网络运营商之一的全球合作伙伴会议，从多维度展现了其运用 5G 技术驱动各行业转型升级的强大实力。康普在射频端为此会议提供了全套 5G 解决方案。此前，康普已连续两次为该网络运营商提供现场网络保障，为双方在 5G 应用方面更加全面深入的合作奠定了坚实基础。

开创 4.9GHz 的 5G 频段应用先河

5G 商用加速将极大改变人们工作和生活的模式。在 5G 应用方面，康普与中国的运营商都曾有过成功合作。2019 年 9 月，全国第 11 届少数民族运动会于郑州奥体中心举办，康普的赋型天线、合路器和低损耗跳线被用以实现郑州奥体中心体育场、游泳馆和体育馆的现场 5G 网络覆盖，且使用效果均达预期。

康普此次提供的全套无源射频解决方案，是其 4.9GHz 的 5G 频段首次在密集和大容量覆盖场景中进行部署，对于未来在室内部署和应用 4.9GHz 的 5G 具有重要的示范意义。该应用开创了行业先河，受到业内、尤其是其他省市电信运营商的极大关注，各大运营商均期望能从中获得有益借鉴。会议期间经现场测试，下载速率达 1226Mbps，上传速率为 307Mbps，可完全满足用户需求。此外，康普本次所提供的天线频段也有利于运营商将来在广电领域的合作组网。在启用新频段时，无需再为此更换天线，可达到节约投资成本的目的。

全套 5G 解决方案令客户后顾无忧

康普拥有包括天线、合路器和跳线等在内的成熟的全套 5G 解决方案。区别于一些供应商只提供单一或部分产品，康普可提供无源射频路径的整体解决方案，确保整个射频链路的高可靠性和高质量，客户也能减少未来使用过程中维护和优化的工作量。本次会议中所采用的康普高性能 5G 赋型天线和超小型合路器，经严格测试，均具有业界同类产品中优秀指标和高品质。

康普所提供的赋型天线，是一种特别设计用于密集覆盖场景的天线，具有体积小、重量轻的特点，同时具有超宽带性能，涵盖 1695-2700MHz/3300-3800/4900-6000MHz 的超宽带频段。天线具有 4 路阵列，且每个阵列均包括上述频段，可实现 4X4 MIMO。该天线为 2G/3G/4G/5G 的共同部署提供了理想的解决方案。另外，天线还具有低互调的性能，为降低干扰、系统共用提供了技术保证。该天线在设计上特别注重辐射场型的性能指标，能够很好地根据覆盖要求，将辐射的射频能量限制在希望的范围之内，从而进一步降低相邻小区的干扰，使得单位面积内的小区数量有较大提高，更好地满足高密度、高容量的覆盖需求。

会议中所采用的康普超宽带双频合路器，将 2G/3G/4G 的系统与 5G 系统进行合路，满足了共用天线的要求。该合路器采用康普创新技术，虽然体积小，但性能极高，涵盖 4.9GHz 的 5G 频段，具有超宽带合路优势。同时，该合路器还具有优秀的三阶互调指标，可以达到-160dBc，为多系统合路时有效降低互调干扰奠定了基础。此外，针对合路器/天线与无线单元之间的连接，康普提供了高性能射频跳线。该跳线采用康普的特殊制造工艺，不仅衰减低、互调指标优秀，还具备良好的防水性能，可以快速方便地进行安装。

可信赖的 5G 专家

在 5G 应用方面，康普所提供的全套 5G 解决方案可应用于密集小区的无线网络部署，能有效地降低小区的同频干扰。此外，康普的天线还具有小型化、易于隐蔽的设计优势，不仅可保证天线的覆盖性能，还可根据覆盖区域的地形特点等，采用最为适合的覆盖方式。康普通过提供专业、可信赖且具有针对性的全套 5G 解决方案，为客户成功完成 5G 网络的部署保驾护航。

◇康普

MICKLE美奇MX800-USB小型调音扩声系统杂音故障的排除(一)

故障现象:一套以 MICKLE 美奇 MX800-USB 模拟调音台为核心单元所组建的小型扩声系统,工作时音箱有"吱吱"的类似交流感应噪音,并随主音量推子的开大,噪音也同步增大。

故障分析与维修过程:

该调音台为乡镇上某民间乐团的工作器材,平时多用于周边乡村的邻里间举办红白事时小乐队的伴奏演唱扩音,属于流动性演出作业使用场景且应用概率较频繁的情况。

起初,调音台的使用者在某次外出演出时发现,不知何时音箱中出现有"吱吱"啸叫的杂音,曾致电给笔者,咨询原因和求解决指导方案。笔者大致了解一下当时的使用场景后,主观感觉和系统音箱与话筒的位置不恰当所导致的回授啸叫现象有点类似,便电话指导其调整了下音箱的摆位方向及话筒位置,适当降低调音台话筒通道的增益和 EQ 的中高频提升量设置、微调下延时和混响的量感,对方居然反映问题好像是得到了改善,杂声小了很多,但仍然还有一点点。因为

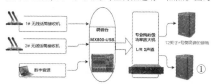

图①

涉及电声这一块,每个人的描述和感受是不同的,所以当时便告知调音台操控人,若想根本上解决问题,需要到现场确认故障现象,才能进行深入的原因分析,视频聊天的方式是不能替代现场检查和故障现象确认的,嘱其暂时先凑合完成当天的演出,回来后再约笔者到现场查看系统工作时的具体情况作判断分析。之后几天内,也未接到用户再次约请上门检测的电话,以为问题或已得到解决,便未再追究。

但一周后,又再次接到该乐团负责人的求助电话,说上次的扩声系统杂音故障仍然存在,他不能确定故障出在哪一环节,希望能帮手迅速解决。原来,他在另一个客户家的现场架设扩声系统,进行调音时发现系统里仍然存在上次的"吱吱"杂音现象,并且按上次笔者所讲的方法不能排除掉。适值当天的下午三点多钟,而乐队的商业演出活动约定在晚上七点多开始,距离演出时间还有三个多小时。因担心扩音效果不好影响到乐队的口碑和后续的商业拓展,故火急火燎的请笔者前去救场,并表示希望能在演出时间前搞定。

对现场演出类的专业调音扩声系统本人并不是很熟悉,但本着提升自己能力、不放弃身边每一次学习机会、不断追求进步的想法,还是决定放下手中的事务,陪他到现场走一趟看一看。

扩声现场设置在客户家的庭院里,连接的器材,粗看起来一大堆东西,仔细梳理一下后,其实也比较简单

的(参见图 1 的连接示意图),说白了也就是两套无线话筒接收机+数字音源+调音台+双通道纯后级功放+音箱,和普通的家用组合音响系统的构成差不了多少,故认为对音频系统的故障排查和判断方法、分析思路同样也适用。

首先,确认用户所讲的故障现象究竟是怎么回事——现场听到系统存在的"吱吱"杂音,有点类似数码延时混响电路的时钟啸叫声,但又不是那种纯粹的高频时钟声,因为还夹杂有点交流的"滋滋"声,两个音箱里都有。经验告诉笔者,这倒有点像线路接地不良所引起的那种感应输入的音频杂音,且音箱杂音大小受调音台主音量的推子控制。由此可见,杂音来源于功放的前级信号处理——调音台或麦克风输入部分电路,与功放无关。

究竟是调音台还是麦克风、音源输入电路故障所导致呢?把调音台主音量推子置中等位置,同时聆听音箱里输出的杂音情况,然后将麦克风输入通道的音量推子拉到最小,杂音消失,可见杂音来源与麦克风通道有一定的关系。将麦克风通道的音量推子置中,调整麦克风输入通道的增益旋钮到低位,音箱里的杂音仍然存在,且大小没有变化,说明该杂音与音箱摆位及无线麦克风的声反馈所导致的啸叫无关。将麦克风及音源输入线路从调音台的输入端口移除,杂音仍然存在,可见该杂音来源于调音台本身,而与外部输入的音源设备无关,从而确定为调音台本身故障。

同时,还注意到一个细节,即便是 MIC 输入通道的音量推子上推到顶打开的情况下,若是将 MIC 通道的效果旋钮调到最小或者是将混响效果通道的音量推子拉到底,杂音也将消失。很显然,这个杂音与调音台的效果处理电路相关。

故障范围缩小到调音台内部后,需要进一步的判断故障究竟是由哪个模块所引起,因为对于音频系统,导致交流杂音出现的因素太多了。电源退耦不良、电路故障、屏蔽不良或某模块电路接地不良、多点接地或来自外部的干扰等因素,都有可能导致扩声系统出现噪音的。但对于笔者来讲,在尚且不完全了解调音台的工作原理及内部电路构成的情况下,想在现场短时间内就找到内部电路故障并解决简直是件不可能完成的任务。所以,在确定为调音台故障后,笔者表示需要将调音台带回工作室拆开检查才能解决。话是这么说,可真要动手对调音台进行维修的话,那还真的是"新娘子上轿——头一回"啊。

需要"临时抱佛脚",做准备功课的事项很多,比如:到网上找调音台的有关资料,电路框图、信号流程图、工作原理之类的东西,恶补下才行啊。所幸的是,当下的网络时代,使得某些技术信息资料的获取变得非常的容易和快捷了。先从产品的品牌信息、调音台的基本组成单元框图及信号流程着手。呵呵,没想到这个"MICKLE"还真的是个货真价实的专业音响器材国货品牌啊,京东商城也有卖的。看起来还不算是山寨货,只是笔者并不了解而已啊。然后,在网上找了个模拟调音台的参考电路琢磨下(如图 2、图 3、图 4 所示,非产品本身的实际电路),对调音台的组成及电路总算是有了个大概的了解。

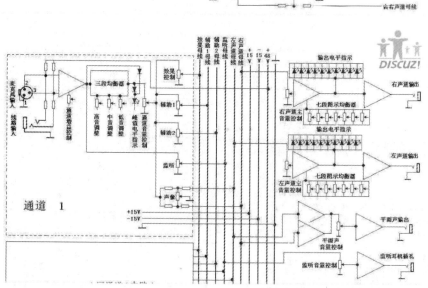

图②

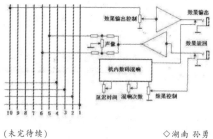

(未完待续)　　　　　　　　◇湖南　孙勇

电气线路实训 2：日光灯照明线路实验

一、实验目的

1. 进一步掌握日光灯照明线路的工作原理。

2. 学会日光灯照明线路的装接方法和故障处理方法。

二、器材准备

1. 亚龙 YL-102A 型维修电工实训考核装置一台

2. MF47 型万用表一只

3. 带插头铜芯软导线若干根

4. 常用电工工具一套

三、实训线路原理

1. 日光灯照明线路的组成

日光灯照明线路主要由电度表、镇流器、启辉器、灯管和开关五部分构成。

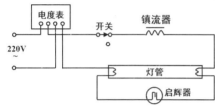

图 1 日光灯照明线路

2. 日光灯的工作原理

接通电源时,电源电压经镇流器、灯丝加到启辉器的动触头和静触头之间,引起辉光放电,放电产生的热量使双金属片膨胀伸展,于是启辉器的动触头和静触头被接通,有电流通过灯丝,使灯丝发热,预热灯管内的惰性气体和汞。与此同时,启辉器内辉光放电停止,双金属片冷却收缩,启辉器的动触头和静触头分离断开;在启辉器动触头和静触头分离断开的一瞬间,镇流器线圈中的电流突然中断,使镇流器两端产生一个高于电源电压的自感电动势,该自感电动势与电源电压串联后加在两灯丝之间,使灯管内的惰性气体被电离,再使汞汽化产生紫外线,于是荧光粉在紫外线的激发下发出近似日光的可见光。

四、实训操作

1. 先用万用表电阻挡检测塑料铜芯软导线是否畅通,检查实训考核装置上 K1~K4 是否完好。然后,按图 2 所示的日光灯实验电路进行线路连接。

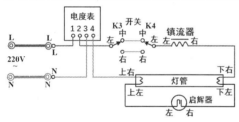

图 2 日光灯照明线路实验电路

2. 确认线路连接完全正确无误后,将日光灯灯管安装到管座上,接通 220V 电源,按 K3,日光灯应点亮或熄灭,再按 K3,日光灯应熄灭或点亮;按 K4,日光灯也应点亮或熄灭,再按 K4,日光灯也应熄灭或点亮。

3. 关断 220V 电源,取下灯管,拆掉所有连接的导线。

五、故障处理

日光灯照明实验电路常见故障、原因及处理办法如下表所示。

照明电路常见故障、原因及处理方法

故障现象	故障原因	故障处理
通电即跳闸	线路接错,尤其可能是把相线和零线短接了	检查并重新正确接线
完全不亮,一点反应都没有	线路接错或漏接、线头悬空、导线断线、开关或灯管等元器件损坏、启辉器或灯管没有安装好、开关没有按到位	检查并重新正确接线,插牢线头并拧紧螺钉,更换断线和坏的元器件,装好启辉器或灯管,重新按压开关
闪亮一下后便不再发光	连接导线松动或接触不良、启辉器性能不良、启辉器或灯管没有安装牢靠、开关没有按到位	插牢线头并拧紧螺钉,更换接触不良的导线,更换启辉器,装牢启辉器或灯管,重新按压开关
时亮时不亮	连接导线松动或接触不良、启辉器或灯管没有安装牢靠、开关没有按到位	插牢线头并拧紧螺钉,更换接触不良的导线,装牢启辉器或灯管,重新按压开关

六、归纳与思考

在图 3 画出日光灯照明线路的安装接线图。

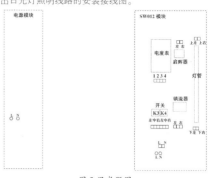

图 3 思考题图

参考答案：

如图 4 所示。

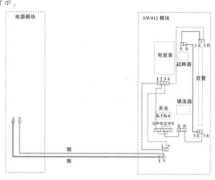

图 4 日光灯照明线路安装接线图

◇无锡 周金富

约稿函

《电子报》创办于1977年,一直是电子爱好者、技术开发人员的案头宝典,具有实用性、启发性、资料性、信息性。国内统一刊号:CN51-0091,邮局订阅代号:61-75。

职业教育是教育的重要组成部分,培养掌握一技之长的高素质劳动者和技术技能人才是职业教育的重要使命。职业院校是大规模开展职业技能教育和培训的重要基地,是培养大国工匠的摇篮。《电子报》开设"职业教育"版面,就是为了助力职业技能人才培养,助推中国职业教育迈上新台阶。

职教版诚邀职业院校、技工院校、职业教育机构师生,以及职教主管部门工作人员赐稿。稿酬从优。

一、栏目和内容

1. 教学教法。主要刊登职业院校(含技工院校,下同)电类教师在教学方法方面的独到见解,以及各种教学技术在教学中的应用。

2. 初学入门。主要刊登电类基础技术,注重系统性,注重理论与实际应用相结合,帮助职业院校的电类学生和初级电子爱好者入门。

3. 技能竞赛。主要刊登技能竞赛电类赛项的竞赛试题或模拟试题及解题思路,以及竞赛指导教师指导选手的经验、竞赛获奖选手的成长心得和经验。

4. 备考指南。主要针对职业技能鉴定(如电工初级、中级、高级、技师、高级技师等级考试)、注册电气工程师等取证类考试的知识要点和解题思路,以及职业院校学生升学考试中电工电子专业的备考方法、知识要点和解题思路。

5. 电子制作。主要刊登职业院校学生和电子爱好者的电类毕业设计成果和电子制作产品。

6. 电路设计。主要刊登强电类电路设计方案、调试仿真,比如继电器-接触器控制方式改造为PLC控制等。

7. 经典电路。主要刊登经典电路的原理解析和维修维护方法,要求电路有典型性,对学习其他同类电路有指导意义和帮助作用。

另外,世界技能奥林匹克——第46届世界技能大赛将于明年在中国上海举办,欢迎广大作者和读者提供与世赛电类赛项相关的稿件。

二、投稿要求

1. 所有投稿《电子报》的稿件,已视其版权交予电子报社。电子报社可对文章进行删改。文章可用于电子报期刊、合订本及网站。

2. 原创首发,一稿一投,以Word附件形式发送。稿件内请注明作者姓名、单位及联系方式,以便奉寄稿酬。

3. 除从权威报刊摘录的文章（必须明确标注出处）之外,其他稿件须为原创,严禁剽窃。

三、联系方式

投稿邮箱:63019541@qq.com或dzb-new@163.com

联系人:黄丽辉

本约稿函长期有效,欢迎投稿!

《电子报》编辑部

编辑:黄丽辉　投稿邮箱:dzbnew@163.com

PLC 工作原理与内部存储器使用规则(一)

编前语:这是一篇对 PLC 的认识提出全新概念的、并把 PLC 工作原理解释得准确、清楚、明白的技术文章。其理论分析的方法,探讨问题的角度,与通常可见的书籍文章有较大的不同。现在推荐给《电子报》的读者,希望能对从事 PLC 项目策划、开发、编程与运行维护的人员有所帮助。大家阅读后有什么收获、感想或意见,可向"机电技术版"的《PLC 技术》栏目反馈,对于此类反馈意见或稿件,哪怕是只言片语,本版将尽快、优先发表,以方便与 PLC 技术爱好者进行沟通与交流。

许多工程技术人员在进行 PLC 硬件设计时经常错误地使用内部存储器,结果造成编写出来的用户程序不是运行错误就是无法运行,究其原因,主要是这些技术人员没有真正弄懂 PLC 的工作原理和不清楚 PLC 内部存储器使用规则而导致的。因此本人特撰此文,对 PLC 的工作原理和存储器使用规则进行全方位的解读,以求能对这些技术人员有所帮助。

一、PLC 的内部构成

PLC 内部结构的实物样式如图 1 所示。

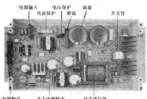

图 1 PLC 内部结构的实物样式

从 PLC 内部电路的具体结构来看,PLC 主要由单片机、存储器、I/O 接口和电源四大部分构成,如图 2 所示。

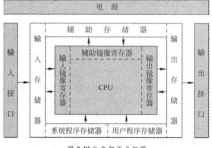

图 2 PLC 内部构成框图

1. 单片机

目前的 PLC 中,普遍采用单片微型计算机作为 PLC 的控制中枢。

单片机主要由 CPU 和存储器构成,在图 2 中,单片机中的存储器被表示成了输入镜像寄存器、输出镜像寄存器和辅助镜像寄存器。

单片机中的存储器被表示成输入镜像寄存器、输出镜像寄存器和辅助镜像寄存器,是因为这些存储器被专门用来临时寄存一下 CPU 运算时所需要的数据,以及临时寄存一下 CPU 运算的结果,同时因为这些寄存器中的数据状态与 PLC 存储器中的数据状态始终保持着一种"镜像"关系,因此,单片机中的存储器就被人们俗称为"镜像寄存器",并根据它们的不同用途又把镜像寄存器分别称作输入镜像寄存器、输出镜像寄存器和辅助镜像寄存器。

输入镜像寄存器、输出镜像寄存器和辅助镜像寄存器在 PLC 中的作用有两个——一是寄存信号状态(输入镜像寄存器专门寄存从输入存储器采集来的信号状态,输出镜像寄存器专门寄存从输出存储器采集来的信号状态以及经逻辑运算后需要送给输出存储器的运算结果,辅助镜像寄存器专门寄存从辅助存储器采集来的信号状态以及经逻辑运算后需要送给辅助存储器的运算结果);二是把它们的信号状态作为运算数据供 CPU 调用和运算。

CPU 主要功能有两个,即执行系统程序(管理和控制 PLC 的运行、解释二进制代码所表示的操作功能、检查和显示 PLC 的运行状态)和执行用户程序(读取各个镜像寄存器的信号状态、对信号状态进行运算处理、输出数据的运算结果)。

2. 存储器

PLC 中的存储器,包括输入存储器、输出存储器、辅助存储器、系统程序存储器和用户程序存储器五部分。

输入存储器、输出存储器和辅助存储器在 PLC 中具有双重作用——既是一种"执行元件"(输入存储器存储主令电器的信号状态、输出存储器存储被控电器的信号状态、辅助存储器存储运算结果的信号状态),同时又是一种"编程元件"(用存储器的"1"状态来代表被控电器线圈的得电、同时代表主令电器及被控电器的常闭触头断开和常开触头闭合,用存储器的"0"状态来代表被控电器线圈的失电、同时代表主令电器及被控电器的常开触头断开和常闭触头闭合;再用某种程序语言描述出由常开触头、常闭触头和线圈串并联连接而成的主令电器与被控电器之间的逻辑控制关系,就编制成了用户程序)。

系统程序存储器专门用来存放厂家写进去的系统程序。

用户程序存储器专门用来存放用户写进去的用户程序(也称应用程序或控制程序)。

3. I/O 接口

输入/输出接口简称 I/O 接口。

输入接口是主令电器与 PLC 之间的联系桥梁。输入接口的主要作用有两个——一是把主令电器的接通状态或断开状态转换成高电平信号或低电平信号;二是把高电平信号或低电平信号存储进输入存储器,达到用输入存储器的"1"状态代表主令电器的接通、用输入存储器的"0"状态代表主令电器的断开的目的。

输出接口是 PLC 与被控电器之间的联系桥梁。输出接口的主要作用是把输出存储器的"1"状态转换成被控电器回路的接通信号,把输出存储器的"0"状态转换成被控电器回路的断开信号,达到用输出存储器的状态控制被控电器运行状态的目的。

4. 电源

电源是 PLC 的能源供给中心,它采用性能优良的开关稳压电源,将 220V 交流市电整流滤波稳压成各种直流电压,除为 PLC 内部各部分电路提供电源外,还可为 PLC 外部的电器提供 24V 的直流电源。

二、PLC 的工作原理

实际上,只有从 PLC 系统程序的运行过程、PLC 实现"万能虚拟接线网络"的原理和 PLC 用户程序的执行过程这三个视角对 PLC 进行全方位的解读,才能真正弄懂 PLC 的工作原理。

1. PLC 系统程序的运行过程

PLC 的系统程序是采用"顺序进行、不断循环"的扫描方式进行工作的,即首先进行内部处理,接着进行通信处理,然后进行信号处理、再进行程序处理、最后进行输出处理、再回过头来从内部处理开始……就这样周而复始地一直循环工作下去,如图 3 所示。

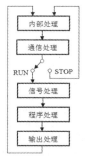

图 3 PLC 的工作方式

PLC 有两种工作模式—RUN(运行)模式和 STOP(编程)模式。(注:STOP 原意是停止运行程序,但易被领会为停止工作,故我们称为编程)。当 PLC 处于 STOP(编程)模式时,PLC 只进行内部处理和通信处理;当 PLC 处于 RUN(运行)模式时,PLC 不但要进行内部处理和通信处理,还要进行信号处理、程序处理和输出处理。

PLC 进行内部处理时,CPU 将对 PLC 内部的所有硬件进行自检,如果发现严重性故障,则强行停机并切断所有的输出;如果发现一般性故障,则进行报警但不停机;如果没有发现故障,则自动转入通信处理阶段。

PLC 进行通信处理时,CPU 将检测各通信接口的状态,如果有通信请求,则与编程器交换信息、与微机通信或与网络交换数据;如果没有通信请求,则自动转入信号处理阶段。

PLC 进行信号处理时,CPU 并不是单纯地只对输入信号进行采集,而是首先通过输入接口把各个主令电器的通断状态存储进对应的输入存储器,然后将同时进行三方面信号的处理—即将输入存储器当前的信号状态寄存到对应的输入镜像寄存器中、将辅助存储器当前的信号状态寄存到对应的辅助镜像寄存器中、将输出存储器当前的信号状态寄存到对应的输出镜像寄存器中。信号处理完成后,将自动转入程序处理阶段。

PLC 进行程序处理时,CPU 从第一条程序开始,首先对用户程序指定的输入镜像寄存器或者辅助镜像寄存器或者输出镜像寄存器的信号状态进行用户程序规定的逻辑运算,然后用所得的运算结果去改写相应的辅助镜像寄存器或者输出镜像寄存器的信号状态;接着进行第二条程序的运算,并再次用所得的运算结果去改写相应的辅助镜像寄存器或者输出镜像寄存器的信号状态;再进行第三条程序的运算……当运算到最后一条程序"END"时,程序处理结束,将自动转入输出处理阶段。

PLC 进行输出处理时,CPU 也不是单纯地只进行输出驱动处理,而是首先对辅助存储器和输出存储器的信号状态进行刷新,即将辅助镜像寄存器中的信号状态写到对应的辅助存储器中、把输出镜像寄存器中的信号状态写到对应的输出存储器中,以便于下一循环进行信号采集,然后才允许输出存储器把刷新后的信号状态通过输出接口去控制被控电器的运行。

(未完待续)

◇无锡 周秀明

电动汽车无刷直流(BLDC)电机驱动模型(一)

　　无刷直流(Brushless Direct Current,BLDC)电机是一种正快速普及的电机类型,它可在家用电器、汽车、航空航天、消费品、医疗、工业自动化设备和仪器等行业中使用。正如名称指出的那样,BLDC电机不用电刷来换向,而是使用电子换向。BLDC电机和有刷直流电机以及感应电机相比,有许多优点。由于输出转矩与电机体积之比更高,使之在需要着重考虑空间与重量因素的应用中,大有用武之地。

一、构造和工作原理

　　BLDC电机是同步电机中的一种。也就是说,定子产生的磁场与转子产生的磁场具有相同的频率。BLDC电机不会遇到感应电机中常见的"差频"问题。BLDC电机可配置为单相、两相和三相。定子绕组的数量与其类型对应。三相电机最受欢迎,使用最普遍。本文主要讨论电动汽车应用中的三相电机。内转子型BLDC电机是典型的BLDC电机的一种,其外观与内部构造如图1所示。带刷DC电机(以下称为DC电机)的转子上有线圈,外侧放有永磁体。BLDC电机的转子上有永磁体,外侧是线圈。BLCD电机的转子没有线圈,是永磁体,因此没有必要在转子上通电。实现了不带通电用的电刷的"无刷型"。另一方面,与DC电机相比,控制也变得更难了。并不是只要将电机上的电缆接上电源就好了。本来就连电缆数目都不一样。和"将正极(+)和负极(−)连上电源"的方式不同。

1. 定子

　　BLDC电机的定子由铸钢叠片组成,绕组置于沿内部圆周轴向开凿的槽中(如图2所示)。定子与感应电机的定子十分相似,但绕组的分布方式不同。多数

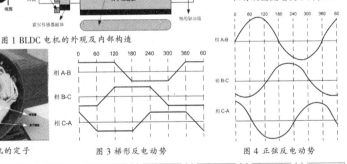

图1 BLDC电机的外观及内部构造

图2 BLDC电机的定子

图3 梯形反电动势

图4 正弦反电动势

　　BLDC电机都有三个星型连接的定子绕组。这些绕组中的每一个都是由许多线圈相互连接组成的。在槽中放置一个或多个线圈,并使它们相互连接组成绕组。沿定子圆周分布这些绕组,以构成均匀分布的磁极。有两种类型的定子绕组:梯形和正弦电机。以定子绕组中线圈的互连方式为依据来区分这两种电机,不同的连接方式会产生不同类型的反电动势(ElectromotiveForce,EMF)。正如它们的名称所示,梯形电机具有梯形的反电动势,正弦电机具有正弦形式的反电动势,如图3和图4所示。除了反电动势外,两类电机中的相电流也有梯形和正弦之分。这就使正弦电机输出的转矩比梯形电机平滑。但是,随之会带来额外的成本,这是因为正弦电机中线圈在定子圆周上的分布形式会使绕组之间有额外的互连,从而增加了耗铜量。根据控制电源的输出能力,选择定子的额定电压合适的电机。48伏或更低额定电压的电机适用于汽车、机器人和小型机械臂运动等应用。

2. 转子

　　转子用永磁体制成,可有2到8对磁极,南磁极和北磁极交替排列。要根据转子中需要的磁场密度选择制造转子的合适磁性材料。传统使用铁氧体来制造永磁体。随着技术的进步,稀土合金磁体正越来越受欢迎。铁氧体比较便宜,但缺点是给定体积的磁通密度低。相比之下,合金材料单位体积的磁场密度高,生成相同转矩所需的体积小。同时,这些合金磁体能改善体积与重量之比,比使用铁氧体磁芯的同体积电机产生的转矩更大。稀土合金磁体有钕(Nd)、钐钴(SmCo)以及钕铁硼铁氧体合金(NdFeB)等。进一步提高磁通密度,缩小转子体积的研究仍在持续进行中。

3. 霍尔传感器

　　和有刷直流电机不同,BLDC电机的换向是以电子方式控制的。要使BLDC电机转动,必须按一定的顺序给定子绕组通电。为了确定按照通电顺序哪一个绕组会得电,知道转子的位置很重要。转子的位置由定子中嵌入的霍尔效应传感器检测。多数BLDC电机在其非驱动端上的定子中嵌入了三个霍尔传感器。

　　每当转子磁极经过霍尔传感器附近时,它们便会发出一个高电平或低电平信号,表示北磁极或南磁极正经过该传感器。根据这三个霍尔传感器信号的组合,就能决定换向的精确顺序。

二、BLDC电机的控制实验

　　在试验中,选择了瑞萨电子电机控制评估套件"24V Motor Control Evaluation System for RX23T（以下称为"电机RSSK"）中有一套逆变板和各种控制软件、开发支持工具,使用电机RSSK来实际进行一次电机控制。进行使用霍尔传感器的120度通电控制前,需要下载"霍尔120度通电控制软件"写入电机控制微控制器中。还要同时使用电机控制的开发支持工具Renesas Motor Workbench。Renesas Motor Workbench有Analyzer功能和Tuner功能。首先来试试Analyzer功能吧。

　　Analyzer功能的最大特点是能在电机转动的同时不停止CPU,持续读写微控制器内部的变量,并用波形显示。若停止CPU,则可能由于PWM的输出状况而导致电流过大,损坏逆变板。因此,它在电机控制领域中,不像其他应用程序一样在程序中设置暂停,导致无法确认微控制器内部的变量。所以这是一项非常有效的功能。另外,由于电机控制,尤其是矢量控制中,使用了被称为"d轴""q轴"的电流值等在微控制器内部演算的电流值,因此在一般的示波器中无法确认数值。

　　能够直接确认其电流值也可以说是它的一大特点吧。此外,由于能够只提取出达到设置电压的波形以及缩放,作为电机控制用的开发支持工具来说非常有效。比起使用DA转换器或外部总线输出数据或保存在存储器之后进行分析等要高效得多。另外,也可作为通过利用变量来控制电机的转动/停止等的用户界面。由于Renesas Motor Workbench为用户界面,所以,瑞萨电子在网上公开的电机控制程序是利用此程序,实际上是通过120度通电控制来进行电机控制的。

1. 体验120度通电控制

　　尝试用120度通电控制,从Analyzer进行操作,让电机转动。120度通电控制的电流波形如图5所示。观察各相的电流波形。用Analyzer确认后,已确认如图5所示的波形。中央用不同颜色表示的波形的详细数据如下所示。虽然由于逆变电路的切换,存在无法取得电流值的时刻,但也形成了具有特点的电流波形。进行120度通电控制后,会形成矩形波一般的电流波形。另外可知,随着蓝色信号的变化,通电类型会发生切换。看了电机RSSK附带的电机转动的样子之后,并没有感觉到第2次介绍中说明的"不顺畅感"。也就可以理解它为什么被用于实际的应用中。

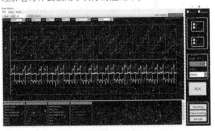

图5 120度通电控制的电流波形

（未完待续）

◇宜宾职业技术学院 何杨

纯电动汽车电池续航热冷关系(二)

（接上期本版）

　　威马汽车给出的解决方案是在纯电动汽车上搭载一台柴油加热器。该工作方式类似于热水器,通过燃料燃烧对管道内的液体进行加热,让电池包适应不同环境温度区间,保持稳定性,确保电池在充放电过程中处在最佳温度区间。

　　此外,宁德时代官网信息显示,宁德时代正在发展自加温技术,电池温度从−20℃跃升至10℃仅需15分钟。

　　为应对空调能耗高的情况,不少车企为电动汽车配备了热泵空调,通过低沸点制冷剂液化放热的原理来辅助制热,减少耗能。

　　随着电动化技术的不断发展,低温改善技术也在稳步推进中,代康伟表示,包括改善导电率,即通过调整电解液材料配方优化低温下电解液的黏温度,减小阻力;在磷酸铁锂正极材料上进行碳包覆,让Li离子移动更加通畅等都取得了一定效果。

　　以三元锂电池为例,在−7℃的试验环境下,2018年电池保持率能到85%的活性已经很高了,到了2020年,同样环境下电池活性已经可以释放到92%~93%。

　　话说回来,在现有的技术下提高电动汽车的冬季续航里程,还可以通过一些简单的用车技巧实现,比如尽量将电动汽车停放于地库等温度相对高一些的地方;行车时可选择开启动力回收模式增加续航里程;在电池尚有余量时及时充电,增加充电效率;充电完成后不急于拔枪,利用充电设施对电池的保温作用;冬季行驶时车辆应缓慢加速,尽量避免猛加速、急给油门,导致车辆频繁大功率的放电。

　　随着电化学储能行业的整体技术水平和工艺水平持续提升,电池安全性、循环寿命、充放电效率等性能持续改进,电池技术不断成熟,未来气温对于电池续航的影响将变得"微乎其微"。

（全文完）

◇宜宾职业技术学院 何杨

上海车展透露重大信息——智能驾驶与新能源汽车纷纷布局(二)

(接上期本版)

赛力斯华为智选SF5

华为携手汽车品牌赛力斯推出华为智选生态新品类产品——赛力斯华为智选SF5。这也是首款在华为终端渠道里销售的量产车型,也意味着华为智慧出行战略的全新升级。

随着汽车行业不断向电动化、智能化和网联化演进,此次华为新推出的高性能电驱轿跑SUV——赛力斯华为智选SF5,不仅为消费者带来更优质的智慧出行体验,也代表华为智慧出行战略的新升级。

赛力斯推出的"驼峰"电驱增程系统,搭载华为DriveONE三合一电驱动系统为用户提供长续航、高性能的驾控体验。赛力斯华为智选SF5可以提供"有电加电,无电加油"的灵活选择,是目前解决续航焦虑的最优解。在纯电模式下可实现续航150公里,满足城市日常通勤;在增程模式下可实现1000+公里续航。随车附赠的7kw家用充电桩能够在六小时内充满电,使用成本极低。

极狐阿尔法S

这是北汽新能源的智能汽车首次转型,与华为联合出品了新一代智能纯电轿车——极狐阿尔法S。同样搭载整套华为智能汽车解决方案,加速助推智能汽车出行产业发展迭代。

极狐阿尔法S华为HI版支持超充技术,充电10分钟,可行驶197公里的里程,15分钟可充入整车一半的电量。

极狐阿尔法S华为HI版搭载华为鸿蒙车机操作系统,这也是全球首款搭载华为鸿蒙车机操作系统与应用生态的汽车终端。极狐阿尔法S华为HI版得益于华为智能出行解决方案,实现了语音、视觉、触控、音效等方面体验的全面提升。

高通

在移动端,中国市场运营收入占了高通全球70%的业务,如今面对即将到来的车联网,高通也加紧了中国市场的布局。

高通在无线通信与移动计算领域拥有30多年的投入与创新,基于在智能终端、物联网等多个行业的深厚经验与领先优势,推出了众多定义网联汽车体验的关键技术。高通产品市场副总裁孙刚表示:"长期以来,高通对CPU、GPU、AI、DSP、蜂窝连接等技术模块的研发投入非常大。我们丰富的技术积累和快速的技术演进,让我们在汽车领域能够快速为合作伙伴提供高性能、高能效的产品。深耕汽车领域近20年,高通的汽车解决方案涵盖四大关键领域——车载网联和蜂窝车联网(C-V2X)、数字座舱、先进驾驶辅助系统(ADAS)和自动驾驶、云侧终端管理。高通的技术已赋能全球超过1.5亿辆汽车。

汽车业务的布局与产品组合的推出,不仅发挥了高通在移动行业的技术优势,也体现了高通对于汽车向"极致的移动性平台"变革的洞察——全新的驾乘体验、汽车与万物的互联以及汽车的智能化成为关键:通过车内多屏控制,驾驶者和乘客将各取所需,由AI支持的人机自然交互可提升驾乘体验和效率,领先的汽车制造商正通过数字座舱、车载网联、顶级音频等技术创造前所未有的车内体验;过去二三十年,汽车行业实现了车内不同电子元器件间的互联,未来十年,行业向汽车与万物及云端互联的目标迈进,而5G技术将助力实现这一愿景,众多汽车制造商计划在5G商用的2~3年内推出支持5G的汽车,明显快于4G在汽车行业的普及速度;行业普遍认为,汽车将成为继个人电脑、手机之后最具前景的智能终端,而汽车的智能化包含了人车交互智能化和车辆行驶自动化。

在数字座舱领域,高通多代解决方案为车内多块4K显示屏,顶级音频视频、流传输娱乐和情境安全等特性带来强大计算能力,不断推动驾乘体验升级,并获得汽车行业的广泛认可。在全球领先的25家汽车制造商中已有20家采用第3代骁龙汽车数字座舱平台,这些车型将在2021年加速量产商用。今年1月,高通推出第4代骁龙汽车数字座舱平台,采用5纳米制程工艺,打造高性能计算、计算机视觉、AI和多传感器处理的中枢,进一步支持汽车向区域体系架构演进。

在车载网联和C-V2X领域,高通汽车无线解决方案涵盖4G、5G、Wi-Fi/蓝牙、C-V2X和射频前端等众多产品组合。包括骁龙汽车4G和5G平台、全球首款面向C-V2X的高通9150 C-V2X芯片组,以及面向路侧单元和车载单元的完整C-V2X参考平台。多家汽车制造商发布搭载骁龙汽车5G平台的车型,包括长城汽车、蔚来汽车、华人运通、威马汽车等,接下来的12~18个月内将有更多采用骁龙汽车的汽车来到消费者身边。

在自动驾驶领域,高通推出的Snapdragon Ride平台是高性能低功耗的ADAS和自动驾驶解决方案,通过ADAS应用处理器和自动驾驶加速器,为汽车制造商提供具备强大计算能力、高散热表现且可编程的可扩展平台,并可支持全部级别的ADAS与自动驾驶场景。在中国,Snapdragon Ride将支持长城汽车在2022年量产的高端车型打造咖啡智驾系统,加速自动驾驶的实现。

在云侧终端管理领域,高通对云平台面向骁龙汽车数字座舱平台、骁龙汽车4G/5G平台,提供集成式安全网联汽车服务套件,支持网联汽车服务和生命周期管理,支持汽车在整个生命周期中更新升级,为汽车制造商提供新的服务及收益。

本次上海车展是高通首次以合作的方式在国内深度参与大型汽车展会。车展期间,十余家国内外汽车品牌将展出采用高通解决方案的最新车型,包括奇瑞捷途、高合、零跑、理想、领克、蔚来、WEY、威马、小鹏等领先的中国汽车制造商。同时,车展前夕新发布的小鹏P5、福特Mustang Mach-E、威马W6以及凯迪拉克LYRIQ,也采用了骁龙汽车数字座舱平台。

此外,高通还将联合WEY、领克等合作伙伴在其展台上打造独特的互动与展示装置,以更具参与感和交互性的方式展现高通骁龙汽车数字座舱和车载网联技术的先进特性。

恒大

HENGCHI
恒驰

作为地产巨头之一的恒大,旗下的恒驰汽车(恒大新能源)携带着9款车型在此次上海车展重磅亮相,这是恒驰旗下车型在公众视野中首次亮相。恒大此前与全球汽车工程技术龙头和顶级造型设计大师合作同步研发设计14款车型,不仅与全球前110家汽车零部件企业达成战略合作协议,还与德国hofer成立合资公司引进动力总成技术,甚至高薪引进韩国SK电池研究院专业技术团队。

这9款车型暂时命名为"恒驰1""恒驰2"……"恒驰9"。这9款车型将覆盖A、B、C、D级全领域,涵盖轿车、SUV、MPV、跨界车,对标市面上绝大多数热门车型。

恒驰1定位大型轿车,车长5320mm,轴距达3170mm,续航达760km;对标产品为奥迪A8L、特斯拉Model S、奔驰S级。

恒驰5定位紧凑型SUV,车长4718mm,轴距达2780mm,续航达700km;对标产品为奥迪Q3、宝马X1,该车有可能成为未来恒驰系列中最走量的车型。

恒驰1内饰效果图曝光,驾驶位配备了超大三联屏,加上前排后座上的两个大屏,可同时实现五屏联动。

恒驰全系车型最高综合续航都达到700km,部分车型超过800km。在消费者最关注的辅助自动驾驶方面,恒驰全系车型都配备AR Driving增强现实驾驶辅助功能,支持手机一键召唤、红绿灯预警、疲劳驾驶监测、并线碰撞预警等功能。在生态系统方面,搭载了联手腾讯与百度研发的H-SMART OS恒驰智能网联系统,科技感爆棚。

恒大汽车上海基地开放媒体观察日。

恒大汽车上海基地以工业4.0标准打造,按照数字化、智能化、生态化、高效化的要求,采用世界最先进的装备、世界最先进的工艺,实现世界最先进的智能制造。

其中,冲压车间采用德国斯特曼全自动高速冲压线,并由日本发那科机器人组成自动装箱系统,实现生产、装箱和运输全自动化;车身车间采用德国库卡设备和技术,自动化率达100%,打造世界最先进的高端智能"黑灯工厂";涂装车间采用德国杜尔生产线,前处理电泳翻转输送,干式漆雾分离,涂胶、喷涂100%自动化,全流程智能环保。

今年四季度,恒驰汽车将全面启动试生产,明年大规模交付,而具有高比能、高安全、长寿命、超快充的世界领先的动力电池产品也将于今年下半年量产。

美团

此次虽然美团没有直接参加上海车展,但出席了上海车展当日举行的GTIC 2021全球自动驾驶创新峰会。

近日美团发布L4等级无人驾驶配送车,美团新一代自研无人配送车已在北京顺义正式落地运营。

美团L4等级无人驾驶配送车装载量达150kg,容积近540L,配送时速最高20km/h。经过5年的测试和运营,通过整车性能、综合耐久、低温寒区环境等31个项目测试,自动驾驶技术更成熟,性能更稳定,能适应全天24小时运营需求。

城市道路续驶里程达到80km,能感应150米外障碍物并自动减速。同时,通过安全设计等五个维度,搭建运营过程中事前预防、事中监管、事后处置的全流程安全体系,确保了无人配送过程中的安全性。

预计未来3年,美团将在北京顺义、亦庄以及深圳等多地区和城市落地,实现外卖、买菜、闪购等业务场景的无人配送服务。

(未完待续)

◇四川 宁梵睿

镜头入门（一）

随着物质生活的提高，很多老年朋友在退休后都喜欢上了摄影，更有不少朋友在购买相机的时候都会选择套机。但是不少新手对于镜头还没有概念，不同的镜头，对于摄影带来的感受天差地别，并且带来的画面感也是完全不同的；毕竟一个镜头价格不菲，根据自己的爱好选择镜头很重要。

本文就简单介绍一下关于镜头的小知识，希望大家在选择镜头时能有助于您的参考。

定焦和变焦镜头

定焦镜头

定焦镜头（prime lens）是指只有一个固定焦距的镜头，没有焦段的说法，或者说只有一个视野。定焦镜头没有变焦功能。

定焦镜头的设计相对变焦镜头而言要简单得多，但一般变焦镜头在变焦过程中对成像会有所影响，而定焦镜头相对于变焦机器的最大好处就是对焦速度快，成像质量稳定。不少拥有定焦镜头的数码相机所拍摄的运动物体图像清晰而稳定，对焦非常准确，画面细腻，颗粒感非常轻微，测光也比较准确。特别适合大型的风光摄影，大型的集体合影拍照。

入门的定焦镜头当然以50为首选。经典的三镜组合是这样子的：35、50、135，有了这三个镜头，足可应付大多数的场合需要。日后若有需要，再作扩充。

另外提供几个不同的组合给大家参考：爱拍风景的人可以考虑的三镜组合为24、35（用35代替50）、135。爱拍人像的人：35、85（用85代50）、180。

定焦镜头的优点

价格实惠

一般来说，定焦镜头要比变焦镜头的价格更低廉，相对变焦镜头，由于采用更少的镜片组以及更简单的结构设计，即使是非常优秀的定焦镜头也差不多只有变焦镜头的一半价格，尤其是50mm焦段，几乎是各家最便宜的镜头焦段。

较小的畸变

畸变是变焦镜头最大的软肋，几乎所有涉及广角的变焦镜头都存在明显的畸变问题，而定焦镜头因为只需对一个焦段的成像进行纠正与优化，所以往往很少会出现畸变现象。

更锐利的成像

简单的镜片结构自然会带来更锐利的图像，尤其是那些含有ASPH非球面镜片的定焦镜头，在最大光圈下也能提供极为锐利的焦内成像。

柔美的焦外

在相同价格下，定焦镜头可以比变焦镜头提供更大的光圈（事实上变焦镜头的极限光圈便是F2.8），也就意味着更柔和的焦外虚化（Bokeh）效果，除此之外，定焦镜头的光圈叶片更多，接近圆形的光圈会提供更漂亮的Bokeh。

变焦镜头

变焦镜头是在一定范围内可以变换焦距、从而得到不同宽窄的视场角，不同大小的影像和不同景物范围的照相机镜头。变焦镜头在不改变拍摄距离的情况下，可以通过变动焦距来改变拍摄范围。

与固定焦距镜头不同，变焦距镜头并不是依靠快速更换镜头来实现镜头焦距变换的，而是通过推拉或旋转镜头的变焦环来实现镜头焦距变换的，在镜头变焦范围内，焦距可无级变换，即变焦范围内的任何焦距都能用来摄影，这就为实现构图的多样化创造了条件。变焦距镜头自身的任何一级焦距与别的相同焦距的固定焦距镜头功能是一样的。但变焦距镜头不限制摄影者使用哪一级焦距，因而在使用操作上要便利灵活得多。也省却了外出拍摄时需携带和更换多只不同焦距镜头的麻烦。相对固定焦距镜头而言，变焦距镜头的结构比较复杂，分量较重。

当然变焦镜头的缺点首先就是一个字——贵，其次体积相对定焦镜头要大一些，最后就是成像效果上，非名牌的变焦距镜头，成像质量肯定逊于相应的固定焦距镜头。

广角、标准、长焦镜头

这是按照焦段来区分镜头，可以分为鱼眼镜头、广角镜头、标准镜头、长焦镜头和超远摄镜头几个类别。这些分类如何区分，我们往下看。

鱼眼镜头，一般焦段小于16mm就可以称之为鱼眼镜头；

广角镜头，一般焦段大于16mm并且小于35mm，就可以称之为广角镜头；

标准镜头，一般焦段大于35mm小于70mm，就可以称之为标准镜头；

长焦镜头，一般焦段大于70mm小于200mm，就可以称之为长焦镜头，比如70-200mm镜头；

超远摄镜头，一般焦段大于200mm，就称之为超远摄镜头，比如100-400mm、400mm、600mm、800mm这些焦段的镜头就都属于超远摄镜头。

大三元

这是进入高阶摄影应该拥有的一套镜头组合的名称。"大三元"镜头指的是恒定F2.8光圈的三支变焦镜头的统称，这三支镜头的焦段分比为16-35mm、24-70mm、70-200mm（广角镜头焦段会有所不同，比如14-24mm、15-35mm等等）。

一般"大三元"镜头属于非常出色的变焦镜头，因此画质方面的表现很好，甚至会比一些定焦镜头的表现更为出色。

"大三元"镜头并不是某个品牌的镜头才有，各家镜头群都有自己的大三元，而且这个"大三元"还会随着新镜头的推出而更新：

佳能

超广角：佳能 EF 16-35mm f/2.8L III USM

标准：佳能 EF 24-70mm f/2.8L II USM

长焦：佳能 EF 70-200mm f/2.8L IS III USM

尼康

超广角：尼康 AF-S 14-24mm f/2.8G ED

标准：尼康 AF-S 24-70mm f/2.8E ED VR

长焦：尼康 AF-S 70-200mm f/2.8E FL ED VR

索尼

A卡口

超广角：Vario-Sonnar T* 16-35mm f/2.8 ZA SSM II

标准：Vario-Sonnar T* 24-70mm f/2.8 ZA SSM II

长焦：70-200mm f/2.8 G SSM II

E卡口

超广角：FE 12-24mm F2.8 GM

标准：FE 24-70mm f/2.8 GM

长焦：FE 70-200mm f/2.8 GM OSS

宾得

超广角：D FA 15-30mm f/2.8 ED SDM WR

标准：D FA 24-70mm f/2.8 ED SDM WR

长焦：D FA ★ 70-200mm f/2.8ED DC AW

奥林巴斯

超广角：M.ZUIKO DIGITAL ED 7-14mm f/2.8 PRO

标准：M.ZUIKO DIGITAL ED 12-40mm f/2.8 PRO

长焦：M.ZUIKO DIGITAL ED 40-150mm f/2.8 PRO

小三元

"小三元"镜头是对应"大三元"镜头而说的，是三支光圈恒定F4的变焦镜头组成，它们的焦段依旧是16-35mm、24-70mm、70-200mm（广角镜头焦段可能为14-30mm等等）。这三只变焦头一只是一直是超广角镜头、一只是标准变焦镜头、一只是长焦镜头。这三只镜头的焦段加起来，覆盖了超广角到长焦的常用焦段。

一般进阶摄影之后，资金不充足都会选择购买"小三元"镜头，资金实力较强的用户都会选择购买"大三元"镜头。

同样，各家也有自己的"小三元"组合：

佳能小三元

超广角：EF 17-40mm f/4.0L USM

标准：EF 24-105mm f/4.0L IS USM

长焦：EF 70-200 f/4.0L USM

尼康小三元

超广角：AF-S 16-35mmf/4 G ED VR

标准：AF-S 24-120mmf/4 G ED VR

长焦：AF-S 70-200mmf/4 G ED VR

索尼小三元

超广角：FE 16-35mmF4 ZAOSS

标准：FE 24-70mmf/4 ZAOSS

长焦：FE 70-200mmf/4 GOSS

有部分朋友用了一段时间的"小三元"后会选择升级成"大三元"。假如经济实力允许，又打算长期坚持摄影的，可以直接买大三元。另外，用大三元体力要好才行，毕竟出去拍个照背一台相机，三个镜头还是很费力的。

（未完待续）

2021 年最流行的 10 款 VSCode 扩展(一)

VisualStudio Code 是开发者社区最流行的一款编辑器。理由之一就是 VSCode 有许多扩展,可以提高开发的效率。在本文中,我们将介绍每一位开发人员都应该了解的 10 款 VSCode 扩展。

1. Auto Rename Tag

AutoRename Tag 是一款面向 Web 开发人员的 VSCode 扩展。顾名思义,Auto Rename Tag 可以在一个标签更改时自动更新另一个标签:

这款扩展不仅可以在 HTML 中使用,也可用于 React,因为 React 使用了 JSX:

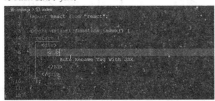

上述示例中标签内只有一个文本,但是在真正的应用程序中,大量的标签和元素嵌套在一起,手工更新非常困难且麻烦。

2. Bracket Pair Colorizer

这款扩展可以将匹配的括号染成相同的颜色。同一个文件内嵌套的组件、函数、对象等带来的大量括号很容易让人摸不着头脑:

例如下述代码示例:

第一眼看上去,区分不同的代码块很困难,但是 Bracket Pair Colorizer 扩展可以将对应的括号着色,方便浏览代码和阅读:

3. 代码片段

代码片段是节约时间提高生产力的最好办法。这并不是一个扩展,而是多种语言的各种扩展。下面是一些流行的代码片段扩展:

- Angular Snippts (version 11)
- Python
- JavaScript (ES6) code snippets
- HTML Snippets
- ES7 React/Redux/GraphQL/React-Native snippets
- Vue 3 Snippets

例如,在 React 中创建新组建时,输入函数式组件的语法非常繁琐。使用 ES7React/Redux/GraphQL/React-Native snippets 扩展,只需要输入 rfc 并按回车即可创建函数式组件。

4. Better Comments

BetterComments 可以帮助你编写便于阅读的注释。清晰、方便理解的注释不仅对阅读代码的人有好处,对自己也非常有

用。开发人员经常会遇到这种情况:过一段时间之后,阅读自己的代码都有困难。而编写描述性的注释对于自己和团队都有好处。使用 Better Comments 扩展,你可以将注释分为警告、询问、待办、重点等几大类。在双斜线后面使用下述字符做标记:

- * 表示重点
- ! 表示错误和警告
- ? 表示询问和问题
- // 表示删除
- TODO 表示待办事项

(下转第 190 页)

Django 入门设计疫情数据报告(三)

(上接第 181 页)

虽然数据能展示出来了,但有些丑,需要优化下前端样式。

刚刚说的 HTML 和 Django 模板语言都是标记语言,语法都比较简单,之前没学过的朋友可以找些教程简单补一下。要展示比较漂亮的图片,一般要借助 js 实现,有 js 的基础的朋友可以自己写前端页面。如果没有可以用 pyecharts,它支持用 Python 代码制作图表。

下载 pyecharts GitHub 项目 (https://github.com/pyecharts/pyecharts) 源码,将 "pyecharts/render/templates" 目录中的源文件复制到 "ncov/templates" 目录中,结果如下

继续修改 index 函数,改为使用 pyecharts API 返回折线图。

```
from django.http import HttpResponse
from django.shortcuts import render
from pyecharts.charts import Line, Map
from pyecharts import options as opts
from .models import CyStat
def index(request):
    cy_stat = CyStat.objects.filter (cy_name='cn').order_by ('-stat_dt')[:14]
    stat_list = [x.stat_dt for x in cy_stat]
    stat_list.reverse()
    today_confirm_list = [x.today_confirm for x in cy_stat]
    today_confirm_list.reverse()
    today_new_confirm_list = [x.today_new_confirm for x in cy_stat]
    today_new_confirm_list.reverse()
    c = (
```

```
    Line()
    .add_xaxis(stat_list)
    .add_yaxis("现有确诊", today_confirm_list)
    .add_yaxis("新增确诊", today_new_confirm_list)
    .set_global_opts(title_opts=opts.TitleOpts(title="国内疫情数据"))
    )
    return HttpResponse(c.render_embed())
```

页面效果如下

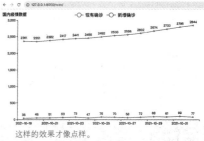

这样的效果才像点样。

学到这里,我们已经入门 Django 了,留个作业,看看你能否做出下面的效果。

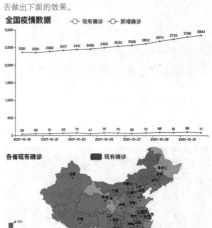

全部代码(包括作业)回复"django 入门"获取。今天介绍的只是 Django 一小部分内容,如果大家反馈较好后面会继续更新,有问题也可以随时提问。 (全文完)

MOSFET 与 IGBT 的区别（一）

1. 由于 MOSFET 的结构，通常它可以做到电流很大，可以到上 KA，但耐压能力没有 IGBT 强。

2. IGBT 可以做很大功率，电流和电压都可以，就是一点频率不是太高，目前 IGBT 硬开关速度可以到 100KHz，那已经是不错了。不过相对于 MOSFET 的工作频率还是九牛一毛，MOSFET 可以工作到几百 KHz，上 MHz，以至几十 MHz。

3. 就其应用：根据其特点 MOSFET 应用于开关电源、镇流器、高频感应加热、高频逆变焊机、通信电源等高频电源领域；IGBT 集中应用于焊机、逆变器、变频器、电镀电解电源、超音频感应加热等领域。

开关电源（SMPS）的性能在很大程度上依赖于功率半导体器件的选择，即开关管和整流器。

虽然没有万全的方案来解决选择 IGBT 还是 MOSFET 的问题，但针对特定 SMPS 应用中的 IGBT 和 MOSFET 进行性能比较，确定关键参数的范围还是能起到一定的参考作用。

本文将对一些参数进行探讨，如硬开关和软开关 ZVS（零电压转换）拓扑中的开关损耗，并对电路和器件特性相关的三个主要功率开关损耗——导通损耗、传导损耗和关断损耗进行描述。此外，还通过举例说明二极管的恢复特性是决定 MOSFET 或 IGBT 导通开关损耗的主要因素，讨论二极管恢复性能对于硬开关拓扑的影响。

导通损耗

除了 IGBT 的电压下降时间较长以外，IGBT 和功率 MOSFET 的导通特性十分类似。由基本的 IGBT 等效电路（见图 1）可看出，完全调节 PNP BJT 集电极基极区的少数载流子所需的时间导致了导通电压拖尾出现。

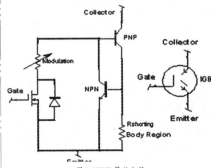

图 1 IGBT 等效电路

这种延迟引起了类饱和效应，使集电极/发射极电压不能立即下降到其 VCE(sat) 值。这种效应也导致了在 ZVS 情况下，在负载电流从组合封装的反向并联二极管转换到 IGBT 的集电极的瞬间，VCE 电压会上升。IGBT 产品规格书中列出的 Eon 能耗是每一转换周期 Icollector 与 VCE 乘积的时间积分，单位为焦耳，包含了与类似相关的其他损耗。其又分为两个 Eon 能量参数，Eon1 和 Eon2。Eon1 是没有包括与硬开关二极管恢复损耗相关能耗的功率损耗；Eon2 则包括了与二极管恢复相关的硬开关导通能耗，可通过恢复与 IGBT 组合封装的二极管相同的二极管来测量，典型的 Eon2 测试电路如图 2 所示。IGBT 通过两个脉冲进行开关转换来测量 Eon。第一个脉冲将增大电感电流以达到所需的测试电流，然后第二个脉冲会测量测试电流在二极管上恢复的 Eon 损耗。

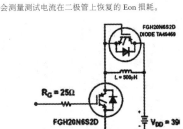

图 2 典型的导通能耗 Eon 笔关断能耗 Eoff 测试电路

在硬开关导通的情况下，栅极驱动电压和阻抗以及整流二极管的恢复特性决定了 Eon 开关损耗。对于像传统 CCM 升压 PFC 电路来说，升压二极管恢复特性在 Eon（导通）能耗的控制中极为重要。除了选择具有最小 Trr 和 QRR 的升压二极管之外，确保该二极管拥有软恢复特性也非常重要。软化度，即 tb/ta 比率，对开关器件产生的电气噪声和电压尖峰中有相当的影响。某些高速二极管在时间 tb 内，从 IRM(REC) 开始的电流下降速率(di/dt)很高，故会在寄生电感中产生高电压尖脉冲。这些电压尖脉冲会引起电磁干扰(EMI)，并可能在二极管上导致过高的反向电压。

在硬开关电路中，如全桥和半桥拓扑中，与 IGBT 组合封装的是快恢复或 MOSFET 体二极管，当对应的开关管导通时二极管有电流经过，因而二极管的恢复特性决定了 Eon 损耗。所以，选择具有快速体二极管恢复特性的 MOSFET 十分重要。不幸的是，MOSFET 的寄生二极管或体二极管的恢复特性比业界目前使用的分立二极管要缓慢。因此，对于硬开关 MOSFET 应用而言，体二极管常常是决定 SMPS 工作频率的限制因素。

2021 年最流行的 10 款 VSCode 扩展（二）

5. Markdown All in One

Markdown All in One 可以处理所有的 markdown 需求，例如自动预览、快捷键、自动完成等。从 2004 年发布以来，Markdown 已成为最流行的标记语言之一。技术作者广泛使用 Markdown 转写文章、博客、文档等，因为它十分轻便、简单，而且可以在多个平台上使用。它的流行带动了许多 Markdown 变体的出现，如 GitHub Flavored markdown、MDX 等。例如，要在 Markdown 中加粗字体，只需要选中文字按快捷键 Ctrl+B 即可，这样可以提高生产力。

6. 图标

描述性的图标可以帮你区分不同的文件和文件夹。图标也让开发过程更有趣。下面是两个 VSCode 标签页的比较。一个有图标，另一个没有。

有许多图标扩展可供选择。流行的图标扩展有：

- vscode-icons
- Material Icon Theme
- Material Theme Icons
- Simple icons

7. Prettier

Prettier 是一款有倾向的代码格式化程序。它在 GitHub 上获得了 38500 个标星，是最流行的代码格式化器之一。一致的代码格式和风格可以节省不少时间，特别是在与其他开发人员协作的时候。考虑下述代码：

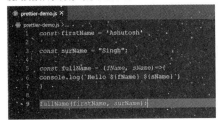

这段代码有许多格式问题，例如：

- 单引号和双引号混用
- 不规则的分号用法
- 第 6 行的 console 语句缩进不恰当

下面演示了如何使用 Prettier 来格式化并修复以上错误：

该扩展支持 Prettier 插件，这样你就可以使用本地定制过的 Perttier。你还可以进一步配置该扩展，甚至可以配置成保存时自动执行。

8. Import Cost

Importcost 在代码中显示导入的估计大小。编写项目时，很重要的一点就是不要导入过大的软件包以免损害用户体验。避免导入过大软件包的方法之一就是随时跟踪软件包的大小。

如果导入过大，Import Cost 就会用红色显示大小，以示警告。你可以自行配置小、中、大分别对应的大小。

9. Profile Switcher

Profile Switcher 可以在多个用户配置中切换。该扩展特别适合内容创作者，如技术博客作者、YouTube 主播等。你不需要每次共享 VSCode 屏幕时更改设置，只需要创建新的用户配置即可。下图演示了怎样在两个用户配置 Default 和 Content Creation 之间切换：

10. GitLens

GitLens 是一款开源扩展。它给 VSCode 添加了 Git 的功能。该扩展最好的一点就是能通过 Git blame 和 code lens 的功能，将代码的作者可视化。

下面是更详细的代码作者的信息：

这只是 GitLens 的诸多功能之一。其他值得一提的功能有：

- 遍历某个文件的历史版本
- 在行尾显示当前行的作者信息，而不会对工作造成干扰
- 自定义状态栏，显示当前行的上次修改者和修改日期

11. 总结

本文介绍了 10 款 VSCode 扩展，帮助你成为更好的开发者并提高生产力。还有许多其他的 VSCode 扩展，比如：

- Live Server
- Path Intellisense
- Code Spell Checker
- Better Align
- Quokka.js
- indent-rainbow

（全文完）

190 ⑩ 增刊

2021 年 5 月 9 日 第 19 期
投稿邮箱:dzbnew@163.com

电子报

MOSFET 与 IGBT 的区别(二)

(上接第 190 页)

一般来说,IGBT 组合封装二极管的选择要与其应用匹配,具有较低正向传导损耗的较慢型超快二极管与较慢的低 VCE(sat)电机驱动 IGBT 组合封装在一起。相反地,软恢复超快二极管,可与高频 SMPS2 开关模式 IGBT 组合封装在一起。除了选择正确的二极管外,设计人员还能够通过调节栅极驱动导通阻抗来控制 Eon 损耗。降低驱动阻抗将提高 IGBT 或 MOSFET 的导通 di/dt 及减小 Eon 损耗。Eon 损耗和 EMI 需要折中,因为较高的 di/dt 会导致电压尖脉冲、辐射和传导 EMI 增加。为选择正确的栅极驱动阻抗以满足导通 di/dt 的需求,可能需要进行电路内部测试与验证,然后根据 MOSFET 转换曲线可以确定大概的值 (见图 3)。

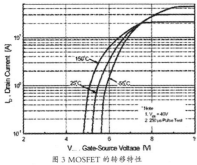

图 3 MOSFET 的转移特性

假定在导通时,FET 电流上升到 10A,根据图 3 中 25℃的那条曲线,为了达到 10A 的值,栅极电压必须从 5.2V 转换到 6.7V,平均 GFS 为 10A/(6.7V−5.2V)=6.7mΩ。

$$R_{gate} = [V_{drive} - V_{GS(avg)}] \cdot \frac{G_{FS}}{(di/dt) \cdot C_{iss}}$$

公式 1 获得所需导通 di/dt 的栅极驱动阻抗,把平均 GFS 值运用到公式 1 中,得到栅极驱动电压 Vdrive=10V,所需的 di/dt =600A/μs,FCP11N60 典型值 VGS (avg) =6V,Ciss = 1200pF;于是可以计算出导通栅极驱动阻抗为 37Ω。由于在图 3 的曲线中瞬态 GFS 值是一条斜线,会在 Eon 期间出现变化,意味着 di/dt 也会变化。呈指数衰减的栅极驱动电流 Vdrive 和下降的 Ciss 作为 VGS 的函数也进入了该公式,表现具有令人惊讶的线性电流上升的总体效应。同样的,IGBT 也可以进行类似的栅极驱动导通阻抗计算,VGE(avg) 和 GFS 可以通过 IGBT 的转换特性曲线来确定,并应用 VGE(avg)下的 CIES 值代替 Ciss。计算所得的 IGBT 导通栅极驱动阻抗为 100Ω,该值比前面的 37Ω 高,表明 IGBT GFS 较高,而 CIES 较低。这里的关键之处在于,为了从 MOSFET 转换到 IGBT,必须对栅极驱动电路进行调节。

传导损耗需谨慎

在比较额定值为 600V 的器件时,IGBT 的传导损耗一般比相同芯片大小的 600 V MOSFET 少。这种比较应该是在集电极和漏极电流密度可明显感测,并在指明最差情况下的工作结果下进行的。例如,FGP20N6S2 SMPS2 IGBT 和 FCP11N60 SuperFET 均具有 1℃/W 的 RθJC 值。图 4 显示了在 125℃的结温下传导损耗与直流电流的关系,图中曲线表明在直流电流大于 2.92A 后,MOSFET 传导损耗更大。

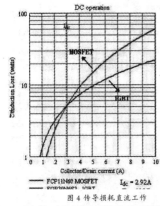

图 4 传导损耗直流工作

不过,图 4 中的直流传导损耗比较不适用于大部分应用。同时,图 5 中显示了传导损耗在 CCM (连续电流模式)、升压 PFC 电路,125℃的结温以及 85V 的交流输入电压 Vac 和 400

Vdc 直流输出电压的工作模式下的比较曲线。图中,MOS-FET-IGBT 的曲线相交点为 2.65A RMS。对 PFC 电路而言,当交流输入电流大于 2.65A RMS 时,MOSFET 具有较大的传导损耗。2.65A PFC 交流输入电流等于 MOSFET 由公式 2 计算所得的 2.29A RMS。MOSFET 传导损耗、I2R,利用公式 2 定义的电流和 MOSFET 125℃的 RDS (on) 可以计算得出。把 RDS(on)随漏极电流变化的因素考虑在内,该传导损耗还可以进一步精确化,这种关系如图 6 所示。

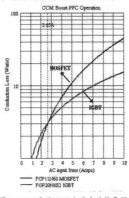

图 5 CCM 升压 PFC 电路中的传导损耗

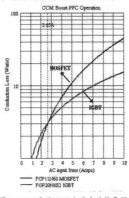

图 6 FCPI IN60 (MOSEFET):RDS (on) 随 IDRAIN 和 VGE 的变化

一篇名为"如何将功率 MOSFET 的 RDS(on)对漏极电流瞬态值的依赖性包含到高频三相 PWM 逆变器的传导损耗计算中"的 IEEE 文章描述了如何确定漏极电流对传导损耗的影响。作为 ID 之函数,RDS(on)变化对大多数 SMPS 拓扑的影响很小。例如,在 PFC 电路中,当 FCP11N60 MOSFET 的峰值电流 ID 为 11A——两倍于 5.5A (规格书中 RDS(on) 的测试条件) 时,RDS (on) 的有效值和传导损耗会增加 5%。在 MOSFET 传导极小占空比的高脉冲电流拓扑结构中,应该考虑图 6 所示的特性。如果 FCP11N60 MOSFET 工作在一个电路中,其漏极电流为占空比 7.5%的 20A 脉冲 (即 5.5A RMS),则有效的 RDS(on)将比 5.5A(规格书中的测试电流)时的 0.32 欧姆大 25%。

$$Irms_{swnah} = Iac_{RMS} \cdot \sqrt{1 - \sqrt{2} \, 3 \cdot \pi \cdot \frac{Vac}{Vout}}$$

公式 2 CCM PFC 电路中的 RMS 电流

式 2 中,Iacrms 是 PFC 电路 RMS 输入电流;Vac 是 PFC 电路 RMS 输入电压;Vout 是直流输出电压。在实际应用中,计算 IGBT 在类似 PFC 电路中的传导损耗将更加复杂,因为每个开关周期都在不同的 IC 上进行。IGBT 的 VCE(sat) 不能用一个阻抗表示,比较简单直接的方法是将其表示为阻抗 RFCE 串联一个固定 VFCE 电压,VCE(ICE)=ICE×RFCE+ VFCE。于是,传导损耗便可以计算为平均集电极电流与 VFCE 的乘积,加上 RMS 集电极电流的平方,再乘以阻抗 RFCE。图 5 中的示例仅考虑了 CCM PFC 电路的传导损耗,即假定设计目标在维持最差情况下的传导损耗小于 15W。以 FCP11N60 MOSFET 为例,该电路被限制在 5.8A,而 FGP20N6S2 IGBT 可以在 9.8A 的交流输入电流下工作。它可以传导超过 MOSFET 70%的功率。虽然 IGBT 的传导损耗较小,但大多数 600V IGBT 都是 PT (穿透) 型器件。PT 器件具有 NTC (负温度系数)特性,不能并联分流。或许,这些器件可以通过匹配器件 VCE(sat)、VGE(TH) (栅射阈值电压) 及机械封装有限的成效进行并联,以使得 IGBT 芯片们的温度可以保持一致的变化。相反地,MOSFET 具有 PTC (正温度系

数),可以提供良好的电流分流。

关断损耗——问题尚未结束

在硬开关、钳位感性电路中,MOSFET 的关断损耗比 IG-BT 低得多,原因在于 IGBT 的拖尾电流,这与清除图 1 中 PNP BJT 的少数载流子有关。图 7 显示了集电极电流 ICE 和结温 Tj 的函数 Eoff,其曲线在大多数 IGBT 数据表中都有提供。这些曲线基于钳位感性电路且测试电压相同,并包含拖尾电流能量损耗。

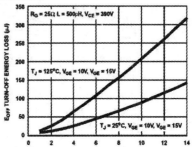

图 7 本图表显示 IGBT 的 Eoff 随 ICE 及 Tj 的变化

图 2 显示了用于测量 IGBT Eoff 的典型测试电路,它的测试电压,即图 2 中的 VDD,因不同制造商及个别器件的 BVCES 而异。在比较器件时应考虑这测试条件中的 VDD,因为在较低的 VDD 钳位电压下进行测试和工作将导致 Eoff 能耗降低。降低栅极驱动关断阻抗对减小 IGBT Eoff 损耗影响极微,如图 1 所示,当等效的多数载流子 MOSFET 关断时,在 IGBT 少数载流子 BJT 中仍存在存储时间延迟 td(off)I。不过,降低 Eoff 驱动阻抗将会减少米勒电容 CRES 和关断 VCE 的 dv/dt 造成的电流注到栅极驱动回路中的风险,避免使器件重新偏置为传导状态,从而导致多个产生 Eoff 的开关动作。ZVS 和 ZCS 拓扑在降低 MOSFET 和 IGBT 的关断损耗方面很有优势。不过 ZVS 的工作优点在 IGBT 中没有那么大,因为当集电极电压上升到允许多余存储电荷进行耗散的电势值时,会引发拖尾冲击电流 Eoff。ZCS 拓扑可以提升最大的 IGBT Eoff 性能。正确的栅极驱动顺序可使 IGBT 栅极信号在第二个集电极电流过零点以前不被清除,从而显著降低 IGBT ZCS Eoff。MOSFET 的 Eoff 能耗是其米勒电容 Crss、栅极驱动速度、栅极驱动关断源极阻抗及源极功率电路路径中寄生电感 Lx (如图 8 所示) 产生一个电势,通过限制电流速度下降而增加关断损耗。在关断时,电流下降速度 di/dt 由 Lx 和 VGS(th)决定。如果 Lx=5nH,VGS (th)=4V,则最大电流下降速度为 VGS(th)/Lx=800A/μs。

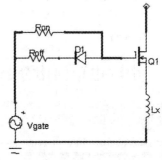

图 8 典型硬开关应用中的栅极驱动电路

总结

在选用功率开关器件时,并没有万全的解决方案,电路拓扑、工作频率、环境温度和物理尺寸,所有这些约束都会在做出最佳选择时起着作用。在具有最小 Eon 损耗的 ZVS 和 ZCS 应用中,MOSFET 由于具有较快的开关速度及较少的关断损耗,因此能够在较高频率下工作。对硬开关应用而言,MOSFET 寄生二极管的恢复特性可能是个缺点。相反,由于 IGBT 组合封装内的二极管与特定应用匹配,佳佳的软恢复二极管可与更高速的 SMPS 器件相配合。

后语

MOSFE 和 IGBT 是没有本质区别的,人们常问的"是 MOSFET 好还是 IGBT 好"这个问题本身就是错误的。至于我们为何有时用 MOSFET,有时又不用 MOSFET 而采用 IG-BT,不能简单的用好和坏来区分,来判定,需要用辩证的方法来考虑这个问题。

(全文完)

基于 FPGA 的数字电路实验 3：点亮数码管

如何通过小脚丫板载的两个数码管来显示字符，首先我们要了解一下数码管的基本工作原理，接下来再研究怎么通过捣鼓小脚丫把数码管给点亮，并且显示出有效信息。

小脚丫板载的数码管是 7 段数码管(如果包括右下的小点可以认为是 8 段)，它分别由 a、b、c、d、e、f、g 位段和表示小数点的 dp 位段组成，见图1。

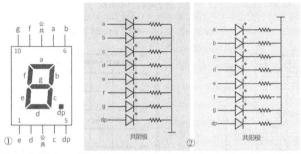

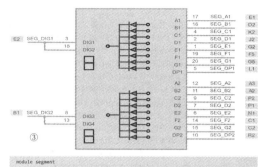

数码管的各个段位是由 LED 灯组成的，控制每个 LED 的点亮或熄灭实现数字显示。通常数码管分为共阳极数码管和共阴极数码管，结构如图2所示。共阴 8 段数码管的信号端低电平有效，而共阳端接高电平有效。比如，使共阳端数码管的 a 段发光，则在 a 段信号端加上低电平即可。共阳极的数码管则相反。

小脚丫的板载数码管为 7 段共阴极数码管，可以显示数字 0-9 以及字母 A-F 共计 16 种选择。因此，如果我们需要数码管能显示所有的 16 种选择，需要至少 4 位输入码(2⁴=16)。表 1 列出了各个数码管字符所对应的 LED 灯段位。

图 3 标注了小脚丫板载的两个数码管的各 LED 段位以及小脚丫上所对应的引脚。其中 SEG_DIP 为公共端，因此在共阴极数码管的设计中需要接低电平。可以看出，每一个数码管都含有 9 个引脚，因此每一个字符的显示都需要由一个 9 位的输出信号来实现。

接下来我们通过 Verilog 实现对数码管的控制。其中，我们将模块的输出定义为两个 7 段数码管，每个数码管有 9 个引脚，分别由 9 位信号控制。输入端由 4 路信号控制，可以分别对应 0-F 等十六个字符选择。

图 4 中代码是定义 7 段共阳极数码管的通用模块，可以保存起来作为一个独立模块。这样，在以后遇到需要数码管显示的实验时我们可以直接调用，而不用再重新写一遍代码。

表 1

输入码				输出码（共阴极）							字型
A₃	A₂	A₁	A₀	g	f	e	d	c	b	a	
0	0	0	0	0	1	1	1	1	1	1	0
0	0	0	1	0	0	0	0	1	1	0	1
0	0	1	0	1	0	1	1	0	1	1	2
0	0	1	1	1	0	0	1	1	1	1	3
0	1	0	0	1	1	0	0	1	1	0	4
0	1	0	1	1	1	0	1	1	0	1	5
0	1	1	0	1	1	1	1	1	0	1	6
0	1	1	1	0	0	0	0	1	1	1	7
1	0	0	0	1	1	1	1	1	1	1	8
1	0	0	1	1	1	0	1	1	1	1	9
1	0	1	0	1	1	1	0	1	1	1	A
1	0	1	1	1	1	1	1	1	0	0	b
1	1	0	0	0	1	1	1	0	0	1	C
1	1	0	1	1	0	1	1	1	1	0	d
1	1	1	0	1	1	1	1	0	0	1	E
1	1	1	1	1	1	1	0	0	0	1	F

```
module segment

  input  wire [3:0] seg_data_1,   // 四位输入数据信号，可通过4个拨码开关控制
  input  wire [3:0] seg_data_2,   // 四位输入数据信号，可通过4个按键开关控制
  output wire [8:0] segment_led_1, // 数码管1，MSB-LSB = SEG,DP,G,F,E,D,C,B,A
  output wire [8:0] segment_led_2, // 数码管2，MSB-LSB = SEG,DP,G,F,E,D,C,B,A

  reg[8:0] seg [15:0];            // 存储7段数码管译码数据

  initial
  begin

    seg[0] = 9'h3f;   // 0
    seg[1] = 9'h06;   // 1
    seg[2] = 9'h5b;   // 2
    seg[3] = 9'h4f;   // 3
    seg[4] = 9'h66;   // 4
    seg[5] = 9'h6d;   // 5
    seg[6] = 9'h7d;   // 6
    seg[7] = 9'h07;   // 7
    seg[8] = 9'h7f;   // 8
    seg[9] = 9'h6f;   // 9
    seg[10] = 9'h77;  // A
    seg[11] = 9'h7C;  // b
    seg[12] = 9'h39;  // C
    seg[13] = 9'h5e;  // d
    seg[14] = 9'h79;  // E
    seg[15] = 9'h71;  // F

  end

  assign segment_led_1 = seg[seg_data_1]; // 将对应字符导入数码管1并显示
  assign segment_led_2 = seg[seg_data_2]; // 将对应字符导入数码管2并显示

endmodule
```
④

编前语：或许，当我们使用电子产品时，都没有人记得或知道老一批电子科技工作者们是经过了怎样的努力才奠定了当今时代的小型甚至微型的诸多电子产品及家电；或许，当我们拿起手机上网、看新闻、打游戏、发微信朋友圈时，也没有人记得是乔布斯等人让手机体积变小、功能变强大；或许，有一天我们的子孙后代只知道电子科技的进步而遗忘了老一辈电子科技工作者的艰辛……

成都电子科技博物馆旨在以电子发展历史上有代表性的物品为载体，记录推动电子科技发展特别是中国电子科技发展的重要人物和事件。电子科技博物馆的快速发展，得益于广大校友的关心、支持、鼓励与贡献。据统计，目前已有河南校友会、北京校友会、深圳校友会、绵德广校友会和上海校友会等 13 家地区校友会向电子科技博物馆捐赠具有全国意义(标志某一领域特征)的藏品 400 余件，通过广大校友提供的线索征集藏品 1 万余件，丰富了藏品数量，为建设新馆奠定了基础。

博物馆传真

中国电信河南分公司、中电科第二十二研究所向电子科技博物馆捐赠藏品

近日，中国电信河南分公司、中国电子科技集团第二十二研究所及河南校友会两位校友分别向电子科技博物馆捐赠通信网络发展中的各个阶段代表性藏品、生命探测雷达仪等藏品共计 30 余件。

中国电信河南公司副总经理胡宝伟校友表示，成电是电子类院校排头兵，是电子科技人才的摇篮，通过建设行业博物馆，记录行业历史，进一步推动中国电子工业发展进程，非常有意义。中国电信洛阳分公司总经理武晓丽介绍道，此次捐赠的传输网设备、宽带数据网设备和移动网交换设备，涵盖了中国十几年来通信网络发展的各阶段，希望这些赋有年代感的藏品能在电子科技博物馆中发挥更有意义的作用。

而中国电子科技集团第二十二研究所作为国内唯一一从事电波环节特性观测和研究的国家级专业研究所，此次捐赠的 LTD-90B 型生命探测雷达仪，采用超宽带雷达非接触式生命特征提取技术，可广泛应用于灾害搜救、反恐、安保等领域。

此外，河南校友会副会长于红华、河南校友会理事王俊山也分别向电子科技博物馆捐赠了通用型高频开关电源、完整的光纤链路及 12 路并行光模块藏品。 （电子科技博物馆）

电子科技博物馆"我与电子科技或产品"

本栏目欢迎您讲述科技产品故事，科技人物故事，稿件一旦采用，稿费从优，且将在电子科技博物馆官网发布。欢迎积极赐稿！

电子科技博物馆藏品持续征集：实物；文件、书籍与资料；图像照片、影音资料。包括但不限于下列领域：各类通信设备及其系统；各类雷达、天线设备及系统；各类电子元器件、材料及相关设备；各类电子测量仪器；各类广播电视、设备及系统；各类计算机、软件及系统等。

电子科技博物馆开放时间：每周一至周五 9:00-17:00(节假日闭馆，开馆时间请关注官网)。

联系方式
联系人：任老师 联系电话/传真：028-61831002
电子邮箱：bwg@uestc.edu.cn 网址：http://www.museum.uestc.edu.cn/
地址：(611731)成都市高新区(西区)西源大道 2006 号
电子科技大学清水河校区图书馆报告厅楼

MICKLE美奇MX800-USB小型调音扩声系统杂音故障的排除(二)

(紧接上期本版)

由上信号流程图可见,调音台的信号流程可以简化为:信号源输入→音色调整→信号分配→输出控制几个环节。当效果通道的音量推子关闭后,音箱里的杂音消失,则可以推断故障出现在效果通道里。而效果通道最主要的功能就是对各路输入信号进行延时混响的处理。很明显,直接检查调音台与延时效果调节相关的电路单元即可。

打开调音台底盖,面对一大块贴片元件密布的电路板,不禁傻眼了。如何下手呢?由于对调音台的实际电路不熟悉,也不清楚哪块电路是负责延时效果的,所以就决定从调音台负责效果音量的推子位置开始倒查信号走向,以此来寻找效果电路的核心延时芯片位置所在。很快,就发现该产品的效果电路实际是由一个可拆卸的独立小PCB实现,上面有一片被抹去丝印型号的集成电路及大量贴片外围元件,并采用双排针式插座形式与主板相连接,也算是模块化设计吧。但该PCB板上用作实现延时效果任务的集成电路芯片型号被抹去后,无法得知具体的型号,想通过网络搜索调音台的效果单元电路图的想法就彻底破灭了。

没有电路图的情况下,只好祭出本人最擅长的、也是最简单、最原始的"维修三板斧"——"外观肉眼检查+电压、电流测量法",对延时效果板上的每个外围器件逐个进行排查。由于是小信号处理部分,所以电路板上并没有什么明显的器件过热和变色现象。唯独面向底部的一面,有一边沿处的阻焊绿油位置略显异常,阻焊层有被刮擦的痕迹,仔细观察该位置效果板PCB的各条走线,居然有了惊人的发现。在刮擦位置处的几条PCB走线,每条走线中间竟然有着一条横向的细长裂纹痕迹,其中一条便是地线。顿时心头狂喜不止,至此,效果板工作杂音问题的原因总算是找到了。估计是PCB靠近机箱底部,在频繁的搬运周转过程中曾受局部的外力挤压所导致PCB走线断裂。立马开启电烙铁,用细铜丝将每条有裂断的PCB走线连接起来,装入原位置,通电复测效果板上的供电电压,确认+5V和3.3V供电电压都正常后,装机准备试音确认。

新问题随之而来,由于调音台与功放连接的输出接口为专用的平衡式卡侬头和大6.5mm不平衡输出端口,没有RCA莲花输出插座端子。而工作室内的普通家用AV功放只有RCA模拟输入接口,没有卡侬接口,所以不能直接连接调音台,如何试音确认维修效果呢?笔者盯着调音台上的琳琅满目的插孔有点发愁,回头对着调音台的电路框图重新看了良久,终于找到一个简单可行的办法。利用面板上的耳机监听插孔,接入头戴式耳机,然后开启效果通道的音量推子和麦克风输入通道的效果旋钮进行监听。果然,在耳机里输出已经没有了那种特有的"吱吱"杂音。出于谨慎的考量,防止误判,同时也为了检验本试验方法的正确性,又特意将那块效果板上临时搭接的细铜线脱开,恢复到维修前状态,那种吱吱杂音果然从耳机里传出来。将铜线按维修方法重新焊接好后,重试机,杂音消失,由此可以判定,杂音故障确实已经得到解决。于是,将拆开的调音台装好,恢复原状,一看时间,还不到三个小时。急忙联系那个乐队的用户,将调音台带回现场,与其一起接线、连接好系统,通电试音,杂音消失,确认问题确实已得到完美解决。

经验总结:定位故障在扩声系统的范围是问题解决的关键一环,否则无法下手;对类似调音台这种平时很少接触到的专业器材故障维修,建议一定要对产品的组成框架及大致信号流程有个初步的认识,才有助于去伪存真,较迅速地找到问题所在。

(全文完)

◇湖南 孙勇

特殊序号输入小技巧两则

日常工作中,我们经常会涉及序号输入的要求,这里介绍两则小技巧。

技巧一、输入重复序号

如果需要输入1、1、1、1、2、2、2、2……这样按固定次数重复的序号,我们可以在编辑栏输入公式:=INT((ROW(A1)-1)/4)+1,向下拖拽或双击填充柄就可以了,效果如图1所示。

如果重复的次数有变化,只需要将上述公式中的"4"更改为需要重复的次数。上述公式默认从"1"开始,如果需要从"2"或其他的数字开始,可以直接更改"+1"里的数字。

技巧二、输入循环序号

如果需要输入1、2、3、4、1、2、3、4……这样按固定周期循环的序号,我们可以在编辑栏输入公式:=MOD((ROW(A1)-1),4)+1,向下拖拽或双击填充柄就可以了,效果如图2所示。

如果循环周期有变化,只需要将上述公式中的"4"更改为序号的循环周期即可。上述公式默认从"1"开始编号,如果需要从"2"或其他的数字开始,同样只需要直接更改"+1"里的数字。

◇江苏 王志军

①

②

通过地图应用创建出行指南

利用iPhone自带的"地图"应用,我们可以创建出行指南,添加需要打卡的地点,还可以将出行指南分享给好友们。

在iPhone上打开"地图"App,向下轻扫搜索卡,在"我的指南"中点击"新建指南",这里可以根据自己的喜好自定义指南名称(例如"外游计划"),接下来点击屏幕右上角的"创建"按钮继续下一步骤;在指南列表中打开刚刚新建的"外游计划"(如图1所示),点击"添加地点",输入地点名称进行搜索,然后点击即可添加,在将想去的地点都添加到"指南"中之后,我们可以随时在该界面中点击对应的地址以查看路线,更方便出行。

如果需要分享给好友,只要在"我的指南"列表中,向左滑动该条指南(如图2所示),点击"共享",即可通过多种方式发送给好友。

◇江苏 王志军

奥菲普QT-25加湿器不开机检修一例

故障现象:一台奥菲普QT-25家用电脑款加湿器加电后无任何反映,轻触面板电源键或按遥控器开关键也不能开机(正常情况下应该是通电后机器会发出"滴"的一声短响进入待机状态,然后按遥控器开关键或轻触面板电源键,液晶显示屏亮起机器即可正常出"雾",再按遥控器开关键或轻触面板电源键,机器再次进入待机状态)。

故障检修:根据故障现象初步判断可能是机器的电源板出现问题。小心取下水箱,将机座内余水倒掉,卸掉机座下面四个螺钉,将机座底盖与机座主体小心分离,卸下固定电源板的两个螺钉,取下电源板。

对机器加电,用万用表检测电源板对主板输出的12V和34V电压,结果均为0V,即电源板无任何输出电压。而后测量电源板交流输入情况:AC-IN为220V,正常,据电路依次测量,当测量至RT1点时,交流电压丢失。RT1为负温度系数电阻,参数为NTC8D-9,怀疑此热敏电阻RT1(NTC8D-9)有问题(如附图所示)。仔细查看RT1时,发现其一脚疑似虚焊,稍轻微晃动一下,此脚即与电路板脱离,随后对此脚进行补焊处理。

补焊后,给机器加电,即可听到正常"滴"的短响,再测12V和34V直流输出电压正常。将机座放正加入少许水,轻触面板电源键,机器即可正常工作出"雾",故障排除。

另外,由于机器使用时间较长,雾化片水垢较多,随对雾化片进行清洁处理,以提高喷雾量。

◇山东 房玉锋
闫振霞

电气线路实训3：电动机连续运转控制线路

一、实验目的

1. 进一步掌握交流电动机连续运转控制线路的工作原理。
2. 学会交流电动机连续运转控制线路的装接方法和故障处理方法。

二、器材准备

1. 亚龙 YL-102A 型维修电工实训考核装置一台
2. MF47 型万用表一只
3. 带插头铜芯软导线若干根
4. 常用电工工具一套

三、实训线路原理

1. 交流电动机连续运转控制电路的组成

交流电动机连续运转控制电路主要由电源电路、主电路和控制电路三部分构成。

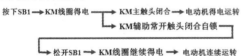

图1 交流电动机连续运转控制线路

2. 交流电动机连续运转控制线路的工作原理

合上电源开关 QS，按下启动开关 SB1 时，有电流从 L1 出发，经 QS、FU2、热继电器常闭触头 FR、SB2、SB1、接触器线圈 KM、FU2、QS 回到 L2，于是接触器线圈 KM 得电，接触器辅助常开触头 KM 和接触器主触头 KM 同时闭合，三相电源经 QS、FU1、接触器主触头 KM、热继电器电热元件 FR 加到电动机 M 上，电动机开始正转；松开启动开关 SB1 时，由于接触器辅助常开触头 KM 已闭合，故仍有电流从 L1 出发，经 QS、FU2、热继电器常闭触头 FR、SB2、接触器辅助常开触头 KM、接触器线圈 KM、FU2、QS 回到 L2，接触器线圈 KM 保持得电，这样就使接触器主触头 KM 保持闭合，故电动机继续运转。按下停止开关 SB2 时，控制电路断开，接触器线圈 KM 失电，接触器主触头 KM 断开，电动机 M 断电，故电动机停止运转。

具体工作过程如下图所示。

按下SB1 → KM线圈得电 → KM主触头闭合 → 电动机得电运转
　　　　　　　　　　　 → KM辅助常开触头闭合自锁

松开SB1 → KM线圈继续得电 → 电动机连续运转

按下SB2 → KM线圈失电 → KM主触头断开 → 电动机失电停转

图2 交流电动机连续运转控制线路工作过程

四、实训操作

1. 先用万用表电阻挡检测塑料铜芯软导线是否畅通，然后按图3所示的交流电动机连续运转控制线路图进行线路连接。

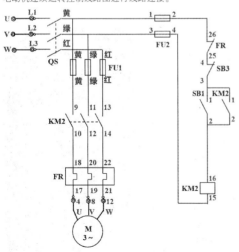

图3 交流电动机连续运转控制线路实验电路

2. 确认线路连接完全正确无误后，接通380V电源，向上合上电源开关 QS，按

一下启动开关 SB1，电动机应连续运转，再按一下停止开关 SB3，电动机应停止运转。

3. 关断 380V 电源，拆掉所有连接的导线。

五、故障处理

交流电动机连续运转控制线路的常见故障、原因及解决办法如下表所示。

交流电动机连续运转控制线路常见故障、原因及解决办法

故障现象	故障原因	故障处理
通电即跳闸	线路接错，可能是把两根相线连在一起，或者是把相线和零线连在一起了	检查并重新正确接线
按下启动开关，一点反应都没有	线路接错或漏接、线头悬空、导线有断线，电源电路和控制电路出问题的可能性较大	检查并重新正确接线，插牢线头并旋紧螺钉，更换断线
听到"啪"的一声响，但电动机不转	线路接错或漏接、线头悬空、导线有断线，主电路出问题的可能性较大	检查并重新正确接线，插牢线头并旋紧螺钉，更换断线
电动机只启动一下便停转	连接导线松动或接触不良	插牢线头并旋紧螺钉，更换接触不良的导线
按住启动开关即转，松开启动开关即停	接触器辅助常开触头漏接或接错或线头悬空	正确连接好接触器辅助常开触头，插牢线头并旋紧螺钉

六、归纳与思考

画出交流电动机连续运转控制线路的安装接线图。

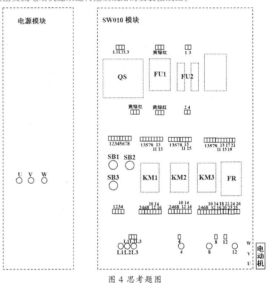

图4 思考题图

参考答案：
如图5所示。

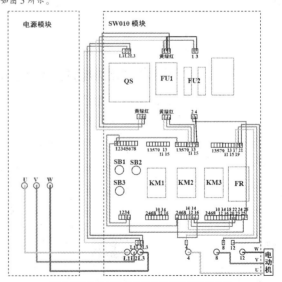

图5 交流电动机连续运转控制线路安装接线图

◇无锡 周金富

PLC 工作原理与内部存储器使用规则(二)

(接上期本版)

2. PLC实现"万能虚拟接线网络"的原理

PLC实现"万能虚拟接线网络"的原理,可以从对传统继电接触器构成的控制系统和PLC构成的控制系统进行分析比较入手。

这里把用传统继电接触器构成的电动机正反转点动控制系统和用PLC构成的电动机正反转点动控制系统分别示于图4和图5。

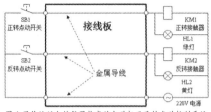

图4 用传统继电接触器构成的电动机正反转点动控制系统

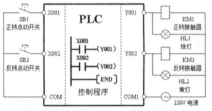

图5 用PLC构成的电动机正反转点动控制系统

如果我们把图4的各组成部分和图5的各组成部分全部改成用方框图来表示,则会得出传统继电接触器控制系统的构成方框图和PLC控制系统的构成方框图,分别如图6和图7所示。

主令电器部分	实际接线网络部分	被控电器部分
(控制开关、行程开关、光电开关、保护开关等)	(用金属导线的连接来描述主令电器与被控电器之间的逻辑控制关系)	(接触器、变频器、显示器件、伺服系统等)

图6 传统继电接触器控制系统构成方框图

主令电器部分	虚拟接线网络部分	被控电器部分
(控制开关、行程开关、光电开关、保护开关等)	(用程序语言的组合来描述主令电器与被控电器之间的逻辑控制关系)	(接触器、变频器、显示器件、伺服系统等)

图7 PLC控制系统构成方框图

分析比较图6和图7后可以看出:

①由于PLC控制系统是由工业计算机与传统继电接触器控制系统结合起来的,因此PLC控制系统还保留着传统继电接触器控制系统中的许多部分—PLC控制系统的主令电器部分与传统继电接触器控制系统的主令电器部分是完全一样的,PLC控制系统的被控电器部分与传统继电接触器控制系统的被控电器部分是完全一样的。这就说明,PLC并没有完全取代传统的继电接触器控制系统,只是用PLC代替了控制系统中的硬接线罢了。

②由于研发PLC的初衷是要用PLC来代替难以更改的硬接线,因此PLC控制系统也有与传统继电接触器控制系统完全不同的地方—传统的继电接触器控制系统,是借助于"实际接线网络"把主令电器和被控电器直接地连接成控制系统,来实现用户控制功能的,而PLC控制系统,则是借助于"虚拟接线网络"把主令电器和被控电器间接地连接成控制系统,来实现用户规定的控制功能的。这就说明,PLC并不是用所谓的"软继电器"替代实际的硬件继电器来构成控制系统,而是用"虚拟接线网络"来构成控制系统的。

分析比较的结果告诉我们,对PLC的准确认识应该是一

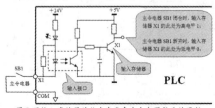

图8 用输入存储器的状态来代表主令电器触头的通断

PLC在控制系统中实际上仅等效于(或者说只相当于)一个"万能虚拟接线网络"!(实践也充分证明了这一点!)

那么,PLC是如何实现这个"万能虚拟接线网络"的呢?

首先,我们把主令电器触头的通断状态通过输入接口传送给PLC中的输入存储器,并用输入存储器的状态来代表主令电器触头的闭合与断开—即如果主令电器的触头是闭合的,则使输入存储器的状态为高电平"1";如果主令电器的触头是断开的,则使输入存储器的状态为低电平"0",如图8所示。

然后,我们用某种程序语言描述出主令电器与被控电器之间的逻辑控制关系,再由PLC内部的单片机按照程序描述的逻辑控制关系对相关存储器的状态进行逻辑运算处理—即用与逻辑运算来代表两个触头的串联连接、用或逻辑运算来代表两个触头的并联连接、用复杂的与或逻辑运算来代表触头的复杂的串并联连接(因为单片机中的"与逻辑"和"或逻辑"实际上与触头的"串联连接"和"并联连接"是完全等效的),如图9所示。

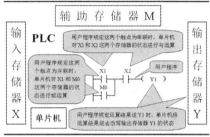

图9 用单片机按照程序描述的逻辑控制关系对相关存储器的状态进行逻辑运算

最后我们用逻辑运算处理的结果去改写输出存储器的状态,并通过输出接口去控制被控电器的运行或停止—即输出存储器状态为1时就使被控电器得电工作、输出存储器状态为0时就使被控电器失电停止工作,如图10所示。

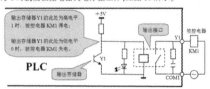

图10 用输出存储器的状态去控制被控电器的运行或停止

由于主令电器与被控电器之间的逻辑控制关系是由程序来描述的,即主令电器与被控电器之间的"接线网络"是由程序语言来"虚拟"的,而程序又是可编程可改的,不同的程序就能描述出不同的"接线网络",即程序虚拟的"接线网络"是"千变万化"的,因此,PLC就等效地实现了一种"万能虚拟接线网络"的功能。

当我们把PLC这个"万能虚拟接线网络"连接在主令电器和被控电器之间时,我们就间接地把主令电器和被控电器连接成一个完整的控制系统了。

3. 用户程序的执行过程

前面我们抽象地介绍了PLC系统程序的运行过程和PLC实现"万能虚拟接线网络"的原理,为了使大家对PLC的工作原理能了解得更直观更清晰一些,这里结合图12~图16专门介绍一下图11所示的机床电动机连续正转与点动正转控制系统PLC梯形图程序的执行过程。

(1)第一循环

①内部处理:无故障。

②通信处理:无请求。

③信号处理:假设此时连续正转开关和点动正转开关均未压合,则此时存储到输入镜像寄存器中的信号为—X000为1电平,X001为0电平,X002为1电平,X003为0电平;存储到辅助镜像寄存器中的信号为—M000为0电平,M001为0电平;存储到输出镜像寄存器中的信号为—Y000为0电平。

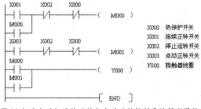

图11 机床电动机连续正转与点动正转控制系统梯形图程序

X000	热保护开关
X001	连续正转开关
X002	停止运转开关
X003	点动正转开关
Y000	接触器线圈

④程序处理:本例中第一条程序的运算步骤是先取X001和M000进行或运算,其结果和X002进行与运算,其结果再和X000进行与运算,然后把运算结果送至M000辅助镜像寄存器;第二条程序的运算步骤是先取X003和X002进行与运算,其结果和X000进行与运算,然后把运算结果送至M001辅助镜像寄存器;第三条程序的运算步骤是取M000和M001进行或运算,然后把运算结果送至Y000输出镜像寄存器;第四条程序是程序处理结束指令。

由于或运算的公式是 $1+1=1$,$1+0=1$,$0+1=1$,$0+0=0$,即有1出1、全0出0,而与运算的公式是 $0×0=0$,$0×1=0$,$1×0=0$,$1×1=1$,即有0出0、全1出1,所以:

第一条程序 $0+0=0→0×1=0→0×1=0$,把0电平送至M000辅助镜像寄存器;

第二条程序 $0×1=0→0×1=0$,把0电平送至M001辅助镜像寄存器;

第三条程序 $0+0=0$,把0电平送至Y000输出镜像寄存器;

第四条程序结束运算。

⑤输出处理:M000辅助存储器仍写为0电平,M001辅助存储器仍写为0电平,Y000输出存储器仍写为0电平,此时因输出存储器Y000为0电平,故被控电器接触器KM1无电,电动机不运转。

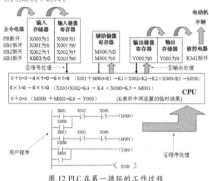

图12 PLC在第一循环的工作过程

(2)第二循环

①内部处理:无故障。

②通信处理:无请求。

③信号处理:假设此时连续正转开关已压合,则此时存储到输入镜像寄存器中的信号为—X000为1电平,X001为1电平,X002为1电平,X003为0电平;存储到辅助镜像寄存器中的信号为—M000为0电平,M001为0电平;存储到输出镜像寄存器中的信号为—Y000为0电平。

④程序处理:

第一条程序 $1+0=1→1×1=1→1×1=1$,把1电平送至M000辅助镜像寄存器;

第二条程序 $0×1=0→0×1=0$,把0电平送至M001辅助镜像寄存器;

第三条程序 $1+0=1$,把1电平送至Y000输出镜像寄存器;

第四条程序结束运算。

⑤输出处理:M000辅助存储器改写为1电平,M001辅助存储器仍写为0电平,Y000输出存储器改写为1电平,此时因输出存储器Y000为1电平,故KM1得电,电动机开始正转。

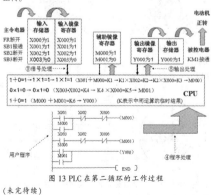

图13 PLC在第二循环的工作过程

(未完待续)

◇无锡 周秀明

电动汽车无刷直流(BLDC)电机驱动模型(二)

(接上期本版)

2. 改变磁通量的方向

为了转动BLDC电机,必须控制线圈的电流方向及时机。图6-A是将BLDC电机的定子(线圈)和转子(永磁体)模式化的结果,是使用3个线圈的情况。虽然实际上也有使用6个或以上的线圈的情况,但在考虑原理的基础上,每120度放一个线圈,使用3个线圈。电机将电气(电压、电流)转换为机械性旋转。图6-A的BLDC电机又是如何转动呢?

BLDC电机中每隔120度放置一个线圈,总共放置三个线圈,控制通电相或线圈的电流如图6-A所示,BLDC电机使用3个线圈。这三个线圈用以在通电后生成磁通量,将其命名为U、V、W。将该线圈通电试试看吧。线圈U(以下简称为"线圈")上的电流路径记为U相,V的记录为V相,W的记录为W相。接下来看一看U相吧。向U相通电后,将产生如图6-B所示的箭头方向的磁通量。但实际上,U、V、W的电缆是互相连接着的,因此无法仅向U相通电。在这里,从U相向W相通电,会如图6-C所示在U、W产生磁通量。合成U和W的两个磁通量,变为图6-D所示的较大的磁通量。永磁体将进行旋转,以使该合成磁通量与中央的永磁体(转子)的N极方向相同。

从U相向W相通电。首先,只关注线圈U部分,则发现会产生如箭头般的磁通量;

从U相向W相通电,则会产生方向不同的2个磁通量;

从U相向W相通电,可以认为产生了两个磁通量合成的磁通量。若改变合成磁通量的方向,则永磁体也会随之改变。配合永磁体的位置,切换U相、V相、W相中通电的相,以变更合成磁通量的方向。连续执行此操作,则合成磁通量将发生旋转,从而产生磁场,转子旋转。

图7所示的是通电相与合成磁通量的关系。在该例中,按顺序从1~6变更通电模式,则合成磁通量将顺时针旋转。通过变更合成磁通量的方向,控制速度,可控制转子的旋转速度。将切换这6种通电模式,控制电机的控制方法称为"120度通电控制"。

3. 使用正弦波控制,进行流畅的转动

接下来,尽管在120度通电控制下合成磁通量的

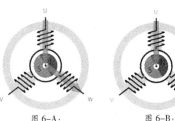

图6-A:
BLDC电机转动原理

图6-B:
BLDC电机的转动原理

图6-C:
BLDC电机的转动原理

图6-D:
BLDC电机的转动原理

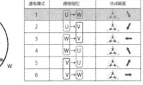

图7:转子的永久磁石会像被合成磁通量牵引一样旋转,电机的轴也会因此旋转

方向会发生旋转,但其方向不过只有6种。比如将图7的"通电模式1"改为"通电模式2",则合成磁通量的方向将变化60度。然后转子将像被吸引一样发生旋转。接下来,从"通电模式2"改为"通电模式3",则合成磁通量的方向将再次变化60度。转子将再次被变化所吸引。这一现象将反复出现。这一动作将变得生硬。有时这动作还会发出噪音。能消除120度通电控制的缺点,实现流畅的转动的正是"正弦波控制"。在120度通电控制中,合成磁通量被固定在了6个方向。进行控制,使其进行连续的变化。在图6-C的例子中,U和W生成的磁通量大小相同。但是,若能较好地控制U相、V相、W相,则可让线圈各自生成大小各异的磁通量,精密地控制合成磁通量的方向。调整U相、V相、W相各相的电流大小,与此同时生成了合成磁通量。通过控制这一磁通量连续生成,可使电机流畅地转动。

正弦波控制可控制3相上的电流,生成合成磁通量,实现流畅的转动,见图8。

4. 使用逆变器控制电机

那么U、V、W各相上的电流又如何呢?为便于理解,回想120度通电控制的情况看看吧。请再次查看图7。在通电模式1时,电流从U流至W;在通电模式2时,电流从U流至V。可以看出,每当有电流流动的线圈的组合发生改变时,合成磁通量箭头的方向也会发生变化。接下来,请看通电模式4。在该模式下,电流从W流至U,与通电模式1的方向相反。在DC电机中,像这样的电流方向的转换是由换向器和刷子的组合来进行了。但是,BLDC电机不使用这样的接触型的方法。使用逆变器电路,更改电流的方向。在控制BLDC电机时,一般使用的是逆变器电路。另外逆变器电路可改变各相中的外加电压,调整电压值。电压的调整中,常用的是PWM(Pulse Width Modulation=脉冲宽度调制)。PWM是一种通过调整脉冲ON/OFF的时间长度改变电压的方法,重要的是ON时间和OFF时间的比率(占空比)变化。若ON的比率较高,可以得到和提高电压相同的效果。若ON的比率下降,则可以得到和电压降低相同的效果(图9)。

为了实现PWM,现在还有配备了专用硬件的微电脑,进行正弦波控制时需控制3相的电压,因此比起只有2相通电的120度通电控制来说,软件要稍复杂一些。逆变器是对驱动BLDC电机必要的电路。交流电机中也使用了逆变器,但可以认为家电产品中所说的"逆变器式"几乎使用的是BLDC电机。

变更某时间内的ON时间,以变更电压的有效值。ON时间越长,有效值越接近施加100%电压时(ON时)的电压

5. 使用位置传感器的BLDC电机

以上是BLDC电机的控制的概况。BLDC电机通过改变线圈生成的合成磁通量的方向,使转子的永磁体随之变化。实际上,在以上的说明中,还有一点没有提到。即BLDC电机中的传感器的存在。BLDC电机的控制是配合着转子(永磁体)的位置(角度)进行的。因此,获取转子位置的传感器是必需的。若没有传感器得知永磁体的方向时,转子可能会转至意料之外的方向。有传感器提供信息的话,就不会出现这样的情况了。表1中显示的是BLDC电机主要的位置检测用传感器的种类。根据控制方式的不同,需要的传感器也是不同的。在120度通电控制中,为判断要对

图8:正弦波控制

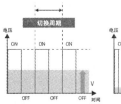

如图所示,若切换ON/OFF使ON的时间占一半,则电压有效值将被平均之后的效果也会是原来的一半

若进一步减少ON的时间,则有效值电压也会进一步变小

图9:PWM输出与输出电压的关系

哪个相通电,配备了可每60度输入一次信号的霍尔效应传感器。另一方面,对于精密控制合成磁通量的"矢量控制"(在下一项中说明)来说,转角传感器或光电编码器等高精度传感器较为有效。

通过使用这些传感器可以检测出位置,但也会带来一些缺点。传感器防尘能力较弱,而且维护也是不可或缺的。可使用的温度范围也会缩小。使用传感器或为此增加配线都会造成成本的上升,而且高精度传感器本身就价格昂贵。于是,"无传感器"这一方式登场了。它不使用位置检测用传感器,以此控制成本,且不需要传感器相关的维护。但此次为了说明原理,因此假定已从位置传感器获得了信息来吧。

表1:位置检测专用传感器的种类及特征

传感器种类	主要用途	特征
霍尔效应传感器	120度通电控制	每60度获取一次信号。价格较低。不耐热。
光电编码器	正弦波控制、矢量控制	有增量型(可得知位置开始的移动距离)和绝对型(可得知当前位置的角度)两种。分辨率高,但防尘能力较弱。
转角传感器	正弦波控制、矢量控制	分辨率高。即使在牢固的恶劣环境下也可使用。

6. 通过矢量控制时刻保持高效率

正弦波控制为3相通电,流畅地改变合成磁通量的方向,因此转子将流畅地旋转。120度通电控制切换了U相、V相、W相中的2相,以此来使电机转动,而正弦波控制则需要精密地控制3相的电流。而且控制的值是时刻变化的交流值,因此,控制变得更为困难。

在这里登场的便是矢量控制了。矢量控制可通过坐标变换,把3相的交流值作为2相的直流值进行计算,因此可简化控制。但是,矢量控制计算需要高分辨率下的转子的位置信息。位置检测有两种方法,即使用光电编码器或转角传感器等位置传感器的方法,以及根据各相的电流值进行推算的无传感器方法。通过该坐标变换可直接控制扭矩(旋转力)的相关电流值,从而实现没有多余电流的高效控制。

但是,矢量控制中需要进行使用三角函数的坐标变换,或复杂的计算处理。因此,大多情况下都会使用计算能力较强的微电脑作为控制用微电脑,比如配备了FPU(浮点运算器)的微电脑等。

7. 基于PIC18F的控制电路框图(见附图10所示)

(全文完)

◇宜宾职业技术学院 何杨

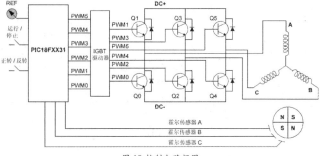

图10 控制电路框图

编辑:张天红　投稿邮箱:dzbnew@163.com

上海车展透露重大信息——智能驾驶与新能源汽车纷纷布局(三)

(接上期本版)

上海大众

在这次上海国际车展中，"东道主"上汽集团下属的高端品牌——R汽车携三款重磅新品亮相车展，其中就有一款"智能新物种"ES33概念车引起广泛关注，它搭载全栈自研的高阶智驾方案与上汽"银河全栈解决方案"，计划于2022年下半年正式上市。

ES33搭载了汇聚全球顶尖科技于一身的R-TECH高能智慧体，可实现车辆"硬件可插可换可升级，软件可买可卖可定义，电池可充可换可升级"。

在强大的技术优势下，R汽车打造了全栈自研的高阶智驾方案PP-CEM，构建了全天候、全场景、超视距、多维度的"六重融合式感知体系"。构建数字化的环境镜像，能够更加精准地预知行人、车辆等障碍物的行为和行动轨迹。

ES33搭载33个高性能感知硬件，其中包括激光雷达、视觉摄像头、高精地图、4D成像雷达、5G-V2X、超声波雷达以及英伟达Orin芯片可提供"500~1000+"TOPS的算力的超强算力芯片等配置。在人机交互体验上，ES33搭载上汽零束"银河全栈解决方案"，通过AIoT智能硬件"即插即用"、用户第三方共创生态、以及持续进化的智能引擎，为用户带来独家个性化体验，可一键拖拽、定制个性化场景与订阅式软件服务。

小米

虽然近日小米才宣布开始造车，其实小米很早就布局新能源汽车行业了，作为顺为资本创始人的雷军，虽然2013年之前只投资了两家与新能源汽车相关的企业，但之后雷军个人、小米集团再加顺为资本开始了大量的投资，用7年的时间投资了50家与新能源汽车相关的企业，其中包括动力电池、传感器芯片、车用半导体、自动驾驶、激光雷达等重要行业。已经用8年时间完成了充分的产业链布局，所以只是现在才官宣而已，这些充足的准备是其他一些新汽车品牌所没有的。

小米最大的优势在于用户群体——"米粉"。小米手机、小米电视、小米家具等等，小米都能够通过产品力与性价比来准确瞄准不同的消费者，或是年轻消费者，或是商务消费者，或是高阶消费者。

据小米2020年财报显示，小米LoT(开发者平台面)连接设备达到3.25亿，拥有五年及以上连接至LoT平台的设备用户数也达到620万。当然这并非说明小米能够把用户转化到汽车业务上，而是表明小米对用户需求的精准捕捉。

小米需要面临的最大问题——成熟造车产业链。这是任何造车新势力相较于传统车企都必须面对的问题。一款智能汽车，除了软件、电池、车架、平台外，生产资质、生产工厂、生产经验、研发人才、研发技术、研发经验都是造车新势力的不足之处，包括小米。目前市面上的解决方案，一是与传统车企深度合作，形成长期代工生产的关系；二是收购传统车企，获得生产资质。

小米在消费者心中主打"性价比"，因此按此思路，小米或将计划自主核心研发软件部分，而硬件生产则依靠其他企业合作，这样才能够降低成本。当然实际上是不是这么一回事，还得看最后样车生产出来才知道。

小结

以往的车展，奥迪、宝马、奔驰和大众这些传统车企曾经占据主流地位。但随着新能源汽车行业的发展，蔚来、小鹏和理想逐渐取代了这些传统车企，成为近两年车展中的主角。

而随着阿里与上汽、华为与一些车企"强强联合"造车后，车展中主角位置再次发生变化。

随着智能汽车的技术迭代，汽车智能化也成为本次展会中所有展出车型的标配，大众、奥迪、奔驰和宝马等传统车企也展示了自家燃油车的智能化水平。

智能化是本次车展明显的转折点，是汽车行业发展变革的重要表现，而"新能源"+"智能化"更是中国汽车企业要实现弯道超车的"王炸组合"。

(全文完)

◇四川 宁梵睿

接近瓶颈的"后摩尔定律"之路(一)

随着以智能手机为代表的移动信息终端和PC、笔记本等IT设备的爆发性普及，手机SoC、CPU、GPU等都急需要提高性能和削减耗电量下。随着摩尔定律越来越接近瓶颈，在现有的材料以硅基为主的情况如何突破也是技术人员的主要研究方向之一。

通过推进FET的微细化，平面型CMOS结构遵循摩尔定律实现了高性能和低功耗，但二维结构的微细化达到了物理极限，从22nm工艺前后开始发生重大变化，转向了三维FET结构。Fin FET是拥有鳍(Fin)状栅极结构的FET，目前已实用化。由其发展而来的是栅极完全覆盖了沟道的上下左右部位的GAA(Gate All Around)结构。今后进一步进化的FET结构将是上下层叠n型FET和p型FET的CFET结构。这种结构能以原来的单个FET元件的尺寸构成CMOS，可以大幅削减面积和提高速度。

另一方面，Si以外的沟道材料的研究开发也在进行中。与Si相比，Ge的空穴迁移率比较高，能以低电压工作，与Si工艺的亲和性也比较高，因此n型FET利用原来的Si，p型FET利用Ge制作的异质沟道集成平台作为FET的高速化技术备受期待。

这种基于2nm工艺开发出的Si和Ge的异质沟道互补式场应晶体管hCFET(heterogeneous Complementary-Field Effect Transistor)，其特点构筑了层叠Si层和Ge层的Si/Ge异质沟道集成平台。层叠Si和Ge等热膨胀率不同的材料时，为避免热应力的影响，需要在尽量低的温度下进行层叠。在低于200℃的温度下层叠高品质Si层和Ge层的低温异质层键合技术(Low Temperature Hetero-layer Bonding Technology,LT-HBT)。

此次开发的技术首先准备了SOI主体晶圆(Host Wafer)和在上面外延生长Ge的施体晶圆(Donor Wafer,a)。在Ge中，与Si层的界面附近的位置存在缺陷层，表面侧存在高品质层。接下来，分别在施体晶圆和主体晶圆上沉积SiO2绝缘膜，激活表面后(b)，以200度的低温直接键合(c)。然后依次去除施体晶圆的Si基板(d)、BOX绝缘膜和Si层(e)。最后，利用可低损伤加工的中性粒子束蚀刻法(Neutral Beam Etching,NBE)将Ge均匀成膜(f)，即可获得Si/Ge异质沟道层结构(g)。通过使积层工艺和蚀刻工艺全部在低温下进行，实现了对Si层和Ge层的损伤非常小的高品质Si/Ge异质沟道集成平台。

另外，利用该技术，不仅可以大幅简化hCFET制作工艺，还支持进一步增加层数的结构。

该技术通过Si/Ge异质沟道积层平台制作了hCFET。通过以相同的沟道图案形成Si和Ge层，并对Si层与Ge层之间的绝缘层进行蚀刻，得到了纳米片状积层型沟道结构。从SEM俯瞰图可以看出，Ge和Si沟道是裸露的。通过以覆盖整个沟道的形式在该结构上沉积high-k栅极绝缘膜/金属栅极，实现了上下层叠Si n型FET和Ge p型FET的GAA结构hCFET。可以看到以沟道宽度约为50nm的纳米片状在上部层叠Ge层，下部叠Si层的结构。TEM EDX分析显示，Si/Ge异质材料沟道被high-k栅极绝缘膜(Al2O3)和金属栅极(TiN)覆盖。另外，还通过单一的栅极成功地使这些n型FET和p型FET同时作为晶体管工作，表明基于LT-HBT的异质沟道积层化作为2nm工艺的晶体管技术非常有效。

作为芯片巨头公司英特尔、三星、台积电和其他公司正在为从现有的FinFET晶体管向3nm和2nm节点的新型全栅场效应晶体管(GAA FET)过渡奠定基础，这种过渡将从明年或2023年开始。

GAA FET将被用于3nm以下，拥有更好的性能，更低的功耗和更低的漏电压。虽然GAA FET晶体管被认为是FinFET的演进，并且已经进行了多年研发，但任何新型晶体管或材料对于芯片行业来说都是巨大的工程。芯片制造商一直在尽可能长地推迟这一行动，但是为了继续微缩晶体管，需要GAA FET。

需要指出的是，虽然同为纳米片FET，但GAA架构有几种类型。基本上，纳米片FET的侧面是FinFET，栅极包裹着它，能够以较低的功率实现更高的性能。

GAA技术对于晶体管的持续微缩至关重要。3nm GAA的关键特性是阈值电压可以为0.3V。与3nm FinFET相比，这能够以更低的待机功耗实现更好的开关效果；3nm GAA的产品设计成本与3nm FinFET不会有显著差异，但GAA的IP认证将是3nm FinFET成本的1.5倍。

(未完待续)　◇李运西

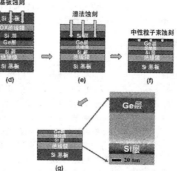

①

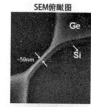

SEM俯瞰图

TEM截面图

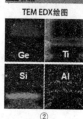

TEM EDX绘图

②

（接上期本版）

镜头的光圈

镜头的光圈，就是控制进光量的部件，由光圈叶片组成，同时也控制着画面的虚化效果。光圈越大，数值越小，比如F2.0、F2.8，进光量越大，画面虚化效果越明显；光圈越小，数值越大，比如F8、F11，进光量越小，画面的虚化效果越不明显。每一支镜头的光圈数值都会在镜头上标注出来。

镜头的光圈除了大小之分，还会分为恒定光圈和可变光圈。这里所说的光圈，是镜头能够达到的最大光圈数值，并不是镜头只有这一个光圈可用。

一般定焦镜头都是恒定光圈，比如50mm F1.2、85mm F1.2等等，上面介绍的"大三元"和"小三元"镜头和一些少数变焦镜头也具备恒定光圈特性，比如70-200mm F2.8、24-105mm F4等等。

但是很多入门级镜头（包括大部分套机镜头）都是可变光圈的，也就是它们的最大光圈会随着焦段的变化而改变。

光圈除了控制进光量还控制着虚化水平，虚化效果中还有一个特性就是光斑（大光圈拍摄点光源的画面就会产生光斑），镜头的光圈叶片数量越多，光斑就越趋近于圆形，也就也是受到用户的喜欢。

卡口

佳能 EOS（EF卡口）
旋转方向：顺时针旋转
卡口环类型：内三插刀
卡口环直径：54.0 mm
法兰距：44.0 mm
适用于EOS系列单反全幅和APS-C画幅相机

尼康（F卡口）
旋转方向：逆时针旋转
卡口环类型：内三插刀
卡口环直径：47.0 mm
法兰距：46.5 mm
适用于尼康单反全幅和APS-C画幅相机

索尼（E/FE卡口）
旋转方向：逆时针旋转
卡口环类型：内三插刀
卡口环直径：46.1 mm
法兰距：18.0 mm
适用于索尼微单全幅和APS-C画幅相机

宾得（K卡口）
旋转方向：逆时针旋转
卡口环类型：内三插刀
卡口环直径：48.0 mm
法兰距：45.5 mm
适用于宾得全幅和APS-C画幅相机

富士（X卡口）
旋转方向：逆时针旋转
卡口环类型：内三插刀
卡口环直径：43.5 mm
法兰距：17.7 mm
适用于富士APS-C画幅相机

摄影是一门需要很多资金的爱好，不少刚涉入摄影的朋友出于经济原因可能并不一定会购买和相机品牌相同的镜头，也就是原厂镜头，虽然原厂镜头品质和兼容性最好，但是价格也更昂贵。因此很多人都会选择腾龙、适马等这些二线的日系品牌或者国产品牌的镜头，因此在选购的时候一定要注意购买相应卡口的镜头。

比如佳能单反相机的卡口为 EF，全画幅微单相机的卡口为 RF；尼康单反相机的卡口 F，全画幅微单相机卡口为 Z，索尼全画幅微单为 FE 等等，每一个相机品牌都有自己的卡口系统，所以购买的时候一定要去官网查询自己相机的卡口，然后再去选购。

看懂命名

对于不同的镜头可能功能不尽相同，但是在焦距、光圈等等术语的标识基本是大同小异的。

焦距表示

定焦镜头：一般都用单一数值来表示，比如：50mm 镜头。

变焦镜头：一般会标记镜头两端的数值，比如：75-300mm 镜头。

光圈表示

定焦镜头：和焦距的表示方式一样都是用单一数值表示，比如：50mm f/1.2 镜头；

变焦镜头：变焦镜头具备恒定光圈的镜头会用单一数值表示，比如：24-70mm f/2.8 镜头。而不具备恒定光圈的镜头则会用两个数值来表示，这两个数值分别表示镜头的广角端和远射端的最大光圈，比如：18-135mm f/3.5-5.6 镜头。

最后在购买实时，消费者尽量看懂一系列的数字和字母才能选择自己心仪的配置，下面就根据佳能、尼康、索尼这三个主流消费级别的厂家来讲各自旗下产品的命名含义。

佳能

佳能镜头的类型区分，一般以不同的前缀对镜头的卡口及功能加以区分，虽然有"EF 镜头、EF-S 镜头、TS-E 镜头、MP-E 镜头"之分，但 EF 镜头基本上适合现在佳能所有的 EOS 系统单反相机。

EF-S 镜头适合佳能的 APS-C 画幅的相机；TS-E 镜头为移轴镜头；MP-E 镜头为放大倍率在 1 倍以上的 MP-E 65mm f/2.81-5X 镜头。另外，还有 EF-M 镜头和 CN-E 镜头，EF-M 适合佳能的 EOS-M 系列无反相机，而 CN-E 镜头是佳能的 CINEMA EOS 系列电影镜头。

佳能的高级镜头用字母"L"来表示，一般会在光圈值的后面；"L"级镜头也就是大家常说的"红圈镜头"，这种镜头比普通镜头有着更好的光学素质，当然价格也更贵。

一般版本用"Ⅱ、Ⅲ"来表示，镜头基本采用相同的光学设计结构，仅在细节的微小差异时添加该标记，Ⅱ、Ⅲ 表示同一光学结构的第 2 代、第 3 代。

尼康

尼康镜头类型分为：自动对焦类型、特殊功能、Nikkor（尼克尔）、焦距光圈、光圈控制方式、ED 使用与否、内对焦与否，而且它的排序并不是一定的，因此也是最为复杂的命名。

自动对焦型分为：AF、AF-I、AF-S 这三种。AF 表示的是镜头支持机身驱动自动对焦；AF-I 表示的是镜头的内置对焦马达；AF-S 表示的是镜头内置的 SWM 对焦马达的自动对焦镜头。

和佳能有所不同的是，尼康镜头是将 AF、AF-S 用来表示镜头自动对焦的类型，而不是表示不同的卡口。

D镜头　G镜头

控制光圈的方式，一般用 D、G、E 来区分，这个标识一般会在镜头光圈值的后方。D 和 G、E 有着一定的区别，D 镜头有光圈环设计。而 G 镜则取消了传统的光圈环设计，改成乐由机身控制光圈。E 镜头则表示镜头内置了电磁光圈，可以通过机身的电子信号控制光圈。

用于区分机身画幅的符号是 DX、FX，如果镜头上有 DX 标识，那么说明这只镜头适合尼康的 APS-C 画幅相机；如果镜头上有 FX 标识，那么说明该镜头适合尼康的全画幅相机。

VR 标识是指该镜头有防抖功能。部分镜头上会有 PF 标识，如果有这个标识那就说明该镜头使用了菲涅尔相位镜片。这个功能是利用光衍射现象来有效补偿色差，同时可以减少镜片数量，缩小镜头体积，其作用与佳能 DO 镜片较为类似。

索尼

索尼镜头类型首先从卡口分为：A 卡口与 E 卡口。这两个卡口有全画幅和 APS-C 画幅之分，A 卡口的镜头是没有卡口标注的，APS-C 画幅 A 卡口镜头会标上 DT 字样来加以区分。而 E 卡口 APS-C 画幅 E 卡口镜头标有字母 E，而全画幅 E 卡口镜头则会标上 FE 的字样。

等级命名，索尼镜头也是将镜头的分级标注在光圈的后面。索尼镜头的等级主要分为：无标识、G 标识、ZA 标识。如果没有任何标识，那说明这只镜头为平价镜头或是套机镜头。如果有 G 字母标识，那说明这只镜头为索尼的美能达镜头，美能达镜头在索尼的镜头中属于中高端镜头。如果索尼镜头上有 ZA 字母标识，那么说明这只镜头是索尼镜头的高级镜头。

索尼镜头的对焦马达一般分为：SAM 和 SSM。SAM 叫平滑自动对焦马达，和佳能的 STM 马达有点相似。SAM 对焦马达和普通电动马达相比，SAM 马达更加准确快速。SSM 是索尼的超声波马达，它可以实现无声且快速响应的自动对焦。SAM 马达一般用于 APS-C 画幅镜头或是较为低端的镜头，而 SSM 马达则基本是索尼高端镜头的标配。

无论是尼康、佳能还是索尼都具备防抖技术，佳能镜头的防抖标识为"IS"，尼康镜头的防抖标识为"VR"，而索尼镜头的防抖标识为"OSS"。

（全文完）

尼康 Z 50mm f/1.2 S 镜头获日本 DGP 数码相机大奖

近日，日本 DGP 数码相机大奖（Digital Camera Grand Prix）公布了 2021 年的获奖名单，尼康 Z 50mm f/1.2 S 荣获此次评选最高级别奖项——综合金奖。

尼康 Z 50mm f/1.2 S 是一款定焦自动对焦镜头，与采用尼康 Z 卡口的全画幅（尼康 FX 格式）微单相机兼容。作为 S-Line（S-型）系列的家族成员，该镜头具有出色的光学性能，光圈前后出色的对称性、平衡的分辨率和美丽的浅景深模糊，并提供了清晰的视角。同时它有一个恒定的最大光圈 f/1.2，呈现出柔和的模糊效果。

通过在光圈前后对称地定位对称镜片组来实现理想的镜头结构。这样可以平衡前后两组之间的功率，使自然光线能够通过图像传感器而不受强制折射，从而为镜头的光学性能提供了巨大的潜力。在实现需要高光学技术的最大 f/1.2 光圈的同时，还实现了出色的分辨率、自然的虚化、良好的点状图像再现、较小失真和有效的对焦呼吸效应补偿，提供了出色的渲染性能。

采用 3 枚非球面镜片，有效地控制了矢状面彗差，使点状光源的图像失真最小化，同时也抑制了色差引起的色散和不自然的虚化效果。这使得点状光源的再现可能比眼睛看到和感知的更美。

高性能防反射涂层系统的纳米结晶涂层和抗反射高清（ARNEO）涂层，无论光线从哪个方向进入镜头，均能有效地抑制鬼影和眩光。即使光源位于画面内，也可以捕捉到锐利和清晰的影像。

采用以步进马达作为自动对焦执行器的多重对焦系统，通过尼克尔 Z 50mm f/1.2 S，即使在 f/1.2 最大光圈下，也能实现快速精确的自动对焦。

■：非球面镜片　■：低色散（ED）镜片

Nikkor Z 50mm F1.2 S 镜头结构

镜头规格

镜头类型：大光圈定焦

焦距：50mm

最大光圈：F1.2

光圈范围：F1.2-F16

镜头结构：15 组 17 片（包含 2 枚 ED、3 枚非球面镜片）

最近对焦距离：0.45m

最大放大倍率：0.15x

对焦马达：步进马达

滤镜口径：82mm

体积：90mm×150mm

重量：1090 克

材质：镁合金

售价：14999 元

GaN 的期待：从原理到实例

功率半导体是电子装置中电能转换与电路控制的核心，主要指能够耐受高电压或承受大电流的半导体分立器件，主要用于改变电子装置中电压和频率、直流交流转换等。在功率半导体的发展路径中，功率半导体从结构、制程、技术、工艺、集成化、材料等各方面进行了全面提升，其演进的主要方向为更高的功率密度，更小的体积，更低的成本及损耗。特别是材料迭代方面，从硅 Si 材料逐渐向氮化镓(GaN)等宽禁带材料升级，使得功率器件体积和性能均有显著提升。

那么什么是第三代半导体 GaN 呢？它是由氮和镓组成的一种半导体材料，由于其禁带宽度大于 2.2eV，因此又被称为宽禁带半导体材料。

表一 GaN 与 Si 的关键特性对比

参数	Si	GaN	Uint
禁带宽度 Eg	1.12	3.39	eV
临界场强 Ec	3E+05	3.3E+06	V/cm
电子迁移率 μn	1400	1000	cm2/V s
热导	1.5	1.3	W/cm K

表一对比了 GaN 和 Si 的几种物理参数，不可否认，GaN 展现出了更好的性能优势，主要分为以下四点：

1. 禁带宽度大：宽禁带使材料能够承受更高温度和更大的电场强度。器件在工作温度上升时，本征激发的载流子浓度也不会很高，因此能够应用于更高温度的特殊环境。

2. 高击穿场强：GaN 本身的击穿场强为 3.3E+06，约是 Si 的 11 倍，同样耐压条件下，GaN 耗尽区展宽长度可以缩短至 Si 的 0.1 倍，大大降低了漂移区电阻率，以获得更低的 Ron 和更高的功率性能。

3. 高电子饱和漂移速率：在半导体器件工作过程中，多数是利用电子作为载流子实现电流的传输。高电子饱和漂移速率可以保证半导体器件工作在高电场材料仍然能保持高的迁移率，进而有大的电流密度，这是器件获得大的功率输出密度的关键所在。这也是 GaN 材料最明显优势所在。

可以看到，表格中 GaN 的电子迁移率并不高，为什么称之为高电子迁移率晶体管呢？原因在于 GaN&AlGaN 因为材料特性在界面感应形成的二维电子气(2DEG)，2DEG 在 2-4nm 薄薄的一层中存在且被约束在很小的范围，这种限域性使得电子迁移增加到 1500~2000cm²/(V·s) 目前技术已经使电子迁移率达到 2200 cm²/(V·s)。

4. 良好的耐温特性：可以看到，GaN 和 Si 的热导率基本差异不大，但是 GaN 可以比 Si 拥有更高的结温。因此，同时良好的热导率加上更高的热耐受力共同提升了器件的使用寿命和可靠性。

GaN 器件优越的性能也其器件结构有极大的关系。目前，产业化的 GaN 器件在走的两种路线是 P-GaN 方式的增强型器件和共源共栅两种结构，两种结构市场上声音不同，大家仁者见仁。

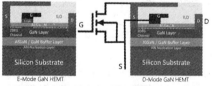

图 1 主流 GaN 的两种结构

由于 GaN 器件对寄生参数极其敏感，因此相较于传统的 Si 基半导体器件的驱动电路，GaN 的驱动要求更为严苛，因此对其驱动电路的研究很有意义。在实际的高压功率 GaN 器件应用过程中，我们用 GaN 器件和当前主流的 SJ MOSFET 在开关特性和动态特性上做了一个对比，更详细地了解其差异所在。

表二 GaN 器件 DC 参数

测试条件	$I_{GSF}[A]$ $V_{GS}=6V$	$V_{GS(th)}[V]$ $I_D=2.4MA$	$R_{DSon}[\Omega]$ $V_{GS}=6V/$ ID=3.2A	$BV_{DSS}[V]$ $I_{DSS}=10.00 \mu A$	$I_{DSS}[A]$ $V_{DS}=650V$
WGB65E150S	2.52E-06	1.852	1.33E-01	925.1	1.15E-07

从上图 GaN 晶体管的 DC 参数可以看到，其在直流参数上，没有反向二极管(0 Reverse Recovery)，主要原因在于 GaN 晶体管没有 SJ MOSFET 的寄生 PN 结。此外，两者在直流参数以及 Vth 等也有着不小的区别，同规格情况下，GaN

晶体管比 SJ MOS 有着更小的饱和电流以及更高的 BV 值，这也是受限于其芯片面积和无雪崩能力的特殊特性；同时更低的驱动电压和栅极电荷 Qg，造就了其高频低损的优良开关特性。

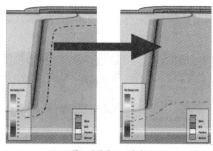

图 2 GaN&Si 电容特性对比

从器件的电容上看到，SJ MOSFET 的电容在 50V 内非线性特征明显，同时整体的电容值要比 GaN 器件大很多(结电容是 GaN 的 3 倍)。这是因为，二维电耦合型的 SJ 器件虽然比平面 MOS 拥有更小的器件面积，但由于其依靠 PN 结的横向耗尽来实现抗耐压，因此 PN 结的接触面积要大很多，在器件 D-S 间电压较低时，PN 结内建电场形成的接触面造成了其初始 Coss&Crss 等参数要比 D-S 高电压状态大几个量级；同时器件从不完全耗尽到全耗尽状态，器件空间电荷区展宽，导致了 CGD 和 CDS 在电容曲线上出现突变点。这种电场在很窄电压范围的突变，也恰恰影响着工程师们关注的 EMI 问题，如何去优化使其曲线变缓成为多家设计公司的特色工艺。

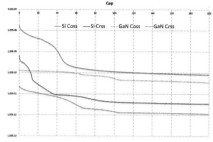

图 3 硅器件 Cgd 突变

然而 GaN 的出现，却轻松地解决了该问题，GaN 的电容曲线变化相对在一个较小的范围，且不存在突变，因此在电源应用的 EMI 调试过程，效果优于 SJ MOSFET。接近线性的 Coss，使得应用开关过程 dv/dt 的波形更接近一个没有弧度的斜线让其变得优雅。

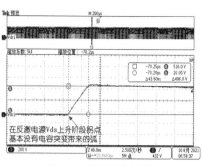

图 4 GaN 反激 Vds 开关上升沿

在反激电源 Vds 上升阶段拐点基本没有电容突变带来的弧

较低的结电容也使得器件的能量等效电容(Coer)和 Eoss 远小于同规格 SJ MOS 器件，使得电源在硬开关过程中的容性损耗大大减小，能够显著减少器件发热；与此同时，在电源软开关过程中达到 ZVS 所抽取的结电容电荷更少，使得系统拥有更高的开关频率和更小的死区时间，进一步的减小系统体积。

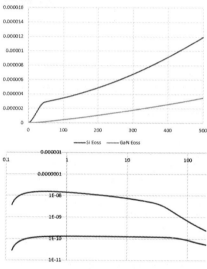

图 5 GaN&Si 器件 Eoss 和 Coer 差异

随着 GaN 的高效率得到实验验证，市场对于 GaN 的信心逐渐增强，优势日益显著以及用量不断增长，未来功率 GaN 技术将成为高效率功率转换的新标准。

Python 识别文本 18 行简单程序

很多同学都对自然语言处理感兴趣，但是却不知道应该从哪里下手。需要从构建数据集到训练数据，再到测试数据，整个流程确实需要耐心的人才能成功走通。

不过现在有了 paddlehub，我们可以先省略掉构建数据集和训练数据这两个步骤，直接拿模型过来分类。一旦简单版的分类成功了，你就会有动力继续前进，继续学习如何训练属于自己的模型。

今天我们用 paddlehub 中比较简单的情感倾向分析模型 senta_lstm 来对文本做一个简单的积极和消极的分类。

1. 准备

为了实现这个实验，Python 是必不可少的，如果你还没有安装 Python，建议阅读我们的这篇文章哦：超详细 Python 安装指南。

然后，我们需要安装百度的 paddlepaddle，进入他们的官方网站就有详细的指引：https://www.paddlepaddle.org.cn/install/quick

根据你自己的情况选择这些选项，最后一个 CUDA 版本，由于本实验不需要训练数据，也不需要太大的计算量，所以直接选择 CPU 版本即可。选择完毕，下方会出现安装指引，不得不说，Paddlepaddle 这些方面做得还是比较贴心的。

不过虽然它里面写了这么多，大部分人用一句话安装，打开 CMD(Win+R)或者 Terminal(Command+空格搜索)输入以下命令即可安装：

pip install paddlepaddle -i https://mirror.baidu.com/pypi/simple

还需要安装 paddlehub，这点别忘了：

pip install -i https://mirror.baidu.com/pypi/simple paddlehub

2. 编写代码

整个步骤分为三步：
(1)加载模型
(2)指定待分类文本
(3)情感分类

就能得到以下结果：

{'text': '你长得真好看', 'sentiment_label': 1, 'sentiment_key': 'positive', 'positive_probs': 0.9866, 'negative_probs': 0.0134}

{'text': '《黑色四叶草》是部不错的番', 'sentiment_label': 1, 'sentiment_key': 'positive', 'positive_probs': 0.9401, 'negative_probs': 0.0599}

其中:1.sentiment_key 代表分类结果，postive 是积极，negative 是消极 。2.sentiment_label 是分类结果标签，1 代表积极，0 代表消极 。3. positive_probs 是积极分类的置信度，0.9866 即模型判断 98.66%的可能性是正面。4. negative_probs 与 positive_probs 相对，是消极分类的置信度。

3. 结果分析

这么看，你会发现其实在有明显的积极消极词汇面前，这个模型的分类效果还是不错的。那在特殊的例子面前效果又如何呢？我们去微博随便取一条试一下，比如银教授的段子：

分类结果：

{'text': '他们都网上办公、网上学习了，你什么时候跟我网恋？', 'sentiment_label': 0, 'sentiment_key': 'negative', 'positive_probs': 0.0507, 'negative_probs': 0.9493}

竟然意外的分对了，虽然是段子，但确实，明显有对方不跟自己网恋的消极态度。

再试试有潜在含义的句子：

银教授 ✓
14分钟前
他们都网上办公、网上学习了，你什么时候跟我网恋？
✿ 句子备忘收录站
☆ 收藏   ⮻ 6   ⬜ 121

{'text': '不想说说什么了，听首歌吧。', 'sentiment_label': 0, 'sentiment_key': 'negative', 'positive_probs': 0.0321, 'negative_probs': 0.9679}

{'text': '我忘了世界还有一种人火星人，你从那里来的吧？', 'sentiment_label': 1, 'sentiment_key': 'positive', 'positive_probs': 0.7261, 'negative_probs': 0.2739}

第一句分对了，第二句没分对。确实，第二句太隐晦了，机器可能分不出来。不过，置信度并不高，如果真的需要应用这个模型，可以通过置信度过滤掉一些分类。

总的而言，这个模型效果还是不错的，在网上那么多情感分类开源的模型中，百度的这个应该可以打 80 分左右。而且，它支持你自己做一些微调(Fine-tune)，也就是能够使用自定义的训练集调整模型到你需要的样子，详见 github：

https://github.com/PaddlePaddle/models/tree/develop/PaddleNLP/sentiment_classification

AI 算法的智能传感器平台 PerSe

Semtech 推出了一个新的产品类别 PerSe 系列传感器，该产品组合包括 PerSe Connect、PerSe Connect Pro 以及 PerSe Control 三个核心产品系列。据介绍，PerSe 技术是专为消费类智能设备量身打造的，它能够自动感应人体的存在，及时触发智能响应，让智能设备更加智能。

具体来说，这三个产品系列是分别针对不同应用场景开发的，据 Semtech 消费类传感产品线高级总监黄宇铿(David Wong)介绍，三个产品具有不同的性能，AI 算法也有区别，它们都有自己独特的传感技术，比如，PerSe Connect 和 PerSe Control 已经推出有两三年了，PerSe Connect Pro 是最新推出的产品，现在这三个系列都归于 PerSe 系列内。

PerSe 智能感应
PerSe 让智能设备更智能
实现更加卓越的性能、更直观的控制、更长的电池续航时间

PerSe Connect：增强了全球众多智能手机和笔记本电脑的连接性能(5G Sub-6、4G 和 Wi-Fi)。该系列传感器有助于优化射频功率以实现最佳的连接性能，在提供快速无线体验的同时保持 SAR 合规性。

PerSe Connect Pro：首款能为智能手机、笔记本电脑和平板电脑中的高频段 5G 毫米波设备提供超高传感性能的传感器产品。此系列传感器能够实现更高的传感距离，从而安全管理增加的射频暴露。

PerSe Control：在可穿戴设备中实现更智能的控制，以改善用户体验。此系列传感器实现了人体检测、自动开关和启动／停止响应。它还提供最先进的手势控制和响应，包括智能助理、降噪激活和媒体播放器控制。

Semtech 消费类传感产品线高级总监黄宇铿(David Wong)黄宇铿表示，PerSe 这个名字来自"Person Sensing"即人体感应，是能让个人电子设备更智能的前沿技术，也可以说是黑科技。它的核心优势在于，在手机、在平板电脑上，能提升连接性能，使 5G、WiFi6 达到最好的性能，同时满足全球的安全标准。PerSe 可感应人体的存在，根据感应结果和需求，自动响应射频(RF)控制。

他举例说，当用户的手机在口袋里时，RF 的功率会变低，对成人或孩子都是安全的。当用户将手机从口袋里拿出来时，RF 的功率会增加，达到最佳的性能。

Semtech 中国区销售副总裁黄旭东 Semtech 中国区销售副总裁黄旭东则做了更加详细的解释，手机的射频由天线发送射频信号，PerSe 能够监测手机天线，当天线发射的射频信号在接近人体时，它会将发射功耗降下来。有两种形式，一种

是将发射功耗降到很低，这样的话你的传输的这些数据和客户体验就会大大降低。用 PerSe 技术可以识别你周围的环境，比如说手机是离人体远一点的话，它发射功耗会大一点，这样你就可以把较大的数据从手机传到网络上。如果是接近你的人体的话，即人体接近 PerSe 传感器，它可以识别距离，然后把发射功能会降下来，这样的话会大大提高用户体验，也能把这些有害的辐射给降低。

另外，PerSe 在可穿戴设备上面可实现直观控制功能，为耳机、智能手表等可穿戴设备提供自动开/关，媒体控制等功能，提升用户体验。

黄宇铿强调，PerSe 的特点主要有：一流的 AFE(模拟前端)，可实现更远的距离和更灵敏的感应，非常高的抗干扰能力，其 AFE 能做到 1,000,000:1 的 SNR Ratio(信噪比)，非常高的性能表现。PerSe 能智能区分人体跟非生命物体，提升设备的响应效果，还有先进温度补偿功能，最大限度较少误触发。PerSe 具有小巧的外观、坚固的封装，同时还采用了了低功耗的设计。

PerSe™ 智能人体感应技术
为消费电子设备提供智能人体感应技术，提升用户体验
· 优化移动设备连接性，实现最佳性能，同时符合 SAR(比吸收率)法规
· 实现可穿戴设备的直观控制，促进智能交互

PerSe 三大产品系列，满足不同应用需求

PerSe Connect	PerSe Connect Pro	PerSe Control
智能手机/平板电脑/笔记本电脑 (5G Sub-6/4G/Wi-Fi)	智能手机/平板电脑/笔记本电脑 (5G 毫米波)	可穿戴设备(耳机)智能手机/智能手表

现已上市

用过人体传感器的用户应该有所体会，传统的人体传感器其实并没有那么可靠，比如如果一个用户长期保持一个固定的姿势，人体传感器可能就感应不到他的存在了，这就造成了一个人在看电视或者看书的过程中，人体传感器感应不到人存在的情况。

黄旭东表示，使用了 AI 算法的 PerSe 很好地解决了这个问题，"第一点是感应距离，如果是感应不灵敏，有可能手机接近人体，它是不触发的，除了距离还有误触发，这都是我们需要去重点解决的问题。"

他表示，PerSe 系列已经有几代产品了，其算法可以把这些距离给调到最准，误触发频率调到最低，实现了优越的传感性能和独特的人体检测功能。"这些都是在整个设计的过程当中我们需要去考虑的，PerSe 几代产品也是根据这两个方面进行优化。同时，PerSe 几代产品都有很多专利在里面，有很多 IP，产品包含了低功耗、模拟、混合、AI 的算法在芯片中去解决相应的问题。"

在黄旭东看来，PerSe 这样的智能传感器以后在可穿戴和人体有关系的消费类产品领域有很大的发展空间，比如 VR 眼镜等智能可穿戴设备应用。

2021年 5月16日 第20期
投稿邮箱：dzbnew@163.com
电子报

Python 处理 CSV、JSON 和 XML 数据的简便方法

Python 的卓越灵活性和易用性使其成为最受欢迎的编程语言之一，尤其是对于数据处理和机器学习方面来说，其强大的数据处理库和算法库使得 python 成为入门数据科学的首选语言。在日常使用中，CSV、JSON 和 XML 三种数据格式占据主导地位。下面针对三种数据格式来分享其快速处理的方法。

CSV 数据

CSV 是存储数据的最常用方法。在 Kaggle 比赛的大部分数据都是以这种方式存储的。我们可以使用内置的 Python csv 库来读取和写入 CSV。通常，我们会将数据读入列表。

看看下面的代码。当我们运行 csv.reader() 所有 CSV 数据变得可访问时。该 csvreader.next() 函数从 CSV 中读取一行；每次调用它，它都会移动到下一行。我们也可以使用 for 循环遍历历 csv 的每一行 for row in csvreader。确保每行中的列数相同，否则，在处理列表时，最终可能会遇到一些错误。

```python
import csv
filename = "my_data.csv"
fields =
rows =
# Reading csv file
with open(filename, 'r') as csvfile:
# Creating a csv reader object
csvreader = csv.reader(csvfile)
# Extracting field names in the first row
fields = csvreader.next()
# Extracting each data row one by one
for row in csvreader:
rows.append(row)
# Printing out the first 5 rows
for row in rows[:5]:
print(row)
```

在 Python 中写入 CSV 同样容易。在单个列表中设置字段名称，并在列表列表中设置数据。这次我们将创建一个 writer() 对象并使用它将我们的数据写入文件，与读取时的方法基本一样。

```python
import csv
# Field names
fields = ['Name', 'Goals', 'Assists', 'Shots']
# Rows of data in the csv file
rows = [ ['Emily', '12', '18', '112'],
[ 'Katie', '8', '24', '96'],
[ 'John', '16', '9', '101'],
[ 'Mike', '3', '14', '82']]
filename = "soccer.csv"
# Writing to csv file
with open(filename, 'w+') as csvfile:
# Creating a csv writer object
csvwriter = csv.writer(csvfile)
# Writing the fields
csvwriter.writerow(fields)
# Writing the data rows
csvwriter.writerows(rows)
```

我们可以使用 Pandas 将 CSV 转换为快速单行的字典列表。将数据格式化为字典列表后，我们将使用这 dicttoxml 将其转换为 XML 格式。我们还将其保存为 JSON 文件！

```python
import pandas as pd
from dicttoxml import dicttoxml
import json
# Building our dataframe
data = {'Name': ['Emily', 'Katie', 'John', 'Mike'],
'Goals': [12, 8, 16, 3],
'Assists': [18, 24, 9, 14],
'Shots': [112, 96, 101, 82]
}
df = pd.DataFrame(data, columns=data.keys())
# Converting the dataframe to a dictionary
# Then save it to file
data_dict = df.to_dict(orient="records")
with open('output.json', "w+") as f:
json.dump(data_dict, f, indent=4)
# Converting the dataframe to XML
# Then save it to file
xml_data = dicttoxml(data_dict).decode()
```

```python
with open("output.xml", "w+") as f:
f.write(xml_data)
```

JSON 数据

JSON 提供了一种简洁且易于阅读的格式，它保持了字典式结构。就像 CSV 一样，Python 有一个内置的 JSON 模块，使阅读和写作变得非常简单！我们以字典的形式读取 CSV 时，然后我们将该字典格式数据写入文件。

```python
import json
import pandas as pd
# Read the data from file
# We now have a Python dictionary
with open('data.json') as f:
data_listofdict = json.load(f)
# We can do the same thing with pandas
data_df = pd.read_json('data.json', orient='records')
# We can write a dictionary to JSON like so
# Use 'indent' and 'sort_keys' to make the JSON
# file look nice
with open('new_data.json', 'w+') as json_file:
json.dump (data_listofdict, json_file, indent=4, sort_keys=True)
# And again the same thing with pandas
export = data_df.to_json('new_data.json', orient='records')
```

正如我们之前看到的，一旦我们获得了数据，就可以通过 pandas 或使用内置的 Python CSV 模块轻松转换为 CSV。转换为 XML 时，可以使用 dicttoxml 库。具体代码如下：

```python
import json
import pandas as pd
import csv
# Read the data from file
# We now have a Python dictionary
with open('data.json') as f:
data_listofdict = json.load(f)
# Writing a list of dicts to CSV
keys = data_listofdict.keys()
with open('saved_data.csv', 'wb') as output_file:
dict_writer = csv.DictWriter(output_file, keys)
dict_writer.writeheader()
dict_writer.writerows(data_listofdict)
```

XML 数据

XML 与 CSV 和 JSON 有点不同。CSV 和 JSON 由于其既简单又快速，可以方便人们进行阅读、编写和解释。而 XML 占用更多的内存空间，传送和储存需要更大的带宽，更多存储空间和更久的运行时间。但是 XML 也有一些基于 JSON 和 CSV 的额外功能：您可以使用命名空间来构建和共享结构化标准，能更好地传承，以及使用 XML、DTD 等数据表示的行业标准化方法。

要读入 XML 数据，我们将使用 Python 的内置 XML 模块和子模 ElementTree。我们可以使用 xmltodict 库将 ElementTree 对象转换为字典。一旦我们有了字典，我们就可以转换为 CSV、JSON 或 Pandas Dataframe！具体代码如下：

```python
import xml.etree.ElementTree as ET
import xmltodict
import json
tree = ET.parse('output.xml')
xml_data = tree.getroot()
xmlstr = ET.tostring(xml_data, encoding='utf8', method='xml')
data_dict = dict(xmltodict.parse(xmlstr))
print(data_dict)
with open('new_data_2.json', 'w+') as json_file:
json.dump(data_dict, json_file, indent=4, sort_keys=True)
```

创维液晶彩电主板改 V59 通用板实例

故障分析：一台创维 32E500E 型液晶彩电，开机后有厂家画面，无图像，面板按键和遥控器均不起作用。根据故障现象分析，结合实测数据，判断主板有故障。该机主板型号是 5800-A8R580-IP40。由于购买或维修原主板成本较高，决定换用市售便宜的 V59 型通用主板。

改板步骤：第一步：选择和屏相配的屏线，拔下原来的屏线仔细观察有 5 对信号线，供电线在左边，即该机上导线是左供电单 8 屏线，如下图所示。插上新屏线后，测量 5 对信号线间阻值都在 100Ω 左右，符合要求。

第二步：拆下原主板，将电源板上的 14p 插座（与主板相连）的 STB 和 5VSB 端用导线连接起来，只要接通电源开关，电源板就工作。接下来把插座中的 +12V、GND 端分别与 V59 主板的 12V 供电端和接地端相连，将"ena"（恒流电压控制脚）与 V59 主板的 BLO 端相连，如图所示。

插好屏线检查无误后通电，接入视频信号开机，发现图像倒立。重新对 V59 主板进行软件升级后，图像正常。

V59 主板工厂调试说明

1.1 进入工厂菜单

在电视正常工作模式下，依次按遥控器"菜单↓1,4,7"。直接进入工厂菜单，按遥控器"上、卜"键选择相应的选项，按"确认"键进入下一级菜单，按"左、右"键进行调整 & 退出时按"退出"键即可。

1.2 工厂菜单说明

工厂菜单主要为生产调试使用，大部分数据已经在开发过程中固定并直接写入 FLASH，生产使用主要有 5 项：白平衡调整（W/B ADJUST），恢复工厂设置（INITTV），老化模式（Burn Mode），软件版本信息（SWINFORMATION），升级软件（USB）

1.2.1 白平衡调整（W/BADJUST）

进入工厂菜单后，按"上、下"键选择"图像"选项，再按"确认"键或"右"键进入下一?级菜单选择"白平衡调整"选项，再按"确认"键或"右"键进入卜一级菜单，通过调整 R-GAIN/G-GAIN/B-GAIN 和 R-OFFSET/G-OFFSET/B-OFFSETR 的数值来调整整机的白平衡。

（一般情况下，软件已经针对不同型号的液晶屏调整好白平衡，生产时无须再做调整，针对个别液晶屏差异，可以用手动调整）

1.2.2 恢复工厂设置（INITTV）

进入工厂菜单后，按"上、下"键选择"初始化"选项，再按遥控器"确认"键或"右"键进行厂复位。（恢复工厂设置后，电视机进入待机状态，按遥控开机即可。

1.2.3 老化模式（Burn Mode）

进入工厂菜单后，按"上、下"键选择"老化模式"选项，再按"确认"键或"右"键即可进入老化模式。

（用按键板关机后，再开机时电视机会自动退出老化模式。直接关电源再开机不能退出老化模式）

1.2.4 软件信息（SW INFORMATION）

进入工厂菜单后，按"上、下"键选择"软件信息"选项，再按"确认"键进入卜??级菜单可查看"MANTIS NO,屏型号,升级程序名,板卡型号,CHECKSUM"等信息。

1.2.5 升级软件（Software Update）

插入存有软件的 U 盘，软件的文件名必须是"bin_v59.bin"（U 盘必须插在 USB 端口）。按遥控器"菜单"键，再按左、右键选择"设定",再按下"下"铤选择"软件升级（USB）"选项，再按"确认"键进入升级提示菜单，再按"左"键确认进行升级。升级完成后电视机自动进入待机状态，待机指示灯亮，重新按"待机"键开机。

基于FPGA的数字电路实验4：
采用模块化思路设计一个译码器

本次实验的任务是构建一个3-8译码器，且将译码结果通过小脚丫的LED灯显示。听上去并不难，而且想象到，一定会有不少人会立刻开始画一个8行的真值表，然后通过卡诺图进行化简，且根据最终的逻辑表达式画出门电路图。这个方法当然没有错，不过，如果面对更多位数的系统，比如4-16或者是8-256的译码器，建一个几百行的真值表并进行逻辑运算听上去似乎不那么科学。

在这里我们将采用模块化的思路来完成我们的实验设计。

在开始进行模块化设计之前，我们先做一个2-4译码器，也就是译码器系列中最底层的基础模块。

A1	A0	Y3	Y2	Y1	Y0
0	0	0	0	0	1
0	1	0	0	1	0
1	0	0	1	0	0
1	1	1	0	0	0

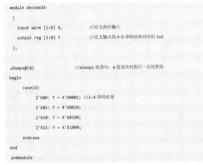

这次的代码我们采用行为级描述（Behavioral-level）的写法，直接根据真值表将输入与输出的各种组合进行直接关联。可以看出，行为级的写法甚至不需要构建门电路，仅通过输入输出对应关系即可构建，因此最为抽象，同时也意味着更快的运算速度。

```
module decode24
(
    input wire [1:0] A,          //定义两位输入
    output reg [3:0] Y           //定义输出的4位译码结果对应的led
);

always@(A)                        //always 块语句，a值变化时执行一次过程块
begin
    case(A)
        2'b00: Y = 4'b0001;      //2-4译码结果
        2'b01: Y = 4'b0010;
        2'b10: Y = 4'b0100;
        2'b11: Y = 4'b1000;
    endcase
end
endmodule
```

有了最基础的模块，如何通过它搭建出3-8译码器呢？现在，我们在原有的真值表上加上一路使能信号E，再来观察一下新的真值表。可以发现，当E为低电平时，不论输入的取值如何，前四位输出均为0。当E为高电平时，右侧仍然为2-4译码器的输出结构。

E	A1	A0	Y3	Y2	Y1	Y0
0	X	X	0	0	0	0
1	0	0	0	0	0	1
1	0	1	0	0	1	0
1	1	0	0	1	0	0
1	1	1	1	0	0	0

我们可以把下表看作为一个3-8译码器的真值表，只不过输入端的最高位由E代替。由于E为低电平时输出最高的四位均为0，因此确保我们在对后四位输出进行赋值不会影响到前四位的输出。

A2	A1	A0	Y7	Y6	Y5	Y4	Y3	Y2	Y1	Y0
E	A1	A0	Y3	Y2	Y1	Y0	Y3	Y2	Y1	Y0
0	0	0	0	0	0	0	0	0	0	1
0	0	1	0	0	0	0	0	0	1	0
0	1	0	0	0	0	0	0	1	0	0
0	1	1	0	0	0	0	1	0	0	0
1	0	0	0	0	0	1	0	0	0	0
1	0	1	0	0	1	0	0	0	0	0
1	1	0	0	1	0	0	0	0	0	0
1	1	1	1	0	0	0	0	0	0	0

从表中不难看出，虚框和实框对应的其实就是一个带有使能端的2-4译码器，且使能端 E 控制着前后半端位数的输出结果。也就是说，一个3-8译码器可以由两个2-4译码器构成。同理，一个4-16译码器可以由两个3-8译码器构成，以此类推。

带有使能E的2-4译码器如下图所示。实际上就是在之前的代码上稍做修改，在这里我们就不详细写出来了，给大家自行练习的机会。

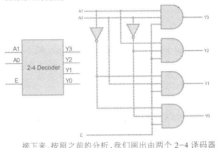

接下来，按照之前的分析，我们画出由两个2-4译码器组成的3-8译码器的结构。

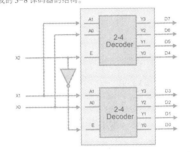

以下是用Verilog写的一个3-8译码器，在程序里我们调用了两次2-4译码器的子模块。注意，子模块的文件需要和decode38文件放在同一个工程目录下。

```
module decode38
(
    input wire [2:0] X,
    output wire [7:0] D
);
decode24 upper              //调用第一个子模块，命名为upper
(
    .a(X[1:0]),             //将大模块的X1、X0与lower的A1、A0匹配
    .E(X[2]),               //将大模块的X2与lower的E匹配
    .Y(D[7:4])              //将大模块的D7-D4与lower的Y3-Y0匹配
);

decode24 lower              //调用第二个子模块，命名为lower
(
    .a(X[1:0]),             //将大模块的X1、X0与lower的A1、A0匹配
    .E(!X[2]),              //将大模块的X2与lower的E匹配
    .Y(D[3:0])              //将大模块的D7-D4与lower的Y3-Y0匹配
);

Endmodule
```

当你反复在图和代码之间徘徊几轮，并有了多么痛的领悟之后，你就可以把自己编译好的程序下载到小脚丫里，然后通过实验测试你的代码。

在倒腾了半天之后，你终于搞定了代码，并且成功在小脚丫上验证了你的设计，于是满怀信心的你就可以尝试一下通过模块化的设计思路去构建4-16甚至更多位的译码器了。

基于 FPGA 的数字电路实验 5：时序电路之触发器

时间的重要性不言而喻，加上时间这个维度就如同 X-Y 的平面加上了一个 Z 轴，如同打开了一个新的世界。所以本期我们就要来聊聊时序电路。

在时序电路中，电路任何时刻的稳定状态输出不仅取决于当前的输入，还与前一时刻输入形成的状态有关。总之，时序电路是有记忆功能的，因此可以设计成储存电路用来保存信息。常用的存储电路有两类：一类采用电平触发，我们称为锁存器（Latch）；另一类通过边沿信号触发，也就是触发器（Flip-flop）。事实上，触发器的工作原理并不复杂。首先我们来看图 1。

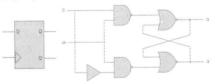

图 1 所示的是一个 D 类触发器的框图和内部门电路结构。框图中输入端的三角形代表着时钟信号边沿触发方式。大家可以通过门电路结构研究 D 类触发器的工作原理，在这里我们直接给出它的状态特性表：

CLK	D	Q	Q'
X	X	X	Q
X	0	0	0
↑	0	1	1
↑	1	0	0
↑	1	1	0

其中，向上的箭头表示时钟信号从低升至高电平时触发有效；反之，从高电平降至低电平的边沿触发方式则由向下的箭头表示。现在我们给出 D 类触发器的 Verilog 代码。

```
module dff2
(
    input clk,d,
    output reg q,
    output wire qbar
);

    assign qbar = ~q;
always @(posedge clk)      // 只有 clk 上升沿时刻触发
    q <= d;                // 只有当触发发生时，才将 d 的值赋给 q
endmodule
```

上述代码的意思差不多等效于：你不起床就别想让我起床。就算你起床了，如果没把早餐做好，我还是不起床。

现在，我们已经有了代码，如何在小脚丫上进行实验呢？其他的好说，问题是我们要处理一下时钟信号的问题，也就是代码中的 clk 变量。

通常，输入变量 clk 直接会被指定到小脚丫的板载时钟信号上。不过，小脚丫的固定时钟信号频率为 12 兆赫兹，比我眼能分辨出的频率快近几十万倍，所以我们根本不可能观察到任何变化。

在我们学习时钟分频之前，观察本次实验的最好办法就是通过手动时钟信号。因此，我们将变量分配至小脚丫的以下管脚。

变量	小脚丫元件	FPGA管脚
clk	SW1	J12
d	SW4	H13
q	L1	N15
qbar	L2	N14

理论上说，将上述程序及管脚分配导入至小脚丫后，可以通过调节开关 SW1 和 SW4 来观察 q 和 qbar 的状态（L1 和 L2）。

用 WinHex 恢复 CR2 格式照片文件的方法

WinHex 是 Windows 系统下的一个强大的数据恢复软件,可直接处理文件误删除、目录无法读取、分区丢失、误克隆、加密、目录隐藏、坏扇区等情况下的存储设备数据丢失故障,本文介绍一种用 WinHex 工具恢复 SD 卡中丢失的 CR2 格式照片文件的方法。

一张存有佳能 EOS 5D 相机照片数据的 SD 卡(32G),被用户误格式化且再次写入了数据,原来拍摄的照片文件无法读出。这些照片以 CR2 格式存放,为了恢复这些照片文件,笔者使用了包括 DiskGenius、FinalData、EasyRecovery、RECOVER4AL 等多种数据恢复软件,效果均不理想。要么只能恢复出寥寥几张照片;要么恢复出的文件无法打开,"光影魔术手"软件提示"文件格式出错"。最后决定用 WinHex 软件尝试恢复 SD 卡中丢失的照片文件,竟然获得成功,过程如下。

第一步:通过读卡器将 SD 卡插入电脑的 USB 接口,运行 WinHex 软件,在软件菜单栏点击"工具"→选择"打开磁盘"→选择插入的 U 盘(本例中的"物理磁盘 RM3:Generic STORAGE DEVICE-A")→点击"确定",打开 SD 卡(如图 1 所示)。

第二步:在软件菜单栏点击"搜索",选择"查找十六进制数值",在"下列十六进制数值将被搜索"的框格内填入 CR2 文件头的特征字(16 进制 49492A0010000000,如图 2 所示),搜索方向选择"向下",其他选项不勾选,点击"确定",WinHex 软件将从 SD 卡的起始地址开始向高地址查找 CR2 文件头的特征字(如图 3 所示)。

找到 CR2 文件头的特征字后,表示找到了一张 CR2 格式照片文件的开始位置,同时可以从数据中看到所使用的相机型号(Canon EOS 5D Mark Ⅲ)以及拍照的日期和时间(2020:11:07 09:19:11,如图 4 所示),便于核对是否要恢复的照片。

第三步:将光标移至找到的第一个十六进制 49 的位置,单击鼠标右键,选择"选块开始",将该位置标记为这张照片文件的第一个字节。

第四步:在软件菜单栏点击"搜索",选择"继续搜索"。再次向下查找 CR2 文件头的特征字(16 进制 49492A0010000000),如果能找到该特征字,表示找到了下一张照片的文件头。

第五步:再次点击"搜索",选择"查找十六进制数值",在"下列十六进制数值将被搜索"的框格内填入 CR2 文件尾的特征字(16 进制 FFD9),搜索方向选择"向上",其他选项不勾选,点击"确定",WinHex 软件将从下一张照片文件头的位置向上查找前一张照片文件的结尾特征字(16 进制 FFD9,如图 5 所示)。

第六步:将光标放到照片文件结尾特征字(16 进制 FFD9)D9 的位置,单击鼠标右键,选择"选块结尾",将该位置标记为这张照片文件的最后一个字节。这时,一张 CR2 格式照片的文件数据被选中,即一张照片文件的第一字节(49)和最后一个字节(D9)之间的数据区颜色变深(如图 6 所示)。

第七步:将光标移到颜色变深的区域,然后单击鼠标右键,在下拉菜单中单击"编辑",在出现的项目中,选择"复制选块→置入新文件",在弹出的"另存文件为"的窗口内选择(或输入)要存放恢复照片文件的"文件路径和文件名",点击"保存"按钮(如图 7 所示),这时 WinHex 软件将把选中的数据块写入到指定的文件中,作为恢复出的一张 CR2 格式照片的数据文件。

重复上面第二步至第七步,直至完全找到想要恢复的照片为止。

恢复出的 CR2 格式的照片文件,无法用普通的图片显示软件打开,需用"光影魔术手"或其他专用软件打开,也可以用"光影魔术手"软件将它们批量转换为 Jpg 格式的图片文件。

如果记得拍照的日期,在第一次进行上述第二步前,可用"查找文本"的方法,找到第一张照片,这样可以节省一些时间。

具体方法是:在软件菜单栏点击"搜索",选择"查找文本",在"下列文本字符串将被搜索"的框格内填入日期(比如 2020:11:07),搜索方向选择"向下",其他选项不勾选,点击"确定"。WinHex 软件将从 SD 卡的起始地址开始向高地址查找要搜索的日期字符串(如图 8 所示),然后再重复上述第二步至第七步。

这种方法比较费力费时,但对于恢复相机 SD 卡里的原始照片文件却非常有效。

◇青岛 孙海善 陈葳 唐卓凡

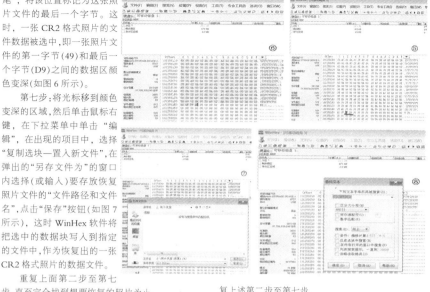

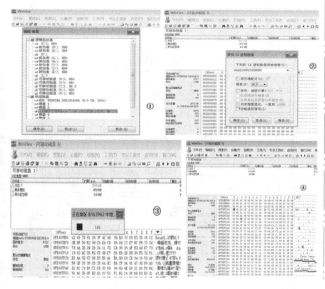

美的MM721AC8-PW 微波炉的维修一例

接修一台美的 MM721AC8-PW 微波炉,通电试机,除了微波炉里灯亮和风扇正常外,微波炉不加热。据用户描述:头几天使用的时候还好用,今天早上再用的时候,就不好使了。

扒掉电源插头,将机器拆开,先测量高压保险管,正常,将微波管引线拔下来,测量微波管也是好的,接着再仔细测量高压变压器和高压整流管,发现都没损坏。奇怪了?又通过里面的接线进行查找,原来微波炉加热装置是:通过电源引线、保险管、定时器控制高压变压器工作的,那么为什么先接电源后试机,风扇和电源指示灯都正常工作呢?原来定时器(火力控制)上面有四根引脚,一组是控制指示灯和风扇的,一组就是控制高压变压器的。

把定时器上面引线拔下来(都是插片的),拨动火力选择旋钮和时间旋钮,用万用表测量定时器引脚,果然有一组引脚不通。接着又将定时器卸下来,把定时器拆开(用手机照下里面的构造,以便恢复

原状,如附图所示),发现里面确实有一组触点发黑严重,还有很多积碳。清洗里面的积碳,把触点用 0 号砂纸处理好,恢复原状试机,故障排除。

注:以前维修微波炉的时候,多数都是微波管或者高压保险管损坏,定时器损坏的情况,还是头一次遇到,现将此案例写出来供读者朋友借鉴一下。

◇黑龙江 杨文革

一体插头导线开裂修复法

目前手机充电线、USB 插头线和电源线等多采用连体形式,这样简洁且接触良好,但使用久后在连接处的外皮容易损坏(如附图左边所示),这种现象在手机充电线上屡见不鲜,如不加维护,内部导线就容易折断。

常见的方法是用胶布缠绕在破损处,但容易脱落,还有用热缩管来加固的,但热缩过程操作不当会伤及导线本体,而且反复拖拽后故障还会出现在原破损处。

笔者现介绍一种简便易行的处理方法:用家用的缝纫线在破损处缠绕(如附图右边所示),先将缺损部分填平,然后再在外皮上缠绕,绕多少以兼顾牢固和美观为度,完成后将线头打结,最后将少量502胶水涂抹在绕线处固定绕线,待干后便可使用了。如果处置得当,修补处与主体会浑然一体,并不影响整体外观,至于线的颜色取决于被补主体的颜色,一般手机线用白色,电源线用黑色。这样处理后的导线接头处使用时弯曲角度变小,受力减小,就不容易出现外皮开裂的现象了。

由于缠绕的线是绝缘物,故既可用于耳机线等低电压器件,又可用在220V电源插头等高压器件。◇苏州 张怀治

一、实验目的

1. 进一步掌握交流电动机正反转控制线路的工作原理。

2. 学会交流电动机正反转控制线路的装接方法和故障处理方法。

二、器材准备

1. 亚龙 YL-102A 型维修电工实训考核装置一台

2. MF47 型万用表一只

3. 带插头铜芯软导线若干根

4. 常用电工工具一套

三、实训线路原理

1. 交流电动机正反转控制线路的组成

交流电动机正反转控制线路如图 1 所示，主要由电源电路、主电路和控制电路三部分构成。

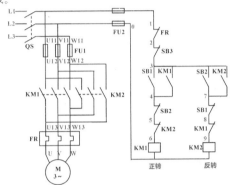

图 1 交流电动机正反转控制线路

2. 交流电动机正反转控制线路的工作原理

复合联锁正反转控制线路的工作过程如图 2、3、4 所示。

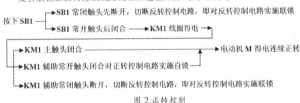

图 2 正转控制

图 3 反转控制

按下 SB3→KM1 线圈或 KM2 线圈失电→KM1 主触头或 KM2 主触头断开→电动机 M 失电停转

图 4 停转控制

四、实训操作

1. 先用万用表电阻挡检测塑料铜芯软导线是否畅通，然后按图 5 所示的交流电动机正反转控制线路图进行线路连接。

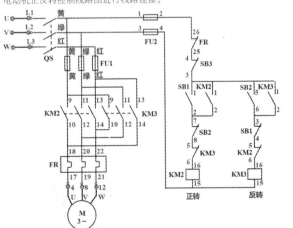

图 5 交流电动机正反转控制线路实验电路

2. 确认线路连接完全正确无误后，接通 380V 电源，向上合上电源开关 QS。按一下正转启动开关 SB1，电动机应连续正转；按一下反转启动开关 SB2，电动机应连续反转；再按一下停止开关 SB3，电动机应停止运转。

3. 关断 380V 电源，拆掉所有连接的导线。

五、故障处理

交流电动机正反转控制线路常见故障、原因及解决办法如表所示。

交流电动机正反转控制线路常见故障、原因及解决办法

故障现象	故障原因	故障处理
可正转但反转不转，或可反转但正转不转	正转或反转支路接错或漏接、接头悬空、导线有断线	检查并重新正确接线，插牢线头并旋紧螺钉，更换断线
按下正转或反转开关，都朝同一方向运转	反转接触器主触头出线没有对调	按接线图重新正确接线
其他故障可参阅电动机连续运转控制线路的故障处理		

六、归纳与思考

画出交流电动机正反转控制线路的安装接线图。

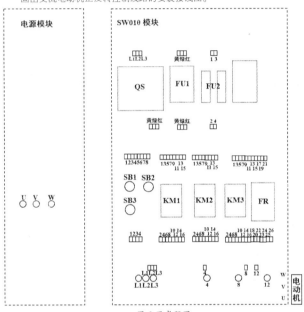

图 6 思考题图

参考答案：
如图 7 所示。

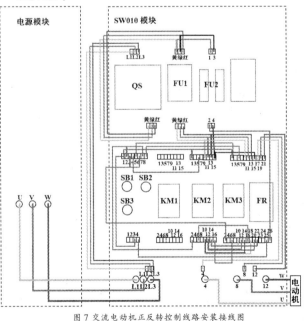

图 7 交流电动机正反转控制线路安装接线图

◇无锡 周金富

PLC 工作原理与内部存储器使用规则(三)

(接上期本版)

(3)第三循环

①内部处理:无故障。

②通信处理:无请求。

③信号处理:假设此时连续正转开关已松开,则此时存储到输入镜像寄存器中的信号为—X000 为 1 电平,X001 为 0 电平,X002 为 1 电平,X003 为 0 电平;存储到辅助镜像寄存器中的信号为—M000 为 1 电平,M001 为 0 电平;存储到输出镜像寄存器中的信号为—Y000 为 1 电平。

④程序处理:

第一条程序 0+1=1→1×1=1→1×1=1,把 1 电平送至 M000 辅助镜像寄存器;

第二条程序 0×1=0→0×1=0,把 0 电平送至 M001 辅助镜像寄存器;

第三条程序 1+0=1,把 1 电平送至 Y000 输出镜像寄存器;

第四条程序结束运算。

⑤输出处理:M000 辅助存储器仍写为 1 电平,M001 辅助存储器仍写为 0 电平,Y000 输出存储器仍写为 1 电平,此时因输出存储器 Y000 仍为 1 电平,故 KM1 仍得电,电动机继续正转。

(4)第四循环~第八循环

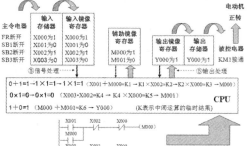

图 14 PLC 在第三循环的工作过程

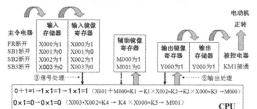

图 15 PLC 在第四循环~第八循环的工作过程

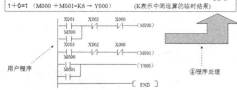

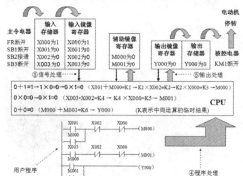

图 16 PLC 在第九循环的工作过程

①内部处理:无故障。

②通信处理:无请求。

③信号处理:在第四~第八这 5 个循环中,假设主令电器没有任何通断变化,所以信号处理结果与第三循环中的信号处理结果完全相同,即此时存储到输入镜像寄存器中的信号为—X000 为 1 电平,X001 为 0 电平,X002 为 1 电平,X003 为 0 电平;存储到辅助镜像寄存器中的信号为—M000 为 1 电平,M001 为 0 电平;存储到输出镜像寄存器中的信号为—Y000 为 1 电平。

④程序处理:同样,在第四~第八这 5 个循环中,程序处理结果与第三循环中的程序处理结果也完全相同,即

第一条程序 0+1=1→1×1=1→1×1=1,把 1 电平送至 M000 辅助镜像寄存器;

第二条程序 0×1=0→0×1=0,把 0 电平送至 M001 辅助镜像寄存器;

第三条程序 1+0=1,把 1 电平送至 Y000 输出镜像寄存器;

第四条程序结束运算。

⑤输出处理:同样,在第四~第八这 5 个循环中,输出处理结果与第三循环中的输出处理结果也完全相同,即 M000 辅助存储器仍写为 1 电平,M001 辅助存储器仍写为 0 电平,Y000 输出存储器仍写为 1 电平,此时因输出存储器 Y000 仍为 1 电平,故 KM1 仍得电,电动机一直保持连续正转。

(5)第九循环

①内部处理:无故障。

②通信处理:无请求。

③信号处理:假设此时停止运转开关已压合,则此时存储到输入镜像寄存器中的信号为—X000 为 1 电平,X001 为 0 电平,X002 为 0 电平,X003 为 0 电平;存储到辅助镜像寄存器中的信号为—M000 为 1 电平,M001 为 0 电平;存储到输出镜像寄存器中的信号为—Y000 为 1 电平。

④程序处理:

第一条程序 0+1=1→1×0=0→0×1=0,把 0 电平送至 M000 辅助镜像寄存器;

第二条程序 0×0=0→0×1=0,把 0 电平送至 M001 辅助镜像寄存器;

第三条程序 0+0=0,把 0 电平送至 Y000 输出镜像寄存器;

第四条程序结束运算。

⑤输出处理:M000 辅助存储器改写为 0 电平,M001 辅助存储器仍写为 0 电平,Y000 输出存储器改写为 0 电平,此时因输出存储器 Y000 为 0 电平,故 KM1 失电,电动机停止运转。

点动控制过程从略,这里不再赘述。

三、PLC 内部存储器的编号方法

从前面介绍的 PLC 工作原理中我们已经知道,主令电器的通断状态是由输入存储器的电平状态来表征的,被控电器是否工作是由输出存储器的电平状态来决定的,而 PLC 能实现什么样的控制功能则是由用户程序指挥单片机对各种内部存储器的状态进行运算和处理来实现的,显而易见,是否正确的使用内部存储器,对于编写出的用户程序是否能不出现运行错误、是否能正常运行下去都是至关重要的!

三菱 FX2N 系列 PLC 内部输入存储器/输出存储器的编号方法见表 1。

三菱 FX2N 系列 PLC 内部常用辅助存储器的编号方法见表 2。

四、PLC 内部常用存储器的使用规则

1. 输入存储器/输出存储器的使用规则

①由于输入存储器的电平状态只能由主令电器通过输入接口来"写",CPU 只能"读取"输入存储器的电平状态而无法把电平状态"写入"输入存储器,所以,输入存储器只能分配给主令电器使用,而不能作为辅助存储器使用,更不能作为输出存储器使用。

②由于输出存储器的电平状态是由 CPU 来"写"的,"读取"却是由输出接口来读取的,并且这个"读取"还是有条件的——即只有在输出处理阶段,输出存储器的状态才通过输出接口传送给被控电器,所以,输出存储器只能分配给被控电器使用,而不能作为辅助存储器使用,更不能作为输入存储器使用。

③在同一个程序中,不允许把同一个编号的输入存储器分配给两个或两个以上的主令电器使用(例如:不允许把 X000 分配给启动开关后又分配给行程开关),也不允许把同一个编号的输出存储器分配给两个或两个以上的被控电器使用(例如:不允许把 Y001 分配给接触器 1 后又分配给接触器 2)。

④分配输入存储器时,首先要使用本机 I/O 单元上实际存在的输入存储器,只有在已经插配输入扩展单元时,才可以使用扩展单元上的输入存储器,绝不允许在没有插配输入扩展单元的情况下去使用扩展单元上的输入存储器。

例如:选用 FX2N - 32M 的 PLC,则只能使用实际存在的 X000~X017 输入存储器,而不允许使用 X020~X177 输入存储器(因为此时的 X020~X177 并不存在);如果在 FX2N - 32M 上插配 FX2N - 16EX 输入扩展单元,那么就可以使用 X000~X037 输入存储器,但仍不可以使用 X040~X177 输入存储器(因为此时的 X040~X177 仍然不存在)。

⑤同样道理,分配输出存储器时,首先要使用本机 I/O 单元上实际存在的输出存储器,只有在已经插配输出扩展单元时,才可以使用扩展单元上的输出存储器,绝不允许在没有插配输出扩展单元的情况下去使用扩展单元上的输出存储器。

例如:选用 FX2N - 16M 的 PLC,则只能使用实际存在的 Y000~Y007 输出存储器,而不允许使用 Y010~Y177 输出存储器(因为此时的 Y010~Y177 并不存在);如果在 FX2N - 16M 上插配 FX2N - 16EY 输出扩展单元,那么就可以使用 Y000~Y027 输出存储器,但仍不可以使用 Y030~Y177 输出存储器(因为此时的 Y030~Y177 仍然不存在)。

2. 辅助存储器的使用规则

①由于辅助存储器都是安装在本机 CPU 单元中的,并且是所有编号的辅助存储器在每一只 PLC 中都是同时存在的,因此,只要是 FX2N 系列的 PLC,不管其型号是什么,也不管其是否插配扩展单元,表 2 中所有编号的辅助存储器都可以任意取用。

②由于辅助存储器既不能读取 PLC 外部的输入,也不能直接驱动 PLC 外部的负载,它们的电平状态只能由 CPU 来写入和读出;辅助存储器既与输入接口没有对应连接关系,也与输出接口没有对应连接关系。因此,所有的辅助存储器绝不可以作为输入存储器使用,也不可作为输出存储器使用。

(未完待续)   ◇无锡 周秀明

表 1

输　入　存　储　器			输　出　存　储　器		
通道编号	存储器编号	点数	通道编号	存储器编号	点数
FX2N - 16M			FX2N - 16M		
X00	X000~X007	8	Y00	Y000~Y007	8
FX2N - 32M			FX2N - 32M		
X00~X01	X000~X017	16	Y00~Y01	Y000~Y017	16
FX2N - 48M			FX2N - 48M		
X00~X02	X000~X027	24	Y00~Y02	Y000~Y027	24
FX2N - 64M			FX2N - 64M		
X00~X03	X000~X037	32	Y00~Y03	Y000~Y037	32
FX2N - 80M			FX2N - 80M		
X00~X04	X000~X047	40	Y00~Y04	Y000~Y047	40
FX2N - 128M			FX2N - 128M		
X00~X07	X000~X077	64	Y00~Y07	Y000~Y077	64
均可扩展			均可扩展		
X00~X17	X000~X177	128	Y00~Y17	Y000~Y177	128

表 2

中间存储器		定时存储器		计数存储器		特殊存储器	
存储器编号	点数	存储器编号	点数	存储器编号	点数	存储器编号	点数
				C000~C099	100		
				C100~C199	100		
M000~M499	500	T000~T199	200	C200~C219	20		
M500~M1023	524	T200~T245	46	C220~C234	15	M8000~M8255	256
M1024~M3071	2048	T246~T249	4	C235~C245	11		
		T250~T255	6	C246~C250	5		
				C251~C255	5		

DIY 耳机插头线实录

一般中高档耳机线都是可以更换的，因为都是通过带3.5mm插头线插入耳机孔内的。随着使用时间延长，拔下插上且又是经常弯折，难免耳机线不会出问题的，其故障表现就是声音时有时无，或弯曲、拉扯一下又能发声。一般都是一边耳机不发声了，两边同时都不发声的情况比较少见！如遇此情况，多为耳机线内部有断点所致。

对于比较粗的可更换耳机线，从外观上是看不出来内部断在哪里的。唯有买合适的耳机插头线替换。但如果有合适的工具、材料，又有动手能力的话完全可以自己动手制作耳机插头线的。一般中高档耳机插头线分为两种方式，一为单根线，另为"一分二"的耳机线。DIY单根线耳机线比"一分二"耳机线制作起来要简单些。只要在4芯音频线(耳机线)两头焊接上3.5mm耳机插头即可。

"一分二"耳机插头线比较复杂，主要是没有配套的同款套管来将4芯线分为左右声道制作，再就是分叉位置的封固问题。厂家是用硬质材料或加金属模压封固"一分二"耳机线分叉位置的，自己制作没有这些材料与模具，只有另想既简单又实用的其他办法了！

以下以图片中插文字，来详细介绍如何自己动手制作"一分二"耳机插头线的(单根耳机插头线制作要简单多了，就不介绍了，只介绍比较复杂的"一分二"耳机线制作方法)。DIY耳机线要先买来4芯音频线，头戴式耳机内芯单根线径可选0.18平方米或0.2平方米(譬如L-4E5AT外径5.0mm/L-4E6S外径6.0mm的4芯音频线，有多种颜色可选)。如果是制作"一分二"耳机线，线长1.2m的话，至少要多买56cm，因为要截取两节各长28cm作空心套管分叉用，小耳机线可选更细些的4芯音频线(注：抽空时，里面紧贴外皮的锡箔纸也要用尖镊子拿出来不用，以方便以穿入三根导线)。另外，制作时要用到不同直径热缩管的，如果有一个专用调温热风枪来烤热缩管是最方便的，没有的话只有用打火机代替了！再就是必须有一个万用表，以测分出左右声道的导线、公共地线之用。最好是带有蜂鸣器档位的数字万用表，这样测试时就不必盯着万用表看了，只需听万用表蜂鸣器发声表示导通即可。

制作耳机插头线，如果是经常带出去听的话，线长1.2m为宜。如果是家里插电脑上听就要长些，以1.5至1.8m才好！以免短得牵扯到耳机。再就是，有些头戴式耳机，厂家配给的耳机线太长，有1.8m。如果带出去听就嫌长了，而只给配一根耳机线的话就可自己制作短些耳机线。

这里要强调的是，焊接3.5mm耳机插头以前，必须先在耳机线上套入3种不同直径热缩管和耳机插头套子。下面重点详细介绍套入待焊接耳机线顺序如下：

第1个套入的热缩管是最后完成焊接后，用来封固耳机线穿入耳机头子手柄部位的热缩管(第1个套入的热缩管尽量用与耳机线同色的热缩管，制作完成后才好看些！此位置是耳机线易折断部位，用热缩管封固，可避免耳机线使用中经常弯折扯断内部导线)。

第2个套入耳机头子套。

第3个套入的热缩管用以封固焊接完成后，保护耳机线与耳机头子内部位之用(此处从随后套入的热缩管，可随便什么颜色的，因制作完成后要旋入耳机头子套的，已看不到里面了)。

第4个套入的热缩管是两个，分别套入分开的左右声道两根耳机线上，耳机线焊接完成后再移入，用热风枪烤至收缩即可，此为防止焊接点短路(需用带尖剪刀将耳机线外皮往里面剪开一小段，才能移入热缩管)。第4个套入的热缩管尽量远离焊接处，以免焊接耳机线时，热缩管受热先收缩了！以上制作完成再旋进耳机插头套，然后再移入第1个套入的热缩管到耳机头子套与耳机线部位用热风枪烤至收缩即完成制作，再用同样的方法制作另一声道耳机线。

还有，耳机分叉位置封固的热缩管，也必须在制作好一头后套入两种不同直径的热缩管待用(也就是用双层热缩管重叠加固)。然后再焊接分叉的两个耳机头子，否则等焊接好分叉的两个头子后，热缩管就没法套入耳机线了，此很重要！封固分叉处的热缩管颜色可用与耳机线不同的其他颜色，也可是同色，随自己喜欢(图片中有标注文字说明，分叉位置套入热缩管的作用)。

这里补充说明一下：

一分二分叉处这端，量出28cm长用剪刀竖着剪开(注意别伤着里面的导线)，然后抽出里面的导线和屏蔽编织网(这里提示一下：屏蔽编织线，最好是用尖镊子慢慢一点一点分开才好，不能图快用剪刀去剪开后抽出里面的导线，屏蔽网会剪断的)，抽出导线后的屏蔽网，拧成一股与另两根线作一边声道用线。另两根线作另一声道导线用，这里还差一根公共端导线，另用一细铜芯线在分叉处与屏蔽网线焊接一起，作另一声道公共端导线即可！剪开后已抽空的原音频线外皮，从分叉处剪断不要。

重要提示：以上制作顺序千万不能弄错了，否则返工就麻烦了！另外，焊接前用万用表区分出从另一端来的左右声道耳机线，也就是每声道需1根耳机线焊接在插头中心焊点(分叉端左右声道线，都是焊接在耳机插头第一节，也就是中心焊点位置)。也就是三段式耳机插头的最前端，另两根线，也就是另一根线与耳机屏蔽线或加焊的一根线，拧在一起焊接于公共焊点上(此为耳机插头第三节位置)，如此才能制作成"一分二"左右声道的耳机线的。

说明一下，从另外一端耳机插头来的线左右声道是这样区分的：左声道，来自另一端耳机插头中心焊点线，也就是第一节。右声道，来自另一端耳机插头第二节焊点的线，也就是与中段连接的线。接地线，也就是公共端的线，来自第三节焊点的线。全部制作完成后最好用英文字母标贴纸，贴在耳机分叉耳机头子上，用塑胶纸贴牢以防脱落，R表示右声道，L表示左声道，用以区分"一分二"耳机插头端的左右声道。

◇贵州 马惠民

DIY耳机插头线所需要的工具、材料(部分)
热缩管(各种规格)　耳机头子　耳机线　调温热风枪　细单芯铜导线

做耳机线的耳机头子
配给的热缩管

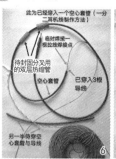
从28cm处剪开抽出内芯线(分为两段，一般加屏蔽网络3根线)；另一段较粗需另焊接一绕导线组成3根线
抽出内芯线的外皮
已经做好一头的耳机线
预先套入两种不同直径热缩管待用
DIY耳机线实录 3

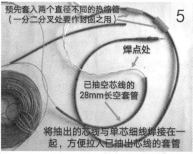
剪两根，每根长28cm同款耳机线并抽芯，外套备用。
已抽芯外皮　待全部抽出　抽芯工具　4芯线　锡箔纸

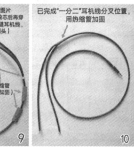
预先套入两个直径不同的热缩管(一分二分叉处要作封固之用)
焊点处
已抽空芯线的28mm长空套管
将抽出的芯线与单芯细线焊接在一起，方便拉入已抽出芯线的套管
5

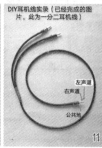
此为已经套入一个空心套管("一分二"耳机线制作方法)
临时焊接一根拉线焊接点
待封固分叉用的双层热缩管
空心套管
已穿入3根导线
另一半待穿空心套管与导线
6

此为已经穿好三根导线的"一分二"耳机线(还有另三根导线待穿)
待穿分叉加固不同直径的热缩管
分叉位置
已制作好的一端耳机插头
待穿另外三根导线
另一根耳机线空心套管(长为28cm)
7

已穿入抽芯导线套管，三根导线为一边局部放大图(一分二分叉处)
8

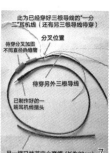
此为"一分二"耳机线完成后的图片(用两根各28cm同款热缩后再穿入导线，得到的左右声道耳机线，待焊接上耳机插头)
一分二耳机线分叉位置
此预装穿入两个不同直径热缩管用来封固分叉之用(双层加固)
9

已完成"一分二"耳机线分叉位置，用热缩管加固
10

已完成"一分二"耳机线分叉位置的图片，此为一分二耳机线
左声道　右声道　公共地
11

外径6mm，每根导径为0.2平方米的一分二耳机线
外径5mm，每根导径为0.18平方米的一分二耳机线
已制作好的一分二耳机线(带3.5mm插头)
12

DIY耳机线实录(已制作完成的耳机线试听中)
用英文字母标贴纸，给制作完成的"一分二"耳机线，分出左右声道(R为右声道L为左声道)
14

接近瓶颈的"后摩尔定律"之路(二)

（接上期本版）

转向任何新的晶体管技术都具有挑战性,纳米片 FET 的推出时间表因各家晶圆厂而异。例如,三星正在量产基于 FinFET 的 7nm 和 5nm 工艺,并计划在 2022 到 2023 年间推出 3nm 的纳米片。而台积电将把 FinFET 扩展到 3nm,同时将在 2024/2025 年迁移到 2nm 的纳米 FET。英特尔和其他公司也在研究纳米片,而最新消息则是 IBM 于近日成功流片 2nm 芯片(非量产)。

纳米片 FET 包含多个组件,包括一个沟道,该沟道允许电子流过晶体管。首款纳米片 FET 采用传统的基于硅的沟道材料,但下一代版本将可能包含高迁移率沟道材料,使电子能够在沟道中更快地移动,提高器件的性能。

高迁移率沟道并不是新事物,已经在晶体管中使用了多年。但是这些材料给纳米片带来了集成方面的挑战,不同的供应商也在采取不同的方法解决:

在 IEDM(国际电子元件会议)上,英特尔发表了一篇有关应变硅锗(SiGe)沟道材料的纳米片 pMOS 器件的论文。英特尔使用所谓的"沟道优先"流程开发该器件。IBM 正在使用不同的后沟道工艺开发类似的 SiGe 纳米片,其他沟道材料正在研发中。

芯片微缩的挑战

随着工艺的发展,有能力制造先进节点芯片的公司数量在不断减少。其中一个关键的原因是新节点的成本却越来越高,台积电最先进的 300mm 晶圆厂耗资 200 亿美元。

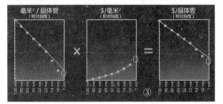
③

几十年来,IC 行业一直遵循摩尔定律,也就是每 18 至 24 个月将晶体管密度翻倍,以便在芯片上增加更多功能。但是,随着新节点成本的增加,节奏已经放慢。最初是在 20nm 节点,当时平面晶体管的性能已经发挥到极致,需要用 FinFET 代替,随着 GAA FET 的引入,摩尔定律可能会进一步放慢速度。

FinFET 极大地帮助了 22nm 和 16/14nm 节点改善漏电流;与平面晶体管相比,鳍片通过栅极在三处接触,可以更好地控制鳍片中形成的沟道。

在 7nm 以下,静态功耗再次成为严重的问题,功耗和性能优势也开始减少。过去,芯片制造商可以预期晶体管规格微缩为 70%,在相同功率下性能提高 40%,面积减少 50%。现在,性能的提升在 15%~20% 的范围,就需要更复杂的流程,新材料和不一样的制造设备。

④

为了降低成本,芯片制造商已经开始部署过去更加异构的新架构(不同工艺制程进行组合搭配),而且在最新的工艺节点上制造的芯片也越来越稀缺。因此并非所有芯片都需要 FinFET;模拟、RF 和其他器件更看重成熟的工艺,同时这些相对"落后的工艺"仍有旺盛的市场需求。

晶圆经济

当然数字逻辑芯片仍在继续演进,3nm 及以下的晶体管结构仍在研发。最大的问题是,有多少公司将继续为不断缩小的晶体管研发提供资金,以及如何将这些先进节点芯片与更成熟的工艺集成到同一封装或系统中,以及最终市场效果如何都是很难预测的。

在尖端节点,晶圆成本是天文数字,很少有客户和应用

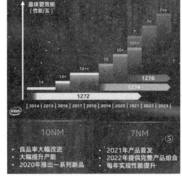
为何戏称英特尔"牙膏厂",这下大家应该明白了吧
⑤

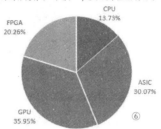
2020 年全球人工智能芯片市场类型分布比例
⑥

能够负担得起昂贵的成本。即使对于负担得起成本的客户,他们的某些晶圆尺寸已经超过掩模版最大尺寸,这显然会带来产量挑战。

成熟节点和先进节点的需求者都很大;芯片行业出现了分歧,超级计算需求(包括深度学习和其他应用)需要 3nm,2nm 等先进制程。与此同时,物联网和其他量大、低成本的应用将继续使用成熟工艺。

最前沿的工艺有几个障碍需要克服。当鳍片宽度达到 5nm(也就是 3nm 节点)时,FinFET 也就接近其物理极限。FinFET 的接触间距(CPP)达到了约 45nm 的极限,金属节距为 22nm。CPP 是从一个晶体管的栅极触点到相邻晶体管栅极触点间的距离。

一旦 FinFET 达到极限,芯片制造商将迁移到 3nm/2nm 甚至更高的纳米片 FET。当然,FinFET 仍然适用于 16nm/14nm 至 3nm 的芯片,平面晶体管仍然是 22nm 及以上的主流技术。

全方位栅极不同于 FinFET,全能门或 GAA 晶体管是一种经过改进的晶体管结构,其栅极从各个侧面接触沟道并实现进一步微缩。早期的 GAA 设备将使用垂直堆叠的纳米片。它们由单独的水平板构成,四周均由门材料包围,相对于 FinFET,提供了改进的沟道控制。

在纳米片 FET 中,每个小片都构成一个沟道。第一代纳米片 FET 的 pFET 和 nFET 器件都将是硅基沟道材料。第二代纳米片很可能会使用高迁移率的材料用于 pFET,而 nFET 将继续使用硅。

纳米片 FET 由两片或更多片组成,其中 7 片的 GAA 与通常的 2 级堆叠纳米板 GAA 晶体管相比,具有 3 倍的性能改进。

从表面上看,3nm FinFET 和纳米片相比的微缩优势似乎很小。最初,纳米片 FET 可能具有 44nm CPP,栅极长度为 12nm。

但是纳米片相比 FinFET 具有许多优势。使用 FinFET,器件的宽度是确定的。使用纳米片,IC 供应商有能力改变晶体管中片的宽度。例如,具有更宽的片的纳米片提供更高的驱动电流和性能。窄的纳米片具有较小的驱动电流,占用的

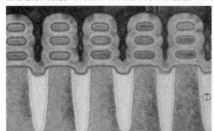
5nm 工艺下 GAA 技术的鳍片,可见三个重叠的圆形纳米线。
⑦

面积也较小。

GAA 架构进一步改善了缩小栅极长度的短沟道控制,而堆叠的纳米片则提高了单位面积的驱动强度。"

除了技术优势外,代工厂也在开发纳米片 FET,这让客户选择面临困难。三星计划在 2022/2023 年推出全球首个 3nm 的纳米片。风险试产有 50% 的概率在 2022 年第四季度;大批量生产的时间有 60% 的概率在 2023 年 Q2 至 Q3。

使用新晶体管会带来一些成本和上市时间风险。考虑到这一点,客户还有其他选择。例如,台积电计划将 FinFET 扩展到 3nm,然后再使用纳米片。

就目前看来三星是 3nm GAA 的领先者,但台积电也在开发 2024 至 2025 年投产的 2nm GAA。就之前同样工艺制程的市场反应来看,台积电更能吸引许多优质客户使用其 3nm FinFET 技术。

无论如何,开发 5nm/3nm 及更先进制程芯片的成本只会更高,单靠在新节点上使用更小的晶体管不是解决问题的方法,必须通过更先进的封装技术来谋求发展之路。

纳米片的制造难点

就像从平面到 FinFET 的过渡一样,从 FinFET 到 GAA 的过渡也会面临很多挑战——转向 FinFET 时,最大的挑战是优化垂直侧壁上的器件,因此出现了许多表面处理和沉积挑战。现在,使用 GAA 必须在结构底层优化设备。表面处理和沉积会变得更具挑战性。

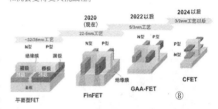
⑧

蚀刻,一种去除晶体管结构中材料的工艺,如今也更具有挑战性;使用平面结构时,通常很清楚何时需要各向同性(共形)的过程而不是各向异性(定向)的过程。使用 FinFET 时变得有些棘手。使用 GAA 时,这个问题变得非常棘手。一些过程在某些地方需要各向同性,例如在纳米线/片材下方进行蚀刻以及各向异性,这个过程极具挑战。

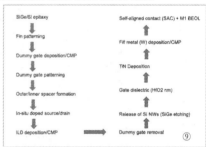
⑨

堆叠纳米片 FET 的工艺流程

在工艺流程中,纳米片 FET 开始于在基板上形成超晶格结构。外延工具在衬底上沉积交替的 SiGe 和硅层,目前至少堆叠三层 SiGe 和三层硅组成。

下一步是在超晶格结构中制造微小的垂直鳍片。每个纳米片彼此分开,并且在它们之间留有空间。在晶圆厂流程中,使用极紫外(EUV)光刻技术对鳍片进行构图,然后进行蚀刻工艺。

然后是更困难的步骤之一——内部间隔物的形成。首先,使用横向蚀刻工艺使超晶格结构中的 SiGe 层的外部凹陷。这样会产生小空间,并充满电介质材料。由于不能停止蚀刻,控制内部间隔物凹槽蚀刻的工艺变化非常困难。理想情况下,只想在金属的外延层穿过侧壁间隔物的地方凹进去,然后用电介质内部间隔物替换该外延层。这是非常关键的 5nm 凹陷蚀刻,因为这是非线性且无法停止,难度相当于无网走钢丝的过程。

此外还有其他挑战,例如,内部间隔模块对于定义最终晶体管功能至关重要,对该模块的控制对于最大限度地减少晶体管可变性至关重要。内部隔离模块可控制有效栅极长度,并将栅极与源极/漏极 epi 隔离开。

（未完待续） ◇李运西

历数华为 P 系列手机

华为手机除了引以为傲的麒麟系列处理器以及即将来到的鸿蒙系统外，强悍拍照功能的 P 系列手机也是广受消费者尤其是女性朋友的欢迎。本文主要以摄像头的主，介绍华为 P 系列手机的历代机型发展史。

Ascend P1

早在 2012 年 1 月的 CES2012 展会上，华为发布了当时的旗舰产品——华为 Ascend P1。由于厚度只有 7.69mm，拿下了当时全球最薄智能手机的称号，这也为 P 系列走"轻薄时尚"的线路奠定了基础。

P1 的主摄像头采用了 800 万像素摄像头，光圈 f/2.4，支持自动对焦、LED 闪光灯以及 HDR 优化效果，并支持 1080P 录像。在当时至少从数据上看，和同时代的也是迄今为止最为经典的 i-Phone 4S 摄像参数一模一样（后置摄像头也是 800 万像素，光圈 f/2.4，支持拍摄 1080P 高清视频）。

Ascend P2

作为 P1 的升级版，2013 年 2 月，华为在 MWC 展会上发布了第二代 P 系列手机—Ascend P2。华为 Ascend P2 的整个外观设计继承了 Ascend P1 的轻薄风格，其后置采用 1300 万像素摄像头，支持 HDR 拍照及录像，对比当时的 i-Phone5、iPhone5 后置摄像头和 i-Phone4S 一样，依旧是 800 万像素，相机硬件几乎没有升级，只是新加入了全景模式。

华为 Ascend P2 采用了华为自主研发的海思 k3v2 处理器，是该机的一大亮点。不过由于 4G 牌照问题，这款手机没有在国内上市。

Ascend P6

也是 2013 年 6 月，华为在英国伦敦发布了 Ascend P6，机身厚度做到了 6.18mm，是当时全球最薄的智能手机之一，Ascend P6 采用 4.7 英寸 720p 分辨率 in-cell LCD 显示屏，搭载 1.5GHz 海思 K3V2E 四核处理器，2GB 内存和 8GB 存储空间，支持 microSD 卡扩展。

摄像上，Ascend P6 前置配备了 500 万像素摄像头，后置搭载 800 万像素摄像头，IMAGE Smart 自动场景识别技术可实现更好的抓拍效果，而全景拍摄模式和 4cm 的超近对焦距离，又可以拍摄更广的场景和微观视角。

同时从命名上，直接跳过"P3、P4、P5"，也意味 P6 进步不小，不仅是工艺上由塑料向金属蜕变，影像上的全方面升级也收获了一大批忠实粉丝，华为 Ascend P6 可以说是 P 系列迈向高端影像旗舰的重要转折点。

Ascend P7

2014 年 5 月，华为在法国巴黎发布了 Ascend P7，其后置采用 1300 万像素摄像头，传感器是索尼当时旗舰级的 IMX214 镜头，并搭载单反相机级的独立 ISP，配有单 LED 补光灯，支持微距拍摄和智能场景识别技术，以及全景模式、美颜模式等功能。

在处理器上华为 Ascend P7 核心方面内置一颗主频 1.8GHz 海思 Kirin 910T 四核芯处理器，不仅开启了华为麒麟 9 系列芯片的发展史，更在影像上做了大改进。它搭载了华为独创的智像专业图像处理引擎 2.0，对拍摄算法进行深度优化，它会根据场景判断智能降噪，以达到最好的拍摄效果，单反级独立 ISP 更是改善了弱光下的成像，保留细节。截至 2015 年 1 月，华为 Ascend P7 的销量超过 P6，达到了 453 万台。

P8

2015 年 4 月，华为首次取消了 Ascend 的前置命名规则，并发布了华为 P8 青春版、P8、P8 Max 三款机型。华为 P8 后置搭载 1300 万像素摄像头，索尼 IMX278 传感器，f/2.0 光圈，相比 IMX214 拥有更大的传感器面积，最重要的是加入 OIS 光学防抖，成像更稳定。

华为 P8 也是首款搭载 4 色 RGBW 传感器的手机，在高对比度环境下成像效果亮度提升 32%，在低光的环境下噪点降低 78%。另外，软件上华为 P8 也进行了升级，加入了魅光、延时摄影、流光快门、大导演模式等功能，拍摄玩法更加多样。软硬件上的升级，让华为 P8 在拍照和视频录制能力上稳步提高，为下一代的 P9 重磅升级作了铺垫。

P9

2016 年 4 月，华为 P9 系列在伦敦发布，华为 P9 首次与德国徕卡合作，成为全球首款配置徕卡镜头的双摄手机。后置双摄像头都是 1200 万像素（黑白+彩色），最大光圈 f/2.2，黑白感光器负责收集细节和轮廓，彩色感光器合作成像，使得 P9 的拍照效果有了大升级。

华为 P9 搭载首款专用深度芯片和全新 ISP 芯片，对焦技术更先进。另外，得益于徕卡的加持，P9 还能够实现大光圈、黑白照片、徕卡风格照片效果。华为 P9 的全球出货量超过 1000 万台，获得当时华为 P 系列最好的销量。

P10

2017 年 2 月，华为在巴塞罗那举行的 MWC2017 上发布了 P10 系列。华为 P10 后置搭载 1200 万像素彩色和 2000 万黑白镜头，以及光学防抖和双摄变焦技术。其中华为 P10 Plus 更有 F1.8 大光圈，进光量相比华为 P9 提升 50%，暗光拍摄能力进一步增强。

P10 主打人像摄影大师，除了全新美颜算法之外，也是第一个前置搭载徕卡镜头的手机。前置的 F1.9 镜头，全新 Pixel Binning 技术可以提升 2 倍亮度，搭配徕卡色彩，让自拍更具艺术感。

P20

2018 年 3 月，华为 P20 系列在中国上海发布，其中华为 P20 Pro 后置首次搭载 4000 万徕卡三摄，分别是 4000 万像素的彩色镜头+2000 万像素黑白镜头+800 万像素长焦镜头。华为 P20 Pro 配备了与索尼联合研发的 IMX600 传感器，支持 960fps 超级慢动作视频，可实现 3 倍光学变焦，最大支持 10 倍数字变焦，特别是 ISO 最高达 102400、1/1.7 英寸感光器面积，让噪点控制更优异。

华为 P20 Pro 是 P 系列经典之作，出色的影像实力让它霸榜 DxOMark 第一名长达一年之久，也获得了很好的用户口碑，坐稳了高端影像旗舰的位置。

P30

2019 年 3 月 26 日，华为 P30 系列在法国巴黎发布。华为 P30 Pro 在 P20 Pro 基础之上再次升级，后置搭载了 4000 万像素超感光+2000 万像素超广角+800 万像素超级变焦+TOF 徕卡四摄组合，主摄和长焦镜头都支持 OIS 光学防抖，最大支持 5 倍光学变焦、10 倍混合变焦、50 倍数字变焦。

华为 P30 系列首次在相机上采用 RYYB 结构的拜耳阵列，而非以往的 RGBG 滤光片，这让 P30 Pro 在暗光下的拍摄能力表现更强，ISO 最高达到 409600，感光性能的提升让它在拍摄夜景是如同白天一样。华为 P30 Pro 一经发布，就再次登上 DxOMark 第一名的位置，强大的影像实力毋庸置疑。P30 系列上市半年的出货量就超过了 1650 万台，成为最受消费者喜爱的旗舰产品之一。

P40

华为在 2021 年 3 月 27 日线上发布华为 P40 系列手机，华为 P40 采用了一块 6.1 寸的屏幕，而 P40 Pro 与 Pro+都采用了一块 6.58 英寸的曲面屏幕。

中间的 P40 可以很清晰地看到边框，而 P40 Pro 和 Pro+则没有这种感觉。并且 P40 Pro 和 Pro+的手感相当"圆润"，类似鹅卵石的质感。

P40 的前置摄像头不再是"美人尖"的设计，而采用挖孔屏，前置摄像头也从一个变成了两个。一颗摄像头为 3200 万像素、f2.2 光圈、支持 4K 视频拍摄，另一颗则为晚上面部解锁使用的红外景深摄像头（Pro 版则为 ToF 景深摄像头，人脸识别更为精准）。

这次的前置摄像头升级，给 P40 带来了一个全新的功能——AI 防偷窥，当摄像头检测你旁边有人时，消息会自动"上锁"，不让外人看到。只有你独自一人时才会独立显示。这和苹果的面部解锁信息有异曲同工之妙，可以更好地保证你电话来电、微信信息的安全。

此外，P40 的普通版相比 Pro 版，还有一个差异：普通版的屏幕刷新率为 60Hz，Pro 和 Pro+的屏幕刷新率均为 90。这代表着浏览网页、刷新新闻时候，P40 Pro 版会比普通版看起来更加流畅。

不过在性能方面，P40 普通版和 Pro 以及 Pro+的差距就没有那么大了，三者都采用了麒麟 990 作为处理器，4 个 A76 大核+4 个 A55 小核的配置，Mali-G76 的 GPU，双核心 NPU。从基础性能来看，麒麟 990 是当今的旗舰水平，日常使用没有任何问题。和高通骁龙 865 相比，麒麟 990 在单核性能上略输 10%，和高通的 Adreno GPU 低了 20% 左右，但是麒麟 990 在 5G 基带的集成、支持频段以及信号稳定性上都要远胜于高通，更高于目前还没有 5G 功能的苹果。因此若非重度游戏爱好者，P40 系列也是一个不错的选择。

编辑：小进　投稿邮箱：dzbnew@163.com

Python 库构建精美数据可视化 web app(一)

今天详解一个 Python 库 Streamlit,它可以为机器学习和数据分析构建 web app。它的优势是入门容易、纯 Python 编码、开发效率高、UI 精美。

上图是用 Streamlit 构建自动驾驶模型效果的 demo,左侧是模型的参数,右侧是模型的效果。通过调整左侧参数,右边的模型会实时地响应。

由此可以看出,对于交互式的数据可视化需求,完全可以考虑用 Streamlit 实现。特别是在学习、工作汇报的时候,用它的效果远好于 PPT。

因为 Streamlit 提供了很多前端交互的组件,所以也可以用它来做一些简单的 web 应用。今天我们也会用它来做个垃圾分类的 web app。

时长 00:16

今天我们就按照 Streamlit 官网文档,对其做个详解。

1. 文本组件

我使用的是 Python 3.8 环境,执行 pip install streamlit 安装。安装后执行 streamlit hello 检查是否安装成功。先来了解下 Streamlit 最基础的文本组件。

文本组件是用来在网页展示各种类型的文本内容。Streamlit 可以展示纯文本、Markdown、标题、代码和 LaTeX 公式。

```
import streamlit as st
# markdown
st.markdown('Streamlit is **_really_ cool**.')
# 设置网页标题
st.title('This is a title')
# 展示一级标题
st.header('This is a header')
# 展示二级标题
st.subheader('This is a subheader')
# 展示代码,有高亮效果
code = '''def hello():
print("Hello, Streamlit! ")'''
st.code(code, language='python')
# 纯文本
st.text('This is some text.')
# LaTeX 公式
st.latex(r'''
a + ar + a r^2 + a r^3 + \cdots + a r^{n-1} =
\sum_{k=0}^{n-1} ar^k =
a \left(\frac{1-r^{n}}{1-r}\right)
''')
```

上述是 Streamlit 支持的文本展示组件,代码存放 my_code.py 文件中。编码完成后,执行 streamlit run my_code.py,streamlit 会启动 web 服务,加载指定的源文件。启动后,可以看到命令行打印以下信息

```
streamlit run garbage_classifier.py
You can now view your Streamlit app in your browser.
Local URL: http://localhost:8501
Network URL: http://192.168.10.141:8501
```

在浏览器访问 http://localhost:8501/ 即可。当源代码被修改,无需重启服务,在页面上点击刷新按钮就可加载最新的代码,运行和调试都非常方便。

2. 数据组件

dataframe 和 table 组件可以展示表格。

```
import streamlit as st
import pandas as pd
import numpy as np
df = pd.DataFrame(
np.random.randn(50, 5),
columns=('col %d' % i for i in range(5)))
# 交互式表格
st.dataframe(df)
# 静态表格
st.table(df)
```

	col 0	col 1	col 2	col 3	col 4
0	-1.2390	-0.2447	0.4984	-0.5976	-0.2671
1	1.3928	3.5554	3.3698	-0.6480	0.0045
2	0.6115	1.4215	0.0015	0.2163	-1.1140
3	-1.1509	0.8801	-0.6930	0.6349	-0.0633
4	0.9613	1.9622	-0.7629	-0.6478	-1.6928
5	0.8078	0.4081	0.3923	0.5927	0.6984
6	0.5275	2.2566	-1.1382	-0.2158	1.6693
7	1.7093	-0.6705	0.4539	2.0125	-1.2991
8	0.7307	0.1180	1.8140	-2.1300	-0.9981
9	-0.0126	-0.9466	-1.1341	-0.7229	-0.0445

	col 0	col 1	col 2	col 3	col 4
0	-1.2390	-0.2447	0.4984	-0.5976	-0.2671
1	1.3928	3.5554	3.3698	-0.6480	0.0045
2	0.6115	1.4215	0.0015	0.2163	-1.1140
3	-1.1509	0.8801	-0.6930	0.6349	-0.0633

dateframe 和 table 的区别是,前者可以在表格上做交互(如:排序),后者只是静态的展示。它们支持展示的数据类型包括 pandas.DataFrame、pandas.Styler、pyarrow.Table、numpy.ndarray、Iterable、dict。metric 组件用来展示指标的变化,数据分析中经常会用到。

```
st.metric(label="Temperature", value="70 °F", delta="1.2 °F")
```

温度

70 °F

↑ 1.2 °F

value 参数表示当前指标值,delta 参数表示与前值的差值,向上的绿色箭头代表相比于前值,是涨的,反之向下的红箭头代表相比于前值是跌的。当然涨跌颜色可以通过 delta_color 参数来控制。

json 组件用来展示 json 类型数据

```
st.json({
'foo': 'bar',
'stuff': [
'stuff 1',
'stuff 2',
],
})
```

```
{
    "foo" : "bar"
    "stuff" : [
        0 : "stuff 1"
        1 : "stuff 2"
    ]
}
```

Streamlit 会将 json 数据格式化,展示地更美观,并且提供交互,可以展开、收起 json 的子节点。

3. 图表组件

Streamlit 的图表组件包含两部分,一部分是原生组件,另一部分是渲染第三方库。原生组件只包含 4 个图表,line_chart、area_chart、bar_chart 和 map,分别展示折线图、面积图、柱状图和地图。

```
chart_data = pd.DataFrame(
np.random.randn(20, 3),
columns=['a', 'b', 'c'])
st.line_chart(chart_data)
```

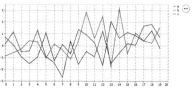

上述是 line_chart 的示例,其他图表的使用方法与之类似。Streamlit 图表可设置的参数很少,除了数据源外,剩下只能设置图表的宽度和高度。虽然 Streamlit 原生图表少,但它可以将其他 Python 可视化库的图表展示在 Streamlit 页面上。支持的可视化库包括:matplotlib.pyplot、Altair、vega-lite、Plotly、Bokeh、PyDeck、Graphviz。

以 matplotlib.pyplot 为例,使用方式如下:

```
import matplotlib.pyplot as plt
arr = np.random.normal(1, 1, size=100)
fig, ax = plt.subplots()
ax.hist(arr, bins=20)
st.pyplot(fig)
```

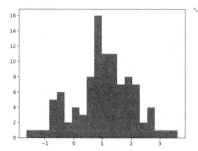

跟直接写 matplotlib.pyplot 一样,只不过最终展示的时候调用 st.pyplot 便可以将图表展示 Streamlit 页面上。其他 Python 库的使用方法与之类似。

4. 输入组件

前面我们介绍的三类组件都是输出类、展示类的。对于交互式的页面来说,接受用户的输入是必不可少的。

Streamlit 提供的输入组件都是基本的,都是我们在网站、移动 APP 上经常看到的。包括:

- button:按钮
- download_button:文件下载
- file_uploader:文件上传
- checkbox:复选框
- radio:单选框
- selectbox:下拉单选框
- multiselect:下拉多选框
- slider:滑动条
- select_slider:选择条
- text_input:文本输入框
- text_area:文本展示框
- number_input:数字输入框,支持加减按钮
- date_input:日期选择框
- time_input:时间选择框
- color_picker:颜色选择器

它们包含一些公共的参数:

- label:组件上展示的内容(如:按钮名称)
- key:当前页面唯一标识一个组件
- help:鼠标放在组件上展示说明信息
- on_click / on_change:组件发生交互(如:输入、点击)后的回调函数
- args:回调函数的参数
- kwargs:回调函数的参数
- 下面以 selectbox 来演示输入组件的用法

```
option = st.selectbox(
'下拉框',
('选项一', '选项二', '选项三'))
st.write('选择了:', option)
```

下拉框

选项二

选择了: 选项二

(下转第 210 页)

Python 库构建精美数据可视化 web app(二)

(上接第 209 页)

　　selectbox 展示三个选项,并输出当前选中的项(默认选中第一个)。当我们在页面下拉选择其他选项后,整个页面代码会重新执行,但组件的选择状态会保留在 option 中,因此,调用 st.write 后会输出选择后的选项。

　　st.write 也是一个输出组件,可以输出字符串、DataFrame、普通对象等各种类型数据。

　　其他组件的使用与之类似,组件效果图如下:

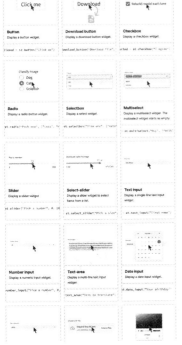

5. 多媒体组件

　　Streamlit 定义了 image、audio 和 video 用于展示图片、音频和视频。

　　可以展示本地多媒体,也可通过 url 展示网络多媒体。

　　用法跟前面的组件是一样的,后面的垃圾分类 App 我们会用到 image 组件。

6. 状态组件

　　状态组件用来向用户展示当前程序的运行状态,包括:

progress:进度条,如游戏加载进度

spinner:等待提示

balloons:页面底部飘动气球,表示祝贺

error:显示错误信息

warning:显示报警信息

info:显示常规信息

success:显示成功信息

exception:显示异常信息(代码错误栈)

效果如下:

7. 其他内容

　　到这里,Streamlit 的组件基本上就全介绍完了,组件也是 Streamlit 的主要内容。

　　这一节介绍一下其他比较重要的内容,包括页面布局、控制流和缓存。

　　页面布局。之前我们写的 Streamlit 都是按照代码执行顺序从上至下展示组件,Streamlit 提供了 5 种布局:

　　• sidebar:侧边栏,如:文章开头那张图,页面左侧模型参数选择

　　• columns:列容器,处在同一个 columns 内组件,按照从左至右顺序展示

　　• expander:隐藏信息,点击后可展开展示详细内容,如:展示更多

　　• container:包含多组件的容器

　　• empty:包含单组件的容器

　　控制流。控制 Streamlit 应用的执行,包括

　　• stop:可以让 Streamlit 应用停止而不向下执行,如:验证码通过后,再向下运行展示后续内容。

　　• form:表单,Streamlit 在某个组件有交互后就会重新执行页面程序,而有时候需要等一组组件都完成交互后再刷新(如:登录填用户名和密码),这时候就需要将这些组件添加到 form 中

　　• form_submit_button:在 form 中使用,提交表单。

　　• 缓存。这个比较关键,尤其是做机器学习的同学。刚刚说了,Streamlit 组件交互后页面代码会重新执行,如果程序中包含一些复杂的数据处理逻辑(如:读取外部数据、训练模型),就会导致每次交互都要重复执行相同数据处理逻辑,进而导致页面加载时间过长,影响体验。

　　加入缓存便可以将第一次处理的结果存到内存,当程序重新执行会从内存读,而不需要重新处理。

　　使用方法也很简单,在需要缓存的函数加上 @st.cache 装饰器即可。

```
DATE_COLUMN = 'date/time'
DATA_URL = ('https://s3-us-west-2.amazonaws.com/'
'streamlit-demo-data/uber-raw-data-sep14.csv.gz')
@st.cache
def load_data(nrows):
data = pd.read_csv(DATA_URL, nrows=nrows)
lowercase = lambda x: str(x).lower()
data.rename(lowercase, axis='columns', inplace=True)
data = pd.to_datetime(data)
return data
```

8. 垃圾分类

　　最后讲解垃圾分类 App 的代码,前面介绍几大类组件在该 App 都有涉及。

　　垃圾分类模型我用的是天行 API,大家可以去 https://www.tianapi.com/ 注册账号,获取 appkey,开通"图像垃圾分类"接口即可。

　　接口的输入如下:

名称	类型	必填	示例值(默认值)	说明
key	string	是	您自己的APIKEY (主带签号到后获取)	api密钥
img	string	否	base64	图片base64编码,可imgurl参数二选一
imgurl	string	否	https://www.tianapi.com/static/img/cor/kc.jpg	图片URL地址 (支持png/jpg/bmp格式)
mode	int	否		分类识别模式,1为严格模式,0为模糊模式

　　除了 key 外,其他 3 个参数需要用 Streamlit 组件实现,代码如下:

```
import base64
import requests
import streamlit as st
import pandas as pd
import numpy as np
add_selectbox = st.sidebar.selectbox(
"图片来源",
("本地上传", "URL")
)
uploaded_file = None
img_url = None
if add_selectbox == '本地上传':
```

　　（右栏续）

```
uploaded_file = st.sidebar.file_uploader(label='上传图片')
else:
img_url = st.sidebar.text_input('图片 url')
cls_mode = {'严格模式': 0, '模糊模式': 1}
mode_name = st.sidebar.radio('分类模式', cls_mode)
mode = cls_mode[mode_name]
```

　　使用了 3 个输入组件,因为 img 和 imgurl 是二选一,所以我们用下拉单选框控制仅展示一个组件。当输入图片后,我们希望在页面上将图片展示出来

```
# 请求结果
img_base64 = None
if uploaded_file:
st.image(uploaded_file, caption='本地图片')
base64_data = base64.b64encode(uploaded_file.getvalue())
img_base64 = base64_data.decode()
if img_url:
st.image(img_url, caption='网络图片')
```

　　使用 image 多媒体组件即可。如果是本地图片,需要将其转成 base64 编码的字符串。

　　最后,请求接口,获取分类结果即可

```
if img_base64 or img_url:
cls_res = get_img_cls_res(img_base64, img_url, mode)
lajitype_to_name = {0: '可回收物', 1: '有害垃圾', 2: '厨余垃圾', 3: '其他垃圾', 4: '无法识别'}
if cls_res.status_code == 200:
cls_df = pd.DataFrame(cls_res.json()['newslist'])
cls_df['分类'] = cls_df.index.astype (str) + '-' + cls_df['name'] + '-' + cls_df['lajitype'].apply (lambda x: lajitype_to_name[x])
cls_df['置信度'] = cls_df['trust']
cls_df.set_index(["分类"], inplace=True)
print(cls_df)
st.bar_chart(cls_df[['置信度']])
else:
st.write(cls_res)
```

　　get_img_cls_res 函数是请求接口的函数

```
def get_img_cls_res(img_base64, img_url, mode):
url = 'https://api.tianapi.com/txapi/imglajifenlei/index'
headers = {
'Content-Type': 'application/x-www-form-urlencoded'
}
body = {
'key': 'APPKEY',
'mode': mode
}
if img_base64:
body["img"] = img_base64
if img_url:
body['imgurl'] = img_url
response = requests.post(url, headers=headers, data=body)
return response
```

　　根据返回的数据格式,将数据按照置信度(trust)展示成一个柱状图

名称	类型	示例值	说明
name	string	打火机	识别物体名称
trust	int	100	可信度,单位百分比
lajitype	int	1	垃圾分类,0为可回收物,1为有害,2为厨余(湿),3为其他(干)
lajitip	string	打火机属其它干垃圾,黑色包裹陶瓷、卫生间废纸、瓷砌、一次性制品等。	垃圾分类提示

　　完整代码回复 "垃圾分类 v2"获取。本文基本上把 Streamlit 讲完了,细节的内容大家可以自行参考官方文档,相信读完这个教程,再看看官方文档就很容易了。　　　(全文完)

安利 3 个 pandas 数据探索分析神器(一)

EDA 是数据分析必需的过程，用来查看变量统计特征，可以此为基础尝试做特征工程。东哥这次分享 3 个 EDA 神器，其实之前每一个都分享过，这次把这三个工具包汇总到一起来介绍。

1. Pandas_Profiling

这个属于三个中最轻便、简单的了。它可以快速生成报告，一览变量概况。首先，我们需要安装该软件包。

```
# 安装 Jupyter 扩展 widget
jupyter nbextension enable --py widgetsnbextension
# 或者通过 conda 安装
conda env create -n pandas-profiling
conda activate pandas-profiling
conda install -c conda-forge pandas-profiling
# 或者直接从源地址安装
pip install https://github.com/pandas -profiling/pandas -profiling/archive/master.zip
```

安装成功后即可导入数据直接生成报告了。

```
import pandas as pd
import seaborn as sns
mpg = sns.load_dataset('mpg')
mpg.head()
from pandas_profiling import ProfileReport
profile = ProfileReport (mpg, title='MPG Pandas Profiling Report', explorative = True)
profile
```

使用 Pandas Profiling 生成了一个快速的报告，具有很好的可视化效果。报告结果直接显示在 notebook 中，而不是在单独的文件中打开。

总共提供了六个部分：概述、变量、交互、相关性、缺失值和样本。

Pandas profiling 的变量部分是完整的，它为每个变量都生成了详细的报告。

Variables

从上图可以看出，仅一个变量就有太多信息，比如可以获得描述性信息和分位数信息。

交互

交互部分我们可以获取两个数值变量之间的散点图。

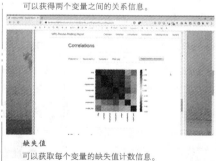

相关性

可以获得两个变量之间的关系信息。

缺失值

可以获取每个变量的缺失值计数信息。

样本

可以显示了数据集中的样本行，用于了解数据。

2. Sweetviz

Sweetviz 是另一个 Python 的开源代码包，仅用一行代码即可生成漂亮的 EDA 报告。与 Pandas Profiling 的区别在于它输出的是一个完全独立的 HTML 应用程序。

使用 pip 安装该软件包

```
pip install sweetviz
```

安装完成后，可以使用 Sweetviz 生成报告，下面尝试一下。

```
import sweetviz as sv
# 可以选择目标特征
my_report = sv.analyze(mpg, target_feat ='mpg')
my_report.show_html()
```

从上图可以看到，Sweetviz 报告生成的内容与之前的 Pandas Profiling 类似，但具有不同的 UI。

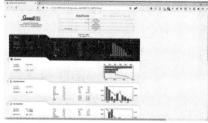

Sweetviz 不仅可以查看单变量的分布、统计特性，它还可以设置目标标量，将变量和目标变量进行关联分析。如上面报告最右侧，它获得了所有现有变量的数值关联和类别关联的相关性信息。

Sweetviz 的优势不在于单个数据集上的 EDA 报告，而在于数据集的比较。

可以通过两种方式比较数据集：将其拆分（例如训练和测试数据集），或者使用一些过滤器对总体进行细分。

比如下面这个例子，有 USA 和 NOT-USA 两个数据集。

```
# 设置需要分析的变量
my_report = sv.compare_intra(mpg,mpg ["origin"] == "usa",["USA","NOT-USA"],target_feat ='mpg')my_report.show_html()
```

（下转第 219 页）

烧 IGBT 管的电磁炉维修步骤与方法

维修电磁炉还在烧 IGBT 管吗？这里给大家介绍一种比较好的方法，我想对大家应有一定的用处。

1. 将目测和表测明显损坏的坏件装上（包括保险）；

2. 用小刀将整流桥的交流端子的一个输入端铜铂切断；

3. 在切断的两个点用 60~100W 灯泡相连接；

4. 装上线盘和各接口，盖上盖板，插电试机，检查能否开关机和各控制功能是否正常，风扇是否转动正常；

5. 用铁质的锅具或盘子放盖板上模拟进行加热（即正常的加热程序），开机，

这时会出现不同的情况：

1）灯泡间歇性闪亮，没有或有故障代码出现；

2）灯泡闪亮一下后显示故障代码，后不再动作或自动关机。

3）灯泡闪亮几下后变为常亮，

4）开机即常亮，

5）开机后灯泡没任何反应。

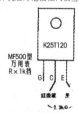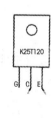

前两种情况说明已基本正常，可以拆除灯泡焊好开路点进行试机，后两种的任何一种情况均会烧坏功率管。第 5）种情况开机后灯泡没反应，则是电路中还有故障。

这里注意，有的人认为将灯泡接于保险处，这种方法不可取，因为当灯泡亮时由于灯泡分压会使副电源输入电压下降，会造成副电源输出降低（特别是变压器的副电源），会出现开机后灯炮一闪亮即关机的现象。这对于监测第 3）种情况非常不利。以上提供的方法可保证在维修过程中不会烧坏功率管。

基于 FPGA 的数字电路实验6：

时序逻辑电路之时钟分频

和单片机一样，FPGA 开发板上也都会配有晶振用来生成板载时钟。前一篇我们提到了小脚丫的固定板载时钟频率为12MHz，这个频率实际上就是作为我们的时间参考基准。正如歌里唱的那样：

嘀嗒嘀嗒嘀嗒嘀嗒
时针它不停在转动

因此，小脚丫只要在通电之后，它的内部时钟就会每隔83.8ns 滴答一次。这个时间真的很快，连光速还没来得及跑出小区大门就被掐断了。那么问题来了：如果在某些应用场合中，我们不需要这么快的嘀嗒该怎么办？比如，我们想让小脚丫上的 LED 灯以可观察的频率闪烁，如 1Hz，也就是 1 秒闪一下。

相信大家和我的想法一样，就一个字：等。既然一秒钟可以嘀嗒一千两百万次，那我们每次点亮 LED 之前就先等你跳一千两百万次好了，毕竟也不耗油。换句话说，就是把内部时钟频率放慢 12,000,000 倍，这个操作就叫作时钟分频。

先说偶数分频，也就是说将内部时钟放慢的除数为偶数。在这里，我们只考虑占空比为 50% 的波形（高电平和低电平各半分）。图 1 中，我们设定内部时钟为我们的输入频率，也就是12MHz，那么如果想获得一个 6MHz 的输出频率，只需要把

第二次上沿信号即可，因此分频除数为 2。

如果想得到更低的输出频率，比如 1MHz，则除数调整12；如果 1KHz，除数调成 12000，依次类推。注意，这种方法只对除数为偶数的情况下才管用！以下是生成 1Hz 输出的代码，于是我们将除数调成了 12,000,000。

```verilog
module clkdivider(clock_in,clock_out);
input clock_in;
output reg clock_out;
reg[23:0] counter=24'd0;
parameter DIVISOR = 24'd12000000;

always @(posedge clock_in)
begin
  counter <= counter + 24'd1;
  if(counter >= (DIVISOR-1))
    counter <= 24'd0;
  clock_out <= (counter<DIVISOR/2)?1'b1:1'b0;  //条件赋值
end
endmodule
```

在代码中我们注意到了这一行代码：

reg[23:0] counter=24'0

这个实际上就是用于存储小脚丫固定时钟频率的一个数据格式，至于为什么是 24 位直接参考图 2 就可以。打开你们电脑里的计算器，调成码衣模式即可。

再说奇数分频。比如说我们想获得一个 4MHz 的频率，按道理说我们把分频除数调成 3 即可。而实际上奇数分频的故事还是稍微多一点。我们看一下图

3 就明白了。

不难发现，当除数为奇数时，此刻对应的时间为内部时钟的下沿，如果仅靠上沿触发的话，此时输出是不会改变的。所以奇数分频需要经历上沿触发和下沿触发才能完成。还好，在Verilog 里，我们先不同研究边沿触发的构造原理，只需要通过行为级描述即可直接完成指令：

```verilog
always @(posedge clk)  //上沿触发
always @(negedge clk)  //下沿触发
```

现在我们来看一个分频倍数为 3 的例子。图 3 中，不论输出信号是高电平还是低电平，都只涵盖了两个边沿信号，也就是说，不论是上沿还是下沿时钟，我们只需要分别等待 2 次触发后进行赋值即可。

```verilog
module clk_div3(clk, clk_out);
input clk;
output clk_out;
reg [1:0] pos_count, neg_count;
wire [1:0] r_nxt;

always @(posedge clk)      //处理上沿时钟触发部分
if (pos_count ==2)         //等待输入时钟上沿触发2次
  pos_count <= 0;
else
  pos_count <= pos_count +1;

always @(negedge clk)      //处理下沿时钟触发部分
if (neg_count ==2)         //等待输入时钟下沿触发2次
  neg_count <= 0;
else
  neg_count <= neg_count +1;

assign clk_out = ((pos_count == 2) | (neg_count == 2));  //每等待2次触发后进行输出赋值
endmodule
```

了解了 3 倍分频之后，如何实现通用的奇数分频自然也就不在话下了，这一部分就交给愿意动手尝试的朋友们去自行练习了。

电子科技博物馆专栏

编前语：或许，当我们使用电子产品时，都没有人记得或知道老一批电子科技工作者们是经过了怎样的努力才奠定了当今时代的小型甚至微型的诸多电子产品及家电；或许，当我们拿起手机上网、看新闻、打游戏、发微信朋友圈时，也没有人记得是乔布斯等人让手机体积变小、功能变强大；或许，有一天我们的子孙后代只知道电子科技的进步而遗忘了老一辈电子工作者的艰辛……

成都电子科技博物馆旨在以电子发展历史上有代表性的物品为载体，记录推动电子科技发展特别是中国电子科技发展的重要人物和事件。电子科技博物馆的快速发展，得益于广大校友的关心、支持、鼓励与贡献。据统计，目前已有河南校友会、北京校友会、深圳校友会、绵德广校友会和上海校友会等 13 家地区校友会向电子科技博物馆捐赠具有全国意义（标志某一领域特征）的藏品 400 余件，通过广大校友提供的线索征集藏品 1 万余件，丰富了藏品数量，为建设新馆奠定了基础。

学术交流

国际科学仪器学会全球虚拟参观活动在电子科技博物馆举行

5月13日，由国际科学仪器学会(SIC)在后疫情时代主办的全球虚拟参观学术活动在电子科技博物馆举行。活动中，来自牛津大学、剑桥大学、达特茅斯学院、英国科学博物馆、美国史密森学会、格林治皇家天文台等10个国家18个机构的科技史学家与电子科技博物馆老师进行了学术交流，共同探讨科技类藏品和电子科技博物馆教育与研究的重要意义。

此次学术活动分为虚拟参观和学术研讨2个环节，利用5G直播的形式，电子科技博物馆主任赵轲介绍了该馆作为全国第一座综合型电子科技类博物馆的概况，带领各学者线上参观博物馆的通信、雷达、广播电视等6个展厅，重点介绍了包括华为C&C08数字程控交换机、"好易通"通信基站、银河四号超级计算机等在内的25件藏品，呈现中国电子工业近几十年的发展。

参观结束后，赵轲针对各学者关心的藏品相关问题进行解答，并与各学者共同探讨科技类藏品和科技博物馆教育与研究对科技进步带来的影响。

在学术研讨中，SIC主席、达特茅斯学院教授Richard Kremer表示电子科技博物馆在芯片部分的展览很吸引人，从原材料、制造工具到芯片成品有完整的展示，配合图文进行讲解，能很好地辅助教学。同时，他对馆内展出的12英寸单晶硅锭感到非常震撼。

SIC理事Roland Wittje表示电子科技博物馆用科技藏品呈现的电子工业史非常有意义，中国电子测量仪器以及成电自制的中国第一批激导元件的发展历史引人入胜，它既体现了技术转移的过程，又反映了中国制造的活力。

曾任英国科学史学会主席、剑桥大学惠普尔博物馆馆长、牛津科学史博物馆馆长、2020年

度萨顿奖章得主Jim Bennett与赵轲探讨学生在博物馆发展中的角色，他认为对科技类博物馆而言，通过复原、保护、策展等项目可以帮助学生以及了解自己的领域，同时学生是思维最活跃的群体，他们能够给博物馆带来更多的灵感和创新。

来自爱丁堡大学的Jane Wess针对电子科技博物馆教育的内涵进行交流，她很认同电子科技博物馆通过《电子科技史》课程开展教育的理念。借助课程，帮助学生理解电子科技的发展，课程结束后，一些同学亲身参与到博物馆藏品及实验复原等项目中，通过实践领悟科技的发展。另外，来自剑桥大学、格林尼治皇家天文台、波兰大学等机构的学者针对博物馆互动设施、公众教育等问题进行了探讨。

据悉，这是2021年SIC在后疫情时代举办的第三场全球虚拟参观学术活动，前两场分别在耶鲁大学皮博迪自然历史博物馆和意大利帕勒莫天文台举行。

（电子科技博物馆）

电子科技博物馆"我与电子科技或产品"

本栏目欢迎您讲述电子科技产品故事，科技人物故事，稿件一旦采用，稿费从优，且将在电子科技博物馆官网发布。欢迎积极赐稿！

电子科技博物馆藏品持续征集：实物；文件、书籍与资料；图像照片、影音资料。包括但不限于下列领域：各类通信设备及其系统；各类雷达、天线设备及系统；各类电子元器件、材料及相关设备；各类电子测量仪器；各类广播电视、设备及系统；各类计算机、软件及系统等。

电子科技博物馆开放时间：每周一至周五 9:00-17:00（节假日闭馆）

联系方式

联系人：任老师 联系电话/传真：028-61831002

电子邮箱：bwg@uestc.edu.cn   网址：http://www.museum.uestc.edu.cn

地址：(611731)成都市高新区(西区)西源大道 2006 号

电子科技大学清水河校区图书馆报告厅附楼

编辑：李丹 投稿邮箱：dzbnew@163.com

电容容量下降导致音响不开机维修两例

例一、CLATRONIC MC691CD 机开机困难

该 CD 收音机使用几年后，偶尔出现开机困难现象，但是给机器通电一段时间故障会自行消失。近期，机器完全不能开机了，通电后机器 LED 显示屏所有笔画全部显示乱码，功能指示灯全部点亮，功能按键全部失效，CD 和收音均无声音输出。

该机 CPU 采用东芝 TC9457F-100，该芯片集成了 CD 播放和 LED 显示、时钟定时控制功能。查 CPU 工作三要素：供电、复位、时钟，该芯片的⑨⑩脚是复位端，低电平复位。将该脚用导线短时接地一下，机器显示屏暗了一下，但是重新点亮后的显示屏仍旧显示乱码，看来故障不是复位电路的原因。

该芯片有 2 个时钟晶振，⑨③脚、⑨④脚接 75kHz 晶振，是 CPU 主时钟；⑦⑧脚、⑦⑨脚接 16.9344MHz 晶振，是 CD 部分时钟。由于不开机，重点查 CPU 主时钟，测量⑨③脚、⑨④脚接 75kHz 晶振两端电压，分别为 2.3V、2.9V，好像电压偏高。但是，在用万用表测量时，机器的 LED 显示屏正常了，怀疑该晶振及相关电容虚焊，补焊后，机器正常工作。但是几天后又故障复发。由于万用表输入阻抗较高，万用表电阻对电路的影响较小，可能是测量时万用表表笔间的分布电容使得晶振电路正常工作了，于是将晶振外接 15pF 电容 C58、C59 换新后，故障排除。

小结：电容 C58、C59 容量略微下降后，使得晶振振荡频率失常，造成 CPU 工作异常，而 CPU 的⑨③脚、⑨④脚外接的 75kHz 晶振两端电压值 2.3V、2.9V，是正常的。

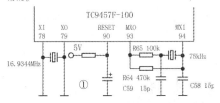

TC9457F-100
XI XO RESET MXO MX1
78 79 90 93 94
16.9344MHz 5V R65 100k 75kHz
R64 470k
C59 15p C58 15p

①

例二、DMX(DIGMEX AUDIO)功放不开机

该机是舞台演出用专业功放，输出功率有几百瓦。但是功率放大部分工作在 D 类开关状态，效率较高；电源没有用庞大笨重的变压器，用的是高效率的开关电源。

观察故障机有拆卸的痕迹，估计原来维修看者到该机电路板比一般模拟功放复杂而放弃了维修，笔者决定从简单处入手维修。查电源开关及连线均正常接触良好，而电源开关与一块小电路板相连(如图 2 所示)，板子上还有三极管及继电器，继电器的触点与开关电源板相连。在拨动电源开关时，继电器没有动作吸合的声音，分析继电器触点应该是接通开关电源板的负载开关。由于维修现场没有万用表可以测量相关元件电压值及好坏与否，故直接用一根导线短接继电器触点两端。给功放插上交流电源，2~3 秒后散热风扇启动，运行指示灯点亮，保护指示灯没有点亮，估计功放部分没有故障。接上音箱，给功放输入音频信号后，功放输出声音完全正常。

看来故障只是这个小板子的问题，于是拆下小板子回家维修。这个板子的实测电路如图 3 所示，就是简单的开关电路，电源开关控制三极管 Q2 的截止或导通，Q2 的截止或导通控制继电器的触点断开或吸合。而三极管及继电器的供电是由 C0、R01 阻容降压，D1、D2、D3、D5 整流后供给，测量电阻、三极管、二极管元件基本正常。通电后测量 C2 两端电压很低，凭经验估计降压电容 C0 容量下降了。拆下电容 C0 测量：电容 C0 容量

已经由 $0.33\mu F$ 降为 $0.06\mu F$。将其更换新品后，故障排除。

小结：降压电容容量下降是常见故障，小问题引起大故障。建议维修者不要因为遇到机器电路板较复杂而主动放弃维修，维修可以试着先从简单处入手，或许四两拨千斤就解决维修难题。

故障电容在小板子上

②

◇浙江 方位

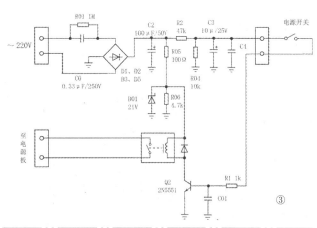

~220V R01 1M C2 100μF/50V R2 47k C3 10μ/25V 电源开关
D1、D2 D3、D5 R05 100Ω C4
C0 0.33μF/250V R04 10k
D01 21V R06 4.7k
至电源板
Q2 2N5551 R1 1k C01
③

利用 iPhone 相机原生扫描二维码

对于已经更新至 iOS 14 的 iPhone 用户来说，可以利用 iPhone 的相机原生扫描二维码。

在锁屏界面向下划动屏幕，激活 iPhone 的控制中心(如图 1 所示)，在这里选择二维码图标，可以快速打开扫描界面，这是激活二维码功能的最快捷方法(如图 2 所示)，将相机镜头对准二维码就可以了扫描了。

如果没有看到二维码图标，请进入设置界面，选择"控制中心"，将"读取二维码"添加到"包含的控制"列表即可。

补充：如果直接在照片模式下扫描二维码，那么会在屏幕顶部看到类似于"在 Safari 浏览器中打开"Weixin.qq.com""的提示信息，直接点击即可调用相关的应用打开二维码。

◇江苏 王志军

①

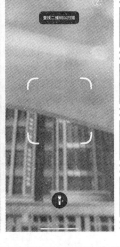
②

技嘉 GA-B85M-D3H 主板反复重启维修一例

单位一台明基台式机出现反复掉电重启的故障，该机采用技嘉 GA-B85M-D3H 主板。对主板 CMOS 进行放电操作无效，参考相关资料得知 BIOS 有问题时也会出现此类故障，而该机又带有双 BIOS 芯片，所以准备从备份芯片恢复 BIOS 程序来试试。

技嘉主板恢复 BIOS 操作方法有三种：1. 找到主板上 Main bios rom 芯片位置，将 25 闪存①脚、⑧两脚短路再开机，因该芯片①脚为片选(CE)信号，低电压有效，而第⑧脚为 Vcc，短接①脚、⑧两脚后使①脚电压为高电平不选中状态，从而使机器从备用芯片启动；2. 长按开机键 10 秒以上；3. 按住重启键再开机。可笔者将上述三种方法均试一遍后故障依旧，说明故障与 BIOS 无关。

插上主板诊断卡测试，发现卡在代码 15 处，这明显与 DRAM 异常有关，更换内存条故障还是如此，只好老老实实查查内存工作条件了。当测量 VDDSPD 电压时发现仅 0.5V 左右，而正常电压应该在 3.3V 左右，通过进一步跑线发现该触点通过内存插槽旁一支 0Ω 电阻接到 3.3V 电源供电，测量发现此电阻已开路，于是用焊锡直接将两焊点短路(如附图所示)，通电试机出现 BIOS 恢复界面(应该与之前操作有关)，选择"使用系统最佳配置"后机器一切正常，至此故障完全排除。

◇安徽 陈晓军

美的面包机发出"嚓嚓嚓"声故障检修一例

故障现象：一台美的 THS15BB-PW 面包机，加电听到正常的一声长响，然后按正常程序加入合适面粉和水，选择功能后，按启动按钮，面包桶内的搅拌棒正常转动搅拌，负载小时比较正常，但当负载增大时就发出"嚓嚓嚓"的声音。

拆卸过程：拆卸掉面包机下部外壳的 6 个螺丝钉(其中包括 2 个 U 型凹槽螺丝钉)，用平口螺丝刀稍用力撬动面包机上部外壳与下部外壳的结合部，使二者分离；然后小心拔下电源板与电脑控制板的排线，这样即可将面包机上部外壳完整取下；再拆卸掉面包机内胆底部的 4 个螺丝钉，将面包机内胆从面包机底座上取下；接着拆卸掉面包机底座的 7 个螺丝钉，这样就可以将面包机底座从面包机下部外壳上取下。

故障排除：取下传动皮带，查看齿轮，发现齿轮磨损明显(如附图所示)，更换新的齿轮后安装好机器，加入合适面粉和水试机，整个和面过程不再发出"嚓嚓嚓"的声音，故障排除，即可交付使用。此故障系使用时间较长，面包机的小齿轮发生磨损情况，当负载增大，此齿轮与传动皮带发生打滑现象，从而发出"嚓嚓嚓"的声音。

◇山东 房玉锋 闫振霞

电源和功放电路的输出功率与效率(一)

对于电子专业的初学者来说，电路的输出功率与效率问题是一个难点。不同的电路对输出功率和效率的要求是不同的，从节约能源的角度来考虑，要求电路的效率越高越好，但对于能耗较小的信号处理电路，有时则要求在电源电压不变的情况下电路的输出功率尽可能大，下面讨论一下电源和功率放大电路的输出功率与效率问题。

一、电源的输出功率与效率

在电源负载为纯电阻时(电路如图1)，电源的输出功率与外电阻R的关系是：

$$P_o=I^2R=\frac{E^2R}{(R+r)^2}=\frac{E^2R}{(R-r)^2+4Rr}=\frac{E^2}{(R-r)^2/R+4r}$$

式中$(R-r)^2\geq0$，当$(R-r)=0$时，P_o有最大值，即$R=r$时，电源的输出功率P_o最大，且$P_{omax}=E^2/4r$。

电源的输出功率P_o与外电阻R的关系可以用图像表示(用R/r作横坐标)，如图2所示。当$R<r$时，P_o随R的增大而增大；当$R>r$时，P_o随R的增大而减小，R的值越接近r则P_o越大。

图1 纯电阻电路

电源的效率是指电源的输出功率与电源的功率之比：$\eta=\frac{P_o}{P_E}\times100\%$。图1电路中电源的效率：$\eta=\frac{I^2R}{I^2(R+r)}=\frac{R}{R+r}=\frac{1}{1+r/R}$。

电源的效率η与外电阻R的关系也可以用图像表示(用R/r作横坐标)，如图3所示。电源的效率η随R增大而提高。当$R=r$时，电源有最大输出功率，但效率仅为50%，有一半的功率被内阻消耗了。

二、功率放大电路的输出功率与效率

放大电路中，考虑输出功率和效率的主要是功率放大电路。功率放大电路与电压放大电路无本质上的区别，都是能量的控制与转换电路。不同之处在于，各自追求的指标不同：电压放大电路追求不失真的电压放大倍数；功率放大电路追求尽可能大的不失真输出功率和转换效率。

根据功率放大器中三极管静态工作点设置的不

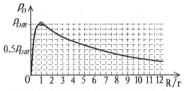

图2 电源输出功率P_o与外电阻R的关系

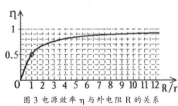

图3 电源效率η与外电阻R的关系

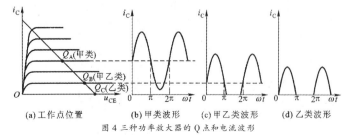

(a)工作点位置　　(b)甲类波形　　(c)甲乙类波形　　(d)乙类波形

图4 三种功率放大器的Q点和电流波形

同，功率放大器可分成甲类、乙类和甲乙类三种，其Q点和波形如图4所示。

功率放大电路的主要任务是向负载提供较大的信号功率，由于功放电路的能耗较大，故应使其效率尽可能高，因此输出功率和转换效率成了功率放大电路的两个重要指标。

1. 甲类功放的输出功率和效率

甲类功放典型电路如图5所示，在u_i的整个周期内，三极管T均工作在放大状态。效率是输出信号功率P_o与直流电源供给的功率P_E之比。静态时，电源提供的功率全部消耗在三极管和电阻上，以三极管的集电极损耗为主。当有信号输入时，电源提供的功率一部分转换为有用的输出功率，信号愈大，输出功率也愈大。下面用图解法分析甲类功放典型电路，如图6所示。

图解法的关键是直流负载线与交流负载线。由图5电路可知，其直流负载线方程为$U_{CEQ}=V_{CC}-I_{CQ}R_e\approx V_{CC}$(因$R_e$取值很小，所以$I_{CQ}R_e$可忽略)，即直流负载线是一条垂直于横轴的直线，与$I_c$无关。由图5电路可知其交流负载线方程为$u_{ce}=-i_cR_L'$。根据交、直流负载方程就可以在三极管的输出特性曲线上作出交流负载线与直流负载线。

根据图6，在三极管的工作区域内，可以求出不失真的交流输出电流和电压的最大值，从而能很方便地求出最大不失真输出功率P_{om}与转换效率η。

(1)最大输出功率P_{om}

输出最大时的有效值：$I_{om}=I_{cm}/\sqrt{2}$；$U_{om}=U_{cem}/\sqrt{2}$

$$P_{om}=I_{om}\times U_{om}=\frac{I_{cm}}{\sqrt{2}}\cdot\frac{U_{cem}}{\sqrt{2}}=\frac{1}{2}(I_{CQ}-I_{CEO})(V_{CC}-U_{CES})\approx\frac{1}{2}I_{CQ}\cdot V_{CC}$$(忽略I_{CEO}和U_{CES})

(2)效率η

电源提供的功率为：$P_E=I_{CQ}\cdot V_{CC}$

$$\eta\leq\frac{P_{om}}{P_E}=\frac{\frac{1}{2}I_{CQ}V_{CC}}{I_{CQ}\cdot V_{CC}}=50\%$$

甲类功放的最高效率只有50%。但由于它不存在交越失真，常被一些发烧友用来制作高保真功放。

2. 甲乙类功放的输出功率、管耗、直流电源供给的功率和效率

要提高效率，必须从两个方面着手：一是增加放大电路的动态工作范围，二是减小电源供给的功率。后者要在V_{CC}一定的条件下使静态电流I_c减小，即使电路静态工作点沿负载线下移。若移到$I_c=0$处，则管耗最小，这种工作状态称乙类工作状态。乙类功放存在严重的交越失真。为了消除交越失真，应使功放管的静态电流I_c略大于0，即让功放管在静态时处于微导通状态，这种工作状态称甲乙类工作状态。实际应用电路中，乙类功放其实都工作在甲乙类状态。图7为典型的双电源甲乙类互补对称功率放大电路(OCL电路)。

甲乙类互补对称功率放大电路的图解

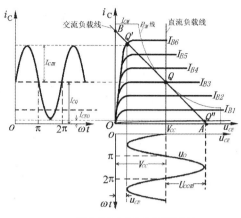

图6 甲类功放电路的图解分析

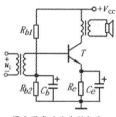

图5 甲类功放典型电路

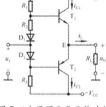

图7 双电源甲乙类互补对称功率放大电路

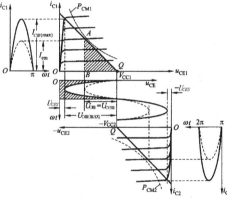

图8 甲乙类互补对称功率放大电路的图解分析

分析如图8所示。

该电路的负载线方程为$u_{CE}=V_{CC}-i_cR_L$，甲乙类状态的Q点与乙类的Q点十分接近，为便于分析，我们将该电路作乙类功放处理。设管子的$I_{CEO}=0$，则静态电流$I_{C1}=I_{C2}=0$，$U_{CEQ}=V_{CC}$。由此可作出图8中所示斜率为$-1/R_L$的负载线。

为便于分析，将T2管的特性曲线倒置于T1管特性曲线的右下方，且使Q点位置对齐。图中显示了两管信号电流i_{C1}和i_{C2}波形及合成后的u_{CE}波形。

从图中可以看出，任意一个半周期内，每个管子c、e两端信号电压为$|u_{CE}|=|V_{CC}|-|u_o|$，而输出电压$u_o=-u_{ce}=i_oR_L=i_cR_L$。

在一般情况下，输出电压幅度$U_{om}=U_{cem}$，输出电流幅度$I_{om}=I_{cm}$，其大小随输入信号幅度而变，输出功率$P_o=I_oU_e=\frac{I_{cm}}{\sqrt{2}}\cdot\frac{U_{cem}}{\sqrt{2}}=\frac{1}{2}I_{cm}U_{cem}$，式中$I_{cm}$和$U_{cem}$可以分别用图8中的AB和BQ表示，所以△ABQ的面积大，就表明输出功率也越大。

(未完待续)

◇湖南省华容县职业中专　王超

编辑：黄丽辉　投稿邮箱：dzbnew@163.com

MASTERDRIVES 驱动器监控软件的使用方法

购买任一款 SIEMENS 控制驱动器 (MASTERDRIVES) 产品,都会得到一张含有驱动监视器 (DriveMonitor) 软件的光碟。驱动监视器软件就存放在该光碟的 \DriveMonitor\Setup 目录下。该软件若在中文 WINDOWS 操作系统下安装和使用,会出现一点小问题,因此只能在英文 WINDOWS 操作系统下安装和使用。笔者使用的是英文 WINDOWS2000 Professional 操作系统。

1. 软件安装

将光碟放入光驱中,光碟会自动启动或在"Begin(开始)"→"Run(运行)"→"Open(打开)"中输入[E:\autoplay]。在弹出的界面上点"Installation of DriveMoniter"→选择"English",再点"Next"→"Next"→对软件许可协议,选"Yes"→点"Next"→填入"Name(姓名)"和"Company(公司名)",点"Next"→选择安装的目标盘,如:"D:",点"Next"→等待安装进行,直到出现安装完成界面,点"Finish(完成)"。按要求重新启动电脑,桌面上就多了一个如图1所示的驱动监视器软件快捷方式图标。

双击该图标,启用 DriveMonitor 软件,该软件界面语言默认的是德文。需要改用英文的需要进行如下操作:在首次启动的桌面上,点击下拉式菜单"Extras",选"Sprache",如图2所示;在弹出的对话框中选"English",如图3所示;点"ok";再点"ok";关闭软件。重新启用 DriveMonitor 软件,桌面出现的窗口便是英文版的。至此软件安装完成。

2. 软件使用

双击桌面上驱动监视器软件快捷图标,桌面出现该软件的窗口。窗口中有四个下拉式菜单和四个快捷按钮,如图4所示。

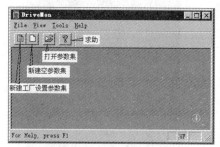

点击"打开参数设置"图标,打开已存在的参数设置文件;

如果没有参数设置文件,可点击"新建工厂参数设置"图标,新建一个工厂参数设置文件。在打开的参数设置文件窗口中,快捷按钮下面分左右两个子窗口。左窗口显示参数类别目录导航;右窗口显示参数列表,其中有参数号、参数名、索引、索引文本、参数值和标注;如图5所示。

驱动器与电脑的连接模式有离线、RAM 在线和 EEPROM 在线三种。软件打开参数列表后,驱动器与电脑的连接状态是离线式。点击"EEPROM 在线"快捷按钮(快捷按钮栏上第十一个,图5中的①),便可进入在线连接。当窗口下面的状态条(图5中的③)显示"ok",说明连接成功和装置正常。驱动器与电脑连接的状态提示有四种:[ok]-连接成功和装置正常,[F]-连接成功和装置故障,[W]-连接成功和装置报警,[0]-离线状态。

连接成功后就可以进行参数设置或更改。任一台 SIMOVERT 控制驱动器通过参数设置,均可实现控制驱动器的功能,达到用户应用的目的。控制驱动器共有 1141 个参数,每一个参数通过其参数号和参数名表明其单一的意义。除参数号和参数名外,许多参数还有参数标号。同一个参数名或参数号下,不同的参数标号可有不同的参数值。参数号由一个字母和三位数组成。其中大写字母 P、U、H 和 L 代表可变参数,小写字母 r,n,d 和 c 代表不可变的只读参数。因此我们更改的只能是以大写字母 P、U、H 和 L 开头的那些参数值。下面

举例说明通过驱动监视器软件更改参数值的操作步骤。

例1:将 P060 参数值由原来的"7"改为"4"。从键盘上敲入参数号,移动鼠标尖头至参数 P060 行上,双击鼠标左键,弹出对话框,如图6所示。在"New value"下面的框中选择"4",点"ok"键即可完成修改。最后关闭窗口,结束操作。

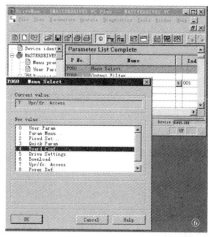

例2:将 P375 参数值由原来的"2"改为"0"。同样从键盘上敲入参数号,移动鼠标尖头至参数 P375 行上,双击鼠标左键,弹出对话框,在"New value"下面的框中选择"0",点"ok"键即可完成修改。

由于控制驱动器拥有几百个可设置或可更改值的参数,以及其用途不一,参数值不同,所以大多数参数的更改需在一定的条件下方能进行。

◇江苏 阵法

PLC 工作原理与内部存储器使用规则(四)

(接上期本版)

③除了输入存储器和输出存储器以外,使用频率最高的就是中间存储器了。中间存储器特别适于用来临时存放那些已经经过初步运算但还需进行最后运算的中间数据,它在程序中起一种中间过渡的作用,合理地使用这些中间存储器,可以实现输入与输出之间的复杂变换。一般情况下使用 M000~M499,需断电时保持状态的使用 M500~M1023,M1024~M3071。

在同一个程序中,同一个编号的中间存储器不允许既作 A 用又作 B 用,例如:用 M000 表示第一工步后,就不允许再用 M000 去表示第二工步;用 M001 表示第一定时器的瞬动触点后,就不允许再用 M001 去表示第二定时器的瞬动触点。

④特殊存储器是一种专门用于监测 PLC 的工作状态、提供时钟脉冲、给出各种标志的存储器,这些特殊存储器的状态是由系统程序写入的,用户只能读取或者使用这些存储器的触点状态。

用户程序中经常使用的特殊存储器见表3。

⑤定时存储器常简称为定时器,是专门用于定时控制的存储器。一般情况使用 T000~T199(精度 0.1S),计时要求精细时使用 T200~T245(精度 0.01S)。

由于定时器数量较多,足够每一个程序的使用需求,因此在同一个程序中,不允许多个定时器共用同一个定时存储器编号(例如第一定时器写成 T001 后就不允许把第二定时器也写成 T001,以防止造成动作错误);即使在步进顺控程

表3 三菱 FX2N 系列 PLC 用户程序中经常使用的特殊存储器

存储器编号	功　能
M8000	在 PLC 工作期间始终保持接通(ON)
M8001	在 PLC 工作期间始终保持断开(OFF)
M8002	PLC 开始运行的第 1 个扫描周期接通,此后一直断开
M8003	PLC 开始运行的第 1 个扫描周期断开,此后一直接通
M8011	周期为 10mS 的时钟脉冲(ON5mS,OFF5mS)
M8012	周期为 100mS 的时钟脉冲(ON50mS,OFF50mS)
M8013	周期为 1S 的时钟脉冲(ON0.5S,OFF0.5S)
M8014	周期为 1min 的时钟脉冲(ON0.5min,OFF0.5min)

序中,也不允许重复使用同一个定时存储器编号(例如在 M005 步使用了 T000 后就不允许在 M006 步再次使用 T000,以防止 T000 因来不及复位而造成工作不正常)。

⑥计数存储器常简称为计数器,是专门用于对脉冲个数进行计数控制的存储器。一般情况使用 C000~C099、C100~C199(均为加计数),双向计数使用 C200~C219、C220~C234。

由于计数器数量较多,足够每一个程序的使用需求,因此在同一个程序中,不允许多个计数器共用同一个计数存储器编号(例如第一计数器写成 C002 后就不允许把第二计数器也写成 C002,以防止造成动作错误);即使在步进顺控程序中,也不允许重复使用同一个计数存储器编号(例如在 M008 步使用了 C003 后就不允许在 M009 步再次使用 C003,以防止 C003 因来不及复位而造成工作不正常)。

(全文完)

◇无锡 周秀明

为简易电子负载增加恒阻模式

笔者在 2019 年《电子报》上发表了《简易电子负载的制作》一文,该电子负载只有恒流的功能,在测试功放的时候发现不够用,于是设法增加了一个恒阻功能,现将电路奉献给读者。

首先我们来回顾一下恒流源的结构,如图 1 所示,只需使用一个运算放大器和一个功率 MOSFET 就可以构建一个简单而实用的电流源。

通过以下公式得出通过晶体管 IRF530 的电流:

$$I_{Q1} = \frac{V_{REF}}{R_2}$$

可以通过更改参考电压 V_{REF} 轻松控制它。运算放大器应具有低输入失调电压,并能够使用单电源供电。

如果负载需要能够吸收大电流或消耗数十瓦的功率,则可以使用一个运算放大器来控制多个并联工作的 MOSFET。但是,简单地并联 MOSFET 会产生两个不良影响。一方面,晶体管的导通阈值(即使是同一型号)有所不同,并且它们的阈值具有负温度系数。这意味着开始时每个晶体管中的漏极电流之间可能会有很大的差异,并且一旦晶体管预热,其阈值就会降低,从而进一步增加电流并变得更热。

为了均衡晶体管的电流,可以添加一个与每个晶体管的源极串联的小电阻器。为了使其有效,源极电阻两端的电压降必须与阈值相当,这使其承担很大一部分电压。结果均衡电阻会耗散较大功率,并且它们的压降会消耗到电路可以工作的最小电压。

建立大电流、高功率负载的更好方法是分别控制每个 MOSFET,避免由于阈值变化而引起的电流不平衡。图 2 示给出了两个并联的电路模块,如果需要,你可以添加更多的模块。在跳线 J1 闭合且 J2 断开的情况下,电路以恒定电流模式工作,总负载电流由下式给出:

$$I_L = \frac{VREF}{R_2} + \frac{V_{REF}}{R_5}$$

如果检测电阻相等($R_2 = R_5 = R_S$),则总负载电流为:

$$I_L = \frac{2V_{REF}}{R_S}$$

为了测量总负载电流,我们需要对每个晶体管的电流求和,在这种情况下,需要将所有检测电阻器的压降相加。通常,是由一个反相加法器和一个由两个运算放大器构成的反相器完成的。缺点是由于加法器输出端的电压反转,所以需要双极性电源,电路复杂。

在本设计中,使用了一种仅用一个运放的测量电流和的简单方法。原理在图 3 中说明。假定 N 个电阻器,每一个均由具有非常低阻抗的电压源驱动,模拟检测电阻器两端施加的电压。

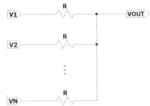

图 3 电压求和等效电路

假定没有电流从 V_{OUT} 端子流出,根据基尔霍夫定律,我们可以得到:

$$\frac{V_1 - V_{OUT}}{R} + \frac{V_2 - V_{OUT}}{R} + \cdots + \frac{V_N - V_{OUT}}{R} = 0$$

因此

$$V_{OUT} = \frac{V_1 + V_2 + \cdots + V_N}{N}$$

对于两个检测电阻器,如图 2 所示,运放 LT1013 的同相输入端的电压是 R_2 和 R_5 两端压降之和的一半。运放增益为 2,故输出电压 IMON 是两个检测电阻器电压的总和,可用于监视总负载电流。通过并行添加更多基本模块,并通过上述表达式,我们可以对电路进行扩展,计算总负载电流和通过 U2A 放大之前的电流。方便的是,一个四运算放大器可用于三个电源模块。

恒阻模式在测试某些电源和功放时非常有用。这是通过提供一部分负载电压 V_L 作为参考电压来实现的。在跳线 J2 闭合和 J1 断开的情况下,U1A 和 U1B 的同相输入端的电压由 V_L 决定,分压器由 R_9 和 R_{10} 组成,因此负载电流变为:

$$I_L = V_L \left(\frac{R_{10}}{R_9 + R_{10}} \right) \left(\frac{1}{R_2} + \frac{1}{R_5} \right) = V_L \left(\frac{R_{10}}{R_9 + R_{10}} \right) \frac{2}{R_S}$$

从这里我们可以看到有效的负载电阻 R_L 为:

$$R_L = \frac{V_L}{I_L} = \frac{R_S}{2} \left(\frac{R_9 + R_{10}}{R_{10}} \right)$$

通过调节 R_9 和 R_{10} 的分压比或用电位器替代 R_{10},负载电阻可以从上式计算得出的标称值(图 2 中的值为 3.05Ω)变为 $R_{10}=0$ 时的几乎无穷大。

为恒流和恒阻模式的跳线设计一个逻辑门,即可实现两种模式的自由切换,这里留给读者自行完成,预祝大家都能制作成功!

◇湖南 欧阳宏志

感应式发射功率估测装置

这里介绍一种制作十分简单的发射机天线效率与发射功率的估测装置。由一只量程 100 微安以上表头、一根披塑多股导线和一只普通晶体二极管组成。

图 1 是电路,图 2 是接线图,图 3 是正面图。

经实际测试,将本装置放置在合适位置,手持标准 5 瓦发射功率的发射机(笔者是用宝峰 UV-R5 手台,设置为高功率-HIGH),两者距离在 3 米左右,按动发射机发射键,可使得 100 微安表头满度;距离不变,将发射功率设置为低功率-LOW,再次按动发射键,指针摆动仅有满度的三分之一,当缩短距离到 2 米左右时,指针恢复满度。这说明,当距离不变时,发射功率越大,指针摆动幅度也越大。因此,本装置可以根据指针摆幅,和与机器的距离来估测发射机的功率。

另外,本装置还可以用来估测 DIY 电台天线的 SWR。方法也很简单,发射机处于发射状态,手持本装置并捏住表的"+"端,靠近发射机天线,观察表头指针摆幅,方向合适,摆动幅度越大,说明天线的发射效率越高,SWR 就越小。本装置结构简单,材料易寻,制作容易。感兴趣的朋友不妨一试。

◇杜玉民

披塑多股导线圆环直拾12厘米
二极管
100微安

①
②
③

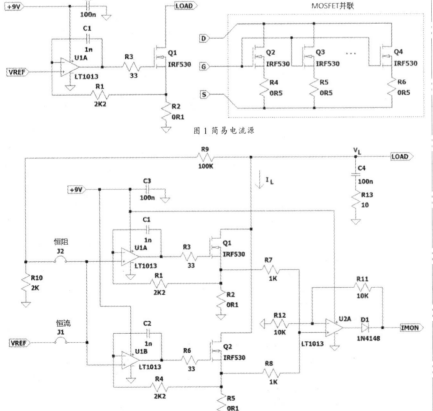

图 1 简易电流源

+9V C3 100n C1 1n U1A LT1013 R1 2K2 R3 33 Q1 IRF530 R2 0R1 LOAD

MOSFET并联
D G S
Q2 IRF530 R4 0R5
Q3 IRF530 R5 0R5
Q4 IRF530 R6 0R5

图 2 增加恒阻模式

R9 100K I_L V_L LOAD C4 100n R13 10
+9V C3 100n
恒阻 J2
C1 1n U1A LT1013 R1 2K2 R3 33 Q1 IRF530 R2 0R1
R10 2K
R7 1K R11 10K
R12 10K U2A LT1013 D1 1N4148 IMON
恒流 J1
VREF
C2 1n U1B LT1013 R4 2K2 R6 33 Q2 IRF530 R5 0R1
R8 1K

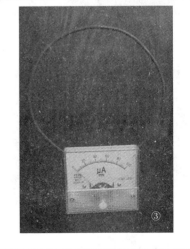

编辑:张天红　投稿邮箱:dzbnew@163.com

接近瓶颈的"后摩尔定律"之路(三)

(接上期本版)

在该模块中,SiGe 会凹进去,然后内部隔离层会沉积并凹陷。在内部隔离物形成的每个步骤中,精确控制凹口和最终隔离物凹槽的形状和 CD 对确保晶体管性能至关重要。而且,需要控制堆栈中每个单独的沟道。

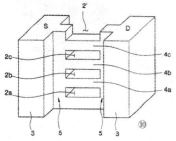

三星公司的 GAA 结构,如此多个沟道的 MOS 管蚀刻难度非常复杂

还有形成源极/漏极,然后是沟道。这些都需要使用蚀刻工艺去除超晶格结构中的 SiGe 层,剩下的是构成沟道的硅基层或片。这些步骤是 GAA 结构彼此分离,这可能导致具有挑战性的缺陷,例如纳米片之间的残留物,纳米片的损坏或与纳米片本身相邻的源/漏极的选择性损坏。形成沟道需要对板高、拐角腐蚀和沟道弯曲进行单独控制。

高迁移率器件

第一代纳米片 FET 将采用硅基沟道材料,用于 pFET 和 nFET 器件;第二代纳米片将使用高迁移率材料来制作 pFET,而 nFET 继续使用硅。

从 FinFET 到纳米片,虽然电子迁移率(对于 nFET)有显著的提高。但面临的最大问题是 pFET 空穴迁移率下降;也就是说理论上纳米片优于 FinFET,但就目前技术而言,良品合格率还没达到满意的结果。

也就是芯片制造商需要提高纳米片中的 pFET 性能。因此,供应商正在开发有改进的 pFET 第二代纳米片 FET。第二代纳米片将继续提供基于硅的沟道用于 nFET,因为它们能够提供足够的性能。

为了提高 pFET,芯片制造商正在研究高迁移率沟道材料。更具优势的材料是 SiGe,而Ⅲ-Ⅴ族材料,锗和其他材料也正在研发中。

由于 SiGe 优异的空穴迁移率,以及考虑到批量生产的成熟工艺,Strained SiGe 最近成为有希望的 pFET 沟道来替代硅。

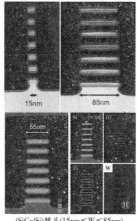

(SiGe/Si)鳍片(15nm≤W≤85nm)
七层 GAA 纳米片晶体管剖面图

应变工程工艺

为了加入这些材料,芯片制造商在晶圆厂中实施了所谓的应变工程工艺。应变是一种施加到硅上以改善电子迁移率的应力。

应变工程工艺并不新鲜,多年来,芯片制造商一直在沟道中使用 SiGe 合金应力以提高载流子迁移率。从 90nm 节点开始,源极-漏极外延生长会在沟道中应变,有助于电子迁移。而且,在 FinFET 中仍然被使用。应变工程工艺早已成为 CMOS 技术的关键技术之一。

当然,不同的制造商也有不同的方法开发 SiGe pFET 沟道,包括先形成沟道后形成沟道。

以英特尔为例,在应变松弛缓冲器(SRB)上的 SiGe 纳米片 pMOS 器件的沟道,纳米片沟道基于压缩应变的 SiGe 和 Si0.4Ge0.6 的混合物。pMOS 器件由 5nm 的片厚和 25nm 长的栅极组成。

英特尔的工艺始于 300mm 基板,在基板上生长基于 SiGe 的 SRB 层。然后,在 SRB 层上生长压缩 Si0.4Ge0.6 和拉伸硅的交替层。这将创建一个超晶格结构,该结构构成 pFET 的 SiGe 沟道的基础。这是一个埋入式 Si0.7Ge0.3 SRB 整体应力源,可在 Si0.4Ge0.6 pFET 纳米片中引起压缩应变,从而增强了空穴传输。

沟道和源极/漏极中应变的性质取决于该层相对于硅衬底之间的晶格常数的相对差异。对于 SRB 或虚拟衬底,我们通过在硅衬底顶部生长松弛的 Si 0.7 Ge 0.3 缓冲层来改变衬底本身的晶格常数。沉积在该缓冲层顶部的所有后续层将相对于 Si 0.7 Ge 0.3 应变。通过改变松弛 Si 0.7 形式的衬底晶格常数 Ge 0.3 缓冲液,以实现应变纳米片 CMOS。

相反,IBM 则是用后形成沟道工艺在带有应变 SiGe 沟道的纳米片 pFET 的工艺流程。并且使用这种方法后,IBM 的 pFET 纳米片峰值空穴迁移率提高了 100%,相应的沟道电阻降低了 40%,同时将沟道电压值斜率保持在 70mV/dec 以下。

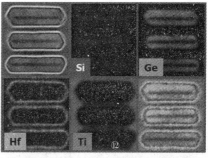

沿栅极柱 M1 外延生长 4 nm 厚的 Si 0.65 Ge 0.35 的堆叠 SiGe NSs 沟道的截面 STEM 图像和 EDX 元素图。Wsheet= 40nm。

IBM 在流程的后半部分所示不是在一开始就形成 SiGe 沟道,他们的观点是在此过程的早期就开始进行 SiGe 生长外延对应变是无效的,当然这也给制造过程带来了复杂性和成本。通过新的技术,SiGe 层中的应变得以保留,对于提高性能至关重要。

也就是说 IBM 在沟道释放过程之后开发 SiGe 沟道。沟道释放后,水平和垂直修整硅纳米片。然后,在修整后的硅纳米片周围选择性包裹一个 SiGe 层,称为 SiGe 覆层。最终的结构是带有薄硅纳米片芯的 SiGe 覆层。通过将载流子限制在 SiGe 覆盖层内,可以在应变的 SiGe 沟道层中提高载流子迁移率。

结论

没有一种技术能够满足所有的需求。FinFET 几乎走到了尽头,GAA FET 在制造方面的挑战屡见不鲜,而且成本太高,有多少代工厂能负担得起尚不可知。不过,幸运的是,这并不是唯一的选择。围点打援似乎也是可以接受的选择:纳米片、先进封装和新的器件架构,可以肯定都将有助于行业赶上摩尔定律的脚步,在当前和未来的设备中发挥更大的作用。

(全文完)

◇李运西

无广告无捆绑的硬盘清理小工具

很多朋友在清理硬盘垃圾时喜欢用"X60 安全卫士",不过"X60 安全卫士"虽好,不过其广告特色也是非常讨厌的,今天为大家介绍一款非常好用的硬盘清理工具——WizTre。

WizTree 是一款硬盘清理工具,官网自带免费版下载。它的界面其实就是大家熟悉的资源管理器样式,左边是树形目录,右侧是文件类型汇总。

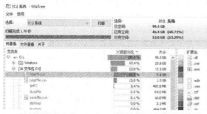

和同类软件相比,WizTree 的最大看点就是它的速度。无论是内容单一的数据盘,还是结构复杂的系统盘,WizTree 都能在 2~3 秒内完成分析。分析完成后,会用色条标识好每一组文件夹的体积,色条越长(百分比越大),代表体积越大。

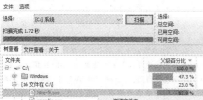

WizTree 为文件夹视图提供了快捷清理功能,比方说你已经找到了占用磁盘空间的"罪魁祸首",只要在文件夹上右击鼠标,就能直接将其删除。同时由于 WizTree 使用的是系统菜单,因此我们可以很方便地打开文件夹查看里面的内容,以避免误删有用的资料。

除了文件夹以外,WizTree 也支持按照文件维度进行显示。界面下方的树状图,清晰地标识出了哪一个文件占用磁盘最多(区块面积最大的),此外你也可以点击顶端"文件查看"以列表的形式进行查阅。无论哪一种方式,都可以直接通过右键删除,甚至支持用关键字快速搜索。

WizTree 除了速度快以外,还可以在它的文件列表中,体积单位是智能显示的(软件智能使用 GB、KB、Byte 等单位),而不像一些工具手动选择。其次下方的树状图,除了默认彩色外,还提供了一种暗色主题,甚至为色盲用户提供了一种专属配色。

最关键的是作为一款免费软件,WizTree 的广告也是设置得极为克制,仅仅在界面右上角出现了一个小小提示。

下载地址:https://wiztreefree.com/

几款真无线 TWS 耳机推荐

苹果、索尼等国际大牌的无线耳机固然很好,但是高昂的价格却让不少消费者望而却步,今天为大家推荐几款国产的大牌无线耳机,虽然不及国际大牌的效果,不过音质和造型都还过去,质量也有保证,性价比非常高。

1MORE 时尚豆真无线耳机

1MORE 时尚豆真无线耳机是 1MORE 在 TWS 耳机市场的最卖座的一款产品,耳机的外观设计轻巧圆润,单边仅重 6.2g,佩戴舒适轻盈。人耳工学耳道数据测算的 45 度斜入耳式设计,让佩戴更贴合且不易掉落。

耳机采用定制化 LDC 激光天线和蓝牙 5.0 芯片,性能优于传统芯片型蓝牙天线。支持取出即连,带有记忆功能,支持左右耳单独使用,单声道和立体声随意切换。耳机支持 apt-X 和 AAC 两种高清蓝牙格式,分别针对安卓与 iOS 设备实现蓝牙音频高清传输。定制的 7mm 动圈单元及钛金属符合振膜,在高音和低音上都有不错的表现,为用户带来更好的音质享受。

产品参数		
蓝牙版本	5.0 版本	耳机重量	6.2g
连接距离	20 米	操作方式	触控
续航时间	6+18 小时	蓝牙解码格式	SBC/AAC/Apt-x
充电方式	Type-C	防水等级	无

耳机在满电状态下可持续使用约 6.5 小时,充电盒可提供约 24 小时的使用时间;另外,耳机的 4 种清新配色也是特别受年轻人的喜欢。

售价:499 元

OPPO Enco Free

这款耳机外观上非常时尚简约,有三种配色可以选择,耳机盒子是磨砂材质,手感非常良好。这款耳机最大的一个吸引他人的亮点的地方就是可换耳套的设计,佩戴时如果松动,可换大中小三个大小的耳套,不用担心佩戴时出现滑漏的问题。

耳机采用了双耳蓝牙同传技术,配合品牌手机可带来最低 120ms 的延时。它还配有超动态扬声器,以及先进的双磁路设计和双倍四层音圈的加持,低频控制力很不错,在高频部分也能保持稳定不出现破音和

产品参数		
蓝牙版本	5.0 版本	耳机重量	4.6g
连接距离	10 米	操作方式	触控
续航时间	5+20 小时	蓝牙解码格式	SBC/AAC
充电方式	USB	防水等级	Ipx4

刺耳的现象。这款耳机拥有 25 小时超长续航能力,完全满足了需要长期外出的需求。

售价:699 元

魔浪 mifo O7

mifo O7 是一款专门为运动人士设计的蓝牙耳机,反扣式斜入耳造型,遵循人体工程学的精准设计,单只耳机仅重 4.0g,令其自然贴合耳道,佩戴舒适,且不易滑落,享受音乐更自由。

耳机的硬件也是采用目前市面上的顶级配置,采用高通最新的旗舰芯片,支持 apt-X 解码,同时在耳朵有限的空间里配置了定制双动铁单元,带来更低失真的性能表现。相比单一动铁单元,双动铁单元可承受的功率更高,高清解析能力带给用户更加高保真的音乐享受。

产品参数		
蓝牙版本	5.0 版本	耳机重量	4.0g
连接距离	20 米	操作方式	触控
续航时间	7+21 小时	蓝牙解码格式	SBC/AAC/Apt-x
充电方式	Type-C	防水等级	Ipx7

IPX7 级防水,单次使用 7 小时,在保持续航,防水等级、佩戴舒适度优点的基础上,在降噪功能和音质效果进行了质的飞跃,证明了自己的产品实力和性价比。

售价:799 元

华为 FreeBuds3

华为 FreeBuds3 是一款充满科技感的蓝牙耳机,它是全球首款采用了蓝牙 5.1 的真无线耳机;除此以外,耳机还内置了麒麟 A1 芯片,并支持骨声纹解锁(还能支付)、通话降噪、主动降噪和低延迟等特点。

外形上,华为 FreeBuds3 采用了半开放式设计,佩戴舒适稳固。充电仓圆润小巧,有黑白两色可供选择。这款耳机支持主动降噪功能,基于人耳道调教的主动降噪算法支持自主调节,同时也是全球首款半入耳式的降噪耳机。

产品参数		
蓝牙版本	5.1 版本	耳机重量	4.5g
连接距离	20 米	操作方式	触控
续航时间	5+14 小时	蓝牙解码格式	BT-UHD
充电方式	无线快充	防水等级	Ipx4

售价:999 元

小鸟音响 TrackAir+SE

TrackAir 系列是小鸟音响的首款真无线系列,TrackAir+SE 支持主动降噪功能,创新的将自主研发智能可调节降噪应用于小巧的真无线耳机上。基于独立数字降噪芯片的混合降噪,降噪能力大概在 30db,且降噪功能可以手动在 APP 内调节,选择你最舒适的降噪等级。

单只耳机在 5.6g 左右,小巧轻便且造型独特,黑金搭配,入耳式的设计让人在佩戴上更具有舒适感且佩戴牢固,耳机本体可以充分适应耳道,不会带来压迫感。

产品参数		
蓝牙版本	5.0 版本	耳机重量	5.6g
连接距离	20 米	操作方式	触控
续航时间	6+18 小时	蓝牙解码格式	SBC/AAC/Aptx
充电方式	Type-C	防水等级	Ipx4

耳机采用高通 QCC5121 系列芯片,蓝牙传输稳定性非常好。耳机高品质的动圈单元释放标志性的音效,丰富细腻,三频均衡,视频娱乐体验更佳。整个耳机盒非常小巧圆润,拿在手里很有质感,并配置 Type-C 接口,续航方面可以实现耳机加充电盒 24 小时超长续航。

售价:1899 元

PS:什么是真无线 TWS 耳机

真无线蓝牙耳机是英文"TrueWirelessStereo"的缩写,即"真·无线立体声"的意思,TWS 耳机是没有传统的物理线材。

TWS 蓝牙耳机不需要有线连接,左右 2 个耳机通过蓝牙组成立体声系统,听歌、通话、佩戴都得到了提升。真无线蓝牙耳机外部完全摒弃了线材连接的方式,且主机能够单独工作,免提通话尽在掌握。真正无线可实现单双耳佩戴。目前市面上真无线 TWS 无线耳机当然以苹果的 AirPods 和索尼降噪豆等较为知名。

TWS 耳机没有了连接左右单元的线材,这使得它们的电池和控制电路也必须内置在耳机腔体里,而腔体体积的增大,带来更丰富的功能。在许多 TWS 耳机内部,都集成了语音助手、手势控制、主动降噪等等相对"科技"的功能特性。

AirPods 不仅是早期 TWS 耳机的代表作,也可以算是迄今为止体验最好的 TWS 耳机之一;其次是索尼的降噪豆,索尼对音频的技术沉淀不用多说,提到 TWS 耳机索尼降噪豆显然是绕不过去的;当然后来竞相模仿的不少国产大品牌,虽然从品牌上看相比苹果索尼还有差距,但是在 TWS 耳机中也是比较不错的产品。

由于 TWS 耳机左右单元无物理连接的特性,因此一般情况下蓝牙耳机都不是通过 microUSB 接口充电。为了解决这个问题,几乎所有的 TWS 耳机都配备了兼具充电和收纳功能的便携盒,有的便携盒内部本身还集成了移动电源。没电的时候只要把耳机放入盒内,自动断开连接,开始充电,十分方便惬意。

由于 TWS 耳机体积小、内部电路规模有限,在实际的降噪效果、语音识别率上,同代的 TWS 耳机是肯定不如传统蓝牙耳机和有线耳机。

编辑:小进　投稿邮箱:dzbnew@163.com

传感器在我们的日常生活中扮演着重要角色，在许多我们看不到的地方支撑着我们智能化的生活。传感器一般由敏感元件、转换元件与测量电路组成，再加上相应的放大电路等等就构成了整个测量系统。这种系统的组成部分越多，那么对每个组成部分的灵敏度及误差要求就越高。

随着需求的不断发展，传感器的标准也越来越高，总的看来，宽频率响应、大动态范围、高灵敏度、高精度、高稳定性和重复性是发展趋势。开环的传感器系统越来越难满足这样的需求。因此结合了反馈技术的闭环传感成了满足这些要求的更完整的传感器系统。这种模式中尤以 TMR 技术最为先进。TMR 是指在铁磁－绝缘体薄膜－铁磁材料中，其穿隧电阻大小随两边铁磁材料相对方向变化的效应。TMR 效应具有磁电阻效应大、磁场灵敏度高等独特优势。这种结构复杂、工艺要求和成本都很高的传感器随着材料与元器件以及电路技术的发展，现在其应用愈发广泛。

TDK TMR

TDK 的闭环传感器 CUR 423x 就是基于 TMR 技术，在大电流的无聚磁应用上颇为广泛。

TDK CUR 423x

CUR 423x 是为了汽车和工业应用中的电流测量而开发的，已经在汽车产品中通过了验证，采用的是高精度、线性闭环 TMR 技术。CUR 423x 是该系列中第一款支持大电流直流和交流测量的产品，能测量 1200A 以上的电流。供电电流和感应源电流的隔离，对电网和电动汽车的高压电池管理系统尤为有益。极佳的信噪比和全温度范围下全量程小于 1% 的总误差，使得该产品能在上至 5kHz 带宽的应用中进行精确电流测量。

CUR 423x 的磁通量密度范围可以是 ±7mT 或者 40mT，磁场范围可以精调，支持不同应用的电流范围。输出也是可调节的，比如符合 SENT、SPI 或者全比率测量模拟，灵活适应各种应用的要求。

此外，CUR 423x 还集成了数字补偿、温度补偿、低通滤波等辅助技术。为了确保整个传感器系统的可靠性，还集成了符合 ASIL-B 功能安全等级的多种诊断功能。所有闭环电路必须的元件，比如补偿线圈、分流电阻和 TMR 传感电桥都集成在一个 1 毫米的工业标准 TSSOP16 SMD 封装里。无需使用聚磁芯因而在尺寸和成本上很有优势。

Crocus TMR

Crocus 是第一批专注 TMR 技术的公司，它代表了 TMR 技术在世界范围的技术风向。Crocus 独有的 Xtreme-Sense TMR 技术让旗下产品有着极高的灵敏度、最低的功耗和最小的尺寸。

Crocus CT100

CT100，Crocus 旗下的一款非接触式的 TMR 电流传感器。它是一种具有宽动态范围的高线性器件，使其能够用于从非接触式电流感测到线性到接近测量等各种应用。CT100 的灵敏度范围为最大为 ±50mT，同样能够测量超过 1000A 以上的电流，电流测量范围大于 ±1000A 的指标可以说是行业高端 TMR 技术的一个硬性指标。

在 ±20mT 的测量范围下，CT100 有着小于 0.5% 的总误差，这种级别的线性度上下幅度可以说是业内天花板了。这也可以看出作为第一批专注 TMR 技术的公司，Crocus 在技术上的领先，尤其是测量精度上的领先。

上面说到，这种技术下的传感器芯片尺寸一直是困扰其拓展应用的拦路虎。而 CT100 采用行业标准 6 引脚 SOT23 封装和超薄、小尺寸 6 引脚 DFN 封装，较小的尺寸也让它可以在物联网以及移动设备应用中大有所为。

多维 TMR

多维科技是国内最早开始 TMR 技术开发的公司，通过引入国外先进技术打破 TMR 芯片的国外垄断。

多维科技 TMR2009

上图是多维 TMR 低成本线性磁传感系列的 TMR2009，采用了一个独特的推挽式惠斯通全桥结构设计，包含四个非屏蔽高灵敏度 TMR 传感器元件。当外加磁场沿平行于传敏方向变化时，惠斯通全桥提供差分电压输出并且该输出具有良好的温度稳定性。

TMR2009 同样覆盖 ±1000A，在这个指标上并没有落入下风，相比于其他非一线的 TMR 玩家这一指标是可以碾压的，尤其在电流检测领域。同时 ±20mT 的范围区间也是高端玩家的基准值。

在测量范围层面，多维是丝毫不落下风的。但是多维 ±1.2% 的线性误差范围相较于前两家的 ±1% 和 ±0.5% 就体现出差距了。这种线性度的误差幅度，直接导致了测量的精确度大幅下降，尤其是在多干扰因素的应用环境下，这看似不太大的差距将会带来截然不同的测量结果。

封装上 TMR2009 采用了的 SOT23－5 （3mm×3mm×1.45mm）封装形式，相较于 CT100 的封装，仍然显得有些大。这类器件如何小型化是每一个厂商都需要解决的难点，毕竟新兴的需求都建立在小型化的基础上。

写在最后

关于这项技术，国外有着绝对优势，就算是国内最早研究该技术的多维也仅有十年历史。抛开国内外格局，单从技术来看，如何在封装大小、线性度、敏感度、测量范围、测量精度、接触形态以及成本上做出差异和优势，这是值得关注的问题。而归根到底，材料和制造水平的发展才是重中之重。

安利 3 个 pandas 数据探索分析神器(二)

（上接第 211 页）

不需要敲太多的代码就可以让我们快速分析这些变量，这在 EDA 环节会减少很多工作量，而把时间留给变量的分析和筛选上。

• Sweetviz 的一些优势在于：分析有关目标值的数据集的能力

• 两个数据集之间的比较能力但也有一些缺点：变量之间没有可视化，例如散点图

报告在另一个标签中打开个人是比较喜欢 Sweetviz 的。

3. pandasGUI

PandasGUI 与前面的两个不同，PandasGUI 不会生成报告，而是生成一个 GUI（图形用户界面）的数据框，我们可以使用它来更详细地分析我们的 Dataframe。

首先，安装 PandasGUI。

```
# pip 安装
pip install pandasgui
# 或者通过源下载
pip install git+https://github.com/adamerose/pandasgui.git
```

然后，运行几行代码试一下。

```
from pandasgui import show
# 部署 GUI 的数据集
gui = show(mpg)
```

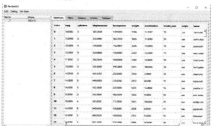

在此 GUI 中，可以做很多事情，比如过滤、统计信息、在变量之间创建图表，以及重塑数据。这些操作可以根据需求拖动选项卡来完成。

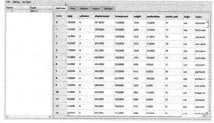

比如像下面这个统计信息。

最厉害的就是绘图器功能了。用它进行拖拽操作简直和 excel 没有啥区别了，操作难度和门槛几乎为零。

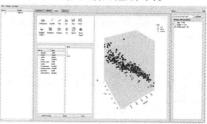

还可以通过创建新的数据透视表或者融合数据集来进行重塑。

然后，处理好的数据集可以直接导出成 csv。

• pandasGUI 的一些优势在于：可以拖拽

• 快速过滤数据

• 快速绘图缺点在于：没有完整的统计信息
不能生成报告

4. 结论

Pandas Profiling、Sweetviz 和 PandasGUI 都很不错，旨在简化我们的 EDA 处理。在不同的工作流程中，每个都有自己的优势和适用性，三个工具具体优势如下：

Pandas Profiling 适用于快速生成单个变量的分析。
Sweetviz 适用于数据集之间和目标变量之间的分析。
PandasGUI 适用于具有手动拖放功能的深度分析。

（全文完）

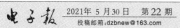

半导体材料分类

半导体材料基础

半导体材料是制作半导体器件和集成电路的电子材料，是半导体工业的基础。利用半导体材料制作的各种各样的半导体器件和集成电路，促进了现代信息社会的飞速发展。

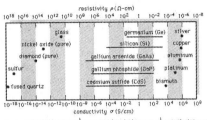

图一、绝缘体、半导体和导体的典型电导率范围

半导体材料的研究始于 19 世纪初期。

元素半导体是由单一种类的原子组成的那些，例如硅 (Si)、元素周期表 IV 列中的锗 (Ge) 和锡 (Sn)、元素周期表 VI 列中的硒 (Se) 和碲 (Te)。然而，存在许多由两个或更多个元素组成的化合物半导体。例如，砷化镓 (GaAs) 是二元 III-V 化合物，它是第三列的镓 (Ga) 和第五列的砷 (As) 的组合。三元化合物可以由三个不同列的元素形成，例如，碲化汞镉 (HgIn 2 Te 4)，一种 II-III-VI 化合物。它们也可以由两列中的元素形成，例如砷化铝镓 (Al x Ga 1- x As)，这是一种三元 III-V 化合物，其中 Al 和 Ga 都来自第三列，并且下标 x 相关从 100%Al (x = 1) 到 100%Ga (x = 0) 的两种元素的组成。

纯硅是集成电路应用中最重要的材料，而 III-V 二元和三元化合物对发光最重要。

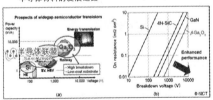

图二、元素周期表

在 1947 年发明双极晶体管之前，半导体仅用作两端器件，例如整流器和光电二极管。在 1950 年代初期，锗是主要的半导体材料。但是，事实证明，这种材料不适用于许多应用，因为这种材料制成的设备仅在适度升高的温度下才会表现出高漏电流。自 1960 年代初以来，硅已成为迄今为止使用最广泛的半导体，实际上已经取代了锗作为器件制造的材料。造成这种情况的主要原因有两个：(1) 硅器件的漏电流要低得多，(2) 二氧化硅 (SiO2) 是一种高质量的绝缘体，很容易作为基于硅的器件的一部分进行整合。因此，硅技术已经变得非常先进和普遍。

半导体材料的发展之路

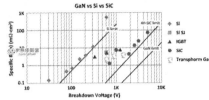

图三、半导体材料发展之路及不同材料的特效比较

第一代的半导体材料：硅 (Si)、锗 (Ge)

在半导体材料的发展历史上，1990 年代之前，作为第一代的半导体材料以硅材料为主占绝对的统治地位。目前，半导体器件和集成电路仍然主要是用硅晶体材料制造的，硅器件构成了全球销售的所有半导体产品的 95% 以上。硅半导体材料及其集成电路的发展导致了微型计算机的出现和整个信息产业的飞跃。

第二代半导体材料：砷化镓 (GaAs)、磷化铟 (InP)

随着以光通信为基础的信息高速公路的崛起和社会信息化的发展，以砷化镓、磷化铟为代表的第二代半导体材料崭露头角，并显示其巨大的优越性。砷化镓和磷化铟半导体激光器

成为光通信系统中的关键器件，同时砷化镓高速器件也开拓了光纤及移动通信的新产业。

第三代半导体材料：氮化镓 (GaN)、碳化硅 (SiC)

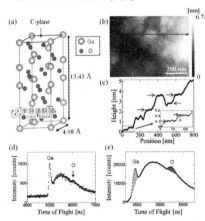

图四、GaN 与 Si 和 SiC 比较图

第三代半导体材料的兴起，是以氮化镓材料 P 型掺杂的突破为起点，以高效率蓝绿光发光二极管和蓝光半导体激光器的研制成功为标志的，它在光显示、光存储、光照明等领域将有广阔的应用前景。

以氮化镓和碳化硅为代表的第三代半导体材料，具备高击穿电场、高热导率、高电子饱和速率及抗强辐射能力等优异性能，更适合于制作高温、高频、抗辐射及大功率电子器件，是固态光源和电力电子、微波射频器件的"核芯"，在半导体照明、新一代移动通信、能源互联网、高速轨道交通、新能源汽车、消费类电子等领域有广阔的应用前景，有望突破传统半导体技术的瓶颈，与第一代、第二代半导体技术互补，对节能减排、产业转型升级、催生新的经济增长点将发挥重要作用。

第三代半导体材料是目前全球战略竞争新的制高点。也是我们国家的重点扶持行业。十二五"期间，863 计划重点支持了"第三代半导体器件制备及评价技术"项目。

第四代半导体材料：氧化镓 (Ga2O3)

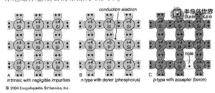

图五、氧化镓 (Ga2O3) 结构图及原子力显微镜图像

作为新型的宽禁带半导体材料，氧化镓 (Ga2O3) 由于自身的优异性能，凭借其比第三代半导体材料 SiC 和 GaN 更宽的禁带，在紫外探测、高频功率器件等领域吸引了越来越多的关注和研究。氧化镓是一种宽禁带半导体，禁带宽度 Eg=4.9eV，其导电性能和发光特性良好，因此，其在光电子器件方面有广阔的应用前景，被用作了 Ga 基半导体材料的绝缘层，以及紫外线滤光片。这些是氧化镓的传统应用领域，而其在未来的功率，特别是大功率应用场景才是更值得期待的。

半导体材料的种类丰富多彩，除了上述典型材料，还有有机半导体、陶瓷半导体等材料，它们具有其独特的性质和应用。

半导体材料的电子特性

这里描述的半导体材料是单晶；即，原子以三维周期性的方式排列。该图的 A 部分显示了包含可忽略不计的杂质的本征 (纯) 硅晶体的简化二维表示。晶体中的每个硅原子都被四个最近的邻居包围。每个原子有四个在其外轨道上的电子，并与它的四个邻居共享这些电子。每个共享的电子对都构成一个共价键。电子与两个原子核之间的吸引力将两个原子保持在一起。对于孤立的原子 (例如，在气体而非晶体中)，电子只能具有离散的能级。但是，当大量原子聚集在一起形成晶体时，原子之间的相互作用会导致离散的能级散布到能带。当没有热振动时 (即在低温下)，绝缘体或半导体晶体中电子将完全充满多个能带，而其余能带则为空。最高的填充带称为价带。下一个能带是导带，它与价带之间被一个能隙隔开 (晶体绝缘体中的间隙比半导体中的间隙大得多)。该能隙也称为带隙，是指定晶体中电子无法拥有的能量的区域。大多数重要的

半导体的带隙在 0.25 至 2.5 电子伏特的范围内 (eV)。例如，硅的带隙为 1.12eV，砷化镓的带隙为 1.42eV。相反，良好的晶体绝缘体金刚石的带隙为 5.5 eV。

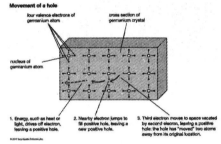

图六、半导体的三键图片

在低温下，半导体中的电子被束缚在晶体中各自的能带中。因此，它们不可用于导电。在更高的温度下，热振动可能会破坏某些共价键，从而产生可参与电流传导的自由电子。一旦电子脱离共价键，该键就会有一个电子空位。该空位可以被相邻的电子填充，这导致空位位置从一个晶体位点转移到另一个晶体位点。这种空位可以被认为是一个虚构的粒子，被称为"空穴"，它带有正电荷并沿与电子相反的方向移动。当电场施加到半导体上的自由电子 (现在位于导带中) 和空穴 (在价带中留在后面) 都移动通过晶体，从而产生电流。材料的电导率取决于每单位体积的自由电子和空穴 (电荷载流子) 的数量，以及这些载流子在电场的影响下移动的速率。在本征半导体中，存在相等数量的自由电子和空穴。但是，电子和空穴具有不同的迁移率。也就是说，它们在电场中以不同的速度运动。例如，对于室温下的本征硅，电子迁移率为 1,500 平方厘米/伏秒 (cm2 / V·s)，即电子在 1 伏特/厘米的电场下将以 1,500 厘米/秒的速度运动——而空穴迁移率是 500 cm2 / V·s。特定半导体中的电子和空穴迁移率通常温度升高而降低。

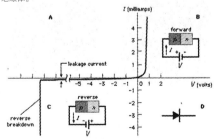

图七、电子空穴在晶格中的运动

在室温下，本征半导体的导电性非常差。为了产生更高的传导性，可以故意引入杂质 (通常达到百万分之几的主原子浓度)。这就是所谓的掺杂，尽管增加了一些迁移率，但仍可增加电导率的过程。例如，如果一个硅原子被具有五个外层电子，如砷的原子置换看到的 B 部分，电子的 4 形成与四个相邻的硅原子共价键。第五电子变成被提供给导带的导电电子。硅变成 n-型半导体由于添加了电子。砷原子是供体。类似地，该图的 C 部分显示，如果一个具有三个外部电子的原子 (例如硼) 被硅原子取代，则一个额外的电子会被接受以在硼原子周围形成四个共价键，并且带正电的空穴在价带中创建。这产生 p 型半导体，其中硼构成受体。

如果杂质类型的急剧变化，从受体 (p 型)，以供体 (ñ 型) 一个内发生单晶结构，p - ñ 形成结 (见份乙所述的和 C 图)。在 p 侧，空穴构成了主要的载流子，因此被称为多数载流子。p 侧还将存在一些热产生的电子。这些被称为少数族裔。在 n 一边，电子是多数载流子，而空穴是少数载流子。在结附近是没有自由电荷载流子的区域。该区域称为耗尽层，表现为绝缘体。

图八、(A) 典型硅 pn 结的电流-电压特性 (B) 正向偏置 (C) 反向偏置条件 (D)pn 结的符号

2021年 5月 30日 第 22期
投稿邮箱：dzbnew@163.com
电子报

半导体零部件产业现状及发展(一)

01 引言

半导体零部件是指在材料、结构、工艺、品质和精度、可靠性及稳定性等性能方面达到了半导体设备及技术要求的零部件,如O-Ring密封圈、EFEM(传送模块)、RF Gen射频电源、ESC静电吸盘、Si硅环等结构件、Pump真空泵、MFC气体流量计、精密轴承、ShowerHead气体喷淋头等。半导体设备由成千上万的零部件组成,零部件的性能、质量和精度直接决定着设备的可靠性和稳定性,也是我国在半导体制造能力上向高端化跃升的关键基础要素。

02 半导体零部件主要分类和主要特点

(1)半导体零部件主要分类

半导体零部件是半导体设备的关键构成,据不完全统计,目前行业里关于半导体零部件的种类划分尚未形成标准,目前主要有以下几种分类方法。

按照典型集成电路设备腔体内部流程来分,零部件可以分为五大类:电源和射频控制类、气体输送类、真空控制类、温度控制类、传送装置类。其中电源和射频控制类包括射频发生器和匹配器、直流/交流电源等。气体输送类主要包括流量控制器、气动部件、气体过滤器等。真空控制类包括干泵/冷泵/分子泵等各种真空泵、控制阀/蝶阀等各类阀门、压力以及O-Ring密封圈等。温度控制类则包括加热盘/静电吸盘、热交换器及升降组件。传送装置类包括机械手臂、E-FEM、轴承、精密轨道、步进马达等。

按照半导体零部件的主要材料和使用功能来分,可以将其分为十二大类,包括硅/碳化硅件、石英件、陶瓷件、金属件、石墨件、塑料件、真空件、密封件、过滤部件、运动部件、电

控部件以及其他部件。其中各大类零部件还包括若干细分产品,例如在真空件里就包括真空规(测量工艺真空)、真空压力计、气体流量计(MFC)、真空阀件、真空泵等多种关键零部件。

按照半导体零部件服务对象来分,半导体核心零部件可以分为两种,即精密机加件和通用外购件。精密机加件通常由各个半导体设备公司的工程师自行设计,然后委外加工,只会用于自己公司的设备上,如工艺腔室、传输腔室等,一般对其表面处理、精密机加工等工艺技术的要求较高;通用外购件则是一些经过长时间验证,得到众多设备厂和制造厂广泛认可的通用零部件,更具有标准化,会被不同的设备公司使用,也会被作为产线上的备件耗材来使用,例如硅结构件、O-Ring密封圈、阀门、规(Gauge)、泵、Face plate、气体喷淋头Shower head等,由于这类部件具备较强的通用性和一致性,并且需要得到设备、制造产线上的认证。

表1-1总结了在设备及产线上应用数量较多的主要零部件产品以及其主要服务的半导体设备。

(2)半导体零部件产业主要特点

半导体零部件产业通常具有高技术密集、学科交叉融合、市场规模占比小且分散,但在价值链上却举足轻重等特点。一般而言,设备零部件占设备总支出的70%左右,以刻蚀机为例,十种主要关键部件占设备总成本的85%。是半导体产业赖以生存和发展的关键支撑,其水平直接决定我国在半导体产业创新方面的基础能级。

a.技术密集,对精度和可靠性要求较高。

相比于其他行业的基础零部件,半导体零部件由于要用于精密的半导体制造,其尖端技术密集的特性尤其明显,有着精度高、批量小、多品种、尺寸特殊、工艺复杂,要求极为苛刻等特点。以半导体零部件的特殊性,企业生产经常要兼顾强度、应变、抗腐蚀、电子特性、电磁特性、材料纯度等复合功能要求。同样一个部件,如果用在传统工业中可行,但是用在半导体业中,对关键零部件在原材料的纯度、原材料批次的一致性、质量稳定性、机加精度控制、棱边倒角去毛刺、表面粗糙度控制、特殊表面处理、洁净清洗、真空无尘包装、交货周期等方面要求就要更高,造成了极高的技术门槛。例如随着半导体加工的线宽越来越小,光刻工艺对极小污染物的控制苛刻到极致,不光对颗粒严格控制,严控过滤产品的金属离子析出,这对半导体用过滤器生产制造提出了极高的要求。目前半导体级别滤芯的精度要求达到1纳米甚至以下,而在其他行业精度则要求在微米级。同时半导体用过滤器还需要保障一致性,以及耐化学和耐热性,极强的抗脱落性等,从而实现半导体制造中需要的可重复高性能、一致的质量和超纯的产品清洁等需要。

b.多学科交叉融合,对复合型技术人才要求高。

半导体零部件种类多,覆盖范围广,产业链很长,其研发设计、制造和应用涉及到材料、机械、物理、电子、精密仪器等跨学科、多学科的交叉融合,因此对于复合型人才有很大需求。以半导体制造中用于固定晶圆的静电吸盘为例,其本身是以氧化铝陶瓷或氮化铝陶瓷作为主要材料,但同时还加入其他导电物质使得其总体电阻率满足了,这就需要对陶瓷材料的导热性,耐腐蚀性及硬度指标非常了解,才能得到满足半导体制造技

术指标的基础原材料;其次陶瓷内部有机加工构造精度要求高,陶瓷层和金属底座结合要满足均匀性和高强度的要求,因此对于静电吸盘的结构设计和加工,需要精密机加工方面的技能和知识;而静电吸盘表面处理后要达到0.01微米左右的涂层,同时要耐高温,耐磨,使用寿命大于三年以上,因此,对表面处理技术的掌握与应用的要求也比较高。由此可见,复合型、交叉型技术人才是半导体零部件产业的基础保障。

c.碎片化特征明显,国际领军企业以跨行业多产品线发展和并购策略为主。

相比半导体设备市场,半导体零部件市场更细分,碎片化特征明显,单一产品的市场空间很小,同时技术门槛又高,因此少有纯粹的半导体零部件公司。国际领军的半导体零部件企业通常以跨行业多产品线发展策略为主,半导体零部件往往只是这些大型零部件厂商的其中一块业务。例如MKS仪器公司,在气体压力计/反应器、射频/直流电源、真空产品、机械手臂等产品线均占据主要市场份额,除了半导体行业的应用,还广泛地应用于工业制造、生命与健康科学等领域。而不断地进行并购和整合也是国际领军半导体零部件企业用来壮大规模的主要手段,例如国际领先的工业设备公司Atlas(阿特拉斯科普柯,瑞典)为持续做大其半导体用真空泵业务,继2014年收购Edwards后,又于2016年收购了另一家真空技术领域的领导者德国leybold(莱宝),并于2017年单独设立真空技术部门,2019年7月Atlas又再次收购了Brooks(布鲁克斯)的低温业务,此次收购包括低温泵运营公司,以及Brooks在发安科低温真空(Ulvac Cryogenics)有限公司50%的股份,进一步增强了其半导体领域真空业务的全球竞争力。

03 半导体零部件市场规模和发展格局

全球半导体零部件市场按照服务对象不同,主要包括两部分构成。一是全球半导体设备厂商定制生产或采购的零部件及相关服务。根据VLSI提供的数据,2020年半导体设备的子系统市场销售规模接近100亿美元,其中维修+支持服务占46%,零部件产品销售占32%及替换+升级占22%。二是全球半导体制造厂直接采购的作为耗材或者备件的零部件及相关服务。

尽管半导体零部件市场总体规模仅为到全球半导体接近5000亿美元市场规模的不足5%,但零部件的价值通常是自身价格的几倍,具有很强的产业辐射能力和影响力。另外,半导体零部件关键技术反映一个国家工业和半导体设备的技术水平,具有十分重要的战略地位,其技术进步是影响到下游数字经济和信息应用行业技术创新的先决条件。

根据VLSI的数据,2020年全球半导体零部件领军供应商有前10中(见表2-1),包括蔡司ZEISS(光学镜头),MKS仪器(MFC,射频电源,真空产品),英国爱德华Edwards(真空泵),Advanced Energy(射频电源),Horiba(MFC),VAT(真空阀件),Ichor(模块化气体输送系统以及其他组件),Ultra Clean Tech(密封系统),ASML(光学部件)及EBARA(干泵)。

根据图2-1中VLSI数据,近10年里,前十大供应商的市场份额总和趋于稳定在50%左右。但由于半导体零部件对精度和品质的严格要求,就单一半导体零部件而言,全球也仅有少数几家供应商可以提供产品,这也导致了尽管半导体零部件全行业集中度仅有50%左右,但细分品类的集中度往往在80%-90%以上,垄断效应比较明显。例如在静电吸盘领域,基本由美国和日本半导体企业主导(见表2-2),市场份额占95%以上,主要有美国AMAT(应用材料)、美国LAM(泛林集团),以及日本企业Shinko(新光电气)、TOTO、NTK等。

表1-1 主要零部件产品及其主要服务的半导体设备(数据来源:网络信息整理)

零部件	主要服务的半导体设备类型及工艺步骤
O-Ring密封圈	单晶炉、扩散炉、清洗机、等离子蚀刻设备、湿法蚀刻机、CVD、PVD、CMP
精密轴承	离子注入、PVD、RTP、WET
金属零部件	PVD
Valve阀	CVD、光刻、离子注入、PVD、RTP、WET、CMP
硅/SiC件(硅环、硅电极)	等离子刻蚀设备
Robots	光刻、WET、TF、Etch、DIFF
石英件(电容石英、电解石英)	刻蚀、炉管
Filter	光刻、RTP、WET
射频电源	离子注入、PVD、CVD、刻蚀
陶瓷件	CVD、离子注入、刻蚀
ESC静电吸盘	等离子刻蚀设备、湿法刻蚀设备、CVD、PVD、ALD
压力Gauge	离子注入、WET
泵	WET、离子注入、PVD
MFC流量计	CVD、离子注入、RTP
步进马达	CVD、PVD、ETCH

表2-1 全球前十大半导体零部件厂商排名(数据来源:各公司年报、网络信息整理)

企业名称	所在国家	主要产品	半导体/泛半导体零部件收入规模(亿美元)
蔡司ZEISS	德国	光学镜头	21.2
MKS仪器	美国	MFC、射频电源、真空产品	14
爱德华Edwards	英国(2014年加入瑞典Atlas集团,Atlas2018年收购Brooks半导体低温业务)	真空泵	~13.8
Advanced Energy	美国	射频电源	6.12
Horiba	日本	MFC	4.94
VAT	瑞士	真空阀件	~4.3
Ichor	美国	模块化气体输送系统以及其他组件	~3.8
Ultra Clean Tech	美国	真空阀件	~3.5
ASML	荷兰	光学部件及光刻机组件服务	~3
EBARA荏原	日本	干式真空泵	~3
合计	/	/	~75-80亿美元

表2-2 主要零部件产品的全球领先企业名单(数据来源:江丰电子、网络信息整理)

零部件	国际领先企业
O-Ring密封圈	Dupont、Greene Tweed
精密轴承(陶瓷)	Fala、Kaydon
压力计	MKS、Inficon
ESC静电吸盘	Shinko(新光电气)、TOTO、NGK
射频电源	AE、MKS
真空泵(干泵、分子泵、冷泵)	Edwards、Ebara(荏原)、Pfeiffer Vacuum(普发)、Kashiyama(坚山工业)、Brooks、Sumitomo
石英件	Wonik、Ferrotec
陶瓷件	Kyocera、CoorsTek
残余气体分析仪RGA	Inficon、MKS
制冷机Chiller	SMC、ATS
MFC气体流量计	Horiba、Brooks
Robot机械手臂	Brooks、MKS
EFEM传输系统	Brooks、Rorze
ShowerHead气体喷淋头	AMSEA、UMS

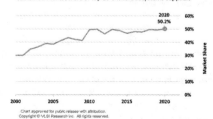

Dominance of top 10 suppliers has plateaued at 50%
Combined market share of top 10 critical subsystems suppliers

图2-1 全球前十大半导体零部件厂商市场份额占比稳定在50%左右(数据来源:VLSI)

(下转第229页)

基于 FPGA 的数字电路实验 7：流水灯的实现

流水灯，有时候也叫跑马灯，是一个简单有趣又经典的实验，基本所有单片机的玩家们在初期学习的阶段都做过。本次我们也来介绍一下如何通过小脚丫 FPGA 实现一个流水灯。

流水灯就是让一连串的灯在一定时间内先后点亮并循环往复，所以其中的关键要领就在于控制每两个相邻 LED 亮灭的时间差，以及所有 LED 灯完成一组亮灭动作后的循环。很久都没有用过小脚丫的朋友可以再回顾一下，这上面有 8 个 LED 灯，且低电平点亮。

无缝连接大力赋能数字化医疗

据疫情暴发前的预测，至 2025 年，亚太区的远程医疗等数字化医疗服务市场(即医疗提供方和患者通过远程在线的形式进行问诊)将增长 38%，达到 220 亿美元(约合 1400 亿人民币)。

而随着 COVID-19 疫情的袭来，5G 和宽带连接为全球医疗产业带来的大规模积极影响力有目共睹。在中国、澳大利亚、新加坡和日本等国家，线上就医与远程病患监护正在快速普及。即使在后疫情时代，随着办公、教育等社会生活的各个方面都走向"远程"，我们相信远程医疗将会继续发展。

连接是数字医疗的核心

除了医患之间通过视频会议的形式进行问诊和医生之间的远程会诊之外，远程医疗通常还包括远程患者监护，以及病患数据传输等各种技术手段。物联网(IoT)的应用有助于医疗机构提升院内医疗服务的速度与效率。例如，通过基于物联网的医疗管理系统可以来管理患者挂号以及病房、病床的分配。同时，通过物联网监控访客的动线，还能帮助医院更好地分配医疗资源。比如通过应用程序来捕获访客数据，在几分钟内就可以自动向访客授予访问权限，并在访客管理系统中自动跟踪其在院内停留的时间和所到之处。

针对这些自动化和数字化应用，无论是医疗保健机构内部还是远程医疗都需要高带宽、低延迟的网络连接——这对于支持实时在线问诊尤为重要。在疫情期间被认为是"锦上添花"的远程病患监护等服务，如今已成为医疗保健服务提供方切实的期待。许多机构已经开始加速落实其早前制定的网络基础设施数字化规划。据 IDC 报告显示，在数字化转型方面，全球医疗保健服务提供方去年针对网络优化的投资在两个多月内就达到了先前规划两年的额度。

随着远程医疗服务的不断扩展，当前可用的所有网络技术都终将得以应用。构建一个能够满足未来需求的有线和无线网络，需要一种能够简化架构(通过扁平化 IT 网络上的更多服务来实现)并扩展其应用(通过提供一种能够不断演进以支持更高网络密度的可扩展型平台来实现)的融合型基础设施。显然，这项工作涉及许多相互关联且相互倚赖的要素。

Wi-Fi 技术有助于提升患者、员工及访客等前端用户的体验，因此其将在远程医疗服务的扩展中发挥关键作用。简而言之，医疗机构无论规模大小，都需要有效的无线覆盖。对于中型或大型机构，接入点(AP)以及相关解决方案(例如网络交换机)也具有可扩展性并且易于配置，从而使医疗保健机构能够根据业务需求，轻松扩展网络覆盖范围和功能。这种可扩展模式能够为医疗提供方提供其所需要的可靠性和性能，助力其提供优质的数字化医疗服务。

室内蜂窝连接对于医护人员之间的沟通和其他相关应用也极为关键。然而，室外网络有时会无法穿透现代建筑，而室内小型蜂窝或分布式天线系统(DAS)就成为医疗保健服务提供方网络的必要组成部分。为此类全数字化 DAS 解决方案能够实现常规 IT 线缆的全面覆盖，确保最佳、无缝的数字化体验，包括对 5G 频段的支持，以满足医疗遥测和远程手术等远程医疗应用对超低延迟的需求。

结构化布线至关重要

结构化布线，即承载所有网络流量的铜缆和光纤布线，是所有有线和无线网络应用的基础。而以上所提到的应用必须通过结构化布线得以实现。更具体地说，以太网供电(PoE)和有源光纤布线不仅能够为所有远程医疗服务提供有效的连接，还能实现机构范围内物联网设备和应用的连接。

数字化连接带来了变革，且事实证明，这种变革在能够保证病患护理品质的前提下取得了巨大成功。变革仍在持续，医疗保健服务提供方应继续将以下两点作为优先事项：一是向远程医疗服务的转型，二是针对能够推动转型的网络基础设施的战略投资。远程医疗技术将需要大量的带宽，以确保低延迟、极高的可靠性以及可靠的灵活性，为会直接影响到人们健康的服务提供保障。为满足这些需求，面向未来的高性能网络基础设施将成为支撑起卓越的数字化医疗服务的关键一环。

从综合布线角度来看，满足高带宽、低延迟，支持 Wi-Fi AP 接入的高速连接、支持 5G 的应用，是时候在铜缆的等级上选择 6A 级别，而光缆的等级至少 OM4，应该开始考虑 OM5 的部署，以真正为数字化医疗所需的 IT 网络打下扎实的基础架构。

◇康普 陈岚

实现流水灯的方法绝不止一种，在这里我们采用模块化的设计思路，因为模块化设计对于之后构建大型电路系统非常有帮助。

现在我们的目标是每过 1 秒后点亮下一个 LED 灯并且熄灭当前灯，并在第 8 个灯熄灭之后循环整个流程，该如何设计整个模块？我们先上图后解释。

毫无疑问，第一步需要做的就是通过分频来生成一个周期为 1 秒的时钟信号，不了解时钟分频的可以读一下本系列的第 6 篇内容。

有了一个 1 秒钟嘀嗒一次的时钟后，我们还要考虑到循环问题，因为在第 8 个 LED 灯熄灭之后还需要再返回到第 1 个。那么这个时候我们就需要一个计数器，它的作用就是数羊，一只，两只……数到第八只后从头再来。数 8 只羊需要一个 3 位宽的变量(2^3=8)。

最后，由于我们是要依次点亮，也就是说 8 位的输出中每次只有 1 位是低电平，其余均为高电平(小脚丫 LED 灯为低电平点亮)。这个特性正好对应了我们之前学过的 3-8 译码器。

现在我们再来将一遍。首先，通过分频在小脚丫上生成一个周期为 1 秒的慢速时钟信号，这个时钟信号传送到计数器之中；这个计数器是 3 位宽的，因此最多可以计八次慢速时钟的嘀嗒，并且计数每增加 1 时，都对应着 3-8 译码器的下一种输出，也就对应着流水灯的下一个状态。

现在我们上代码：

```
module runningled (clk,led);

    input clk,rst;
    output [7:0] led;

    reg  [2:0] cnt ;          //定义了一个3位的计数器，输出可以作为3-8译码器的输入

    wire clk1hz;              //定义一个中间变量，表示分频得到的时钟，用作计数器的触发

    //例化分频模块，产生一个1Hz 时钟信号
    divide #(.WIDTH(24),.N(12000000)) u2 (   //除数为12,000,000，因此频率为1Hz
        .clk(clk),
        .rst_n(rst),
        .clkout(clk1hz)
    );

    //生成计数器，上沿触发并循环计数
    always @(posedge clk1hz)
        cnt <= cnt +1;        //达到位宽上限后可自动溢出清零

    //例化 3-8 译码器模块
    decode38 u1 (
        .X(cnt),              //例化的输入端口连接到 cnt，输出端口连接到 led
        .D(led)
    );
endmodule
```

之前我们介绍过，如果需要调用/例化子模块时，需要将各子模块与大模块放入同一个工程文件下进行编译。最后我们再来对小脚丫进行管脚配置并烧录就可以了。

对应变量	小脚丫管脚	FPGA 管脚
clk	Clock	J5
led {0}	LED1	N15
led {1}	LED2	N14
led {2}	LED3	M14
led {3}	LED4	M12
led {4}	LED5	L12
led {5}	LED6	K12
led {6}	LED7	L11
led {7}	LED8	K11

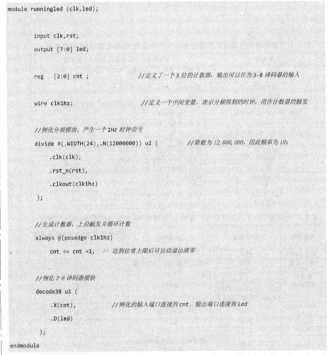

如果大家成功地在小脚丫上实现了流水灯的程序，还可以自己玩一个有意思的实验：比如，你可以通过修改程序来提高流水灯的刷新频率，然后看看 LED 灯的刷新率为多少时你的肉眼无法分别。同时再打开手机的摄像头，也以同样的方法试验一番。结合到你观察的现象，可以自己琢磨并思考一下，说不定能挖掘出更多的知识。

备注一些大伙都知道的常识：我国交流电工频为 50Hz，电脑常用显示器的刷新率有 60、75 和 144 赫兹。华为 Mate30 刷新频率为 90 赫兹，苹果 6-12 的刷新频率为 60 赫兹。

三星510N显示器电源电路分析及故障排除

单位多台三星510N型显示器近年出现了黑屏故障，这些故障均由显示器的电源故障引起，为此我们对其电源电路的工作原理进行了分析，并根据实物绘制的原理图（如附图所示）。该电源与背光灯高压电路一起位于同一块电路板上，是一个电流控制型反激式开关电源，由EMI及市电整流滤波电路、DC-DC变换电路、稳压控制电路以及保护电路构成。它将输入的220V交流市电进行交直流变换，为显示器的控制电路板、液晶屏和背光灯高压电路提供稳定的+5V和+13V两路直流电压。

一、EMI及市电整流滤波电路

220V交流市电经3.15A保险管F101和温敏电阻TH101进入防电磁辐射（EMI）电路，R101~103为三个串联的510k电阻，是C101和C102的放电电阻。C101、C102及电感LF101构成EMI电路，其作用有二：一是防止外部线路的高频干扰进入电源；二是抑制电源工作时产生的高频脉冲信号进入电网，防止污染市电网络。整流全桥D101和电解电容C106构成高压整流滤波电路，输入的220V交流电，经D101整流后在C106两端产生约310V直流高压，是电源进行直流变换（DC-DC）电路的工作电压。R22~R24三个串联电阻是C106的放电电阻。

二、直流变换（DC-DC）电路

DC-DC电路是一个反激式开关电源电路，由单片开关电源管理芯片IC101（5L0365）、光电耦合器PC101（PC817）、高频开关变压器T101等器件构成。其中单片开关电源管理芯片IC101（5L0365）为该电路的核心器件，是一个TO-220F封装的4引脚集成电路：①脚为接地端（GND）、②脚为用于驱动开关变压器初级的漏极（Drain）、③脚为电源端（VCC）、④脚为反馈控制端（FB）。芯片内含耐压高达650V的N沟道MOSFET功率管（源极接地、漏极为芯片的②脚）、5V参考电压电源电路、50kHz固定频率的振荡电路、脉宽调制（PWM）控制电路、前沿消隐电路以及过压、欠压、过温度（160℃）保护等电路。当VCC电压高于15V时芯片开始工作；低于9V时产生欠电压保护，芯片停止工作。电源VCC最大32V。

1.工作过程：市电整流滤波电路产生的直流高压（约310V）经高频开关变压器T101的初级加到IC101的漏极（②脚）。市电经电容C103、C116限流、二极管D104整流，对接在IC101电源引脚（VCC）的电容C108和C02充电，经过一定时间，当C108正极电压达到15V以上时，IC101启动工作，IC101内部的MOSFET开始以50kHz的频率交替导通和截止，其漏极（②脚）驱动变压器T101初级线圈中产生交替工作电流。当IC101中MOSTET导通时，T101的初级中

有电流过，310V高压电给T101充磁，这时T101的3个次级绕组上产生反相感应电压，整流二极管D107、D106和D103截止；当IC101中MOSTET截止时，T101的3个次级绕组上产生正向感应电压u1、u2和u3，通过D107、D106和D103向外输出电流释放T101中储存的磁能。其中u1经D107整流，由C113、C114、L101、C115构成的滤波网络滤波，向外输出+5V直流电压；u2经D106整流，C111和C112滤波，对外提供+13V直流电压；u3经D103整流，R04限流，C108和C02滤波，为IC101芯片提供工作电压。R07//R08、C05是+5V整流滤波电路的消振荡电路，R05//R06、C03是+13V整流滤波电路的消振荡电路，R17和R19为两个输出电路的假负载电阻。

2.稳压过程：稳压控制电路由精密基准电压集成电路IC102（431）、光电耦合器PC101（PC817）、电阻R11~R17以及电容C010、C01、C08等组成。+5V输出经R15、R16和R17组成的分压电路分压，在IC102的控制端（①脚）产生约2.5V的电压，当由于某种原因引起+5V输出电压升高时，IC102的控制端电压跟随升高，IC102的输出端（③脚）电压下降，使得经R12流过光耦PC101内发光二极管的电流增大，发光管亮度增强，导致其内部的光敏三极管的导通电流加大，将IC101的FB（④脚）电位拉低，并使IC101的FB引脚流出的电流增大，经过IC101内部的脉宽调制（PWM）逻辑电路的控制，IC101内部MOSFET功率管的导通时间缩短（占空比下降），其漏极（②脚）输出的负脉冲宽度变窄，变压器T101初级的导通时间减小，使得T101储存的磁能减少，三个次级绕组的感应电压u1、u2、u3随之降低，最终使+5V和+13V输出的电压下降。反过来，当+5V输出电压因某种原因变低时，经过与上述相反的控制过程，使+5V和+13V输出电压上升。如此不断地动态调整，从而保持了+5V和+13V输出电压的稳定。

三、保护电路

该电源的保护电路有下述四个部分。

1.尖峰脉冲保护电路：该保护电路由接在变压器T101初级的D102、R104、C107组成。其作用是：在IC101内部MOSFET功率管截止时，将T101初级产生的反向尖峰高压脉冲快速泄放掉，以保护IC101不被高压击穿。

2.电源管理芯片电源过压保护电路：电路主要由三极管Q01、稳压管ZD103、电阻R20和R21组成。当IC101的供电电压大于ZD103的稳压电压（24V）时，R21、R20中有电流流过，当流过R21的电流达到一定值，使得Q01管导通时，使IC101的VCC电压经Q01的CE极加到FB引脚上，当这个电压值到达

7.5V时，IC101内部的过压保护电路起作用，将内部的MOSFET功率管保持在截止状态，使变压器T101停止充磁。此时IC101将失去变压器T101次级（u3）的供电，电容C108上所储存的电能将很快被IC101消耗，当其电压下降到9V以下时芯片停止工作。在这种情况下，交流220V市电将再次通过电容C103、C116、二极管D104，对电容C108和C02充电，一段时间后，当电容C108上的电压再次上升到15V时，IC101又开始工作。

3.+13V过压保护：由于稳压控制电路取样的是+5V输出电压，因此电路只能保证+5V输出电压稳定，而+13V输出电压会因为+5V输出负载的变化发生一定的波动。在+5V输出的负载加重的情况下，稳压控制电路会使IC101内MOSFET的导通时间增大，将变压器T101获得的磁能增加，这时+13V输出电压将会有所升高；反之，在+5V输出的负载变轻的情况下，+13V输出电压将会有所下降。另外，如果+13V输出的负载变轻，比如背光灯损坏不工作的情况下，+13V输出也会有所上升。为了使+13V输出电压不至于出现过升高到损坏相关电路的情况出现，由中功率三极管Q102、稳压管ZD01（15V）、R10、R09及功率电阻R102等元件构成了+13V过压保护电路。当+13V输出电压高于15V时，ZD01导通，R10、R09中有电流流过，当+13V输出进一步升高，使得R09两端电压达到0.6V以上时，Q102导通，功率电阻R102（180Ω）成为+13V输出的负载，将升高的+13V输出拉低。

4.输出过流（短路）保护：当+5V输出电流过大或发生短路时，稳压控制电路会使IC101漏极输出脉冲负电平宽度增大，变压器T101初级导通时间变长，达到一定程度时，变压器T101次级的感应电压大幅度u3升高，从而引发电源管理芯片电源过压保护。

此外，单片开关电源管理芯片5L0365（IC101）具有过温度和欠压保护功能，当芯片结温超过160℃时，芯片进入保护状态；当IC101的VCC电压低于9V时，芯片自动进入欠压保护状态。

四、典型故障

故障现象：显示器黑屏，电源指示灯亮5秒灭4秒，不断重复循环。

分析与检修：引起液晶显示器黑屏的原因分两种情况，一是显示器电源电路故障或不工作；二是显示器电源正常，背光灯损坏或背光无高压。判断属于上述哪一种故障，可用如下方法：将显示器接入工作中的电脑，开显示器电源后，用外部光源照射液晶屏，如果从屏幕的斜侧面能隐约观察到画面，说明显示器的电源正常，有可能背光灯或背光高压故障；如果显示屏幕完全黑屏，则有可能故障发生在显示器的电源电路。经判断该故障属于上述第一种情况。打开显示器外壳，给显示器加电，用万用表测量+5V和+13V输出电压，发现+5V输出电压保持5.02V大约5秒时间，然后下降到1V左右，大约4秒后，又上升到5.02V；+13V输出保持16V大约5秒时间，然后下降到10V左右，大约4秒后，又上升到16V，重复循环，似乎电源电路进入了保护状态。测量IC101的供电VCC电压，发现该电压在7V至19V之间变化，怀疑在点亮背光灯时+13V输出负载突然加重，IC101发生了欠电压保护，从而引发IC101进入了"启动→保护→重启动→再保护"的循环状态。测量市电整理滤波后的310V高压，发现该电压值在208V至320V之间循环变化，判定高压整流滤波电路发生了故障。断电后，拆下主滤波电解电容C106，测得电容容量为0，显然该电容已经完全失效。试用一只100μF/400V电解电容代换，加电试机，故障消除。

事后拆开这些损坏电容，发现电容的电解液并未干涸，全部是电容的正极引脚在电容内部断开，不知是被电解液腐蚀断了还是被充电的大电流烧断，在此还希望借助《电子报》，请读者中的专家能够给予赐教。

◇青岛 孙海善 张戈 卜坤

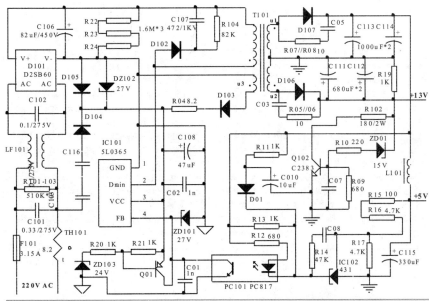

编辑：黄平 投稿邮箱：dzbnew@163.com

(接上期本版)

(1)最大输出功率 P_{om}

$$P_o = I_o U_o = \frac{U_o^2}{R_L} = \frac{\left(\frac{U_{om}}{\sqrt{2}}\right)^2}{R_L} = \frac{1}{2}\frac{U_{om}^2}{R_L}$$

由图8可知,最大输出电压幅度:

$$U_{om(max)} = V_{CC} - U_{CES}$$

最大输出功率:

$$P_{om} = \frac{1}{2}\frac{U_{om(max)}^2}{R_L} = \frac{(V_{CC}-U_{CES})^2}{2R_L} \approx \frac{V_{CC}^2}{2R_L}\ (忽略\ U_{CES})$$

(2)管耗 P_T

T1和T2在一个信号周期内各导电 π,且通过两管的电流和两管两端的电压 u_{CE} 在数值上也相等(只是在时间上错开了半个周期)。因此,为求出总管耗,只需先求出单管的损耗就行了。

$\because u_{CE} = (V_{CC} - U_{om}\sin\omega t),\ i_C = \frac{U_{om}}{R_L}\sin\omega t$

$\therefore P_{T1} = \frac{1}{T}\int_0^T u_{CE}i_C dt$

$= \frac{1}{2\pi}\int_0^\pi (V_{CC}-U_{om}\sin\omega t)\cdot\frac{U_{om}}{R_L}\sin\omega t d\omega t$

$= \frac{1}{R_L}\left(\frac{V_{CC}U_{om}}{\pi}-\frac{U_{om}^2}{4}\right)$

由上式可知,当 $U_{om}=0$ 时,即无信号时,管子的损耗为0。当输出电压幅值 $U_{om}\approx V_{CC}$,输出功率最大时,每个管子的损耗为

$$P_{T1} = \frac{1}{R_L}\left(\frac{V_{CC}U_{om}}{\pi}-\frac{U_{om}^2}{4}\right) = \frac{V_{CC}^2}{RL}\cdot\frac{4-\pi}{4\pi} \approx 0.137P_{om}$$

(3)直流电源供给的功率 P_E

$\because P_o = \frac{1}{2}\frac{U_{om}^2}{R_L},\ P_{T1}=\frac{1}{R_L}\left(\frac{V_{CC}U_{om}}{\pi}-\frac{U_{om}^2}{4}\right)$

$\therefore P_E = P_o + 2P_{T1} = \frac{1}{2}\frac{U_{om}^2}{R_L}+\frac{2}{R_L}\left(\frac{V_{CC}U_{om}}{\pi}-\frac{U_{om}^2}{4}\right) = \frac{2V_{CC}U_{om}}{\pi R_L}$

由上式可知,直流电源供给的功率与输出电压幅度 U_{om} 成正比例,在 $U_{om}\approx V_{CC}$ 时,电源供给的功率最大。

$$P_{E(max)} = \frac{2V_{CC}U_{om}}{\pi R_L} = \frac{2}{\pi}\cdot\frac{V_{CC}^2}{RL} \approx 1.274P_{om}$$

(4)效率 η

$\because P_o = \frac{1}{2}\frac{U_{om}^2}{R_L},\ P_E = \frac{2V_{CC}U_{om}}{\pi R_L}$

$\therefore \eta = \frac{P_o}{P_E} = \frac{1}{2}\frac{U_{om}^2}{R_L}/\frac{2V_{CC}U_{om}}{\pi R_L} = \frac{\pi}{4}\frac{U_{om}}{V_{CC}}$

由上式可知,电源的效率与输出电压幅度 U_{om} 成正比,在 $U_{om}\approx V_{CC}$ 时,电源的效率最大

$$\eta_{max} = \frac{P_{om}}{P_E} = \frac{\pi}{4}\frac{U_{om}}{V_{CC}} = \frac{\pi}{4} \approx 78.5\%$$

这个结论是假定电路工作在乙类、忽略了管子的饱和压降 U_{CES} 和输入信号足够大情况下得来的,实际效率比这个数值要低些。

(5)最大管耗和输出功率的关系

工作在乙类的互补对称功率放大电路,在静态时管耗接近0,当输入信号较小时,输出功率较小,管耗也小。是否输入信号越大输出功率越大,管耗也越大呢?答案是否定的。那么,最大管耗是多少?又是发生在什么情况下呢?由管耗表达式 $P_{T1}=\frac{1}{R_L}\left(\frac{V_{CC}U_{om}}{\pi}-\frac{U_{om}^2}{4}\right)$ 可知,管耗 P_{T1} 是输出电压幅值 U_{om} 的函数,因此,可以用求极值的方法来求解。

令 $\frac{dP_T}{dU_{om}} = \frac{1}{R_L}\left(\frac{V_{CC}}{\pi}-\frac{U_{om}}{2}\right) = 0$

则 $\frac{V_{CC}}{\pi}-\frac{U_{om}}{2} = 0$

故 $U_{om} = \frac{2V_{CC}}{\pi}$

即,当 $U_{om}=2V_{CC}/\pi=0.637V_{CC}$ 时具有最大管耗:

$$P_{T1max} = \frac{1}{R_L}\left[\frac{V_{CC}}{\pi}\cdot\frac{2V_{CC}}{\pi}-\frac{1}{4}\left(\frac{2V_{CC}}{\pi}\right)^2\right] = \frac{V_{CC}^2}{\pi^2 R_L} \approx 0.2P_{om}$$

此时的输出功率:

$$P_o = \frac{\left(U_{om}/\sqrt{2}\right)^2}{R_L} = \left(\frac{2V_{CC}}{\pi}\right)^2/2R_L = \frac{2V_{CC}^2}{\pi^2 R_L} \approx 0.4P_{om}$$

可见,管耗 P_{T1} 最大($P_{T1max}\approx 0.2P_{om}$ 时),输出功率 $P_o\approx 0.4P_{om}$;而输出功率 P_o 最大(输出功率 $P_o=P_{om}$ 时),管耗 $P_{T1}\approx 0.137P_{om}$。

常用 $P_{T1max}\approx 0.2P_{om}$ 来作为乙类互补对称功率放大电路选择功放管的依据。例如要求输出功率为10W,每只管子的额定管耗约为2W,实际上在选管子的额定功耗时,还要留有充分的余地。

(6)输出功率、管耗、直流电源供给的功率、最大输出功率及效率间的关系图

由式 $P_o=\frac{1}{2}\frac{U_{om}^2}{R_L}$,$P_{T1}=\frac{1}{R_L}\left(\frac{V_{CC}U_{om}}{\pi}-\frac{U_{om}^2}{4}\right)$,$P_E = \frac{2V_{CC}U_{om}}{\pi R_L}$,$\eta=\frac{\pi}{4}\frac{U_{om}}{V_{CC}}$ 可知,P_o、P_{T1}、P_E 和 η 都是 U_{om} 的函数,如用 U_{om}/V_{CC} 表示的自变量作为横坐标,纵坐标分别用相对值 P_o/P_{om}、P_{T1}/P_{om} 和 P_E/P_{om} 表示($P_{om}=\frac{V_{CC}^2}{2R_L}$)。则 P_o、P_{T1}、P_E、η 与 U_{om}/V_{CC} 的关系曲线如图9所示。

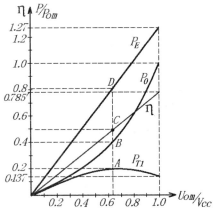

图9 P_o、P_{T1}、P_E、η 与 U_{om}/V_{CC} 的关系曲线

怎样根据图9来确定 P_o、P_{T1}、P_E、η 与 U_{om} 和 P_{om} 的关系呢?现举例说明:当 $U_{om}=0.64V_{CC}$ 时,P_{T1} 的曲线位于最顶部(见A点),管耗最大,$P_{T1max}=0.2P_{om}$;此时的输出功率由B点可得 $P_o\approx 0.4P_{om}$;此时所对应的电源供给功率由D点可得 $P_E\approx 0.8P_{om}$(验证:$P_E=P_o+2P_{T1}=0.4P_{om}+2\times 0.2P_{om}=0.8P_{om}$);此时的效率由C点可得 $\eta\approx 50\%$(验证:$\eta=P_o/P_E=0.4P_{om}/0.8P_{om}=50\%$)。利用图9所示关系图,根据输出信号的幅值 U_{om},就能很快确定所对应的输出功率 P_o、管耗 P_{T1}、直流电源供给的功率 P_E 及效率 η。

η 在图9所示的关系图中是条直线,且表明了 η 与电源供给的功率 P_E 和输出信号的幅值 U_{om} 成正比。由此可见,大功率乙类互补对称功率放大电路在音量较小时,功放电路的效率是很低的。例如,输出信号的幅值 U_{om} 调到最大幅值的50%时,电路所对应的效率不足40%。

(全文完)

◇湖南省华容县职业中专 王超

约稿函

《电子报》创办于1977年,一直是电子爱好者、技术开发人员的案头宝典,具有实用性、启发性、资料性、信息性。国内统一刊号:CN51-0091,邮局订阅代号:61-75。

职业教育是教育的重要组成部分,培养掌握一技之长的高素质劳动者和技术技能人才是职业教育的重要使命。职业院校是大规模开展职业技能教育和培训的重要基地,是培养大国工匠的摇篮。《电子报》开设"职业教育"版面,就是为了助力职业技能人才培养,助推中国职业教育迈上新台阶。

职教版诚邀职业院校、技工院校、职业教育机构师生,以及职教主管部门工作人员赐稿。稿酬从优。

一、栏目和内容

1.教学教法。主要刊登职业院校(含技工院校,下同)电类教师在教学方法方面的独到见解,以及各种教学技术在教学中的应用。

2.初学入门。主要刊登电类基础技术,注重系统性,注重理论与实际应用相结合,帮助职业院校的电类学生和初级电子爱好者入门。

3.技能竞赛。主要刊登技能竞赛电类赛项的竞赛试题或模拟试题及解题思路,以及竞赛指导教师指导选手的经验、竞赛获奖选手的成长心得和经验。

4.备考指南。主要针对职业技能鉴定(如电工初级、中级、高级、技师、高级技师等级考试)、注册电气工程师等认证类考试的知识要点和解题思路,以及职业院校学生升学考试中电工电子专业的备考方法、知识要点和解题思路。

5.电子制作。主要刊登职业院校学生和电子爱好者的电类毕业设计成果和电子制作产品。

6.电路设计:主要刊登强电类电路设计方案、调试仿真,比如继电器—接触器控制方式改造为PLC控制等。

7.经典电路:主要刊登经典电路的原理解析和维修维护方法,要求电路有典型性,对学习其他同类电路有指导意义和帮助作用。

另外,世界技能奥林匹克——第46届世界技能大赛将于明年在中国上海举办,欢迎广大作者和读者提供与世赛电类赛项相关的稿件。

二、投稿要求

1.所有投稿于《电子报》的稿件,已视版权交予电子报社。电子报社可对文章进行删改。文章可以用于电子报期刊、合订本和网站。

2.原创首发,一稿一投,以Word附件形式发送。稿件内请注明作者姓名、单位及联系方式,以便奉寄稿酬。

3.除从权威报刊摘录的文章(必须明确标注出处)之外,其他稿件须为原创,严禁剽窃。

三、联系方式

投稿邮箱:63019541@qq.com 或 dzbnew@163.com

联系人:黄丽辉

本约稿函长期有效,欢迎投稿!

《电子报》编辑部

PLC 控制的继电器——接触器星三角降压单向起动电路(一)

从《电子报》2021 年前几期连载刊出的"继电器-接触器控制的星三角降压单向起动电路解读"一文中可以知道,常规的星三角起动控制电路具有起动、连续运行、停止和过载保护功能。

本文介绍 PLC 控制的继电器-接触器星三角降压单向起动电路。

在图 1 所示主电路中 3 只接触器分别承担两种功能,一种是改变电动机绕组的接线形式,它们是 KM2 和 KM3,当 KM3 吸合时电动机绕组接成星形,KM2 吸合时电动机绕组接成三角形,且接触器 KM2 和 KM3 不能同时吸合;另一种是为电动机绕组提供动力电源,即图 1 中的 KM1。

在实际操作运行过程中,接触器 KM1 和 KM3 的动作顺序有两种,即 KM3 先动作、KM1 后动作,或者相反。本文对这两种动作顺序均进行了 PLC 的梯形图转换。

1. PLC 控制电路

把三相笼型异步电动机的继电器-接触器控制改为 PLC 控制,需要把热继电器辅助触头 FR、停止按钮 SB1、起动按钮 SB2 作为输入点,若需要点动运转的,还应增加点动或连续选择开关 SA 为输入点,而要增加星形接触器动作监测功能,同样需要增加 1 个输入点。这样输入点共 5 点。作为输出点的

表 1 输入输出和辅助点功能及分配

信号	元件代号	点分配	功能	信号	元件代号	点分配	功能
输入	FR	X00	电动机过载保护	输出	KM1	Y04	电动机运转接触器
	SB1	X01	停止操作按钮		KM2	Y05	电动机三角形运行接触器
	SB2	X02	起动操作按钮		KM3	Y06	电动机星形起动接触器
	SA	X03	点动/连续选择(新增)		HL	Y07	指示信号
	KM3	X04	星形接触器动作监测	内部	KT	T1	起动时间设定

有:运转接触器 KM1、星形起动接触器 KM3、三角形运行接触器 KM2,以及运行状态指示灯 HL(运行时常亮、起动过程中闪亮),输出点共 4 点。

根据上面确定的输入点和输出点数量,本例选用三菱 FX1s-20MR 可编程序控制器。输入、输出和辅助点的分配及功能如表 1 所示,时间继电器选用 PLC 内部时基为 100ms (0.1s)的定时器 T1,假如设定时间取 3s,则设定值为 3/0.1 = 30。PLC 控制原理图如图 2 所示,图中指示灯 HL1 为电源指示,HL2 为电动机运行状态指示。

2. 程序编制

由于该继电器-接触器控制线路典型、成熟。故从中得到的梯形图程序是安全、可靠的。按照笔者编著的《PLC 控制技

术快速入门-三菱 FX 系列》一书中介绍的依据继电器-接触器控制电路通过元件替换、符号替换、触头修改、按规则整理四个步骤,将原继电器-接触器控制电路转换为 PLC 控制的梯形图,然后再增加点动和星形接触器监测功能。

绕组接线形式接触器(KM3)先动作,电源供电接触器(KM1)后动作的继电器-接触器控制电路如图 3 所示,指示灯部分后面单独编制。下面进行梯形图转换:

步骤 1,元件替换。把图中元件的代号用 PLC 控制电路中分配到的点来取代,可参见表 1,即"FR"用"X00"、"SB1"用"X01"、"SB2"用"X02"、"KM1"用"Y04"、"KM2"用"Y05"和"KM3"用"Y06"代之。指示灯 HL 另外处理,替换后的电路如图 4 所示。

步骤 2,符号替换。把继电器-接触器电路中的元件符号用梯形图符号来替换。具体替换方法见表 2。

表 2 电器元件图形符号转换为梯形图图形符号

图形符号名称	电器元件图形符号	梯形图图形符号
常开触点		
常闭触点		
输出线圈		

用 PLC 编程软件中的软元件替换电器元件后的电路如图 5 所示。

步骤 3,触头修改。PLC 控制电路中外接元件沿用继电器-接触器电路的常闭触头的,必须用梯形图的常开软元件代换,同一元件的常开触头用梯形图的常闭软元件代换。同一元件的同类触头可重复多次使用。

因图 2 中只用到了"X00"和"X01"两点,修改后的电路如图 6 所示。

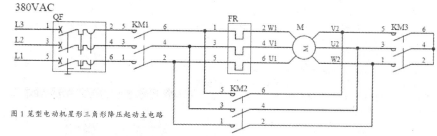

图 1 笼型电动机星形三角形降压起动主电路

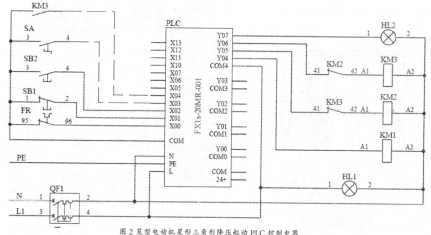

图 2 笼型电动机星形三角形降压起动 PLC 控制电路

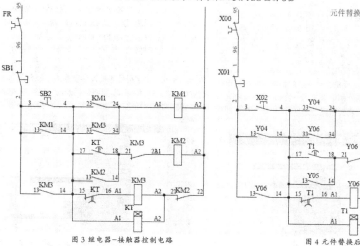

图 3 继电器-接触器控制电路　　图 4 元件替换后

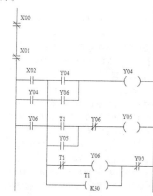

图 5 软元件替换电器元件符号

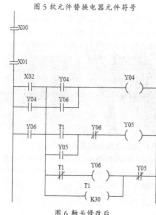

图 6 触头修改后

(未完待续)　　◇江苏 陈法 绪恺

基于古德微编程的双树莓派发报机实验设计(一)

众所周知,"SOS"字母组合是国际通用的遇难求救信号;而在荧屏上各种谍战类影视作品中,我们也经常会看到有"滴滴嗒嗒"发射无线电报的镜头,这就是摩尔斯电码(Morse code)。作为一种通过各种排列顺序来表达相关字符的数字化通信形式,摩尔斯电码使用简短的"滴"信号和稍长的"嗒"信号两种最基本的代码;"滴"是"一个点",而"嗒"则是"一个划","一划"等同于三个"点"的时长。在包括26个大写的英文字母和10个阿拉伯数字等符号的国际摩尔斯电码中,每个字符均被拆解成不同的"滴"和"嗒"固定组合,只要按照这种约定的组合进行"滴滴嗒嗒"序列信号的发送与接收,即可实现不同信息的传输(如图1)。

①

仍以"SOS"遇难求救信号为例:字母"S"的摩尔斯电码是"滴滴滴"连续的三个点,而字母"O"的摩尔斯电码是"嗒嗒嗒"连续的三个划,只要发出"滴滴滴-嗒嗒嗒-滴滴滴"(手电筒控制发光或手指敲击桌面发声等形式),也就是先"三个短音"再"三个长音"再"三个短音",如此便表示这是一个遇难求救信号。借助于树莓派进行古德微"积木"式编程,发送方负责先将信息中的每个字母逐一分解成"滴""嗒"组合,然后再将它们通过网络发送传输;接收方负责将接收到的"滴""嗒"组合对照"翻译"还原出最初的字母序列,最终得到发送的真正信息。如何制作出这种能够发送任意摩尔斯电码的"发报机"呢?

1. 实验器材及连接

所需的实验器材包括:树莓派及古德微扩展板各两块,绿色、红色按钮各一个,超声波传感器一个,低电平触发的蜂鸣器两个,OLED显示屏两块,六支绿色、红色和黄色LED灯(各两支),杜邦线若干。

首先分别将古德微扩展板正确安装至树莓派;在发送方树莓派上,将超声波传感器安装至20、21并排的四个插孔,标注要一一对应(注意方向);绿色和红色按钮通过杜邦线,分别插入24和25号的三个插孔;低电平触发的蜂鸣器也通过杜邦线将信号端插入23号数字信号D端,VCC电源正极要接3.3V低电压,GND是接地端;OLED显示屏按照四个引脚的标注,插入I2C插孔;绿色、红色和黄色三支LED灯按照"长腿正、短腿负"的规则,分别插入5号、6号和12号插孔;在接收方树莓派上,需要安装低电平触发的蜂鸣器、OLED显示屏和另外三支LED灯,连接方法与发送方树莓派相同。

最后,分别通过数据线给两个树莓派通电,启动各自的操作系统(如图2)。

②

2. 双树莓派发报机的实验设计框架

在发送方树莓派中进行古德微"积木"式编程控制:

如果绿色按钮按下的话,表示摩尔斯电码的"滴"信号,对应的编码为二进制的"0";红色按钮按下,则表示"嗒"信号,对应的编码为二进制的"1"。考虑到在正规的摩尔斯电码中相邻字符间隔是一个"嗒"的时长,

初学者比较难以把握这个"分寸",所以将超声波传感器的前方15cm内设置为有效触发区,作为每一组摩尔斯电码的结束动作,也就是表示某个字符。低电平触发的蜂鸣器是用来播放"滴""嗒"模拟音效的;控制不同颜色的LED灯快速闪烁,作用是对应两个按钮和一个超声波传感器"有动作"的即时响应;OLED显示屏的作用是将某个摩尔斯电码发送结束后显示出来,而且不能"覆盖"之前的信息。

接收方树莓派的实验器材及连接相对比较简单,只设计有OLED显示屏、低电平触发的蜂鸣器和三支不同颜色的LED灯,均作为输出响应,作用与发送方树莓派是完全一致的。

3. 发送方树莓派的编程过程

通过浏览器访问古德微机器人网站(http://www.gdwrobot.cn/),登录账号(luke007)后点击"设备控制"进入"积木"编程区开始编写程序:

(1)编写"字典初始化"函数对摩尔斯电码进行编码

字典文件就是一个对照表,根据不同的"0""1"组合值到该字典中进行查询,就可以表示出对应的英文字母。

先从左侧"函数"中选择"函数名'默认名'",并将这个新建的函数重命名为"字典初始化";再添加一个变量,命名为"字典文件";然后从"列表"中选择"为字典'变量'添加或更新数据,键为'key'值为'abc123'",将其中的"键"和"值"分别设置为"01"和"A";因为在摩尔斯电码中大写英文字母"A"的信号表示是"滴、嗒",对应的编码分别是"0"和"1"。接着再复制该模块语句,将剩余的25个英文大写字母"B"至"Z"全部按照摩尔斯电码的规则进行编码。最短的编码是一位的"0"或"1",对应的字母是"E"和"T"(一个"滴"和一个"嗒");最长的编码是四位,比如"1010"对应的是"C"("嗒滴嗒滴")、"1011"对应的是"Y"("嗒滴嗒嗒"),等等(如图3)。

③

在"字典初始化"函数上点击右键,选择"折叠块"项后收缩成一行模块语句,节省编程空间。

(2)主程序的"初始化"准备工作

由于使用了低电平触发的蜂鸣器,它会在树莓派通电、启动操作系统后就处于低电平的"假工作"状态——"吱吱"地鸣叫。因此必须在主程序最开始先添加"设置GPIO'23'为'有电'"语句模块,运行程序将其设置为"高电平"状态,相当于暂时关闭蜂鸣器。

接着,对之前添加的变量"字典文件"进行赋值:"创建一个空字典",然后调用执行"字典初始化"函数。然后,从"智能硬件"-"显示屏"中选择"初始化OLED显示屏"模块语句,设备型号、接口、宽度和高度均保持默认值不变;再建立两个变量,分别命名为"字符串值"和"摩尔斯电码",均暂时赋值为"空字符串";前者的作

用是不断接收两个按钮按下动作所触发的信号("0"或"1"),后者的作用是将每组"0""1"字符串值与字典文件中的"键""值"进行查询对应,得到对应摩尔斯电码的某个字母(如图4)。

(3)编写"按钮A"和"按钮B"控制函数

当操作者按下绿色或红色按钮时,分别先去触发5号绿色LED灯和6号红色LED灯闪烁,然后触发蜂鸣器弹奏某音符,最后是分别在变量"字符串值"后面追加代码"0"或"1"。

先从左侧"函数"中新建一个函数,重命名为"按钮A";接着,进行LED灯的闪烁控制:"控制'5'号小灯'亮'""等待0.05秒""控制'5'号小灯'灭'";然后通过连续的五个模块语句来控制蜂鸣器"发声":"设置'23'号蜂鸣器开始播放音乐""将弹奏速度设定为2400bpm""弹奏音符'高So''1/8'拍""等待0.1秒"和"设置GPIO'23'为'有电'",这是模拟发报机的简短"滴"声,可不断尝试来修改对应的数据;最后是一个"在'字符串值'追加文本'0'"模块语句,控制绿色按钮A按下后产生"0"数据并追加到变量"字符串值"中。

第二个控制按钮的函数代码基本一致:将"按钮A"函数复制、粘贴,重命名为"按钮B"。先将控制的LED灯从5号改为6号;再将控制蜂鸣器"发声"的持续时间由0.1秒改为0.3秒,也就是将模拟的"滴"变为"嗒";最后,将"追加文本"模块中的"0"改为"1",表示红色按钮被按下时触发的新数据是"1",仍然是追加到变量"字符串值"中(如图5)。

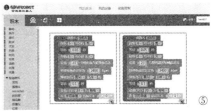

⑤

(4)编写"超声波检测"控制函数

两个按钮的控制函数编写完毕后,同样是再复制、粘贴,生成"超声波检测"函数,先将有类似功能的模块代码进行修改:控制闪烁的黄色LED是12号,蜂鸣器保持与"按钮A"中的模拟持续0.1秒"滴"声不变。

接着,为变量"摩尔斯电码"追加文本,内容是"从字典'字典文件'中获取键'字符串值'所对应的值",也就是不断生成发送的字母信息;添加一个"输出调试信息'摩尔斯电码'",作用是在程序运行界面的LOG显示区实时显示生成的变量"摩尔斯电码"数据。

为了在OLED显示屏上显示出发送的"摩尔斯电码"数据,需要建立一个变量,命名为"图片对象",将其初始化为"新建图片模式",宽度、高度和颜色均保持默认值;接着对它进行"添加文字"操作,值为变量"摩尔斯电码",显示大小和X、Y坐标值均保持默认值;添加"把图片'图片对象'显示到OLED显示屏"模块语句,作用是将信息输出至OLED显示屏。

最后,必须要添加"赋值'字符串值'为''"模块语句,作用是将变量"字符串值"重新赋值为"空字符串"。因为每完成一个字母信息的发送就代表一组摩尔斯电码("0"和"1")的结束,需要将数据及时"清空"来存放下一组新的摩尔斯电码(如图6)。 (未完待续)

④

⑥

◇山东省招远第一中学新校微机组 牟晓东

天问一号为何登陆火星3天以后才传来第一张照片

2021年5月15日，这是中国航天史上值得纪念的一天，我国的首次火星探测任务——天问一号火星探测器"祝融号"成功登陆在火星乌托邦平原。

不过了3天我们都还没有收到"祝融号"驶出驾驶舱并传回的照片，这时候许多朋友们坐不住了，纷纷发出疑问："是不是祝融号出什么问题了？""更有搞笑的"是不是摄像头坏啦？""是不是遇到对方来捣蛋了？""是不是遇上火星人啦？"一系列脑洞大开的疑问。

首先我们看看火星和地球的距离和信号传输环境。火星距离地球最近距离为5500万公里，而电磁波传播的速度大约是30万公里/s，所以会存在延时。

另外，"祝融号"着落后不会立即驶出进行工作，着陆巡视器安全着陆后，会进行桅杆、太阳翼、天线、车轮等机构的释放展开，随后"祝融号"才驶离着陆平台，而这每个环节都需要"定制化"的解锁分离装置来实现。为此中国航天人研制了两器连接解锁装置、背罩连接解锁装置、大底连接分离装置、火星车连接解锁装置等6项装备，这些关键部件实现了着陆巡视器与环绕器的连接解锁及分离功能，并在着陆后完成火星车与着陆平台的解锁分离。

最关键的是，目前祝融号和天问一号轨

道器还没有建立通信链路，而是采用直传地球的方式，中国科学家为火星车设计了超高频(UHF)、X频段两种不同频率的数传链路，所以根据这两种频段的特性，祝融号有两种通信数传机制：一是X频段直接对地通信，二是器间通信(UHF为主，X频段为辅)。

X频段链路采用可转动式定向天线，可以实现直接对地传输，虽然直接对地通信持续时间长，但数传速率极低，仅为16bps，也就是说，每秒钟只能传输16个字节，其主要用于传输一些关键传感器数据，便于地面人员判断工作状态故，传输图像啥的是不可能的。

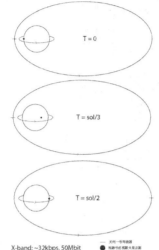

X-band: ~32kbps, 50Mbit

虽然它也可以实现对环绕器的数传，数据率相对较高，但存在天线指向控制需求，当环绕器位于近火弧段时，由于其方位角和高度角快速变化，对火星车定向天线提出了更高的指向控制要求。

而UHF链路作为主用数传链路，实现对环绕器的数据传输，数据率适中，但传输距离有限，只有当环绕器处于近火弧段时才能进行数传。出于简单方便考虑，UHF天线通常设计为固定天线，没有自主指向控制需求。

所以环绕器和着陆巡视器通过UHF中继通信设备进行信息交互，着陆巡视器将分

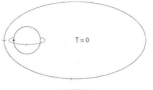

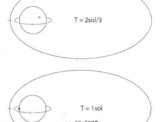

UHF: 8-10 min, 20Mbit

● 天问一号轨道器
● 祝融号近火星正面
○ 祝融号远火星背面

离后及着陆过程中的遥测信息通过UHF中继通信发送给环绕器，环绕器使用大口径高增益天线对地转发这些重要遥测数据，再经过17分钟左右的无线电波远距离传输时间，地面就可以收到这些重要的着陆过程信息。当然，我们在地球上需要建立巨大的深空通信天线网，才可以捕捉来自天问一号的微弱信号。

所以总结来说，安装在环绕器上的X频段深空应答机建立了环绕器与地面的通信链路，安装在着陆巡视器中进入舱上的UHF频段收发信机是建立与环绕器之间通信的关键，安装在"祝融"号火星车上的UHF频段收发信机和X频段深空应答机等产品建立了与环绕器的中继通信及对地通信。

这些通信链路共同在地球与火星之间构成了一个立体通信网络，让环绕器在环绕过程中始终与地面保持测控通信，并在着陆巡视器下降着陆过程以及抵达火星表面后与环绕器开展中继通信、与地面开展测控通信。

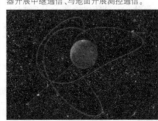

5月15日7时许，祝融号落火，环绕器在完成着陆过程中的中继通信任务后，又在265×65000km×86.9(轨道周期2sol)的停泊轨道上又飞行1圈。5月17日早上8:15左右，环绕器至近火点，进行第四次近火制动，将轨道变为周期为三分之一个火星日的中继轨道，这样一个火星日内，环绕器可为火星车提供一次近火点中继通信和一次远火点中继通信，为后续的巡视探测任务提供指令上注和

探测信息传输服务。

祝融号5月19日成功传回来的照片之一(图片来自国家航天局)

所以祝融号在没有和天问一号轨道器建立通信链路之前，先采用直传地球的方式，优先回传工程数据，特别是着陆过程数据，以确保着陆器工作正常。

而照片和视频什么时候传回呢？照片与视频最早将于18日(编者注：实际时间是5月19日传回照片)，祝融号和天问一号轨道器建立通信链路之后，上传给环绕器的数据，然后环绕器择机回传地球。大家千万不要着急。其中在近火点中继通信时，每次约8～10min，平均数传速率约38kbps，平均数传量20Mbit；在远火点中继通信时，每次约25min，数传速率约32kbps，数传量约50Mbit。

早先时间美国的毅力号传回的照片

为什么毅力号照片传回来这么快，因为在火星轨道上的美国探测器很多，美国毅力号可以利用在火星轨道上的火星勘测轨道飞行器(MRO)和"马文"进行信号中继，因此毅力号传输速度可以达到250Mbit，一次还能传8分钟，所以能够很快传回数据，而中国只有天问一号环绕器，所以就比较慢。

天问一号之后，中国还会有天问二号、天问三号，到那个时候，在火星轨道的中国探测器越来越多，就能够提供360度无死角的信号覆盖，那个时候，中国也可以和美国一样，在最快时间收到火星的"来信"。

◇四川 李运西

盲文键盘

这是国外厂商APH推出的Mantis Q40键盘，自带一块物理点阵盲文显示器，能便于视障人士操控电脑等设备。

这款键盘体积小巧，采用蓝牙方式进行连接，支持Windows 8及以上、MacOS 10.15及以上、iOS 13.5.1以上的系统。产品最大特点是下方有一个盲文显示阵列，能自动弹起白色圆柱，以特定的排列显示盲文，方便视障人士用手触摸阅读，这样用户不需要额外的盲文设备，便于快速在阅读和打字之间进行切换。这款键盘不仅可以连接电脑、手机

设备，还能够独立运行，使用专用的盲文阅读器读取U盘、SD卡中的文件进行阅读和编辑。此外还有计算器、时间显示等功能，以及特殊的文件管理器。

据了解该产品支持最多5个蓝牙设备进行连接，续航时间15小时，有着SD卡插槽以及USB接口，能够编辑".doc、.docx、.txt、.brf、.brl"文件，采用Type-C接口充电。

虽然键盘设计很让人惊奇，不过这款产品售价同样也让人"惊奇"，达到了2495美元，约合人民币1.6万元。

为何大多数电影都是 2 个小时左右？

2002~2004 年上映的《指环王》三部曲一直是作者心目中的永恒经典，然而今年 4 月 23 日，《指环王2：双塔奇兵》4K 重制版正式上线中国大荧幕，作为指环王三部曲中好评率最高的一部，双塔奇兵的烂番茄新鲜指数达到了 95%。

而指环王本身作为现代西方奇幻史诗的鼻祖，其三代电影在全世界都有着巨大的影响力，许多人更是将其称之为奇幻电影的巅峰。

> @kw2 👍3
> 不好！以为好看，结果是很啰嗦，时间太慢，差不多到结局了，以为是结局所以兴奋时刻来了，结果是看不到结果！希望一下子没了，比阿凡达惨，而且结果是看不到结果，不是3D！最重要是没结果！有下一篇也不会看了！！
> 8小时前 8 回复

> @kw3 纯正 👍3
> 剧情拖泥带水，硬坐了快三个小时。
> 8小时前 3回复

很多观众吐槽的是：

时间太长，太啰唆。（几乎每一部）长达三个小时的电影流程，电影虽然也改编跳过了很多环节，但鉴于《指环王》庞大的世界观，导演虽然仔仔细细地刻画了原著中的诸多细节，但受当今人人都能搞短视频的影响，以前许多一部 2 小时的电影被这些自媒体电影解说 8 分钟就搞定，"快餐式"看电影更是如今很多年轻人习惯的方式；很多观众直言，剧情太过拖泥带水，导致一些甚至直接在电影院里睡着了。

不过话说回来，像《指环王》这样动辄就上 3 个小时的电影毕竟是少数，不喜欢魔幻类的电影也不强求，现在多数电影时长还是在 2 个小时以内，本文就来聊一聊为什么多数电影都是这个时长。

历史（技术）原因

过去拍摄电影都是使用的胶片，而一卷胶片拍摄

的最长时长就是 15 分钟。

为了有效利用胶片，各大导演们都充分将 15 分钟的胶片用到极致。所以，15 的倍数决定了影片的长度。

影史上第一部剧情长片，澳大利亚导演查尔斯·泰特的《凯利帮的故事》(The Story of the Kelly Gang)上映于 1906 年，正式片长约为 70 分钟。

现在的电影片长是 120 分钟上下，但在百余年的电影发展史上，15 分钟、30 分钟、45 分钟、60 分钟、90 分钟、120 分钟的片长，都曾经有过，也出现过个别 4 个小时甚至到 6 个小时的这种电影的长度。但最终，从

业者摸索出了规律，就是 90~120 分钟是最佳的长度。这个长度对故事的叙事性可以从容调度，而且符合观影心理。

排片率

电影院最喜欢的是什么？当然是电影院收入了。经过多年的博弈与摸索之后，电影院会对电影时长制作有要求，发现 90~120 分钟的片长，有利于院线的排片，能够保证最大利润。

举个例子，电影院从早上 8 点开始营业，到晚上 11 点结束，营业时间大致有 15 个小时。一个放映厅用足了这 15 个小时，用来放映时长 90 分钟的电影，可以排接近 10 场。而用来放映 150 分钟的电影，则只能排 7 场。一天轮播下来，多出的时间足够多排一场同样的票价，电影院肯定会选择多排 90 分钟的片子。所以，电影院不欢迎片长过长，这样也是一个利益平衡点。

精神状态

人们每个年龄段的专注力不是一致的。大概分为：

2 岁 ≈ 6 分钟
3 岁 ≈ 9 分钟
4 岁 ≈ 12 分钟
5 岁 ≈ 14 分钟
……

成年人高度集中注意力完成一件简单枯燥的任务，也只能维持 20 分钟不出错，然后随着时长的增加就会出现错误。这也是为什么儿童看的动画片，一集的片长一般是 3 分钟，或者是 5 分钟。

一般一部"全程无尿点"的电影，编剧会在故事的设定中，15 分钟一个转折，或者来一个小高潮，好刺激一下即将要走神的观众，提醒下保持注意力。

如果一部电影超过 120 分钟，再加上剧情"不对口"，或者"过于刺激"，观众很容易会造成疲倦的感觉。再加上短视频的兴起，让观众的耐心进一步放低。前面提到的《指环王》重置版，不仅没有预期的热度，还迎来诸多差评，都是骂这片节奏太慢。

生理因素

最后就是大多数观众看电影时都喜欢"可乐+爆米花"，而一杯可乐下去，"憋尿"也就 2 小时左右，超过这个时间的话对肾和膀胱也不好；一些时长特别长的电影，有"良心"的电影院会中途设定一个 10 分钟的半场休息时间也是这个道理。

苹果 Mac mini 曝光

近日，苹果被爆正在开发高端版本 Mac mini，将提供更强大的性能和更多的接口。

预计新高端版 Mac mini 将配置 M1 芯片的改进版本，具有 10 核心 CPU，包括 8 个高性能核心核 2 个高效能核心，还有可能配置 20 核(16+4)、40 核(32+8)的芯片，新款芯片将最大支持 64GB 内存，背面将设计有四个雷电接口。

这款新 Mac mini 预计有望取代目前仍然在销售的基于 Intel 的 Mac mini，这意味着整条 Mac mini 产品线将过渡到 Apple 芯片，虽然这款新 Mac mini 正式推出的时间目前还不清楚，可能会延迟，但是苹果最终会使用 Apple Silicon 芯片彻底取代 Intel。

Redmi 品牌首款真无线降噪耳机 AirDots 3 Pro

在 5 月 26 日的 Redmi 的新品发布会上，除了引人瞩目的新一代强档千元机"红米 Note10(Pro)"系列外，还发布了 Redmi 品牌首款真无线降噪耳机 AirDots 3 Pro。这款耳机有着卵圆形充电盒，具有黑白两色，拥有 35dB 降噪深度。此款耳机零售价 349 元，首发售价 299 元。

Redmi AirDots 3 Pro 耳机除了搭载 3 颗麦克风进行降噪，还支持低至 69 毫秒的低延迟，为游戏带来良好的体验。耳机搭载 9mm 复合动圈单元，经过小米

声音实验室进行调校。

这款耳机本体续航时间 6h，搭配充电盒续航长达 28h，同时充电盒支持无线充电。官方表示，69ms 游戏低延迟功能需要结合蓝牙 5.2 协议进行，目前兼容 Redmi Note 10 Pro 等手机。

这款耳机支持双设备智能穿梭功能，可以同时连接手机和电脑，MIUI 系统具有专属弹窗。

AirDots 3 Pro 耳机将于 6 月 11 日 10:00 开售，首发价格为 299 元，后续价格为 349 元。

Ps：这次发布的"红米 Note10(Pro)"系列中，红米 note10pro 的性价比非常高。

1. 天玑 1100 处理器

性能上十分接近去年的旗舰骁龙 865，堪称旗舰。

2. 67W 快充、5000mah 电池

1500 元的手机配高速快充不罕见，但同时配上旗舰处理器和 67W 快充的，目前只有红米 note10pro 独一家。

3. 游戏娱乐性能良好

X 轴马达、JBL 双扬声器、VC 液冷散热、120Hz 自适应高刷屏幕

缺点：

LCD 屏幕

当然这个仁者见仁智者见智，只能说三星的 OLED 屏幕效果更好。但同样因为 LCD 的缘故，解锁只能用侧边指纹，亮度也只有 450nit。

半导体零部件主要分类和主要特点（一）

半导体产业是构建我国战略科技力量自立自强的核心支撑产业，而半导体零部件则是决定我国半导体产业高质量发展的关键领域。尽管当前我国半导体产业处于加速发展阶段，但国内半导体产业仍面临着国产化率低下，产业长期支持和投入力度不足，企业自主创新能力薄弱，产业上下游联动合作不畅，人才培养和激励机制缺失等诸多问题。

本文将全面梳理全球半导体零部件产业的发展特点和重点企业，研究国内外市场规模和发展格局，并针对目前国内半导体零部件产业面临的主要问题，提出相关发展建议。

引言

半导体零部件是指在材料、结构、工艺、品质和精度、可靠性及稳定性等性能方面达到了半导体设备及技术要求的零部件，如O-Ring密封圈、EFEM（传送模块）、RF Gen射频电源、ESC静电吸盘、Si硅片等结构件、Pump真空泵、MFC气体流量计、精密轴承、ShowerHead气体喷淋头等。

半导体设备由成千上万的零部件组成，零部件的性能、质量和精度直接决定着设备的可靠性和稳定性，也是我国在半导体制造能力上向高端化跃升的关键基础要素。国内半导体零部件产业起步较晚，我国半导体零部件产业总体水平偏低，高端产品供给能力不足，产品可靠性、稳定性和一致性较差的问题日益凸显。

在全球宏观政治经济日益复杂，美国不断打压遏制我国高技术产业战略崛起的背景下，产业被"卡脖子"的现象较为突出，这不仅严重制约我国半导体产业向高级化高端化发展，同时对我国数字经济、民生经济和国防安全也带来不可低估的风险。

半导体零部件主要分类和主要特点

（1）半导体零部件主要分类

半导体零部件是半导体设备的关键构成，据不完全统计，目前行业里关于半导体零部件的种类划分尚未形成标准，目前主要有以下几种分类方法。

按照典型集成电路设备腔体内部流程来分，零部件可以分为五大类：电源和射频控制类、气体输送类、真空控制类、温度控制类、传送装置类。其中电源和射频控制类包括射频发生器和匹配器、直流/交流电源等。气体输送类主要包括流量控制器、气动部件、气体过滤器等。真空控制类包括干泵/冷泵/分子泵等各种真空泵、控制阀/钟摆阀等各类阀件、压力计以及O-Ring密封圈。温度控制类则包括加热盘/静电吸盘、热交换器及升降组件。传送装置类包括机械手臂、E-FEM、轴承、精密轨道、步进马达等。

按照半导体零部件的主要材料和使用功能来分，可以将其分为十二大类，包括硅/碳化硅件、石英件、陶瓷件、金属件、石墨件、塑料件、真空件、密封件、运动部件、电控部件以及其他部件。其中各大类零部件还包括若干细分产品，例如在真空件里就包括真空规（测量工艺真空）、真空压

力计、气体流量计（MFC）、真空阀件、真空泵等多种关键零部件。

按照半导体零部件服务对象来分，半导体核心零部件可以分为两种，即精密机加件和通用外购件。精密机加件通常来自各个半导体设备公司的工程师自行设计，然后委外加工，只会用于自己公司的设备上，如工艺腔室、传输腔室等，国产化相对容易，一般对其表面处理、精密机加工等工艺技术的要求较高；通用外购件则是一些经过长时间验证，得到众多设备厂和制造厂广泛认可的通用零部件，更加具有标准化，会被不同的设备公司使用，也会被作为产线上的备件耗材来使用，例如硅结构件、O-Ring密封圈、阀门、规（Gauge）、泵、Face plate、气体喷淋头Shower head等，由于这类部件具备较强的通用性和一致性，并且需要得到设备、制造产线上的认证，因此国产化难度较高。

表1-1总结了在设备及产线上应用数量较多的主要零部件产品以及其主要服务的半导体设备。

（2）半导体零部件产业主要特点

半导体零部件产业通常具有高技术密集、学科交叉融合、市场规模占比小且分散，但在价值链上却举足轻重等特点。一般而言，设备零部件占设备总支出的70%左右，以刻蚀机为例，十种主要关键部件占设备总成本的85%。是半导体产业赖以生存和发展的关键支撑，其水平直接决定我国在半导体产业创新方面的基础量级。

a.技术密集，对精度和可靠性要求较高。

相比于其他行业的基础零部件，半导体零部件由于要用于精密的半导体制造，其尖端技术密集的特性尤其明显，有着精度、批量小、多品种、尺寸特殊、工艺复杂、要求极为苛刻等特点。由于半导体零部件的特殊性，企业生产经常要兼顾强度、应变、抗腐蚀、电子特性、电磁特性、材料纯度等复合功能要求。

同样一个部件，如果用在传统工业中可行，但是用在半导体业中，对关键零部件在原材料的纯度、原材料批次的一致性、质量稳定性、机加精度控制、棱边倒角去毛刺、表面粗糙度控制、特殊表面处理、洁净清洗、真空无尘包装、交货周期等方面要求就更高，造成了极高的技术门槛。

例如随着半导体加工的线宽越来越小，光刻工艺对极小污染物的控制苛刻到极致，不光对颗粒严格控制，严控过滤产品的金属离子析出，这对半导体用过滤器生产制造提出了极高的要求。目前半导体级别滤芯的精度要求达到1纳米甚至以下，而在其他行业精度则要求在微米级别。

同时半导体用过滤器还需要保障的一致性，以及耐化学

表1-1 主要零部件产品及其主要服务的半导体设备（来源：网络信息整理）

零部件	主要服务的半导体设备类型及工艺步骤
O-Ring密封圈	单晶炉、氧化炉、清洗机、等离子蚀刻设备、湿法蚀刻机、CVD、PVD、CMP
精密轴承	离子注入、PVD、RTP、WET
金属零部件	PVD
Valve阀	CVD、光刻、离子注入、PVD、RTP、WET、CMP
硅/SiC件（硅环、硅电极）	等离子刻蚀蚀设备
Robots	光刻、WET、TF、Etch、DIFF
石英件（电容石英、电解石英）	刻蚀、炉管
Filter	光刻、RTP、WET
射频电源	离子注入、PVD、CVD、刻蚀
陶瓷件	CVD、PVD、离子注入、刻蚀
ESC静电吸盘	等离子刻蚀设备、湿法蚀刻设备、CVD、PVD、ALD
压力Gauge	离子注入、WET
泵	WET、离子注入、PVD
MFC流量计	CVD、离子注入、RTP
步进马达	CVD、PVD、ETCH

和耐热性，极强的抗脱落性等，从而实现半导体制造中需要的可重复高性能，一致的质量和超纯的产品清洁度等高要求。

b.多学科交叉融合，对复合型技术人才要求高。

半导体零部件种类多，覆盖范围广，产业链条长，其研发设计、制造和应用涉及材料、机械、物理、电子、精密仪器等跨学科、多学科的交叉融合。因此对于复合型人才有很大需求。

以半导体制造中用于固定晶圆的静电吸盘为例，其本身是以氧化铝陶瓷或氮化铝陶瓷作为主体材料，但同时还需加入其他导电物质使得其总体电阻率满足功能性要求，这就需要对陶瓷材料的导热性、耐磨性及硬度指标非常了解，才能得到满足半导体制造技术指标的基础原材料；其次陶瓷内部有机加工构造精度要求高，陶瓷层和金属底座结合要满足均匀性和高强度的要求，因此对于静电吸盘的结构设计和加工，需要精密机加工方面的技能和知识；而静电吸盘表面处理后要达到0.01微米左右的涂层，同时要耐高温，耐磨，使用寿命大于三年以上，因此，对表面处理技术的掌握与应用的要求也比较高。由此可见，复合型、交叉型技术人才是半导体零部件产业的基础保障。

c.碎片化特征明显，国际领军企业以跨行业多产品线发展和并购策略为主。

相比半导体设备市场，半导体零部件市场更细分，碎片化特征明显，单一产品的市场空间很小，同时技术门槛又高，因此少有纯粹的半导体零部件公司。

国际领军的半导体零部件企业通常以跨行业多产品线发展策略为主，半导体零部件往往只是这些大型零部件厂商的其中一块业务。例如MKS仪器公司，在气体压力计/反应器、射频/直流电源、真空产品、机械手臂等产品线均占据主要市场份额，除了半导体行业的应用，还广泛地应用于工业制造，生命与健康科学等领域。

而不断地进行并购和整合也是国际领军半导体零部件企业用来壮大规模的主要手段，例如国际领先的工业设备公司Atlas（阿特拉斯科普柯，瑞典）为持续做大其半导体真空泵业务，继2014年收购Edwards后，又于2016年收购了另一家真空技术领域的领导者德国leybold（莱宝），并于2017年单独设立真空技术部门，2019年7月Atlas又再次收购了Brooks（布鲁克斯）的低温业务，此次收购包括低温泵运营公司，以及Brooks在爱发科低温真空（Ulvac Cryogenics）有限公司50%的股份，进一步增强了其半导体领域真空业务的全球竞争力。

半导体零部件市场规模和发展格局

（1）全球半导体零部件市场规模及格局

全球半导体零部件市场按照服务对象不同，主要包括两部分构成。一是全球半导体设备厂商定制生产或采购的零部件市场。根据VLSI提供的数据，2020年半导体设备的子系统市场销售规模接近100亿美元，其中维修+支持服务占46%，零部件产品销售占32%及替换+升级占22%。

二是全球半导体制造厂直接采购的作为耗材或者备件的零部件及相关服务。根据芯谋数据，2020年，中国大陆8寸和12寸晶圆线前道设备零部件采购金额超过10亿美元。我国制造产能占全球的比例在12~15%左右，考虑到先进工艺带来的高附加值零部件采购需求，全球8寸和12寸晶圆线前道设备零部件采购金额至少有100亿美元以上。因此叠加两部分零部件销售市场，可以看出全球半导体零部件市场在200~250亿美元甚至更大的规模。

半导体零部件产业现状及发展（二）

（上接第221页）

04 对我国发展半导体零部件产业的建议

（1）重视顶层设计，引导产业发展

半导体零部件领域，属于长期对美日等先进国家依赖严重的重点"卡脖子"环节，需要更加注重顶层设计。建议通过制定半导体零部件产业发展专项规划、计划或路线图，确定产业发展的长期战略框架，并在不同时期根据国内外发展状况制定适宜的政策和规划从而有序引导产业发展，也引起全社会尤其是市场化资本对半导体零部件产业的重视。

（2）设立产业专项，激发创新活力

要实现半导体零部件产业的快速发展和繁荣，最根本的是要增强自主创新能力，目前我国在半导体零部件领域仅靠横仿和跟踪的技术之路，只有通过自主创新才能实现超越。建议在国家科技计划中单独设立半导体零部件产业专项，联合国内半导体零部件龙头企业，筹建国家级的零部件技术创新平台或者研究院，聚集优势力量瞄准突破口和主攻方向，坚持自主创新研发，着力攻克一批工业基础件的关键核心技术，建立起以企业为主体，产学研用相结合的技术创新体系，从国家层面引导半导体零部件领域前沿技术、基础性技术、关键共性技术的研发。

（3）补足政策缺口，加强投资引导

半导体零部件行业是一个市场竞争充分的行业，国内零部件企业的规模小、数量多、产品利润薄，新产品新技术的研发投入无法与国际大企业相比。在当前的国际地缘政治背景情况下，需要政府实施相关专项政策加以引导和扶持。鼓励国内各类产业基金和社会化资本，积极投向半导体零部件企业，通过资本市场助力国内半导体零部件企业发展。

（4）加大人才引培，强化人才供给

全面加强对半导体零部件相关领域的工程型、科研型、以及复合型人才的培养和引进。鼓励大型科研机构建立半导体零部件方向的研究生教育和博士后工作站。倡导企业、学校与科研院所联合开展职业教育和在职培训，积极推广校企合作共同培养技能人才的模式，通过校企间开展订单式单客的集中培训、定向培养或委托培训的方式，大量培养半导体零部件的技能人才，加强人才供给。采取多种方式积极引进海外工程科技领军及紧缺人才，鼓励地方政府出台面向半导体零部件领域核心技术骨干和领军企业家的人才政策，不断完善人才激励机制，激发产业发展活力。

（5）推进机件联动，保障供应

推动半导体基础供应链"机件联动"，彻底扭转零部件产品与设备、制造业脱节的局面，鼓励国内晶圆厂和设备厂切实发挥大生产线组织协调的作用，协调本土零部件厂商通过揭榜挂帅、赛马、定向攻关等多种方式加强产业链的合作，实现主机与基础件的协调发展。

（全文完）

半导体零部件市场规模和发展格局

（下转第230页）

半导体零部件主要分类和主要特点(二)

（上接第 229 页）

尽管半导体零部件市场总体规模仅为到全球半导体接近 5000 亿美元市场规模的不足 5%，但零部件的价值通常是自身价格的几十倍，具有很强的产业辐射能力和影响力。另外，半导体零部件关键技术反映一个国家工业和半导体设备的技术水平，具有十分重要的战略地位，其技术进步是影响到下游数字经济和信息应用行业技术创新的先决条件。

根据 VLSI 的数据，2020 年全球半导体零部件领军供应商前 10 中(见表 2-1)，包括有蔡司 ZEISS(光学镜头)，MKS 仪器(MFC、射频电源、真空产品)，英国爱德华 Edwards(真空泵)，Advanced Energy(射频电源)，Horiba(MFC)，VAT(真空阀件)，Ichor (模块化气体输送系统以及其他组件)，Ultra Clean Tech(密封系统)，ASML(光学零件)及 EBARA(干泵)。

根据图 2-1 中 VLSI 数据，近 10 年里，前十大供应商的市场份额总的趋于稳定在 50% 左右。但由于半导体零部件对精度和品质的严格要求，就单一半导体零部件而言，全球也仅有少数几家供应商可以提供产品，这也导致了尽管半导体零部件全行业集中度仅有 50% 左右，但细分品类的集中度往往在 80%~90% 以上，垄断效应比较明显。例如在静电吸盘领域，基本由美国和日本半导体企业主导(见表 2-2)，市场份额占 95% 以上，主要有美国 AMAT(应用材料)、美国 LAM(泛林集团)，以及日本企业 Shinko(新光电气)、TOTO、NTK 等。

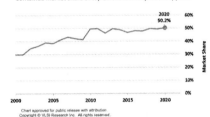

图 2-1 全球前十大半导体零部件厂商市场份额占比稳定在 50% 左右 (来源：VLSI)

(2)我国半导体零部件市场规模及格局

目前我国半导体零部件产业尚处于起步期，整体规模较小。根据芯谋数据，2020 年，中国本土晶圆制造厂商(主要包括中芯国际、华虹集团、华润微电子、长江存储等)采购 8 寸和 12 寸前道设备零部件金额约为 4.3 亿美元。但由于我国本土晶圆制造产能扩充较快，因此预计半导体零部件需求将持续旺盛，按照现有本土晶圆制造产能计划，到 2023 年将有50% 新增产能。按照设备、产线同时有零部件的采购需求来测算，预计国内半导体零部件市场规模在 2023 年将超过 80 亿元，到 2025 年有望超过 120 亿元。

尽管国内半导体零部件市场规模快速增长，但目前我国本土零部件企业的技术能力、工艺水平、产品精度和可靠性远远无法满足国内设备和晶圆制造厂商的需求，整体国产化率还处于较低的水准。一般而言，对于采用定制化设计生产的精密机加件，我国国产化率相对较高。

因为国产半导体设备在起步阶段，为了尽快实现量产追赶先进水平，往往采用自行设计，然后让国外(主要是日本，少量韩国)加工商加工的模式。由于半导体设备精密机加件的原材料、加工方式、表面处理方式以及清洗包装都有特别的要求，国内加工商一时无法满足，另外还因为日本加工技术供应商有着比较丰富的同类型零件加工经验，在加工过程中可以发现一些设计中的失误并且进行调整。

后来随着国内市场逐渐扩大，国内少量半导体设备厂商为了降低成本和保障供应链安全，开始逐步培育国内其他行业的加工商开始投身半导体设备精密零部件加工。因此在设备商主导的精密机加件领域，国内零部件厂进步较快。但对于更加标准化，高度依赖市场竞争的通用外购件来说，国产化率普遍很低。主要原因在于这些通用外购件的设计和生产要求很高，国产产品即使样件能够达到同等水平，但在保证量产的稳定性方面还需要努力。同时由于国内设备企业在国产化上也刚刚取得进展，因此在通用型零部件的采购上还比较被动，主要以国内成熟产品为主，不愿意贸然尝试国产新制造产品。

上述这些导致我国在半导体零部件核心产品上仍然无法做到"自主可控"的主要原因。据国内主流代工厂数据，目前全年日常运营过程中领用的零部件(包括维保更换和失效更换的零部件)达到 2000 种以上，但国产占有率为 8% 左右。美国和日本占有率分别为 59.7% 和 26.7%。

实际上，高端零部件市场主要被美国、日本、欧洲供应商占有；中低端零部件市场主要被韩国、中国台湾供应商占据。静电吸盘是晶圆制造厂的关键非消耗零部件，单价高达数万甚至数十万美元，目前还国内没有一家企业能做出相关的成熟产品，就连静电吸盘所用的氮化铝陶瓷原material材料也远达不到要求的技术指标，对外的依赖度达 99% 以上。

另外尽管我国真空泵产业规模已经接近 2000 亿元，但是在半导体用干式真空泵方面仍然需要进口 Edwards 等企业的高端产品。不过近年来随着我国半导体产业新建产能及扩产速度加快，叠加新冠疫情造成物流运输服务受阻导致国外零部件交期不断延迟，为我国一些具有高成长潜力的国内半导体零部件企业带来加快进行国产替代的机会。例如江丰电子的 ShowerHead 和腔体加工业务、科百特的过滤件业务、通嘉宏瑞的干式真空泵业务等。表 2-3 总结了我国在不同半导体零部件领域的一些企业。

半导体零部件国产化面临的主要问题

(1)对零部件缺乏重视，产业支持政策失位

半导体零部件产业规模总量在数十亿规模，相比半导体核心产业链环节而言量较小，产品品种规格繁多，龙头企业少，产业集中度低，存在的技术问题分散，因而长期以来得不到足够重视。

我国从 2014 年开始就将推进半导体产业发展上升至国家战略，随后至少有超过 30 个地方政府出台了促进半导体产业发展的支持政策，但无论是国家层面还是地方层面，政策更多的聚集在设计，制造测试，设备材料等环节，鲜少覆盖到半导体零部件产业。

在资金方面，零部件企业更是鲜少获得资本垂青。国家集成电路产业投资基金目前在半导体零部件领域的投资数量比例较小，投资金额不足亿元。截止到 2020 年底，以半导体零部件为主业的零部件上市公司总市值(不足 300 亿元)仅占全部半导体产业链企业总市值的 1%(超过 3 万亿元)。

(2)创新能力较为落后，核心技术差距明显

从零部件行业长期未收到重视，只能粗放式成长，因此大部分国内零部件企业进入半导体行业主要以提供维修及更换服务、清洗服务为主，整体研发投入力度不够，创新能力较为落后，长期停留在中低端生产标准和复制国外产品的水平，核心技术差距明显。

据国内某半导体零部件上市公司招股书披露，其全部研发人员数量仅有 15 人，2016 年到 2018 年研发投入不到 2000 万元，年均研发投入强度不足 5%。此外我国半导体零部件产业的创新能力不足还体现在行业标准体系不健全、基础工艺研究投入严重不足，工艺技术获取渠道不畅，科研与生产实际结合不紧密等诸多问题，制约了半导体零部件产品的结构设计技术、可靠性技术、制造工艺与流程、基础材料性能研究的创新发展。

（下转第 231 页）

表 2-1 全球前十大半导体零部件厂商排名 (来源：各公司年报、网络信息整理)

企业名称	所在国家	主要产品	半导体/泛半导体零部件收入规模(亿美元)
蔡司 ZEISS	德国	光学镜头	21.2
MKS 仪器	美国	MFC、射频电源、真空产品	14
爱德华 Edwards	英国 (2014 年加入瑞典 Atlas 集团，Atlas2018 年收购 Brooks 半导体低温业务)	真空泵	~13.8
Advanced Energy	美国	射频电源	6.12
Horiba	日本	MFC	4.94
VAT	瑞士	真空阀件	~4.3
Ichor	美国	模块化气体输送系统以及其他组件	~3.8
Ultra Clean Tech	美国	真空阀件	~3.5
ASML	荷兰	光学部件及光刻机组件服务	~3
EBARA 荏原	日本	干式真空泵	~3
合计	/	/	~75-80 亿美元

表 2-2 主要零部件产品的全球领先企业名单 (来源：江丰电子、网络信息整理)

零部件	国际领先企业
O-Ring 密封圈	Dupont、Greene Tweed
精密轴承(陶瓷)	Fala、Kaydon
压力计	MKS、Inficon
ESC 静电吸盘	Shinko (新光电气)、TOTO、NGK
射频电源	AE、MKS
真空泵(干泵、分子泵、冷泵)	Edwards、Ebara (荏原)、Pfeiffer Vacuum (普发)、Kashiyama (坚山工业)、Brooks、Sumitomo
石英件	Wonik、Ferrotec
陶瓷件	Kyocera、CoorsTek
残余气体分析仪 RGA	Inficon、MKS
制冷机 Chiller	SMC、ATS
MFC 气体流量计	Horiba、Brooks
Robot 机械手臂	Brooks、MKS
EFEM 传输系统	Brooks、Rorze
ShowerHead 气体喷淋头	AMSEA、UMS

表 2-3. 国内主要半导体零部件企业 (来源：网络信息整理)

零部件	国内企业
密封件	深圳畅扬、沸点密封、苏州复芯
压力计	上海振太
ESC 静电吸盘	君原电子、新纳陶瓷、华卓精科、海拓创新
射频电源	恒运昌、神州半导体
真空泵(分子泵、冷泵、干泵)	汉钟精机、通嘉宏瑞、中科科仪、上海协微
石英件	凯德石英、上海强华、菲利华、宁波云德
陶瓷件	苏州珂玛、卡瓦尼、河南东微电子
阀件	晶盛机电、中科艾尔、靖江佳钛
MFC 气体流量计	北方华创、万业企业 (Comparts)
Robot 机械手臂	沈阳新松
EFEM 传输系统	果纳半导体、锐沃机器人、华卓精科
ShowerHead 气体喷淋头	江丰电子、靖江先峰
硅/SiC 结构件 (电极、硅环)	神工股份、新美光半导体、亦盛精密
Chiller 温控设备	北京京仪自动化
过滤件	科百特、杭州帝凡、大立过滤

表 2-4 国内主要半导体零部件技术难点 (来源：中芯国际、江丰电子、网络信息整理)

种类	技术难点
硅/碳化硅件	原材料、加工工艺和精度均存在难点
石英件	纯度、加工精度存在难点 杂质含量、原材料匹配性、表面颗粒质量、应力质量、加工精度都是关键因素
陶瓷件	难点在 ESC 静电吸盘
真空件	真空泵：气体动力学设计、材料、微米级精密加工，表面处理、精密装配 真空泵：测量工艺真空、压力测量的要求高，型号多样 高真空压力计：测量超高真空工艺环境压力，形制特殊 气体流量计 (MFC)：要求响应速度快，精确度高，稳定性好，耐腐蚀性好，使用寿命长 真空阀件：材料等级高，耐磨抗腐蚀，不能有 particle
密封件	材料特殊：需要微观分子分析及各种掺杂 耐化性：需要应对各种腐蚀性气体及化学品，臭氧等离子体、耐高温，机械摩擦等；形状特殊，模具加工难度较大
金属件	难点集中在加工精度、分析检测、焊接及表面处理
过滤件	难点在制作耐腐蚀，高洁净的原始辅料
石墨件	石墨基材：参考标准为石墨级别 机械精加工 表面镀膜/微处理/纯化 关键工艺参数：表面最大颗粒度
运动部件	Robot：难点在加工精度 马达类：晶质风险
电控部件	RF 电源、电路板、电磁阀、控制器、种类多，产品杂，涉及功能各不相同；如正向开发需要数据结合使用功能
塑料件	缺少图纸、缺少精度数据、表面处理缺乏经验、多为非标准件、结构复杂

2021年 6月 6日 第 23 期
投稿邮箱：dzbnew@163.com

半导体零部件主要分类和主要特点（三）

（上接第230页）

（3）工匠人才供给不足，缺乏有效激励机制

目前我国半导体行业人才缺口达到数十万人，尽管近年来在半导体人才培养上我国出台了一系列支持措施，但大量的半导体人才培养主要聚焦在设计、制造、设备和材料环节，对半导体零部件等基础产业的人才培养仍缺乏重视，在基础学科的教育制度改革、专业设置、在职工程教育、技术资格认证等方面缺乏统筹规划和实施力度，零部件职业基础和从业技能课程安排严重不足，同时也缺乏对崇尚求精、求实、求新，精于设计、善于攻坚的工匠精神的引导。

此外半导体零部件行业面临严重的人才激励机制不到位问题。尽管目前国内半导体行业人员总体薪酬水平相比之前有大幅提升，但对于零部件企业所需的机械加工、精密仪器仪表、表面处理等行业，从业人员薪酬普遍大幅低于半导体行业平均水平。根据国内某半导体零部件企业招股书显示，其上市前仅15名研发人员，核心技术人员年薪仅7.5万，普通研发人员年薪仅3万。低薪酬水平导致半导体零部件企业人才流失严重，造成基础件产业后继乏人，陷入恶性循环。

（4）产业链各环节脱节，上线支撑能力不足

半导体零部件通过大规模生产线验证、实现规模化销售之前，需要经历严格复杂的验证程序，因此零部件厂商需要和下游设备，以及制造厂商有很高的协同合作。

目前国内半导体零部件上线验证程序复杂、过程漫长、制造厂商、设备厂商和国内半导体零部件厂商的配合度不高，欠缺有效沟通与互动，导致双方对彼此工艺参数与配套匹配性互不掌握，国产替代动力不足。再加上在长期的产品迭代过程中，已有的国外零部件厂商形成了大量的Know-How（技术诀窍）。

而国内厂商在后续模仿、试制过程中，通常只能做到形似，但缺乏经验和关键技术而在初期验证中就被淘汰，无法进入规模化应用。此外，国内半导体零部件厂商无法从原材料和生产设备等配套环节获得支撑，也影响到其产品的竞争力。

半导体零部件一般都是多品种、加工精度要求高的产品，对生产工艺的原材料及加工装备要求高并且价格昂贵。由于我国工业长长期形成的"重主机、轻配套"的思想影响，对零部件上下游配套领域的投入力度严重不足，导致我国在零部件的原材料和生产装备上就与国外拉开差距。例如目前半导体金属零部件常用的高精度加工中心，我国在加工精度、加工稳定性、几何灵活度等方面都落后于国外。

再比如高端金属零部件制造原材料铝合金金属、钨钼金属，以及石英件的上游原料高纯石英砂原料，基本被美国、日本公司垄断供应，垄断性原料供应使得下游材料商/加工商/用户限于被动。主流石英玻璃材料（管/棒/碇）基本也是来自于美国、德国、日本公司。

上游加工设备和原材料的不足导致长久以来我国大部分半导体零部件企业在低水平的状态下运行，原材料和工艺装备水平参差且不配套，不能保证产品质量的一致性，影响产品质量的提升。

（5）部分制造条件受限，影响向高端化升级

由于半导体制造过程经常处于高温、强腐蚀环境中，因此半导体零部件约有一半以上需做表面处理，以提升其耐腐蚀性。例如半导体刻蚀设备的等离子体刻蚀腔室处于高密度、高腐蚀、高活性等离子体环境中，腔室及其组件极易受到等离子体的腐蚀，为了延长这些组件的使用寿命，经常采用在铝基材料（铝与铝合金）表面进行阳极氧化，可以有效地降低等离子体对腔室及其铝基材料的腐蚀。

而我国日益严格的环保要求，对大部分表面处理技术如喷砂、熔射、电镀、阳极氧化等受控发展，这导致部分高端表面处理工艺，如微弧氧化、高端喷涂、Y2O3陶瓷涂层等，国内始终差距较大，也直接影响到零部件的性能和质量。阀件Valve、气体喷淋头Showerhead、陶瓷件Ceramic等零部件，虽然中国厂商可以按照图纸做成型，但因为无法解决材料和表面处理问题，发展受到基础的制约。此外，还有部分半导体零部件尖端技术受限于"禁运"影响，国内企业缺少图纸、缺少精度数据，无法向中高端技术演进跃升，如美MKS公司生产的低压真空阀，一直以来都要申请出口许可证方可购买。

对我国发展半导体零部件产业的建议

（1）重视顶层设计，引导产业发展

半导体零部件领域，属于长期对美日等先进国家依赖严重的重点"卡脖子"环节，需要更加注重顶层设计。建议通过制定半导体零部件产业发展专项规划、计划或路线图，确定产业发展的长期战略框架，并在不同时期根据国内外发展状况制定适宜的政策和规划从而有序引导产业发展，也引起全社会尤其是市场化资本对半导体零部件产业的重视。

（2）设立产业专项，激发创新活力

要实现半导体零部件产业的快速发展和繁荣，最根本的是要增强自主创新能力，目前我国在半导体零部件领域仅靠模仿和跟踪的技术之路，已经无法实现半导体供应链的全面保障，只有通过自主创新才能实现超越。尽管02专项中已经对一部分零部件企业进行支持，但仍然要进一步加大力度。建议国家科技计划中单独设立半导体零部件产业专项，联合国内半导体零部件龙头企业，筹建国家级的零部件技术创新平台或者研究院，聚集优势力量瞄准突破口和主攻方向，坚持自主创新研发，着力攻克一批工业基础件的关键核心技术，建立起以企业为主体、产学研用相结合的技术创新体系，从国家层面引导半导体零部件领域前沿技术、基础性技术、关键共性技术的研发。

（3）补足政策缺口，加强投资引导

半导体零部件行业是一个市场竞争充分的行业，国内零部件企业的规模小、数量多、产品利润薄，新产品新技术的研发投入无法与国际大企业相比，单纯靠市场竞争难以获胜。但在当前的国际地缘政治背景情况下，需要政府实施相关专项政策加以引导和扶持，帮助国内半导体零部件企业迅速壮大。

建议对国内半导体零部件企业自主开发完成的重大产品由国家财政和地方财政给予后补助和对自主设计产品知识产权的保护，将半导体零部件产品纳入政府首台套采购目录。鼓励国内各类产业基金和社会化资本，积极投向半导体零部件企业，通过资本市场助力国内半导体零部件企业发展。

（4）加大人才引培，强化人才供给

全面加强对半导体零部件相关领域的工程型、科研型、以及复合型人才的培养和引进。鼓励大型科研机构建立半导体零部件方向的研究生教育和博士后工作站，依托国家重大工程项目和重大科技项目培养半导体零部件工程科技领军人才。

倡导企业、学校及科研机构联合开展职业教育和在职培训，积极推广校企合作共同培养技能人才的模式，通过校企间开展订单教育、定向培养或委托培训的方式，大量培养半导体零部件的技能人才，加强人才供给。采取多种方式积极引进海外工程科技领军及紧缺人才，鼓励地方政府出台面向半导体零部件领域核心技术骨干和领军企业家的人才政策，不断完善人才激励机制，激发产业发展活力。

（5）推进机件联动，保障自主供应

推动半导体基础供应链"机件联动"，彻底扭转零部件产品与设备、制造业脱节的局面。通过政府引导，鼓励国内晶圆厂和设备厂切实发挥大生产线组织协调的作用，协同本土零部件厂商通过揭榜挂帅、赛马、定向攻关等多种方式加强产业链的合作，实现主机与基础件的协调发展。

支持由国家或地方政府主导投资的半导体制造或设备类工程项目，优先给予国产半导体零部件产品验证机会，并给予一定风险补贴。鼓励机械、电子、化工等领域的设备零部件厂商积极拓展并做大半导体业务，开发高端的产品满足半导体设备所需，进一步夯实和完善产品布局，提升国产零部件的自主供应能力。

（全文完）

超声波传感器芯片的两种应用

超声波传感想必大家已经很熟悉了，这种基于超声波的传感方式用途广泛，在生活中的很多领域都发挥着作用。超声波传感器就是根据超声波的一些特性制造出来的，内部的换能晶片受到电压的激励而发生振动产生超声波，然后完成对超声波的发射和接收。

超声波传感器的组成说起来也没有那么复杂，发送器和换能器构成发送部分，放大电路和换能器构成接收部分，然后结合控制部分与电源部分就能完成传感器大致的功能。在这些组成部分里，超声波的控制用高档单片机就可以实现。在声波发生器中单片机作为整个电路的主控芯片运行，配合D/A转换器和IGBT功率模块来实现脉宽调制。可以看到普通的单片机已经可以基本完成超声波控制。这只是基本实现了控制，可能对于某些高频电路要求而言，普通单片机的处理速度还是会有些慢。

MSP430系列集成式解决方案

普通的MCU既然不能完全满足需求，那该怎么办呢？先看看TI的MSP430系列，MSP430系列专门针对超声波应用做了加强。MSP430系列MCU，特别是其中的MSP430FR604x和MSP430FR504x系列，给超声波传感提供了一种低成本的单芯片解决方案。这个系列具有集成式的波形捕获模拟引前端，易于使用且可灵活用于开发各种应用。其独特的波形捕获技术与高速ADC可以实现低功耗的高精度测量。

TI

以MSP430FR5043为例，该器件专为超声波水表、热量计和燃气表而设计。在整个针对超声波计量的工程里，都集成了超声波传感解决方案（USS_A）模块，可针对多种流速提供高精度测量。USS_A高集成度，需要的外部组件极少，因而有助于实现超低功耗计量并降低系统成本。

USS_A模块囊括了可编程脉冲发生器（PPG）和具有低阻抗输出驱动器的物理接口（PHY），尽可能做到最佳的传感器激励和准确的阻抗匹配效果，从而在零流量漂移（ZFD）方面达到最佳。

为了实现精确的信号采集，USS_A模块里还集成了可编程增益放大器（PGA）和高速12位8Msps Σ-Δ ADC。在水为介质的环境中，该器件的差分飞行时间精度为±12.5ps，在500:1的宽动态范围内精度为±1%。在气体介质中，差分飞行时间精度为±250ps，同时可在流速高达12000升/小时的条件下实现±1%的精度，具有200:1的宽动态范围。

MSP430FR5043器件采用低功耗加速器（LEA），实现了基于高速ADC的信号采集以及后续优化数字信号处理，为电池供电型计量提供了一款超低功耗、高精度的计量解决方案应用。这种整体功耗超低MSP系统架构，能使整个超声波传感器系统降低能耗的同时提升性能。

ADI专项分立式解决方案

ADI没有像TI那样做针对超声波应用的整个控制器功能集成，采用的是分立式的解决方案。虽然不是打包成一块芯片，但是针对每一项应用，每颗器件可谓功能强大。

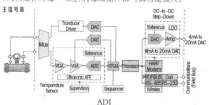

ADI

从发射端，ADI就给出了基于AD9106的四通道方案。通过这款四通道，180MSPS的12位任意波形发生器，精确控制发射信号与来增强流量计性能，同时配置还可以节省大量流量计空间。

在接收前端上，AFE选用了高集成的八通道AD9670，可以大幅提升性能。VGA上则有着AD3388和AD8332两个选项。第一个能提供最高的动态范围，第二个可以做到最低的噪声。可以根据实际需求的情选择。

DAC上则选取了AD5681R这款单通道的12位精密DAC，该DAC集成了基准电压，是一个不错的小尺寸方案。温度传感器选取了常见的全集成式数字温度传感器，既简单又精确，用于温度补偿再合适不过。

处理器使用了400MHz的ADS9-BF70x，该DSP自带1MB的SRAM，片内还内置了加密加速器，是一款支持多种工业接口的处理器。给出这种方案还有一种考量应该是看中了该款DSP 400MHz时小于100mW的功耗，从传感器内部开始降低功耗并降低流量计的自热。

从这些分立的器件搭配上不难看出ADI对于超声波应用很看重低功耗，同时对空间的严格把控也可见一斑。在每一个器件的选取上不仅考虑到了高精度，还都尽可能在尺寸上做减法。

小结

不论是全集成式的芯片解决方案还是分立式的方案，都尽可能往低功耗和低成本在做。ADI虽然没有将这些分立器件整合成SoC，但从方案中尽可能减小尺寸的做法也能看到超声波传感芯片小型化的发展方向。

基于 FPGA 的数字电路实验 8：PWM 脉宽调制

今天终于要谈到脉冲宽度调制技术了。我们还是先从脉冲宽度调制的基础说起。脉冲宽度调制，英文缩写为：PWM (Pulse Width Modulation)，是通过数字信号实现对模拟电路控制的一种非常有效的技术，常被广泛应用于测量、通信、功率控制与变换等众多领域。

那么 PWM 是如何工作的？我们知道，数字电路只能产生高电平(1)或低电平(0)，在小脚丫上也就意味着 3.3V 和 0V。那么如果我们的应用恰好在这之间怎么办？比如，将 3.3V 直接连到 LED 上会导致 LED 灯很亮，如何将 LED 灯调暗呢？当然，最简单的办法就是直接串联一个限流电阻，但这样一来，限流电阻就需要不断产生功耗，而这个功耗实际上是完全浪费掉的。

无非就是调节 LED 的亮度而已，难道就没有其他更好的办法了吗？当然有，PWM 就可以轻松实现。在进一步探讨点亮 LED 之前，我们先通过图 1 了解一些基本的参数：

图 1 中，脉冲信号的周期为 T，高电平宽度为 t。如果我们将 t/T 定义为占空比，占空比就是 2/3，因为高电平的宽度占了整个周期的 2/3。在图 1 中我们还可以看到一条虚线，画在了脉冲高度 2/3 的位置。这条虚线实际上就对应着最终的有效值。那么如何在 FPGA 上生成 PWM 信号呢？

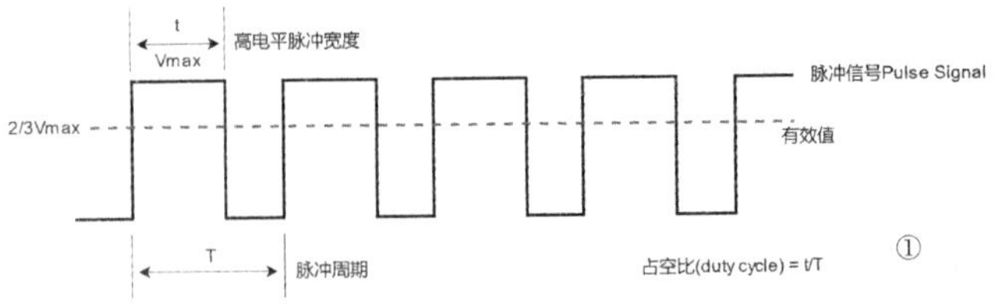

请看图 2。假如我们有一个锯齿波，然后在锯齿波上设置一个阈值(黑色水平虚线)，凡是大于该阈值时输出均为高电平，反之则为低电平，这样我们是不是就得到一个 PWM 信号呢？如果我们想调整它的占空比，那么调节阈值的高低就可以了。在本例中，阈值线越低占空比越高。

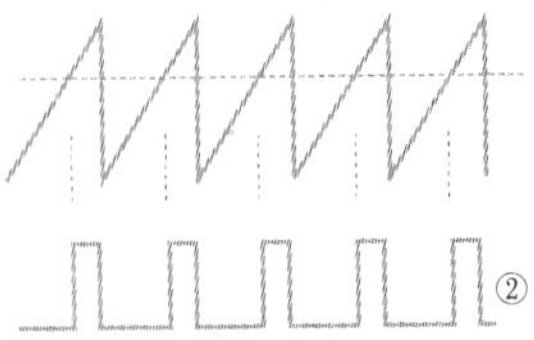

如果把上面的描述再抽象化一下，就可以画出图 3 的模块框图。锯齿波实际上就可以用计数器生成，阈值就是一个数值而已，比较器是用来生成最后输出高低电平的。

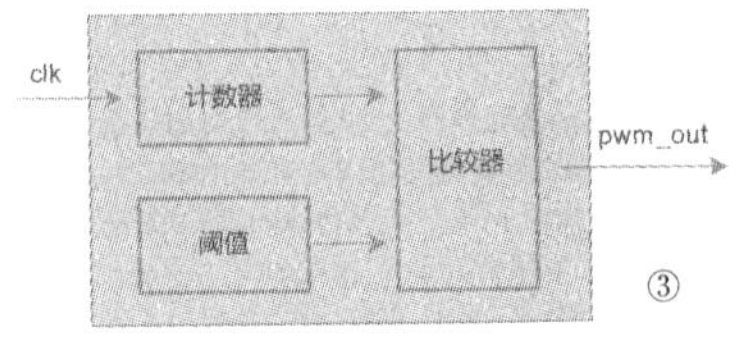

有了设计思路之后，我们来看一下最终代码(图4)：

在代码中，我们设置的计数器位宽是 8 位，也就是每 128 次后自动重新计数。所以，该计数器的最大

频率也就是 12MHz/128=93.75KHz。图 3 中可以看出，PWM 信号的频率和计数器的频率相同，因此也是 93.78KHz。

试想一下，LED 现在正以超过每秒 9 万次的速度闪烁，肉眼是完全分辨不出来的。那么闪烁过程中，亮/灭的比值越大，LED 的视觉发光效果就越强，反之则越弱。我们最后将上述程序导入小脚丫中，并通过调节阈值来观察小脚丫上的 LED 发光强度的变化。

图①（波形图）高电平脉冲宽度 t，Vmax，2/3Vmax，脉冲周期 T，脉冲信号Pulse Signal，有效值，占空比(duty cycle) = t/T

图③（框图）clk → 计数器、阈值 → 比较器 → pwm_out

```
module pwm (PWM_out, clk, reset);
input clk, reset;
output reg PWM_out;
wire [7:0] counter_out;     //计数器的 8 位宽度储存，可以最多数 128 次时钟的嘀嗒

parameter PWM_ontime = 32;  //阈值设在 32，对应 25%的占空比

always @ (posedge clk) begin     //比较器
  if (PWM_ontime > counter_out)
    PWM_out <= 0;
  else
    PWM_out <= 1;
end

counter counter_inst(     //调用计数器
  .clk (clk),
  .counter_out (counter_out),
  .reset(reset)
);

endmodule

module counter(counter_out,clk,reset);  //计数器模块代码
output [7:0] counter_out;
input clk, reset;
reg [7:0] counter_out;
always @(posedge clk)
  if (reset)              //如果没有按 reset，则计数器清零
    counter_out <= 8'b0;
  else                    //如果按下 reset，则计数器开始计数
    counter_out <= counter_out + 1;
endmodule                              ④
```

爱立信 5G 专网提供安全的现场网络连接

爱立信 5G 专网提供安全、简捷的 4G LTE 和 5G 独立组网(SA)连接。这款产品的主要客户包括但不限于制造业、采矿业和过程工业、海上和电力设施以及港口和机场。

据介绍，爱立信 5G 专网通过云端网络管理来优化和简化业务运营，将敏感数据保留在本地，实现零停机升级并通过服务等级协议(SLAs)保障高性能。该网络可在几个小时内被轻松安装在任何设施上，并且可以根据需要扩展到更广的覆盖区域、更多的设备和更高的容量。同时这款产品的设计十分灵活，可以根据要求支持多种部署规模以满足不同的需求。企业可以通过一个开放的 API 管理其网络并与 IT/OT 系统集成。

爱立信 5G 专网以爱立信 4G/5G 无线系统和双模核心网技术为基础，能够实现各种室内和室外环境用例，同时与业务运营、设备和应用良好整合。因此，企业可以提高生产力、为客户创造更多价值并为员工提供更好的工作环境。创新用例包括提高仓库生产力的资产追踪和实时自动化以及有助于优化制造运营的数字孪生。此外，还可以通过增强现实技术或智能监控无人机进行高效的质量检测，提高对工人的安全保障，尤其是在港口和矿山等有潜在危险的环境中。

(爱立信中国)

电子科技博物馆专栏

编前语：或许，当我们使用电子产品时，都没有人记得或知道老一批电子科技工作者们是经过了怎样的努力才奠定了当今时代的小型甚至微型的诸多电子产品及家电；或许，当我们拿起手机上网、看新闻、打游戏、发微信朋友圈时，也没有人记得是乔布斯等人让手机体积变小、功能变强大；或许，有一天我们的子孙后代只知道电子科技的进步而遗忘了老一辈电子科技工作者的艰辛……

成都电子科技博物馆旨在以电子发展历史上有代表性的物品为载体，记录推动电子科技发展特别是中国电子科技发展的重要人物和事件。电子科技博物馆的快速发展，得益于广大校友的关心、支持、鼓励与贡献。据统计，目前已有河南校友会、北京校友会、深圳校友会、绵德广校友会和上海校友会等13家地区校友会向电子科技博物馆捐赠具有全国意义(标志某一领域特征)的藏品 400 余件，通过广大校友提供的线索征集藏品 1 万余件，丰富了藏品数量，为建设新馆奠定了基础。

博物馆传真

电子科技博物馆又添电气系统、精密测试设备两件藏品

近日，深圳贝腾科技有限公司、长园科技集团有限公司分别向电子科技博物馆捐赠电气系统、精密测试设备等共计两件藏品。

贝腾科技有限公司董事长郭应辉介绍贝腾科技是一家专业从事压缩空气干燥净化设备的研发、制造和销售服务的国家级高新技术企业。自2006年成立以来，研发了一系列高新技术产品，已获八十五项国内外专利，填补了该领域国内技术的空白。郭应辉董事长表示此次捐赠的藏品——模芯吸附干燥机(新型)与电子科技博物馆有着高度的吻合性。深圳校友会会长张家同学同详细介绍了空气干燥压缩技术，也表示该藏品进入博物馆后可以让更多的人看到空气干燥压缩技术，这样国内的"气"是有意义的，也有利于"气"的崛起。

此外，长园科技

集团股份有限公司此次捐赠的藏品是一台完整的电脑主机板的测试设备，可以同时测试4块电脑主机板。此款设备轻薄，集成程度高，可以在15分钟内对2000+测试项进行测试。据介绍，长园科技集团目前主要集中于工业自动化与电力系统自动化两个方面。另外，长园科技集团的智能测试系统颠覆行业，使测试系统的成本变成之前的1/4。

(电子科技博物馆)

电子科技博物馆"我与电子科技或产品"

本栏目欢迎您讲述电子科技产品故事、科技人物故事，稿件一旦采用，稿费从优，且将在电子科技博物馆官网发布。欢迎积极赐稿！

电子科技博物馆藏品持续征集：实物；文件、书籍与资料；图像照片、影音资料。包括但不限于下列领域：各类通信设备及其系统；各类雷达、天线设备及系统；各类电子元器件、材料及相关设备；各类电子测量仪器；各类广播电视、设备及系统；各类计算机、软件及系统等。

电子科技博物馆开放时间：每周一至周五 9:00-17:00，16:30 停止入馆。

联系方式

联系人：任老师 联系电话/传真：028-61831002

电子邮箱：bwg@uestc.edu.cn   网址：http://www.museum.uestc.edu.cn/

地址：(611731)成都市高新区(西区)西源大道 2006 号 电子科技大学清水河校区图书馆报告厅附楼

创维 65Q8 液晶电视无图像故障维修经历(一)

故障现象：一台创维 65Q8 液晶电视，按机器背面开机键后，电源指示灯能点亮为白色，液晶屏背光也能点亮，但是液晶屏黑屏，不显示图像。

维修过程：先测量主板上 5V、3.3V、1.8V、1.5V、1.2V 供电电压基本正常，再测量逻辑板测试点上也均有电压。测量过逻辑板后，在移动电视机机身时，液晶屏暂时出现了图像，故怀疑主板至逻辑板排线接触不良。用酒精清洗排线后，液晶屏还是只能偶尔出现图像。

在电脑上查看维修论坛的相关帖子，有帖子介绍，创维 65Q8 液晶电视偶尔黑屏故障可以通过重刷机器固件修复。于是在淘宝购买了创维 65Q8 的升级固件，卖家提供的固件压缩包名称为："8H91_Q8_V017.001.109_16G_5.5.zip"。

根据卖家提供的升级方法，按电源键十几秒钟，但是机器的电源指示灯一直没有升级指示，机器也无法升级固件。由于用酒精清洗排线后，液晶屏曾经能偶尔出现图像，怀疑排线与板子仍有接触不良。故用特细万用表笔测量逻辑板与排线各个针脚之间是否导通，果真发现有 2 个信号针脚不通。观察排线插头，排线上这 2 个针脚的铜箔有凹陷。由于排线插头两端定位塑料厚度限制了插头与逻辑板插座触点之间的接触距离，应急把插头两端定位塑料用电烙铁烫平，并在插头铜箔触点的背面贴上几层不干胶以增加插头与插座接触力。插好排线后，机器显示恢复正常。

至此，原本机器应该没有问题了，但是出于好奇：也许升级一下固件可以使得机器更稳定。决定升级一下卖家提供的固件，把该固件拷贝在 U 盘根目录下，插入电视机插口，按开机键几秒钟，顺利进入升级界面（如图 1 所示），按遥控器确认，等进度条走完，机器黑屏了。由于一般机器刷后重新启动要几分钟，所以耐心等待，但是过了半小时机器还没有动静，用遥控器能点亮电源指示灯，也能关闭电源指示灯，屏幕一直黑屏。

①

分析电视机黑屏可能有 2 个原因：1. 应急处理的排线插头和逻辑板插座触点之间又接触不良了；2.固件升级失败。在网上买了好的排线和逻辑板，安装到电视机上并确认接触良好后试机，但是故障未变。看来，的确是升级失败。

在网上找到创维 65Q8 液晶电视固件升级包，固件压缩包名称为："8H91_Q8_V017.005.110_9_16G_5.8.zip"。升级方法：断电或待机状态下，按住电视机键控板的电源键开机，再按住 15 秒左右，正常情况下，系统会自动进入 Android 的 Recovery 升级菜单，此时用遥控器选择拷贝在 U 盘内的升级文件进行升级。但是按开机键几十秒，机器依旧黑屏，无法显示升级界面，故无法进行固件升级。

联系卖家，卖家又提供了"8H91-Q8 系列主程序20170216"压缩包，里面有"本地升级程序"、"电脑烧写开机启动引导程序"2 个文件夹。"本地升级程序"文件夹里有："8H91_Q8_V017.001.170_9_16G_5.5.zip"固件升级包；"电脑烧写开机启动引导程序"文件夹里有"引导程序写入工具"子文件夹和"系统各分区镜像文件"子文件夹。"引导程序写入工具"子文件夹里有"HiTool-DPT-4.0.15.zip"程序和"jdk-7u51-windows-i586.exe"程序，"系统各分区镜像文件"子文件夹里有"8H91_Q8_V017.001.170_16G_netburn.zip"压缩包，将"HiTool-DPT-4.0.15.zip"程序以及

"8H91_Q8_V017.001.170_16G_netburn.zip"压缩包都解压在电脑硬盘上。

本机的主控芯片是华为海思 Hi3751V620，所以可以用海思工具软件 HiTool 来给主板的 eMMC 烧录电视机所需的运行程序。由于海思工具软件 HiTool 是 Java 语言应用程序，此工具软件需要安装 Java 的 jdk 环境。所以先在网上下载(Win XP 版本 32 位的)"jdk-7u80-windows-i586.exe"软件并安装，再将前面所述文件夹里的"HiTool-DPT-4.0.15.zip"程序解压到电脑硬盘，点击"HiTool.exe"即可运行，选择 HiBurn 功能进入烧写界面。

用 HiBurn 烧写时需要电脑与电视机的串口、网线口相连(如图 2 所示)，电脑网线口可以和电视机网线口用网线直连。

②

该电视机主板的串口和网线口位置如图 3 所示，电脑与电视机串口之间用 USB 转 TTL 的升级小板转接即可，笔者用的是便宜好用的 CH341A 升级小板。升级小板的 USB 端插在电脑 USB 端口，升级小板的 RXD 端与电视机主板串口的 TXD 端相连，升级小板的 TXD 端与电视机主板串口的 RXD 端相连，升级小板的地端与电视机主板地端相连，供电端不要接。

③

把升级小板插到电脑 USB 口上，电脑上提示发现新硬件，浏览 CH341A 升级小板附带软件的 CH341 并口驱动文件夹或 CH341 串口驱动文件夹，点击相应驱动进行安装。

安装好升级小板的串口驱动以及海思 Hitool 工具软件，就可以给电视机主板的 eMMC 烧录电视机所需的运行程序了。

有的资料介绍，如果按住电视机键控板的电源键再开机，按住 15 秒左右不能进入 Recovery 升级界面，可以烧写 fastboot、bootargs、recovery、kernel、panelparam 这五个分区。运行"HiTool.exe"，选择 HiBurn 功能烧录上述分区后，电视机还是不能进入 Recovery 升级界面，屏幕依旧黑屏无法显示。

还有资料介绍：如果 Recovery 菜单进不去，则需要用 HiTool 来将引导程序 fastboot-burn-emmc.bin 和 recovery.img 写到 eMMC 中，然后再用进入 Recovery 升级界面来升级。烧写时烧写如下分区文件：fastboot（引导程序）、bootargs（默认引导程序配置参数）、Recovery(android 标准升级界面)、Baseparam（系统平台一些基本配置参数）、Panelparam（屏参相关信息）、logo（系统第一个开机画面）、kernel(linux 系统内

核）、dtv(dtv 相关数据)、atv(atv 相关数据)，以上分区如果用烧写工具来烧写一定要一次写全，其他分区可以用 Recovery 升级方法重新写入。运行 HiBurn 烧录上述九个分区后，电视机还是不能进入 Recovery 升级界面，屏幕依旧黑屏无法显示。

烧录了九个分区，电视机还是故障不变，再选择已经解压到电脑硬盘的"系统各分区镜像文件"子文件夹里的"8H91_Q8_V017.001.170_16G_netburn.zip"，把全部分区都烧录到 eMMC 中，HiBurn 软件提示烧录成功，电视机还是故障依旧。由于电视机一直没有显示，怀疑屏参文件可能有问题，再次重新把全部分区都烧录到 eMMC 中，烧录的同时，也把屏参"8H91-65Q8 EEP 程序(7626-T6500L-Y11001)REL650WY-LD0-200"也烧录进去，但是故障不变。

由于 HiBurn 软件提示烧录是成功的，估计主板芯片硬件不一定损坏，可能软件有问题。于是用串口终端查看打印信息，到底是软件的问题，还是硬件的问题？笔者用的是 Tera Term 串口终端软件，不少读者用的是 Secure CRT 串口终端软件，虽然软件不同，但是能看打印信息都可以。

故障机器和屏幕显示有关的打印信息内容：

```
The DDR memory layout:
    page table: 0x0c000000 - 0x0c400000  4 MiB
        stack: 0x0c400000 - 0x0c800000  4 MiB
    global data: 0x0cbfffc4 - 0x0cc00000  60 Bytes
        malloc: 0x0cc00000 - 0x10c00000  64 MiB
        .text: 0x10c00000 - 0x10c91544  581.3 KiB
        data: 0x10c91544 - 0x10e31180  1.6 MiB
Medium panel index[39] is out of range[39]!
Medium panel index[39] is out of range[39]!
DISP_HAL_Get_PanelCfgPara  SyncInfo: Hact =
1920 Hfb=100 Hbb=180 Vact=1080 Vfb=10 Vbb=35
Medium panel index[39] is out of range[39]!
Medium panel index[39] is out of range[39]!
DISP_HAL_Get_PanelCfgPara  SyncInfo: Hact =
1920 Hfb=100 Hbb=180 Vact=1080 Vfb=10 Vbb=35
S5V620 not support LVDS!
u32PixelClk  =148500000,    HpllTargetClk  =0,
u32HpliCtrl0=0x0, u32HpllCtrl1=0x0
Set Disp 1 SyncInfo: V (10, 35, 1080) H (100, 180,
1920)
Medium panel index[39] is out of range[39]!
Medium panel index[39] is out of range[39]!
Medium panel index[39] is out of range[39]!
Medium panel index[39] is out of range[39]!
Medium panel index[39] is out of range[39]!
Medium panel index[39] is out of range[39]!
——————
——————
——————
[18.502233] [-92532896ERROR -HI_PANEL]:
HI_DRV_PANEL_SetLocalDimmingEnable[2067]:
    :HI_DRV_PANEL_SetLocalDimmingEnable:2067
[Info]:[-92532883 ERROR-
    HI_PANEL]:HI_DRV_PANEL_SetLocalDimmin-
gEnable[2067]:not support Ldm
================  Android Boot com-
pleted: (time: 18.15s)  ================
```

在启动时打印信息的含义：

DISP_HAL_Get_PanelCfgPara（屏幕配置参数）SyncInfo(同步信息)：Hact(水平有效区域)=1920，Hfb（水平消隐前肩）=100，Hbb（水平消隐后肩）=180，Vact（垂直有效区域)=1080，Vfb（垂直消隐前肩）=10，Vbb(垂直消隐后肩)=35

(未完待续)

◇浙江 方位

电工理论和实践知识比较生涩抽象难懂,个人电脑的普及和仿真软件的横空出世,使得电工专业知识的学习变得比较好学。利用仿真软件,在个人电脑上就可以克服实验室器件品种、规格和数量不足、仪器损坏的困难,可以通过验证型、测试型、设计型、纠错型和创新型等不同形式的训练,仿真验证抽象的理论、虚拟现场场景的状况,培养分析、应用和创新的能力。下面几款仿真软件可以帮助我们解决电工学习、设计中的一些难题。

一、Multisim软件

Multisim(如图1所示)是一款相当优秀的专业化SPICE仿真标准环境,它功能强悍,为用户提供了所见即所得的设计环境、互动式的仿真界面、动态显示元件,具有3D效果的仿真电路、虚拟仪表、分析功能与图形显示窗口。它的特殊功能有:

1. 用软件的方法虚拟电子与电工元器件、仪器和仪表,能虚拟仿真电路设计、电路功能测试。

2. 提供数千种电路元器件供实验选用,可以新建或扩充已有的元器件库,所用的元器件参数可以从生产厂商的产品使用手册中查到。

3. 提供实验用的仪器:万用表、函数信号发生器、双踪示波器、直流电源;提供特殊仪器:波特图仪、字信号发生器、逻辑分析仪、逻辑转换器、失真仪、频谱分析仪和网络分析仪等。

4. 能进行电路性能分析:交直流灵敏度分析、电路的噪声分析和失真分析、瞬态分析和稳态分析、时域和频域分析、器件的线性和非线性分析、离散傅里叶分析、电路零极点分析等。

5. 可以对电工学、模拟电路、数字电路、射频电路及微控制器和接口电路等进行设计、测试和演示。

6. 可以方便地对元器件设置各种故障,如开路、短路和不同程度的漏电等,从而观察不同故障情况下的电路工作状况。

7. 在进行仿真的同时,还可以存储测试点的所有数据,列出被仿真电路的所有元器件清单,以及存储测试仪器的工作状态、显示波形和具体数据,而且可以直接打印输出实验数据、测试参数、曲线和电路原理图等。

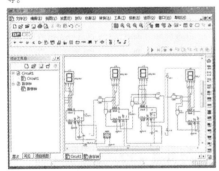

图1 Multisim软件

二、Electronic Workbench软件

Electronic Workbench(如图2所示)是加拿大Interactive Image公司推出的经典小巧的电子电路计算机辅助设计软件。它融合了原理图设计、系统模拟和仿真、虚拟仪器,组成了虚拟电子工作台;桌面上提供了万用表、示波器、信号发生器、扫频仪、逻辑分析仪、数字信号发生器、逻辑转换器等工具,拖曳即用;器件库中包含了许多大公司的晶体管元器件、集成电路和数字电路芯片,还可以由外部模块导入;可以迅速地将仿真结果显示在示波器、逻辑分析仪、扫频仪、万用表等测量仪器上;能方便地实时地修改电路参数、实时仿真。

图2 Electronic Workbench软件

三、科莱尔电工仿真教学软件

科莱尔电工仿真教学软件(如图3、4、5所示)是一款非常适合初级电工学习的小软件。该软件以flash动画的方式学习常用的电气控制电路,包含了电工电拖12个实训项目、电工照明12个实训项目。每个项目中都有元件介绍、布线原则、手动布线、自动布线等多种教程以及实训部分,既可以直观地让学习者储备理念知识,又有效地培养了连接线路及排故的能力。由于软件基于flash,所以使用前需要在电脑上先安装flash播放器。

图3 科莱尔电工仿真教学软件1

图4 科莱尔电工仿真教学软件2

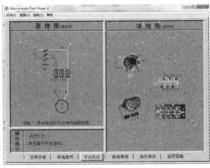

图5 科莱尔电工仿真教学软件3

四、电子技能与实训仿真教学系统

电子技能与实训仿真教学系统(如图6、7所示)是一款电子技能仿真教学系统,非常适合喜欢电子技术

的初学者。这款软件内容丰富,形式上有多媒体演示动画课件和自学型交互课件,视频部分在大型一流企业实景拍摄,所使用的设备与工艺流程皆为生产车间现在正在使用的生产技术。软件支持多媒体播放,让人能切身感受仪器的使用方法、注意事项,能够身临其境地感受到操作仪器的逼真效果。该软件操作简单,不需要什么电脑水平,使用软件学习就像看书一样。

图6 电子技能与实训仿真教学系统1

图7 电子技能与实训仿真教学系统2

五、电工技能与实训仿真教学系统

电工技能与实训仿真教学系统(如图8、9所示)是一款功能强大的电工仿真教学软件。该软件包含电工基本常识与操作、电工识图、电工仪表、低压电器、照明电路安装、电机与变压器、电动机控制等,图文并茂地讲解工作原理、使用注意事项、接线、常见故障、分析方法,由简到繁,通过直观、循序渐进的讲解,让初学者便捷地掌握电工知识。

图8 电工技能与实训仿真教学系统1

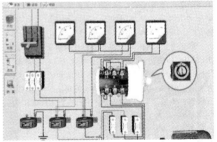

图9 电工技能与实训仿真教学系统2

(未完待续)

◇江苏省靖江中等专业学校 倪建宏

PLC 控制的继电器——接触器星三角降压单向起动电路(二)

(接上期本版)

步骤4,按规则编辑梯形图,这时要注意以下几点。①梯形图的各种符号,要以左母线为起点,右母线为终点(可允许省略右母线)从左向右分行绘出。每一行起始的触点群构成该行梯形图的"执行条件",与右母线连接的应是输出线圈,功能指令,不能是触点。一行写完,自上而下依次再写下一行。注意,触点不能接在线圈的右边;线圈也不能直接与左母线连接,必须通过触点连接。②触点应画在水平线上,不能画在垂直分支线上。应根据信号单向自左至右、自上而下流动的原则,线圈应在最右侧。③不包含触点的分支应放在垂直方向,不可水平方向设置,以便于识别触点的组合和对输出线圈的控制路径。④如果有几个电路块并联时,应将触点最多的支路块放在最上面。若有几个支路块串联时,应将并联支路多的尽量靠近左母线。⑤遇到不可编程的梯形图时,可根据信号流向对原梯形图重新编排,以便于正确进行编程。

图6按编程规则整理后的梯形图如图7所示。

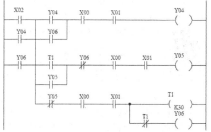

图7 按规则整理成的梯形图

按照上面的转换操作步骤,同样可以把电源供电接触器KM1先动作,绕组接线形式接触器KM3后动作的继电器-接触器控制电路转换成梯形图,如图8所示。

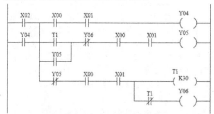

图8 接线形式接触器后动作梯形图

3. 梯形图录入

运行三菱编程软件FXGPWIN.EXE。在初始界面上新建一个PLC类型为"FX1S"的文件。逐行把图7所示梯形图录入,最后用"END"结束。录入完毕后点"转换"按钮进行转换,完成后的界面如图9所示。

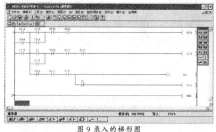

图9 录入的梯形图

4. 功能验证

将三菱PLC用编程电缆与电脑连接好,接通PLC电源。打开PLC面板上的小盖把开关向下拨到"停止"位置。在编程软件界面点"PLC"弹出下拉菜单,选中"端口设置",按编程电缆的端口设定好,点"确定"返回到编程界面。点"PLC"选"传送"→"写出",选"所有范围"后点"确定",软件下载梯形图后返回到编程界面。

(1)停止状态

在无过载停止状态,PLC输入点"X00"和"X01"的指示灯应点亮,否则应检查接线及热继电器和停止按钮SB1。输出接

图10 停止状态监控界面

触器应释放。若需要监控,则点"监控/测试"选"开始监控",停止状态的监控界面如图10所示。

(2)起动过程

当按下起动按钮SB2时,接触器KM3和KM1应吸合,电动机开始转动起动,此时监控界面如图11所示。约3秒种后,KM3释放,KM2吸合,进入正常运行的界面如图12所示。

(3)过载保护与停机

若在运行过程中出现过载保护动作,则PLC输入点"X00"的指示灯会熄灭,接触器KM1和KM2释放,电动机停转。

按下停止按钮SB1,接触器KM1和KM2应立即释放,电动机停转。

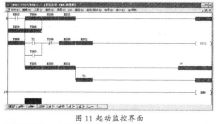

图11 起动监控界面

图12 正常运行监控界面

5. 指示灯的处理

原继电器-接触器控制电路中采用了3只指示灯分别指示停机、起动和运行3种状态。在PLC控制电路中虽然也可以用3只指示灯,但在图2中用了2只,其中一只为电源指示,另一只用来指示电动机的3种状态。电动机停止状态时指示灯HL2熄灭,起动过程中HL2闪烁,运行中HL2常亮。起动过程中是接触器KM3和KM1吸合、KM2释放,运行过程中是接触器KM1和KM2吸合、接触器KM3释放。闪烁功能选用了PLC的特殊辅助继电器M8013,指示灯的梯形图如图13所示。

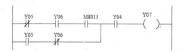

图13 状态指示灯梯形图

6. 点动/连续方式

点动运转方式就是在按下起动按钮时电动机转动,松开按钮电动机便停转。而连续方式时按下起动按钮后,即使松开起动按钮电动机也照样转动。从继电器-接触器控制电路中可以得知,只要断开接触器的自保电路就能做到点动功能。图9增加输入点X03点动和指示灯的梯形图如图14所示。

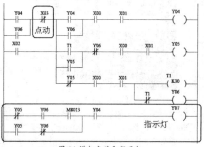

图14 增加点动和指示灯

7. 星形接触器动作监测

星形接触器动作监测就是只有在星形接触器动作吸合后才能切换到三角形的运行状态,否则不进行切换。在PLC控制原理图上增加一个输入点X04,梯形图如图15所示。

8. 新增功能验证

将增加的功能录入后的梯形图如图16所示。将增加部分线路接好,即点动/连续选择开关、接触器KM3辅助常开触头、指示灯、给PLC上电后把图16的梯形图写出到PLC中。

选择开关SA触头断开时是连续运转方式,按下起动按钮SB2→接触器KM3和KM1吸合电动机星形起动运转、指示灯HL2闪烁,3秒钟后接触器KM3释放→KM2吸合、指示灯HL2常亮,电动机进入三角形运行状态。不管按下与否松开按钮SB2,输出动作的接触器仍保持状态,起动过程中的

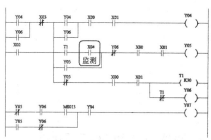

图15 星形接触器动作监测

图16 增加功能后的梯图

监控界面如图17所示。若接触器KM3辅助常开触头不闭合、即PLC输入点X04点指示灯不点亮,则电动机不能转入三角形接线的运行状态,此时的监控界面状态如图18所示。若有必要可再增加报警功能。

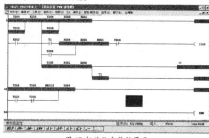

图17 起动状态监控界面

选择开关SA触头闭合时是点动运转方式,按下起动按钮SB2时→接触器KM3和KM1吸合电动机星形起动运转,指示灯HL2闪烁,3秒钟后接触器KM3释放→KM2吸合、指示灯HL2常亮,电动机进入三角形运行状态。不管在星形起动或或三角形运行状态,只要松开起动按钮SB2,输出接触器便释放。

为防止图18状态下可能出现的三角形直接起动,梯形图又增加了一个时间继电器T2及时释放接触器KM1。避免因KM3不动作可能出现的直接起动情况,改进后的梯形图如图19所示。

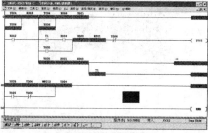

图18 KM3未动作的监控界面

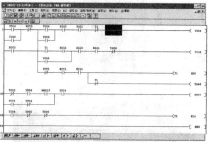

图19 改进梯形图

同样是增加功能,若是继电器-接触器控制电路需要增加若干电器外,还要更改控制电路的接线,是件费时费力又比较麻烦的事。而PLC控制电路不同,只要点数有预留,增加所需电器外主要是修改梯形图的工作量,比较轻松方便。

(全文完)

◇江苏 陈法 绪恺

基于古德微编程的双树莓派发报机实验设计(二)

(接上期本版)

(5)编写主程序"主题数据"发送的循环结构

在主程序中建立"重复当真…执行…"循环结构，作用是不断检测按钮按下和超声波传感器是否被有效触发，然后将对应的"主题数据"进行发送。

首先建立一个变量，命名为"超声波"，为其赋值为"超声波测距"，作用是获取超声波传感器检测的与前方"障碍物"间的距离；接着是一个"如果…执行…否则如果…执行…否则如果…执行…"三分支选择结构，第

一种绕制微型变压器的方法

喜欢自己动手制作的无线电爱好者，绕制变压器是很普通的事情。只需要准备好合适的木心，或者将线圈骨架安装在绕线机的转轴上，用夹板锁紧固定，即可开始绕制了。

但若要绕制微型变压器，功率才几个毫瓦的变压器，就比较麻烦了。工厂一般都有专门的夹具来固定、绕制。

以往，笔者也绕制过小型的变压器，比如晶体管收音机的输出、输入变压器，因为匝数不多，徒手绕制即可。这次不同，要绕制的变压器磁芯截面积是3X5平方毫米的E型铁氧体，匝数上千了，用线直径0.08毫米，骨架孔已经远远小于绕线机的转轴直径(10毫米左右)，根本就没法穿在绕线机的转轴上绕制。徒手绕制也不容易。

俗话说，情急生智。在我的杂物堆里找来了旧LED吸顶灯上拆下来的一枚强磁螺帽和一枚M3的螺栓(图1)；将螺栓从骨架针脚一头穿过线芯骨架，再与强磁螺帽旋紧(图2、图3)；最后，将强磁螺帽的有磁性片的一面吸附在绕线机转轴上，稍微调整一下中心就可以开始绕线了(图4)。详见附图。

提醒：绕线速度不能过快。如果绕制中，强磁螺帽偏移中心过多，可以用手调整一下再继续。

◇杜玉民

磁性螺帽　变压器线芯骨架　锁紧用螺栓 ①

螺栓　螺帽　骨架　安装组合 ②

强磁片 ③

绕线机转轴 ④

一个分支是检测连接在24号插孔的绿色按钮是否被按下——"获取'24'号按钮检测结果"，条件成立的话，则调用执行"按钮A"函数(LED灯闪烁、蜂鸣器发出"滴"声、变量"字符串值"追加数据"0")；然后是"向'luke008'发送主题'Morse'的数据'A'"模块语句，其中的"luke008"代表接收方树莓派的账号，该模块语句的作用是向接收方发送"Morse"主题，内容是"A"标志，意思是绿色按钮刚刚被按下。第二个分支基本类似，不同的是要检测红色的25号按钮，触发动作响应后调用执行"按钮B"函数；同样也是向"luke008"发送"Morse"主题，内容是"B"标志，表示红色按钮刚被按下。第三个分支的判断条件是变量"超声波"的值是否小于15(单位是cm)，条件成立则调用执行"超声波检测"函数，然后也是向"luke008"发送"Morse"主题，内容是"C"标志，表示一个字母发送结束。

注意：循环体最后要添加一条"等待0.3秒"的模块语句，一是有效"过滤"掉两个按钮在按下时的多余动作(一次按下只对应一个"0"或"1")，二是防止程序的循环结构运行过快，消耗了过多的系统资源而造成"死机"(如图7)。

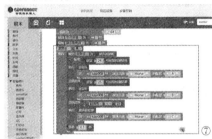

⑦

点击右上方的"保存"按钮，将程序保存为"发送方树莓派的古德微编程代码"。

4. 接收方树莓派的编程过程

仍然通过浏览器访问古德微机器人网站，登录账号(luke008)后进行编程：

与发送方树莓派的程序基本一致(可下载发送方的程序代码后再上传进行修改)，包括四个自定义函数："字典初始化"、"按钮A"、"按钮B"和"超声波检测"，还有主程序的开始初始化部分中的OLED显示屏初始化、变量"字符串值"和"摩尔斯电码"的赋值(空字符串)，都不必做任何改动(如图8)。

⑧

最大的变化是将发送方的"主题发送"部分取消，从左侧"物联网"-"常用"中选择"监听主题'Morse'并设置初始值'0'"，作用是对名为"Morse"的主题内容进行监听；接着在"重复执行当真"循环体中建立一个"如果…执行…"选择结构，判断条件是"物联网是否收到新数据"；条件成立的话，则进入三分支选择结构(与发送方的主题发送部分结构类似)，这个内层的选择结构是对获取到的"Morse"主题数据内容进行值的判断——

如果是"A"，说明发送方按下了绿色A按钮，则调用执行"按钮A"函数，同样也是闪烁绿色的5号LED灯、蜂鸣器"滴"一声，还有对变量"字符串值"进行追加"0"的操作，与发送方完全相同；如果是"B"，说明发送方按下了红色B按钮，则调用执行"按钮B"函数……

如果是"C"，说明发送方触发了超声波传感器，则执行"超声波检测"函数……最后，也要添加"等待0.2秒"的模块语句(如图9)。

⑨

程序修改完毕后也是点击"保存"按钮，将程序保存为"接收方树莓派的古德微编程代码"。

5. 测试双树莓派发报机进行"SOS"信号的发送与接收

在发送方和接收方的古德微机器人编程界面分别点击"连接设备"按钮，出现五个绿色对勾后再点击"运行"按钮，然后在发送方树莓派开始如下操作：

首先连续三次按动绿色A按钮，此时两个树莓派的两个绿色5号LED灯都会同步闪烁，并且两个蜂鸣器均会发出"滴"声；接着用手在超声波传感器前(15cm的有效范围)轻轻滑过，两个黄色的12号LED灯会闪烁，同时蜂鸣器也会"滴"一声；此时，两个OLED显示屏上会显示出字母"S"，因为字母"S"的摩尔斯电码是"滴滴滴"连续的三个点；按照这样的操作方式，再连续三次按动红色B按钮，6号红色LED灯闪烁、蜂鸣器发出"嗒"声；再触发超声波传感器，OLED显示器的显示内容变成了"SO"，因为字母"O"的摩尔斯电码是"嗒嗒嗒"连续的三个划；再连续按动绿色A按钮、触发超声波传感器，最终的OLED显示屏上的信息就是国际通用的求救信号"SOS"(如图10)。

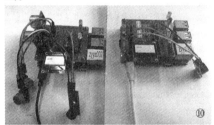

⑩

当然，这个"发报机"并非简单到只能发送和接收"SOS"，因为字典文件中对26个英文大写字母均作了初始化处理，可以发送任意字符。而且，如果将十个阿拉伯数字也进行编码并保存至字典文件中，同样也可以进行数字的摩尔斯电码发送与接收。只要保证双方的字典文件编码完全一致，理论上而言是可以发送任意信息的，包括汉字，只不过"0""1"的编码长度必须要增加。

完整的"SOS"遇难求救信号的发送与接收演示视频，已经上传至B站，可扫描二维码观看(如图11)，大家不妨一试。

⑪

(全文完)

◇山东省招远第一中学新校微机组 牟晓东

人造 3D 单磁性纳米结构有望改变现代计算与存储装置

通过打造有史以来第一个被称作"旋转冰"的材料的 3D 复制品，科学家们已经朝着利用磁荷的强大设备又走近了一步。在近日发表于《自然通讯》期刊上的一项新研究中，由卡迪夫大学科学家带领的一支研究团队，就凭借复杂的 3D 打印和处理方法，制成了世界上首个旋转冰材料的 3D 复制品。

图自：Cardiff University

SCI Tech Daily 指出，旋冰（spin-ice）材料的特殊之处，在于其具有所谓的单极磁体缺陷——但它在自然界中并不存在。据悉，当每种磁性材料被切成两半时，总会再形成一个具有南(S)北(N)极的新磁体。

不过几十年来，科学家们一直未放弃在到处寻找自然的磁单极子的例证。从而将自然的基本力归入所谓的万有理论，让物理学能够更好地集合到一个屋檐下。

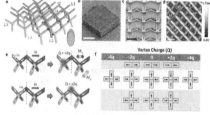

3D 人造旋冰示意图

有趣的是，通过创造出二维的自旋冰材料，物理学家们已设法在近年制作出了人造版本的磁单极子。但迄今为止，当材料被限制在一个平面上时，它就不可能获得相同的物理特性。

事实上，正是自旋冰晶格的特定三维几何结构，是其创造模仿磁单极子的微小结构的非凡能力的最关键之处。

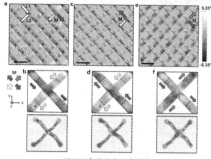

3DASI 中的饱和状态成像

研究团队称，在 3D 打印技术的加持下，他们得以定制人造自旋冰的几何形状，意味着他们能够控制磁单极子的形成方式及其在系统中的移动方式。

此外能够以 3D 方式操纵微型单极磁体，将为科学界开辟出大量的新应用——从增强计算机存储，到创建模拟人脑神经结构的 3D 计算网络。

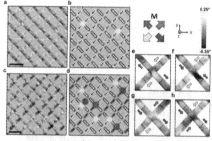

单极激发的辨别

研究一作、卡迪夫大学物理与天文学院的 Sam Ladak 博士指出，这是首次有人通过人工设计，在纳米尺度上打造自旋冰的精确 3D 复制品。

"在持续了十多年的研究之后，科学家们已经对此类系统扩展到三个维度，从而让我们可以更准确地描绘自旋冰单极子的物理性质、并研究其表面的影响"。

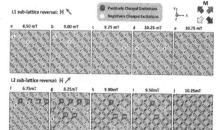

3D 人造自旋冰系统上的磁荷直接成像

本次实验中的人造自旋冰，使用了最先进的 3D 纳米制造技术。其中微小的纳米线，以晶格形式堆叠出了四层结构，而其本身的总宽度，仍小于人类的头发丝直径。

之后，科学家使用了一种对磁性相当敏感的特殊类型的显微镜（磁力显微镜），用以将装置上存在的电荷可视化，以便研究团队能够追踪单极磁体在 3D 结构上的运动。

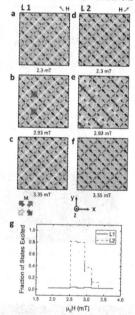

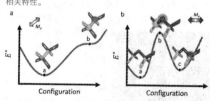

模拟 3D 人造自旋冰上的单极动力学示意图

Sam Ladak 博士补充道，其工作的重要性，在于表明了纳米级 3D 打印技术可用于模拟此前需要化学合成才能制造的材料。

最终，这项工作有望衍生出一种生产新型磁性超材料的方法。比如通过控制人工晶格的 3D 几何形状，来调节材料的相关特性。

举个例子，当前的机械硬盘/磁性随机存储装置只能应用 3D 维度中的 2D 结构，但这显然限制了它能够存储的信息量。

如果能够充分利用磁性单极子来围绕 3D 晶格移动，则有望打造出真正的 3D 存储设备。

◇四川 李运西

想体验鸿蒙不一定非要华为手机

6 月 2 日华为鸿蒙手机操作系统 HarmonyOS 2.0 正式发布，首批将会有多款近年发布的华为手机提供适配支持。那么问题来了，如果想要体验华为鸿蒙系统但又没有华为手机怎么办？别急，鸿蒙系统的定位是未来适配万物的，这些品牌则已加入鸿蒙大家庭。

根据华为官方数据显示，截至 2021 年 5 月 21 日，Harmony OS 生态已经发展出了 1000 多个智能硬件合作伙伴，50 多个模组和芯片解决方案合作伙伴，包括家居、出行、教育、办公、运动健康、政企、影音娱乐等多个领域的合作伙伴，想体验鸿蒙不一定非要华为手机。

HarmonyOS
一生万物，万物归一
HarmonyOS是新一代的智能终端操作系统
为不同设备的智能化、互联互通提供了统一的语言，带来简单、流畅、连续、安全可靠的全场景交互体验。

尽管目前在手机终端领域仅有华为一家支持 HarmonyOS 2.0 鸿蒙系统，但是在多个领域及多个合作厂商的鸿蒙生态产品在近期集中亮相，其中相当一部分来自上市公司，具体包括美的、苏泊尔、九阳股份、小熊电器、科大讯飞、京东方、三六零、润和软件等。

目前部分品牌(不完全统计)现已加入鸿蒙大家庭：

美的集团：已经组建了鸿蒙的开发团队，已经开发出 15 款搭载鸿蒙系统的产品，并已陆续上市；

润和软件：公司是 Harmony OS 2.0 首批官方正式宣布的生态共建者；

常山北明：全资子公司北明软件是华为 HMS 等产品一级合作伙伴；

先进数通：与华为积极探讨鸿蒙系统领域的合作；

拓维信息：与华为将基于 Harmony OS 共建联合创新实验室；

九阳股份：公司部分产品已开始对接使用华为鸿蒙系统；

中科创达：公司为 Harmony OS 2.0 的首批生态合作伙伴；

中科软：未直接参与研发华为鸿蒙系统，但系鸿蒙系统生态圈成员；

巨人网络：公司与华为在鸿蒙生态等方面展开深入交流与合作；

延华智能：现有的部分软件产品适配鸿蒙系统；

九联科技：公司致力于成为鸿蒙生态的长期战略合作伙伴，已于今年成立鸿蒙实验室，同时还积极参与了鸿蒙生态链的相关产学研合作；

北信源：入驻鸿蒙体系，将进一步加快其生态建设；

易联众：公司依托鸿蒙系统研发公司的软件和系统，但未参与鸿蒙系统建设和鸿蒙核心技术的开发。

魅族：魅族也正式宣布接入鸿蒙，一起拥抱全场景智能生活。不过目前魅族接入鸿蒙操作系统的是魅族的智能生态产品，暂不包括手机产品。

夏普 B7 系列电视

作为液晶电视里的标杆，夏普在这一领域的地位自然不用多说。虽然近年来显示领域出现的一些诸如GPU、智能系统等新技术冲击着液晶市场，但作为视觉的第一要素——屏幕显示，夏普在液晶显示领域技术里拥有数十年的技术沉淀。

日本原装液晶面板对消费者来说无疑是一块金字招牌。夏普电视所运用的每块面板都要经过多道工序的调校才能具备一个非常高的工艺水平，在电视端表现出来的画质更加细腻，色彩更为出众。

电视市场的消费升级并不只是追求更大的屏幕尺寸和更多的智能功能，其核心还是要落在对画质的追求上，这也是消费者选购时面临的一大痛点。作为百年品牌，夏普也不断洞悉消费者的需求和痛点。夏普带来旗下主推款 B7 系列电视，产品覆盖 55 英寸、60英寸、65 英寸、70 英寸及 75 英寸的大屏尺寸段；其中60 英寸版本的最大亮点正是搭载了日本原装液晶面板。

外观

夏普 B7 系列电视秉承了日系匠心典雅的设计风格。夏普这款电视整机采用全黑配色，屏幕采用 60 英寸 4K 液晶面板，全面屏设计可以与客厅更好地融合，屏占比高达 96%，让使用者在视觉感官上拥有更大的可视面积。

中框采用全金属一体折弯成型工艺，磨砂工艺也让整机看上去更加质感十足。同时，黑色系配色让使用者在观看电视时更加专注于画面，不会因为反光或者发亮刺眼而影响到观看效果。

日本原装液晶面板是夏普画质的代名词，夏普在液晶技术领域可以说一直处于世界领先水平，日本原装液晶面板对消费者来说无疑是一块金字招牌。因为每块面板都要经过多道工序的调校才能具备一个非常高的工艺水平，在电视端表现出来的画质更加细腻，色彩更为出众。

夏普 B7 系列 60 英寸电视的接口布局分为上下两部分，这样的设计也更容易走线。同时接口配置也是十分丰富，基本上做到了日常使用的全场景覆盖性。

盖。

画质——光传递技术

夏普的面板精密控制液晶分子偏转方向，能让电视拥有更高的白色亮度、更深邃浓郁的黑色和更高的对比度、更好的漏光控制效果。

依托日本原装液晶面板画质优势，HDR 10 技术的特性被很好地激发出来。它可以提升画面显示的对比度与色彩范围，画面中明亮的部分会更清晰，暗处的部分会更有深度，看上去层次分明，色彩精度的提升也让颜色看起来更纯粹和明亮。此外，为了让整体屏幕亮度更加均匀，夏普电视通过前沿光学控制技术，极大地减少画面中央与四周的亮度差异，真实表现每一处细节，能够带来更强的画面临场感。

音质

夏普 B7 系列电视内嵌发烧级 Dolby Audio 音频解码，能够对声音进行精细化处理，高音清亮通透、中音细腻饱满、低音深沉悦耳，能够增加使用者的临场感与环绕感。

智能系统

智能服务方面，夏普 B7 系列电视配置四核 CPU以及 2GB+16GB 大存储，同时搭载 Taitum 系统，保证流畅稳定的同时，让系统兼容性更强，也兼顾了安全属性。

整体界面采用扁平化设计，UI 风格简洁易用，所有内容板块通过横向拉动即可呈现在眼前，减少层级，让操作逻辑更加简单。每个内容板块中的小内容模块均集中到一个画面之中，看起来更加直观，减少了不必要的繁琐步骤。值得一提的是，在内容资源方面，夏普B7 系列电视拥有豪华的影视内容资源，海量正版影视资源，院线大片、网络热剧、热播综艺应有尽有，可以说全网优质影视资源一网打尽。

智能语音方面，夏普 B7 系列电视几乎可以应对我们提出的所有问题，不仅应答如流，快速识别并推送出内容，影片搜索、组合条件搜索、调节音量等等，几乎所有操作都可以通过语音来控制，识别率以及速度也非常不错。此外它还具备其他应用场景的交互，比如查询天气、订外卖、查路线等。

娱乐系统

夏普 B7 系列电视内置升级版全民 K 歌，将专业级的 K 歌功能完美适配到电视中，为客厅娱乐带来了新玩法。打破人们往常的 K 歌形式，连接互联网，能够突破时间、空间上的限制，在家就能和家人朋友实现 K歌体验。在升级版全民 K 歌的支持下，用户可以在通过拼音搜索、歌手点歌、扫码点歌等多种方式，轻松体验家庭式的音乐现场。

型号	Q 系列
尺寸	60 英寸
外观	全面屏
边框	黑色、金属
分辨率	3840×2160
背光源	直下式
HDR 10	支持
扬声器	一体、2 个
杜比解码	支持
环绕声	支持
CPU	四核
DDR/EMMC	2G/16G
智能系统	Taitum UI
语音控制	支持
投屏互动	支持
大屏 K 歌	新全民 K 歌（软件升级后支持）
数字音频输出	光纤
有线连接	支持
无线连接	支持(2.4G/5G)
BT	5.0
HDMI 接口	3 个
USB 接口	2 个
售价	3499 元

编程常用正则表达式速查手册(一)

一、校验数字的表达式

数字:`^[0-9]*$`

n 位的数字:`^\d{n}$`

至少 n 位的数字:`^\d{n,}$`

m-n 位的数字:`^\d{m,n}$`

零和非零开头的数字:`^(0|[1-9][0-9]*)$`

非零开头的最多带两位小数的数字:`^([1-9][0-9]*)+(.[0-9]{1,2})?$`

带1-2位小数的正数或负数:`^(\-)?\d+(\.\d{1,2})?$`

正数、负数、和小数:`^(\-|\+)?\d+(\.\d+)?$`

有两位小数的正实数:`^[0-9]+(.[0-9]{2})?$`

有1~3位小数的正实数:`^[0-9]+(.[0-9]{1,3})?$`

非零的正整数:`^[1-9]\d*$` 或 `^([1-9][0-9]*){1,3}$` 或 `^\+?[1-9][0-9]*$`

非零的负整数:`^\-[1-9]\d*$` 或 `^-[1-9]\d*$`

非负整数:`^\d+$` 或 `^[1-9]\d*|0$`

非正整数:`^-[1-9]\d*|0$` 或 `^((-\d+)|(0+))$`

非负浮点数:`^\d+(\.\d+)?$` 或 `^[1-9]\d*\.\d*|0\.\d*[1-9]\d*|0?\.0+|0$`

非正浮点数:
`^((-\d+(\.\d+)?)|(0+(\.0+)?))$` 或 `^(-([1-9]\d*\.\d*|0\.\d*[1-9]\d*))|0?\.0+|0$`

正浮点数:
`^[1-9]\d*\.\d*|0\.\d*[1-9]\d*$` 或 `^(([0-9]+\.[0-9]*[1-9][0-9]*)|([0-9]*[1-9][0-9]*\.[0-9]+)|([0-9]*[1-9][0-9]*))$`

负浮点数:
`^-([1-9]\d*\.\d*|0\.\d*[1-9]\d*)$` 或 `^(-(([0-9]+\.[0-9]*[1-9][0-9]*)|([0-9]*[1-9][0-9]*\.[0-9]+)|([0-9]*[1-9][0-9]*)))$`

浮点数:`^(-?\d+)(\.\d+)?$` 或 `^-?([1-9]\d*\.\d*|0\.\d*[1-9]\d*|0?\.0+|0)$`

二、校验字符的表达式

汉字:`^[\u4e00-\u9fa5]{0,}$`

英文和数字:`^+$` 或 `^{4,40}$`

长度为 3-20 的所有字符:`^.{3,20}$`

由 26 个英文字母组成的字符串:`^+$`

由 26 个大写英文字母组成的字符串:`^+$`

由 26 个小写英文字母组成的字符串:`^[a-z]+$`

由数字和 26 个英文字母组成的字符串:`^+$`

由数字、26 个英文字母或者下划线组成的字符串:`^\w+$` 或 `^\w{3,20}$`

中文、英文、数字包括下划线:`^[\u4E00-\u9FA5A-Za-z0-9_]+$`

中文、英文、数字但不包括下划线等符号:`^[\u4E00-\u9FA5A-Za-z0-9]+$` 或 `^[\u4E00-\u9FA5A-Za-z0-9]{2,20}$`

可以输入含有 %&',;=?$\" 等字符:`[%&',;=?$\x22]+`

禁止输入含有~的字符:`[^~\x22]+`

`.*` 匹配除 \n 以外的任何字符。`[\u4E00-\u9FA5]`/ 汉字/ `[\uFF00-\uFFFF]`/ 全角符号/ `[\u0000-\u00FF]`/ 半角符号

三、特殊需求表达式

Email 地址:`^\w+([-+.]\w+)*@\w+([-.]\w+)*\.\w+([-.]\w+)*$`

域名:`[a-zA-Z0-9][-a-zA-Z0-9]{0,62}(/.[a-zA-Z0-9][-a-zA-Z0-9]{0,62})+/.?`

InternetURL:`[a-zA-z]+://[^\s]*` 或 `^http://([\w-]+\.)+[\w-]+(/[\w-./?%&=]*)?$`

手机号码:`^(13[0-9]|14[5|7]|15[0|1|2|3|5|6|7|8|9]|18[0|1|2|3|5|6|7|8|9])\d{8}$`

电话号码("XXX-XXXXXXX"、"XXXX-XXXXXXXX"、"XXX-XXXXXXX"、"XXX-XXXXXXXX"、"XXXXXXX"和"XXXXXXXX"):`^((\d{3,4})|\d{3,4}-)?\d{7,8}$`

国内电话号码(0511-4405222、021-87888822):`\d{3}-\d{8}|\d{4}-\d{7}`

身份证号(15 位、18 位数字):`^\d{15}|\d{18}$`

短身份证号码(数字、字母 x 结尾):`^([0-9]){7,18}(x|X)?$` 或 `^\d{8,18}|[0-9x]{8,18}|[0-9X]{8,18}?$`

账号是否合法(字母开头,允许 5-16 字节,允许字母数字下划线):`^[a-zA-Z][a-zA-Z0-9_]{4,15}$`

密码(以字母开头,长度在 6~18 之间,只能包含字母、数字和下划线):`^[a-zA-Z]\w{5,17}$`

强密码(必须包含大小写字母和数字的组合,不能使用特殊字符,长度在 8-10 之间):`^(?=.*\d)(?=.*[a-z])(?=.*).{8,10}$`

日期格式:`^\d{4}-\d{1,2}-\d{1,2}`

一年的 12 个月(01~09 和 1~12):`^(0?[1-9]|1[0-2])$`

一个月的 31 天(01~09 和 1~31):`^((0?[1-9])|((1|2)[0-9])|30|31)$`

钱的输入格式:

1. 有四种钱的表示形式我们可以接受:"10000.00" 和 "10,000.00",和没有 "分" 的 "10000" 和 "10,000":`^[1-9][0-9]*$`2.这表示任意一个不以 0 开头的数字,但是,这也意味着一个字符"0"不通过,所以我们采用下面的形式:`^(0|[1-9][0-9])$`3.一个 0 或者一个不以 0 开头的数字.我们还可以允许开头有一个负号:`^(0|-?[1-9][0-9]*)$`4.这表示一个 0 或者一个可能为负的开头不为 0 的数字.让用户以 0 开头好了.把负号的也去掉,因为钱数不能是负的吧.下面我们要加的是说明可能的小数部分:`^[0-9]+(.[0-9]+)?$`5.必须说明的是,小数点后面至少应该有 1 位数,所以"10."是不通过的,但是 "10" 和 "10.2" 是通过的:`^[0-9]+(.[0-9]{2})?$`6.这样我们规定小数点后面必须有两位,如果你认为太苛刻了,可以这样:`^[0-9]+(.[0-9]{1,2})?$`7.这样就允许用户只写一位小数.下面我们该考虑数字中的逗号了,我们可以这样:`^[0-9]{1,3}(,[0-9]{3})*(.[0-9]{1,2})?$`8.1 到 3 个数字,后面跟着任意个逗号+3 个数字,逗号成为可选,而不是必须:`^([0-9]+|[0-9]{1,3}(,[0-9]{3})*)(.[0-9]{1,2})?$`(搜索公众号 Java 后端,回复"2021",送你一份 Java 面试题宝典)

备注:这就是最终结果了,别忘了+可以用 * 替代如果你觉得空字符串也可以接受的话(奇怪,为什么?)最后,别忘了在用函数时去掉去掉那个反斜杠,一般的错误都在这里

xml 文件:`^([a-zA-Z]+-?)+[a-zA-Z0-9]+\\.[x|X][m|M][l|L]$`

中文字符的正则表达式:`[\u4e00-\u9fa5]`

双字节字符:`[^\x00-\xff]`(包括汉字在内,可以用来计算字符串的长度(一个双字节字符长度计 2,ASCII 字符计 1))

空白行的正则表达式:`\n\s*\r`(可以用来删除空白行)

HTML 标记的正则表达式:`<(\S*?)[^>]*>.*?</\1>|<.*? />`(网上流传的版本太糟糕,上面这个也仅能部分,对于复杂的嵌套标记依旧无能为力)

首尾空白字符的正则表达式:`^\s*|\s*$` 或 `(^\s*)|(\s*$)`(可以用来删除行首行尾的空白字符(包括空格、制表符、换页等等),非常有用的表达式)

腾讯QQ 号:`[1-9][0-9]{4,}`(腾讯QQ 号从 10000 开始)

中国邮政编码:`[1-9]\d{5}(?! \d)`(中国邮政编码为 6 位数字)

IP 地址:`\d+\.\d+\.\d+\.\d+`(提取 IP 地址时有用)

IP 地址:
`((?:(?:25[0-5]|2[0-4]\\d|[01]?\\d?\\d)\\.){3}(?:25[0-5]|2[0-4]\\d|[01]?\\d?\\d))`

IP-v4 地址:
`\\b(?:(?:25[0-5]|2[0-4][0-9]|[01]?[0-9][0-9]?)\\.){3}(?:25[0-5]|2[0-4][0-9]|[01]?[0-9][0-9]?)\\b`(提取 IP 地址时有用)

校验 IP-v6 地址:
`(([0-9a-fA-F]{1,4}:){7,7}[0-9a-fA-F]{1,4}|([0-9a-fA-F]{1,4}:){1,7}:|([0-9a-fA-F]{1,4}:){1,6}:[0-9a-fA-F]{1,4}|([0-9a-fA-F]{1,4}:){1,5}(:[0-9a-fA-F]{1,4}){1,2}|([0-9a-fA-F]{1,4}:){1,4}(:[0-9a-fA-F]{1,4}){1,3}|([0-9a-fA-F]{1,4}:){1,3}(:[0-9a-fA-F]{1,4}){1,4}|([0-9a-fA-F]{1,4}:){1,2}(:[0-9a-fA-F]{1,4}){1,5}|[0-9a-fA-F]{1,4}:((:[0-9a-fA-F]{1,4}){1,6})|:((:[0-9a-fA-F]{1,4}){1,7}|:)|fe80:(:[0-9a-fA-F]{0,4}){0,4}%[0-9a-zA-Z]{1,}|::(ffff(:0{1,4}){0,1}:){0,1}(25[0-5]|(2[0-4]|1{0,1}[0-9]){0,1}[0-9])\.){3,3}(25[0-5]|(2[0-4]|1[0,1]?[0-9])[0,1]?[0-9])|([0-9a-fA-F]{1,4}:){1,4}:((25[0-5]|(2[0-4]|1[0,1]{0,1}[0-9]){0,1}[0-9])\.){3,3}(25[0-5]|(2[0-4]|1[0,1]{0,1}[0-9])[0,1]{0,1}[0-9]))`

子网掩码:
`((?:(?:25[0-5]|2[0-4]\\d|[01]?\\d?\\d)\\.){3}(?:25[0-5]|2[0-4]\\d|[01]?\\d?\\d))`

校验日期:
`^(?:(?!0000)[0-9]{4}-(?:(?:0[1-9]|1[0-2])-(?:0[1-9]|1[0-9]|2[0-8])|(?:0[13-9]|1[0-2])-(?:29|30)|(?:0[13578]|1[02])-31)|(?:[0-9]{2}(?:0[48]|[2468][048]|[13579][26])|(?:0[48]|[2468][048]|[13579][26])00)-02-29)$`("yyyy-mm-dd" 格式的日期校验,已考虑平闰年。)

抽取注释:`<! --(.*?)-->`

查找 CSS 属性:`\\s* [a-zA-Z\\-]+\\s* [:]{1}\\s [a-zA-Z0-9\\s.#]+[;]{1}`

提取页面超链接:`(<a\\s*(?! .*\\brel=|[`>]*)(href="https?:\\/\\/)((?! (?: (?:www\\.)?'.implode (' |(?:www\\.)?', $follow_list).'))[`"' rel="external nofollow" ]+)"((?!.*\\brel=|[`>]*)(?:[`>']*)`

提取网页图片:`\\< *[img][^\\\\>]*[src] *= *[\\"\\']{0,1}([^\\"\\'\\>]*)`

提取网页颜色代码:`#({6}|{3})$`

文件扩展名效验:`^([a-zA-Z]\\:|\\\\)\\\\ ([^\\\\]+\\\\)*\\[`\\/:*?"<>|]+\\).txt(l)?$`

判断 IE 版本:`^.*MSIE [5-8](?:\\.[0-9]+)?(?! .*Trident\\/[5-9]\\.\\0).*$`

附表:

元字符	描述
\	将下一个字符标记符、或一个向后引用、或一个八进制转义符。例如,"\n"匹配\n,"\n"匹配换行符。序列"\\"匹配"\",而"\("则匹配"("。即转义字符本身是被另外字符来标识它的字义字符就行
^	匹配输入字符串的开始位置。如果设置了RegExp对象的Multiline属性,^也匹配"\n"或"\r"之后的位置。
$	匹配输入字符串的结束位置。如果设置了RegExp对象的Multiline属性,$也匹配"\n"或"\r"之前的位置。
*	匹配前面的子表达式任意次。例如,zo*能匹配"z",也能匹配"zo"以及"zoo"。*等价于{0,}。
+	匹配前面的子表达式一次或多次(大于等于1次)。例如,"zo+"能匹配"zo"以及"zoo",但不能匹配"z"。+等价于{1,}。
?	匹配前面的子表达式零次或一次。例如,"do(es)?"可以匹配"do"或"does"。?等价于{0,1}。
{n}	n是一个非负整数。匹配确定的n次。例如,"o{2}"不能匹配"Bob"中的"o",但是能匹配"food"中的两个o。
{n,}	n是一个非负整数。至少匹配n次。例如,"o{2,}"不能匹配"Bob"中的"o",但能匹配"foooood"中的所有o。"o{1,}"等价于"o+"。"o{0,}"则等价于"o*"。
{n,m}	m和n均为非负整数,其中n<=m。最少匹配n次且最多匹配m次。例如,"o{1,3}"将匹配"foooood"中的前三个o。"o{0,1}"等价于"o?"。请注意在逗号和两个数之间不能有空格。
?	当该字符紧跟在任何一个其他限制符(*,+,?,{n},{n,},{n,m})后面时,匹配模式是非贪婪的。非贪婪模式尽可能少的匹配所搜索的字符串,而默认的贪婪模式则尽可能多的匹配所搜索的字符串。例如,对于字符串"oooo","o+?"将匹配单个"o",而"o+"将匹配所有"o"。
.点	匹配除"\n"和"\r"之外的任何单个字符。要匹配包括"\n"和"\r"在内的任何字符,请使用像"[\s\S]"的模式。
(pattern)	匹配pattern并获取这一匹配。所获取的匹配可以从产生的Matches集合得到,在VBScript中使用SubMatches集合,在JScript中则使用$0…$9属性。要匹配圆括号字符,请使用"\("或"\)"。
(?:pattern)	非获取匹配,匹配pattern但不获取匹配结果,不进行存储供以后使用。这在使用或字符"(|)"来组合一个模式的各个部分是很有用。例如"industr(?:y|ies)"就是一个比"industry|industries"更简略的表达式。
(?=pattern)	非获取匹配,正向肯定预查,在任何匹配pattern的字符串开始处匹配查找字符串,该匹配不需要获取供以后使用。例如,"Windows(?=95|98|NT|2000)"能匹配"Windows2000"中的"Windows",但不能匹配"Windows3.1"中的"Windows"。预查不消耗字符,也就是说,在一个匹配发生后,在最后一次匹配之后立即开始下一次匹配的搜索,而不是从包含预查的字符之后开始。
(?!pattern)	非获取匹配,正向否定预查,在任何不匹配pattern的字符串开始处匹配查找字符串,该匹配不需要获取供以后使用。例如"Windows(?!95|98|NT|2000)"能匹配"Windows3.1"中的"Windows",但不能匹配"Windows2000"中的"Windows"。
(?<=pattern)	非获取匹配,反向肯定预查,与正向肯定预查类似,只是方向相反。例如,"(?<=95|98|NT|2000)Windows"能匹配"2000Windows"中的"Windows",但不能匹配"3.1Windows"中的"Windows"。
(?<!patte_n)	非获取匹配,反向否定预查,与正向否定预查类似,只是方向相反。例如"(?<!95|98|NT|2000)Windows"能匹配"3.1Windows"中的"Windows",但不能匹配"2000Windows"中的"Windows"。*python的正则表达式没有完全按照正则表达式实现,缺少一些高级特性建议使用其他语言如java、scala等
x|y	匹配x或y。例如,"z|food"能匹配"z"或"food"。"(z|f)ood"则匹配"zood"或"food"。
[xyz]	字符集合。匹配所包含的任意一个字符。例如,"[abc]"可以匹配"plain"中的"a"。
[^xyz]	负值字符集合。匹配未包含的任意字符。例如,"[^abc]"可以匹配"plain"中的"p"、"l"、"i"、"n"。
[a-z]	字符范围。匹配指定范围内的任意字符。例如,"[a-z]"可以匹配"a"到"z"范围内的任意小写字母字符。注意:只有连字符在字符组内部时,并且出现在两个字符之间时,才能表示字符的范围;如果出字符组的开头,则只能表示连字符本身。
[^a-z]	负值字符范围。匹配任何不在指定范围内的任意字符。例如,"[^a-z]"可以匹配任何不在"a"到"z"范围内的任意字符。
\b	匹配一个单词边界,也就是指单词和空格间的位置(即正则表达式的"匹配"有两种概念,一种是匹配位置,这里的匹配就是指位置匹配)。例如,"er\b"可以匹配"never"中的"er",但不能匹配"verb"中的"er";"\b1_"可以匹配"1_23"中的"1_",但不能匹配"21_3"中的"1_"。
\B	匹配非单词边界。"er\B"能匹配"verb"中的"er",但不能匹配"never"中的"er"。
\cx	匹配由x指明的控制字符。例如,\cM匹配一个Control-M或回车符。x的值必须为A-Z或a-z之一。否则,将c视为一个原义的"c"字符。
\d	匹配一个数字字符。等价于[0-9]。grep 要加上[ ]:P, perl正则支持
\D	匹配一个非数字字符。等价于[^0-9]。grep要加上[ ]:P, perl正则支持
\f	匹配一个换页符。等价于\x0c和\cL。
\n	匹配一个换行符。等价于\x0a和\cJ。
\r	匹配一个回车符。等价于\x0d和\cM。
\s	匹配任何不可见字符,包括空格、制表符、换页符等等。等价于[\f\n\r\t\v]。
\S	匹配任何可见字符。等价于[^\f\n\r\t\v]。
\t	匹配一个制表符。等价于\x09和\cI。
\w	匹配包括下划线的任何单词字符。类似但不等价于"[A-Za-z0-9_]",这里的"单词"字符使用Unicode字符集。

(下转第 240 页)

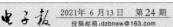

一、冰箱维修误区

1. 不可盲目排放制冷剂

对于送修电冰箱，在没试机了解情况下，盲目切开工艺口排放制冷剂（俗称放气），不利于故障的判断，还可能增加维修量，甚至造成新的故障及隐患。

例1：一台送修电冰箱，用户反映制冷效率下降，并据此初步认为是制冷系统漏或压缩机排气性能差。插上电源试机30分钟左右，观察压缩机附近管路，发现过滤器出口端毛细管处结霜。根据维修经验得知，这是结霜处存在微堵的特有表现，从而否定了原诊断。

2. 不可盲目换件

维修工作中发现许多初学者，在没有准确判断出故障所在时，抱着试目试着的心理换件。盲目换件，种方法不可取，应先根据故障现象判断分析，从有的放矢动手也不迟。

例2：某电冰箱制冷不停机，试机40~60分钟，冷冻、冷藏结霜都很好，初步判断制冷基本正常。断开电冰箱电源并打开冷藏室门2~3小时后，按压冷藏室后背，感觉其内部发软，这是箱体内胆脱落的特有表现。固定于冷藏室后背的温控器感温头不能正确感知蒸发器温度，致使无法停机。对冷藏室内胆修复后故障排除。

3. 压力表读数有讲究

4. 注意制冷剂型号

5. 焊条选用要正确

6. 黄铜焊接后应去处助焊剂

7. 加注制剂前应对管道排空

8. R600a制冷剂排放后不可立即焊接在风扇、洗衣机等家电中，单相电机绕组间短路的故障时有发生。

二、电冰箱启动器

冰箱压缩机常用的启动器从结构上主要分为重锤式启动器和PTC启动器。重锤启动器在电路中的作用是：当压缩机接入电源时，启动电流会很大，启动器上的线圈产生的电磁力也很大，启动器内的重锤在这个电磁力的作用下移动，使动触点与启动绕组的定触点接触，把压缩机的启动绕组接入电路，压缩机开始运转，这时启动电流逐渐下降，当压缩机转速达到同步转数的75%~8%时。启动器上的电磁力也不能将重锤吸起，重锤下降使动触点与定触点断开，把启动绕组从电路中断开，重锤启动器则完成了启动任务。一般整个启动过程约需0.3~2秒完成。重锤式启动器安装时必须是直立的，启动时，实际相当于重锤所带的触点上跳接合一下然后又断开了，所以银触点上不许有油渍和污渍，否则不能一次启动成功和造成不断重复启动。另外由于重锤式启动器是直立安装，其缝隙容易进入灰尘和杂物，当出现反复启动时必须立即关机，否则也最容易烧坏压缩机。重锤启动器在启动时会有火花产生，因此严格禁止用在采用R600a等易燃易爆制冷剂的压缩机上。凡安重锤启动器的压缩机，电机上的三个接线端子都是正立的等腰三角形，也就是上边一个端子，下面两个端子。

下面两个端子就是用来插在重锤启动器上的接口。重锤启动器有L、M、S三个接线端子，L接温控器出来的电源线，M接压缩机的M端即运行绕组，s接压缩机的S端即启动绕组。启动器外观有裸露在外线圈的就是重锤式启动器。

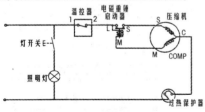

PTC启动器实质是一只正温度特性的热敏电阻，即受热后阻值变大，常温下阻值为18~30Ω左右，压缩机启动时流过启动绕组中的电流使PTC元件温度迅速升高，PTC呈高阻状态。压缩机电机进入正常运转状态后，启动绕组电流大大减小，而流过PTC的电流恰好维持PTC的温度使之呈高阻状态（近似开路状态）。

当压缩机停止运转后，PTC温度开始下降，当温度低于7mC时，PTC呈现低阻状态，为下一次启动准备条件。由于PTC元件的热性能，每启动一次后需间隔4~5分钟，待元件降温后才能再次启动，正好与压缩机保护时间相近，能更有效地保护压缩机。但是如果启动间隔时间过短，PTC温度还没有降至70℃以下，此时PTC仍为高阻状态，这时如启动压缩机，启动绕组不能得到足够大的电流，电机无法启动，严重时甚至可造成压缩机烧毁。因此，采用PTC启动器的压缩机起停间隔不能过短。用PTC元件启动时间为2秒钟左右。用PTC元件作启动器，具有性能可靠、寿命长、无触点、无电火花及电磁波干扰、结构简单、安装方便、没有移动式零件、不会受潮生锈等优点，缺点是PTC启动器工作时PTC本体总是热的，一旦电源电压高时经常发生PTC元件被击碎，进而出现不能启动现象，有将压缩机烧毁的危险故障。PTC启动器只有两个接线端子，而且不分极性，使用时并联在压缩机的S与M之间即可。如果是有启动电容的压缩机，一般电容串联在PTC启动器与S端之间。因为PTC启动器工作时不会产生电火花，所以在各种制冷媒介的压缩机中都可以采用。

以上两种启动器使用时都要根据冰箱压缩机的大小不同，来选择合适的参数匹配，通常启动器上面会用多少HP的来文字标注匹配的压缩机功率，因为1HP约等于0.735kW，所以1/4HP约为180W左右、1/5HP约为150W左右、1/6HP约为125W左右、1/8HP约为90W左右。

编程常用正则表达式速查手册(二)

(上接第239页)

\W	匹配任何非单词字符。等价于"[^A-Za-z0-9_]"。
\xn	匹配n，其中n为十六进制转义值。十六进制转义值必须为确定的两个数字长度。例如，"\x41"匹配"A"，"\x041"则等价于"\x04&1"。正则表达式中可以使用ASCII编码。
\num	匹配num，其中num是一个正整数。对所获取的匹配的引用。例如，"(.)\1"匹配两个连续的相同字符。
\n	标识一个八进制转义值或一个向后引用。如果\n之前至少n个获取的子表达式，则n为向后引用。否则，如果n为八进制数字(0-7)，则n为一个八进制转义值。
\nm	标识一个八进制转义值或一个向后引用。如果\nm之前至少有nm个获取子表达式，则nm为向后引用。如果\nm之前至少有n个获取，则n为一个后跟文字m的向后引用。如果前面的条件都不满足，若n和m均为八进制数字(0-7)，则\nm将匹配八进制转义值nm。
\nml	如果n为八进制数字(0-7)，且m和l均为八进制数字(0-7)，则匹配八进制转义值nml。
\un	匹配n，其中n是一个用四个十六进制数字表示的Unicode字符。例如，\u00A9匹配版权符号(©)。

\p{P}	小写p是property的意思，表示Unicode属性，用于Unicode正则表达式的前缀。中括号内的"P"表示Unicode字符集七个字符属性之一："标点字符"。其他六个属性： L：字母； M：标记符号(一般不会独立出现)； Z：分隔符(比如空格、换行等)； S：符号(比如数学符号、货币符号等)； N：数字(比如阿拉伯数字、罗马数字等)； C：其他字符。 *注：此语言暂时不被所有的语言支持，例如javascript。
\b	匹配词(word)的开始(\<)和结束(\>)。例如正则表达式\<the\>能够匹配字符串"for the wise"中的"the"，但是不能匹配字符串"otherwise"中的"the"。注意：这个元字符不是所有的软件都支持的。
()	将\(和\)之间的表达式定义为"组"(group)，并且将匹配这个表达式的字符保存到一个临时区域(一个正则表达式中最多可以保存9个)，它们可以用\1到\9的符号来引用。
|	将两个匹配条件进行逻辑"或"(or)运算。例如正则表达式(him|her)匹配"it belongs to him"和"it belongs to her"，但是不能匹配"it belongs to them."。注意：这个元字符不是所有的软件都支持的。

附：flags(可选标志位)表

多个标志可通过按位OR()进行连接，比如：re.I|re.M

修饰符	描述
re.I	使匹配对大小写不敏感
re.L	做本地化识别(locale-aware)匹配
re.M	多行匹配，影响^和$
re.S	使 . 匹配包括换行在内的所有字符
re.U	根据Unicode字符集解析字符，这个标志影响\w, \W, \b, \B
re.X	该标志通过给予你更灵活的格式以便将正则表达式写得更易于理解

1. 加在正则字符串前的'r'

为了告诉编译器这个string是个raw string(原字符串)，不要转义反斜杠！
比如在raw string里\n是两个字符，"\"和'n'，不是换行！

2. 字符

字符	作用
.	匹配任意一个字符(除了\n)
[...]	匹配[]中列举的字符
[^...]	匹配不在[]中列举的字符

\d	匹配数字，0到9
\D	匹配非数字
\s	匹配空白，就是空格和tab
\S	匹配非空白
\w	匹配字母数字或下划线字符，a-z, A-Z, 0-9, _
\W	匹配非字母数字或下划线字符
[ ]	匹配范围，比如[a-f]

3. 数量

字符	作用(前面三个做了优化，速度会更快，尽量优先用前三个)
*	前面的字符出现了0次或无限次，即可有可无
+	前面的字符出现了1次或无限次，即最少一次
?	前面的字符出现了0次或者1次，要么不出现，要么只出现一次
{m}	前一个字符出现m次
{m,}	前一个字符至少出现m次
{m,n}	前一个字符出现m到n次

4. 边界

字符	作用
^	字符串开头
$	字符串结尾
\b	单词边界，即单词和空格间的位置，比如'er\b'可以匹配"never"中的'er'，但不能匹配"verb"中的'er'
\B	非单词边界，和上面的\b相反
\A	匹配字符串的开始位置
\z	匹配字符串的结束位置

5. 分组

用()表示的就是要提取的分组，一般用于提取子串，
比如：^(\d{3})-(\d{3,8})$：从匹配的字符串中提取区号和本地号码

字符	作用
|	匹配左右任意一个表达式
(re)	匹配括号内的表达式，也表示一个组
(?:re)	同上，但是不表示一个组
(?P<name>)	分组起别名，group()可以根据别名取出，比如(?P<first>\d)match后的数字可以取出，group('first')可以拿到第一个分组中匹配的记过
(?=re)	前向肯定断言，如果当前包含的正则表达式在当前位置成功匹配，则代表成功，否则失败。一旦该部分正则表达式被匹配引擎尝试过，就不会继续进行匹配了；剩下的模式在此断言开始的地方继续尝试
(?!re)	前向否定断言，作用与上面的相反
(?<=re)	后向肯定断言，作用和(?=re)相同，只是方向相反
(?<!re)	后向否定断言，作用于(?!re)相同，只是方向想法

(全文完)

常用的网络命令大盘点(一)

服务器一般都是命令页面,不像 windows 有图形页面,点点鼠标就好,所以掌握些基本的 Linux 命令是很有必要的,不然就无法操作 Linux,更体会不到 Linux 的精髓。

这次,我们就来看看网络相关的命令。

学习网络不应该只局限于理论,作为工程师的我们,掌握一些基本的网络命令对我们帮助会很大,因为平时在远程操作、开发、调试、排查线上问题的时候,会经常用到。

Linux 为我们提供了很多网络相关的命令,我们这次就来看看 Linux 系统里有哪些常用的网络命令。

远程连接命令

如果我们要想操作 Linux 服务器,不可能说拿个显示器,鼠标和键盘接到服务器上,服务器一般都是放在机房里的,只要让服务器把网络接通,我们在自己的电脑就可以使用 ssh 命令远程登录服务器,进而操作和管理服务器。

还有一个很常用的远程命令是 scp,它可以帮助我们传输文件到服务器上。

ssh

在需要远程登录 Linux 系统,可以使用 ssh 命令,比如你想远程登录一台服务器,可以使用 ssh user@ip 的方式,如下图:

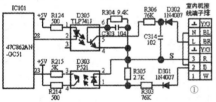

接着,会有输入密码的提示,输入正确的密码后,就进入服务器的终端页面,之后你操作的命令就是控制服务器的了。

scp

当我们需要把一台机器上的文件传输给另一台机器时,使用 scp 命令就可以。

如下图,使用 scp 命令将本地 test.txt 文件传输给了 IP 地址为 192.168.12.35 机器的/home 目录。

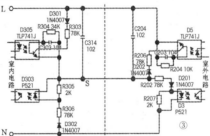

输入 scp 命令后,会弹出需要输入对方密码的提示,输入完成后,回车即可,如果密码验证通过后,就进行文件的传输。

查看本地网络状态

要想知道本地机器的网络状态,比较常用的网络命令是 ifconfig 和 netstat。

ifconfig

当你想知道机器上有哪些网口,和网口对应的状态信息时,使用 ifconfig 就可以,状态信息包含 IP 地址、子网掩码、MAC 地址等。

如下图,是在我设备上的 ifconfig 信息。

可以看到,这台机器一共有 3 个网口,分别是 eth0、eth1、lo。其中 lo 是本地回路,发送给 lo 就相当于发送给自己,eth0 和 eth1 都是真实的网口。

netstat

netstat 命令主要用于查看目前本机的网络使用情况。

查看所有 socket

如果只是单纯执行 netstat 命令,则查询的是本地所有 socket,如下图:

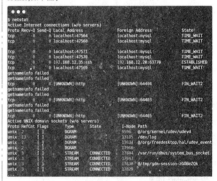

上图中,我们看到的都是 socket 文件,socket 负责在客户端与服务端之间收发数据,当客户端和服务端建立连接时,各自同时都会生成一个 socket 文件,用于管理这个连接。

查看 TCP/UDP 连接

如果只想看 TCP 连接的网络信息,可以使用 netstat -t。

比如下面我通过 netstat -t 看 tcp 协议的网络情况:

上图末尾的 state 描述的是当前 TCP 连接处于的状态。

另外,如果想看 UDP 的网络信息,可以使用 netstat -u。

查看端口占用

如果你想知道某个端口是哪个进程在占用,比如我想查 80 端口被哪个进程占用了,如下图:

可以看到,80 端口被 http 进程占用了,最末尾的信息也能看到这个进程对应的 pid。

网络测试

当我们想确认网络的延时情况,以及与服务器网络是否畅通,则可以使用 ping 和 telnet 命令。

(下转第 249 页)

变频空调通讯电路故障检修 3 例

例 1.故障现象:海信 KFR-50LW/BP 变频空调器开机无反应,电源灯连续闪七次。

分析与检修:故障代码显示的内容为通讯回路故障,表明通讯回路中某一处出现故障。该机室内通讯电路部分如图 1 所示。用万用表直流电压挡分别检测室内机接线端子中 3 端(S)对 L 端及对 N 端的电压值(红表笔接 3 端),测得 3-L 的电压为 107V/0V 变化值,判断室外发送信号时通路正常;测 3-N 的电压近于 0V 伴有小幅度变化,判断室内发送信号时回路不通。根据图 1 电路分析,故障在室内电路。测量光耦 D305 输出端⑤、④脚间(红表笔接 5)电压为 213V,判断 D305 内部断路。用 TLP741 更换后试机,空调器恢复正常。

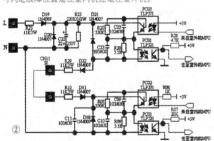

维修总结:此检修过程的要点是通过接线端子的测量判断出故障的所在部位,由于直接做出故障应在室内部分判断,避免了拆卸室外机的无谓操作。此机的全部通讯电路可参考图 2,通讯电路中双向信息采用交叉线路的特点,使得在测量时能过分别以 S-N 间和 S-L 间的测量数值单独判断出室内向室外发送信号或室外向室内发送信号的传输状况,而且在测出某一方向不正常时,根据实测参数及该方向信号回路的电路结构(主要是室内侧、室外侧光耦合的连接方式),即可判定故障位置是在室内机还是在室外机。

例 2.故障现象:海信 KFR-5001LW/BP 空调开机无反应,显示故障代码"5"。

分析与检修:故障代码 5 表示通信故障。用万用表直流电压挡测室内机接线端子 SI-N(红表笔接 SI)电压 196V/0V 变化值,分析为室内通讯电路部分断路。其室内通路如图 3 所示(整机通讯电路见图 2),检查室内机控制板,测量 PC02 的④、⑤脚对 N 端电压为 0V,D11 左端对 N 端为 196V/0V

变化值,怀疑 D11 断路。焊下 D11 测量,其正反向电阻均为无穷大,证实它已损坏。更换一只 1N4007 后通电试机,空调器恢复正常。

维修总结:D11 在回路电路中的作用是利用其正向导通为通信信号提供通路,而组织反方向交流电流通过,D11 断路后使正方向的信号在此处中断,室内外机的通信信号均无法传递到对方 MPU 电路,因此空调器出现通信故障的代码显示。在实际维修中,应该说线路中二极管损坏的现象是很少见的,但不能因为少见就认为不可能出现,因此在实际检修中应考虑到所有可能性。对二极管在线测定是否正常的方法也很容易,可以通过观察其正向电压降是否正常来进行判定,如分别测量二极管两端对某一点的电压(比如对公共地端或对电源正端)或直接测量二极管两端的正向电压,都可以轻松地作出正确的判断。

例 3.故障现象:小天鹅 KFR-35GW/PBX 空调器室外机不工作。

分析与检修:通电试机,室外机不工作。为了便于维修,根据实际电路绘制出该空调器通讯电路原理图见图 3。用万用表直流电压挡分别测量内、外连接端子 S-N 和 S-L 间电压为 105V/0V 和 106V/0V 变化值,双向通讯回路中均无断开现象。首先,判断出回路 D305、D5 均工作正常,检查重点放在对 D303、D3 的检测上;其次,检测室外机 D5 输出端两脚间电压为 4.7V/0.3V 变化值,判断 D5 正常。随后,检测室内机 D303 输出端两脚间电压为 5V,再测 D303 输入端两脚间电压为 0V,说明 D303 输入端击穿短路。更换 D303 后试机,电路控制恢复正常。

维修总结:该通讯电路因为是双回路形式,两个方向的信号交叉传输,各自通过半波整流分别利用交流电正反方向的电流作为回路中信号传输电流,因此正常情况下 S 点对 L、N 点均为幅值约 110V 的脉动电压。在上述故障情况下,虽然 D303 输入端击穿损坏,但并没有使该电路中电流通路断开,且与正常时 D303 输入端压降 0.7V 相差很小,因此在测量 S-L 间电压时从数值上很难判断出异常,只有通过对 D303 输入、输出端分别测量,最终才分辨出该输入端已击穿短路。

如何设计电路原理图才能降低 PCB 的出错风险

很多硬件工程师都有过因为一个小小的不注意，而不得不重新打板的经历，对有些不以为然的工程师甚至成了家常便饭，殊不知这一次的打板导致的工期延误对于企业是很大的浪费，尤其是对于争分夺秒抢占市场的产品来讲，任何小小的疏忽导致的工期延误带来的损失都有可能是致命的。

我认为硬件工程师设计 PCB，即便是一个崭新的设计，到最终定型不能超过三版，最好两版以内搞定。而做到这一点就必须养成良好的设计习惯，PCB 设计是牵扯到很多个环节的链条，越早的环节越是重要，为避免最终的错误，从一开始就要小心翼翼，本文主要来讲讲电路原理图设计中要注意的一些要点。

首先要说明的是，原理图是连接产品的概念性设计(方案框图)和最终的以 PCBA 形式的物理呈现之间的桥梁，因此它一定要准确、完整。原理图的基本构成单元是表征一个个电子元器件的"符号(Symbol)"，因此要求原理图的"符号"一定要准确、完整，而这些符号之间的连线(元器件各管脚之间的电气连接)要正确无误。

元器件符号的准确、完整

熟练掌握原理图符号的编辑(Symbol Editor)是非常重要的，即便在设计中你没有必要自己亲自创建原理图符号，但你仍然需要查看或检查这些符号的特性。尤其是你从一些网站上(SamacSys、Ultralibrarian、SnapEDA 等)下载的符号，这些网站提供的是适用于各种 PCB 设计工具的符号，因此最好要根据自己的电路设计对这些符号中的管脚进行位置的重新排列，以及一些管脚属性的定义。

一个元器件的所有的管脚都必须在符号上"可见(Visiable)"，也就是显示出来，如果这个器件有 20 个管脚，那么必须有 20 个管脚出现在符号上，永远不要用"不可见(Invisible)"管脚，比如"电源"和"地"管脚，另外"No Connect"(简称

NC – 无连接)的管脚也要显示出来。

有两种类型的"NC"管脚，第一种类型是在任何的设计中都不会被连接，它可能本身就是没有任何内部连接的，或者说只是供生产厂商测试用的。比如图 1 中的 CP2102N–GQFN20 的第 10 个管脚就是永远不用连接的管脚。有的原理图工具允许给这种管脚设定一个"NC"类型的属性，这些管脚将被永久地用一个小"x"来标记。你也可以给它们一个独特的管脚名字 NC1、NC2 等等，就像在原理图上显示的那样。虽然原理图允许管脚重名，但我建议最好给每个不同的管脚不同的名字。

第二种类型的"NC"是有一些管脚是有意义的，但在某些设计中用不着，例如图 2 用 CP2102 设计的 USB–UART 桥接电路中，有不少管脚内部是有连接，但在这个设计中它们是不用连接上的。很多原理图工具允许将没有连接的管脚上放置一个叫"NC"的原理图符号，一般为"X"的形状，作为原理图的一部分。如果原理图工具中没有这么个"NC"符号，系统做 ERC(电气规则检查)的时候就会报"错误"(Error)或者"警告"(Warning)，在知道事情的原委的前提下你可以忽略这些信息，但一定要确保你知道这些信息的来源。

在构建原理图符号的时候非常重要的一步就是为每个管脚赋予正确的"电气类型"，这些管脚的类型会用在 ERC 中，这些电气类型的添加或编辑有专门的菜单来执行，如图 3(KiCad 工具为例)，电气类型选项中可以看出针对每一个管脚的一些典型的电气特性。

有的时候还是需要一些小技巧才能选到准确的类型的—可以选择最接近的。有时候找不到合适的类型，你可以选择"Passive"(无源)，这个属性会被轻松通过 ERC。不是所有的工具都有"NC"类型，如果没有的话，你可以选择一种类型，使得它连接了任何一种管脚 ERC 都会报错。

连接器、FPGA、微控制器等这些器件的符号经常需要修改某些管脚的电气类型，因为这些管脚在不同的设计中其电气类型是不同的，要根据分配给这些管脚的信号的属性来重新修改这些管脚的电气类型。

在创建完所有的原理图符号后，找一个安静、无人打扰的地方，打开符号编辑器以及这些元器件的数据手册，再仔细检查每一个器件的每一个管脚：管脚编号、管脚名字、电气类型等，确保每一个管脚都在符号上且属性是对的。我个人的习惯是在画完原理图以后再检查一遍原理图中的每个符号，从创建原理图符号，到绘制原理图再做最终的检查，中间隔一段时间会比较容易检查出一些刚创建时无法看出来的问题。

善用 ERC(电气规则检查)

ERC 是根据一系列设定的规则进行的电气连接方面的检查，如果有不正确的连接就会给出"错误"或"警告"的提示信息。一般

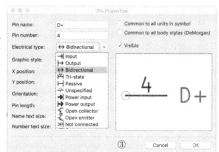

①

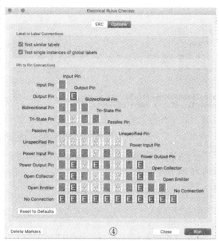

②

来讲，规则都是在寻找悬空的管脚，或者电气类型不兼容的管脚之间产生了连接。一般来讲，这些规则被一个"连接矩阵"来设定，如图 4 的例子(来源于 KiCad 工具)：

在矩阵中，每一种可以指定给管脚的电气类型都有一行和一列，这些由行、列交叉的管脚的每一种组合就被定义了一种规则，在本图中，矩阵中绿色的意味着两种类型的管脚是可以进行连接的，一个"W"在 ERC 报告中会产生一个"报警"信息，一个"E"在 ERC 报告中会产生一个"错误"信息。工具一般会有一个缺省的矩阵规则，这种规则是常用的，当然在具体的电路设计中你可以根据需要改变这些规则。

虽然 ERC 是有局限性的，也一定要在设计原理图的时候运行 ERC，根据你电路的设计可以调整你电路 ERC 的规则矩阵，并根据产生的报告修改电路图中存在的错误和不规范的地方，直到所有的错误、警告信息全部消失再执行下一步。

通过网表(netlist)检查

即便你的设计通过了 ERC，没有了错误，也没有了警告提示，但不意味着你的设计一定就安全了，你可能标记网络名字的时候将两个名字做了交换，有可能本该连接的管脚并没有真正连接上，而这些通过 ERC 可能无法检查出来的，生成的 Netlist 可能帮你大忙。

我一般会手工检查生成的网表：对比原理图中的每一根连线，查找 netlist 中的每一个连接信息，检查完一个连接在原理图上划掉，并在 netlist 文件中删除掉，直到原理图中的每一个连接、netlist 中的每一行信息都彼此做了一一对应。很多人会觉得这没有必要，但我确实发现过通过其他检查工具没查出来的问题。对我来讲，发现一个问题就值得所有的努力。

机器–PCB 设计工具，毕竟是按照人设定的规则进行检查的一种方式，它不可能尽善尽美，但学会使用这些工具会对你的设计大有裨益。当然最重要的还是要养成好的设计习惯–在创建原理图符号、绘制原理图的每一步都要尽可能做到严谨、细致、一丝不苟，确保原理图、原理图的每一个符号都是准确的、完整的，原理图的连线都是准确的、完整的并且清晰的。除此之外，考虑到原理图的易读性(多数情况下原理图是给别人看的，而别人更容易发现你看不到的问题)，原理图的设计风格也要做到清晰、规范、符合人的阅读习惯。

前期点点滴滴的努力，都是为了后期项目进展得顺畅，记住一点，前期花的时间越多，整体的效率会越高。

编辑：李丹 投稿邮箱：dzbnew@163.com

创维 65Q8 液晶电视无图像故障维修经历(二)

(接上期本版)

S5V620 not support LVDS! (不支持低电压差分信号(上屏信号))

u32PixelClk (像素时钟)=148500000, HpllTargetClk(目标时钟)=0(时钟为0), u32HpllCtrl0(控制数据)=0x0(地址为0), u32HpllCtrl1(控制数据)=0x0(地址为0)

Medium panel index (屏幕索引)[39] is out of range(超出范围)[39]!

安卓系统启动完成时打印信息的含义:

[18.502233] [−92532896ERROR (错误)−HI_PANEL(屏幕)]:HI_DRV_PANEL_SetLocalDimmingEnable[2067]:

:HI_DRV_PANEL_SetLocalDimmingEnable:2067 [Info]:[−92532883 ERROR(错误)−HI_PANEL(屏幕)]:HI_DRV_PANEL(屏幕驱动)_SetLocalDimmingEnable[2067]:not support Ldm (不支持调节亮度)

说明烧录的"系统各分区镜像文件"(8H91_Q8_V017.001.170_16G_netburn.)能启动安卓系统,但是有关屏幕显示的程序数据有问题。

于是,再次联系淘宝卖家,卖家提供了该电视机其他刷机包:8H91-Q8 系列主程序。由于机器无法显示,无法显示 Recovery 升级界面,所以不能用此类 OTA 刷机包,只能用"HiTool."软件,选择 HiBurn 功能烧录全部分区文件到主板的 eMMC。这次全部分区另选的是"8H91_Q8_V018.006.110_netburn.tar.gz"压缩包,将其解压到电脑硬盘后,再用 HiBurn 将其全部文件连同屏参"8H91−65Q8 EEP 程序 (7626−T6500L−Y11001)REL650WY−LD0−200"都烧录到电视机 eMMC 里去。烧录成功后,HiBurn 控制电视机自动重启,待初始化完成后,电视机图像、声音及所有功能恢复正常。至此,电视机修复。

再看正常工作时机器和屏幕显示有关的打印信息内容:

The DDR memory layout:

page table: 0x0c000000 − 0x0c400000 4 MiB

stack: 0x0c400000 − 0x0c800000 4 MiB

global data: 0x0cbfffc4 − 0x0cc00000 60 Bytes

malloc: 0x0cc00000 − 0x10c00000 64 MiB

.text: 0x10c00000 − 0x10c91844 582.1 KiB

data: 0x10c91844 − 0x10e315c0 1.6 MiB

DISP_HAL_Get_PanelCfgPara SyncInfo: Hact = 3840 Hfb=200 Hbb=360 Vact=2160 Vfb=30 Vbb=60

DISP_HAL_Get_PanelCfgPara SyncInfo: Hact = 3840 Hfb=200 Hbb=360 Vact=2160 Vfb=30 Vbb=60

Vb1 u32Clk =891000000, u32IntPart=0x1002094, u32MinorPart=0x12800000

HPLL Lock Success u32Tmp=9

HPLL Lock Success u32Tmp=1

vbo_para_cksel =0x2, vbo_div_cksel =0x3 vo_hd_tv_cksel =2 lvds_cken =1, vbo_div_cken =0, vbo_para_cken=0, vbo_para_phy_pctrl=0

u32PixelClk =594000000, HpllTargetClk = 891000000,u32HpllCtrl0 =0x12800000, u32HpllCtrl1 = 0x1002094

Set Disp 1 SyncInfo: V (30, 60, 2160) H (200, 360, 3840)

SrInCscEnable=1 , SrOutCscEnable=1, SrInColor= 12, SrOutColor=12

enSrPosition =1 stSrZmePara In wh [1920 1080] Out wh[3840 2160] ZME_FMT =2

−−−−−−−−−LocaDimming cfg: <12, 1, 3840, 2160>−−−−−−−

−−−−−−−−−−−

−−−−−−−−−−−

[20.454089] RTW: rtl8822b_c2h_handler_no_io: C2H, ID=9 seq=1 len=33

================= Android Boot completed: (time: 21.17s) ================

在启动时打印信息的含义:

DISP_HAL_Get_PanelCfgPara (屏幕配置参数) SyncInfo(同步信息): Hact(水平有效区域)=3840, Hfb(水平消隐前肩)=200, Hbb (水平消隐后肩)=360, Vact(垂直有效区域)=2160, Vfb(垂直消隐前肩)=30, Vbb(垂直消隐后肩)=60

Vb1 u32Clk = 891000000, u32IntPart=0x1002094, u32MinorPart=0x12800000(有相应地址)

HPLL Lock Success u32Tmp=9

HPLL Lock Success u32Tmp=1(成功锁定)

vbo_para_cksel =0x2, vbo_div_cksel =0x3 vo_hd_tv_cksel =2 lvds_cken =1, vbo_div_cken =0, vbo_para_cken=0, vbo_para_phy_pctrl=0(配置正常)

u32PixelClk (像素时钟)=594000000, HpllTargetClk(目标时钟)=891000000,u32HpllCtrl0(控制数据)=0x12800000, u32HpllCtrl1(控制数据)=0x1002094(有相应地址)

Set Disp 1 SyncInfo: V (30, 60, 2160) H (200, 360, 3840)

SrInCscEnable=1 , SrOutCscEnable=1, SrInColor= 12, SrOutColor=12(配置正常)

enSrPosition =1 stSrZmePara In wh [1920 1080] Out wh[3840 2160] ZME_FMT =2

−−−−−−−−−LocaDimming cfg (调节亮度配置): <12, 1, 3840, 2160)>−−−−−−

可见,屏幕显示正常的打印信息是这样的,供读者维修时参考。

小结:

1. 对于卡在开机画面或无法进入 Recovery 升级界面的故障机器,如果屏幕仍有显示的话,可以运行"HiTool.exe",选择 HiBurn 功能烧录上述 5 个或 9 个分区文件后,再用 Recovery 升级方法中刷机包重新刷机。仍旧不行的话,可以烧录 eMMC 全部分区镜像文件试一下。

2.多次刷机后,机器仍无法正常工作的话,不妨用电脑查看一下电视机的打印信息:故障是硬件原因或软件原因?

3.不要盲目相信卖家提供的刷机包,对于本机来说,固件压缩包"8H91_Q8_V017.001.10_9_16G_5.5.zip"不能用,刷机会导致黑屏。准确的固件压缩包名称为:"8H91_Q8_V017.005.110_9_16G_5.8.zip"。系统各分区镜像文件"8H91_Q8_V017.001.170_16G_netburn.zip"也不能用,烧录后会导致黑屏,准确的系统各分区镜像文件是"8H91_Q8_V018.006.110_netburn.tar.gz",请读者刷机时注意一下。

(全文完)

◇浙江 方位

让 iPhone 自动开启低电量模式

随着使用时间的延长,iPhone 的电池容量会逐渐降低,在重度使用的情况下坚持一天可能也会有些勉强,因此很多用户都会习惯于为 iPhone 开启"低电量模式"。不过,手动开启"低电量模式"之后,如果将 iPhone 连接至电源充电,充电至 80%时,"低电量模式"会自动关闭,有没有办法让"低电量模式"模式也能自动开启呢?

借助"快捷指令"功能,可以让 iPhone 自动开启低电量模式。

打开 iPhone 自带的"快捷指令"应用(如果没有找到这个应用,可以前往 App Store 下载),切换到"自动化"选项卡(如图 1 所示),选择创建"创建个人自动化",进入该界面之后下拉到屏幕底部,选择"充电器"(如图 2 所示),设置为"未连接",点击"下一步"按钮;点击"添加操作"按钮,在搜索框中输入"低电量模式"进行搜索,选择"设定低电量模式",点击"下一步"按钮(如图 3 所示),如果没有什么需要修改的,直接点击"完成"进行保存即可。

以后,当 iPhone 断开与充电器的连接时,该指令就会自动运行。

补充:如果启用"运行前询问",那么 iPhone 会弹出对话框询问是否需要开启低电量模式。也可以将"运行前询问"关闭,这样 iPhone 就会在断开电源时自动开启低电量模式,不需要在对话框中确认。

◇江苏 王志军

① ② ③

(接上期本版)

六、cade_simu cn 电气线路绘制软件

cade_simu cn 电气线路绘制软件(如图10所示)是一款经典实用的电路图绘制仿真软件。它是模拟电路的仿真软件,非常容易上手。不仅提供了电源保险丝、隔离开关、接触器开关和电机电气部件、显示触点开关按钮、电子元件和接触器线边缘等丰富的工具栏,还提供了各种常用的电路元件符号,用户可以直接调用,从而轻松地绘制电路图,并可以模拟操作,支持单步模拟,并且可以连接到 E/S(PLC)仿真。

与其他软件相比,该软件不但包含了各种电气元器件符号,而且每种器件还有多种类型,并做成工具条提供使用;不但可以快捷绘制电气线路图,还可以实现绘制电气线路图的电路仿真;可以打开 CAD 格式的电路图并构建新的电气图。

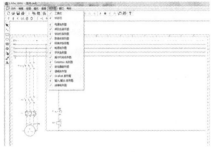

图 10 cade_simu cn 电气线路绘制软件

七、V-MECA 虚拟机电一体化软件

V-MECA 虚拟机电一体化软件(如图11、12所示)用于学习电路设计的软件。该软件是模拟电气、气动、PLC 等元件的机电系统的设计,可以进行虚拟仿真。软件使用起来也比较方便,选择元件利用符号绘制二维回路图或利用三维模型,在系统内实现虚拟仿真。

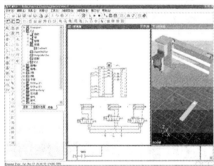

图 11 V-MECA 虚拟机电一体化软件 1

图 12 V-MECA 虚拟机电一体化软件 2

八、三菱 PLC 模拟仿真中文软件

三菱 PLC 模拟仿真中文软件 (FX-TRN-BEG-CL)(如图13所示)是三菱电机推出的针对 FX 系列 PLC 设计的仿真教学软件。只要将软件安装在个人电脑上,无需其他设备,就可以根据选定项目给定的现场工艺条件和工艺过程,编制 PLC 梯形图,写入模拟的 PLC 主机,仿真驱动现场机械设备运行。也可以不考虑给定

的现场工艺过程,仅利用其工艺条件,编制任意的梯形图,用灯光、响铃等显示运行结果。

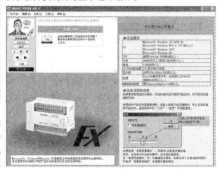

图 13 三菱 PLC 模拟仿真中文软件

九、电子电工常用 APP

电子电工常用 APP 有电工手册 APP、电工计算器 APP、照明计算器 APP 等。

图 14 电工手册 APP   图 15 电工计算器 APP   图 16 照明计算器 APP

1. 电工手册 APP

电工手册 APP(如图14所示)是电工学习的辅助工具,涉及电工电子行业的理论基础、常用数据以及难点疑点,并附有大量的实用案例和示范图解。利用该APP 可以计算四色环电阻、五色环电阻、色环电感,可以学习电学基础知识、查询数据、使用电工工具、安装变配电及低压电路等。

2. 电工计算器 APP

电工计算器 APP(如图15所示)是电工的好帮手,具有计算线芯截面积、电压降、电流、电压、有功功率、视在功率、无功功率、功率因数、负载阻值和最大线缆长度的功能。该软件可以安装到安卓手机上,使用非常方便。

3. 照明计算器 APP

照明计算器 APP(如图16所示)是电子专业人士的得力助手,可以进行电阻降低电压、阻力为主导、功率因数校正、电压电流、灯具数量等数据的计算。该软件可以安装到手机上,使用非常方便。

(全文完)

◇江苏省靖江中等专业学校 倪建宏

约稿函

《电子报》创办于 1977 年,一直是电子爱好者、技术开发人员的案头宝典,具有实用性、启发性、资料性、信息性。国内统一刊号:CN51-0091,邮局订阅代号:61-75。

职业教育是教育的重要组成部分,培养掌握一技之长的高素质劳动者和技术技能人才是职业教育的重要使命。职业院校是大规模开展职业技能教育和培训的重要基地,是培养大国工匠的摇篮。《电子报》开设"职业教育"版面,就是为了助力职业技能人才培养,助推中国职业教育迈上新台阶。

职教版诚邀职业院校、技工院校、职业教育机构师生,以及职教主管部门工作人员赐稿。稿酬从优。

一、栏目和内容

1. 教学教法。主要刊登职业院校(含技工院校,下同)电类教师在教学方法方面的独到见解,以及各种教学技术在教学中的应用。

2. 初学入门。主要刊登电类基础技术,注重系统性,注重理论与实际应用相结合,帮助职业院校的电类学生和初级电子爱好者入门。

3. 技能竞赛。主要刊登技能竞赛电类赛项的竞赛试题或模拟试题及解题思路,以及竞赛指导教师指导选手的经验、竞赛获奖选手的成长心得和经验。

4. 备考指南:主要针对职业技能鉴定(如电工初级、中级、高级、技师、高级技师等级考试)、注册电气工程师等取证类考试的知识要点和解题思路,以及职业院校学生升学考试中电工电子专业的备考方法、知识要点和解题思路。

5. 电子制作。主要刊登职业院校学生和电子爱好者的电类毕业设计成果和电子制作产品。

6. 电路设计:主要刊登强电类电路设计方案、调试仿真,比如继电器-接触器控制方式改造为 PLC 控制等。

7. 经典电路:主要刊登经典电路的原理解析和维修维护方法,要求电路有典型性,对学习其他同类电路有指导意义和帮助作用。

另外,世界技能奥林匹克——第 46 届世界技能大赛将于明年在中国上海举办,欢迎广大作者和读者提供与世赛电类赛项相关的稿件。

二、投稿要求

1. 所有投稿于《电子报》的稿件,已视其版权交予电子报社。电子报社可对文章进行删改。文章可以用于电子报期刊、合订本及网站。

2. 原创首发,一稿一投,以 Word 附件形式发送。稿件内文请注明作者姓名、单位及联系方式,以便奉寄稿酬。

3. 除从权威报刊摘录的文章(必须明确标注出处)之外,其他稿件须为原创,严禁剽窃。

三、联系方式

投稿邮箱:63019541@qq.com 或 dzbnew@163.com

联系人:黄丽辉

本约稿函长期有效,欢迎投稿!

《电子报》编辑部

软启动器的启动特性

电动机软启动器是基于计算机技术和大功率电力电子元器件制造技术的一种新型电力设备，应用于电动机的启动能有效地减小启动电流，使电动机平稳启动加速，降低启动过程中被拖动设备的机械冲击，也可以在电动机停机时实施有效控制，甚至向电动机绕组施加直流电压对电动机进行制动并准确停机，是一种较好的电动机启动控制设备。

常用品牌系列的软启动器均有多种启动方式：例如电流斜坡启动模式、电压斜坡启动模式、电压斜坡启动模式和限流启动模式和突跳转矩启动模式等；多种停车方式：自由停车、软停车等。用户可根据负载不同及具体使用条件选择不同的启动方式和停车方式。

1. 电流斜坡启动模式

选用电流斜坡启动模式时，需要设置相应的参数，见表1。

表1中将参数L000设置为1，是选择了电流斜坡启动模式；参数L004斜坡时间设置为20s，参见图1，是从电动机开始启动至启动电流达到参数L005设置的限流倍数所需的时间。这个时间就是图1中从坐标0点至t1这段时间，在t1时刻，启动电流达到额定电流In的200%（L005设置为200%，启动电流波形见图1a），或达到额定电流In的300%（L005设置为300%，启动电流波形见图1b），或达到额定电流In的400%（L005设置为400%，启动电流波形见图1c），之后启动电流不再增加，一直持续到电动机转速接近额定转速或达到额定转速时，启动电流开始减小，逐渐恢复到额定电流值。

图1中，时刻0至t1这段时间对应的电流波形，是一个斜坡形状，即所谓的电流斜坡。t1之后有一个电流平台。当电动机的转速接近额定转速时，启动电流逐渐减小，直至降低至额定电流。此时电动机的运行电压也逐渐增加到额定电压，启动过程完成。

由图1可见，电流的提升并不是从零开始，而是由一个给定的电流值开始，这就是表1中参数L003的设定值，即额定电流的70%，当然这个设定值只是一个示例，应在具体案例中由工程技术人员根据运行工况确定参数值。

参数L003的参数名称是"起始电压/电流"，当参数L000设置为0选择电压斜坡启动模式时，则L003的设置值默认为起始电压；当参数L000设置为1选择电流斜坡时，则L003的设置值默认为起始电流。

2. 电压斜坡启动

这种启动方式适用于大惯性负载，在对启动平稳性要求比较高的场合，可大大降低启动冲击及机械应力。

在电压斜坡启动模式下，需要设置的参数见表2。

电压斜坡启动模式下的电压曲线见图2。图中Un是电源额定电压，L003是参数设置的起始电压，对于电压斜坡启动模式，L003是35%，表示电压斜坡从额定电压的35%开始。分布在图2(a)、(b)、(c)中的1,2,3三条电压斜坡是参数L004设置不同斜坡时间所对应的曲线，曲线1对应的斜坡时间是0~t1，从表2可见为10s；曲线2对应的斜坡时间是0~t2，从表2可见为20s；曲线3对应的斜坡时间是0~t3，从表2可见为30s。不同的斜坡时间对应不同的转速、转矩提升速率。

3. 电压斜坡+电流启动模式

这种启动模式兼具电压斜坡和电流斜坡启动模式

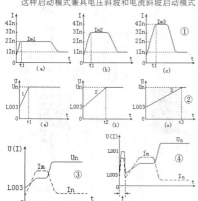

的特点。启动时的电流、电压变化曲线见图3。需要设置的参数见表3。其中L000启动方式设置为0，即电压斜坡；L003起始电压/电流设置为30%，即从30%的额定电压值开始电压斜坡；L005设置为350%，即启动电流以3.5倍额定电流为启动电流最大值，当启动电流达到L005的设置值时，电压暂时升高，在图3中出现一个电压平台和电流平台。当电动机转速接近或达到额定转速时，启动电流逐渐减小，与此同时，启动电压相应升高，并达到额定电压值。

4. 突跳转矩启动模式

突跳转矩启动主要应用在静态阻力比较大的负载电机上，通过施加一个瞬时较大的启动力矩以克服大的静摩擦力矩。突跳转矩启动模式时必须与其他软启动方式配合使用，即在施加瞬时较大启动力矩之后，配合以上介绍的启动模式之一，继续完成启动过程，如图4所示。使用该模式启动时，输出电压迅速到达由参数L001设定的突跳电压，并保持由参数L002设定的突跳时间后，再由与之配合的其他软启动模式完成启动过程。

突跳转矩启动模式需要设置的参数见表4，还应将与之配合的后续模式的参数一并设置。

5. 停机模式

5.1 自由停车

当参数停车时间L008设置为0时（见表5）为自由停车模式，软启动器接到停机指令（按压停机按钮）后，立即封锁旁路接触器的控制继电器，通过控制继电器切断旁路接触器线圈的供电电源，并随即封锁软启动器内部主电路晶闸管的输出，电动机依负载惯性自由停机。

5.2 软停车

当参数停车时间L008设定不为0时，从全压状态开始停车则为软停车，在该方式下停车，软启动器首先断开旁路接触器，输出电压在设定的软停车时间内逐渐降至L009所设定的软停车终止电压值，然后切断与电动机之间的连接，电动机在断电情况下自由停车。软停车时的电压变化曲线见图5。

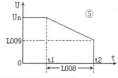

软停车需要设置的参数见表6。

由于参数L007设置为1，即为软停车方式，所以软启动器接收到停机指令（按压停机按钮）后，开始将电动机的供电权由外部的旁路接触器转交给内部的电力电子器件，并在软件控制下，逐渐降低输出电压。参数L008设置的停车时间为10s，则加到电动机上的电压会在10s时间结束时，降低到参数L009设定的额定电压的45%（L009设置为45%）。之后切断软启动器与电动机之间的供电关系，电动机自由停车。电压变化曲线见图5。

◇山西 杨电功

表1 电流斜坡启动时的参数设置

参数	参数名称	可设置范围	设置值	出厂值	说明
L000	启动方式	0 电压斜坡 1 电流斜坡	1	0	选择电流斜坡
L003	起始电压/电流	20 ~ 100%Un 20 ~ 100%In	70%	30%	电流从该电流开始增加
L004	斜坡时间	0 ~ 120s	20	10	达到设定最大值所需时间
L005	限流倍数	100 ~ 500%In	200%	350%	启动电流最大值为2In
			300%		启动电流最大值为3In
			400%		启动电流最大值为4In

表2 电压斜坡启动时的参数设置

参数	参数名称	可设置范围	设置值	出厂值	说明
L000	启动方式	0 电压斜坡 1 电流斜坡	0	0	设置为电压斜坡启动模式
L003	起始电压/电流	20 ~ 100%Un 20 ~ 100%In	35%	30%	起始启动电压为35%Un
L004	斜坡时间	0 ~ 120s	10	10	起始电压到额定电压须10s
			20		起始电压到额定电压须20s
			30		起始电压到额定电压须30s

表3 电压斜坡+电流斜坡启动时的参数设置

参数	参数名称	可设置范围	设置值	出厂值
L000	启动方式	0 电压斜坡 1 电流斜坡	0	0
L003	起始电压/电流	20 ~ 100%Un 20 ~ 100%In	30%	30%
L005	限流倍数	100 ~ 500%In	350%	350%

表4 突跳转矩软启动模式时的参数设置

参数	参数名称	可设置范围	设置值	出厂值
L000	启动方式	0 电压斜坡 1 电流斜坡	0	0
L001	突跳电压	20 ~ 100%Un	80	20%
L002	突跳时间	0 ~ 2000ms	1000	10
L003	起始电压/电流	20 ~ 100%Un 20 ~ 100%In	30%	30%

表5 自由停车时的参数设置

参数	参数名称	可设置范围	设置值	出厂值
L008	停车时间	0~120s	0	0

表6 软停车时的参数设置

参数	参数名称	可设置范围	设置值	出厂值
L007	停车方式	0 自由停车 1 软停车 2 泵停车	1	0
L008	停车时间	0~120s	10	0
L009	停车终止电压	20 ~ 80%Un	45%	30%

漏电断路器为何频繁跳闸？

某企业生产车间的供电，因为安全性要求较高，所以选用了一台2000kVA的干式变压器供电，而且中性线N不接地，用电设备的金属外壳连接到已经良好接地的PE线上。近期B相上的台式电脑等用电设备频繁受到漏电断路器跳闸的影响，不能正常工作。再次合上漏电断路器的操作手柄，瞬间又会跳闸。如果将漏电断路器后面的所有电器全部从插座上拔掉，这时合上漏电断路器则不跳闸。之后逐渐将台式电脑等用电设备的电源插头依次插入插座（不按动开机按钮），当插入的用电设备数量超过三台时，漏电断路器会再次跳闸。

经检查，一台深井潜水泵的电缆长期与垂吊潜水泵的金属架构接触，潜水泵长期运行时的震动使电缆绝缘层破损，电缆绝缘破损的样子见附图。电缆B相芯线与金属架构短路，致使PE线与中性线N之间有约200V的电压，A、C相与接地线PE之间约有400V的电压。

因为生产任务催得紧，更换故障电缆后，B相电断路器的跳闸故障同时消失，无法再通过实验的方法查找跳闸原因，请各位行家里手从理论上给以分析，解析该故障发生的原因。赐稿请发送至邮箱dyy890@126.com。

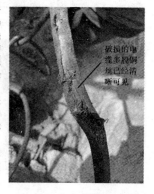

破损的电缆多股铜经已经清晰可见

一款改进智能光控照明节能技巧

目前我们广东中山管理的一个小区，有高层洋房12栋和独立别墅168座，园区面积达110350㎡，户外路灯、车库照明、大堂照明、围墙灯全部安装了时控开关控制器，数量共计81个，微电脑自动时控设定开关灯时间。但有一个明显的缺陷，特别是夏季，广东的天气变化无常，如阴雨天气，天黑时间提前可达30—120分钟，时间未到，时控开关不动作，整个小区漆黑一片，住户/业主投诉现象非常严重。需要反复的靠人工调整时间控制器。

夏季天气易变化，自动时控开关需每周进行两次的调整，工作量较大，还时常出现调整不及时现象，造成了不必要的浪费。

为了解决该困扰多年来的路灯开关问题，我逛遍了整个五金材料商城，终于发现了一款"智能光控开关"控制器。立即购买回去，安装在控制箱后按照说明书调试参数。试运行了几天，反复调试，但实际效果并没有达到预期，该产品因受环境因素影响，灵敏度等问题存在误动作，若单独使用，运行不稳定。经过如下改良，配套使用智能光控+时控开关形成自锁线路，解决了误动作信号，达到笔者要求，使用效果良好。

我经过研究和反复试验在保持原时控开关定时控制线路不变的情况下和考虑成本方面，增加了一套智能光控感应设备，能自动感应天气的变化，做出相应的智能调整，可设置延时、工作模式等参数。改变以往单一的设置时间开关灯现象。并网后运行可靠。彻底解决了路灯照明和天气变化不同步现象。

我在改进后使用的该套路灯自动光控控制装置所需材料：

1. 上海华旗微电脑时控开关一个，型号为KG316T，电压AC220V，时控范围：1m—168h。

2. 正泰交流接触器一个，型号为CJX2-1210，线圈电压AC220V，一常开辅助触点。

3. 上海卓一 TOONE 智能光控开关，型号为ZYT15-GK，电压 AC220V，纯光控或延时功能

一、控制原理说明

1. 在原路灯时控开关控制线路不变的情况情况下，串入一组光控感应装置 G1，当时控开关 T1 输出端动作后(T1动作开升时间应提前)，控制回路经过光控感应设备，如傍晚天未黑，光控装置不联动路灯接触器K1，此时路灯不会通电。

当天黑，触发光控 G1 动作后，接通路灯接触器K1电磁线圈通电吸合并自锁。(防止 G1 动作反复，需接触器自锁，夜深后时控开关应设置关闭动作)。当早晨天亮后光控装置能及时切断路灯控制电源。实现了照明系统和天气变化的同步。

2. 接线方式：

设备工作电压：AC 220V

连续线序：T1 输出端→G1 常开 3 点→G1 常开 4 点→K1 线圈 A2 端→K1 线圈 A1 端→电源 N 位→G1 感应 1-2 端接探头

二、操作重点说明

1. 通电后屏幕显示，不断地按 SET 液晶各区域字段闪换段闪烁，闪烁时通过+键选择需要的参数。

2. 工作模式区域 ON 表示一直处于开的状态，OF 表示一直处于关的状态，1、2、3、4、5 从小到大表示亮度由暗变为亮。

3. 左侧的半圆格对应 1、2、3、4、5 光敏度的细分比例，选择 1 且半圆显示一格表示最暗的光敏度(户外照明一般选择此档，如果觉得太暗可适当增加半圆格数)。

4. 半圆上 min 这里的数字表示光控延时，也就是感应到光线变化后延时一定的时间后再动作(避免误动作，一般设置 5 分钟左右)。

5. 最右边 hour 这里的数字表示工作时长，也就是天黑开启延时多少小时后关闭(不需要等到天亮才关闭，如果需要天黑开启天亮关闭这里选择"-")。

6. 注意输出的接线方式，本产品为触点开关输出(输出不带电压的需要接线形成开关回路，具体参照接线示意图)。

2. 线路连接正确检查完毕后通电调试：

项目常用设置：

设置 T1 自动模式 17：00—06：00→光控 G1 工作模式 1 段→照度设置 80%Lux→延时设置 2min→工作时长（-关闭）→自动

三、注意事项

1. 光控 G 设备必须设置延时动作 1—5 分钟，防止误动作。

2. 工作模式设置建议在 1——2 段，灵敏度 80%Lux 左右，按照实际使用情况现场安装环境做相应的调整。

3. 光控 G 感应探头安装在户外，自然采光处，尽量避免灯光照射区域。保持清洁和为防止误动作及防水作用，建议安装防水盒，采用透明亚克力，制作尺寸45mm×45mm×50mm（长×宽×高）。

4. 光控装置感应探头接线不宜过长，取 30cm-150cm 为宜。

5. 路灯控制箱接触器线圈阻性负载超过 10A，建议加装中继装置。

6. 智能光控设备建议接入自锁线路，防止天初黑时动作反复跳动。

公司管辖的 50 多个住宅小区项目，路灯照明设施用电能耗极高。全部进行了改造，解决了以往单独时控开关的弊端，节能效果非常明显。改造后每月平均节电约 65,000kW·h。更是大大减少了工程维护人员的工作量。

该套路灯自动光控控制装置所需材料简单易购，成本低，效率高。运行稳定，维护率低。可在同行业进行推广使用。

（附连接线路图）

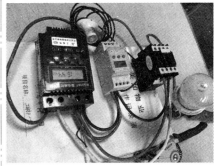

智能光控装置实物接线图(正面)

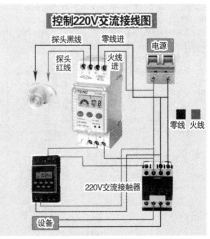

AC220V 控制器电源接线图

◇广东美加物业管理有限公司 安刚

贴片元件转直插的应急处理

不久前，因为更换 5532 运放，板载的是带插座的P8 封装，手头仅有贴片封装的 5532，难于使用。需要一种贴片转直插的构件。网上有很多销售的 P8 贴片转直插的接插件，价格也不贵，可邮购也需要好几天，应急不了眼前的问题。

喜欢动手的电子爱好者，手边大都有这些 DIY 备件：电烙铁、万用表、油性画笔、覆铜板、蚀刻液、钻孔工具等等。笔者就是根据自己身边现有的这些材料和工具，按照下面的步骤，花不到 2 个小时的功夫，即可搞定前面所说的贴片元件转直插的难题了。详见附图：

说明：1、步骤八，手巧的朋友也可用刀刻法会更省事；2、手工制作的比较粗糙，尺寸也比市场上出售的偏大，使用中需适当调整一下脚位，以便于插入原先的插座里。

◇杜玉民

准备一片单面敷铜板

油性记号笔在使用的部位涂一层

用一般书写笔给贴片定位脚位

给直插块也定脚位

用书写笔将直插块与贴片的各连接脚连线

各连线周围的油性涂层刮去掉多余的敷铜板

开始蚀刻

蚀刻完毕

清洗并打磨干净并钻孔

焊上贴片

焊上插脚

完工

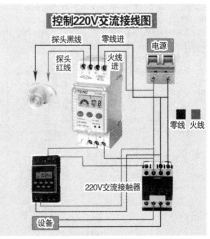

控制220V交流接线图

探头黑线　零线进　电源

探头红线　火线进

零线　火线

220V交流接触器

设备

空调业加速淘汰 R22 制冷剂

大家都知道以前空调制冷剂用的是氟利昂，当然氟利昂出名的原因也是它会破坏大气臭氧层的属性。为了保护环境，空调行业一直在寻找更加环保的制冷剂，近年来R32、R410A等更加环保的新型制冷剂正在逐渐普及，而作为曾经的主流制冷剂，R22虽然安全好用，但也因其破坏环境的性质，正在被加速淘汰。

2021年1月26日，生态环境部发布《关于核发2021年度消耗臭氧层物质生产、使用和进口配额的通知》。根据《中华人民共和国大气污染防治法》、《消耗臭氧层物质管理条例》等有关规定，核发浙江三美化工股份有限公司、山东东岳化工有限公司等20家企业2021年度含氢氯氟烃（HCFC）生产配额292795吨，现核发珠海格力电器股份有限公司、广东美的制冷设备有限公司等46家单位2021年度含氢氯氟烃使用配额31726吨。

2021年房间空调器行业 HCFC-22 使用配额核发表

单位：吨

序号	企业名称	使用配额
1	珠海格力电器股份有限公司	3870
2	格力电器(合肥)有限公司	3611
3	格力电器(重庆)有限公司	1733
4	格力电器(芜湖)有限公司	2238
5	广东美的制冷设备有限公司	1800
6	美的集团武汉制冷设备有限公司	1881
7	芜湖美智空调设备有限公司	627
8	邯郸美的制冷设备有限公司	983
9	广州华凌制冷设备有限公司	1634
10	重庆美的制冷设备有限公司	1025
11	佛山市美的开利制冷设备有限公司	100
12	合肥海尔空调器有限公司	400
13	武汉海尔电器股份有限公司	400
14	青岛海尔(胶州)空调器有限公司	400
15	重庆海尔空调器有限公司	431
16	郑州海尔空调器有限公司	431
17	TCL空调(中山)有限公司	1137
18	TCL空调器(武汉)有限公司	1114
19	海信(山东)空调有限公司	300

其中，HCFC-22(也就是R22)是此次核发含氢氯氟烃生产配额的一个主要产品。据了解2021年度HCFC-22的总生产配额为224807吨，比2020年度225171吨减少了364吨。对比HCFC-22的生产配额，2021年度家用空调行业HCFC-22总的使用配额为31726吨，比2020年的35215吨减少了3489吨，下降幅度更大。可以说，家用空调行业正在加速淘汰R22制冷剂，有数据显示019年HCFC-22在家用空调行业的市场占比为20%左右，2020年这一比例继续下探，据悉，中国家用空调行业预计到2026年淘汰70%的HCFC-22消费量。R22制冷剂的淘汰已经进入了倒计时。

R22制冷剂确实会对大气中的臭氧层造成不可逆的破坏，而臭氧层作为保护人类免受太阳紫外线侵害的屏障，值得我们去好好保护，因而R22制冷剂的淘汰可以说是大势所趋。当然对于消费者来说，R22制冷剂确实也是一款安全可靠、且方便好用的制冷剂。

对比现在两种环保的新型制冷剂R32、R410A，R22制冷剂的优势其实可以说是相当明显。首先是R32制冷剂，它是目前我国着重推广的一款制冷剂，R32制冷剂不会对臭氧层造成破坏，而且其全球变暖系数值也很低，可以说这是一款相当环保的制冷剂。然而R32制冷剂的化学名称为二氟甲

烷，我们知道甲烷是一种可燃烧的气体，也就是说R32制冷剂是可燃的，燃烧等级为A2级别(遇明火会燃烧)，这个缺点可以说是相当致命。

由R32制冷剂泄漏引发的爆炸可以说是时有发生，虽然R32制冷剂的燃烧除了遇到明火，还需要浓度达到一定的值，可以说相对苛刻。但是这种潜在的风险还是劝退了不少的消费者。而且，R32空调对安装的要求更高，这对于许多安装了多年R22空调的安装工来说，相对不友好，加上其存在的危险性，让不少空调维修工拒绝对R32空调进行维护。

R410A制冷剂是一种混合制冷剂，由R32(二氟甲烷)和R125(五氟乙烷)按1:1的比例组成。R410A作为R22制冷剂的取代品，虽然全球变暖系数值更高，但是和R32一样不会对臭氧层造成破坏，相对来说也比较环保，当然最重要的是R410A和R22一样都属于不可燃物质。

但由于其是混合制冷剂，这对后续的加氟工作不友好，需要将制冷剂全部排空再重新加注，而不是像R32和R22一样漏多少加多少就行了，所以加氟费用更高。

相比之下，R22制冷剂不仅安全，后期维护也方便，制冷效率也不低，这也是为何许多消费者明知其不环保，但在选购时还是优先考虑R22制冷剂。

在全球变暖的形式日益严峻的当下，R22制冷剂注定被淘汰，制冷剂势必向更环保的方向发展，目前已经有比R32更高效更环保的制冷剂，叫R290，也叫作丙烷，也就是液化石油气。以房间空调器年产8000万台计算，R22制冷剂的用量超过8万吨，如果所有的R22制冷剂都为R290所替换，按现有年产量，可年减排1.4亿吨当量的二氧化碳。

就目前来看，制冷剂的环保和安全是对立的，无法很好地做到兼顾。

PS：氟利昂大致分为三类，包括氯氟烃类、氢氯氟烃类、氢氟烃类。

氯氟烃类

氯氟烃类产品，简称CFC，主要包括R11、R12、R13、R14、R15、R500、R502等，该类产品对臭氧层有破坏作用，被《蒙特利尔议定书》列为一类受控物质。

氢氯氟烃类

氢氯氟烃类产品，简称HCFC，主要包括R22、R123、R141、R142等，臭氧层破坏系数仅仅是R11的百分之几，因此，目前HCFC类物质被视为CFC类物质的最重要过渡性替代物质，在《蒙特利尔议定书》中R22被限定2020年淘汰，R123被限定2030年淘汰。

氢氟烃类

简称HFC，主要包括R134a（R12的替代制冷剂）、R125、R32、R407C、R410A（R22的替代制冷剂）、R152等，臭氧层破坏系数为0，但气候变暖潜能值很高，在《蒙特利尔议定书》没有规定使用期限，在《联合国气候变化框架公约》京都协议书中定性为温室气体。

在臭氧层破坏、气候变化异常、酸雨三大地球环境危机中，臭氧层破坏、气候变化异常这两大危机直接与氟利昂的排放有关，尤其是CFC类型。虽然氟利昂在大气中的浓度显著低于其他温室气体，但其温室效应是二氧化碳的3400~15000倍，大量排放对大气的垂直温度结构和大气的辐射平衡产生重要影响，从而导致气候变化异常，并严重威胁地球的生态安全。 ◇四川 李运西

极致的直板全面屏——小米 MIX4

小米的MIX系列已经两年没有更新了，近日终于又传出了MIX 4手机的消息。小米MIX 4极有可能在年底前发布，而目前有消息称该机电池已经通过了国内的3C认证，其中显示该机将搭载2430mAh双电芯方案，而充电器的规格目前还没有曝光，很可能采用120W有线快充+70W无线快充的充电方案。

小米MIX 4还将首发最新一代大版本更新的MIUI 13系统，这也是目前已知的即将发布机型中，首款采用原生MIUI 13系统的新机。

硬件这一块自然也是旗舰级搭配，骁龙888pro是肯定的。另外，还可能支持UWB超宽带传输技术。小米MIX系列作为全面屏时代的开创者，将再一次引领屏幕的发展走向，会搭载屏下摄像头技术，成为首款拥有屏下前摄的旗舰手机。

最大亮点——早些时间小米展示了第三代屏下相机技术，采用全新自研像素排布，通过子像素的间隙区域让屏幕

透过光线，从而让每个单位像素仍旧保留完整的RGB子像素(Sub-Pixel)显示，不牺牲像素密度。

目前，中兴天机Axon 20是唯一一款市面上量产的屏下摄像头手机，但是这款手机屏下摄像头的技术还不够成熟，在显示内容的时候还会有色偏与分辨率问题，小米在2020年9月公布了第三代屏下摄像头手机，与之前技术不同的是屏下摄像头区域的精细度，之前技术中的屏下摄像头技术只有1/3的像素点，这会导致PPI下降，小米采用的方法是减少发光材料的体积，从而在保证透光率的同时还能有很好的精度。当然，用在这款年度旗舰上的有望是更先进的第四代技术。

中兴天机 Axon 20

红外热成像技术在健康行业的应用

红外热成像技术的基本原理:自然界中任何温度高于绝对零度(−273.15℃)的物体,都会发出位于红外波段的电磁波,如图1所示。

红外热成像仪的组成如图2所示,红外热成像仪是将物体的红外辐射能量分布转换成人眼可见的电子图像的设备。红外热成像技术的部分应用领域较广,如:军事、安防、电力、石化、冶金、制造业、交通、消防、建筑检测、科研、测试、医疗等等,如图3所示。

红外热成像在国内应用较早,但售价较高,早期一台医用红外热成像仪售价超过一百多万元。这几年由于成本降低,部分品牌的医用红外热成像仪售价在二十万元左右。国内相关领导都重视红外热成像在医学上的运用。王国强 卫计委副主任,国家中医药管理局局长提出"要把红外热成像技术和中医临床运用结合起来",并作出重要批示"用中医论整体观理指导,研制、论证该技术的有效性和普及性"希望将此项技术转化成为中医热CT。

业界有很多研究机构,如:中医药研究促进会医用红外热像科学研究院、北京现代数字红外技术研究院等。

参考文献:《红外成像检测与中医》、《亚健康红外热成像测评》、《脊柱关节肌骨病红外热成像》等,如图4、图5所示。

医用红外热成像仪原理:温变早于病变,预示人体健康。人体细胞、组织或器官处于正常、异常状态下,细胞代谢产生的热强度是不同的,当人体某个部位患病时,通常就存在温度的变化。医用红外热成像仪被动接收人体热辐射,可接收人体内代谢热在体表面动态平衡的热辐射,可测定体内异常代谢热源——深度、形状、温差等。

红外热成像:把人体自动向外散发的远红外信息进行采集,加以伪彩色技术以图像形式呈现。人体细胞、组织或器官处于正常、异常状态下,细胞代谢产生的热强度是不同的,当人体某个部位患病时,通常存在温度的变化。

红外检测与"中医可视化"不谋而合,通过外部的变化而反映内在的变化,认识人体的生理及病理过程,在早期由于这些变化而产生温度的改变,我们可以根据红外检测及中医学整体观念和辨证论治的思想对机体进行良好的辨识,用数字化、可视化的方式收集易于的望闻问切所不能收到的信息,及早期进行干预调理,以达到"未病先防,已病防变",可有效的节约医疗资源。

本文暂以智慧分享ZHFX 001红外热成像健康检测系统为例,如图6所示,谈谈红外热成像技术在健康行业的应用。该红外热成像健康检测系统由采图系统、评估系统、后台管理系统、移动端评估系统组成一个云平台,如图7所示,分便携式设计与商用分体式两款,两款工作原理相同,硬件有稍微差异,如图6所、图8所示。智慧分享ZHFX 001红外热成像健康检测系统可检测的病症较多,具有如下特点:

1. 诊断全面:适用于100多种症状问题及亚健康的诊断判定,如图9所示。

2. 早筛查:根据温度异常,发现问题,解读潜在风险

3. 快速便捷:可随时检测,只拍摄红外热图,简单快捷

4. 被动无伤害:功能影像,无创无伤害。无特殊环境要求

采图系统(如图10所示)、评估系统(如图11所示)、后台管理系统(如图12所示)、移动评估系统(如图13所示)等4大版块将红外热成像技术和中医临床相结合,运用中医整体理论为指导,通过硬件设备采图、云平台、医用红外评估系统和健康管理App组成的"中医热CT系统",实现设备共享、线下采图,线上评估,为中医诊断评估提供全新的可视化图像。去年年底,该系统就受到业界一些专家的关注,并用于临床测试。

如图14所示是一个7岁的自闭症小孩,不会说话、易怒、无法与人交流,通过7个月中医调理已有很大的进展,可以简单的语言交流,性格也变得较温和。想调理再有更大进步,试着通过智慧分享ZHFX 001红外热成像健康检测系统获得帮助,通过测试,如图15、图16所示,发觉小孩的头部"火"较重,同时发觉其四肢无力(温度越高颜色越深,如白色、红色温度较高。蓝色、绿色温度较低),证实了没作测试前的一些判断。通过外敷疗法与针灸对小孩有针对性的调理,把"火"往下肢引,保持人体阴阳平衡。又经四十多天的调理,该小孩能与家人进行理性交流,知书达理,身体也较健壮。相关视频可参考微信视频号:智慧分享ZHFX 001。

如图17所示的阿姨是一位帕金森病患者,通过中医外敷疗法,吃药时间由2小时时间隔延长至6个小时,想通过智慧分享ZHFX 001红外热成像健康检测系统获得帮助,通过测试,更准确的找到病灶位置,如图18所示,后期作有针对性的调理。

中医学强调整体观念和辨证论治,特别注重人体功能的变化,在治未病、调理亚健康方面有明显的优势。但由于个人经验的局限性和中医不能准确量化的特点,难以对其进行精确的描述。红外热成像技术在这方面具有突出性的贡献,可以清晰的获取亚健康状态下机体细胞和组织的热代谢状态。描述功能性的变化,使得人体细胞组织温度的精确量化成为可能,这样我们能直观的看到人体五脏、六腑、五官、躯干、头颈、四肢及经络的功能状态。因此,在亚健康领域红外热成像技术实现了医学领域的预测与评估,开启了现代医学"治未病"时代,即将成为健康保健事业发展史上的一个里程碑。每次作测试,都受到关爱健康的好友热捧、排队作检测,如图19、图20、图21、图22、图23所示。

智慧分享ZHFX 001红外热成像健康检测系统可以作到慢病四预

预测:反映人体健康和慢病发展期全过程的高敏感度生理信息。

预知:量化健康至疾病的生理变化全过程。

预警:重大慢性疾病的早期预警。

预防:健康养生,防微杜渐,治未病,全程健康管理。

该系统采用AI大数据技术、诊断全面,与中医结合,提供临床诊断信息、效果观察、健康评估、及时发现身体隐患问题,为健康保驾护航!检测报告可发到用户手机,如图24所示。

智慧分享ZHFX 001红外热成像健康检测系统由于采用分享模式,尽可能降低营运成本,市场售价仅数万元一套。该系统服务于中医治未病的"早期医疗",为人们提供个性化的健康医疗管理方案,引领移动健康管理模式。广泛应用于医院、体检中心、国医馆、养生馆和康体美容中心等场所,共同推动中医的传承与创新。

声明:本报对作者文章观点持保守意见,如果身体健康出现问题请第一时间去相关医院进行就诊。

◇广州 秦福忠

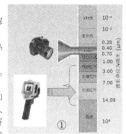

特禀质　肾炎　心肌缺血　腰肌劳损

心包经阻滞　腰椎间盘突出　心阳虚　姜缩性胃炎

胰腺炎　纤维肌痛　直肠炎　子宫肌瘤

采图系统

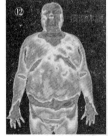

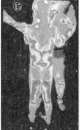

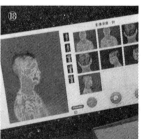

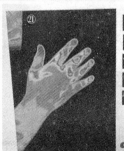

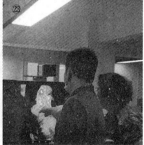

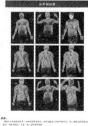

常用的网络命令大盘点(二)

(上接第 241 页)

ping

想知道本机到目标网页的网络延时,可以使用 ping 命令,如下图所示:

ping 是基于 ICMP 协议的,所以对方防火墙如果屏蔽了 ICMP 协议,那么我们就无法与它 ping 通,但这并不代表网络是不通的。

每一个 ICMP 包都有序号,所以你可以看到上图中 icmp 序号,如果序号是断断续续的,那么可能就出现了丢包现象。

time 显示了网络包到达远程主机后返回的时间,单位是毫秒。time 的时间越小,说明网络延迟越低,如果你看到 time 的时间变化很大,这种现象叫做网络抖动,这说明客户端与服务器之间的网络状态不佳。

ttl 全称叫 time to live,指定网络包被路由器丢弃之前所允许通过的网段数量,说白了就是定义了网络包最多经过路由器的数量,这个目的是防止网络包在网络中被无限转发,永不停止。当网络包在网络中被传输时,ttl 的值通过一个路由器时会递减 1,当 ttl 递减到 0 时,网络包就会被路由器抛弃。

另外,ping 不单单能输入 ip 地址,也能输入域名地址,如果输入的是域名地址,会先通过 DNS 查询该域名的 ip 地址,再进行通信。

telnet

有时候,我们想知道本机到某个 IP+端口的网络是否通畅,也就是想知道对方服务器是否有对应该端口的进程,于是就可以使用 telnet 命令,如下所示:

telnet 192.168.0.5

telnet 执行后会进入一个交互式的页面,这时就可以填写你要发送给对方的信息,比如你想发 HTTP 请求给服务器,那么你就可以写出 HTTP 请求的格式信息。

DNS 查询

如果想知道 DNS 解析域名的过程,可以使用 host 和 dig 命令。

host

host 就是一个 DNS 查询命令,比如我们要查百度的 DNS,如下图所示:

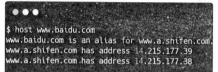

可以看到,www.baidu.com 只是个别名,原名是 www.a.shifen.com,且对应了 2 条 IPv4 地址。

如果想追查某个类型的记录,可以加个 -t 参数,比如下图我们追查百度的 AAAA 记录,也就是查询域名对应的 IPv6 地址,由于百度还没部署 IPv6 地址,所以没有查询到。

dig

dig 同样也是做 DNS 查询的,区别在于,dig 显示的内容更加详细,比如下图是 dig 百度的结果:

也可以看到 www.baiu.com 的别名(CNAME)为 www.a.shifen.com,然后共有 2 条 A 记录,也就是 IPv4 地址的记录,通常对应多个是为了负载均衡或分发内容。

HTTP

在电脑桌面我们常使用浏览器来请求网页,而在服务器一般是没有可视化页面的,也就没有浏览器,这时如果想要 HTTP 访问,就需要网络相关的命令。

curl

如果要在命令行请求网页或者接口,可以使用 curl 命令,curl 支持很多应用协议,比如 HTTP、FTP、SMTP 等,实际运用中最常用还是 HTTP。

比如,我用 curl 访问了百度网页,如下图:

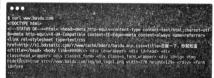

如果不想看 HTTP 数据部分,只想看 HTTP GET 返回头,可以再加个 -I 参数,如 curl -I,如下图所示:

上面演示了 HTTP GET 请求,如果想使用 POST 请求,命令如下:

```
$ curl -d '{"name": "xiaolin"}' -H "Content-Type: application/json" -X POST http://localhost/myapi
```

curl 向 http://localhost/myapi 接口发送 POST 请求,各参数的说明:

-d 后面是要发送的数据,例子中发送的是 JSON 格式的数据;-X 后面是指定 HTTP 的方法,例子中指定的是 POST 方法;-H 是指定自定义的请求头,例子中由于发送的是 JSON 数据,所以把内容类型指定了 JSON。

总结

最后,列一下本文提到的 Linux 下常用的网络命令:

远程登录的 ssh 指令;远程传输文件的 scp 指令;查看网络接口的 ifconfig 指令;查看网络状态的 netstat 指令;测试网络延迟的 ping 指令;可以和服务器进行交互式调试的 telnet 指令;两个 DNS 查询指令 host 和 dig;可以发送各种请求包括 HTTPS 的 curl 指令。

(全文完)

电动车电池、充电器常见问题解答

1. 新电池是否需要激活?

答:关于电池激活的说法,估计是从手机行业传过来的。其实铅酸电池没有我们想象的那么脆弱,铅酸电池的激活是生产制造环节的事情,如果电池到了用户手上还需要进行深充深放激活,那岂不是很麻烦?万一激活失败呢?如果出厂前没有完全激活,又怎样检测电池的容量是否达标呢?因此不存在激活的说法。不过在生产流通环节,从出厂到装车的时间有可能比较长,本来出厂是满电的,由于存放时自放电,因此首先装车时需要补充电,这个倒是有可能的。

2. 充电时,充电器究竟先插哪一端,充电结束后,究竟先拔哪一端?

答:使用充电器时,究竟先插直流端(电池端)还是交流端,这个没有严格的规定。同样地,充电器也没有我们想象中的那么脆弱,虽然因为连接顺序搞错而损坏,那么估计厂家都得倒闭。不过由于充电器成本控制,我们会发现接通交流电瞬间,高品质的充电器没有插头打火的现象,而市面上买到的充电器,大多数有打火的现象。从电气安全的角度出发,我们应该遵循在断开高电压(交流端)的情况下,更操作低电压(直流端)的原则,比较稳妥,也就是说,充电时,先插充电口再插交流电,充电结束后,先拔交流电,再拔充电头。

3. 充电器为什么不像控制器那样内置到整车当中?厂家为什么禁止充电器随车携带?

答:充电器是将交流电转换成直流电,而控制器不存在交直流转换的情况,因此充电器对工作环境的要求更高,工作时间更长,其故障率也比控制器高。控制器是被动散热,充电器为主动散热,充电器对散热要求更高,如果充电器要做成控制器那样密封防水抗震,同时又要满足空气开关,那成本会提高很多,实施难度也大,安全性也很难得到保障,加上其体积也比控制器大,除了占用空间外,一旦损坏需要专业人士才能检修,用户无法自行直接更换,因此充电器不适合内置到整车当中。由于充电器大部分使用单层电路板,其强度没双层电路板高,再加上变压器较重,还有两个大电容,长期随车携带颠簸震动,会导致元器件虚焊甚至脱落,充电器出现故障的情况。如果确实要随车携带,建议采用泡沫包裹一下,提高抗震能力。另外,很多用户充电后在收纳充电器时,有卷线的习惯,我们不建议卷线,次数多了,电源线内部就会断裂,充电器无法充电。

4. 铅酸电池是否有记忆效应,随用随充好还是电量差不多用完再充电比较好?

答:上面已经提到,铅酸电池没有我们想象的那么脆弱,铅酸电池常见的容量衰减失效起因主要有三大方面,一是正常生命周期(循环充放电次数累积逐渐失水失效),二是亏电后没有及时充电导致硫化失效,三是充满电后长期不使用,电池自放电后亏电硫化失效。随用随充(又叫浅充浅放,指的是不管电池电量是否充完,每使用一次或数次后就充一次电)好,还是电量差不多用完(又叫深充深放)再充电好,这个并不是影响电池寿命的关键因素,由于电动车续航里程有限,为了保证有足够的电量,大部分用户都是习惯一天一充或数天一充,浅充浅放、深充深放的频率都相当。根据我们的实践,不管你采用哪种充电习惯,当电量差不多用完或者已经用完后,最好能在 24 小时内充上电。如果充满电后存放,7 天左右应该补充一次电,存放超过 15 天最好能骑行一次,充一次电。电池不使用比使用时有更快更快,更难维护保养。存放期间不建议开启防盗报警器,最好关闭空气开关,切断总电源。

5. 三阶段充电器好还是更多阶段的充电器好?

答:多阶段其实也是三阶段的延伸,作为一个产品,我们建议还是中规中矩比较好,控制越复杂,不可预料的因素越多。把三阶段研究利用好已经很不简单了。电动车充电器不会采集每一只电池的数据,可以说是盲充瞎瞎的,电池的检测维护修复必须采集到每一只电池的真实数据,脱离了这个事实基础谈维护保养修复是站不住脚的。

6. 为什么电池要设计成串联后整组充电而不是给每只电池单独充电?

答:给每只电池单独充电,确实是保证电池正常寿命的好办法,只是每只电池都需要引出充电口,导线较多,加上安装使用也复杂,目前,有些动手能力强的有识之士就是采用这种方式来延长电池寿命,效果还是看得见的。例如一组 60V 电池组,有 5 只 12V 电池,则需要配备 5 个充电器和 5 个充电口,即使将 5 个充电器整合到一起,使用一个多芯充电口连接 5 只电池,体积也比较大,而且造价贵,显然为厂家和广大用户所不能接受,并且万一坏了某个充电器,一般用户未必能及时发现。没有采取这种充电方式,主要还是不方便。

7. 充电器的参数是如何检测的,生产维修检测过程中是否需要为每一个型号的充电器配备相同型号的电池组来测试?

答:充电器的工作状况以及各项参数的检测有专门的充电器检测仪,其使用的是电子负载(可以理解成模拟电池组)通过电位器可以调节电子负载的大小,因此一个电子负载即可检测各种型号规格的充电器。充电器检测仪可以快速准确实时采集到充电器各项参数的数据,无需像实际充电那样需要真的电池来等待。充电器在生产制造时有一个老化检测环节,这个老化并不是设备陈旧老化那个老化,指的是让充电器满负载连续工作若干小时(一般为 48 小时),能通过老化检测环节且没有出现故障的为合格产品,不能通过老化检测环节的为不合格品,这个过程使用的仍然是电子负载,不需要使用电池组。不过在研发验证阶段,电子负载和真实的电池组都会用到。

搭建远程 Jupyter Notebook

今天为大家分享一篇关于服务器的一些玩法：搭建远程 Jupyter Notebook，随时随地进行数据分析。

进行本教程的前提是你已经有一台云服务器。

修改密码

购买服务器后，会自动进入服务器控制台，我们需要按照下图示例，记住我们的公网 ip 并修改登陆密码

你的公网 ip
一定要记住

点击重置密码

安装 anaconda

首先打开命令行（Windows）或者终端（macOS），输入下面的代码，远程连接你的服务器

ssh root@ 你的 ip

连接你的 ip

之后会让你输入刚刚设置的密码，按下回车后就成功登录到我们自己的服务器！

接下来依次输入下面四条命令并执行，输入一行执行一行，同时页面会不断打印很多消息，无视它，假装自己是个黑客

yum update -y

yum -y groupinstall "Development tools"

yum install openssl-devel bzip2-devel expat-devel gdbm-devel readline-devel sqlite-devel

wget https://repo.anaconda.com/archive/Anaconda3-2021.05-Linux-x86_64.sh

依次输入命令

耐心等待命令全部执行完毕之后，我们再执行下方命令安装 anaconda

bash Anaconda3-2021.05-Linux-x86_64.sh

之后继续等待页面滚动，其间可能会提示你输入 yes 或者按下回车，总之一路按照提示进行，就像安装软件时一路点击我同意一样，直到出现下方结果提示完成

按下回车

现在 anaconda 就已经安装完毕了，我们来激活环境变量！执行下面一行代码即可

source ~/.bashrc

至此，anaconda 就已经安装与激活完毕，我们可以执行 python 来验证，如果显示启动的是 python3.8 则证明配置成功，否则就要检查刚才哪一步有问题。

启动远程 jupyter notebook

OK，现在我们已经在服务器上配置好 Python 开发环境，这一节我们要做的就是开启远程 Jupyter Notebook，如果上面的步骤成功完成那么这步将更简单。

首先执行下面一行命令

jupyter notebook --generate-config

执行成功后会生成以下信息，也就是生成了一个配置文件在显示的目录下

接下来输入 ipython 进入 ipython，依次运行下面两条命令

from notebook.auth import passwd

passwd()

这时候会提示你输入两次密码，输入完毕后会生成一个密钥，一定要复制粘贴到其他地方备用

复制并保存

之后执行 exit() 退出 ipython 后执行下面一行命令

vim /root/.jupyter/jupyter_notebook_config.py

按 i 开始编辑，并修改下面四处设置

c.NotebookApp.password = ' 刚刚生成的密钥 '

c.NotebookApp.ip='0.0.0.0'

c.NotebookApp.open_browser = False

c.NotebookApp.port =8888

其中第一个需要替换成你刚刚保存的密钥，其他的该修改的修改，该取消注释的取消注释，大概有 100 多行，为了方便可以用/来搜索，比如使用/c.NotebookApp.password 来找到第一个需要修改的位置。修改完毕之后按下 ESC，并输入:wq 按回车退出。现在只剩下最后一步了，回到命令行执行下方代码

jupyter notebook --allow-root

出现这些提示表示开启成功

现在我们的远程 notebook 就成功启动在服务器的 8888 端口，但由于服务器安全设置，不是所有设备都能访问 8888 端口，所以还需要回到阿里云控制台，按照下面示例设置安全组开放 8888 端口

设置完毕后，我们打开任意浏览器，输入你的 ip:8888 就能访问到专属于我们自己的远程 notebook！

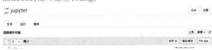

ip:8888

刚刚设置的密码

输入我们刚刚设置的密码后，即可进入专属于你的远程 notebook，随时随地 coding！

之后的操作就不用多说了，按照你平时操作 notebook 方法写代码就行了，由于我们已经安装了 anaconda 所以像 pandas、requests 之类的库都自带了，如果需要额外安装第三方库回到命令行 pip 安装即可。

当然上面的命令如果现在把命令行关了就不能再使用远程 notebook，所以在确认可以成功开启之后结束刚刚的命令，回到命令行执行

nohup jupyter notebook --allow-root &

即可将命令挂载在后台运行，关掉窗口也没事，现在你可以不借助任何第三方软件在任何场景、任何一台连接到互联网的设备上访问你的远程 jupyter notebook 并写代码。

定频空调器与变频空调器电气系统的差异

变频空调器与定频空调器电气系统的关键区别是前者多了个变频器。这也导致两者之间存在着较大的性能差异。

1. 定频空调的制冷能力随着室外温度的上升而下降，而房间热负荷恰恰是随室外温度上升而上升的，这就导致定频空调制冷量不足。变频空调的压缩机电动机转速可以根据房间热负荷的变化而变化，实现快速制冷或制热，温度波动小。例如，当房间需要急速降温或升温时，空调的变频器输出高频率的交流电，使压缩机电动机的转速加快，压缩机的制冷量或制热量相应增加；当房间所需的制冷量或制热量较小时，变频器输出低频率的交流电，使压缩机电动机的转速下降，压缩机的制冷量或制热量相应减少。这样就实现了制冷量与房间热负荷的自动匹配，也节省了电能。

2. 定频空调定频启动、定频运转，启动电流大于额定电流。变频空调器的压缩机启动电流很小，且无频繁启动现象，大部分时间在低速运行，所以压缩机噪声小，机械磨损小，寿命长。从长期运行来说，变频空调器比定频空调器节能。

3. 定频空调在电压低于 180V 时，压缩机不能启动。变频空调器的电动机由变频器提供交流电源，与市电电压无直接联系，所以空调器对电源电压要求不高，可以在电源电压大范围变动时稳定运行。变频空调在电压很低时，可以降频启动，最低启动电压可达 150V。

4. 定频空调的温度调节方法简单，温度波动范围大，最

高达到 2℃。空调器在室内温度达到设定温度时，压缩机停止工作；室内温度高于设定温度 1℃时，压缩机重新开启。变频空调的温度调节方法精确，温度波动范围只有室温每降低 0.5℃，压缩机运转频率就降低一挡；相反，室温每升高 0.5℃，压缩机运转频率就升高一挡。室温越高，压缩机运转频率越大，以便空调快速制冷；室温越接近设定温度，压缩机运转频率越小，提供的制冷量也越小，以维持室温在设定温度附近，温度波动小。

5. 定频空调在制冷、制热两者状态下，压缩机转速一样，只能通过系统匹配提高热冷比，局限性很大。变频空调制热时，压缩机转速比制冷时高许多，所以热冷比可高达 140% 以上。制热时最高运转频率往往要比制冷最高运转频率高 20Hz 左右。

6. 定频空调压缩机转速恒定，0℃以下压缩机实际上没有什么制热效果；变频空调低温下以高频运转，制热量是定频空调的 3?4 倍，室外温度为 -10℃时，制热效果仍然良好。

7. 定频空调每次发生过流保护或过压保护时，压缩机都要停机；变频空调每当发生电路保护时，可以通过适当的降频运转进行缓冲，从而实现不停机保护，不影响用户的使用。

8. 定频空调化霜性能较差，除湿时有冷感。变频空调化霜准确而快速，只需定频空调一半的时间。除湿时低频运转，只除湿不降温。

2021年 6 月 20 日 第 25 期

投稿邮箱：dzbnew@163.com

电子报

氮化镓(GaN)提高电源效率

如今，越来越多的设计者在各种应用中使用基于氮化镓的反激式AC/DC电源。氮化镓之所以很重要，是由于其有助于提高功率晶体管的效率，从而减小电源尺寸，降低工作温度。

晶体管无论是由硅还是由氮化镓制成，都不是理想的器件，使其效率下降的两个主要因素(在一个简化模型中)一个是串联阻抗，称为RDS(ON)，另一个是并联电容，称为COSS。这两个晶体管参数限制了电源的性能。氮化镓是一种新技术，设计者可以用它来降低由于晶体管特性的不同而对电源性能产生的影响。在所有晶体管中，随着RDS(ON)的减小，管芯尺寸会增加，这会导致寄生COSS也随之增加。在氮化镓晶体管中，COSS的增加与RDS(ON)的减少之比要低一个数量级。

RDS(ON)是开关接通时的电阻，它造成导通损耗。COSS的功率损耗等于CV2/2(见图1)。当晶体管导通时，COSS通过RDS(ON)放电，导致导通损耗。导通损耗等于(CV2/2)×f，其中f是开关频率。用氮化镓开关替换硅开关会降低RDS(ON)和COSS的值，能够设计出更高效的电源，或实现在更高频率下工作，而对效率的影响较小，这有助于缩小变压器的尺寸。

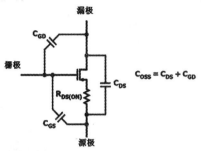

图1：初级功率开关中的寄生电容

氮化镓如何降低导通和开关损耗

我们谈到了增加晶体管尺寸的后果：随着晶体管变大，RDS(ON)会减小。这没有问题。然而，随着晶体管变大，(显然)面积会更大，因此寄生电容COSS也会增加。这不是好事。最佳的晶体管尺寸应使RDS(ON)和COSS的组合最小化。该点通常位于降低RDS(ON)损耗的曲线与增加COSS损耗的曲线的相交处。当曲线相交时，电阻和电容损耗的组合最低(见图2)。

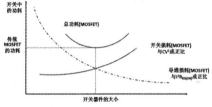

图2：硅MOSFET中的功率损耗相对于器件尺寸的简化示意图

除了总RDS(ON)之外，还有一个名为"特定RDS(ON)"的参数，该参数将总导通电阻与管芯单位面积相关联。与硅相比，氮化镓具有非常低的特定RDS(ON)，因此开关更小，并且COSS也更低。这意味着更小的氮化镓器件可以处理与更大的硅器件相同的功率水平。

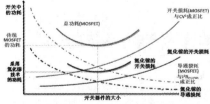

图3：相较于硅MOSFET，氮化镓器件的总损耗更低

较低的RDS(ON)和较小的COSS损耗相结合，可以使用氮化镓设计出更高效率的电源，从而减少散热。所需散热量的降低也有助于缩小电源尺寸。频率是设计者可以用来减小尺寸和优化使用氮化镓的电源性能的另一个手段。由于氮化镓本质上比硅更高效，因此有可能提高基于氮化镓的电源的开关频率。虽然这会增加损耗，但它们仍会显著低于硅MOSFET的损耗，并减小变压器的尺寸。

变压器结构的实际限制和电路中的寄生元件限制了开关频率可以有效地提高到何种程度。在实际设计中，对于额定功率为≤100W的基于氮化镓的反激式适配器来说，能够提供效率、尺寸和低成本的最佳组合的开关频率可以低于100kHz。对于氮化镓而言，限制因素不是开关速度。随着COSS的大幅度减小，设计者有了更大的灵活性，可以针对损耗优化开关频率，达成一个卓越的解决方案。

利用氮化镓提高电源效率

电源效率的提高究竟是如何实现的呢？举例来说，对于一个使用硅MOSFET的65W反激式适配器，其效率曲线在10%负载下处于约85%的范围内，在满载时将达到90%以上(见图4)。而一个使用Power Integrations(PI)公司基于氮化镓的InnoSwitch?器件的65W反激式适配器，其效率在10%负载下将约为88%。在满载时，这款氮化镓设计的效率将达到约94%。假如用氮化镓器件取代硅MOSFET，在整个负载范围内将可实现约3%的效率改进。

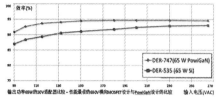

图4：碳化硅与氮化镓适配器在满载时的效率比较

效率提高3%相当于损耗减少至少35%。氮化镓设计的能耗更少，产生的热量减少35%。这一点非常重要，因为初级功率开关通常是传统电源中最热的元件。氮化镓的散热需求也会下降。电源体积将会更小，重量更轻，也更便携，并且由于元件的温度较低，电源的工作温度将更低，拥有更长的使用寿命。

如何使用氮化镓晶体管进行设计

在功率变换器设计中，分立的氮化镓晶体管不能用作硅器件的直接替代品。氮化镓晶体管的驱动更具挑战性，尤其是在驱动电路距晶体管有一定距离的情况下。氮化镓器件的导通速度非常快，如果没有精心优化的驱动电路，这可能会导致电磁干扰甚至破坏性振荡的严重问题。氮化镓器件通常是处于"常开"的状态，这对于功率开关来说不理想，因此分立的氮化镓开关通常与一个共源共栅排列的低压硅晶体管搭配一起工作。

为了帮助客户实现可靠耐用的设计并加快产品上市时间，PI推出了InnoSwitch3产品系列。这些高度集成的反激式开关IC已内置用于氮化镓初级和次级侧同步整流管的控制器。InnoSwitch3 IC具有低空载功耗，并采用名为FluxLink?的高带宽通信技术，该技术使反馈信息可在安规隔离带之间传递，绝缘性能符合国际安全标准。

InnoSwitch3-PD是InnoSwitch3产品系列的最新成员，具有初级和次级控制器以及氮化镓初级开关。该器件可提供完整的USB PD和PPS接口功能，无需USB PD+PPS电源通常所需的微控制器。其他采用氮化镓的PI产品包括：采用数字控制并支持动态调整电源电压和电流的InnoSwitch3-Pro；名为InnoSwitch3-MX的多路输出版本；以及LED驱动器IC LYTSwitch™-6。

图5：InnoSwitch3集成解决方案利用氮化镓技术提供高性能反激式电源并加快开发时间

总结

氮化镓即将在市场大行其道。越来越多的应用，包括USB PD适配器、电视机、白色家电和LED照明，共超过60种不同的应用，已经在享受氮化镓带来的好处。当可以使用不超过100W的反激式AC/DC电源时，越来越多的设计者选择将氮化镓设计成体积更小、重量更轻、工作温度更低、可靠性更高的电源。

"光储充"一体化机应用

随着电动汽车的普及，充电设施也在完善，最明显的变化是快充、慢充等基数设施在数量上都有了较大的提升。根据深圳市新能源汽车运营企业协会的统计，深圳新能源汽车充电网络已经基本建成，公共充电站超过5500座、公共充电桩超过93000个，有超过300家充电运营企业，前40名企业占据过90%的市场份额。但目前，充电基础设施市场也面临着公共快充过度竞争的问题，在市场价格战、平台补贴的影响下，服务费平均仅为0.1元/度电，此外还有充电桩利用率低的问题。深圳市新能源汽车运营企业协会秘书长张競競表示，随着深圳充电技术设施行业在空间布局、行业监管、电力资源、充电市场等方面均有待突破。在碳中和的背景下，充电桩运营企业将目光转向"光储充"一体化。今年7月，特斯拉上海光储充一体化超级充电站落成，再次激起国内充电桩企业对"光储充"一体化的关注。顾名思义，"光储充"一体化充电站指的是使用的是清洁能源供电，通过光伏发电后储存电能。这种解决方案最大的特点在于将光伏、储能和充电设施形成网络，实现"车网互动"。特斯德旗下的子公司特来电相关人士介绍，公司的"光储充"解决方案除了充电还能反向输送电到电网。

民生证券研究院预计，2021年到2025年期间，光储充一体化的储能系统需求约6.8 GWh，其中2025年储能系统需求约3.62GWh，到2030年储能系统需求约44.8GWh。自2016年开始，储能产业进入商业化初期，发展到今年已经逐渐进入第二阶段，出现规模化发展的趋势，能源网开始与车联网、充电网、物联网融合。早在2020年，特来电与华为就智能充电、4G/5G通信连接等领域展开合作。细分到充电桩板块，2G/3G通信模块已经在2019年逐渐退出历史舞台。据了解，使用2G/3G通讯模块的充电桩会出现通讯不稳定的情况。动力源相关人士向记者介绍，目前还是以4G通讯为主，这主要是因为5G还未完全普及，另外4G模块在成本上更有优势。除了4G，在一些偏远地区或者信号较差的地方还会采用WiFi模块，部分智能换电柜支持蓝牙换电。在换电柜、充电站、换电站等充电基础设施产业链中，对电池的管理是至关重要的。道通科技相关人员表示，在换电过程中，需要实时监测电池的充电情况、电池状态，为此道通科技基于AI电池监测算法推出智慧充电检测系统提供安全防护技术。除了AI算法，在设备端加入电池管理芯片(BMIC)也是重要的方式，据了解，新唐科技已经推出了适用于各类混合动力和纯电的xEV的车用电池管理芯片，并且已进入蔚来等企业的产业链。此外，动力源的智能换电柜充电电源模块中也已集成车用电池管理芯片等元器件。

从目前的趋势来看，在充电系统、电池管理技术逐渐成熟之后，充电运营企业的电动车充电解决方案将越来越完善，从而扩充充电方式。今年11月，江苏"光储充换检"五合一充电站投运，该充电桩引入了"光储充检"智能微网技术和蔚来换电技术。充电运营企业动力源也推出了光储充放换的一体化方案，动力源相关人员表示，目前的解决方案还是以充电站为主，随着换电车型渗透率的提高未来也会逐渐扩展到换电站领域。谈未来充电行业的发展趋势，业内人士表示除了光伏，在技术成熟后，不排除一些有条件的地区将风能加入充电行业的应用中。

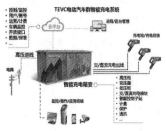

特来电解决方案(电子发烧友网摄)

新唐科技的BMIC

用类比的方式想象理解 PCB 布线的规则(一)

关于 PCB 布线的文章很多,各种知识点、技能点的技巧文章分布在网上,但核心的其实就三点:

1. 要实现原理图中所要求的功能:要让工厂能够以最具性价比的方式加工出合格的板子来,工程师或者 PCBA 厂商能将元器件安装在板子上、调试成功;

2. 要保证系统需要的性能:太多不同的信号线,有高速数字的,有对噪声比较敏感的模拟小信号,有大电流的电源供电等等,要保证系统的性能,你必须让它们和睦相处互相不能干扰。每个信号线里面都是以电流的形式在传输,而电流产生电、磁场,如何让每个信号线之间的电磁场干扰降到最低?所以才有接地、阻抗匹配、电源去耦、大面积铺地、相邻两层垂直走线等等的设计技巧。这些设计技巧的核心都是为了避免相互之间的电磁干扰,只有从这个本质出发才能够彻底解决板子上的所有问题;

3. 要直观、美观:板子也是给人看的,不仅让自己觉得是个赏心悦目的作品,更重要的是在自己调试、其他人测试、安装、使用体验的时候能够凭着直觉了解到板子上所有的器件及其说明,其中丝印的放置和设置也是很重要的。

将这三点牢记在心,再辅之于我们生活相关的想象类别,就可以迅速掌握 PCB 布线里面无数个看似高深的要点了。

PCB布线流程

做任何事情先要清楚流程,流程在心,才能掌控一切。PCB 布线这一个环节从流程上拆分成 10 个步骤。

你设计的图纸是需要 PCB 加工厂来给你实现的,你的设计不能超出他们的加工能力,因此第一个就是要跟 PCB 打板的厂商联系,了解他们的制造能力和规范,记住一点,你获得的服务质量与你付出的代价是成比例的,要根据你的预算和项目的实际情况选择你需要的服务,也就是 PCB 厂商能够给你保证的生产精度,这直接影响到你板子上的线宽、孔径、线间距等的精度设定,不了解这些信息你设计出来的板子可能无法加工,或者加工出来的板子会出现一系列的问题。

PCB 的层数直接与成本相关,就像高速公路上的车道多少一样,4 层、6 层性能当然会比 2 层板好更有保障,更容易布线,但成本自然也高,4 层板的成本可不只是 2 层板的 2 倍,要贵很多。这个要根据实际的项目需求以及选用的器件来决定。

在开始布线之前就要在 CAD 工具的设置界面中先把这些设置好,而这些信息都是你需要向 PCB 加工厂商事先了解的。

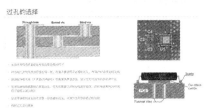

在布线的时候有两个重要的元素,一个是走线(Track)就如同我们走的马路,另一个就是过孔(Via),就如同我们要从马路一侧到另一侧的过街天桥或地下通道。地下通道不是什么形状都可以的,要考虑其承载能力以及成本。在上图中讲了几条重要的放置原则,对照地下通道的功能就可以理解对过孔的要求了。

连线(Track)是为了将器件的管脚进行电气连接的,其核心是互相之间不要产生干扰。而干扰的渠道就是通过其承载的电流产生的电磁场。如上图中列出的走线规则从电磁场的相互耦合角度去考虑后,一切都豁然开朗。

时钟布线

时钟是数字电路的核心,其信号纯净与否直接影响到系统的性能,一定要给它一个干净的环境,不要让周围的噪声影响到它,同时也不要让它高速变化的边沿影响到其它的信号。

差分信号线

差分信号在高速的信号传输中被广泛应用,因为其对共模信号的抑制抗干扰能力比较强,比如 LVDS 信号,他们如同马路上牵手行走的一对对夫妻,要步调一致,而且相邻的两对之间要保持一定的安全距离,否则会互相放电。

(未完待续)

电子科技博物馆专栏

编前语: 或许,当我们使用电子产品时,都没有人记得或知道老一批电子科技工作者们是经过了怎样的努力才奠定了当今时代的小型甚至微型的诸多电子产品及家电;或许,当我们拿起手机上网、看新闻、打游戏、发微信朋友圈时,也没有人记得是乔布斯等人让手机体积变小、功能变强大;或许,有一天我们的子孙后代只知道电子科技的进步而遗忘了老一辈电子科技工作者的艰辛……

成都电子科技博物馆旨在以电子发展历史上有代表性的实物为载体,记录推动电子科技发展特别是中国电子科技发展的重要人物和事件。电子科技博物馆的快速发展,得益于广大校友的关心、支持、鼓励与贡献。据统计,目前已有河南校友会、北京校友会、深圳校友会、绵德广校友会和上海校友会等 13 家地区校友会向电子科技博物馆捐赠具有全国意义(标志某一领域特征)的藏品 400 余件,通过广大校友提供的线索征集藏品 1 万余件,丰富了藏品数量,为建设新馆奠定了基础。

博物馆传真

电子科技博物馆展出赫兹证实电磁波存在经典实验复原装置

近日,在四川省科技活动周期间,电子科技博物馆应邀展出馆内师生自主研发的赫兹证实电磁波存在经典实验复原装置。

据介绍,此复原装置由氖管及支架、电磁波产生装置、电磁波接收装置及直流电源控制按钮组成。通过调节直流电源控制旋钮,控制电磁波发射装置产生电磁波,电磁波在空气中传播,当接收装置接收到电磁波时,产生感应电流,从而点亮氖管同频率闪烁。演示了电磁波的产生与传播,从而证明了电磁波的存在。

在复原装置展出期间,许多小朋友对电磁波产生了浓厚的兴趣,纷纷前来听讲解、看视频。通过浅显、清晰、生动的讲解,配合着实验科普小视频,小朋友们都对赫兹实验的原理有了一定的了解,也对我们这个用电传递信息的时代有了更深层次的理解。

本次活动提供了一个让公众接触科学技术、感受科学魅力的方式,拉近了公众与科学的距离,对于弘扬科学精神,激发大众创新热情具有重要意义。

(电子科技博物馆)

电子科技博物馆"我与电子科技或产品"

本栏目欢迎您讲述科技产品故事,科技人物故事,稿件一旦采用,稿费从优,且将在电子科技博物馆官网发布。欢迎积极赐稿!

电子科技博物馆藏品持续征集:实物、文件、书籍与资料;图像照片、影音资料。包括但不限于下列领域:各类通信设备及其系统;各类雷达、天线设备及系统;各类电子元器件、材料及相关设备;各类电子测量仪器;各类广播电视、设备及系统;各类计算机、软件及系统等。

电子科技博物馆开放时间:每周一至周五 9:00—17:00,16:30 后停止入馆。

联系方式

联系人:任老师 联系电话/传真:028-61831002

电子邮箱:bwg@uestc.edu.cn 网址:http://www.museum.uestc.edu.cn/

地址:(611731)成都市高新区(西区)西源大道 2006 号

电子科技大学清水河校区图书馆报告厅附楼

海尔空调常见故障原因及解决方法(一)

一、变频空调室内外机通信工作原理

首先由室内机向室外机发送通信信号,室外机接收后向室内机反馈通信讯号,形成一个正常的室内外机之间通信信号的传递回路。变频空调正常通信状态是在通电或者开机情况下,可仔细观察室内机电脑板上的LED通信电路指示灯运行状态来判断。

室内机电脑板上的通信电路LED指示灯如果按照1秒钟(1Hz)闪烁3次速率不间断地连续闪烁(如图1所示),说明室内机和室外机之间通信讯号正常,室外机电脑板LED1(故障报警灯)和LED2为DC310V电源指示灯,正常状态下都是常亮状态(如图2所示)。

室内机电脑板通讯电路LED指示灯

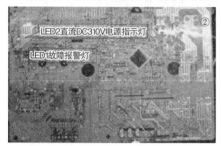

LED2直流DC310V电源指示灯

LED故障报警灯

变频空调室内外机通信电路常见故障现象:室内机电脑板通信电路LED指示灯出现闪……闪……亮。这时观察发现室内机电脑板上的通信电路LED指示灯的显示状态出现即:闪……闪……亮,再继续闪……闪……亮时,按规律有周期地循环报警显示。

二、室内机电脑板故障原因说明

室内机电脑板是正常的,能够向室外机不间断地发送通信讯号,初步判断故障为室外机AC或DC电源电路及部件(FUSE25A保险丝管、电抗器、功率模块的整流桥电路等)和室外机电脑板开关电源电路+5V、+15V供电、室外机电脑板通信电路、电源电路部分线束接插件接错线或接触不良及连机线不良所致。出现故障时,应同时观察室外机电脑板LED1故障报警指示灯会有规律的按周期闪烁15下,当检查室内机电脑板上的通信电路LED指示灯出现常亮状态,可初步判定多为室内机电脑板损坏。

故障判断方法:可用万用表交流电压挡测量室内或室外机接线端子排上的1号和3号之间的通讯信号交流脉冲电压(如图3所示),正常时的交流波动电压在0V~80VAC之间范围变化。

零线

火线　公共端

如果检测交流电压波动范围在大约0~80VAC之间范围变化,说明室内机电脑板正常能够发送通信讯号,则初判故障多为室外机电脑板主板、功率模块(功率模块上的整流桥损坏)、室外机交流、直流电源电路的部件,如电抗器、25A保险丝、连接束接触不良、脱落或插接错误等原因。当用万用表交流电压档测量室内或室外机接线端子排的1号和3号之间的通信信号交流脉冲电压约为30V左右的恒定值,则说明室内电脑板已损坏,应更换室内电脑板。

检测室内或室外机接线端子排2号和3号之间正常交流电压波动范围应为0V~140V之间变化,如果电压范围在大约0V~80V之间变化,则室外机电脑板损坏。

小结:

1. 根据以上故障现象检测判断,室内机电脑板通信指示灯常亮或检测室内、室外机接线端子排的1号和3号之间交流波动电压在30V左右恒定不变,应更换室内机电脑板。

2. 如果观察室内机电脑板上的LED通信指示灯能够闪烁,说明室内机能够正常向室外机发送信号或检测接线端子排电压在0V~80V之间范围变化,应更换室外机电脑板、包括功率模块、连接线、室外25A保险丝、电抗器、室外机交流或直流电源电路部件和连接线束检查检测。

三、检修方法及流程

1. 室内外机连接线不良检修方法:检查室内外机连接线的3号"com"红色公共通讯线或零线是否有断路、接触不良和漏电现象(如图4所示),重点应该对空调室内外机连机线有加长线的情况进行仔细检查接头处是否存在接触不良或断路现象。

2. 室外机电脑板上的LED1和LED2指示灯均不亮检修方法:检测挂壁机室内机端子排1号和2号之间无220VAC电压时,检查或更换室内机电脑板。如果检测室内机有220V交流电压输出,应检测室外机接线端子排的1号和2号端子,无220V电压则为连接故障,否则应重点检测室外机交流电源FUSE25A保险丝管是否熔断、室内外机连接线的火线和零线是否出现断路、接触不良或接错线(室外机正确线序的端子排如图5所示)。

当柜机电源采用室外机上电时,室外机电脑板上的LED1和LED2指示灯均不亮时,应重点检查室外机电脑板25A保险丝是否熔断(如图6所示)。检查25A保险丝管正常时,再检查室外机电脑板上的220VAC电源输入端的火线220VAC-L为黑色或棕色线束、220VAC-N为白色或蓝色线束是否脱落(火线220VAC-L与零线220VAC-N插接错误会导致E7故障),重点检查电抗器线圈接插件是否脱落、功率模块上的整流桥是否损坏。室外机电控总成如图7所示。

(未完待续)

◇天津 李大磊

COM

COM

图7 室外机电脑板

25A保险丝管

220VAC-L输出去模块整流桥

输入模块220VAC-L

输入模块220VAC-N

220VAC-N进电

220VAC-L进电

使用DP(Display Port)接口应注意的问题

DP(全称Display Port)是现在显卡和电脑主板上用得最多的一种接口,又是一种高清接口。DP带线插头与其他插头有不同之处:DP插头上是带有两个防脱倒勾的(如图1所示),HDMI插头就没有防脱倒钩,可直接拔插。带防脱倒钩的DP插头,如果要从电脑上、显示器上拔出来时,要注意先按住收缩防脱倒钩的压片,否则要从插入电脑上相应DP插座上,已勾住防脱孔洞内直接拔是拔不出来的!如果用蛮力拔出会使插头损坏。

图2~图4可直观了解DP插头与其他插头不同之处、如何正确拔插DP插头及时注意事项。

◇贵州 马惠民

DP插头线使用时要注意的问题

带两个防脱倒钩的,拔出时千万不要硬拔!

此为用"长尾票夹"演示、如何将DP插头防脱倒钩压回去后的图片。

可以看到,DP插头上的两个防脱倒钩已经收回去了,这才能顺利拔出插头。

DP插头侧面图插入显卡或主板上的对应插座后两防脱倒钩是勾住对应插座孔洞的,不能硬拔退出的!

拔出时,要手捏下该收缩倒钩压片,才能顺利拔出插头。

正常时的DP插头应该是这样的,平时防脱倒钩是伸出来的。

此为拔出PD插头时没有将防脱倒钩压回去,强制拔出后造成插头损坏。防脱倒钩不缩回去不能复原,插头被蛮力拔出时缺掉一块。

电磁炉插电不工作检修方法

电磁炉出现这类故障所涉及的电路比较多，主要有电源电路、晶振电路、复位电路和烧坏保险管。

1. 电源电路故障及检修流程

电磁炉的电源电路可以分为低压电源电路和高压电源电路两大部分，如图1所示，其中低压电源电路是指AC220V经过变压器等元器件，转换成DC+5V、DC+12V、DC+24V等低压直流电压，专门给控制电路板、操作显示电路板进行供电；而高压电源电路则是指AC220V经过桥式整流堆、扼流圈、平滑滤波电容，转换成DC+300V电压的电路，专门给功率输出电路供电。功率输出电路属于高频、高压振荡电路。

电源电路出现故障，应按照以下检修流程进行检测：

检查和更换电源电路中的主要零部件：重点检查变压器、平滑滤波电容、扼流圈、保险管以及电源线，如发现损坏元器件，应及时更换。

检测和排除输入电路的故障：不论是低压电源电路还是高压电源电路，都是由AC220V供电，因此，应先查有没有AC220V输入电压，如果输入电压正常，再分别检查低压电源电路和高压电源电路。

检测和排除高压电源电路的故障：AC220V输入电压经过桥式整流堆、扼流圈、平滑滤波电容，生成DC+300V电压，如果检测不到DC+300V电压，则重点应检查桥式整流堆和平滑滤波电容。

检测和排除低压电源电路的故障：如果高压电源电路没有问题，那就表明故障在低压电源电路。低压电源电路有DC+5V、DC+12V、DC+24V等多路输出，检测时，应重点检测生成直流电压的变压器、稳压整流电路以及相关易损器件。

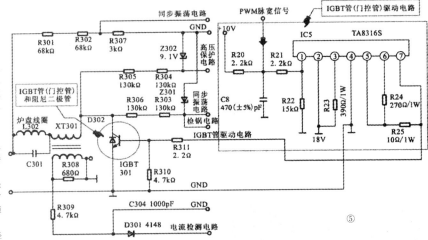

⑤

2. 复位电路故障及检修流程

复位电路、晶振电路和直流供电电路是电磁炉MCU（微处理器）能够正常工作的三个基本条件。

图2所示为电磁炉常见的复位电路，当复位电路出现故障时，会导致电磁炉通电不工作，此时，应按照以下检修流程进行检测：

检测MCU（微处理器）复位（RESET）引脚的工作电压：

如果检测不到复位（RESET）引脚的工作电压，则说明复位电路可能有故障；如果检测到复位（RESET）引脚的工作电压，才能进一步对MCU（微处理器）的其他工作条件进行检测。

检测复位电路：如果检测不到复位（RESET）引脚的工作电压，重点应检测复位电路中的元器件，如电容、二极管等。如果检测到的复位电路中的元器件正常，再查MCU（微处理器）及外围电路。

3. 晶振电路故障及检修流程

晶振电路是由集成电路芯片中的振荡电路和外接的谐振晶体构成的，如图3所示。

晶振电路出现故障，按照以下检修流程进行检测：

检测MCU（微处理器）供电电压：首先应检测MCU（微处理器）的供电是否正常，这是MCU（微处理器）及其内部的振荡电路能够正常工作的前提条件。

检测晶振输出波形：由于晶振电路是由谐振晶体和振荡电路构成的，因此在检测晶振电路时，可以利用晶振电路的结构用示波器检测晶振的输出波形，来判断是谐振晶体还是振荡电路出现故障。正常情况下，晶振信号应为正弦波，如图4所示。

检测起振电压：如果检测不到正常的晶振输出波形，可用万用表检测晶振两端的直流电压。这个直流电压是振荡电路送给谐振晶体的起振电压。正常情况下约为1V，并且两个引脚的电压差约为0.4V。

如果检测不到起振电压，则说明MCU（微处理器）中的振荡电路损坏，需要更换集成电路芯片；如果起振电压正常，则故障有可能出在谐振晶体上。

更换谐振电容：如果经过检测发现MCU（微处理器）中的振荡电路和谐振晶体都没有异常情况，则怀疑是谐振补偿电容失效。

晶振电路中所使用的谐振电容的容量通常都很小，无法用万用表检测是否正常，因此，当怀疑是谐振电容损坏时，直接对其进行更换即可。

4. 烧坏保险管故障及检修流程

电磁炉由于烧坏保险管引起的不工作，通常是由于电路内部有短路性故障引起的。此时应重点检查易损器件，如IGBT管（门控管）及驱动电路、桥式整流堆和各低压供电回路。

当出现烧坏保险管故障时，应按照以下检修流程进行检测：

检测内部元器件：保险管被烧坏，是由于电磁炉内部电路出现元器件短路损坏引起的，因此，应先对怀疑元器件进行详细的检测，直到查找到故障元器件位置。

检测故障元器件相关电路：查找到故障元器件之后，除了对其进行更换之外，还应对相关电路进行检测。如IGBT管（门控管）被击穿损坏，通常还会殃及驱动电路，因此，还需要对IGBT管（门控管）驱动电路进行检测，如图5所示。

更换新的保险管：确保电磁炉电路板上短路性故障都已排除之后，再更换新的保险管。若还遗留有短路性故障，即使换上新的保险管，还会出现再烧坏保险管的故障现象。

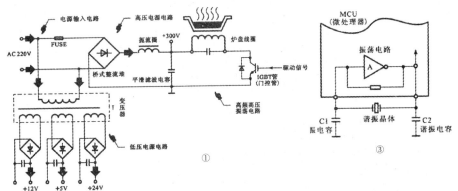

①

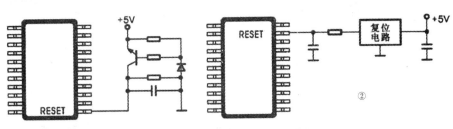

③

②

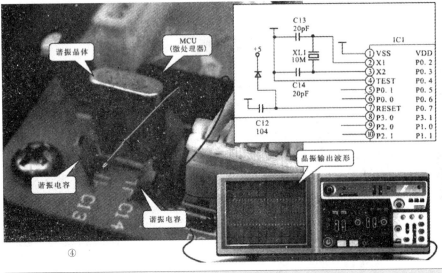

④

2021年6月27日 第26期
投稿邮箱：dzbnew@163.com
电子报

功率半导体 IGBT 主要分类(一)

IGBT 分类

功率器件在大方向的工控和电源领域必不可少的器件,功率器件分成功率二极管、MOS 管、IGBT、碳化硅、氮化镓,几大类当中 IGBT 的角色是最重要的,分类可以分成低压、中压、高压。

1. 低压-1200v 以下,这一块应用主要集中在消费类电子和光伏逆变。

1)消费类电子重点集中在家用电器、白电,再具体一点就是家电都往节能减排方式走,通过变频的方式,比如变频空调、冰箱,变频中 IGBT 是个很关键的作用,整个消费类市场变频也逐渐成熟,家电市场目前处于更新迭代的市场,在 IGBT 的整个市场份额在 25~27% 的占比;

2)光伏逆变,新能源的模块,光伏逆变近几年有过波动,前年国家出光伏逆变的政策,对厂商有影响,但是随着海外市场的崛起转好。光伏逆变现在趋于成熟,里面多数功率器件还是会采用 IGBT,光伏逆变行业占到 IGBT 的 20% 左右,最近几年的变化不是很大,消费电子和光伏逆变是比较成熟的两个行业。

2. 中压的 IGBT-1200V~2800V 或 2500V 是中压的 IGBT,主要是应用在新能源的电动汽车还有风力发电两块,新能源汽车 100% 来讲还是有待耕耘的市场应用,技术壁垒和技术门槛还比较高,把控在国内比较大的几家厂商手中,新能源汽车会占到去年 IGBT30~31% 的份额,英飞凌占到新能源汽车 5 成以上的份额。风力发电发展最快的还是在中国,对 IGBT 也有严格的要求,客户相对比较零散,占到 IGBT 体量的 11% 左右。

3. 高压在 2800~3000V 以上,主要集中在轨道交通(高铁、动车、地铁)、智能电网,智能电网国内外发展都比较迅速,中国流行的特高压的直流输变电,IGBT 的采用的量是越来越大,所以这块也是一个增量市场。

电荷泵 IC 促进大功率快充技术应用

随着电子设备朝着智能化、多功能化的发展,设备功耗增加明显,市场对快充的需求也愈发强烈。目前市面上的快充产品主要是通过提升充电电流/电压的方式,提高充电功率,缩短充电时间。

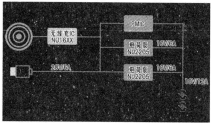

大功率充电的基础在于电池本身够接受大功率充电。随着输入端功率不断向 60W、90W、100W 等大功率方向发展,导致了原本只有 5V 的输入端电压在开始朝着 10V、20V 提升,当电池输入电压被提升至与电池充电电压不匹配时,就需要对输入电压进行降压处理。若想保证充电功率不受影响,需在电池充电输入端端加入电荷泵技术,以满足大功率充电的要求。以 20V/6A 120W 的输入电源为例,通过在电池前端并联两组电荷泵电路,可降低 50% 的输入电压和提升 100% 的输入电流,实现 10V/12A 的电压、电流转换,电荷泵的加入不仅降低了电池的充电电压,还保证了大功率的能量输入。目前,电荷泵技术在华为、小米、荣耀等国内一线品牌的产品中均有应用。其中,电荷泵芯片除了 TI、ADI、NPX 等国际大厂外,国内的南芯、伏达在这方面的芯片也实现了量产,并推出了多个解决方案,电池充电效率最高达到了 99.2%。

南芯半导体

南芯于 2019 年,发布了国内首款 40W 高压电荷泵充电 IC SC8551,正式切入大功率消费类电子快充市场,以国内首发的优势,迅速在国内快充市场站稳了脚步。

南芯目前的产品线覆盖了电荷泵 IC、PD 协议的升降压 PMIC、AMOLED 控制 IC、无线充电 IC 等。多线程的发展,提高了自家产品在市场的渗透率。如今以苹果为首的手机厂商纷纷响应环保的号召,取消随机附送的手机充电器,充电器市场需求急剧上升,作为国内快充领头羊的南芯或将从中获得巨额红利。

今年 9 月,南芯再度发布成了多种充电协议的电荷泵充电 IC SC8571,在单芯片应用的情况下,最高可满足 120W 的充电要求。

SC8571 采用的是南芯的第二代电荷泵技术,是一款超高压 4:2 电荷泵 IC,具有高效、多模、充电快的特点。主要应用于双串联电芯的解决方案中,在 120W 及以下功率的应用中,仅需使用一颗 SC8571。在 120W 至 160W 的应用中,可采用两颗 SC8571 并联的方案。采用三颗并联的方式,可实现最高 200W 的充电功率。

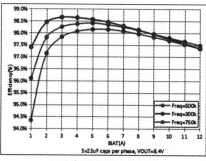

4:2 电荷泵模式下充电效率曲线

上图为 SC8571 IC 在工作电压为 10V 的 4:2 电荷泵模式下,随电流变化的充电效率曲线图(横向代表电流值,纵向代表效率)。经上图,可直观地看出该芯片最高的工作电流为 12A,最高输出功率为 120W,其中在 3A 时,充电效率达到了峰值 98.65%,在工作电流为 8A 的条件下,充电效率依旧能保持在 98% 以上。

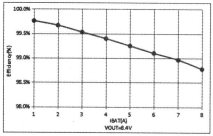

2:2 直冲模式下充电效率曲线

上图为 SC8571 IC 在 2:2 直充模式下的充电效率变化曲线,在输出电流为 1A 至 6A 将近 7A 时,充电效率能够稳定地保持在 99% 以上。在 1A 状态下,充电效率达到峰值约为 99.7%。

SC8571 的 4:2 电荷泵模式与两颗串联的电芯,是目前充电功率最大、充电效率最高的大功率快充解决方案之一。

伏达半导体

伏达半导体在今年 7 月发布了国内首款应用于双电芯 4:2 快充方案的电荷泵芯片 NU2205。该电荷泵芯片最大充电电流提升到了 120W,打破了传统单芯充电功率达不到百瓦的局面,满足更多的应用场景需求。

对于充电来说,高效是十分重要的。为此,伏达半导体通过对 NU2205 芯片内部和集成的 FET 进行优化的方式,提高工作频率,实现高效的目的。并且可根据电池的充电状态、温度来调整充电的工作模式减少开关损耗、降低系统的发热量,保证充电过程的安全。

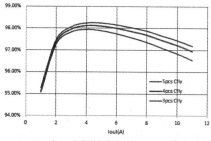

NU2205 有 4:2 电荷泵和普通直充两种工作模式,上图为 NU2205 在 4:2 工作模式下随着电流变化的效率变化曲线。通过效率曲线,可看出在该模式下充电效率达到了 98.2%,最大电流可输出 10A。在该模式下,电荷泵是将输出电压降低至输入电压的一半,通过升压电流的方式保证充电功率的不变。在该模式下不仅降低充电线缆的传输电流,也缓解了充电线缆遇高电流易发热的问题。在普通直充 2:2 模式下,NU2205 的最高充电效率可达 99.2%。

据伏达半导体表示,NU2205 可通过并联电荷泵芯片的方式提升充电功率,并联三颗芯片充电功率可提升至 200W 以上。

结语

依照目前市场对高功率快充的需求来看,电荷泵快充芯片有很大的发展空间。电荷泵芯片的应用不但提高了充电设备的充电功率,还不会因为充电电流的提升而更换充电线缆,造成资源的浪费,极大地改善着用户的充电体验。

最近几年 IGBT 销售的周期性波动

低压的光伏经过前年的低谷期,最近这两三年都是处于上升的阶段,包括很多光伏逆变的客户发展还是比较快,海外市场会多一些,包括这几年崛起的终端客户,比如德业和锦浪。另外新能源汽车针对国内的 IGBT 来讲是都渴望进入的一个市场,但这一块车规级门槛迫使国内的厂商大概还有几年的路要走,能进入主机厂的国内的 IGBT 企业还不是非常多。整体新能源汽车市场都是上升的,除了 16、17 年国家对于新能源电动汽车政策的倒退增速放缓,17 年以后新能源汽车都是处于一个上升态势,虽然从去年的第四季度开始受一些主要部件的影响电动汽车的出货量不是那么强劲;高压领域的应用柔直输变电的应用,在 14、15 年我国第一条柔性急速输变电是采用英飞凌的 IGBT 在做,后来大的工程 IGBT 起来,但是掌握在国外主流厂家的手里。

电动汽车里面电池 40%~50% 的成本,剩下的电池驱动最高可能占到 20% 的成本,IGBT 就是用到电池驱动这块,这里面 IGBT 大概又能占到 5 成的结构,所以一台乘用车里面 IGBT 的成本占到 8~9% 左右的成本结构,这样一台电动汽车的功率器件的占比成本对于每家厂商是非常吸引人的,包括跟电动汽车配套的充电设备比如慢充,这里面用的 IGBT 很少,只是交流的慢充,我们讲的主要是快充,大的直流充电桩,这里面 IGBT 成本占比占到 15~18%,所以一台车包括跟车配套的快充,IGBT 都是起到了很主流的角色,所以未来看 IGBT 的发展,主要看在 IGBT 厂家电动汽车领域的投入和产品的匹配性,基本就可以判断一家 IGBT 公司的技术实力和品牌实力。

IGBT 的几个玩家

1)英飞凌、日本的三菱和富士,三家巨头蚕食掉 IGBT 市场上面 70% 的份额,英飞利的产品结构可以覆盖到整个工业领域,三菱和富士更多是在传统的工业应用商,在日系主机厂里面会有占比,各自方向有些不一样。

2)国内-认为目前做的很出色的,一家是比亚迪半导体、另外是嘉兴斯达、常州宏微、中车时代,这几家比较专注 IGBT,华润微、士兰微做的产品会比较广,IGBT 只是其中的一个产品分支。比亚迪半-全产业链都在做,在汽车领域的表现很出色,占到国内新能源汽车的市场的份额的 18%~20%,因为比亚迪半导体大部分的产线都是在比亚迪体内消化的,比亚迪 18 年收购宁波中纬的晶圆厂,产品的产出和迭代比较快,但是 IGBT 设计的平面型设计,输出效率比较低,很多非比亚迪以外的主机厂不会用比亚迪半导体,但比亚迪半导体也在积极地去市场化。

嘉兴斯达-我认为是国内 IGBT 里面表现最出色的一家。08 年开始,技术起点比较高,15 年 IR 是被英飞凌收购了,斯达当时是把 IR 的专用于功率器件的研发团队收过来,唯一的缺点是不能作为一个晶圆厂商,晶圆来自华虹,15 年接手团队以后,18 年涉入电动车的领域,目前还没有很多电动车产品在用斯达的产品,在做导入,很多主机厂对于斯达也是非常正面的评价。

常州宏微-最早专注的产品是 FRED,家电市场,所以会同步做 IGBT 和对应的晶圆买卖,汇川是宏微的一个股东,希望把宏微的公司和产品带起来,还在完善的阶段。

(下转第 259 页)

做个树莓派"口罩检测仪"吧

目前,"新冠"病毒仍在全世界范围内肆虐,而"戴口罩"已是安全出行最基本的有效"标配"措施。人群中,我们几乎可以"一眼"就识别出某人是否"戴口罩",计算机的"人脸识别"技术是否可以呢?其实,利用手中的树莓派和摄像头等设备进行开源硬件编程,完全可以设计制作出一个"口罩检测仪",实现对人脸拍照进行是否"戴口罩"的检测并做出对应反馈的功能。

1. 实验器材及连接

所需的实验器材包括:树莓派及古德微扩展板各一块,摄像头一个,超声波传感器一个,OLED显示屏一块,有源音箱一个,红色和绿色LED灯各一支。

首先,将摄像头的数据线穿过扩展板后插入树莓派标注有"CAMERA"字样的卡槽中,注意二者的"金手指"一面要对应并锁好卡扣;接着,将扩展板正确安装于树莓派上,注意四周均匀小心用力;然后,将超声波传感器插入20、21排列的四个插孔中,注意"双孔"的方向要朝外,引脚的标注要正确对应;OLED显示屏按照四个引脚的标注,插入扩展板的I2C插孔;红色和绿色LED灯分别插入5号和6号插孔,注意"长腿为正极、短腿为负极";最后,将音箱信号线插入树莓派的音频输出圆孔,再通过数据线给树莓派通电,启动操作系统(如图1)。

①

2. 古德微机器人的"积木"式编程

通过浏览器访问古德微机器人网站(http://www.gdwrobot.cn/),登录账号后点击"设备控制"进入"积木"编程区开始编写程序:

(1)编写两个"LED灯闪烁"函数

实验器材中的绿色和红色LED是用来进行光信号报警的:当检测到人脸是"戴口罩"状态时,绿色LED灯闪烁;反之,则控制红色LED灯闪烁。

从左侧"函数"中新建一个名为"绿灯闪烁"的函数,先建立一个"重复'3'次···执行···"循环结构;接着,从"智能硬件"-"常用"中选择"控制'6'号小灯'亮'"模块语句,因为绿色LED是连接在6号GPIO中;然后是一条"等待0.1秒"模块语句,控制6号绿色LED灯持续亮0.1秒;最后再控制让它熄灭,并且持续0.05秒;实现绿色LED灯快速闪烁三次的效果。

将"绿灯闪烁"函数复制并粘贴,为新生成的函数重命名为"红灯闪烁",将其中的两处"6号小灯"均修改为"5号小灯",因为红色LED灯是连接在5号GPIO中(如图2)。

②

(2)对OLED显示屏进行"初始化"

从"智能硬件"-"显示屏"中选择"初始化OLED显示屏"模块语句,保持其默认的设备型号、使用接口、宽度及高度值不变;接着,建立一个变量,命名为"图片对象",并为其赋值为"多媒体"-"图片"中的"新建图片模式",同样也是保持默认的"RGB模式"、宽度、高度值等不变(如图3)。

③

(3)使用循环结构完成人脸是否"戴口罩"的检测

建立"重复当真···执行···"的循环结构,其中的第一条模块语句是建立变量"超声波测距",并且为其赋值为"智能硬件"-"常用"中的"超声波测距";接着是一个"如果···执行···"选择分支结构,对变量"超声波测距"的值是否小于30(单位为cm)进行判断,条件成立的话则建新一个名为"拍照"的变量,其值为"智能硬件"-"摄像头"中的"拍一张照片";然后建立一个"如果···执行···否则"二分支选择结构,判断条件是"人工智能"-"人脸识别"中的"检测图片'/home/pi/imageTemp/facemask.jpg'中的人是否戴口罩",注意需要将图片的文件名设置为"/home/pi/imageTemp/image.jpg",因为上面的"拍一张照片"模块语句生成的图片文件是取同目录中的"image.jpg"。

条件成立的话,说明抓拍的人脸是"正常"的"戴口罩"状态,则先在屏幕LOG调试区显示输出"已经戴口罩!",然后调用执行"绿灯闪烁"函数,接着控制音箱播放语音提示"已经戴口罩!",最后是为变量"图片对象"添加"已经戴口罩!"文字信息,文字大小和位置的XY坐标均保持默认即可;

条件不成立,说明抓拍到的人脸是"不正常"的非"戴口罩"状态,则先在屏幕LOG调试区显示输出"马上戴口罩!",然后调用执行"红灯闪烁"函数,接着控制音箱播放语音提示"马上戴口罩!",最后是为变量"图片对象"添加"马上戴口罩!"文字信息。

在选择分支结构执行完毕之后,添加一条"把图片'图片对象'显示到OLED显示屏"模块语句,作用是在OLED显示屏显示输出"已经戴口罩!"或"马上戴口罩!";然后是"关闭摄像头",还有循环体最后要添加"等待0.5秒"模块语句,防止程序占用过多系统资源而造成"死机"(如图4)。

④

3. 测试树莓派"口罩检测仪"

程序编写完毕后点击"保存"按钮,将程序保存为"口罩检测仪";接着点击"连接设备"按钮,出现五个对勾说明与树莓派已经成功连接;然后点击"运行"按钮,开始进行测试:

当有人进入超声波的有效检测区时,就会"自动"触发摄像头的拍照。如果测试者没戴口罩,树莓派的红色LED就会闪烁,程序LOG区和OLED显示屏均会显示输出"马上戴口罩!",而且音箱也会播放"马上戴口罩!"语音提醒;如果测试戴了口罩,树莓派的动作就是:绿色LED闪烁,程序LOG区和OLED显示屏均会显示输出"已经戴口罩!",音箱播放"已经戴口罩!"语音提醒(如图5)。

⑤

◇山东省招远第一中学新校微机组 牟晓东

电动车辆的电池使用寿命的常见因素

在世界各地纵横交错的高速公路上,正在发生一场变革——百年来使用化石燃料的汽车正转变为清洁、高效的电动车辆(EV)。当今电池市场的推动力不只是成本,还有对续航里程更长的车辆、更短的充电时间以及更高功能安全的需求。为了满足这些严格的电池管理系统(BMS)要求,必须遵守最高标准并最大限度减少偏差。由于电动车辆40%的价格取决于电池,因此性能和电池寿命已成为EV品牌取得成功的主要因素。

1. 电池管理系统(BMS)

电池管理系统BMS能够密切监视、控制和分配整个电池系统在使用寿命期间的可靠充电和放电。精确监控电流和电压分布至关重要,因为电池过度充电可能会引起火灾或爆炸,而充电不足(或完全放电)则会导致电池失效。电池管理系统的质量直接影响EV每次充电所能行驶的里数。优质的电池管理系统能够最大限度地延长电池的整体使用寿命,从而降低拥有成本。在这种情况下,价格水平变得不那么重要,而长期价值则成为关键指标。这是因为您力求在电池的整个使用寿命内获得最好的性能,BMS的控制精度,以及车辆整个使用寿命内的精度,没有任何取舍可言,精度越高,就越能更好地了解电池单元的状态,从中获取的容量就越多,电池组的运行也就越可靠。考虑到电池组的投资,BMS性能的价值是显而易见的,且随着汽车设计师考虑保修和电池组的生命周期成本,这一点也就更加明显。

2. 电池结构

电池对设计团队提出了极高的要求,包括价格、可靠性和安全性。在处理提供48伏到800伏电压的EV系统时,不能冒任何风险。为了在驾驶者踩下踏板的瞬间提供超过100千瓦的电能,电池系统必须在数百伏特的电压下不才能高效工作。然而,锂电池只能提供几伏特的电压。为了获得足够的功率,需要将大量电池串联在一起,形成一个很长的电池堆栈。通常电动车可能使用100个单独的电池,在电池堆栈的顶部提供350伏特的电压。但这带来了一些挑战。在长长的电池堆栈中,如果有一个电池失效,实际上就相当于所有的电池都失效了。因此,需要监控和管理所有的电池为电池充电、放电,且在车辆生命周期的每一天都要如此。锂电池不能在极限充放电情况下工作,而必须保持在非常特定的范围内,例如15%到85%,否则电池性能就会下降。

3. 监视和管理电源

BMS可在从电池组生产到报废的整个周期中提供精确的电池测量信息。电子设备直接连接到电池堆栈中的每个电池,报告和电池电流对应的电压和温度。系统可提供充电状态和健康状态。每个电池的电流和温度必须通过中央处理器的复杂算法进行监控。BMS对电池进行持续监控,能够随时在各种温度和工作条件下提供可靠的测量精度。系统知道每时每刻的状况,并且100%依赖于它从ADI芯片接收到的信息。

4. 精度、可靠性和稳定性

电池管理系统密切原始设备制造商提供我们的系统级专业知识、深厚的领域知识以及多年的BMS实际设计经验。原始设备制造商可以提高每次充电行驶里程效率、延长电池使用寿命、确保安全性并提高品牌信任。Rimac C_Two高性能超级跑车具有1,914马力,0-60 mph加速时间1.85秒,速度可达258 mph。这款全电动超级跑车展示了Rimac的技术实力,采用了由6960个锂锰镍电池组成的电池组,充分发扬了真正的创新精神和激情。Rimac电动汽车可通过对电芯进行高精度测量,从电池中尽可能获取电能和电量。复杂的诊断技术使系统能够监测电池的特性、电压和温度,以随时确定电量状态。采用的电池管理系统是全球要求极为严苛的应用,需实现极高的精度、极短时间内的电流和电压剧烈变化以及在电池管理控制系统内的快速动态调整。

◇宜宾职业技术学院 何杨

编辑:张天红　投稿邮箱:dzbnew@163.com

如何将树莓派与笔记本电脑显示屏连接

有许多可用的软件程序可以在 Raspberry Pi 和笔记本电脑之间建立连接，使用 VNC 服务器软件将树莓派连接到笔记本电脑。在 Pi 上安装 VNC 服务器后，可以远程查看 Raspberry Pi 的桌面。也就是说可以将 Pi 放在家里的任何地方，且仍对其可以进行控制。此外，可通过笔记本电脑的 WiFi 实现 Internet 共享。即可以在 Pi 上访问 Internet。

前期准备：

树莓派、以太网电缆、笔记本电脑、SD 卡、HDMI/AV 显示、键盘鼠标。

步骤一：设置树莓派

将树莓派连接到电脑显示器前，需预先安装操作系统的 SD 卡，或者是在空白 SD 卡上安装树莓派，设置完 SD 卡后，将其插入树莓派中。

然后连接电源适配器进行供电，用以太网电缆连接树莓派与笔记本电脑，将鼠标键盘连接到笔记本电脑上。

注意：第一次操作系统引导到 Pi 后，需要屏幕和鼠标，因为默认情况下，Pi 中的 SSH 和 VNC 被禁用。如果不禁用 SSH，将无法启用 PuTTY 配置。

步骤二：通过以太网共享 Internet

在 Windows 中，要通过以太网与多个用户共享 Internet，请转到"网络和共享中心"。然后单击 WiFi 网络；然后单击属性，然后转到共享，然后单击"允许其他网络用户连接"，确保将网络连接更改为 Raspberry Pi 的连接。

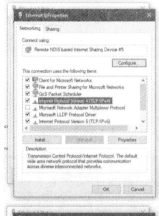

步骤三：查找用于 PuTTY 配置的 IP

默认情况下，笔记本电脑将为树莓派提供动态 IP，因此，必须找出 Pi 的 IP 地址。

要检查分配给连接的以太网设备的 IP，执行以下操作："打开命令提示符"→"在 raspberrypi.mshome.net 上执行 Ping 操作"→"5 秒钟后停止 ping"

步骤四：树莓派上的 PuTTY 配置和 VNC

SSH 的 PUTTY 登录窗口

通过 SSH 登录到树莓派

执行以下操作：

"在主机名中，输入在命令行中记下的 IP 地址"→"确保连接类型为 SSH"→"按下 Enter 键或单击'打开'继续"→"现在，将打开一个新窗口。它看起来就像计算机的普通终端窗口，但是它是 Raspberry Pi 的终端窗口，可在笔记本电脑上访问"→"显示-login as"→"输入 pi 作为用户名"→"输入 Raspberry Pi 设置的密码，该默认码是 raspberry"→"如果密码正确，Pi 将被加载，将访问 Pi 的终端窗口"→"需要启动 VNC 服务器。在符号后输入 $-sudo vncserver:1(这是为了初始化树莓派上的 VNC 服务器)"

步骤五：笔记本电脑上的 VNC 服务器和 VNC 查看器

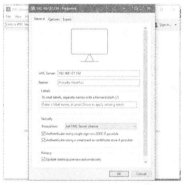

Raspberry 准备使用 VNC 进行连接，只需要在笔记本电脑上安装 VNC 服务器。

执行以下操作：

"下载并安装 VNC 客户端"→"打开 VNC 服务器和 VNC 查看器"→"在 VNC 查看器中，单击文件>新建连接"→"输入 IP 地址，然后在选项>图片质量中，选择高"→"单击确

定->双击 IP 地址"→"在用户名中输入 pi->输入 Pi 的密码(默认为 raspberry)"→"单击'记住密码'，以便下次无需输入密码"→"单击确定"

当按回车键并且所有内容都正确时，树莓派 Desktop 将在新窗口中加载，可以通过单击窗口上方的可用选项进入全屏模式。

步骤六：在 Raspberry Pi GUI 中的启动过程中运行 VNC 服务器

只要树莓派不重启，就可以使用 VNC 远程连接到树莓派。为确保每次启动时 VNC 都会自动启动，请在终端中运行以下命令：

从 Pi 的用户文件夹中打开".config"文件夹(注意：这是一个隐藏文件夹)

在其中创建一个名为"autostart"的文件夹，并在该文件夹中创建一个名为"tightvnc.desktop"的文件。

使用以下文本编辑文件的内容并保存文件：

```
[Desktop Entry]
=Application
=TightVNC
=vncserver :1
=false
```

下次重新启动 Pi 时，vncserver 将自动启动，并将 Raspberry Pi 无缝连接到笔记本电脑的显示器。每当想对 Pi 进行操作时，只需使用以太网电缆将其连接到笔记本电脑并为其供电即可。然后打开 VNC Viewer，输入 Pi 的 IP 地址，然后就可以将笔记本电脑的显示器用作 Raspberry Pi 的显示器。

◇四川 李运西

百度共享无人车成本曝光

百度 Apollo 与 ARCFOX 极狐共同发布量产共享无人车 Apollo Moon。这是一款可投入规模化运营的无人车，成本为 48 万元，是行业 L4 自动驾驶车型平均成本的三分之一。

Apollo Moon 实现多项创新，包括四门锁独立控制，上下车动态身份认证，后排乘客状态检测等功能；在车外交互上，车顶外屏车辆状态显示，便利人车互认；在乘客便利性上，提供后排乘客安全带提醒、语音交互、APP 控制空调车窗、智能车门等功能。

虽然 Apollo Moon 也是基于 ARCFOX 阿尔法 T 车型来打造，但与此前采用华为智能驾驶技术的阿尔法 S 车型不同，这款搭载了百度 Apollo 第五代共享无人车技术的 Apollo Moon 车型，这款新车并不是在研发智能驾驶辅助技术，而是无人驾驶技术，这一点从它的外形上就能看出端倪。

在 Apollo Moon 的车顶，可以找到一个能与行人交互的电子屏幕，以及一个定制的机械式激光雷达，从视觉上会很自然地将之与许多无人驾驶试验车顶上装备的。

作为一款 Robotaxi 车型，Apollo Moon 全车的感知系统绝不仅仅是在车顶，除了这两个设备之外，其他的传感器都被巧妙地集成在车体之内隐藏了起来，并为车辆带来了更好的冗余能力。

作为一款极有希望实现完全无人驾驶的商业用车，Apollo Moon 的四个车门具备独立门锁控制和自动开启功能，打车的用户可以通过人脸识别和手机蓝牙对车门进行解锁和自主进出 Robotaxi；乘客离开后，车门还可以自动关闭。

用户还可以通过手机 APP 控制车窗和空调，也可以观看车里的影音娱乐系统。在遇到驾驶问题时，车内有紧急按键可呼叫"5G 云代驾"，以使得"人工驾驶"可在第一时间介入。

对网约车的影响

按照日常平均的成本计算，以 5 年为计算周期，那么这款车每个月成本为 8000 元。而目前市场上在二线城市运营的普通网约车，司机加上车辆的成本在 11000-13000 元/月。由此可知，Apollo Moon 这样的 Robotaxi 在运营成本的控制上，优势十分明显。

但这还不是最终的成本定价，百度计划在今后，每 2 年发布一代的自动驾驶平台，每代产品相比上一代，在性能上都有提升，而成本只有下降。一旦规模化运营开展，那么 Robotaxi 的制造运行成本将呈指数级的下降，而性能将获得巨大跃升。当然，最后"禁止还是运行"，共享无人车的运营政策也跟当地政策挂钩的。

拆解 6.81mm 的小米 11 青春版

小米 11 青春版搭载了高通骁龙 780G 处理器，并配备了 4150mAh 大容量电池，同时拥有 6.81mm 超薄机身。那它是如何做到这么轻薄的呢？内部还会有什么惊喜呢？下面我们就通过拆解来看一看。

小米 11 青春版的手机卡托位于手机底部，采用正反双 Nano-SIM 卡设计，不支持外置内存卡扩展。后盖使用平面玻璃材质，内侧有泡棉橡胶材料作为缓冲支撑。后盖与机身间通过黑色泡棉胶贴合固定。

位于底部的卡槽为独立组件，通过 FPC 软板连接主板，正面有块缓冲胶垫。主板盖采用塑料加金属材料制造，集成 LDS 技术天线，主板盖内侧贴有石墨散热膜一直延伸至电池表面。

底部扬声器模块采用封闭式一体音腔设计，模块尺寸比普通的一体音腔扬声器小三分之一。音腔外壳集成 LDS 技术天线，扬声器表面贴有石墨散热膜。

4 颗摄像头都为独立模组，主板芯片屏蔽罩表面贴有石墨散热膜。

电池通过底部大块的塑料胶纸固定，型号为 BP42，厚度仅为 4mm。额定电量 4150mAh，由珠海冠宇提供。

主板与副板通过 FPC 软板连接，底部一侧有块用 RF 同轴线连接的天线小板。主板与显示屏之间还有一块转接软

板，软板使用黑色双面胶贴合固定。主板屏蔽罩表面贴有散热铜箔。

中框支撑板与主板电池之间有导热铜片和导热铜管辅助整机散热，铜片上涂有灰色导热硅脂。并与主板屏蔽罩接触。

闪光灯软板用双面胶贴在主板背面屏蔽罩表面，软板上集成光线传感器。

音量键和指纹识别器用金属定位片固定，软板则通过双面胶固定凹槽内，侧边指纹集成电源键功能。

中框与屏幕通过泡棉胶贴合，所以通过加热拆解屏幕。中框正面贴有大面积石墨散热膜，散热膜与支撑板之间就是导热铜片和铜管。

拆解分析

小米 11 青春版的拆解难度一般，复原度一般。内部采用三段式堆叠组装，使用螺丝和黏胶方式固定组件。整机厚度仅为 6.8mm，由于前后都采用了直面平板玻璃设计，电池厚度则控制在 4mm 以内。而散热方面比较出色，同时采用铜箔、石墨散热膜、导热硅脂和导热铜管。

细节亮点

小米 11 青春版屏幕采用国产天马 6.55 英寸超薄 AMOLED 柔性屏，2400x1080 分辨率，90Hz 刷新率。保护玻璃采用直面平板设计，玻璃后盖同样采用平板设计，在中框厚度基本没有变化状态下，前后玻璃平面设计大大减少整机厚度，屏幕厚度 1.2mm，玻璃后盖厚度 0.7mm。

手机采用上海南芯半导体 SOUTHCHIP SC8551 国产快充芯片。

后置的三颗摄像头均采用三星 CMOS 感光元件。6400 万主摄型号为 S5KGW35P，F/1.8 光圈；500 万长焦型号为 S5K5E9YX，F/2.2 光圈；800 万超广角 CMOS 型号为 S5K4H7，F/2.2 光圈，在超广角的镜头外圈外套有一圈硅胶圈。

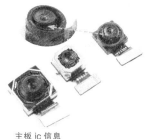

主板 ic 信息
主板正面主要 IC（下图）：

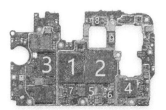

1. SKHynix-H9H15AFAMBDARK-EM-8GB 内存+128GB 闪存
2. Qualcomm-SDM7350-骁龙 780G 5G 八核处理器
3. Qualcomm-射频收发器
4. Qualcomm-WIFI、蓝牙
5. Qualcomm-电源管理
6. SOUTHCHIP-SC8551-快充芯片
7. Qualcomm-音频解码
8. InvenSense-六轴加速度计和陀螺仪
9. AMS-光线距离传感器

主板背面主要 IC（下图）：

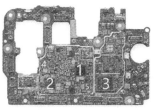

1. Qualcomm-电源管理
2. Qualcomm-电源管理
3. SKYWORKS-射频前端模块
4. NXP-NFC 控制芯片
5. Qualcomm-包络跟踪芯片总结

在主板分析完成后，我们发现射频收发器与主电源芯片的选择与骁龙 888 平台相同。比较特别的是小米 11 青春版中使用了一颗国产快充芯片——上海南芯半导体 SOUTHCHIP SC8551 快充芯片。这也是 eWiseTech 第一次在高通平台中发现的国产快充芯片。

◇ eWiseTech 拆解社区

今年 9 月有望发布 iPhone13

苹果将会在今年 9 月份召开秋季新品发布会，届时全新的 iPhone13 系列有望正式与大家见面。全新 iPhone 13 系列将搭载的 A15 芯片。据称台积电已经全面启动了 A15 芯片的量产计划，该芯片将采用 N5P 工艺打造，也就是第二代 5nm，制程层面的性能进一步增加，性能相比 A14 至少有 20% 提升，同时功耗进一步降低。

其他方面，据此前曝光的消息，全新的 iPhone 13 系列将依旧采用刘海全面屏设计，且刘海的面积终于得到大幅缩小，显示效果终于迎来突破。不仅如此，iPhone 13 Pro 系列还将采用三星的 120Hz LTPO OLED 面板，支持 120Hz 自适应刷新率，并带来智能调节屏幕刷新率功能，可根据屏幕内容实现 1-120Hz 之间自动切换，同时也带来更加省电的效果，并支持 Face ID 和 Touch ID 双解锁方案。此外，该机将搭载全新的 A15 仿生处理器，支持 Wi-Fi 6E 技术，后置三摄相机模组，且镜头规格也将得到进一步提升，将配备全新的超广角镜头，从 5P(f/2.4) 和定焦 (FF) 升级到 6P(f/1.8)，自动对焦 (AF)。

不过 iPhone13 的售价也将同时水涨船高，顶配版有望突破 15000 元的价格，成为史上最贵 iPhone 手机。

功率半导体 IGBT 主要分类(二)

(上接第 255 页)

中车-背靠中车集团,12年收购英国的丹尼克斯,75%的股份,15年成立 FAB 厂商,丹尼克斯集中高压部分比较多,当时收购也是对口中车的轨道交通的业务,到现在为止中车时代的大部分应用类似于比亚迪,应用在中车自己的轨内产品会比较大,18年开始市场化在智能电网、汽车领域做些规划,中车时代做自己的新能源的电控这块,整个汽车市场他大概占到1%左右,后面还是有很大的发展空间。

华润微、士兰微-IGBT 只是作为他们的产品链里面的一个分支,这些厂商目前来看还是做一些比较低端的市场,或者技术门槛不是很高的市场,一个品牌做 IGBT 先做电焊机的市场、小型焊机、等离子切割机,还有就是家电领域、工业领域的电磁感应加热,这些厂家通常会从这些领域过渡到光伏逆变,市场占到30%~40%的光伏逆变,然后就是新能源汽车,高压领域现在还没有很清晰的规划。

斯达、宏微、中车时代-其他斯达我认为是表现是最出色的,始终没有离开 IGBT 的主航道,在 IGBT 的模块表现出色,从高到低,现在汽车领域的渗透率也比较优秀。

Q&A

Q:碳化硅的中高压领域渗透性,国产企业的碳化硅的导入进度怎么看?A:碳化硅比 IGBT 的能量密度做到更高,开关频率更高,产品体积更小、发热量更低,散热结构缩小,成本能节省,而且碳化硅的成本也是在下降,所以很多用户也是越来越接受,碳化硅渗透的比较多的就是光伏逆变、充电桩,新能源电动汽车的充电机,这三块很成熟,大部分客户都会采用碳化硅的结构,至少采用碳化硅二极管的结构。做得比较出色的还是把握在国外几个厂商的手里,做得最好的是 Creed,现在英飞凌也有再冲碳化硅,晶圆主要也来自 creed,但这两家价格也还比较高。电动车的电控的应用,目前主机厂还是100%在采用国外几家大的碳化硅产品,国内的厂商还没有进入汽车的碳化硅的市场,原因在于国内的厂商二极管已经很成熟了,但是 MOS 管就会落后很多,主要是1200v\80毫微的产品,国内目前很优秀的碳化硅厂商在碳化硅 MOS 上面还有很长的路要走,确实碳化硅后面取代传统的硅材料是不可逆的产品。

Q:中车时代、斯达这样的碳化硅 IGBT 进展情况怎么样?A:碳化硅和 IGBT 是两个不一样的产品,在 IGBT 在国内厂商可以达到第四代的 IGBT 的产品,碳化硅前面刚提到的几家,比如比亚迪,在碳化硅还是一个起步的阶段,中车时代有碳化硅,士兰微、华润碳化硅二极管偏多,MOS 管只是几款普通的型号,斯达在研发碳化硅的产品,但他的路线是全碳化硅的模块,几家的碳化硅的产品还是比较起步的阶段。

Q:国内 IGBT 高中压不同的产品,包括整个渠道的库存怎么样?A:IGBT 市场的供应链的情况,持续到明年的年中之前还是紧张的态势,因为不管是原厂商还是中间的代理商库存水位都是很低的水平,主要的原因是终端应用上面的需求在加大,第二是受疫情的影响,IGBT 的晶圆厂在停产、断电,7月份马来西亚的工厂也是停工,晶圆厂一旦机器停下来再恢复运转调试时间会很长。目前看起来 IGBT 还是处于一个紧缺的状态,IGBT 的单价有待上升,但是不像主控芯片那样涨价那么疯狂,IGBT 在涨价,但交期价格会很长,英飞凌现在报出来的官方交期在20个周以上,有些报出来账上在52周,基本上就是一年,考虑交付排期,今年 Q3 很多中小企业产线处于停滞状态,头部客户相对来说会好过一些,圆绑定紧密,虽然头部客户的交付延长,但是也能满足大部分的产能。

Q:斯达的产品形态上面,A00 和 A 级车 B 级车 IGBT 模块、芯片主要差异在什么地方?A:车用领域包括大巴车,还有一种乘用车,SUV 类型的车规级,还有物流车、游览车,斯达来讲在乘用车领域的渗透率还不是特别广,还是在大巴车领域,斯达目前最大的客户是汇川,汇川在电控这个领域做得非常出色,汇川最大客户是宇通,斯达通过汇川在大型车特别是大巴车的应用上是比较强。模块的电压提升要看电池的功率密度,高续航要看客户的最终要求,电池的功率密度越来越高,取决于电池组的能力。750v 在电动车的应用已经不太能够满足到,车上的电路保护器件基本都要用到800v以上耐压的电路范围。

Q:轨交和柔直市场具体情况?A:高压 IGBT 主要在这两块市场,大概占到高压整体市场份额的10%,输变电会受到国家政策、招投标的影响,属于出货量比较稳定,工程性的。

Q:新能源车的未来主流电压是多少伏?A:IGBT 正常要到1200v以上,现在750v 是主流应用,750v 英飞凌的出货是最多的。

Q:赛晶这样的偏上游的公司,做设计的,竞争力怎么样?A:Fab 厂家很难进入汽车市场。

Q:进入汽车供应链测试时间要多长?A:全新的车型从立案到量产至少3年时间才能面世。

Q:英飞凌涨价预期是多少,目前的拿货期是多少?A:前期英飞凌的官方涨价通知,发给代理商渠道这边的,并没有大规模发往终端客户,官方的涨价前期涨价了20%~30%,涨价的幅度也不是很高,后面官方的时候最短要26周以上,不同产品交期不同,通用的像40120单管大概会到52周的交期。产能不足的情况预计到明年的年中。三季度已经凸显出很多问题,每条产业链 double booking 在 Q3 已经显现出来,Q4 和明年 Q1 市场过滤掉这部分以后会逐渐趋于正常。

Q:比亚迪的 IGBT 拓宽客户的能力怎么样?A:取决于两点,从它本身产品而言,它最早做 IGBT 采用平面型的结构,IGBT 的输出效率会比较低,如果是这种产品估计不会有很多商家接受,但它近一两年也在不同产品的更新迭代,现在也有待大家拭目以待的 IGBT 半导体可以量产,现在还是要打一个问号,还要取决于比亚迪半导体自己的销售策略,早几年并没有面向外面去做市场化。

Q:有关安世半导体?安世在中低压的产能做得好一些,预判未来一两年和竞争对手对比情况怎么样,怎么评价未来的增速?A:安世半导体被闻泰收购,集中在模拟小信号的器件,和 IGBT 的产品有差异,安世最强的还是逻辑器件,被收入之后还是一个增长的势头,包括对渠道商、代理商的整合,整体操作的行业,销售的规范度比以前还不够。安世个人认为是比较优秀的一家公司,公司的历史、技术和市场积累都足够优秀,在应用方向上安世在整个汽车领域有成熟的应用和历史的积累,安世不需要做其他方面做耗时间的准备工作,自己产品线拉得够长,很多类的小功率器件等都是属于小信号链,产品覆盖面够广,很多客户从他身上可以做到一个资源的整合。很多客户对安世也是比较认可的态度,今年遇到缺货,安世整个供货产能还是不足。

Q:对三安的碳化硅的理解了?A:三安起先不做碳化硅,三安光电要多集中在 LED 的范畴,后期做碳化硅,本身有碳化硅很多技术和材料的积累,近几年成立了独立的事业部,产品推出速度挺快的,三安的碳化硅产品主要集中在碳化硅二极管,销售的主要来源还是来自老三样,光伏绿电、充电桩和车载的充电机。二极管占了绝大多数的份额,90%左右,小部分来自碳化硅 MOS,是个门槛,因为碳化硅 MOS 本身的技术工艺,还有种种原因会制约国内厂商在碳化硅 MOS 管的发展速度,产品口碑还是来源于性价比。如果后续在碳化硅 MOS 这块加速,会超过起步比较早的公司,认为三安本身有自己的背景和实力,会走得快一些。

Q:碳化硅二极管已经是红海的市场,MOS 管?A:碳化硅二极管目前还是拼价格,红海市场,MOS 管是蓝海市场,还是在蚕食国外品牌,要看哪个厂商的产品推出来接受度比较快。

Q:国内车轨级的斯达走得更快?A:目前来讲大部分晶圆还是来自华虹流片,目前属于 fabless,模块里面的芯片都是自己设计的,但晶圆代加工是放在晶圆厂做,内部是有晶圆厂的规划,但还没有具体的通知出来。因为产品起步比较高,模块的产品跟英飞凌比不会有太大的差异性,但是一些客户接受度可能会有差别,因为英飞凌多年的积累,本身产品的追赶速度是比较快的。

Q:斯达相比 IDM 没有快一些,会不会后期 A 级 B 级定点的上车量又落后很多?A:斯达不是 IDM 会有影响,但是很多主机厂对于 IGBT 的选择是很谨慎的,因为关系到电控的安全性和效率性,很多大的公司 IDM 也会谨慎合作,甚至会和成熟的公司合资,比如上汽+英飞凌组成上汽英飞凌的合资公司,车所用的 IGBT 基本从合资公司出来的。所以是要考虑 IGBT 整体供应链的情况,如果只是一个设计公司,并不认为它能够进入某一家主机厂。如果后面斯达有自己建成晶圆厂,斯达会更快地走到第一梯队。

Q:斯达和中车相比从上车量、产品能力上看,主机厂的导入时间和量?A:斯达在汽车上的出货更多是通过 Tier1 来出货,所以绕开了主机厂对于 IGBT 的严格管控,斯达其实是花了很多时间跟汇川绑定,来进入大巴车的领域,像宇通部分用的都是斯达的产品,导入周期是比较长的。和汇川一样的供应商合作,花2年左右1年半左右实现量产是必须的。

Q:今年以后 IGBT 有没有产能过剩的风险,碳化硅会取代 IGBT?A:不能简单地认为碳化硅比 IGBT 要高级,在车用领域碳化硅足以把 IGBT 去取代的,但近几年还是有一个过程,比如普通的车用纯碳化硅价格是接受不了的。IGBT 和碳化硅是并存的两个东西,随着厂商越来越多,这么多厂商势必会导致供过于求,但现在来看也不会有产能过剩的状态,今年是远远不足的。

Q:碳化硅在车载量产导入的节奏?A:主要取决于碳化硅的成本结构,目前已有的碳化硅产品做一台完整的车完全是可以做出来的,举个例子,2016年1200V 40毫的单管碳化硅市场价为110元/颗,今年同样的要50元,5年时间碳化硅的价格降了一半,粗略估算4~5年碳化硅的成本会降低一半,随着市场化的进度越来越快,后续碳化硅的折价用不了那么多时间,同样的产品碳化硅的成本会是 IGBT 的3倍左右。大概4~5年时间碳化硅和 IGBT 能有一个正面的较量。

Q:碳化硅更节约电池的成本,已经能够覆盖碳化硅的价差了?A:反映在电池端的成本是节省在后期的电池使用或者充电上,这在卖的时候硬件成本增高了,用户会更在乎。

Q:整车的成本提高了,整车的电压平台提升,对于功率器件的单价会有提升吗?A:势必会提升的,但是对 IGBT 器件来说其他参数相同,他的电压等级1200v 与650v 相比,成本不会成倍增加,碳化硅成本增加主要在内阻,内阻决定了效率输出。

Q:IGBT 模块从600V 发展到800V、1000V,成本上升幅度?A:20~30%

Q:IGBT 模块光伏到汽车行业,标准哪个更高?A:当然是汽车,光伏有针对工业应用领域的行业标准,车规现在有 AETF16949,它是对一个工厂体系的审核,对单体产品还需要做 AECQ100 或 200 的器件等级的认证,光伏是不需要的。

Q:光伏电站比汽车的周期更长?A:10年,20年,IGBT 的寿命是远远高于其他的器件,光伏里有很多大的电池、电容、薄膜电容寿命是有限的,保多少年的说法厂商会从寿命最低的器件看。

Q:英飞凌7代对比4代?A:7代变薄了,7代和4代的产品还在广泛应用,有时候7代价格比4代还要高一点,最早还要高一点,现在差不多了。这就是还取决于上游产能,英飞凌产品是一个供不应求的状况,不可能无限制扩充产能,只是在产能下面调整不同的产品比例。

Q:电动车的平台的电压升高、电流往下降了一下,整体输出功率不变?会带来 IGBT 产品价值量的提升吗?A:正常来讲是行业既定的通用平台,后面往高压的方向去走不一定整体输出功率不变,因为不同的主机厂的设计思路,规范不一样,会影响动力的表现。势必是如果有电压平台的提升,功率器件的价值量肯定也会有提升,单车的 IGBT 的值肯定也会增加,具体增加的值取决于平台,因为电压升高,不仅是把 IGBT 的耐压升高了,还会有设计规范,大体的单值会提升30%左右,只是预估。

Q:渠道端需求的趋势后面会不会去库存?A:今年看起来特别是从 Q2 开始产业链会有 Double booking 的存在,事实证明有这种现象发生,IGBT 现在主要靠渠道、代理商来销售,代理商的不规范操作会使货流向贸易市场、现货商,他们可能会囤货来拉高价格,但当市场不是那么紧缺的时候按照历史的经验会有一波价格波动,去库存会影响价格,但还没有价格战的情况。

Q:分下游来看,工控、光伏、汽车、风电这几个赛道的趋势,去库存的时间拐点?A:IGBT 现在看起来还是比较坚挺的,很多客户,其他的渠道商也好,在外面了解是没有大量的可用库存可以拿到,刚刚讲的囤货拉高价格占比也比较少,今年 Q4 肯定不会有去库存,因为 Q1 又会赶上旺季,很多中小企业拿不到货,因为去订单引起去库存的现象,到明年的 Q2 末可能出现。

(全文完)

高精度定位时代下的 UWB 芯片对比

UWB 技术的出现,进一步推动了消费、IoT、工业和汽车市场对于精确定位和测距的需求。无论是智能手机、汽车配件、智能家居、智能穿戴还是定位标签等应用,UWB 都以其独到的精度优势吸引着这些市场的玩家朝它看齐。那么如今的 UWB 芯片市场本身又汇聚了哪些玩家呢?

Qorvo

Qorvo 于 2020 年以 4 亿美金收购了爱尔兰 UWB 公司 Decawave,也由此一脚迈入 UWB 市场,其代表芯片即 DW1000。DW1000 支持从 3.5GHz 到 6.5GHz 内的 6 个射频频段,用户可以自行对发射器的输出功率进行编程。

DW1000/Qorvo

根据规格书中给出的数据,DW1000 可以实现了 10cm 精度的定位,定位范围可以扩展至 290 米,还支持 110kbps、850kbps 和 6.8Mbps 三种数据速率。在 110kbps 下,其通信范围可扩展至 290 米。DW1000 还具备极低的功耗,其睡眠电流为 1 uA,深度睡眠电流更是可以低至 50nA。

DW3000/Qorvo

DW3000 为 Qorvo 第二代 UWB 芯片,支持 6.5GHz 和 8GHz 两个信道,可以提供 10cm 内的范围精度和±5°的角测量精度。DW3000 在低功耗上再度做出了突破,其功耗不仅低于 BLE 蓝牙,也比 DW1000 低上 5 倍。

苹果

苹果在 2019 年发布的 iPhone 11 中首次运用了 UWB 技术,靠的正是 U1 这颗 UWB 芯片,苹果也成了首家在智能手机设备中引入 UWB 的公司。这颗 U1 芯片的存在允许 iPhone 11 通过空间感知技术,准确地检测其他配备了 U1 芯片的苹果设备。iPhone 11 后的所有 iPhone 均搭载了这一芯片,并沿用至 Apple Watch 智能手表、HomePod mini 智能音箱和今年推出的 AirTag。

根据苹果的专利查询,苹果早在 2006 年就申请过 UWB 用于 ToF 和网络定位的专利,时间点甚至在初代 iPhone 发布之前。此后,苹果又陆续申请了数项与 UWB 相关的专利。iPhone 中的 UWB 仅在 6.24GHz 和 8.2368GHz 两种不同频率下传输,且发布之初仅与其他的 U1 芯片通信。据网络上的拆解测试得出的结论,苹果这款 U1 芯片采用了 Arm Cortex-M4 作为核心,与 Decawave 的 DW1000 芯片相比面积较小,且采用了台积电的 16FF 的制程。

UWB 大大加强了苹果设备定位的能力,通过 UWB 收发电路、运动传感器电路、控制电路,加上震动输出引擎,苹果的查找 app 有了精确定位的能力。通过收发信号,确定到达角、距离和方向,在屏幕上给出 UI 指示,在设备指向定位物体时还会提供震动反馈。

(1)Establish a data link(i.e.BLE.LAN.Cloud or other)

(2)Generate and send Accessory Configuration Data

(3)Receive Apple Shareable Configuration Data

(4)Start two-way UWB ranging

Accessory

iPhone 与 UWB 配件之间的附近交互流程/Apple

如今苹果已经进一步开发了这颗芯片通信能力,支持与通过 MFi 认证的第三方 UWB 芯片交互,从而实现 iPhone 作为智能车钥匙等功能。目前 Qorvo 和恩智浦两家厂商均已推出了测试阶段的开发套件,供开发者来构造苹果生态下的 UWB 产品。

恩智浦

恩智浦针对 IoT 设备/标签和安全汽车访问推出了 Trimension SR150/SR040 和 NCJ29D5,同时也有工业市场专用的 Trimension OL23D0。由于集成了片上内存和 MCU,OL23D0 是一款开放、客户完全可编程的 UWB 芯片,因而更适合专用性强的工业市场,支持到客户特定的协议栈。

Trimension OL23D0/恩智浦

上文中提到了恩智浦已经针对苹果 U1 芯片推出了对应的开发套件,但恩智浦似乎并不打算把 UWB 在手机上的应用完全捆绑在苹果生态上,因此恩智浦也推出了针对移动应用的 UWB 芯片 Trimension SR100T。SR100T 选择了 6 到 9GHz 的频段,即便在 nLOS 非视距的情况下,该芯片也可以做到±10cm 的范围精度和±3°的角测量精度。

从 Galaxy Note 20 Ultra 这款机型开始,三星逐渐在随后的 Galaxy S21 系列和 Fold2 上使用 UWB 技术,所用正是恩智浦的 SR100T 芯片。除了三星以外,小米也在今年发布的 MIX4 机型上用到了 SR100T 芯片,从目前产品布局来看,未来 UWB 可能会先在这些旗舰机型上亮相。

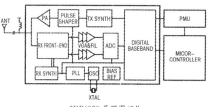

3DB6830 原理图/3db

3DB6830 为 3db 的旗舰 UWB 芯片,集成了极低功耗(单次测量功耗为 10 uJ)的 IR-UWB 收发器,选用了 6 到 8GHz 的工作频段。在无阻挡的情况下,3DB6830 可以做到 120 米以上的覆盖范围,精度做到 10cm 以内。该芯片还集成了一个通过验证的专用 MAC 层,可以抵御逻辑层和物理层的远程修改攻击,适用于安全的距离边界和数据传输应用,任何提供随机数生成和认证流程的 MCU 都可以驱动这颗 UWB IC。

值得一提的是,3DB6830 与以上芯片不同的地方在于选择了低速率脉冲(LRP)重复频率,而其他芯片均为高速率脉冲(HRP)重复频率。根据 3db 的描述,这将赋予 3DB6830 更低的测距功耗、更低的成本和更低的检测延迟。

瑞萨于 2020 年初获得了 3db Access 的 UWB 技术授权,借助瑞萨的 MCU 来打造安全 UWB 低功耗产品。去年 11 月份,瑞萨与 Altran 共同宣布,将利用这一技术来开发侦测社交距离的可穿戴产品。该产品结合了瑞萨具备 HMI 电容触控功能的 Synergy S128 MCU 以及获得授权的 UWB 技术。据其声明所述,该芯片所需功耗仅为竞品的十分之一,却可以实现误差范围在 10cm 内的精确测量。其功用是在其他设备进入安全距离时,通过 LED 和触觉反馈来发出警示,可用于出入境管理等抗变要求严格的场景。

小结

从以上这些主要的 UWB 芯片来看,全球 UWB 技术的发展仍处于早期,还有很大的参与空间,中国公司虽然在 UWB 上起步较晚,却也开始了相关布局。与此同时,推动 UWB 普及的 FiRa 联盟已经有了 100 家以上的成员,确保一致性的认证工作也在紧锣密鼓地展开。UWB 已经瞄准了 Wi-Fi 和蓝牙等无线连接技术,朝着并列的位置迈去。

滚筒洗衣机常见故障检修方法

一、门无法打开

1. 观察水位是否高于门封,启用单排水,低于门封后按中途添衣键,能否打开。

2. 在脱水过程中,再次按中途添衣键,耳朵靠近控制面板听继电器工作的"嗒嗒"声。

※若没有则说明控制线路故障,换电脑板。

※若有嗒嗒声,门未开,手伸进门锁和前门封之间,向下按下门锁按钮,嗒嗒声,门即打开,更换门锁。

二、不能启动

1. 上电试按键,是否有卡死现象,按键是否有毛刺(小刀清除),及电脑板与面板配合不到位;

2. 打开门后再合上,看能否启动。

3. 上电显示屏无门锁标志,继电器无门锁吸合声。

※无声音,换电脑板。

※有声音,则检查门锁,正常阻值为 210-250 欧,阻值正常则查门锁门钩,门钩故障换升部装,钩正常,查电线及 L、N 线位置错误。

提示:衣诺洗衣机有开机自检程序,显示屏——,且无法进入服务自检模式,重点查门锁、排水泵、接插线端子。

三、不进水

进服务自检模式,观察主、预洗阀进水情况,均不进水,查水压、滤网,查进水阀阻值 4-6 千欧,查电脑板对进水阀是否能输出 220 伏电压,查水位传感器正常阻值 20 欧,水位传感器有无 2 伏直流电流,查水室导管是否漏气。

四、进水不止

1. 不上电,开水龙头就进水,进水阀卡异物。边进水边排水,查排水管是否脱落,若正常,查虹吸现象,保证排水口不能泡在水槽中。

2. 查水位传感器,进服务模式 T06,频率值逐步减少,最低水位后停止进水,属正常。

3. 上电,查进水阀二端电压,有 220 伏,持续大于 3 分钟上,电脑板失常,更换电脑板。

五、不加热

1. 进服务模式 T07 加热管是否加热。

2. 电脑板上加热插件是否到位,是否有 220 伏输出,若无输出,拆前封门,查加热插件,正常值为 20—60 欧,温度传感器阻值 15 千欧。

3. 运行棉麻 90 度程序,运行一段时间后,查电脑板是否有电压输出,若没有,换电脑板。

六、不排水

1. 单脱水程序,摸排水泵附近箱体是否有轻微的振动。

2. 查电脑板对排水泵是否输出 220 伏电压。

3. 断电,紧急排水口处将水排净,拆下排水泵,测阻值,正常为 150—250 欧。

4. 查排水泵过滤器,是否有小件衣服堵塞,清理异物。

七、不脱水

1. 查电脑板、电机、线束插接件是否牢固。

2. 查电机阻值 定子 P5-P10 1-4 欧 抽头 P1-P5 0.5-2 欧 转子 P8-P9 2-5 欧 测速线圈 P3-P4 30-55 欧 热保护器 P6-P7 小于 1 欧。

3. 进服务模式 T09、T10,不能正常运行,换电脑板。

八、噪音大、异响、振动大

1. 是否放平,运输螺栓是否拆除。

2. 断电,配件块螺栓加固,以高速脱水,外桶小副振动为宜。

3. 单脱水,按启动键,急速上升,电机不受控(用 T10 查电机),换电脑板。

4. 下皮带,单测电机阻值,查皮带,查桶部装(结构系统)。

九、脱水时间过长或脱水不干

1. 服务模式 T10 测试,查电机能否上高速。

2. 单脱水,中途添衣,抖散衣服。

激光影院电视安装与调试技术要领

何金华

激光影院电视采用激光投影显示技术(LDT),激光投影显示技术也称激光投影技术或者激光显示技术,它是以红、绿、蓝三基色激光为光源的显示技术,从色度学角度来看,激光显示的色域覆盖率可以达到人眼所能识别色彩空间的90%以上,是传统显示色域覆盖率的两倍以上,彻底突破显示技术色域空间的不足,实现最完美的色彩还原,让人们通过显示终端看到最真实、最绚丽的世界。

激光影院电视全套部件包括主机、屏幕两大部分,要实现最佳的观看效果,则需要在安装过程中将主机与屏幕进行最佳位置、角度的适配,并将画面聚焦、几何校正等方面调整到最佳状态,方可还原出最真实、最绚丽的图像画面。虽然激光影院电视已上市几年,但市场一线仍有不少技术人员在安装调试过程中出现诸多问题,导致安装效率低、安装质量差,甚至出现客户投诉问题,本文以主要以激光主机及屏幕的安装为例,介绍激光影院电视的安装与调试技术要点。

一、激光影院电视主机安装

1.1 安装方式选择

根据不同用户使用场景,激光影院电视一般支持桌面前投、桌面背投、吊装前投和吊装背投四种安装方式。特别提示:选择安装方式时,需要通过在激光主机OSD菜单里面对显示方式做相应的设置;同时,不同的安装方式也可能选择不同的屏幕。以下图1-图4分别为4种安装方式示意图:

图1 桌面正投　　图2 桌面背投

图3 吊装正投　　图4 吊装背投

1.2 主机安装距离与屏幕尺寸关系

总体关系:主机和屏幕间的距离与图像尺寸成正比,主机离屏幕越近,图像尺寸越小,反之,则图像尺寸越大。

下面以图5所示的桌面正投为例,简要说明屏幕尺寸和安装距离之间的关系,注意此数据仅仅是大致的安装参考距离。

以长虹C7U-4K激光电视为例,安装距离与屏幕尺寸可参考如下数据。

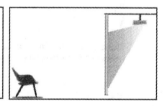

图5　正投主机与屏幕距离关系图

序号	屏幕尺寸(单位:英寸)	显示区域宽度(单位:mm)	显示区域高度(单位:mm)	主机与屏幕水平间距(图中①所示,单位:mm)	主机与屏幕垂直高度(图中②所示,单位:mm)
1	90	1992	1121	148	252
2	100	2214	1245	165	279

备注:
1.上图中标注为"①"的,表示主机后端相对于屏幕的水平距离。
2.上图中标注为"②"的,表示主机顶端相对于屏幕底部的垂直距离。
3.观看距离应保持在屏幕对角线长度的1.5倍以上。
4.上表中数据仅供参考,实际安装使用过程中,可参考此数据进行适当调整。

二、激光影院电视屏幕安装

目前激光影院电视所配主流屏幕有抗光屏幕和菲涅尔无源光学屏幕,其中,菲涅尔光学屏幕又分为硬屏和柔性屏,抗光屏幕与菲涅尔光学软屏幕安装方法雷同,下面分别以抗光屏幕及菲涅尔光学硬屏幕为例介绍其安装方法与要点。

2.1 抗光屏幕的安装(以型号为S100CK的抗光屏幕为例)

1. 安装所需配件与物料

序号	名称	数量	序号	名称	数量
A	L型拐角	4	G	M6 台阶螺母	2
B	上下短边框	4	H	M5*16 不锈钢平头螺丝	24
C	左右短边框	2	I	M6*12 不锈钢平头螺丝	2
D	条形接条	2	J	自攻螺钉与胶塞	6
E	支撑杆	1	K	装饰贴纸	1
F	挂架	2	L	装饰边条	6
M	塑胶角套	4	N	安装手套	2

各配件及物料样图如下:

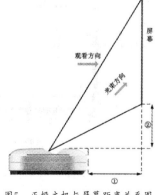

2. 安装操作要点

流程一:安装长框架

步骤1:将条形接条(编号D)插入两条短边框(编号B),拼接为一条

水平长框架,并用M5*16的不锈钢螺丝(编号H)进行固定,如图6所示:

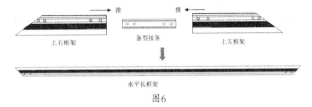

图6

步骤2:采用步骤1的方法组装好另一条长框架。

步骤3:取出2颗M6台阶螺母(编号为G),分别推入两条水平长框架内,如图7所示:

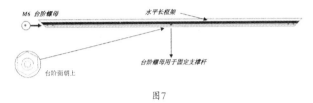

图7

流程二:安装整体框架

步骤1:在水平长框架两端插入拐角(编号为A),如图8所示:

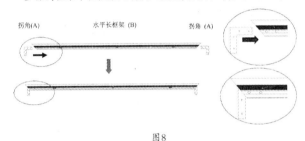

图8

步骤2:将两条竖直短框架(编号为C)沿拐角连接,如图9所示:

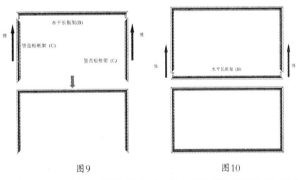

图9　　　　　　　图10

步骤3:按以上操作步骤,将余下一条水平长框架进行连接,形成整框,如图10所示。

步骤4:适当调整整框四周角度,确保框架的四个角均为直角,再用M5*16的不锈钢螺丝(编号为H)进行固定,如图11所示:

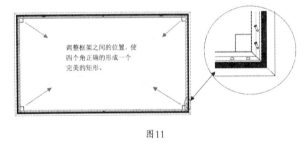

图11

流程三:安装幕布

步骤1:戴上手套,避免幕布上留下手指痕迹无法擦除,将幕布从纸筒中取出,找一表面平整的重物轻轻压住幕布一端的软边处,正面朝下,由两人拖起卷起的另一端,按顺时针方向缓慢旋转幕布(如图12所示),摊开并平放到干净、平整的水平面上(如图13所示)。

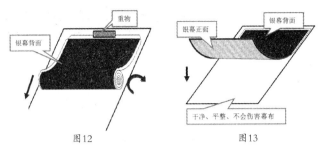

图12　　　　　　　图13

步骤2:把组装好的框架轻放到幕布上,确保框架的角度边缘不能直接接触幕幕的材料,以避免刺穿幕布,使框架的一个角与屏幕的一个角对齐,如图14所示:

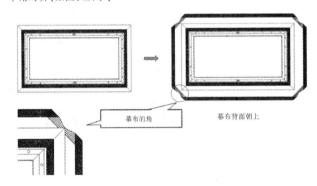

图14

步骤3:安装幕布角,安装步骤如图15所示,确保幕布的角与框架的角完全对齐,并按照如下A-B-C-D顺序把魔术贴粘起来,如图16所示:

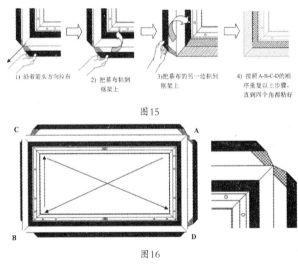

图15

图16

步骤4:四个角完成安装后,需检查幕布是否包住框架角,如果有遗漏处,需按照前述方法重新粘贴,如图17所示。

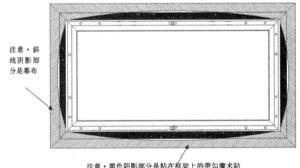

注意:黑色阴影部分是粘在框架上的带勾魔术贴.

图17

步骤5:四个角拉平整后,再把剩余部分的魔术贴粘上,如图18所示,粘贴的顺序如图19所示:

流程四：安装支撑杆

步骤1：把支撑杆(编号为E)放到框架的中间位置，然后让支撑杆两端的孔分别对齐框架内的六角台阶螺母(编号为G)，用M6*12的不锈钢螺丝(编号为I)进行固定，如图20所示。

流程五：安装装饰边条

步骤1：把组装好的框架平放在洁净的台面上，要求正面朝上，在幕布上下边中心处粘上装饰贴纸，要求贴纸边缘和幕布边缘对齐，如图21所示。

步骤2：把所有的装饰边条粘在框架边缘且对齐框架，装饰边条窄边贴幕布正面、宽边贴幕布侧面，调整装饰边条之间的位置使四个拐角处的上下装饰边条了两端与左右装饰边条两端刚好接近，尽量保证上下装饰边条中间拼接缝隙足够小，如图22所示。

步骤3：取下装饰边条A，撕开粘在内侧上的双面胶，把装饰边条粘

在步骤2调试好的位置。按照A-B-C-D-E-F的顺序重复A的动作，直到粘好所有的装饰边条，如图23所示。

步骤4：装饰条安装好之后，在屏幕的四个拐角处分别套上一个塑胶角套，角套的正面与屏幕正面齐平，装饰条两面的边缘要完全卡在塑胶角套的卡槽里面，如图24所示。

流程六：屏幕整体挂装

步骤1：把组装好的屏幕竖直于地面(注意：长边着地)，当眼睛俯视幕布正面时，幕布应该呈黑色，说明方向正确，即可准备实施安装；若眼睛俯视幕布正面时呈现白色时，则需调转幕布180°，方可准备实施安装，(注：也可观察屏幕背面，一般贴有"屏幕下缘"标签的一端为银幕下边)。

步骤2：根据客户需求，确定合适的挂装位置，按照屏幕的尺寸大小，选取两个安装点(安装点距离一般为框架总长的1/3至2/3之间)，屏

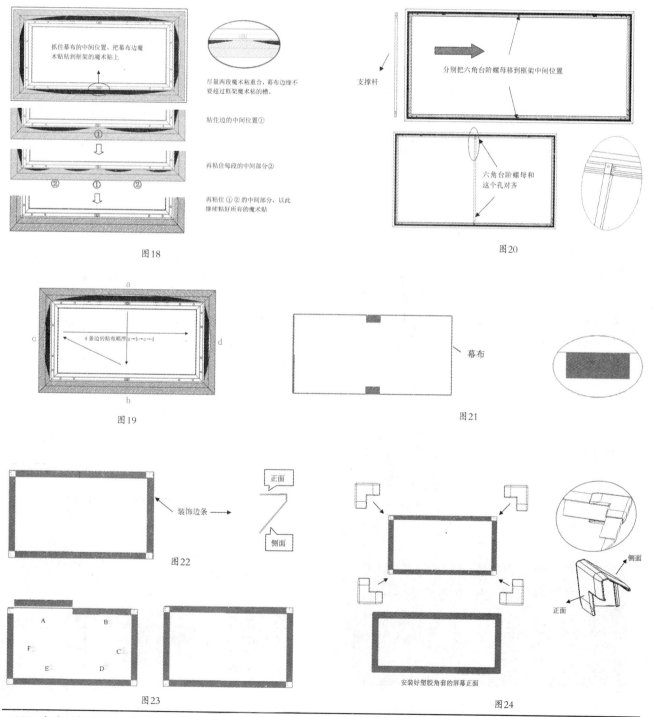

图18

图19

图20

图21

图22

图23

安装好塑胶角套的屏幕正面

图24

幕高度需根据激光主机的摆放高度和主机与屏幕的距离来确定(可参考激光主机投影距离表)。

步骤3:在两个安装点钻孔,插入胶塞(编号为J),拧紧螺丝固定挂架(编号为F),挂架固定好后即可直接将屏幕挂到墙壁上,安装完毕即可投入使用,如图25所示。

2.2 菲涅尔硬屏幕的安装

1. 屏幕规格

型号	S100FQ	S100FA	S90FQ	S90FA	S80FQ	S80FA
屏幕尺寸(长宽厚 mm)	2240*1275*32		2020*1150*32		1798*1023*32	
屏幕净重(KG)	14	27.7	12.5	23.6	10.5	19
最大显示尺寸	100 英寸		90 英寸		80 英寸	
屏幕边框(mm)	11					
屏幕长宽比	16:9					

2. 安装所需物料

菲涅尔硬屏幕是一体屏幕,不需要像软屏幕那样进行复杂的组装,所以其安装所需的部件也相对较少,如下:

序号	物料名称	数量	备注
1	菲涅尔光学屏幕	1	一体化
2	挂件	2	支撑悬挂光学屏幕
3	平垫	4	穿入自攻螺丝钉
4	6*65 自攻螺丝钉	4	固定挂件
5	尼龙锚栓	4	固定挂件

步骤1:确认安装面,安装面可以是混凝土、轻质混凝土、实心砌体等,如果不是以上材料安装面,则需确保每个悬挂支撑点可以承受70kg以上重力,以保证安装面满足承重要求。

步骤2:根据激光主机投射的画面高度及客户意愿,选用合适的电视柜来确定屏幕的安装高度:依据屏幕安装面造型以及电视柜位置,结合客户意愿,确定安装的垂直中心线。

步骤3:用铅笔在安装面上拟定的中心线位置划一条垂直中心线,以垂直中心线为基准,在左右两侧各划一条显示区域边缘定位线,划线均使用水平尺以保证所划线条垂直,如图26所示。显示区域边缘定位线与垂直中心线的水平距离为:

★100英寸:1107±2mm　★90英寸:996±2mm　★80英寸:886±2mm

步骤4:检查激光主机聚焦状态:主机开机,初步调整整机位置,使投影画面大小与所购屏幕显示尺寸接近(投影画面中线及边缘大致与所划线条重合),检查投影到屏幕安装面的画面是否清晰,如不清晰,使用电动调焦功能进行调整直至聚焦清晰。

提示:以长虹激光影院电视为例,打开电动调焦功能方法:使用整机遥控器依次选择设置–更多设置–显示设置–图像显示–电动调焦,如图27所示,电动调焦时投影画面大小会产生微小变化。

步骤5:仔细调整主机位置及水平,使激光投影中线及投影边缘与墙上三条划线重合。

步骤6:距显示画面上边缘向下45mm为理论安装水平基线,在中线向左/向右各相应距离处开孔,左边两孔间距、右边两孔间距均为40mm,在4孔中插入4个尼龙锚栓,使用4颗6*65自攻钉及4个平垫将2个挂件进行固定,如图28所示。

步骤7:2人合力将菲涅尔光学屏幕挂合到2个挂件上,即可完成整个安装过程,如图29所示。

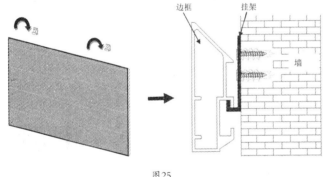

图25

图28

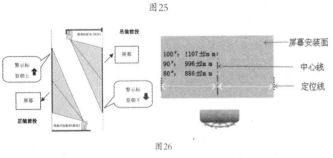

图26

图27

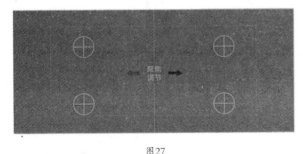

图29

三、激光影院电视主机图像调试方法

下面以长虹C7U激光影院电视主机"桌面正投"安装方式为例,画面调试操作方法如下:

3.1 连接电源并启动主机。

3.2
根据屏幕上画面显示情况,通过前、后、左、右挪动主机或旋动高度调节脚垫来调整画面的大小和位置(图30,主机底部3个脚垫示意图)。

3.3
当屏幕显示图像发生各种变形现象时,则可通过对主机进行调整实现正常画面的显示,调整方法如下:

序号	图像描述	具体现象	故障原因与调试方法
1	投射画面过小		故障原因:主机距屏幕过近 调试方法:适当将主机后移
2	投射画面过大		故障原因:主机距屏幕过远 调试方法:适当将主机前移
3	投射画面偏左		故障原因:主机相对屏幕偏左 调试方法:适当将主机右移
4	投射画面偏右		故障原因:主机相对屏幕偏右 调试方法:适当将主机左移
5	投射画面偏上		故障原因:主机位置偏高 调试方法:适当将主机位置下调
6	投射画面偏下		故障原因:主机位置偏低 调试方法:适当将主机位置上调
7	投射画面上宽下窄		故障原因:主机前后水平度不够 调试方法: 方法①:顺时针旋转脚垫2及脚垫3,降低主机前部高度; 方法②:逆时针旋转脚垫1,抬升主机后部高度
8	投射画面上窄下宽		故障原因:主机前后水平度不够 调试方法: 方法①:逆时针旋转脚垫2及脚垫3,抬升主机前部高度; 方法②:顺时针旋转脚垫1,降低主机后部高度
9	投射画面左窄右宽		故障原因:主机左高右低 调试方法:逆时针旋转主机
10	投射画面右窄左宽		故障原因:主机右高左低 调试方法:顺时针旋转主机

3.4 主机调整聚焦方法

(1)当屏幕图像画面聚焦不良时,可通过用户菜单调出电动调焦画面;长按遥控器"菜单"键→选择显示设置→选择电动调焦;

(2)通过操作遥控器"左/右"键对焦距进行调整,直到画面从模糊变清晰,如图31所示。

3.5 主机的图像校正方法

1.长按遥控器"菜单"键→选择显示设置→选择图像校正,进入图像校正菜单,如图32所示;

2.通过遥控器"上/下/左/右"键选择需要校正的位置并按下"OK"键;

3.通过遥控器"上/下"键进行垂直调节,"左/右"键进行水平调节;

4.完成一个位置的校正后,按"返回"键,再重复的操作,直到完成整个画面校正。

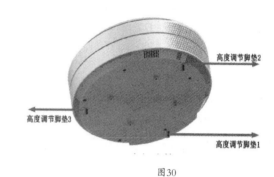

图30

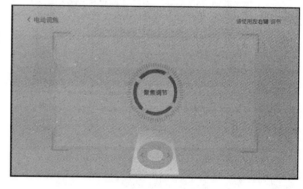

图31

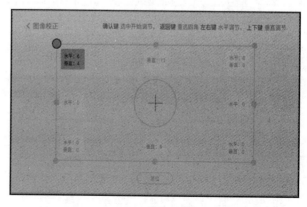

图32

索尼液晶彩电SO12WXGA_32_MT06_CN主板电路分析与检修

贺学金

索尼液晶彩电SO12WXGA_32_MT06_CN主板(下文简称MT06_CN主板)采用台湾联发即MTK公司研发的MT5306BANU作为主芯片,外接一块1G bit的NAND FLASH和1Gbit的DDR3。MT5306BANU采用256脚LQFP封装,内部集成有CPU、中放、图像处理、伴音处理电路,支持多媒体解码。伴音功放采用ST公司(意法半导体)推出的数字音频功放芯片STA381BWS。MT06_CN主板主要应用于索尼KLV-32BX350、KLV-40BX450、KLV-46BX450液晶彩电中,KLV-32BX350配三星屏LTA-320AN08、KLV-40BX450配三星屏LTA400HM19、KLV-46BX450配三星屏LTY460HN06。本文以索尼KLV-46BX450液晶彩电为例进行介绍。

一、主板结构和电路组成

MT06_CN主板的器件布置在主板的两面,正面元器件分布如图1所示(图1是将主芯片和DDR3的金属屏蔽罩取下后的相片),背面只有少量的元件,如LDO稳压块IC2703(LD1117A,形成CORE_1.15V)和FLASH存储器IC4600(TC58DVM92A5TA10)等。

MT06_CN主板电路主要由供电电路、系统控制电路、信号输入/输出接口电路、伴音功率放大电路组成,其电路组成框图如图2所示。

二、供电系统

MT06_CN主板需输入STBY_3.3V、REG_12V、AUDIO_12V、T-CON-VCC_12V共四组供电,其电源分配图如图3所示。

STBY3.3V电压是待机3.3V,只要接通电源后就有此电压输入,该电压不是直接就送到主芯片去,而是经Q2009后再送到主芯片去的。REG_12V电压经DC-DC电路或LDO稳压后形成多路电压值不相同的直流电压,为主板中各单元电路供电。AUDIO_12V为伴音功放IC供电。REG_12V和AUDIO_12V这两路输入电压,在电源板上实际上是由同一路12V电压分成的两路。T-CON-VCC_12V是送往逻辑板的上屏电压(该机芯的12V上屏电压是在电源板上形成的,而普通液晶彩电的上屏电压是在主板上形成的)。REG_12V、AUDIO_12V和T-CON-VCC_12V这三路电压均为受控电压,待机时无电压输入,二次开机后才有正常供电电压输入。

2.1 STBY_3.3V和3.3Vstb供电

电源组件输出的STBY_3.3V电压通过插座CN2001的⑥脚进入主板,给复位电路、本机按键、IR/LED电路及部分上拉电阻供电,而主芯片的CPU部分供电(3.3Vstb)则是由STBY_3.3V经Q2009后输出的,如图4所示。

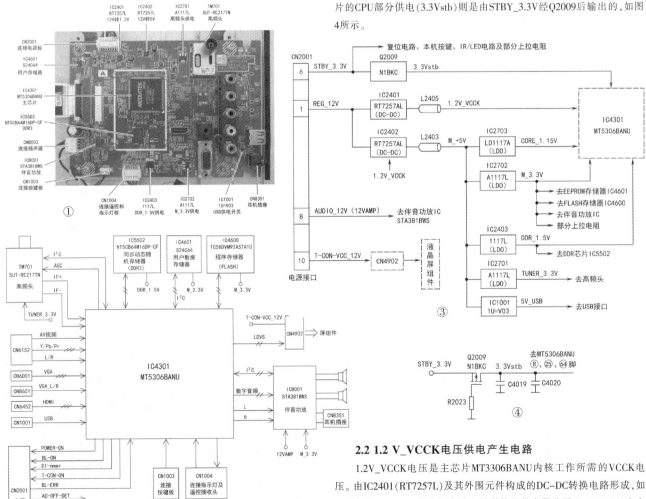

①
②
③
④

2.2 1.2 V_VCCK电压供电产生电路

1.2V_VCCK电压是主芯片MT3306BANU内核工作所需的VCCK电压。由IC2401(RT7257L)及其外围元件构成的DC-DC转换电路形成,如图5所示。RT7257L是中国台湾立锜科技股份有限公司(RICHTEK)生产的一款同步整流降压转换器,开关频率为340kHz,输入电压范围为4.5V~18V,输出电压可调(0.8V~15V),连续输出电流达3A,转换效率达

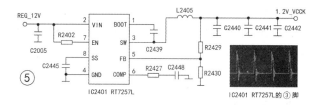

表1 IC2401(RT7257L)引脚功能与实测数据

引脚	符号	功能	在路电阻(kΩ)		电压(V)
			红地黑测	黑地红测	
①	BOOT	自举升压	800	6.8	5.82
②	VIN	电源输入	2.5	1	12.42
③	SW	功率开关输出端	0.3	0.3	1.21
④	GND	接地	0	0	0
⑤	FB	反馈	7.6	7	0.77
⑥	COMP	外部环路补偿	∞	9.5	0.99
⑦	EN	使能端	85	9.5	12.07
⑧	SS	软启动控制	∞	9.5	3.47

95%。IC2401(RT7257L)引脚功能与实测数据见表1。

二次开机后，REG_12V电压一路加到IC2401的供电端②脚，另一路通过电阻R2402加在IC2401的使能端⑦脚，电路启动，IC2401的③脚输出幅度为12VP-P、周期约为3μs的脉冲，集成块内部的续流管对脉冲整流，在滤波电容两端产生1.2V直流电压，给主芯片内核供电。IC2401的⑤脚为反馈端，内部电路根据此脚的反馈电压调节输出电压大小，以保证输出电压稳定。

2.3 M_+5V电压供电产生电路

M_+5V为主5V电压，由IC2402(RT7257L)及其外围元件形成，如图6所示。此电压的输出受IC2401输出的1.2V_VCCK控制。M_+5V是一个重要电压，送往多个下一级的稳压器。IC2402引脚功能与实测数据见表2。

表2 IC2402(RT7257L)引脚功能与实测数据

引脚	符号	功能	在路电阻(kΩ)		电压(V)
			红地黑测	黑地红测	
①	BOOT	自举升压	800	8.5	9.46
②	VIN	电源输入	2.5	1	12.43
③	SW	功率开关输出端	7.2	5.2	4.97
④	GND	接地	0	0	0
⑤	FB	反馈	9.7	7.5	0.77
⑥	COMP	外部环路补偿	∞	9.5	0.93
⑦	EN	使能端	20	9	12.36
⑧	SS	软启动控制	∞	9.5	3.46

2.4 CORE_1.15V电压供电产生电路

CORE_1.15V电压形成电路由IC2703(LD1117A)及其外围元件组成，如图7所示。LD1117A是一款常用的低压差稳压块，其①脚(ADJ)为输出电压调节端(若输出电压固定，该脚直接接地)、②脚(OUT)为稳压输出端，与散热片直通、③脚(IN)为电源输入端。M_+5V电压经IC2703稳压输出CORE_1.15V直流电压，供给主芯片内核电路。

2.5 M_3.3V电压供电产生电路

M_3.3V电压形成电路由IC2702(A1117L)及其外围元件组成，如图8所示。M_+5V电压经IC2702稳压输出M_3.3V直流电压，供给主芯片、FLASH存储器、EEPROM存储器以及伴音功放IC提供3.3V的工作电压。

2.6 DDR_1.5V电压供电产生电路

M_3.3V电压形成电路由IC2403(1117L)及其外围元件组成，如图9所示。M_+5V电压经IC2403稳压输出DDR_1.5V直流电压，供给DDR3芯片。

2.7 TUNER_3.3V电压供电产生电路

TUNER_3.3V电压形成电路由IC2701(A1117L)及其外围元件组成，如图10所示。M_+5V电压经IC2701稳压输出TUNER_3.3V直流电压，供给高频头。

维修提示：以上几路电压是主板工作的关键。不开机或开机异常时，首先测量电源板输出的STBY_3.3V、REG_12V、AUDIO_12V电压是否正常，如果正常，则测量主板上的DC-DC及LDO电路输出电压是否正常。注意：通电瞬间CPU有个自检过程，在自检时，各路输出电压都会有电压输出；自检完毕后，3.3V待机电压(STBY_3.3V和3.3Vstb)仍有输出，其他输出电压快速降为0V(上次断电前处于待机状态)或有正常电压输出(上次断电前处于开机状态)。M_+5V电压输出受1.2V_VCCK的控制，故M_+5V电压无输出时，应先测量1.2V_VCCK电压输出是否正常。

三、控制系统

控制系统电路由主芯片IC4301（去MT5306BANU）、FLASH存储器IC4600(TC58DVM92A5TA10)、用户存储器IC4601(S24C64)、DDR3芯片IC5502(NT5CB64M16DP-CF)及相关接口电路组成，完成整机控制功能。主芯片MT5306BANU内置CPU，可通过I²C总线及GPIO端口控制外围器件。

控制系统要正常工作，必须满足以下基本工作条件：主芯片的CPU部分要有正常工作电压和接地；通电瞬间复位端提供一个复位脉冲信号保证系统初始化；时钟振荡电路提供正常的时钟信号；本机按键电路无短路和漏电现象；主芯片的总线和外部电路通讯正常等。若上述工作条件有一项不正常，都会引起主芯片的微处理器部分不能正常工作，出现不能开机或开机异常现象。

3.1 复位电路

主芯片MT5306BANU的㉓脚是复位端，外接复位电路，如图11所示。该主板的复位电路采用复位专用集成电路692BC(IC4602)，具有体积小、电路简洁、复位可靠等优点。

维修提示：若主芯片㉓脚的复位信号不正常，机器可能出现不能二次开机现象，也可能出现能够二次开机，但开机后机器无法正常工作，键控、遥控均失灵的现象。复位电路不正常，还有可能引起一种特殊的故障现象，即有时开机正常，有时开机不正常。这种现象是因为复位电压或复位时间处于临界状态而引起的，应重点检查复位电路中各元件的质量。

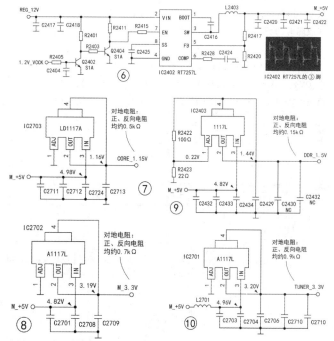

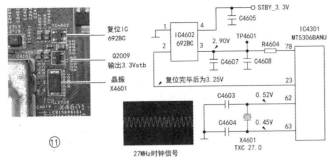

⑪

27MHz时钟信号

3.2 时钟振荡电路

主芯片MT3306BANU的62、63脚外接晶振X4601、电容C4603、C4604及芯片内部电路组成时钟振荡电路(参见图11),产生的时钟信号不仅提供给微控制器部分,还提供给图像处理系统。

维修提示:时钟振荡电路工作不正常会出现不开机、自动关机或图像彩色异常等现象。时钟振荡是否正常,可用示波器测量波形来判断,正常时62脚有频率为27MHz、幅度约400mV的正弦波,63脚幅度约250mV。若无示波器,可通过测量电压来初步判断,正常时62脚电压约0.45V,63脚电压约0.52V,如果62、63脚之间电压没有压差,即可判断振荡电路没有工作。注意:测量波形、电压应迅速,否则,测量时间稍长可能导致振荡电路停振。

3.3 本机按键电压输入

主芯片MT3306BANU的⑲、㉒脚是本机键控电压输入端,按键板电路产生的电压经插座CN1003进入主芯片内,按键电压经A/D转换后,变换成地址数据,从程序储存器相应单元读出程序,完成相应控制功能,如图12所示。

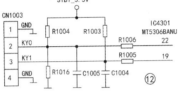

⑫

3.4 遥控信号输入和指示灯控制电路

遥控信号输入和指示灯控制电路如图14所示。主芯片MT3306-BANU的⑯脚是遥控信号输入端,遥控接收头输出的遥控信号经插座CN1004的⑫脚进入主芯片的的⑯脚,从程序储存器相应单元读出程序,实现遥控功能。

MT3306BANU的⑧脚是待机指示灯控制端,待机时输出高电平(约3.2V),使Q1002导通,Q1002的E极输出2.5V电压,经R1011限流降压后得到1.8V电压,提供给LED发光二极管D9103(红色,待机指示灯);开机后⑧脚输出低电平(0V)。另外,该机具有故障自检功能,当逻辑板出现故障时⑧脚输出脉冲电压,红色指示灯D9103会连续闪烁5次,间隔一段时间后又闪烁5次,如此循环。

MT3306BANU的(236)脚是工作指示灯控制端,待机时输出低电平(0V);二次开机后输出高电平(约3.2V),使Q1001导通,Q1001的E极输出2.5V电压,经R1007限流降压后得到1.8V电压,提供给D9104(绿

色,工作指示灯)。

MT3306BANU的(237)脚是图像关闭指示灯控制端,该机具有节电功能,调节背光照明以减少电视机的消耗功率,当用户设定"图像关闭"时,图像将被关闭,声音保持不变,此时(237)脚输出高电平(约3.2V),使Q1004导通,Q1004的E极输出2.5V电压,经R1015限流降压后得到1.8V电压,提供给D9012①、④脚内接的发光二极管(绿色,图像关闭指示灯)。

MT3306BANU的⑪脚是定时器指示灯控制端,当用户设定睡眠定时时间后,该脚输出高电平(约3.2V),使Q1003导通,Q1003的E极输出2.5V电压,经R1012限流降压后得到1.8V电压,提供给指示灯D9012②、③脚内接的发光二极管(琥珀色,睡眠定时器指示灯)。

维修提示:此部分电路有问题,会出现遥控失灵、指示灯不亮故障。遥控失灵故障,测量主芯片⑯脚静态电压为3.1V,按遥控器时,电压下降到2.3V,若无变化,则检查R1010以及遥控接收器。电视机其他功能正常,只是某个指示灯不亮故障,测量主芯片与之对应的LED控制端输出电压是否正常,若正常,则检查LED发光二极管及其驱动控制管。

3.5 NAND FLASH存储器

该机芯主板系统的主程序存放在NAND FLASH中,采用了1G bit的NAND FLASH,型号是TC58DVM92A5TA10(位号为IC4600)。该芯片为东芝生产,支持2.7V~3.6V的电压输入,芯片采用3.3V供电,采用TSOP-48封装形式。

主程序存储器IC4600在该主板上的应用电路如图14所示。IC4600的⑫、㊲脚为供电脚,采用M_3.3V供电。㉙~㉜、㊶~㊹脚是8位数据输入/输出端(I/O1~I/O8),分别连接至主芯片的相应引脚。控制端主要有:⑦脚(RY/BY#)是空闲/忙信号输出端;⑧脚(RE#)是读使能端,低电平有效;⑨脚(CE#)是片选信号输入端,低电平有效;⑯脚(CLE)是命令锁存使能端,低电平有效;⑰脚(ALE)是地址锁存使能端;⑱脚(WE#)是存储器写使能端,低电平有效;⑲脚(WP#)是写保护端,低电平有效,高电平写入。以上控制端对应连接到主芯片的总线端口,构成控制总线。

维修提示:FLASH存储器IC4600内写入的程序有BOOT引导程序、操作系统程序和应用程序三类,IC4600物理损坏,或其中存储的程序数据被破坏,都会导致机器无法正常运行,出现不能二次开机或开机后又死机、自动关机等现象。检查时,可先重写软件,看是否能排除故障,若不能排除故障,则检查IC4600芯片的供电,测试点为该芯片旁边的贴片滤波电容C4069两端,此电压的精确度要求较高,电压不能偏离过多,纹波不能太大,正常时待机为0V,开机为3.25V。若供电正常,接下来检查通讯电路,检查IC4600引脚和主芯片相关引脚是否脱焊,上拉电阻是否正常等。对比测量IC4600芯片的8条数据线、7条控制线对地电阻值判断是否有故障。正常时,8条数据线的对地电阻基本相同(正向电阻约10 kΩ,反向电阻约6kΩ)。若实测值偏离该范围,就可判断此路异常,若偏大,通常为通讯线中断;若偏小,通常为FLASH或主芯片相关

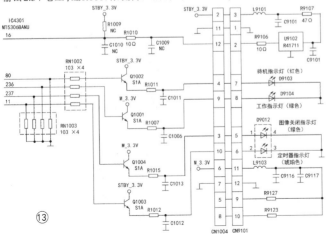

⑬

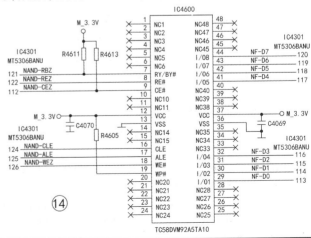

⑭

TC58DVM92A5TA10

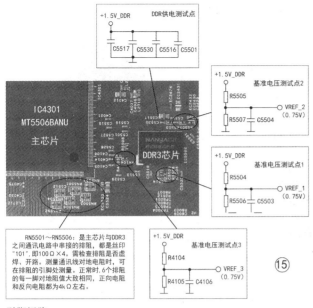

⑮

引脚短路。

3.6 DDR3芯片

该主板采用 DDR3 SDRAM，型号为 NT5CB64M16DP-CF（位号为IC5502）。该芯片为台湾南亚(NANYA)公司的产品，工作电压为1.5V，容量为1Gbit，采用FBGA封装形式。

系统上电后，主芯片 MT3306BANU 先将 Mboot 引导程序装载到 DDR3 中，然后才开始引导程序的运行；二次开机后，主芯片 MT3306BANU 还要先将主程序装载到 DDR3 中，然后才开始主程序的运行。DDR3芯片正常工作必备条件有：(1)供电正常；(2)基准电压正常；(3)DDR3与主芯片之间的通讯正常。

由于IC5502采用FBGA封装，现就其外部工作条件电路进行介绍。如图15所示，IC5502的供电1.5V_DDR 是由 M_+5V 电压通过 IC2403(1117L)进行DC-DC转换形成的。除供电外，IC5502正常工作还需要基准电压VREF，此电压由1.5V_DDR供电分压得到，其值为供电值的一半即0.75V。IC5502需要三路基准电压，一路是由R5505与R5507分得到，一路是由R5504与R5503分压得到，还有一路是由R4104与R4105分压得到。IC5502与主芯片之间通讯是双向的，其通讯电路主要由控制线、地址线和数据线组成，每一类线都又有多条，如控制线有写使能、片选、差分时钟、行列地址选通等信号线，地址线有十多条，数据线有十多条。IC5502与主芯片MT3306BANU之间的通讯线中串接有6个排阻RN5501~RN5506。

维修提示：DDR3芯片不良或损坏、供电和基准电压异常、DDR3引脚虚焊、通讯线上的排阻虚焊等，常见的故障现象主要有：(1)图像出现雨点状、线状干扰；(2)图像出现局部或大面积马赛克、花屏现象；(3)图像出现乱码，显示错乱；(4)图像花屏，并伴有刺耳

尖叫声；(5)图像花屏，并伴随机器卡死、死机现象，控制失灵；(6)整机开机慢，自动关机；(7)不开机，等等。当出现上述现象时，首先检查主芯片用于连接DDR3的(168)~(192)脚否虚焊、短路，通讯电路中的排阻是否虚焊。接下来检测排阻中各电阻有无开路现象，并测量每根通讯线的对地电阻是否正常(在排阻引脚处测量较方便)，正常时每线对地的正、反向电阻均在4kΩ左右，若实测值与之相差较远，就可判定此路异常，若偏大，通常是通讯电路中的过孔不通，或IC5502虚焊(IC5502采用FBGA封装形式，比较难处理)；若偏小，通常为DDR3和主芯片相关脚短路。若以上检查均为正常，就需要检查DDR3芯片IC5502的供电、3路基准电压。对于不开机故障，可查看开机打印信息，判断是否是DDR3电路的问题，如果DDR3电路出现异常的话，则会出现BIST-Fail的提示信息。

3.7 E²PROM存储器及I²C总线电路

IC4601(S24C64)是E²PROM存储器，存储容量为64KB，主要用于存储用户使用信息，用户关机前的使用状态，设置(图像亮度、对比度等)、开机状态、网络功能需要的MAC地址、屏参等信息。E²PROM存储器与主芯片及其他电路的连接关系如图16所示。

IC4601的①、②、③脚分别为A0、A1、A2，是硬件连接的器件地址输入引脚，本机中，①、③脚接地，②通过电阻R4617接M_3.3V电压。IC4601的⑤脚为串行数据输入/输出脚，⑥脚为串行时钟输入脚，分别与主芯片的⑩②、⑩③脚相连构成I²C总线，主芯片通过I²C总线读取IC4601中存储的用户数据。IC4601的⑦脚为写保护控制脚WP(低电平有效)，该脚与主芯片的⑨⑦脚连接，在对E²PROM写操作期间，主芯片的⑨⑦脚输出低电平，E²PROM允许I²C总线写入数据，而在其他操作过程中，主芯片的⑨⑦脚输出高电平，E²PROM不允许I²C总线写入数据。该I²C总线上还挂接有高频头和伴音功放块IC8001，实现CPU对高频头和伴音功放块的控制。

维修提示：若存储器IC4601的供电、I²C总线短路、集成块本身损坏，均会引起二次不开机。维修时，应检查IC4601的供电是否正常，总线是否断路，总线是否对地短路，以及检查总线电压是否正常。正常时总线对地正向、反向电阻均为3kΩ左右，若总线对地电阻太小或为零，需要断开总线上挂接的其他器件后再测。正常时总线上的电压：在通电瞬间、开机状态均约为3.3V；在待机状态为0V。总线上的波形：电视机正常工作(收看节目)时无波形；主芯片与E²PROM有数据交换时，如开/关机瞬间、搜索存台时有波形。

3.8 开机/待机控制电路

开机/待机控制电路主要由Q2008及周围电路组成，如图17所示。待机时，主芯片是MT3306BANU的开机/待机控制端⑰脚(PWR-ON/OFF)输出高电平(3.2V)，Q2008饱和导通，Q2008集电极输出低电平

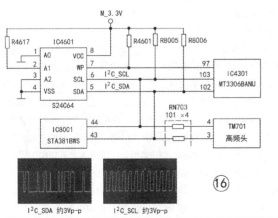

⑯

I²C_SDA 约3Vp-p   I²C_SCL 约3Vp-p

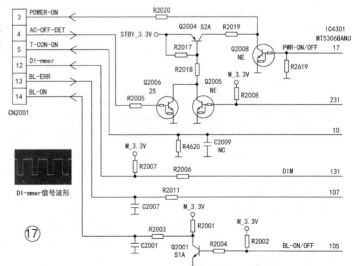

⑰

DI-mmer信号波形

（接近0V）。该低电平的POWER-ON经插座CN2001的③脚送至电源组件，使电源组件的PFC电路和主电源不能工作，电源组件无+12V（包括REG_12V、AUDIO_12V）电压输出，整机处于待机状态。

当CPU接收到二次开机指令时，主芯片的⑰脚由高电平跳变为低电平（0V），Q2008截止，Q2008集电极就成高电平（3.1V）。此高电平经插座CN2001的③脚送至电源组件，使电源组件的PFC电路和主电源开始工作，电源组件输出+12V和+24V电压给主板和背光灯板，整机进入正常工作状态。

另外，该开机/待机控制电路增设有保护电路，可实现交流市电欠压关机保护功能。保护电路由Q2006、Q2005、Q2004等组成。当输入电源板的交流市电电压正常时，电源板会输出一个高电平（约3V）的AC-OFF-DET信号（交流市电检测电压）送至主板，使Q2006导通，将Q2005的基极电压拉低，Q2004导通，Q2004的C极输出3.3V电压，为Q2008提的C极供偏置电压，Q2008可进行正常的开机/待机控制。当输入电源板的交流市电电压过低时，电源板送至主板的AC-OFF-DET信号为低电平（0.1V），使得Q2006截止。主芯片的(231)脚始终输出低电平，Q2005也是截止的。由于Q2006、Q2005同时截止，就使得Q2004的B极为高电平，Q2004截止，Q2008的C极无偏置电压，即送到电源板的POWER-ON为低电平0V，整机处于待机保护状态。

3.9 背光开关控制和背光亮度控制电路

背光开关控制和背光亮度控制电路参见图17。

主芯片MT3306BANU的(105)脚是背光灯开/关控制端（BL-ON/OFF），Q2001及其外围元件组成背光灯开/关控制电路。待机时，主芯片的(105)脚输出低电平（0V），由于M_3.3V无电压输出，Q2001的C极为0V，即CN2001的⑭脚（BL-ON）为低电平0V，背光灯驱动板电路不工作；当二次开机时，主芯片的(105)脚也是输出低电平（0V），M_3.3V电压通过R2001为Q2001的C极提供偏置电压，Q2001截止，其集电极输出高电平（3.2V），经插座CN2001的⑭脚送至电源组件，再送至背光灯驱动板，使背光灯驱动电路启动工作，点亮背光灯。值得一提的是，该机芯有节电功能，当用户设定为"图像关闭"时，主芯片的(105)脚由低电平变为高电平（3.2V），使Q2001饱和导通，其集电极输出低电平（0V）的BL-ON信号到背光板电路，关闭背光板电路。

主芯片MT3306BANU的(131)脚是背光灯亮度控制端（DIM）。当二次开机时，主芯片的(131)脚输出背光灯亮度控制PWM信号（波形见图），经R2006送至插座CN2001的⑫脚，送往电源组件，再送至背光灯驱动板，以实现背光亮度调整。

3.10 控制系统工作过程

接通电源时，STBY_3.3V电压加到主芯片、复位电路，主芯片的时钟振荡电路启动进入振荡状态，主芯片内的CPU开始工作，主芯片的⑰脚（PWR-ON/OFF脚）输出开机控制信号对电源组件和主板相关DC-DC电路进行控制，电源组件和主板DC-DC电路输出各种电压值不同的电压提供给主板各单元电路。CPU首先检测DDR，然后检测并运行引导程序（Mboot），若检测出错，系统将死机；若检测正常，则接下来读取用户存储器的数据，判断上次断电时是否为待机状态。如果为待机状态，则控制整机待机，⑰脚电压拉高（关闭开机信号的输出），返回到待机状态，等待真正意义上的开机指令；如果不是，则继续运行NAND FLASH存储的主程序，整机进入正常工作状态。

四、信号处理电路

4.1 TV信号处理电路

如图18所示，TV信号输入高频调谐器TM701（SUT-RE217TN），经过调谐选台，高频放大、变频，产生出图像中频和伴音中频信号，从TM701的⑥、⑦脚输出，经C701、C702耦合，中频带通滤波器滤波，输入

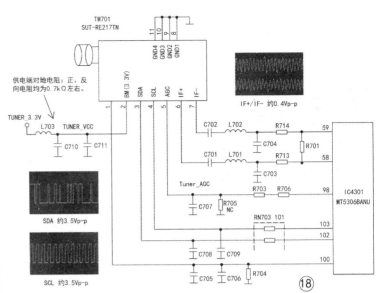

到主芯片MT3306 BANU的58、59脚，TV信号经主芯片内电路解调，产生相应的图像信号和音频信号。

TM701的②脚是高频调谐器的3.3V供电端。来自IC2701的TUNER_3.3V供电（参见图10）经过L703、C710、C711滤波，送入高频调谐器的②脚。TM701的⑤脚是高放AGC电压输入端，用于控制高放大器的增益。高放AGC电压来自主芯片的㉘脚。TM701的③、④脚分别是数据线（SDA）和时钟线（SCL），它们通过隔离电阻RN703与主芯片IC4301的(102)、(103)连接。通过该总线，主芯片对高频调谐器进行控制。

维修提示：这部分电路异常，会出现不开机，TV状态搜不到台，TV图像扭曲、噪点干扰、图像无色等现象。对于不开机故障，高频头只有I²C总线可能引起，若该路总线短路，总线电压低到1V以下，将引起二次不开机，可通过开/待机动作，检查总线电压或总线对地电阻来判定（本机总线电压为3.25V左右；总线对地正、反向电阻都约为3kΩ）。TV状态无图像、无伴音，搜索不到台检查：（1）查高频调谐器的供电；（2）查总线，测量总线电压是否正常，总线是否有断路现象，若无正常的总线信号对高频头进行控制，将引起TV无图像、无伴音；（3）测量高频头是否有中频信号输出，可用示波器观察有无中频信号波形判断；（4）查中频信号输出电路有无断路或漏电现象。TV图像扭曲、噪点干扰、图像无色等故障，重点检查AGC电路。TM701的⑤脚是高放AGC电压输入端，正常接收时为0.9V左右，无信号时电压在0.5V以下，在搜索节目时，AGC电压在0~1V之间波动。另外，若要测量总线波形，在有数据交换时才有，故测试时，打开"自动调台"项，让电视机处于搜台状态（搜台时总线电压也会有一点波动，在3.15~3.25V之间波动）。

4.2 分量信号源和视频信号源输入电路

分量信号源（Y/Pb/Pr）和视频信号源（AV）的信号输入共用插座CN6152，相关电路如图19所示。

1. 视频通道

接收分量信号时，亮度信号Y从插座CN6152的①端子输入，经电感L6002滤除干扰信号后分成两路，一路经电阻R6163和R6164隔离、C6171耦合，送至主芯片IC6301的㉞脚，另一路经电阻R6174隔离、C6173耦合，送至主芯片IC6301的㉝脚，作为Y同步信号输入。IC6301的㉟脚外接R6167、C6163是Y信号输入参考地电位的外接元件。Pb信号从插座CN6152的②端子输入，经电感L6004、C6165组成的低通滤波器滤除干扰信号，再经电阻R6169隔离、C6164耦合，送至主芯片IC6301的㊱脚。Pr信号从插座CN6152的③端子输入，经电感L6006、C6166组成的低通滤波器滤除干扰信号，再经电阻R6173隔离、C6167耦合，送至主芯片IC6301的㊲脚。电路中，R6170、R6171均为阻抗匹配电阻。

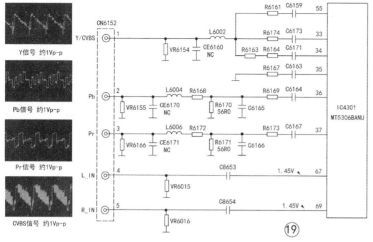

图 ⑲

接收 AV 信号时，视频信号 CVBS 从插座 CN6152 的①端子输入，经电感 L6002 滤除干扰信号后，经电阻 R6161 隔离、C6169 耦合，送到主芯片 IC6301 的⑤脚（无此信号将出现视频信号无图像故障）。

2. 音频通道

分量信号源和视频信号源的音频信号输入电路是共用的。左、右声道的音频信号分别从插座 CN6152 的④、⑤输入，分别经电容 C8653、C8654 耦合至主芯片 IC6301 的⑥、⑥脚。

维修提示：若接收其他信号源时图像和声音正常，而分量信号或 AV 信号的图像、声音不正常，需对上述输入电路相应元器件进行检查。若外围元器件正常，就需要更换主芯片 MT5306BANU。分量信号输入时，出现无图像现象，重点检查主芯片⑬脚的外接元件；出现图像亮度异常现象，重点检查⑭脚的外接元件；出现彩色异常现象，检查 Pb 和 Pr 通道。AV 信号输入时，出现无图像现象，重点检查主芯片⑤脚的外接元件。

在实际维修中，由于输入信号脉冲电压过高或存在静电，引起输入电路元器件损坏较多，严重的还将损坏主芯片。检查这部分电路的视频通道，可用示波器测量信号波形，迅速缩小故障部位。如果采用测量直流电压的方法检查，Y 信号、CBVS 信号电压一般为零点几伏，且随图像变化而波动（较明显），Pb、Pr 这两个信号的电压也为零点几伏，也随图像变化而波动，但波动不如 Y 信号那样明显。音频通道，各点的电压基本稳定，不随声音变化而改变。正常时，⑭~⑰脚对地电阻大致相同，正向电阻均为 30kΩ 左右，反向电阻均为 6.5 kΩ 左右，而 Y 同步信号输入⑬脚对地电阻，正向电阻为无穷大，反向电阻约为 5 kΩ。AV 视频信号输入端⑤脚对地电阻，正向电阻约为 7.5，反向电阻约为 6.7 kΩ。音频信号输入端⑥、⑥脚电压相同，均为 1.5V；对地电阻均相同，正向电阻均为

6.5 kΩ，反向电阻均为 5.5 kΩ。

4.3 VGA 输入电路

VGA 输入电路即 PC 输入电路，如图 20 所示。VGA_R、VGA_G、VGA_B 三基色信号分别从 VGA 插座 CN6001 的①、②、③脚输入，分别经电感 L6005、C6009、L6003、C6005、L6001、C6002 组成的低通滤波器滤除干扰信号，再经电阻 R6008、R6004、R6001 隔离、C6007、C6004、C6001 耦合，送至主芯片 IC6301 的③、③、③脚。VGA_G 信号还经 C6003 耦合，送至主芯片 IC6301 的②脚，作为同步信号输入。③脚外接元件 R6007、C6006 是 VGA 信号输入参考地电位的外接元件。VGA 的行、场同步信号（VGA_HS、VGA_VS）从接插件 CN6001 的⑬、⑭脚输入，送至主芯片 IC6301 的②、②脚。CN6001 的④、⑪、⑫、⑮脚通过排阻 RN8003 连接到主芯片 IC4301 的⑮、⑭、⑬、⑫脚，构成两组 I²C 总线，通过该总线，计算机与电视机进行通讯，计算机识别电视机的相关参数和在线升级。

VGA 信号源的音频信号从插座 CN8651 输入，分别经电容 C8652、R8665 和 C8651、R8662 耦合至主芯片 IC6301 的⑥、⑥脚。

维修提示：VGA_R、VGA_G、VGA_B 三基色信号中，若某一路输入异常，将引起 VGA 状态下图像的彩色不正常。正常时，测量这三个通道上的各点，其直流电压一般为零点几伏，且随图像内容变化而变化。若不是，则可判定为信号中断。主芯片③、③、③脚对地电阻基本相同，正向电阻均为 30kΩ，正向电阻为 7kΩ。主芯片的②脚为同步信号（SOG）输入端，外接元件开路，对图像无影响（维修实践证明），该脚直流电压在 1V 左右，随图像内容变化而波动，对地正向电阻为无穷大，反向电阻为 5kΩ。主芯片的③脚为 VGA 信号输入参考地电位，外接元件开路，对图像无影响，若对地短路会引起图像严重闪烁，正常时直流电压稳定为 0.6V，对地正向电阻为 31 kΩ，反向电阻为 6.5kΩ。

若行、场同步信号输入不正常，会出现 VGA 无图像的故障。VGA_HS 信号线的电压约 0.2V，VGA_VS 信号线的电压为负压，约−0.06V；VGA_HS、VGA_VS 两信号线对地电阻相同，正向电阻均为 5.7kΩ，反向电阻均为 4.3kΩ。

若总线不正常，会引起电视机 VGA 状态无信号和不能进行在线升级。主芯片⑫、⑬、⑭、⑮脚对地电阻基本相同，正向电阻为无穷大，反向电阻为 6kΩ。⑫、⑬脚电压均为 4.9V，⑭脚 0V，⑮脚 3.2V。

音频信号输入端⑥、⑥脚电压为 1.5V；对地电阻均相同，正向电阻均为 6.5，反向电阻均为 5.5 kΩ。

4.4 HDMI 输入电路

HDMI 信号输入电路如图 21 所示。当 CN6452 外接 HDMI 输出设备后，外设将为 CN6452 的⑱脚提供+5V 电压，此电压经 R6609、R6615 为热插拔控制三极管 Q6604、Q6605 提供偏置电压。Q6604 导通，Q6605 截止，Q6605 的 c 极输出高电平，此高电平的热插拔识别信号经 CN6452 的⑲脚（HGT_PLUG）送至 HDMI 输出设备作为识别信号，另一路经 R6611 送至主芯片 IC4301 的④脚，作为主芯片判断 HDMI 连接的依据。当主芯片④脚为高电平后，内部的 HDMI 模块启动工作。CN6452 的⑮、⑯脚通过隔离电阻 R6463、R6462 连接到主芯片的②、③脚，分别构成时钟线（HDMI_SCL）和数据线（HDMI_SDA），这样外接 HDMI 输出设备通与主芯片进行通讯，HDMI 输出设备读取电视机的存储在 NAND FLASH 中的 EDID 和 HDCP 协议，读取校验正确后，输出图、声编码信号，经 CN6452 的①~⑫脚送往电视机主芯片 IC4301。

维修提示：HDMI 信号输入电路有问题，主芯片的 HDMI 接口损坏，软件有问题，都会出现 HDMI 信号源无图

图 ⑳

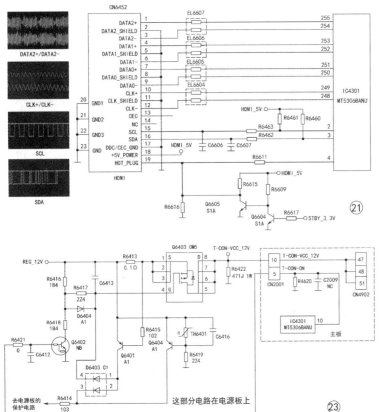

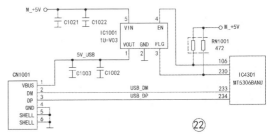

㉒

像、无声音、或图像异常故障。对于无图像故障，重点检查CN6452⑱脚是否有正常的供电电压(4.85V)、⑲脚HDMI热插拔识别电压(正常约为4.8V)、⑮脚和⑯脚总线电压(正常都应约3V)和1对时钟信号是否正常。HDMI状态有图像，但图像颜色异常、花屏，一般是3对数据信号之中的部分信号中断或异常导致的，重点检查主芯片输入的3对HDMI数据信号是否丢失或异常。正常工作时，3对HDMI数据线上的电压基本相同，均约为3V。用示波器测波形，可判断输入信号是否正常。主芯片的HDMI接口是否损坏，可测量每条HDMI时钟、数据线的对地电阻来判断，4对信号线的测试结果应基本相同，红笔测均为6.5kΩ左右，黑笔测都为5.8kΩ左右，如果差异很大，则表明信号通道有断路现象或主芯片有故障。另外，NAND FLASH存储的HDMI KEY数据错误也会导致HDMI信号源接收异常，可进行软件刷新试之。

4.5 USB信号输入电路

本机芯设置一个USB接口，相关电路如图22所示。插座CN1001是USB接口，当其插入相应的外设时，USB的数据分别输入到主芯片IC4301的(233)、(234)脚。USB信号在主芯片中经过解码产生相应的数字视频信号和数字音频信号。

表3   IC1001(1U=V03)引脚功能与实测数据

引脚	符号	功能	在路电阻(kΩ)		电压(V)
			红地黑测	黑地红测	
①	VOUT	电源输出	∞	7.3	4.93
②	GND	地	0	0	0
③	FLG	过流指示输出	4	∞	3.21
④	EN	使能控制，高电平打开	5.6	4.8	0.01
⑤	VIN	电源输入	8	5.5	4.93

CN1001的①脚的5V电压来自IC1001(1U=V03)。1U=V03是保证USB供电的电源块，提供足够的电流满足USB设备正常工作，同时还具有过流、过载保护功能，当USB外接设备发生故障时，使其输出电流超过1A时，IC会自动切断电源输出，并产生故障指示信号。电源块IC1001在主芯片的控制下输出一路电源，主芯片IC4301的(106)脚输出高电平加到IC1001的④脚，IC1001将⑤脚输入的+5V电压从其①脚输出，通过插座CN1001送往USB，使USB设备工作。IC1001(1U=V03)引脚功能与实测数据见表3。

维修提示：该电路的常见故障是不读USB设备，这时先检查USB接口是否存在接触不良的现象，再检查5V电压是否正常，若出现异常，检查供电电路相关元件有无击穿短路或损坏，最后检查USB_DM、USB_DP两信号通道是否有断路、短路现象，可采用测量两信号线对地电阻的方式进行判定，正常时两信号线对地电阻相同，正向、反向电阻均为6kΩ。

4.6 LVDS接口电路

1. 屏供电

本机屏供电电压(T-CON-VCC_12V)形成电路不是在主板上，而是在电源板上，上屏电压开关控制电路如图23所示。主芯片IC4301的⑩脚是上屏电压开关控制端。二次开机后，主芯片的⑩脚输出高电平(3.2V)的T-CON-ON信号，经插座CN2001的⑤脚送至电源板，使Q6402饱和导通，将P沟道场效应管Q6403的④脚(G极)拉低，Q6403导通，④~⑧脚(漏极)输出上屏电压T-CON-VCC_12V，经CN2001的⑩脚进入主板，再经主板送到上屏插座，送往逻辑板。

在上屏电压开关控制电路中还设有过流保护电路和热保护电路。过流保护电路主要由R6413、Q6401等组成。R6413是限流电阻，其两端电压直接反映了上屏电压输出电流的大小，因此该电阻同时作为过流保护取样电阻。R6413两端电压经R6415加到Q6401的e、b极。R6413阻值很小，仅为0.1Ω，正常工作时两端电压很低，不足以使Q6401导通。当逻辑板电路发生故障，致使通过R6413的电流过大，R6413两端的电压升高，迫使Q6401导通，其c极输出高电平，经D6403的②、③脚和R6414送到电源板上的保护电路，使保护电路动作，主电源停止工作，无REG_12V电压输出。Q6401的c极输出的高电平还经D6403的①、④脚向上屏电压控制管Q6403的④脚(G极)注入高电平，迫使Q6403截止，关断上屏电压T-CON-VCC_12V的输出。热保护电路主要由热敏电阻TH6401和三极管Q6404等组成。

2. LVDS信号形成及其输出

各种格式的图像信号直入主芯片IC4301(MT5306BANU)之后，经过内部电路对输入信号进行选择、切换、A/D变换，对各种不同格式的图像信号进行视频解码，视频图像增强等多种处理，最终形成LVDS低压差分信号，从主芯片的(137)~(148)及(152)~(163)脚输出(该LVDS采用双像素传输，有10对数据线和2对时钟线)，送入上屏插座CN4902，经上屏线送入逻辑板电路，如图24所示。

主板送往TCON板除了LVDS信号外，还有LVDS数据格式选择信号、比特选择信号、显示频率控制、显示模式控制信号等，这些信号是通过CN4902的④、⑤、⑥、⑨脚连接电阻到地或不接电阻来设置的高电平或低电平控制信号。另外，主芯片的(132)脚与逻辑板上的时序控

MT5306BANU CN4902

```
132 — R4903 — 100Ω          1
                            2   TCON-RDY
                            3   CNT5
        R4950 — 0           4
        R4951 — 0           5
        R4953 — 0           6
                            7   CNT3
                            8
        R4908 — NC          9
                           10   CNT2
                           11   SDA
                           12   SCL
                           13   GND
137                        14   RE2P
138                        15   RE2N
139                        16   RD2P
140                        17   RD2N
                           18   GND
141                        19   RCLK2P
142                        20   RCLK2N
                           21   GND
143                        22   RC2P
144                        23   RC2N
145                        24   RB2P
146                        25   RB2N
147                        26   RA2P
148                        27   RA2N
                           28   GND
152                        29   RE1P
153                        30   RE1N
154                        31   RD1P
155                        32   RD1N
                           33   GND
156                        34   RCLK1P
157                        35   RCLK1N
                           36   GND
158                        37   RC1P
159                        38   RC1N
160                        39   RB1P
161                        40   RB1N
162                        41   RA1P
163                        42   RA1N
                           43   GND
                           44   GND
                           45   GND
                           46   CNT1
T-CON-VCC_12V              47   VCC
                           48   VCC
                           49   VCC
  EC4902  EC4903  C4901    50   VCC
                           51   VCC
```

TCON-RDY信号

注：
正常时，LVDS信号输出通道对地电阻相同，正向电阻均为6kΩ，反向电阻均为4kΩ。

1对LVDS数据信号

1对LVDS时钟信号

㉔

制芯片相应引脚相连，开机时主芯片要在检测到逻辑板传送来的TCON-RDY信号(准备就绪)后，才会输出LVDS信号。

维修提示：LVDS接口电路、主芯片内的LVDS编码电路有问题，或LVDS插座接触不良，均会出现有声音、背光亮，但黑屏(或灰屏)、花屏等现象。对于黑屏或灰屏故障，重点检查是否有上屏电压，LVDS时钟信号是否正常；光栅暗有干扰故障重点检查上屏电压是否下降。对于花屏故障，重点检查10对LVDS数据信号中是否有某个或几个不正常。LVDS插座接触不良是多发故障，应首先排除。注意检查LVDS信号格式选择等信号设置的电阻是否正常。主芯片输出的LVDS信号是否正常，判断方法：用数字万用表检测各路差分信号的电压值，一般均在0.9V~1.5V间随图像内容不同而变化，若某路电压与此有较大差异，说明该路信号有问题，也可用数字示波器测量各路差分信号的波形，判断是否有信号输出。另外，索尼MT06_CN机芯还有一个特殊故障，就是红色指示灯闪5次，不能二次开机故障，这种现象说明逻辑板或LVDS接口电路有问题，应这对这两部分电路进行重点检查。

4.7 伴音功放电路

本机扬声器驱动和耳机驱动都是由数字音频功放集成电路STA381BWS(IC8001)完成的，相关电路如图25所示。

1. STA381BWS介绍

STA381BWS是ST公司(意法半导体)专门为平板电视优化设计的数字音频功放集成模块，内含数字音频处理、数字放大、FFXTM功率输出级以及耳机驱动器、线路驱动器输出等电路。STA381BWS的主要特性：工作电压从4.5V至26V，最大到27V；I²C控制和IIS接口，取样速率32kHz~192kHz；所采用的意法半导体F3X技术，可简化外部滤波器设计；耳机驱动器和工业标准的2Vp-p线路输出无需直流隔直电容；具有多种保护功能，如短路、过流、欠压和热保护；1Vrms立体声模拟输出；可配置输出功率级2.0或2.1模式，可驱动2×20W(8欧姆负载)或2×9W(4欧姆负载)+1×20W(8欧姆负载)；采用48引脚的VQFN 7×7×1mm封装。STA381BWS引脚功能及维修数据见表4。

表4 STA381BWS引脚功能和维修数据

引脚	符号	功能	在路电阻(kΩ) 红地黑测	黑地红测	电压(V)
①	VCC_REG	VCC电压	2.5	1.1	12.42
②	VSS_REG	地	9.3	7.8	9.26
③	OUT2B	半桥2B输出	6.5	4.5	0.85
④	GND2	半桥2A、2B的地	0	0	0
⑤	VCC2	半桥2A、2B的供电端	2.5	1.1	12.44
⑥	OUT2A	半桥2A输出	6.5	4.5	0.85
⑦	OUT1B	半桥1B输出	6.5	4.5	0.87
⑧	VCC1	半桥1A、1B的供电端	2.5	1.1	12.44
⑨	GND1	半桥1A、1B的地	0	0	0
⑩	OUT1A	半桥1A输出	6.5	4.5	0.87
⑪	VDD_REG	VDD_REG_3.3V形成	6.8	6.1	3.32
⑫	GND_REG	DC_REG地端	0	0	0
⑬	F3X_FILT	F3X基准电压形成	6	4.3	1.76
⑭	F3XL	L声道F3X模拟输出	9.3	2.7	0
⑮	F3XR	R声道F3X模拟输出	9.3	2.7	0
⑯	LINEINL	L声道输入	13.5	6.5	0
⑰	LINEINR	R声道输入	13.5	6.5	0
⑱	LINEHPOUT_L	L声道驱动输出(接耳机)	11	36	0
⑲	LINEHPOUT_R	R声道驱动输出(接耳机)	11	35	0
⑳	GNDA	耳机驱动放大器接地	0	0	0
㉑	SOFTMUTE	软静音端	9.5	12	2.47
㉒	VDD3V3	VDD3.3V电源输入	0.8	0.8	3.23
㉓	CPVSS	外接泵电容	5.2	120	-3.20
㉔	CPM	外接自举电容	8.3	130	-1.54
㉕	GNDPSUB	充电泵的地	0	0	0
㉖	CPP	外接自举电容	4.5	3.3	1.65
㉗	VDD3V3CHP	充电泵的电源端	0.8	0.8	3.24
㉘	VDDDIG1	数字电路供电端	0.8	0.8	3.24
㉙	GNDDIG1	数字电路接地端	0	0	0
㉚	FFX3A	3A数字PWM输出	7.5	6.3	0
㉛	FFX3B	3B数字PWM输出	7.5	6.4	0

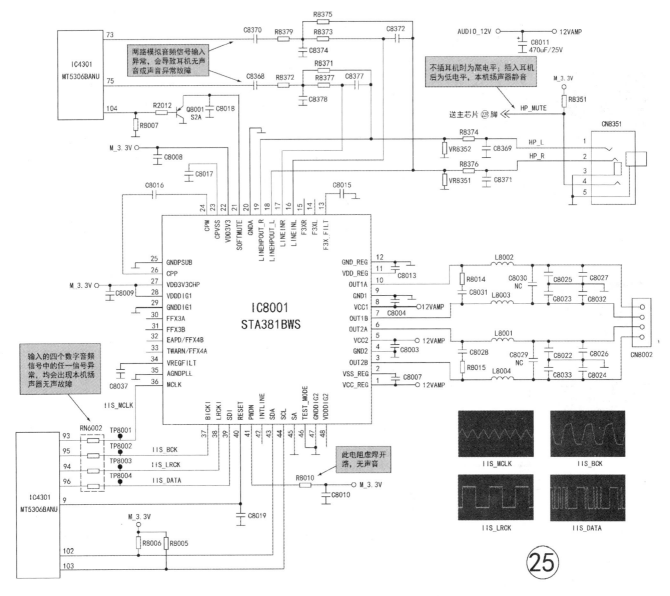

两路模拟音频信号输入异常,会导致耳机无声音或声音异常故障

不插耳机时为高电平;插入耳机后为低电平,本机扬声器静音

输入的四个数字音频信号中的任一信号异常,均会出现本机扬声器无声故障

此电阻虚焊开路,无声音

送主芯片㉘脚

IIS_MCLK　IIS_BCK

IIS_LRCK　IIS_DATA

㉕

续表4

引脚	符号	功能	在路电阻(kΩ)		电压(V)
			红地黑测	黑地红测	
㉜	EAPD/FFX4B	4B 数字 PWM 输出	7.5	6.3	0
㉝	TWARN/FFX4A	4A 数字 PWM 输出	7.5	6.3	0
㉞	VREGFILT	VDD 为数字内核供电	4.8	3.3	1.76
㉟	AGNDPLL	PLL 模拟地	0	0	0
㊱	MCLK	系统主时钟输入	7.5	5.8	1.47
㊲	BICKI	位时钟输入	7.5	5.8	1.57
㊳	LRCKI	左/右声道时钟输入	7.5	5.8	1.60
㊴	SDI	串行音频数据输入	7.5	5.8	1.12
㊵	RESET	复位	7.5	5.6	3.23
㊶	PWDN	IC 掉电控制	7	6	3.23
㊷	INTLINE	故障中断	7.5	6.3	3.23
㊸	SDA	I²C 串行数据输入/输出	5.5	4.5	3.24
㊹	SCL	I²C 串行时钟输入	5.5	4.3	3.24
㊺	SA	I²C 串行地址选择(连接到地)	0	0	0
㊻	TEST_MODE	测试端(连接到地)	0	0	0
㊼	GNDDIG2	数字电路 I/O 接口地	0	0	0
㊽	VDDDIG2	数字内核 LDO 供电	0.8	0.8	3.24

2. 基本工作条件

STA381BWS需要两种电压值的工作电压:一是用于功率放大级的12VAMP,该电压由电源板提供,从电源接口CN2001的⑩脚送入主板;二是M_3.3V,该电压是由主板上的LDO块IC2702(A1117L)。每一种供电电压都要加至多个引脚上去。

STA381BWS的㊴脚(RESET)是复位端,低电平有效,正常工作时为高电平(3.2V)。输入的复位信号来自主芯片的⑨脚。每次开始瞬间,主芯片的⑨脚会输出一个延迟上升的电压,对功放块内部电路进行初始化即复位。

I²C总线控制:IC8001的㊸、㊹脚为I²C总线控制端,连接至主芯片IC4301的(102)、(103)脚,主芯片通过该I²C总线来控制IC8001,控制内容有音量、平衡、均衡、环绕、重低音等控制,静音控制也是通过I²C总线控制实现的。IC8001在I²C总线中的地址可由㊺脚电压进行设定(该机芯将㊺脚接地,设为低电平)。

3. 本机扬声器驱动电路

主芯片IC4301(MT5306BANU)的㊒、㊓、㊔、㊕脚输出IIS数字音频信号,包括主时钟信号(IIS_MCLK)、左/右声道时钟(IIS_LRCK)、位时钟(IIS_BCK)、串行音频数据信号(IIS_DATA)。以上4个信号送入数字音频功放块IC8001的㊱、㊲、㊳、㊴脚,在IC8001内部进行数字音频处理、放大等,最终从③、⑥、⑦、⑩脚输出音频信号,经插座CN8002送到左、右声道扬声器。

4. 耳机驱动电路

主芯片从⑦③、⑦⑤脚输出L、R声道的模拟音频信号,送到IC8001进行放大,经放大后的L、R声道音频信号从集成电路的⑱、⑲脚输出,送往耳机插座CN8351,以驱动耳机发音。当外接耳机时,主芯片控制本机扬声器静音,其控制原理是:不插耳机时,CN8351的④脚和③脚是断开的,CN8351的④脚通过电阻R8351接在M_3.3V电压上,输出的耳机识别检测信号HP_MUTE为高电平,此高电信号送入主芯片IC4301的(229)脚,被主芯片内部电路检测后,通过I²C总线控制IC8001对输入的IIS数字音频信号进行一系列处理以及放大,正常输出放大后的音频信号,送本机扬声器放音;当外接耳机时,CN8351的④脚和③脚接通,④脚输出的HP_MUTE信号为低电平,此信号送到主芯片,主芯片检测到后通过I²C总线控制IC8001关闭③、⑥、⑦、⑩脚音频信号的输出,从而实现本机扬声器静音。

维修提示:该电路的常见故障是无声音或声音异常。实修时,可先输入TV、AV等多种信号源,看声音是否正常。若都不正常,则重点检查伴音功放电路及主芯片的数字音频输出、模拟音频输出是否正常;若只是某一类或几类信号的声音异常,则重点检查此类信号输入电路。数字伴音功放块STA381BWS的引脚较多,检修中重点检测供电(多组)、复位、I²C总线、掉电控制、IIS数字音频信号输入和模拟音频信号输入与功放输出脚的电压与波形。STA381BWS的㉑脚是软静音端,外接元件开路,对声音无影响。对于本机扬声器无声音故障,还应检测主芯片IC4301的(229)脚电压是否为高电平(正常约1.9V),若为低电平0V,则对本机扬声器进行静音控制。

五、常见故障检修例

例1:通电后面板指示灯不亮,按开关键无反应。

分析与检修:根据故障现象分析,故障原因可能是电源板不工作,没有STBY_3.3V待机电压,也可能是主板有故障,其常见的故障部位是DC-DC变换电路异常,导致某组电压不正常,或者主芯片的复位、时钟、I²C总线有问题。

首先测量电源板输出电压,发现STBY_3.3V、REG_12V、AUDIO_12V电压均正常,不是电源板的问题。接下来检查主板上的DC-DC变换电路,测得为CPU供电的Q2009输出的3.3Vstb正常,其他各组输出电压(包括1.2V_VCCK、M_+5V、M_3.3V、CORE_1.15V等)均为0V。断电后测量各DC-DC块、LDO块输入和输出端对地阻值,均无短路现象。根据主板电源分配图(参见图3)分析,M_+5V电压形成电路的工作要IC2401输出的1.2V_VCCK电压的控制,可能是由于1.2V_VCCK电压形成电路有问题,从而引起其他几路电压形成电路不工作造成无电压输出。于是先查IC2401(RT7257L),参见图5。测得其输入端②脚有12.5V电压(正常),⑥脚(COMP)为1.3V(偏高,正常值约1V),其他引脚电压均为0V。分析故障应是⑦脚(EN)无使能控制电压导致的。⑦脚通过电阻R2402(100kΩ,在主板的底部)接在REG_12V电压上,为该脚提供高电平的控制电压,IC才能工作。仔细检查该电阻,发现一端虚焊。补焊R2402后通电试机,待机时红指示灯亮,二次开机后绿灯亮,出现开机LOGO,重测DC-DC块、LDO块输出电压恢复正常,接上信号源后图像和声音均为正常,故障排除。

例2:分量信号源状态,声音正常,但图像暗,彩色基本正常。

分析与检修:切换其他信号源测试,图像亮度和彩色均正常。根据故障现象和试机测试结果,判断故障发生在分量信号输入电路中(参见图19)。由于色彩基本正常,故障只是图像暗,说明故障发生在亮度(Y)通道。在接收分量信号状态下,用示波器测量Y信号通道各点波形,发现C6173两端都有信号波形,而C6171接主芯片㉞脚那端无波形,另一端有波形,说明信号在C6171处中断,判断该电容失效。用一个47nF的贴片电容更换C6171后,通电试机,故障排除。若无示波器,也可以用万用表直流电压挡测量Y信号通道各点电压的方法来判断是否有

Y信号,若电压随图像内容变化在0.3V~0.8V之间变化,说明该测试点有亮度信号;若电压异常或电压不随图像变化,则说明该点无信号。

例3:图像正常,但无声音。

分析与检修:输入多种信号源试机,均无声音。插入耳机听,耳机也无声音。判断故障范围在伴音处理的公共通道,一是主芯片内部的声音处理电路,二是伴音功率放大电路,三是静音电路,相关电路参见图25。

先判断主芯片输出IIS数字音频信号和两路模拟音频信号是否正常。由于主芯片被金属屏蔽盒罩着,不方便直流测量其引脚,可在测试点TP8001~TP8004处测量4个IIS数字音频信号,直流电压和波形均为正常,测量主芯片输出的两路模拟音频信号可在C8368、C8370一端,经测也正常。由此判断主芯片内部的声音处理电路工作正常。检查静音电路主要应测量耳机识别检测电压HP_MUTE,经测量HP_MUTE为高电平(约2V),是正常的。判断故障出在数字伴音功放块IC8001(STA381BWS)。

接下来对数字伴音功放块IC8001进行深入检查。测量IC8001的音频输出脚③、⑥、⑦、⑩脚电压均为0V,正常应为0.8V左右,说明功放块无输出。检查功放块基本工作条件,12V和3.3V供电均正常,⑩脚复位脚静态电压(复位后工作时的电压)为3.1V,采用人工复位方法(可用导线将该脚瞬间接地)能仍无声音,说明故障不是因复位异常而引起的。测量㊸、㊹脚SDA、SCL总线电压约为3.2V(正常)。测量㊶脚(PWDN)IC掉电检测脚电压为0V,异常(正常应为高电平3.2V左右)。该脚通过电阻R8010(在主板底面)接在M_3.3V上,检查该电阻阻值为10kΩ正常,无虚焊现象。通电后测量R8010两端均无电压,测量R8010两端对地电阻,也无对地短路现象,判断R8010连接M_3.3V的线路断路,这段线路上有过孔,估计是过孔断。采用导线将R8010的一端接到M_3.3V上,通电试机,故障排除。另外,STA381BWS采用的封装特殊,易出现虚焊现象,需采用焊台重新对IC加热进行补焊。

例4:有时一切正常,有时出现二次开机后绿色指示灯亮后熄灭,背光灯点亮后也熄灭,之后面板红指示灯闪烁5次,间隔两三秒后红灯再次闪烁5次,如此循环。

分析与检修:索尼MT06_CN机芯液晶彩电二次开机后出现红灯闪烁5次的现象,表明逻辑板电路有故障,或者主板的LVDS接口电路有问题,机器已进入保护状态。

首先检查LVDS排线无断线,与插座也无接触不良现象。接着检查逻辑板,开机瞬间(绿灯点亮期间)才有正常的上屏电压(T-CON-VCC_12V)输入,机器保护后就无电压输入了。逻辑板加上工作电压的时间较短,给维修带来困难,只好反复进行开/关机操作,在开机瞬间测量电路中关键点的电压。经测量发现VCC3.3、AVDD、VONE、VOFFE、HAVDD、VSS等电压(由DC-DC块SM4109形成)输出均正常,机器保护后就下降到0V。检查时序控制块LPFC041TOA-Q1,由于引脚多(100脚),故重点对连接主板的引脚及外接元件进行检查,最后发现标TCON-RDY(准备就绪信号)的测试点电压为0V,正常应为3.2V。TCON-RDY点是连接到主板CN4902②脚的,测量CN4902②脚电压也为0V,判断故障发生在主板上。CN4902②脚通过电阻R4903(100Ω,在主板底面)连接到主芯片MT5306BANU的(132)脚(参见图24)。测量R4903两端都有3.2V电压,判断R4903与CN4902②脚之间有开路现象。重点检查过孔是否相通,经测量过孔不通。用细导线接通过孔,通电试机,故障排除。机器正常时,用示波器测量TCON-RDY的波形,发现在二次开机时,有一个向上的尖脉冲(图24中已标出了TCON-RDY的波形)出现。这个信号是由逻辑板的时序控制芯片输出的,送到主板上的主芯片,主芯片接收到此信号后,判断逻辑板正常,才向逻辑板送去LVDS信号。若主芯片接收不到TCON-RDY信号,便判断逻辑板有问题,从而控制机器进入保护状态。

长虹8K液晶电视Q7ART系列主板原理与维修

周 强 何 锋 周 钰

长虹Q7 ART 8K系列液晶电视整机主要由主板组件、电源组件、内置摄像头、远场语音模块、按键等组件组成。主板采用MTK9652为主芯片，带多媒体功能，数字电视、无线WIFI和蓝牙，支持HDMI2.0、HDR解码、MEMC等。该机型为ZLM98机芯，包含有：65Q7ART，75Q7ART，86D5P PRO(LMMJ)、65Q7ART、75Q7ART、86Q7R、86Q7R(LMMJ)、86D5P PRO、55D8R、55D8R(LJPU)、65D8R、65D8R(LJPU)、55Q8T PRO、55Q8T PRO(LJQN)、65Q8T PRO、75Q8T PRO等机型。

一、主板组件实物图

55Q7 ART机型的主板组件，主要由DC-DC电路、主芯片+DDR/EMMC系统电路、伴音功放电路、TCON电路、模拟和数字音视频输入输出接口电路、指示灯和按键接口电路等组成，右图1为主板组件实物图。

二、主板组件信号流程框图

Q7 ART机型系列的主板采用MT9652单芯片方案，所有输入和输出信号都在芯片内处理，如下图2所示。

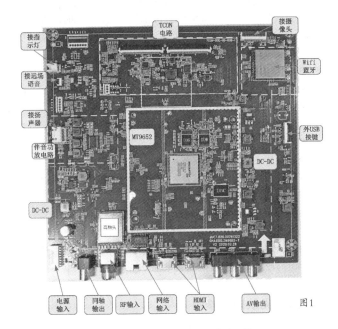

图1

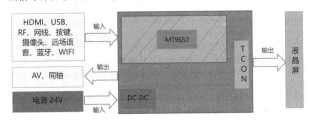

图2

三、24V电源进入主板组件信号流程图

电源组件输出24V电压，经主板上多个DC-DC转换后为芯片和电路提供精准的电源电压，如：功放电路、DDR电路、EMMC电路、高频头电路、蓝牙WIF电路、按键电路、摄像头电路、TCON电路等，如下图3所示。

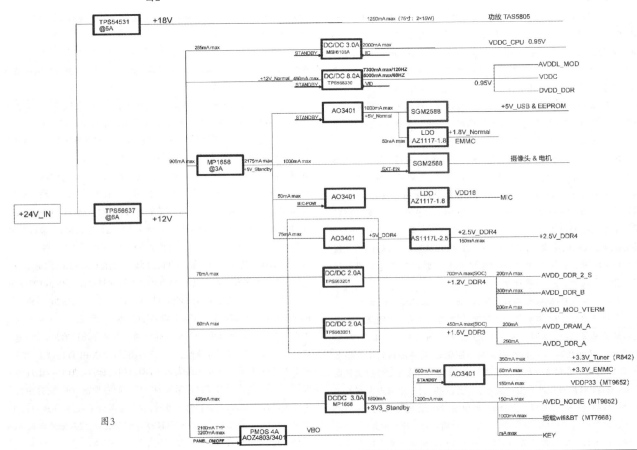

图3

四、主板DC-DC电源单元电路分析

4.1 电源组件提供24V电压供主板，主板通过US11(TPS56637)转换成主板所需的12V电压，此电压在整机通电后就直接产生，不需额外的控制电路，在遇到不开机指示灯不亮，首先检测12V电压有无，来判断此芯片是否正常工作，如果有24V输入，无12V输出，需要对US11(TPS56637)电路着重检修。

1. US11(TPS56637)转12V电路

TPS56637是一款自适应接通时间D-CAP3™控制模式同步降压直流/直流转换器，能够提供6A的连续输出电流。该Eco-mode™控制方案(脉冲跳跃)优化了该开关模式电源(SMPS)器件，使其适用于需要非常低的功耗的应用。

TPS56637具有支持30V电压的MOSFET，可用于由24V总线电源线供电的应用。该D-CAP3™控制模式需很少的外部组器件即可轻松实现稳定的稳压设计。

TPS56637兼具可供用户在轻负载条件下进行选择的FCCM和Eco-mode™控制方案，因此可用于更广泛的应用。该D-CAP3™控制模式可支持高达16V的输出。TPS56637具有逐周期电流限制以及非锁存过压、欠压和过热保护。

2. 芯片内部框图，如下图4所示。

3. 芯片特性

- 4.5V 至28V 的宽输入电压范围；
- 0.6V 至16V 的宽输出电压范围；
- 6A 最大连续输出电流；
- 500kHz 开关频率；
- 集成26mΩ 和12mΩ MOSFET；
- 支持POSCAP 和所有MLCC 输出电容器；
- D-CAP3™针对快速瞬态响应的控制模式；
- 可选强制持续导通模式(FCCM)(用以实现窄输出纹波)或自动跳跃Eco-mode™(用以实现轻负载效率)；
- 0.6V ±1% 基准电压；
- 内部2ms 软启动；
- 内置输出放电功能；
- 电源正常指示器可监控输出电压；

- 非锁存输出OV、UV、OT 保护可提供故障保护；
- -40℃ 至+150℃ 的运行结温范围。

4. 芯片引脚功能(表1)

表1

脚位	名称	电压(V)	作用
1	EN	1.44	使能输入控制，使该引脚悬空以使能转换器。通过连接到VIN和EN之间的电阻分压，可以用于调节UVLO输入。选择分压电阻时，要确保VEN电压低于其最大工作电压5.5V。
2	FB	0.89	输出反馈。通过分压电阻连接在至输出电压和GND之间。
3	AGND	0	内部模拟电路接地。
4	PG	悬空	电源开漏良好指示器，如果由于过压，压降，热关断，EN关闭或在软启动期间。
5	NC	0	空脚。
6	SW	11.9	DC-DC 转换输出。
7	BOOT	16.8	高边 MOSFET 的栅极驱动电压的电源输入。在BOOT和SW之间连接一个0.1uF的自举电容器。
8	VIN	24	输入电压电源引脚。高端 MOSFET 的漏极端子。在VIN和GND之间连接输入去耦电容。
9	PGND	0	电源 GND 端子。低边 MOSFET 的源极端子。
10	MODE	0	操作模式选择引脚。使该引脚悬空(>350kΩ)将迫使TPS56637进入 FCCM。将此引脚连接到GND(<50kΩ)会迫使 TPS56637 在轻负载下进入 Eco-mode™。

5. 芯片功能分析

(1)自适应导通时间和PWM控制

TPS56637的主控制环路是一个自适应导通时间脉宽调制控制器，它支持专有的D-CAP3™控制模式。D-CAP3™控制模式将自适应导通时间控制与内部补偿电路相结合，以实现伪固定频率和具有低ESR输出及极少外部器件配置。

(2)软启动和预偏置软启动

TPS56637具有内部2ms软启动。当EN引脚变高，MODE引脚的读取和设置完成后，内部软启动功能开始斜坡上升到参考电压到比较器PWM。当MODE引脚悬空时，TPS56637在轻负载条件下以强制连续导通模式(FCCM)工作。在FCCM期间，开关频率在整个负载范围内保持在一个固定的水平上。

(3)模式选择

TPS56637的一个MODE引脚，可以在轻负载下提供2种不同的操作状态。如果MODE引脚与GND短路，则TPS56637在Eco-mode™控制方案下工作。如果MODE引脚悬空，则TPS56637在FCCM模式下工作。EN引脚切换为高电平后，将检测并锁存MODE引脚，内部软启动功能开始使参考电压升至PWM比较器。一旦软启动完成，在VIN或EN切换之前，MODE引脚将不会改变。

(4)Eco-mode™控制方案

当MODE引脚短于GND时，TPS56637采用Eco-mode™控制方案设计，以保持较高的轻载效率。随着输出电流从重负载条件开始减小，电感器电流也减小，最终导致其纹波谷达到零，这是连续导通和不连续导通模式之间的边界。当检测到零电感电流时，整流

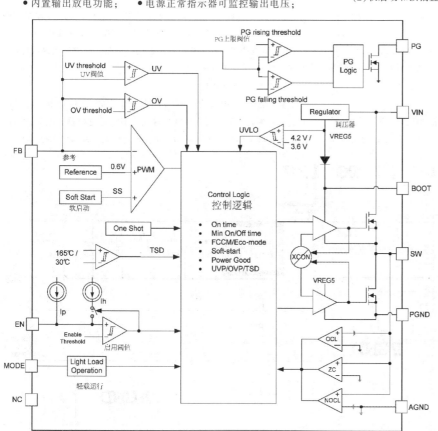

MOSFET将关闭。随着负载电流的进一步减小,转换器进入不连续导通模式。导通时间与连续导通模式下保持几乎相同,因此以较小的负载电流将输出电容器放电到参考电压所需的时间更长。这使得开关频率降低,与负载电流成正比,并保持轻负载效率高的。

(5)TPS56637该器件在VIN引脚上实现了内部欠压锁定(UVLO)电路。当EN引脚电压超过阈值电压时,器件开始工作。如果EN引脚电压拉低到阈值电压以下,则稳压器将停止开关并进入低静态(IQ)状态。

当VIN引脚电压降至内部VIN UVLO阈值以下时,IC停止工作。内

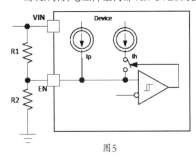

图5

部VIN UVLO阈值具有600mV的迟滞。如果电路需要在VIN引脚上设置更高的UVLO阈值,则可以如图5所示配置EN引脚。

EN引脚具有较小的上拉电流Ip,该电流将引脚的默认状态设置为在未连接任何外部组件时启用。上拉电流还用于控制UVLO功能的电压迟滞,当EN引脚超过使能阈值时,上拉电流会增加Ih。

(6)电流保护和紫外线保护

输出过电流限制(OCL)使用逐周期谷值检测控制电路来实现。在关断状态期间,通过测量低侧FET漏极至源极电压来监视开关电流。该电压与开关电流成正比。在高端FET开关导通期间,开关电流增加线性速率取决于输入电压,输出电压,导通时间和输出电感值。

在低端FET开关导通期间,此电流线性减小。开关电流的平均值为负载电流IOUT。

如果测得的低侧FET的漏极至源极电压高于与电流限制成比例的电压,则低侧FET会一直保持开启状态,直到电流水平降低了可用的输出电流。

当电流受到限制时,输出电压趋于下降,因为负载需求高于转换器所能支持的水平。当输出电压降至目标电压的65%以下时,UVP比较器会检测到它,并在0.25ms的等待时间后关闭设备,然后在25ms的打h时间后重新启动设备。在这种谷值检测控制中,负载电流比OCL阈值高出峰峰值电感电流的一半。消除过电流条件后,输出电压将返回到调节值。

(7)过压保护

当输出电压超过过压保护阈值时,高端FET和低端FET均关闭,并且SW放电路尽开启。在OVP之前,IC不重新启动。等待25ms的尖峰脉冲时间之后,再重新软起动。

(8)热关断

该IC监测芯片内部温度。如果该温度超过热关断阈值(通常为165°C),则IC将关断。在启动过程中,如果设备温度高于165°C,则设备不会启动切换,也不会加载模式设置。如果启动后设备温度超过TRIP阈值,它将立即关闭设备。在IC冷却至大约30℃之后,IC才会开启。

(9)电源正常

电源正常(PG)引脚是漏极开路输出。一旦FB引脚电压在内部基准电压(VREF)的90%至110%之间,则PG会被置为无效。使用100kΩ的上拉电阻将其上拉至5V电压。当FB引脚电压低于VUVP或高于VOVP阈值时,或者在发生热关断时,PG引脚被拉低。

(10)待机操作

通过将EN引脚拉低,可以将TPS56637置于待机模式。在待机状态下,该芯片以2μA(典型值)电流关断工作(本机未使用)。

6. 实际电路运用

在实际运用电路中,芯片的⑩脚MODE接地,采用了Eco-mode™控制方案设计,以保持较高的轻载效率。下图6中的+24V_PWR经电容CS01滤波加入芯片⑧脚VIN;电阻RS01、RS02分压,作为芯片的使能信号开启芯片。⑥脚SW为DC-DC输出,根据负载大小,芯片内部输出占空比不同;⑦脚BOOT高端MOSFET的栅极驱动电压的电源输入,CS88为自举电容(自举电容,内部高端MOS需要得到高出IC的VCC的电压,通过自举电路升压得到,比VCC高的电压,否则,高端MOS无法驱动。自举是指通过开关电源MOS管和电容组成的升压电路,通过电源对电容充电致其电压高于VCC。);②脚FB为反馈输入,通过电阻RS08、RS37、RS36分压,用来控制输出端+12_PWR电压的异常情况。

检修此部分电路时,主要检测①脚电压是否正常和⑥脚输出滤波电容CS07、CS08、CS14、CS69、CS28、CS72有无漏电短路。主板供电为12V,在接外电源时可以跳过此芯片直接接入12V,注意供电电流是否达到要求。

4.2 US01(MP1658转5V Standby)电路

由US11(TPS56637)转换的+12_PWR电压,其中1路到US01(MP1658)开待机控制电路。整机上电后直接形开待机5V Standby电压,提供给电源组件和主板组件上后的续电路。此电路出现故障将导致指示灯亮,二次不开机。

1. 芯片MP1658描述

MP1658具有内部功率MOSFET的全集成的高频、同步整流、降压开关模式的转换器。可在较宽的输入范围内实现3A输出电流,可在输出电流负载范围内实现更高的效率。恒定精准为控制操作提供了非常

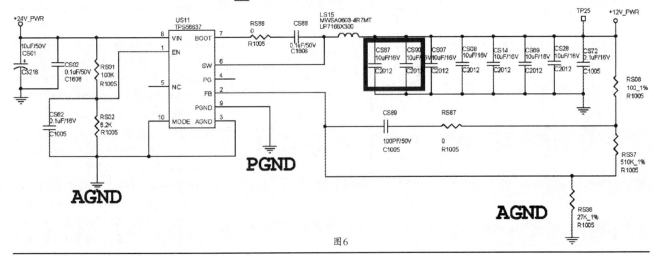

图6

快速的瞬态响应,简便的环路设计以及非常严格的输出调节。全面的保护功能包括SCP,OCP,UVP和热关机。

2.芯片特征

- 4.5V至16V的宽输入范围;
- 110mΩ/60mΩ低RDS(ON)内部功率MOSFET;
- 200μA低Iq;
- 轻载时的省电模式;
- 800kHz开关频率;
- 过电流保护和打嗝;
- 输出可在0.8V范围内调节;
- 高效同步模式操作;
- 快速负载瞬态响应;
- 内部软启动;
- 热关机;
- 采用SOT563封装。

3. 芯片内部框图,如下7所示。

4. 芯片引脚功能(表2)

表2

脚位	名称	电压(V)	作用
1	VIN	12	电源电压。MP1658通过4.5V至16V输入开始工作,外部接电容滤波。
2	SW	3.3	MOST开关输出,SW输出节点。
3	GND	0	系统接地,稳压输出电压的参考地。
4	BST	6.88	自举,在SW和BST引脚之间连接一个电容器和一个电阻,以在高端开关驱动器上形成一个浮动电源。
5	EN	4.4	使能以启用MP1658,对于自动启动,通过100k上拉电阻将EN连接到VIN。
6	FB	0.9	反馈输入,输出端与地间设置电阻与芯片脚相连,以设置输出电压。当FB电压降到600mV以下时,比较器会降低振荡器频率,以防止发生短路故障时限流失控。

5. 芯片内部工作

(1)描述

MP1658是完全集成的同步整流降压开关模式转换器。采用恒定导通时间(COT)控制,可提供快速的瞬态响应和轻松的环路稳定度。在每个周期的开始,当FB电压降至参考电压以下时,高端MOSFET(HS)导通。HS开启固定的时间间隔,该时间间隔由单次开机定时器确定。接通定时器由输出电压和输入电压共同决定,以使开关频率在输入电压范围内保持恒定。在开启时间段过后,HS会关闭,直到下一个时间段。通过以这种方式重复操作,转换器可以调节输出电压。当输出电流高且

电感器电流始终高于零安培时,称为连续导通模式(CCM)。当HS处于OFF状态时,LS导通以最小化传导损耗。如果同时打开HS和LS,则输入和GND之间将出现完全短路的情况,称为直通。为了避免直通,HS off和LS on或LS off和HS on之间内部会产生停滞时间。

当MP1658在PFM中工作并且在轻载运行期间,MP1658会自动降低开关频率以保持高效率,并且电感电流降至接近零。当电感器电流达到零时,LS驱动器进入三态(高Z)。因此,输出电容通过R1和R2缓慢放电至GND。当FB电压降至参考电压以下时,HS开启。当输出电流较低时,此操作可大大提高器件效率。轻载操作也称为跳过模式,因为HS的开启频率不如重载条件下高。HS导通的频率是输出电流的函数。随着输出电流的增加,电流调制器调节的时间周期变短,HS导通更频繁。开关频率依次增加。当电流调制器时间为零时,输出电流达到临界水平,一旦输出电流超过临界水平,器件就会恢复为PWM模式。之后,开关频率保持相当恒定在输出电流范围内。

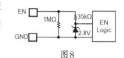

图8

(2)启用控制

EN是一个数字控制引脚,用于打开和关闭调节器,将EN驱动为高电平以打开调节器,将其驱动为低电平以将其关闭。从EN到GND的内部1MΩ电阻使EN浮空以关闭IC。EN使用2.8V串联稳压二极管在内部钳位(如图8)。通过上拉电阻将EN输入连接至VIN,可将EN输入电流限制为小于100μA,以防止损坏稳压二极管。

(3)欠压锁定(UVLO)

欠压锁定(UVLO)可防止芯片在电源电压不足的情况下工作。MP1658 UVLO比较器监视内部稳压器VCC的输出电压。UVLO上升阈值约为4.1V,而其下降阈值始终为3.77V。

(4)内部软启动

软启动可防止转换器输出电压在启动期间过冲。当芯片启动时,内部电路会产生一个软启动电压(SS),该电压从0V上升到1.2V。当SS低于REF时,SS会覆盖REF,因此误差放大器将SS用作参考。当SS超过REF时,误差放大器将REF用作参考。SS时间在内部设置为1.4ms。

(5)过电流保护(OCP)和短路保护(SCP)

MP1658具有谷值电流限制控制。在LS-FET导通状态期间,将监视电感器电流。当感测到的电感电流达到谷值电流限制,LS限制比较器翻转,器件进入过流保护模式,HS-FET将等到谷值电流限制消失后再

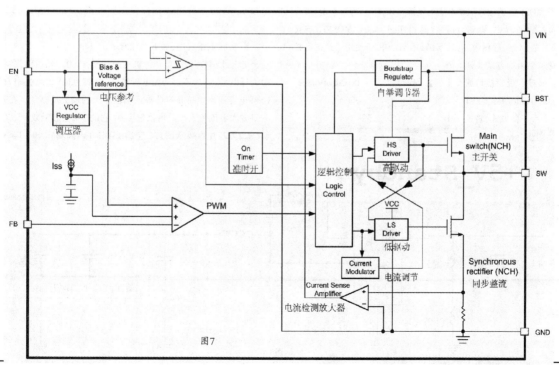

图7

●长虹8K液晶电视Q7ART系列主板原理与维修 **(279)**

打开。同时,输出电压下降直到VFB低于欠压(UV)阈值—通常低于基准电压75%。触发紫外线后,MP1658会进入打嗝模式以定期重启器件。在过流保护期间,器件会尝试通过打嗝模式从过流故障中恢复,这意味着芯片将禁用输出功率级,对软启动进行放电,然后自动尝试再次软启动。如果在软启动结束后过流条件仍然成立,则该设备将重复该操作周期,直到过流条件消失,然后输出上升至调节水平。因此,OCP是非闭锁保护。

(6)热关断

热关断可防止芯片在极高的温度下运行。硅芯片温度超过150℃时,它将关闭整个芯片。当温度降至其下阈值以下时(通常为130℃)时,将再次启用该芯片。

(7)浮动驱动程序和自举充电

外部自举电容器为浮动功率MOSFET驱动器供电。该浮动驱动器具有自己的UVLO保护,其上升阈值为2.2V,滞后为

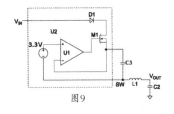

图9

150mV。VIN通过D1、M1、C3、L1和D1内部调节自举电容器电压C2(如图9所示)。如果(VIN-VSW)超过3.3V,U2将调节M1以维持C3两端的3.3V BST电压。

(8)启动和关闭电路

如果VIN和EN均超过各自的阈值,则芯片启动。参考模块首先启动,产生稳定的参考电压和电流,然后启用内部稳压器。稳压器为其余电路提供稳定的电源。三个条件可以关闭芯片:EN低、VIN低和热关断。关机过程首先从阻塞信令路径开始,以避免任何故障触发。然后将COMP电压和内部电源下拉,浮动驱动不受此关闭命令的控制。

6. 实际电路运用,如下图10所示。

在实际电路中+12V_PWR经CS58滤波加入芯片①脚为MP1658提供供电。降压转换器的输入电流是不连续的,用电容CS58/57能保持直流输入电压的同时向降压转换器提供交流电流,且温度波动时相对稳定。②脚为芯片开启的使能控制信号,经RS23、RS16分压后提供。②脚SW输出,为DC-DC输出,根据负载大小,芯片内部输出占空比不同。外部电感LS10由开关输入电压驱动,才能向输出负载提供恒定电流。较大值的电感器将产生较小的纹波电流,从而导致较低的输出纹波电压。④脚BOOT高端MOSFET的栅极驱动电压的电源输入,CS54为自举电容。

注:在状态1过程中,电感会通过(高边"high-side")MOSFET连接到输入电压。在状态2过程中,电感连接到GND。由于使用了这类控制器,可以采用两种方式实现电感接地:通过二极管接地或通过(低边"low-side")MOSFET接地。如果是后一种方式,转换器就称为"同步(synchronus)"

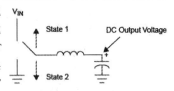

方式。在状态1过程中,电感的一端连接到输入电压,另一端连接到输出电压。对于一个降压转换器,输入电压必须比输出电压高,因此会在电感上形成正向压降。相反,在状态2过程中,原来连接到输入电压的电感一端被连接到地。对于一个降压转换器,输出电压必然为正数,因此会在电感上形成负向的压降。当电感上的电压为正时(状态1),电感上的电流就会增加;当电感上的电压为负时(状态2),电感上的电流就会减小。

4.3 US06(MSH6103A转+0.95V_VDDC_CPU)电路

由US11(TPS56637)转换的+12_PWR电压,其中1路到US06(MSH6103A)经转换后输出+0.95V_VDDC_CPU为主芯片CPU电路供电。此电路出现故障均为不开机现象。

1. MSH6103A芯片描述

MSH6103A是一款3A降压转换器,适应低压系统的宽电压输入。作为自适应导通时间控制环路降压型器件,MSH6103A提供了快速瞬态和较低的输出纹波,而无需外部补偿器件。为8引脚ESOP封装,可在-40℃至85℃的工作温度范围内提供高效率的工作。

2. 芯片特征

● 集成36mΩ / 65 MΩ MOSFET;● 宽输入电压范围:4.5V至16V;
● I²C-7位参考电压控制; ● 最大输出电流:3A;
● 快速瞬态响应和低输出电压纹波;
● 软启动; ● 热保护;
● 逐周期超过电流限制; ● 输入电压过高和过低保护;
● 带有散热垫的8引脚ESOP封装;
● 内置50k反馈电阻分压器的底部电阻。

3. 芯片内部框图,如下图11所示。

4. 芯片引脚功能(表3)

表3

脚位	名称	电压(V)	作用
1	EN	3	启动控制输入
2	FB	1.2	反馈电压输入
3	SW	5	5V 稳压器输出
6	LX	1	降压转换器的开关节点
7	BSR	0.98	供应高端 MOSFET 驱动器电路供电
4/5	SDA/SCL	3.3	SDA 是 I2C 总线的信号线.SDA 是双向数据线,SCL 是时钟线 SCL
8	PVDD	12	电源电压

5. 实际电路应用,如下图12所示。

芯片①脚EN外部接开待机控制信号,作为芯片启动控制。在待机时为低电平,芯片不启动无电压输出。⑧脚为12V供电,CS17滤波电容,CS38电容用来维持转换器输入端电源上的纹波足够低,在开关期间,一旦有大电流流入或流出该电容时,它的ESR会影响效率。③脚外接电容CS22为芯片内部5V滤波。⑦脚BST芯片内高端MOSFET驱动器,外接

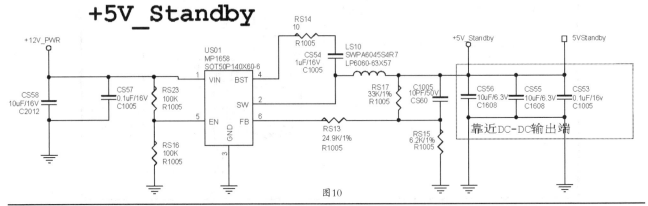

图10

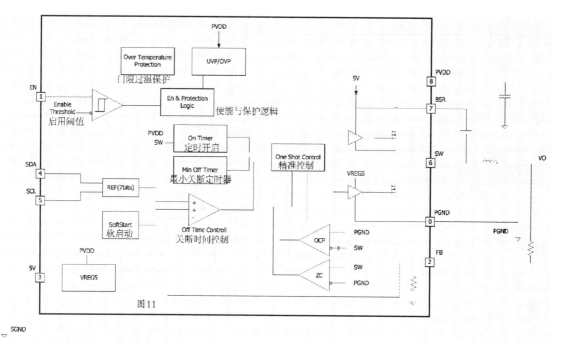

图11

VDDC_CPU Power

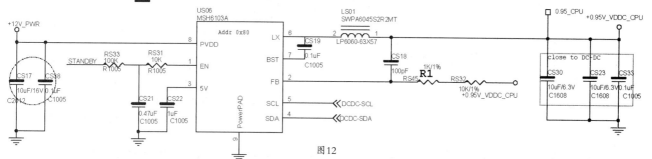

图12

CS19自举电容。⑥脚LX节点输出端,外接电感LS01电感为输出负载维持连续的电流。CS30、CS23、CS33为输出滤波电容。②脚FB为反馈电压输入,通过电阻RS32接输出端,用来检测输出电压异常波动,防止芯片电压输出过高烧坏主芯片。④⑤脚为总线控制,接主板主芯片E9、F9脚,主要为DVFS 即动态电压频率调整。

动态技术则是根据芯片所运行的应用程序对计算能力的不同需要,动态调节芯片的运行频率和电压(对于同一芯片,频率越高,需要的电压也越高),从而达到节能的目的。降低频率可以降低功率,但是单纯地降低频率并不能节省能量。只有在降低频率的同时降低电压,才能真正地降低能量的消耗。

4.4 芯片US07(TPS568330转0.95_VDDC)电路

由US11 (TPS56637) 转换的+12_PWR电压,其中1路到US07(TPS568330)经转换后输出+0.95V_VDDC为主芯片核心电路供电。此电路出现故障均为不开机现象。

1. 芯片TPS568330描述

TPS568330是一款集成的FET,具有高压输入,高效同步降压转换器,其ULQ™(超低静态)特性,可实现低偏置电流和大负载工作。电源输入电压范围为4.5V至23V。它使用DCAP3控制模式来提供快速的瞬态响应,良好的线路,负载调整率,无需外部补偿,并支持低等效串联电阻(ESR)输出电容器。

TPS568330提供完整的保护OVP、UVP、OCP、OTP和UVLO。芯片中的MODE引脚可用于将Ecomode™、OOA模式或FCCM模式设置为轻载运行。芯片支持内部和外部软启动时间选项。具有内部固定的1.3 ms软启动时间,如果应用需要更长的软启动时间,则可以通过连接外部电容器来使用外部SS引脚来实现。

2. 芯片特性

- 输入电压范围:4.5 V至23 V;
- D-CAP3™架构控制,可实现快速瞬态响应;
- 输出电压范围:0.6 V至7 V;
- 连续输出电流:8 A;
- 集成的19.5mΩ和9.5mΩ RDS(on)内部电源开关;
- Eco-Mode™,OOA和FCCM模式可供选择,可通过MODE引脚进行轻载运行;
- 通过MODE引脚可选择600kHz,800kHz和1MHz的开关频率;
- OOA轻负载运行,开关频率超过25 kHz;
- 通过SS引脚可调节软启动时间;
- 内置输出放电功能 • 逐周期过流保护;
- 非锁定,用于OC、OV、UV、OT和UVLO保护;
- 结温范围为-40℃至125℃。

3. 引脚功能(表4)

4. 芯片内部框图,如下图13所示。

5. 芯片工作

(1)模式选择

芯片在启动期间读取MODE引脚上的电压,非锁存在下表所列出的MODE选项中。MODE引脚上的电压可以通过将该引脚连接到连接在VCC和AGND之间的电阻分压的中心抽头来设置。上部电阻(RM_H)和底部电阻(RM_L)的准则如表5所示,MODE引脚的电压仅从VCC供电,因为在内部以该电压为参考来检测MODE选项。只能通过VIN电源循环或EN切换来重置MODE引脚设置。

(2)PWM操作和D-CAP3™控制

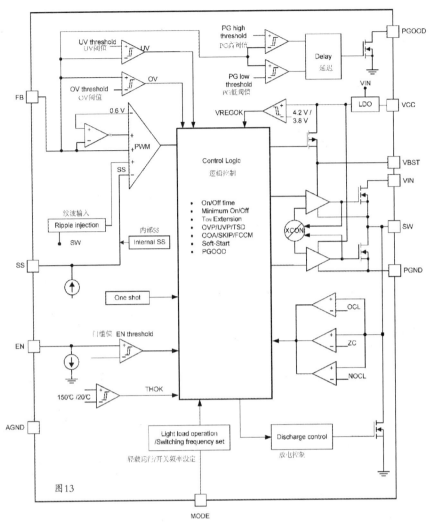

图13

表5

RM_H(kΩ)	RM_L(kΩ)	轻载运行	开关频率(kHz)
330	5.1	Eco-mode	600
330	15	Eco-mode	800
330	27	Eco-mode	1000
330	43	OOA mode	600
150	33	OOA mode	800
160	51	OOA mode	1000
110	51	FCCM	600
75	51	FCCM	800
51	51	FCCM	1000

MODE 引脚电阻器设置

　　降压器的主控制环路是自适应导通时间脉宽调制(PWM)控制器,该控制器支持专有的DCAP3™模式控制。DCAP3™模式控制将自适应导通时间控制与内部补偿电路相结合,以实现伪固定频率。TPS568330还包括一个误差放大器,可使输出电压非常准确。

　　在每个周期的开始,高边上的MOSFET导通。内部一次触发定时器到期后,此MOSFET将关闭。该单触发持续时间与输出电压VOUT成正比设置,与转换器输入电压VIN成反比,以在输入电压范围内维持伪固定频率,因此被称为自适应导通时间控制。当反馈电压降至参考电压以下时,单触发定时器复位,高边上的MOSFET再次导通。内部纹波产生电路在参考电压上加一个来模拟输出纹波,这样就可以使用非常低ESR的输出电容器。DCAP3™控制拓扑不需要外部电流检测网络或环路补偿。对于内部补偿的控制拓扑,它都可以支持一定范围的输出滤波器。TPS568330所使用的输出滤波器是低通L-C电路。

　　(3)软启动

　　TPS568330具有内部1.3ms软启动,并且在需要时还提供了一个外部SS引脚来设置更长的软启动时间。当EN引脚变为高电平时,软启动功能开始使参考电压上升到PWM比较器。如果应用需要更长的软启动时间,则可以通过在SS引脚上连接一个电容器来进行设置。当EN引脚变为高电平时,软启动充电电流(ISS)开始对连接在SS和AGND之间的外部电容器(CSS)进行充电。器件根据内部软启动电压或外部软启动电压中的较低者为基准。

　　(4)大负荷运行

　　TPS568330的内部TON扩展功能可支持大功率操作。当VIN/VOUT<1.6且VFB低于内部VREF时,将扩展TON以实现大占空比工作,并改善负载瞬态性能。

　　(5)电源状态指示

　　电源状态(PGOOD)引脚是漏极开路输出。一旦VFB在目标输出电压的90%到110%之间,则PGOOD会被置低,并在1 ms的小故障时间后浮空。采用100kΩ的上拉电阻将电压上拉至VCC。在以下情况下,PGOOD引脚被拉低:在软启动期间,OVP,UVP或热关断,FB引脚电压低于目标输出电压的85%或大于115%。

　　(6)过电流保护和欠压保护

　　TPS568330具有过流保护和欠压保护。输出过电流限制(OCL)使用逐周期谷值检测电路实现。

　　在断开状态期间,通过测量低侧FET漏极至源极电压来监视开关电流。该电压与开关电流成正比。为了提高精度,对电压感应进行了温度补偿。在高端FET开关导通期间,开关电流以VIN,VOUT,导

表4

脚位	名称	电压(V)	作用
1	BST	5.87	高端 MOSFET 的栅极驱动电压的电源输入,在 BST 和 SW 之间连接自举电容 0.1uF。
2、3、4、5	VIN	12	控制电路的输入电压电源引脚,在 VIN 和 GND 之间连接去耦电容 CS03。
6、19、20	SW	0.98	DC-DC 电压输出,交换节点终端,输出电感器 LS09 连接到此脚。
7、8、18	GND	0	控制器电路和内部电路的电源 GND 端子。
9	PGOOD	4.9	电源漏极开路状态指示,如果输出电压超出 PGOOD 阈值,导致过压或芯片进入热关断。EN 关断或软启动期间,一般为低电平状态。
11	SS	4.27	软启动时间选择引脚,连接外部电容器可设置软启动时间,如果未连接外部电容器,则软启动时间约为 1.3ms。
10、16	NC	0	空脚。
12	EN	1.4	降压转换器的使能引脚,EN 是数字输入引脚,决定打开或关闭降压转换器。如果该引脚保持开路状态,则内部下拉电流可禁用转换器。
13	AGND	0	内部模拟电路的接地。
14	FB	0.68	转换器反馈输入,输出电压和 AGND 之间通过电阻分压输入。
15	MODE	0	开关频率和轻载运行模式选择引脚,将此脚连接至 VCC 和 AGND 的电阻分压,表1 中显示了不同的 MODE 选项。
17	VCC	5	5.0V 内部 VCC LDO 输出。该引脚为内部电路和栅极驱动器提供电压。

通时间和输出电感值确定的线性速率增加。在低端FET开关导通期间，该电流线性减小。开关电流的平均值为负载电流IOUT。

如果监测的电流高于OCL电平，则转换器将维持低端FET的导通并延迟创建新的置位脉冲，即使电压反馈环路也需要一个脉冲，直到电流电平变为OCL电平或更低。在随后开关周期中，导通时间设置为固定值，并且以相同的方式监视电流。

当负载电流比过流阈值高出峰峰值电感纹波电流的一半时，会触发OCL并限制电流，因为负载需求高于输出电流，所以输出电压趋于下降转换器可以支持。

当输出电压降至目标电压的60%以下时，UVP比较器检测到它，该设备将在256us的等待时间后关闭，然后在打time时间(通常为7 * Tss)后重新启动。消除过流条件后，将恢复输出。

(7)过压保护

TPS568330具有过压保护功能。当输出电压高于目标电压的125%时，OVP比较器输出将变为高电平，在经过20μs的等待时间后，该输出将放电。消除过压条件后，将恢复输出电压。

(8)UVLO保护

欠压锁定保护(UVLO)监视VIN电源输入。当电压低于UVLO阈值电压时，器件将关闭，并且输出放电，非锁存保护。

(9)输出电压放电

TPS568330通过使用大约420Ω RDS(on)的内部MOSFET的放电功能，该RDS(on)连接到输出端子SW。由于MOSFET的电流能力较低，因此放电缓慢。

(10)热关断

TPS568330监视内部芯片温度。如果温度超过阈值(通常为150℃)，则设备将关闭，并且输出将被放电，非锁定保护，当温度低于热关断阈值时，设备会重新启动开关。

(11)轻载运行

TPS568330具有一个MODE引脚，该引脚可以设置三种不同的操作模式以实现轻载运行以及重载时的600 kHz/800 kHz/1 MHz开关频率。轻载运行包括无音频模式，高级环保模式和强制模式 CCM模式。

(12)先进的Eco-mode™控制

先进的Eco-mode™控制方案可保持较高的轻载效率。随着重载条件下输出电流的减小，电感器电流也减小，最终达到波纹波谷达到零电平的水平，这是连续导通和不连续导通模式之间的边界。当检测到零电感电流时，MOSFET将关闭。随着负载电流进一步减小，转换器进入不连续导通模式。导通时间与连续导通模式下的导通时间保持几乎相同，因此需要花费更长的时间才能以较小的负载电流将输出电容器放电至参考电压水平。这使得开关频率降低，与负载电流成比例，并保持轻负载效率高。

(13)退出音频模式

音频不足(OOA)轻载模式是一种独特的控制功能，可将开关频率保持在高于可听频率的水平，从而达到虚拟的空载条件。在音频失控工作期间，OOA控制电路监视高端和低端MOSFET的状态，并在两个MOSFET都关断超过28μs时强制它们进行开关。当轻载条件下高端和低端MOSFET都关闭超过28μs时，低端FET将导通以进行放电，直到发生反向OC或输出电压下降以触发高端FET为止。该模式启动低侧MOSFET和高侧MOSFET导通的一个周期。然后两个MOSFET都保持关闭状态，等待另外28μs。

如果选择MODE引脚以OOA模式工作，则当器件在轻负载下工作时，最小开关频率应高于25 kHz，从而避免了系统中的可听噪声。

(14)强制CCM模式

强制CCM(FCCM)模式可使转换器在轻载条件下保持连续导通模式，并使电感器电流变为负值。在FCCM模式下，开关频率(FSW)在整个负载范围内都保持在几乎恒定的水平。

(15)图14显示了使能信号超过EN开启阈值后，器件的典型启动顺序。VCC上的电压超过上升的UVLO阈值后，大约需要500us才能读取第一个模式设置，从那里大约需要100us才能完成最后一个模式设置。模式读取完成后，输出电压开始斜坡上升。

(16)待机操作

通过将EN引脚拉低，可以将TPS568330置于待机模式。在待机状态下，该器件以2μA的关断电流工作。EN引脚在内部被拉低，当悬空时，默认情况下该器件被禁用。

6. 实际电路应用，如图15所示。

芯片TPS568330的②③④⑤脚为供电，外部CS03、CS05为输入滤波电容。⑫脚EN使能，受开待机STANDBY控制，待机时为低电平芯片不

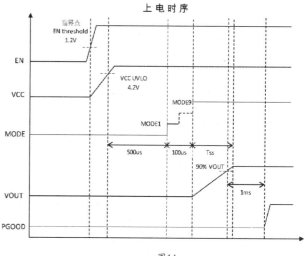

图14

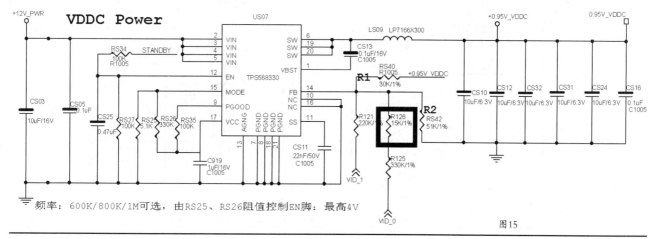

频率：600K/800K/1M可选，由RS25、RS26阻值控制EN脚：最高4V

图15

启动。⑥⑲⑳脚为SW电源输出，外接电感LS09用于输出负载维持连续的电流，电容CS12、CS32、CS24、CS16输出滤波电容。⑭脚FB电压反馈输入，其一：监测输出电压异常情况，以便调节芯片的工作状态，主要通过电阻RS40、RS42分压实现；其二：接入主芯片MT9652的AJ14、AK13脚，芯片会根据工作负载电流高低，自动调节US07电源块输出电流的大小适应带载能力，以便稳定整个系统工作状态。⑮脚MODE为开关频率和轻载运行模式选择，本机选择电阻RS25/5.1K、RS26/330K，工作在600KHZ频率。⑨脚PGOOD电源漏极开路状态指示，主要为直流输出电压检测信号，与⑰的VCC内部输出5V通过电阻RS35连接，如果输出电压超出PGOOD阈值，芯片就会保护关闭输出电压。⑪脚SS软启动，主要通过电容CS11的充放电设置软启动的时间。

4.5 芯片US07（TPS568330转0.95_VDDC）电路

由US11（TPS56637）转换的+12_PWR电压，其中1路到US09（TPS562201）经转换后输出+1.22V_DDR为主芯片MT9652的AVDD_DDR区块电路供电。此电路出现故障为不开机或卡机现象。

1. 芯片描述

TPS562201采用SOT-23封装的2A同步降压转换器。该转换器经过优化后，可在最少的外部器件数量下运行，并且可实现低待机电流。开关模式电源(SMPS)转换器采用D-CAP2模式控制，从而可提供快速的瞬态响应，并且在无需外部补偿组件的情况下支持诸如高分子聚合物等低等效串联电阻(ESR)输出电容，以及超低ESR陶瓷电容器。TPS562201可在脉冲跳跃模式下运行，从而能在轻载运行期间保持高效率。

2. 芯片特征

- TPS562201转换器集成有140mΩ和84mΩ场效应晶体管(FET)；
- 具有快速瞬态响应的D-CAP2™模式控制；
- 输入电压范围：4.5 V至17 V；   ● 输出电压范围：0.76 V至7 V；
- 跳脉冲工作模式；   ● 580kHz的开关频率；
- 低关断电流，小于10μA；   ● 2%的反馈电压精度；
- 从预偏置输出电压启动；   ● 逐周期过流限制；
- 打嗝模式过流保护；
- 非锁存欠压保护(UVP)和热关断(TSD)保护；
- 固定软启动时间：1.0 ms；   ● 结温范围：在-40℃至125℃。

3. 芯片内部框图，如下图16所示。

4. 引脚功能（表6）

表6

脚位	名称	电压(V)	作用
1	GND	0	内部 NFET 低侧的源极端子以及控制器电路的接地端。
2	SW	1.22	高端 NFET 和低端 NFET 之间的开关节点连接，DC 输出。
3	VIN	12	电压输入脚，内部高端功率 NFET 的漏极端子。
4	FB	0.83	转换器反馈输入。 通过反馈电阻分压连接至输出电压。
5	EN	2.62	启用输入控制，高电平有效.
6	BST	6.63	高端 NFET 栅极驱动电路的电源输入。

5. 芯片工作模式

（1）自适应导通时间控制和PWM操作

TPS562201的主控制环路是自适应导通时间脉宽调制(PWM)控制器，该控制器支持特有的D-CAP2模式控制。D-CAP2模式控制将自适应导通时间控制与一个内部补偿电路，具有伪固定频率，用于ESR陶瓷输出电容器及极少的外部器件配置。即使在输出端没有纹波也很稳定。在每个周期的开始，高端MOSFET导通。内部的一次触发定时器到期后，此MOSFET将关闭。设置这一脉冲持续时间与转换器输入电压VIN成正比，与输出电压VO成反比，以在输入电压范围内保持伪固定频率，因此被称为自适应导通时间控制。

当反馈电压降至参考电压以下时，单触发定时器复位，高端MOSFET再次导通。内部斜坡被添加到参考电压以模拟输出纹波，从而消除了D-CAP2模式控制中ESR引起的输出纹波的需要。

（2）脉冲跳跃控制

TPS562201具有高级环保模式，以保持较高的轻载效率。随着输出电流从重负载条件开始减小，电感器电流也减小，最终导致其纹波谷达到零电平，这是连续导通之间的边界和不连续的传导模式。当检测到零电感电流时MOSFET关闭。随着负载电流的进一步减小，转换器进入不连续导通模式。导通时间与连续导通模式下的导通时间保持几乎相同，因此需更长的时间才能以较小的负载电流将输出电容器放电至参考电压水平。这使得开关频率降低，与负载电流成比例，并保持轻负载效率高。

（3）软启动和预偏置软启动

TPS562201具有内部1.0ms的软启动。当EN引脚变为高电平时，内

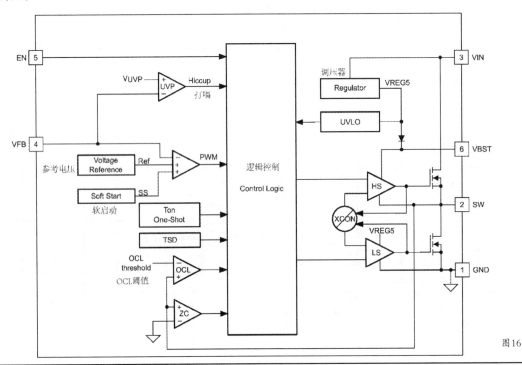

图16

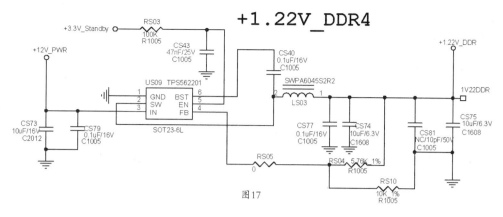

+1.22V_DDR4

图17

部软启动功能开始使参考电压上升到PWM比较器。

(4)电流保护

输出过电流限制(OCL)使用逐周期谷值检测控制电路来实现。在断开状态期间,通过测量低侧FET漏极至源极电压来监测开关电流。该电压与开关电流成正比。为了提高精度,对电压感应进行了温度补偿。在高端FET开关导通期间,开关电流以线性速率增加,该线性速率由Vin、Vout、导通时间和输出电感器值确定。在低端FET开关导通期间,该电流线性减小。开关电流的平均值是负载电流Iout。如果监测的电流高于OCL电平,则转换器将维持低端FET的导通并延迟创建新的置位脉冲,即使电压反馈环路也需要一个脉冲,直到电流电平变为OCL电平或更低。

在随后的开关周期中,导通时间设置为固定值,并且以相同的方式监测电流。当电流受到限制时,由于所需的负载电流可能高于转换器提供的电流,因此输出电压趋于下降,会导致输出电压下降。当VFB电压降至UVP阈值电压以下时,被UVP比较器检测到,在UVP延迟时间(通常为24μs)之后关闭,并在打嗝时间(通常为15 ms)之后重新启动。消除过电流条件后,输出电压将返回到调节值。

(5)欠压锁定(UVLO)保护

UVLO保护监测内部稳压器电压,当电压低于UVLO阈值电压时,芯片将关闭但非锁定

(6)热关断

芯片监控自身的温度,如果温度超过阈值(通常为160℃),则会关闭但非锁存保护。

(7)正常运作

当输入电压高于UVLO阈值且EN电压高于使能阈值时,TPS562200可以在其正常开关模式下工作。当最小开关电流高于0 A时,将发生正常连续导通模式(CCM)。

(8)节电模式运转

当TPS562201处于正常CCM工作模式并且开关电流降至0 A时,开始以脉冲跳跃节能模式工作。每个开关周期后都有一段节能的睡眠时间。当VFB电压降至Eco模式阈值电压以下时,睡眠时间结束。随着输出电流减小,切换脉冲之间的可感知时间增加。

(9)待机操作

当TPS562201在正常CCM或Eco模式下运行时,可通过将EN引脚拉为低电平将它们置于待机状态。

6. 实际电路工作运用,如图17所示。

芯片⑤脚EN接_3.3VStandby作为使能控制,③脚IN为电源输入12V,此时转换器开始工作,从芯片②脚的SW输出,由电感LS03维持电流稳定,经电容CS75滤波后作为输出电压给主芯片提供。④脚FB反馈,起稳压作用,监测输出电压的异常情况,电阻RS04、RS10的大小值分压后决定了输出电压的高低;若修改电阻RS04的值为9.76K后,输出电压值为1.5V。⑥脚的内部为高端NFET栅极驱动电路的电源输入,外接

CS40为自举电容。

4.6 UU2(SGM2588芯片+5V_Normal转+5V_USB)电路

由SGM2588芯片+5V_Normal转+5V_USB主要供给USB电路,同时此电路前端接+5V_Standby to +5V_Normal电路并受主芯片MT9632控制。出现故障会导致USB无法使用。

1. SGM2588芯片描述

SGM2588集成了100MΩ(TYP)的电源开关,应用于USB供电和总线供电中。他内部受电流限制,并具有热关断功能,可保护器件和负载免受过流损坏。

采用软启动电路,可在采用高容性负载的应用中最大限度地减小浪涌电流。芯片温度超过150℃,则热关断会关闭输出MOSFET并置位FAULT输出,直到芯片温度降至130℃。

2. 芯片特征

● 100mΩ(TYP)高端N沟道MOSFET;
● 输入电压范围:2.5V至5.5V; ● 静态电流低至23μA;
● 典型的0.1μA关断电流; ● 软启动功能;
● 热关机保护; ● VIN的欠压闭锁保护;
● 无反向漏电流(反向阻塞); ● 采用绿色SOT-23-5封装。

3. 芯片内部框图,如图18所示。

4. 引脚功能(表7)

表7

脚位	名称	电压(V)	作用
1	VOUT	5	输出电压
2	GND	0	地
3	FAULT	5	故障标志,低电平有效,开漏输出。指示过电流或热关断条件。
4	EN/EN	5	芯片使能,不能悬空。SGM2588A/C/E/G/I/K(EN)的高电平有效,SGM2588B/D/F(EN)的低电平有效。
5	VIN	5	电源输入电压

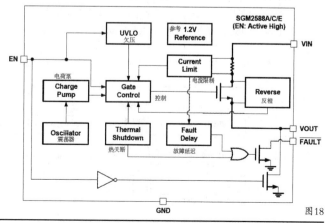

图18

5. 芯片工作模式

(1)电源的输入和输出

VIN中逻辑电路与MOSFET漏极的电源相接,VOUT是输出MOSFET的源极。在典型电路中,电流从VIN到VOUT流向负载,输出MOSFET和驱动器电路在禁用开关时允许MOSFET源极在外部被施加高于漏极的电压(VOUT> VIN)。

(2)热关断

采用热关断保护器件和负载免受损坏,如果管芯温度超过150℃,直到芯片温度降至130℃,它就会关断输出MOSFET并维持FAULT输出。

(3)慢启动

为了消除由热插拔事件引起的大浪涌电流引起的前端电压骤降,"软启动"功能有效地将电源与容性负载隔离开。

(4)欠压锁定(UVLO)

UVLO阻止MOSFET开关导通,直到输入电压超过2.15V(TYP)。如果输入电压降至2.05V(TYP)以下,UVLO将关闭MOSFET开关。欠压检测仅在启用开关后才起作用。

(5)限流和短路保护

限流电路旨在限制输出电流,以保护前端电源。典型的电流限制阈值在内部设置为大约1.1A (SGM2588A/B/G),2.1A(SGM2588C/D/I),2.6A(SGM2588E/F/G)。在输出短路条件下,电流极限会折回75%。如果SGM2588长时间保持在过电流状态,则结温可能超过150℃,并且过温保护将关闭输出,直到温度下降130℃或取消极限(短路)条件。

(6)反电压保护

每当输出电压超过输入电压50mV(TYP)时,反向电压保护功能就会关闭N-MOSFET开关。SGM2588保持N-MOSFET截止,直到输出电压比输入电压低12mV(TYP)或切换芯片使能为止。

(7)故障标志(FAULT)

FAULT信号是漏极开路N-MOSFET输出。当发生过流或热关断条件时,FAULT被维持(低电平有效),图19为典型时序。

在过电流情况下,只有在响应延迟时间(td)结束后,FAULT才被置为有效。这样可确保仅在有效的过流条件下才持续FAULT,并消除误动作。

为了防止在热插拔事件期间输入电压下降,在VIN和GND之间连接一个陶瓷电容器。较高的电容值可以进一步降低输入上的电压骤降。此外,输出短路会导致在没有输入电容器的情况下在输入端产生振铃。当输入瞬变超过6V(即使在很短的时间内绝对最大电源电压)时,它可能会破坏片内内部电路。如果前端电源电缆较长或在VOUT短路期间VIN瞬变超过6V,在前端电源输出端子上增加二个滤波电容器来保护。

6. 实际电路工作运用,如图20所示。

芯片⑤脚为+5_Nomal电压输入;③脚为提示故障,用10K电阻至于高电位;④脚作为芯片的使能控制端高电位有效;①脚输出电压外接多个滤波电容。DU16起过压保护作用,当电路过压时,二极管首先击穿短路。

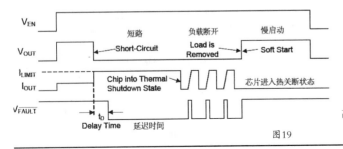

图19

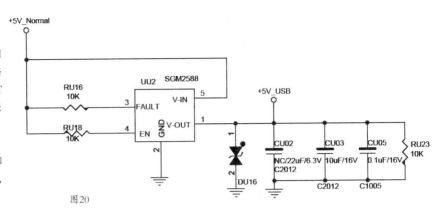

图20

4.7 TS5808M半音功放电路

UA01(TAS5805M)是一款高效的立体声闭环D类放大器,提供了一种经济高效的数字输入解决方案,具有低功耗和声音丰富的特点。芯片集成音频处理器和96 kHz架构支持高级音频处理流程,包括SRC,每通道15 BQ,音量控制,音频混合,3频段4阶DRC,全频段AGL,THD管理器和电平表。具有TI专有的混合调制方案,消耗的静态电流非常低(在13.5 V PVDD时为16.5 mA)。

1. 芯片特征

(1)支持多种输出配置

- 2.0模式下为2×23 W(8-Ω,21 V,THD + N = 1%);
- 单声道模式下为45 W(4-Ω,21 V,THD + N = 1%);

(2)出色的音频性能

- 1W,1kHz,PVDD = 12V时,THD + N≤0.03%;
- SNR≥107 dB(A加重),噪声水平<40μVRMS;

(3)具有混合调制的低静态电流

- PVDD = 13.5 V时为16.5 mA,22μH+ 0.68μF滤波器;

(4)灵活的电源配置

- PVDD:4.5 V至26.4 V;
- DVDD和I / O:1.8 V或3.3 V;

(5)灵活的音频I / O

- I2S,LJ,RJ,TDM,3线数字音频接口(无需MCLK);
- 支持32、44.1、48、88.2、96 kHz采样率;
- SDOUT用于音频监视,子通道或回声消除;

(6)增强音频处理

- 多频段高级DRC和AGL;
- 2×15 BQ,热折返,DC阻塞;
- 输入混音器,输出交叉开关,液位计;
- 低音炮通道的5个BQ + 1个波段DRC + THD管理器;
- 声场空间化器选项;

(7)集成式自我保护

- 相邻引脚对引脚短而无损坏;
- 过电流误差(OCE);
- 过热警告(OTW);
- 过热错误(OTE);
- 欠压/过压锁定(UVLO / OVLO);
- I²C软件控制;

2. 芯片框图,如下图21所示。

3. 芯片引脚功能描述(表8)

4. 芯片工作模式

TAS5805M芯片将4个主要构建模块集成在一起,可最大限度地提高音质,灵活性和易用性。以下列出了4个主要的构建基块:

- 立体声音频DAC;

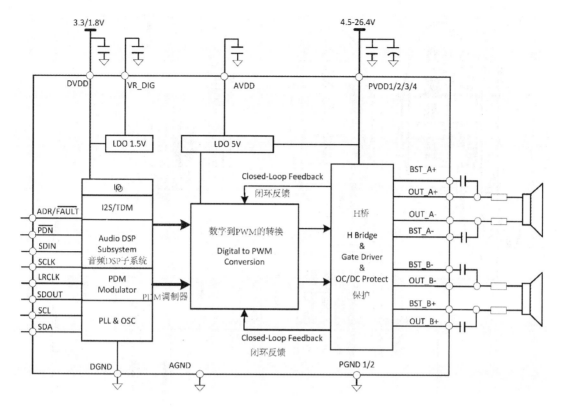

图21

- 音频DSP子系统；
- 灵活的闭环放大器，能够在不同的开关频率下以立体声或单声道工作，并支持各种输出电压和负载；
- 用于与设备通信的I2C控制端口

该设备仅需要两个电源即可正常运行。需要DVDD电源为低压数字电路供电。需另一个称为PVDD的电源为音频放大器的输出级供电。两个内部LDO将PVDD分别转换为GVDD和AVDD的5 V，并转换为DVDD的1.5V。

5. 实际电路工作运用，如下图22所示。

TAS5805M 芯片的⑮⑯㉗㉘和②引脚提供芯片所需的两组电源才能正常工作，如图23所示。一组为 PVDD 的高压电源，为扬声器放大器的输出级及其相关电路供电；另一组为 DVDD 的低压电源来为芯片的各路低功率部分供电。需注意PVDD 不能低于 3.5V，否则寄存器将被重新初始化。

伴音功放的⑥⑦⑧脚为数字音频输入端，来源主芯片MT9652的F5、E5、E7脚。整个芯片工作受⑩、⑪脚的总线控制，⑫脚为静音控制来源与主芯片MT9652的AN7脚。

五、Q7 ART系列板载TCON板原理与维修
5.1 TFT-LCD电视TCON板PMIC电源管理芯片
（专门对此TCON板电路分析，详见下册附录）

表8

脚位	名称	电压(V)	类型	作用
1、5	DGND	0	P	数字地
2	DVDD	3.3	P	3.3V 或 1.8V 数字电源
4	VR_DIG	1.5	P	内部调节的1.5V 数字电源电压，该引脚不可驱动外部设备
3	ADR/FAULT	3.3	DI/O	可以通过为DVDD 选择不同的上拉电阻来设置不同的I2 C 设备地址，上电后，可以将 ADR /FAULT 重新定义为 FAULT，进入 Page0,Book0，首先设置寄存器 0x61 = 0x0b，然后设置寄存器 0x60 = 0x01
6	LRCLK	1.65	DI	串行端口，输入数据线上有效的数字信号的子时钟。在 I2S,LJ 和 RJ 中，对应于左声道和右声道。
7	SCLK	1.64	DI	串行数据端口的输入，数据线上有效的数字信号的位时钟。
8	SDIN	0	DI	数据线到串行数据端口
9	SDOUT	0	DO	串行音频数据输出，通过设置寄存器 0x30h，源数据可以在 DSP 前或在 DSP 后
10	SDA	3.3	DI/O	I2C串行控制数据接口输入/输出
11	SCL	3.2	DI	I2C串行控制时钟输入
12	PDN	3.19	P	掉电，低电平有效。PDN 将放大器置于关断状态，关闭所有内部稳压器，低功耗掉电设备；高，启用设备。

脚位	名称	电压(V)	类型	作用
13	AVDD	5	P	内部调节的 5V 模拟电源电压。该引脚不得用于驱动外部设备
14	AGND	0	P	模拟地
15、16、27、28	PVDD	17.8	P	PVDD 电压输入
19、24	PGND	0	P	功率器件电路的接地参考。
26	OUT_A+	3.9	O	差分扬声器放大器输出 A +的正引脚
25	BST_A+	8.9	P	自举电容器 OUT_A + 的连接点，给 OUT_A +的高端栅极驱动器提供电源
23	OUT_A-	3.9	O	差分扬声器放大器输出 A-的负引脚
22	ABST_A-	8.9	P	自举电容器 OUT_A 的连接点，用于为 OUT_A 的高端栅极驱动器提供电源
21	ABST_B-	8.9	P	自举电容器 OUT_B 的连接点，用于为 OUT_B 的高端栅极驱动器提供电源
20	BOUT_B-	3.9	O	差分扬声器放大器输出 B 的负引脚
18	BST_B+	8.9	P	自举电容器 OUT_B +的连接点，用于为 OUT_B +的高端栅极驱动器提供电源
17	OUT_B+	3.9	O	差分扬声器放大器输出 B +的正引脚

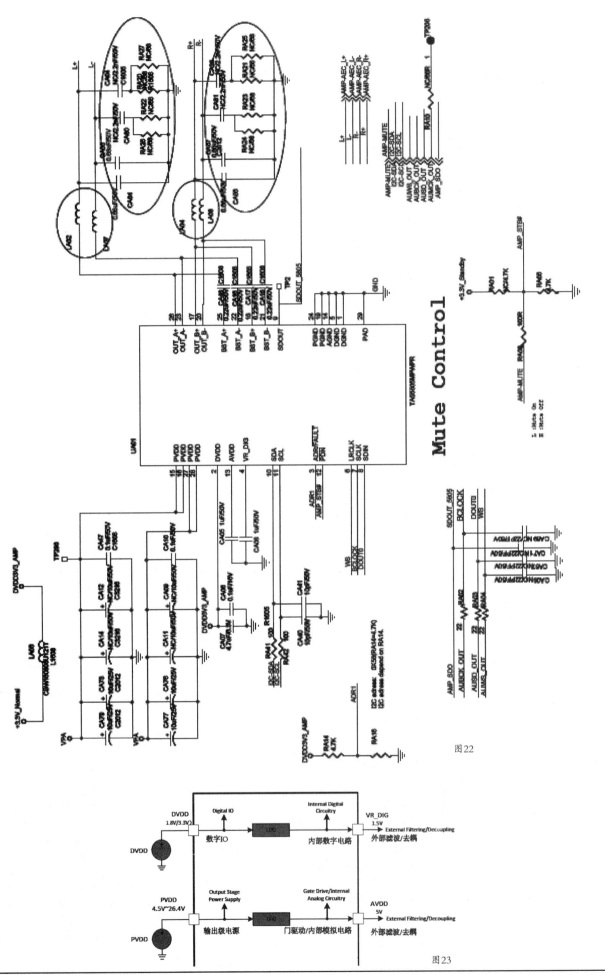

图22

图23

关于交流电机调速的一些认知

张世明

过去,由于直流电机良好的调速性能,而得到广泛的使用。但随着电子技术和电子元器件的更新发展,特别是半导体功率元件的出现和进步,使得三相异步交流电机的调速问题得到解决,并快速的发展。再则,在电机的结构方面,要制造大容量、高转速、高电压的直流电机比较困难,而三相异步交流电机却容易得多。且本身结构简单,成本低,能适用于恶劣的现场环境,维护方便等等优点,而被工厂中广泛采用和推广,这就加快促进三相异步交流电机调速技术的进步和发展。

三相交流异步电机虽然有使用方便,运行可靠,维护简单,价格便宜,应用场所广泛,控制方式简单等等优点。不足之处在于:①不宜频繁起动,②不能超载③不能方便的无级调速。针对这些问题,过去,人们做了不懈的努力。降低起动电压、限制起动电流,去适应频繁的起动情况。对于电机超载,三相异步交流电机自身无法克服时,便在外围控制电路中,设置过流开关、热继电器、保护系统(前些年常见电机保护装置的产品)等。在三相异步交流电机调速方面,从最简单的变极调速、降压调速、串级调速、脉冲调速等,一路走来步履蹒跚,终于实现了性能优良的变频调速,并且产品化被广泛推广使用。之前,直流电机的良好调速性能,近百年来,一直占据着电机的调速领域,而今终于被交流调速系统逐渐代替。

用公式和数据建立数学模型,来描述其电机和负载的属性,早已由前辈们定义和论证清楚了的。不需要我们再来繁琐的赘述,反而会弄得人云里雾里。所以,本文只从定性的角度去分析和简述,力求避免繁杂的公式和教科书式的啰唆,从简单适用的角度出发,力求对问题的理解、参考和发挥。

一、三相交流异步电机的调速要求

工厂的设备中多采用三相交流异步电机作动力源。对于电机,除了需要一个平稳的起动过程,还强调安全稳定的运行状态,和根据正常生产的需要,进行运行速度的调节。正如我们开动汽车的过程一样,先发动引擎,再平稳的起步,然后逐渐加速到所需要的速度,这就是调节所需要的必要性。生产中的例子,更是不胜枚举。我们知道,三相交流异步电机本身的速度是固定的,就那么几挡(电机极对数的速度),固定的调节。所以,要得到所需要的速度,简单的有级调速,不能满足需要,还必须要实现无级调速。

用继电器控制系统很难实现无级调速,尽管可以多分挡位,但其控制的时间响应比较慢,控制速度的回差现象大,频繁的开闭,极易损坏继电器的触头。显然,简单的有级调速,不能满足调节精度的要求。只有电子控制和电子功率元件构成的系统,无触点控制技术,才能达到精度的要求。

需要的无级调速,是能够使转速连续的、平滑的调节,这种调节性能,不仅能够满足生产调速的要求,还能够实现负反馈的闭环控制,以满足调速的精度,更能够实现调速的自动化控制、智能化控制。现在所指的调速,都是这种无级调速。那种简单的分档调速,皆成过去式了。

调速的目的,首先要达到生产所需的速度,这势必会牵涉到调速的范围和精度问题。那么,什么是调速的范围和精度等参数呢?①调速的范围(表示能够实现的最高转速和最低转速),以及范围系数,表示最高转速和最低转速之比)$D=n_{max}/n_{min}$。②调节的精度,指设定需要的转速与实际转速之差,以及运行时速度的稳定性(设定需要的转速与实际

转速之差,与需要的转速之比)$\alpha=(n-n1)/n$、也叫静差率。③往上或向下的调节过程中的平滑性(相邻两级间转速值之比)$\varphi=n/n-1$、也叫动差率。这些数据指标的大小值,应以最大满足生产的最大需要,进行调节。上述等等参数,这里不再详细地推演,只作定性的了解了解。

三相交流异步电机调速的简单方法中,还存在着一种速度调节到位了,电机出力不够的现象。这种现象,不能满足负载特性的要求,这就要求在调节速度的变化中,电机出力不要随速度的降低而降低。这个要同直流电机的调速情况一样,从低到高的整个速度范围内,必须有恒转矩调速的特性。另外,还有一种情况,负载轻时,要求速度快点,负载变重时,速度慢点。即省力不省功的恒功率调速。所以,对应直流电机的调速情况,三相交流异步电机的速度调节,也应该存在着恒转矩调速和恒功率调速的特性。

在直流电机的结构中,定子和转子都有线圈绕组。能够分别单独控制,固定定子的磁场量值,调节转子电枢电压,以调节电机的速度。这种方式属于恒转矩调节。若同时调节两个分量时,即减弱定子的磁场量值,再调节调节转子电枢电压值。对应弱磁时有较高的转速,强磁时有较低的转速,始终维持转矩和转速的乘积值不变,公式$P=kMn$,这就是恒功率调节。

而三相交流异步电机控制,只能调节定子去控制转子的速度,却麻烦得多。其数学模型的计算公式中牵涉到稍复杂的矢量计算,且执行元件必须由电子元件和功率半导体,才能完成。我们还是由浅入深的叙述吧。

另外,一个重要的指标,就是要求在调节速度的变化中,电机出力不要随速度的降低而降低,目前,很多调速的方法,都存在着,速度调节到位了,电机出力不够。即平常所说的省功省力。从电机的功率公式$P=FV$中,力和线速度的乘积就是功率。

二、三相交流异步电机的机械特性

从电机的机械功率公式$P=M\Omega$中(或者$P=FV$力和线速度的乘积),功率等于力矩和角速的乘积。角速和转速相似,$\Omega=2\pi n/60$。这个转矩和转速的关系,就是机械性能。用直角坐标系表示如图一所示,为一般三相异步鼠笼电机的机械性能曲线。

n_0表示空载转速,M_0是堵转转矩。随着负载的增加、对应转矩的增大,电机由空载转速逐渐下降。到最大转矩时,A点处产生拐点,电机的转速急剧下降。即电机的运动转速小于负载转矩,而使转速急剧下降。A点处,最大负载转矩f_m远远大于堵转转矩M_0,所以,电机出力,但带不动负载,转速为零(假如堵转转矩M_0存在的话)。一旦转速为零,电机的阻抗也趋于零,那么,此时电机电流也会急剧加大,超过额定电流。轻者,使保护系统动作跳闸,重者,会使电机严重发热而损坏,产生事故。

所以,认识、熟悉电机的机械特性,去应对不同的负载特性,非常重要!后面所述的方方面面调速,都是以此为基石来进行的。不同的电机,略有不同的特性曲线。这里的图一所示,是鼠笼电机的机械性能曲线,其他电机的特性曲线应该触类旁通。

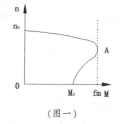

（图一）

1. 一般电机的速度是往下调节的,即从额定转速往下调节,极少

数往上调。因为,电机的功率限制,就像我们过去常说的话,受马力大小约束。再看电机的功率公式$P=M\Omega=FV$,假如负载是固定值,同时,转矩也是固定的话,那么,功率随转速的增加而增加,直到额定值。

例如,汽车拉货,若载货量固定,汽车的马力肯定是随车速的增加而增加。但是,前面会出现上坡路的情况(或是下坡路)?运行条件变了。虽然,车上的载货量固定,但受重力势能的影响,转矩却变大了(下坡时会变小)?显然,只有降低车速(下坡时车速会自然升高,要制动减速),才能以最大的马力,继续爬坡行驶!

2. 从汽车拉货的例子中,可以看到:尽管载货量固定,但路况会变化,从而使转矩发生变化。平坦的道路上行驶,车速可快可慢,而转矩基本不变,属于恒转矩负载运行。一旦上坡(下坡)行驶,转矩会越变越大(越小),只能降低速度(下坡时自动升高),这时要调节车速,就属于恒功率行驶。

3. 路况的变化会出现多种情况,泥巴路面、雨天路滑、雪地行驶等等情况,引起轮胎对地面的摩擦力变化,从而影响速度的变大或减小,相对负载增大或者减少(尽管载货量不变)。总之,千变万化,不管是负载加重,还是转矩变大。首先必须保证电机的起动转矩和运行转矩必须大于负载转矩,且在电机负载能力(功率)的范围之内,电机才能稳定地运行。

综上所述,不管负载特性曲线如何变化,只要能和电机的机械特性曲线吻合,电机的调速才能够稳定进行。这样,就明白了调速的分类,基本为恒转矩调节和恒功率调节两种,以及混合的情况。

在一般的负载情况下,采用的调速的方法,基本属于恒转矩调节。特别是一般的鼠笼电机,在没有闭环控制的系统中,特性非常软,如图二所示。图中n_0、n_i对应电机的空载转速、实时转速(拐点以上),为调速的有效范围。在此范围内,电机的速度随负载大小的变化而变化,数字在n_0和n_i之间变化。即负载轻时,为曲线1,负载重时为曲线4。但不管电机是空载起动或者带负载起动时(电机从静止到起动结束,过程很短),或者是负载的大小变化。电机的转矩始终大于负载转矩,且基本变化不大。所以,称之为恒转矩调节方式。

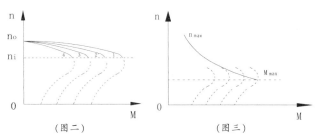

(图二)　　　　　(图三)

但在负载性质属于卷绕情况下,如铜管、铝管、钢筋的线材、纸张、铜、铝、钢带的收卷等,即负载随收卷的直径变化而转矩发生变化。随着卷取工件直径的变化,要求工件所受的张力,始终恒定,且还要求线速度不变。此时,张力和线速度的乘积为机械功率,自然,要求电机的功率也要保持恒定,故此种方法称之为恒功率调节方式。如图三所示,因为工艺要求,恒定张力和线速度,机械功率$P=FV$,而线速度$V=\pi Dn/60$中,直径D变大时,转速n必须减小,才能保持恒定的线速度,从而保持恒定的功率。

一条退火酸洗生产线,实际情况如图四所示。工艺要求整条机组的线速度,恒定可调,以实现退火、酸洗等工艺的需要。可以看到:机组中间的送料辊,不存在卷材直径的变化问题,因而容易实现恒线速度。但卷材在收卷辊上,直径是不断变化的。所以,在卷材处于最小直径时,电机转

(图四)

速达到最大值。随着不断增大的卷径,到最大直径时,需要电机转速达到最小值。随着直径的变化,尽管转矩也会相应成比例的变化。但是,却能保持卷材的线速度(整条机组的线速度)不变,以及在机组辊道之间所受的力。线速度和作用力的乘积,就是功率。这样,就维持了卷取电机的恒功率调节。自然,在调节的各个速度点上,电机的输出转矩始终大于负载转矩。

下面,还是先来理解一下三相异步交流电机运行的原理吧,以便深入理解调速的措施和方法。

三、三相异步交流电机运行的原理

三相异步交流电机的结构上,转子的铁芯凹槽浇铸有铝条,形成圆形的鼠笼,故名。在定子铁芯的凹槽上,按120度的错位,均匀镶嵌着三相绕组。假如电机的断面图分布有三个绕组,如下图五、六所示意。

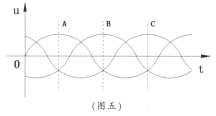

(图五)

图六中的断面图,对应图五中的三相正弦波时序。A相绕组A+表示A绕组的头端,A−表示A绕组的尾端。其B相绕组按几何120度分布,计算铁芯槽数,并间隔镶嵌,C相类推。在电机的断面上,呈几何分布的绕组,可以是几对绕组,而构成极对数,分别是2、4、6、8、10级对数等。简单叙述几笔,不在本文详细赘述。

假如在三相正弦波A相的最大处时,B、C相均为负电压值。在电机的断面图上,布置A+、B−、C−为电流的相同方向。根据磁场的左手定则,如图一电机的断面图上,形成虚线箭头的三个磁场力,合成最大的磁力f。再过了1/3正弦周期时间,到达电压三相正弦波B的最大处时,B绕组形成的磁场最大,C、A相小。尽管电机定子没有转动,但此时定子的磁场和磁场力,已经转动了120度。同理,不断地循环,形成电机定子的旋转磁场和磁场力。鼠笼转子闭合的铝条框,产生感生电流,以及由感生电流形成的磁场力,便跟随定子的磁场力旋转起来了。

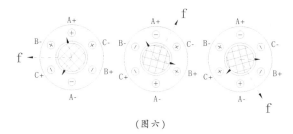

(图六)

修理电机的工人师傅们,常常把镶嵌好线圈的定子绕组,先用万能表检查一遍,没问题后,在不装转子的情况下,先放一颗小钢珠在定子中间,再进行通电检查。此时,小钢珠便在定子内转起来了。如果,在某处停留,则说明此处有一个线圈头尾接反了,需要解决。

另一方面,我们知道转速公式$n=60f/p$,p是磁极的对数。对应理想转速是$60*50/1=3000$,即3000、1500、1000等,电机空转时,受阻力、摩擦力等的影响,实际空载转速如2880转/分、1440转/分、960转/分等。

为便于理解,一定要记住电机定子和转子之间的关系。换一个角度理解,可以等效为一种变压器的关系,只不过这种变压器叫住旋转变压器。如图七所示,一次侧为定子施加U1电源电压,除了自身线圈的感抗L1外,还有r1为线圈的内阻,z01为一次侧的漏抗、容抗等。同理二次侧也存在与一次侧对应的参数,只不过被短接了。r2、z02是二次侧自身的,主要应知道二次侧的频率f2一定小于f1,若f1=f2,就是同步机了。此时,转子就不再切割磁力线,便无感应,转子转速会慢下来。一慢

下来，就又切割磁力线，异步机总是有一定的差值，所以，f1=sf2，s是转差率，S=n1-n2/n1。这里n1表示电机空载转速，n2带负载后的实际转速。

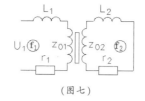

（图七）

那么，当电机堵转时，鼠笼式的转子结构中，铝条对应的感应电抗近似于零，就相当于铝条的电阻值了。折射到变压器的一次侧，电流自然会猛增而烧坏电机。只有旋转起来，铝条里的感应电流，才能体现为二次侧阻抗。这也从另一方面，进一步理解电机堵转的含义。

这里又牵涉到另外两个名词：阻抗电压和阻抗电阻。即在变压器二次侧短路的情况下，从零开始，逐步增加一次侧的电压值，直到一次侧的电流达到额定电流。此时，施加的最低电压值时，称为阻抗电压，阻抗电压与额定电流之比值，称之为变压器的阻抗电阻。那么，三相异步交流电机的起动电压，照理也可以从这个阻抗电压开始起步。然后，达到调速的需要值，或者额定值。

四、三相异步交流电机的运行状态

三相交流电在电机定子中，形成的旋转磁场，而鼠笼转子闭合的铝条框，产生感生电流。其感生电流再形成的磁场力，与定子磁场力相互作用，电机便转动起来。电机在相对静止和运行中，会出现不同的状态。

4.1 运转状态

电机正常起动后，电机空载转速，到电机负载特性到达拐点时，转速的在这段范围之内，电机处于正常稳定的运转状态。这是生产中，最常见最需要的电机运行状态。对应电机的转速表示为$n_0 \sim n_1$，从空载到拐点之间的转速。一旦超过拐点，电机的运行速度，会急剧的下降，直至堵转，而烧毁电机。

4.2 堵转状态

电机运转所产生的力，小于物体所产生的反作用力，即电机拖不动负载，电机便呈现的堵转状态，转速$n_i=0$。现实生产中，有时需要这种状态。但前面提到的鼠笼电机，所出现的堵转状态，是不允许的！

因为，从旋转变压器的角度看，鼠笼电机的情况，转子二次侧等效于短路状态，一次侧定子自然就不能施加额定的交流电压值。若需要堵转状态，就只能降低电源电压到阻抗电压值，才能维持堵转的平衡。但这时，电机的功率或出力就很小。因此，二次侧要有适当的阻值，电机出力才能够达到要求。生产的需要，而鼠笼电机不能方便的满足需要，自然，便出现了力矩电机、绕线电机等。这类电机，通过调节措施，可以使二次侧为高阻值。这样，电机得电后，就能够实现不会转动起来情况(堵转)，且还能输出足够的力矩。这种电机，与鼠笼电机相比是两种不同的概念和情况。这里，这种电机得电后与负载之间，可以维持一种静止的平衡，称作"静张力"。自然，还有一种"动张力"，即维持相互间的"静张力"并跟随一起运动，在实际生产中都会碰见。

（图八）

比如，拔河比赛的准备阶段，双方已经出力，在等待开始的号令还没有发出时。但绳子没有移动。这时，绳子上有张力，是绷紧状态，称作"静张力"。就如轧机制带材的情况，如图八所示，照片中冷轧机机轧辊还没

起动时，左右收卷电机要先得电，得电起动后，只能收紧卷材，使左右收卷电机和压紧的轧辊之间，建立前后的"静张力"，但不能使卷材运行。即把带钢处于绷紧状态，没有弯曲下绕现象，且没有运行，哪怕是缓慢运行都没有。因为，此时轧机主电机还没有得电运转。然后，随轧机电机的起动、运转，而跟随轧辊运动(卷材运行)。并始终保持原先各个电机之间的张力状态，一起转动。

4.3 发电状态

一般情况下，电动机和发电机是两种不同的电机。然而，电动机在运行中，负载或者运行环境发生变化时，有时候电机转子的转速会超过额定转速。比如，我们骑自行车下坡时，脚蹬自行车感觉出不了力，反而被脚踏带动，不如不蹬脚踏板。这时，自行车自己在运行出力。对应电机的转速，重力势能使电机逐渐加速，首先超过电机的额定转速，再逐渐接近同步转速，并超过时，电机转子的感应电势反向，向电网输出电能，电动机变成发电机了。

这种状态，称为电动机的发电状态。电动机把重力势能转变为转子的动能，产生的发电状态使电动机的定子电流反向，向电网输送电能，直到重力势能消耗殆尽，再回到电动机的运转状态。

若不能及时向电网输送电能，或者误操作而关断电源！那么多余的能量，只能使电动机的转速飞快旋转，去消耗能量。电动机就会出现失控状态，称为"飞车"情况，很危险是不允许的！

4.4 制动状态

上面提到的电动机的发电状态，电动机把机械的能量转变为电机转子的动能，产生发电现象，向电网馈送电能，直到机械能量消耗殆尽，再回到电动机的运转状态。这种制动过程，相对于静止的制动，称为动态制动。

那么，静态制动就是让运动中的电机，回到静止的状态。就像汽车的运动状态一样；要减速时，就得刹一脚，比如从100码降到80码，这个过程就是动态制动。若是停车，不仅要减速，还要放置手刹到位，汽车就完全静止了，手刹到位就是静态制动。

（图九）

对应电机的情况，上面只是说超过同步转速后，产生发电现象。实际上，在后面的调速运用中，尽管低于同步转速后，也会产生发电现象。因为这种现象，在调速时的减速调节过程中，当前的速度高于设定的速度，电机多余的动能要消耗掉。在没法实现发电制动的情况下，或者在没有负反馈的自动控制中，电机只能靠自身的摩擦力消耗多余的动能，慢慢滑行到设定的速度上运行。这种情况，为调节的时间响应慢。

若要电机和设备完全静止且不动，那么必须得加制动器或制动装置。在图九所示的照片中，整条机组正常运行中，假如突然出现人身或设备故障，需要全线紧急停车。那么，首先是全线的电机快速降低速度至零，这个过程就是快速动态制动，越短越好。同时，压辊、送料等，通通地压下或压紧。再然

（图十）

后,电机的电磁制动器动作(电磁铁失电),其机械装置抱紧转子转轴,全线处于制动后的静止状态。这个电磁制动器,又称之为"狗头式抱闸",如照片图十中卷扬机的电磁制动器。整个制动的过程,从降速的动态制动,到电机的电磁制动器的静态制动,就像电脑关机一样,先关闭一系列文件,最后关机,关电源。

五、常见的调速方法

从三相异步交流电机的转速公式n=(1-s)60f/p中,可以得之改变电机的频率f而调节转速,也可以改变电机的极对数量p而调节转速。最后改变转差率s,也可调节转速。实际应用中,是对这几种方式进行了很多的演化使用。对于同步机、步进机、无换向电机等的交流调速问题,不在本文阐述的范围之内。

在初期,通过变频机组实现异步三相异步交流电机的调速,其机组占用场地宽,效率低,技术落后而不能推广,渐被淘汰。后来,电子技术和电子产品的进步,才逐渐占据市场。变极调速因电机线圈绕组结构复杂,只能分两档或三挡速度,而使用不方便。

只有改变转差率调速的方式,变化的用于各种简单的速度调节中。如后提到的定子降压调速、绕线电机调速(改变转子的电阻,或改变转子电压的串级电机)、滑差电机的调速等等。其调速的原理为;从交流异步电机转矩的公式中M=C$_M$ΦI知道,交流异步电机的转矩与电机电流成正比M&I,再把电流转换成电压的关系I=U²/R,就知道交流异步电机的转矩与施加给电机定子电压的平方成正M&U²。因此,减低电压值,或者减低电流值,对应减低了电机的功率。此时,若电机输出功率降低,而负载没有变化,那么对应的机械特性变软,产生转差,转速降低后才能稳定运行。这样,我们从另一角度定性地理解了转差调速的原理(转差率S=no-ni/no,空载转速和实际转速之差,与空载转速之比)。

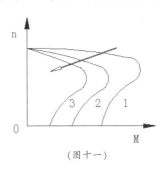

（图十一）

5.1 降压调速

采用降压的方式,不仅用于三相异步交流电机的起动,还把这种方式运用于异步电机的调速中。实践中发现降低电机使用的额定电压,可以调节电机的转速。方法比较简单方便,便推而广之。

1. 单相异步交流电机

回顾历程,还是从单相异步交流电机说起吧。最简单的是家用电风扇的分档调速。家用风扇电机串接一个电感线圈(电抗器),分档调节风扇的转速,得到舒适的凉风。加大电感线圈的阻值,风速逐渐减低,可以得到柔和的微风,但电感线圈不能无限大,否则风扇不转了。

通过风扇的调节过程,可以看到,降低电压可以调节交流异步电机的转速,属于降压调节的方式。还看到随风扇转速的降低,风扇风量的力度大大的减弱,这个机械特性较软,用直角坐标系表示如图十一。

第一根曲线是自然特性,随着负载的加重,电机的运转速度慢慢降低。负载达到拐点时,电机转速急剧的下降,直到"堵转"而会烧坏电机。所以,我们在使用时,一定不要超过电机的额定负载量。

第二根曲线是人为控制的特性,比自然特性"软"。随着负载的加重,电机的运转速度降低较快。电机负载能力减弱,提前达到拐点。

第三根曲线是继续人为控制的特性,特性"更软"。随着负载的加重,电机的运转速度降低更快。电机负载能力更弱,更是提前达到拐点。

从这一组机械特性中可以看到,异步三相异步交流电机的降低电压方法,可以调节交流异步电机的转速。一方面随负载加重而"特性软",另一方面随降压量的降低,出力更不够。

风扇的调节过程中,随电压减低,速度减低,而负载也是减低的。

若负载固定,电机的电流对应会增大,调节的速度范围就比较窄。

单相异步三相异步交流电机的结构大体分为两种;①电容分相式,使用范围较多。因为单相电机的定子不能形成旋转磁场,鼠笼转子不能转起来。利用电容超前90度的关系,分裂出一相绕组,便使定子的旋转磁场建立起来,使鼠笼转子的感应磁场旋转起来。电路原理见图十二所示。

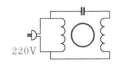

（图十二）

随着电子功率元件的出现,就可用可控硅控制方法去实现无级调速。从单相可控硅的多种变化线路,到如图十三所示的一种简化控制电路,基本上是调节可控硅的导通角,去改变电源电压的大小值。相当于采用可控硅取代了电感线圈的作用,仍然属于降低电压,调节交流异步电机转速的方式。如果是改变可控硅的导通角,来实现降低电机定子的端电压的方法。存在着非正弦波中,含有高次谐波,对电机和周围电子设备都有影响,要滤波处理。显然,不是好的调速方式。②转子串级式;即用线圈绕组,配碳刷,不用鼠笼转子,结构稍微复杂一些。对于原来定子电容分相的情况,因其电容阻抗较大,使电机出力不足。因而,转子串级式电机还是被采用,如手电钻等,使用起来感觉马力十足。

（图十三）

单相电机变速调节基本采用降压的方式,特殊场所用可控硅调节,本文重点放在三相异步交流电机,此处不再赘述。

2. 三相交流异步电机——鼠笼电机

三相异步交流电机相对于单相电机来说,平稳性、效率、功率因数等等参数方面的优点,被广泛使用,特别是大功率、多极对数的三相异步交流电机。

鼠笼电机的机械特性,如图十四所示,改变供给电压值的多少,得到一组特性曲线,与负载的机械特性曲线的交点,以实现鼠笼电机的调速。假如负载固定,图十三中竖立直线Mf。在稳定的工作区域内,即不超过特性曲线的拐点,就是电机的调速范围。电机空载转速n$_o$,固定负载时电机的转速n$_i$,就是电机的调速范围Δn=n$_o$-n$_i$,调速范围很窄。随着转速的降低,电机的转差率S= n$_o$-n$_i$/n$_o$加大,转子回路阻抗减小,折射到一次侧电机的定子电流会增大,时间一长电机就会发热等等一系列问题,而不能稳定运行。

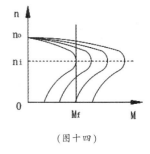

（图十四）

另外,从功率的角度来说,电机的输入功率,反映到带负载的能力差,有一部分功率变成热能无谓的消耗了。特别不适合于大转矩大功率负载的电机,适合于风机水泵类的负载。

为了克服特性和调速的问题,引入负反馈的调节方式,特别是在可控硅调速的电子控制回路中,被大量使用。但是,采用导通角的方式去降低端电压调速,对电网和周围其他电子设备都有或多或少的影响,而仅仅使用于要求不高的场所。

3. 三相交流异步电机——力矩电机

在知道三相交流异步电机的实质是旋转变压器的概念后,就可以在转子上做文章了。用什么材料,使转子呈现高内阻,铸铁、铸钢、合金铸钢?最后,采用合金铸钢做成空心壳筒体的转子,既有机械强度,又有高内阻的特性。但是,合金铸钢的高内阻的特性,会在表面形成涡流,使转子发热严重。所以,利用本身的散热方式,已无法解决,必须外置风机专门散热,如图十五所示。又由于有专门的风扇电机,力矩电机的外壳上,像鼠笼电机外壳上的那种散热筋,也没有了,就是一个光溜溜的外壳。

(图十五)

鼠笼电机的转子上,嵌有闭合的铝套,形成低内阻的特性。而力矩电机是合金铸钢材料,呈现高内阻的特性。不难设想,力矩电机的机械特性曲线,更加陡降(软)。空载时仍然是接近同级的同步转速,克服自身的摩擦力后的空载转速。但带负载后转速下降的情况,与鼠笼电机特性却迥然不同,下降得快得多。为什么呢?那是因为,力矩电机转子的高内阻性能所致。我们已经知道,电机等效为旋转变压器的原理。那么,二次侧的高内阻,必然反应为一次侧也为高内阻。受这个高内阻的影响,致使一次侧的输入电流不能相应增加。对应电机不能及时补充输入能量,自然,电机的速度下降很多。

这种特性和恒功率特性曲线有点相似,但又不是。因为在负载较重时,却不能输出足够的机械功率。其中,有一部分电能转换为热能,经风机散热,传入空气中。这点来说,相对于鼠笼电机效率低些。但是,这种软的特性却能在线材、带材的收卷装置中,很多被采用。其调速方式多为降压调速,基本没有用变频器去调速。

①力矩电机的控制方式,最早时期,多采用三相调压器(电抗式的三相自耦调压器),人工手动调节。跟踪机组的速度,极不方便。自然,多用于向下调节,即把220V电压向下调调节(星型接法时)。

②力矩电机用可控硅调压调速的控制器,代替了笨重三相自耦调压器,调节方便多了。现在生产厂家很多,称为力矩控制器。照片图十六为生产现场使用的力矩电机控制器和力矩电机在收卷机上的应用。

③力矩电机参与闭环系统控制,也很容易构成,如下图十七中为张力控制框图。而交流调速器的外围系统,目前可能是非标产品,得另外设计,外委加工。

张力控制方式较多,采用如图十七的原理,相对简单明了;

a) 建立静张力

假设线材、带材等,已经穿带上机,轧辊压紧,卷取机先送电(设备的状况见前面照片图四、图八、图九中类示,图十八是力矩电机建立张力的情况)。再根据带材的宽度、厚度、轧制速度等参数,再选取适当的张力值,人工电位器调节设定。通过张力调节器输出后,卷取电机缓慢起动运行,使带材在卷筒上卷紧。负反馈信号(图中的卷取电机速度信号)和轧机速度信号叠加(此时轧机速度为零),经过速度调节器输出后,和张力设定比较,使卷取电机速度降低到零。但此时,卷取电机与轧机之间已经建立起了静张力,像拔河比赛的准备状态。

b) 恒张力运行

当轧机开始起动时,轧机速度信号有输出值,经过速度调节器输

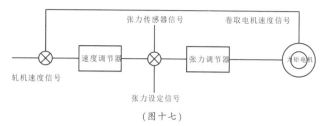

出,和张力设定值叠加,卷取机(力矩电机)也随着运行。轧机逐渐稳定运行,卷取机也跟随稳定。在卷材直径的逐渐增大中,依靠负反馈,自动修正卷取机的转速,保持张力恒定。

轧机减速,卷取机也随着变化,直到轧机停车,其张力值不变,维持之间的恒张力。再停卷取机的电源,卸卷。

(图十七)

c) 外围接口电路

按如图的原理,只需把轧机变频器的输出信号(即速度信号),0到10V,或4到20mA的信号,引入速度调节器前。张力传感器的信号,经变送器也转换0到10V,或4到20mA的信号,送到张力调节器前,和张力给定比较,另一方面送仪表显示。最后,经张力调节器控制输出,控制力矩电机的速度,实现恒张力闭环控制。

三相交流异步电机——绕线电机

(图十八)

绕线电机主要是转子的区别,其转子也像定子绕组一样,假如接成星型,那么另外三根线头连接到装在转轴上的三个铜滑环上,通过电刷与外电路相连。

□三相绕线式异步电机把转子回路引导外部后,进行控制后,就可以根据需要改变电机的转子参数,从而改变电机特性,比如改变转子

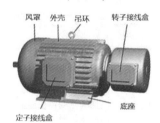

(图十九)

串联电阻的大小,可以调节电机的特性软硬,相当于可以改变鼠笼电机的转子电阻,从而改变电机的滑差率,让电机可以在较大的滑差率下,安全运行又可以在低滑差下高效工作。外接转子电阻转移部分转子的损耗发热,对电机发热也有利。具有较强的起动力矩和较强的过载能力。多用于起重设备、球磨机、破碎机等。绕线电机如图十九所示。

更加进一步的来说,由于转子的励磁功率较小,可以通过输入较小的励磁功率控制,来控制大功率的电机,或者将大功率的电机的转子励磁反馈回电网,以达到节能效果。这种两面性的特征,在运行中,我们常见的多为调电阻改变转差率的方式。只有可控硅元件的出现,才见到输入型的调速方式。

看看天车(行车)的情况吧。在天车运行中,操作凸轮控制器调节绕线式异步电机(滑环电机)的转速。下降较重物体时,要求不要在低速的挡位下降,避免发生"溜勾现象"。特别是重型天车还设置了专门下降的挡位;这个挡位在"空钩子",或轻负载下时,是低速上升的表现,而负载重物下降时,才是缓慢下降的效果。

为什么呢?因为,当重物下降时,其重力加速度形成的力矩,大于电机的反抗力矩时,自然会按照重力的作用运行。这样,重力加速度就使物体下降得越来越快,出现"溜勾现象",产生事故。同理,当重力加速度形成的力矩,小于电机的反抗力矩时,自然应该按照电机力矩的作用运行。那么,其重力加速度的能量到哪里去了呢?回馈到电网去

了。前面,提到过电机的几种状态,这里是发电状态。设想一下:开始时,松开制动器电机得电运行,物体的重力加速度,使物体下降速度得越来越快,达到空载转速处。再快点越过同步转速点,电机的感应电势反向,对应电机的力矩也要反过来。

这时,电机阻碍下降的过程,当发电量和重力加速度的能量相当时,电机维持这个速度下降。当发电量小于重力加速度的能量,自然下降速度还会增加,直至产生"溜勾现象"的故障。

天车运行的坐标如图二十所示,物体下降速度得越来越快,越过同步转速点时,曲线在第二象限,发电制动。当发电制动弱于重力加速度的能量时,速度开始上翘,急速上升至发生"溜勾现象"。重型天车下降的第一挡位,电机接,但被重力加速度的力矩,迅速倒拉至稳定区,即第一象限。

通过了解天车钩子电机运行的情况后,知道三相绕线式异步电机的转子,可以输出能量,也可以输入能量。输出能量的情况多见于,转子外接的电阻器、频敏电阻器、电抗器等,电机输入的功率,有一部分就消耗在这些电阻器上,以热能的方式散发到空气中。这样,电机的效率不高,这种调速方式多用于简单的设备中。

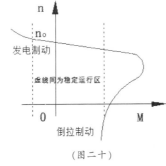
(图二十)

半导体功率元件的出现,和电子技术的进步,使得三相绕线式异步交流电机的调速、效果和效率等问题得到解决。如图二十一所示,为三相绕线式异步交流电机的控制框图。串级调速时,转差电势经左侧可控硅整流后,加到右侧的可控硅逆变桥,逆变后经变压器向电网回馈。即把电机的转差功率回馈到电网,提高了电机的利用率,而不是消耗在外接的电阻上。改变可控硅的触发角度,自然调速性能也是非常好的无级调速。

若在变换一下,右侧的可控硅作整流作用,变压器输入能量。整流后的直流电加到左侧可控硅上,这时,左侧的可控硅做逆变桥,转子得到输入的能量。定子和转子同时得到电网的输入能量,电机左右逢源,从而使电机的转速可以超过同步转速。自然,超速运行的范围,在电机的发热和机械强度能够承受的范围内运行。

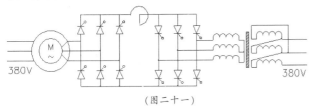
(图二十一)

这种模式,在VF类型的变频器还没有商品化和普及的情况下,曾经流传了一段时间。毕竟绕线电机的结构复杂、维护使用、成本等问题,而不普及。

笔者曾采用如图二十二的结构,用可关断可控硅GTO,正负脉冲控制导通和关断的脉宽方式调速。用于2.2kW小功率的绕线机调速,效果不错也简单实用。调试时,注意转子外接的上下电阻,用于起动的最大值。起动结束,正常运行后,方可投入可关断可控硅GTO的使用,避免

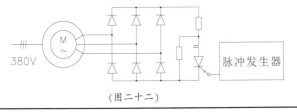
(图二十二)

起动瞬间的过流过压,击穿可控硅。

4. 三相交流异步电机——滑差电机

滑差电机是三相交流异步电机中的又一种形式。一般以鼠笼异步机为源动机,再配上电磁转矩离合器,同轴运转。调节电磁转矩离合器励磁电流的大小值,实现感应的差值运转而调速。其结构也可以理解为以鼠笼异步机为源动机,再加上非接触式的电磁离合器,同轴差值运转,如照片图二十三所示。

(图二十三)

电磁转矩离合器的具体结构,若要画图表示的话,还是比较复杂的,简易表示结构如图二十四所示。虚线框为电磁转矩离合器,称为电枢的是一铸钢圆筒,和异步鼠笼电机直接硬联接。称为励磁的是一对磁极,受励磁电流大小的控制,和负载直接硬连接。

当励磁电流为零时,电枢的铸钢圆筒无磁力线切割,便不能产生感应。也就不能使励磁转子旋转,相当于所带的机械负载被脱离。从离合器的角度来看,与摩擦片的离合器比较,这里是非接触式的离合器。

上面说到通过励磁绕组,把异步鼠笼电机不能调速的属性,转变为可调速属性。那么,励磁绕组中是直流电流在流通,其特性就是电阻特性了。就算供给的直流电源功率足够大,但电枢是铸钢圆筒,又像力矩电机了。且中转过了一次,更比力矩电机更软,特性坐标如图二十五所示。单根曲线对应的是固定励磁电流去带不同的负载,所构成的软特性。负载越大,速度降越大。而对于相同负载来说,不同的励磁电流,对应不同的曲线。图中特性曲线按①、②、③、④顺序看,励磁电流是从大到小的调节。

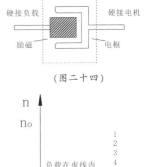
(图二十四)

(图二十五)

当调节励磁电流时,形成固定的励磁磁场,而旋转的铸钢圆筒切割其磁力线,产生感应。感应电磁力与励磁转子磁场作用,使励磁轴也跟随旋转,输出动能。这样,改变励磁电流的大小,通过电磁转矩离合器的作用,把异步鼠笼电机不能调速的属性,转变为可调速属性。

实际上,电枢和励磁总成存在着转差,才能旋转,故称之为"滑差电机"。若同步了,便不能切割磁力线,不能输出能量。另外,低转速时,磁感应效率极低,转速带负载能力极低,容易产生"堵转"现象。因此,必须构成由速度负反馈组成的闭环系统,才能使机械特性硬起来,调速性能相对稳定和调速范围才能做到15比1左右,用于满足生产要求不太高的场所中。另外,能耗效率始终不高,不能用于大功率的电机上。

5.2 变极调速

由三相异步电机的转速公式n=(1−s)60f/p,可知改变极对数p,就能改变电机的速度。但是三相异步电机要事先做成"双速",或"多速"的电机,才能进行速度调节。不是一般的三相异步电机,随时都能进行变极对数的调节。所以,极不方便,且只能分挡数调节,自然不能普及运用。这里,就不再阐述。

六、变频调速原理及系统

在以三相异步电机作为动力源的设备中,人们发现,不同类型的电机,不管电机本身结构如何变化,相对于直流电机来说其特性始终不近理想。随着电子技术和电子元件的进步与发展,以可控硅功率元件作变换器,能够改变输出电压、电流和频率等参数,来给三相异步电机提供调速电源,从而进行转速调节。所以,与其改变电机(虽然,无换向电机

的出现,但大功率和大规模产品还待普及),不如改变控制系统。

曾经,三相异步电机交流调速的方法经历了五花八门的变化,以交-交变频、交-直-交变频两大类为主。有电压型、到电流型、脉宽型(PEM)等等,若细分的话种类很多,有些类型属于昙花一现,还没有普及,就被新技术新产品淘汰,固此处不作分类的表述。为了简述,以交-直-交变频为例来叙述吧。原理示意图为图二十六所示。

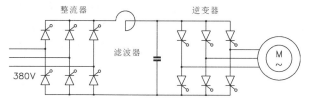

（图二十六）

6.1 可控硅变频器的原理

电路主回路结构由可控硅整流器、中间滤波环节、可控硅逆变器组成。把三相交流电源转变成直流电,经过滤波,再逆变成三相交流电,给电机使用。在这个逆变桥的交流电中,是改变频率来调节大小的,从而完成调速的要求。改变整流桥的移相角,即相对于改变了交流电机的感应电压。这也是早期出现的电压频率间的关系,到逐渐稳定的电压频率比控制。随中间滤波环节结构不同,分为电压型和电流型两种。

电压型变频器中,足够大的电容器将其整流器输出的电压波形,为一平直的波形。从逆变桥看过去,电源阻抗非常小,相当于恒压源。对于电机来说,为非正弦波,含有较多的畸变谐波,电机易发热。所以,早期的电机得采用专门的变频电机,还有独立的风扇散热。不过,现在变频器已经改善和进步多了,对电机不是那么严格要求了。

电流型变频器中,采用大容量的电抗器滤波,也使整流后的波形基本平稳,从逆变桥看过去,电源阻抗非常大,相当于恒流源。对于电机来说,输出的电流波形为矩形波,但与电机感应电势作用,却近似为正弦波。所以,初期时,大电机基本以使用电流型变频器为主。

不管哪种形式的变频器,在逆变器中所用的可控硅或其它功率元件,都是作为开关元件使用的。其开通和关断的性能,是逆变的关键和保证。可控硅的开通条件相对容易,但其关断却要求很严格和可靠。如若不能关断的话,就会产生逆变失败和逆变颠覆。截流和过流保护就成了关键点(后面再叙述)。

我们知道,给可控硅触发极加上正的触发信号,可控硅便导通了。这时触发极就失去了控制意义。要关断可控硅的条件是阳极电流小于维持电流,可控硅便自然关断。或者,在可控硅的正负两级间,突然施加反向电压,使其关断。

1. 可控硅换流原理

为便于分析,先看单相逆变电路吧,以可控硅中频电炉的电源装置的主回路来叙述。(起动单元电路,图二十七中没有画出。还有一种中频电路是零压起动方式,这里不再展开)起动时,起动单元电路中预先充满的电能,向主回路里LC并联电路中的电容器电感器(或者LC串联电路)放电,LC并联电路得到能量而开始衰减震荡。信号检测单元取出同步于LC的信号,产生的触发脉冲使可控硅1和4导通。电容器C得到补充电,极性为左正右负。同时,也开始向电感器L放电,形成固有的LC震荡,频率高于工频,介于数百上千赫兹间,故称为可控硅中频电源(主要用于加热、淬火、钢铁冶炼等)。稍后,电感器L中的能量向电容器C充电。一个震荡的换向中,信号检测单元又取出同步于LC的信号,产生另一对的触发脉冲使可控硅3和2导通。电容器C两端的电压,通过可控硅3和可控硅2的导通,反向加到可控硅1和可控硅4的两极上,受反向电压后,可控硅1和可控硅4被强制关断。如此往复不断,形成稳定的中频输出。调节整流环节的大小值,便改变了中频功率的输出大小值。

这种电路的结构,演化后还广泛的运用于开关电源中,以及那些

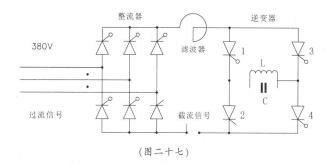

（图二十七）

年的节能灯电路中。该电路换流的关键点,是通过什么措施去关断可控硅呢?可以看到是通过电容器施加反向电压于可控硅正负极的两端,强拍关断可控硅。而让电容器反方向的是另一个可控硅的导通,这样两个可控硅成互补结构,称为互补式电路换流。自然,还会存在不同的换流方法,不同的变频器、不同的换方式,太多太多。不是本文所能介绍清楚的……

再看看节能灯的变流电路,是不是感觉简单得多了呢。借用网上的一张原理图,如图二十八所示。220伏市电整流滤波后,经电阻R1、R2对电容器C2充电。当充电电压值高于触发二极管DB3的门槛电压值后,开始放电,晶体管T2基极得到电流,·晶体管T2导通。电容器C4,经节能灯、电感线圈L、晶体管T2充电。电感线圈L阻碍充电电流,二次侧感应电流使晶体管T2维持导通。起动电路失效,灯丝两端并联的电容器也逐渐失效。充电结束后,电感线圈L逐渐释放能量,二次侧感应电流使晶体管T1开始导通,晶体管T2关断,并对电容器C4反向充电。反向充电结束时,电感线圈L又使二次侧感应电压反转,重复循环。电容器C4和电感线圈L构成串联震荡,直流电源不断的补充电能,维持震荡,节能灯便持续照亮。

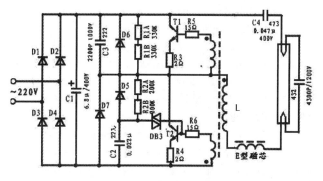

（图二十八）

不管LC电感电容并、串联震荡,只要其中一个晶体管或者图二十七中的可控硅,不能关断或不能导通的话,那么,造成上下直通,直流电源会被短路!出现的这种现象,称为逆变失败。而当可控硅元件误导通或错位,表面上没有造成直流电源短路,但LC电路中的能量反过来通过整流桥,向电网回馈能量。在这个过程中,称为逆变颠覆。比直接的直流电源短路更严重,因为,这时的LC电路不是简单的负载了,作为负载时,属于抵抗的正向电压。而出现逆变颠覆时,LC电路成了一个反向电源,和整流电源正向叠加,通过电网回馈能量,瞬间消耗LC电路中的能量,就会出现更加严重的过流情况。

不管何种情况产生的过电流情况,都得采取措施处理,保护元件和设备的安全就是非常必要和必需的了。图二十七中的思路是:在直流回路中,取串接电阻两端得电压信号,作为截流控制。送到控制系统中,使整流桥的脉冲控制前移,使整流电压下降并趋于零,或者使过载的电流下降到安全值内。对于误导通的可控硅而造成上下直通的逆变失败,或者逆变颠覆的现象。光靠截流环节,还不能完全保证可控硅元件的安全,还要继续在交流侧,通过互感器检测过流信号,进入控制器,截断脉冲并完全封锁,使装置不受损害。

因此,这种保护的思路和措施是比较完善有效的。在电流上升的初始阶段,截流环节就同时推动脉冲前移,再加上直流回路中的电抗器的限流,使短路电流上升不至于过快。若纯粹是重负载的情况,截流环节的保护便能使装置的电流运行在安全的范围内。如果出现了逆变失败或逆变颠覆,那如上叙述的保护过程,先截流后过流炉。那些年,在中频炉中,基本都是这种保护的方式。从这里,我们还必须明白一个事情,凡是有电感、电容型负载的变频装置,不能突然关断,更不能拉闸断电,不然LC电路中的能量找不到地方释放,极易造成因断电而损坏设备的情况。因此,关断时,得有一个释放的时间过程,让LC电路中的能量逐渐释放,这个释放时间的设定,依不发生过流保护动作而为最小值。

回头再看,三相变频器是如何换流的呢?是不是也采用施加反向电压、强拍关断的方法呢。早期的三相变频器中,如图二十九主回路局部电路所示,先看看其中一种采用这种方法电路的结构图。

由于所带负载为三相电机,属于感性负载。可控硅在一个周期内导通时间,有180度和120度两种,随主电路的结构不同而定通。其脉冲采用宽脉冲或双脉冲形式,前后两个脉冲间隔为60度。在一个周期内,电机的每一项都有一个可控硅导通,则变频器在任意瞬间有三个可控硅同时导通。

我们以三相电机的其中假定的A相,来看变频器的换流情况;

①在图二十九中,可控硅上下排列的顺序是;SCR1、SCR3、SCR5、SCR4、SCR6、SCR2。

假设可控硅SCR1导通时(A+),其他两相也相隔120度分别导通。对应三相电源中,应该是A+、B-、C+。可控硅的顺序;SCR1导通(A+),SCR5导通(C+),SCR6导通(B-),电机三相均匀有电流(暂且为星型接法吧),电机感应则为三相正弦波。双脉冲先后间隔60度分配,在SCR1导通后,电容器C4迅速充满电,上正下负。这时,变频器装置的电流从A点流出,流入电机。通过电机的B-相,流回直流电源的负极。

②在导通约180度的位置,就以可控硅SCR4导通了。导通后,可控硅SCR4阳极与负极间,忽略可控硅管压降,按直通看。电容器C4上的满电压通过线圈L4放电(这个满电压约等于直流电压,忽略可控硅管压降),线圈L4抵抗电压上正下负,瞬间感应的抵抗电压值也约等于直流电压,并限制放电电流。

③由于线圈L3和线圈L4同轴紧密偶合,同绕组方向,线圈L3也产生和线圈L4等同的电压,感应的电压也上正下负。两个线圈电压正向叠加,峰值约等于直流电压的2倍,使可控硅SCR1承受反向电压而关断。这时,电机电流改变方向,为流入A点,回到直流电源的负极,即对应A-相电压的负半周。同时,电容器C1开始充电,以及电容器C4继续放电,两者同时分别向A点充放和放电。

④随着电容器C4放电过程的迅速结束,紧接着该线圈L4释放磁能。释放时,线圈L4中的极性反过来,通过可控硅SCR4和二极管D4回路释放。电容器C4被二极管D4钳位,得不到反向充电(不像前面所需要的震荡,而这里是避免LC连续震荡的麻烦),视为零值,为下次充电作好准备。

⑤在电容器C4放电过程中,由于线圈L1和线圈L4同轴,感应正向电压已经使可控硅SCR1反压关断了。而线圈L4释放能量时,虽然线圈L1的极性又反向,但可控硅SCR1已关断了,这时体现为正向阻断。线圈L1和电容器C1,及可控硅SCR1间,始终不能形成回路,只存在着感应。而电容器C1则完成充电任务。

⑥进入下一循环……

这就是早期的三相异步电机逆变器A相换流的过程,顺序类推其他相,有点弯弯绕,要多看几次才清楚。主要是电感线圈中电流不能突变的特性,电流增加时阻碍这个变化的正极性,和电流减少时维持这个变化的负极性。在同一点位,电压极性是变化的。电容器中电压不能突变的特性,与电感相反。充电瞬间电容两端电压为零,然后慢慢增加。放电时瞬间电容器两端电压,全部加到元件两端,然后慢慢减少。

而电流型变频器,由于有一个体积较大的电抗器滤波器,使得变频装置也大,多用于大型电机上,而小型电机应用受限而难以普及,这里就不再赘述。

2. 可控硅变频器的控制框图

了解了换流情况,再看看脉冲控制结构,如图三十所示。给定的频率信号,经频率发生器生成,分两路输出。一路对计数分配器,按三相顺序生成双脉冲,放大后送到逆变桥。另一路,经频率/电压变换,再与三相同步信号合成,变成移相脉冲,控制整流桥输出直流电压的高低。

这种控制思路中;计数分配器是循环生成的双脉冲,并按固定的三相顺序排列,受控于频率变换的调节。而移相脉冲则是随频率的增加,脉冲位置后移,使输出电压增加。反之,随频率的降低,脉冲位置前移,使输出电压减少。这里,在调节的过程中,始终维持变频器输出的电压和频率线性比值,即U/f=常数。

在频率的调节中,对应低频时和高频时会出现一些不同的情况。因为,异步交流电机和直流电机结构特点不一样。电机的励磁磁通和转子作用磁场,直流电机是分别施加的,而且可调节的。而异步交流电机是同时加给电机定子的,再感应到转子。

前面已经提出了异步交流电机是旋转变压器的原理,二次侧的鼠笼相当于短路。当频率为50赫兹时,低于阻抗电压的合闸是安全的,而高于阻抗电压时,就会出现过电流。但电机起动后,转子的阻抗会增加,主要是转子的感抗增加。再和负载的阻抗,两者串联,从而使得一次侧电压要升高才能维持原先的电流。另外,我们知道阻抗Z=电阻R+电感感抗$2\pi fL$+容感抗$2\pi fC$(电感中忽略容抗),也即是阻抗随频率变化的关系。电机转速的增加,感应的频率也增加。

因此,从这些描述的情况定性来看,也就知道了电压和频率成正比例的关系。即变频器输出的电压和频率调节的比值等于常数,且还要保持线性正比例的关系。所以,在低频时,不能保证线性时,要进行一些补偿,在高频时,要进行一些限制。因为,频率太低时,电机电感的阻抗值会很小,则电流会很大,造成磁通的饱和,反而使电机带负载

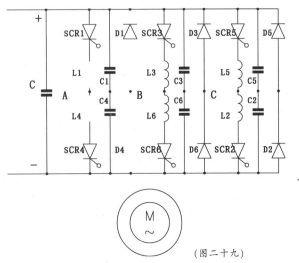

(图二十九)

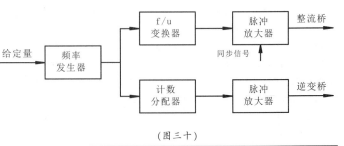

(图三十)

的能力下降，功率因数变坏、铁损增加、电机发热等等问题出现。在频率往高调节时，对应输出电压值会很高，这时电机的绝缘能耐受吗？另外，整流的电压值能输出最大吗？假设滤波电容足够大，也只能是1.4142的峰值(仅电压能否提供足够大功率吗？)。所以，频率太高时应该限制，一般是1.2倍60赫兹，多用于风机水泵类电机。这些更加说明磁通是常数值的必要性和重要性。也即要求变频器输出的电压和频率调节的比值等于常数。

3. 恒磁通变频器的机械特性

变频器输出的电压和频率调节的比值，成线性正比例的关系，其基本实质是维持电机定子的恒磁通。因为，三相异步交流电机电子的输入电流，既要维持定子的磁通，又要控制转子的磁通，两者作用后表现出电机的运行和带负载的能力。最简单的方式，就使维持变频器输出的电压和频率调节的比值等于常数，从而控制转子的运转。

对于调节恒定电流来改变频率的方式，从公式$M=C_m\Phi_mI_2cos\varphi$中可知，也应该属于恒转矩调速或最大转矩调速的方式。但在最大力矩时，受恒流的影响，电流不能增大而难于输出较大力矩，影响带负载的能力。而在接近最大力矩或最大力矩时，适当弱磁，转矩下降，使速度增加，保持功率恒定，实现恒功率调速。

随着功率元件的技术进步，现在可控硅功率元件逐渐被VMOS、IGBT功率元件所替代。集成化模块化的技术进步，使得装置性能更加小巧可靠和进步，性价比高和普及。可以看看节能灯的控制电路，是多么的简单和方便。总之元件和技术的进步，归结为现阶段的情况，基本以电压型和矢量控制型为主。

6.2 矢量控制

不管三相异步电机的变频，基于电压型还是电流型，以何种方式调速，总赶不上直流电机的调速特性。如何取得和直流电机相同的调速特性呢？一种新的控制思路和控制结构，便在不断地努力研究中出现了，并不断地完善进步。

1. 矢量控制思路

直流电机的良好调速性能，在于直流电机的结构。有独立的定子磁场，独立的转子电枢磁场，并且两者能够分别独立的调节。那么，把三相异步交流电机，模拟成相似的直流电机，从而像直流电机那样，对交流电机进行控制，不就达到调速的相同效果了吗！

我们知道，根据左手定则，电枢通电后的运行方向。即电枢形成的磁场和定子磁场互成90度，造成推力。电枢碳刷换向，维持不断地推力，电机不停地旋转。如果，电枢电刷架在几何中心线上，且对定子磁场的电枢反应，能够通过补偿绕组全部抵消，定子磁场的磁路无饱和问题。则磁场磁通Φe正比于定子电流，$\Phi e=kI_f$，电机电枢电流也和形成的电枢磁场成正比，两者磁场互成90度关系，则电机的电磁转矩$M=Cm\Phi ele$。

而交流电机的转矩$M=K_m\Phi_mI_2cos\varphi_2$，这里$\Phi_m$是定子磁场通过气隙的磁场，由定子电流形成的定子磁场，以及转子电流形成的转子磁场，两者共同作用后的气隙磁场Φ_m起作用。同时与转子电流I_2、转子功率因数$cos\varphi_2$有关。但转子电流I_2如何检测与得到呢？转子电流I_2，还与转速的高低有关。也就是说，交流电机转矩与气隙磁场Φm、转子电流I_2、转子功率因数$cos\varphi_2$、转速的高低等参数有关。这就是交流电机调速的复杂性。

怎样把复杂性简化呢？这里，从外界来看交流电机就一个参数，为定子电流。假如把这个定子电流分解成两个因素；一个是生成定子磁场的电流分量Im，另一个是生成定子产生转矩作用的转矩电流分量Ir。把这两个分量，看作独立的参数，并且互成直角。这样，分别独立的调节这两个独立的参数，把交流电机的转矩、转速控制，从原理上和特性上，模拟为直流电机的调节特性。

2. 矢量控制原理

按照上述思路，我们知道直流电机的两个电流分量互成直角的矢

量，励磁电流的磁场和电枢电流的磁场，从电机结构上看，也是互成直角的。那么，交流电机也是互成直角的吗？两个磁场形成推力，只有在互成直角时，推力最大。但交流电机转子的感应电流，要滞后一个角度，为φ_2(这个角度是随转速而变的)。那么，假设交流电机的两个磁场力也是互成直角的，与直流电机的力矩比较，显然要差那么一点($1-cos\varphi_2$)，即交流电机比直流电机效率差一点。简单地用坐标示意图三十一所示。

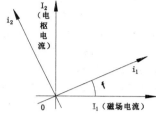

(图三十一)

关键是这个角度是随转速而变化的，如何去捕捉这个角度呢？再回头看看单相交流电机的情况，不是可以看到，两个绕组在时间轴上，通过电容器的裂相后，形成相差90度的电流，在时间轴上的角度差吗。这样形成的旋转磁场，假设也是由直流励磁产生的，这样分析交流电机的性能，不就和直流电机调节的特性一致了吗。那么，把三相异步交流电机，等效为单相异步交流电机，进行三对二的矢量转换，就更进一步方便了。按照直流电机调速的思路，是把磁场保持固定，单独调节转子(电枢)电流。三相异步电机的转矩公式，进一步简化得$M=\Phi_2I_2$，即转矩与磁场和转子电流有关，再假设固定磁场，就只与转子电流有关了。把三相A、B、C的电机矢量变换为有效的磁场的M-T旋转坐标，即进行矢量变换坐标变换。这当中牵涉到公式、矢量、坐标体系的一系列转换，高等数学知识，不便展开，见谅。

一句话，就是将异步电动机的定子电流通过坐标变换、矢量变换、模拟计算等方法，将磁通量通过电流量来表征，得到等效直流电动机模型，以实施控制。

知道将三相异步电机的磁场和转子电流的向量，变换到矢量坐标中的思路后，关键是如何检测并运算出，三相异步电机内部的磁通向量。这影响着对三相异步电机模拟的准确性和运行调节的精度！

①磁敏霍尔元件检测。通过两个磁敏霍尔元件，装在交流电机定子靠近气隙处，相互机械角度差90度。求得两者磁通之间的夹角φ，以及磁通Φ值。此方法看似简单，运行中的低速和高速问题，都可以进行修正和补偿。但还有一个最大问题，是在交流交流电机里预装磁敏霍尔元件？做实验没问题，运用到现实中，却麻烦了。以后的新三相异步交流交流电机可以预装，那不是以前的交流电机都不能用了吗？

②感应线圈检测。装在交流电机定子靠近气隙处，通过感应线圈元件，感应的电压，模拟交流交流电机的反电势，从而计算出交流交流电机的磁通。检测结果相对精确，但仍然是使交流电机结构复杂化，和上面情况一样，不利于实际使用。

③电压模拟法。既然可以利用反电势进行模拟计算交流电机的磁通，为什么不直接计算的反电势呢？这样就简单多了吗。因为我们知道，交流电机的端电压减去原绕组的电阻压降(可参看交流电机的原理示意图七)，就是交流电机的反电压。

④电流模拟法。既然可以利用反电势进行模拟计算交流电机的磁通，同理，根据交流电机的原理示意图七，也可以模拟计算出，交流电机转子电流与磁通的关系。

结合交流电机就是旋转变压器的原理图，还是把前面的图七调过来看看吧(其中某一相)。端电压U1和频率f1是380V50Hz供给电源。对应380V50Hz的供给电源，交流电机呈现的全部阻抗为L1、Z01、r1之和，则反电势等于端电压380V-r1*Ie (电机的额定电流和直流内阻之乘积)。这时，换一个角度来说，把阻抗L1当成漏感，形成漏磁通，阻抗Z01当成互感，形成互感磁通，传递到变压器二次侧，即转子运转。那么，通过变压器铁芯的耦合，二次侧则感生电压，由于交流电机鼠笼线圈闭合，无二次侧的端电压，只有转子的感生电流。

这样，对概念有了一个定性的了解，通过矢量坐标变换、矩阵运算、微积分等高等数学的模拟计算，得到交流电机定子和转子的磁通，分别与电压电流的关系，达到矢量控制的方法，实现与直流电机性能近似的控制。

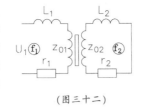

（图三十二）

3. 矢量控制系统框图

矢量控制具体怎样控制呢？如图三十二所示。按照上述思路，再依靠以下这些基本公式，实现框图的走向。①三相异步交流电机转速公式$n=60f(1-s)/P$中，知道转速和频率、转差率、极对数的关系（P为极对数）。②三相异步交流电机电势公式$E_1=Kf\Phi \approx U_1$中，定子电压中忽略压降的话，定子电压约等于电势。K是电势常数，磁通Φ和频率f相互成反比，之积与电压成正比。③三相异步交流电机转矩公式$M=K_m\Phi_m I_2 \cos\varphi_2$，忽略常数和次要因素，那么转矩与磁场M和转子电流$I_2$有关，再假设固定磁场$\Phi_m$，就只与转子电流有关了。④再加上机械运动公式、电机功率公式、欧姆公式、或电压与电流的关系等。

三相异步电动机侧的检测元件将a、b、c坐标系统的三相交流分量，先转换成α-β坐标系统的两相交流分量。即$3\varphi/2\varphi$的坐标变换，实际上相当于把三相异步电动机，变换成两相异步电动机。电流量$i\alpha$、$i\beta$和电压量$u\alpha$、$u\beta$分别变换后，电流量$i\alpha$、$i\beta$通过矢量回转器VD2，变换到磁场定向的M-T坐标系上，变换为等效的直流量i_M、i_T。M-T坐标系是一个直角平面旋转坐标系，以同步角速度φ进行旋转。同时，电流量$i\alpha$、$i\beta$和电压量$u\alpha$、$u\beta$分别再送入磁通运算回路中，与转速n进行分析和运算，算出转子磁场$\Phi2$的幅值和夹角φ。这个磁通运算回路，相当于多回路的矢量分析器。得出定子磁场$\Phi2$的位置、转矩电流i^*_{1T}、磁场励磁电流i^*_{1M}，分别兼容的参与系统控制。矢量回转器VD1，和VD2相比。是反过来进行逆变换，还原为两相交流电流量$i\alpha$、$i\beta$和电压量$u\alpha$、$u\beta$，再坐标变换，还原为三相交流分量，生成三相逆变脉冲。

变频装置输入侧的电流检测元件，参与系统的PID电流调节。

矢量分解为产生磁场的电流分量（励磁电流M份量）和产生转矩的电流分量（转矩电流T份量），同时控制两分量间的幅值和相位。以矢量分析控制的方法，分别控制定子、转子的分量。等效直流电机控制的方法，以达到三相同步电动机的控制。

上面框图为早期系统框图，现在，随着技术和元件的进步与发展，系统的控制已经更加完善完美了。已由若干个专用单片机芯片分功能组单独完成，高度集成化，再PCB模块化，性能功能大大提升。也使得框图简单多了，如图三十三所示。

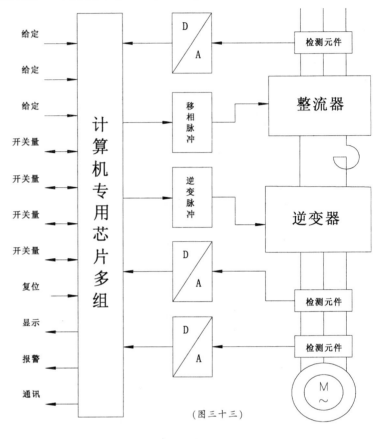

（图三十三）

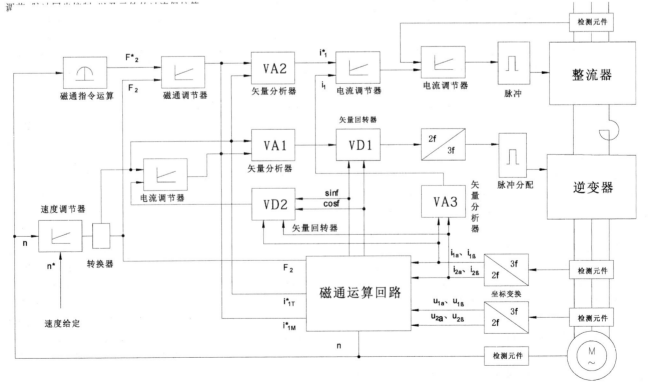

七、变频调速装置使用的简法

早期的变频装置中，电磁干扰问题，必须妥善接地。电磁谐波问题，在低速时，必须单独用风扇对使用电机散热，等等约束，现在基本不存在了。但在某些方面，还是应该注意，特别是在断电时的处理，不要发生逆变失败或者逆变颠覆的问题。前面，已经说明了原因，此处不再赘述。

7.1 变频器的接线尽量简化

在使用时，一些人总是喜欢完善完美，但实际接线是非常简单的，不必要的功能尽量不要使用，以免增加复杂性和麻烦。本文以西门子变频器为例。

因为厂家提供的产品说明书和接线图，则是考虑全面的情况，以及提出的完整的参考意见，是供用户选择使用的。

1. 如果单独使用，不参与系统或继电控制的最简单地线路。就只配一个空气开关，三进三出，三根线到电机。无控制接线。用配备的BOP操作面板控制电机的点动、正反转、速度调节、停止等，并通过BOP功能切换，观察电机的运行参数。非常简单！

如图三十四；和厂家提供的图纸相比；主回路中少了熔断器、接触器、屏蔽电抗器。制动电阻、输出电抗器、以及屏蔽接地线等。

2. 如果把变频器放在控制柜里，有时需要用按钮、继电器等元件，在操作台上远距离操作。此时，就要利用厂家提供的图纸和说明，来参考自己的接线。厂家图纸见图三十四，接线说明在后，分为如下几部分；

（1）主回路

（2）给定输入可3处进入；

① 操作面板：如1部分使用的方案，由装在变频器装置上的BOP操作面板，按▲▼键调节量的大小。② 模拟输入端电位器模拟给定由3,4脚进入，1,2脚提供内部10V电源。③ 数字输入端：几档固定频率输入，由程序参数设定值的大小。

（3）数字端子如右图。

电机的正反选择、停止、制动、复位等控制功能，通过接点的闭合，由数字端子输入。

（4）其他端子

包括模拟输出、电机热敏信号输入、故障接点输出、通讯端口等。后面常见的几例应用，就是根据厂家图纸，结合工艺要求和操作的方便性等，诸多变换尽量简化的实际使用。

控制端子接线说明如下；

端子号	参数的设置值	缺省的操作
数字输入1	5	P0701 = '1'	ON，正向运行
数字输入2	6	P0702 = '12'	反向运行
数字输入3	7	P0703 = '9'	故障确认
数字输入4	8	P0704 = '15'	固定频率
数字输入5	16	P0705 = '15'	固定频率
数字输入6	17	P0706 = '15'	固定频率
数字输入7	经由AIN1	P0707 = '0'	不激活
数字输入8	经由AIN2	P0708 = '0'	不激活

使用变频器上装设的SDP可进行以下操作；

启动和停止电动机数字输入DIN1 由外接开关控制。

电动机反向数字输入DIN2 由外接开关控制。

故障复位数字输入DIN3 由外接开关控制。

3. 如图三十五所示，是一款手动调节频率大小的方案。

主回路就接入了一个空气开关。控制回路中；用一个三位两档的主令开关LW8-10，切换正反转，中位停止。复位按钮NP2-EA35（绿），用于过载后的复位。避免到控制柜里去，切断变频器的电源来复位办法。

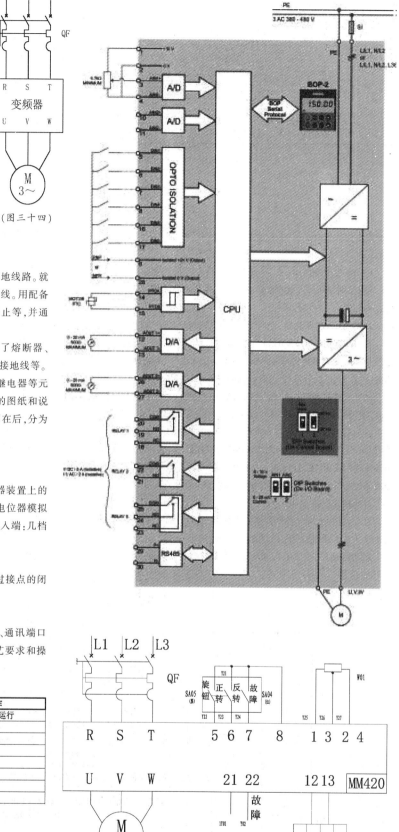

（图三十四）

（图三十五）

（当然，这些接点也可由继电器来实现）绕线电位器用W11-3 4.7kΩ和数码转速表，便于在操作台上给定和显示。故障输出外部电路带一个LED红色指示灯，显示报警情况。整个线路中没用继电器，便可在操作台上操作了。对应程序，必须按接线的方式，进行程序设计。具体变频

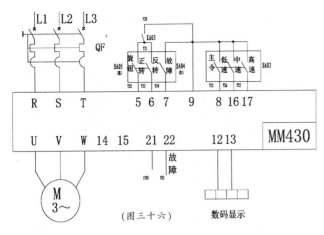

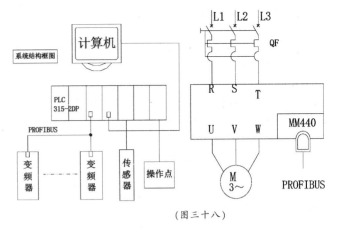

(图三十六)　　数码显示

(图三十八)

器的程序参数选择见后,并结合后面几个不同的接线方式,进行修改变化。

4. 如图三十六所示;是一个固定几个挡位调节速度的接线方式。

和上图稍有变化,也非常简单有效。当然,对应的程序参数选择,也必须按接线的方式要求进行。

5. 类似M系列变频器,可以得到工程用的6SE70系列的接线方案。

如图三十七所示;和M系列变频器相比,只多用了一个24V的控制电源,另外,变频电机的冷却风机,必须单独接电源,不能接在变频器的出口端。其他控制端口的接线,大同小异,按说明书进行。

6. 在计算机和PLC的自动控制系统中,变频器挂在PROFIBUS总线下面,作为下属执行单元。通过总线通讯,受控于计算机和PLC的指令。因而,控制回路的就不需要再接线,只管主回路接线。接线图比较简单,如图三十八所示。但必须增加PROFIBUS通讯模板,把其安装在变频器装置的正面,通过PLC的一个DP接口和变频器进行通讯。对应修改变频器的通讯参数,以及PLC的编程,和WinCC画面的通信等。

其他接线方式,不再一一列举。

总之,这几款变频器的外围接线图,都是笔者从经济实用的角度,简化设计在实践中先后使用过的,就这么简单实用。

在实际使用中,简化的接线,一些人担心出"问题",而增加一些

"措施"。笔者认为反而容易出现问题,因为就怕误操作!下面并就变频器的一些使用问题? 提出几点看法! 收集分析如下,供大家商榷。

7.2 变频器使用中的一些争议

1. 变频器前加接触器

有的人喜欢在变频器前增加接触器,认为在出现故障时,我可以把接触器断开,从而达到保护变频器的目的。关键是变频器出现故障的信号,你怎么取出和利用这个信号? 只能利用变频器本身故障时的接点输出,来切断你的接触器。如果是这样,变频器已经发出故障指示时,就同时封锁内部脉冲,停止工作了。你再来切断主接触器,事后"诸葛亮"。因此,不能将其作为变频器的启动或停止开关来使用。严重时可能会造成变频器的损坏! 如果实在要加,那么只能当作隔离开关使用。即当变频器停止后,才能切断接触器。

另外,这样做有几个弊病;①切断主电源后,BOP上的故障代码看不见了,不利于故障的分析和排除。②接触器不得电,控制命令和功能都失效,无法施加。这样,每次操作就得先送电,不然,先送了控制命令后,再送主接触器,变频器根本不会起动。造成一些不必要的误会。c多一个元件多一个故障点,可能出现缺相的毛病。

2. 输出端不宜配接触器

当变频器处于正常运行状态时,输出端的接触器突然掉电,又瞬

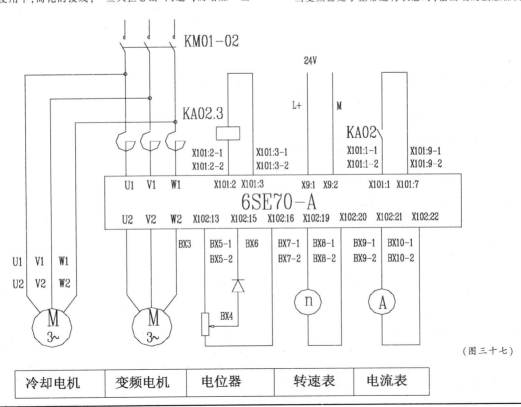

(图三十七)

| 冷却电机 | 变频电机 | 电位器 | 转速表 | 电流表 |

间合上。或者误操作停、开接触器一次。这时，变频器的报警和故障两类信号均会出现。因为变频器的捕捉再起动功能，是基于变频器本身也电源中断（电源消隐）又上电时，故障已确认，并且给定命令始终存在（ON命令一直加在数字输入端），电动机才立即重新启动。这时，变频器自动捕捉电动机自由旋转时的转速，并使电动机按常规斜坡函数曲线升速到原给定的频率点。在不正常的情况下，也有可能引起电动机的自动再起动。

当变频器处于起动运行状态时，即先起动了变频器，然后，再合上输出接触器，这种误操作，电动机几乎接近全压起动。不是变频器报A0922无负载，就是F0001过流。反而难于起动。

或者出现接触器接触不良的情况，即单相。此时，变频器报A0523输出侧一相断线，等等诸多不利情况。

另外，当变频器的输出端接两台以上交流电机时，可以直接并联，也可以在每个电机上串接电抗器，或者串接热继电器，加以隔离。这时可采取每个电机分别串接的办法。多个小电机的功率并联总和小于变频器的功率，不能超出这个原则。每个热继电器按每个独立电机的功率配，假如其中一个电机过载后，其热继电器的常闭触点关断其接触器，甩开过载电机。常开触点闭合，带动相应的指示灯亮，则表示该电机过载。提醒操作者，少一个电机运行。但变频器不会无载报警，仍然处于正常状态。如果变频器到电机的连接线超过50m以上的话，最好采用串接电抗器的办法，以减少电磁辐射的影响。

多台串接接触器的电机，存在着不同步的起动或停止的情况；不同步的起动时，会使后起动的电机过电流。先停止的电机其电感性负载断电，会产生很高的瞬间反向电压，或者电机的停车发电回馈等诸多危险，将可能造成变频器的报警或损坏！所以，输出端不宜再接接触器，而宜采用在每个电机上串接电抗器的办法。

3. 电流、速度表的显示

由于BOP操作面板安装在变频器上，要接到操作台上显示，就不容易实现了。一般用电流表，或者速度表等的显示。

电流表显示方式，有的人喜欢用指针式电流表，则需要配电流互感器。电流互感器的接入方式不对，那吗，显示值就不是真实的。如有的人接在变频器的出口端，显示就会出问题，笔者曾经看见过几起。因为，变频器输出口的电流值波形，含有丰富的谐波而不是正弦波，另外，也不是50Hz的频率，而指针式电流表测试的电流值，要求被测对象是50Hz的正弦波，才显示正确的有效值，达到仪表的精度等级。因此，接在变频器的出口端，是不对的。只有接在入口端，才是正确的接法。

实际变频器本身提供两路模拟量出口，是标准的Ⅲ型信号配置，变频器出厂缺省设置为4-20mA。外接DP3等型号的数码显示仪表，刚好匹配。如果仪表的输入信号只能接收0--10V的电压信号，则可修改程序；变频器定义模拟输出的类型P0776=1，则模拟输出0--10V电压，和仪表对口。

在选择时，仪表本身是什么功能的显示，就显示什么值（实际严格说；通过P0771=21~27来改变输出功能。也就是电流、电压、频率几个值）。如仪表是3位半的转速表，变频器输出20mA电流值时（或者10 V电压），仪表对应数码显示1450rmp/min。

4. 变频器不宜用绝缘测试表

当变频器故障时，就马上用绝缘测试表（摇表）对电动机进行绝缘测试，从而判断电动机是否烧毁。如果不拆除与变频器的连线，（拆除与变频器的连线时，要等变频器中的电容泄放干净后，方可进行。）那么，绝缘测试表的电压会损坏变频器中的电子元件，造成变频器的人为损坏。或者变频器中储能元件里的能量没有泄放，会和绝缘测试表的输出电压叠加，危害更大，应以避免。

另外，检修变频器内部，也要等其中储能元件的能量泄放干净，方能进行。否则，有触电的危险！

5. 变频器的调速范围（文章开头部分已说明了）

尽管变频器的调速范围很广，但不是万能的。有的人认为把速度调低，就可以取代齿轮箱的作用，这是不对的。因为，变频器在低速时，输出电压较低，交流电机的力矩相应降低，继续带动原来额定时的负载，就会出现过电流现象。尽管可以修改参数P1310，提升力矩。起动提升P1312、加速提升P1311等参数，但范围也是有限的。

把设定频率往上调的范围也是有限的，尽管变频器可以把频率设置得很高，但这没用，因为执行机构??——普通异步交流电机的额定使用频率是50 Hz（专用变频电机例外）。当电机频率上升到60 Hz时，电机磁通将趋于饱和，电机出力不够，迫使电机电流增大，造成电机发热严重。按照常理来说，速度上升，功率对应增加。但这里是交流异步电机变频调速，V/f方式，频率上升到拐点后，电流不再上升，进入恒功率调速。对于变频电机来说，比普通电机的调速性能好得多。因此，一般普通异步电机的过载因子P640只能选到110%才是安全的。也即变频器的上限频率最多也只在60 Hz左右。

由此可知，变频器对一般异步电机的调速范围，从经验角度的最大下限值只能到20 Hz，上限为60Hz。一般用于从交流电机的额定转速往下调节的场合。

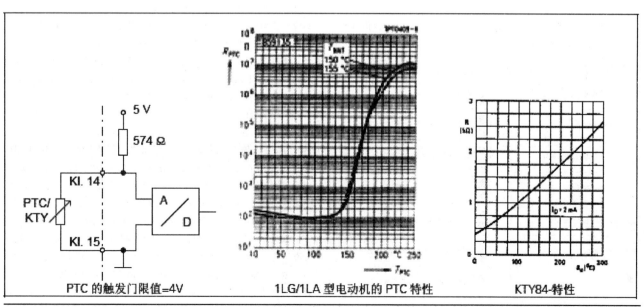

PTC 的触发门限值=4V   1LG/1LA 型电动机的PTC 特性   KTY84-特性

6. 电动机的冷却

由于交流电机的转速一般是用于从额定转速往下调节的，对应交流电机尾部的冷却风扇的转速，也跟随电机变化。如果采用变频电机，单独接线，不参与调速，就不存在这个问题。我们知道，风机的风量与转速成指数关系，转速只下降一点，风量就下降得越多，以致达不到冷却效果，造成电机发热。假如电机工作在25 Hz时，电机尾部的冷却风扇风量，将下降到额定值风量的1/4以下，而不是线性的下降。

不是采用交流变频电机调速时，而是采用一般异步交流电动机进行变频调速，其冷却的问题，容易使人忽略。因此，在新设计时，就要考虑冷却效果，即适当放宽交流电机的额定功率。

尽管在变频器的使用说明书中也提到这一点，如下：《外接的电动机热过载保护电动机在额定速度以下运行时，安装在电动机轴上的风扇的冷却效果降低。因此，如果要在低频下长时间连续运行，大多数电动机必须降低额定功率使用。为了保护电动机在这种情况下不致过热而损坏，电动机应安装PTC温度传感器，并把它的输出信号连接到变频器的相应控制端。》

因此，在旧电机改造时，更要考虑冷却效果，必要时得另加外置风机，专门去冷却电机。才能保证原电机的正常工作状态。而不要中断电机的工作？

另外，注意变频器自身的冷却。如果夏天变频器自身温度较高，可延长变频器冷却风机断电延迟时间。最长到一小时，P0295=3600。

7. 变频器的保护

变频器本身的保护功能完善，不用再增加一些"措施"。如外接熔断器、热继电器、电动机综合保护装置等，避免画蛇添足。

变频器的保护中，说明书中提出如下功能：

过电压/欠电压保护　　　　变频器过热保护
接地故障保护　　　　　　　短路保护
I²t 电动机过热保护　　　　PTC/KTY 电动机保护

还有些如输入缺相、输出断线、电压软起动、节能设定……等，应该说是比较全面的。故障的显示可以通过SDP状态显示屏上的LED灯来表征含义。如下表所示：

也可以通过BOP操作面板，观察故障信息。BOP操作面上所看见的故障代码含义，可查看厂方提供的故障信息表的内容，对症下药处理。

故障复位的办法有三：①将变频器的电源切断一分钟后，确认没有故障，重新上电后变频器就已自动复位。②按一下BOP操作面板上的功能键Fn，系统会自动复位。③系统接线中，在数字输入端中，考虑有复位按钮的接线。

8. 电机的起动

交流电机从静止到运转，起动电流是额定运转电流的数倍以上。因而，采用电抗器、星三角等降压起动方式，来降低或限制起动电流。

•	电源未接通		◎	故障 - 变频器过温
☼	运行准备就绪		◎	电流极限报警 - 两个LED同时闪光
☼	变频器故障 - 以下故障除外		◎	其它报警 - 两个LED交替闪光
☼	变频器正在运行		◎	欠电压跳闸/欠电压报警
•	故障 - 过电流		◎	变频器不在准备状态
◎	故障 - 过电压		◎	ROM 故障 - 两个LED同时闪光
◎	故障 - 电动机过温		◎	RAM 故障 - 两个LED交替闪光

而变频器对交流电机的起动，就方便多了，只需通过软件的修改，便轻而易举地实现了。这样，使用变频调速就能充分降低交流电机起动电流，提高电机绕组承受力，增加电机的寿命，减少对电网的冲击等。

首先，合理的选择变频器，MM420通用型、MM430风机水泵类、MM440矢量控制型，确定起动控制线路，控制方式参数P1300，然后，再注意下面的问题；

（1）零压起动方式

如图三十五所示的接线方式，当起动命令闭合后，电位器可能存在两个极端的位置，一个是最小位置，一个是最大位置。

在最小位置处，慢慢旋转电位器，到所需要的工作频率。在这个慢慢旋转电位器过程中，观察电机的起动情况；在较低的频率情况下，电机首先建立定子磁通(低压建立磁通，电流不会很大)，一旦磁通形成，频率和电压的关系建立，变频器就可以按照V/F或矢量控制方式带动负载起动。当电位器在最大位置处，相当于全压起动，变频器往往容易出现过流报警和故障现象。这个现象就要设法避免，按8.2电压软起动方式进行。

（2）电压缓起动方式

如图三十六所示的接线方式，当起动命令闭合后，变频器以某一个固定频率起动电机。那么，这个固定频率可能不是最低，或者在最大位置处，仍然达不到降低或限制起动电流的作用。这时，适当延长斜坡上升时间P1120，或者再激活电压软起动参数P1350，降低起动电流，使电机缓慢地顺利起动。也就说明所带负载不是很重，可以通过这种方式起动。并可以观察起动电流，看大电流的持续时间有多长？

（3）起动提升问题

不管何种方式，通过变频器均能减少起动电流。但是起动负载较重时，电机就不能够顺利起动，会出现"憋轴"现象。长时间持续的大电流会使变频器报警或故障动作。这种情况，说明起动电压过低？或斜坡上升时间过长，或者电位器在最小位置处……(电位器不能从零开始。要有一个最低频率值。实现的方法有二；a电位器的下端设置下偏置电阻，让电位器回到最小时，也保持一个最小给定值。b修改程序参数中P1080，最小频率等于5Hz，这样电位器关断到最小时，变频器还是有5Hz的输出。这里虽然解决了起动，但有的情况必须完全停止，不能保持最低频率值，此法在这里就行不通了)。

因此，按斜坡上升时间，这种直线起动的方式，在有些情况之下，是不行的。必须激活参数P1312，提升起动力矩，连续提升参数P1310，加速度提升参数P1311，提升结束点的频率值P1316等参数。这里提升和降低，是一对矛盾！应当合理的选择参数值；在起动的初期，适当的提升起动电压，让电机形成起动转矩(而不是堵转)，能够转动后，再按照V/f关系斜坡上升，达到设定值。这样，把提升量叠加在斜坡上升直线上，得到一个合理的起动曲线。优化这些参数，可以得到最佳。

通过以上分析，把8.1、8.2和8.3中的所提到的参数，包括前面提到的控制方式，电机过载因子等参数，选择合理的设置值，对于任何电路形式的起动，都不成问题。这就是变频器的优点。

9. 电动机的停止

电动机的起动是个困难问题，同样，电机的停止也不简单！只不过有时忽略了？停止时，负载的惯性，使电机不能马上停止。因而使用机械制动、以及在电气上的能耗制动、再生回馈制动、反接发电制动等。西门子的变频器有3种停止方式供选择；Off1使变频器按照选定的斜坡下降速率减速并停车。Off2使电动机依惯性滑行，最后停车。Off3使电动机快速地减速停车。或者直流注入制动、复合制动方式。

假如先不考虑机械制动，而采用电气制动。在西门子M系列的这种变频器中，只能使用直流注入制动的方式。因为，变频器的电气结构是电压型逆变器，整流桥是二极管，向电网回馈就困难些。所以，西门子M系列的这种变频器只有按一定斜率的方式停止，若速度指令下降得

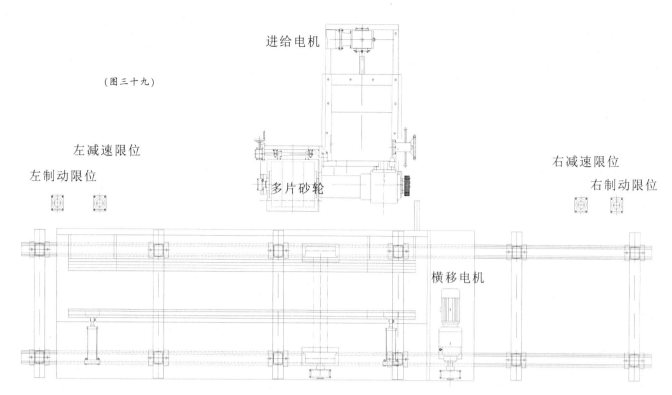

(图三十九)

进给电机

左减速限位
左制动限位

右减速限位
右制动限位

多片砂轮

横移电机

稍快时,就会出现速度超调现象。因而要快速停止,必须是能耗制动。

不同的负载形式,停止时的要求也不同;位能(势能)负载,如天车的重物下降时,受重力加速度的影响,产生回馈制动现象。但西门子M系列的变频器没有这种方式,只能按照一定斜率的方式停止,并且,斜率下降时间要长为好。(逐渐的消耗负载上的能量,而停止,过快时要超调。笔者曾经把下降时间缩短到2s,但电机"涛声依旧",并不2s停止,而只是相对缩短)水泵停止时,未关断出口阀门的情况中,会产生"水锤现象"。道理和解决措施同上。总之,停止时负载上的能量,要么回馈?要么消耗!才能平稳地停止下来。更不能直接拉闸或切断接触器,所以,前面强调变频器前后不宜装接触器!就怕的是误操作。

7.3 变频器运用一例

通过上面的分析,再看一个实例,如图三十九所示,和前面接法稍有变化。主回路三进三出,三根线到电机。固定给定值,正反控制命令,数码显示。其他缓起动、保护功能等由程序设定实现。

工厂中处在频繁正反运行条件下的设备很多,如龙门刨、铣、磨床等。本文是用于钢坯表面的修磨机,也如此。开初使用如图一的方案简示;扁、方型钢坯工件放置在轨道小车上,来回频繁的运行。砂轮磨头垂直压下,恒压压在工件上,横向调节进给量。这样,一遍一道地对钢坯表面进行修磨,最后得到一个完整光洁的表面。

台车电机在这种频繁、反复起动的场合中,存在起动冲击电流大的问题……在没有使用变频器装置时,过去最早采用变流机组、进而可控硅装置,或者绕线电机配变阻器的方案……但使用中发热、消耗、故障率高等缺陷。现在采用变频装置,克服了上述毛病,取得了稳定运行的效果,相对技术进步了。

开初只想到变频器适于这种工作条件,可以克服起动电流。工作情况是;当台车走到头时,正向限位使其停止,并反转。台车走到另一头时,反向限位使其停止,并正转,往复循环不止。

试车时,载料台车到头时,正向限位切断变频器的正向命令,台车惯性滑行一段,对应电机按off1方式停止。此时,反向命令接通,电机反向旋转开始。出现两者情况;① 如果,电机正向斜坡下降时间结束,而实际电机还在继续惯性旋转时(变频器在下降时间设定过短时,容易存在此现象)。此时,电机便处于反接制动的状态,迅速制动,并开始反转。这当中,在反接制动过程中,变频器出现过流跳闸,故障显示F001

(西门子MM420系列)。修改斜坡下降时间,缩短到10s,上升时间增长到15s。效果要好些,偶尔跳闸几次。② 另外,存在正向斜坡下降时间还未结束,而反转命令已经加到输入端,而这个反转命令是无效的!必须再次加入这个反转命令。从而,造成连续过程的中断。

试车几个小时后,电机有些发热?一时没有仔细琢磨这个问题,也没有好的办法。便认为,电机工作在频繁的正、反、起、停的恶劣条件下,发热是正常的!?便将台车电机功率由3kW改到5.5kW,对应变频器容量匹配为7.5kW,问题暂时得到解决。

后来想想不对?总觉得哪里有问题?为什么不增加一个时间继电器,在斜坡下降时间结束后,再让反向命令接通呢?这样,反接制动现象不是就没有了吗?或者,反向命令得以有效衔接。从控制的角度来说,对了。马上动手修改了电气控制系统,再试车,果然,没有跳闸现象出现!好像问题解决了。

但实际运行中,有些毛病?停止时,每次滑行的长短距离不等!台车不能准确定位。因为,电机的斜坡下降时间,对应台车的受控惯性滑行。设置P1121=5S这个定数,电机从当时的最高速度下降,而每次的这个最高速度是不相等的呀(电位器的不同调节位置)?另外台车上负载的轻重也是一个变数?只能找一个相对合适的位置,又暂时对付过去了。

从控制手段上来说,现在是做集成,即运用集成电子、仪表电子、电力电子、PLC、触摸屏、计算机等成品电子元器件。但基础是电子知识,特别是微观过渡过程的变化和分析,以及输入输出的弱电接口电路等。后来终于想到,在台车滑行快末了的阶段时,进行直流能耗制动,达到台车的准确停车。现场布置方案见图三十九,再次采用接近开关,作定位点的检测信号。

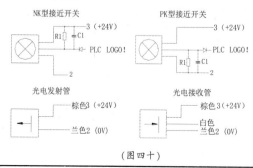

NK型接近开关   PK型接近开关

光电发射管   光电接收管

(图四十)

接近开关的具体接线图见图四十，供爱好者其他地方也可采用。因为，接近开关的输出单元采用晶体管OC形式，和PLC的连接方法；两者之间完全可以理解为两级三极管单元间的电流传递（即电子基础知识）。西门子S7-300的信号接收为+4-10V的高电平，所以接近开关用直流24V的PK型。输出近+20V的高电平，而没有分压。是因为S7-300输入端能够承受32V以下的电压，只用R1C1降低灵敏度和抗干扰。二极管作信号指向和隔离，所以可以直接接到PLC的端子上，省掉小继电器的转接。如果像图三中采用的小继电器，则可用NK型接近开关。

控制原理局部见图四十一，实际整个控制部分采用了PLC结构。这里，为了分析方便，抽出来改画成继电器控制结构，两者控制思路是一样的。

对应继电器回路中，揿动按钮SA01，小继电器KA01闭合自保，台车开始向左运行（正转）。快到头时，正向减速接近开关SQ01感应到信号，带动小继电器KA03闭合。切断变频器的正向指令，台车按斜坡下降速度滑行。滑行到正向制动接近开关SQ02处，小继电器KA04动作，变频器直流注入制动开始，台车立即停止运行，准确定位在此处。然后，直流能耗制动时间到，时间继电器延时后，使变频器得到反向指令，小继电器KA02闭合，台车开始向右运行（反转）。同理，继续往返循环。

由变频器的1、2、3、4端子模拟信号输入，人工电位器设定。端子18和20输出变频器的故障信号，带动含信号灯的复位按钮上SA02，作故障显示红灯亮。系统不能再运行，必须进行检查，排除故障，确认复位，才能再次起动。

变频器的模拟输出1接了一个数字转速表DP3，外形尺寸为96×48mm，工人在操作台上，可以观察电机的转速大小。数字转速表DP3的输入信号为0~20mA，工作电源220V，刚好和变频器的输出匹配。

变频器的5~9数字端子，作正、反、复位、直流制动等功能。直流制动信号进入数字端子4，设定P0704=25，直流制动的功能使能P1232=50~120%电动机额定电流的百分数，百分数越大，制动效果越好。相应电机越容易发热，此处为70%，制动效果还可以。P1233=4s制动持续时间，P1234=8Hz制动的起始频率。同理，数字越大，制动效果越好，相应电机越容易发热。P2167=8Hz关断频率，P2168=1s关断延时（这两个参数，使斜坡下降频率到此处时，关断变频器）。时间继电器的延时时间大于直流制动延时时间。在整个台车的制动位移范围内，制动限位处于闭合状态。另外，变频器内部的P2178判断电动机停车的延迟时间，P2177闭锁电动机的延迟时间，均由缺省值降低到3~5S。直到另一运转命令的闭合，电机起动后，才离开制动限位。这些动作过程由现场反复调节确定。

开始调试时，插上BOP操作面板，变频器送电。置P0010=1按"快速调试"清单设置完电机参数和其他参数。并进行电机参数自动检测，P1910=1时，会产生一个报警信号A0541然后自动开始检测，P3900=1结束"快速调试"。再设P0700=1，用BOP上的薄膜操作键起动电机，按△▽上下调节电机的频率，观察电机运转是否正常？并用功能键Fn查看频率、电流、电压、直流电压等参数。电机的控制模式，选P1300=1带磁通电流控制（FCC）的V/f控制。如果有条件，采用MM440矢量控制模式最好。这里采用MM420，是为了减低成本。在起动的过程中，观察电机有否振荡、是否平稳起动？然后修改P0700=2，在操作台上使用，电机运转也正常。并且还要反复修改斜坡上升和下降时间等参数，使电机的起动、运行、制动、停止等过程调到最佳状态。工作一会儿后，检查电机温

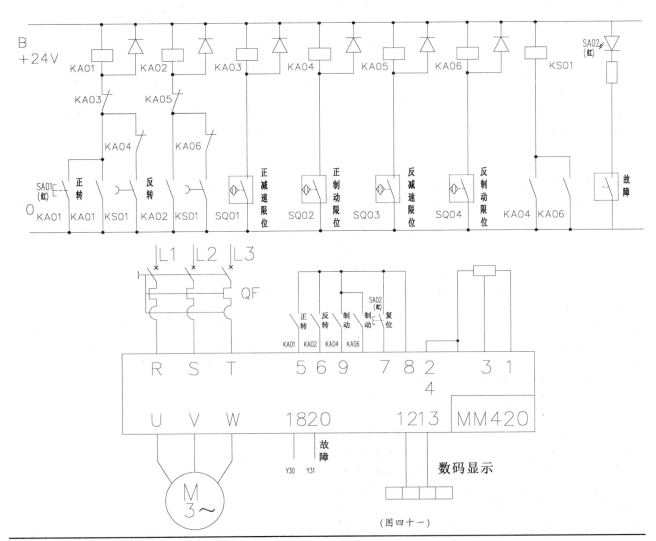

（图四十一）

升不高,手感能够长时间接触电机表面,说明工作正常。

后来,在要求精密定位的设备上,采用直线位移传感器,电机在闭环系统中运行,完全受控,准确停车到毫米或丝米级。

八、变频器的闭环自动化

利用不同的传感器,可以构成不同的闭环系统,实现自动化控制。

利用测速传感器实现恒速闭环控制,利用水压、水位传感器实现自来水恒压或恒流供水的闭环控制,利用温度传感器实现恒温的闭环控制,常见空调的变频控制。利用位置传感器实现定尺、定位的闭环控制……不胜枚举。

总之,利用不同的传感器(或智能特种传感器等),配上可编程逻辑控制器PLC,高性能触摸屏,或者计算机人机界面,即基于总线网络的工控主机和工控平板,智能输入输出控制模块,协议转换模块,智能伺服步进一体机,智能工控网关等的模块化工业自动控制系统,甚至于机器人。

实现自动化、智能化……其内容非本文所能涉及的调速认知了,仅此展望。

九、附录

选择导线截面积经验之谈

电器设备和日常电器产品在夏天和冬天的使用期间,是故障的高发期,慎之慎之!

故障中除了电器产品本身的问题外,牵涉的因素比较多。本文主要是指电器产品外围的配线问题。特别是频繁重负荷起动的电机,或者家用电器中的空调和电热取暖器,平时用得较少,而一旦使用就24小时不停机的工作,对于那些导线截面积偏小的配置产品,极易诱发故障。

室内常使用壁挂式空调、或柜式空调。那么,在墙内铺设的导线和墙上使用的插座容量偏小时就是问题的所在?对应的导线截面积、插座等,要有足够大的容量,并使用空调专用插座:如16安、20安、25安、32安等。这样,才能克服长期使用中的热积累效应,避免对元件或产品的损害。

往往容易忽略的是:还有插头间经常拔出插进的问题,久之会松动。进而造成发热的问题,最好购买带开关的插座。因为在空调使用时,频繁的起动,电流相对较大。若再加上经常的插拔电源插头,而造成松动,就易出现接触不良的现象。

如右图四十二所示,客厅使用大2匹空调,采用16A插座,是一般的普通插座(质量较差)。并且,原先墙内铺设的导线经为4mm²铜芯线,线径偏小。夏天24小时不停机的使用,导线的发热,插座松动的接触发热,最终都集中到插头插座的接触面,温度长时间积累,产生热效应,最后,引燃为明火。同样,冬天整日整夜的制热时,也必须勤检查导线和插座发热的情况,及早预防事故的发生。

(图四十二)

处理上,在墙内埋线的管道中,又加了些润滑剂,费了好大的劲,才拔出旧线,新换6mm²铜芯线,和更换20A的空调插座。

下面,再看看寒冷的冬季,房间取暖使用的移动电热取暖器。离墙脚的插座较远,电源插座线长度不够,而采用拖线板结构的电源插座。见插座照片图四十三中的正反面图,拖线电源板插座的反面写着16A-250V的容量。使用的电热取暖器额定功率2100W,简单的计算出额定电流为9.55A(实际上会随着电网电压的波动而增大),见标牌照片图四十四。

(图四十三)

(图四十五)

(图四十四)

(图四十六)

使用这个拖线电源板,应该没有问题。但在使用中出现发热现象;摸了一下,电源拖线板的拖线发热,再摸摸电热取暖器的电源插头也发热。使用不到几天,发现拖线电源板上的开关粘住了,按不动了,失效而不能实现开关动作了。

打开拖线板,发现长时间的发热,使那个小按钮形式的电源开关,其支撑的塑料件受热,部分塑料融化变形,开关的动触头不能上下运动,即不能按动,开关失效。见按钮照片图四十五,只好另用一根导线,将其开关短接使用。这种按钮形式作开关的拖线板,极易损坏按钮开关!笔者见到很多,希望厂家不要再采用容量小的塑料按键开关了。

同时发现电源插座板的拖线截面积,是2.5mm²多股铜芯线。能否承载铭牌上标的16A电流,且长时间的工作呢?显然不够,应该配备4mm²多股铜芯线。

等等原因,产生的热效应,集中到最薄弱的按钮开关上了,焉能不被损坏?更谈不上安全使用电气设备!

最近,流行的碳晶电热地毯,如图四十六所示。冬季,小朋友在垫子上玩耍,不会着凉,又会增加室内的温度。因而受到欢迎和广泛流行。但是往往也容易忽略而总功率较大,而随意使用电缆线和插座的问题。这种地热垫的功率在200~400W/m²范围内可调,假如,客厅可铺8平方,那么总功率最大可达到3200W,可是不小的数字啊!显然,不能集中供电,应该分成两段分别供电。

顺带指出,理发店里使用的电源插头和插座,多次的拔出插入,就经常烧坏了。这里,显然不是理发的电推剪和电吹风的电流容量过大,以及导线截面过小造成,就是经常拔出插入,插座积累的疲劳效应造成。

通过上面现象的分析,知道电器产品的故障,还与外围配置导线这些因素有关。要选择多大截面积的导线合适?摘录《电子报》上的一些观点(部分摘录和修改),切合实际的、简洁明了的就能够说明问题;

不管导线的绝缘层是塑料外皮、还是聚氯乙烯、氯丁橡皮等,作为家用电器的使用,一般都能够承受500V的耐压。所以,以导线的电流发热作为主要矛盾!差的就是塑料外皮,在发热的情况下,长期使用会使绝缘层老化,从而造成绝缘度不够。在温度过高时会软化而变薄(常见折弯处的导线），致使两根紧密的导线间绝缘度不够、甚至击穿、短路而"放炮"（穿管内的塑料导线，在弯曲处，还受到应力的拉伸作用，久而久之，弯曲处的导线外壁塑料会变薄，造成绝缘厚度不够而击穿）。

那么，从公式电功W=I²Rt中（暂按纯电阻考虑，忽略容抗和感抗），W——电功，I——电流，R——电阻，t——时间，再经功与热的当量换算，每当量为1千瓦小时=860卡，或者1卡=4.186焦耳。可以定性地看到，电流通过导线的热效应，随电流量增加，和电阻值越大，以及通电时间越长，发热量也越多。这当中起主导作用的是三个因素：①电流的大小是直观数字，数字大消耗功大。②导线的电阻与材质有关，在一定温度下，不同金属的导电率是不同的，以铜导线的电阻率最低（金银属于贵金属而不采用）。③时间是累积效应，使用时间越长，则温度越高。

又从导线的电阻率公式中，R=ρL/S ρ为电阻率——单位Ω·mm²/m，S为横截面积——单位mm²，R为电阻值——单位Ω，L为导线的长度——单位m。知道材质确定后，决定电阻值大小的因素就是横截面积和导线的长度。

所以，从上述公式定性的角度来看，导线发热的因素有：①导线中电流量的大小，这是最主要的因素。②导线的横截面积和③导线的长度，表现为电阻值的大小。④使用时间的长短。另外，从设备使用时间的长短角度来看：随发热和时间的老化，绝缘性会降低的问题。不仅有热积累效应，⑤还有耐压问题，前面已经提到。⑥导线的敷设方式，是否利于散热。⑦使用环境的温度与导线允许的温升。⑧导线过度弯曲或打结时，产生拉伸而导致横截面积变小。以及接头松动而造成的接触电阻变大，均会产生发热现象……。使用时，需要注意的这几个方面，就能安全地使用了。

要准确的算出导线的截面积，还得费一番功夫。特别是负载中电流大小无规律的变化，怎么参照怎么计算呢？而生产厂家是按标准规格来生产的，常用导线产品其横截面积有：0.5、0.75、1、1.5、2.5、4、6、10、16、25、35、50、70、95、120、150、185、240mm²等等，其他规格截面积将要进行定制（而定制的成本高）。因此，复杂、精确的计算，对应不上工厂产品的导线横截面积，再加上不确定的外界因素，如何配对选择？只要知道使用导线中电流大小，特别是导线中大电流的持续时间的长短。再结合实际经验，按照上面提到的8点注意事项，就可选出所需的导线截面积，进行铺设。

按上面提到的注意事项，一般经验，可粗略的按每平方毫米为3~10A的电流，进行选择铜芯导线截面积。但一定要注意前面提到的几个因素，活学活用。特别要加强线路的保护措施！

另外，再说线路敷设后，总存在着感抗和容抗的问题，越长越突出，不是纯电阻的效应。还有突然起动时，导线的抖动，造成和管道的摩擦损耗，绝缘壁会变薄。等等问题，那么，牵涉到计算就复杂化了。高压线高频线路的输送，更是一门技术范畴领域的事情了！因此，这里只

能说是日常低压工频交流电源的配线问题。

实际当中，往往发生的过热点，是在导线过度弯曲或打结处，或者导线的接头处，与设备的连接点处等等。所以，在施工时应认认真真，注意不要让导线过度弯曲或打结。扎紧导线的接头，并锡焊，防水严密包扎。使用中随时要检查电源插头的情况，不要多次拔插头，而要使用开关来切断电源。

上述部分摘录中，删除了数据表格，认为只要以定性的公式推导，不需要罗列数据，就足以说明结论。

再继续看看一些电机运转的情况：

（1）某车间窄带材的收卷电机，采用滑差电机和力矩电机两种结构，功率15kW，见图四十七、图四十八所示。采用地下埋设钢管方式布线，从配电柜到机组电机间的距离，长度10多米。为适应带钢卷径大小的变化，电机采用恒流控制方式，电机持续维持恒定的电流长期运行。但随卷材的宽窄变化，而不是最大功率运行，在8~15kW间运行（即电流小于额定）。所以，配置导线的截面为4mm²（滑差电机）、6mm²（力矩电机）。长期运行，使用正常。

（2）某车间生产机组采用－JZ型电机功率22kW，额定电流34A。该机组的电机是为剪切机配置的，间歇式的工作方式。每隔半小时左右，起动一次，工作时间接近1分钟。起动时电流波动接近80A（数字卡表测量，有惯性。），极短暂的时间便跌落到25A左右，稳定了一下后就停机，一次剪切动便结束。按常规保守的估算至少应该采用10mm²的铜芯导线，再少也应该用6mm²的线，但实际是4mm²。好像觉得不对，但仔细想想也对。工作时间太短，散热时间远远大于工作时间，热量积累不起来。

（3）车间轧机压下装置配备Z4直流电机，功率22kW，固定它激磁场，电枢电压230V电流110A。轧机压下工作时，压辊频繁地压下和抬起，恒转矩工作方式。因而采用简单的硅整流装置，固定电压起动和运行。在电机电枢主回路中，串接电阻限制电机的最大电流。调节铸铁电阻片的位置，控制稳态电流到80A左右。但在炎热的夏天，环境温度很高，再加上长时间的频繁起动，电机发热，导线也发热严重。外置轴流风扇吹电机降温，以缓解发热问题。但钢管内的导线，原先按稳态电流，配置16mm²的塑料铜芯线，就出现严重的发热现象。现在，超频繁起动，反电势还没有建立起来，电流已经远远超过80A。只好拔出旧线，换35 mm²的塑料铜芯线，问题解决了，运行正常。

……

从上面的例子中，我们知道了，1mm²截面积的铜芯导线，常见条件下最多只能荷载5A以下的电流较为稳妥（动力用电还要安全系数大些较稳妥）！应用经验公式也是相对的。另外，负荷往往不是固定的，而是波动的。而这个峰值电流时大时小，难以确定。难道还是以平常的电流为准吗？肯定不是以稳定的负荷电流来选用，还得重新考虑？！

①当波动的峰值电流，呈现周期性的变化时，可以通过加权平均的算法计算，再按经验套用来选择导线的截面积。②非周期的波动的峰值电流，大于稳定电流的10倍左右时，而又是工作中必须出现的峰值电流。且峰值电流持续的时间，又是以分钟来计算的，那么，得以峰值电流来选，因为，峰值电流相对基础电流来说，导线的发热时间是非常的快。因此，按安全的角度执行是必须的！③偶尔出现峰值电流，且峰值电流持续的时间，又是以秒钟来计算的，这时，方可按基础电流，适当放宽一个档次选择。④非周期的波动的峰值电流，大于稳定电流的10倍以上时，安全系数还得放大。⑤……

总之，可以看出：按电流因素来算，能够得到一个大体框架。这里，再按时间加权平均波动的参数，也难以精确地计算。再加上不可预计的外界条件，应以实际观察、实际发热的情况来处理为妙。因此，从不同的角度来看，大体上是凭经验选择。就是用现在流行的大数据来处理，难以建立准确的数学模型，也会是按大概率的事件来处理的。

（图四十七）

（图四十八）

NDD3系列微机智能监控电动机保护器性能及应用

薛安林　李俊波

NDD3系列微机智能监控电动机保护器是耐电集团研发生产的一款电动机综合监控保护装置。该产品采用新型的PIC单片机，更便于数字化、智能化、网络化等现场监控，具有较强的抗干扰能力，精度高，工作稳定可靠。产品可以提供断相、过载、堵转、短路、欠流、过电压、欠电压、漏电、三相电流不平衡等保护。产品具有数字显示功能，并带有DC4~20mA模拟信号输出，可以直接与工业用二次仪表或计算机系统接口；产品能通过远程通信接口RS485或RS232与上位PC机、PLC等组成网络监控系统，以便远程对监控器保护的参数进行修改，远程控制电动机的启动、停止操作、历史数据查询等，是一种较理想的电动机保护产品。

NDD3系列微机智能监控电动机保护器可以取代电流表、电压表、热继电器、电流互感器、时间继电器和漏电断路器等多种元器件的功能，实现一机多用，而且安装方便，有面板式、导轨式、装置式等安装方式，也可与JR16、JR36等热继电器互换安装，或直接在导轨上安装。

一、型号与规格

NDD3系列微机智能监控电动机保护器的产品型号命名法见图1。

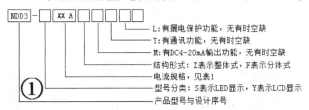

型号中电流规格的选型见表1。

表1　NDD3系列微机智能监控电动机保护器型号中的电流规格选型

规格	电流范围	电动机功率
10A	1~10A	0.75~4kW
50A	10~50A	5.5~22kW
100A	20~100A	30~45kW
200A	40~200A	55~75kW
400A	80~400A	90~180kW
600A	120~600A	185~300kW

选型举例：

例1：NDD3-S 50AZML AC220V

该型号表示，产品为LED显示，电流规格10~50A，适用于5.5~22kW功率的电动机，整体式结构，带模拟量DC4~20mA输出，带漏电保护功能，工作电压AC220V。

例2：NDD3-Y 100AFTL AC380V

该型号表示，产品为LCD显示，电流规格20~100A，适用于30~45kW功率的电动机，分体式结构，带通讯功能，带漏电保护功能，工作电压AC380V。

注：大于75kW的电动机可选用400A、600A规格的保护器来监测电动机的二次电流，选型时须另配三个二次额定电流为5A的电流互感器，且空载电流须大于1.5A。

二、主要功能

1. 设定功能：可在电动机运行现场设定相关技术参数，包括额定电流、启动时间、过电压保护值、欠电压保护值、过电流动作时间、欠载值、漏电保护值和通信地址等。

2. 显示功能：通电时显示工作电压，检测状态时循环显示A、B、C三相电流值，保护状态时显示过流、欠流、过压、欠压值并记忆保存；出现故障保护动作时显示相关字符，提示性告知故障原因。

3. 通讯功能：通过RS485数字接口，实现信息传送。一台PC上位机可连接255台保护器，并可对每台电动机的保护参数进行远程设定，完成启动、停止操作，实现自动化管理。

4. 保护器具有DC4~20mA模拟信号输出功能。

三、主要技术参数

1. 断相保护：三相电流中任意一相电流值为零时，保护器将在≤2s时间内保护动作。

2. 过电压保护：当工作电压超过参数设置的动作阈值时，保护动作时间≤10s。

3. 欠电压保护：当工作电压低于参数设置的动作阈值时，保护动作时间≤10s。

4. 三相不平衡保护：三相电流值中，任意两相电流差比值≥参数设置的不平衡系数，保护动作时间≤2s。

5. 堵转保护：当工作电流达到额定电流的5倍及以上时，保护动作时间≤1s。

6. 启动延时间设定范围：1~99s，在启动时间内，只对过电压、欠电压、断相、漏电及三相不平衡进行保护。

7. 欠流保护：对不能运行在空载状态的负载设备进行保护时，可根据实际需要设定保护电流值，当运行电流小于欠流保护设定值时，保护器在30s内实施保护动作。如果不需要该保护，可将欠流保护设定值设置为零。

8. 接地与漏电保护：当接地及漏电电流大于、等于设定电流值时，保护动作时间≤0.2s，接地及漏电电流值的设置范围为0~999mA，出厂默认值为150mA。

9. DC4~20mA电流输出精度：0.3%（20mA对应2倍的设定值）。

10. 显示精度误差≤1.5%。

11. 保护继电器触点容量：AC250V/7A，AC380V/5A，触点寿命≥10^5次。

12. 过流保护：过流保护动作时间可根据运行需求设定。设定值序号、过电流倍数与保护动作时间的对应关系见表2。

表2　设定值序号、过电流倍数与保护动作时间的对应关系

动作时间(s) ＼ 设定值 IW/Ie	1	2	3	4	5
1.2	60	120	180	240	300
1.31	48	96	144	192	220
1.38	36	72	108	168	200
1.50	8	20	30	40	60
2	5	10	20	30	40
3	3	7	14	20	25

注：1. 表中IW为实际运行电流，Ie为额定电流。

2. 例如，IW/Ie=1.2，设定值序号为3，则查表2可知，保护器将在180s时启动过电流保护。

四、按键操作与参数设置

4.1 保护器LCD显示的面板样式

NDD3系列微机智能监控电动机保护器的面板样式有多种,有的是LED显示,有的是LCD显示。图2是LCD显示的一种产品的面板图。面板中部是LCD显示屏,右下角有4个操作按键,分别是"设置"键、"移位"键、"数据"键和"复位"键。其功能说明见表3。

② 设置 移位 数据 复位

表3 保护器面板按键功能说明

按键名称	功能说明
设置键	电动机未运行时,按此键进入保护参数设置状态。
移位键	设置状态下选择设定的字位,选定的字位会闪烁。
数据键	对闪烁的字位进行修改,按一下数值加1。
复位键	通过移位键和数据键将参数修改完毕,按此键保存设置的参数并进入正常运行监测状态。若运行中保护动作,再按此键恢复正常监测状态。

4.2 LCD显示型保护器的参数设置

电动机启动或运行过程中是不能设置参数的,按动设置键也无效果。只有保护器已经接通工作电源,且电动机处在待机状态才能设置参数。

按动设置键开始设置参数,参见表4。第一次按动设置键,显示屏显示表4第一行中的显示格式,表示可以设置额定电流(设置额定电流的意义在于与运行电流相比较,当运行电流与额定电流的比值达到或超过参数设定的比值时,保护器将实施过流保护),这时用移位键选择需要修改的数字位,被选中的位会闪烁,然后用数据键修改选中的数字位;将所有需要修改的数字位全部修改完毕,再次按动设置键,刚才修改的参数被自动保存,且保护器进入下一个参数的显示状态,如表4第二行显示的样式。用相同的方法将全部参数设置完毕,最后按动复位键,保护器恢复到待机状态,并显示电压值,例如U220,表示当前相电压为220V。

参数设置过程中,若有某一个参数无需设置,可连续按动设置键,

表4 D显示型保护器的参数设置步骤

操作顺序	显示内容	代号定义	设定说明
按一次设置键	1 xxx	额定电流代号 电流设定值	单位:A
按二次设置键	2 xx	启动时间代号 启动时间设定值	范围:1~99
按三次设置键	3 xxx	过流时间代号 过流时间参数	0~999
按四次设置键	4 xxx	欠载电流代号 欠载电流设定值	单位:A
按五次设置键	5 xxx	过压设定	单位:V
按六次设置键	6 xxx	欠压设定	单位:V
按七次设置键	7 xxx	辅助功能设定	范围:1~999s
按八次设置键	8 xxx	漏电电流代号 漏电电流设定值	范围:1~999mA
按九次设置键	9 xxx	通信地址代号 通信地址设定值	范围:0~255
按十次设置键	电压显示	返回	

跳过无需设置的参数项。

4.3 LCD显示型保护器的故障代码

LCD显示型保护器与电动机配合运行过程中,可对电动机的各种运行故障进行有效保护。一旦有保护动作发生,显示屏上会有故障代码显示,以帮助操作人员了解故障原因,从而较快的排除故障。

LCD显示型保护器的故障代码如表5所示。

表5 LCD显示型保护器的故障代码

显示内容	定义	复位方式
A xxx	过流动作代号 / 过流动作值	按复位键
E	堵转代号	按复位键
C	断相代号	按复位键
P	不平衡代号	按复位键
∪ xxx	过压代号 / 过压动作值	按复位键
∩ xxx	欠压代号 / 欠压动作值	按复位键
d	短路代号	按复位键
L xxx	漏电代号 / 漏电电流值	按复位键

4.4 LED显示的保护器面板样式

保护器采用LED显示屏的,其面板有A型和B型两种样式,如图3a)和图3b)所示。

a)A型面板 ③ b)B型面板

由图3可见,LED显示屏保护器的面板上的按键有三个,其中"数据"和"复位"两个键合二为一,由于这两个键只能在不同的应用环境或操作程序步才可能操作有效,所以,这三个键与LCD显示的保护器上的四个键具有异曲同工之效。

4.5 LED显示保护器的参数设置

LED显示保护器的面板上虽然只有三个按键,但它与LCD显示的保护器上的四个键具有异曲同工之效。它的参数设置方法也是一样的。可以参照表4对参数进行设置。

4.6 LED显示保护器的故障代码

LED显示保护器的故障代码可参见图4。保护器出现保护动作时,操作人员可根据显示屏上显示的故障代码,对照图4,初步判断故障原因,从而有的放矢的检查和排除故障。

五、电气接线

5.1 一次接线

电动机的电源线通过直接穿过保护器的穿线孔的方法连接。

(1)200A以下的电流导线一次性穿过保护器的穿线孔。如图5所

停机状态 启动状态 运行状态 缺相 堵转 过压欠压
短路 A电流故障 B电流故障 C电流故障 漏电故障 ④

示。穿线前应根据电动机的功率、额定电流值，参照表1选择适当电流规格的保护器。当用户将电动机的电源线穿过保护器的穿线孔时，实际上就是选择了保护器内相应规格的电流互感器。

（2）1A电流规格、电动机功率小于1kW的，电动机的电源线穿孔时须缠绕10匝。保护器根据用户设定的额定电流参数，即可对电动机的功率做出判断，并由单片机进行判断与计算，认定这台电动机的电源线在穿孔时缠绕了10匝。

（3）电动机运行电流200A以上的，应首先参考表1选择400A或600A电流规格的保护器，然后根据选定的电流规格配套二次额定电流为5A的电流互感器（例如选择了400A的保护器，需配套选择400A/5A的电流互感器），将电动机的电源导线一次性穿过电流互感器（即穿1匝），而将电流互感器的二次输出线在保护器的穿线孔穿绕5匝。如图6所示。

5.2 配合二次控制电路的接线

1. 整体式结构保护器配AC380V操作电源

整体式结构保护器配AC380V操作电源的电路图见图7。

图7中，二次控制电路使用AC380V操作电源，从L1、L2相电源接入，FU用作其短路保护。图7右下角的方框是保护器的示意图，其中1、2脚连接AC380V工作电源；3、4脚内部的常闭触点J1是用作保护的。根据参数设置，任何一项运行参数超过设置的保护动作阈值时，该触点均会断开，切断交流接触器KM的线圈电源，主触点断开，电动机断电，实现对电动机的保护。保护器5、6脚内部的常开触点J2用为报警，或给出保护动作信号：当有保护动作时，J2闭合，指示灯HL点亮，提醒操作人员注意。若将HL更换成蜂鸣器之类的元器件，则在保护动作时会发出音响信号。

图7中的SB2是电动机启动按钮，点按之电动机开始启动。SB1是停机按钮，点按之电动机断电停止运行。

2. 分体式结构保护器配AC220V操作电源

分体式结构保护器配AC220V操作电源的电路图见图8。

图8所示的应用电路与图7有所不同，一是操作电源选用的是AC220V，而不是AC380V；二是保护器选用的是分体式，这种安排的优点是，保护器的带有显示屏的主机部分安装在开关柜的前面板上，便于观察运行参数，而保护器的穿线孔（电流互感器）部分即分机，可以安放在电动机电源线的适当位置，这在电动机的电源线较粗时，能使安装工艺更加简单；三是选用了带有漏电和接地保护的保护器，增加了相应的保护功能；当漏电或接地电流达到保护动作阈值时，可对电动机实施保护；漏电和接地信号的获取，是在主电路中安装有一个零序电流互感器CTn，并将CTn的二次绕组与保护器的9、10号端子相连接；四是保护器具有RS485通信接口，可与上位机进行远程通信，可由上位机对保护器进行参数设置，并对电动机进行远程启动、停止控制。

图8中操作人员对电动机的手动启动与停止操作与图7相同，此处不赘述。

3. 分体式结构保护器带DC4~20mA模拟信号输出

分体式结构保护器带DC4~20mA模拟信号输出的电路图见图9。

图9中保护器带有DC4~20mA模拟电流信号输出，从7、8号端子通过信号线连接上位机或工业用二次仪表，对电动机的实际运行电流进行远传。这里的DC4~20mA模拟电流信号传送的是电动机的实际运行电流，两者之间的对应关系可用下式计算：

模拟电流mA值=（电动机运行电流/设定电流）×｜（20-4）/2｜+4

例如，某45kW电动机的额定电流值为88A，而该电动机的实际运行电流为77A，则远传的直流电流mA值=(77/88)×｜(20-4)/2｜+4=11mA

以上计算式的计算依据是：

（1）保护器的软件程序已经确定，DC4~20mA模拟电流信号远传的是电动机的实际运行电流；

（2）保护器的软件程序确定，DC4~20mA模拟电流信号中的最大值

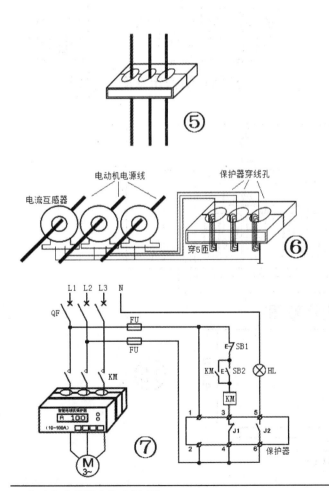

⑤

⑥

电动机电源线　保护器穿线孔

电流互感器

穿5匝

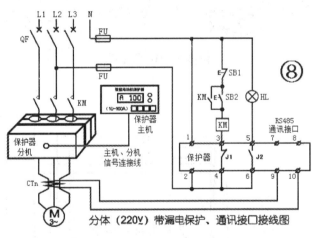

⑧

分体（220V）带漏电保护、通讯接口接线图

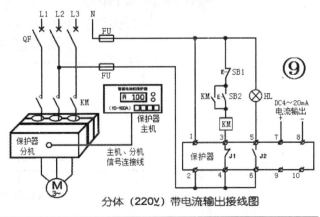

⑨

分体（220V）带电流输出接线图

⑦

●NDD3系列微机智能监控电动机保护器性能及应用　**(309)**

A型

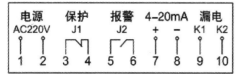

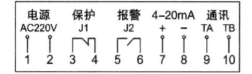

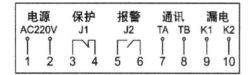

B型

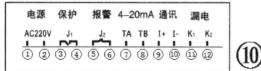

即20mA对应电动机的额定电流的2倍;

(3)设置参数的表4中,按第一次设置键,设置的就是电动机的额定电流,即以上计算式中的设定电流。

上位机或工业用二次仪表接收到保护器传送来的4~20mA模拟信号后,按照相反的计算顺序,将直流电流信号换算成电动机的实际运行电流值,在上位机或工业用二次仪表上显示出来。

图8和图9中的保护器7、8号端子的功能似有不同,可以这样解释。图8中的保护器使用了RS485通讯功能,比图9中仅传送电动机运行电流信号功能要强大得多,无需专门占用数量有限的两个端子传送模拟电流信号。

图9中,操作人员在现场可以通过启动按钮SB2和停止按钮SB1对电动机进行启动和停机控制。而各种保护功能均由保护器自动实施完成。

5.3 控制器接线端子接线

控制器的接线端子有A型和B型两种,A型端子共有10位,B型端子共有12位,每一个端子号位连接的去向不一定是唯一的,可见图10。

A型端子的1、2号端口,固定连接电源,根据需要可以是AC220V或AC380V。

3、4号端子,是保护控制出口,常闭触点,类似于热继电器的保护用常闭触点;也用于上位机远程控制时的停机功能。

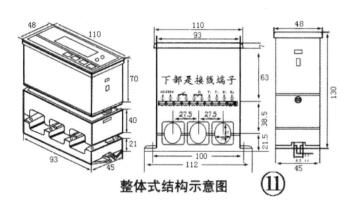
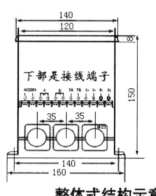
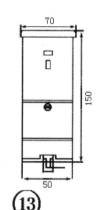

整体式结构示意图 ⑪

整体式结构示意图 ⑬

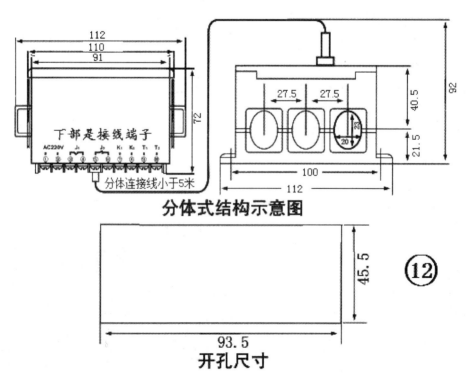

分体式结构示意图

开孔尺寸

5、6号端子也是保护控制出口,常开触点,也用于上位机远程控制时的开机启动功能。

7、8号端子,是DC4~20mA电流输出或通讯接口,根据保护器的功能选择,确定其接口功能。

9、10号端子,通讯接口或漏电电流输入端口,根据保护器的功能选择,确定其接口功能。

B型端子共有12位接线端口,用于保护器选定的功能较多时使用。

六、外形结构及安装尺寸

A型整体式结构的保护器产品外形示意图及尺寸见图11。

A型分体式结构的保护器产品外形示意图及尺寸见图12。

B型整体式结构的保护器产品外形示意图及尺寸见图13。

B型分体式结构的保护器产品外形示意图及尺寸见图14。

七、保护器与网络的连接

7.1 网络系统简介

NDD3系列微机智能监控电动机保护器可以通过RS485网线与上位机组成通信系统,软件程序采用广为使用的Delphi语言、C++语言和数据管理系统编制,代码率高,通用性强,运行可靠,安装、调试简捷方便。系统采用RS485远程通信接口,支持MODBUS-RTU、PROFIBUS-DP等多种通信协议规约,波特率9600bps,通讯距离可达1200米,系统可同时对255台微机智能监控电动机保护器的各种参数进行设定、修改、数据传输、启动停止操作、数据记录和对电动机的工作状态及参数动态显示,对故障进行醒目的声光报警。

7.2 系统安装

电动机保护器(也称监控器)与上位机通讯应采用带屏蔽层的双绞线进行连接。监控器通信系统应由具有微机基本操作知识的技术人员进行操作。

网络系统的安装连接示意图见图15。

八、安装接线与调试的注意事项

1. 保护器的工作电源应接在控制回路上,并按要求配置短路保护

的熔断器,注意电源电压与保护器的额定电压相一致。

2. 各项保护的设定值应正确无误,不用的选项参数可通过按压"设置键"的方法跳过而不予设置。

3. 须根据电动机的额定电流值,选择相应电流规格的保护器。

4. 200A以上规格的电动机保护器,须配用二次额定电流为5A的电流互感器,该互感器不能与电流表或其他仪表公用。若运行现场需要安装电流表等仪表,应另行配置电流互感器。

5. 分体式保护器由主体显示单元和互感器单元共同组成,而且是一对一校验的,因此安装时不得将不同编号的主体显示单元和互感器单元混合使用,以免影响测控精度。

6. RS485通信接口,应采用带屏蔽层的双绞线连接,与电源接口及其相关接线保持一定间距,从而减少其间可能产生的干扰。

7. 使用漏电保护功能时,必须配专用的零序电流互感器。

8. 选用分体式保护器时,主体显示单元和互感器单元之间的标准配置连接线为1米,最大允许长度为5米。在满足安装需求的情况下,该连接线应尽量短些。具体长度可向生产厂家定制。

九、保护器正常运行需要的环境条件

这里介绍的环境条件可能与其他类似电工产品的要求不差上下,现重复说明如下。

1. 海拔高度不超过2500米。

2. 周围环境温度:-30℃~+65℃。

3. 空气相对湿度:在+25℃不超过85%,监控器内部不宜凝霜、结冰;也没有雨雪的侵袭。

4. 大气条件:没有会引起爆炸危险的介质,也没有会腐蚀金属或破坏绝缘体的有害物质及导电尘埃。

5. 安装场所没有剧烈震动和冲击。

6. 保护器的额定工作电压,常规的有两种,即AC220V和AC380V。工作频率50Hz,允许偏差±20%。

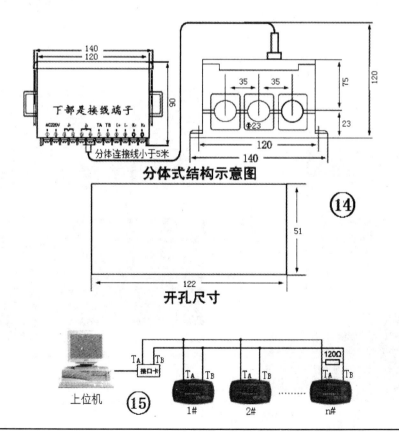

分体式结构示意图 ⑭

开孔尺寸

⑮

上位机

鸿合HZ系列多媒体实物展示台维修实例

黄 平

一、鸿合实物展示台概述

鸿合多媒体实物展示台在国内教育行业中有较高的知名度,学校拥有量不小,常见的有HV和HZ系列,HV系列已经逐步淘汰,现在学校使用较多的是HZ系列产品,包括HZ-V220\HZ-V230\HZ-V260\HZ-V270\HZ-V280\HZ-H320\HZ-V530\HZ-V570等机型,这些机型外观基本一样(如图1所示,HZ-V130\HZ-V180\HZ-V190除外),显示像素200万到500万,供电有5V和12V两种电压,HZ-V220、HZ-V260、HZ-V280、HZ-H320、HZ-V530、HZ-V570等采用12V供电,其余的型号采用5V电压供电。这些展台已经使用好几年了,多数已进入维修期,本文专门针对鸿合HZ系列展示台,浅谈维修技巧及方法。

二、展台的组成和各主要部件的功能及常见故障分析

鸿合实物展台主要由主板、摄像头(镜头)、操作面板(按键板)、侧面板、补光灯(底灯、侧灯)、红外接收板、缩放旋钮等部件组成,主要部件连接示意图如图2所示(以HZ-V220为例)。

2.1 主板

主板是整个展台的控制中心,主要由CPU(单片机)、DC-DC电压转换电路、信号切换电路、输入输出接口电路等组成,由于主板有12V和5V两种电压供电(12V供电的主板以HZ-V220为例,如图2所示;5V供电的主板以HZ-V270为例,外观如图3所示,两种主板后面板接口完全一样),这两种主板外观有差异,但主要元件差异不大。DC-DC转换电路负责将J1输入的12V电压转换为5V电压,供主板上其他电路使用;CPU(单片机)负责整个展台的控制,包括展台开关机、切换信号、镜头控制、辅助照明灯光控制;信号切换电路主要负责展台摄像头信号和计算机输入信号的切换。

后面板接口如图2下部所示,各接口作用是:12V IN(或5V):外接12V电源(或5V)输入端子;COMPUTER IN:计算机 RGB 输入;COMPUTER OUT:计算机 RGB 显示输出(无切换输出展台信号功能);PROJECTOR:RGB 输出,可切换输出信号;AUDIO IN:音频输入端子,与计算机信号同步切换;VIDEO/AUDIO IN:外部音、视频输入,例如 DVD;S-VIDEO/VIDEO/AUDIO OUT:音视频输出。

主板常见故障有:不通电、不能开机、无法输出信号、不能切换信号、偏色等。主板不通电,往往是J1接口和D1损坏;不能开机,常常是单片机U5损坏;无法输出信号,往往是U16(74HCT14D)和镜头损坏所在;不能切换信号与操作面板及U16(HCF4052)有关;偏色故障涉及的元件较多,U13\U15(TE330C)、信号输出VGA接口、镜头插座接触不良等都有可能引起;U8及U21损坏,可能造成镜头无法控制(如不能放大缩小、不能冻结图像、图像无法旋转等)。

2.2 侧面板

侧面主要为展台提供一些辅助功能,如投影机控制端口等(如图4所示)。

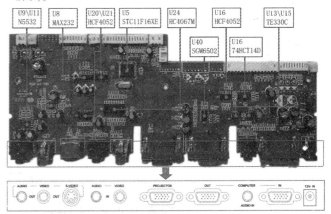

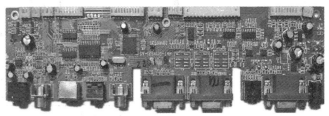

图2

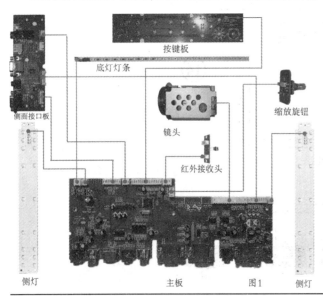

图3

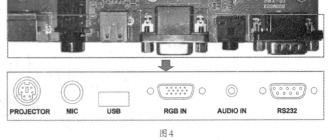

图4

图1

侧灯　　　　　　　主板　　　　侧灯

按键板
底灯灯条
侧面接口板
镜头
缩放旋钮
红外接收头

接口功能说明：RS232：计算机控制展台、写码 RS232 接口；RGB / AUDIO IN：计算机或其他 RGB 信号输入，音频同步切换；USB：视频采集输出；展台控制；MIC：麦克风输入接口；PROJECTOR：展台控制投影机 RS232 接口，与投影机RS232连接，在展台上写码后，可以在展台操作面板上控制投影机开关机。

侧面板结构简单，加上一般学校都很少使用，所以故障率极低。

2.3 按键板(操作面板)

鸿合HZ系列操作面板外观完全一样(如图5所示)，但内部电路板略有区别，有的型号采用的是如图6所示的按键板，有的采用的是图7所示的按键板，二者的区别在排线插座J1的针脚数不同，分别为16个针脚和11个针脚，不能直接代换，这在维修更换按键板时要注意。

按键板常见问题是按键老化失灵，也有的按键板是由于使用者不小心把液体洒落在操作面板上，未及时处理造成电路板腐蚀而损坏。

2.4 镜头

镜头(摄像头)的主要作用是对所需要展示的物品进行图像采集，然后通过主板信号切换电路在投影机或监视器上显示。镜头通过主板单片机控制，可以实现图像放大缩小、冻结图像(按一次"冻结"键，图像冻结；再按一次，图像恢复正常状态)、图像旋转(按一次"旋转"键，图片以顺时针旋转 90°、180°、270° 及正常画面四种状态依次显示)、图像/文本模式切换(投影文本材料时，按"文本"键，进入文本模式，文字更清晰易读。再按一次，返回图像模式)、负片等功能。

根据展台供电电压不同，镜头的供电也分为12V、5V电压供电，这一点要特别注意，以免在更换镜头时弄错，造成镜头不能正常工作或损坏。如果不清楚镜头的工作电压，可以从镜头的外观和镜头主板上元件布局上来区分，HZ-V260型展台采用的是MT816镜头(12V供电)，与其他型号的镜头差别很大，很容易区别。鸿合展台采用最多的是MJS系列镜头，有多个型号，一般维修人员仅从型号来看，不容易区分供电电压。这些镜头外观一样，初看没有差别，但仔细观察，还是有区别的。据笔者的维修经验，多数采用12V供电的镜头(HZ-530\570所采用的镜头除外)，其主板要比5V供电的略长一点(如图8所示)；如果还是确定不了，可以拆开镜头外壳，一镜头主板有两个或一个DC-DC开关稳压器IC的 (如图9、图10所示，HZ-530\570所采用的镜头为一个DC-DCIC)的，就是采用12V供电的，没有这两个IC的是5V供电，其他元件都是一样的，机芯部分可以互换(HZ-530\570所采用的镜头不能与其他镜头的机芯更换)。

镜头出现故障，常常表象在：开机后无反应(黑屏)、花屏、进入开机画面后卡死(像冻结一样，无法显示拍摄画面)、偏色、无法缩放等。花屏、进入开机画面后卡死、无法缩放等故障，一般都可以直观判断；检查黑屏、偏色故障时，常常需要外接计算机信号来进行判断，如果切换

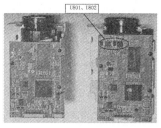

至外接计算机信号，投影机上显示正常，则说明镜头有故障，否则，就是主板有问题。

2.5 灯管(灯条)

HZ系列展台的侧灯外观完全一样，只是内部所采用的LED灯条因展台的供电电压不同，灯条的供电电压也分为12V和5V供电两种规格(如图11所示)，由于采用了贴片LED灯珠，散热效果好，故障率极低，在实际维修中几乎没有出现灯条损坏的情况。这两种灯条外观尺寸完全相同，区分也很容易，看灯条上贴片电阻的数量即可。12V的灯条每6颗灯珠为一组，共用1个限流电阻(阻值为75Ω)；5V的灯条，每1颗灯珠都有1个限流电阻(阻值为100Ω)。所以只要直接观察电阻的数量，电阻多的灯条就是5V供电的，只有3颗电阻的就是12V供电的。

在维修中出现的情况多数是因灯壳断裂，造成灯条遗失，这就需要在更换灯壳的同时，补换上新的灯条，只要根据展台的供电电压选择合适的灯条即可。

2.6 缩放旋钮

与HV系列不同，HZ系列展台在操作面板上没有设置放大和缩小按键，而是在镜头支杆安装缩放旋钮(旋转编码开关)，方便使用者操作。缩放旋钮有两种规格(如图12所示)，一种可以360°以上任意旋转，一种只能旋转一定角度，然后再回弹复位。

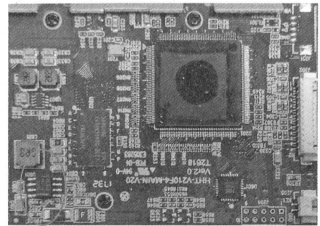

图10

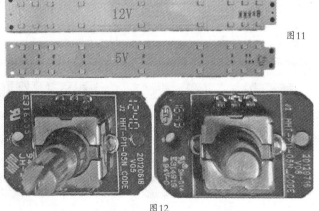

图11

图5

图6

图7

图12

●鸿合HZ系列多媒体实物展示台维修实例 (313)

缩放旋钮损坏后,展台故障表现在:缩放无反应、缩放功能混乱、无法复位等,需要更换相应的旋钮。

三、维修实例

例1 自动关机

一台鸿合HZ-V270实物展台,开机后工作正常,一两分钟后出现自动关机的故障现象。

维修过程:开机检查发现,展台在开机后会出现不定时关机现象,关机后操作面板上电源指示灯为红色,此时如果再按开机键,又可以正常开机,过一会又关机。首先怀疑电源不良,该机采用的是5V电源适配器,换一个正常使用的适配器试机,故障不变。观察和触摸主板上的元器件,没有发现有元件过热现象,更换操作面板后再试机,故障依旧。

为了排除故障,决定采用最小系统法来检测,拔掉与主板相连的相关插头,只保留操作面板与主板连接,此时试机,不再出现自动关机现象,由此可以判断出自动关机故障与主板和操作面板无关,是其他外围元器件引起的。于是采用逐个插插头的办法来检查,每插上一个插头开一次机,当插上红外接收插头时,故障出现。拔掉红外接收头,把其余的插头全部插上,机器又可以正常工作,估计红外接收头异常,更换镜头盒上的红外接收头后,故障排除。

例2:展台不通电

一台鸿合HZ-V270展台出现不通电的故障现象。

维修过程:该机采用5V供电,插电测试适配器输出电压为5V,正常,排除了电源适配器故障,问题肯定出现在主板上。拆开机器底盖板,卸掉固定主板的三颗螺丝,取出主板,插上适配器,测量插座J1上电压,为0V,断电测量插座正极与地的电阻,呈短路状态,看来主板上有短路的元件。仔细观察主板,发现D1处(如图13所示),主板略有发黄,将D1焊下后测试,发现D1短路损坏,再测插座正极与地的电阻有500Ω以上,不再短路。这时插上适配器,机器已经通电,按开机键,机器能开机。D1是TVS瞬变抑制二极管,型号为P6KE6.8A,在本机中起保护作用,当电源供电超过6.8V时,瞬时由高阻变为低阻,吸收浪涌功率,有效地保护电子线路中的精密元器件,免受各种浪涌脉冲的损坏。将D1用相同型号二极管更换后,故障排除。

如果暂时无P6KE6.8A,应急维修可以直接不用D1或者用1N4735代替,一旦有P6KE6.8A,应及时换上,以保护主板和镜头的安全。

例3 投影机输出偏色

1)一台HZ-V220展台,输出信号偏色。

维修过程:测试中发现,不管是电脑信号还是本机信号,投影机输出均偏色,还伴随横条干扰,用手摇动VGA插头,偶尔图像正常,一松手又偏色。测量投影机信号输出VGA插座J1的①脚、②脚、③脚均由0.3V左右电压,说明R、G、B信号已经到达J1的引脚,故障点估计在VGA插座J1上,将J1更换后,故障排除。

2)一台HZ-V230展台,输出信号偏色

维修过程:连接监视器,展台本机信号投影机输出端口偏色,从COMPUTER IN端口输入电脑信号,监视器色彩正常,说明PROJECTOR端口没有问题,问题应该在与镜头相关的部位,轻轻拍打镜头外壳,监视器色彩偶尔恢复正常,说明镜头内部接触不良。关机拆开镜头,将镜头拔下后再插上,通电试机,图像正常,轻轻拍打镜头图像稳定,故障

排除。鸿合展台如果出现偏色故障,只要拍打镜头外壳,故障现象有变化,基本上都市这个排线接触不良引起的,一般将排线插头拔插几次就能解决问题。

例4 HZ-V260展台黑屏

1)一台HZ-V260展台,开机后监视器黑屏,无任何显示内容。

维修过程:接通电源,开机,PROJECTOR(RGB 输出)端口上监视器上无反应,黑屏。从COMPUTER IN(计算机 RGB 输入)端口输入电脑信号,COMPUTER OUT(计算机 RGB 显示输出)端口显示正常,按操作面板上"电脑/视频"按钮,将信号切换到计算机输入,PROJECTOR(RGB 输出)端口上连接的显示器显示正常,说明主板工作正常。关机后重新开机,开机时靠近镜头附近,没有听见镜头内有电机转动的声音,稍后旋转放大、缩小旋钮,也没有听到镜头内有电机转动的声音,估计问题出在镜头上。换上一个新镜头,PROJECTOR(RGB 输出)端口监视器显示正常,故障排除。

2)一台HZ-V260展台,开机后监视器黑屏,开机过程中能听见电机转动的声音。

维修过程:此机与上例的故障现象都是黑屏,经检查,也是镜头的问题。但此机在开机过程中能听到电机转动的声音,且转动缩放旋钮,也能听到电机转动的声音,决定尝试对镜头进行检查。

HZ-V260展台采用的是MT816镜头,拆开镜头,拆下主板,目测镜头主板没有明显损坏的元件,直接只用主板与展台连接时间,监视器上出现开机画面,说明黑屏故障与机芯有关,即聚焦、变焦电机或CMOS板有问题。采用逐个连接的方法试机,当主板与CMOS板连接时,出现黑屏现象,估计CMOS板损坏(如图14所示)。从一个主板损坏的MT816镜头上取下CMOS板试机,展台出现正常图像。将镜头装上展台再试机,各个功能均正常,故障排除。

例5 HZ-V570图像模糊

鸿合HZ-V570和HZ-V530展台有时会出现聚焦不良、图像模糊的故障,其实多数情况都不是镜头的问题,而是使用者误操作引起的。这两个型号的展台在开机状态下,长按"自动"按键,镜头会进入自动聚焦状态,从画面最小逐渐放大,直到放大到最大状态,再回到最小状态,有的又把这个过程称为恢复出厂设置。使用者在不知情的情况下,如果长时间误按"自动"按钮,镜头就会进入自动聚焦状态,同时又转动展台镜头,镜头又没有一个固定的参照物拍摄,就不会正确聚焦,待自动聚焦结束后,就会出现图像模糊的故障。解决的办法很简单,在展台的工作台面上放一张带有字体的纸张,然后长按"自动"按钮,让镜头执行一次聚焦过程,即可排除故障。

例6 按键失灵

一台HZ-V260展台偶尔出现控制面板上所有按键失灵的故障,

维修过程:通电测试发现,出现故障时,与镜头相关的按键都不起作用,但转动放大缩小旋钮后,控制面板上的按键又可以正常使用了。经反复测试,出现故障后,只有旋转一下放大缩小旋钮,按键就恢复正常,估计旋转编码电位器损坏了,用EC11旋转编码电位器更换后,故障排除。

例7 无法放大缩小

一台HZ-V270展台,出现图像不能放大、缩小的故障。

图13

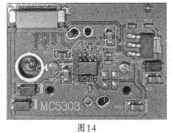
图14

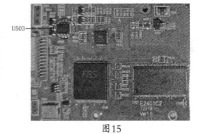
图15

图16

图17

COMS板
图18

图19

图20

维修过程：通电试机，发现"放大、缩小"旋钮很松动，没有复位的感觉，用遥控器操作，放大、缩小功能正常。估计左右旋转自动复位编码器损坏，用EC11半柄自动复位编码器更换后，故障排除。

例8 投影机输出端口无信号

一台HZ-V220展台，投影机输出端口无信号。

维修过程：通电试机，无论是展台本机信号还是外接电脑信号，投影机输出端口始终没有信号，监视器黑屏，用手触摸主板上的元器件，发现U12(74HCT14D)发烫，估计已经损坏，用相同型号元件更换后，监视器图像正常，故障排除。

例9 无法开机

一台HZ-V530展台，无法开机。

维修过程：插上12V适配器，电源指示灯点亮(红色)，按操作面板上"电源"按键，不能开机，但使用遥控器可以正常开机(电源指示灯变为蓝色)，开机后测试其他按键，均正常。拆开机器，取下按键板，用万用表电阻挡测量"电源"按键，发现按键按下时阻值很大，按键已经损坏，用新的按键更换后，故障排除。展台在使用过程中，"电源"键的使用频率最高，也最容易出故障，一般需更换新的轻触按键。

例10 HZ-V230开机黑屏

一台HZ-V230展台，出现开机黑屏的故障。

维修过程：通电试机，监视器上无开机画面出现，监视器黑屏。将展台切换至电脑输入信号，监视器出现正常画面，估计镜头有问题，用一个好的镜头换上，开机出现启动画面，稍后出现正常的拍摄画面，说明原镜头确实有问题。

由于在试机中发现旋转放大缩小按钮，镜头中有电机转动的声音，说明镜头机芯基本正常，决定对镜头进行维修。拆开镜头，观察主板，没有发现明显的烧毁痕迹。通电触摸主板，也没有发现有发热的元件。断电后用热风枪吹下U503(型号为25X40BVNIG，如图15所示)，然后在通用编程器上(笔者用的是鑫工TL866编程器)，写入镜头的bin文件，发现能够正常写入，然后将U503焊回镜头主板，接着上机通电测试，监视器出现启动画面，稍后出现图像，操作各功能按钮，完全正常，镜头成功修复。

镜头的bin文件可以从工作正常的镜头中获取：从正常镜头主板上取下U503，然后在编程器上读取文件，保存下来即可，以后可以直接调取该文件使用。

例11 开机一直卡在启动画面

1）一台HZ-V220展台，开机后一直停留在启动画面，无法显示拍摄画面。

维修过程：通电试机，开机后画面一直停留在启动画面，靠近镜头，也没有听到镜头内电机转动的声音。鸿合展台一般开机后，出现开机画面，同时能听到电机转动的声音，同时能够看到镜头内镜片移动，这是镜头初始化的过程，只有初始化成功了，才能出现拍摄的画面。如果镜头COMS传感器、聚焦变焦电机等有故障，初始化就失败，就没法出现拍摄画面。从故障现象来看，无疑是镜头出

了问题。拆开镜头发现，镜头主板与COMS板之间的排线已经损坏(如图16所示)，那个难怪初始化失。更换同规格的排线，然后试机，镜头初始化正常，很快就出现拍摄的画面，故障排除。

2）一台HZ-V270展台，开机后一直停留在启动画面，无法显示拍摄画面。

维修过程：通电试机，开机后画面一直停留在启动画面，镜头内发出"嗒、嗒"的异响。观察镜头，发现镜头内镜片内外有移动的动作，监视器上显示一直停在开机画面，这种现象很明显是镜头出了故障。

关机拆开镜头，取出机芯，拆下变焦和聚焦电机，发现变焦导轨内上的卡子已经错位(如图17所示)，用镊子拨动将其复位，然后将变焦和聚焦电机装回，再连接上镜头主板试机，镜头内没有"嗒、嗒"的声响了，能听到电机正常转动的声音，监视器出现正常的拍摄画面，操作缩放旋钮，一切正常，故障排除。

例12 展台花屏

一台HZ-V220展台，图像花屏(泛红、画面无层次)。

维修过程：开机检测，发现启动画面色彩正常，镜头初始化后的图像泛红、没有一点层次感，所拍摄的物体只能看见轮廓。由于启动画面色彩正常，这就排除了接口和传输线路的问题，问题肯定在镜头，而镜头内COMS图像传感器的嫌疑最大。

打开镜头，拆下镜头主板，首先检测主板与COMS板之间的排线，排线正常；接着拆下COMS板(如图18所示)，用一块好的COMS板换上，然后装上镜头主板试机，图像正常，故障排除，说明原COMS传感器确实已经损坏。

例13 灯管更换

如果展台侧灯灯管损坏，一般直接更换即可。

但在更换灯管时要注意：

1）保证灯管转动灵活，但不松动，如果更换灯管后发现灯管转动费劲，就需要将图19所示的4颗螺丝适当调松一点，使灯管可以灵活转动。

2）检查侧灯支臂是否有卡涩：由于教室内使用粉笔，粉尘颗粒极易落入支臂转轴处(如图20所示)，造成支臂转动困难，将转轴处的粉尘清理干净。如果清理干净后还是转动不畅，就需要拆开展台机壳，将图21所示的螺丝帽适当拧松，有条件的话，最好加一点润滑油，使支臂转动灵活。有的灯管断裂的原因，就是由于转轴困难，使用者用力过大造成的，如果不及时处理，极易造成灯管再次损坏。

图21

惠而浦蒸汽电烤箱维修实例

刘应慧

一、产品图片 (型号为WTO-SP301G)

二、产品介绍

2.1 工作原理

电烤箱是利用电热元件所发出的辐射热来烘烤食品的电热器具，利用它我们可以制作烤鸡、烤鸭、烤鱼、烤肉、烘烤面包、糕点等。根据烘烤食品的不同需要，电烤箱的温度一般可在100~250℃范围内调节。电烤箱主要由箱体、调温器、定时器和功率调节开关等构成。其箱体主要由内胆、外壳结构组成，利用内胆腔体以隔断外界空气；同时在门的下面安装弹簧结构，使门始终压紧在门框上，使之有较好的密封性。

2.2 电气原理图

WTO-SP301G

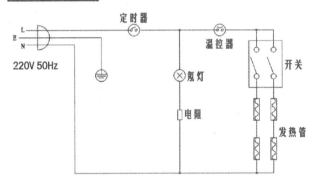

2.3 爆炸图及零件名称

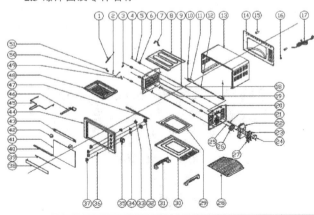

序号	零件名称	Partname	数量	序号	零件名称	Partname	数量
1	拉簧	Spring	1	30	底板	Bottom board	1
2	拉钩转轮	Shaftring	1	31	炉脚	Over leg	2
3	方条支架	Rotisserie holder	1	32	开关	Switch	2
4	M2.5 螺母	Screw head	8	33	温控器	Themostat	1
5	φ3 平介	Ring	8	34	开关支架	Switch holer	2
6	瓷座	Ceramic	8	35	定时器	Timer	1
7	加强板	Strengthen	1	36	指示灯壳	Indicator cover	1
8	上板	Upper board	1	37	旋扭	Knob	4
9	发热管	Heating Element	4	38	下门夹	Down Door nip	1
10	转叉螺丝	Rotisserie screw	2	39	门转轴	Door shaft	1
11	转叉	Rotisserie folk	2	40	门拉手	Door handle	1
12	方条	Rotisserie Sprt	1	41	门玻璃	Glass door	1
13	外壳	Shell	1	42	拉手座	Door handle support	2
14	后板	Back board	1	43	上门夹	Upper door nip	1
15	隔墙脚	Spacer	2	44	面板	Front panel	1
16	线扣	Buckle	1	45	托叉	Rotisserie handle	1
17	电源线	Power cord	1	46	托盘夹	Tray handle	1
18	左侧板	Left side board	1	47			
19	接地卡	Earthed ring	4	48	烤盘	Bake tray	1
20	右侧板	Right side board	1	49			
21	连轴器	Motor connector	1	50	门钩	Door ring	1
22	风罩	Fan cover	1	51			
23	电机支架	Motor holder	1				
24	步同电机	Rotisserie motor	1				
25	M4 螺母	Screw head	3				
26	风叶	Fan blade	1				
27	罩极电机	Fan motor	1				
28	烤网	Bake rack	1				
29	屑盘	Crumb tray	1				

2.4 功能控制说明

a、"定时器， ⏰ "控制产品的工作时间；

b、"温控器， 🌡 "控制产品工作时间内的温度；

c、"旋转开关，模式"可实现电路转换："OFF"档是使"发热管"处于停止工作状态(注意：此时发热管还是带电的)；"上火"档是上"发热管"全功率工作；"下火"档是下"发热管"全功率工作；"烘烤"档是上下"发热管"同时工作。

d、"指示灯"，正常通电（打开定时器）显示红色，单指接通电源指示；

三、整机拆机流程

3.1 拆除外壳

①用十字螺丝批将主机后部的13颗螺丝跟底部的4个螺丝拆除；

②用手工将底部四个脚垫取开；

③用十字螺丝批将主机底部的固定炉脚的4个螺丝拆除；

④将外壳拿开可看到机内部的装配。（如图1）

注意事项：在拆装外壳时底部要保护好(不允许有硬物)，预防刮花产品；

3.2 拆换温控器

①用斜口钳将连接线拆除；

②拆开外壳用电吹风打开热风挡对准温控器旋钮轴加热15秒后用布条垫于面板表面(预防刮花)，用一字批伸进旋钮底部，利用翘板方式将旋钮取出；

③用十字螺丝批将锁温控器的2个螺钉拆除；（如图2）

注意事项：

a、在拆装温控器时，温控器要保护好(不允许温控器的弹片变形)，预防温度控制失效；

①在拆装定时器时，定时器不允许变形；

②重新安装定时器时要注意连接线牢靠(不允许有松脱现象，而造成接触不良)，注意安装方向。

3.5 拆换发热管

①用尖嘴钳将右侧连接线拆除；

②用斜口钳将发热管右端的4个Ø3拉钉头剪断或用一字批敲掉铆钉拆除；

③用斜口钳将发热管右端的连接条剪断拆除；

④拆下零件如图5所示。

注意事项：

a、在拆装发热管时，内胆不允许变形；

b、重新安装发热管时要注意连接线牢靠(不允许有松脱现象，而造成接触不良)。

温馨提示：如非必要，请不要拆卸该零件(由于发热管锁拉钉处拆卸难度较大，安装困难)。

3.6 拆换电源线

①用小一字螺丝批拆下接线端子螺钉将其拆除；

图1 　　　　　　　　　　　图2 　　　　　　　　　　　图3

图4 　　　　　　　　　　　图5 　　　　　　　　　　　图6

b、重新安装温控器时要注意连接线牢靠(不允许有松脱现象，而造成接触不良)，注意安装方向。

3.3 拆换功能开关

①用斜口钳将连接线拆除；

②布条垫于面板表面(预防刮花)，用一字批伸进旋钮底部，利用翘板方式将旋钮取出；

③用十字螺丝批将锁功能开关的2个螺钉拆除；（如图3）

注意事项：

a、在拆装功能开关时，功能开关不允许变形；

b、重新安装功能开关时要注意连接线牢靠(不允许有松脱现象，而造成接触不良)，注意安装方向。

3.4 拆换定时器

①用斜口钳将连接线拆除；

②布条垫于面板表面(预防刮花)，用一字批伸进旋钮底部，利用翘板方式将旋钮取出；

③用十字螺丝批将锁定时器的2个螺钉拆除；（如图4）

注意事项：

②用尖嘴钳将底板1个M4螺母拆除；

③用线扣钳在内部夹住线扣向外推，用线扣钳在外部夹住线扣向外拉将其拆除；

④拆开后看到零散部件(如图6)。

注意事项：

a、在拆换时不允许将后板损坏。

b、在拆换时线扣钳可包一层布条(预防刮花后板)。

四、常见故障

故障现象	故障原因分析
1、不通电	1、电源线不导通
	2、机内接线松脱或接触不良
	3、开关坏
	4、定时器坏
2、灯不亮，有功率	1、指示灯坏
	2、指示灯引线断
3、灯亮，没有功率	1、发热管内部坏
	2、发热管接线松脱或接触不良
	3、温控器坏或箱内温度在刻度范围
4、旋转开关无法切换工作模式	1、档位开关内部损坏

五、故障检修流程及工艺

（一）、不通电检修流程及工艺

1	电源线不导通
2	机内接线松脱或接触不良
3	开关坏
4	定时器坏

1、电源线不导通

检查电源线是否开路，更换电源线：
（1）拆开外壳
（2）用万用表测量 L、N 极是否开路，若读数无穷大则为开路

更换电源线：
（1）拆下接线端
（2）掉接地线
（3）拆掉扣扣
（4）安装新电源线，装上扣扣接地，将线头与内部线用接线端子连接
注意：接线端子要牢固可靠，可用手拉扯检查。

2、机内接线松脱或接触不良

检查机内接线是否松脱或接触不良：
（1）检查定时器接入端的接线是否松脱
（2）检查开关进线是否松脱

接线：
（1）将松脱的接线或假象连接的重新连接牢靠，可采用接线端子（氖嘴）或驳接方式。
注意：接线不可松动，松动打火

3、开关坏

检查开关是否开路：
　将开关旋至"上火"，用万用表测量开关的 A 脚与 1 脚之间的导通，若测量不导通，则说明开关内部损坏；将开关旋至"下火"，用万用表测量开关的 A 脚与 2 脚之间的导通，若测量不导通，则说明开关内部损坏。

更换开关：
（1）拆除开关连接线
（2）用一字螺丝批拔掉开关旋钮
（3）拆除开关紧固螺钉
（4）拆装开关
注意：安装开关时注意开关的方向，不要插错线。

4、定时器坏

检查定时器是否开路：
　定时器旋至任一刻度（除 OFF 以外），用万用表测量定时器的输入端与输出端之间的导通情况，若测量不导通，则说明定时器坏

更换定时器：
（1）拆除定时器连接线
（2）用一字螺丝批拔掉定时器旋钮
（3）拆除定时器紧固螺钉
（4）安装定时器
注意：安装时注意定时器的方向

（二）、灯不亮，有功率检修流程及工艺

1	指示灯坏
2	指示灯引线断

1、检查灯泡是否烧坏，更换灯泡

检查灯泡是否烧坏：
（1）目视灯泡是否烧黑；
（2）可单独施加 220 伏电压检查灯泡是否亮。

更换灯泡：
　可单独更换氖泡或更换灯线组件

2、检查灯线是否断开，驳接灯线

检查灯线是否断开：
　用万用表检查判断指示灯引线是否断开

驳接灯线：
　将断开部位可靠连接，并确保两条灯线不能短路，若断开部位是电阻，则需要更换电阻

电阻

（三）、灯亮，没有功率检修流程及工艺

1	发热管内部坏
2	发热管接线松脱或接触不良
3	温控器坏或箱内温度不在刻度范围

1、发热管内部坏

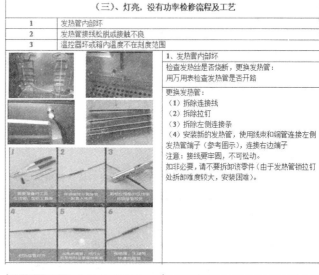

检查发热丝是否烧断，更换发热管；
用万用表检查发热管是否开路

更换发热管：
（1）拆除连接线
（2）拆除拉钉
（3）拆除左侧连接条
（4）安装新的发热管，使用线束和铜管连接左侧发热管端子（参考图示），连接右边端子
注意：接线要牢固，不可松动。
如非必要，请不要拆卸该零件（由于发热管锁拉钉处拆卸难度较大，安装困难）。

2、发热管接线松脱或接触不良

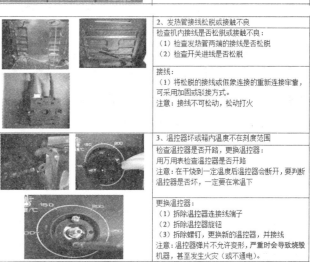

检查机内接线是否松脱或接触不良：
（1）检查发热管两端的接线是否松脱
（2）检查开关进线是否松脱

接线：
（1）将松脱的接线或假象连接的重新连接牢靠，可采用加固或驳接方式。
注意：接线不可松动，松动打火

3、温控器坏或箱内温度不在刻度范围

检查温控器是否开路，更换温控器；
用万用表检查温控器是否开路
注意：在干烧到一定温度后温控器会断开，要判断温控器是否坏，一定要在常温下

更换温控器：
（1）拆除温控器连接线端子
（2）拆除温控器旋钮
（3）拆除螺钉，更换新的温控器，并接线
注意：温控器弹片不允许变形，严重会导致烧毁机器，甚至发生火灾（或不通电）。

（四）、功率无法转换检修流程及工艺

1	档位开关内部短路

1、档位开关内部损坏

检查开关内部是否损坏：
　①将开关旋至"上火"功能用万用表测量开关的 A 脚与 1 脚之间的导通情况，若测量不导通，则说明开关内部损坏；
　②将开关旋至"下火"功能用万用表测量开关的 A 脚与 2 脚之间的导通情况，若测量不导通，则说明开关内部损坏，需要更换开关。

更换开关：
（1）拆下转换端子连接线
（2）用一字螺丝批拆掉开关旋钮
（3）用十字螺丝批拆除开关紧固螺钉
（4）拆下旧开关，安装新开关

注意：安装开关时注意开关的方向

注：维修时电源线插头要脱离电源。

常用的5V转3V电路汇集

刘应慧

一、使用LDO稳压器

标准三端线性稳压器的压差通常是 2.0-3.0V。要把 5V 可靠地转换为 3.3V，就不能使用它们。压差为几百个毫伏的低压降 (Low Dropout，LDO)稳压器，是此类应用的理想选择。图 1-1 是基本LDO系统的框图，标注了相应的电流。

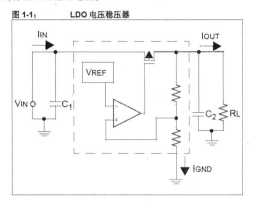

图 1-1: LDO 电压稳压器

从图中可以看出，LDO 由四个主要部分组成：导通晶体管、带隙参考源、运算放大器、反馈电阻分压器。

在选择 LDO 时，重要的是要知道如何区分各种LDO。器件的静态电流、封装大小和型号是重要的器件参数。根据具体应用来确定各种参数，将会得到最优的设计。

LDO 的静态电流IQ是器件空载工作时器件的接地电流 IGND。IGND 是 LDO 用来进行稳压的电流。当IOUT>>IQ 时，LDO 的效率可用输出电压除以输入电压来近似地得到。然而，轻载时，必须将 IQ 计入效率计算中。具有较低 IQ 的 LDO 其轻载效率较高。轻载效率的提高对于 LDO 性能有负面影响。静态电流较高的 LDO 对于线路和负载的突然变化有更快的响应。

二、采用齐纳二极管的低成本方案

这里详细说明了一个采用齐纳二极管的低成本稳压器方案。

可以用齐纳二极管和电阻做成简单的低成本 3.3V稳压器，如图 2-1 所示。在很多应用中，该电路可以替代 LDO 稳压器并具成本效益。但是，这种稳压器对负载敏感的程度要高于 LDO 稳压器。另外，它的能效较低，因为 R1 和 D1 始终有功耗。R1 限制流入D1 和 PICmicro MCU的电流，从而使VDD 保持在允许范围内。由于流经齐纳二极管的电流变化时，二极管的反向电压也将发生改变，所以需要仔细考虑 R1 的值。

R1 的选择依据是：在最大负载时——通常是在PICmicro MCU 运行且驱动其输出为高电平时——R1上的电压降要足够低从而使

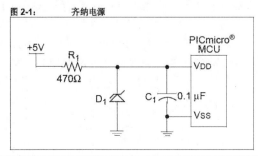

图 2-1: 齐纳电源

PICmicro MCU有足以维持工作所需的电压。同时，在最小负载时——通常是 PICmicro MCU 复位时——VDD 不超过齐纳二极管的额定功率，也不超过 PICmicro MCU 的最大 VDD。

三、采用3个整流二极管的更低成本方案

图 3-1 详细说明了一个采用 3 个整流二极管的更低成本稳压器方案。

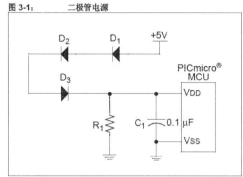

图 3-1: 二极管电源

我们也可以把几个常规开关二极管串联起来，用其正向压降来降低进入的 PICmicro MCU 的电压。这甚至比齐纳二极管稳压器的成本还要低。这种设计的电流消耗通常要比使用齐纳二极管的电路低。

所需二极管的数量根据所选用二极管的正向电压而变化。二极管 D1-D3 的电压降是流经这些二极管的电流的函数。连接 R1 是为了避免在负载最小时——通常是 PICmicro MCU 处于复位或休眠状态时——PICmicro MCU VDD 引脚上的电压超过PICmicro MCU 的最大 VDD 值。根据其他连接至VDD 的电路，可以提高R1 的阻值，甚至也可能完全不需要 R1。二极管 D1-D3 的选择依据是：在最大负载时——通常是 PICmicro MCU 运行且驱动其输出为高电平时——D1-D3 上的电压降要足够低从而能够满足 PICmicro MCU 的最低 VDD 要求。

四、使用开关稳压器

如图 4-1 所示，降压开关稳压器是一种基于电感的转换器，用来把输入电压源降低至幅值较低的输出电压。输出稳压是通过控制MOSFET Q1 的导通(ON)时间来实现的。由于 MOSFET 要么处于低阻状态，要么处于高阻状态(分别为 ON 和OFF)，因此高输入源电压能够高效率地转换成较低的输出电压。

当 Q1 在这两种状态期间时，通过平衡电感的电压- 时间，可以建立输入和输出电压之间的关系。

$$(V_s - V_o) * t_{on} = V_o * (T - t_{on})$$
其中：$T \equiv t_{on} / Duty\_Cycle$

对于 MOSFET Q1，有下式：

$$Duty\_Cycle_{Q1} = V_o / V_s$$

在选择电感的值时，使电感的最大峰 - 峰纹波电流等于最大负载电流的百分之十的电感值，是个很好的初始选择。

$$V = L * (di/dt)$$
$$L = (V_s - V_o) * (t_{on}/I_o * 0.10)$$

在选择输出电容值时，好的初值是：使 LC 滤波器特性阻抗等于负载电阻。这样在满载工作期间如果突然卸掉负载，电压过冲能处于可接受范围之内。

$$Z_0 = \sqrt{L/C}$$
$$C = L/R^2 = (I_O^2 * L)/V_O^2$$

在选择二极管 D1 时，应选择额定电流足够大的元件，使之能够承受脉冲周期 (IL) 放电期间的电感电流。

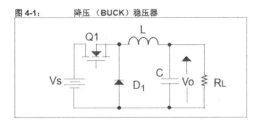

图 4-1： 降压（BUCK）稳压器

在连接两个工作电压不同的器件时，必须要知道其各自的输出、输入阈值。知道阈值之后，可根据应用的其他需求选择器件的连接方法。表 4-1 是本文档所使用的输出、输入阈值。在设计连接时，请务必参考制造商的数据手册以获得实际的阈值电平。

表 4-1： 输入 / 输出阈值

	V_{OH} 最小值	V_{OL} 最大值	V_{IH} 最小值	V_{IL} 最大值
5V TTL	2.4V	0.5V	2.0V	0.8V
3.3V LVTTL	2.4V	0.4V	2.0V	0.8V
5V CMOS	4.7V (Vcc-0.3V)	0.5V	3.5V (0.7xVcc)	1.5V (0.3xVcc)
3.3V LVCMOS	3.0V (Vcc-0.3V)	0.5V	2.3V (0.7xVcc)	1.0V (0.3xVcc)

五、3.3V→5V直接连接

将 3.3V 输出连接到 5V 输入最简单的方法是直接连接，但直接连接需要满足以下 2 点要求：3.3V 输出的 VOH 大于 5V 输入的 VIH

3.3V 输出的 VOL 小于 5V 输入的 VIL 能够使用这种方法的例子之一是将 3.3V LVCMOS 输出连接到 5V TTL 输入。从表 4-1 中所给出的值可以清楚地看到上述要求均满足。3.3V LVCMOS 的 VOH (3.0V) 大于 5V TTL 的 VIH (2.0V)。

3.3V LVCMOS 的 VOL (0.5V) 小于 5V TTL 的 VIL (0.8V) 如果这两个要求得不到满足，连接两个部分时就需要额外的电路。可能的解决方案请参阅技巧 6、7、8 和 13。

六、使用MOSFET转换器

如果 5V 输入的 VIH 比 3.3V CMOS 器件的 VOH 要高，则驱动任何这样的 5V 输入就需要额外的电路。图 6-1 所示为低成本的双元件解决方案。

在选择 R1 的阻值时，需要考虑两个参数，即：输入的开关速度和 R1 上的电流消耗。当把输入从 0 切换到 1 时，需要计入因 R1 形成的 RC 时间常数而导致的输入上升时间、5V 输入的输入容抗以及电路板上任何的杂散电容。输入开关速度可通过下式计算：

$$T_{SW} = 3 \times R_1 \times (C_{IN} + C_S)$$

由于输入容抗和电路板上的杂散电容是固定的，提高输入开关速

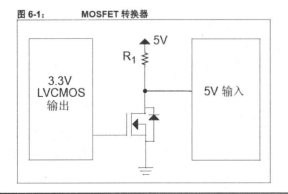

图 6-1： MOSFET 转换器

度的唯一途径是降低 R1 的阻值。而降低 R1 阻值以获取更短的开关时间，却是以增大5V 输入为低电平时的电流消耗为代价的。通常，切换到 0 要比切换到 1 的速度快得多，因为 N 沟道 MOSFET 的导通电阻要远小于 R1。另外，在选择 N 沟道 FET 时，所选 FET 的VGS 应低于3.3V 输出的 VOH。

七、使用二极管补偿

表7-1列出了5V CMOS 的输入电压阈值、3.3VLVTTL和LVCMOS的输出驱动电压。

表 7-1： 输入 / 输出阈值

	5V CMOS 输入	3.3V LVTTL 输出	3.3V LVCMOS 输出
高电压阈值	> 3.5V	> 2.4V	> 3.0V
低电压阈值	< 1.5V	< 0.4V	< 0.5V

从上表看出，5V CMOS 输入的高、低输入电压阈值均比 3.3V 输出的阈值高约一伏。因此，即使来自 3.3V 系统的输出能够被补偿，留给噪声或元件容差的余地也很小或者没有。我们需要的是能够补偿输出并加大高低输出电压差的电路。

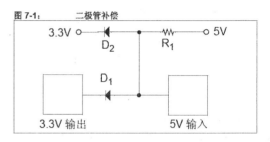

图 7-1： 二极管补偿

输出电压规范确定后，就已经假定：高输出驱动的是输出和地之间的负载，而低输出驱动的是 3.3V 和输出之间的负载。如果高电压阈值的负载实际上是在输出和 3.3V 之间的话，那么输出电压实际上要高得多，因为拉高输出的机制是负载电阻，而不是输出三极管。

如果我们设计一个二极管补偿电路（见图 7-1），二极管 D1 的正向电压（典型值 0.7V）将会使输出低电压上升，在 5V CMOS 输入得到 1.1V 至 1.2V 的低电压。它安全地处于 5V CMOS 输入的低输入电压阈值之下。输出高电压由上拉电阻和连至 3.3V 电源的二极管 D2 确定。这使得输出高电压大约比 3.3V 电源高 0.7V，也就是 4.0 到 4.1V，很安全地在 5V CMOS 输入阈值（3.5V）之上。

注：为了使电路工作正常，上拉电阻必须显著小于 5V CMOS 输入的输入电阻，从而避免由于输入端电阻分压器效应而导致的输出电压下降。上拉电阻还必须足够大，从而确保加载在 3.3V 输出上的电流在器件规范之内。

八、使用电压比较器

比较器的基本工作如下：反相 (−) 输入电压大于同相 (+) 输入电压时，比较器输出切换到Vss。

同相(+) 输入端电压大于反相 (−) 输入电压时，比较器输出为高电平。为了保持 3.3V 输出的极性，3.3V 输出必须连接到比较器的同相输入端。比较器的反相输入连接到由 R1 和 R2 确定的参考电压处，如图 8-1 所示。

R1和R2之比取决于输入信号的逻辑电平。对于3.3V输出，反相电压应该置于VOL与VOH之间的中点电压。对于LVCMOS输出，中点电压为：

$$1.75V = \frac{(3.0V + 0.5V)}{2}$$

如果 R1 和 R2 的逻辑电平关系如下：

$$R_1 = R_2 \left(\frac{5V}{1.75V} - 1 \right)$$

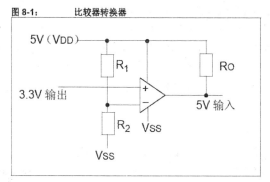

图 8-1: 比较器转换器

若 R2 取值为 1K, 则 R1 为 1.8K。

经过适当连接后的运算放大器可以用作比较器, 以将 3.3V 输入信号转换为 5V 输出信号。这是利用了比较器的特性, 即: 根据"反相"输入与"同相"输入之间的压差幅值, 比较器迫使输出为高(VDD)或低(Vss)电平。

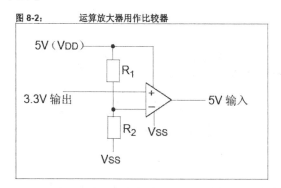

图 8-2: 运算放大器用作比较器

注: 要使运算放大器在 5V 供电下正常工作, 输出必须具有轨到轨驱动能力。

九、直接连接

通常5V输出的VOH为4.7伏, VOL为0.4伏; 而通常3.3V LVCMOS输入的VIH为0.7 x VDD, VIL为0.2 x VDD。

当5V输出驱动为低时, 不会有问题, 因为0.4伏的输出小于0.8伏的输入阈值。当5V输出为高时, 4.7伏的VOH大于2.1伏VIH, 所以, 我们可以直接把两个引脚相连, 不会有冲突, 前提是3.3V CMOS输出能够耐受5伏电压。

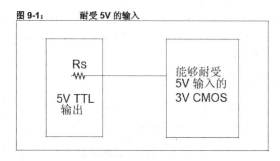

图 9-1: 耐受 5V 的输入

如果3.3V CMOS输入不能耐受5伏电压, 则将出现问题, 因为超出了输入的最大电压规范。

十、使用二极管钳位

很多厂商都使用钳位二极管来保护器件的I/O引脚, 防止引脚上的电压超过最大允许电压规范。钳位二极管使引脚上的电压不会低于Vss超过一个二极管压降, 也不会高于VDD超过一个二极管压降。要使用钳位二极管来保护输入, 仍然要关注流经钳位二极管的电流。流经钳位二极管的电流应该始终比较小(在微安数量级上)。

如果流经钳位二极管的电流过大, 就存在部件闭锁的危险。由于5V输出的源电阻通常在10Ω左右, 因此仍需串联一个电阻, 限制流经钳

位二极管的电流, 如图10-1所示。使用串联电阻的后果是降低了输入开关的速度, 因为引脚(CL)上构成了RC时间常数。

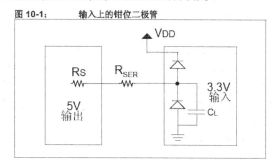

图 10-1: 输入上的钳位二极管

如果没有钳位二极管, 可以在电流中添加一个外部二极管, 如图10-2 所示。

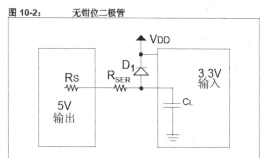

图 10-2: 无钳位二极管

十一、5V→3.3V有源钳位

使用二极管钳位有一个问题, 即它将向 3.3V 电源注入电流。在具有高电流 5V 输出且轻载 3.3V 电源轨的设计中, 这种电流注入可能会使 3.3V 电源电压超过 3.3V。

为了避免这个问题, 可以用一个三极管来替代, 三极管使过量的输出驱动电流流向地, 而不是 3.3V 电源。设计的电路如图 11-1 所示。

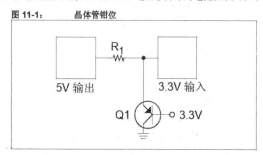

图 11-1: 晶体管钳位

Q1的基极–发射极结所起的作用与二极管钳位电路中的二极管相同。区别在于, 发射极电流只有百分之几流出基极进入 3.3V 轨, 绝大部分电流都流向集电极, 再从集电极无害地流入地。基极电流与集电极电流之比, 由晶体管的电流增益决定, 通常为10–400, 取决于所使用的晶体管。

十二、电阻分压器

可以使用简单的电阻分压器将 5V 器件的输出降低到适用于 3.3V 器件输入的电平。这种接口的等效电路如图 12-1 所示。

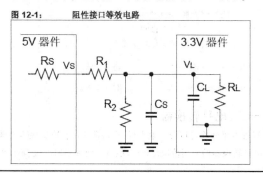

图 12-1: 阻性接口等效电路

通常，源电阻 RS 非常小（小于 10Ω），如果选择的 R1 远大于 RS 的话，那么可以忽略 RS 对 R1 的影响。在接收端，负载电阻 RL 非常大（大于 500 kΩ），如果选择的 R2 远小于 RL 的话，那么可以忽略 RL 对 R2 的影响。

在功耗和瞬态时间之间存在取舍权衡。为了使接口电流的功耗需求最小，串联电阻 R1 和 R2 应尽可能大。但是，负载电容（由杂散电容 CS 和 3.3V 器件的输入电容 CL 合成）可能会对输入信号的上升和下降时间产生不利影响。如果 R1 和 R2 过大，上升和下降时间可能会过长而无法接受。

如果忽略 RS 和 RL 的影响，则确定 R1 和 R2 的式子由下面的公式 12-1 给出。

公式 12-1: 分压器值

$$\frac{VS}{R1+R2} = \frac{VL}{R2} \quad ; 通用关系式$$

$$R1 = \frac{(VS-VL)\cdot R2}{VL} \quad ; 求解\ R_1$$

$$R1 = 0.515 \cdot R2 \quad ; 代入电压值$$

公式 12-2 给出了确定上升和下降时间的公式。为便于电路分析，使用戴维宁等效计算来确定外加电压 VA 和串联电阻 R。戴维宁等效计算定义为开路电压除以短路电流。根据公式 12-2 所施加的限制，对于图 12-1 所示电路，确定的戴维宁等效电阻 R 应为 0.66*R1，戴维宁等效电压 VA 应为 0.66*VS。

公式 12-2: 上升 / 下降时间

$$t = -\left[R \cdot C \cdot \ln\left(\frac{VF-VA}{VI-VA}\right) \right]$$

其中：
t = 上升或下降时间
R = 0.66*R_1
C = Cs+CL
VI = C 上电压的初值（VL）
VF = C 上电压的终值（VL）
VA = 外加电压（0.66*Vs）

例如，假设有下列条件存在：杂散电容=30pF
负载电容=5pF
从 0.3V 至 3V 的最大上升时间 ≤1μs
外加源电压 Vs=5V 确定最大电阻的计算如公式 12-3 所示。

公式 12-3: 计算示例

从公式 12-2 中求解 R：

$$R = -\left[\frac{t}{C \cdot \ln\left(\frac{VF-VA}{VI-VA}\right)} \right]$$

代入数值：

$$R = -\left[\frac{10 \cdot 10^{-7}}{35 \cdot 10^{-12} \cdot \ln\left(\frac{3-(0.66 \cdot 5)}{0.3-(0.66 \cdot 5)}\right)} \right]$$

戴维宁等效最大电阻 R：
$$R = 12408$$

求解 R_1 和 R_2 的最大值：

$$R1 = 0.66 \cdot R \qquad R2 = \frac{R1}{0.515}$$

$$R1 = 8190 \qquad R2 = 15902$$

十三、电平转换器

尽管电平转换可以分立地进行，但通常使用集成解决方案较受欢迎。电平转换器的使用范围比较广泛：有单向和双向配置、不同的电压

转换和不同的速度，供用户选择最佳的解决方案。

器件之间的板级通讯（例如，MCU 至外设）通过 SPI 或 I2C™ 来进行，这是最常见的。对于 SPI，使用单向电平转换器比较合适；对于 I2C，就需要使用双向解决方案。下面的图 13-1 显示了这两种解决方案。

图 13-1: 电平转换器

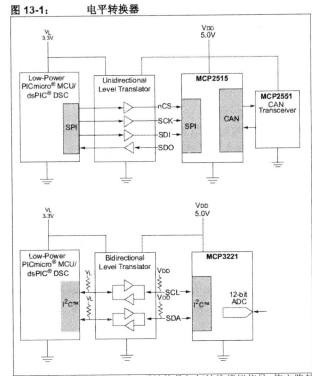

3.3V 至 5V 接口的最后一项挑战是如何转换模拟信号，使之跨越电源障碍。低电平信号可能不需要外部电路，但 3.3V 与 5V 之间传送信号的系统则会受到电源变化的影响。例如，在 3.3V 系统中，ADC 转换 1V 峰值的模拟信号，其分辨率要比 5V 系统中 ADC 转换的高，这是因为在 3.3V ADC 中，ADC 量程中更多的部分用于转换。但另一方面，3.3V 系统中相对较高的信号幅值，与系统较低的共模电压限制可能会发生冲突。

因此，为了补偿上述差异，可能需要某种接口电路。本节将讨论接口电路，以帮助缓和信号在不同电源之间转换的问题。

十四、模拟增益模块

从 3.3V 电源连接至 5V 时，需要提升模拟电压。33kΩ 和 17kΩ 电阻设定了运放的增益，从而在两端均使用满量程。11kΩ 电阻限制了流回 3.3V 电路的电流。

图 14-1: 模拟增益模块

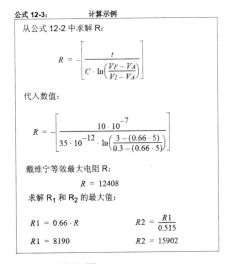

十五、模拟补偿模块

该模块用于补偿 3.3V 转换到 5V 的模拟电压。下面是将 3.3V 电源供电的模拟电压转换为由 5V 电源供电。右上方的 147 kΩ、30.1 kΩ

电阻以及+5V 电源,等效于串联了 25 kΩ 电阻的 0.85V 电压源。

这个等效的 25 kΩ 电阻、三个 25 kΩ 电阻以及运放构成了增益为 1 V/V 的差动放大器。0.85V 等效电压源将出现在输入端的任何信号向上平移相同的幅度;以 3.3V/2 = 1.65V 为中心的信号将同时以 5.0V/2 = 2.50V 为中心。左上方的电阻限制了来自 5V 电路的电流。

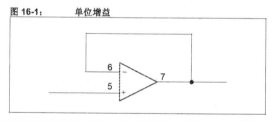

图 15-1:　　　模拟补偿模块

十六、有源模拟衰减器

此技巧使用运算放大器衰减从 5V 至 3.3V 系统的信号幅值。

要将 5V 模拟信号转换为 3.3V 模拟信号,最简单的方法是使用 R1:R2 比值为 1.7:3.3 的电阻分压器。

然而,这种方法存在一些问题:

(1)衰减器可能会接至容性负载,构成不期望得到的低通滤波器。

(2)衰减器电路可能需要从高阻抗源驱动低阻抗负载。无论是哪种情形,都需要运算放大器用以缓冲信号。所需的运放电路是单位增益跟随器(见图 16-1)。

图 16-1:　　　单位增益

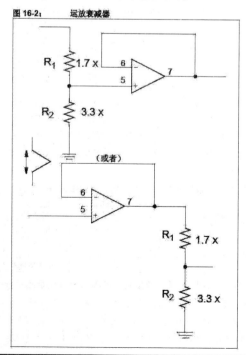

电路输出电压与加在输入的电压相同。为了把 5V 信号转换为较低的 3V 信号,我们只要加上电阻衰减器即可。

图 16-2:　　　运放衰减器

如果电阻分压器位于单位增益跟随器之前,那么将为 3.3V 电路提供最低的阻抗。此外,运放可以从 3.3V 供电,这将节省一些功耗。如果选择的 X 非常大的话,5V 侧的功耗可以最大限度地减小。

如果衰减器位于单位增益跟随器之后,那么对 5V 源而言就有最高的阻抗。运放必须从 5V 供电,3V 侧的阻抗将取决于 R1‖R2 的值。

十七、模拟限幅器

在将 5V 信号传送给 3.3V 系统时,有时可以将衰减用作增益。如果期望的信号小于 5V,那么把信号直接送入 3.3V ADC 将产生较大的转换值。当信号接近 5V 时就会出现危险。所以,需要控制电压越限的方法,同时不影响正常范围中的电压。

这里将讨论三种实现方法:使用二极管,钳位过电压至 3.3V 供电系统。使用齐纳二极管,把电压钳位至任何期望的电压限。

使用带二极管的运算放大器,进行精确钳位。进行过电压钳位的最简单的方法,与将 5V 数字信号连接至 3.3V 数字信号的简单方法完全相同。使用电阻和二极管,使过量电流流入 3.3V 电源。选用的电阻值必须能够保护二极管和 3.3V 电源,同时还不会对模拟性能造成负面影响。如果 3.3V 电源的阻抗太低,那么这种类型的钳位可能致使 3.3V 电源电压上升。即使 3.3V 电源有很好的低阻抗,当二极管导通时,以及在频率足够高的情况下,当二极管没有导通时(由于有跨越二极管的寄生电容),此类钳位都将使输入信号向 3.3V 电源施加噪声。

图 17-1:　　　二极管钳位

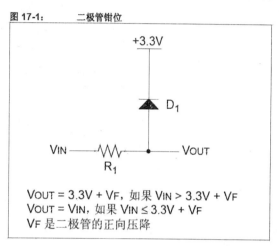

VOUT = 3.3V + VF,如果 VIN > 3.3V + VF
VOUT = VIN,如果 VIN ≤ 3.3V + VF
VF 是二极管的正向压降

为了防止输入信号对电源造成影响,或者为了使输入应对较大的瞬态电流时更为从容,对前述方法稍加变化,改用齐纳二极管。齐纳二极管的速度通常要比第一个电路中所使用的快速信号二极管慢。不过,齐纳钳位一般来说更为结实,钳位时不依赖于电源的特性参数。钳位的大小取决于流经二极管的电流。这由 R1 的值决定。如果 VIN 源的输出阻抗足够大的话,也可不需要 R1。

图 17-2:　　　齐纳钳位

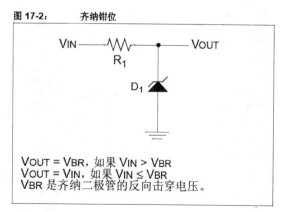

VOUT = VBR,如果 VIN > VBR
VOUT = VIN,如果 VIN ≤ VBR
VBR 是齐纳二极管的反向击穿电压。

如果需要不依赖于电源的更为精确的过电压钳位,可以使用运放来得到精密二极管。电路如图 17-3 所示。运放补偿了二极管的正向压降，使得电压正好被钳位在运放的同相输入端电源电压上。如果运放是轨到轨的话，可以用 3.3V 供电。

图 17-3：　　　精确二极管钳位

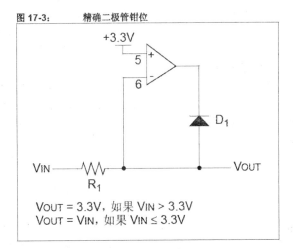

VOUT = 3.3V，如果 VIN > 3.3V
VOUT = VIN，如果 VIN ≤ 3.3V

由于钳位是通过运放来进行的，不会影响到电源。运放不能改善低电压电路中出现的阻抗，阻抗仍为R1加上源电路阻抗。

十八、驱动双极型晶体管

在驱动双极型晶体管时，基极"驱动"电流和正向电流增益（B/hFE）将决定晶体管将吸纳多少电流。如果晶体管被单片机 I/O 端口驱动，使用端口电压和端口电流上限（典型值 20 mA）来计算基极驱动电流。如果使用的是 3.3V 技术，应改用阻值较小的基极电流限流电阻，以确保有足够的基极驱动电流使晶体管饱和。

图 18-1：　使用单片机 I/O 端口驱动双极型晶体管

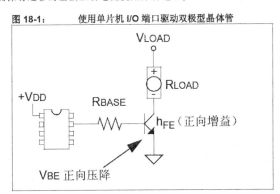

RBASE的值取决于单片机电源电压。公式 18-1 说明了如何计算RBASE。

表 18-1：　双极型晶体管直流规范

特性参数	符号	最小值	最大值	单位	测试条件
截止（OFF）特性					
集电极-基极击穿电压	V(BR)CBO	60	—	V	IC = 50 μA, IE = 0
集电极-发射极击穿电压	V(BR)CEO	50	—	V	IC = 1.0 mA, IB = 0
发射极-基极击穿电压	V(BR)EBO	7.0	—	V	IE = 50 μA, IC = 0
集电极截止电流	ICBO	—	100	nA	VCB = 60V
发射极截止电流	IEBO	—	100	nA	VEB = 7.0V
导通（ON）特性					
直流电流增益	hFE	120 180 270	270 390 560	—	VCE = 6.0V, IC = 1.0 mA
集电极-发射极饱和电压	VCE(SAT)	—	0.4	V	IC = 50 mA, IB = 5.0 mA

如果将双极型晶体管用作开关，开启或关闭由单片机 I/O 端口引脚控制的负载，应使用最小的 hFE 规范和裕度，以确保器件完全饱和。

公式 18-1：　　　计算基极电阻值

$$R_{BASE} = \frac{(V_{DD} - V_{BE}) \times h_{FE} \times R_{LOAD}}{V_{LOAD}}$$

3V 技术示例：

VDD = +3V，　VLOAD = +40V，　RLOAD = 400Ω，
hFE（最小值）= 180，　VBE = 0.7V
<u>RBASE = 4.14 kΩ，　I/O 端口电流 = 556 μA</u>

5V技术示例：

VDD = +5V，　VLOAD = +40V，　RLOAD = 400Ω，
hFE（最小值）= 180，　VBE = 0.7V
<u>RBASE = 7.74 kΩ，　I/O 端口电流 = 556 μA</u>

对于这两个示例，提高基极电流留出裕度是不错的做法。将 1mA 的基极电流驱动至 2 mA 能确保饱和，但代价是提高了输入功耗。

十九、驱动N沟道MOSFET晶体管

在选择与 3.3V 单片机配合使用的外部 N 沟道MOSFET 时，一定要小心。MOSFET 栅极阈值电压表明了器件完全饱和的能力。

对于 3.3V 应用，所选 MOSFET 的额定导通电阻应针对 3V 或更小的栅极驱动电压。例如，对于具有 3.3V 驱动的100 mA 负载，额定漏极电流为250 μA的FET在栅极－源极施加1V 电压时，不一定能提供满意的结果。在从 5V 转换到 3V 技术时，应仔细检查栅极－源极阈值和导通电阻特性参数，如图 19-1 所示。稍微减少栅极驱动电压，可以显著减小漏电流。

图 19-1：　漏极电流－栅极到源极电压

对于MOSFET，低阈值器件较为常见，其漏-源电压额定值低于 30V。漏-源额定电压大于30V的MOSFET，通常具有更高的阈值电压(VT)。

表 19-1：　IRF7467 的 RDS（ON）和 VGS（TH）规范

RDS(on)	静态漏-源导通电阻	—	9.4	12	mΩ	VGS = 10V, ID = 11A
		—	10.6	13.5		VGS = 4.5V, ID = 9.0A
		—	17	35		VGS = 2.8V, ID = 5.5A
VGS(th)	栅极阈值电压	0.6	—	2.0	V	VDS = VGS, ID = 250 μA

如表19-1所示，此30V N沟道MOSFET开关的阈值电压是0.6V。栅极施加2.8V的电压时，此MOSFET的额定电阻是35mΩ，因此，它非常适用于3.3V应用。

表 19-2：　IRF7201 的 RDS（ON）和 VGS（TH）规范

RDS(on)	静态漏-源导通电阻	—	—	0.030	Ω	VGS = 10V, ID = 7.3A
		—	—	0.050		VGS = 4.5V, ID = 3.7A
VGS(th)	栅极阈值电压	1.0	—	—	V	VDS = VGS, ID = 250 μA

对于IRF7201数据手册中的规范，栅极阈值电压最小值规定为1.0V。这并不意味着器件可以用在1.0V栅－源电压时开关电流，因为对于低于4.5V的VGS(th)，没有说明规范。对于需要低开关电阻的3.3V驱动的应用，不建议使用IRF7201，但它可以用于5V驱动应用。

低压配电网的接地系统及安全防护

任红钢　毕秀娥

低压配电网的接地系统对于运行、检修及其安全保护至关重要，它是安全用电的理论基础和重要技术保障，电气从业工作者对此应当有充分的掌握和理解。

一、低压配电网的保护接地和系统接地

1.1 低压配电网的保护接地

低压配电网的保护接地是指负荷侧电气装置外露导电部分的接地，其中负载设备外露导电部分是指电气装置内电气设备金属外壳、布线金属管、槽等外露部分。

在图1中，负载的导电金属外壳接地就属于保护接地。图中R_E是保护接地电阻。由于受接地线、接地极的选材、结构以及接地处的土壤性质、酸碱性、湿度等影响，接地电阻R_E的阻值不可能为零，它应该是满足技术要求的一个较小数值。

1.2 低压配电网的系统接地

低压配电网的系统接地是指低压配电网内电源端带电导体的接地，通常低压配电网的电源端接地是指变压器、发电机等中性点的接地。

图1中，变压器低压侧的中性点接地就属于系统接地。变压器低压侧的中性点N引出一条工作零线N；将该点与大地连接就形成系统接地，对应的系统接地电阻称作R_N。

系统接地电阻R_N和保护接地电阻R_E的阻值大小处在同一个数量级，但通常R_N小于R_E。

图1中，如果负载发生了L1相碰壳事故，负载可导电的外壳（例如电动机的外壳）对地电压U上升为相电压，Id为接地电流。可以看到接地电流Id从负载的外壳，经过负载侧接地电阻R_E流入地网，再经过系统接地电阻R_N返回到电源中。

系统接地的作用是：使系统取得大地电位为参考电位，降低系统对地绝缘水平的要求，保证系统的正常和安全运行。

在图1所示的低压电网中，当设备发生相线碰壳故障时，设备外壳对地电压U_E和电源零线对地电压U_N分别为：

$$U_E = \frac{R_E}{R_N + R_E} U \quad (1)$$

$$U_N = \frac{R_N}{R_N + R_E} U \quad (2)$$

从以上的计算式(1)和(2)可见，当相线碰壳接地时，设备外壳和电源零线的对地电压，是对相电压的分压的结果。由于系统接地电阻R_N和保护接地电阻R_E的阻值大小处于同一个数量级，漏电设备外壳上的电压已经明显降低，但几乎不可能被限制在安全电压范围以内。同时，这种故障电流达不到短路电流的数量级，对于一般的过电流保护，不能迅速切断电源，故障将持续较长时间。

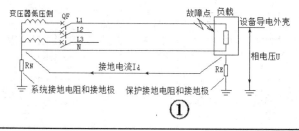

① 变压器低压侧 QF L1 L2 L3 N 故障点 负载 设备导电外壳 相电压U 接地电流Id 系统接地电阻和接地极 保护接地电阻和接地极 R_N R_E

由以上分析与计算可知，若图1中低压电网的电压等级为$\frac{0.23}{0.4}$ kV，当其L1相与电气设备外壳发生碰壳事故后，设备外壳的对地电压U=0.23 kV，人体一旦接触后会发生人身伤害事故。如果电气设备的外壳实施了保护接地，则电压为接地电流Id在R_E上的电压降再加上地网电压降，此值远远小于电源相电压，由此实现了人身安全防护和杜绝电气火灾的作用。

保护导体的连续性对电气安全十分重要，必须保证接地通路的完整。国际电工委员会IEC规定包含有PE线的PEN线上不允许装设开关和熔断器，以杜绝PE线被切断。

负载设备的导电外壳连接了保护接地后，系统电源碰壳时，可导电外壳的电压明显降低，对人身安全起到了一定的保护作用，但还应采取其他防止间接触电的技术措施，才能提高安全防范的水平。

这里提到了一个间接触电的概念，解释如下：人身触电有直接接触触电和间接触触电两种。前者是指身体的某一部位接触到正常情况就带电的导线、裸露的开关触点等引起的触电；后者是指身体的某一部位接触到正常情况不会带电、而在故障情况下才带电的例如漏电的电动机外壳引起的触电。因为此处讨论的是L1相电源碰壳，使设备外壳带电，并由此引起的触电可能，所以引入了间接触电的概念。

设备外壳接地可以降低危险电压的等级，但仍有触电的安全隐患。实际上，任何安全措施都不是绝对安全的，电工从业人员只有全面执行电工操作的技术措施和组织措施，并始终保持高度的安全意识，才能保证自身的操作安全。

1.3 关于接地概念的定义与解释

国家标准GB16895对接地连接的一些术语给出了明确的定义，可参见表1。

二、各类低压接地系统

2.1 低压配电网的接地形式

我国低压电网的接地系统分IT, TT和TN三种类型，这些接地系统的文字符号的含义见表2。

低压配电网的接地系统包括IT接地系统、TT接地系统和TN接地系统，而TN接地系统又可细分为TN-C、TN-S和TN-C-S等三种。

表1 国家标准GB16895中定义的与接地连接相关的技术术语

术语名称	定义与解释
接地线	连接电气装置的总接地端子与接地极的保护性导线
接地极电阻	接地极与大地间的接触电阻
大地	大地上任何一点的电位取为零电位
保护导体连接线	用以实现等电位连接的保护线
外露导电部分	电器设备的外露导电部分，它可能被人体接触但正常情况不带电，故障状态下可能带电
总接线端子	将保护线与接地极连接起来的端子或母排
保护线	用于电击防护的导线。保护线需要连接如下部分： 1.电器设备的外露导电部分 2.低压成套开关设备的外壳上可导电部分 3.接地极 4.电力变压器的中性点或电气系统的中性点 5.总接地端子

表 2　表示各种接地系统时使用的文字代号

文字代号所处位置	文字代号	电力系统对地关系
第一个字母	T	电源的一点（通常是中性点）与大地直接连接，T 是 Terre "大地" 一词的首字母
	I	所有带电部分与地绝缘
第二个字母	T	外露可接触导体对地直接作电气连接
	N	外露可接触导体通过保护线与电力系统的接地点直接作电气连接
如果后面还有字母	S	中性线和保护线是分开的
	C	中性线和保护线是合一的

1. IT 接地系统

IT 接地系统可参见图2。

IT 系统就是保护接地系统。根据表2的规定，IT 系统中的第一个大写字母 "I" 表示配电网不接地或经高阻抗接地；第二个大写字母 "T" 表示电气设备金属外壳接地。

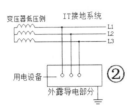

也就是说，表示电力系统某一种接地方式的两个大写字母，其中前一个大写字母规定了电力系统中的某点（通常指中性点）是直接接地，还是与地绝缘（也可能经高阻抗接地），若直接接地，则第一个大写字母是 "T"，否则是 "I"；后一个字母规定了电力系统中用电设备的可导电外壳是直接接地还是接零，若接地，则第二个大写字母是 "T"，若接零，则第二个大写字母是 "N"。

在图2中，电源中性点悬空未接地，而用电设备的外壳经接地极接地，所以这是一个 IT 系统，即俗称的三相三线制供电系统。

IT 系统的三条相线与地之间存在泄漏电阻和分布电容，这两种效应一起组成了 IT 系统对地泄漏阻抗。以1km的电缆为例，IT 系统对地泄漏阻抗大约为3000~4000Ω。

在 IT 系统中发生单相接地的故障时，电网的接地电流很小，产生的电弧能量也很小，电力系统仍然能维持正常工作状态，一般地，IT 系统多用于对不停电要求较高的场所，例如矿山的提升机械、水泥转窑生产机械装置以及医院手术室供电等等。

由于 IT 系统的某相对地短路后另外两相对地电压会升高到接近线电压，若人体触及另外的任意两条相线后，触电电流将流经人体和大地再经接地相线返回电网，此电流很大，足以致命。为此，IT 系统的现场设备必须配备剩余电流动作保护装置 RCD。

同时，由于存在潜在的危害，所以 IT 系统必须配备绝缘监测装置对第一次接地故障进行报警，以利于迅速地查清故障点并及时予以排除。绝缘监测装置的原理图见图3。

图3中，绝缘监测装置接在 L1 相和 L2 相之间。绝缘监测装置中经过降压变压器 T 和桥式整流器输出一个直流电压。绝缘监测装置中的 R 和 L1 相的绝缘电阻 R1 相串联（其串联路径为，变压器 T 初级中间头→电阻 R→桥式整流器→PE 线→L1 相线的对地绝缘电阻 R1→L1 相线→变压器 T 初级右边头）；同时 R 也与 L2 相的绝缘电阻 R2 相串联（其串联路径为，变压器 T 初级中间头→电阻 R→桥式整流器→PE 线→L2 相线的对地

绝缘电阻 R2→L2 相线→变压器 T 初级右边头）。当线路绝缘正常时，R1 和 R2 阻值很大，故测量电流 Id 很小，R 上的压降也很小；当 L1 相或者 L2 相的绝缘被破坏后，R1 或者 R2 的阻值变小，测量电流 Id 急剧变大，R 上的压降也随之增大，绝缘监视装置利用电阻 R 上增大的电压降，产生对应的报警信息。

绝缘监测装置只能用来监测 IT 系统的对地绝缘，而不能用来监测 TN 系统和 TT 系统的对地绝缘。道理很简单：TN 系统和 TT 系统因为电源中性点是直接接地的，于是 L1 相的绝缘电阻 R1 和 L2 相的绝缘电阻 R2 就被仅仅数欧的系统接地电阻所短接，当然也就无法侦测出系统的绝缘水平了。

当系统中发生第二次不同相的接地故障时，IT 系统的接地电流故障电流流向见图4所示。

在图4中，IT 系统中左边的用电设备1的 L1 相的发生接地故障，右边的用电设备2的 L3 相又发生了接地故障。这种接地故障电流的流向是：L3 相电源线→断路器 QF2→用电设备2接地点→用电设备2金属外壳→PE 保护线→用电设备1金属外壳→用电设备1接地点→断路器 QF1→L1 相电源线，显然，此时的接地故障电流已经变为相间的短路故障电流。

对于 IT 系统第二次不同相发生的接地故障，利用断路器或熔断器的短路保护就足以切断电源了。

2. TT 接地系统

图5示出的是 TT 接地系统配电网络，它引出三条相线 L1、L、L3 和一条中性线 N，即俗称的三相四线制配电系统。在这种低压中性点直接接地的配电网中，电气设备金属外壳同时接地。

在 TT 系统中使用中性线时要充分注意到中性线的连续性要求：TT 系统的中性线不允许中断。若 TT 系统的用电设备必须要分断中性线，则中性线不允许在相线分断之前先分断，同时中性线也不允许在相线闭合之后再闭合。

TT 系统主要用于低压共用用户，即用于未装备配电变压器，从公用变压器引进低压电源的小型用户。

在这种系统中，当某一相线故障连接设备金属外壳时，其对地电压可表示为：

$$U_E \frac{R_A}{R_N + R_A} U$$

式中：U_E——设备外壳对地电压

R_A——设备外壳接地电阻

R_N——配电系统中性点接地电阻

U——系统相电压

在这个计算式中，由于 R_A 和 R_N 在同一个数量级，所以，设备外壳对地电压的计算结果虽然低于相电压，但几乎不可能限制在安全电压范围内。因此，某些情况下不推荐采用 TT 系统。

另外，TT 系统发生单相接地故障时，因为电网中的接地电流比较小，往往不能驱动断路器速断跳闸，或使熔断器快速熔断实施保护。正是由于 TT 系统的单相接地电流较小，所以国际电工委员会 IEC 对 TT 系统推荐使用剩余电流动作保护装置，见图6。

TT 电源接地系统的设计和安装较为简单，适用于由公用电网直接供电的电气装置或用户；

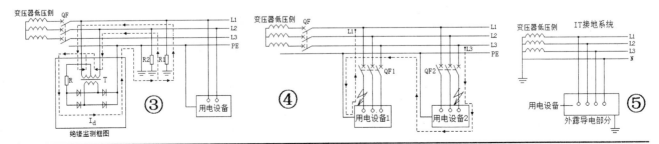

在TT电源接地系统中要使用剩余电流RCD保护装置，其中剩余电流在30~100mA的，可作为人身电击伤害防护，而剩余电流在500mA以下的，可作为消防防护等；由于TT接地系统的供电干线和供电支线上均安装有RCD保护装置，所以每次发生接地故障都将出现供电中断，但供电中断仅限于故障回路。

3. TN接地系统

TN系统的电源中性点是直接接地的，同时用电装置的外露导电部分则通过与接地的中性点连接而实现接地。TN系统按中性线和PE线的不同组合方式又分为三种类型，即TN-C接地系统，TN-S接地系统和TN-C-S接地系统。

所谓TN-C接地系统，就是在全系统内N线和PE线是合一的，这种合一的接地线称作PEN线。TN-C接地系统中的字母C是法文Combine"合一"一词的首字母。TN-C接地系统的示意图见图7。

TN-S接地系统在全系统内N线和PE线是分开的，S是法文Separe"分开"一词的首字母，见图8所示。

TN-C-S在全系统内仅在电气线路的前端将N线和PE线合二为一，而电气线路的后部将N线和PE线分为两根线，见图9所示。

TN接地系统具有其自身的技术特点，一是可以强制性地要求将用电设备外露导电部分和中性点接通并接地；二是TN接地系统中的单相接地故障电流被放大为短路故障电流(这种接地系统单相接地时，无须经过大地形成回路，而是经过PE线或PEN线等电阻很小的金属导线形成回路，导致接地故障电流很大)，所以TN系统属于大电流接地系统。在TN系统下可利用断路器或熔断器的短路保护作用来执行单相接地故障保护；三是在TN接地系统中发生第一次接地故障时就能切断电源。

在同一台变压器供电的配电网中，一般不允许采用部分设备接零，另一部分设备接地的运行方式，即一般不允许同时采用TN系统和TT系统的混合运行方式。不能像图10那样，一台用电设备金属外壳接地，而另一台用电设备的金属外壳接零，这将出现危险的对地电压，给人以致命的电击。而且，由于故障电流不足以实现电流速断保护，所以，危险状态将长时间存在。因此，这种混合运行方式是不允许的。

如前所述，在TN系统中，当某一相线直接连接金属外壳时，即形成单相短路，短路电流促使线路上的短路保护装置迅速动作，在规定时间内将故障设备从系统中切除，消除电击危险。根据这一要求，我们在此讨论过电流保护装置的特性。

在小接地短路电流系统中使用熔断器进行保护时，为满足发生故障后5s以内切断电源的要求，对于一般电气设备和手持电动工具，建议按照表3选取 I_{SS} 与 I_{FU} 的比值。这里的 I_{SS} 是单相短路电流；I_{FU} 是熔体额定电流。

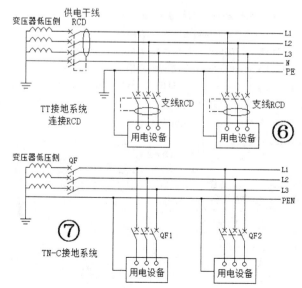

表3　TN系统对单相短路电流 I_{SS} 与熔体额定电流 I_{FU} 比值的要求

设备种类	熔体额定电流/A				
	4~10	16~32	40~63	80~200	250~500
I_{SS} 与 I_{FU} 的比值　一般电气设备	4.5	5	5	6	7
手持电动工具	8	9	10	11	—

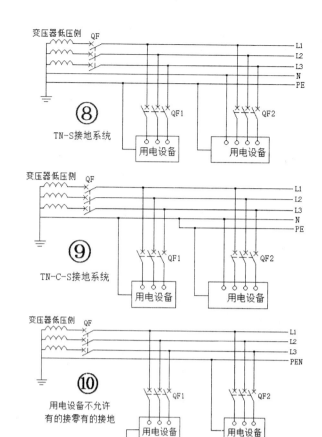

在小接地短路电流系统中使用低压断路器进行保护时，要求：

$$I_{SS}=1.5I_{QF}$$

式中，I_{SS} 是单相短路电流；I_{QF} 为低压断路器瞬时动作或短延时动作过电流脱扣器的整定电流。由于继电保护装置动作很快，所以，故障持续时间一般不超过0.1~0.4s。

关于 TN 系统中，PE线或PEN线的重复接地问题，描述如下。

在TN系统中，PE线或PEN线除工作接地以外的其他点的再次接地称为重复接地。

重复接地可以减轻PE线或PEN线意外断线或接触不良时接零设备上电击的危险性。当PE线或PEN线断开时，断线后方某接零设备漏电但断线后方没有重复接地，这时断线后方的零线及其之后所有接零设备的金属外壳都带有接近相电压的对地电压，电击危险性极大。而如果断线后方有重复接地，则断线后方的零线及接零设备上的对地电压会有明显的降低，电击的危险性得以降低。

重复接地还可减轻PEN线断线时负载中性点漂移。TN-C系统中的PEN断线后，如果断线后方有不平衡负荷，则负载中性点会发生电位漂移，使三相电压不平衡，可能导致某一相或两相上的用电器具烧坏。

例如在图11中，PEN线断线，断线后方的负载电流不能通过PEN线回到电源的中性点形成回路，负载中的 R_{L1} 和 R_{L2} 实际上成了串联关系。已知这两组负载是纯阻性的照明负载，其中 R_{L1} 的功率为1kW，R_{L2} 的功率为3.2kW。根据电阻串联电路的分析方法，串联电路中每个电阻上分配的电压与其电阻值成反比，负载 R_{L1} 两端的电压将是 R_{L2} 两端电压的3.2倍。如果相线L2和L3之间的电压为380V，则 R_{L1} 两端将分得289.5V，

R_{12}两端将分得90.5V,这样两组负载上的工作电压均不正常,而且负载R_{L1}这组照明灯具很快会因为过电压而烧毁,之后R_{12}这组照明灯具也因失去工作电压而熄灭。

如果图11电路在PEN线断线处之后安装有重复接地,就能对负载R_{12}和R_{L1}产生作用,两组照明负载的工作均可趋于正常状态。

应当进行重复接地的处所有:架空线路干线和分支线的终端,架空线路沿线路每1km处,分支线长度超过200m的分支处;线路引入车间及大型建筑物的第一面配电装置进户处;采用金属管配线时,金属管与保护零线连接后作重复接地;采用塑料管配线时,另行敷设保护零线并做重复接地。

三、接地故障与人身触电的安全防护

3.1 短路与接地故障的区别

短路是指相线之间、相线与中性线之间的直接接触,短路产生的电流是短路电流。因为短路点的电阻很小,线路阻抗也很小,所以短路电流通常很大。

带电导体与地之间的短路称为接地故障。接地故障包括电气装置绝缘破损出现的故障现象,还包括电气设备外露导电部分与相线碰触时出现的故障现象。电气设备外露导电部分带对地故障电压时,人体接触此故障电压而遭受的电击,被称作间接接触电击。

我们通过图12来看短路和接地的区别。

图12以IT接地系统为例,示出了两种短路故障和两种接地故障。图中从左至右依次为:两条相线之间发生金属性接触,形成相间短路;相线与零线之间发生金属性接触,形成单相短路;相线与PE线或大地接触形成接地故障;设备内部绝缘程度降低或对外壳绝缘击穿形成另一种形式的接地故障。

3.2 直接接触触电的防护

直接接触触电的防护技术包括特低电压防护系统、绝缘防护技术、屏护防护技术、电气安全距离防护技术等。

1. 特低电压防护系统

特低电压的基本特征就是电压值很低。

特低电压可分为SELV安全特低电压、PELV保护特低电压和FELV功能特低电压三类。

SELV安全特低电压只作为不接地系统的电击防护,用于具有严重电击危险的场所,例如娱乐场所、游泳池等,作为唯一的或主要的电击防护措施。

PELV保护特低电压可以作为接地系统的电击防护,用于一般危险的场所,通常是在有了其他防护措施的情况下,进一步提高安全水平的防护。

FELV是因使用功能的原因而采用的特低电压。这样的设备很多,如电源外置的电焊枪、笔记本电脑等。

2. 特低电压的限值

国家标准GB/T3805-2008《特低电压(ELV)限值》对于安全防护的电压上限值作出的规定如下:正常环境条件下,正常工作时工频电压有效值的限值为33V,无纹波直流电压的限值为70V;单故障时(能影响两个可同时触及的可导电部分间电压的单一故障)工频电压有效值的限值为55V,无纹波直流电压的限值为140V。

3. 特低电压安全电源的选用

所谓特低电压安全电源,就是在正常工作时电压值在特低安全电压范围内,同时在发生各种可能的故障时不会引入更高的电压的电源。包括与较高电压回路无关的独立电源,如柴油发电机组;由蓄电池组等组成的电化学电源;即使在故障时仍能确保输出端子上的电压不超过SELV限值的电子装置电源,例如UPS电源等;采用安全隔离变压器的电源或具有多个安全隔离绕组的电动发电机组。

4. 绝缘防护技术

所谓绝缘防护,就是用绝缘材料把带电体封闭或隔离起来。良好的绝缘是保证电气设备和线路正常运行的必要条件,也是防止人体触及带电体的安全保障。电气设备的绝缘应符合其相应的电压等级、环境条件和使用条件。

下面是几种主要线路和设备应达到的绝缘电阻值。

新装和大修后的低压线路和设备,要求绝缘电阻不低于0.5MΩ。

运行中的线路和设备,绝缘电阻可降低为每伏工作电压1000Ω。

Ⅰ类携带式电气设备的绝缘电阻不应低于2MΩ。Ⅰ类携带式电气设备属于普通型电动工具,这类工具防止触电的保护除依靠基本绝缘外,另须将可导电的零件与已经安装的固定线路中的保护接地导线连接起来。

控制线路的绝缘电阻不应低于1MΩ,但在潮湿环境中可降低为0.5MΩ。

高压线路和设备的绝缘电阻一般应不低于1000MΩ。

架空线路每个悬式绝缘子的绝缘电阻应不低于300MΩ。

电力变压器投入运行前,绝缘电阻可比出厂时适当降低,但应不低于出厂时的70%。

5. 屏护防护技术

所谓屏护,就是使用栅栏、遮栏、护罩、箱盒等物品将带电体与外界隔离开来。采用屏护措施将带电体隔离起来,可以有效地防止工作人员偶然触碰或过分接近带电体而触电的危险。

配电线路和电气设备的带电部分,如果不便于包以绝缘,或者单靠绝缘不足以保证安全的场合,可采用屏护保护。

屏护装置有永久性的,如配电装置的遮栏和开关的罩盖等;也可是临时性的,如抢险维修中临时装设的栅栏等;屏护装置还有固定式的和移动式的,例如母线固定的护网,跟随天车运动的滑线移动屏护装置。

屏护装置不直接与带电体接触,因此对制作屏护装置所用材料的导电性能没有严格的规定,但屏护装置应根据环境条件等因素,符合防火、防风要求,并具有足够的机械强度和稳定性。

3.3 间接接触触电的防护措施

1. TT接地系统间接触电防护的方法

图13是低压配电网TT接地系统的接地故障电流通路。

TT系统的特征就是电源接地极和用电设备的接地极是分开的,当用电设备发生接地故障时,参见图13,接地电流的流通路径是:接地相L1→用电设备的外露导电部分→用电设备的接地导线→用电设备的接地极及接地电阻R_E→大地电流通道→电源接地极及接地电阻R_N→电源中性线N。

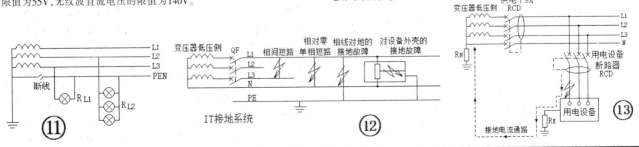

从图13可见：接地电流流经了用电设备接地极R_E和变压器电源接地极的接地电阻R_N，使得TT系统的接地故障电流相对较小，不足以驱动电流继电器等设备，所以TT系统必须采用剩余电流保护装置RCD来自动切断电源。

2. TN系统间接触电防护的方法

TN系统的特征就是系统内的用电设备其外露导电部分通过保护线直接与电源的接地极相连。

虽然TN-C、TN-S和TN-C-S系统各自的接地保护方式不尽相同，但对于所有的TN系统来说，接地故障电流均放大为相线对中性线N或者保护线PE的短路故障，所以原则上均可以采用过电流保护电器来切断电源。过电流保护电器可以是断路器或熔断器。

TN-C系统接地故障电流的流通通道可参见见图14。

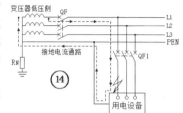

在图14中，当TN-C系统中用电设备的L1相对地发生了接地故障时，接地电流的流通路径是：L1相电源端→断路器QF→断路器QF1→接地故障点→用电设备的外露导电部分→用电设备的接地导线→PEN线→变压器L1相电源绕组的中性点端。

一般TN-C系统是多点接地的，因此TN-C系统能够尽量降低用电设备外露导电部分的接地故障接触电压。

因为TN系统的接地故障实质上是短路故障，所以该系统中的相线碰壳接地故障可以采用断路器的过电流保护功能切断电源，同时配合剩余电流保护电器RCD进一步提高保护的可靠性。

3. IT系统间接触电防护的方法

IT系统的特征是：电源的中性点与地绝缘，或者经过高阻接地；所有用电设备的外露导电部分经过接地极接地。

关于IT系统间接触电防护的方法，可参见本文图3和图4的原理分析及其相关说明。此处不赘述。

四、低压电力系统中的人身安全防护措施

剩余电流动作保护器RCD是各种漏电保护措施中保护效果最好的一种，它不仅适用于TT和TN接地系统，也适应某些IT系统。

直接接触电击的防护技术包括特低电压防护系统、屏护防护技术、电气安全距离防护技术、绝缘防护技术等。

对于直接接触的防护包括完全防护和局部防护两类。完全防护采用绝缘材料、挡板、外壳或外罩等物体对带电部件进行隔离，此时的最低防护型式为IP2X；对于局部防护，由于局部防护只是防止偶然的接触而不可能防护有意的直接接触，虽然局部防护也用防护罩、阻挡物、栅栏和挡板等物体进行阻隔，但局部防护的防护等级低于IP2X。

需要进行电击防护和人身安全防护的电气操作包括：

微型断路器MCB和塑壳断路器MCCB的操作

断路器ACB的操作，包括面板手柄操作和按钮操作

电动机控制操作，包括按钮操作和控制开关操作

仪表键盘和编程键盘操作

热继电器、断路器、剩余电流保护装置、电压继电器等装置的脱扣复位操作

更换熔断器熔芯、更换信号灯的灯泡等操作

松开或插上连接片、插接元件等操作

调节选择开关和程序控制器的操作

整定仪器仪表、时间继电器、温度控制器、压力控制器的调节和控制量等操作

以上这些操作一般均由专职人员来执行，若该操作由非专职人员来实施则必须具有完全的直接接触防护。

对于低压开关柜来说，缺省的IP防护等级为IP40或IP41。

IP防护等级中的第1标识数字表示防止直接接触到开关设备中危险部件和防止固体异物进入开关设备的防护程度，这是IP中体现人身安全防护的部分。

IP防护等级中的第2标识数字表示防止水进入开关设备的防护程度，这是IP中体现设备安全防护的部分。

从低压开关柜的使用来看，低压配电所的工作人员都希望低压开关柜能有较高的IP防护等级，但较高IP防护等级却直接影响了低压开关柜的散热效率，造成低压开关柜全面缩容，甚至会因为发热严重而造成系统停止运作或发生故障，所以低压成套开关设备的设计者和使用者在确定低压开关柜的方案和结构时需要注意到这一点。

一般情况下用电设备的机壳在正常情况下是不带电的，但如果带电导体的绝缘受损则将使机壳带上电，人触及带电的机壳将受电击，此时的电击称作间接接触触电。

间接接触触电防护的意义是防止在终端电器或终端用电设备的机壳上出现过高的接触电压而伤及人身。

防止间接接触触电的技术措施包括保护接地、保护接零、加强绝缘、电气隔离、等电位联结、安全电压、漏电保护等，而保护接地和保护接零是防止电击的基本技术。

关于安全电压，国家标准GB/T 16895.9-2000将过高的接触电压规定为：大于有效值50V的交流电压，大于120V的直流电压。

标准将上述电压定义为对地电压。对于三相三线制的不接地供电系统，则上述电压定义为当某相接地后而出现在其它导线上的电压。

关于保护接地，国家标准GB/T 14048.1-2012中对于保护性接地的结构要求如下：

对外露的导体部件（如底板、框架和金属外壳的固定部件），除非它们不构成危险，都应在电气上相互连接并连接到保护接地端子上，以便连接到接地极或外部保护导体。

电气上连续的正规结构部件能符合此要求，并且此要求对单独使用的电器和组装在成套装置中的电器都适用。

关于保护接地端子，国家标准GB/T 14048.1-2012做了如下规定：

保护接地端子应设置在容易接近便于接线之处，并且当罩壳或任何其他可拆卸的部件移去时其位置仍应保证电器与接地极或保护导体之间的连接。

在电器具有导体构架、外壳等的情况下，如有必要应提供相应的措施，以保证电器的外露导体部件和连接电缆的金属护套之间有电气上的连续性。

关于保护接地端子的标志和识别，国家标准GB/T 14048.1-2012中要求：

保护接地端子的标志应能清楚而永久地识别。

根据GB/T 4026-2004中5.3的规定，保护接地端子应采用颜色标志（绿—黄的标志）或适用的PE、PEN符号来识别，或在PEN情况下应用图形符号标志在电器上。

在国家标准GB/T 7251.1-2013中把保护导体的连续通道称为接地保护导体的连续性。

对于成套低压开关设备，为了防止间接接触，首先要对电力系统配套相应的保护措施与保护绝缘，且保护措施与保护绝缘必须与系统接地方式相适应；同时，还要求所有的电气设备应具备在发生漏电时能自动切断电源，防止事故的持续存在和扩大。

低压成套开关设备必须具有设置良好的保护电路，所有的柜体结构、柜门及机构、抽屉、抽出式部件等非载流回路金属结构部件都必须接地，并且接地的通路必须是连续的。

参考文献

张白帆.老帕讲低压电器技术.化学工业出版社，2019年第一版

低压电力无功补偿的技术发展与智能电容器

董宏佳　杨电功

一、低压电力无功补偿的技术发展

1.1 20世纪六七十年代的初始阶段

我国从20世纪六七十年代开始将无功补偿技术提上议事日程。当时补偿电容器使用交流接触器直接合闸,不采取任何限流措施,由于电容器巨大的合闸涌流,使得接触器故障率很高。合闸时强烈的电火花烧伤操作人员的事故也不时发生。由于当时科技知识普及程度很低,甚至还出现过在电容器通电情况下直接拉开补偿柜隔离开关而致人上臂严重烧伤的事故。

由于电容器两端的电压不能突变,所以传统无功补偿装置使用交流接触器控制电容器投入时,会产生很大的合闸涌流,该涌流值可达到电容器额定电流的几十倍甚至更大,引发系统电压的波动,影响系统中其他设备的正常运行。为了解决这一问题,20世纪七八十年代,人们在电容器通电合闸电路中串联一种具有限流效果的空心电抗器,可以将电容器的合闸涌流限制在十几倍的范围内。这个方法在一定程度上解决了合闸涌流的问题,但是这种电抗器使用数量较多,而且它的体积较大,价格不菲;另外还由于当年电抗器的外壳浇铸材料不阻燃的缘故,出现过因接线螺钉松动发热引发火灾的事故。所以这种限流方法的使用日渐减少。

1.2 使用具有合闸限流功能的交流接触器

针对以上技术缺陷,具有限制电容器合闸涌流功能的一种专用交流接触器逐渐在无功补偿产品中得到应用。具有限制电容器合闸涌流功能的交流接触器型号较多,例如Hi19型、CJ19型、CJX2-kd型、CJ149型等。这种接触器在电容器合闸时将一组阻值不大的电阻串联进电容器合闸回路中,用以限制合闸涌流;经过短暂延时后限流电阻退出运行,这样可以有效地抑制涌流,用于电容器的投入和切除,对补偿装置的安全运行,延长接触器及电容器的使用寿命起着重要的作用。

1.3 使用晶闸管控制电容器投切的方案

随着科学的发展,技术的进步,一种采用晶闸管控制电容器投切的方案应运而生。晶闸管投切电容(Thyristor Switching Capacitor TSC)在配电系统中以其灵活、便捷和快速的控制特性得到用户的青睐,是目前应用较多一种无功补偿技术。TSC之所以能得到广泛应用,主要是因为TSC技术可以实现电容器电压过零投入、电流过零切除,可以有效限制合闸涌流和操作过电压,延长补偿设备的使用寿命和维修周期。

TSC投切方案虽然有动态响应速度高的优点,但实际应用中使用的晶闸管数量较多,对于无功补偿装置来说,是一个较高的成本支出。而且,由于晶闸管导通时有压降的缘故,会消耗一定的能量并发热,如果处理不好,很容易造成晶闸管损毁,为此,须给晶闸管安装散热片降温,自然冷却效果不佳时还要采用水冷却或其他冷却方式,这都会使补偿系统的体积变得非常庞大,不能顺应系统小型化的发展方向。

1.4 智能电容器

有鉴于此,工程技术人员在思考另外一个方案,就是如何减少对晶闸管的依赖,从而有效地降低成本,同时大大地缩小体积。于是,有的电容器生产厂家在电容器本体上做文章,在接线端子的部位安排一定的体积空间用于智能改造,即在通常的接线端子处至少再安装一对开关控制端子。当控制端子得到投入运行的电平指令时,电容控制器就会在实现过零检测的前提下完成投入动作。当控制端子得到关断运行的电平指令时,它就会自动将电容器从电网切除。这种电容器有的还具有串行通讯的功能。这就是近几年国内大力推广的所谓智能电容的概念。由于智能电容的体积不能太大,否则就丧失了它存在的积极意义,于是智能电容需要有一个新的技术发展方向。

1.5 TSC复合投切开关技术

智能电容新的发展方向就是开关器件还使用晶闸管,但它只在电容投入或切除过程中发挥作用,开关结束后则由自保持继电器或接触器来维持投切后的稳态工作。这样晶闸管仅在电容器投切时有毫秒的持续工作时间,稳态时晶闸管没有导通电流,因而可省去晶闸管的散热器。但保留了晶闸管高动态的优点。这就是比较成熟的晶闸管投切电容技术,或者称作TSC复合投切开关技术。

1.6 静止式进相器技术无功补偿

对于绕线转子式异步电动机,还可采用静止式进相器进行无功补偿,该装置是专为大中型绕线式异步电机节能降耗设计的无功功率就地补偿装置。它串接在电机转子回路中,通过改变转子电流与转子电压的相位关系,进而改变电机定子电流与电压的相位关系,达到提高电机自身功率因数和效率、提高电机过载能力、降低电机定子电流、降低电机自身损耗的目的。

绕线式异步电机专用静止式进相器对无功功率的补偿与电机定子侧并联电容器补偿有本质的不同。电容补偿只是对电机之外的电网无功进行补偿,它只是减少了电网上无功的传输量,电机的电流、功率因数等电机本身的运行参数无任何变化。而静止式进相器对无功功率的补偿是提高了电动机自身的功率因数。

二、抗谐型智能电容器的技术特性与应用

现以杭州南德电气生产的NAD-868系列抗谐低压智能电力电容器为例,介绍智能电容器的基本结构、工作原理以及应用解决方案。该系列智能电容器是应用于0.4kV低压电网的新一代智能化电力无功补偿装置,它以两组△型连接或一组Y型连接的低压电力电容器为主体,采用微电子技术、微型传感技术、微型网络技术和电器制造技术等技术成果,是低压无功自动补偿滤波技术的重大突破,主要应用于谐波十分严重的场合的无功补偿,能够可靠运行,不会产生谐波,对谐波无放大作用,并在一定程度上有吸收消除谐波的功能。可以替代由无功补偿控制器、熔断器、接触器、热继电器、指示灯、低压电力电容器等多种分散电气元件组装而成的传统无功补偿装置。

2.1 抗谐型智能电容器的抗谐功能

这款抗谐低压智能电力电容器之所以称作抗谐型,是因为它对于电网中的高次谐波具有很好的抑制功能。现代电网的负载的种类越来越多,功能越来越强大,电动机软启动器、变频器、中频炉、高频炉、大功率整流装置等电气设备的应用比比皆是,这些设备工作过程中会产生大量的谐波。所谓谐波,就是与50Hz电源基波频率成整倍数的频率成分。例如3次谐波的频率是150Hz,5次谐波的频率是250Hz,7次谐波的频率是350Hz。当补偿电容器接入电网工作时,电容器的工作电流除了基波电流外,电网中的高次谐波也会在电容器中形成电流。流过电容器的电流的大小受其自身的容抗限制,而容抗的大小与频率直接相关,计算式如下:

$$X_c = 1/(2\pi fC) \qquad (1)$$

式中：X_C——电容器的容抗，单位Ω

$\pi \approx 3.14159265 \approx 3.14$

f——电源频率，单位Hz

C——电容器的容量，单位法拉，即$10^6 \mu F$

由以上计算式(1)可见，当一个补偿电容器的容量(计算式中的C)一定时，电容器的容抗与频率的大小成反比，即频率越高，容抗越小。所以，高次谐波会在补偿电容器中形成较大的谐波电流。较大的谐波电流会在补偿电容器的绝缘介质上产生热量，使电容器发热，这将严重威胁无功补偿装置的运行安全。这在现代大功率电力电子装置普遍使用的用电环境中尤其需要注意。抗谐型智能电容器的内部，在电容器的电流回路中串联了电抗器，可以有效抑制谐波电流的肆意增大，将谐波电流限制在安全运行所需的数值范围以内。

由于运行环境的差异性，谐波次数不同，对电网的污染程度也会有所区别。为了适应不同的运行环境，这款智能电容器有抗谐率为7%和14%的不同产品。其中串接7%电抗器(在智能电容器内部，电抗器和电容器呈串联关系，可参见图1)的产品适用于主要谐波为5次的电气环境，串接14%电抗器的产品适用于主要谐波为3次的电气环境。

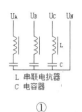

① L 串联电抗器　C 电容器

关于抗谐率，说明如下。在图1中，L是串联电抗器，C是补偿电容器，三组电容器呈星形连接，用于分相补偿。电容器投入运行进行无功补偿时，电抗器和电容器分别以其感抗X_L和容抗X_C来限制、确定补偿电流。容抗X_C的计算如上计算式(1)所示；而感抗X_L的计算见以下计算式(2)：

$$X_L = 2\pi f L \qquad (2)$$

式中：X_L——电抗器的感抗

$\pi \approx 3.14159265 \approx 3.14$

f——电源频率，单位Hz

L——电感量，单位亨利H

由计算式(2)可见，电抗器L的感抗X_L与频率呈正比例关系，即谐波频率越高，感抗越大，这就能有效抑制高次谐波对无功补偿装置正常运行的不利影响。

上面介绍了电抗器感抗X_L和电容器容抗X_C的计算方法，抗谐率的概念就好理解啦。抗谐率是感抗和容抗的比值。

2.2 三相共补和单相分补

NAD-868系列抗谐低压智能电力电容器可以对系统无功进行三相共补和单相分补，实现更精准的无功补偿。所谓三相共补，这与传统的补偿方式相同：系统检测到有一定容量的无功功率时，下达投入电容器的指令，相应交流接触器合闸，电容器通电进行无功补偿。这时投入的电容器在器件内部是呈三角形连接的，如图2所示。而智能电容器实现分相补偿时，可以将图1所示的呈星形连接的电容器逐相投入。即哪一相占用的无功功率多，就投入那一相的电容器进行补偿，实现更精准的无功补偿。

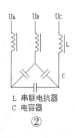

② L 串联电抗器　C 电容器

三、NAD-868系列智能电力电容器的结构与性能

3.1 电容器的外形样式与内部电路

NAD-868系列智能电力电容器从正反两个方向看到的外形样式见图3。其中，人机界面上有液晶显示屏、调试/工作状态转换开关、指示灯和确定、执行两个操作按键，人机界面的具体样式见图4。电源端子可以接入三相电源(三相共补型电容器)或三相四线电源(单相分补型电容器)，电源接入后由断路器进行短路保护，补偿电容器的投入和切除在内部另有过零投切开关KD控制，可参见图5所示的智能电容器内部电路结构示意图。智能电容器的2个网络口可以对接RS485标准插头，一个插口用于连接右侧相邻智能电容器，另一个插口用于连接左侧相邻智能电容器，或者连接微型专用电流互感器(智能电容器自行组网，不使用

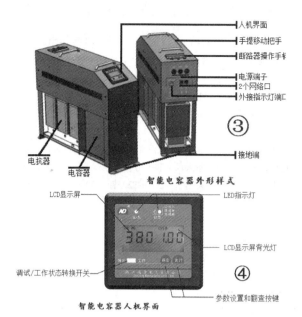

③ 智能电容器外形样式

人机界面 / 手提移动把手 / 断路器操作手柄 / 电源端子 / 2个网络口 / 外接指示灯端口 / 接地端 / 电抗器 / 电容器

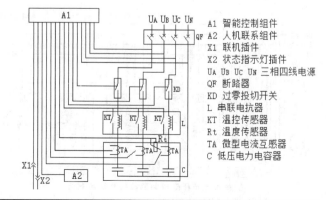

④ 智能电容器人机界面

LCD显示屏 / LED指示灯 / LCD显示屏背光灯 / 调试/工作状态转换开关 / 参数设置和翻查按键

无功补偿控制器时，接入电流信号，由一台担任主控电容器的智能电容器来控制所有电容器的投切)，或者连接无功补偿控制器，用于传递控制器发出投切指令。外接指示灯的接线端子用于将指示电容器工作状态的灯光信号传送到适当位置，例如将指示灯安装在无功补偿柜前面板便于观察的位置。接地线端子用于将所有电容器的外壳连接起来并接大地。图3左侧可以看到的是电抗器和无功补偿电容器。

智能电容器的内部电路框图见图5。其中，A1是智能控制组件，它可接受补偿控制器的指令，使自身的电容器投入或切除，还可将补偿控制器通过RS485网线传来的其它电容器的投切指令传递给所有系统内已经联网的电容器。需要电容器投入或切除时，A1组件向过零投切开关KD发送控制信号，并使其在电源过零时投入或切除电容器，使电容器在投切时几乎没有涌流或操作过电压出现。

在串联电抗器的线圈上安装有温控传感器KT，当电抗器L温度过高时，KT向智能控制组件A1传递信号，让智能电容器退出运行。

在电容器的电源侧，接有电流互感器TA，补偿电容器的工作电流将显示在人机界面的LCD显示屏上。电容器组上有温度传感器Rt，电容器的实时温度可以显示在人机界面的LCD显示屏上。当电容器的温度超限时，电容器将被切除，系统会指令其他电容器给以替补。待超温电容器温度恢复正常后，即可再次投入使用。

A2是人机联系组件，可将人机界面上转换开关的状态、按键的操作信息与智能控制组件A1进行交换，并接受A1传来的显示信息通过LCD显示屏显示出来。

3.2 智能电力电容器的技术参数

1. 环境条件

环境温度：-45~65℃；　　　　　相对湿度：40℃，20~90%；

海拔高度：≤2000m；

A1 智能控制组件 / A2 人机联系组件 / X1 联机插件 / X2 状态指示灯插件 / UA UB UC UN 三相四线电源 / QF 断路器 / KD 过零投切开关 / L 串联电抗器 / KT 温控传感器 / Rt 温度传感器 / TA 微型电流互感器 / C 低压电力电容器

2. 电源条件

额定电压:~220V/~380V；　　电压偏差:±20%；

电流波形:电流谐波≤10%；

电压波形:正弦波,总畸变率≤5%；

工频频率:48.5~51.5Hz；

功率消耗:<3W(切除电容器时)；　　<4W(投入两台电容器时)；

3. 电气安全

电气间隙与爬电距离、绝缘强度、安全防护、短路强度、采样与控制电路防护均符合中华人民共和国电力行业标准DL/T842-2003《低压并联电容器装置使用技术条件》、GB/T22582-2008《低压电力电容器功率因数补偿装置》中相应条款要求

4. 测量误差

电　压:≤0.5%；

电　流:≤0.5%(20%In~120%In)；　　无功功率:≤2%；

功率因数:±0.02(40%In~120%In)；　温　度:±1℃；

5. 保护误差

电　压:≤0.5%；

电　流:≤0.5%(20%In~120%In)；

温　度:±1℃；　　　　　　　　时　间:20mS；

6. 无功补偿参数

无功补偿误差:≤最小电容器容量的5%；

电容器投切间隔:≤30S；

无功容量:单台≤40kvar(三相式)、单台≤30kvar(分相式)；

无控制器:最多33台联机工作；　有控制器:最多33台联机工作；

7. 可靠性参数

控制投切准确率:100%；　　　投切容许次数:100万次以上；

电容器容量运行时间衰减率:<2%/年；

电容器容量投切衰减率:<2%/年；

四、无功补偿的电路接线

使用智能电容器构建无功补偿装置,常用的控制方案有如下两种。

第一种方案是由无功补偿控制器和智能电容器构成补偿系统。尽管这种方案似乎与传统的补偿方案相似,但它具有无可比拟的新优势:它的补偿路数大大增加,传统方案通常可控制8路、10路,最多12路,即最多控制12块电容器的投切,而这里介绍的系统可以实现三十几路甚至达到更多路电容器的自动投切;本系统还可实现分相补偿,即检测到哪一相功率因数较低、且无功功率达到一定值,即可将那一相的电容器投入,实现更精准的补偿,这是传统装置不能实现的功能;智能电容器利用微电子技术和复合开关,可以实现过零投切,消除操作过电压,极大限制了合闸涌流,这种限流效果不是过去使用具有限制合闸涌流功能的CJ19型交流接触器所能比拟的;智能电容器具有自身完善的保护功能,包括过电压、欠电压、温度超限等保护,当异常情况出现时,电容器将自动退出运行,当温度恢复正常或其他异常状况消除后又可继续工作。控制方案简化了大量的二次接线,无功补偿

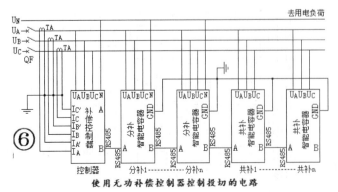

⑥

使用无功补偿控制器控制投切的电路

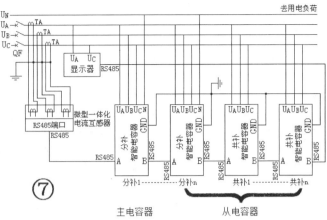

⑦

由主控电容器取代补偿控制器的控制电路

主电容器　　　　从电容器

控制器与智能电容器之间通过一条RS485网络线连接,二次接线大大减少。这种方案的控制电路如图6所示。图6中画出了分补电容器和共补电容器的联合组网方案,可根据运行需要灵活配置分补和共补电容器的台数。由于有分相补偿的需要,补偿控制器须接入三相电流信号,三相四线电源,并保证接线的相序正确以及电流互感器二次侧接线极性的正确。

第二种方案是由智能电容器自行组网,摆脱了无功补偿控制器的牵绊,使电路结构更简洁。电路结构如图7所示。图中的"分补1"号智能电容器被指定为主控电容器,将将相关参数通过主控电容器的人机界面设置后系统即可运行。"分补1"号智能电容器作为主控电容器,通过微型一体化电流互感器,从RS485的"A"端口接入三相电流信号,RS485的"B"端口与相邻的智能电容器连接。除了"分补1"号智能电容器被指定为主控电容器外,系统内的其它所有智能电容器统称为从电容器。系统运行时,主电容器根据接入的电流信号和电压信号,经过计算判断,控制所有电容器的投入和切除,实现无功补偿。

智能电容器虽然有自己的LCD显示界面,但无功功率补偿柜通常将补偿电容器安装布置在柜体的中下部,而且比较密集,其安装的位置和高度不利于运行人员方便的观察无功补偿柜的运行数据,所以可以选择在无功补偿柜正面便于观察阅读的高度配置一台LCD显示器。显示器在补偿柜中的电路连接关系见图7,它的显示信息来源通过RS485网线连接至"共补n"号智能电容器的"B"口。同时,显示器还连接UA和UC两条电源相线。

这种补偿方案中的显示器不是必需的,可根据需要选配安装。

五、人机界面与参数设置

开始操作智能电容器时,应将所有智能电容器人机界面左下角的调试/工作转换开关(参见图4)拨向"调试"端,这时,智能电容器内部的可以控制电容器投切的过零投切开关KD(参见图5)都处于断开状态,这样可保证在调试过程中,电容器并不会与三相电源实际接通。

5.1 人机界面简介

智能电容器的人机界面包括LED灯指示区,液晶显示区和按键操作区。

可以显示智能电容器配置信息,状态信息,采交数据,工作参数;查看与设置参数;并可执行强制投切动作,手动CT自检等功能。

1. LED灯指示区

LED指示灯布置在人机界面的上部。三相共补式智能电容器有2只LED指示灯,参见图4,从左至右分别为主从指示灯和电容器工作状态指示灯。当主从指示灯为红色时,表示该电容器为主控电容器,它承担控制系统中的所有电容器的投切管理;当主从指示灯为绿色时,表示该电容器为从电容器,它的投切受控于主控电容器。右边的是电容器工作状态指示灯,当其显示为红色时,提示该电容器处于投入状

态,当其显示为绿色时,表示该电容器处于切除状态,当其显示为黄色时,表示该电容器内部的投切开关或相关电路出现故障。

分相补偿式智能电容器有4只LED指示灯,参见图8,从左至右分别为主从电容器与各单相补偿电容器C1、C2、C3的工作状态指示,左边的主从机指示灯,红色表示本机为主机,绿色表示是从机。右侧的C1、C2、C3三个指示灯,当其显示为红色时,提示该单相电容器处于投入状态,当其显示为绿色时,表示该单相电容器处于切除状态,当其显示为黄色时,表示该单相电容器内部的投切开关或相关电路出现故障;

2. 液晶显示区

液晶显示区由3部分组成,分别为上部信息区,中部数值显示区,下部信息区;各功能区分别显示的内容如下,上部和中部显示内容可参见图4。

上部信息区——UAC(单位V,AC相之间的线电压),IC(单位A,C相的电容器电流),COSΦ(系统功率因数);

中部数值显示区——两个三位数字显示,横向排列;

下部信息区——显示字体略小。其中,Y(三相分补电容器,星形连接;若此处显示为△,则表示该电容器为三相共补的三角形连接的电容器),IB(单位A,B相的电容器电流),IA(单位A,A相的电容器电流),Q(单位kvar,无功功率值)。

3. 按键操作区

按键操作区的样式见图9,从左至右,分别为"调试/工作"拨动开

显示红色—投入
显示绿色—切除
显示黄色—故障

⑧

关,"确定"键,"执行"键。其功能说明如下。

⑨

"调试/工作"拨动开关——在工作状态与调试状态间切换,开关拨动到左侧为调试状态,拨动到右侧为工作状态;调试状态时,不实际投入或切出电容器;工作状态时,投切开关动作实际投入或切出电容器。

确定键——不同显示模式下,作为不同功能键:上翻页键,编辑模式进入键,编辑模式焦点(所谓焦点,在设置参数修改参数值时,被修改的数位就是焦点位,焦点位可以是千位、百位、十位或个位)的切换键和编辑模式保存退出键。

执行键——不同显示模式下,作为不同功能键:下翻页键,编辑模式退出键,编辑模式数值修改键和编辑模式不保存退出键。

5.2 通过智能电容器人机界面设置参数

在NAD-868系列抗谐低压智能电力电容器的技术文件中,将设置参数归结到在"编辑模式"下进行。这时短按图9中的确定键,其功能效果是上翻页键;短按执行键,其功能效果是下翻页键;长按确定键:进

入编辑模式,即进入参数设置状态;长按执行键:退出编辑模式,返回到显示模式。

1. 三相共补方式

如果组网智能电容器全部为三相共补的,则在长按确定键进入编辑模式后,液晶显示区依次显示出如下可设置的参数,这时可对显示的参数进行参数值修改或选择默认出厂值。

本机ID:本机在网络中的编号,系统可自动生成。

互感器变比:需用户设置,例如电流互感器是500A:5A的,则设置为100。

目标功率因数:可默认出厂值,也可设置为0.98~1.00。

电容器C1容量:可按智能电容器铭牌上的标注的kvar值设置。

一级过压闭锁阈值:

出现过电压时的报警值,可设置,也可默认出厂值。

二级过压闭锁阈值:出现过电压时则切除电容器的电压值,可设置,也可默认出厂值。

欠压闭锁阈值:电源电压低于该阈值时,保护切除电容器,可设置,也可默认出厂值。

过流闭锁阈值:电容器电流超过设定的额定电流倍数则切除电容器,可设置,也可默认出厂值。

过温闭锁阈值:电容器内部温度超过阈值时切除电容器。阈值可设置,也可默认出厂值。

强制投切使能设置:强制投切C1;手动互感器自检;

投切判断延时值(单位:s);

投切判断延时可躲过短暂的无功功率波动。

电容器投切间隔值(单位:s):相邻两路电容器投入的时间间隔。

初始化标志:电容器额定电压值(单位:V);

按电容器铭牌上的额定电压值设定。

电抗率:智能电容器内电抗器、电容器的感抗值与容抗值之比,有7%和14%两种。

2. 三相共补方式下的参数设置举例

在参数设置过程中,会对确定键、执行键有长按和短按各两种操作方式,即短按确定键、长按确定键、短按执行键和长按执行键。所谓长按是指按下按键并保持大于500毫秒时间,所谓短按是指按下时长在500毫秒以内,之后松开按键。

现以设置电流互感器CT的变比值为例,介绍参数设置的方法。

第一步:在运行监控的正常显示模式下,长按图10中的确定键,进入编辑模式;LCD显示屏上显示参数菜单。

第二步:短按执行键(下翻页键)或确定键(上翻页键),调整液晶显示屏页面上的菜单列表,直到显示CT 000,如图11所示;这里的CT是电流互感器的字母缩写,000是电流互感器变比的初始值。

第三步:长按确定键,以确认当前需要设置电流互感器变比,此时000的百位闪烁,接着短按执行键可改变百位的数值,每按一下百位的数值加1,直至将互感器变比的百位数修正正确;短按确定键可选择待修改数值的位数,修改位数后,将变比的十位和个位全部修改完毕。如果十位和个位无须修改,则修改完百位数后直接进行以下第四步。将电流互感器的变比修改为100时的显示效果见图12。

长按确定键进入编辑模式

⑩

短按"确定"或"执行"翻到CT 000

⑪

⑫

第四步:长按确定键保存电流互感器变比的设置数据并退出设置界面。修改其他参数时,按照上述方法重复操作即可。

3. 分相补偿方式

在分相补偿方式,编辑模式下的参数设置,液晶显示区显示的可设置的参数内容如下:

本机ID;本机在网络中的编号,系统可自动生成。

互感器变比;

需用户设置,例如电流互感器是400A:5A的,则设置为80。

目标功率因数;可默认出厂值,也可设置为0.98~1.00。

电容器容量;可按智能电容器铭牌上的标注的kvar值设置。

一级过压闭锁阈值;

出现过电压时的报警值,可设置,也可默认出厂值。

二级过压闭锁阈值;出现过电压时则切除电容器的电压值,可设置,也可默认出厂值。

欠压闭锁阈值;电源电压低于该阈值时,保护切除电容器,可设置,也可默认出厂值。

过流闭锁阈值;电容器电流超过设定的额定电流倍数则切除电容器,可设置,也可默认出厂值。

过温闭锁阈值;电容器内部温度超过阈值时切除电容器。

阈值可设置,也可默认出厂值。强制投切使能设置;

强制投切CA;CA即A相电容器。

强制投切CB;CB即B相电容器。

强制投切CC;CC即C相电容器。

手动互感器自检;投切判断延时值(单位:s);

投切判断延时可躲过短暂的无功功率波动。

电容器投切间隔值(单位:s);相邻两路电容器投入的时间间隔。

在分相补偿方式,编辑模式下参数设置的具体操作,可参见本文"5.2.2"条款的说明。

六、运行监控模式下的显示的内容与操作查询

智能电容器通电后,经过短暂时间的初始化即进入运行监控模式;或者,参数设置完毕,通过长按确定键保存设置数据并退出设置界面后,也会进入运行监控模式。

在运行监控模式下,短按确定键或短按执行键,可以依次切换显示内容。短按这两个键的区别是,点按前者,显示内容按正顺序依次显示,而点按后者,则按逆顺序依次显示。

表2 闭锁代码与故障原因对照表

序号	闭锁代码	故障原因
1	LOC 1	远方强制闭锁;
2	LOC 2	启动闭锁;
3	LOC 3	过温闭锁;
4	LOC 4	开关故障闭锁;
5	LOC 5	过压闭锁;
6	LOC 6	欠压闭锁;
7	LOC 7	过流闭锁;
8	LOC 8	过电压谐波闭锁;
9	LOC 9	过电流谐波闭锁;
10	LOC 10	缺相闭锁;
11	LOC 11	动作间隔闭锁;
12	LOC 12	连续运行闭锁;
13	LOC 13	大于一级保护电压(不投入)
14	LOC 14	不执行动作闭锁(非开关故障);
15	LOC 15	继电器动作时间错误;

6.1 三相共补时显示的内容

运行监控模式下短按确定键,可以依次切换显示菜单内容。

三相共补运行监控时操作查询显示的菜单内容见表1。

6.2 单相分补时显示的内容

在运行监控模式下,单相分补时短按确定键或短按执行键,可以依次切换显示内容。

表1 三相共补时显示的内容

序号	显示名称	显示内容	显示图例	描述
1	UAC COSΦ	406 0.00	参见图13(a)	AC相电压,单位V 功率因数
2	Ib q	0.00 0.00	参见图13(b)	B相二次侧电流值,单位A 总无功功率,单位kvar(未通电运行状态)
3	IA(A) IB(A)	0.00 0.00	参见图13(c)	电容器A,B相内部电流(未通电运行状态)
4	IC(A)	0.00	参见图13(d)	电容器C相内部电流(未通电运行状态)
5	JH	JH 1	参见图13(e)	电容器本机序号
6	C1	C 50.0	参见图13(f)	电容器C1容量
7	UdC	1.09	参见图13(g)	电容器软件版本
8	tC	tC 28	参见图13(h)	电容器温度
9	SL	SL 1	参见图13(i)	组网成功的电容器数量
10	tC1	–		电容器温度
11	LOC	–	不同闭锁代码对应的异常故障见表2	闭锁代码(所谓闭锁,是指运行参数异常时保护性切除电容器)
12	RST	0		复位次数(出现运行异常并排除故障后,复位恢复正常工作状态)
13	JC	1		交采标定状态(工厂生产调试过程中需用)
14	Ad	0		继电器调整次数
15	Bot	10		升级固件版本

单相分补时运行监控操作查询显示的菜单内容见表3。

表3 单相分补运行监控

序号	显示名称	数据显示	单位	描述
1	PFA	0.82		A相功率因数
2	PFb	0.81		B相功率因数
3	PFC	0.85		C相功率因数
4	UA	230	V	A相电压
5	Ub	230	V	B相电压
6	UC	230	V	C相电压
7	IA	2.34	A	A相二次电流
8	Ib	2.14	A	B相二次电流
9	IC	2.33	A	C相二次电流
10	qA	45.2	kvar	A相无功功率
11	qb	44.1	kvar	B相无功功率
12	qC	43.3	kvar	C相无功功率
13	CIA	48.2	A	电容器A相内部电流
14	CIb	47.5	A	电容器B相内部电流
15	CIC	47.4	A	电容器C相内部电流
16	tC	125	℃	电容器温度
17	tC1	125	℃	电容器温度
18	CAP	20.0	kvar	电容器容量
19	Fp	1.06		电容器软件版本
20	LOC	4		闭锁代码
21	JH	1		电容器本机序号
22	SL	3		组网成功的电容器数量

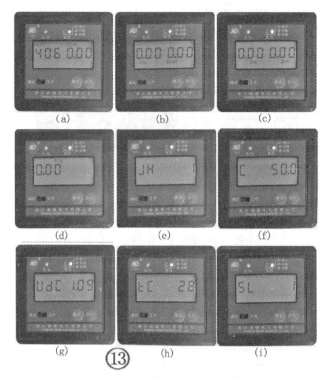

(a)　　　　　(b)　　　　　(c)

(d)　　　　　(e)　　　　　(f)

(g)　　　　　(h)　　　　　(i)

⑬

七、无功补偿控制器参与组网时的参数设置

智能电容器除了可以摆脱无功补偿控制器自行组网以外,也可以与无功补偿控制器配合组网。这时由于控制器安装在无功补偿柜正前面适当高度,便于运行操作人员读取运行参数并介入操控。这种配合组网的电路方案如本文图6所示。

与智能电容器配合组网可以使用南德电气的NAD-868K系列低压智能无功补偿控制器。现对该系列控制器的基本性能和配套组网时参数设置的方法给以介绍。

7.1 NAD-868K系列低压智能无功补偿控制器的功能特点

NAD-868K系列低压智能无功补偿控制器采用通用仪表尺寸,通过大尺寸液晶屏和按键实现人机对话,具备采集并显示测量数据,监测和显示智能电容器运行工况、投切状态,以及根据无功功率与功率因数自动控制投切电容器等功能。

NAD-868K系列低压智能无功补偿控制器通过RS485通信总线连接智能电容器,具有以下特点。

(1)采集并动态显示电网的各项参数值。

(2)参数设置简单,设置的参数断电不丢失。

(3)自动检测智能电容器的数量、类型、运行温度、容量等信息,并按电网无功功率参数值控制智能电容器投切。

(4)具有过电压、欠电压、过电流、过温、谐波保护、电容器故障报警等功能,当电网参数超过各设定的限值时,控制器快速切除已投入的电容器,并闭锁输出,保护电容器运行安全。

(5)采用电压、电流、功率因数以及无功功率等综合计算,电压回差参与控制判断,使补偿更精确,有效防止投切振荡。

(6)在动作延时时间内对上述值集多点采样,根据各点的值来进行无功趋势潮流判断,避免了常规控制器单点采样所造成的判断失常,在功率因数变动大的场合,可以准确判断所需补偿的无功功率及补偿方向(投入或切除)。

(7)具有手动/自动切换功能,置手动时,能手动操作电容器的投入或切除;置自动时,根据电压、负荷、功率因数和无功缺额等综合因素控制电容器的投切。

(8)可外接温度传感器,实时监测环境温度,保证设备运行安全。

(9)具有电压、电流相序检测功能,当相序错误或缺相时,提示出

错警告。

(10)输出为编码循环方式,容量相同的智能电容器循环投切,以延长电容器使用寿命;容量不同的则按要求编码,进行动态适配补偿提高补偿精度,用较少的动作次数获得最好的补偿效果。

7.2 智能无功补偿控制器的使用说明

控制器上电组网成功后,1分钟无按键操作,就会自动进入轮流显示界面,如图14(a)、(b)所示。轮流显示的第一页面显示当前总功率因数、三相电压和三相电流,见图14(a)。

轮流显示的第二页面显示当前联机组网电容器的总台数、投入电容器的总容量kvar值、系统无功功率总量kvar值以及电流互感器CT变比等信息。

在轮流显示的状态下,按任意键可进入图15所示的主菜单页面。

1. 无功补偿控制器的主菜单解说

无功补偿控制器在显示主菜单时的显示内容如图15所示。这时液晶屏第1行从左到右依次显示:联网电容器数量、当前投切控制方式(自控/手控)和软件版本号。菜单选项包括:①采样数据;②投切状态;③保护信息;④设置参数等。

图15中,控制器面板下部有4个操作按键,分别是"△"、""、" "和"Enter"。在主菜单显示状态,点按"△"或""键,可选择进入任意一个子菜单,选中的子菜单的文字会有灰背景色。这时点按"Enter"键,显示选中子菜单的下级子菜单。以上操作中,点按"△"或""键,其区别是选择子菜单的切换顺序不同。

(1)"采样数据"子菜单

采样数据子菜单主要包含功率因数、环境温度、有功功率、无功功率、日期时间,各相的电压、电流、功率因数,电压、电流谐波总含有率,电压、电流谐波各次含有率。

在使用按键选中采样数据子菜单后,点按"Enter"键,进入采样数据的下级子菜单,共8屏,通过点按"△"或"▽"键逐屏、逐项查看。查看完毕,点按"Enter"键,返回主菜单。

(2)"投切状态"子菜单

在图15所示的主菜单状态下,通过点按""或"▽"键可以选中投切状态子菜单,然后点按"Enter"键进入投切状态子菜单。这时再点按"△"或"▽"键,进入下一级子菜单,所有联网电容器的投切状态以图形的方式直观地显示在液晶屏上,同时显示投入到电网中的补偿电容器总容量。查看完毕,点按"Enter"键,返回主菜单。

(3)"保护信息"子菜单

在图15所示的主菜单状态下,通过点按"△"或"▽"键可以选中保护信息子菜单,然后点按"Enter"键进入保护信息子菜单。这时再点按"△"或"▽"键,进入下一级子菜单,可以查看开关故障、过压保护、过流保护、超温保护、谐波保护等信息内容。查看完毕,点按"Enter"键,返回主菜单。

(4)"设置参数"子菜单

在图15所示的主菜单状态下,通过点按"△"或"▽"键可以选中设置参数子菜单,然后点按"Enter"键进入设置参数子菜单。

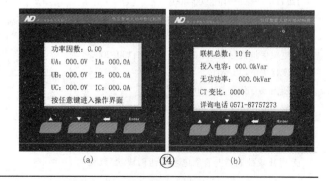

功率因数: 0.00

UA: 000.0V　IA: 000.0A

UB: 000.0V　IB: 000.0A

UC: 000.0V　IC: 000.0A

按任意键进入操作界面

联机总数: 10 台

投入电容: 000.0kVar

无功功率:　000.0kVar

CT变比: 0000

详询电话 0571-87757273

(a)　　　　　　(b)

⑭

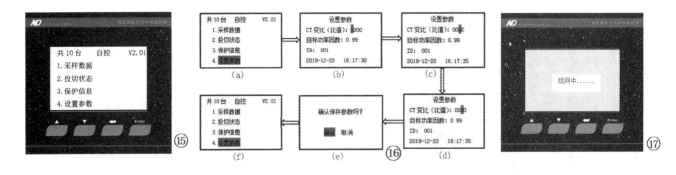

2. 补偿控制器的参数设置

在图15所示的主菜单状态下,通过点按"△"或"▽"键可以选中设置参数子菜单,如图16(a)所示。然后点按"Enter"键进入设置参数的下级子菜单。这时首先在显示屏上显示的是图16(b)所示的页面,该页面中的CT变比即电流互感器一次电流和二次电流的比值,如果电流互感器是100A/5A的,则其变比就是20。从图16(b)可见,变比的出厂值是0000,且其千位的那个0有灰色背景色,表示该位可以修改,而我们希望将"0000"修改成"0020",需要修改的是十位数。怎么能将可修改的位值由千位调整到十位呢,其实很简单,就是点按"←"键,点按一下,焦点位(焦点位就是带有灰色背景的可修改位)向右移动一位,点按两下,可修改位就变成图16(c)所示的十位数。之后点按"Enter"键,每按一下数字加1,直至将十位数修改为2,如图16(d)所示。这时点按" "键,进入参数修改"确认/取消"界面,见图16(e)。由于电流互感器的变比已经修改成我们所需的0020,所以应予确认,确认的方法就是点按"Enter"键。参数设置被确认后,自动返回主菜单,如图16(f)所示。

由以上的介绍可以发现,在参数设置的不同阶段,相同的一个按键可以实现不同的功能。这是由软件程序决定的,也是毋庸置疑的。

(1)无功补偿控制器其他参数的设置

参数"CT变比"设置完成后,程序返回图16(a)所示的主菜单,通过点按相关按键,使程序再次进入图16(b)的界面,这时通过点按"△"或"▽"键选择希望设置修改的参数,并参照以上参数"CT变比"设置的方法对所有希望设置修改的参数进行设置,周而复始,直至完成所有参数的设置。

其实,无功补偿控制器的有些参数的出厂值无需修改,可以直接使用。

(2)无功补偿控制器参数值可设置的范围

无功补偿控制器参数值的设置须在一定范围内进行,超出该范围时,控制器将维持原出厂值,拒绝超范围的参数值修改。

CT变比:0~9999

目标功率因数:0.70~0.99

投切动作间隔:5~210s

判断延时:5~180s

1级过电压保护阈值:200~400V

2级过电压保护阈值:200~400V

欠电压保护阈值:100~255V

过电流保护值与额定电流值的百分比:100~200%

温度保护值:30~90℃

电压谐波百分比:1%~20%

电流谐波百分比:1%~99%

系统超温保护值:70~90℃

7.3 组网成功后的调试与运行

无功补偿控制器与智能电容器组网成功后,应反复检查接线,确认无误后,接通电源,控制器即工作于自动状态。第一次使用时,应进行参数设置,具体操作方法已如前述,这里简要回顾如下。

(1)设置CT变比,根据现场电流互感器的变比设置CT变比的值。

(2)设置目标功率因数,根据实际需求设置无功补偿的最佳目标功率因数值。

(3)保护参数一般可默认出厂值,无特殊需求不用修改设置。

系统通电后,如果补偿控制器没有检测到智能电容器,则主菜单第一行显示"组网中...",如图17所示。可检测通信线路是否接好,正常情况下应显示智能电容器的联网台数。

系统开机时为无功补偿自动投切方式,如需进行调试可将投切方式设置为"手动无功投切",调试完成后将投切方式恢复至"自动无功投切"。

八、运行异常及故障处理

无功补偿控制器与智能电容器组网配合工作过程中,有时会因各种原因出现运行异常,可按以下表4介绍的方法尝试排除。

表4 无功补偿装置运行异常的原因及故障排除

序号	异常情况	原因	检测判断	解决方案
1	电容器不投	产品间通信不良	按产品上的键,检查机号,如果显示的SL数量(组网台数)与实际数量不符,表明通信不良,应检查产品相互之间的通信线。	采取措施,确保各台产品的通信线并联准确,可靠连接。
		产品与控制器间通信不良	观察控制器,所显示的产品台数与实际台数不符。	使控制器的下行RS485通信线"A"与电容器"A"端口对应准确,可靠连接。
		配电电流(负载)过小	按控制器上的键,显示的配电电流过小,电容器不投属于正常,进一步检查实配电(负载)电流,如与产品显示值偏差较大,说明电流取样环节有问题。	对电流取样各环节进行处理,应使电流取样一次互感器安装位置正确,二次电流互感器无损并接线正确可靠。
2	电容投切正常,补偿效果不理想	有控制器情况下,某相电流特别小,会影响三项补偿电容器投、退	检查配电电流,与控制器的显示值是否一致。	配电电流与控制器上的示值一致,属正常情况,如需要改善无功补偿后果,需要增加分补产品,如不一致,则应设法排除造成不一致的故障。
3	电容能投,但投后控制器显示的功率因数不变	配电电流取样互感器的安装位置不正确	检查配电电流取样互感器位置安装是否正确	配电电流取样互感器的安装位置,应使电容器及负载的电流都流过电流互感器。
4	产品过温保护	产品中电容器过温后退出运行,温度下降后恢复工作	查看显示仪上电容器温度,如超过60℃,该电容器会退出运行并菜单提示(其他电容器仍然投运),退出运行且温度下降到达到保护电容器的目的。温度下降到55℃以下时,过温故障自动解除,工作恢复正常	不需要处理

海尔变频电冰箱维修实例

刘应慧

一、海尔变频电冰箱的电源电路组成

下图所示为海尔BCD-550WYJ型变频电冰箱的电源电路及其方框图，其中AC220V电压首先送入变频电冰箱的交流输入滤波及整流电路，然后一路经滤波后的220V电压送入控制电路中的开关电源电路；另一路经滤波整流后输出约300V的直流电压送往变频电路中的电源电路，为变频电路供电（如图1）。

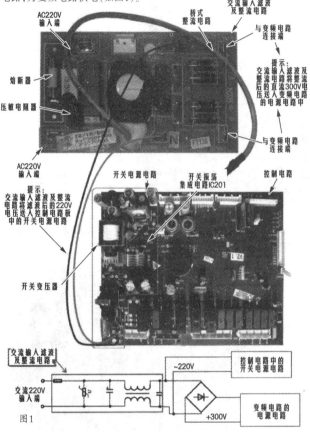

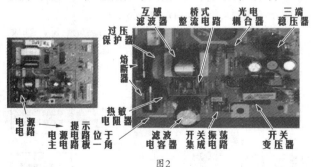

图1

图2

由下图所示可知，典型变频电冰箱的电源电路主要是由熔断器、热敏电阻器、互感滤波器、桥式整流电路、滤波电容器、开关振荡集成电路、开关变压器、光电耦合器、三端稳压器等构成的（如图2）。

1.1 熔断器

熔断器通常安装在交流220V输入端附近，主要起到保证电路安全运行的作用。在变频电冰箱的电路中，熔断器一般为圆柱形玻璃管。

当变频电冰箱的电路发生短路等故障时，电流会异常升高，这时熔断器会在电流异常升高到一定的强度时，自身熔断切断供电，从而起到保护电路安全的作用（如图3）。

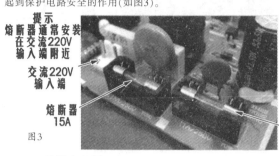

图3

1.2 热敏电阻器

热敏电阻器在电路中起抗冲击作用。通常，在电冰箱开机时，220V交流电压经熔断器、热敏电阻器、桥式整流堆后为电容器进行充电，根据电容器的特点，其瞬间充电电流为最大，从而可能产生浪涌电流，对前级电路中的桥式整流堆、熔断器等带来冲击，造成损坏。为了防止电源遭受冲击，通常在熔断器之后加入热敏电阻器进行限流（如图4）。

图4

一般情况下，在热敏电阻器的电阻值较大时，限流效果好，但是电阻器消耗的电能也较大，电源电路工作后，反而浪费电力。为了达到较好的限流效果且节省电能，在电源电路中经常采用负温度系数热敏电阻器做限流使用。

负温度系数热敏电阻器(NTC)的特性为温度越高，电阻值越小。常温时，电阻值一般为8~10欧姆。比较大，开机时，就起到较好的限流作用。电源启动后，工作电流经过热敏电阻器，使其发热，热敏电阻器电阻值大幅下降（约1~2欧），使热敏电阻器在电源启动后，电力消耗降到最低。

正温度系数热敏电阻器(PTC)特性为温度越高，电阻值越大，通常使用在电冰箱的压缩机启动电路中。

1.3 互感滤波器

互感滤波器由两组线圈对称绕制而成，其作用是通过互感作用消除外电路的干扰脉冲进入电路中，同时使电路中的脉冲信号不会向电网辐射干扰（如图5）。

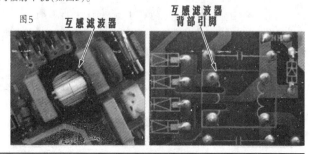

图5

1.4 桥式整流电路

桥式整流电路主要是将交流220V电压整流为直流+300V电压输出,它由四个整流二极管组成(如图6)。

图6

另外,在一些变频电冰箱中,还采用桥式整流堆作为整流器件,它实际上是将四个整流二极管集成在一起的整流器件,外部具有四个引脚,其中两个引脚输入交流电压,另两个引脚输出直流电压,电路功能及原理与桥式整流电路均相同.

1.5 滤波电容器

该电容器主要用于对桥式整流电路送来的300V直流电压进行滤波,滤除电压中的脉动成分,从而将输出的电压变为稳定的直流电压。

图7
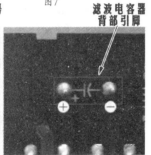

在变频电冰箱开关电源电路中滤波电容器是最容易识别的器件之一,通常它是电路中最大的电容器。在电容器的外壳上通常标有负极性标识,方便确认引脚极性(如图7)。

1.6 开关振荡集成电路

工作时,开关振荡集成电路主要产生开关脉冲信号(如图8)。

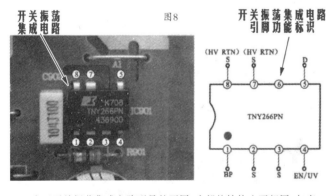
图8

由于开关振荡集成电路型号的不同,内部的结构也不相同,如有些内部集成有开关场效应晶体管和振荡电路;有些则主要包含振荡电路,通过与外置的开关场效应晶体管配合工作。

1.7 开关变压器

开关变压器是一种脉冲变压器,其工作频率较高(1~50kHz),该变压器的初级绕组与开关场效应晶体管(有些独立安装,有些集成在开关振荡集成电路中)构成振荡电路,次级与初级绕组隔离,主要功能是将高频高压脉冲信号转换成多组高频低压脉冲信号(如图9)。

图9

1.8 光电耦合器

光电耦合器的主要作用是将变频电冰箱开关电源输出电压的误差信号反馈到开关振荡集成电路中,由开关振荡集成电路根据信号进行稳压控制。光电耦合器内部是由一个光敏晶体管和一个发光二极管构成的(如图10)。

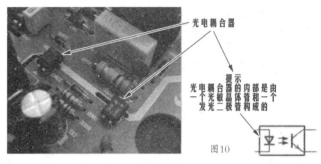
图10

1.9 三端稳压器

三端稳压器是一种具有三个引脚的直流稳压集成电路,不同型号的三端稳压器稳压值不同(如图11)。

图11

二、冰箱有强制对流风扇及单片机控制电路的电气系统分析

2.1 含有强制对流风扇电路的电气系统

间冷式电冰箱靠风扇强制箱内空气对流进行热交换,所以它的电气系统中增加了对流风扇电动机(如图12)。对流风扇电动机与压缩机

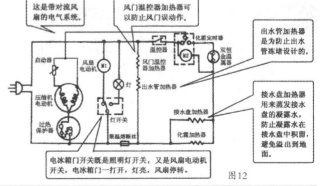
图12

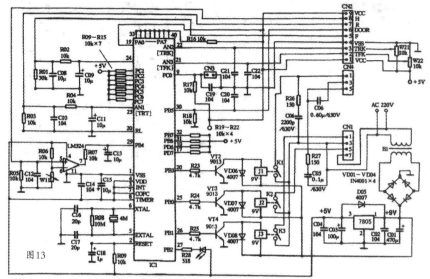

图13

电动机并联,当箱门关闭时,风扇电动机与压缩机电动机同步运转,并在温控器断开时,风扇停转,箱内处于保温状态。当箱门打开时,风扇也停止运转,以避免箱内冷空气与外界热空气快速对流而损失冷气。

2.2 含有单片机控制电路的电气系统

这是华菱BCD-320W型间冷式电冰箱的电气系统,该系统由单片机控制电路构成。单片机型号为MC68HC05,整个控制电路由电源电路、温度检测电路和运行控制电路组成(如图13)。

1. 电源部分

它主要是给单片机控制电路提供直流工作电压的(如图14)。

2. 温度检测电路

电路利用热敏电阻把温度变化转化成电信号,再把这个温度信号输入单片机,由单片机对电冰箱制冷系统进行相应的控制。电路中的热敏电阻又被称为感温头(如图15)。

电冰箱冷冻室和冷藏室的温度范围分别由电位器W21、W22设定。冷冻室的"弱""中""强"三挡,分别对应的温度范围是-20~-18℃、-22~-20℃、-22~-24℃。冷藏室的"弱"、"中"、"强"三挡,分别对应的温度范围是7~9℃、5~7℃、3~5℃单片机以此作为判断条件,对冷冻室和冷藏室感温头热输入的温度信号进行判断,并输出相应的控制电平。

3. 运行控制电路

单片机最终要通过电冰箱的运行控制电路,才能对压缩机电动机、风门电动机、化霜加热器进行控制。该系统的运行控制部分主要由单片机、三极管VT2~VT4、继电器J1、J2、J3等元件组成,它们决定了电

冰箱的运行状态。单片机的20脚、25脚、26脚输出的高低电平,分别使VT2、VT3、VT4导通或截止。当VT2、VT3、VT4导通时,J1、J2、J3有很大的电流流过,开关K1、K2、K3被吸合,相应的电动机运转;当VT2、VT3、VT4截止时,流过J1、J2、J3的电流为零,开关K1、K2、K3断开,相应的电动机停转。下面根据具体电路进行详细分析(如图16)。

当冷藏室温度高过设定值,而此时冷藏室风门又处于关闭状态时,冷藏室感温头把温度信号输入单片机23脚。单片机经判断处理后,从20脚、25脚输出高电平,使BG2、BG3导通,接通继电器线圈J1、J2,开关K1、K2吸合。K1吸合后,风门电动机开始运转,冷藏室风门打开。当风门打开到位时,风门位置开关接通,经接头CN2的6脚向单片机30脚发送一个开关脉冲信号,单片机接到信号后,从20脚输出低电平,使BG2截止,继电器线圈J1断开,K1断开,风门电动机停止运转,完成打开风门的动作。K2吸合后,压缩机电动机运转制冷,冷冻室风扇运转,强制空气对流。此时,电冰箱冷藏室和冷冻室均开始降温。

当冷藏室温度降到设定值,而冷冻室尚未降到设定值时,单片机继续使压缩机运转,同时从20脚输出高电平,使冷藏室风门关闭。此时压缩机继续运转,冷冻室继续降温,冷藏室因风门关闭而停止降温。

当冷冻室温度也降到设定值时,单片机断开K2,使压缩机停止运转,电冰箱停止制冷。

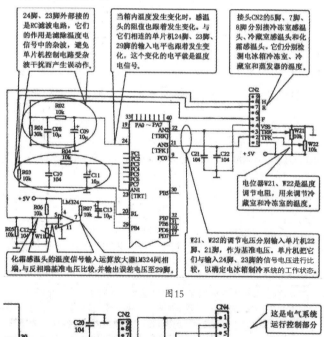

图15

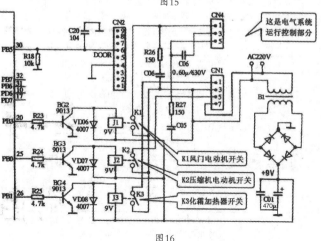

图16

单片机内部的计时器,累计冷冻室温度低于–3℃时压缩机的运转时间。当压缩机的运转时间累计达到12小时后,单片机断开K2,关闭压缩机。同时从26脚输出高电平,使BG4导通,接通K3,化霜加热器通电,对冷冻室内的蒸发器进行加热化霜。

化霜感温头紧贴着安装在蒸发器出口的位置,它及时把蒸发器温度转化成电信号,通过运算放大器(LM324)比较运算,输出误差电压送至单片机29脚。当蒸发器温度达到6℃左右时,单片机根据29脚输入的误差电压做出判断,并从26脚输出低电平,使BG4截止,继电器线圈J3断开,断开K3,停止化霜。

三、海尔新型智能电冰箱故障速查表

为了便于生产和维修,海尔新型智能电冰箱的系统控制电路具有故障自诊功能。当被保护的某一器件或电路发生故障时,被微控制器(MCU)检测后,通过显示屏显示故障代码,来提醒故障发生部位。因此,掌握故障自诊功能的进入、退出方法及故障代码的含义,对于维修智能型电冰箱是至关重要。

3.1 海尔 BCD –579WE、BCD –626W/649WADE/BCD –628***/649***系列智能电冰箱

1. 海尔BCD–579WE进入/退出方法

在锁定状态下,同时按住"速冻""假日"2键,3秒后进入自检模式。如果没有故障,3秒后自动退出。

2. 海尔BCD–626W/649WADE进入/退出方法

在锁定状态下,同时按3次"间室指示功能图标"、"速冻功能图标"键,随着蜂鸣器发出1声提示音,进入自检模式。如果没有故障,3秒后自动退出。

3. 海尔BCD–628***/649***进入/退出方法

在锁定状态下,同时按住"功能选择"、"冷藏温度"2键,3秒后随着蜂鸣器发出1声提示音,显示屏显示"- - -",进入自检模式。进入自检模式后,如果有故障,则3秒后显示故障代码;如果没有故障,3秒后自动退出。

4. 故障代码及其原因

海尔BCD–579WE、BCD–626W/649WADE/BCD–628***/649***系列电冰箱的故障代码及其原因如表1所示。

表1 海尔BCD–579WE、BCD–626W/649WADE/BCD–628***/649***系列电冰箱故障代码及其原因

故障代码	含义	故障原因
F2	环境温度传感器异常	1)①环境温度传感器异常;②该传感器的阻抗信号/电压信号变换电路异常;③MCU或存储器异常
F3	冷藏室温度传感器 R1 异常	2)①传感器 R1 异常;②R1 的阻抗信号/电压信号变换电路异常;③MCU或存储器异常
F4	冷冻室温度传感器异常	①冷冻室温度传感器异常;②该传感器的阻抗信号/电压信号变换电路异常;③MCU或存储器异常
F5	变温室温度传感器异常	①变温室温度传感器异常;②该传感器的阻抗信号/电压信号变换电路异常;③MCU或存储器异常
F6	化霜温度传感器异常	①化霜温度传感器异常;②该传感器的阻抗信号/电压信号变换电路异常;③MCU或存储器异常
F8	冷藏室温度传感器 R2 异常	①传感器 R2 异常;②R2 的阻抗信号/电压信号变换电路异常;③MCU或存储器异常
FC	制冰机传感器异常	3)①制冰机传感器异常;②该传感器的阻抗信号/电压信号变换电路异常;③MCU或存储器异常
E0	通讯不良	①MCU 与被控电路间的通信线路异常;②被控电路异常;③MCU或存储器异常
E1	冷冻风机异常	①冷冻风机或其供电电路异常;②该风机的检测电路(PC电路)异常;③MCU或存储器异常
E2	冷却风机异常	①冷却风机或其供电电路异常;②该风机的检测电路(PC电路)异常;③MCU或存储器异常

续表 1

故障代码	含义	故障原因
E4	真空泵异常	①真空泵或其供电电路异常;②真空泵的检测电路异常;③MCU或存储器异常
E5	真空保鲜异常	①真空保鲜室异常;②MCU或存储器异常
Ed	化霜加热系统异常	①化霜加热器或其供电电路异常;②化霜检测电路异常;③MCU或存储器异常
Er	制冰机异常	4)①制冰机或其供电电路异常;②制冰机检测电路异常;③MCU或存储器异常

3.2 海尔BCD–801WDCA系列智能电冰箱

1. 进入/察看方法

在解锁状态下,同时按5次"温区选择""速冻"键,随着蜂鸣器发出1声提示音,进入自检模式。进入自检模式后,按锁定键可以查看下一个故障代码。

2. 故障代码及其原因

海尔BCD–801WDCA 系列电冰箱的故障代码及其原因如表2所示。

表2 海尔BCD–801WDCA系列电冰箱故障代码及其原因

序号	故障代码	含义	故障原因
1	--	正常	
2	F2	环境温度传感器异常	5)①环境温度传感器异常,②该传感器的阻抗信号/电压信号变换电路异常,③MCU或存储器异常
3	F3	冷藏室空间温度传感器异常	6)①冷藏室空间温度传感器异常,②该传感器的阻抗信号/电压信号变换电路异常,③MCU或存储器异常
4	F4	冷冻室温度传感器异常	①冷冻室温度传感器异常,②该传感器的阻抗信号/电压信号变换电路异常,③MCU或存储器异常
5	F1	冷藏室化霜传感器异常	①冷藏室化霜传感器异常,②该传感器的阻抗信号/电压信号变换电路异常,③MCU或存储器异常
6	F6	冷冻室化霜传感器异常	①冷冻室化霜传感器异常,②该传感器的阻抗信号/电压信号变换电路异常,③MCU或存储器异常
7	F5	变温室温度传感器异常	①变温室温度传感器异常,②该传感器的阻抗信号/电压信号变换电路异常,③MCU或存储器异常
8	FE	人感传感器异常	7)①人感传感器异常,②该传感器的阻抗信号/电压信号变换电路异常,③MCU或存储器异常
9	E0	通讯不良	①MCU 与被控电路间的通讯线路异常,②被控电路异常,③MCU或存储器异常
10	E1	冷冻风机异常	①冷冻风机或其供电电路异常,②该风机的检测电路(PC电路)异常,③MCU或存储器异常
11	E2	冷却风机异常	①冷却风机或其供电电路异常,②该风机的检测电路(PC电路)异常,③MCU或存储器异常
12	E6	冷藏风机异常	①冷藏风机或其供电电路异常,②该风机的检测电路(PC电路)异常,③MCU或存储器异常
13	Ec	冷藏化霜加热系统异常	①冷藏化霜加热器或其供电电路异常,②该化霜检测电路异常,③MCU或存储器异常
14	Ed	冷冻藏化霜加热系统异常	①冷冻化霜加热器或其供电电路异常,②该化霜检测电路异常,③MCU或存储器异常

3.3 海尔BCD–586WS/586WSF/586WSG/586WSL588WS/588WSF系列智能电冰箱

1. 海尔BCD–586WS/586WSF/588WS/588WSF进入/退出方法

在锁定状态下,同时按住"人工智慧""冷藏调节"2键,3秒后随着蜂鸣器发出1声提示音,松开手后自动进入自检模式,在冷藏室温度窗口显示故障代码;1分钟后自动退出。

2. 海尔BCD–586WSG/586WL进入/退出方法

在锁定状态下,同时按住"冷冻调节""功能确认"2键,3秒后随着蜂鸣器发出1声提示音,松开手后自动进入自检模式,在冷藏室温度窗口显示故障代码;1分钟后自动退出。

3. 故障代码及其原因

海尔BCD-586WS/586WSF/586WSG/586WSL/588WS/588WSF系列电冰箱的故障代码及其原因如表3所示。

表3 海尔BCD-586WS/586WSF/586WSG/586WSL/588WS/588WSF
系列电冰箱故障代码及其原因

故障代码	含义	故障原因
F1	冷藏室温度传感器异常	8)①冷藏室温度传感器异常，②该传感器的阻抗信号/电压信号变换电路异常，③MCU或存储器异常
F2	冷冻室温度传感器异常	①冷冻室温度传感器异常，②该传感器的阻抗信号/电压信号变换电路异常，③MCU或存储器异常
F3	环境温度传感器异常	①环境温度传感器异常，②该传感器的阻抗信号/电压信号变换电路异常，③MCU或存储器异常
F5	化霜温度传感器异常	①化霜温度传感器异常，②该传感器的阻抗信号/电压信号变换电路异常，③MCU或存储器异常
F6	制冰机传感器异常(588系列无)	9)①制冰机传感器异常，②该传感器的阻抗信号/电压信号变换电路异常，③MCU或存储器异常
E1	冷冻风机异常	①冷冻风机或其供电电路异常，②该风机的检测电路(PC电路)异常，③MCU或存储器异常
E2	冷却风机异常	①冷却风机或其供电电路异常，②该风机的检测电路(PC电路)异常，③MCU或存储器异常
Ed	化霜加热系统异常	①化霜加热器或其供电电路异常，②化霜检测电路异常，③MCU或存储器异常
Er	制冰机异常(588系列无)	①制冰机或其供电电路异常，②制冰机检测电路异常，③MCU或存储器异常

3.4 海尔BCD-536WDSS/536WBCM/536WBCV/536WBCA/536WISS系列智能电冰箱

1. 进入方法

在锁定状态下，同时按住"冷藏调节""功能确认"2键，3秒后随着蜂鸣器发出1声提示音，松开手后即可进入自检模式。

2. 故障代码及其原因

海尔BCD-536WDSS/536WBCM/536WBCV/536WISS系列电冰箱的故障代码及其原因如表4所示。

表4 海尔BCD-536WDSS/536WBCM/536WBCV/536WISS
系列电冰箱故障代码及其原因

故障代码	含义	故障原因
F3	冷藏室温度传感器异常	①冷藏室温度传感器异常，②该传感器的阻抗信号/电压信号变换电路异常，③MCU或存储器异常
F4	冷冻室温度传感器异常	①冷冻室温度传感器异常，②该传感器的阻抗信号/电压信号变换电路异常，③MCU或存储器异常
F2	环境温度传感器异常	①环境温度传感器异常，②该传感器的阻抗信号/电压信号变换电路异常，③MCU或存储器异常
F6	化霜温度传感器异常	①化霜温度传感器异常，②该传感器的阻抗信号/电压信号变换电路异常，③MCU或存储器异常
FC	制冰机传感器异常(536WISS系列)	①制冰机传感器异常，②该传感器的阻抗信号/电压信号变换电路异常，③MCU或存储器异常
E1	冷冻风机异常	①冷冻风机或其供电电路异常，②该风机的检测电路(PC电路)异常，③MCU或存储器异常
E2	冷却风机异常	①冷却风机或其供电电路异常，②该风机的检测电路(PC电路)异常，③MCU或存储器异常
Ed	化霜加热系统异常	①化霜加热器或其供电电路异常，②化霜检测电路异常，③MCU或存储器异常
Er	制冰机异常(536WISS系列)	①制冰机或其供电电路异常，②制冰机检测电路异常，③MCU或存储器异常
Eh	湿度传感器异常	①湿度传感器异常，②该传感器的阻抗信号/电压信号变换电路异常，③MCU或存储器异常
E0	通讯不良	①MCU与被控电路间的通信线路异常，②被控电路异常，③MCU或存储器异常

3.5 海尔BCD-728WDSS/728WDCA/728WICS系列智能电冰箱

1. 进入/察看方法

在锁定状态下，同时按3次"温区选择"键和"速冻"键，即可进入自检模式。进入自检模式后，按锁定键可察看下一个故障代码。

2. 故障代码及其原因

海尔BCD-728WDSS/728WDCA/728WICS系列电冰箱的故障代码及其原因如表5所示。

表5

序号	故障代码	含义	故障原因
1	00	正常	
2	F2	环境温度传感器异常	①环境温度传感器异常，②该传感器的阻抗信号/电压信号变换电路异常，③MCU或存储器异常
3	F3	冷藏室温度传感器异常	①冷藏室温度传感器异常，②该传感器的阻抗信号/电压信号变换电路异常，③MCU或存储器异常
4	F4	冷冻室温度传感器异常	①冷冻室温度传感器异常，②该传感器的阻抗信号/电压信号变换电路异常，③MCU或存储器异常
5	F6+冷藏温区	冷藏室化霜传感器异常	①冷藏室化霜传感器异常，②该传感器的阻抗信号/电压信号变换电路异常，③MCU或存储器异常
6	F6+冷冻温区	冷冻室化霜传感器异常	①冷冻室化霜传感器异常，②该传感器的阻抗信号/电压信号变换电路异常，③MCU或存储器异常
7	FC	制冰机传感器异常	①制冰机传感器异常，②该传感器的阻抗信号/电压信号变换电路异常，③MCU或存储器异常
8	F5+冷冻温区	左变温室温度传感器异常	①左变温室温度传感器异常，②该传感器的阻抗信号/电压信号变换电路异常，③MCU或存储器异常
9	F5+冷藏温区	右变温室温度传感器异常	①右变温室温度传感器异常，②该传感器的阻抗信号/电压信号变换电路异常，③MCU或存储器异常
10	Eh	湿度传感器异常	①湿度传感器异常，②该传感器的阻抗信号/电压信号变换电路异常，③MCU或存储器异常
11	E0	通讯不良	①MCU与被控电路间的通讯线路异常，②被控电路异常，③MCU或存储器异常
12	E1	冷冻风机异常	①冷冻风机或其供电电路异常，②该风机的检测电路(PC电路)异常，③MCU或存储器异常
13	E2	冷却风机异常	①冷却风机或其供电电路异常，②该风机的检测电路(PC电路)异常，③MCU或存储器异常
14	E6	冷藏风机异常	①冷藏风机或其供电电路异常，②该风机的检测电路(PC电路)异常，③MCU或存储器异常
15	Ed+冷藏温区	冷藏化霜加热系统异常	①冷藏化霜加热器或其供电电路异常，②该化霜检测电路异常，③MCU或存储器异常
16	Ed+冷冻温区	冷冻化霜加热系统异常	①冷冻化霜加热器或其供电电路异常，②该化霜检测电路异常，③MCU或存储器异常
17	Er	制冰机异常	①制冰机或其供电电路异常，②制冰机检测电路异常，③MCU或存储器异常

3.6 海尔BCD-450WDSD/452WDPF系列智能电冰箱

1. 进入/察看/退出方法

进入：在锁定状态下，按住"冷藏"键的同时，连续点按"智能"键5次，即可进入自检模式。进入自检模式后，通过冷藏室或冷冻室的温区及主板上的单个指示灯显示故障代码。

察看：自检期间，按"解锁"键可循环察看故障代码。

退出：无故障时，自动退出自检模式。

2. 故障代码及其原因

海尔BCD-450WDSD/452WDPF系列电冰箱的故障代码及其原因如表6所示。

四、海尔新式对开门冰箱故障代码含义及检修

为了便于生产和维修，海尔518WS、Y5对开门系列智能型电冰箱的控制系统具有故障自我诊断功能。当温度传感器或其阻抗信号/电压

表6　海尔BCD-450WDSD/452WDPF系列电冰箱故障代码及其原因

序号	故障代码	含义	故障原因
1	F2,主板指示灯闪2次,灭3s,循环显示	环境温度传感器异常	①环境温度传感器异常,②该传感器的阻抗信号/电压信号变换电路异常,③MCU或存储器异常
2	F3,主板指示灯闪3次,灭3s,循环显示	冷藏室温度传感器异常	①冷藏室温度传感器异常,②该传感器的阻抗信号/电压信号变换电路异常,③MCU或存储器异常
3	F4,主板指示灯闪2次,灭3s,循环显示	冷冻室温度传感器异常	①冷冻室温度传感器异常,②该传感器的阻抗信号/电压信号变换电路异常,③MCU或存储器异常
4	F6,主板指示灯闪2次,灭3s,循环显示	冷冻室化霜传感器异常	①冷冻室化霜传感器异常,②该传感器的阻抗信号/电压信号变换电路异常,③MCU或存储器异常
5	E0,主板指示灯长亮	通讯不良	①MCU与被控电路间的通信线路异常,②被控电路异常,③MCU或存储器异常
6	E1,主板指示灯闪1次,灭6s,循环显示	冷冻风机F FAN异常	①冷冻风机或其供电电路异常,②该风机的检测电路(PC电路)异常,③MCU或存储器异常
7	E2,主板指示灯闪2次,灭6s,循环显示	冷却风机C FAN异常	①冷却风机或其供电电路异常,②该风机的检测电路(PC电路)异常,③MCU或存储器异常
8	Ed,主板指示灯闪10次,灭3s,循环显示	冷冻化霜加热系统异常(化霜70min,温度低于7℃)	②冷冻化霜加热器或其供电电路异常,②冷冻室化霜检测电路异常,③MCU或存储器异常

信号变换电路异常时,被微处理器检测后,自动通过显示屏显示故障代码,提醒该机进入保护状态和故障原因(如图18)。

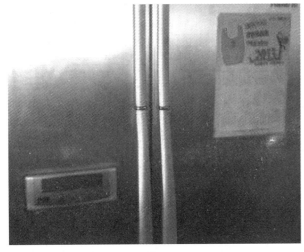

图18

4.1 海尔518WS/558WBT系列电冰箱故障代码

海尔518WS挡位显示系列电冰箱故障代码与故障原因如表1所示,海尔518WS液晶显示系列电冰箱故障代码与故障原因如表2所示。

表1　海尔518WS挡位显示系列电冰箱的故障代码

故障代码/显示部位	含义	故障原因
冷藏挡位显示窗口左侧第一格闪烁	冷藏室温度传感器1异常	①冷藏室温度传感器1异常,②该传感器的阻抗信号/电压信号变换电路异常,③CPU或存储器异常
冷藏挡位显示窗口左侧第二格闪烁	冷藏室温度传感器2异常	①冷藏室温度传感器2异常,②该传感器的阻抗信号/电压信号变换电路异常,③CPU或存储器异常
冷藏挡位显示窗口左侧第四格闪烁	冷藏室蒸发器传感器异常	①冷藏室蒸发器传感器异常,②该传感器的阻抗信号/电压信号变换电路异常,③CPU或存储器异常
冷藏挡位显示窗口左侧第三格闪烁	环境温度传感器异常	①环境温度传感器异常,②该传感器的阻抗信号/电压信号变换电路异常,③CPU或存储器异常

（续右栏）

故障代码	含义	故障原因
冷冻挡位显示窗口右侧第三格闪烁	冷冻室温度传感器异常	①冷冻室温度传感器异常,②该传感器的阻抗信号/电压信号变换电路异常,③CPU或存储器异常
冷冻挡位显示窗口右侧第二四格闪烁	冷藏室化霜传感器异常	①冷藏室化霜传感器异常,②该传感器的阻抗信号/电压信号变换电路异常,③CPU或存储器异常
冷冻挡位显示窗口右侧第一格闪烁	化霜加热系统异常	①冷冻化霜加热器或其供电电路异常,②该化霜检测电路异常,③CPU或存储器异常

表2　海尔518WS液晶显示系列电冰箱故障代码与故障原因

故障代码/显示部位	含义	故障原因
F1/冷藏温度显示窗口	冷藏室温度传感器1异常	1)①冷藏室温度传感器1异常;②该传感器的阻抗信号/电压信号变换电路异常;③CPU或存储器异常
F2/冷藏温度显示窗口	冷藏室温度传感器2异常	2)①冷藏室温度传感器2异常;②该传感器的阻抗信号/电压信号变换电路异常;③CPU或存储器异常
F4/冷藏温度显示窗口	冷藏室蒸发器温度传感器异常	3)①冷藏室蒸发器温度传感器异常;②该传感器的阻抗信号/电压信号变换电路异常;③CPU或存储器异常
F3/冷藏温度显示窗口	环境温度传感器异常	4)①环境温度传感器异常;②该传感器的阻抗信号/电压信号变换电路异常;③CPU或存储器异常
F1/冷冻温度显示窗口	冷冻室温度传感器异常	5)①冷冻室温度传感器异常;②该传感器的阻抗信号/电压信号变换电路异常;③CPU或存储器异常
F2/冷冻温度显示窗口	冷冻室化霜温度传感器异常	6)①冷冻室化霜温度传感器异常;②该传感器的阻抗信号/电压信号变换电路异常;③CPU或存储器异常
F3/冷冻温度显示窗口	冷冻室化霜加热系统异常	7)①化霜加热器或其供电电路异常;②化霜温度检测电路异常;③CPU或存储器异常

4.2 海尔Y5系列电冰箱故障代码

海尔Y5系列电冰箱故障代码与故障原因如表3所示。

表3　海尔Y5系列电冰箱的故障代码:

故障代码/显示部分	含义	故障原因
F1/冷藏温度显示窗口	冷藏室温度传感器1异常	8)①冷藏室温度传感器1异常;②该传感器的阻抗信号/电压信号变换电路异常;③CPU或存储器异常
F2/冷藏温度显示窗口	冷藏室温度传感器2异常	9)①冷藏室温度传感器2异常;②该传感器的阻抗信号/电压信号变换电路异常;③CPU或存储器异常
F3/冷藏温度显示窗口	环境温度传感器异常	①环境温度传感器异常;②该传感器的阻抗信号/电压信号变换电路异常;③CPU或存储器异常
F4/冷冻温度显示窗口	冷冻室温度传感器异常	①冷冻室温度传感器异常;②该传感器的阻抗信号/电压信号变换电路异常;③CPU或存储器异常
F6/冷藏温度显示窗口	化霜温度传感器异常	①化霜温度传感器异常;②该传感器的阻抗信号/电压信号变换电路异常;③CPU或存储器异常
Ed/冷藏温度显示窗口	化霜加热系统异常	①化霜加热器或其供电电路异常;②化霜温度检测电路异常;③CPU或存储器异常
F7/冷藏温度显示窗口	制冰机传感器异常	①制冰机传感器异常;②该传感器的阻抗信号/电压信号变换电路异常;③CPU或存储器异常
F5/冷藏温度显示窗口	变温室温度传感器异常	①变温室温度传感器异常;②该传感器的阻抗信号/电压信号变换电路异常;③CPU或存储器异常
EO/冷藏温度显示窗口	通讯不良	①CPU与被控电路间的通信线路异常;②被控电路异常;③CPU或存储器异常
E1/冷藏温度显示窗口	冷冻风机异常	①冷冻风机或其供电电路异常;②该风机的检测电路(PC电路)异常;③CPU或存储器异常
E2/冷藏温度显示窗口	冷却风机异常	①冷却风机或其供电电路异常;②该风机的检测电路异常;③CPU或存储器异常
Er/冷藏温度显示窗口	制冰机异常	①制冰机或其供电电路异常;②制冰机检测电路异常;③CPU或存储器异常

美的家用空调故障代码及检修方法

张凯恒

一、常见故障代码表

14年及以后生产新品故障维修代码表(定速/变频,挂机/柜机全适用)。

1.1 数码管、液晶显示方式:

代 码	故 障 指 示 内 容
E0	室内机 E 方故障
E1	室内外通信故障
E2	过零检测故障
E3	室内风机失速故障
E30	净化器风机失速故障
E4	定速机电流保护
E51	室外 E 方故障
E52	T3 室外管温传感器故障
E53	T4 室外环境传感器故障
E54	Tp 排气传感器故障
E60	T1 室内环境传感器故障
E61	T2 室内管温传感器故障
E7	室外风机失速
E9	开关门故障
EA	室内 E 方参数错误
Eb	室内板与显示板通信故障
EE	快检写入 E 方错误
EH	射频模块故障
EF	智慧眼故障
EU	灰尘传感器故障
EL	显示板 E 方故障
EJ	显示板与摇头板通讯故障
F9	室内外电控通讯协议不匹配
Fb	电表模块故障
P0	IPM 模块保护
P1	电压保护
P2	室外压缩机顶部温度保护
P4	直流变频压缩机位置保护
P5	格栅保护
P6	压缩机排气高温保护
PP	直流变频压缩机位置保护
PA	室外冷凝器高温保护关压缩机
PL	冷媒泄漏保护
CL	清洗过滤网

1.2 变频空调检测仪故障代码表

显示内容	故 障 指 示 内 容
E0	室内机 E 方故障
E1	室内外通信故障
E2	过零检测故障
E3	室内风机失速故障
E5	室外机传感器故障或 E 方故障
E50	室外机传感器故障
E51	室外机 E 方故障
E52	室外盘管 T3 传感器故障
E53	室外室温 T4 传感器故障
E54	室外排气传感器故障
E55	室外回气温度传感器故障
E6	室内机温度传感器故障

显示内容	故 障 指 示 内 容
E60	室内室温 T1 传感器故障
E61	室内管温 T2 传感器故障
E7	室外直流风机失速故障
Eb	室内板与显示板通信故障
L0	蒸发器高低温限频
L1	冷凝器高温限频
L2	压缩机排气高温限频
L3	电流限频
L5	电压限频
L6	PFC 故障限频
PA	冷凝器高温保护
PF	PFC 模块开关停机
P0	室外机 IPM 模块保护
P1	电压保护
P10	电压过低保护
P11	电压过高保护
P12	室外直流侧电压保护
P2	压缩机顶部温度保护
P4	室外机压缩机反馈保护
P40	主控芯片与通信芯片通信故障
P41	压缩机电流采样电路故障
P42	压缩机启动故障
P43	压缩机缺相保护
P44	压缩机零速保护
P45	室外 341 主芯片驱动同步故障
P46	压缩机失速保护
P47	压缩机锁定保护
P48	压缩机脱调保护
P49	压缩机过电流故障
P6	压缩机排气高温保护
P8	室外电控电流保护
P80	室内电流保护
P81	室外电流保护
P82	交流电流采样电路故障
P9	蒸发器高低温保护
P90	蒸发器高温保护
P91	蒸发器低温保护

1.3 变频室外售后通用板拨码开关选择对照表

1. 无源分体室外通用电控盒(编码:2033372SH002)拨码开关选择对照表

机型	拨码开关 压缩机型号	SW1-1	SW1-2	SW1-3	SW1-4	SW2-1	SW2-2
23/26	DA89X1C-23EZD1 DA108X1C-23EZ	OFF(0)	OFF(0)	OFF(0)	OFF(0)	ON(1)	不用
	DA89M1C-10EZ	ON(1)	OFF(0)	OFF(0)	OFF(0)	ON(1)	不用
	C-1RZ089H1BE	ON(1)	ON(1)	OFF(0)	OFF(0)	ON(1)	不用
	DH130X1C-20FZ3 DH130X1C-20DZ1	ON(1)	OFF(0)	ON(1)	OFF(0)	ON(1)	不用
	ASM89D10UEZ	ON(1)	ON(1)	ON(1)	OFF(0)	ON(1)	不用
32/35	DA89X1C-23EZD1 DA108X1C-23EZD1	OFF(0)	OFF(0)	OFF(0)	OFF(0)	OFF(0)	不用
	DA108M1C-10EZ	ON(1)	OFF(0)	OFF(0)	OFF(0)	OFF(0)	不用
	C-1RZ107H1BE	ON(1)	ON(1)	OFF(0)	OFF(0)	OFF(0)	不用
	DH130X1C-20FZ3 DH130X1C-20DZ1	ON(1)	OFF(0)	ON(1)	OFF(0)	OFF(0)	不用
	ASM108D10UEZ	ON(1)	ON(1)	ON(1)	OFF(0)	OFF(0)	不用
	DA108M1C-80EZ7	OFF(0)	ON(1)	ON(1)	OFF(0)	OFF(0)	不用

2. 有源分体室外通用电控盒(编码:2033323SH013)拨码开关选择对照表

(1)压缩机型号与拨码开关对照表

拨码开关 压缩机型号	SW2-1	SW2-2	SW2-3	SW2-4	状态代码
ASM108D11UEZ/ASM98D11UFZ ASM98D11UFZ/ASM89D11UFZ	OFF(0)	OFF(0)	OFF(0)	OFF(0)	0000
ASM89D10UEZ	ON(1)	OFF(0)	OFF(0)	OFF(0)	1000
DA89X1C-23EZD1	OFF(0)	ON(1)	OFF(0)	OFF(0)	0100
DA108M1C-80EZ7	ON(1)	ON(1)	OFF(0)	OFF(0)	1100
GA102MDA / GA102MDB	OFF(0)	OFF(0)	ON(1)	OFF(0)	0010
GA102MBA	ON(1)	OFF(0)	ON(1)	OFF(0)	1010
ASM108D10UEZ	OFF(0)	ON(1)	ON(1)	OFF(0)	0110
DA89M1C-30EZ	ON(1)	ON(1)	ON(1)	OFF(0)	1110
ASM98D11UEZ/ASM98D17UEZ	OFF(0)	OFF(0)	OFF(0)	ON(1)	0001
GA102MGA	ON(1)	OFF(0)	OFF(0)	ON(1)	1001
ASN98D22UEZ / ASN98D22UFZ/ ASN98D22UFZA	OFF(0)	ON(1)	OFF(0)	ON(1)	0101

(2)机型选择对照表

拨码开关 机型	SW1-1	SW1-2	状态代码
23/26	ON(1)	OFF(0)	10
32/35	OFF(0)	OFF(0)	00

3. 51变频柜机室外通用电控盒(编码:2033481SH002)拨码开关选择对照表

(1)压缩机型号对照表

拨码开关 压缩机型号	SW1-1	SW1-2	SW1-3	SW1-4	状态代码
DA150S1C-20FZ(美芝)	OFF(0)	OFF(0)	OFF(0)	OFF(0)	0000
C-6RZ146H1A(三洋)	ON(1)	OFF(0)	OFF(0)	OFF(0)	1000
C-7RV113H0S(三洋)	OFF(0)	ON(1)	OFF(0)	OFF(0)	0100
SNB130FGYMC-L1(美芝)	OFF(0)	OFF(0)	OFF(0)	ON(1)	0101
DA130M1C-31FZ(三菱)	ON(1)	OFF(0)	OFF(0)	ON(1)	1101
DA130M1C-31FZ(美芝)	ON(1)	OFF(0)	OFF(0)	ON(1)	1101
ASG133CDNA7AT(日立)	OFF(0)	OFF(0)	ON(1)	ON(1)	0011
ASG133SF-A7AT(日立)	ON(1)	OFF(0)	ON(1)	ON(1)	1011

(2)电子膨胀阀使用对照表

拨码开关 电子膨胀阀选择	SW2-5	SW2-6
有电子膨胀阀	ON(1)	OFF(0)
无电子膨胀阀	OFF(0)	OFF(0)

4. 72变频柜机室外通用电控盒(编码:2033483SH002)拨码开关选择对照表

(1)压缩机型号对照表

拨码开关 压缩机型号	SW1-1	SW1-2	SW1-3	SW1-4	状态代码
C-7RVN153HOW	OFF(0)	OFF(0)	OFF(0)	OFF(0)	0000
TNB220FLHMC	ON(1)	OFF(0)	OFF(0)	OFF(0)	1000
C-7RZ292H13AA	OFF(0)	ON(1)	OFF(0)	OFF(0)	0100
DA250S2C-30MT	ON(1)	OFF(0)	ON(1)	ON(1)	1011

(2)电子膨胀阀使用对照表

拨码开关 电子膨胀阀选择	SW2-5	SW2-6
有电子膨胀阀	ON(1)	OFF(0)
无电子膨胀阀	OFF(0)	OFF(0)

二、故障具体检修方法

2.1 电流保护

1. 将主板电流互感器中的线体抽出,观察是否还出现故障;若还出现故障,则为主板故障;

2. 检查性能系统是否脏堵,压缩机性能系统。

2.2 风机速度失控(PG电机)

1. 检查风轮装配是否出现松脱或者卡死的现象;若则有进行调整;

2. 检查室内电控风机接线是否牢固可靠;若有问题则进行调整;

3. 上电空调开送风模式,若风机不能动作,检测风机强电输出端口红线与黑线之间交流电压;

(1)若无交流电压输出,则为主板故障;

(2)若有交流电压输出,用手沿风轮转动方向拨动风轮,若风机能正常启动,则为主板故障;若风机仍不能正常工作,则为电机故障;

4. 上电空调开启送风模式,若风机能正常动作

(1)检测风机反馈端口 $\frac{1}{3}$ 脚之间直流电压;

① 无电压输出,则判断为主板故障;

② 有电压输出,则测量风机反馈端口 $\frac{2}{3}$ 脚之间电压;

A. 若测量电压为5.5V,则判断为主板故障;

B. 若测量电压为2.5~3V,则判读为电机故障。

2.3 主芯片和计算机通信不上故障排查方法

1. 检查电控与计算机之间接线是否正常;

2. 更换室内电控主板。

2.4 室内蒸发器传感器温度开路或短路、室内房间温度传感器开路或短路、冷凝器传感器检测异常故障排查方法

1. 检查传感器本体线组是否破皮或者断裂;若有则进行更换;

2. 检查传感器本体与电控主板之间接线是否牢固可靠,若存在问题则进行调整;

3. 用万用表检测传感器阻值,若阻值为0或者无穷大,则说明为传感器故障;否则可判定为室内主板故障。

2.5 温度保险丝断开保护故障排查方法

1. 检查电机温度保险与电控主板之间接线是否可靠,若存在问题则进行调整;

2. 将温度保险丝接头从主板上取下,然后将主板插头进行短接,若空调仍出现温度保险丝保护,则为主板故障;

3. 若主板不再出现保护,观察电机温度是否过高,若电机温度不高,则为温度保险丝故障;若电机本体温度较高,则为电机故障。

2.6 室内蒸发器高温或低温保护故障排查方法

1. 检查传感器本体线组是否破皮;若有则进行更换;

2. 检查传感器本体与电控主板之间接线是否牢固可靠,若存在问题则进行调整;

3. 用万用表检测传感器阻值,并与蒸发器实际温度进行比较,若二者温度值偏差较大,则说明为传感器故障;若二者温度值一致,且蒸发器本身温度并不是过高或过低,则可判定为室内主板故障;若二者温度值一致,且蒸发器本身温度偏高(制热)或偏低(制冷),则为性能系统故障。

2.7 抽湿模式室内温度过低保护故障排查方法

1. 检查传感器本体线组是否破皮;若有则进行更换;

2. 检查传感器本体与电控主板之间接线是否牢固可靠,若存在问题则进行调整;

3. 用万用表检测传感器阻值,并与房间实际温度进行比较,若二者温度值偏差较大,则说明为传感器故障;若二者温度值一致,且房间温度较高,则为主板故障;若二者温度值一致,且室内环境温度本身偏低,则为正常现象,需解释处理。

2.8 室外保护故障排查方法

1. 检查内外机连接线是否存在加长或者连接不可靠的情况,若存在问题则进行对应更换或者调整;

2. 将室内主板上的S通信线短接到N线,若室外保护故障仍存在,则说明室内电控主板存在故障;若短接后空调室外保护故障消失,则说明空调故障点在室外机;

电路板上的压缩机线从电流互感器中取出,观察空调故障是否消失;若空调仍出现故障,则说明空调外机主板存在故障;若空调故障消失,则需要检查空调压缩机及性能系统是否正常;

3. 若空调室外三个LED灯状态为亮、亮、亮,则说明空调外机电源三相电缺相,需检查用户电源或者接线。

2.9 室外冷凝器高温保护关压缩机故障排查方法

1. 检查传感器本体线组是否破皮;若有则进行更换;

2. 检查传感器本体与电控主板之间接线是否牢固可靠,若存在问题则进行调整;

3. 用万用表检测传感器阻值,并与冷凝器实际温度进行比较,若二者温度值偏差较大,则说明为传感器故障;若二者温度值一致,且冷凝器本身温度并不是过高或过低,则可判定为室内主板故障;若二者温度值一致,且冷凝器本身温度偏高,则为性能系统故障。

2.10 T1传感器(E1)、T2传感器(E2)、T3传感器(E3)、T4传感器(E4)故障排查方法

1. 检查传感器本体线组是否破皮或者断裂;若有则进行更换;

2. 检查传感器本体与电控主板之间接线是否牢固可靠,若存在问题则进行调整;

3. 用万用表检测传感器阻值,若阻值为0或者无穷大,则说明为传感器故障;否则可判定为室内主板故障。

2.11 室内板与显示板通信故障排查方法

1. 检查显示板连接线线组是否存在断或者破损的情况,同时检查显示板连接线组插头插接是否良好,如存在问题,则进行对应更换或者调整;

2. 检查电控主板或者显示板板底电路元件焊接是否存在明显的焊接质量问题,如存在则进行对应更换;

3. 利用一可正常工作的柜机室内显示板,替换原出现故障的柜机室内显示板,若空调仍出现故障,则判定为空调内机主板存在故障;若空调故障消失,则说明为空调内机显示板故障;

4. 利用一可正常工作的柜机室内主板,替换原出现故障的柜机室内主板;若空调故障消失,则说判定为空调内机主板存在故障;若空调仍出现主板与显示板通信故障,则可判定为空调显示板存在故障。

2.12 加湿器故障排查方法

1. 检查加湿器及湿度传感器接线是否正常;如存在问题,则进行替换或者调整;

2. 检查湿度传感器检测值是否正常,若存在问题,则判定为湿度传感器故障,需调整;

3. 对加湿器直接上电,检查加湿器工作是否能正常加湿,若不能正常工作,则判定为加湿器故障,需对应调整;

4. 若排除完湿度传感器、加湿器故障后,则可判定为主板故障,需更换处理。

2.13 静电除尘故障排查方法

1. 检查空调除尘机构装配是否到位,静电除尘开关是否断裂,如存在问题则需要进行对应调整;

2. 将空调除尘机构手动调整到除尘完毕位置,在待机模式下若出现除尘故障,则可判定为空调主板故障,需对应调整;

3. 将除尘电机直接通220V交流电压,若除尘电机不动作,则可判定为除尘电机故障,需更换处理;

4. 上电开除尘模式,若空调主板无输出电压,则可判定为空调主板故障;若空调主板有输出电压,而除尘电机不动作,则可判定为除尘电机故障;若除尘电机有动作,但是表现出来动作不顺畅,则可判定为出风框故障,需更换处理。

2.14 压缩机过载故障排查方法

1. 短接电控主板上压缩机过载保护器的插子,若空调仍报故障,则可判定为空调主板故障,需更换处理;

2. 在常温下用万用表检测压缩机过载保护器,若过载保护器为断

路,则可判定为过载保护器损坏,需更换处理;

3. 检查压缩机性能阻值是否正常及性能系统是否存在脏堵的情况。

2.15 室内出风口温度过高(制热)故障排查方法

1. 检查空调风道系统是否存在脏堵的情况,若存在则进行对应调整;

2. 检查空调电辅热是否异常工作,即空调蒸发器传感器检测温度很高还是一直开启,若是则说明电辅热控制系统失效,需检查空调电路板。

2.16 压缩机过流保护

1. 将压缩机线组从电流互感器中抽出,若空调仍出现过流保护故障,则为空调电路板故障;

2. 检查压缩机三个端子之间阻值是否正常,对单相压缩机,2个阻值加起来若不等于第三个阻值,则判断为压缩机故障;对三相压缩机,若三相之间阻值不平衡,则说明为压缩机故障;

3. 检查空调性能系统。

2.17 高低电压保护故障排查方法

1. 接上变频空调检测仪,查看检测仪上U0直流电压母线值;

2. 用万用表检测变频室外电控盒中大电解电容两端直流母线电压数值;并与变频检测仪上U0数值进行比较;

3. 若变频空调检测仪U0数值与万用表检测数值明显不一致,则可判定为变频室外电控盒故障;若U0数值与万用表检测数值一致且电压值都较高或很低,则说明用户电源存在故障,需进行对应调整。

2.18 室外排气温度过高关压缩机故障排查方法

1. 检查传感器本体线组是否破皮;若有则进行更换;

2. 检查传感器本体与电控主板之间接线是否牢固可靠,若存在问题则进行调整;

3. 用万用表检测传感器阻值,并与压缩机实际温度进行比较,若二者温度值偏差较大,则说明为传感器故障;若二者温度值一致,且压缩机本身温度并不是过高,则可判定为室内主板故障;若二者温度值一致,且压缩机本身温度偏高,则为性能系统故障.

2.19 压缩机顶部温度保护故障排查方法

1. 短接室外电控盒上的压缩机顶部温度保护器插子,若空调仍出现故障,则判定为空调室外电控盒故障;

2. 在常温下用万用表检测压缩机顶部温度保护器,若顶部温度保护器为开路状态,则判定为压缩机顶部温度保护器故障;否则则可判定为压缩机或者空调性能系统故障。

2.20 防冷风关风机

1. 将空调T2传感器温度加热到24度以上,若空调仍处于防冷风状态,则可判定为空调内主板故障;

2. 若空调T2传感器阻值始终不能调整到24度以上,明显与现实温度不合,则可判定为空调T2传感器故障;

3. 若空调在T2传感器温度到24度以上能自动退出防冷风模式,同时在24度以下进入防冷风,则空调属于正常工作状态。

2.21 网络通信故障排查方法

1. 检查空调主机与计算机或者上位机之间的接线是否正确,连接是否可靠;如存在问题则需要进行对应调整;

2. 检查空调网络模块上的指示电源指示灯是否点亮,如不亮则检查主板是否有输出电源,若无电源输出则可判定为主板故障;若主板有电源输出则可判定为网络模块故障;

3. 拔掉空调网络模块,使用遥控器对空调进行控制,若遥控器能够正常控制空调功能,则可判定为网络模块故障;若遥控器不能正常控制空调功能,则说明为空调主板故障。

2.22 进风格栅保护故障排查方法

1. 检查空调门开关与主板之间连接线组是否断裂或者插接是否可靠,若存在问题则进行更换或调整;

2. 用手按下玻璃门后面的开关,若空调故障能够消失,则说明为玻璃门与门开关之间的配合问题,需要进行对应调整;

3. 若用手按下开关后空调仍出现故障,则拔掉门开关插子,并将主板上的格栅保护插子进行短接,若空调故障不能消失,则可判定为空调主板故障;

4. 若短接空调主板插子后,空调故障可消失,则用手按下开关后使用万用表检测阻值,若阻值不为0,则说明为门开关故障;若阻值为0,则说明为接头问题,需要进行调整。

2.23 开关门故障

1. 检查室内电控主板光电开关检测位置5V电源是否有输出,若无,则说明为空调室内电控主板故障;

2. 分别短接光电开关检测脚位置1-2, 3-4引脚,然后上电开机,观察空调是否还会出现E9故障,若空调故障仍存在,则判定为室内电控故障;

3. 待内机正常开启后关机,使用万用表检测开关门红黄线之间电压(220V)、黑黄线之间电压(265V),若电压值不合,则说明为内主板故障;

4. 分别短接光电开关检测1-3, 2-4脚,上电待机,若空调故障仍存在,则说明为内电控故障;

5. 开机,用万用表检测开关门红黄线之间电压(265V),黑黄线之间电压(220V),若二者之间电压值不合,则说明为内主板故障;

6. 若以上检测均符合测试电压,则可判定为出风框故障。

2.24 压缩机低压(高压)保护

1. 短接空调外机主板上的低压(高压)保护开关插子,若空调故障仍不能消失,则说明为空调外机主板故障;

2. 用万用表检测压缩机低压(高压)保护开关,若检测阻值不为0,则可判定为压缩机低压(高压)保护开关故障;

3. 检查性能系统故障。

2.25 负载板与显示板通信故障

1. 检查显示板连接线组是否破皮或者断裂或者插头连接不到位的情况,若存在则需要进行更换或者进行调整;

2. 使用一可正常工作的柜机显示板对故障机显示板进行替换,若空调故障不能消失,则说明为空调主板故障;若空调故障消失,则说明为空调显示板故障;

3. 使用一可正常工作的柜机主板对故障机主板进行替换,若空调故障不能消失,则说明为空调显示板故障;若空调故障消失,则说明为空调主板故障。

2.26 直流风机失速故障

1. 检查空调风轮是否破损,电机及风轮装配是否存在故障,同时检查空调风道系统是否存在堵或者破裂的情况,若有问题则进行调整;

2. 用万用表检测空调主板是否有310V直流母线电压输出,若无则说明为空调主板故障;

3. 用万用表检测空调主板是否有15V直流电压输出,若无则说明为空调主板故障;

4. 测量风机驱动端口黄线与黑线之间是否有2.7-4.6V之间的直流电压存在,若存在此电压,则说明为直流风机故障;若不存在此电压,则说明为空调主板故障。

2.27 室内外通信故障(定速机)

1. 检查连接线是否存在加长或者连接线是否接触可靠或破损等

问题,若有问题则进行对应调整;

2. 检查室内电流环电路中是否有220V交流电压输出,若无,则可直接判定为室内电控故障;

3. 测量接线座位置S、N之间直流电压,若测量电压无跳变或者跳变电压幅度较小,则说明为室内电控故障;若测量电压跳变幅度较大,则说明为空调室外电控故障。

2.28 室内机和室外机通信故障(变频机)

1. 检查连接线是否存在加长或者连接线是否接触可靠或破损等问题"若有问题则进行对应调整;

2. 上电开机初始2分钟内检查内机电源主继电器是否有向室外输出220V交流电压,若无则说明为室内主板故障;

3. 测量N、S之间的直流电压,若电压值为固定数值或者跳变电压值较小,则说明为内机主板故障;若电压值为跳变较大的数值,则说明为外机故障;

4. 检查变频外机电控盒指示灯工作情况:

(1)若变频室外电控盒中指示灯不亮,则需要将所有负载拔掉,若指示灯变亮,则说明为室外负载故障,需进行一一排查;若指示灯仍不亮,则需要检查电抗器或者电感,如有问题则需要进行更换;若无问题则可判定为室外电控故障;

(2)若变频室外电控盒指示灯微亮,则需要将所有负载拔掉,若指示灯变亮,则说明为室外负载故障,需进行一一排查;若指示灯仍微亮,则可判定为室外电控故障;

(3)若变频室外电控盒指示灯亮,则说明为变频室外电控盒故障;

5. 若测量N、S之间电压跳变幅度范围较大,且外机刚开始工作正常,则将变频空调检测仪接到室外电控盒上,查询空调室内Tl、T2传感器温度数值,若能正常查询室内Tl、T2传感器温度,则说明为内机主板故障;若查询到Tl、T2传感器温度值为-66,则说明为空调室外电控故障。

2.29 室外温度传感器故障或室外E方参数故障

1. 使用变频检测小板查看具体故障代码:E51为室外E方故障,E52为室外T3传感器故障,E53为室外T4故障,E54为室外Tp故障,E55为室外TH故障;

2. 若变频空调检测仪显示E51,则直接更换室外电控;

3. 若变频空调检测仪显示其他故障系列,则参考上述传感器故障检测方法。

2.30 模块保护

1. 检查压缩机连接线组是否破皮或者接线位置是否正确可靠,若存在问题则进行对应调整;

2. 断开压缩机连接线组,测量变频室外电控盒U、V、W之间阻值是否平衡,若不平衡则说明为变频室外电控盒故障;

3. 测量压缩机U、V、W之间阻值是否平衡,若不平衡则说明压缩机存在故障;

4. 连接好压缩机连接线组,用万用表交流档检测变频室外电控盒U、V、W与N线之间的交流电压,若三者之间电压不平衡,则说明变频室外电控盒存在故障;

5. 检查空调性能系统方面原因及问题。

2.31 湿度传感器故障

1. 将空调运行模式切换到非抽湿模式,观察空调故障是否消失,如空调仍显示湿度传感器故障,则为室内电控故障;

2. 检查湿度传感器连接中间线组是否断裂,两端接头连接是否可靠;若存在问题,则进行对应更换或调整;

3. 将传感器接头位置改成一普通传感器进行连接,若空调故障不消失,则说明为电控主板故障,否则可判定为湿度传感器故障。

2.32 水满故障

1. 检查水位开关连接线组是否破皮或者断裂、水位开关接头是否接触可靠,如存在故障则需要进行对应调整;

2. 将水位开关拨到下方,检测水位开关是否处于短路状态;然后将水位开关拨到最上方,用万用表检测水位开关是否处于断路状态;若二者有一不符合,则可判定为水位开关故障;

3. 将空调主板上的水位开关接头短接,若水满故障不消失,则可判定为空调主板故障。

2.33 过滤网复位故障

1. 检查过滤网复位开关连接线组是否破皮、断裂或者连接可靠,如有问题则需要进行对应调整;

2. 检查空调器过滤网除尘机构是否存在卡死或者动作不畅的情况,如有问题则需要进行对应调整;

3. 短接电控主板上的复位开关,若空调故障不能消失,则可判定为空调内机主板故障;

4. 将复位开关用光挡住,使用万用表检测复位开关端子,若检测光电开关开路,则判定为复位开关故障。

2.34 直流变频压缩机位置保护

1. 检查压缩机连接线组是否破皮或者接线位置是否正确可靠;

2. 参考P0故障检测室外电控盒与压缩机。

2.35 室内外电控通信协议不匹配

1. 检查室内外机器型号是否配套,不配套则需要更换正确型号;

2. 室外机是否使用了老通信协议的通用电控进行维修;(13/14年新品72变频柜机(LB/1D/KH/CE/YA100/YA200/YA300/ZA300/CA300)暂时只能使用外机原配电控盒进行维修,兼容新、老通信协议的3P室外通用电控未完成开发,具体完成时间请关注后期下发的售后技术维修指引。

2.36 过零检测故障

1. 检测用户电源是否稳定,在机器运行过程中有无大的波动,用稳压电源看是否还报此故障;

2. 更换室内主控板。

2.37 射频模块故障

1. 先找到射频模块安装位置,观察模块与显示板或主控板连接线是否连接可靠,线体有无破损、短路;

2. 更换射频模块(注:个别机型的射频模块是焊在显示板上的);

3. 更换显示板或室内主控板(如射频模块是通过连接线与显示板连接的,只需更还显示板)

2.38 智慧眼故障

1. 先找到智慧眼模块安装位置,观察智慧眼模块与显示板或主控板连接线是否连接可靠,线体有无破损、短路;

2. 更换智慧眼模块或室内主控板。

2.39 灰尘传感器故障

1. 检测灰尘传感器与主控板连接是否可靠,插头有无氧化生锈,线体有无破损、短路;

2. 灰尘传感器或室内主控板。

2.40 显示板与摇头板通信故障

1. 检测摇头板与显示板连接是否连接可靠,线体有无破损、短路;

2. 更换摇头板或显示板。

2.41 电表模块故障

1. 检测室内电控盒接线是否正确;

2. 更换室内主控板。

三、美的空调维修基础

美的空调器由制冷系统和电气系统组成,它的运行状态又与工作环境和条件有密切的关系,所以对美的空调器的故障分析需要综合考虑,维修人员应熟悉制冷系统功能和电路原理,在分析故障时应该有一条清晰思路和维修程序,只有这样才能做到紧张有序.忙而不乱,以达到信速排除故障的目的.在美的空调器的故障中,故障原因总的来说可分为两类:

1. 机器外原因或人为故障(用户电源是否正常)。

2.机器本身故障.因此在分析处理故障时,一定要先排除机器外故障。机器本身故障又分为制冷系统故障和电气系统故障两类. 在这两类故障中,应先排除制冷系统故障,判断系统是否漏氟.管道堵塞.冷凝器是否散热好等一般性故障,在排除系统故障后,就要检查是否为电气系统故障. 在电气故障方面,首要先排除是否电源问题,再判断是否是其他电控问题,比如电动机绕组是否正常,继电器是否不良等.按照上述思路,便可逐步缩小故障范围,故障原因便可水落石出了。

3.1 美的空调器制冷系统故障

1. 制冷系统的正常参数

在维修美的空调器前,首要搞清楚美的空调器的维修参数如电流,压力[高压力低压力],电压变频机器要测试压缩机的运行频率,出风口温度等等,下面具体进行介绍。

2. 制冷时工作状态下的参数:

(1)制冷系统正常低压在4–6 kgf/cm^2 之间;

(2)制冷系统的正常高压在16–19 kgf/cm^2 之间;

(3)美的空调器的出风口温度应为12-15℃之间;

(4)进出风口的温差应大于8℃;

(5)停机时室外温度为 38℃时的平衡压力为10kgf/cm²左右(以上参数与室内外的环境温度有关在检修时应具体分析);

(6)全封闭往复活塞式压缩机外壳温度在 50℃左右;

(7)全封闭往复涡旋式压缩机外壳温度在 60℃左右;

(8)全封闭活塞旋转式压缩机外壳温度在 50℃左右;

(9) 低压管温度一般在 15℃左右,正常时低压管应结露但不能结霜,如结霜说明系统缺氟或堵塞;

(10)排气管温度一般在 80–90℃ 之间。如温度过低,说明系统缺氟或堵塞,如温度过高,则说明系统内有空气或压缩机机械故障;

(11)可根据吸气管结露情况添加氟利昂,氟利昂未加够时吸气管可出现结霜现象,当压缩机吸气管上半部结霜时说明此时加氟量适中;

(12)风扇电机外壳温度一般不超过 60℃;

(13)美的空调器运转一小时后室内排水管应排水;

(14)在室内或室外机能听到毛细管中制冷剂的流动声,如听不到流动声说明制冷系统有问题。

3.2 制热工作状态下的参数

1. 制冷系统正常低压在4–6kgf/cm²之间。

2. 冬季制热时,制冷系统的正常高压在15~22kgf/cm²之间。

3. 冬季制热时,当环境温度应为10′时系统平衡压力为6kgf/cm²左右。

4. 冬季制热时,当环境温度过低室外散热器会出现结霜现象。

5. 冬季加氟时,制冷系统底压以不超过3.5kgf/cm²为适。

6. 冬季制热时,热泵型美的空调器出风口温度应在35~42℃之间,进出风口温度差应大于15℃(以上参数与室内外的环境温度有关在检修时应具体分析)。

7. 冬季制热时,电热型美的空调器出风口温度应在30~45℃之间,进出风口温度差应大于15℃以上。

8. 冬季制热时,压缩机外壳温度应比制冷状态下底10℃左右。

9. 冬季制热时,当美的空调器处于除霜状态,压缩机正常运转,室内外风扇电机应停止运行。对变频美的空调设计有不停机除霜功能。

10. 冬季加氟时,应将美的空调置于制冷状态下,最好采用定量加注,如条件不允许,可通过测量系统高压来加氟,其高压一般不超过20kgf/cm²为合适。

11. 冬季制热时,当环境温度低于-5℃,美的空调器制热效果将明显降低,且室外机还会出现结霜现象。

12. 制热运行时,单向阀两端不应有温度差,如两端温度差说明其内漏。

13. 美的空调器处于除霜状态时,换向阀断电,此时室外机会发出一气流声;如换向阀线圈断则无此气流声,说明换向阀有故障。

14. 冬季制热时如室外环境温度较高,会出现室外机排水现象。

3.3 排气压力升高的原因

制冷系统排气压力与冷凝温度相对应,而排气压力与其冷却介质的流量和温度有很大关系,同时还与压缩机效率以及冷负荷量有关。

1. 制冷状态下排气压力升高的原因

(1)制冷中有空气或制冷剂过多

(2)室外风扇电机转速低或不运转

(3)室外温度或扇热器过脏

(4)电子膨胀阀开启度过小

(5)一拖二美的空调器室内单机不工作

(6)制冷系统内半堵塞 (脏堵、冰堵、油堵、角阀未全)。

2. 制热状态下排气压力升高的原因

(1)制冷系统中有空气或制冷剂过多

(2)室内散热器或过滤网堵塞

(3)室内温度高或过滤网堵塞

(4)室内风扇电机转速低或不运转

(5)室内风扇电机机械故障风叶卡死

(6)电子膨胀阀开启度过小

(7)系统内部半堵塞(即脏堵、冰堵、油堵、角阀未开全)。

3.4 排气压力降低的原因

制冷系统排气压力与冷凝温度相对应,吸气压力于排气温度也相对应。

1. 制冷系统排气压力降低的原因:

(1)制冷系统缺氟

(2)室内风扇电机转速低或不运转

(3)压缩机排气效率降低

(4)四通换向阀或电磁旁通阀泄漏

(5)制冷系统堵塞或室外机底压阀没打开

(6)变频压缩机不升频率

2. 制热状态下排气压力降低的原因:

(1)四通换向阀内部泄漏;

(2)单向阀内漏或辅助毛细管堵塞

(3)制冷系统缺氟

(4)室外环境温度过低

(5)室外机不除霜或除霜不净

(6)室外机散热器过脏

(7)压缩机排气效率降低

(8)室外风扇电机转速低或不运转

(9)变频压缩机不升频率

3. 吸气压力升高的原因

制冷系统吸气压力与蒸发器温度相对应,实际上吸气压力于排气温度也相对应。即吸气压力高,排气压力也相对提高,反之则底。

(1) 制冷系统下吸气压力升高的原因如下:①电子膨胀阀开启过大;②室外环境温度过高;③系统中有空气或氟过量;④室外风扇电机转速过低或不运转;⑤室外机散热器过脏;⑥压缩机吸排气效率降低;

(2) 制冷系统下吸气压力升高的原因如下:①室内散热器或过滤网过脏;②室内风扇电机不转或停转;③四通换向阀内部泄漏;④室外环境温度过高;⑤电子膨胀阀开启过大;⑥系统中有空气或氟过量;⑦压缩机吸排气效率降低。

3.5 吸气压力降低的原因

1.制冷状态下吸气压力降低的原因如下:

(1)制冷系统中制冷剂过少

(2)压缩机吸排气效率降低

(3)室内散热器或过滤网过脏、堵塞

(4)室内环境温度过底

(5)电子膨胀阀开启过小

(6)室内风扇电机转速过低或不运转

(7)制冷系统半堵塞(脏堵、冰堵、油堵)

2. 制热状态下吸气压力降低的原因如下:

(1)系统内部堵塞或制冷剂过少

(2)压缩机吸排气效率降低

(3)电子膨胀阀开启过大

(4)室外环境温度过底

(5)室外机不除霜或除霜效果差

(6)外机风机不转或散热器过脏

(7)外风机转速过低或停转

(8)换向阀或旁通阀内部泄漏

3. 造成制冷系统温度变化的原因如下:

制冷系统蒸发温度于吸气压力相对应,冷凝温度于排气压力相对应,通过分析吸气于排气压力的变化,就等于分析了蒸发温度于冷凝温度的变化。

(1)系统吸气温度高,吸气压力相应高

(2)系统吸气温度低吸气压力相应低

(3)系统流量大,吸气温度低

(4)系统流量小,吸气温度高

(5)系统毛细管一定,制冷剂注入量过多,吸气温度低

(6)系统毛细管一定,制冷剂注入量过少,吸气温度高

(7)系统电子膨胀阀开启过小,吸气温度底

(8)系统电子膨胀阀开启过大,吸气温度高

(9)系统冷凝温度高,排气压力也相对应高

(10)系统冷凝温度低,排气压力也相对应低

3.6 美的空调故障检修要点

美的空调检修要"问、闻、听、诊""看听摸闻测"要点:

看:电源电压正常否,散热器是否太脏接头是否有油迹压缩机吸气管结霜正常否用故障代码区分故障点。

听:压缩机.风扇电机运转正常否四通换向阀换向时气流声正常否外机整机噪声正常否换向阀工作时是否有吸合声毛细管.膨胀阀中制冷剂流动声是否正常

摸:风扇电机压缩机外壳温度正常否,毛细管过绿器表面温度正常否,压缩机吸排气温度正常否,四通换向阀四根连接管温度正常否,单向阀两端是否有温差。

制冷当制冷系统出现了故障后,一般不可能直接观察到故障部位,因此就需通过测量制冷系统高低压值与正常值进行比较,然后分析产生故障的原因。

插头大电流连接件温度正常否,IPM功率模块的外壳温度正常否,闻制冷剂冷冻油气味是否正常,电器元件是否有烧焦的气味,测美的空调器进出风口温度正常否,压缩机吸排气压力正常否,美的空调器运转电流于负载电压正常否。

两款空调维修实例

张凯恒

一、创维空调KFR-35GW/V3KA1A-N1维修实例

1.1 内外机接线图

1. 室内电路板接线图(图1)

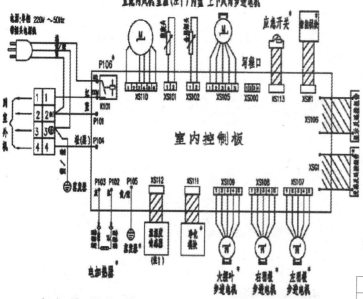

图1

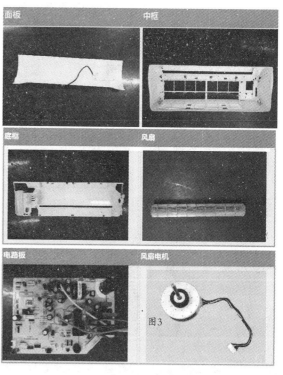

图3

2. 室内电路板接线图(图2)

1.2 主要功能部件与规格

1. 室内机(图3)

创维 V3KA1A 系列变频挂机关键零部件配置表		
	型号	KFR-35G/V3KA1A-N1
室内机	塑封电机	型号 ZKFP-20-8-98；电机类型(直流)
		型号 ZWK465AO0206；电机类型(直流)
	步进电机	型号1:24-BYJ48-2055(带锁)；
		型号2:30BYJ46-112；
	贯流风叶	风叶尺寸(φ90.4)×6.28 册)；
	温度传感器	型号 JIUK5.661.000204
		型号 JUK5.651.900002989

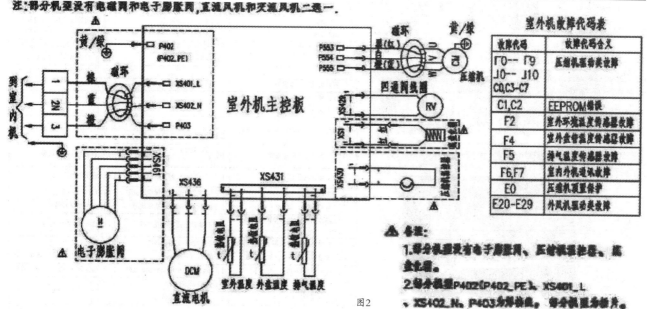

室外机故障代码表	
故障代码	故障代码含义
ΓO--Γ9 J0--J10 C0,C3-C7	压缩机驱动类故障
C1,C2	EEPROM错误
F2	室外环境温度传感器故障
F4	室外盘管温度传感器故障
F5	排气温度传感器故障
F6,F7	室内外机通讯故障
E0	压缩机预置保护
E20-E29	外风机驱动类故障

图2

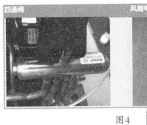

四通阀　　风扇电机　　压缩机

创维 V3KA1A 系列变频挂机关键零部件配置表		
	型号	KFR-35W/V3K1A
室外机	四通阀	厂家(三花)：型号(SHF-4H-23U-P)
		厂家(盾安)：型号(DSF-4-R410A)
	电磁线圈	厂家(盾安)：型号(DXQ-1452)
		厂家(三花)：型号(SQ-A2522G-005339)
	截止阀	规格(截止阀 1/4；截止阀 3/8)
	压缩机	品牌(海立)：型号(GSD098XKUF7JV6B)
	室外电机	型号[ZKFN-30-8-16]：电机类型(直流)
	轴流风叶	风叶尺寸(φ420mm)：叶片数(3 叶)
	温度传感器	温度传感器 JUK5.651.900025992

电路板　　节流阀

2. 室外机(图4)

1.3 拆机指导

1. 室内机(图5)
2. 室外机(图6)

1、面板拆卸
(1)取下面板和显示板连接线插头。
(2)用握住面板两侧格左、右转轴取出即可取下面板。

1、顶板拆卸
(1)取下顶板后、右和前5颗螺钉。
(2)用手将顶板向上提即可取下顶板。

2、大摆叶拆卸
(1)先将大摆叶轴两侧螺钉面取下(如图1前头所示)取出。
(2)用平口螺丝刀(如图2箭头所示)转左、右轴顶出，取下摆叶。

2、前面板拆卸
(1)取下图1、图2中的螺钉。
(2)将前面板向上操即可取下前面板。

3、中框拆卸
(1)摆叶取下(取摆叶先取中间转轴，再取两端)。
(2)将室温传感器从中框上松开，将图1中的6颗螺丝钉取下。
(3)用平口螺丝刀将图2中的卡子顶出。
(4)将图3位置中的4个卡扣松开，取下中框。

3、电控拆卸
(1)取下电控固定螺钉(图1所示)。
(2)取下电控中各连接插头(电机插头有锁扣，需要先取下锁扣)。
(3)将室外温度传感器取下。
(4)将整个电控盒向上提(注意电控下方的固定线卡需掰开)即可取下。

4、电控拆卸
(1)取下图1中地线、盘管传感器、取下图2螺钉。
(2)取下图3中步进电机插头线、风机插头线、电加热插头线、电控固定螺钉。
(3)取下电控。

图6

5、蒸发器拆卸
(1)取下后框上蒸发器出管处盖板，取下导风架。
(2)取蒸发器左、右固定螺钉(图1、图2、图3所示位置)。

6、电机拆卸
(1)将线流扇旋转，与电机轴固定的螺钉拧松1圈。
(2)将图1中的电机固定卡取下。
(3)将电机抽出取下。

图5

1.4 故障代码表

调显功能码(遥控器对着空调长按"减键"+"节能键"进行发码)		普通故障码(直接显示)			
P0	系统异常	E0	压机顶置保护	F1	室内环境温度感温包故障
P1	压机排气温度保护	E1	内机报与显示板通信障	F2	室外环境温度感温包故障
P2	过电流保护	E2	室外风机故障	F3	室内管路温度感温包故障
P3	制热除霜	E3	显示板报与内机通信故障	F4	室外管路温度感温包故障
P4	制热过载保护	E4	室内风机故障	F5	压机排气温度感温包故障
P5	制冷防冻结	E9	驱动类临时故障	F6	内机判断内外机通信故障
P6	制冷过载保护			F7	外机判断内外机通信故障
P7	室外机模块过温保护			FF	内机与WIFI模块通信故障
P8	运转频率低于最低频率				
P9	直流风机IPM模块过温保护				

驱动类故障码(直接显示)					
Γ0	逆变器直流过电压故障	J0	PFC 低电压(有效值)检出故障	C0	直流电压突变故障
Γ1	逆变器直流低电压故障	J1	AD Offset 异常检出故障	C1	EEPROM数据
Γ2	逆变器交流过电流故障	J2	逆变器PWM 逻辑设置故障	C2	EEPROM 初始化错
Γ3	失步检出	J3	逆变器PWM 初始化故障	C3	速度估算故障
Γ4	欠相检出故障(速度推定脉动检出法)	J4	PFC_PWM 逻辑设置故障	C4	D轴电流控制故障
Γ5	欠相检出故障(电流不平衡检出法)	J5	PFC_PWM 初始化故障	C5	Q轴电流控制故障
Γ6	逆变器IPM 故障(边沿、电平)	J6	温度异常	C6	D轴电流控制积分饱和故障
Γ7	PFC_IPM 故障(边沿、电平)	J7	Shunt 电阻不平衡调整故障	C7	Q轴电流控制积分饱和故障
Γ8	PFC 输入过电流检出故障	J8	通信线检出		
Γ9	直流电压检出异常	J9	电机参数设置故障		

故障描述	原因分析	处理方法
F1-F5	传感器插座处接触不良	重新将端子线插入相应插座,保证接触良好
	传感器坏(测量电阻值与阻值表偏离较大)	更换相同型号传感器
F6、F7	首次运行出现检查机组连线接线是否正确	确保机组连线接线顺序与接线标签一致
	室外主控板保险管熔断	更换相同规格型号的保险管
	室外机开关电源故障(室外主控板二极管不亮)	维修主控板开关电源或更换模块板
	没给室外机供电(无220V交流输出)	确保电路无漏焊、虚焊、连焊,若无输出,检查确认后更换主芯片、继电器。
	室内外通信电路故障	检测电容正负端电压为+24VDC,若不是,检查电阻、二极管是否正常;检查通信电路各元器件有无虚焊、失效问题;可用示波器检查通信电路各部分波形。
J6	模块板散热面温度过高	确保模块与散热器之间接触紧密、无杂物、无缝隙、紧固模块板的螺钉紧固到位,确保室外风扇运转正常。

故障描述	原因分析	处理方法
J6、J7	交流电源频率偏离50HZ超过1HZ	确保电源频率为50±1 HZ
	电源电压过低、干扰信号大等	使用3KVA稳压器,若无效更换模块板
显示板无显示或显示乱码,遥控不接收	电源板坏(主控板XS303无输入)	更换电源板
	显示板连接线松动	保证显示连接线两端接插良好
	遥控器无显示	更换遥控器电池,若无效更换遥控器。
	遥控器发射头被脏物遮挡	清除脏物,若无效更换遥控器。
蜂鸣器不叫	电源变压器损坏(变压器次级无输出)	更换相同型号的电源变压器
	蜂鸣器损坏或控制器件问题	参考室内机电路图,确保蜂鸣器控制电路器件无漏焊、虚焊,对照电路图标注型号进行器件阻值、电压等参数测量,若器件损坏请更换相同型号器件。
外风机不运行	首次运行出现,检查外风机接线是否正确和松动	确保外风机接线与室外电控接线标签一致,将各个连接点紧密连接
	控制问题	参考室外机电路图,确保风机电控电路器件无漏焊、虚焊,对照电路图标注型号进行器件阻值、电压等参数测量,若器件损坏请更换相同型号器件。
	电机或启动电容	电机损坏更换电机,启动电容容值低于标示值超过10%,更换电容。

二、美博MBO变频空调维修实例

2.1 故障代码汇总表

1. 室内机显示

故障类型	指示灯代码	数码管代码
室内外通讯故障	RUN、TIMER -同闪	E0
室外通讯故障	RUN、TIMER -同闪	EC
室温传感器	RUN-1 次/8秒	E1
内盘管温度传感器	RUN-2 次/8秒	E2
外盘管温度传感器	RUN-3 次/8秒	E3
系统异常	RUN-4 次/8秒	E4
机型配置错误	RUN-5 次/8秒	E5
室内风机故障	RUN-6 次/8秒	E6
室外温度传感器	RUN-7 次/8秒	E7
排气温度传感器	RUN-8 次/8秒	E8
变频驱动、模块故障	RUN-9 次/8秒	E9
室外风机故障(直流电机)	RUN-10 次/8秒	EF
电流传感器故障	RUN-11 次/8秒	EA
EEPROM 故障	RUN-12 次/8秒	EE
压缩机顶部温度开关故障	RUN-13 次/8秒	EP
电压传感器故障	RUN-14 次/8秒	EU
回气温度传感器	RUN-15 次/8秒	EH
保护类型	**指示代码**	**数码管代码**
过、欠压保护	RUN-闪、TIMER-1 次/8秒	P1
过电流保护	RUN-闪、TIMER-2 次/8秒	P2
排气温度过高保护	RUN-闪、TIMER-4 次/8秒	P4
制冷防冻冷保护	RUN-亮、TIMER-5 次/8秒	P5
制冷防过热保护	RUN-亮、TIMER-6 次/8秒	P6
制热防过热保护	RUN-亮、TIMER-7 次/8秒	P7
室外温度过高、过低保护	RUN-亮、TIMER-8 次/8秒	P8 (不显示)
驱动保护(负载异常)	RUN-闪、TIMER-9 次/8秒	P9
模块保护	RUN-闪、TIMER-10 次/8秒	P0

2. 室外机电源板闪灯

闪烁次数	故障内容	闪烁次数	故障内容
1	IPM 保护	10	室外热交换度传感器短路路故障
2	过欠压	11	排气温度传感器短路路故障
3	过电流	12	电压传感器故障
4	排气温度过高保护	13	电流传感器故障
5	外盘管高温保护	14	IPM 故障
6	驱动故障保护	15	外机通讯故障
7	与室内通讯故障	16	直流风机无反馈
8	压机过热故障(压机顶部开关)	17	除霜状态
9	外环温传感器短路路故障	18	回气温度传感器短路路故障
19	室外 eeprom 故障	20	室外风机保护
21	室内风机保护	23	系统故障
24	机型匹配	25	室内环境传感器故障
26	室内盘管传感器故障	27	室内 EEPROM 故障
28	室内风机故障	29	室内制盘管传感器故障
30	室外驱动故障	31	室外环境保护
32	室内盘管防冻结	33	室内盘管过热

3. 室外机模块板闪灯

闪烁次数	故障内容	闪烁次数	故障内容
1	IPM保护/故障	13	压机相电流故障
2	直流过欠压	15	外机通讯故障
3	压机过流		
6	驱动保护		

2.2 常见故障代码处理方法

1. 故障现象:显示E0　　　故障原因:室内外通讯故障

原因分析:

(1)出现E0代码,先检查室外电源板指示灯状态:

1)灯亮:则用万用表检测模块板15V回路有无短路(可测量模块板上 15V回路稳压是否击穿):

A. 击穿,则更换模块板;　　　B. 未击穿,则更换电源板;

2)灯不亮:则检查内外接线是否松脱或接错线,若没接错线,则用万用表直流电压挡测试内外机端子处,通信线与零线电压:

A. 电压无变化或在0-24V变化,则更换室内控制板;

B. 若电压在0-13V之间变化,则更换室外板。

(2)检测外围电感是否开路,检测桥堆是否击穿或开路。

(3)以上都无法处理,则考虑更换内外连接线(线材受潮、耐压不良引起信号干扰,此种情况直接换一根线试试)(如图7、图8)。

概念:①PFC:即功率因数校正;②整流桥:是由二极管组成的桥路,作用是把输入的交流电压装换为输出的直流电压;③IGBT:简单地说就是压缩机的控制开关,不过是毫秒级别的。

2. 故障现象:显示E1和E2

故障原因:室内环境温度、蒸发器盘管温度传感器故障。

原因分析:A. 温度传感器与插槽接触不良:重新接插,确保接触良好。B. 温度传感器损坏:参照温度–电阻值表(见附录),用万用表测量传感器两端电阻,电阻值发生漂移、开路、短路等,更换温度传感器(如图9)。C. 内控制器坏:换室内控制板。

3. 故障现象:显示E3、E7、E8

图7 IGBT器件(黑色芯片)　　图8 DC⁺ 与 DC⁻(310V)

故障原因上冷凝器盘管、室外环境、压缩机排气管传感器故障~~

原因分析:A.室外电源板温度传感器与插槽接触不良(CN1、CN2):重新

a.传感器温度阻值表(ORT、OPT、RT、IPT):

R25=5KOhm

TEMP.	R(Kohm)	传感器两端电压	TEMP.	R(Kohm)	传感器两端电压
-10	22.671	4.082	26	4.811	2.427
-9	21.606	4.045	27	4.630	2.379
-8	20.598	4.008	28	4.457	2.332
-7	19.644	3.969	29	4.292	2.286
-6	18.732	3.930	30	4.133	2.238
-5	17.881	3.890	31	3.981	2.192
-4	17.068	3.850	32	3.836	2.146
-3	16.297	3.808	33	3.697	2.101
-2	15.566	3.766	34	3.563	2.057
-1	14.871	3.723	35	3.435	2.012
0	14.212	3.680	36	3.313	1.969
1	13.586	3.635	37	3.195	1.926
2	12.991	3.590	38	3.082	1.883
3	12.426	3.545	39	2.974	1.842
4	11.889	3.499	40	2.870	1.800
5	11.378	3.452	41	2.770	1.760
6	10.893	3.406	42	2.674	1.720
7	10.431	3.358	43	2.583	1.681
8	9.991	3.310	44	2.494	1.642
9	9.573	3.262	45	2.410	1.604
10	9.174	3.214	46	2.328	1.567
11	8.795	3.165	47	2.250	1.530
12	8.433	3.116	48	2.174	1.495
13	8.089	3.067	49	2.102	1.459
14	7.760	3.017	50	2.032	1.425
15	7.447	2.968	51	1.965	1.391
16	7.148	2.918	52	1.901	1.357
17	6.863	2.868	53	1.839	1.325
18	6.591	2.819	54	1.779	1.293
19	6.332	2.769	55	1.721	1.262
20	6.084	2.720	56	1.666	1.231
21	5.847	2.671	57	1.613	1.201
22	5.621	2.621	58	1.561	1.472
23	5.404	2.572	59	1.512	1.143

b) 排气传感器阻值表(OHB)

R 25℃=20KΩ±5%

T (℃)	Rmin. (KΩ)	Rnor. (KΩ)	Rmax. (KΩ)	T (℃)	Rmin. (KΩ)	Rnor. (KΩ)	Rmax. (KΩ)
60	4.600	5.046	5.683	91	1.639	1.853	2.090
61	4.462	4.900	5.522	92	1.596	1.806	2.038
62	4.329	4.758	5.366	93	1.554	1.760	0.988
63	4.201	4.620	5.215	94	1.514	1.716	0.939
64	4.076	4.488	5.069	95	1.475	1.673	0.892
65	3.956	4.359	4.928	96	1.437	1.631	1.847
66	3.810	4.203	4.791	97	1.401	1.591	1.802
67	3.670	4.053	4.624	98	1.366	1.552	1.760
68	3.536	3.909	4.464	99	1.332	1.514	1.718
69	3.408	3.771	4.311	100	1.299	1.478	1.678
70	3.285	3.639	4.163	101	1.264	1.440	1.636
71	3.167	3.512	4.021	102	1.230	1.402	1.595
72	3.053	3.390	3.885	103	1.197	1.366	1.555
73	2.945	3.273	3.754	104	1.165	1.331	1.515
74	2.840	3.160	3.628	105	1.134	1.296	1.477
75	2.740	3.052	3.507	106	1.104	1.262	1.440
76	2.644	2.948	3.390	107	1.074	1.229	1.403
77	2.552	2.848	3.278	108	1.045	1.197	1.368
78	2.463	2.751	3.170	109	1.017	1.166	1.333
79	2.378	2.659	3.066	110	0.989	1.135	1.299
80	2.296	2.570	2.966	111	0.963	1.105	1.266
81	2.217	2.484	2.870	112	0.937	1.076	1.234
82	2.141	2.402	2.777	113	0.911	1.048	1.202
83	2.069	2.323	2.602	114	0.886	1.020	1.171
84	1.999	2.247	2.519	115	0.8624	0.9933	1.1410
85	1.932	2.173	2.439	116	0.8389	0.9671	1.1120
86	1.878	2.115	2.376	117	0.8161	0.9415	1.0840
87	1.827	2.059	2.315	118	0.7939	0.9155	1.0560
88	1.778	2.005	2.256	119	0.7722	0.8923	1.0290

图9 用万用表测量传感器两端电阻

图10

接插,确保接触良好。B.温度传感器损坏:参照温度-电阻值表(见附录),用万用表测量传感器两端电阻,电阻值发生漂移、开路、短路等。更换温度传感器,方法参考如图10,图11为室外机温度传感器。C.控制器坏:换室外电源板。

4.故障现象:显示E4　　　故障原因:系统异常。

原因分析:A.室外机高低压阀未开:拧开阀门,确保系统循环通畅。如(图12)。B.系统缺冷媒:开机制冷运行,压缩机启动检出风口温度变化,5分钟后如变化不明显,则系统缺少冷媒,接压力表测试,检查露点重新充注冷媒。C.蒸发器盘管温度传感器脱落或损坏:5分钟后如果出风口温度变化明显,则可能为内盘管传感器脱落或损坏,检查传感器损坏情况,重新安装到位(如图13)。D.系统分流不均:5分钟后如

（右栏）冷凝器盘管温度传感器

室外环境感温包

图11

果出风口温度变化明显,温度传感器正常,则为室内机系统分流不均,将室内控制板JP4跳线短接,屏蔽该故障保护功能,或更换室内机。

5.故障现象:显示E6。

故障原因:内风机故障

原因分析:A.检查电机接插部位是否松动、启动运转电容容值是否正常。B.再检查室内风扇叶是否卡死,运转致使电机不能运转,重新调整室内风扇位置或更换风扇,使其运转顺畅。C.电控板电机驱动或反馈回路损坏,换室内电控板;D.电机损坏,更换新电机。

查看轴承是否松动,电机是否运转(如图14、图15)。

6.故障现象:显示E9(先显示P0或P9)

故障原因:变频驱动、模块故障。

原因分析:A.重新上电观察显示的保护代码(先显示P0或P9)。B.若先显示P0,则按IPM模块保护进行处理。C.若先显示P9,则按驱动保护进行维修。D.以上都无法解决,则重抽真空60分钟以上,再注氟,或更换整台外机。

图12 高低压阀(高细、低粗)

图13 蒸发器盘管温度传感器

图14 贯流风扇左轴承

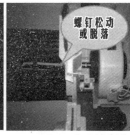

图15 内风机

图16 电源板到模块板之间的通信线

图17 CN10

图18 压缩机连线 U(红)、V

7. 故障现象:显示EC 故障原因:室外通信故障

原因分析:A. 先检查电源板到模块板之间的通信线如(图16)连接是否接插良好、有无松脱。B. 在排除通信线问题后,先更换电源板。之后仍不正常,乃为模块板故障,可更换模块板。

8. 故障现象:显示EP
故障原因:压缩机顶部温度开关故障

原因分析:A. 先检查室外电源板上压缩机顶部温度开关连接线接插部位CN10是否接插良好（无压缩机顶部开关机型检查是否有跳线短接),如(图17)为CN10接插位。B. 检查压缩机温度,如果温度确实很高并伴随异味,则检查压缩机连线U、V、W接线如(图18)是否正确(包括连接压缩机接线部分);系统冷媒不足或冷媒过量;室外机通风是否良好。C. 如果压缩机温度不高,则短接CN10,查看故障是否解除,

如果故障解除,则为壳顶温度开关自身损坏,更换新器件;如果故障仍存在,更换室外电源板。

9. 故障现象:显示EA 故障原因:电流传感器故障

原因分析:A. 系统缺冷媒;检查是否有冷媒泄露,查找露点重新充注冷媒。B. 四通阀向是否正常(如图19)为四通阀。C.更换室外电源板

10.故障现象:显示EU 故障原因:电压传感器故障

原因分析:检查室外电源板与模块板之间通讯线连接是否可靠,如(图21);故障仍存在则更换室外电源板,还存在则更换模块板。

11.故障现象:显示EE 故障原因:EEPROM故障

原因分析:A. 断电重新上电,若故障仍存在,查看电控板上EEPROM安装是否正常。B. 更换室内控制板。C. 更换室外电源板、

12.故障现象:显示P0 故障原因:IPM模块保护

原因分析:A. 若压缩机启动运行数秒甚至未启动就显示该代码,检查压缩机连线是否正确,无错误。则更换模块板。b. 如果空调在运行过程中出现模块保护,检查室外模块板安装在散热片上是否牢固,硅胶是否涂抹均匀,如图20、图21;系统冷媒不足或者过量;室外机通风是否良好。以上问题正常仍不能解决问题则更换模块板。

补充:IPM在变频空调中的作用就是把直流电变为交流电,

13. 故障现象:显示P1 故障原因:过欠压保护

原因分析:A. 测试电源电压,是否在160V~260V之间,超出此范围为正常保护。B. 测试室外机接线端子L、N之间电压是否在160V~260V,超出此范围为正常保护(如图22)。C. 如果电压正常,则更换室外电源板。

14. 故障现象:显示P2 故障原因:过电流保护

原因分析:A. 检查压缩机以及电气系统是否有短路或绝缘电阻变

小的现象;B. 重点检查风扇电机是否出现过热保护或损坏、风扇电容是否损坏;C. 电流检测电路故障,导致检测到的电流大于实际电流值2P以上机器更换电源板,1.5P以下机器更换模块板。

15. 故障现象:显示P4 故障原因:排气温度保护

原因分析:A. 检查排气温度传感器是否出现损坏、断裂、脱胶等现象。用万用表测其阻值是否漂移,若发生漂移,则更换温度传感器;B.制冷室外风机不转,导致外盘管和排气温度急剧上升,需检查室外风扇电机和风扇电容是否损坏、松脱;风扇叶是否被卡住。

16. 故障现象:显示P5
故障原因:制冷防冻结保护

原因分析:A. 检查室内电机、风机电容是否损坏、贯流风扇是否被卡住;B. 检查内盘温度传感器阻值是否漂移;C. 若以上都正常,则更换室内控制板。

17. 故障现象:显示P6
故障原因:制冷防过热保护

原因分析:A. 检查室外风扇电机、风机电容、风扇叶是否被卡住;

B. 检查室外盘管温度传感器阻值是否漂移;

C. 若以上都正常,则更换室外电源板。

18. 故障现象:显示P7 故障原因:制热防过热保护

原因分析:A. 检查室内风扇电机、启动运行电容、贯流风扇是否被卡住;B. 检查室内盘管温度传感器阻值是否漂移;C. 若以上都正常,则更换室内电源板。

19.故障现象:显示P8 故障原因:室外温度过高、过低保护

原因分析:A. 室外环境温度低于–1℃制冷运行,或者室外环境温度超过33℃制热运行,压缩机不能运行并报P8保护,属于正常保护功能。B. 若温度不再以上保护范围,则参照温度–电阻值表（见附录）,用万用表测量传感器两端电阻,看电阻值是否发生漂移、开路、短路等,更换传感器。C. 若保护仍存在,则更换室外电源板。

20.故障现象:显示P9 故障原因:压缩机驱动保护

原因分析:A. 若压缩机启动运行数秒甚至未启动就显示该代码,检查压缩机连线是否正确,无错误则更换模块板。B. 开机运行一段时间后报P9,运行期间制冷制热正常,则直接更换模块板,IPM模块一定要涂上硅胶;若制冷制热不正常,检查压缩机连线是否接错。C. 压缩机关闭后又立即启动,因为空调制冷系统未稳定,也可能造成启动不良报P9保护,可停机时间稍长一些时间再开机尝试。D. 压缩机退磁也可能出现启动不良。

图19 四通阀

图20

图21

图22 室外机接线端子L、N

● 两款空调维修实例

长虹欣锐HSL35D-1MK_400二合一电源板电路分析与检修

贺学金

一、总体介绍

HSL35D-1MK_400电源板是长虹欣锐公司推出的二合一电源,主要用在大屏幕液晶电视上,如长虹LED48C2000i、LED48C2080i、LED49C1080N、50N1等产品。PFC电路采用富士电机公司生产的FA5591作为控制芯片,开关电源(12.3V电压形成电路)采用安森美公司生产的NCP1271A,LED恒流驱动控制IC采用德州仪器生产的UCC25710芯片。电源规格如下:

(1)AC(交流输入):100-240V,2.0A,$\frac{50}{60}$Hz。

(2)DC(直流输出):12.3V,3.5A。

(3)Drive Output(LED驱动输出):204V,400mA。

1.1 实物图解

HSL35D-1MK_400电源板实物正面图解如图1所示,背面图解如图2所示。

1.2 电路组成方框图

该电源板电路组成方框图如图3所示,主要由三部分组成:一是以集成电路FA5591(U201)为核心组成的PFC功率因数校正电路,将市电整流后的提升到380V,为开关电源供电,同时还为LED驱动电路部分的功率放大级供电;二是以集成电路NCP1271A(U101)为核心组成的开关电源,形成12.3V电压,为主板供电,同时还为恒流驱动控制IC供电;三是以集成电路UCC25710(U203)为核心组成的LED驱动电路,产生138V电压,为LED背光灯条供电。该电源板主要特点有:(1)只有一个开关电源(形成12.3V电压),省去了常用的独立待机电源电路;(2)LED背光驱动电路没有采用常见的LED升压电路,而是采用LLC谐振型开关电源。

二、电路分析

2.1 电源进线抗干扰滤波、整流电路

如图4所示,交流220V电源从CON1输入,经过FL101、FL102、FL103、CX101、CX102组成的低通滤波器滤波,能较好地滤除来自电网或者传入电网的干扰。

FL101、FL102、FL103是共模扼流圈,它们是绕在磁环上的两只独立的线圈,圈数相同,绕向相反,在磁环中产生的磁通相互抵消,磁芯不会饱和,主要抑制共模干扰。电感值越大对低频干扰抑制效果愈好。CY104、CY103为共模电容,主要抑制共模干扰,即火线和零线分别与地之间的干扰。电容值愈大对低频干扰抑制效果愈好。CX101、CX102为差模电容,主要抑制差模干扰,即抑制火线和零线之间的干扰。RT101为负温度系数热敏电阻,限制开机瞬间的充电电流;RV101为压敏电阻,当市电电压过高时(250V以上)或有雷电进入时击穿,使F101保险险管因过流而熔断,对后级电路起到保护作用。

经两级滤波后的交流电压再经过由D101~D104二极管组成的桥式整流电路整流,得到100Hz脉动直流电压VAC,提供给PFC电路。电路中桥式整流之后没有接200μF左右的大电解,而是接一个1μF左右的小容量电容,然后加到后面的PFC,由于这个电容容量很小仅1μF,不会对整流后的100Hz脉动电压滤波,因此,加到PFC电路的电压波形是全波整流波形。

2.2 PFC电路

PFC电路参见图4,由驱动电路FA5591(U201)和大功率MOSFET开关管Q201、储能电感L202、整流二极管D203、滤波电容C208等组成。

1. FA5591介绍

FA5591是富士电气有限公司开发的一款高性能功率因数校正器IC,工作在临界导通模式。它具有完善的故障保护功能和检测电路,并具有功耗低、引脚少、外围电路简单、价格便宜等优点,广泛应用于电源电路中。

FA5591的主要特性如下:

1)能够直接驱动大功率MOS管。

2)工作电流很小,启动时电流仅80μA,正常工作电流仅2mA。

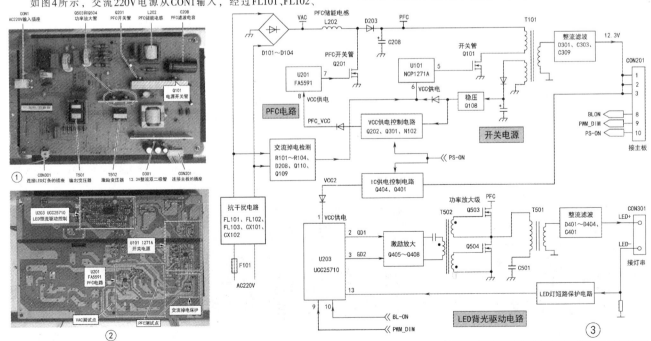

①连接LED灯条的插座 输出变压器 激励变压器 12.3V整流双二极管 连接主板的插座

②

③

3)轻负载时降低工作频率以提高电源效率。

4)具有软启动功能。

5)高精密过电流保护:0.6V ± 5%。

6)反馈脚FB具有开路保护和短路保护功能。

7)具有欠压保护功能,当IC供电大于13V时开始工作,正常工作后电源电压小于9V时进入欠压保护状态,停止工作。

8)IC内部具有过压保护功能。

FA5591的引脚功能与实测数据见表1。

表1 U201(FA5591)引脚功能与实测数据

| 引脚 | 符号 | 功能 | 在路电阻(kΩ) | | 电压(V) |
			红地黑测	黑地红测	
①	FB	反馈电压输入	8.2	18.8	2.45
②	COMP	误差放大器外接补偿电路	8.5	∞	0.78
③	RT	最高频率设定	8.5	60	1.09
④	RTZC	导通延迟时间设定	8.2	21	0.99
⑤	IS	电流检测输入	0	0	0
⑥	GND	接地	0	0	0
⑦	GTDRV	驱动脉冲输出	7	9.5	2.37
⑧	VCC	IC供电。最高供电电压为26V	8	∞	14.22

2. 启动校正过程

AC220V市电整流后产生的100Hz脉动电压经储能电感L202送到PFC开关管Q201的D极;二次开机后,开关机控制电路送来的14V左右的PFC_VCC电压,加到U201的⑧脚,为其提供工作电压,U201启动工作,产生锯齿波脉冲电压,经内部电路处理后,从⑦脚输出激励脉冲,驱动开关管Q201工作于开关状态。

当⑦脚输出高电平时,Q201饱和导通。桥式整流出来的100Hz脉动直流经L202、MOSFET开关管Q201的D-S极、R216回到桥式整流电路的负端,此时电感L202储能,在L202两端形成左正右负的感应电压;当⑦脚输出低电平时,Q201截止,流过L202电流呈减小趋势,L202两端产生左负右正的感应电压。这一感应电压与100Hz脉动直流电压叠加,经D203整流,再经C208滤波,形成380V左右的PFC电压。

PFC电路输出电压的变化经R220、R219、R208、R227、R228、R209、R210与R211分压后作为取样电压由U201的①脚输入,用于稳定PFC输出电压,同时还用于检测PFC电压是否过压以及PFC输出端是否短路。

3. 保护电路

(1)软启动电路

U201内部设计有软启动电路,该电路在PFC电路启动时,使⑦脚输出的脉冲宽度由窄逐渐变宽,从而避免了PFC输出电压尚未建立,反馈到U201①脚的电压较低,⑦脚输出的脉冲宽度很宽,导致开关管Q201过流烧坏。

(2)欠压锁定(UVLO)电路

U201的⑧脚为供电脚,兼有欠压保护功能,当IC供电大于13V时开始工作,小于9V时进入欠压保护状态,IC停止工作。

(3)过流保护电路

U201的⑤脚为电流检测输入端,通过R222对MOSFET开关管Q201的S极电阻R216两端的电压进行检测。R216两端的电压降反映了PFC电路电流的大小,当MOSFET开关管Q201电流过大,R216两端的电压降随之增大,R216左端的负压升高,U201的⑤脚电压超过-0.6V时,过流保护电路动作,关断⑦脚输出的驱动脉冲。

(4)过压保护、短路保护电路

U201的①脚(FB)输入的反馈电压,除用于稳定PFC输出电压功能外,同时还用于PFC输出电压过压保护和短路保护功能。当①脚电压大于2.63V时,经IC内部电路处理后使⑦脚输出的驱动脉冲占空比减小,

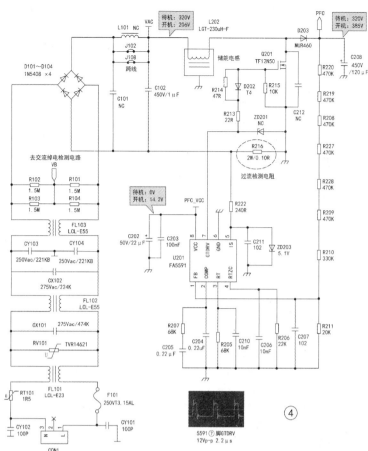

④

5591⑦脚GTDRV
12Vp-p 2.2 μs

缩短开关管的导通宽度,防止输出电压过高;当①脚电压大于2.73V时,IC内部过压保护电路动作,关闭⑦脚输出的驱动脉冲。当IC的①脚外围元件对地短路时,①脚电压下降到小于0.3V,IC内部的FB端子的短路保护电路启动,关断⑦脚的输出,使开关管停止工作。

2.3 开关电源电路

开关电源电路(即12.3V电压形成电路)如图5所示,主要由驱动控制集成电路U101(NPC1271A)、大功率MOSFET管Q101、变压器T101、稳压光耦N101、三端精密稳压器U301等组成,U101(NPC1271A)为核心器件。

1. NCP1271介绍

NCP1271A是安森美公司生产的一款固定频率(内部振荡器的振荡频率为65kHz)电流模式PWM控制器,内置可调跳变电平和外部锁存的软跳过模式备用的PWM控制器,具有低噪声、低功耗的优点。NCP1271A的引脚功能和实测电压见表2。

表2 NPC1271A(U101)引脚功能与实测数据

| 引脚 | 符号 | 功能 | 在路电阻(kΩ) | | 电压(V) | |
			红地黑测	黑地红测	待机	开机
①	Skip/latch	峰值电流起跳控制调整/过压保护	8	9.5	0.39	0.39
②	FB	峰值电压设置,外接光耦合器	9.6	60	0.34	1.01
③	Cs	电流检测输入	1	1	0	0.06
④	GND	接地	0	0	0	0
⑤	Drive	驱动脉冲输出	7.3	9.3	0.01	1.77
⑥	VCC	供电端,供电电压范围10~20V	7.5	30	16.35	16.35
⑦	NC	(空脚)	-	-	-	-
⑧	HV	高压启动端	8.5	500	319	383

2. 启动工作过程

PFC电压(待机时约为320V,开机后约为385V)经R231加到U101(NCP1271A)的⑧脚(HV),经内部高压恒流源电路向U101⑥脚外接电容C104充电。当C104上的电压达到12.6V时,IC内部振荡器工作,从U101的⑤脚输出PWM驱动脉冲,推动Q101工作于开关状态,其脉冲电流在开关变压器T101各绕组中产生感应电压,开关电源正式启动。Q106为放电三极管,在Q101截止时导通,迅速泄放Q101的G-S结电容中的残存电荷,确保开关管下次正常导通。R125的作用是关机时泄放掉Q101的残余电荷。

开关电源正式启动后,T101的辅助绕组(②-①绕组)产生的感应电压经R120//R121限流、D106整流、C108滤波后形成VCC1电压。此电压再经Q108、R107、ZD102组成的电子稳压器稳压,得到17V左右电压,从Q108的E极输出。该电压经D204隔离、R138限流形成VCC电压送到U101的⑥脚,为U101提供启动后的工作电压。

T101次级绕组感应电压经整流、滤波,形成12.3V直流电压。此电压分为两路送:一路经插座CON201输出到主板,为主板控制系统和小信号处理电路供电;另一路为背光灯驱动控制IC供电。

3. 稳压电路

稳压控制电路由三端精密稳压器U301(AZ431)、光耦合器N101(PC-17K1)及U101的②脚(FB)内部电路组成。当电源输出电压升高时,由R306和R307//R311的分压电压也跟着上升,加到U301的R极电压上升,U301的K极输入电流增大,N101内部的发光二极管发光强度增加,N101内部的光敏三极管等效电阻降低,U101的②脚输出电流增大,经内部电路处理后,U101的⑤脚输出的PWM脉冲的占空比变低,开关管在一个周期内的导通时间变短,开关变压器储能减少,则输出电压降低,从而达到稳压的目的。当输出电压降低时,稳压过程与上述过程相反。

4. 保护电路

(1)欠压保护电路

U101的⑥脚(VCC)内部集成欠压保护电路,VCC脚输入的启动电压低于12.6V,IC不能启动;IC进入正常工作状态之后,若电路出现故障,导致VCC电压下降,VCC电压低于5.8V,其内部的欠压保护电路动作,关闭PWM脉冲输出。VCC欠压保护具有锁存特性,即当VCC低于5.8V执行欠压保护之后,即使VCC电压恢复到稍高于5.8V,IC仍保持保护状态。当VCC电压继续上升到稍高于12.6V时,才可重新启动工作,VCC欠压保护自动失效。

(2)过流保护电路

过流保护电路由U101的③脚内外电路组成,R122是开关管Q101的S极电阻,R122两端的电压降反映了开关电源电流大小。U101的③脚通过R124对R122两端的电压降进行检测。当R122两端的电压增大,使③脚电压升高到保护设定值1V,并持续180ns,U101将关闭⑤脚PWM脉冲输出,达到保护的目的。

(3)尖峰吸收电路

开关管Q101的D极,外接D105、R119、C103为尖峰脉冲吸收电路,防止MOSFET管在断开时,T101产生的自感脉冲将MOSFET管击穿。

(4)交流掉电保护电路

交流掉电保护电路主要由R151、R150、D208、Q109、Q110等元件组成。交流电经过低通滤波器后,由电阻R151、R150分压,形成一个低的VB电压(参见图4)。此电压经D208的①、③脚内部的二极管整流,并向C215充电,形成VC电压。交流电压正常时,VC电压约16.8V,此电压加在Q110的基极,高于Q110的发射极电压16.5V,Q110截止,Q109也截止,此部分电路对加到U101的⑥脚的VCC电压不产生影响。

当由于某种原因造成交流电压瞬间掉电(或电压过低)时,VB电压瞬间变低,VC电压也随着瞬间变低,Q110基极电压变低,Q110导通,

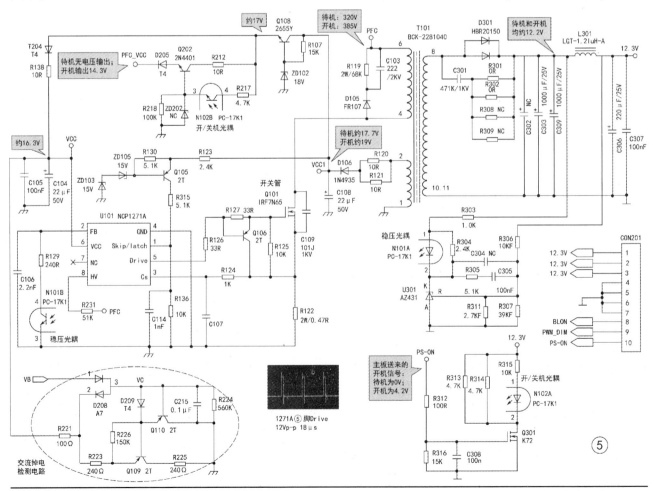

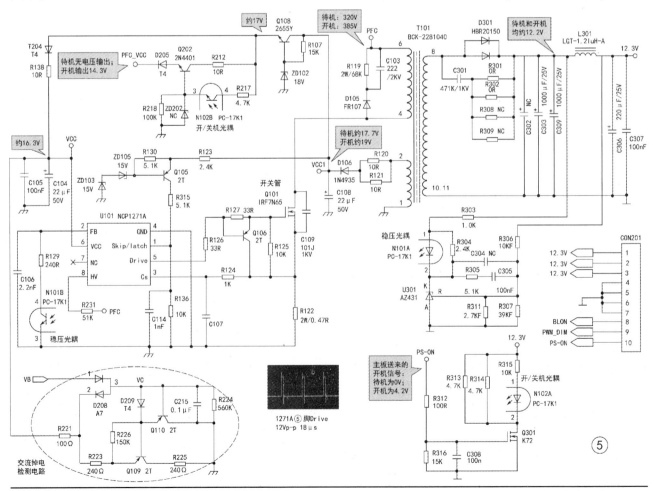

图中波形标注:
1271A⑤脚Drive
12Vp-p 18μs

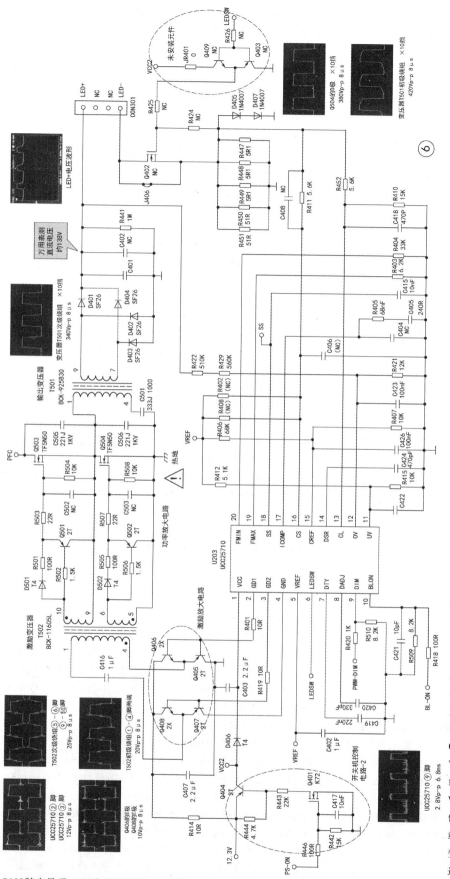

⑥

见图6)组成。通过对PFC的驱动脉冲形成电路的供电和对背光驱动控制IC的供电进行控制来实现开/待机控制的。

PFC电路的供电控制：开/关机控制电路中的Q301为待机控制管，其工作状态受主板输送来的开机控制信号(PS-ON)的控制。二次开机时，主板输送来的PS-ON控制电压为高电平(4.2V)，Q301导通，N102导通，Q108输出的17V电压经R217、N102加到Q202的B极，Q202导通，从Q202的E极输出约15V的电压，经D204隔离、R138限流，形成PFC-VCC电压，送往PFC驱动控制集成电路，为其提供工作电压，PFC电路进入工作状态。关机时，主板输送来的PS-ON控制电压由高电平变为低电平(0V)，Q301由导通变为截止，N102也变为截止，Q202的B极无电压，Q202截止，切断PFC驱动电路的VCC供电，PFC电路停止工作。

背光驱动控制电路的供电控制：二次开机后，主板送来的PS-ON信号R446加到Q401的G极，控制该管导通，Q404随之导通，开关电源输出的12.3V电压经Q404的E-C极输出，从而形成VCC2电压，为背光驱动控制IC提供工作电压。关机时，控制该电路切断VCC2电压的输出。

2.4 LED背光驱动电路

LED背光驱动电路主要由恒流驱动控制集成电路UCC25710(U203)、激励放大电路、功率放大电路和LED电压整流滤波电路组成，如图6所示。

1. UCC25710介绍

UCC25710是一款用于实现多串LED背光源应用的准确控制的LLC半桥式控制器，主要用于多变压器、多串LED架构。利用该控制器及架构可在多个LED串中实现绝佳的LED电流匹配。与现有的LED背光源解决方案相比，这种多变压器架构可依靠AC输入向LED负载提供最高的总效率。LLC控制器的功能包括一个具有可编程(最小频率值和最大频率值)的压控振荡器(VCO)、具有500ns固定死区时间的半桥式栅极驱动器和一个GM电流放大器。LLC功率输送由控制器的VCO频率来调整。该VCO具有一个准确且可编程的频率范围。在超低的功率电平下，VCO频率从最大值至零，以最大限度地提高低LED电流条件下的效率。它能监测LED负载的总电流，并使用电流反馈回路调整流经变压器原边绕组的正弦波交流电流，同时通过磁平衡理论保证每串LED负载具有恒定电流输出。

UCC25710的特性如下：

(1) 可调节频率的最小值(3% 准确度)和频率的最大值(7.5%准确度)。

(2) 用于调光的 LLC 和串联 LED 开关控制。

Q109随之导通，VCC电压经R221、Q109的E-C极、R225到地，很快把VCC电压拉低到9V以下，U101的⑥脚供电电压过低，IC停止驱动脉冲输出，电源进入保护状态，无12.3V电压输出。

5. 开/关机控制电路

开/关机控制电路由Q301、N102、Q202(参见图5)和Q401、Q404(参

(3)用于消除可听噪声的可编程调光 LLC ON/OFF斜坡 。

(4) 低调光占空比条件下的闭环电流控制。

(5)可编程软启动。

(6)准确的 VREF用于实现严格的输出调节。

(7)具有自动再起动响应的过压、欠压和输入过流保护。

(8)具有锁断响应的第二过流门限。

(9) 400mA/-800mA 栅极驱动电流。

(10)低启动电流及工作电流 。

UCC25710的引脚功能和实测数据见表3。

表3　UCC25710(U203)引脚功能与实测数据

引脚	符号	功能	在路电阻(kΩ)		电压(V)
			红地黑测	黑地红测	
①	VCC	芯片电源,供电电压范围为11~18V	9	70	11.56
②	GD1	激励脉冲输出 1	9	22	1.42
③	GD2	激励脉冲输出 2	9	22	1.42
④	GND	地	0	0	0
⑤	VREF	5V 参考电压输出	5.5	9	4.92
⑥	LEDSW	LED 开关控制(本电源板未用)	9.5	80	3.50
⑦	DTY	锯齿波形成电容	6.5	25	1.77
⑧	DADJ	锯齿波斜率设置	6.5	26	2.83
⑨	DIM	亮度调整	2	2	0.94
⑩	BLON	背光点亮控制输入	1.4	1.5	3.77
⑪	UV	欠压保护检测输入	5.5	7	3.23
⑫	OV	过压保护检测输入	6	11.5	1.50
⑬	CL	过功率保护设置	3.8	3.8	0.12
⑭	DSR	调光转换率设置	6.5	25	1.29
⑮	CREF	电流限制值设置	5.8	9.5	0.62
⑯	CS	LED 工作电流检测输入	5.8	9.5	0.25
⑰	ICOMP	电流环路补偿	6	21	3.50
⑱	SS	软启动时间设置	6.2	29	4.86
⑲	FMAX	最高频率设置	5	6	1.11
⑳	FMIN	最低频率设置	6	32	1.47

2. 启动工作过程

二次开机时,PFC电路启动工作,输出380V的PFC电压为半桥式功率放大电路MOSFET开关管Q503、Q504供电。二次开机后,高电平的开机信号PS-ON,使Q401导通,Q404随之导通,开关电源输出的12.3V电压经Q404的E-C极输出,再经D406加到U203的①脚,为其供电。

主板送来高电平的背光开关控制(BL-ON)信号,经R418加到U203的⑩脚;主板送来调光脉冲信号(PWM-DIM)经R420送到U203的⑨脚。当U203的⑱脚外围软启动电容C405充电,⑱脚电压达到4.2V以上时,U203开始启动工作,从②、③脚输出两个相位差180°的PWM信号。

3. 激励放大电路

Q406、Q405和Q408、Q407两组对管与激励变压器T502组成半桥式激励电路,对U203输出的激励脉冲信号进行放大后,然后再送往功率放大级,以驱动大功率NOSFET管,使其工作在可靠的开关状态。

U203的②脚输出的激励信号经Q406、Q405放大后,与激励变压器T502的④脚相连,U203的③脚输出的激励信号经Q408、Q407放大后,

再经电容C416耦合到T502的①脚。U203的②和③脚轮流输出高电平和低电平,使几个管轮流导通和截止。当Q408、Q405导通时,Q406、Q407截止,变压器T502初级中的电流流向为从上到下;当Q406、Q407导通时,Q408、Q405截止,T502初级中的电流流向为从下到上。这样就在T502中形成交变电流,T502各个绕组产生感应脉冲电压,由于次级⑤-⑥绕组和⑨-⑩绕组的同名端相反,故这两个绕组产生的感应脉冲电压相位是相反的。

4. 功率放大电路

功率放大电路主要由MOSFET开关管Q503、Q504和输出变压器T501以及谐振电容C501组成。开关管Q503、Q504的串联中点接LLC串联谐振电路,谐振电路的两个L就是变压器T501的初级线圈的等效电感,C就是C501。功率放大电路的供电采用PFC输出电压。

激励变压器T502的次级输出频率相同、相位相反的开关激励脉冲,分别经D501、R501、R503和D502、R505、R507送到上桥开关管Q503和下桥开关管Q504的G极,驱动Q503和Q504轮流导通和截止。当Q503导通的时候,Q504截止,此时PFC输出的385V电压流过Q503后进入T501的①脚,再从④脚流出,经过C501到地,对C501进行充电。当Q503截止的时候,Q504导通,C501放电,放电电流路径是由C201的上端流进T501的④脚,再从④脚流出,此T501的④脚时PFC输出的385V电压流过Q503后进入T501的①脚,再从①脚流出,经过Q504到地。在Q503和Q504轮流导通的过程中,在输出变压器的各个绕组产生感应电压。R502、Q501和R502、Q501组成灌流电路,为Q503、Q504截止期间结电压提供放电回路,起保护作用。

5. LED驱动电压整流滤波电路

从T501次级⑨-⑦绕组中输出交变电压,通过D401~D404全波整流,C401滤波,形成LED+电压,通过插座CON301的①脚输出,经显示屏背后的LED灯串后,从插座CON301的④脚流回,再经并联的R447、R448、R449、R450、R451到地形成回路,LED背光灯点亮。值得注意的是,此二合一电源板输出的LED+电压并不是一个纯直流电压,而是一个120V的直流电压上叠加了一个幅度约为80V(峰-峰值)的矩形脉冲电压,其波形参见图6。若用万用表直流电压挡测量LED+电压,约138V。

6. 稳压电路

本电路对输出的LED+电压进行监测来实现稳压控制的目的。它主要由R422、R429、R421及UCC25710的⑫脚内部电路构成。输入UCC25710的⑫脚(OV)的反馈电压,既用于过压保护控制,同时也用于稳压控制。R422、R429、R421组成取样电路,LDE+输出电压经电阻分压取样,得到取样电压,反馈到UCC25710的⑫脚,经内部电路处理后,使②、③脚输出的PWM脉冲的占空比发生变化,从而调整开关管Q503和Q504在一个周期内的导通时间,实现输出电压的稳压。

7. 调流控制和恒流控制电路

UCC25710内部振荡驱动电路启动工作后,一是从②、③脚输出LED驱动电压形成所需的激励脉冲;二是从⑥脚(LEDSW)输出LED开/关控制信号, 也就是常说的调光信号。⑥脚输出的调光信号经Q409、Q403推挽放大后,控制调光MOSFET开关管Q402的导通与截止,对LED背光灯串回路中的电流进行调整,达到调整亮度的目的。

R447~R451为LED灯串电流取样电阻,该并联电路两端的电压通过R411送到UCC25710的⑯脚(CS),在IC的内部与⑮脚(CREF,设置基准电流)电压进行比较放大,产生的误差信号,用于控制⑥脚驱动脉冲的频率或宽度,同时也用于控制②、③脚输出的激励脉冲的频率或宽度,实现对灯电流恒定控制。

本电源板中,Q409、Q403、Q402等组成的调流控制电路在实际电路板上未安装元件。那么,该板的调流控制和恒流控制又是怎样实现的?通过测量UCC25710的⑨脚和②、③脚波形发现,亮度调整脉冲为高

UCC25710 ⑨脚波形

UCC25710 ②脚波形
（或③脚波形）

↓展开后

UCC25710 ②脚
12Vp-p 8μs

UCC25710 ⑨脚波形

UCC25710 ⑥脚波形

⑦

电平时，才会有激励脉冲输出；亮度调整脉冲为低电平时，无激励脉冲输出，如图7所示。这就说明了②脚和③脚激励脉冲都是受到⑨脚输入的亮度调整脉冲的控制。恒流控制也是控制②、③脚输出的激励脉冲的频率或宽度来实现的。

8. 背光亮度控制电路

主板控制系统输出的亮度调整脉冲信号PWM-DIM送到UCC25710的⑨脚，对IC内部振荡脉冲和调光电路进行调整，改变⑥脚输出的调光驱动脉冲的占空比，同时也改变②脚和③脚激励脉冲的频率或宽度，达到调整背光灯亮度的目的。

9. 背光部分保护电路

(1)输出电压过压保护电路

UCC25710的⑫脚（OV）为过压保护输入端，LDE+输出电压经R422、R429与R421分压取样，获得OV过压保护取样电压，送到UCC25710的⑫脚。当LDE+输出电压过高，反馈到⑫脚的OV电压超过2.6V时，内部过压保护电路启动，②、③脚停止输出激励脉冲。

(2)灯电流检测保护电路

UCC25710的⑬脚（CL）为LED灯串电流检测输入端，通过电阻R452与灯电流取样电阻R447~R451相连接。当LED灯串出现短路故障时，流过灯串的电流增大，在R447~R451上产生较高的电流取样电压，⑬脚电压随着升高。⑬脚内置两个阈值电平，一是电压升到0.95V时，IC关闭激励脉冲的输出，以降低灯电流，待电压下降后IC重启工作；二是电压达到1.9V时，IC将处于锁死状态，IC停止工作。

三、故障维修

3.1 判断电源板本身是否有故障

当电源板输入交流220V电压，即可输出正常的+12.3V电压（待机和开机输出电压相同），此时输出LED+背光驱动电压为0V。二次开机后输出LED+背光驱动电压为138V左右（用万用表直流电压挡测）。注意：该电源板的LED驱动电路不工作时，LED+输出电压为0V。这与采用自举升压的LED驱动电路不同，自举升压电路不工作时，升压电路输出端仍有一个不为零的电压输出，这个电压仅比升压电路的输入电压低于0.3V左右。

HSL35D-1MK_400电源板维修最好使用LED专用维修工装或在原机上维修。若要进行摘板维修，可采用如下方法：

如图8所示，用40W/36V灯泡作为12.3V的假负载，连接在CON201的12.3V输出端与地之间。LED电压输出插座CON301的LED+、LED-连接到合适的LED灯串，若找不到合适的灯串，可用一个2kΩ/200W的线绕电位器（阻值调到1kΩ左右）作为LED驱动电压的假负载。将电源板上连接主板的插座CON201的开/关机端（PS-ON），用一个10kΩ的电阻相连到12.3V输出端，模拟主板输出的开机信号；将背光开关信号端（BL-ON）和背光调光信号（PWM-DIM）端连焊在一起，再用一个1kΩ

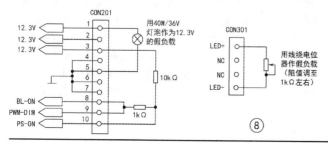

⑧

电阻连接到PS-ON端，模拟主板输出的背光开启信号和背光亮度调整信号，让整个电源板进入工作状态。通电，若40W/36V灯泡没有点亮，说明故障在开关电源部分；若40W/36V灯泡点亮，测量LED+输出端电压为0V，说明故障在LED驱动电路部分。需注意的是，LED+输出端所带假负载的轻重对LED+电压值的影响很大，带上1kΩ假负载时，LED+端电压在106V左右，LED-端电压为0.13V左右，使负载电流基本等于原机LED背光串电流。

3.2 常见故障检修思路

1. 无12.3V电压输出

(1)保险丝F101熔断

保险丝熔断，说明二合一电源板存在严重短路故障，要对以下电路进行检查。

①查市电输入电路、抗干扰电路、市电整流电路是否有元器件击穿、短路。检查压敏电阻RV101是否击穿，限流电阻RT101是否连带损坏。

②检查电源开关管Q101是否击穿短路。如果Q101击穿短路，应查明引起开关管击穿的原因，主要检查：一是检查尖峰脉冲吸收电路D105、C103、R119是否开路、失效；二是检查NCP1271A的②脚（稳压反馈输入端）外部稳压控制电路N101、U301和③脚（开关管过流检查输入端）外部过流保护的R122、R124。

③检查PFC电路开关管Q201是否击穿。如果Q201击穿短路，应重点检查R213、R214、D202及控制芯片FA5591，这些元器件往往同时被烧坏，需一并更换，否则更换的新管可能再次损坏。另外，还需查储能电感L202，检查FA5591的①脚（FB）外接的PFC输出电压取样电阻和⑤脚（IS）外部过流保护的R216、R222。

④检查LED驱动电路部分的功放管Q503、Q504是否击穿短路。

(2)保险丝F101未断

如果测量保险丝未断，且指示灯不亮，电源无12.3V电压输出，主要是开关电源未工作，要对以下电路进行检查。

①测量市电整流桥是否有300V左右电压输出，无电压输出，查限流电阻RT101、抗干扰电路电感FL101、FL102、FL103、整流全桥D101~D104是否有开路现象。

②测量开关管Q101的D极是否有300V左右电压。如果无电压，检查L202是否开路。

③测量电源控制块NCP1271A的⑧脚（高压启动端）有无启动电压，无启动电压检查该脚外接的启动电阻R231是否开路或阻值变大。

④检测量NCP1271A的⑥脚VCC供电电压是否正常。如查VCC供电低，检查VCC形成电路，同时也要检查交流掉电检测电路。

⑤检测NCP1271A的⑤脚有无激励脉冲输出。有激励脉冲输出检查开关管Q101、变压器T101及其次级整流滤波电路；⑤脚无激励脉冲输出，检查集成块外接元件，若外接元件无问题，则是集成块损坏。

2. 12.3V电压输出低，带负载能力差

若待机时就出现12.3V电压输出低，应重点检查开关电源（即12.3V电压形成电路）的稳压反馈电路（稳压光耦N101、三端精密稳压器U301等）是否正常，以及检查12.3V电压整流滤波电路。

若待机时12.3V电压输出正常，但在二次开机后彩电声音变大或亮度变大时，电源输出的12.3V电压明显下降并波动，从而引起过流保护电路动作，导致黑屏，应重点检查PFC电路是否工作、工作是否正常。二次开机后，开关电源12.3V输出端的输出电流较大，开关电源中开关管Q101的供电电压要求稳定在380V左右。如果电路中的PFC电路不工作，则开关管Q101的供电电压将下降到300V左右，可能导致开关电源的输出电压偏低，带负载能力差。PFC电路虽能工作，但工作异常使PFC电压达不到380V，开关管Q101的供电电压低于正常值，也会出现这种情况。

3. 背光灯不亮

伴音、遥控和面板控制均正常,故障只是背光不亮,此故障主要是LED背光灯驱动电路未工作,或者LED灯条有问题。

(1) 二次开机后,检测主板送到电源板的PS-ON、BL-ON、PWM-DIM信号是否正常。如果不正常,检查主板控制系统。

(2) 开机瞬间,测量LED灯条插座CON301是否有LED+电压输出。如果有电压输出(负载开路时输出电压可达到230V左右),而背光灯不亮,检查LED-端与地之间的灯电流取样电阻是否开路,若无开路现象,则可判断为LED电压输出插座接触不良或LED灯串有开路现象。

(3) 检查LED驱动电路的工作条件。若测得LED+电压始终为0V,则是LED驱动电路未工作,需检查以下几个工作条件:一是检查功放管Q503、Q504的PFC供电电压是否正常;二是检测背光驱动控制芯片UCC25710①脚(VCC)的供电电压是否正常,⑩脚(BLON)点灯控制电压是否正常,⑨脚(DIM)的亮度控制信号是否正常,若不正常,检查相关通道电路。

(4) 测量UCC25710②、③脚是否有激励脉冲输出。可用示波器测波形判断,若无示波器,也可用万用表测量直流电压或交流电压来大致判断。如果测得有一定的直流电压或交流电压(正常时直流电压为1.4V左右,交流电压为7.5V左右),可判断为有激励脉冲输出;若测得为0V,说明无脉冲信号输出,可判断是UCC25710本身损坏或外围元件有问题。

(5) 测量激励变压器T502初级绕组①、④脚两端是否有脉冲信号输入。T502初级绕组①-④脚两端正常波形参见图6。若无示波器,可用万用表交流20V挡测量,正常应有13V左右的交流电压。若T502的①、④脚两端无脉冲信号,则检查激励放大电路Q405~Q408是否损坏,耦合电容C416是否开路、失效。

(6) 检查功率放大电路。一是检查功率放大电路的PFC供电是否正常;二是检查功率放大管Q503、Q504是否损坏;三是检查灌流电路元件是否损坏,以及检查激励变压器T502、输出变压器T501是否引脚虚焊,内部绕组是否断路等。激励变压器T502初级绕组直流电阻0.9Ω,次级两个绕组的电阻都约1.3Ω左右;输出变压器T501的初级绕组约0.5Ω,次级绕组0.5Ω。特别提醒,检查功率放大电路部分,测量时要注意是接地问题(这部分电路是接热地的),并注意安全问题。

(7) 检查LED+电压整流二极管、滤波电容是否开路、损坏。

4. 开机背光灯一闪即灭

LED驱动电路保护电路启动所致,原因有:一是LED+输出电压过高,二是LED电流过大,主要是因LED背光灯串发生短路故障引起;三是保护电路取样电阻变质,引起的误保护。

3.3 故障检修实例

下面均以长虹LED48C2080i液晶彩电为例。

例1:通电后电源指示灯不亮,不开机。

拆开机壳,测量电源二合一板上保险丝正常,通电后测量电源板无12.3V电压输出。取下连接主板的排线,电源板还是无12.3V电压输出,判断故障发生在电源板上。断电后测量开关电源12.3V输出端对地无短路现象,整流二极管D301正常,看来故障应在开关电源的初级。

测量开关管Q101的D极有320V电压,检测电源块U101(NCP1271A)及其外围元件,发现U101的⑧脚(HV)电压只有3V左右,正常应为320V左右(待机)或380V左右(开机)。怀疑该脚所接的启动电阻R231(51kΩ)损坏,拆下R231测量,阻值已变为无穷大。用51kΩ电阻更换R231后通电试机,故障排除。

例2:通电后电源指示灯不亮,不开机。

通电后测量电源板无12.3V电压输出。按例1的检查步骤进行,直

到测量开关管Q101的D极有320V电压。检测电源块U101(NCP1271A)⑧脚(HV)电压只有19V,检查启动电阻R231正常,测量⑧脚对地无短路、漏电现象,分析认为不是启动电路有问题。测量⑥脚(VCC)电压只有3.3V,远低于正常值16V。导致该脚电压过低的原因主要有:一是VCC电压形成电路发生故障;二是电源板输入的交流电压过低,使交流掉电检测电路将VCC电压拉低,交流掉电检测电路损坏也会将VCC电压拉低;三是电源块本身或外接元件损坏,开关电源没有工作。逐一排查以上电路,经查,VCC电压形成电路中没发现有元件损坏。检查交流掉电检测电路时发现,输入的交流电压在220V左右,双二极管D208的①脚有几十伏的电压,而③脚电压只有0.2V,明显不对,怀疑D208(A7)损坏。取下D208后测量,其①、③脚内部的二极管已经开路损坏。用同型号管更换D208后通电试机,故障排除。机器正常工作时重新测量D208引脚电压,①脚电压为16.6V,②脚电压为16.4V,③脚电压为16.8V。本故障,引起了NCP1271A的⑧脚电压大幅度降低,容易误判为NCP1271A本身损坏。

例3:背光不亮,声音正常。

二次开机瞬间测得LED+电压为0V,说明背光驱动电路没有启动工作。测量功率放大级有383V供电。测量背光驱动控制芯片U203的VCC供电电压、BL-ON、PWM-DIM输入信号电压正常,但激励脉冲输出端②、③脚电压均为0V。用示波测得⑥脚输出的LED开/关信号波形正常,但②、③脚无激励脉冲波形,说明U203工作异常。进一步检查,测得U203⑤脚有5V参考电压,估计U203本身没坏,重点检查⑲、⑳脚(分别为最高频率设置端、最低频率设置端)及其外接元件。测得⑲脚电压基本正常,⑳脚电压则由正常时的1.5V升高到了2.6V,检查⑳脚外接电阻R404已经开路损坏。用33kΩ电阻更换R404后通电试机,故障排除。

例4:图像、声音基本正常,但图像亮度很暗,且亮度闪烁。

拆开机壳,通电试机,发现背光亮度很暗,伴有背光闪烁现象。测得LED电压输出插座CON301的LED+端电压只有117V,正常应为138V左右。测量开关电源输出电压为12.2V,PFC电压为383V,均正常,判断故障发生在背光驱动电路。

测量背光驱动控制芯片U203(UCC25710)的VCC供电电压、BL-ON、PWM-DIM输入信号电压正常,但激励脉冲输出端②、③脚电压都只有0.1V,正常应为1.4V左右,说明U203工作异常。测量其他引脚电压,发现⑤脚5V参考电压正常,但⑫脚(OV)电压高达2.35V,正常应为1.5V左右。LED+输出电压下降,OV检测电压反而上升,分析是LED+电压取样分压电阻的阻值变化引起的。分别取下R422、R429、R421测量,发现R421的阻值已由原来的12kΩ变为了23kΩ左右。用12kΩ电阻更换R421后通电试机,背光亮度恢复正常,测量LED+电压约为138V,LED-电压约为0.17V,故障排除。

例5:背光亮度较低、伴音断断续续。

根据故障现象初步判断是电源带负载能力差。测量电源板12.3V输出端电压降为10.5V左右,且波动;LED+输出端电压降为130V左右。首先怀疑PFC电路不工作引起的故障。测量PFC电压只有302V,说明确实是PFC电路没有工作。测量U201(FA5591)的⑧脚(VCC)无供电电压,判断故障发生在PFC_VCC供电电路即开/关机控制电路)。测量供电开管Q202各极电压,C极有17V电压输入,而E极输出电压只有0.4V,B极电压为0V,应重点检查开/关机控制管Q301和光耦N102。开机状态测得Q301的G为4.3V高电平,D极为0V低电平,说明开机信号PS-ON正常,且Q301正常导通。测得开/关机光耦N102的①脚为1.15V,②脚为0V,加在N102内部发光二极管上的电压是正常的,测量④脚有17V电压,而③脚为0V,判断光耦N102已经损坏。用同型号光耦更换N102后,故障排除。